그리스 문자표

그리스 문자	영어	한글	그리스 문자	영어	한글
$A\ \alpha$	alpha	알파	$N\ \nu$	nu	누
$B\ \beta$	beta	베타	$\Xi\ \xi$	xi	크사이
$\Gamma\ \gamma$	gamma	감마	$O\ o$	omicron	오미크론
$\Delta\ \delta$	delta	델타	$\Pi\ \pi$	pi	파이
$E\ \epsilon$	epsilon	엡실론	$P\ \rho$	rho	로
$Z\ \zeta$	zeta	제타	$\Sigma\ \sigma$	sigma	시그마
$H\ \eta$	eta	에타	$T\ \tau$	tau	타우
$\Theta\ \theta$	theta	세타	$\Upsilon\ \upsilon$	upsilon	업실론
$I\ \iota$	iota	요타	$\Phi\ \varphi$	phi	피
$K\ \varkappa$	kappa	카파	$X\ \chi$	chi	카이
$\Lambda\ \lambda$	lambda	람다	$\Psi\ \psi$	psi	프사이
$M\ \mu$	mu	뮤	$\Omega\ \omega$	omega	오메가

친절한 공학수학

2판

노태완 지음

 아카데미프레스

저자 소개

노태완 | twnoh59@snu.ac.kr

서울대학교 공과대학 원자핵공학과, 학사(1985)

서울대학교 대학원 원자핵공학과, 석사(1987)

한국원자력연구소 연구원(1985~1989)

University of California at Berkeley, Nuclear Engineering Department, Ph.D.

미국 Los Alamos National Laboratory 연구원(1992~1994)

홍익대학교 공과대학 기초과학과 교수(1994.9~2024.8)

한국공학교육학회 우수 강의록 Award(2007)

서울대학교 공과대학 객원교수(1994~1997, 2023.3~ 현재)

친절한 공학수학 2판

Applied Mathematics : A Friendly Introduction for Engineers and Scientists

발행일 2024년 2월 28일

저자 노태완

발행인 이한성 **발행처** (주)아카데미프레스 **주소** 서울특별시 마포구 독막로 320, 데시앙 오피스텔 803호 (도화동)

전화 02-3144-3765 **팩스** 02-6919-2456 **웹사이트** www.academypress.co.kr

등록번호 제2018-000184호

ISBN 979-11-91791-19-8 93410

정가 35,000원

머리말

저의 주 전공은 학사에서 박사까지 모두 원자핵공학이지만 박사과정 때 부전공으로 응용수학을 선택한 것이 수학과 인연을 맺은 계기가 되었다. 박사학위 후에 미국 연구소에서 근무하다가 대학에 부임한 이후로 30년 가까이 공대생에게 필요한 수학 관련 교과목을 강의하였다. 저자 역시 대학 2학년 때 공학수학을 수강한 경험이 있고, 또 공학자의 입장에서 공대생들의 학습에 대한 어려움을 잘 알기에 공대생들에게 쉽게 수학을 이해시키려고 끊임없이 노력하였다. 이제 정년을 앞두고 그간의 경험을 살려 교재를 출판한다. 이 교재를 집필하면서 물리학 및 공학 관련 서적을 항상 옆에 두었고, 공과대학 교수님들께 해당 학과에서 필요한 수학에 대하여 수시로 질문하고 자문도 구하였다.

수학이 인류 문명사에 끼친 업적은 너무나 크고 누구도 부인할 수 없다. 저 역시 대학에서 수학을 전공하지는 않았지만 오랫동안 수학을 강의하면서 수학의 매력에 푹 빠지게 되었다. 그럼에도 불구하고 공대생에게 수학이 중요한 이유는 본인의 전공을 위한 도구이기 때문이지 수학 자체가 목적은 아니다. 공대생들에게는 수학 이외에도 여기에서 이루 다 헤아릴 수 없는, 그 하나하나가 매우 어려운 전공과목들이 기다리고 있다. 공학수학이 다른 교양과목과 마찬가지로 학점을 따기 위한 짐이 되는 과목이 아니고 공학수학을 통해 터득한 문제 해석 능력, 문제 해결 능력을 활용하여 전공 공부를 잘 하는 것이 공학수학을 수강하는 진정한 목적이다. 저는 학기초에 항상 '공학수학은 여러분들을 진정한 **공학인**(engineer)으로 만들기 위해 훈련시키는 가장 기본적인이고 중요한 과목이다.'라고 말한다. 하지만 현실은 다르다. 학생들이 공학수학에서 미분방정식을 열심히 공부하고도 전공과목에 나오는 간단한 미분방정식을 풀지 못하는 경우를 너무나 자주 보았고, 일부 교수님들의 강의 계획서에서 '공학수학이므로 수학의 엄밀성을 양보할 수 있다'라는 글귀를 많이 접하였다. 공학수학이 수학의 엄밀성을 양보하는 것이 아니다. 과정은 당연히 엄밀한 수학이어야 하지만 결론은 반드시 공학과 연관되어야 한다.

공대생의 장점은 큰 방향이 정해지면 세부적인 방법론은 매우 잘 찾아낸다는 것이다. 컴퓨터 프로그램도 수학과 학생들에 비해 상대적으로 능숙하다. 공학수학에서 공부하는 내용이 공학적으로 중요하다는 것을 알면, 즉 수학 공부에 대한 동기부여가 되면 갑자기 학생들이 수학을 매우 잘하는 경우를 자주 보았다.

외국도 마찬가지겠지만 국내 대학에서 공학수학을 강의하는 방법은 크게 두 가지로 나뉜다. 하나는 공대 소속 교수님들이 학과에 개설된 공학수학을 가르치는 것이고, 다른 하나는 수학 관련학과 또는 기초교육원 등의 통합 기관에서 수학을 전공하신 교수님들이 일괄적으로 가르치는 것이다. 하지만 두 경우 모두 교수님들 각자의 전공이 별도로 있으므로 공학수학에는 관심이 덜한 것이 현실이다. 공학수학의 특성상 수학 지식과 응용이 모두 강조되어야 하는데 공학 전공 교수님들은 수학 지식에 어려움이 있고, 수학 전공 교수님들은 응용에 어려움이 있을 수 밖에 없다. 저는 이러한 현실적 어려움을 조금이나마 극복하고자 노력하였다. 이 교재에서 다루는 모든 수학적 내용은 물리학 및 공학과 연계되어 있는데, 이전 단계의 수학 지식이 요구되는 경우나 응용에 대한 사전 지식이 필요한 경우에 '쉬어가기'를 통해 이를 비교적 쉽고 재미있게 설명하고 있다. 이제까지 쉬어가기 내용에 대한 학생들의 강의평가는 매우 좋았고, 이러한 특징은 공학수학을 강의하시거나 앞으로 강의하실 수학 전공 교수님 또는 공학 전공 교수님들께도 큰 도움이 될 것이라고 감히 생각한다.

매년 조금씩 개선되는 강의록을 교내 복사실에서 제작하여 학생들에게 제공한 지 어느덧 20년이 지났다. 저자의 강의를 수강하지 않는 학생들도 강의록을 많이 찾는다는 복사실 사장님 말씀이 이 책을 집필하게 한 힘이었다. 이 교재의 특징은 다음과 같다.

- 문제를 수학적으로만 보지 않고 숨어 있는 물리적, 공학적 의미를 알도록 응용의 예를 물리학 및 공학 전 분야에 적용하였고 되도록 많은 그림을 넣어 설명을 시각화하였다.
- 잘 모르는 내용을 단순히 암기하는 것이 아니라 학생 스스로 질문하고, 이해하고, 생각하도록 유도하였다.
- 학생 입장에서 아는 것과 모르는 것을 정확히 짚어 습관적으로 대충 넘어가지 않도록 유도하였다. 학생들은 교재의 '☞' 표시된 내용을 간과하지 않기 바란다.
- 단원 중간에 '쉬어가기'를 넣어 해당 내용을 이해하는데 필요한 이전 단계의 기초지식 또는 관련되는 응용의 예를 흥미로우면서도 깊이 있게 설명하였다.
- 많은 연습문제를 포함하는 기존의 방식을 버리고 반드시 풀어야 할 소수의 연습문제를 엄선하였다. 학생들은 이 교재에 실린 모든 연습문제를 풀어야 한다.
- 연습문제 바로 밑에 답을 함께 수록하여 학생들이 결과를 즉시 확인할 수 있게 하였다.
- 수치해석의 기본적 개념과 교재의 내용과 관련된 수치해법에 대한 설명을 포함시켜 지식의 활용성을 높였다.

출판된 지 수십 년이 지난 몇몇 외국 유명 공학수학 교재는 아직도 복소해석학에 많은 부분을 할애하고 있다. 복소해석학의 결과로 일부 실함수의 적분이 가능하고, 유체 또는 전자기학적 현상을 복소평면에 나타낼 수 있고, 사상(mapping)에 의해 문제의 기하학적 구조를 단순화시켜 편미분방정식의 해석적인 해를 구하는 것이 가능하기 때문이다. 하지만 지난 수십 년간 수치해석 분야 및 컴퓨터 하드웨어의 발전으로 수치적분은 물론 기하학적으로 매우 복잡한 편미분방정식의 직접 풀이가 가능해짐에 따라 공학수학 내에서 복소해석학 부분의 중요성이 크게 감소하였다. 최근 저자가 공과대학 교수님들을 대상으로 해당 학과의 교과과정에서 복소해석학의 필요성에 대해 설문조사를 실시했는데, 기계 계열과 전기전자 계열 교수님들 모두 복소수의 기초 연산 정도를 제외하고 그 이상의 내용은 학부 과정에서 불필요하다는 의견을 제시하였다. 이에 저자는 대학 2학년 공학수학 수업시간에 학생들에게 필요한 내용을 중점적으로 강의할 수 있도록 과감히 복소해석학 부분을 이 교재에서 제외시켰다.

책을 쓰는 동안 거실 식탁을 책으로 꽉 채워 많이 불편했을 아내와 가족들, 수식이 많아 편집이 어려웠음에도 멋지게 출판해 주신 아카데미프레스 출판사에 진심으로 감사의 말을 전한다. 특히 많은 학생들이 강의평가를 통해 공부하기 편하고, 재미있고, 전공학습에 도움이 되는 교재라고 써준 것이 큰 힘이 되었다. 학생들이 이 교재로 공부하면서 수학을 좋아하게 되고 실력을 증진하여 대한민국의 유능한 공학인으로 성장하기 바란다.

2024년 2월 저자 노태완 교수

교재 내용 소개

1장부터 4장까지는 미분방정식에 관한 내용으로 공대생에게는 설명이 필요 없을 만큼 중요한 부분이다. 특히 3장의 라플라스 변환은 미분방정식의 해를 구하고 계(system)를 해석하는 유용한 방법론으로 공학적 응용성이 크다. 4장은 자연과학 분야에 자주 등장하는 르장드르 다항식과 베셀함수를 생성하는 미분방정식의 무한급수해법을 설명한다. 5장은 대부분의 공학문제를 실제로 해결하는 방법론인 수치해석의 기본개념과 초기값 문제의 수치해법을 소개한다. 6장과 7장은 벡터와 행렬에 관한 내용으로 공대생들에게는 공대 1학년 과정부터 필요한 부분이지만 1학년 과정의 대학수학(미적분학)에서 다루거나 별도의 선형대수학으로 개설하기도 한다. 다른 장과의 연관성 때문이라도 이 교재에서 빠뜨릴 수 없는 부분이다. 8장과 9장은 벡터해석학으로 물리학 및 유체역학, 전자기학, 열전달과 같은 공대 전공과목들과의 연관성이 매우 크다. 10장에서는 푸리에 급수, 푸리에 적분, 푸리에 변환을 다루는데, 자체적으로도 활용성이 높고, 특히 11장에서 13장까지의 편미분방정식의 해법과 밀접하게 연관된다. 마지막으로 14장은 편미분방정식에 대한 수치해법을 소개한다.

학기별 강의 배분에 관한 제언

국내 대부분의 공과대학에서는 공학수학을 2학년 1, 2학기에 주당 세 시간으로 강의한다. 사실 공학수학의 양이나 중요성으로 보아 강의 시간이 너무 적은 편이다.

2학년 1학기에 1장부터 8장까지 수업하는 것이 목적이지만 강의시간 부족으로 현실적으로 불가능하다. 각 대학의 1학년 과정에서 다루는 내용을 기반으로 적절히 조절하여야 한다. 저의 경우는 1장에서 4장까지 강의하며 나머지 5장에서 7장까지 내용을 학생들에게 소개하고 방학중에 공부하도록 권하고 있다.

2학년 2학기에는 8장부터 14장까지 강의하는 것이 목적이나 현실적으로 불가능하다. 저의 경우 8장에서 11장까지 강의한다. 이때도 나머지 부분의 내용을 미리 소개하여 학생들이 방학기간을 이용하여 스스로 공부하도록 당부하고 있다.

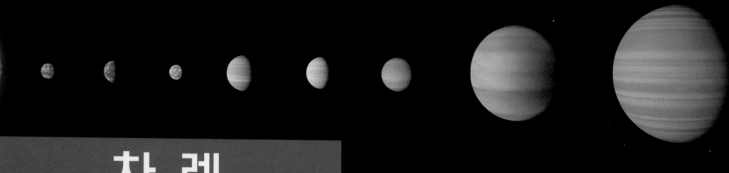

차 례

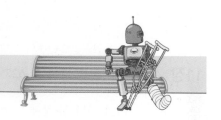

쉬어가기

기초학습

우리는 변화하는 세상에 살고 있다. 지구는 자전을 하며 낮과 밤을 나누고 또한 태양을 공전하며 계절을 바꾼다. 우리가 정지해 있다고 생각하는 태양도 사실은 우리 은하의 중심을 돌고 있다. 지구의 계절 변화는 대기의 온도를 변화시키고, 이러한 온도 변화는 공기의 밀도를 변화시켜 대기의 흐름을 만들어 기후가 변한다. 힘은 질량의 운동상태를 변화시키고, 변화하는 자기장은 전기장을 발생시켜 도선에 전류를 흐르게 한다. 이러한 변화를 다루는 수학의 한 분야가 **미적분학**(calculus)이다. 미적분학은 자연현상의 원리 규명에 골몰했던 **뉴턴**(Isaac Newton, 1642–1727, 영국)과 철학적 접근을 통해 사물을 바라본 **라이프니츠**(Gottfried Leibniz, 1646–1716, 독일)에 의해 거의 동시에 기초가 수립되었다. 천문학자 **케플러**(Johannes Kepler, 1571–1630, 독일)는 20년간의 행성 관측을 통해 태양계의 각 행성은 태양을 한 초점으로 타원 궤도를 돌고(타원궤도의 법칙), 행성과 태양을 연결하는 가상의 선분이 같은 시간 동안 쓸고 지나가는 면적이 같고(면적속도 일정의 법칙), 행성의 공전주기의 제곱이 궤도 장반지름의 세제곱에 비례한다(조화의 법칙)는 케플러의 **행성운동 법칙**을 발표했다. 이후에 뉴턴은 만유인력 법칙을 발표하였고, 이를 이용하면 케플러의 경험적 법칙을 단 몇 시간 정도의 수학으로 만들어 낼 수 있다. 또한 케플러의 법칙이 태양계의 행성에만 적용되는 것이 아니고 지구와 달 또는 지구와 인공위성 사이에서도 적용됨도 알 수 있다. 잘 정립된 이론의 힘을 알 수 있는 부분이다.

0장 기초학습은 대학 1학년 대학수학 과정에서 이미 공부한 내용이지만 공학수학을 이해하는데 반드시 필요한 내용이므로 여기에 다시 정리한다. 0.1절에서 1변수 함수의 미적분학을, 0.2절에서는 다변수 함수의 미적분학을 간략히 다루고, 0.3절에서는 대학에서 새로 배운 쌍곡선함수와 역삼각함수를, 0.4절에서는 극좌표계를, 0.5절에서 복소수에 대해 공부할 것이다. 공학수학에 반드시 필요한 기초개념을 정립하기 위한 것이니 이후의 내용을 이해하기에 부족함이 없도록 미리 일독하기를 권한다.

0.1 1변수 함수의 미적분학

함수

수학은 수를 다루는 학문이다. 수에는 상수와 변수가 있다. **상수**(constant)는 글자 그대로 1이나 10과 같이 일정한 값을 갖는 수인데, 임의의 상수를 나타낼 때 'constant'의 첫 자를 따서 c로 쓴다 이것은 c의 값이 변한다는 의미가 아니고 어떤 상수라도 괜찮다라는 의미로 받아들여야 한다. 반면에 **변수**(variable, 동사 'vary'를 생각하자.)는 글자 그대로 변하는 수라는 의미로 문자 x, y 등으로 나타내는데, 이들은 상수와 달리 여러 값을 가질 수 있다. 이러한 변수들 사이의 관계, 또는 이러한 관계를 나타내는 수식, 또는 이러한 수식으로 표현되는 장치를 **함수**(function)라고 한다. 함수는 function의 첫 글자를 따서

$$y = f(x) \tag{0.1.1}$$

로 나타내는데 **오일러**(Leonhard Euler, 1707–1783 스위스 출생)가 처음으로 이러한 표현을 사용하였다. 이는 변수 y가 변수 x의 함수라는 의미로 두 변수 x와 y의 관계를 나타낸다. 예를 들어 1차 함수 $y = 2x + 1$은 그림 0.1.1과 같은 상관관계를 갖는다. 함수가 성립하려면 x 값 하나에 대해 y 값도 하나만 대응되어야 하는 규칙이 따른다.

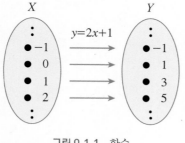

그림 0.1.1 함수

여기서, x는 스스로 변하므로 **독립변수**(independent variable) 또는 **입력**(input)이라고 하고 y는 x에 의해 결정되므로 **종속변수**(dependent variable) 또는 **출력**(output)이라고 부른다. 독립변수의 집합을 **정의역**(domain), 종속변수의 집합을 **치역**(range)이라고 한다 예를 들어 함수 $y = 2x + 1$의 정의역은 (특별히 제한을 두지 않는다면) $-\infty < x < \infty$, 치역은 $-\infty < y < \infty$이다. 2차 함수 $y = x^2$은 정의역이 $-\infty < x < \infty$, 치역이 $0 \le y < \infty$일 것이다. 여기서 변수의 범위를 나타낼 때 무한대에는 '=' 표시를 붙일 수 없음에 유의하자. 함수에는 우리가 잘 아는 것처럼 1차 함수와 2차 함수를 포함하는 다항함수(polynomial function), 삼각함수(trigonometric function), 지수함수(exponential function), 로그함수(logarithmic function), 쌍곡선함수(hyperbolic function) 등 여러가지가 있지만, 이들 외에도 적분이나 무한급수로 표현되는 함수도 있고 사람의 키나 주식 가격 등과 같이 수식으로 표현할 수 없는(불가능하다는 표현이 더 적합하겠다) 함수들도 있다.

함수에 의해 대응되는 변수들의 관계를 그림으로 표시한 것을 **그래프**(graph)라고

한다. 때때로 함수와 그래프를 같은 의미로 사용하기도 한다. 그림 0.1.2는 함수 $y = 2x + 1$을 그래프로 나타낸 것이다. 쉽게 말하면 함수 $y = 2x + 1$은 받은 입력을 두 배하고 1을 더하여 출력하는 단순한 장치이고, 그래프는 이를 만족하는 무한개의 점 (x, y)들을 평면에 그린 것이다. 예를 들어 함수 $y = x$는 받은 입력을 그대로 출력하는 함수이므로 그래프는 x 성분과 y 성분이 같은 점들, 즉 $(-1,-1)$, $(0,0)$, $(1,1)$ 등을 그린 것이다. 함수에서 y가 특정한 값을 가질 때 이를 **방정식**(equation)이라고 한다. 즉 $y = 2x + 1$에서 $y = 0$이면 $2x + 1 = 0$이 되고 이것이 방정식(1차 방정식)이고, 방정식의 근(root)은 $x = -1/2$인데 이는 그림 0.1.2에서 $y = 2x + 1$의 그래프와 $y = 0$인 x축과의 교점이다.

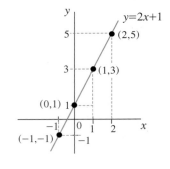

그림 0.1.2 함수의 그래프

위에서 말했지만 함수가 항상 정확한 수식으로 나타나는 것은 아니다. 사람은 태어나서 나이가 들면서 키가 변한다. 따라서 사람의 키는 나이, 즉 시간의 함수일 것이다. 이 책을 읽는 학생들도 어머님의 도움을 받는다면 시간(time)을 t로, 키(height)는 h로 놓고 자신의 키를 시간의 함수로 나타내는 그래프를 그릴 수 있을 것이다. 물론 $h = f(t)$의 관계를 정확히 나타내는 함수 f를 구하는 일은 불가능하다.

함수의 극한과 연속

미적분학은 극한의 개념 위에 세워졌다. 먼저 다음과 같은 예를 생각해 보자. 함수 $f(x) = 2x + 1$에서 x가 1로 접근할 때(여기서 접근한다는 것은 글자 그대로 가까이 가는 것이지 1이 된다는 의미는 아니다.) y는 어떤 값에 접근할까? 함수 $y = 2x + 1$의 그래프인 그림 0.1.2를 보면 x가 1에 접근할 때 $f(x)$는 3으로 접근할 것처럼 보인다. 실제로 x가 1의 왼쪽에서 1로 접근하면(좌극한)

x	0.9000	0.9900	0.9990	0.9999	$\cdots$
$f(x)$	2.8000	2.9800	2.9980	2.9998	$\cdots$

와 같이 $f(x)$는 3에 접근하고, x가 1의 오른쪽에서 1로 접근하면(우극한)

x	1.1000	1.0100	1.0010	1.0001	$\cdots$
$f(x)$	3.2000	3.0200	3.0020	3.0002	$\cdots$

와 같이 $f(x)$는 3에 접근한다. 결국 이 두 값은 일치할 것이다. 이 경우 'x가 1에 접근할 때 $f(x)$의 극한값은 3이다' 또는 'x가 1로 수렴할 때 $f(x)$는 3으로 수렴한다'라고 말하고 $\lim_{x \to 1} f(x) = 3$이라고 쓴다. 함수 $f(x)$가 $x = a$에서 극한값이 존재하려면 좌극한과 우극한이 같아야 한다. 즉 $\lim_{x \to a^-} f(x) = \lim_{x \to a^+} f(x)$가 성립해야 한다.

앞에서 우리는 '접근한다'라는 막연한 말로 극한을 설명하였으나 이러한 비정량적인 표현을 수학에서 사용할 수는 없다. 이는 마치 일곱 난쟁이에게 백설공주를 가장 사랑하는 사람이 누구냐?라고 묻는 것과 마찬가지이다. 극한의 엄밀한 정의는 $\epsilon - \delta$(엡실론-델타, epsilon & delta)로 잘 알려진 개념을 사용하여 다음과 같이 정의한다.

정의 0.1.1 함수의 극한

L을 중심으로 반지름 $\epsilon > 0$이 주어졌을 때 a를 중심으로 반지름 δ가 존재하여 $0 < |x - a| < \delta$를 만족하는 모든 x에 대해 $|f(x)-L| < \epsilon$이 성립하면 x가 a로 접근할 때 $f(x)$의 극한값이 L이다.

☞ 위에서 '반지름'이라는 용어를 사용한 이유는 2변수 함수의 극한에서는 xy-평면에서 $(x,y) \to (x_0, y_0)$로 접근할 때 $f(x,y) \to L$의 접근성을 보여야 하는데 이때 (x,y)의 수렴영역이 (x_0, y_0)가 중심인 원을 형성하기 때문이다. 복소평면에서 정의되는 복소함수의 극한에서도 마찬가지이다. 1변수 함수의 극한에서는 '반지름'을 '길이' 또는 '구간'으로 사용해도 좋다.

위의 정의에서 그리스 문자 ϵ과 δ는 영어 알파벳 E와 D에 해당하는 문자로 **코시** (Augustin Cauchy, 1789-1857, 프랑스)는 함수의 연속성에 관한 연구에서 δ는 '차이(difference)', ϵ은 '오차(error)'를 의미한다고 적었다. 이러한 역사적 사실은 극한의 정의를 이해하는데 도움을 준다. 양의 ϵ과 δ에 대하여 $0 < |x - a| < \delta$는 x가 $a - \delta < x < a + \delta$의 범위에 있다는 뜻이고, 마찬가지로 $0 < |f(x) - L| < \epsilon$는 $f(x)$가 $L - \epsilon < f(x) < L + \epsilon$의 범위에 있다는 뜻이다. 즉 그림 0.1.3과 같이 $a - \delta < x < a + \delta$를 만족하는 $x \neq a$인 모든 x에 대해 $f(x)$가 $L - \epsilon < f(x) < L + \epsilon$에 위치함을 보장하는 δ가 존재하면 x가 a로 접근할 때 $f(x)$의 극한값이 L이라는 의미이다. 좀 더 쉽게 말하면 극한값이 존재하려면 x가 a에 가까이 갈수록 $f(x)$도 따라서 L에 가까이 가야 한다는 의미의 수학적 표현이고, 이를 바꾸어 말하면 $f(x)$가 극한값 L에 충분히 가까이 가도록 x도 충분히 a에 가까이 보낼 수 있다는 뜻이다. 위의 정의를 비교적 쉬운 예제를 통해 다시 한번 공부하자.

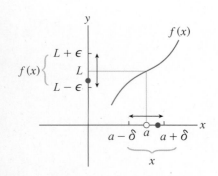

그림 0.1.3 $\epsilon - \delta$를 이용한 극한의 개념

예제 1

$\lim_{x \to 1}(2x + 1) = 3$임을 보여라.

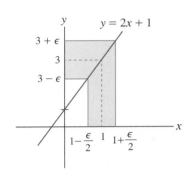

그림 0.1.4 $y = 2x + 1$의 극한

(풀이) 앞에서 직관과 수치계산으로 구한 함수의 극한값을 $\epsilon-\delta$를 이용하여 확인하는 문제이다. 극한값에 대한 $\epsilon-\delta$ 정의에서 $a = 1$, $f(x) = 2x + 1$, $L = 3$인 경우로 $0 < |x - 1| < \delta$를 만족하는 모든 x가 $|(2x + 1) - 3| < \epsilon$을 보장하는 $\delta > 0$이 존재함을 보여야 한다. 먼저 ϵ-부등식 $|(2x + 1) - 3| < \epsilon$을 정리하면 $|2x - 2| < \epsilon$에서 $|x - 1| < \epsilon/2$이다. 따라서 $\delta = \epsilon/2$ 또는 이보다 더 작은 값을 선택하면 $0 < |(2x + 1) - 3| < \epsilon$가 보장되어 $\lim_{x \to 1}(2x + 1) = 3$이 성립한다.

예를 들어 $\epsilon = 0.1$로 주어지면 $\delta = \epsilon/2 = 0.05$이므로 $0 < |x - 1| < 0.05$ 또는 $0.95 < x < 1.05$를 만족하는 모든 x에 대해 $|f(x) - 3| < 0.1$ 또는 $2.9 < f(x) < 3.1$을 만족한다. 즉 극한값의 오차가 3을 중심으로 위와 아래로 0.1 미만이 되는 것이다. 독자들도 몇 가지 x값을 $f(x)$에 대입하여 직접 확인해보라.

예제 1에서는 δ로 선택할 수 있는 후보가 $\epsilon/2$이 유일하다. 하지만 일반적인 경우에는 δ로 선택할 수 있는 후보가 둘이 되는데 이때는 둘 중 작은 값을 선택해야 한다. 또한 예제 1에서는 x값이 $1 - \epsilon/2$에서 $1 + \epsilon/2$로 변할 때 y값도 $3 - \epsilon$에서 $3 + \epsilon$로 1:1 대응한다. 하지만 이는 $f(x)$가 1차 함수이기 때문에 나타나는 현상으로 일반적인 성질은 아니다. 다른 함수의 극한에 대해 알아보자.

예제 2

$f(x) = \dfrac{1}{x}$일 때 $0 < |x - 5| < \delta$를 만족하는 모든 x에 대해 $\left|\dfrac{1}{x} - 0.2\right| < 0.1$이 되는 δ를 구하라.

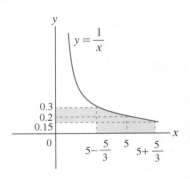

그림 0.1.5 $y = 1/x$의 극한

(풀이) $\epsilon = 0.1$인 경우로 ϵ-부등식 $\left|\dfrac{1}{x} - 0.2\right| < 0.1$을 정리하면 $\dfrac{10}{3} < x < 10$이다. 이때 중심 5에서 $\dfrac{10}{3}$까지 거리는 $\dfrac{5}{3}$, 중심 5에서 10까지 거리는 5이다. 거리가 짧은 쪽을 선택하면 $\delta = \dfrac{5}{3}$이므로 $0 < |x - 5| < \dfrac{5}{3}$를 만족하는 모든 x에 대해 $\left|\dfrac{1}{x} - 0.2\right| < 0.1$이 성립한다.

극한의 성질

다음 정리는 함수의 상수곱(constant multiple), 더하기(sum), 곱하기(product), 나누기(quotient)에 대한 극한의 결과를 나타낸다. 이 성질을 이용하면 여러가지 경우의 극한값을 쉽게 구할 수 있으며 뒤에서 설명할 미분공식의 기초가 된다.

정리 0.1.1 극한의 성질

$\lim\limits_{x \to a} f(x) = L_1$, $\lim\limits_{x \to a} g(x) = L_2$ 일 때

(1) $\lim\limits_{x \to a} kf(x) = k \lim\limits_{x \to a} f(x) = kL_1$, k는 상수

(2) $\lim\limits_{x \to a} [f(x) \pm g(x)] = \lim\limits_{x \to a} f(x) \pm \lim\limits_{x \to a} g(x) = L_1 \pm L_2$

(3) $\lim\limits_{x \to a} [f(x)g(x)] = \lim\limits_{x \to a} f(x) \lim\limits_{x \to a} g(x) = L_1 L_2$

(4) $\lim\limits_{x \to a} \dfrac{f(x)}{g(x)} = \dfrac{\lim\limits_{x \to a} f(x)}{\lim\limits_{x \to a} g(x)} = \dfrac{L_1}{L_2} \ (L_2 \neq 0)$

위의 성질들은 직관으로 쉽게 이해할 수 있다. 성질 (1)의 함수 $y = kf(x)$는 정의역 전체에서 $y = f(x)$의 k배이다. 그림 0.1.6을 보면 성질 (1)이 성립함을 쉽게 알 수 있다. $k > 1$인 경우를 그렸지만 그렇지 않은 경우도 마찬가지이다.

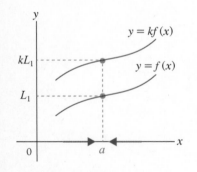

그림 0.1.6 극한의 성질 (1)

나머지 성질들도 마찬가지로 이해할 수 있다. 오일러는 그의 뛰어난 직관력과 과감한 성격으로 수학사에 크고 많은 업적을 남겼다. 하지만 직관에 너무 의존한 나머지 $\sqrt{-2}\sqrt{-3} = \sqrt{6}$ 과 같은 실수를 저질렀다는 일화도 있다. 정리 0.1.1도 모두 $\epsilon - \delta$ 로 증명할 수 있다. 저자가 자주 참고하는 Finney & Thomas의 Calculus에도 본문과 부록에 이들의 증명이 나와 있으니 참고할 수 있다. 여기에서는 증명은 생략하고 극한의 성질을 이용하는 예를 하나 보이겠다.

예제 3

$\lim\limits_{x \to 3} x^2(x - 1)$을 계산하라.

(풀이) 함수를 전개하여 극한의 성질(2)를 이용하면

$$\lim\limits_{x \to 3} x^2(x - 1) = \lim\limits_{x \to 3}(x^3 - x^2) = \lim\limits_{x \to 3} x^3 - \lim\limits_{x \to 3} x^2 = 3^3 - 3^2 = 18$$

이다. 이번에는 극한의 성질 (3)을 이용하면

$$\lim\limits_{x \to 3} x^2(x - 1) = \lim\limits_{x \to 3} x^2 \lim\limits_{x \to 3}(x - 1) = 3^2 \cdot (3 - 1) = 18$$

로 두 결과는 같다.

함수의 연속

함수의 극한은 함수의 **연속성**(continuity)에도 관여한다. 먼저 연속의 정의를 보자.

> **정의 0.1.2 함수의 연속**
>
> 함수 $f(x)$에 대해 $x = a$에서 함수값과 극한값이 같으면 함수는 $x = a$에서 연속
> 이다.

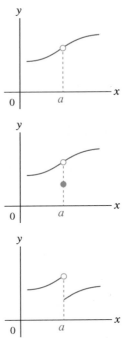

즉, $\lim_{x \to a} f(x) = f(a)$ 일 때 $f(x)$는 $x = a$에서 연속이다. 물론 극한값이 존재하기 위해서는 좌극한과 우극한이 같아야 한다. 이는 한 점에서 함수의 연속성에 대한 정의이다. 함수가 어떤 구간의 모든 점에서 연속이면 그 구간에서 함수가 연속이라고 한다. 우리가 연속함수를 펜을 종이에서 떼지 않고 그래프를 그릴 수 있는 함수라고 표현하는데, 이에 비하면 위의 연속성에 대한 수학적 정의는 매우 정교하다. 그림 0.1.7에서와 같이 불연속점을 포함하는 다양한 함수의 경우를 스스로 떠올리고 연속성의 조건 중 어느 것을 만족하지 않는가를 생각해 보자.

그림 0.1.7 불연속 점들의 예

예제 4

(1) $y = \dfrac{1}{x}$ (2) $y = |x|$의 연속성을 말하라.

(풀이) (1) $y = \dfrac{1}{x}$ 은 정의역 $-\infty < x < \infty$, $x \neq 0$에서 연속이다. 하지만 $x = 0$에서는 함수가 정의되지 않고, 극한값도 존재하지 않으므로 정의 0.1.2에서 (1)과 (2)를 만족하지 않는다. 따라서 $x = 0$은 $y = \dfrac{1}{x}$ 의 불연속점이다.

(2) $y = |x| = \begin{cases} x, & x \geq 0 \\ -x, & x < 0 \end{cases}$ 는 모든 실수 x에서 연속이다. $\lim_{x \to 0} |x| = |0| = 0$이므로 정의 0.1.2의 (1), (2), (3)을 모두 만족하므로 $x = 0$에서도 연속이다.

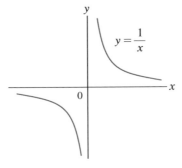

그림 0.1.8 $x = 0$에서 불연속

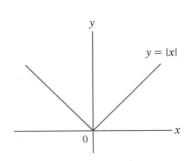

그림 0.1.9 모든 x에서 연속

함수의 연속성을 증명하기 위해 정의 0.1.2를 이용하기보다는 간단한 연속함수로부터 복잡한 연속함수를 만들어 가는 것이 편리하다.

정리 0.1.2 연속함수의 대수적 결합

함수 f와 g가 $x = a$에서 연속이면 다음과 같은 함수의 대수적 결합도 $x = a$에서 연속이다.

$$(1)\ kf\ (상수\ k) \quad (2)\ f + g \quad (3)\ fg \quad (4)\ f/g\ (g(a) \neq 0)$$

정리 0.1.2의 증명은 간단하다. 정리 0.1.1 극한의 성질과 정의 0.1.2 연속의 정의를 이용한다. 예를 들어 성질 (2)의 경우

$$\lim_{x \to a}[f(x) + g(x)] = \lim_{x \to a}f(x) + \lim_{x \to a}g(x) = f(a) + g(a)$$

와 같이 성립한다.

■

위의 정리를 이용하여 다항식이 모든 점에서 연속임을 확인해 보자. **다항식**(또는 **다항함수**, polynomial function)은 $c_0, c_1, c_2, \cdots, c_n$이 상수일 때

$$P(x) = c_0 + c_1 x + c_2 x^2 + \cdots + c_n x^n$$

의 형태를 갖는 함수이다. 우리는 정의 0.1.1을 이용하여 $\lim_{x \to a}c_m = c_m$, $m = 1, 2, \cdots, n$이 성립하고, 또 정리 0.1.2의 성질 (3)을 반복적으로 사용하여 $\lim_{x \to a}x^m = a^m$이 성립함을 알고 있다. 이들은 c_m과 x^m이 연속함수임을 말하고 있으므로 정리 0.1.2의 성질 (1)에 의해 $c_m x^m$이 연속이고, 다시 성질 (3)에 의해 다항식 $P(x)$가 연속임을 알 수 있다. **유리함수**(rational function)는 P와 Q가 다항식일 때

$$f(x) = \frac{P(x)}{Q(x)}$$

형태의 함수를 말한다. P와 Q가 모든 x에서 연속이므로 $f(x)$는 정의역, 즉 $Q(x) \neq 0$인 모든 x에서 연속이다.

우리가 잘 아는 함수들은 정의역에 포함된 모든 점에서 연속이다. 예를 들어 삼각함수 공식에서 $\tan x = \dfrac{\sin x}{\cos x}$ 이고, $\sin x$와 $\cos x$는 모든 x에서 연속이므로 성질 (4)에 의해 $\tan x$는 $\cos x$가 0이 되는 $x = \pm \dfrac{2n + 1}{2}\pi, (n = 0, 1, 2, \cdots)$를 제외한 모든 x에서 연속이다.

합성함수의 연속

함수 $y = (2x + 1)^2$을 두 개의 함수로 표현하여 $y = f(u) = u^2$, $u = g(x) = 2x + 1$ 로 쓸 수 있다. 즉 입력 x에 대한 함수 g의 출력 u가 다시 함수 f의 입력이 되어 y 를 출력한다. 이와 같은 함수를 **합성함수**(composite function)라 하고 $f \circ g$로 쓴다. $f \circ g(x) = f(g(x))$이다.

예제 5

$f(x) = x^2$, $g(x) = 2x + 1$일 때 $f \circ g(x)$와 $g \circ f(x)$를 구하여 $f \circ g(2)$와 $g \circ f(2)$의 값을 계산하라.

(풀이) $f(x) = x^2$, $g(x) = 2x + 1$이므로 $f \circ g(x) = f(g(x)) = f(2x + 1) = (2x + 1)^2$에서 $f \circ g(2) = 25$이다. 마찬가지로 $g \circ f(x) = g(f(x)) = g(x^2) = 2x^2 + 1$이고 $g \circ f(2) = 9$이다.

> ### 정리 0.1.3 합성함수의 연속성
>
> 함수 $g(x)$가 $x = a$에서 연속이고 함수 $f(u)$가 $u = g(a)$에서 연속이면 $f \circ g(x)$는 $x = a$에서 연속이다.

정리 0.1.3을 이용하면 꽤 복잡해 보이는 함수의 극한값을 구할 수 있다. $\sqrt{x \cos x}$ 는 $y = f(u) = \sqrt{u}$와 $u = g(x) = x \cos x$의 합성함수이다. $g(x)$는 $x = \pi/3$에서 연속 이고 $f(u)$도 $g(\pi/3) = \pi/6$에서 연속이므로 $f \circ g(x)$는 $x = \pi/3$에서 연속이다. 따라 서 $x \to \pi/3$일 때 $f \circ g(x)$의 극한값을 함수값 $f \circ g(\pi/3)$로 계산해도 된다. 즉

$$\lim_{x \to \pi/3} \sqrt{x \cos x} = \sqrt{\left(\frac{\pi}{3}\right) \cos\left(\frac{\pi}{3}\right)} = \sqrt{\left(\frac{\pi}{3}\right)\left(\frac{1}{2}\right)} = \sqrt{\frac{\pi}{6}}$$

이다.

극한값 계산

우리는 함수의 연속성을 이용하여 극한값을 계산한다. 앞에서 수치계산을 통해 $\lim_{x \to 1}(2x + 1) = 3$일 것이라고 예상했다. 사실 우리는 극한값을 직접 구하는 방법을 알지 못한다. 그런데 함수 $f(x) = 2x + 1$은 $x = 1$에서 연속이고 위의 연속성의 정 의 (3)에서 함수값과 극한값이 같으므로 $\lim_{x \to 1} f(x) = f(1) = 3$과 같이 함수값을 이 용하여 극한값을 계산하는 것이다. 이번에는 $x \to 1$일 때 $f(x) = \dfrac{x^2 - 1}{x - 1}$의 극한 값을 구하는 경우를 생각해 보자. 이 경우는 $x = 1$에서 $f(x)$가 정의되지 않으므로

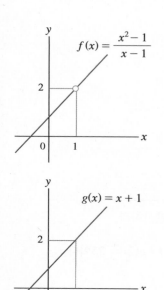

그림 0.1.10 $f(x)$와 $g(x)$의 그래프 비교

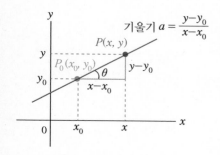

그림 0.1.11 직선의 방정식

함수값으로 극한값을 구할 수 없다. 그러면 $f(x) = \dfrac{x^2 - 1}{x - 1} = \dfrac{(x - 1)(x + 1)}{x - 1}$과 $g(x) = x + 1$은 어떤 차이가 있을까? $f(x)$는 $x = 1$에서 정의되지 않는다. 즉 $x = 1$이 $f(x)$의 불연속점이라는 것 외에는 둘은 같은 함수이다. 이들을 그래프로 비교한 것이 그림 0.1.10이다. 따라서 $f(x)$의 $x = 1$에서의 극한값을 $x = 1$에서 연속함수인 $g(x)$의 함수값으로 계산할 수 있다. 다시 말하여

$$\lim_{x \to 1} \frac{x^2 - 1}{x - 1} = \lim_{x \to 1} \frac{(x - 1)(x + 1)}{x - 1} = \lim_{x \to 1}(x + 1) = 2$$

와 같이 구한다. 위 과정에서 $x \to 1$이 $x = 1$은 아니므로 $f(x)$의 분모와 분자를 $x - 1$로 나눌 수 있다.

함수의 미분(상미분)

기울기와 변화율

앞에서 미적분학은 변화를 다루는 학문이라고 하였다. 이에 대해 생각해 보자. 우리는 어릴 적부터 수학을 배워 직선에 대해 꽤 많은 지식을 가지고 있다. 그림 0.1.11에서 점 $P_0(x_0, y_0)$와 점 $P(x, y)$를 잇는 직선의 **기울기**(slope)를

$$a = \tan\theta = \frac{y - y_0}{x - x_0} \tag{0.1.2}$$

로 정의한다. 식 (0.1.2)는 직선의 방정식이

$$y - y_0 = a(x - x_0) \tag{0.1.3}$$

임을 뜻하고, 여기서 $P_0(x_0, y_0)$ 대신에 직선과 y축이 만나는 점 $P_0(0, b)$를 사용하면

$$y = ax + b \tag{0.1.4}$$

가 된다. 여기서 b를 **y-절편**(y-intercept)이라고 부른다.

여기서 기울기 a에 대해 좀 더 생각해 보자. 이는 y의 변화량 $\triangle y = y - y_0$를 x의 변화량 $\triangle x = x - x_0$으로 나눈 값이므로 x의 변화량에 대한 y의 변화량, 즉 **x에 대한 y의 변화율**을 의미한다. 예를 들어 x를 시간, y를 사람의 키라고 할 때 사람이 10년간 키가 10 cm 자랐다면 키의 변화율이 $\dfrac{10\ \text{cm}}{10\text{년}} = 1\ \text{cm/년}$인 것이다. 다른 예를 살펴보자. 저자는 단독주택에 사는데 외딴집이니 건물의 단열이 매우 중요하다. 추운 겨울날 벽 내부의 온도가 그림 0.1.12로 나타난다고 가정하자.

각각의 재료에 대해 길이에 대한 온도의 변화율을 계산하면 내부 마감재 $2\,℃/3\ \text{cm} = 0.67\,℃/\text{cm}$, 철근콘크리트 $5\,℃/17\ \text{cm} = 0.29\,℃/\text{cm}$, 스티로폼 $15\,℃/15\ \text{cm} = 1.0\,℃/\text{cm}$, 벽돌 $2\,℃/5\ \text{cm} = 0.4\,℃/\text{cm}$로 스티로폼의 단열효과가 가

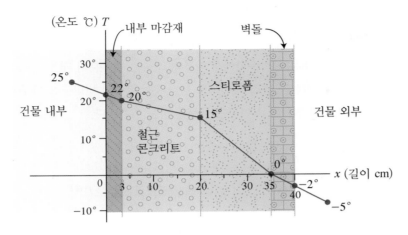

그림 0.1.12 벽 내부의 온도(사실과 무관함)

장 좋은 것을 알 수 있다. 스티로폼의 열전도율이 가장 낮아 단위 길이당온도 차이
가 가장 심하게 나타난 것이다. 만약 위의 그림과 같이 스케일(눈금 단위)을 정확히
유지하여 그리면 계산을 하지 않고 붉은색으로 표시된 직선의 기울기만 보아도 단
열성능을 한번에 알 수 있다. 여기서는 직선의 기울기가 길이에 대한 온도의 변화율
이기 때문이다. 1차함수의 그래프인 직선은 x에 관계없이 기울기가 항상 일정하다.
그렇다면 1차함수가 아닌 곡선은 어떨까? 우리는 드디어 미분이 필요한 상황에 다
다랐다.

미분의 정의

1변수 함수 $y = f(x)$에 대해 **미분**(도함수, derivative)을 함수의 극한을 이용하여

$$\frac{dy}{dx} \equiv \lim_{\Delta x \to 0} \frac{f(x + \Delta x) - f(x)}{\Delta x} \tag{0.1.5}$$

로 정의한다는 것은 고등학교 과정에서 이미 배웠다. 여기서
'$\equiv$' 기호는 같다는 의미에 더하여 좌변을 우변으로 정의한다
는 기호이다. 식 (0.1.5)의 기하학적 의미는 그림 0.1.13에서 쉽
게 알 수 있다. 식 (0.1.5)의 우변의 $\dfrac{f(x + \Delta x) - f(x)}{\Delta x}$는 x가
$x + \Delta x$로 변할 때 $f(x)$의 **평균 변화율**(할선 CD의 기울기)이고, $\Delta x \to 0$
일 때의 값 $\dfrac{dy}{dx}$ 또는 $f'(x)$는 x에서의 **순간 변화율**(접선 AB의 기울기)이
다.

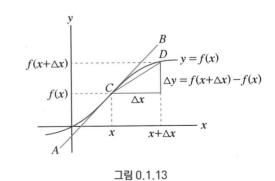

그림 0.1.13

이렇듯 미분은 접선의 기울기, 즉 변화율을 해석하는 방법론을 제공한

다. 육상 선수가 100 m를 10초에 뛴다면 시간에 대한 거리의 변화율, 즉 속력은 10 m/s이다. 하지만 이는 10초 동안의 평균 속력이지 순간 속력은 매 순간 다르다. 우리가 미적분학 또는 공학수학에서 다루려고 하는 대부분의 내용이 이러한 변화율에 관한 것이다. 직선과 달리 곡선으로 나타나는 함수의 변화율을 다루기 위해서는 좀 더 고급 지식이 필요하고 이것이 공부를 하는 이유이다.

식 (0.1.5)에서 $x = a$이면

$$\frac{dy}{dx}\bigg|_{x=a} = f'(a) = \lim_{\triangle x \to 0} \frac{f(a + \triangle x) - f(a)}{\triangle x} \tag{0.1.6a}$$

가 되는데 이 극한값이 존재하면 $x = a$에서 '**미분가능**(differentiable)하다'라 하고 이 값을 **미분계수**라고 한다. 식 (0.1.6a)에서 $a + \triangle x = x$로 놓으면 $\triangle x \to 0$일 때 $x \to a$이므로

$$\frac{dy}{dx}\bigg|_{x=a} = f'(a) = \lim_{x \to a} \frac{f(x) - f(a)}{x - a} \tag{0.1.6b}$$

로 쓸 수도 있다. 미분가능한 구간의 모든 x로 미분한 결과는 x의 함수이므로 이를 **도함수**라고 부른다. 함수 y를 한 번 미분한 $\frac{dy}{dx}$를 1계 미분이라고 한다. $\frac{dy}{dx}$를 한 번 더 미분한 것을 2계 미분이라고 하고 $\frac{d^2 y}{dx^2}$로 쓰는데 이는 $\frac{d}{dx}\left(\frac{dy}{dx}\right)$를 줄여서 표현한 것이다. $\frac{d^n y}{dx^n}$는 n계 미분이다. 다른 교재에서는 'n계 미분'이 아닌 'n차 미분'으로 사용하기도 하는데, 예를 들어 $\left(\frac{dy}{dx}\right)^2$은 1계 미분의 제곱(2차)이므로, '차(power)'보다는 '계(order)'라는 표현이 더 적합하다고 생각한다.

예제 6

$y = f(x) = x^2$의 1계 미분 dy/dx를 식 (0.1.5)에 의해 구하라.

(풀이) $\dfrac{dy}{dx} = \lim\limits_{\triangle x \to 0} \dfrac{f(x + \triangle x) - f(x)}{\triangle x} = \lim\limits_{\triangle x \to 0} \dfrac{(x + \triangle x)^2 - x^2}{\triangle x}$

$\qquad\quad = \lim\limits_{\triangle x \to 0} \dfrac{x^2 + 2x\triangle x + \triangle x^2 - x^2}{\triangle x} = \lim\limits_{\triangle x \to 0} (2x + \triangle x) = 2x.$

결과는 여러분들이 고교과정에서 외웠던 공식인 실수 n에 대해 $(x^n)' = nx^{n-1}$을 이용한 결과와 같다.

미분이 항상 존재하지는 않는다. 다음 예제를 보자.

예제 7

예제 4에서 $y = |x|$는 모든 x에서 연속임을 보였다. 이번에는 $x = 0$에서 미분가능성에 대해 말하라.

(풀이) 그림 0.1.9의 그래프를 갖는 $y = |x|$를 구간별로 나누어 표현하면 $y = |x| = \begin{cases} x, & x \geq 0 \\ -x, & x < 0 \end{cases}$ 이다. $x = 0$을 기준으로 계산한 좌극한과 우극한은 각각

$$\lim_{\triangle x \to 0^-} \frac{|0 + \triangle x| - |0|}{\triangle x} = \lim_{\triangle x \to 0} \frac{(-\triangle x)}{\triangle x} = -1$$

$$\lim_{\triangle x \to 0^+} \frac{|0 + \triangle x| - |0|}{\triangle x} = \lim_{\triangle x \to 0} \frac{\triangle x}{\triangle x} = 1$$

이다. 좌극한과 우극한의 값이 다르므로 극한값이 존재하지 않아 $y = |x|$는 $x = 0$에서 미분 불가능하다.

한 점에서 함수의 미분이 존재하려면 그 점에서 연속이어야 한다. 그렇지만 위의 예제에서 보듯이 함수가 연속인 점에서도 미분이 불가능할 수 있다. $y = |x|$가 $x = 0$에서 보이는 것처럼 기울기가 연속적으로 변하지 않고 갑자기 변하는 점을 **첨점**(spike point)이라고 하는데 첨점에서는 미분이 불가능하다. 연속함수가 반드시 미분가능하지는 않지만 미분가능한 함수는 연속이다.

정리 0.1.4 미분가능과 연속

함수 $f(x)$가 $x = a$에서 미분가능하면 $f(x)$는 $x = a$에서 연속이다.

(증명) $f(x)$가 $x = a$에서 미분가능하므로 식 (0.1.6b)에서 $f'(a) = \lim\limits_{x \to a} \dfrac{f(x) - f(a)}{x - a}$ 가 존재한다. 따라서 정리 0.1.1 극한의 성질 (3)을 이용하면

$$\lim_{x \to a} [f(x) - f(a)] = \lim_{x \to a} \frac{f(x) - f(a)}{x - a}(x - a)$$
$$= \lim_{x \to a} \frac{f(x) - f(a)}{x - a} \lim_{x \to a}(x - a) = f'(a) \cdot 0 = 0,$$

즉 $\lim\limits_{x \to a} f(x) = f(a)$이므로 $f(x)$는 $x = a$에서 연속이다. ∎

쉬어가기 0.1   간미연과 연속성

오래된 조크 하나 소개하겠다. 제목은 '공대생 개그'인데 요즘도 검색하면 나오는지 모르겠다. 공대생에게 질문하고 그들의 답을 통해 공대생의 유별성을 보여주는 조크이다. 여러 질문 중 하나가 '간미연'으로 삼행시를 지으라는 것이다. 간미연씨는 과거 인기 걸그룹 베이비복스의 멤버 중 한 사람이다. 공대생의 답은 '간 : 간단히 말해서, 미 : 미분가능하면, 연 : 연속이다' 이었다. 위의 정리 0.1.4를 기억하는 좋은 삼행시이다. 요즘 공대생들에게서는 이런 유별성을 찾기가 쉽지 않아 아쉽다.

미분의 성질

다양한 형태의 함수들을 미분하는데 필요한 공식을 소개하겠다.

정리 0.1.5 미분의 성질

$f(x)$와 $g(x)$가 미분가능한 함수일 때

(1) $[kf(x)]' = kf'(x)$, k 는 상수

(2) $[f(x) + g(x)]' = f'(x) + g'(x)$

(3) $[f(x)g(x)]' = f'(x)g(x) + f(x)g'(x)$

(4) $\left[\dfrac{1}{g(x)}\right]' = -\dfrac{g'(x)}{g(x)^2}$, $g(x) \neq 0$

(5) $\left[\dfrac{f(x)}{g(x)}\right]' = \dfrac{f'(x)g(x) - f(x)g'(x)}{g(x)^2}$, $g(x) \neq 0$

위의 증명 또한 미분의 정의 [식 (0.1.5)]와 정리 0.1.1 극한의 성질을 이용한다. 성질 (2)는

$$[f(x) + g(x)]' = \lim_{\triangle x \to 0} \frac{[f(x + \triangle x) + g(x + \triangle x)] - [f(x) + g(x)]}{\triangle x}$$
$$= \lim_{\triangle x \to 0} \left[\frac{f(x + \triangle x) - f(x)}{\triangle x} + \frac{g(x + \triangle x) - g(x)}{\triangle x} \right]$$
$$= \lim_{\triangle x \to 0} \frac{f(x + \triangle x) - f(x)}{\triangle x} + \lim_{\triangle x \to 0} \frac{g(x + \triangle x) - g(x)}{\triangle x}$$
$$= f'(x) + g'(x)$$

와 같이 증명할 수 있다.

■

나머지 성질들도 증명해 보기를 추천한다. 성질 (3)이 조금 까다롭겠지만 고등학교 수학 교과서에 모두 나오는 내용이다. 성질 (5)는 미분의 정의를 사용하지 않고 성질 (3)과 (4)를 이용하여 증명할 수 있다.

예제 8

$\tan x$의 도함수를 구하라.

(풀이) $\tan x = \frac{\sin x}{\cos x}$ 이므로 $f(x) = \sin x$, $g(x) = \cos x$로 놓고 성질 (5)를 이용한다.

$$(\tan x)' = \left(\frac{\sin x}{\cos x} \right)' = \frac{(\sin x)' \cos x - \sin x (\cos x)'}{\cos^2 x} = \frac{\cos x \cos x - \sin x (-\sin x)}{\cos^2 x}$$
$$= \frac{\cos^2 x + \sin^2 x}{\cos^2 x} = \frac{1}{\cos^2 x} = \sec^2 x$$

☞ 항등식 $\cos^2 x + \sin^2 x = 1$의 양변을 $\cos^2 x$로 나누면 $1 + \tan^2 x = \sec^2 x$이고, $\cos^2 x + \sin^2 x = 1$의 양변을 $\sin^2 x$로 나누면 $\cot^2 x + 1 = \csc^2 x$이다.

미분의 다른 형태

함수 $y = f(x)$가 미분가능할 때 x와 y의 증분(increment)을 $\triangle x$와 $\triangle y$로 놓으면

$$\lim_{\triangle x \to 0} \frac{\triangle y}{\triangle x} = f'(x) \tag{0.1.7}$$

이다. 이를 오차(error) ϵ을 이용하여 다시 나타내면 $\frac{\triangle y}{\triangle x} = f'(x) + \epsilon$ 또는

$$\triangle y = f'(x) \triangle x + \epsilon \triangle x \tag{0.1.8}$$

이고, 이것이 식 (0.1.7)을 만족하려면 $\triangle x \to 0$일 때 $\epsilon \to 0$이어야 한다. 식 (0.1.8)

에서 $\triangle x$와 $\triangle y$ 대신에 $\epsilon \rightarrow 0$일 때 이들의 **미소증분**(differential) dx, dy로 나타내면

$$dy = f'(x)dx \qquad (0.1.9)$$

이다. 식 (0.1.9)의 dy는 영어 표현으로 'differential'을 사용하여 $\dfrac{dy}{dx}$를 나타내는 'derivative'와 구분하지만 우리말로는 둘 다 **미분**으로 표현한다. 미분을 미소증분의 줄임말이라고 생각하면 편할 것이다. 사실 우리말의 미분은 미분한다는 행위의 의미(differentiation)로 쓰이기도 하고, 미분의 결과물인 도함수의 의미(derivative)로 쓰이기도 하고, 지금과 같이 무한히 작은 양인 미소증분(differential)의 의미로도 쓰여 혼란스럽기는 하다. 식 (0.1.9)의 양변을 dx로 나누면 우리에게 좀 더 익숙한 표현

$$\frac{dy}{dx} = f'(x) \qquad (0.1.10)$$

가 된다. 여기서 $f'(x)$는 특정한 x의 값에서 y의 미분 dy와 x의 미분 dx의 비를 나타내는 수이므로 **미분계수**라고 부르는 것이다. 식 (0.1.9)와 (0.1.10)을 편의에 따라 모두 사용할 수 있다. 예를 들어 한 변의 길이가 x인 정사각형의 넓이가 $A(x) = x^2$일 때 $\dfrac{dA}{dx} = 2x$ 또는 $dA = 2xdx$ 모두 사용이 가능하다. 어떤 교재에서는 식 (0.1.9)를 미분의 선형화(linearization)로 설명하기도 하는데 결과는 동일하다.

연쇄율

앞에서 합성함수를 소개하였다. **합성함수의 미분**을 다른 말로 **연쇄율**(chain rule)이라고 한다. $y = f(u)$가 u에서 미분가능하고 $u = g(x)$가 x에서 미분가능하면 합성함수 $y = f \circ g(x) = f(g(x))$는 x에서 미분가능하다.

정리 0.1.6 미분의 연쇄율

합성함수 $y = f \circ g(x) = f(g(x))$에 대해 g가 x에서 미분가능하고 f가 $g(x)$에서 미분가능하면

$$\frac{dy}{dx} = f'(g(x)) \cdot g'(x)$$

이다. 위의 식과 $\dfrac{dy}{dx} = \dfrac{dy}{du}\dfrac{du}{dx}$ 는 같은 표현이다.

(증명) 식 (0.1.8)에서

$$\triangle u = g'(x)\triangle x + \epsilon_1 \triangle x = (g'(x) + \epsilon_1)\triangle x \qquad (0.1.11)$$

이고, 여기서 $\triangle x \rightarrow 0$일 때 $\epsilon_1 \rightarrow 0$이다. 마찬가지로

$$\triangle y = f'(u)\,\triangle u + \epsilon_2 \triangle u = (f'(u) + \epsilon_2)\,\triangle u \qquad (0.1.12)$$

이고, 여기서 $\triangle u \to 0$일 때 $\epsilon_2 \to 0$이다. 식 $(0.1.11)$을 식 $(0.1.12)$에 대입하면

$$\triangle y = (f'(u) + \epsilon_2)(g'(x) + \epsilon_1)\,\triangle x$$

또는

$$\frac{\triangle y}{\triangle x} = (f'(u) + \epsilon_2)(g'(x) + \epsilon_1)$$

이므로

$$\left. \frac{dy}{dx} \right|_{x = x_0} = \lim_{\triangle x \to 0} \frac{\triangle y}{\triangle x} = f'(u)g'(x)$$

가 성립한다.

∎

예제 9

함수 $y = (2x + 1)^2$을 합성함수 $y = f(u) = u^2, u = g(x) = 2x + 1$로 보고 $\dfrac{dy}{dx}$를 구하라.

(풀이) $\dfrac{dy}{du} = 2u, \dfrac{du}{dx} = 2$이므로 연쇄율에 의해

$$\frac{dy}{dx} = \frac{dy}{du}\frac{du}{dx} = 2u \cdot 2 = 2(2x + 1) \cdot 2 = 8x + 4$$

이다. 한편 $y = (2x + 1)^2 = 4x^2 + 4x + 1$이므로 직접 미분하면

$$\frac{dy}{dx} = 8x + 4$$

로 결과가 같다.

☞ 여러분들은 $(2x + 1)^2$을 미분할 때 이를 전개하지 않고 $2x + 1$을 x로 간주하여 x^2을 미분하고 나중에 다시 2를 곱할 것이다. 이미 연쇄율을 사용하는 것이다.

음함수 미분

함수를 양함수와 음함수로 구분하기도 한다. 이는 함수를 표현하는 방식에 의한 구분이다. **양함수**(explicit function)는 $y = f(x)$와 같이 종속변수 y를 정확하게 독립변수 x의 함수로 표현하는 방식으로 $y = 2x + 1$, $y = x^2$, $y = \sin x + 1$과 같은 함수이다. **음함수**(implicit function)는 $f(x, y) = 0$과 같이 종속변수 y와 독립변수 x를 섞어

표현하는 방식으로 $x^2 + y^2 = 1 \ (y \geq 0)$과 같은 함수를 말한다. 양함수 $y = 2x + 1$을 음함수로 표현하면 $2x - y + 1 = 0$이다. 음함수를 미분할 때 양함수로 바꾸어 미분할 수도 있지만 음함수 형태에서 직접 미분할 수 있는데 이런 방법을 **음함수 미분**(implicit diifferentiation)이라고 한다. 음함수 미분은 연쇄율에서 기인한다.

예제 10

함수 $x = y^2$에서 $\dfrac{dy}{dx}$ 를 구하라.

(풀이) 음함수 $x = y^2$의 양변을 x로 미분하면

$$\frac{d}{dx}(x) = \frac{d}{dx}(y^2) \tag{a}$$

이다. 우변의 미분을 구하기 위해 $u = y^2$으로 놓으면 $\dfrac{du}{dy} = 2y$ 이므로 연쇄율에 의해

$\dfrac{d}{dx}(y^2) = \dfrac{du}{dx} = \dfrac{du}{dy}\dfrac{dy}{dx} = 2y\dfrac{dy}{dx}$ 이다. 따라서 식 (a)는 $1 = 2y\dfrac{dy}{dx}$ 가 되어 $y \neq 0$일 때

$$\frac{dy}{dx} = \frac{1}{2y}$$

이다.

☞ 음함수 $y^2 = x$를 양함수로 고치면 $y = \sqrt{x}$ 또는 $y = -\sqrt{x}$ 이다. $y = \sqrt{x}$ 이면 $\dfrac{dy}{dx} = \dfrac{1}{2\sqrt{x}} = \dfrac{1}{2y}$, $y = -\sqrt{x}$ 이면 $\dfrac{dy}{dx} = -\dfrac{1}{2\sqrt{x}} = \dfrac{1}{2y}$ 이 되어 결과가 같음을 확인할 수 있다.

이 정도로 미분에 관한 설명을 마친다. 다음에는 함수의 적분을 간략히 설명한다.

함수의 적분

적분에는 부정적분과 정적분이 있다. 학생들에게 둘의 차이를 물으면 대부분이 근본적인 정의적 차이가 아니라 부정적분은 적분구간이 없고 정적분은 적분구간이 있다는 식의 현상적 차이만 말한다. **부정적분**(indefinite integral)은 미분의 반대 개념인 **반미분**(antiderivative)이다. 다른 말로 **원시함수**(primitive function)라고도 한다. 즉 $F'(x) = f(x)$이면 $F(x)$는 $f(x)$의 부정적분이고

$$\int f(x)dx = F(x) + c \tag{0.1.13}$$

로 쓴다. 여기서 c는 임의의 상수로 **적분상수**라고 부른다. 따라서 미분공식을 알면 저절로 부정적분 공식도 아는 것이다. 예를 들어

$$\int x dx = \frac{1}{2}x^2 + c, \quad \int \frac{1}{x}dx = \ln x + c \ (x > 0), \quad \int e^x dx = e^x + c$$

이다. 왜냐하면 $\left(\frac{1}{2}x^2 + c\right)' = x$, $(\ln x + c)' = \frac{1}{x}$, $(e^x + c)' = e^x$ 이기 때문이다.

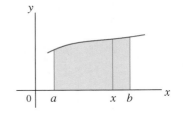

한편 **정적분**(definite integral)의 정의는 넓이이다. 그림 0.1.14와 같이 함수 $y = f(x)$가 그리는 곡선과 x축($a \le x \le b$) 사이의 넓이를 $\int_a^b f(x)dx$로 정의한다. 여기서 적분기호 $\int$는 **라이프니츠**(Gottfried Leibniz, 1646–1716, 독일)가 합(sum)을 의미하는 문자 S에서 따온 것이다. 그림 0.1.15와 같이 구간 $[a, b]$를 n개의 분할구간(partition)으로 나누고 k번째 분할구간의 길이를 $\triangle x_k$, 그 구간에 속하는 한 점을 x_k^*라 할 때 k번째 직사각형의 넓이가 $f(x_k^*)\triangle x_k$이므로 n개의 직사각형의 넓이는 $\sum_{k=1}^n f(x_k^*)\triangle x_k$이다. 따라서 곡선 $y = f(x)$와 x축 사이의 넓이가 $\lim_{n \to \infty}\sum_{k=1}^n f(x_k^*)\triangle x_k$ 이므로 정적분의 정의는

그림 0.1.14　정적분

$$\int_a^b f(x)dx = \lim_{n \to \infty}\sum_{k=1}^n f(x_k^*)\triangle x_k \tag{0.1.14}$$

이다. 식 (0.1.14)의 우변을 **리만합의 극한**(Bernhard Riemann, 1826–1866, 독일) 이라고 한다.

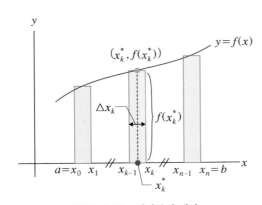

그림 0.1.15　정적분의 계산

위와 같이 정적분은 합의 의미를 가지므로 기호 $\int$를 사용하는 것이 이해되는데 합과 전혀 상관없는 부정적분에 왜 같은 기호를 사용할까? 이 질문에 대한 답을 하기 위해서는 역사적 서술이 필요하다. 정적분과 부정적분은 오랫동안 별개의 개념으로 구분되었다. **아르키메데스**(Archimedes, BC 287–BC 212, 그리스) 시대에도 비정형 영역의 넓이를 작은 영역의 넓이의 합으로 계산하는 리만합의 극한 개념이 존재했다. 예를 들어 그림 0.1.16과 같이 $y = x^2$과 x축 위의 구간 $[0,1]$이 이루는 넓이를 구해보자. 여기에서는 단순한 계산을 위해 $x_k^* = x_k$를 사용하지만 $x_{k-1} \le x_k^* \le x_k$를 만족하는 어떤 x_k^*를 사용해도 된다. x축 위의 0에서 1 사이를 n등분하면 k번째

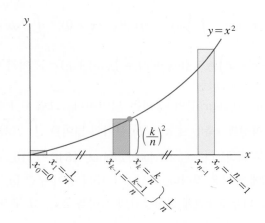

그림 0.1.16 리만합의 극한으로 구하는 넓이

직사각형은 밑변이 $\dfrac{1}{n}$, 높이가 $\left(\dfrac{k}{n}\right)^2$ 이므로 그 넓이가 $A_k = \left(\dfrac{k}{n}\right)^2 \dfrac{1}{n}$ 이다. 따라서 전체 넓이는

$$A = \lim_{n \to \infty} \sum_{k=1}^{n} \left(\frac{k}{n}\right)^2 \frac{1}{n} = \lim_{n \to \infty} \frac{1}{n^3} \sum_{k=1}^{n} k^2 = \lim_{n \to \infty} \frac{1}{n^3} \frac{n(n+1)(2n+1)}{6} = \frac{1}{3}$$

이다. 이런 방법으로 원의 넓이, 원뿔이나 구의 부피 등을 구할 수 있었다.

정적분의 정의로부터 다음의 성질이 성립한다.

정리 0.1.7 정적분의 성질

(1) $\displaystyle\int_a^a f(x)dx = 0$

(2) $\displaystyle\int_a^b f(x)dx = -\int_b^a f(x)dx$

(3) $\displaystyle\int_a^b kf(x)dx = k\int_a^b f(x)dx$ (k는 상수)

(4) $\displaystyle\int_a^b [f(x) \pm g(x)]dx = \int_a^b f(x)dx \pm \int_a^b g(x)dx$

(5) $\displaystyle\int_a^b f(x)dx + \int_b^c f(x)dx = \int_a^c f(x)dx$

이러한 성질은 교재의 다른 여러 부분에서 다시 사용될 것이다.

미적분의 기본정리

17세기에 들어와 뉴턴은 부정적분을 이용하여 넓이를 나타내는 정적분을 계산할 수 있는 **미적분의 기본정리**(fundamental theorem of calculus)를 발견하였다. 그림 0.1.14에서 a와 b 사이에 x를 선택하고 a와 x 사이의 넓이를 $F(x)$라고 하면 $F(x) = \int_a^x f(x)\,dx$ 가 될 것이다. 여기서 변수 x를 t로 바꾸고 함수 $f(x)$를 함수 $f(t)$로 바꾸어 넓이를 표현하여도 아무런 문제가 되지 않으므로 $F(x) = \int_a^x f(t)\,dt$ 로 쓸 수 있다.

정리 0.1.8 미적분의 기본정리

f가 $[a, b]$의 모든 점에서 연속이고 F가 $[a, b]$에서 f의 임의의 부정적분, 즉 $F'(x) = f(x)$이면

$$\int_a^b f(x)\,dx = F(b) - F(a) \tag{0.1.15}$$

이다.

(증명) 그림 0.1.15와 같이 구간 $[a, b]$를 n개의 분할구간으로 나누면 f의 임의의 부정적분 F에 대해

$$
\begin{aligned}
F(b) - F(a) &= F(x_n) - F(x_0) \\
&= [F(x_n) - F(x_{n-1})] + [F(x_{n-1}) - F(x_{n-2})] + \cdots \\
&\qquad + [F(x_2) - F(x_1)] + [F(x_1) - F(x_0)] \\
&= \sum_{k=1}^{n} [F(x_k) - F(x_{k-1})],
\end{aligned}
$$

즉

$$F(b) - F(a) = \sum_{k=1}^{n} [F(x_k) - F(x_{k-1})] \tag{0.1.16}$$

이다. F가 미분가능하므로 연속이고, 쉬어가기 0.2의 평균값 정리에 의해 $x_{k-1} \le x_k^* \le x_k$일 때

$$F(x_k) - F(x_{k-1}) = F'(x_k^*)(x_k - x_{k-1}) = F'(x_k^*)\triangle x_k$$

이므로 식 (0.1.16)은

$$F(b) - F(a) = \sum_{k=1}^{n} F'(x_k^*)\triangle x_k \tag{0.1.17}$$

이 된다. 식 (0.1.17)의 양변에 $n \to \infty$일 때의 극한을 구하면 (좌변은 n과 무관함)

$$F(b) - F(a) = \lim_{n \to \infty} \sum_{k=1}^{n} F'(x_k^*)\triangle x_k = \int_a^b f(x)\,dx$$

가 성립한다. ∎

위의 정리에서 임의의 부정적분은 상수 차이가 나는 모든 부정적분을 의미한다. 정리 0.1.8에 의해 리만합의 극한인 정적분을 부정적분을 이용하여 계산할 수 있게 되었다. 2천년이 넘어서야 정적분과 부정적분이 만난 것이다.

그림 0.1.16의 넓이를 식 (0.1.15)를 이용하여 계산하면

$$\int_0^1 x^2\,dx = \left[\frac{x^3}{3}\right]_0^1 = \frac{1}{3}$$

로 리만합의 극한으로 구한 결과와 같다.

다음에 미적분학에서 자주 소개되는 몇 가지 중요한 정리들을 쉬어가기로 소개한다.

쉬어가기 0.2　교통경찰관과 평균값 정리

"구간 $[a, b]$에서 연속이고, 구간 (a, b)에서 미분 가능한 함수 $f(x)$에 대해

$$\frac{f(b) - f(a)}{b - a} = f'(c) \tag{0.1.18}$$

를 만족하는 c가 a와 b 사이에 적어도 하나 존재한다"를 **평균값 정리**(mean value theorem)라 한다. 이는 그림 0.1.17과 같이 구간 $[a, b]$ 사이의 평균 변화율과 점 c에서 순간 변화율이 같은 점이 구간 $[a, b]$ 안에 적어도 하나 존재한다는 의미이다.

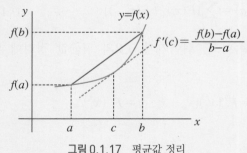

그림 0.1.17　평균값 정리

어떤 육상 선수가 100 m를 10초에 뛴다면 그의 평균속력은 10 m/s이다. 선수가 그런 평균속력을 내기 위해서는 0초와 10초 사이에서 순간속력이 10 m/s인 시점이 적어도 한 번 이상 있어야 하는 것은 당연하다. 트럭 운전기사가 제한속도가 시속 100 km인 고속도로 구간 220 km를 2시간에 운전하였다. 도착지의 톨게이트를 나오는 순간 이를 확인한 교통경찰관이 과속단속을 하자 트럭 운전기사는 과속한 적이 없다고 시치미를 뗀다. 교통경찰관은 어떻게 과속을 증명할 수 있을까? $f(t)$를 시간 t에서의 거리라고 하면 $f'(t)$는 속력이다. 식 (0.1.18)의 평균값 정리를 이용하면

$$\frac{f(2) - f(0)}{2 - 0} = \frac{220 - 0}{2 - 0} = 110 = f'(c)$$

이므로 0에서 2시간 사이에 트럭의 속력이 시속 110 km인 시점이 적어도 한 번 존재해야 한다.

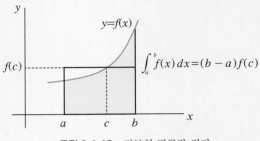

그림 0.1.18 적분형 평균값 정리

평균값 정리를 적분형으로 나타낼 수도 있다. **적분형 평균값 정리** 또는 **정적분의 평균값 정리**는

$$\int_a^b f(x)dx = (b - a)f(c) \tag{0.1.19}$$

를 만족하는 c가 a와 b 사이에 적어도 하나 존재한다는 것으로, 그림 0.1.18에서 보듯이 구간 $[a, b]$에서 $y = f(x)$와 x축 사이의 면적과 밑변이 $b - a$, 높이가 $f(c)$인 직사각형의 면적이 같아지는 점 c가 구간 내에 적어도 하나가 존재한다는 의미이다. 적분형 평균값 정리와 미분형 평균값 정리는 어떤 연관이 있을까? $F'(x) = f(x)$, 즉 $f(x)$의 부정적분이 $F(x)$이면 $\int_a^b f(x)dx = F(b) - F(a)$이고, 이를 식 (0.1.19)에 적용하면 $F(b) - F(a) = (b - a)f(c)$, 즉

$$\frac{F(b) - F(a)}{b - a} = f(c)$$

가 성립한다. 결과적으로 함수 $f(x)$에 대한 적분형 평균값 정리는 $f(x)$의 부정적분 $F(x)$에 대한 미분형 평균값 정리와 같다. 또한 **롤의 정리**(Michel Rolle, 1691년 발표)가 있는데, 이는 평균값 정리에서 $f(a) = f(b)$인 경우로 그림 0.1.19와 같이 $f'(c) = 0$을 만족하는 c가 a와 b 사이에 적어도 하나 존재한다는 의미이다.

그 외에도 미적분학의 기본적인 정리의 하나로 **중간값 정리**(intermediate value theorem)가 있다. 중간값 정리는 그림 0.1.20과 같이 "$a \leq b$인 구간 $[a, b]$에서 연속인 함수 $f(x)$에 대해 $f(a) \leq f(c) \leq f(b)$를 만족하는 점 c가 구간 a와 b 사이에 적어도 하나 존재한다"이다. [쉬운 설명을 위해 $a \leq b$, $f(a) \leq f(b)$를 가정했지만 그렇지 않은 경우에도 성립한다.] 예를 들어 10살 때 키가 100 cm였던 사람이 20살 때 170 cm가 되었다고 하자. 당연히 그 사람은 키가 150 cm였던 때가 10살과 20살 사이에 적어도 한 번은 있었을 것이다. 키가 100 cm에서 시작하여 150 cm를 지나지 않고 170 cm로 자라지는 않았을 것이고, 만약 그 사람이 어떤 이유로든 150 cm 이상 자랐다가 다시 150 cm 이하로 줄고 다시 170 cm가 되었다면 키가 150 cm인 때가 세 번 있었을 것이다.

학생들이 이러한 기본적인 정리를 수차례 배웠지만 그 내용을 제대로 설명하지 못하거나 이 정리들의 차이를 명확히 구분하지 못하는 경우를 자주 보았다. 이러한 정리를 수식으로만 보지 말고 그 의미를 이해하려고 노력하면 쉽게 잊지 않을 것이다. 여기서 소개한 정리들에 대한 증명은 생략한다. 롤의 정리는 '닫힌 구간에서 연속인 함수는 최대값과 최소값을 갖는다'는 최대값, 최소값 정리로 증명이 가능하고, 평균값 정리는 롤의 정리를 이용하여 증명할 수 있다.

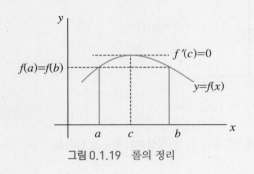

그림 0.1.19   롤의 정리

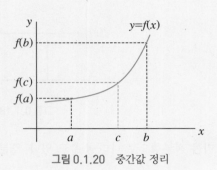

그림 0.1.20   중간값 정리

0.2   다변수 함수의 미적분학

다변수 함수

이제까지 우리는 $y = f(x)$ 형태의 함수를 다루었는데, 함수 중에서 $y = f(x)$와 같이 독립변수가 x 하나인 함수를 **1변수 함수**(single variable function)라고 한다. 우리는 이제까지 1변수 함수에 대한 미적분학을 공부한 것이다. 예를 들어 반지름이 r인 원의 넓이 $A(r) = \pi r^2$은 1변수 함수이고, 반지름 r, 높이 h인 원기둥의 부피 $V(r, h) = \pi r^2 h$는 2변수 함수이다. 다른 예로 사람의 키가 시간만의 함수, 즉 1변수 함수일까? 아니다. 만약 사람의 키가 시간만의 함수라면 생년월일이 같은 사람의 키는 모두 같아야 한다. 사람의 키를 변화시키는 요인, 즉 독립변수는 시간뿐 아니라, 유전적 요인, 식습관, 취침시간, 운동량 등 매우 다양할 것이다. 이렇게 독립변수가 여러 개인 함수를 **다변수 함수**(multiple variable function)라고 한다.

예를 들어 두 개의 독립변수를 갖는 함수

$$z = f(x, y) \tag{0.2.1}$$

는 **2변수 함수**이다. 이와 유사하게 3변수 함수, 4변수 함수, … 등도 정의할 수 있다.

식 (0.2.1)에서 중요한 점은 변수 x, y가 모두 독립변수이고, z가 종속변수라는 것이다. 따라서 그림 0.2.1에서 보듯이 x값과 y값이 모두 주어질 때 z값이 결정되고, 이 z값들은 3차원 공간에서 곡면을 그린다. 그림 0.2.2는 컴퓨터로 그린 2변수 함수 $z = x^2 + y^2$의 그래프이다. 원점에서 멀어질수록 높이 z가 증가하는 것을 확인하자. 3변수 함수 이상은 그래프를 그릴 수도 없다.

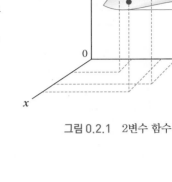

그림 0.2.1　2변수 함수

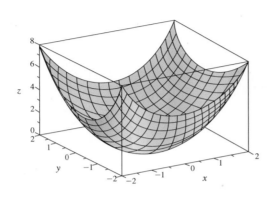

그림 0.2.2　$z = x^2 + y^2$의 그래프

실제 자연 현상이나 공학 문제들은 다변수 함수로 나타나지만 문제를 단순화하기 위해 1변수 함수로 보는 경우가 있다.

2변수 함수와 등위곡선

2변수 함수 $z = f(x, y)$는 곡면을 나타낸다고 하였다. 2변수 함수의 그래프를 입체가 아닌 평면에 표시하는 방법도 있다. 곡면 $z = f(x, y)$와 xy-평면에 평행한 평면 $z = c$(c는 상수)의 교선의 방정식은 두 식을 모두 만족하는 $f(x, y) = c$이며, 이는 1변수 함수 $y = f(x)$의 음함수(implicit function) 형태이므로 xy-평면 위에 곡선이 된다. 이러한 곡선

$$f(x, y) = c \tag{0.2.2}$$

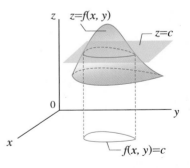

그림 0.2.3　2변수 함수와 등위곡선

를 곡면 $z = f(x, y)$의 **등위곡선**(level curve)이라 부르며 c값에 따라 여러 개의 등위곡선이 생긴다. 등위곡선은 함수 f의 물리적 의미에 따라 등고선, 등온선(isotherm), 등압선(isobar), 등전위선(equipotential line) 등으로도 불린다.

예제 1

곡면 $z = f(x, y) = x^2 - y^2$과 이의 등위곡선을 생각하자. z는 그림 0.2.4와 같은 말 안장(saddle) 형태의 곡면이며, 이의 등위곡선 $x^2 - y^2 = c$는 c값에 따라 그림 0.2.5와 같은 여러 개의 쌍곡선(hyperbola)이 된다. 특히 $c = 0$인 경우 등위곡선은 직선 $y = \pm x$이다.

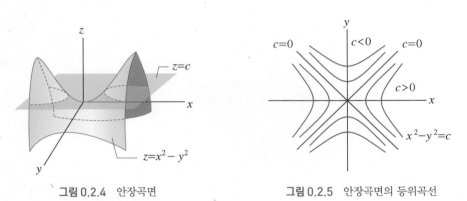

그림 0.2.4 안장곡면   **그림 0.2.5** 안장곡면의 등위곡선

☞ 안장곡면의 원점 $(0, 0, 0)$과 같이 방향에 따라 극대점이면서 극소점이 되는 점을 **안장점**(saddle point)이라고 한다. 참고로 **극소점**은 함수값이 감소하다가 증가하는 점(local minimum), **극대점**은 함수값이 증가하다가 감소하는 점(local maximum)이고 이를 합하여 **극점**이라고 부른다. 한글보다는 영어 표현이 뜻을 잘 전달한다. 참고로 맞춤법 표기에 의하면 사이 'ㅅ'을 사용하여 최댓값, 최솟값, 극댓값, 극솟값, 고윳값 등으로 써야 하지만 '최대'와 '최댓값' 또는 '고유함수'와 '고윳값'의 표현이 달라지는 것이 불편하여 이 교재에서는 맞춤법을 따르지 않음을 이해 바란다.

3변수 함수와 등위곡면

다변수 함수는 3변수 함수, 4변수 함수 등으로 확장할 수 있다. 3변수 함수 $\omega = f(x, y, z)$는 세 개의 독립변수 x, y, z에 의해 종속변수 ω가 결정되는데 이를 그리기 위해서는 좌표축이 네 개가 필요하므로 3차원 xyz-공간에서는 그릴 수 없다. [편법으로 3변수 함수의 그래프를 색을 다르게 표시하여 그리는 경우는 있다. 예를 들어 직육면체 형태의 교실 안의 온도 T가 위치 x, y, z의 함수, 즉 3변수 함수 $T = f(x, y, z)$일 때 직육면체 내부의 온도가 높은 부분을 붉은색으로, 낮은 부분을 파란색 등으로 달리 표시하는 것이다.] 하지만 2변수 함수의 등위곡선을 구할 때와 유사하게 $\omega = f(x, y, z) = c$로 놓으면 곡면

$$f(x, y, z) = c \qquad (0.2.3)$$

가 되는데, 이를 3변수 함수의 **등위곡면**(level surface)이라 부르며 이를 xyz-공간에 그릴 수 있다. 실제로 식 (0.2.3)은 $z = g(x, y)$로 나타낼 수 있으므로 2변수 함수이며 단지 음함수 형태로 나타난 것이다.

예제 2

3변수 함수 $f(x,y,z) = \dfrac{x^2 + y^2}{z}$ 의 등위곡면을 그려라.

(풀이) $f(x,y,z) = \dfrac{x^2 + y^2}{z} = c$ 로 놓고 정리하면

$x^2 + y^2 = cz$ 이고 이는 포물면(paraboloid)이다.

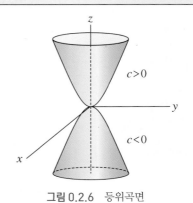

그림 0.2.6   등위곡면

☞ 위의 포물면을 독자들도 직접 그려 보고 결과가 원뿔이 아니고 포물면이 되는 이유를 말해 보아라. 스스로 검증하지 않고 그대로 받아들이는 습관이 수학을 잘할 수 없게 만드는 원인이다.

다변수 함수의 극한과 연속

점 (x, y)가 정의역 안의 임의의 경로를 따라 점 (a, b)에 가까이 갈 때 2변수 함수 $f(x, y)$가 L에 가까이 가면, 이를

$$\lim_{(x,y) \to (a,b)} f(x, y) = L$$

이라고 쓴다. 1변수 함수의 극한의 정의[정의 0.1.1]와 유사하게 2변수 함수의 정확한 극한의 정의는 다음과 같다.

정의 0.2.1 2변수 함수의 극한

2변수 함수 $f(x, y)$의 정의역 D는 점 (a, b)에 가까운 점들을 포함한다고 가정한다. 만약 $\epsilon > 0$에 대해

$$0 < \sqrt{(x - a)^2 + (y - b)^2} < \delta$$

일 때 $|f(x, y) - L| < \epsilon$이 성립하는 $\delta > 0$이 존재할 때

$$\lim_{(x,y) \to (a,b)} f(x, y) = L$$

이라 쓰고, (x, y)가 (a, b)에 가까이 갈 때 $f(x, y)$의 극한값은 L이라고 말한다.

여기서 $|f(x, y) - L|$은 $f(x, y)$와 L 사이의 거리이고 $\sqrt{(x - a)^2 + (y - b)^2}$ 은 점

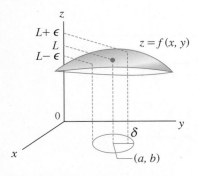

그림 0.2.7   2변수 함수의 극한

(x, y)와 점 (a, b) 사이의 거리이니 위의 정의는 그림 0.2.7과 같이 점 (x, y)와 점 (a, b) 사이의 거리를 충분히 작게(그러나 0이 되지는 않게)함으로써 $f(x, y)$와 L 사이의 거리도 얼마든지 작게 만들 수 있음을 말해준다.

1변수 함수에서는 x가 a에 접근할 때 왼쪽에서 오른쪽 또는 오른쪽에서 왼쪽으로 접근하는 두 가지 방법 뿐이고, 이 두 가지 극한이 같지 않으면, 즉 $\lim\limits_{x \to a^-} f(x) \neq \lim\limits_{x \to a^+} f(x)$이면 $\lim\limits_{x \to a} f(x)$는 존재하지 않음을 우리는 알고 있다. 2변수 함수에서는 상황이 좀 더 복잡해진다. $f(x, y)$의 정의역 (x, y)가 (a, b)에 접근하는 방법이 무수히 많기 때문이다. 정의 0.2.1은 (x, y)가 (a, b)의 거리를 이야기하는 것이지 접근하는 방법을 이야기하는 것은 아니다. 따라서 극한이 존재하려면 (x, y)가 (a, b)에 접근하는 방법에 관계없이 $f(x, y)$는 같은 극한값을 가져야 한다. 따라서 $f(x, y)$가 다른 극한값을 가지는 두 가지 다른 접근 경로가 발견되면 $\lim\limits_{(x,y) \to (a,b)} f(x, y)$는 존재하지 않는다.

예제 3

$f(x, y) = \dfrac{x - y}{x + y}$ 일 때 $\lim\limits_{(x,y) \to (0,0)} f(x, y)$가 존재하는가?

(풀이) 먼저 (x, y)가 x축을 따라 $(0, 0)$에 접근하는 경우를 생각하자. x축 위에서는 $y = 0$이므로 $x \neq 0$인 모든 x에 대해 $f(x, 0) = \dfrac{x - 0}{x + 0} = \dfrac{x}{x} = 1$이므로 $x \to 0$일 때의 극한값도 1이다. 이번에는 (x, y)가 y축을 따라 $(0, 0)$에 접근하는 경우를 생각하자. y축 위에서는 $x = 0$이므로 $y \neq 0$인 모든 y에 대해 $f(0, y) = \dfrac{0 - y}{0 + y} = \dfrac{-y}{y} = -1$이므로 $y \to 0$일 때의 극한값도 -1이다. $f(x, y)$는 두 접근 경로에 대해 서로 다른 극한값을 가지므로 극한값은 존재하지 않는다.

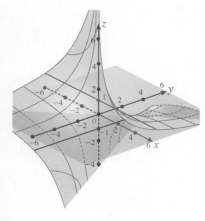

그림 0.2.8 $f(x, y) = \dfrac{x - y}{x + y}$의 그래프

예제 3의 결과를 그림으로 확인해 보자. 그림 0.2.8은 $z = f(x, y) = \dfrac{x - y}{x + y}$의 그래프인데 $f(x, y)$가 2변수 함수이므로 공간에서 곡면으로 나타난다. 좌표점이 포함된 붉은색 직선이 x축이고 (x, y)가 x축을 따라 $(0, 0)$으로 이동할 때 곡면의 높이인 z값을 붉은색으로 표시했는데 이는 z축과 1에서 만난다. 마찬가지로 좌표점이 포함된 초록색 직선이 y축이고 (x, y)가 y축을 따라 $(0, 0)$으로 이동할 때 z값의 변화를 초록색으로 표시했는데 이는 z축과 -1에서 만남을 알 수 있다. 예제 1의 $f(x, y)$는 $(0, 0)$뿐 아니라 xz-평면($y = 0$)과 yz-평면($x = 0$) 위의 모든 점에서 극한값이 존재하지 않는다.

2변수 함수에 대한 극한의 성질은 1변수 함수의 극한의 성질과 매우 유사하다. 정리 0.1.1에서 $x \to a$를 $(x, y) \to (a, b)$로, $f(x)$, $g(x)$를 $f(x, y)$, $g(x, y)$로 바꾸면 된다.

다음은 2변수 함수의 연속에 대해 알아보자. 1변수 함수의 연속에 대해서는 정의 0.1.2에서 설명하였다. 2변수 함수의 연속도 유사하게 정의한다.

> **정의 0.2.2 2변수 함수의 연속**
>
> 함수 $f(x, y)$에 대해 (a, b)에서 함수값과 극한값이 같으면 (a, b)에서 함수는 연속이다.

즉 $\displaystyle \lim_{(x,y) \to (a,b)} f(x, y) = f(a, b)$이면 $f(x, y)$는 점 (a, b)에서 연속이다. 함수가 영역 D의 모든 점에서 연속이면 $f(x, y)$는 D에서 연속함수이다. 2변수 함수의 연속에 대한 추가적인 설명은 1변수 함수의 그것과 매우 유사하므로 생략하겠다.

예제 4

$f(x, y) = \dfrac{xy}{x - y}$ 가 연속인 영역 D를 구하라.

(풀이) 분모, 분자 모두 x, y의 다항식이므로 모든 (x, y)에서 연속이다. 따라서 분모가 0이 되는 $x - y = 0$을 제외한 xy–평면 위의 모든 점에서 연속이다. 즉 $D = \{(x, y) \mid y \neq x\}$이고 이는 $f(x, y)$의 정의역과 같다.

이제까지의 설명은 3변수 함수 이상의 다변수 함수에 대해서도 동일하게 적용될 수 있다.

다변수 함수의 미분(편미분)

이번에는 다변수 함수의 미분에 대해 생각해 보자. 2변수 함수 $z = f(x, y)$는 독립변수가 두 개이므로 미분도 x에 대한 미분과 y에 대한 미분 두 가지가 존재할 것이다. 이를 미분의 정의인 식 (0.1.5)와 유사하게

$$\frac{\partial z}{\partial x} \equiv \lim_{\triangle x \to 0} \frac{f(x + \triangle x, y) - f(x, y)}{\triangle x} \tag{0.2.4a}$$

$$\frac{\partial z}{\partial y} \equiv \lim_{\triangle y \to 0} \frac{f(x, y + \triangle y) - f(x, y)}{\triangle y} \tag{0.2.4b}$$

로 정의하고, 이들을 **편미분**(편도함수, partial derivative)이라고 한다. 이제부터는 기존 1변수 함수에 대한 미분의 명칭을 보통의 미분이라는 뜻의 **상미분**(상도함수, ordinary derivative)으로 부른다. 상미분을 표현할 때는 'd'를 똑바로 써서 $\frac{d}{dx}$ 로 쓰지만 편미분에서는 '∂(round d)'를 사용하여 $\frac{\partial}{\partial x}$ 로 쓰니 여러분들도 수학적인 의사소통을 원활히 하기 위해서 반드시 따라야 한다.

예제 5

$z = f(x, y) = x^2 y$에 대한 1계 편미분 $\partial z/\partial x$, $\partial z/\partial y$를 정의에 의해 구하라.

(풀이) $\dfrac{\partial z}{\partial x} = \lim_{\triangle x \to 0} \dfrac{f(x + \triangle x, y) - f(x, y)}{\triangle x} = \lim_{\triangle x \to 0} \dfrac{(x + \triangle x)^2 y - x^2 y}{\triangle x}$

$\qquad = \lim_{\triangle x \to 0} \dfrac{x^2 y + 2x \triangle x\, y + \triangle x^2 y - x^2 y}{\triangle x} = \lim_{\triangle x \to 0} (2xy + \triangle x \cdot y) = 2xy.$

$\qquad \dfrac{\partial z}{\partial y} = \lim_{\triangle y \to 0} \dfrac{f(x, y + \triangle y) - f(x, y)}{\triangle y} = \lim_{\triangle y \to 0} \dfrac{x^2 (y + \triangle y) - x^2 y}{\triangle y}$

$\qquad = \lim_{\triangle y \to 0} \dfrac{x^2 y + x^2 \triangle y - x^2 y}{\triangle y} = \lim_{\triangle y \to 0} (x^2) = x^2.$

상미분은 1변수 함수에 대한 미분이고 편미분은 2변수 함수 이상의 다변수 함수에 대한 미분이다. 2변수 함수 $z = f(x, y)$에 대해 1계 편미분은 $\dfrac{\partial z}{\partial x}, \dfrac{\partial z}{\partial y}$ 두 가지가 있고, 2계 편미분은 $\dfrac{\partial^2 z}{\partial x^2}, \dfrac{\partial^2 z}{\partial y^2}, \dfrac{\partial^2 z}{\partial x \partial y}$ 세 가지가 있다. 이들을 간단히 $z_x, z_y, z_{xx}, z_{yy}, z_{xy}$로 쓰기도 한다. 특히 z_{xy}를 **혼합 편도함수**(mixed partial derivative)라고 부른다. 편미분의 정의 또는 예제 5의 결과를 보면 편미분은 미분하고자 하는 독립변수를 제외한 나머지 독립변수를 상수로 취급하여 미분하면 된다. 편미분의 정의를 사용하지 않고 편미분을 구해보자.

예제 6

$z = f(x, y) = \dfrac{y}{x} + xy$ 에 대해 z_x, z_y를 구하라.

(풀이) 먼저 y를 상수로 생각하고 x로 미분하면

$$z_x = -\frac{y}{x^2} + y$$

이다. 마찬가지로 x를 상수로 생각하고 y로 미분하면

$$z_y = \frac{1}{x} + x.$$

그림 0.2.1을 보면 2변수 함수 $z = f(x, y)$가 그리는 곡면 위의 한 점 $(x, y, f(x, y))$에서 곡면에 접하는 접선은 방향에 따라 무수히 많다. 우리가 등산할 때 산의 한 점에서 방향에 따라 기울기가 오르막이기도, 평평하기도, 내리막이기도 한 것과 마찬가지이다. 편미분의 정의를 자세히 관찰하면 $\frac{\partial z}{\partial x}$ 는 곡면 위의 한점에서 곡면에 접하는 무한개의 접선 중 x축 방향의 접선의 기울기를 의미함을 알 수 있다. 마찬가지로 $\frac{\partial z}{\partial y}$ 는 y축 방향의 접선의 기울기이다. 이에 대한 내용은 8.4절의 방향도함수에서 다시 공부한다.

편미분의 연쇄율

1변수 함수의 경우 $y = f(u)$이고 $u = g(x)$이면 y는 u를 매개변수(parameter)로 하여 결국 x의 함수가 되는 합성함수라고 하였다. 합성함수의 미분을 연쇄율 $\frac{dy}{dx} = \frac{dy}{du}\frac{du}{dx}$ 이라 하고, 정리 0.1.6에서 공부하였다. 이와 유사하게 $s = f(x, y)$이고 $x = g(u, v)$, $y = h(u, v)$이면 결국 s는 x와 y를 매개변수로 하는 u와 v의 함수이므로 $\frac{\partial s}{\partial u}, \frac{\partial s}{\partial v}$ 가 존재하는데 이를 다음과 같이 계산한다.

> **정리 0.2.1 편미분의 연쇄율**
>
> $s = f[x(u, v), y(u, v)]$이면 다음과 같다.
>
> $$\frac{\partial s}{\partial u} = \frac{\partial s}{\partial x}\frac{\partial x}{\partial u} + \frac{\partial s}{\partial y}\frac{\partial y}{\partial u}, \qquad \frac{\partial s}{\partial v} = \frac{\partial s}{\partial x}\frac{\partial x}{\partial v} + \frac{\partial s}{\partial y}\frac{\partial y}{\partial v}. \qquad (0.2.5)$$

위의 증명은 정리 0.1.6 미분의 연쇄율의 증명과 유사하므로 생략하겠다. 위에서 $s = f[x(u, v), y(u, v)]$는 s가 x, y의 함수이고 x, y는 다시 u, v의 함수라는 뜻이다. 많은 교재에서 편미분의 연쇄율의 여러 가지 다른 형태를 외우는 방법을 소개하지만 연쇄율의 의미를 정확히 이해하면 외울 필요가 없다. 다음을 보자.

연쇄율 적용의 여러 가지 경우

(1) $s = f[x(u, v, \omega), y(u, v, \omega), z(u, v, \omega)]$이면

$$\frac{\partial s}{\partial u} = \frac{\partial s}{\partial x}\frac{\partial x}{\partial u} + \frac{\partial s}{\partial y}\frac{\partial y}{\partial u} + \frac{\partial s}{\partial z}\frac{\partial z}{\partial u}$$

$$\frac{\partial s}{\partial v} = \frac{\partial s}{\partial x}\frac{\partial x}{\partial v} + \frac{\partial s}{\partial y}\frac{\partial y}{\partial v} + \frac{\partial s}{\partial z}\frac{\partial z}{\partial v}$$

$$\frac{\partial s}{\partial \omega} = \frac{\partial s}{\partial x}\frac{\partial x}{\partial \omega} + \frac{\partial s}{\partial y}\frac{\partial y}{\partial \omega} + \frac{\partial s}{\partial z}\frac{\partial z}{\partial \omega}$$

(2) $s = f[x(t), y(t), z(t)]$이면

$$\frac{ds}{dt} = \frac{\partial s}{\partial x}\frac{dx}{dt} + \frac{\partial s}{\partial y}\frac{dy}{dt} + \frac{\partial s}{\partial z}\frac{dz}{dt}$$

☞ s는 결국 t만의 함수이고 x, y, z도 t만의 함수이므로 s와 x, y, z의 t에 대한 미분은 상미분이어야 한다.

(3) $s = f[x(t), y(t)]$이면

$$\frac{ds}{dt} = \frac{\partial s}{\partial x}\frac{dx}{dt} + \frac{\partial s}{\partial y}\frac{dy}{dt}$$

(4) $s = f[x(t)]$이면

$$\frac{ds}{dt} = \frac{ds}{dx}\frac{dx}{dt}$$

☞ (4)의 경우는 $s = f(x)$, $x = g(t)$에 대한 상미분의 연쇄율과 같아진다.

예제 7

$s = x^2 - y^2$, $x = r\cos\theta$, $y = r\sin\theta$일 때 $\dfrac{\partial s}{\partial r}$, $\dfrac{\partial s}{\partial \theta}$ 를 구하라.

(풀이) 식 $(0.2.5)$에서 u, v 대신에 r, θ가 사용된 경우이다. 따라서

$$\frac{\partial s}{\partial r} = \frac{\partial s}{\partial x}\frac{\partial x}{\partial r} + \frac{\partial s}{\partial y}\frac{\partial y}{\partial r} = 2x\cos\theta + (-2y)\sin\theta$$

$$= 2(r\cos\theta)(\cos\theta) - 2(r\sin\theta)(\sin\theta) = 2r(\cos^2\theta - \sin^2\theta) = 2r\cos 2\theta$$

$$\frac{\partial s}{\partial \theta} = \frac{\partial s}{\partial x}\frac{\partial x}{\partial \theta} + \frac{\partial s}{\partial y}\frac{\partial y}{\partial \theta} = 2x(-r\sin\theta) + (-2y)(r\cos\theta)$$

$$= 2(r\cos\theta)(-r\sin\theta) - 2(r\sin\theta)(r\cos\theta) = -4r^2\cos\theta\sin\theta = -2r^2\sin 2\theta.$$

어떤 학생은 예제 7에서 함수 s를 직접 r과 θ로 나타내어 연쇄율을 사용하지 않고 편도함수를 구하면 어떨까라는 생각을 할 것이다. 그렇게 하면

$$s = x^2 - y^2 = (r\cos\theta)^2 - (r\sin\theta)^2 = r^2(\cos^2\theta - \sin^2\theta) = r^2\cos 2\theta$$

이므로

$$\frac{\partial s}{\partial r} = 2r\cos 2\theta, \qquad \frac{\partial s}{\partial \theta} = -2r^2\sin 2\theta$$

로 예제 7의 결과와 같다.

예제 8

그림 0.2.9에서 삼각형의 변 x, y와 각 θ의 증가율이 각각 0.3 cm/s, 0.5 cm/s, 0.1 radian/s일 때 $x = 10$ cm, $y = 8$ cm, $\theta = \pi/6$ radian인 순간의 면적 A의 증가율을 구하라.

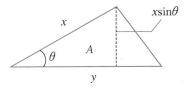

그림 0.2.9 면적의 증가율 (1)

(풀이) $A(x, y, \theta) = \dfrac{1}{2}xy\sin\theta$ 이고 $x = 10$, $y = 8$, $\theta = \dfrac{\pi}{6}$ 에서

$$\frac{\partial A}{\partial x} = \frac{1}{2}y\sin\theta = \frac{1}{2} \cdot 8 \cdot \sin\frac{\pi}{6} = 2$$

$$\frac{\partial A}{\partial y} = \frac{1}{2}x\sin\theta = \frac{1}{2} \cdot 10 \cdot \sin\frac{\pi}{6} = \frac{5}{2}$$

$$\frac{\partial A}{\partial \theta} = \frac{1}{2}xy\cos\theta = \frac{1}{2} \cdot 10 \cdot 8 \cdot \cos\frac{\pi}{6} = 20\sqrt{3}$$

이고, $\dfrac{dx}{dt} = 0.3$, $\dfrac{dy}{dt} = 0.5$, $\dfrac{d\theta}{dt} = 0.1$이므로

$$\begin{aligned}
\frac{dA}{dt} &= \frac{\partial A}{\partial x}\frac{dx}{dt} + \frac{\partial A}{\partial y}\frac{dy}{dt} + \frac{\partial A}{\partial \theta}\frac{d\theta}{dt} \\
&= 2(0.3) + \frac{5}{2}(0.5) + 20\sqrt{3}(0.1) \\
&= 1.85 + 2\sqrt{3} \text{ cm}^2/\text{s}.
\end{aligned}$$

다음은 고등학교 과정에서 배운 것으로 예제 8과 유사하지만 좀 더 쉬운 문제이다. 차이점을 비교해 보기 바란다.

예제 9

그림 0.2.10과 같은 정삼각형에서 한 변의 길이 x의 증가율이 2 cm/s일 때, $x = 10$ cm인 순간의 면적 A 의 증가율을 구하라.

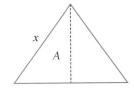

그림 0.2.10 면적의 증가율 (2)

(풀이) 삼각형의 높이가 $\dfrac{\sqrt{3}}{2}x$ 이므로 넓이는 $A(x) = \dfrac{1}{2}x\dfrac{\sqrt{3}}{2}x = \dfrac{\sqrt{3}}{4}x^2$ 이다. $x = 10$에서

$$\frac{dA}{dx} = \frac{\sqrt{3}}{2}x = \frac{\sqrt{3}}{2}(10) = 5\sqrt{3}$$

이고, $\dfrac{dx}{dt} = 2$ 이므로

$$\frac{dA}{dt} = \frac{dA}{dx}\frac{dx}{dt} = (5\sqrt{3})(2) = 10\sqrt{3} \ \text{cm}^2/\text{s}.$$

다변수 함수의 적분(중적분)

우리가 정적분이라고 불렀던 $\displaystyle\int_a^b f(x)dx$ 은 1변수 함수 $f(x)$를 x의 구간 $[a, b]$ 에 대해 적분하는 것으로 앞으로는 이를 **단일적분**(single integral)이라고 부르겠다. 이러한 정적분의 개념을 다변수 함수로 확장하여 **이중적분**(double integral) $\displaystyle\iint_R f(x, y)dxdy$, **삼중적분**(triple integral) $\displaystyle\iiint_D f(x, y, z)dxdydz$ 등을 정의할 수 있다. 여기서 R은 xy-평면의 영역, D는 zyx-공간의 영역이다. 이들을 합하여 **중적분**(multiple integral)이라고 하는데 이 교재의 9.1절에서 자세히 다루겠다.

0.3   쌍곡선함수와 역삼각함수

대학 1학년 수학에서 새롭게 배운 함수로 **쌍곡선함수**(hyperbolic function)와 **역삼각함수**(inverse trigonometric function)가 있을 것이다. 이들에 대해 기본적인 사항을 복습해보자.

쌍곡선함수

쌍곡선코사인(hyperbolic cosine)과 **쌍곡선사인**(hyperbolic sine) 함수를

$$\cosh x \equiv \frac{e^x + e^{-x}}{2}, \quad \sinh x \equiv \frac{e^x - e^{-x}}{2} \tag{0.3.1}$$

로 정의한다는 것은 기억할 것이다. 이 함수들의 그래프를 그려보자. 위 식에 의하면 $y = \cosh x$는 $y_1 = e^x$와 $y_2 = e^{-x}$의 평균이고, $y = \sinh x$는 $y_1 = e^x$와 $y_2 = -e^{-x}$의 평균이다. 이를 이용하면 그림 0.3.1과 0.3.2와 같은 그래프를 쉽게 그릴 수 있다.

코사인, 사인함수와 마찬가지로 쌍곡선코사인 함수는 우함수, 쌍곡선사인 함수는 기함수이고 $\cosh 0 = 1$, $\sinh 0 = 0$이다. 삼각함수와 유사한 형태를 갖는 나머지 쌍곡선함수들의 정의가 부록에 정리되어 있다.

쌍곡선함수의 도함수는 무엇일까? 식 (0.3.1)의 정의를 이용하여 미분하면

$$(\cosh x)' = \left(\frac{e^x + e^{-x}}{2} \right)' = \frac{e^x - e^{-x}}{2} = \sinh x, \qquad (\sinh x)' = \left(\frac{e^x - e^{-x}}{2} \right)' = \frac{e^x + e^{-x}}{2} = \cosh x$$

$$(0.3.2)$$

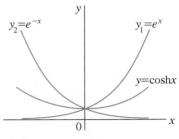

그림 0.3.1 $y = \cosh x$의 그래프

이다. 결과만 보면 부호가 바뀌는 경우가 있지만 삼각함수에서 $(\cos x)' = -\sin x$, $(\sin x)' = \cos x$인 것과 유사하다. 나머지 쌍곡선함수들의 도함수를 부록에 정리하였다. 삼각함수의 도함수와 비교하며 유사성을 확인하기 바란다. 쌍곡선함수의 도함수 공식을 모두 외울 필요는 없다. 삼각함수의 경우와 마찬가지로 식 (0.3.2)만 알고 있으면 나머지 공식들은 미분의 성질을 이용하여 쉽게 유도할 수 있다.

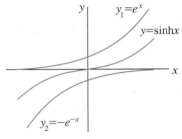

그림 0.3.2 $y = \sinh x$의 그래프

부정적분은 미분의 반대 개념이므로 미분 공식으로부터 쉽게 부정적분도 구할 수 있다. 예를 들어 식 (0.3.2)의 첫 번째 공식에서

$$\int \sinh x\, dx = \cosh x + c, \qquad \int \cosh x\, dx = \sinh x + c \qquad (0.3.3)$$

가 성립함을 알 수 있다. 삼각함수에서 항등식 $\cos^2 x + \sin^2 x = 1$이 성립한다. 쌍곡선함수에서도

$$\cosh^2 x - \sinh^2 x = \left(\frac{e^x + e^{-x}}{2} \right)^2 - \left(\frac{e^x - e^{-x}}{2} \right)^2 = 1 \qquad (0.3.4)$$

이 성립한다. 이와 같이 삼각함수 공식과 쌍곡선함수의 공식은 매우 유사하다. 예를 들어 덧셈공식 $\sin(x + y) = \sin x \cos y + \cos x \sin y$가 성립하듯이

$$\sinh(x + y) = \frac{e^{x+y} - e^{-(x+y)}}{2} = \left(\frac{e^x - e^{-x}}{2} \right)\left(\frac{e^y + e^{-y}}{2} \right) + \left(\frac{e^x + e^{-x}}{2} \right)\left(\frac{e^y - e^{-y}}{2} \right)$$

$$= \sinh x \cosh y + \cosh x \sinh y$$

가 성립한다. 나머지 공식들에 대해서도 유사성을 확인해 보기 바란다. 쌍곡선함수는 실제로 지수함수지만 삼각함수와의 유사성 때문에 삼각함수와 유사하게 표기한다. 이렇게 설명을 해도 많은 학생들이 쌍곡선함수가 나오면 식 (0.3.1)을 이용하여 다시 지수함수로 바꾸는 경우를 자주 보았다. **편리성 때문에 쌍곡선함수를 정의하여 사용하는 것이므로 특별한 경우를 제외하고는 이를 다시 지수함수로 바꾸지 않기 바란다.** 공학용 계산기에도 쌍곡선함수의 계산 기능이 있다. 우리가 삼각함수를 자연스럽게 사용하듯이 쌍곡선함수도 자연스럽게 사용해야 한다.

예제 1

(1) 삼각함수에서 $\tan x = \dfrac{\sin x}{\cos x}$ 인 것처럼 쌍곡선함수에서도 $\tanh x = \dfrac{\sinh x}{\cosh x}$ 로 정의한다. $(\tanh x)'$를 구하라.

(2) $\displaystyle\int_0^1 \operatorname{sech}^2 x\, dx$ 의 값을 구하라.

(풀이) (1) $(\sinh x)' = \cosh x$, $(\cosh x)' = \sinh x$, $\cosh^2 x - \sinh^2 x = 1$과 정리 0.1.5 미분의 성질 (5)를 이용하면

$$(\tanh x)' = \left(\frac{\sinh x}{\cosh x}\right)' = \frac{(\sinh x)'\cosh x - \sinh x(\cosh x)'}{\cosh^2 x} = \frac{\cosh^2 x - \sinh^2 x}{\cosh^2 x} = \frac{1}{\cosh^2 x}$$

이고, 삼각함수와 마찬가지로 $\operatorname{sech} x = \dfrac{1}{\cosh x}$ 이므로 $(\tanh x)' = \operatorname{sech}^2 x$이다. 이는 삼각함수에서 $(\tan x)' = \sec^2 x$인 것과 유사하다.

(2) (1)의 결과를 이용하면

$$\int_0^1 \operatorname{sech}^2 x\, dx = [\tanh x]_0^1 = \tanh 1 - \tanh 0 = \tanh 1$$

이다.

☞ 예제 1의 풀이에서 $\tanh x$의 지수적 정의 $\tanh x = \dfrac{e^x - e^{-x}}{e^x + e^{-x}}$를 사용하지 않았음에 유의하자. (2)의 결과도 $\dfrac{e - e^{-1}}{e + e^{-1}}$ 로 쓰지 않아야 한다. 우리가 $\tan 1$의 값을 알기 위해 계산기를 사용하듯이 $\tanh 1$의 값도 계산기를 사용하면 알 수 있다.

예제 2

$\sinh 2x = 2\sinh x \cosh x$가 성립함을 보여라.

(풀이) 이 경우는 쌍곡선 함수의 지수적 정의를 사용한다.

$$\sinh 2x = \frac{e^{2x} - e^{-2x}}{2} = \frac{(e^x - e^{-x})(e^x + e^{-x})}{2} = 2\left(\frac{e^x - e^{-x}}{2}\right)\left(\frac{e^x + e^{-x}}{2}\right) = 2\sinh x \cosh x$$

이고, 이는 삼각함수에서 $\sin 2x = 2\sin x \cos x$인 것과 비슷한 결과이다.

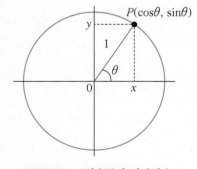

마지막으로 "쌍곡선함수는 2차 곡선인 쌍곡선(hyperbola)과 어떤 관계가 있기에 이름이 쌍곡선함수일까?"를 생각해 보자. 삼각함수는 그림 0.3.3과 같이 반지름이 1인 원의 둘레를 등속운동하는 점 P의 x좌표와 y좌표를 나타내는 함수로 $x = \cos\theta$, $y = \sin\theta$이므로 삼각함수의 항등식 $\cos^2\theta + \sin^2\theta = 1$은 단위원 $x^2 + y^2 = 1$을 나타낸다.

그림 0.3.3 원운동과 삼각함수

이와 유사하게 쌍곡선함수는 그림 0.3.4와 같은 쌍곡선 위를 등속운동하는 점 P의 x좌표와 y좌표를 나타낸다. 삼각함수에서와 유사하게 $x = \cosh\theta$, $y = \sinh\theta$로 놓으면 쌍곡선함수의 항등식 $\cosh^2\theta - \sinh^2\theta = 1$은 쌍곡선 $x^2 - y^2 = 1$의 우측 곡선 ($x = \cosh\theta \geq 1$)을 나타낸다. 그림 0.3.4를 자세히 보면 점 P가 쌍곡선의 우측 곡선을 따라 이동할 때 점 P의 x좌표는 그림 0.3.1의 $\cosh\theta$의 그래프를 따라 변하고, y좌표는 그림 0.3.2의 $\sinh\theta$의 그래프를 따라 변하는 것을 알 수 있다. 여기서 θ는 어떤 각도를 의미하는 것은 아니고 단지 x와 y를 연결하는 매개변수이다.

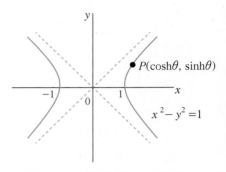

그림 0.3.4 쌍곡선운동과 쌍곡선함수

간단하지만 이것으로 쌍곡선함수에 대한 설명을 마친다. 기초적인 내용을 정확히 이해하려는 노력은 앞으로 수학을 재미있게 공부하는 데 도움이 될 것이다.

역삼각함수

역삼각함수 역시 미적분학 기초과정에서 배운 내용이지만 다시 간략히 설명하겠다. 먼저 **역함수**(inverse function)에 대해 알아보자. 그림 0.3.5와 같이 원래의 함수 $y = f(x)$가 x를 입력하여 y를 출력하는 대응관계일 때 역함수는 x와 y를 바꾸어 역으로 대응시키는 함수이며 $y = f^{-1}(x)$로 표현한다.

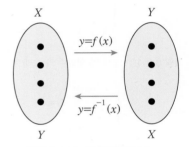

그림 0.3.5 함수와 역함수

0.1절에서 함수는 하나의 x값에 대해 하나의 y값이 대응된다고 했다. 즉 그림 0.3.6과 같은 다대일 대응관계는 함수이고, 그림 0.3.7과 같은 일대다 대응관계는 함수가 아니다. 하지만 다대일 대응관계라도 이의 역은 일대다 대응관계이므로 함수가 될 수 없다. 따라서 역함수가 존재하려면 원래 함수는 그림 0.3.8과 같은 **일대일 대응함수**(one-to-one corresponding function)이어야 한다.

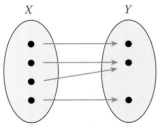

그림 0.3.6 다대일 대응

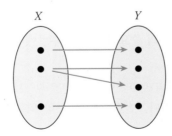

그림 0.3.7 일대다 대응

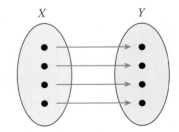

그림 0.3.8 일대일 대응

역함수를 구하려면 일대일 대응관계를 갖는 원래 함수의 x와 y를 바꾸고 y에 관해 정리하면 된다. 예를 들어 일대일 대응함수인 $y = 2x + 1$의 역함수를 구해 보자. 먼

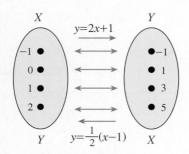

그림 0.3.9 함수와 역함수 관계

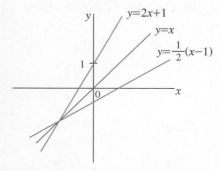

그림 0.3.10 함수와 역함수의 그래프.

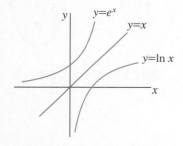

그림 0.3.11 지수함수와 로그함수

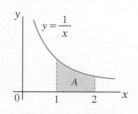

그림 0.3.12 A의 넓이

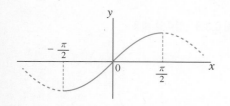

그림 0.3.13 사인함수의 일대일 대응

저 x와 y를 바꾸면 $x = 2y + 1$이고, 이를 y에 대해 정리하면 $y = \frac{1}{2}(x - 1)$이다. 이렇게 구한 역함수가 원래 함수의 역대응 관계임을 그림 0.3.9에서 확인하자. 함수와 역함수는 x와 y가 바뀐 대응관계이므로 두 그래프는 $y = x$에 대칭이다. 함수 $y = 2x + 1$과 역함수 $y = \frac{1}{2}(x - 1)$의 그래프를 그림 0.3.10에 나타내었다.

대표적인 함수-역함수 관계는 **지수함수**와 **로그함수**이다. 지수함수 $y = e^x$ ($-\infty < x < \infty$, $y > 0$)는 일대일 대응함수이므로 역함수가 존재한다. x와 y를 바꾸어(정의역과 치역도 바뀐다) 역함수를 구하면 $x = e^y$이고, 이를

$$y = \ln x \ (x > 0, \ -\infty < y < \infty)$$

로 쓰기로 한 것이다. 여기서 ln은 **자연로그**(natural logarithm)로 $\log_e$를 의미한다. 그렇다면 $y = \ln x$의 도함수는 무엇일까? [이미 $(\ln x)' = 1/x$임을 알고 있겠지만 지금은 로그함수가 지수함수의 역함수로 새롭게 정의된 함수라고 가정하자.] 도함수를 구하기 위해 $y = \ln x$의 음함수 형태인 $x = e^y$의 양변을 음함수 미분(0.1절)하면 $1 = e^y y'$에서

$$y' = \frac{1}{e^y} = \frac{1}{x} \tag{0.3.5}$$

을 구할 수 있다. $(\ln x)' = \frac{1}{x}$이라는 것은 $x > 0$일 때

$$\int \frac{1}{x} dx = \ln x + c \tag{0.3.6}$$

가 성립함을 의미한다. 식 (0.3.6)의 의미는 크다. 우리가 잘 아는 부정적분

$$\int x^n dx = \frac{1}{n+1} x^{n+1} + c \tag{0.3.7}$$

는 $n \neq -1$인 경우에만 성립하므로 로그함수가 정의되지 않았다면 $\int \frac{1}{x} dx$를 알 수 없었을 것이다. 이제 우리는 그림 0.3.12의 넓이 A를 구할 수 있다.

$$A = \int_1^2 \frac{1}{x} dx = \ln x \big|_{x=1}^2 = \ln 2$$

이다. 역함수의 중요성이 부각되는 예이다.

역삼각함수(inverse trigonometric function) 또한 삼각함수의 역함수로 정의되는 함수이다. 먼저 사인함수의 역함수를 구해 보자. $y = \sin x$ ($-\infty < x < \infty$, $-1 \leq y \leq 1$)는 일대일 대응함수가 아니지만, 그림 0.3.13과 같이 정의역과 치역을 $-\pi/2 \leq x \leq \pi/2$, $-1 \leq y \leq 1$로 제한하면 일대일 대응이 된다. 앞에서와 마찬가지로 $y = \sin x$에서 x와 y를 바꾸면 $x = \sin y$이고, 이를

$$y = \sin^{-1} x \ (-1 \leq x \leq 1, \ -\pi/2 \leq y \leq \pi/2) \tag{0.3.8}$$

로 쓰기로 하고($y = \arcsin x$로도 쓴다) **역사인함수**(inverse sine function)라 부른

다. 예를 들어 $\sin(-\pi/2) = -1$, $\sin 0 = 0$, $\sin(\pi/2) = 1$이므로 $\sin^{-1}(-1) = -\pi/2$, $\sin^{-1}(0) = 0$, $\sin^{-1}(1) = \pi/2$인 것이다. 물론 $y = \sin^{-1}x$의 그래프는 구간 $-\pi/2 \le x \le \pi/2$에서 $y = \sin x$의 그래프를 $y = x$에 대해 대칭이동하면 된다. 여기서 $y = \sin^{-1}x$의 도함수를 구하기 위해 이의 음함수 형태 $x = \sin y$의 양변을 음함수 미분하면 $1 = (\cos y)y'$이므로

$$y' = \frac{1}{\cos y} = \frac{1}{\sqrt{1 - \sin^2 y}} = \frac{1}{\sqrt{1 - x^2}} \quad \left(-1 < x < 1, \ -\frac{\pi}{2} < y < \frac{\pi}{2}\right) \quad (0.3.9)$$

이다. 원래는 $\cos y = \pm\sqrt{1 - \sin^2 y}$ 이지만, 구간 $-\pi/2 < y < \pi/2$에서 $\cos y > 0$이 므로 '+'만 선택하였다. $x = \pm 1$은 분모를 0으로 만들므로 구간에서 제외하였다. 식 (0.3.9)는 부정적분 공식

$$\int \frac{1}{\sqrt{1 - x^2}} dx = \sin^{-1}x + c \quad (0.3.10)$$

를 제공한다. **역코사인함수** $y = \cos^{-1}x$, **역탄젠트함수** $y = \tan^{-1}x$와 이들의 도함수들도 비슷한 방법으로 유도할 수 있다.

예제 3

$y = \tan^{-1}x$일 때 (1) 정의역과 치역, (2) $\dfrac{dy}{dx}$를 구하라.

(풀이) (1) $y = \tan x$ $(-\infty < x < \infty, \ -\infty < y < \infty)$는 일대일 대응함수가 아니지만 정의역과 치역을 $-\pi/2 < x < \pi/2$, $-\infty < y < \infty$로 제한하면 일대일 대응함수가 된다. 변수 x와 y를 바꾸면 $x = \tan y$이고, 이를 $y = \tan^{-1}x$로 쓴다. 따라서 정의역은 $-\infty < x < \infty$, 치역은 $-\pi/2 < x < \pi/2$이다.

(2) $y = \tan^{-1}x$의 도함수를 구하기 위해 이를 음함수 형태 $x = \tan y$로 쓰고, 양변을 x로 미분하면 $1 = (1 + \tan^2 y)\dfrac{dy}{dx}$이다. 따라서 $\dfrac{dy}{dx} = \dfrac{1}{1 + \tan^2 y}$이고 $x = \tan y$이므로

$$\frac{dy}{dx} = \frac{1}{1 + x^2}$$

이다.

☞ 항등식 $\cos^2\theta + \sin^2\theta = 1$의 양변을 $\cos^2\theta$로 나누면 항등식 $1 + \tan^2\theta = \sec^2\theta$를 얻을 수 있다. 양변을 $\sin^2\theta$로 나누면 $\cot^2\theta + 1 = \csc^2\theta$이다.

예제 3의 결과로 새로운 적분공식

$$\int \frac{1}{1 + x^2} dx = \tan^{-1}x + c$$

를 얻을 수 있다. 이 외에도 역삼각함수와 관련된 다양한 공식들이 교재의 부록에 수록되어 있다.

0.4 극좌표계

수학적으로 좌표계의 종류는 매우 많고 얼마든지 새로 만들 수도 있지만 우리가 자주 사용하는 좌표계의 종류는 그리 많지 않다. 1차원의 경우에는 형태가 단순하여 직선 위에 숫자를 적어 놓은 수직선(number line)이면 충분하다. 2차원 평면좌표계는 xy-좌표계(Cartesian coordinate)와 극좌표계(polar coordinate)가 있고, 3차원 공간좌표계는 xyz-좌표계 외에 원기둥좌표계(cylindrical coordinate)와 구좌표계(spherical coordinate)가 있다. 학생들이 새로운 좌표계에 대해 미리 겁을 먹는 경우가 많은데 어렵다는 선입견을 버리고 편한 마음으로 2차원 평면좌표계에 대해 알아보자.

xy-좌표계에서는 평면 위의 점 P의 위치를 x축 성분과 y축 성분, 즉 (x,y)로 나타낸다. 다른 방법은 없을까? 잠수함이 나오는 전쟁영화에 '우현 30도, 2 km 전방에 어뢰 출현'이라는 말이 나온다. 이처럼 방향과 거리를 이용하여 물체의 위치를 나타내는 것이 극좌표계이다.

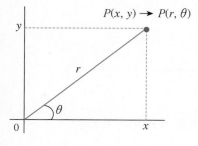

그림 0.4.1 극좌표계

극좌표계에서는 그림 0.4.1과 같이 원점(또는 극점)으로부터의 거리 r(반지름, radius)과 r이 x축과 이루는 각도인 θ(극각 또는 편각, polar angle)를 사용하여 점 P의 위치를 (r, θ)로 나타낸다. 따라서 x와 y를 r, θ로 나타내면

$$x = r\cos\theta, \quad y = r\sin\theta \tag{0.4.1}$$

이고, 반대로 r과 θ를 x, y로 나타내면

$$r = \sqrt{x^2 + y^2}, \quad \theta = \tan^{-1}\frac{y}{x} \tag{0.4.2}$$

이다. (θ를 arctangent로 표시하면 $-\pi/2 < \theta < \pi/2$로 한정되지만 여기서는 편의상 θ를 양함수로 표시한 것이다.) 평면의 모든 점을 나타내기 위해 xy-좌표계에서는 $-\infty < x < \infty$, $-\infty < y < \infty$ 이지만 극좌표계에서는 $0 \leq r < \infty$, $0 \leq \theta \leq 2\pi$ 임도 쉽게 생각할 수 있을 것이다.

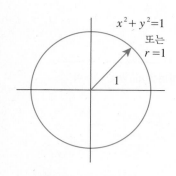

그림 0.4.2 원의 방정식

그림 0.4.2와 같이 중심이 원점이고 반지름이 1인 원의 방정식을 xy-좌표계로 표현하면 $x^2 + y^2 = 1$이다. 같은 원을 극좌표계를 이용하여 나타내면 $r = 1$로 더욱 간단해진다. 우리가 표현하려는 원이 θ에 관계없이 원점으로부터 거리가 1인 점들의 집합이기 때문이다. 물론 식 (0.4.2)의 첫 번째 식을 이용하면 $x^2 + y^2 = 1$과 $r = 1$은 결국 동일한 표현이다.

예제 1

직교 방정식 $x^2 + (y-1)^2 = 1$을 극방정식으로 바꿔라.

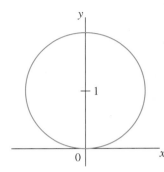

그림 0.4.3 원

(풀이) $x^2 + (y-1)^2 = 1$을 정리하면 $x^2 + y^2 = 2y$이고 이를 식 $(0.4.1)$을 이용하여 다시 쓰면 $(r\cos\theta)^2 + (r\sin\theta)^2 = 2r\sin\theta$에서 $r^2 = 2r\sin\theta$이다. 따라서 $r = 0$ 또는 $r = 2\sin\theta$가 되는데 $r = 0$(원점)은 $r = 2\sin\theta$에서 $\theta = 0$일 때이므로

$$r = 2\sin\theta \tag{a}$$

이다.

대학수학 과정에서는 θ를 일반각으로 표시하여 범위를 $-\infty < \theta < \infty$로 확장하고 r도 음수를 허용하도록 $-\infty < r < \infty$로 확장하여 r이 음수인 경우는 이를 양수로 바꾸어 반대 방향($-\theta$ 방향)에 표시하기도 한다. 하지만 공학수학에서 사용하는 극좌표계에서는 $0 \le r < \infty$, $0 \le \theta \le 2\pi$로 유지하는 것이 편리하다. 예제 1의 (a)에서 정의역인 θ의 범위는 $0 \le \theta \le \pi$이면 충분하다. 그래프가 1과 2 사분면에만 있기 때문이다. 독자들은 이를 $0 \le \theta \le 2\pi$로 확장하여 θ값을 바꾸어가며 그래프를 그려 보아라. 같은 원을 두 번 그리게 될 것이다.

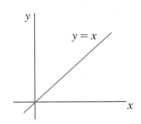

그림 0.4.4 $y = x$의 그래프

xy-좌표계에서는 함수를 $y = f(x)$로 표현한다. 그렇다면 $r\theta$-극좌표계에서는 함수를 $r = f(\theta)$로 표현할 것이고, 이를 **극방정식**(polar equation)이라고 한다. $r = f(\theta)$에서 θ값에 대하여 하나의 r이 대응되면 함수이므로 **극함수**(polar function)로 불러도 될 것 같은데, 평면에 그린 $r = f(\theta)$의 그래프에서 θ가 한 바퀴 이상 회전하는 경우 r이 중복되어 그려지므로 함수라는 표현을 사용하지 않는 것 같다. 함수 $y = x$의 그래프가 그림 0.4.4라는 것은 쉽게 안다. 그렇다면 $y = x$와 모양이 같은 $r = \theta$의 그래프는 무엇일까? x축과의 각도 θ가 증가함에 따라 원점으로부터 거리 r도 증가함으로 그래프는 그림 0.4.5와 같은 달팽이 모양이 될 것이다. $y = x$를 'x성분과 y성분이 같은 점들의 집합'이라는 근본적인 생각을 하지 않고 '기울기가 1

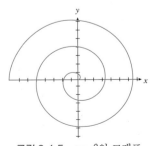

그림 0.4.5 $r = \theta$의 그래프

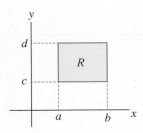

그림 0.4.6 직사각형 영역

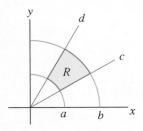

그림 0.4.7 부채꼴 영역

이고 y 절편이 0인 직선'이라는 극히 기술적인 지식만을 가지고 있으면 그림 0.4.5의 그래프를 쉽게 그리지 못할 것이다.

평면 영역을 부등식으로 나타내는 방법도 좌표계에 따라 달라진다. 그림 0.4.6과 같은 직사각형 영역은 xy-좌표계를 사용하여

$$R = \{(x, y) \mid a \leq x \leq b, c \leq y \leq d\}$$

로 표현하는 것이 편리하지만, 그림 0.4.7의 부채꼴 영역은 극좌표계를 이용하여

$$R = \{(r, \theta) \mid a \leq r \leq b, c \leq \theta \leq d\}$$

로 표현하는 것이 편리하다.

이렇듯 좌표계는 기하학적으로 다양한 형태를 좀 더 쉽게 처리하는 데 도움을 준다는 것을 기억하면 쉽게 친숙해질 수 있을 것이다. 3차원 좌표계인 **원기둥 좌표계**와 **구 좌표계**에 대해서는 9.1절에서 소개한다.

0.5 복소수

여러분들은 이제까지 수의 영역을 **실수**(real number)로 한정하여 공부했을 것이다. 하지만 수의 범위를 **복소수**(complex number)까지 확장하면 새로운 수학의 영역을 만나게 된다. 실수를 입력으로 받아 실수를 출력으로 발생시키는 함수를 **실함수**(real function)라고 하고, 이에 대해 연구하는 수학 분야를 **실해석학**(real analysis)이라고 한다. 이와 달리 복소수를 입력으로 받아 복소수를 출력시키는 **복소함수**(complex function)도 정의할 수 있는데 이러한 분야는 **복소해석학**(complex analysis)이다. 복소해석학은 실해석학과 유사한 점도 많지만 흥미로운 차이점도 존재한다. 여기에서는 고교수학 과정에 포함되기도 하고 때로는 제외되기도 하는 복소수의 기초연산에 대해 공부한다. 이는 공학수학 전체에서 반드시 필요한 내용이다.

복소수

실수 x, y에 대해

$$z = x + iy \tag{0.5.1}$$

를 복소수(complex number)라고 한다. 여기서 $i = \sqrt{-1}$로 허수단위(imaginary unit)이다. x를 복소수 z의 **실수부**(real part), y를 복소수 z의 **허수부**(imaginary part)라고 하며 $\mathrm{Re}(z) = x$, $\mathrm{Im}(z) = y$라고 쓴다.

복소수의 상등

두 복소수 $z_1 = x_1 + iy_1$, $z_2 = x_2 + iy_2$에 대해 $x_1 = y_1$, $x_2 = y_2$일 때 두 복소수는 같다. 즉 실수부와 허수부가 같을 때 두 복소수는 같다.

복소수의 연산

두 복소수 $z_1 = x_1 + iy_1$, $z_2 = x_2 + iy_2$에 대해 다음과 같은 사칙연산을 정의한다.

덧셈 : $z_1 + z_2 = (x_1 + iy_1) + (x_2 + iy_2) = (x_1 + x_2) + i(y_1 + y_2)$

뺄셈 : $z_1 - z_2 = (x_1 + iy_1) - (x_2 + iy_2) = (x_1 - x_2) + i(y_1 - y_2)$

곱셈 : $z_1 z_2 = (x_1 + iy_1)(x_2 + iy_2) = (x_1 x_2 - y_1 y_2) + i(x_1 y_2 + x_2 y_1)$

나눗셈 : $\dfrac{z_1}{z_2} = \dfrac{x_1 + iy_1}{x_2 + iy_2} = \dfrac{(x_1 + iy_1)(x_2 - iy_2)}{(x_2 + iy_2)(x_2 - iy_2)} = \dfrac{(x_1 x_2 + y_1 y_2) + i(x_2 y_1 - x_1 y_2)}{x_2^2 + y_2^2}$, $z_2 \neq 0$

즉 복소수의 덧셈은 실수부는 실수부끼리, 허수부는 허수부끼리 더하면 된다. 뺄셈도 마찬가지이다. 곱셈은 $i^2 = -1$을 이용하여 분배법칙으로 계산하고, 나눗셈은 분모를 실수화하여 계산한다.

예제 1

복소수 $z_1 = 1 + i$, $z_2 = 2 - 3i$에 대해 다음을 계산하라.

(1) $z_1 + z_2$ (2) $z_1 - z_2$ (3) $z_1 z_2$ (4) $\dfrac{z_1}{z_2}$

(풀이) (1) $z_1 + z_2 = (1 + i) + (2 - 3i) = (1 + 2) + i(1 - 3) = 3 - 2i$

(2) $z_1 - z_2 = (1 + i) - (2 - 3i) = (1 - 2) + i[1 - (-3)] = -1 + 4i$

(3) $z_1 z_2 = (1 + i)(2 - 3i) = [1 \cdot 2 - 1 \cdot (-3)] + i[2 \cdot 1 + 1 \cdot (-3)] = 5 - i$

(4) $\dfrac{z_1}{z_2} = \dfrac{1 + i}{2 - 3i} = \dfrac{(1 + i)(2 + 3i)}{(2 - 3i)(2 + 3i)} = \dfrac{(2 - 3) + i(2 + 3)}{2^2 + 3^2} = \dfrac{-1 + 5i}{13}$

위의 연산의 정의에 따라 다음 법칙들이 성립한다.

(1) 교환법칙 : $z_1 + z_2 = z_2 + z_1$, $z_1 z_2 = z_2 z_1$

(2) 결합법칙 : $z_1 + (z_2 + z_3) = (z_1 + z_2) + z_3$, $z_1 (z_2 z_3) = (z_1 z_2) z_3$

(3) 분배법칙 : $z_1 (z_2 + z_3) = z_1 z_2 + z_1 z_3$

[(1)의 첫 번째 식 증명]

$z_1 = x_1 + iy_1, z_2 = x_2 + iy_2$ 일 때

$z_1 + z_2 = (x_1 + iy_1) + (x_2 + iy_2) = (x_1 + x_2) + i(y_1 + y_2)$

$= (x_2 + x_1) + i(y_2 + y_1) = (x_2 + iy_2) + (x_1 + iy_1) = z_2 + z_1$

■

다른 법칙들도 유사하게 증명할 수 있다.

켤레복소수

복소수 z와 실수부는 같고 허수부의 부호가 바뀐 복소수를 z의 **켤레복소수**(complex conjugate)라 하고 $\bar{z}$로 쓴다. 즉 $z = x + iy$이면 $\bar{z} = x - iy$이다.

켤레복소수의 성질

$$(1)\ \overline{z_1 + z_2} = \overline{z_1} + \overline{z_2} \quad (2)\ \overline{z_1 - z_2} = \overline{z_1} - \overline{z_2} \quad (3)\ \overline{z_1 z_2} = \overline{z_1}\, \overline{z_2} \quad (4)\ \overline{\left(\frac{z_1}{z_2}\right)} = \frac{\overline{z_1}}{\overline{z_2}}$$

[(3)의 증명]

$z_1 = x_1 + iy_1, z_2 = x_2 + iy_2$ 일 때

$$z_1 z_2 = (x_1 + iy_1)(x_2 + iy_2) = (x_1 x_2 - y_1 y_2) + i(x_1 y_2 + x_2 y_1)$$

이므로

$$\overline{z_1 z_2} = (x_1 x_2 - y_1 y_2) - i(x_1 y_2 + x_2 y_1)$$

이다. 한편 $\overline{z_1} = x_1 - iy_1, \overline{z_2} = x_2 - iy_2$ 이므로

$$\overline{z_1}\, \overline{z_2} = (x_1 - iy_1)(x_2 - iy_2) = (x_1 x_2 - y_1 y_2) - i(x_1 y_2 + x_2 y_1)$$

에서 $\overline{z_1 z_2} = \overline{z_1}\, \overline{z_2}$ 가 성립한다.

■

$z = x + iy$ 일 때

$$z + \bar{z} = (x + iy) + (x - iy) = 2x, \quad z - \bar{z} = (x + iy) - (x - iy) = 2yi$$

이므로

$$x = \frac{z + \bar{z}}{2}, \quad y = \frac{z - \bar{z}}{2i} \tag{0.5.2}$$

가 성립한다. 또한 $z^2 = (x + iy)^2 = (x^2 - y^2) + i(2xy)$ 이지만

$$z\bar{z} = (x + iy)(x - iy) = x^2 + y^2 \tag{0.5.3}$$

이 됨을 기억하자.

복소평면

복소수 $z = x + iy$를 실수의 순서쌍 (x, y)로 대응시켜 그림 0.5.1과 같은 **복소평면**(complex plane)에 표시할 수 있다. 여기서 x축은 실수부 Re(z), y축은 허수부 Im(z)를 나타낸다.

복소평면에서 원점과 복소수 z를 나타내는 점 사이의 거리를 **절대값**(absolute value) 또는 **복소수의 크기**라 하고 |z|로 나타낸다. 그림 0.5.1과 식 (0.5.3)에 의하면

$$|z| = \sqrt{z\bar{z}} = \sqrt{x^2 + y^2} \tag{0.5.4}$$

임을 쉽게 알 수 있다. 두 복소수가 $z_1 = x_1 + iy_1$, $z_2 = x_2 + iy_2$일 때 $z_1 + z_2 = (x_1 + x_2) + i(y_1 + y_2)$이고 이는 그림 0.5.2에서와 같이 벡터적인 합이므로

$$|z_1 + z_2| \leq |z_1| + |z_2| \tag{0.5.5}$$

가 성립하는데 이를 **삼각부등식**(triangle inequality)라고 한다.

복소수의 극형식

xy-좌표계의 점을 극좌표계(0.4절 참고)의 점으로 표현할 수 있듯이 복소평면 위에 점으로 표현되는 복소수를 극좌표계로 표현할 수 있다.

그림 0.5.3에서 $x = r\cos\theta$, $y = r\sin\theta$이므로

$$z = x + iy = r\cos\theta + ir\sin\theta = r(\cos\theta + i\sin\theta)$$

이고, **오일러 공식**(4.1절 참고: Leonhard Euler, 1707–1783, 스위스)을 이용하면

$$z = re^{i\theta} \tag{0.5.6}$$

가 되는데 이를 복소수의 **극형식**(polar form)이라고 한다. 여기서 r은 z의 **절대값**, θ는 z의 **주편각**(principal argument)이라 하고

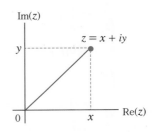

그림 0.5.1　복소수와 복소평면

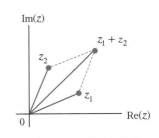

그림 0.5.2　삼각부등식

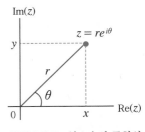

그림 0.5.3　복소수의 극형식

$$r = |z| = \sqrt{x^2 + y^2} \tag{0.5.7}$$

$$\theta = \mathrm{Arg}(z) = \tan^{-1}\left(\frac{y}{x}\right), \quad -\pi < \theta \leq \pi \tag{0.5.8}$$

이다. 주편각 θ를 일반각으로 표시하는 경우 **편각**(argument)이라 하고 $\arg(\theta)$로 쓴다. 주편각과 편각은

$$\arg(z) = \mathrm{Arg}(z) + 2n\pi, \; n은 정수 \tag{0.5.9}$$

의 관계를 갖는다. 예를 들어 $\mathrm{Arg}(i) = \pi/2$이고 $\arg(i) = \pi/2 + 2n\pi$이다.

예제 2

복소수 $z = 1 + i$를 주편각과 편각을 이용하여 극형식으로 표시하라.

(풀이) $r = |z| = \sqrt{1^2 + 1^2} = \sqrt{2},\; \theta = \tan^{-1}1 = \dfrac{\pi}{4}$ 이므로 주편각을 이용한 극형식은

$$z = \sqrt{2}\, e^{i(\pi/4)},$$

편각을 이용한 극형식은

$$z = \sqrt{2}\, e^{i(\pi/4 + 2n\pi)}, \; n은 정수$$

이다.

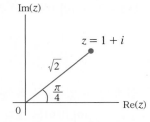

그림 0.5.4

복소수의 곱셈과 나눗셈

복소수의 극형식은 복소수의 곱셈과 나눗셈에 특히 유용하다. 절대값이 r_1과 r_2, 편각이 θ_1과 θ_2인 두 복소수 $z_1 = r_1 e^{i\theta_1}$, $z_2 = r_2 e^{i\theta_2}$ 에 대해

$$\begin{aligned}
z_1 z_2 &= r_1 e^{i\theta_1} \cdot r_2 e^{i\theta_2} = r_1\left(\cos\theta_1 + i\sin\theta_1\right) \cdot r_2\left(\cos\theta_2 + i\sin\theta_2\right) \\
&= r_1 r_2\left[\left(\cos\theta_1\cos\theta_2 - \sin\theta_1\sin\theta_2\right) + i\left(\sin\theta_1\cos\theta_2 + \cos\theta_1\sin\theta_2\right)\right] \\
&= r_1 r_2\left[\cos(\theta_1 + \theta_2) + i\sin(\theta_1 + \theta_2)\right]
\end{aligned}$$

가 성립하여

$$z_1 z_2 = r_1 r_2 e^{i(\theta_1 + \theta_2)} \tag{0.5.10}$$

가 된다. 두 복소수의 곱셈의 절대값은 각각의 절대값의 곱이 되고 편각은 각각의 편각의 합이 되는 것이다. 또한 $z_2 \neq 0$일 때

$$\frac{z_1}{z_2} = \frac{r_1 e^{i\theta_1}}{r_2 e^{i\theta_2}} = \frac{r_1(\cos\theta_1 + i\sin\theta_1)}{r_2(\cos\theta_2 + i\sin\theta_2)} = \frac{r_1(\cos\theta_1 + i\sin\theta_1)(\cos\theta_2 - i\sin\theta_2)}{r_2(\cos\theta_2 + i\sin\theta_2)(\cos\theta_2 - i\sin\theta_2)}$$

$$= \frac{r_1}{r_2} \frac{(\cos\theta_1\cos\theta_2 + \sin\theta_1\sin\theta_2) + (\sin\theta_1\cos\theta_2 - \cos\theta_1\sin\theta_2)}{\cos^2\theta_2 + \sin^2\theta_2}$$

$$= \frac{r_1}{r_2}\big[\cos(\theta_1 - \theta_2) + i\sin(\theta_1 - \theta_2)\big]$$

이므로

$$\frac{z_1}{z_2} = \frac{r_1}{r_2} e^{i(\theta_1 - \theta_2)} \tag{0.5.11}$$

가 성립한다. 두 복소수의 나눗셈에서 절대값은 각각의 절대값의 나눗셈이 되고 편각은 각각의 편각의 차가 된다.

복소수의 거듭제곱

복소수의 거듭제곱을 생각하자. $z = re^{i\theta}$에 대해 식 (0.5.10)을 적용하면

$$z^2 = z \cdot z = re^{i\theta} \cdot re^{i\theta} = r^2 e^{i2\theta}$$

이고, 마찬가지로

$$z^3 = z^2 \cdot z = r^2 e^{i2\theta} \cdot re^{i\theta} = r^3 e^{i3\theta}$$

등이 성립한다. 한편

$$z^{-1} = \frac{1}{z} = \frac{1}{re^{i\theta}} = \frac{1}{r(\cos\theta + i\sin\theta)} = \frac{\cos\theta - i\sin\theta}{r(\cos\theta + i\sin\theta)(\cos\theta - i\sin\theta)}$$

$$= \frac{\cos\theta - i\sin\theta}{r(\cos^2\theta + \sin^2\theta)} = \frac{1}{r}(\cos\theta - i\sin\theta) = \frac{1}{r}[\cos(-\theta) + i\sin(-\theta)] = r^{-1} e^{-i\theta}$$

$$z^{-2} = \frac{1}{z^2} = \frac{1}{r^2 e^{i(2\theta)}} = \frac{1}{r^2(\cos2\theta + i\sin2\theta)} = \frac{\cos2\theta - i\sin2\theta}{r^2(\cos2\theta + i\sin2\theta)(\cos2\theta - i\sin2\theta)}$$

$$= \frac{1}{r^2}(\cos2\theta - i\sin2\theta) = r^{-2} e^{i(-2\theta)}$$

등도 성립하므로 일반적으로 정수 n에 대해

$$z^n = r^n e^{in\theta} \tag{0.5.12}$$

가 성립한다.

예제 3

$z_1 = e^{i\pi/4}$, $z_2 = 2e^{i\pi/3}$일 때 다음을 계산하라.

(1) $(z_1 z_2)^2$ (2) $\left(\dfrac{z_1}{z_2}\right)^{-3}$

(풀이) (1) $r_1 = 1$, $r_2 = 2$이므로 식 (0.5.10)에서

$$z_1 z_2 = 1 \cdot 2e^{i(\pi/4 + \pi/3)} = 2e^{i(7\pi/12)}$$

이고, 여기에 다시 식 (0.5.12)를 이용하면

$$(z_1 z_2)^2 = 2^2 e^{i(2 \cdot 7\pi/12)} = 4e^{i(7\pi/6)} = 4e^{i(7\pi/6 - 2\pi)} = 4e^{i(-5\pi/6)}$$

이다. 결과를 $-\pi < \theta \le \pi$인 주편각을 이용하여 나타내었다.

(2) 식 (0.5.11)에서

$$\frac{z_1}{z_2} = \frac{1}{2} e^{i(\pi/4 - \pi/3)} = \frac{1}{2} e^{i(-\pi/12)}$$

이고, 식 (0.5.12)에서

$$\left(\frac{z_1}{z_2}\right)^{-3} = \left(\frac{1}{2}\right)^{-3} e^{i[-3 \cdot (-\pi/12)]} = 8e^{i(\pi/4)}$$

이다.

예제 3에서 $\text{Arg}(z_1) = \pi/4$, $\text{Arg}(z_2) = \pi/3$이고 $\text{Arg}(z_1 z_2) = 7\pi/12$, $\text{Arg}(z_1/z_2) = -\pi/12$이므로 $\text{Arg}(z_1 z_2) = \text{Arg}(z_1) + \text{Arg}(z_2)$, $\text{Arg}(z_1/z_2) = \text{Arg}(z_1) - \text{Arg}(z_2)$이었다. 하지만 일반적으로는

$$\arg(z_1 z_2) = \arg(z_1) + \arg(z_2), \quad \arg(z_1/z_2) = \arg(z_1) - \arg(z_2)$$

이지만

$$\text{Arg}(z_1 z_2) \neq \text{Arg}(z_1) + \text{Arg}(z_2), \quad \text{Arg}(z_1/z_2) \neq \text{Arg}(z_1) - \text{Arg}(z_2)$$

이다. $r = 1$일 때 식 (0.5.12)는

$$(\cos\theta + i\sin\theta)^n = \cos n\theta + i\sin n\theta \tag{0.5.13}$$

가 되는데 이를 **무아브르*** 공식(Abraham de Moivre, 1667–1754, 프랑스)이라고 한다. 무아브르 공식을 이용하여 다양한 삼각함수 공식을 쉽게 유도할 수도 있다. 다음 예제를 보자.

☞ * 주로 '드무아브르'로 알려졌는데 de가 영어의 of 또는 from의 의미라고 하니 '무아브르'로 번역하겠다.

예제 4

무아브르 공식을 이용하여

$$\cos 2\theta = \cos^2\theta - \sin^2\theta, \ \sin 2\theta = 2\cos\theta\sin\theta$$

가 성립함을 보여라.

(풀이) 식 (0.5.13)에 $n = 2$를 대입하면 $(\cos\theta + i\sin\theta)^2 = \cos 2\theta + i\sin 2\theta$ 인데

$$(\cos\theta + i\sin\theta)^2 = (\cos^2\theta + \sin^2\theta) + i(2\sin\theta\cos\theta)$$

이므로 복소수의 상등에 의해

$$\cos 2\theta = \cos^2\theta - \sin^2\theta, \ \sin 2\theta = 2\cos\theta\sin\theta$$

이다.

이것으로 간략하게나마 공학수학을 공부하기 위한 대학 1학년 과정의 기초학습을 마친다. 문제 풀이보다는 개념이해가 목적이므로 연습문제는 별도로 부과하지 않는다. 이제부터는 공학 및 과학과 관련된 흥미있는 공학수학의 세계로 들어가 보자.

쉬어가기 0.3   **수학자와 공학자의 입장 차이**

함수, 극한, 연속성, 미분 가능성 등과 관련되어 발생하는 현실적인 문제에 대해 생각해 보자. 여기서 이런 문제 자체를 논하자는 게 아니고 공대생들에게 수학은 어떤 의미이며 이들은 수학을 어떻게 공부하고 나아가 이들에게 수학을 어떻게 가르칠 것인가를 생각해 보자는 것이다. 대부분의 공대 교수들은 $\epsilon-\delta$를 이용한 극한의 정의를 공대생들에게 가르칠 필요가 없다고 말한다. 함수의 극한은 직관적으로도 충분히 이해할 수 있기 때문이다. 공학의 대상이 되는 함수는 입자의 밀도나 힘, 속도, 온도, 압력, 파동, 전기장 등과 같이 실제적인 것들이고 공학에서는 이들이 모두 극한이 존재하고, 연속이고, 미분가능하다고 생각한다. 그림 0.1.12에서 보인 벽의 단열 문제에 대해 다시 생각해 보자. 먼저 질문을 던지겠다.

(1) 각 재료의 내부 온도는 모두 직선이다. 왜일까?

(2) 온도를 연속함수로 표시하였다. 온도가 벽 내부 전체에서 연속인가?

(3) 재료의 경계에서 온도의 기울기가 갑자기 변하는 첨점이 생긴다. 왜일까?

(1) 열원(heat source)을 포함하지 않은 1차원 열전도 방정식(heat conduction equation)을 풀면 온도가 직선으로 나오는 것은 맞다.[2.4절 참고] 하지만 여기에서는 온도를 재료의 경계에서만 측정했기 때문이라

는 것이 정답이다. 재료 내부에 열원이 없으므로 재료 내부에서 온도가 갑자기 변하는 일은 생기지 않을 것이기에 편하게 양쪽 두 온도를 직선으로 연결한 것이다.

(2) 온도의 본질이 분자의 운동 에너지에서 비롯된다는 입장에서 보면 분자 사이의 빈 공간에서의 온도를 정확히 알 수는 없다. 혹자는 장이론(field theory)으로 설명하려 들 수도 있다. 물질 내부의 온도의 실체는 아무도 모른다. 이 문제에서 벽 내부 온도는 온도계로 측정하여 얻은 값이므로 온도분포가 절대로 연속적일 수 없다. 더 많은 온도계를 설치하여 더 많은 온도값을 이용하면 더 촘촘한 그래프를 그릴 수 있겠지만 여전히 불연속적이다. 여기서는 온도의 연속성 여부가 목적이 아니고 재료의 단열성 비교가 목적이다. 우리가 항상 그래왔듯이 여기에서도 온도의 연속성이 재료의 단열성능을 비교하는데 아무런 문제가 되지 않기에 쉽게 연속으로 가정한 것이다.

(3) 우리는 첨점에서는 미분이 불가능하다는 것을 안다. 재료의 경계에서 첨점이 생긴 이유는 단순히 온도를 매질의 경계 한 곳에서만 측정했기 때문이다. 매질의 경계 근처의 많은 점에서 온도 측정을 했다면 온도는 부드러운 곡선으로 나타나고 결국 미분이 가능할 것이다. 하지만 미분 가능성 역시 이 문제의 본질이 아니므로 한 곳에서만 측정해도 된다.

우리가 수학을 공부하다 보면 정확한 수식으로 주어지는 함수에 익숙해지는데 이 세상에 수식으로 정확히 표현되는 함수, 즉 자연 현상이나 공학적 대상은 없다. 인간이 실제 현상을 단순화시켜서라도 수식화하고 함수화하려고 노력하는 것 뿐이다. 만약 어떤 현상이 근원적이든 방법적인 이유 때문이든 불연속적이더라도 연속적으로 가정하여 우리가 원하는 해석이 가능하면 그렇게 하면 된다. 현실 세계에서 공학자들이 풀어야 하는 문제는 다차원, 재료의 이질성, 구조의 복잡성, 변수의 다양성 등으로 인해 수학적으로 풀 수 있는 경우는 거의 없다. 예를 들어 저자는 핵분열에 의한 원자로 내부의 출력분포를 알기 위해 중성자 거동을 해석하는 분야를 전공하는데 원자로 내부에는 다양한 농축도와 복잡한 형상을 갖는 핵연료, 핵연료 사이를 흐르는 냉각수와 감속재, 출력 조절을 위한 제어봉과 구동 장치, 이 모든 걸 지탱하는 구조물들로 이루어졌다. 이런 문제를 해결하기 위해서는 전적으로 수치해석적으로 프로그램한 전산코드를 이용해야 한다. 수치해석에서는 구간을 여러 개의 작은 구간으로 나누어 미분(differential)을 차분(difference)이라고 부르는 작은 구간에서의 사칙연산으로 대체하여 컴퓨터의 빠른 연산을 이용하여 문제를 해결한다[5장, 14장 참고] 수치해석에서는 애초에 미분이 불가능한 것이다. 본 문제로 돌아와서 우리가 벽의 단열 문제를 통해 최선의 단열재를 찾았다고 해도 공학자들은 여기서 끝나지 않는다. 단열성 외에도 경제성, 시공성, 내연성(화재 방지), 내구성 등 고려할 사항이 매우 많다.

물론 함수의 극한, 연속성이나 미분가능성들은 수학의 논리 전개에 없어서는 안될 조건이다. 하지만 학생들에게 조건의 필요성을 지나치게 강조하는 것이 결과를 이해하는데 오히려 비효율적일 수 있다. 저자 역시 대학 2학년 때 공학수학을 수강하며 왜 배우는지, 공학과는 어떤 관련이 있어서 배우는지 몰라서 힘들었던 기억이 있다. 결국 과목에 대한 흥미를 잃어 성적도 좋지 않았는데 어쩌다 보니 공학수학을 가르치는 교수가 되었다. 저자는 지난 30년간 공학수학을 가르치며 수학의 엄밀성에 많이 익숙해졌다. 하지만 강의를 수강하는 공대학생들의 입장에서는 저자가 젊었을 때보다 지금이 더 지루한 수업을 한다고 생각할 것이다. 공학수학을 배움으로써 학생들이 공학을 공부하는데 도움이 되어야지 또 다른 짐이 되어서는 안된다. 공학수학에서 과정에서는 수학을 공부하지만 결론 만큼은 수학이 아닌 공학에 주안점을 두어야 한다고 생각했기에 공대 출신인 저자가 감히 교재를 집필하게 된 것이다.

우리는 지금 스마트폰, 스마트 TV, 태블릿, 디지털 카메라, 게임기 등 디지털 기술을 이용한 첨단제품 속에 살고 있다. 연속 신호인 아날로그 신호도 디지털 신호로 바꾸어 소프트웨어로 처리하는 세상이다. 수학 교육도 변해야 한다. 초·중·고의 수학 교육과정도 수학 전공자 뿐 아니라 수학을 활용하는 다양한 분야의 전문가가 함께 참여하여 학생들이 흥미를 가지도록 바꿀 필요가 있다. 왜냐하면 우리나라의 대학에는 수학과 학생수보다 공과대학이나 자연과학대학의 학생수가 적어도 20배는 많기 때문이다.

1계 상미분방정식

이 장에서는 미분방정식의 개념과 1계 미분방정식의 풀이와 응용에 대해 공부하는 것이 목적이다. 이미 0장에서 미적분학의 기초를 공부하였고 1.1절에서는 우리가 미분방정식에 대해 학습해야 하는 이유와 미분방정식과 해에 대한 기초개념을 공부하고, 1.2절에서부터 1.4절까지는 1계 상미분방정식의 해법, 1.5절에서는 1계 상미분방정식의 응용에 대해 공부한다.

1.1 미분방정식

수학적 모형화

일반적으로 자연과학 또는 공학 분야에서 문제를 해결하는 방법은 대체로 비슷하여 그림 1.1.1과 같은 단계를 거치게 된다. 먼저 관심의 대상이 되는 자연현상이나 공학문제에 대하여 기존의 법칙, 관찰, 실험결과 등을 이용해 문제의 대상을 **수학적 모형화**(mathematical modeling)하여 방정식을 세운다. 과학적, 공학적 현상을 기술하는 많은 방정식들이 이미 유도되었다. 열전도방정식, 파동방정식, 맥스웰 방정식, 확산방정식, 수송방정식 등이 예가 될 수 있는데, 이외에도 필요 또는 대상에 따

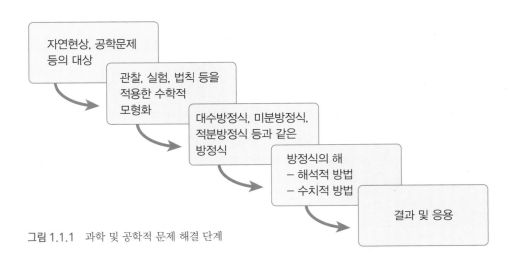

그림 1.1.1 과학 및 공학적 문제 해결 단계

라 얼마든지 새로운 방정식을 유도할 수 있다. 이러한 방정식들은 구해야 할 미지함수에 대해 사칙연산으로 표시되는 1차 및 2차 방정식과 같은 **대수방정식**(algebraic equation), 미지함수에 대한 미분이 포함되는 **미분방정식**(differential equation), 미지함수가 피적분함수에 포함된 **적분방정식**(integral equation), 미지함수에 대한 미분과 적분이 동시에 포함된 **미적분방정식**(integro-differential equation), 또는 이러한 방정식들이 여러 개 포함된 연립방정식 등으로 나타난다. 이러한 방정식은 수학적 방법론만을 사용하는 **해석적 방법**(analytic method) 또는 컴퓨터를 이용하는 **수치적 방법**(numerical method)을 사용하여 해(solution)를 구하며 구한 해를 원하는 분야에 응용한다.

간단한 예로 그림 1.1.2와 같이 질량 m인 물체를 지표면에서 높이 h인 곳에서 **자유낙하**(free fall)시켰을 때 물체가 지표에 닿는 순간의 최종 속도를 구하는 경우를 생각해 보자. 최종 속도를 실험적으로 구할 수도 있겠지만 여기서는 **뉴턴**(Issac Newton, 1642-1727, 영국)의 힘을 빌려보자.

이러한 문제의 수학적 모형화를 위해 우리가 먼저 생각하는 것은 뉴턴 제2법칙

$$F = ma \tag{1.1.1}$$

이다. 여기서 F는 물체에 작용하는 힘이며 a는 물체의 가속도이다. g가 중력가속도일 때 질량 m에 작용하는 힘은 중력, 즉 무게 mg이고, 가속도는 속도의 시간에 대한 미분 $\dfrac{dv}{dt}$이므로 이들을 식 (1.1.1)에 대입하면

$$mg = m\frac{dv}{dt}$$

이다. 위 식에서 양변의 m을 상쇄하면

$$\frac{dv}{dt} = g \tag{1.1.2}$$

를 얻는다. 식 (1.1.2)는 물체의 자유낙하를 기술하는 방정식이며 미지함수인 속도 v가 시간 t에 대한 미분으로 표현되었는데, 이를 **미분방정식**(differential equation)이라 부른다. 여기서 우리가 구하고자 하는 미지함수 v가 종속변수이고 t는 독립변수이다. 미분방정식의 **해**(solution)를 구하는 작업을 미분방정식을 푼다고 하며, 미분방정식을 푸는 여러 가지 방법을 터득하는 것이 우리가 앞으로 배워야 할 내용이다. 식 (1.1.2)는 형태가 매우 단순하여 추측으로도 해를 구할 수 있다. 지표면에서의 중력가속도 g가 높이에 관계없이 일정한 값을 갖는 **상수**(constant)라고 가정하면 식 (1.1.2)의 해는

$$v(t) = gt + c \tag{1.1.3}$$

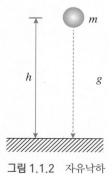

그림 1.1.2 자유낙하

일 것이다. 여기서 c는 임의의 상수이다. 여러분은 미분방정식의 해인 식 (1.1.3)이 미분방정식 식 (1.1.2)를 만족함을 쉽게 확인할 수 있다. 식 (1.1.3)에서 상수 c의 값을 결정하려면 v에 대한 추가적인 조건이 필요한데, 여기서는 $t = 0$에서 물체의 속도가 0, 즉

$$v(0) = 0 \qquad\qquad (1.1.4)$$

을 사용한다. 이러한 조건을 **초기조건**(initial condition)이라 한다. 식 (1.1.4)를 식 (1.1.3)에 적용하면 $c = 0$이 되므로 물체의 속도는

$$v(t) = gt \qquad\qquad (1.1.5)$$

이다. 따라서 자유낙하하는 물체의 속도 v는 시간 t에 비례하고 비례상수가 g임을 알 수 있다. 속도 v의 시간 t에 대한 그래프는 그림 1.1.3이다.

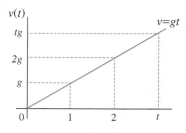

그림 1.1.3　자유낙하하는 물체의 속도

우리는 위에서 자유낙하라는 자연현상을 수학적으로 모형화하여 미분방정식을 유도하였고, 미분방정식을 풀어 해를 구했다. 다음은 이를 이용하여 우리의 목표인 물체가 지표에 닿는 순간의 최종 속도를 구해 보자. 물체가 지표에 도달하는 시간을 t_f라 하면 물체가 시간 t_f 동안 거리 h를 이동했으므로

$$h = \int_0^{t_f} v(t)\,dt = \int_0^{t_f} gt\,dt = \frac{1}{2}gt_f^2$$

에서

$$t_f = \sqrt{\frac{2h}{g}}$$

이다. 따라서 물체의 최종 속도는 식 (1.1.5)로부터

$$v(t_f) = g\sqrt{\frac{2h}{g}} = \sqrt{2gh}$$

이다. 최종 속도가 $\sqrt{h}$에 비례하므로 최종 속도를 2배 증가시키려면 4배 높은 곳에서 떨어뜨려야 할 것이다. 비록 간단한 예를 보였지만 공학 분야의 많은 일들이 이러한 과정을 통해 이루어짐을 이해하기 바란다. 공학도에게 있어 수학이라는 도구를 이용하여 공학문제를 이해하고 해결하는 능력을 높이는 것은 매우 중요하다.

☞ 위 예에서 뉴턴 제2법칙 대신에 역학적 에너지 보존법칙을 사용하면 물체가 높이 h에서 갖는 위치에너지가 지표에서 모두 운동에너지로 바뀌므로 $mgh = \frac{1}{2}mv^2$에서 바로 $v = \sqrt{2gh}$를 구할 수 있다. 이 경우에는 다른 법칙을 사용한 수학적 모형화를 통해 미분방정식이 아닌 대수방정식을 얻은 것이다.

미분방정식

종속변수에 대한 독립변수의 미분을 포함하는 방정식을 **미분방정식**(differential equation)이라 한다. 미분방정식에 포함된 미분이 상미분인지 편미분인지에 따라 상미분방정식과 편미분방정식으로 구분한다.

(1) 상미분방정식

종속변수에 대한 독립변수의 상미분을 포함하는 방정식을 **상미분방정식**(ordinary differential equation)이라 한다. 따라서 상미분방정식에서 우리가 구해야 할 해, 즉 종속변수는 독립변수가 하나인 **1변수 함수**이다. 상미분방정식의 예로

$$\text{(a) } \frac{dy}{dx} + 5y = 1 \qquad \text{(b) } \frac{d^2 y}{dt^2} - 2\frac{dy}{dt} + 6y = 0 \qquad \text{(c) } \frac{du}{dx} - \frac{dv}{dx} = x$$

등이 있다. (a)는 x의 함수인 $y(x)$에 대한 상미분방정식이고, (b)는 t의 함수인 $y(t)$에 대한 상미분방정식이며, (c)는 각각 x의 함수인 2개의 종속변수 $u(x)$와 $v(x)$에 대한 상미분방정식이다. 물론 (c)의 경우에는 구해야 할 미지함수가 둘이므로 식이 하나 더 있어야 해를 구할 수 있다.

(2) 편미분방정식

종속변수에 대한 독립변수의 편미분을 포함하는 방정식을 **편미분방정식**(partial differential equation)이라 한다. 따라서 편미분방정식에서 우리가 구해야 할 해, 즉 종속변수는 독립변수가 둘 이상인 **다변수 함수**이다. 편미분방정식의 예로

$$\text{(d) } \frac{\partial \phi}{\partial x} + \frac{\partial \phi}{\partial y} = 1 \qquad \text{(e) } \frac{\partial u}{\partial t} = \frac{\partial^2 u}{\partial x^2} \qquad \text{(f) } x\frac{\partial u}{\partial y} + y\frac{\partial v}{\partial x} = 0$$

등이 있다. (d)는 x와 y의 함수인 종속변수 $\phi(x, y)$에 대한 편미분방정식이고, (e)는 x와 t의 함수인 종속변수 $u(x, t)$에 대한 편미분방정식이며, (f)는 각각 x와 y의 함수인 2개의 종속변수 $u(x, y)$와 $v(x, y)$에 대한 편미분방정식이다.

1~4장에서는 상미분방정식에 대해 공부하며, 편미분방정식에 대해서는 11장 이후에서 다룬다.

상미분방정식의 분류

(1) 계에 의한 분류

미분방정식에 포함된 미분의 최대 계수(highest order)에 의해 분류하는 방법으로,

$y' = \cos x$는 1계(first-order) 미분방정식이고, $\dfrac{d^2y}{dx^2} + 5\left(\dfrac{dy}{dx}\right)^3 - 4y = x$는 2계 (second-order) 미분방정식이다. $\left(\dfrac{dy}{dx}\right)^3$은 3계 미분이 아니고 1계 미분의 세제곱임을 기억하자.

(2) 선형성에 의한 분류

n계 선형 미분방정식(linear differential equation)은

$$a_n(x)\frac{d^ny}{dx^n} + a_{n-1}(x)\frac{d^{n-1}y}{dx^{n-1}} + \cdots + a_1(x)\frac{dy}{dx} + a_0(x)y = g(x) \quad (1.1.6)$$

와 같은 형태를 갖는다. 여기서 $a_m(x)$, $m = 0, 1, \cdots, n$을 미분방정식의 **계수** (coefficient)라 한다. 식 (1.1.6)을 자세히 살펴보면

  (i) 종속변수 y와 y의 도함수 $\dfrac{d^my}{dx^m}$이 모두 1차

  (ii) 계수 $a_m(x)$가 x만의 함수(x만의 함수는 상수 포함)

라는 것을 알 수 있다. (i), (ii)의 조건을 만족하지 않는 미분방정식은 **비선형 미분방정식**(nonlinear differential equation)이다. 즉

$$yy'' - 2y' = x, \qquad \frac{d^3y}{dx^3} + y^2 = 0, \qquad \left(\frac{dy}{dx}\right)^2 - xy = 0$$

등은 비선형 미분방정식의 예이다. 비선형 미분방정식의 경우에는 해를 구할 수도 있지만 해를 구할 수 없거나 해를 구하는 과정이 매우 복잡하고, 구한 해 또한 우리가 자주 사용하는 기본함수로 표현되지 않는 경우도 많다.

(3) 제차성에 의한 분류

종속변수 y 또는 y의 도함수를 포함하지 않는 항이 있는지 없는지에 따라 미분방정식을 구분한다. 식 (1.1.6)에서 y 또는 y의 도함수를 포함하지 않는 항을 $g(x)$로 나타냈는데, $g(x) = 0$이면 **제차 미분방정식**(homogeneous differential equation), $g(x) \neq 0$이면 **비제차 미분방정식**(nonhomogeneous differential equation)이라 한다. 즉 $dy/dx + y = 0$은 제차 미분방정식이고, $dy/dx + y = 1$은 비제차 미분방정식이다. $dy/dx + y - x = 0$은 비록 우변이 0이라도 $dy/dx + y = x$와 같으므로 비제차 미분방정식이다. 일반적으로 방정식의 해가 y일 때 상수 c에 대해 cy도 해가 되는(해의 균질성) 방정식을 **제차 방정식**이라 한다.

보통 위와 같은 분류 기준을 동시에 사용하는데, 예를 들어 $dy/dx + 5y = 1$은 1계 비제차 선형 상미분방정식이다. 선형성과 제차성에 대해서는 쉬어가기 2.1에서 자

세히 설명하겠다.

미분방정식의 해

독립변수 x의 함수인 종속변수 y에 대한 미분방정식을 만족하는 함수 y를 미분방정식의 해(solution)라 하는데, 이러한 해의 종류에 대하여 알아보자.

(1) 양해와 음해

함수를 양함수(explicit function)와 음함수(implicit function)로 구분하듯이 미분방정식의 해가 $y = f(x)$와 같은 양함수 형태이면 **양해**(explicit solution)라 하고, $f(x, y) = 0$과 같은 음함수 형태이면 **음해**(implicit solution)라 한다. 예를 들어 미분방정식 $dy/dx = 2xy$의 해 $y = ce^{x^2}$은 양해이고, $dy/dx = -x/y$의 해 $x^2 + y^2 = c$는 음해이다. 두 해가 각각 주어진 미분방정식을 만족함을 확인해 보아라.

(2) 일반해와 특수해

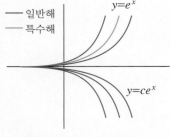

그림 1.1.4 일반해와 특수해

미분방정식을 만족하는 함수는 여러 개 존재할 수 있는데 이를 **일반해**(general solution)라 하고, 미분방정식 외의 어떤 조건에 의해 해가 하나로 결정되면 이를 **특수해**(particular solution)라 한다. 예를 들어 미분방정식 $y' = y$의 일반해는 $y = ce^x$로, 상수 c의 값에 따른 여러 곡선들의 모임(family of curves)이 된다. 하지만 $y(0) = 1$과 같은 초기조건이 추가되면 $c = 1$로 정해지므로 특수해 $y = e^x$를 구할 수 있으며, 이는 여러 곡선 중 하나만을 나타낸다.

(3) 특이해

일반해로 표현되지 않는 해를 **특이해**(singular solution)라 한다. 미분방정식 $y' = y^2 - 1$의 일반해는 $y = \dfrac{1 + ce^{2x}}{1 - ce^{2x}}$이다(풀이과정은 1.2절 예제 4 참고). 한편 $y = -1$도 주어진 미분방정식을 만족하지만 일반해에 포함되지 않는다. 다시 말해 $\dfrac{1 + ce^{2x}}{1 - ce^{2x}} = -1$로 놓으면 $1 + ce^{2x} = -1 + ce^{2x}$, 즉 $1 = -1$로 모순이다. 따라서 $y = -1$은 특이해이다. 마찬가지로 $y = 1$도 해이지만 일반해로 나타낼 수 있으므로($c = 0$일 때) 특수해이다.

(4) 자명해

$y = 0$을 **자명해**(trivial solution)라고 한다. 자명해는 모든 제차 미분방정식의 해이며 어떤 정보도 갖지 못하는 의미 없는 해이다.

예제 1

함수 $y = xe^x$는 구간 $(-\infty, \infty)$에서 미분방정식 $y'' - 2y' + y = 0$의 해임을 보여라.

(풀이) $y = xe^x$이므로 x의 모든 구간에서

$$y' = xe^x + e^x, \qquad y'' = xe^x + 2e^x$$

가 되고, 이를 미분방정식에 대입하면

$$y'' - 2y' + y = (xe^x + 2e^x) - 2(xe^x + e^x) + xe^x = 0$$

이므로 $y = xe^x$은 구간 $(-\infty, \infty)$에서 미분방정식 $y'' - 2y' + y = 0$의 해이다.

예제 2

해 $x^2 + y^2 = 4$가 미분방정식 $\dfrac{dy}{dx} = -\dfrac{x}{y}$를 만족하는지 확인하라.

(풀이) $x^2 + y^2 = 4$의 양변을 음함수 미분하면

$$\frac{d}{dx}(x^2) + \frac{d}{dx}(y^2) = \frac{d}{dx}(4), \quad 2x + 2y\frac{dy}{dx} = 0$$

이므로 $\dfrac{dy}{dx} = -\dfrac{x}{y}$를 만족한다.

☞ 주어진 해가 음해이므로 음함수 미분을 사용했음에 유의하자.

해의 형태가 다르지만 결국 동일한 해인 경우도 있다. 다음 예제를 보자.

예제 3

(1) 함수 $y = c_1 e^{kx} + c_2 e^{-kx}$가 해인 미분방정식을 구하라($k$는 상수).

(2) 함수 $y = c_1^* \cosh kx + c_2^* \sinh kx$가 해인 미분방정식을 구하라.

(3) (1), (2)의 해가 서로 동등함을 보여라.

(풀이) (1) $y' = kc_1 e^{kx} - kc_2 e^{-kx}$, $y'' = k^2 c_1 e^{kx} + k^2 c_2 e^{-kx} = k^2 y$이므로 구하는 미분방정식은 $y'' - k^2 y = 0$이다.

(2) (1)과 마찬가지 방법으로 $y' = kc_1^* \sinh kx + kc_2^* \cosh kx$, $y'' = k^2 c_1^* \cosh kx + k^2 c_2^* \sinh kx = k^2 y$에서 구하는 미분방정식은 $y'' - k^2 y = 0$이 되어 (1)의 경우와 같다.

(3) 쌍곡선함수의 정의에서 $\cosh kx = \dfrac{e^{kx} + e^{-kx}}{2}$, $\sinh kx = \dfrac{e^{kx} - e^{-kx}}{2}$ 임을 이용하면

$$y = c_1^* \cosh kx + c_2^* \sinh kx = c_1^* \left(\dfrac{e^{kx} + e^{-kx}}{2} \right) + c_2^* \left(\dfrac{e^{kx} - e^{-kx}}{2} \right) = c_1 e^{kx} + c_2 e^{-kx}$$

이므로 두 해는 동등하다. 여기서 $c_1 = \dfrac{1}{2}(c_1^* + c_2^*)$, $c_2 = \dfrac{1}{2}(c_1^* - c_2^*)$ 이다.

예제 3의 **쌍곡선함수**(hyperbolic function)에 대해서는 0.3절을 참고하자.

초기값 문제

미분방정식과 초기조건이 결합된

$$a_1(x)\dfrac{dy}{dx} + a_0(x)y = g(x), \quad y(a) = K, \quad x \geq a \qquad (1.1.7)$$

와 같은 문제를 **초기값 문제**(initial value problem, IVP)라 한다. 초기값 문제의 해는 당연히 **특수해**이다. 여기서는 초기값 문제의 독립변수로 x를 사용했지만 대부분의 경우는 시간을 나타내는 t를 사용한다.

예제 4

$y' - 2y = 0$의 일반해가 $y = ce^{2x}$임을 보이고, 초기조건 $y(0) = 1$을 만족하는 특수해를 구하라.

(풀이) $y = ce^{2x}$에서 $y' = 2ce^{2x}$이고

$$y' - 2y = (2ce^{2x}) - 2(ce^{2x}) = 0$$

을 만족하므로 $y = ce^{2x}$는 $y' - 2y = 0$의 일반해이다. 주어진 초기조건을 이용하면

$$y(0) = ce^{2 \cdot 0} = 1$$

에서 $c = 1$이다. 따라서 초기값 문제를 만족하는 특수해는 $y = e^{2x}$로 유일하다.

2계 이상의 미분방정식에 대해서는 초기값 문제 외에도 **경계값 문제**(boundary value problem, BVP)가 있다. 이에 대해서는 2장에서 설명하겠다.

1계 초기값 문제의 해의 존재성과 유일성

초기값 문제가 적어도 하나의 해를 가질 때 해가 존재한다고 하고, 존재하는 해가 단 하나이면 유일한 해를 갖는다고 한다. 예제 4에서와 같이 상수계수 미분방정식이 포함된 초기값 문제의 경우에는 항상 유일한 해를 갖는다. 식 (1.1.17)과 같은 일반적인 1계 초기값 문제는 특정한 조건에서(미분방정식의 계수가 연속이라는 조건 등)만 해의 **존재성**(existence)과 **유일성**(uniqueness)이 확보된다. 하지만 여기에서는 이에 대한 구체적인 논의는 생략하며 다음 예제를 통해 여러 경우를 소개하는 것으로 대신한다.

예제 5 초기값 문제의 해의 종류

변수계수 미분방정식 $xy' = 2y$의 일반해는 $y = cx^2$이다. 초기조건이 (1) $y(0) = 1$, (2) $y(0) = 0$, (3) $y(1) = 1$로 주어질 때 각각의 해를 구하라.

(풀이) 일반해 $y = cx^2$에 주어진 초기조건을 적용하면

(1) $y(0) = c \cdot 0^2 = 0 \neq 1$이므로 미분방정식과 초기조건 모두를 만족하는 해는 존재하지 않는다.

(2) $y(0) = c \cdot 0^2 = 0$으로 c값에 관계없이 초기조건을 만족하므로 $y = cx^2$(c는 임의의 상수)이 모두 해이며 그 수는 무수히 많다.

(3) $y(1) = c \cdot 1^2 = 1$을 만족하려면 $c = 1$이므로 유일한 해 $y = x^2$을 갖는다.

▌ 1.1 연습문제

1. 미분방정식의 일반해를 추측하여 구하라.

(1) $y' = 2x$ (2) $y' - y = 0$ (3) $y' = \sin 3x$

(답) (1) $y = x^2 + c$ (2) $y = ce^x$ (3) $y = -\dfrac{1}{3}\cos 3x + c$

2. 미분방정식을 상미분방정식, 편미분방정식으로 구분하고 주어진 함수가 미분방정식의 해임을 보여라.

(1) $y'' = y$, $y = c_1 e^x + c_2 e^{-x}$ (상수 c_1, c_2) (2) $\dfrac{\partial^2 u}{\partial x^2} + \dfrac{\partial^2 u}{\partial y^2} = 0$, $u = \tan^{-1}\dfrac{y}{x}$

(답) (1) 상미분방정식 (2) 편미분방정식

☞ 문제 2의 (2)에 역삼각함수가 나온다. 이에 대해서는 0.3절을 참고하라.

3. 미분방정식의 계, 선형성, 제차성을 말하고 주어진 해가 미분방정식을 만족함을 확인하라.

(1) $y' = -1$, $y = -x + c$ (2) $y'' + y = 0$, $y = c_1\cos x + c_2\sin x$

(3) $yy' = -x$, $x^2 + y^2 = 1$ (4) $y' + y = x^2 - 2$, $y = ce^{-x} + x^2 - 2x$

(5) $y'' + 2y' + 2y = 0$, $y = e^{-x}(c_1\cos x + c_2\sin x)$

(답) (1) 1계 선형 비제차   (2) 2계 선형 제차   (3) 1계 비선형 비제차

        (4) 1계 선형 비제차   (5) 2계 선형 제차

4. 미분방정식 $(y')^2 - xy' + y = 0$에 대해 답하라.

(1) $y = cx - c^2$(임의의 상수 c)이 미분방정식을 만족함을 보이고 해의 종류를 말하라.

(2) (1)에서 $c = 1$인 경우, 즉 $y = x - 1$이 미분방정식을 만족함을 보이고 해의 종류를 말하라.

(3) 포물선 $y = x^2/4$이 미분방정식을 만족함을 보이고 해의 종류를 말하라.

(답) (1) 일반해   (2) 특수해   (3) 특이해

5. (1) ω가 상수일 때 함수 $y = c_1\sin\omega t + c_2\cos\omega t$를 미분하여 y가 해인 미분방정식을 구하라.

(2) 함수 $y = c_1^*\sin(\omega t + c_2^*)$를 미분하여 y가 해인 미분방정식을 구하라.

(3) 문제 (1), (2)의 해가 서로 동등함을 보여라.

(답) (1) $y'' + \omega^2 y = 0$ (2) $y'' + \omega^2 y = 0$

6. (1) 초기값 문제 $yy' = 2t$, $y(1) = \sqrt{3}$ 에 대해 일반해가 $y^2 = 2t^2 + c$임을 보이고 초기조건을 만족하는 특수해를 구하라.

(2) 초기값 문제 $y'' - y = 0$, $y(0) = 1$, $y'(0) = 0$의 일반해가 $y = c_1\cosh x + c_2\sinh x$임을 보이고 초기조건을 만족하는 특수해를 구하라.

(답) (1) $y^2 = 2t^2 + 1$ (2) $y = \cosh x$

7. 초기값 문제 $|y'| + |y| = 0$, $y(0) = 1$의 해를 구하라.

(답) 미분방정식의 해 $y(x) = 0$이 초기조건 $y(0) = 1$을 만족하지 않으므로 초기값 문제의 해는 존재하지 않음.

1.2 변수분리법

1계 미분방정식의 풀이에 대해 공부한다. 먼저 간단한 예로 미분방정식

$$\frac{dy}{dx} = x \tag{1.2.1a}$$

의 해를 구하는 경우를 생각해 보자. 식 (1.2.1a)의 양변을 x에 대해 적분하면 $\int \frac{dy}{dx}dx = \int xdx$ 로부터 $y + c_1 = \frac{1}{2}x^2 + c_2$ 이고 좌변의 c_1을 우변으로 이항하고 $c = c_2 - c_1$으로 놓으면 미분방정식의 해

$$y = \frac{1}{2}x^2 + c$$

를 구할 수 있다. 때로는 식 (1.2.1a)의 미분방정식을

$$dy = xdx \tag{1.2.1b}$$

와 같이 표현하기도 한다. 이것은 0.1절의 식 (0.1.9)에서 설명하였듯이 식 (1.2.1a)와 같은 표현이다. 미분방정식이

$$g(y)dy = f(x)dx \tag{1.2.2}$$

와 같이 종속변수 y와 독립변수 x가 서로 분리되는 경우 이를 **변수분리형 미분방정식**이라 한다. 변수분리형 미분방정식은

$$\int g(y)dy = \int f(x)dx$$

와 같이 양변을 적분하여 해를 구할 수 있는데, 이러한 방법을 **변수분리법**(method of separation of variables)이라 한다. 양변을 적분할 때 적분상수는 한 번만 쓰면 된다. 결국 변수분리법으로 미분방정식을 풀기 위해서는 다양한 함수를 적분할 수 있어야 한다.

예제 1

미분방정식 $9y\frac{dy}{dx} + 4x = 0$을 풀어라.

(풀이) 미분방정식을 $9ydy = -4xdx$로 나타내고, 양변을 $\int 9ydy = \int(-4x)dx$ 와 같이 적분하면 $\frac{9}{2}y^2 = -2x^2 + c^*$ 이고, 양변을 18로 나누고 $c = c^*/18$이라 하면 일반해는

$$\left(\frac{x}{3}\right)^2 + \left(\frac{y}{2}\right)^2 = c$$

이고, c값에 따라 그림 1.2.1과 같이 여러 개의 타원을 나타낸다.

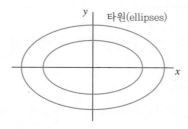

그림 1.2.1 예제 1의 일반해

예제 2

$\dfrac{dy}{dx} = 1 + y^2$의 해를 구하라.

(풀이) 미분방정식을 변수분리하면 $\dfrac{dy}{1+y^2} = dx$ 이고, 양변을 $\displaystyle\int \dfrac{dy}{1+y^2} = \int dx$ 와 같이 적분하면 $\tan^{-1}y = x + c$이므로

$$y = \tan(x + c).$$

☞ $y = \tan x + c\,(c \neq 0)$는 해가 아니다. $\tan^{-1}x$에 대해서는 0.3절을 참고하라.

예제 3

초기값 문제 $y' = -2xy$, $y(0) = 1$의 해를 구하라.

(풀이) $y \neq 0$일 때 미분방정식을 $\dfrac{dy}{y} = -2xdx$ 와 같이 변수분리하고 양변을 적분하면 $\ln|y| = -x^2 + c_1$ 에서

$$|y| = e^{-x^2 + c_1} = e^{c_1}e^{-x^2} = c_2e^{-x^2}$$

을 얻는다. 여기서 $c_2 = e^{c_1} > 0$인데, 좌변의 $|y|$가 양이므로 우변도 양이 됨은 당연하다. 그렇다고 y가 양일 필요는 없으므로 일반해는 임의의 상수 c(부호에 관계없이)에 대해

$$y = ce^{-x^2} \tag{a}$$

으로 쓸 수 있고 그래프는 그림 1.2.2와 같다. $y = 0$ 또한 주어진 미분방정식을 만족하므로 해가 되지만 이는 식 (a)에서 $c = 0$인 경우이므로 따로 구분하여 나타낼 필요는 없다. 식 (a)에 초기조건 $y(0) = 1$을 적용하면 $c = 1$이므로 구하려는 특수해는 $y = e^{-x^2}$ 이다.

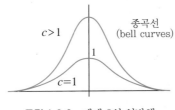

그림 1.2.2   예제 3의 일반해

☞ 그림 1.2.2의 $y = e^{-x^2}$ 그래프를 직접 그려보자. 우선 x에 $-x$를 대입해도 y가 같으므로 우함수, 즉 y축 대칭이다. $y(0) = 1$, $\lim\limits_{x \to \infty} y = 0$ 이므로 그래프는 y축과 1에서 만나고 x가 증가함에 따라 x축에 가까워진다. $y' = -2xe^{-x^2} = 0$ 이 $x = 0$ 에서만 성립하므로 $x = 0$에서만 접선의 기울기가 0이고, $x > 0$에서 $y' < 0$이므로 그래프는 단조감소한다. 고등학교 과정에서 배운 내용이지만 별 생각 없이 공부했다면 이번에는 이유를 생각하며 그려보기 바란다.

예제 3에서 $\int \dfrac{dx}{x} = \ln|x| + c$ 가 나왔다. 쉬운 내용이지만 정확히 알고 넘어가자.

(i) $x > 0$: $\int \dfrac{1}{x} dx = \ln x + c$

(ii) $x < 0$: $x = -t \, (t > 0)$로 놓으면

$$\int \frac{1}{x} dx = \int \frac{1}{-t}(-dt) = \int \frac{1}{t} dt = \ln t + c = \ln(-x) + c$$

따라서 (i), (ii)에 의해 $\int \dfrac{1}{x} dx = \ln|x| + c$ 이다.

예제 4

1.1절에서 특이해를 설명할 때 소개했던 미분방정식

$$y' = y^2 - 1$$

의 해를 구하라.

(풀이) 주어진 미분방정식을 변수분리하면 $y \neq \pm 1$일 때

$$\frac{dy}{y^2 - 1} = dx \tag{a}$$

이다. 좌변에 대해 **부분분수를 이용하는 적분**(쉬어가기 1.1)을 수행하면

$$\int \frac{dy}{y^2 - 1} = \frac{1}{2} \int \left(\frac{1}{y-1} - \frac{1}{y+1} \right) dy = \frac{1}{2} \left[\ln|y - 1| - \ln|y + 1| \right] = \frac{1}{2} \ln \left| \frac{y - 1}{y + 1} \right|$$

이므로, 식 (a)의 양변을 적분한 결과는 $\frac{1}{2}\ln\left|\frac{y-1}{y+1}\right| = x + c$ 또는 $\ln\left|\frac{y-1}{y+1}\right| = 2x + c$ 이다. 따라서 $\frac{y-1}{y+1} = ce^{2x}$, 즉

$$y = \frac{1 + ce^{2x}}{1 - ce^{2x}} \tag{b}$$

가 일반해이다. $y = 1$은 주어진 미분방정식을 만족하므로 역시 해이고 (b)에 포함된다($c = 0$일 때).
$y = -1$ 또한 미분방정식을 만족하지만 (b)의 일반해로 표시되지 않으므로 특이해이다.

☞ 예제 4의 풀이에서

$$\frac{1}{2}\ln\left|\frac{y-1}{y+1}\right| = x + c_1, \quad \ln\left|\frac{y-1}{y+1}\right| = 2x + c_2 \; (c_2 = 2c_1), \cdots$$

와 같이 상수를 엄밀하게 구분하여 써야 할 것이다. 하지만 서로 다른 표현 c_1, c_2도 결국 임의의 상수를 나타내므로 편의상 이들을 구분하지 않고 모두 c로 나타내었다. 이후로도 편의상 임의의 상수를 특별한 구분 없이 나타낼 것이다.

어떤 곡선과 수직으로 교차하는 다른 곡선을 **직교절선**(orthogonal trajectory)이라고 한다.

예제 5

곡선 $y = cx^2$에 대해 직교절선의 방정식을 구하고 두 곡선군을 같은 평면에 함께 그려라.

(풀이) $y = cx^2$에서 $x \neq 0$일 때 $c = \frac{y}{x^2}$ *이다. $y = cx^2$의 양변을 미분하면 $y' = 2cx = 2\left(\frac{y}{x^2}\right)x = \frac{2y}{x}$ 이므로, 이와 수직으로 교차하는 곡선군은 $y' = -\frac{x}{2y}$를 만족해야 한다. 따라서 $xdx + 2ydy = 0$에 대해 변수분리법으로 해를 구하면 $\frac{x^2}{2} + y^2 = c$ 이다. $y = cx^2$은 포물선이고 $\frac{x^2}{2} + y^2 = c$ 는 타원으로 그림 1.2.3과 같이 서로 직교한다.

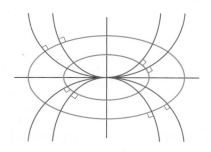

그림 1.2.3   직교절선

☞ 식(*)에서 c는 임의의 상수이다. 모든 실수는 분수로 표시할 수 있으므로 가능한 표현이다.

변수분리형 미분방정식으로의 변환

변수분리형이 아닌 것처럼 보이는 미분방정식도 새로운 종속변수를 사용하면 변수분리가 되는 경우가 있다.

(1) $y' = f\left(\dfrac{y}{x}\right)$ 형태

미분방정식

$$y' = f\left(\frac{y}{x}\right) \tag{1.2.3}$$

에 대해 원래의 종속변수 y를 대신할 새로운 종속변수 u를 사용해 보자. $u = y/x$로 놓으면 $y = ux$이고 $y' = u'x + u$이다. 이들을 $y' = f\left(\dfrac{y}{x}\right)$에 대입하면 $u'x + u = f(u)$ 또는 $u'x = f(u) - u$가 되므로

$$\frac{du}{f(u) - u} = \frac{dx}{x} \tag{1.2.4}$$

와 같이 종속변수 u와 독립변수 x에 대해 변수분리된 미분방정식이 된다.

우리는 실수 n에 대해 $f(\alpha x, \alpha y) = \alpha^n f(x, y)$가 성립하면 함수 $f(x, y)$를 n차 **제차함수**(homogeneous function)라고 부른다. 예를 들어 $f(x, y) = \sqrt{x^2 + y^2}$ 은

$$f(\alpha x, \alpha y) = \sqrt{(\alpha x)^2 + (\alpha y)^2} = \alpha\sqrt{x^2 + y^2} = \alpha^1 f(x, y)$$

이므로 1차 제차함수이고, $f(x, y) = \dfrac{y}{x} - 1$ 은

$$f(\alpha x, \alpha y) = \frac{\alpha y}{\alpha x} - 1 = \frac{y}{x} - 1 = \alpha^0 f(x, y)$$

이므로 0차 제차함수이다. 물론 $f(x, y) = x + y + 1$은 **비제차함수**(nonhomogeneous function)이다.

두 함수 $F_1(x, y)$와 $F_2(x, y)$가 n차 제차함수이면 $F_1\left(1, \dfrac{y}{x}\right)$, $F_2\left(1, \dfrac{y}{x}\right)$가 0차 제차함수이므로

$$F_1(x, y) = x^n F_1\left(1, \frac{y}{x}\right), \quad F_2(x, y) = x^n F_2\left(1, \frac{y}{x}\right)$$

로 쓸 수 있다. 따라서 $F_1(x, y)$와 $F_2(x, y)$가 n차 제차함수인 제차 미분방정식 $F_1(x, y)dx + F_2(x, y)dy = 0$은

$$x^n F_1\left(1, \frac{y}{x}\right)dx + x^n F_2\left(1, \frac{y}{x}\right)dy = 0 \quad \text{또는} \quad \frac{dy}{dx} = -\frac{F_1\left(1, \dfrac{y}{x}\right)}{F_2\left(1, \dfrac{y}{x}\right)}$$

가 되어 결국 식 (1.2.3)의 형태가 되고 치환 $u = \dfrac{y}{x}$에 의해 식 (1.2.4)와 같이 변수분리가 가능해진다.

예제 6

미분방정식 $2xyy' = y^2 - x^2$을 풀어라.

(풀이) 미분방정식의 양변을 $2xy$로 나누면

$$y' = \frac{1}{2}\left(\frac{y}{x} - \frac{x}{y}\right)$$

가 되어 식 (1.2.3)의 형태임을 알 수 있다. 치환 $u = y/x$, 즉 $y = ux$를 사용하면 $y' = u'x + u$이므로
$u'x + u = \dfrac{1}{2}\left(u - \dfrac{1}{u}\right)$ 또는 $u'x = -\dfrac{1}{2}\left(u + \dfrac{1}{u}\right)$이 되어

$$\frac{2u}{1+u^2}\,du = -\frac{dx}{x}$$

와 같이 변수분리된다. 양변을 적분하면 임의의 상수 c에 대해 $\ln|1+u^2| = -\ln|x| + \ln|c| = \ln\left|\dfrac{c}{x}\right|$
(아래 참조)에서 $1 + u^2 = \dfrac{c}{x}$를 얻는다. 다시 $u = y/x$로 바꾸면 해는 $1 + \left(\dfrac{y}{x}\right)^2 = \dfrac{c}{x}$ 또는
$\left(x - \dfrac{c}{2}\right)^2 + y^2 = \dfrac{c^2}{4}$이다.

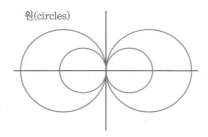

원(circles)

그림 1.2.4 예제 6의 일반해

☞ 풀이과정에서 나머지 항들이 모두 로그로 표시되었으므로 적분상수도 임의의 상수 c 대신에 $\ln|c|$를 사용하였다. $-\infty < \ln|c| < \infty$이므로 이러한 표현이 아무런 문제가 되지 않으며 오히려 중간 계산과정이 매우 간단해진다.

(2) 치환 $u = ax + by + c$로 변수분리가 가능한 형태

미분방정식에 $ax + by + c$와 같이 x와 y의 합의 형태가 포함된 경우 자체로는 변수분리가 불가능하다. 하지만 이러한 항들 사이에 유사성이 존재하면 적당한 치환으로 변수분리할 수 있다. 다음 예제를 보자.

예제 7

$(2x - 4y + 5)y' + x - 2y + 3 = 0$의 해를 구하라.

(풀이) 미분방정식의 계수에서 $2x - 4y$가 $x - 2y$의 2배임에 주목하자. $u = x - 2y$로 치환하면 $y = \frac{1}{2}(x - u)$, $y' = \frac{1}{2}(1 - u')$이므로 미분방정식은

$$(2u + 5)\frac{1}{2}(1 - u') + u + 3 = 0 \qquad \text{또는} \qquad (2u + 5)u' = 4u + 11$$

이 되어 u와 x로 변수분리된다. 즉

$$\frac{2u + 5}{4u + 11}\,du = dx$$

이다. 적분

$$\int \frac{2u + 5}{4u + 11}\,du = \int \frac{(4u + 11)/2 - 1/2}{4u + 11}\,du$$

$$= \int \left(\frac{1}{2} - \frac{1}{2}\frac{1}{4u + 11}\right)du = \frac{u}{2} - \frac{1}{8}\ln|4u + 11| + c$$

를 이용하여 양변을 적분하면

$$\frac{u}{2} - \frac{1}{8}\ln|4u + 11| = x + c$$

이고, u를 x, y로 나타내면 구하는 해는

$$4x + 8y + \ln|4x - 8y + 11| = c.$$

1.2 연습문제

1. 미분방정식의 일반해를 구하라.

(1) $\dfrac{dy}{dx} + 3x^2y^2 = 0$ (2) $y' + \csc y = 0$ (3) $xy' = y^2 + y$ (변수분리법 사용)

(4) $xy' = y^2 + y$ (치환 $u = y/x$ 사용)

(답) (1) $y = \dfrac{1}{x^3 + c}$ (2) $\cos y = x + c$ (3) $y = \dfrac{cx}{1 - cx}$ (4) $y = -\dfrac{x}{x + c}$

☞ (3)과 (4)의 답이 동일함을 확인하라.

2. 초기값 문제의 해를 구하라.

(1) $xy' + y = 0$, $y(2) = -2$ (2) $\dfrac{dr}{dt} = -2tr$, $r(0) = 2.5$

(답) (1) $y = -\dfrac{4}{x}$ (2) $r = 2.5e^{-t^2}$

3. 곡선군(family of curves)에 속하는 곡선끼리 직교할 때 **자체직교**(self-orthogonal)라 한다. 식 $y^2 = c(2x + c)$로 나타나는 곡선군이 자체직교임을 보여라. 여기서 c는 임의의 상수이다.

4. 치환 $u = y/x$를 사용하여 초기값 문제를 풀어라.

(1) $xy' = y + 3x^4\cos^2(y/x)$, $y(1) = 0$ (2) $xyy' = 2y^2 + 4x^2$, $y(2) = -4$

(답) (1) $\tan\dfrac{y}{x} = x^3 - 1$ (2) $\left(\dfrac{y}{x}\right)^2 + 4 = 2x^2$

5. $y' = \dfrac{1 - 2y - 4x}{1 + y + 2x}$ 의 해를 구하라.

(답) $y - x + \dfrac{1}{2}(y + 2x)^2 = c$

1.3   완전미분방정식

미분

0.1절에서 1변수 함수 $\phi(x)$의 **미분**(differential)은

$$d\phi = \phi'(x)dx \qquad (1.3.1)$$

이었다. 이는 함수 ϕ의 미소증분 $d\phi$가 ϕ의 x에 대한 변화율 $\phi'(x)$와 x의 미소증분 dx의 곱으로 나타남을 뜻한다. 마찬가지로 2변수 함수 $\phi(x, y)$의 미분은 0.2절에서 소개한 것처럼

$$d\phi = \frac{\partial\phi}{\partial x}dx + \frac{\partial\phi}{\partial y}dy \qquad (1.3.2)$$

이며, 함수 ϕ의 미소증분 $d\phi$가 함수 ϕ의 x에 대한 변화율 $\partial\phi/\partial x$와 x의 미소증분 dx의 곱과 함수 ϕ의 y에 대한 변화율 $\partial\phi/\partial y$와 y의 미소증분 dy의 곱의 합으로 나타남을 의미한다.

완전미분

$F_1(x, y)$, $F_2(x, y)$가 연속이고, 이들의 1계 편도함수가 연속인 영역에서

$$d\phi = F_1 dx + F_2 dy \qquad (1.3.3)$$

를 만족하는 함수 $\phi(x, y)$가 존재하면 $F_1 dx + F_2 dy$를 **완전미분**(exact differential)이라 한다.

$F_1 dx + F_2 dy$가 완전미분이 되기 위한 조건은
$$\frac{\partial F_1}{\partial y} = \frac{\partial F_2}{\partial x} \qquad (1.3.4)$$
이다.

(증명) 식 (1.3.2)와 (1.3.3)을 비교하면 $F_1 dx + F_2 dy$가 완전미분이 되기 위해서는

$$\frac{\partial \phi}{\partial x} = F_1, \qquad \frac{\partial \phi}{\partial y} = F_2 \qquad (1.3.5)$$

를 만족해야 하는데, 우리가 ϕ를 알지 못하므로 식 (1.3.5) 자체로는 활용성이 없다. F_1을 y로, F_2를 x로 각각 편미분하면

$$\frac{\partial F_1}{\partial y} = \frac{\partial}{\partial y}\left(\frac{\partial \phi}{\partial x}\right) = \frac{\partial^2 \phi}{\partial y\,\partial x}, \qquad \frac{\partial F_2}{\partial x} = \frac{\partial}{\partial x}\left(\frac{\partial \phi}{\partial y}\right) = \frac{\partial^2 \phi}{\partial x\,\partial y}$$

이고, x와 y에 대한 편미분이 존재하는 함수 ϕ에 대해서는 $\dfrac{\partial^2 \phi}{\partial y\,\partial x} = \dfrac{\partial^2 \phi}{\partial x\,\partial y}$ 이므로 식 (1.3.4)가 성립한다.

■

☞ 예를 들어 $\phi(x, y) = x^2 y$에 대해 $\dfrac{\partial}{\partial y}\left(\dfrac{\partial \phi}{\partial x}\right)$와 $\dfrac{\partial}{\partial x}\left(\dfrac{\partial \phi}{\partial y}\right)$를 구하여 결과가 모두 $2x$가 됨을 확인해 보자. 점 (a, b)를 포함하는 영역 D에서 정의되는 함수 ϕ에 대해 ϕ_{xy}와 ϕ_{yx}가 D에서 연속이면 $\phi_{xy}(a, b) = \phi_{yx}(a, b)$가 성립하는데 이를 **클레로의 정리**(Alexis Clairaut, 1713–1765, 프랑스)라고 한다.

완전미분방정식과 해

1계 미분방정식

$$F_1(x, y)dx + F_2(x, y)dy = 0 \qquad (1.3.6)$$

의 좌변이 완전미분이면, 즉 $d\phi = F_1 dx + F_2 dy$를 만족하는 ϕ가 존재하면 식 (1.3.6)을 **완전미분방정식**(exact differential equation)이라 한다. 식 (1.3.6)이 완전미분방정식이면 식 (1.3.6)을

$$d\phi = 0 \tag{1.3.7}$$

으로 쓸 수 있고, 양변을 적분하면

$$\phi(x, y) = c \tag{1.3.8}$$

가 되고, 이것이 완전미분방정식[식 (1.3.6)]의 해이다. 다음은 식 (1.3.8)의 ϕ를 구하는 방법을 설명한다.

완전미분방정식의 해 $\phi = c$에서 ϕ를 구하는 방법

식 (1.3.4)를 사용하여 식 (1.3.6)이 완전미분방정식임이 확인되면 식 (1.3.5)를 만족하는 함수 $\phi(x, y)$를 구하여 식 (1.3.8)과 같이 해를 완성한다. 먼저 식 (1.3.5)의 첫 번째 식인 $\partial\phi/\partial x = F_1$의 양변을 x로 적분하면

$$\phi(x,y) = \int F_1(x,y)dx + g(y) \tag{1.3.9}$$

이다. 여기서 주의할 점은 편미분을 적분하는 것이므로 x로 적분할 때 피적분함수 $F_1(x, y)$에 포함된 y를 상수로 취급해야 한다는 점과 일반적으로 부정적분에 나타나는 적분상수 대신에 y만의 함수인 $g(y)$를 사용한다는 점이다. (물론 y만의 함수는 상수도 포함한다.) 그 이유는 식 (1.3.9)의 양변을 x로 편미분하여 $\partial\phi/\partial x = F_1$이 됨을 확인하면 알 수 있을 것이다. $g(y)$는 식 (1.3.9)의 양변을 다시 y로 편미분하고 그 결과를 식 (1.3.5)의 두 번째 식 $\partial\phi/\partial y = F_2$와 비교하여 구할 수 있다.

다른 방법으로 먼저 식 (1.3.5)의 두 번째 식을 y로 적분하여

$$\phi(x,y) = \int F_2(x,y)dy + h(x)$$

를 구하고, 이를 다시 x로 편미분한 결과를 식 (1.3.5)의 첫 번째 식과 비교하여 $h(x)$를 구할 수도 있다.

완전미분방정식의 풀이 순서

(i) 식 (1.3.6)으로 주어진 미분방정식이 완전미분방정식인지 아닌지를 식 (1.3.4)를 이용하여 확인한다.

(ii) 완전미분방정식임이 확인되면 식 (1.3.5)를 만족하는 ϕ를 구한다.

(iii) $\phi = c$로 놓으면 해이다.

예제 1

$(x^3 + 3xy^2)dx + (3x^2y + y^3)dy = 0$의 해를 구하라.

(풀이) 위의 풀이 순서에 따라 해를 구하면 다음과 같다.

(i) $F_1 = x^3 + 3xy^2$, $F_2 = 3x^2y + y^3$으로 놓으면

$$\frac{\partial F_1}{\partial y} = 6xy = \frac{\partial F_2}{\partial x}$$

이므로 주어진 미분방정식은 완전미분방정식이다.

(ii) 따라서

$$\frac{\partial \phi}{\partial x} = F_1 = x^3 + 3xy^2 \qquad \text{(a)} \qquad\qquad \frac{\partial \phi}{\partial y} = F_2 = 3x^2y + y^3 \qquad \text{(b)}$$

을 만족하는 $\phi(x, y)$를 구한다. (a)의 양변을 x로 적분하면

$$\phi(x,y) = \int (x^3 + 3xy^2)dx + g(y) = \frac{1}{4}x^4 + \frac{3}{2}x^2y^2 + g(y) \qquad \text{(c)}$$

이다. (c)를 y로 편미분하여 (b)와 비교하면

$$\frac{\partial \phi}{\partial y} = 3x^2y + g'(y) = 3x^2y + y^3$$

이므로 $g'(y) = y^3$ 또는 $g(y) = \frac{1}{4}y^4 + c^*$가 된다. $c^* = 0$으로 놓으면 (c)에서

$$\phi(x,y) = \frac{1}{4}x^4 + \frac{3}{2}x^2y^2 + \frac{1}{4}y^4.$$

(iii) 미분방정식의 해는 $\phi(x, y) = c$이므로

$$\frac{1}{4}x^4 + \frac{3}{2}x^2y^2 + \frac{1}{4}y^4 = c$$

이다.

☞ 예제 1의 풀이에서 $c^* = 0$으로 놓지 않고 그대로 유지해도 최종 해의 형태는 동일하다.

예제 2

초기값 문제 $(\sin x \cosh y)dx - (\cos x \sinh y)dy = 0$, $y(0) = 3$의 해를 구하라.

(풀이) $\dfrac{\partial}{\partial y}(\sin x \cosh y) = \sin x \sinh y = \dfrac{\partial}{\partial x}(-\cos x \sinh y)$ 이므로 미분방정식은 완전하다.

$\dfrac{\partial \phi}{\partial x} = \sin x \cosh y$ 로부터

$$\phi(x,y) = \int (\sin x \cosh y)dx + g(y) = -\cos x \cosh y + g(y)$$

이고, $\dfrac{\partial \phi}{\partial y} = -\cos x \sinh y + g'(y) = -\cos x \sinh y$ 에서 $g'(y) = 0$이다. $g(y) = c = 0$을 택하면

$$\phi(x, y) = -\cos x \cosh y$$

이다. 따라서 일반해는

$$\cos x \cosh y = c$$

이고, 초기조건 $y(0) = 3$에서 $\cos 0 \cosh 3 = c$, $c = \cosh 3$이므로 특수해는

$$\cos x \cosh y = \cosh 3.$$

☞ 예제 2의 해를 변수분리법으로 구하여 결과를 비교하자.

예제 3

$\phi = e^{x^2/y}$에 대해 완전미분방정식 $d\phi = 0$의 형태를 쓰고 해를 구하라.

(풀이) 주어진 ϕ에 대해

$$d\phi = \frac{\partial \phi}{\partial x}dx + \frac{\partial \phi}{\partial y}dy = \frac{2x}{y}e^{x^2/y}dx - \frac{x^2}{y^2}e^{x^2/y}dy$$

이므로 $d\phi = 0$의 형태는

$$\frac{2x}{y}e^{x^2/y}dx - \frac{x^2}{y^2}e^{x^2/y}dy = 0 \tag{a}$$

이다. 식 (a)의 해는 문제에서 주어진 $\phi = e^{x^2/y} = c$이다. 이를 간단히 하면 $x^2/y = c$ 또는

$$y = cx^2 \tag{b}$$

이다. 참고로 식 (a)의 양변을 $e^{x^2/y}$로 나누면

$$\frac{2x}{y}dx - \frac{x^2}{y^2}dy = 0 \tag{c}$$

이 되는데, 이 또한 완전미분방정식이며 식 (b)를 해로 갖는다. 하지만 식 (c)의 양변에 다시 y^2을 곱하여

$$2xydx - x^2dy = 0$$

으로 쓰면 이는 더 이상 완전미분방정식이 아님에 유의해야 한다(확인해 보자).

1.3 연습문제

1. $\phi(x, y)$에 대해 완전미분방정식 $d\phi = 0$의 형태를 쓰고 해를 구하라.

(1) $\phi = x^2 + 4y^2$ 　　　　　　　　　(2) $\phi = \tan(y^2 - x^3)$

(답) (1) $2xdx + 8ydy = 0$, $x^2 + 4y^2 = c$ 　　　(2) $-3x^2dx + 2ydy = 0$, $y^2 = x^3 + c$

2. 미분방정식이 완전미분방정식임을 보이고 해를 구하라.

(1) $2xydx + x^2dy = 0$ 　　　　　　　(2) $\sinh x \cos y dx - \cosh x \sin y dy = 0$

(3) $e^{-2\theta}(rdr - r^2d\theta) = 0$ 　　　　(4) $\dfrac{2}{y}\cos 2xdx - \dfrac{1}{y^2}\sin 2xdy = 0$, $y\left(\dfrac{\pi}{4}\right) = 3.8$

(5) $[(x + 1)e^x - e^y] dx - xe^ydy = 0$, $y(1) = 0$

(답) (1) $x^2y = c$　(2) $\cosh x \cos y = c$　(3) $r = ce^\theta$　(4) $y = 3.8\sin 2x$　(5) $x(e^x - e^y) = e - 1$

3. 문제 2(2)의 해를 변수분리법으로 구하라.

(답) $\cosh x \cos y = c$

1.4 1계 선형 미분방정식

1계 선형 미분방정식은 식 (1.1.6)에서 $n = 1$일 때이므로 $a_1(x) \neq 0$일 때

$$a_1(x)\frac{dy}{dx} + a_0(x)y = g(x)$$

이고, 양변을 $a_1(x)$로 나누면 **1계 선형 미분방정식의 표준형**

$$\frac{dy}{dx} + p(x)y = r(x) \tag{1.4.1}$$

를 얻는다. 여기서 $p(x) = a_0(x)/a_1(x)$, $r(x) = g(x)/a_1(x)$이다. 식 (1.4.1)에서 $r(x) = 0$이면 제차, $r(x) \neq 0$이면 비제차 미분방정식이다.

1.3절에서 미분방정식 $F_1(x, y)dx + F_2(x, y)dy = 0$이 완전미분방정식이 되기 위해서는 $\dfrac{\partial F_1}{\partial y} = \dfrac{\partial F_2}{\partial x}$를 만족해야 했다. 식 (1.4.1)로 주어지는 1계 선형 미분방정식을

$F_1\,dx + F_2\,dy = 0$ 형태로 쓰면

$$[p(x)y - r(x)]dx + dy = 0 \tag{1.4.2}$$

이다. 이 식은 $p(x)$와 $r(x)$에 따라 완전 미분방정식일 수도 있고 그렇지 않을 수도 있다. 양변에 x의 함수 $\mu(x)$를 곱하면

$$\mu(x)[p(x)y - r(x)]dx + \mu(x)dy = 0 \tag{1.4.3}$$

이고, 이것이 완전미분방정식이 되기 위해서는 $\dfrac{\partial}{\partial y}\mu(x)[p(x)y - r(x)] = \dfrac{\partial}{\partial x}\mu(x)$, 즉

$$\frac{d\mu}{dx} = \mu(x)p(x) \tag{1.4.4}$$

를 만족해야 한다. 위 식을 $\dfrac{d\mu}{\mu} = p(x)dx$ 와 같이 변수분리하고 양변을 적분하면 $\mu = ce^{\int p(x)dx}$ 가 되는데 $c = 1$을 선택하면

$$\mu = e^{\int p(x)dx} \tag{1.4.5}$$

가 되며, 우리는 이를 **적분인자**(integrating factor)라고 부른다. 즉, 적분인자를 1계 선형 미분방정식의 양변에 곱하면 완전 미분방정식이 되는 것이다. 그렇다고 1계 선형미분방정식을 완전미분방정식으로 바꾸어 1.3절에서와 같이 풀 필요는 없다. 간단한 방법을 알아보자

식 (1.4.1)의 양변에 식 (1.4.5)의 적분인자를 곱하면

$$e^{\int p(x)dx}\frac{dy}{dx} + e^{\int p(x)dx}p(x)y = e^{\int p(x)dx}r(x)$$

이고, 좌변은 $\dfrac{d}{dx}\big[e^{\int p(x)dx}y\big]$ 와 같으므로[미분공식 $(fg)' = f'g + fg'$ 사용]

$$\frac{d}{dx}\big[e^{\int p(x)dx}y\big] = e^{\int p(x)dx}r(x)$$

가 된다. 위 식을 $d\big[e^{\int p(x)dx}y\big] = e^{\int p(x)dx}r(x)dx$ 와 같이 변수분리하고 양변을 적분하면

$$e^{\int p(x)dx}y = \int e^{\int p(x)dx}r(x)dx + c$$

이다. 다시 양변을 $\mu = e^{\int p(x)dx}$ 로 나누면 **1계 선형 미분방정식의 일반해**

$$y = e^{-\int p(x)dx}\left[\int e^{\int p(x)dx}r(x)dx + c\right] \tag{1.4.6}$$

를 얻는다. 결과적으로 1계 선형 미분방정식에 대해서는 해의 공식이 존재하는 것

이다. 식 (1.4.1)에서 $r(x) = 0$인 1계 제차 선형 미분방정식의 경우에 위의 공식을 사용하면

$$y = ce^{-\int p(x)dx} \tag{1.4.7}$$

이다(연습문제 참고). 식 (1.4.5)의 적분인자를 유도하는 과정에서 $c = 1$로 놓았는데 왜 그랬을까? 이유는 간단하다. 임의의 상수 c를 그대로 유지해도 적분인자를 미분방정식의 양변에 곱하면 c가 소거되어 없어지기 때문이다. 적분인자 공식을 가장 간단하게 표현하기 위해 $c = 1$로 선택한 것이다. 식 (1.4.6)을 암기할 필요는 없다. 식 (1.4.5)의 적분인자 공식만 암기하고 다음과 같은 순서로 해를 구하자.

1계 선형 미분방정식의 풀이 순서

(i) 적분인자 $e^{\int p(x)dx}$ 를 구한다.

(ii) 적분인자를 미분방정식의 양변에 곱하여 미분방정식의 좌변을 적분인자와 y의 곱에 대한 미분 형태로 만든다.

(iii) 양변을 x에 대해 적분한다.

(iv) 양변을 적분인자로 나눈다.

다음 예제에서 1계 선형 미분방정식의 해를 위의 순서로 구해 보자.

예제 1

미분방정식 $y' + y = 1$의 일반해를 적분인자를 사용하여 구하라.

(풀이) (i) $y' + y = 1$에서 $p(x) = 1$이므로 적분인자는

$$\mu(x) = e^{\int p(x)dx} = e^{\int 1dx} = e^x$$

이다.

(ii) 적분인자를 미분방정식의 양변에 곱하면 $e^x y' + e^x y = e^x$가 되는데, 이는

$$\frac{d}{dx}[e^x y] = e^x, \text{ 또는 } d[e^x y] = e^x dx$$

와 같이 쓸 수 있다.

(iii) 위 식의 양변을 x로 적분하면 $\int d[e^x y] = \int e^x dx$ 에서

$$e^x y = e^x + c$$

이다.

(iv) 양변을 다시 적분인자 e^x로 나누면

$$y = 1 + ce^{-x}$$

가 된다.

2.1절에서 다시 설명하겠지만 일반적으로 비제차 미분방정식의 일반해 y는

$$y = y_h + y_p \tag{1.4.8}$$

로 정의한다. 여기서 y_h는 비제차 미분방정식에서 $r(x) = 0$으로 바꾼 제차 미분방정식의 해이며 **제차해**(homogeneous solution)라고 부르고, y_p는 비제차 미분방정식을 만족하며 임의의 상수 c를 포함하지 않는 해이며 **특수해**(particular solution)라고 부른다. 앞에서 초기값 문제의 해를 특수해라고 했는데 여기서는 용어는 같지만 다른 의미로 쓰인다. 식 (1.4.6)을 식 (1.4.8)의 형태로 쓰면

$$y_h = ce^{-\int p(x)dx} \tag{1.4.9}$$

$$y_p = e^{-\int p(x)dx} \int r(x)e^{-\int p(x)dx} dx \tag{1.4.10}$$

이다. 예제 1에서는 $y_h = ce^{-x}$, $y_p = 1$이다. 비제차 미분방정식의 특수해를 구하는 방법에 대해서는 2.5절과 2.6절에서 다시 공부할 것이다.

예제 2

$\dfrac{dy}{dx} - y = e^{2x}$ 의 해를 구하라.

(풀이) 적분인자 $e^{\int p(x)dx} = e^{\int (-1)dx} = e^{-x}$를 미분방정식의 양변에 곱하면

$$e^{-x}\frac{dy}{dx} - e^{-x}y = e^x \qquad 또는 \qquad \frac{d}{dx}[e^{-x}y] = e^x$$

이다. 적분

$$\int d[e^{-x}y] = \int e^x dx$$

를 수행하면 $e^{-x}y = e^x + c$ 또는

$$y = e^{2x} + ce^x.$$

예제 3

$\dfrac{dy}{dx} + 2y = e^x(3\sin2x + 2\cos2x)$ 를 풀어라.

(풀이) $p = 2$인 1계 선형 미분방정식이므로 적분인자 $e^{\int 2dx} = e^{2x}$ 를 양변에 곱하면

$$e^{2x}\frac{dy}{dx} + 2e^{2x}y = e^{3x}(3\sin2x + 2\cos2x)$$

또는

$$\frac{d}{dx}[e^{2x}y] = e^{3x}(3\sin2x + 2\cos2x)$$

이다. 양변을 적분하여

$$\int d[e^{2x}y] = \int e^{3x}(3\sin2x + 2\cos2x)dx$$

로 나타내고, 우변의 **부분적분**(쉬어가기 1.1)을 수행하면

$$e^{2x}y = e^{3x}\sin2x + c$$

이다. 따라서

$$y = e^x\sin2x + ce^{-2x}.$$

예제 4

$\dfrac{dy}{dx} + (\tan x)y = \sin2x,\ y(0) = 1$ 의 해를 구하라.

(풀이) 적분인자 $e^{\int \tan x dx} = e^{-\ln|\cos x|} = \sec x$ (아래 참고)를 미분방정식의 양변에 곱하면

$$\sec x\frac{dy}{dx} + \tan x\,\sec x \cdot y = \sec x\,\sin2x$$

이고, $\sin2x = 2\sin x\,\cos x$이므로

$$\frac{d}{dx}[\sec x \cdot y] = 2\sin x.$$

적분 $\int d[\sec x \cdot y] = 2\int \sin x dx$ 를 계산하면 $\sec x \cdot y = -2\cos x + c$ 또는

$$y = -2\cos^2 x + c\,\cos x.$$

초기조건에서 $1 = -2\cos^2 0 + c\cos 0$이므로 $c = 3$이고, 따라서

$$y = 3\cos x - 2\cos^2 x.$$

☞ 적분인자는 $e^{\int \tan x dx} = e^{-\ln|\cos x|} = |\sec x|$이므로 $\sec x$의 양과 음에 따라 $+\sec x$ 또는 $-\sec x$가 되어야 한다. 하지만 어느 것을 미분방정식에 곱하더라도 결과는 같다.

베르누이 방정식

비선형 미분방정식이 간단한 치환에 의해 선형 미분방정식이 될 수 있다.

$$\frac{dy}{dx} + p(x)y = r(x)y^{\gamma} \qquad (1.4.11)$$

로 나타나는 **베르누이 방정식**(Jacob Bernoulli, 1654–1705, 스위스)이 그 예이다. 여기서 γ는 임의의 실수이며, γ가 0 또는 1이면 식 (1.4.11)은 선형이고 그렇지 않으면 비선형이다. 새로운 종속변수를 $u(x) = y(x)^{1-\gamma}$로 놓으면 $\frac{du}{dx} = (1 - \gamma)y^{-\gamma}\frac{dy}{dx}$ 이고, 식 (1.4.11)에서 $\frac{dy}{dx} = r(x)y^{\gamma} - p(x)y$이므로

$$\frac{du}{dx} = (1 - \gamma)y^{-\gamma}[ry^{\gamma} - py] = (1 - \gamma)(r - pu)$$

가 된다. 즉

$$\frac{du}{dx} + (1 - \gamma)p(x)u = (1 - \gamma)r(x) \qquad (1.4.12)$$

와 같이 $u(x)$에 대해 1계 선형 미분방정식이 되므로 적분인자를 사용하여 해를 구할 수 있다.

예제 5

a, b가 양의 실수일 때

$$\frac{dy}{dx} = ay - by^2 \qquad (a)$$

의 해를 구하라.

(풀이) 주어진 미분방정식을 식 (1.4.11)과 비교하면 $\gamma = 2$인 경우이므로 $u = y^{1-\gamma} = y^{1-2} = y^{-1}$로 치환하면

$$\frac{du}{dx} = -\frac{1}{y^2}\frac{dy}{dx} = -\frac{1}{y^2}(ay - by^2) = -\frac{a}{y} + b = -au + b$$

이다. 즉 선형 미분방정식

$$\frac{du}{dx} + au = b$$

를 얻는다. 위 식의 양변에 적분인자 $e^{\int a dx} = e^{ax}$를 곱하면

$$e^{ax}\frac{du}{dx} + ae^{ax}u = be^{ax} \qquad \text{또는} \qquad \frac{d(e^{ax}u)}{dx} = be^{ax}$$

가 되어, 적분 $\int d(e^{ax}u) = \int be^{ax}dx$에 의해 $e^{ax}u = \frac{b}{a}e^{ax} + c$ 또는

$$u(x) = \frac{b}{a} + ce^{-ax}$$

이다. 따라서

$$y(x) = \frac{1}{u(x)} = \frac{1}{b/a + ce^{-ax}}$$ (b)

이다.

예제 5는 변수분리법으로도 해를 구할 수 있다. 연습문제를 참고하라.

이제까지 1계 미분방정식의 해를 구하는 기본적인 방법들을 소개했다. 다른 방법들이 더 있지만 공대생이 어려운 미분방정식의 해를 스스로 구해야 하는 경우는 거의 없으므로 이 정도로 마치겠다. 공학 또는 과학 분야에서 자주 등장하는 미분방정식은 오히려 전형적이고 단순한 경우가 대부분이다. 따라서 공대생에게는 공학적, 과학적 문제를 **수학적 모형화**를 통해 미분방정식으로 표현하고, 이것의 해를 통해 문제를 해석하고 결과를 예측하는 능력을 배양하는 것이 더 중요하다. 이것이 우리가 1.5절에서 1계 미분방정식의 응용을 반드시 공부해야 하는 이유이다.

쉬어가기 1.1　수학공식을 암기할 것인가?

1.2절에서 부분분수를 이용하는 적분이, 1.4절에서 부분적분이, 곧 1.5절에서는 삼각함수 합성이 나올 것이다.

어릴 적 아버지께서 '수학은 공식만 외우면 되니 쉬운 과목이다.'라고 말씀하신 적이 있다. 내가 성장하면서 그렇지 않다고 느껴서일까, 그 말씀이 잘 잊혀지지 않는다. 나이가 들면서 무엇인가를 암기하는 일은 내게 매우 어려운 일이 되었지만 수학을 공부하는데는 전혀 장애가 되지 않는다. 오히려 이해력, 통찰력 등이 좋아져서 이전에 정확히 이해하지 못했던 내용이 쉽게 이해되기도 한다. 저는 학생들에게도 공식을 외우지 말라고 말한다. 시험문제를 출제할 때도 푸리에 급수, 그린정리 등과 같은 공식이나 정리를 문제와 함께 제공한다. 공식을 무작정 암기하기보다는 유도과정을 이해함으로써 공식과 친해져서 필요할 때 찾아서 사용하는 것이 중요하고 그 후에는 몇 번의 사용만으로도 공식이 저절로 외워지는 경우가 많다. 공식이 복잡하여 외우기 어려운 경우도 가끔 있지만 이 때는 공식을 스스로 유도해도 되고 아니면 인터넷 검색을 하거나 이 책의 뒤에 있는 부록에서 공식을 찾아 사용하면 된다.

예를 들어 **삼각함수 합성** 공식을 보자. $a\cos x + b\sin x$와 같이 같은 x에 대한 두 개의 삼각함수의 합을 하나의 삼각함수로 나타낼 때 필요한 공식인데, 각도 θ를 어떻게 정의하느냐에 따라 부록 A10과 같이 두 가지 다른 결과가 나오므로 외우기 까다로운 공식 중의 하나이다. 이를 유도하려면 먼저 a와 b를 두 변으로 갖는 그림 1.4.1의 왼쪽 직각 삼각형을 그려야 한다. 빗변의 길이는 당연히 $\sqrt{a^2 + b^2}$ 일 것이므로

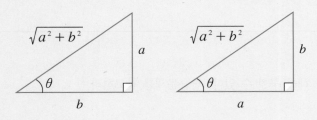

그림 1.4.1   삼각함수의 합성

$$a\cos x + b\sin x = \sqrt{a^2 + b^2}\left(\frac{a}{\sqrt{a^2 + b^2}}\cos x + \frac{b}{\sqrt{a^2 + b^2}}\sin x\right)$$

로 쓸 수 있고, 왼쪽 삼각형에서와 같이 각 θ를 정하면 $\sin\theta = \dfrac{a}{\sqrt{a^2 + b^2}}$, $\cos\theta = \dfrac{b}{\sqrt{a^2 + b^2}}$ 이므로

$$a\cos x + b\sin x = \sqrt{a^2 + b^2}\,(\sin\theta\cos x + \cos\theta\sin x)$$

가 되며, 여기서 θ는 $\tan\theta = \dfrac{a}{b}$ 를 만족하는 각도이다. 삼각함수 덧셈공식(부록 A5)을 사용하면

$$a\cos x + b\sin x = \sqrt{a^2 + b^2}\,\sin(x + \theta), \quad \theta = \tan^{-1}\frac{a}{b} \tag{a}$$

와 같은 삼각함수 합성 공식을 어렵지 않게 유도할 수 있다. (a)에서는 사인함수로 합성하였는데 코사인함수로 합성하려면 그림 1.4.1의 오른쪽 삼각형을 이용하여

$$a\cos x + b\sin x = \sqrt{a^2 + b^2}\,\cos(x - \theta), \quad \theta = \tan^{-1}\frac{b}{a} \tag{b}$$

를 유도할 수 있다.

정리 0.1.5 미분의 성질 (3)에서 $u(x)$, $v(x)$에 대해

$$(uv)' = u'v + uv'$$

이므로 양변을 x로 적분하면 $\displaystyle\int (uv)'dx = \int u'v\,dx + \int uv'\,dx$ 이고 $\displaystyle\int (uv)'dx = uv$ 이므로

$$\int u'v\,dx = uv - \int uv'\,dx \tag{c}$$

가 되며, 이를 **부분적분**(integration by parts)이라고 한다. 고교 수학과정에서 자주 사용했던 공식일 것이다.

부분분수를 이용하는 적분도 있다. 부분적분과 용어가 비슷하므로 주의해야 한다. 우리는 치환적분, 삼각함수 치환적분, 삼각함수 공식을 이용하는 적분, 부분적분, 적분표를 이용하는 적분 등 많은 적분 방법들

을 이미 공부하였다. 이러한 적분 방법들은 결국 주어진 적분을 우리가 알고 있는 몇 안되는 기본 적분공식으로 변환하는 과정이다. 예를 들어 $\int \frac{1}{x^2-1}$ 를 구해야 하는데 이를 위한 기본 적분공식은 존재하지 않는다. 하지만 피적분함수를

$$\frac{1}{x^2-1} = \frac{1}{2}\left(\frac{1}{x-1} - \frac{1}{x+1}\right)$$

와 같이 **부분분수**(partial fraction)로 바꾸면 기본 적분공식 $\int \frac{1}{x}dx = \ln|x| + c$ 를 이용하여

$$\int \frac{1}{x^2-1}dx = \frac{1}{2}\int\left(\frac{1}{x-1} - \frac{1}{x+1}\right)dx = \frac{1}{2}(\ln|x-1| - \ln|x+1|) + c = \frac{1}{2}\ln\left|\frac{x-1}{x+1}\right| + c$$

와 같이 구할 수 있다.

우리가 영어 단어를 많이 외우고 있으면 편리하듯이 수학공식도 많이 암기하고 있으면 편리할 것이다. 하지만 공식을 암기하는 것보다는 그 공식이 어떤 상황에서 만들어졌는지, 왜 공식이 필요한지, 언제 공식을 사용하는지를 아는 것은 더욱 중요하다.

■ 1.4 연습문제

1. $\frac{dy}{dx} - y = x$ 에 대해 물음에 답하라.

(1) 식 (1.4.6)을 직접 이용하여 일반해 y를 구하라.　　　　(2) 적분인자를 사용하여 일반해 y를 구하라.

(3) 일반해 y를 제차해 y_h와 특수해 y_p로 구분하라.

(**답**) (1), (2) $y = -x - 1 + ce^x$　　　　　　　　(3) $y_h = ce^x$, $y_p = -x - 1$

2. 미분방정식의 일반해를 적분인자를 이용하여 구하라.

(1) $y' - y = 4$　　　　　(2) $y' + 3xy = 0$　　　　　(3) $y' + ky = e^{-kx}$ (상수 k)

(4) $xy' = 2y + x^3 e^x$　　　(5) $y' = (y-2)\cot x$

(**답**) (1) $y = -4 + ce^x$　　　(2) $y = ce^{-3x^2/2}$　　　(3) $y = (x+c)e^{-kx}$

　　(4) $y = x^2(e^x + c)$　　(5) $y = 2 + c\sin x$

3. 1계 제차 선형 미분방정식 $\frac{dy}{dx} + p(x)y = 0$ 의 해를 변수분리법으로 구하고 식 (1.4.7)과 비교하라.

(**답**) $y = ce^{-\int p(x)dx}$ 로 같다.

4. 초기값 문제의 해를 적분인자를 이용하여 구하라.

(1) $y' = 2(y-1)\tanh 2x$, $y(0) = 4$ (2) $y' + 3y = \sin x$, $y\left(\frac{\pi}{2}\right) = 0.3$

(답) (1) $y = 1 + 3\cosh 2x$ (2) $y = \frac{1}{10}(3\sin x - \cos x)$

5. 구간별로 정의된 미분방정식: 초기값 문제 $\frac{dy}{dt} + y = f(t)$, $y(0) = 0$ 에서 $f(t) = \begin{cases} 1, & 0 \le t < 1 \\ 0, & t \ge 1 \end{cases}$ 이다. $t \ge 0$에서 연속인 해를 구하고 그래프를 그려라.

(답) $y = \begin{cases} 1 - e^{-t}, & 0 \le t < 1 \\ (e-1)e^{-t}, & t \ge 1 \end{cases}$

6. 예제 5의 해를 변수분리법으로 구하라. 미분방정식을 $\frac{dy}{(a-by)y} = dx$ 와 같이 변수분리하고 좌변을 부분분수로 바꾸어 적분한다.

7. 베르누이 방정식 $y' + xy = xy^{-1}$의 해를 구하라.

(답) $y^2 = 1 + ce^{-x^2}$

8. 미분방정식 $\frac{dy}{dx} = \frac{1}{x + y^2}$ 은 비선형 미분방정식이다. 하지만 종속변수를 y에서 x로 바꾸면 선형 미분방정식이 된다. 미분방정식의 해 $x(y)$를 구하라. $\frac{dy}{dx} = \left(\frac{dx}{dy}\right)^{-1}$ 을 이용하라.

(답) $x(y) = -y^2 - 2y - 2 + ce^y$

9. 1계 제차 선형 미분방정식 $\frac{dy}{dx} + p(x)y = 0$ ⋯ (a)와

1계 비제차 선형 미분방정식 $\frac{dy}{dx} + p(x)y = r(x)$, $r(x) \ne 0$ ⋯ (b)에 대해 다음에 답하라.

(1) y_1, y_2가 (a)의 해일 때 $y_1 + y_2$도 (a)의 해인가?
(2) y_1, y_2가 (b)의 해일 때 $y_1 + y_2$도 (b)의 해인가?
(3) y_1이 (a)의 해일 때 cy_1도 (a)의 해인가? ($c \ne 0$)
(4) y_1이 (b)의 해일 때 cy_1도 (b)의 해인가? ($c \ne 0$)
(5) y_h가 (a)의 해이고 y_p가 (b)의 해일 때 $y_h + y_p$가 (b)의 해인가?

(답) (1) 그렇다 (2) 아니다 (3) 그렇다 (4) 아니다 (5) 그렇다

1.5   1계 미분방정식의 응용

1계 상미분방정식이 포함된 초기값 문제로 표현되는 여러 가지 현상에 대해 알아보자. 여기서 소개하는 예가 아니더라도 자연과학 심지어 사회과학 분야에서도 여러 가지 응용의 예가 있을 것이다. 학생들은 미분방정식을 푸는 방법을 공부하면서도 정작 이를 이용하는 응용문제는 간과하는 경우가 많다. 예를 들어 $\dfrac{dy}{dx} + 5y = 10$ 의 해를 구하라는 문제는 학생들이 쉽게 접근하지만, 그림 1.5.1과 같은 전기회로의 특성이 미분방정식 $L\dfrac{di}{dt} + Ri = E(t)$ 로 주어지며 $L = 1$, $R = 5$, $E(t) = 10$일 때 전류 $i(t)$를 구하라는 문제는 막연히 어렵게 생각한다. 사실 두 문제는 동일한 문제이다. 미분방정식의 미지함수가 $y(x)$이든 $i(t)$이든 수학적으로 아무런 차이가 없고 이는 단지 편리성의 문제인 것이다. 여기서 소개하는 응용의 예는 공대생이면 누구나 이해할 수 있는 초보적인 수준이고, 문제에 대한 자세한 설명이 곁들여지므로 자신감을 가지고 공부하기 바란다. 독자들은 이 단원을 공부하며 수학뿐만 아니라 과학적·공학적 지식도 함께 신장되고, 이공학 분야에서 자주 사용하는 용어에도 익숙해질 것이다.

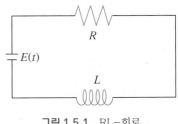

그림 1.5.1   RL-회로

개체의 증가 및 감소

우리는 1.1절에서 공기저항을 무시한 물체의 자유낙하에 대해 공부하였다. 중력가속도가 g로 일정할 때 초속력 0으로 낙하를 시작한 물체의 속력은 초기값 문제 $\dfrac{dv}{dt} = g$, $v(0) = 0$으로 나타나고, 이의 해는 $v(t) = gt$이었다. 이때는 속력의 증가율이 일정한 상수인 경우로 결과적으로 속력이 그림 1.1.3과 같이 시간에 비례하여 1차함수로 증가하였다. 또 다른 증가모형을 생각해 보자.

집단의 개체수가 증가하거나 감소하는 현상을 나타내는 수학적 모형으로 초기값 문제

$$\frac{dP}{dt} = kP, \qquad P(0) = P_0 \tag{1.5.1}$$

가 자주 사용된다. 여기서 $P(t)$는 시간 t에서 개체수(population), k는 비례상수이다. 따라서 식 (1.5.1)의 미분방정식 $\dfrac{dP}{dt} = kP$는 "개체수의 변화율은 개체수에 비례한다", 초기조건 $P(0) = P_0$은 "특정한 시점($t = 0$)에서 개체수가 P_0이다"를 의미한다. k가 양수이면 증가 모형, k가 음수이면 감소 모형이다.

예제 1   인구 증가

어떤 마을의 인구가 당시 인구수에 비례하여 연속적으로 증가한다. 인구증가율은 5%/년이고, 2020년 마을 인구는 1,000명이다.

(1) 2030년에는 인구가 얼마가 되는가?

(2) 인구가 2020년에 비해 2배 증가하여 2,000명이 되는 해는 언제인가?

(풀이) $P(t)$를 시간 t에서 마을 인구수라 하고 2020년을 $t = 0$으로 택하면 이 문제에 대한 초기값 문제는 식 (1.5.1)에 의해

$$\frac{dP}{dt} = 0.05P, \quad P(0) = 1000$$

이다. 변수분리법을 사용해 $\frac{dP}{P} = 0.05dt$ 의 양변을 $\int \frac{dP}{P} = 0.05 \int dt$ 와 같이 적분하면 $\ln P = 0.05t + c$ 에서($P > 0$) $P(t) = ce^{0.05t}$이다. 여기에 초기조건을 적용하면 $P(0) = ce^{0.05(0)} = 1000$에서 $c = 1000$이므로

$$P(t) = 1000e^{0.05t}$$

이다.

(1) 2030년의 인구는 $P(10) = 1000e^{0.05 \cdot 10} = 1000\sqrt{e} \simeq 1650$ 명이다.

(2) $P(t) = 2000$이 되는 t를 구하면 $2000 = 1000e^{0.05t}$, 즉 $2 = e^{0.05t}$ 양변에 로그를 취하여 $\ln 2 = 0.05t$에서 $t = \frac{\ln 2}{0.05} \simeq 13.9$년이다. 즉 2033년 후반부이다.

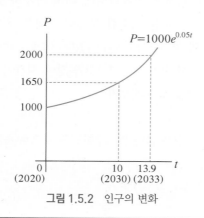

그림 1.5.2   인구의 변화

☞ 어떤 값이 2배로 증가하는 데 걸리는 시간을 **배가시간**(doubling time)이라 한다.

방사성 물질의 붕괴

개체의 증가 및 감소 모형의 하나로 방사성 물질의 붕괴에 대해 알아보자. 방사성 물질은 시간이 지나면서 방사붕괴를 통해 방사선을 방출하며 다른 물질로 변하는데

"방사성 물질의 변화율은 방사성 물질의 양에 비례한다." 아마도 미국인은 "A radioactive substance decomposes at a rate proportional to the amount present."라고 말할 것이다. 이렇게 언어에 따라 다른 표현도 수학적으로 동일하게 표현할 수 있는데

$$N(t) = 시간\ t에서\ 방사성\ 물질의\ 양(g\ 또는\ 원자수)$$

으로 정의하고 초기($t = 0$)의 방사성 물질의 양을 N_0라 하면, 이러한 붕괴현상은

$$\frac{dN}{dt} = -\lambda N, \quad N(0) = N_0 \tag{1.5.2}$$

의 초기값 문제로 기술할 수 있다. 여기서 λ는 붕괴상수라 불리는 비례상수이고 방사성 물질의 양이 시간에 따라 감소하므로 dN/dt가 항상 음인데, 방사성 물질의 고유한 특성인 붕괴상수 λ를 양수로 유지하기 위해 λ 앞에 $(-)$ 부호를 미리 붙인 것이다. 공대생은 식 (1.5.2)와 같은 수학적 표현의 물리적 의미를 쉽게 이해할 수 있어야 한다.

식 (1.5.2)의 미분방정식을 예제 1의 풀이에서와 같이 풀면 $N(t) = ce^{-\lambda t}$이고, 초기조건에 의해 $c = N_0$이므로 해는

$$N(t) = N_0 e^{-\lambda t} \tag{1.5.3}$$

이다. 즉 방사성 물질의 양이 시간에 따라 지수적으로 감소한다.

예제 2 방사성 물질의 붕괴

방사성물질인 라듐-228(Ra-228)의 붕괴상수 λ는 0.2778 day^{-1}이다. 1 g의 Ra-228(라듐)이 하루 뒤에 얼마나 존재하는가?

(풀이) 문제의 설명에 의해 $N_0 = 1$이고 $\lambda = 0.2778$이므로, 하루 뒤의 Ra-228의 양은 식 (1.5.3)에 의해

$$N(1) = e^{-0.2778 \cdot 1} = 0.757\ g.$$

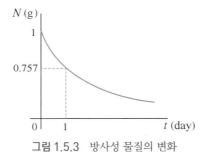

그림 1.5.3 방사성 물질의 변화

방사성 물질의 양이 반으로 줄어드는 데 걸리는 시간을 **반감기**(half-life)라 한다. 초기 방사성 물질의 양이 N_0일 때 반감기($t_{1/2}$)가 지난 후의 방사성 물질의 양은 $N_0/2$ 가 되므로, 식 (1.5.3)을 이용하면 $N_0/2 = N_0 e^{-\lambda t_{1/2}}$에서

$$t_{1/2} = \frac{\ln 2}{\lambda} \tag{1.5.4}$$

임을 알 수 있다. 따라서 식 (1.5.3)을

$$N(t) = N_0 e^{-(\ln 2)t/t_{1/2}} \tag{1.5.5}$$

와 같이 쓸 수도 있다.

탄소 연대측정

원자핵 안의 양자수는 같지만 중성자수가 달라 질량이 다른 원소를 **동위원소**(isotope)라 한다. 탄소 동위원소 중 C-12($_6C^{12}$)는 방사붕괴를 하지 않는 안정한 원소지만 C-14($_6C^{14}$)는 방사성 원소이다. 지구의 대기나 살아 있는 생명체 안에는 C-14와 C-12가 항상 일정한 비율로 존재한다.[*] 하지만 생명체가 생명을 다하면 호흡이나 양분 섭취, 배설 기능이 중단되므로 탄소의 공급과 배출이 정지되고 생명체 내부의 C-14는 방사붕괴에 의해 양이 줄어든다. 따라서 생명체의 화석에 존재하는 전체 탄소 C에 대한 C-14의 비율을 측정하면 화석이 얼마나 오래되었는지를 계산할 수 있다. **윌러드 리비**(Willard Libby, 1908-1980, 미국)는 이러한 원리를 이용하여 **탄소 연대측정**(carbon dating)에 성공하여 1960년에 노벨 화학상을 수상하였다.

☞ [*] 지구 바깥에서 우주선(cosmic ray) 형태로 유입되는 중성자에 의해 대기 중의 N-14가 C-14로 바뀐다. 생성된 C-14는 5,730년의 반감기로 β^- 붕괴하여 다시 N-14로 바뀌게 되어 지구상의 C-14 농도가 일정하게 유지된다.

$$_7N^{14}(n, p) \, _6C^{14} \; \rightarrow \; _7N^{14} + \beta^-$$

예제 3   탄소 연대측정

고고학자가 오래된 뼈의 화석을 발견하였다. 측정결과 화석에 포함된 C-14의 비율은 살아 있는 유기체에 포함된 C-14 비율의 25%였다. 화석의 나이를 얼마로 추정할 수 있는가? C-14의 반감기는 5,730년이다.

(풀이) 방사성 물질의 양이 25%로 감소한 시간을 t로 놓고 식 (1.5.5)를 이용하면

$$\frac{1}{4}N_0 = N_0 e^{-(\ln 2)t/t_{1/2}}$$

에서

$$t = 2t_{1/2} = 2(5{,}730) = 11{,}460년.$$

☞ 예제 3은 답을 미리 예측할 수 있다. C-14의 비율이 원래보다 1/4로 감소했으므로 반감기가 두 번 지났기 때문이다. 하지만 화석의 C-14의 현재 비율이 13.5%라면 예제 3과 같은 풀이를 수행해야 한다.

쉬어가기 1.2 인구증가 및 감소 모형과 은행금리

앞에서 '인구 증가율은 인구수에 비례한다', 즉 시간 t에서 인구수가 $P(t)$, 비례상수가 k, 초기 인구수가 P_0 이면 식 (1.5.1)의 초기값 문제

$$\frac{dP}{dt} = kP(t), \quad P(0) = P_0 \tag{a}$$

가 성립한다고 했다. 여기서 인구수는 연속시간변수 t의 함수로 가정했다. (a)의 의미를 좀 더 생각해보자. 개개의 사람은 아이를 자주 낳지 않는다. 한 부부가 평생 아이를 한두명 출산하는 정도이니 시간당으로 보면 개인의 출산 확률은 매우 낮다. 하지만 우리나라 전체로 보면 인구가 많으므로 시시각각 아이가 태어난다. 전체 인구가 많을수록 시간당 더 많은 아기가 태어날 것이다. 비록 시간 간격을 가지고 아이가 태어나겠지만 그 간격이 매우 짧으므로 인구수 P를 연속시간변수 t의 함수 $P(t)$로 생각할 수 있고, 짧은 시간 dt 동안 변화하는 인구수, 즉 인구 증가율 $\frac{dP}{dt}$ 가 인구수 $P(t)$에 비례한다고 생각할 수 있다. 물론 (a)에서 비례상수 k를 구하는 과정이 매우 어려울 것이다. (a)에서 $k > 0$이면 **증가모형**, $k < 0$이면 **감소모형**이다. 물론 $k = 0$이면 $\frac{dP}{dt} = 0$이 되어 인구수에 변화가 없다.

인구감소 모형의 예로 앞에서 공부한 방사성 물질의 붕괴가 있다. 방사성 물질이 붕괴하면 방사선을 방출하며 다른 물질이 된다. 방사성 물질은 방사성 원소로 이루어진 물질인데, 방사성 원소는 자신의 나이나 역사를 기억하지 못한다. 따라서 방사성 원소가 단위시간당 붕괴할 확률은 시간에 관계없이 일정하다. 이러한 특징은 자동차나 인간이 시간이 지남에 따라 폐차되거나 사망할 확률이 증가하는 것과 비교된다. 개개의 방사성 원소가 붕괴할 확률은 방사성 원소의 종류에 따라 다르겠지만 그 값이 매우 작다. 하지만 아주 많은 수의 방사성 원소가 모여 상당한 양의 방사성 물질을 이루면 지속적으로 방사붕괴가 발생하므로 위에서 설명한 인구증가 및 감소 모형을 그대로 적용할 수 있는 것이다. 단지 여기서는 방사붕괴를 통해 시간이 지남에 따라 원래의 방사성 물질의 양이 감소하므로 감소모형이 된다.

이제 주제를 은행금리 문제로 바꾸어보자. 은행에 돈을 저축하면 이자가 발생한다. 이자를 계산하는 방법

에는 **단리**(simple interest)와 **복리**(compound interest)가 있다. 단리는 원금에 대해서만 이자를 지급하고, 복리는 이전 기간의 원리합계(원금+이자)에 대해 이자를 지급한다. 원금 S_0에 대해 연이율 r로 n년간 저축하는 경우의 원리합계 S를 계산해 보자. 먼저 단리로 계산하면

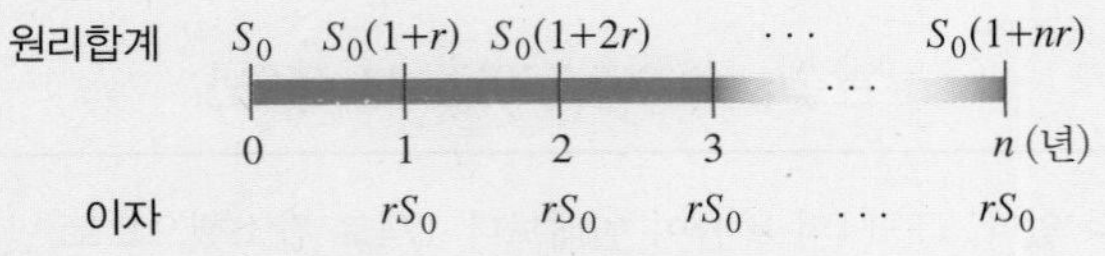

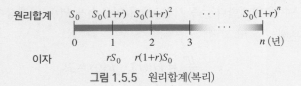

원리합계 S_0 $S_0(1+r)$ $S_0(1+2r)$ $\cdots$ $S_0(1+nr)$

이자 rS_0 rS_0 rS_0 $\cdots$ rS_0

그림 1.5.4   원리합계(단리)

와 같이 원금 S_0에 매년 rS_0의 이자가 발생하므로 n년 후의 원리합계는

$$S = S_0(1 + nr) \tag{b}$$

이다. 복리의 경우는 계산이 약간 복잡해지는데

원리합계 S_0 $S_0(1+r)$ $S_0(1+r)^2$ $\cdots$ $S_0(1+r)^n$

이자 rS_0 $r(1+r)S_0$

그림 1.5.5   원리합계(복리)

처음 1년 후에 원금 S_0에 대해 rS_0의 이자가 붙는 것은 단리의 경우와 같지만, 2년 초의 원금은 1년 말의 원리합계 $S_0 + rS_0 = (1 + r)S_0$가 되어 2년 말의 이자가 $r(1 + r)S_0$이므로 2년 말의 원리합계는 $(1 + r)S_0 + r(1 + r)S_0 = (1 + r)^2 S_0$가 된다. 이와 같은 방식으로 계산하면 n년 후의 원리합계는

$$S = S_0(1 + r)^n \tag{c}$$

이다. 은행은 복리로 이자를 지급한다. 그런데 연이율이 같더라도 연간 이자 지급 횟수에 따라 원리합계는 달라진다. 복리의 경우 1년 동안 이자를 지급하는 횟수를 N으로 놓으면 전체 이자 지급횟수는 Nn, 이율은 r/N이 되어

$$S = S_0(1 + r/N)^{Nn} \tag{d}$$

이 된다. 예를 들어 100만원을 연이율 5%로 5년간 저축했을 때 이자 지급횟수에 따라 원리합계를 계산하면(괄호 안은 연간 이자지급 횟수 N이다)

연복리 (연1회): $100(1 + 0.05/1)^{1 \times 5} = 127.6$만원

6개월 복리(연2회): $100(1 + 0.05/2)^{2 \times 5} = 128.0$만원

3개월 복리(연4회): $100(1 + 0.05/4)^{4 \times 5} = 128.2$만원

1개월 복리(연12회): $100(1 + 0.05/12)^{12 \times 5} = 128.3$만원

과 같이 N이 커짐에 따라 원리합계도 증가한다. 여기서 하나 더 주의할 점은 이자 지급시기 이전에 저축을 인출하는 경우 마지막 이자 지급 시점부터 인출 시점 사이에는 이자를 받지 못하므로 그 손해를 줄이기 위해서도 N이 클수록 유리하다. 식 (d)에 대해 $N \to \infty$일 때의 극한값을 계산하면

$$S = \lim_{N \to \infty} S_0 \left(1 + \frac{r}{N}\right)^{Nn} = S_0 \lim_{N \to \infty} S_0 \left[\left(1 + \frac{r}{N}\right)^{\frac{N}{r}}\right]^{rn} : p = \frac{N}{r} \text{로 치환}$$

$$= S_0 \lim_{p \to \infty} \left[\left(1 + \frac{1}{p}\right)^{p}\right]^{rn}$$

이 되는데, **오일러수**(Euler number) $e = \lim_{p \to \infty}\left(1 + \frac{1}{p}\right)^{p}$ 이므로 $S = S_0 e^{rn}$ 이 되고, 여기서 n을 연속 시간변수 t로 바꾸면

$$S(t) = S_0 e^{rt} \tag{e}$$

가 된다. (e)의 양변을 t로 미분하면 $\frac{dS}{dt} = rS_0 e^{rt}$, 즉 $\frac{dS}{dt} = rS$ 가 되어 인구의 연속 증가모형 (a)와 같아진다. 앞에서 계산한 100만원을 연이율 5%로 5년간 저축했을 때 원리합계를 (e)로 계산하면

$$\text{연속시간 복리} : 100e^{0.05 \times 5} = 128.4\text{만원}$$

이 된다. 연이율이 같더라도 연속 시간변수로 계산하여 이자를 지급하면 예금자가 유리해진다.

가열 및 냉각

뉴턴의 **가열 및 냉각 법칙**(Newton's law of heating and cooling)을

$$\frac{dT}{dt} = -k(T - T_s) \tag{1.5.6}$$

로 나타낸다. 여기서 T는 어떤 물체의 온도이고, T_s는 물체를 둘러싸고 있는 주변의 온도, k는 비례상수, t는 시간이다. 다음 문장을 읽기 전에 각자 식 (1.5.6)을 한국어로 번역해 보자. 정답은

"물체의 온도 변화율은 물체의 온도와 주변 온도의 차에 비례한다."

이다. T가 물체의 온도이므로 dT/dt는 시간에 대한 온도 변화율이고, $T - T_s$는 물체의 온도와 주변 온도의 차이이니 당연하다. 이런 의미에서 저자는 강의 시간에 식 (1.5.6)과 같은 표현을 '수학나라 말'이라고 강조한다. 수학나라 말은 세계 공통어이다. 식 (1.5.6)에서 비례상수 k가 양일 때 $T > T_s$이면 $dT/dt < 0$, 즉 시간이 지나면서 T가 감소하므로 '냉각'이고, 반대로 $T < T_s$이면 '가열'이다. 예를 들어 갓 구운 뜨거운 빵을 오븐에서 꺼내면 시간이 지남에 따라 빵이 냉각될 것이며, 차가운 얼음을 냉장고에서 꺼내면 가열될 것이다. 식 (1.5.6)의 우변에 (−) 부호를 붙인 이유는 비례상수 k를 항상 양으로 유지하기 위함이다. 다음 예제를 보자.

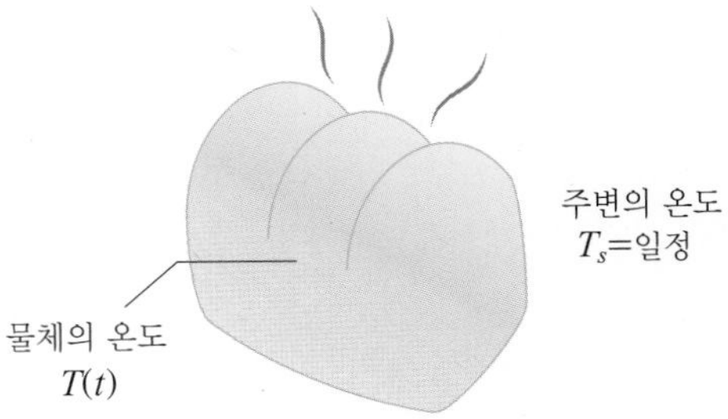

주변의 온도
T_s=일정

물체의 온도
$T(t)$

그림 1.5.6 냉각

예제 4   뉴턴의 냉각법칙

오후 9시에($t = 0$) 보일러를 끌 때 집 안의 온도는 $22°$C였는데, 1시간 후 잠자리에 들 때 $20°$C가 되었다. 다음 날 새벽 5시에($t = 8$) 집 안의 온도는 얼마인가? 집 바깥의 온도는 $10°$C로 일정하다고 가정한다.

(풀이) 집 안의 온도를 T라 하면 식 (1.5.6)은

$$\frac{dT}{dt} = -k(T - 10)$$

이다. 변수분리를 하면 $\dfrac{dT}{T - 10} = -kdt$ 이고, 양변을 적분하여 일반해

$$T(t) = 10 + ce^{-kt}$$

를 얻는다. 초기조건 $T(0) = 22 = 10 + c$에서 $c = 12$이고, 상수 k를 결정하기 위해 $t = 1$에서의 조건 $T(1) = 20 = 10 + 12e^{-k \cdot 1}$을 이용하면 $k = \ln(6/5)$이 되어 특수해는

$$T(t) = 10 + 12e^{-\ln(6/5)t}$$

이다. 따라서 $t = 8$일 때 온도는

$$T(8) = 10 + 12e^{-\ln(6/5) \cdot 8} = 12.8°\text{C}$$

이다.

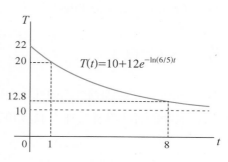

그림 1.5.7   집 안의 온도 변화

예제 4에서 시간이 충분히 지나면($t \to \infty$) 집 안의 온도는 얼마가 될까?

$$\lim_{t \to \infty} T(t) = \lim_{t \to \infty} [10 + 12e^{-\ln(6/5) \cdot t}] = 10$$

이므로 시간이 지나더라도 집 안의 온도는 $10°$C에 한없이 가까워지며 그 이하로 내려가지는 않는다. 이는 식 (1.5.6)에서 미리 짐작할 수 있다. 물체의 온도 변화율이 물체의 온도와 주변 온도의 차에 비례하므로 물체의 온도가 주변 온도에 가까워질수록 물체의 온도 변화율은 0에 가까워지므로 온도는 일정해진다. 즉 $T \to T_s$이면

$dT/dt \rightarrow$ 0이므로 T는 일정하다. 그림 1.5.7에서 시간이 지남에 따라 T의 접선의 기울기가 0이 되는 이유이다.

집 안에서도 위치에 따라 온도가 다를 것이다. 하지만 예제 4에서는 집 안의 온도가 위치에 관계없이 같은 것으로 가정하여 위치변수를 제거한 시간 t만의 함수로 나타내었다. 이처럼 문제의 대상이 되는 물체의 위치변수를 무시하고 시간에 대한 변화만 나타내는 모형을 **점모형**(point model)이라 한다. 1.2절에서 설명한 자유낙하도 점모형이다. 낙하하는 물체의 형태와 이에 따른 공기저항까지 고려한다면 위치변수가 포함된 매우 복잡한 문제가 될 것이다. 공학의 여러 분야에서 사용되는 점모형은 간단한 수학적 모형을 이용하여 해석 대상이 시간에 따라 어떻게 변하는지를 예측하는 유용한 방법이다.

공기저항을 고려한 낙하운동

1.1절에서 물체의 자유낙하에 대해 공부했다. 하지만 그때는 자유낙하하는 물체에 작용하는 공기저항을 고려하지 않았다. 공기저항을 간단하게 고려한 자유낙하에 대해 생각해 보자.

예제 5 공기저항을 고려한 낙하

질량 m인 물체가 속도에 비례하는(비례상수 β) 공기 저항력을 받으며 초기속도 0으로 떨어진다. 물체의 속도 $v(t)$를 구하라. 충분한 시간이 경과할 때 속도는 계속 증가하는가 아니면 일정한 값으로 수렴하는가? 수렴한다면 그 값은 얼마인가?

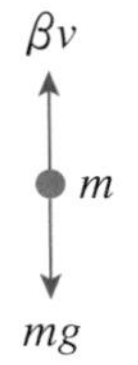

그림 1.5.8 공기저항과 자유낙하

(풀이) 물체에 작용하는 힘은 물체의 무게 mg와 물체의 운동 방향에 반대 방향으로 속도에 비례하여 작용하는 공기 저항력 βv이므로 뉴턴 제2법칙 $F = ma$에 의해

$$mg - \beta v = m\frac{dv}{dt}$$

이다. 여기서 물체가 떨어지는 아래 방향을 (+)로 정했다. 위의 미분방정식을 다시 쓰면

$$\frac{dv}{dt} + \frac{\beta}{m}v = g$$

이고, 이는 1계 선형 미분방정식이다. 따라서 양변에 적분인자 $e^{\int \beta/m \, dt} = e^{\beta t/m}$를 곱하여 적분하면

$$\frac{d}{dt}[e^{\beta t/m}v] = ge^{\beta t/m}$$

$$e^{\beta t/m} v = g \int e^{\beta t/m} dt = \frac{mg}{\beta} e^{\beta t/m} + c$$

에서

$$v(t) = \frac{mg}{\beta} + ce^{-\beta t/m}$$

이고, 초기조건 $v(0) = \dfrac{mg}{\beta} + c = 0$을 적용하면 $c = -\dfrac{mg}{\beta}$ 이므로

$$v(t) = \frac{mg}{\beta}(1 - e^{-\beta t/m})$$

이다. $\lim\limits_{t \to \infty} e^{-\beta t/m} = 0$ 이므로 시간이 충분히 경과하면 속도는 $\lim\limits_{t \to \infty} v(t) = \dfrac{mg}{\beta}$ (상수)로 수렴한다. 최종속도가 질량 m에 비례하고 공기저항 계수 β에 반비례함을 알 수 있다.

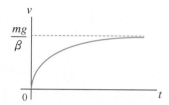

그림 1.5.9　공기저항을 받으며 낙하하는 물체의 속도

☞ 예제 5의 미분방정식은 $\dfrac{dv}{mg - \beta v} = \dfrac{dt}{m}$ 와 같이 변수분리가 가능하다. 변수분리법으로 해를 구하여 예제 5의 결과와 비교해 보라.

용액의 농도 변화

서로 다른 농도를 갖는 용액이 혼합되는 현상도 미분방정식으로 기술된다.

예제 6　용액의 혼합

소금물 200 m³이 들어 있는 수조가 있다. 농도가 2 kg/m³인 소금물이 5 m³/min의 속도로 수조로 유입되고, 수조 안에서 잘 섞인 소금물이 같은 속도로 수조 밖으로 유출된다. 처음 수조 안에 40 kg의 소금이 녹아 있었다면 임의의 시간 t에 수조 안에 있는 소금의 무게를 구하라.

(풀이) 먼저 문제의 내용을 이해하기 위해 간단한 그림을 그려보자.

유입농도 2 kg/m^3
유입속도 5 m^3/min

소금물 200 m^3
소금 $y(t)$ kg

유출농도 ? kg/m^3
유출속도 5 m^3/min

그림 1.5.10   용액의 혼합

시간 t에서 수조 안의 소금의 무게를 $y(t)$ kg이라 하면

$$\text{수조 안의 소금의 변화율}(dy/dt) = \text{소금의 유입률}(R_{in}) - \text{소금의 유출률}(R_{out})$$

이다. 소금의 유입률은 소금물 농도에 유입속도를 곱하면 되므로

$$R_{in} = 2 \text{ kg/m}^3 \times 5 \text{ m}^3/\text{min} = 10 \text{ kg/min}$$

이고, 시간 t에서 수조 안의 소금물 농도는 $\dfrac{y}{200}$ kg/m^{3}이므로 소금의 유출률은

$$R_{out} = \frac{y}{200} \text{ kg/m}^3 \times 5 \text{ m}^3/\text{min} = \frac{y}{40} \text{ kg/min}$$

이다. 따라서 주어진 문제를 초기값 문제

$$\frac{dy}{dt} = 10 - \frac{y}{40}, \quad y(0) = 40$$

으로 쓸 수 있다. 미분방정식을 변수분리하면

$$\frac{dy}{y - 400} = -\frac{1}{40} dt$$

이고, 양변을 적분하여

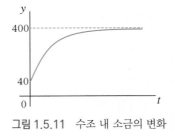

$$\ln|y - 400| = -\frac{1}{40} t + c \quad \text{또는} \quad y = 400 + ce^{(-1/40)t}$$

을 구한다. 초기조건에서 $y(0) = 40 = 400 + ce^0$, $c = -360$이므로

$$y(t) = 400 - 360e^{(-1/40)t}$$

이다.

그림 1.5.11   수조 내 소금의 변화

☞ 충분한 시간이 경과한 후 수조 안의 소금의 무게는

$$\lim_{t \to \infty} y(t) = \lim_{t \to \infty} [400 - 360e^{(-1/40)t}] = 400 \text{ kg}$$

이다. 이를 물리적으로 생각해 보자. 시간이 충분히 지나면 수조 안의 전체 소금물 농도는 유입농도와 같은 2 kg/m^{3}이 될 것이고 수조의 용량이 200 m^{3}이므로 수조 안의 소금은 2 kg/m^3 × 200 m^3 = 400 kg이다.

지구 탈출

오래전부터 많은 사람들이 물체를 지구로부터 탈출시키는 문제를 생각했다. 이에 관한 공상과학 소설도 꽤 많았다. 우리도 이러한 문제를 생각해 보자. 로켓과 같이 자체 추진력으로 움직이는 물체가 아니고 쏘아 올린 물체임에 유의하자.

예제 7   지구 탈출속도

지표면에서 수직 방향으로 쏘아 올린 물체가 지구를 탈출할 수 있는 최소 초기속도를 계산하라. 단, 쏘아 올린 물체는 중력 외에는 어떠한 힘도 받지 않는다고 가정한다. 지구 반지름은 $R = 6,372$ km, 지구 표면에서 중력가속도는 $g = 9.8$ m/s²이다.

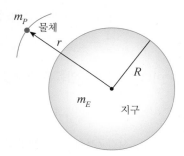

(풀이) 물체의 질량 m_P, 지구 질량 m_E, 쏘아 올려진 물체와 지구 중심 사이의 거리 r, 중력상수를 G라 하면 물체가 받는 힘은 뉴턴의 중력법칙에 의해 물체와 지구 사이에 작용하는 인력 $F = G\dfrac{m_p m_E}{r^2}$ 이다. 쏘아 올린 물체에 뉴턴 제2법칙 $F = ma$를 적용하면 $G\dfrac{m_p m_E}{r^2} = -m_p a$ 또는

그림 1.5.12   지구 탈출

$$a(r) = -\frac{Gm_E}{r^2} \tag{a}$$

이다. 여기서 (−) 부호는 인력의 방향이 물체 진행 방향의 반대 방향으로 작용함을 의미한다. 한편 지구 표면($r = R$)에서 중력가속도가 g이므로 $m_p g = G\dfrac{m_p m_E}{R^2}$ 에서 $m_E = \dfrac{gR^2}{G}$ 이고, (a)는

$$a(r) = -\frac{gR^2}{r^2} \tag{b}$$

이 된다. (b)를 연쇄율 $a(r) = \dfrac{dv}{dt} = \dfrac{dv}{dr}\dfrac{dr}{dt} = v\dfrac{dv}{dr}$ 을 이용하여 다시 쓰면

$$v\frac{dv}{dr} = -\frac{gR^2}{r^2} \tag{c}$$

이다. (c)를 변수분리하여 적분하면 $\dfrac{1}{2}v^2 = \dfrac{gR^2}{r} + c$ 또는

$$v^2 = \frac{2gR^2}{r} + c \tag{d}$$

이다. 초기조건, 즉 지구 표면($r = R$)에서 물체의 속도를 v_0라 하고 이를 (d)에 적용하면 $v_0^2 = \dfrac{2gR^2}{R} + c$ 에서 $c = v_0^2 - 2gR$ 이므로

$$v^2 = v_0^2 - 2gR\left(1 - \frac{R}{r}\right) \tag{e}$$

이다. 여기서 $r \to \infty$일 때 $v^2 \to v_0^2 - 2gR$이 됨에 유의하자. $v = 0$이 되면 물체는 정지 후 다시 지구를 향해 낙하하게 되므로 $v_0^2 \geq 2gR$이어야 하며, 물체가 지구로부터 탈출할 수 있는 초기속도의 최소값은

$$v_0 = \sqrt{2gR} \tag{f}$$

이다. (f)에 $R = 6{,}372$ km, $g = 9.8$ m/s^{2}을 대입하면

$$v_0 = \sqrt{2(9.8)(6.372 \times 10^6)} = 1.12 \times 10^4 \text{ m/s}$$

이다. 즉 지구 탈출을 위한 지표면에서의 최소속도는 약 11.2 km/s이다.

☞ 예제 7에서 연쇄율을 사용한 이유는 무엇일까? 가속도 a가 r의 함수로 표현되므로 속도 또한 r의 함수로 나타내기 위해 연쇄율을 사용하였다.

예제 7의 결과를 보면 11.2 km/s의 속도로 물체를 쏘아 올려야 물체를 지구에서 탈출시킬 수 있다. 이러한 속도로 쏘아 올리는 것은 불가능하므로 실제로는 로켓에 연료를 장착하여 자체 추진력을 이용하여 지구를 탈출한다. 다음은 위의 문제를 위치에너지의 개념을 이용하여 해결하는 방법을 설명한다.

쉬어가기 1.3 지구 탈출속도와 행성의 대기

물체가 지구 중심으로부터 거리 r에서 무한대로 멀어지는 동안 중력이 물체에 한 일(9.2절 참고)

$$W = \int_r^\infty F dr = \int_r^\infty \left(-\frac{Gm_p m_E}{r^2}\right) dr = -Gm_p m_E \int_r^\infty \frac{dr}{r^2} = -Gm_p m_E \left[-\frac{1}{r}\right]_r^\infty = -\frac{Gm_p m_E}{r}$$

를 중력에 의한 **위치에너지**(potential energy)라 하고, 이를

$$U(r) = -\frac{Gm_p m_E}{r} \tag{a}$$

로 표현한다. 물체가 지구로부터 멀어져 r이 증가하면 중력은 (−)의 일을 하며, 이때 물체의 위치에너지 U는 증가한다. (절대값이 큰 음수에서 절대값이 작은 음수로 증가함.) 반대로 물체가 지구에 가까워져 r이 감소하면 중력은 (+)의 일을 하며, 이때 물체의 위치에너지 U는 감소한다. (절대값이 작은 음수에서 절대값이 큰 음수로 감소함.) 물체가 지구에서 무한히 떨어져 있을 때($r = \infty$)의 위치에너지는 0이다. 이러한 위치에너지 개념을 이용하면 예제 7을 보다 간단히 해결할 수 있다. 예제 7에서 일을 하는 유일한 힘은 **보존력**(conservative force, 보존력에 의한 일의 양은 경로에 무관하다. 8.3절 참고)인 중력이므로 위치 r_1, r_2에서의 역학적 에너지는 보존되어 $K_1 + U_1 = K_2 + U_2$이다. 여기서 K와 U는 각각 물체의 운동에너지와 위치에너지이다. 물체의 지구 탈출속도의 최소값을 구하기 위해 물체가 지구로부터 무한히 떨어졌을 때, 즉 위치에너지가 0일 때의 운동에너지를 0으로 하자. 따라서 물체가 발사될 때, 즉 $r = R$에서의 운동에너지와 위치

에너지의 합도 0이 되어야 하므로

$$\frac{1}{2}m_p v_0^2 + \left(-\frac{Gm_p m_E}{R}\right) = 0$$

에서 $v_0 = \sqrt{\dfrac{2Gm_E}{R}}$ 가 되는데, 여기서 $m_E = \dfrac{gR^2}{G}$ 이므로

$$v_0 = \sqrt{2gR} \tag{b}$$

이 되어 예제 7의 (f)와 동일하다.

(b)를 지구 질량 m_E, 지구 반지름 R_E로 나타내면

$$v_0 = \sqrt{\frac{2Gm_E}{R_E}} \tag{c}$$

이다. 여기에서 m_E와 R_E 대신에 어떤 행성 또는 위성의 질량과 반지름을 대입하면 그 행성 또는 위성에서의 탈출속도가 된다. 그 값들은 달에서의 탈출속도 2.3 km/s부터 태양에서의 탈출속도 618 km/s까지 다양하다. 이 값들은 행성 또는 위성의 대기 존재 여부와 대기의 성분에 대한 정보를 알려준다. 기체 분자의 질량이 m, 평균속력이 v일 때 기체 분자의 운동에너지는 $\frac{1}{2}mv^2$ 이고 이 값이 기체의 온도를 결정한다. 수소나 헬륨과 같은 가벼운 기체는 같은 온도에서 무거운 기체들보다 평균속력이 빠르므로 어떤 행성에서 탈출할 수 있는 기회가 상대적으로 크다. 이러한 이유로 지구의 대기는 수소나 헬륨과 같은 가벼운 기체가 아닌 산소나 질소와 같은 무거운 기체로 구성되어 있다. 반면에 태양이나 목성과 같이 탈출속도가 큰 경우는 가벼운 원소도 탈출하기 어려우므로 대기에 수소나 헬륨이 남아 있는 것이다. 자신의 중력으로 인해 붕괴된 별의 잔해인 **블랙홀**(black hole)은 질량이 매우 커서 탈출속도 또한 무한대로 커지므로 빛도 탈출할 수 없어 검게 보인다.

로지스틱 미분방정식(비선형 증가 및 감소)

식 (1.5.1)로 나타나는 개체의 증가 및 감소 모형에서는 비례상수 k를 상수로 간주하였다. 하지만 이러한 가정은 실제와 잘 맞지 않을 수 있다. 예를 들어 어떤 곤충의 개체수가 증가하면 먹이가 부족해지고 환경이 악화되는 등 생존을 위한 경쟁이 심화되어 증가율이 감소하기 때문이다. 따라서 a, b가 양의 상수일 때 식 (1.5.1)에서 $k = a - bP$, 즉 개체수 P가 증가할수록 증가율 k가 감소하도록 하면

$$\frac{dP}{dt} = (a - bP)P, \quad P(0) = P_0 \tag{1.5.7}$$

와 같이 비선형 미분방정식이 포함된 초기값 문제가 된다. 이를 **로지스틱 방정식** (logistic equation)이라 부르는데, 1840년경 인구문제를 연구하던 벨기에의 수학자 겸 생물학자인 **베르홀스트**(Pierre Verhulst, 1804–1849, 벨기에)가 제안하였다. 로지스틱 방정식의 해는 **로지스틱 함수**(logistic function), 이 함수의 그래프는 **로지**

스틱 곡선(logistic curve)이다.

식 (1.5.7)의 미분방정식을 다시 쓰면

$$\frac{dP}{dt} = aP - bP^2 \tag{1.5.8}$$

이고, 이는 베르누이 방정식으로 1.4절 예제 5의 미분방정식과 동일하다. 따라서 해는 예제 5에 의해 $P(t) = \dfrac{1}{b/a + ce^{-at}}$ 이고, 여기에 초기조건 $P(0) = P_0$를 적용하면 $P(0) = \dfrac{1}{b/a + c} = P_0$ 에서 $c = \dfrac{a - bP_0}{aP_0}$ 이므로 식 (1.5.8)의 해는 로지스틱 함수

$$P(t) = \frac{aP_0}{bP_0 + (a - bP_0)e^{-at}} \tag{1.5.9}$$

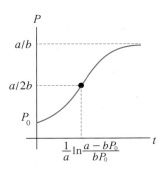

이다. 식 (1.5.9)에서 $t \to \infty$이면 $P(t) \to a/b$이므로 이 절의 예제 1의 증가 모형처럼 시간이 지남에 따라 개체수가 한없이 커지는 것이 아니라 일정한 값 a/b에 수렴한다. 식 (1.5.9)를 그래프로 나타낸 로지스틱 곡선은 그림 1.5.13과 같다.

그림 1.5.13 로지스틱 곡선

예제 8 로지스틱 증가 모형

외부로부터 격리되고 1,000명이 재학 중인 대학 캠퍼스에 감기에 걸린 학생이 한 명 있다. 4일이 지나자 감기에 걸린 학생수는 50명이 되었다. 감기에 걸리는 학생수의 증가율이 감기에 걸린 학생수와 감기에 걸리지 않은 학생수의 곱에 비례한다면 6일 후 감기에 걸린 학생수는 얼마인가?

(풀이) 시간 t에 감기에 걸린 학생수를 $P(t)$라 하자. 문제 설명에 의하면

$$\frac{dP}{dt} = kP(1000 - P) \tag{a}$$

이고 $P(0) = 1$, $P(4) = 50$이다. (a)는 식 (1.5.7)에서 $a = 1000k$, $b = k$인 경우이고, $P_0 = 1$이므로 해는 식 (1.5.9)에 의해 $P(t) = \dfrac{1000}{1 + 999e^{-1000kt}}$ 이다. $P(4) = \dfrac{1000}{1 + 999e^{-1000k(4)}} = 50$ 에서 $k = -\dfrac{1}{4000}\ln\left(\dfrac{19}{999}\right)$ 이므로

$$P(t) = \frac{1000}{1 + 999e^{\frac{1}{4}\ln\left(\frac{19}{999}\right)t}}$$

이고, 따라서

$$P(6) = \frac{1000}{1 + 999e^{\frac{1}{4}\ln\left(\frac{19}{999}\right)(6)}} \simeq 276 \text{ 명}$$

이다.

전기회로

전기회로의 특성도 미분방정식으로 표현한다. 우리는 물리 과목을 통해 다음과 같은 기본 지식을 알고 있다. 전기적으로 대전된 입자는 **전하**(electric charge) $q(t)$를 가지며 단위는 C(coulomb)이다. 전하의 이동을 **전류**(electric current) $i(t)$라 하는데, 이는 전하의 시간 변화율, 즉 $i(t) = dq(t)/dt$이며 단위는 A(ampere)로 이는 C/s에 해당한다.

옴의 법칙(Georg Ohm, 1789–1854, 독일)에 의해 전류 i가 흐르는 **저항**(resistance) $R(\Omega)$ 양단의 전위차는 $\triangle E_R = Ri$이고, 전하 q가 저장된 **전기용량**(capacitance) C(F, faraday)인 축전기 양단의 전위차는 $\triangle E_C = q/C$, **인덕턴스**(inductance)가 L(H, henry)인 인덕터 양단의 전위차는 $\triangle E_L = L\dfrac{di}{dt}$ 이다.

표 1.5.1   전기소자에 의한 전위차

저항(resistor)	축전기(capacitor)	인덕터(inductor)
R	C	L
$\triangle E_R = Ri$	$\triangle E_C = q/C$	$\triangle E_L = L\dfrac{di}{dt}$

저항(R)과 인덕터(L)를 갖는 회로를 RL-회로, 저항(R)과 축전기(C)를 갖는 회로를 RC-회로라 한다. 이러한 회로의 특성이 1계 미분방정식으로 나타난다. 저항(R), 인덕터(L), 축전기(C)를 동시에 갖는 RLC-회로의 특성은 2계 미분방정식으로 나타나며, 이에 대해서는 2장에서 다룬다.

RL-회로

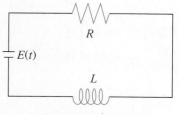

그림 1.5.14   RL-회로

그림 1.5.14와 같이 저항 R과 인덕터 L이 직렬로 연결된 회로에서 전류 i가 저항 R과 인덕터 L을 통과할 때 손실되는 전위가 전원에 의해 공급되어야 하므로 전류 i는 미분방정식

$$L\frac{di}{dt} + Ri = E(t) \tag{1.5.10}$$

를 만족한다. 직류전원과 같이 기전력이 일정한 경우와 교류전원과 같이 기전력이 시간에 따라 변하는 경우에 대해 전류의 시간적 변화를 알아보자.

(1) 직류전원 $E(t) = E_0$

식 (1.5.10)에서 $E(t) = E_0$이므로 미분방정식은 $L\dfrac{di}{dt} + Ri = E_0$이다. 양변을 L로 나누면

$$\frac{di}{dt} + \frac{R}{L}i = \frac{E_0}{L} \tag{1.5.11}$$

이다. 양변에 적분인자 $e^{\int R/L\,dt} = e^{Rt/L}$를 곱하여 정리하면 $\dfrac{d}{dt}(e^{Rt/L} \cdot i) = \dfrac{E_0}{L}e^{Rt/L}$이고, 적분에 의해 $e^{Rt/L} \cdot i = \dfrac{E_0}{L}\displaystyle\int e^{Rt/L}dt = \dfrac{E_0}{R}e^{Rt/L} + c$ 또는

$$i(t) = \frac{E_0}{R} + ce^{-Rt/L}$$

가 된다. 만약 $t = 0$에서 전원을 연결했다면 초기조건 $i(0) = 0$에서 $c = -E_0/R$이므로

$$i(t) = \frac{E_0}{R}(1 - e^{-Rt/L}) \tag{1.5.12}$$

이고, 이의 그래프는 그림 1.5.15이다. 처음에는 인덕터의 영향으로 전류가 시간에 따라 변하지만 시간이 충분히 지난 후에는 $\lim\limits_{t\to\infty} i(t) = E_0/R$이므로 저항만 있는 회로에 기전력 E_0를 가했을 때 흐르는 전류와 같아진다. 식 (1.5.11)은 비제차 미분방정식이므로 일반해는 **제차해** i_h와 **특수해** i_p의 합이다. 식 (1.5.12)를 다시 쓰면

$$i(t) = -\frac{E_0}{R}e^{-Rt/L} + \frac{E_0}{R}$$

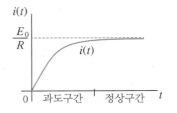

그림 1.5.15 RL–회로의 전류(직류전원)

이고, 여기서 $i_h = -\dfrac{E_0}{R}e^{-Rt/L}$, $i_p = \dfrac{E_0}{R}$이다. 즉 i_h는 시간에 따라 크기가 감소하는 함수이고 i_p는 시간에 무관하게 일정한 함수이므로 제차해 i_h를 **과도해**(transient solution), 특수해 i_p를 **정상해**(steady–state solution)라고도 부른다. 과도해가 영향을 미치는 시간 구간을 **과도구간**(transient region), 과도해가 소멸하여 정상해만 남는 시간 구간을 **정상구간**(steady–state region)이라 한다. 이에 대해서는 쉬어가기 2.5에서 다시 설명하겠다.

(2) 교류전원 $E(t) = E_0\sin\omega t$

이 경우 식 (1.5.10)은

$$L\frac{di}{dt} + Ri = E_0\sin\omega t \tag{1.5.13}$$

가 되며, 양변을 L로 나누면 $\dfrac{di}{dt} + \dfrac{R}{L}i = \dfrac{E_0}{L}\sin\omega t$이다. (1)에서 구한 적분인자 $e^{Rt/L}$를 양변에 곱하면 $\dfrac{d}{dt}(e^{Rt/L} \cdot i) = \dfrac{E_0}{L}e^{Rt/L}\sin\omega t$가 되고, 양변을 적분하면

$$e^{Rt/L} \cdot i = \frac{E_0}{L} \int e^{Rt/L} \sin \omega t \, dt$$

가 되는데 **부분적분**(쉬어가기 1.1)에 의해

$$I = \int e^{Rt/L} \sin \omega t \, dt = \frac{L}{R^2 + \omega^2 L^2} e^{Rt/L} (R \sin \omega t - \omega L \cos \omega t)$$

이므로

$$i(t) = \frac{E_0}{R^2 + \omega^2 L^2} (R \sin \omega t - \omega L \cos \omega t) + c e^{-Rt/L}$$

이다. 초기조건이 $i(0) = 0$이면 $c = \dfrac{\omega L E_0}{R^2 + \omega^2 L^2}$ 이므로

$$i(t) = \frac{E_0}{R^2 + \omega^2 L^2} (R \sin \omega t - \omega L \cos \omega t) + \frac{\omega L E_0}{R^2 + \omega^2 L^2} e^{-Rt/L}$$

이다. **삼각함수 합성**(쉬어가기 1.1)에 의해

$$R \sin \omega t - \omega L \cos \omega t = \sqrt{R^2 + \omega^2 L^2} \sin(\omega t - \theta), \quad \theta = \tan^{-1} \frac{\omega L}{R}$$

이므로

$$i(t) = \frac{E_0}{\sqrt{R^2 + \omega^2 L^2}} \sin(\omega t - \theta) + \frac{\omega L E_0}{R^2 + \omega^2 L^2} e^{-Rt/L} \tag{1.5.14}$$

이다. 여기서 특수해(또는 정상해)를 $i_p(t) = \dfrac{E_0}{\sqrt{R^2 + \omega^2 L^2}} \sin(\omega t - \theta)$, 제차해 (또는 과도해)를 $i_h(t) = \dfrac{\omega L E_0}{R^2 + \omega^2 L^2} e^{-Rt/L}$ 로 놓으면 $i(t) = i_p(t) + i_h(t)$로 쓸 수 있다. $R = 1 \ \Omega$, $L = 0.1$ H, $\omega = 12\pi \ \text{s}^{-1}$, $E_0 = 100$ V일 때 해의 그래프는 그림 1.5.16이 다. 과도구간이 지나면서 $i_h(t)$는 사라지고 $i_p(t)$만 남는 것을 확인할 수 있다.

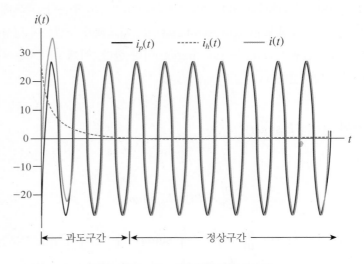

그림 1.5.16 RL−회로의 전류(교류전원)

RC-회로

저항 R에 의한 전위차는 $Ri = R\dfrac{dq}{dt}$, 축전기 C에 의한 전위차는 $\dfrac{q}{C}$ 이므로 그림 1.5.17과 같은 RC-회로의 특성은 전하 $q(t)$에 관한 미분방정식

$$R\frac{dq}{dt} + \frac{1}{C}q(t) = E(t) \tag{1.5.15}$$

로 나타난다.

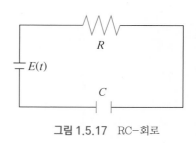

그림 1.5.17 RC-회로

☞ 식 (1.5.15)를 전류 $i(t)$에 대한 적분방정식 $Ri(t) + \dfrac{1}{C}\displaystyle\int i(t)\,dt = E(t)$ 로 나타낼 수 있고, 양변을 t로 미분하여 $R\dfrac{di}{dt} + \dfrac{1}{C}i = \dfrac{dE}{dt}$ 로 나타낼 수도 있다.

(1) 직류전원 $E(t) = E_0$

식 (1.5.15)에 $E(t) = E_0$를 대입하면 $R\dfrac{dq}{dt} + \dfrac{1}{C}q = E_0$ 또는

$$\frac{dq}{dt} + \frac{1}{RC}q = \frac{E_0}{R} \tag{1.5.16}$$

이다. 위 미분방정식을 적분인자 $e^{\int dt/RC} = e^{t/RC}$ 를 이용하여 RL-회로의 경우와 같이 풀면

$$q(t) = E_0 C + ce^{-t/RC}$$

가 되는데, 전류 $i(t)$는 위 식의 양변을 t로 미분하여

$$i(t) = \frac{dq}{dt} = \tilde{c}e^{-t/RC}$$

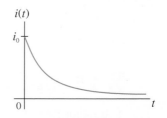

그림 1.5.18 RC-회로의 전류(직류전원)

와 같이 구할 수 있다. 여기서 $\tilde{c} = -\dfrac{c}{RC}$ 이다. 초기조건이 $i(0) = i_0$이면 $\tilde{c} = i_0$ 이므로

$$i(t) = i_0 e^{-t/RC} \tag{1.5.17}$$

가 된다.

(2) 교류전원 $E(t) = E_0 \sin\omega t$

식 (1.5.15)는 $R\dfrac{dq}{dt} + \dfrac{1}{C}q = E_0\sin\omega t$ 또는

$$\frac{dq}{dt} + \frac{1}{RC}q = \frac{E_0}{R}\sin\omega t \tag{1.5.18}$$

가 되고, RL-회로에서와 같은 방법으로

$$q(t) = \frac{E_0 C}{1 + \omega^2 R^2 C^2}(\sin\omega t - \omega RC\cos\omega t) + ce^{-t/RC}$$

를 구할 수 있다. 위 식의 양변을 t로 미분하여 전류

$$i(t) = \frac{\omega E_0 C}{1 + \omega^2 R^2 C^2}(\cos\omega t + \omega RC\sin\omega t) + \tilde{c}e^{-t/RC}$$

를 구할 수 있으며($\tilde{c} = -c/RC$), 초기조건 $i(0) = i_0$에서 $\tilde{c} = i_0 - \dfrac{\omega E_0 C}{1 + \omega^2 R^2 C^2}$ 이므로

$$i(t) = \frac{\omega E_0 C}{1 + \omega^2 R^2 C^2}(\cos\omega t + \omega RC\sin\omega t) + \left(i_0 - \frac{\omega E_0 C}{1 + \omega^2 R^2 C^2}\right)e^{-t/RC}$$

또는 **삼각함수 합성**에 의해

$$i(t) = \frac{\omega E_0 C}{\sqrt{1 + \omega^2 R^2 C^2}}\sin(\omega t + \theta) + \left(i_0 - \frac{\omega E_0 C}{1 + \omega^2 R^2 C^2}\right)e^{-t/RC} \quad (1.5.19)$$

가 된다. 여기서 $\theta = \tan^{-1}\dfrac{1}{\omega RC}$ 이다.

복소수를 사용하여 이와 같은 전기회로 해석을 더욱 간단히 할 수 있다. 이에 대해서는 쉬어가기 2.9에서 설명한다.

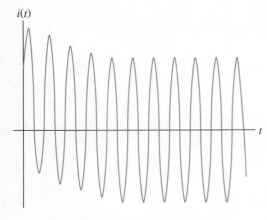

그림 1.5.19   RC-회로의 전류(교류전원)

1.5   연습문제

1. 박테리아 증식: 실험실 배양기에서 박테리아를 증식한다. 박테리아 수의 증가율 dN/dt가 시간 t에서의 박테리아의 수 $N(t)$에 비례한다. 처음 박테리아의 수 N_0가 하루 만에 $2N_0$가 되었다면 3일과 1주일이 지난 후의 박테리아 수를 각각 구하라. 결과를 먼저 예측해 보고 계산값과 비교해 보라.

(답) $8N_0$, $128N_0$

2. 은행금리 : 원금 S_0를 연이율 r로 n년간 저축한다. 다음에 대해 유도과정을 보이고 답하라.

(1) 이자를 연 1회 단리로 지급하는 경우 n년 후의 원리합계 S를 구하라.

(2) 이자를 연 1회 복리로 지급하는 경우 n년 후의 원리합계 S를 구하라.

(3) (1), (2)와 달리 시간 t에 대해 연속적으로 이자가 발생하는 경우, 즉 dS/dt가 S에 비례하고 비례상수를 연이율 r로 놓을 때 n년 후의 원리합계 를 구하라.

(4) $r = 0.1$로 놓고 문제 (1), (2), (3) 각 경우에 대해 원금이 두 배가 되는데 걸리는 시간(단위:년)을 계산하라.

(답) (1) $S = S_0(1 + nr)$ (2) $S = S_0(1 + r)^n$ (3) $S(t) = S_0 e^{rn}$ (4) 10년, 7.3년, 6.9년

3. 뉴턴의 냉각법칙: $5°C$를 가리키고 있는 온도계를 $22°C$의 방 안으로 옮겼고 1분 후에 온도는 $12°C$를 가리켰다. 온도계의 눈금이 $21.9°C$가 되는 데 걸리는 시간을 구하라.

(답) 9.7분

4. 반감기: Ra-226의 붕괴상수가 1.4×10^{-11} s^{-1}일 때 반감기를 년 단위로 구하라.

(답) 1,570년

5. 방사붕괴: Ra-224의 반감기는 3.6일이다. 처음 1 g의 Ra-224가 있었다면 1일과 1년이 지난 후에 존재하는 양을 각각 구하라.

(답) 0.825 g, 3.01×10^{-31} g

6. 탄소 연대측정: 3,000년이 지난 것으로 추정되는 화석 상태의 나무가 있다. 나무에 포함된 C-14의 비율은 현재 대기에 포함된 C-14 비율의 몇 %일까? C-14의 반감기는 5,730년이다.

(답) 69.6%

7. 용액의 혼합: 예제 6에서 유입되는 소금물의 농도가 $(1 + \cos t)$ kg/m^3일 때 $y(t)$를 구하고 그래프를 그려라.

(답) $y = 200 + \dfrac{200}{1601}(\cos t + 40\sin t) - \left(160 + \dfrac{200}{1601}\right)e^{-1/40 \cdot t}$

8. 탈출속도: 예제 7에 의하면 지상에서 쏘아 올린 물체의 최소 탈출속도는 $v_0 = \sqrt{2gR} = 11.2$ km/s 이다. 만약 물체를 지구 상공 1,000 km에 위치한 우주정거장에서 쏜다면 최소 탈출속도는 얼마인가?

(답) $v_0 = \sqrt{\dfrac{2gR^2}{R + 1000}} = 10.39$ km/s

9. 호르몬 분비: 어떤 호르몬의 분비현상이 미분방정식 $y'(t) = a + b\cos(\pi t/12) - ky$로 나타난다. 여기서 t는 시간, $y(t)$는 혈액 속의 호르몬 양, a는 호르몬의 평균 분비율이고 $b\cos(\pi t/12)$, 즉 $b\cos(2\pi t/24)$는 호르몬의 일별 분비 주기, ky는 혈액 속에서의 호르몬 흡수율을 나타낸다. $a = b = k = 1$이고 $y(0) = 2$일 때 $y(t)$를 구하고 그래프를 그려라.

(답) $y = 1 + \dfrac{1}{1 + \pi^2/144}\left(\cos\dfrac{\pi t}{12} + \dfrac{\pi}{12}\sin\dfrac{\pi t}{12}\right) + \left(1 - \dfrac{1}{1 + \pi^2/144}\right)e^{-t}$

10. 그림 1.5.13의 로지스틱 곡선의 변곡점이 $\left(\dfrac{1}{a}\ln\dfrac{a - bP_0}{bP_0}, \dfrac{a}{2b}\right)$임을 보여라.

11. 비선형 증가 모형: 어떤 도시에서 CCTV를 설치한 편의점 수 $C(t)$가 초기값 문제

$$\frac{dC}{dt} = (1 - 0.0005C)C, \quad C(0) = 1$$

로 기술된다. $t = 10$에 CCTV를 설치한 편의점 수는 얼마인가?

(답) $C(10) = (0.0005 + 0.9995e^{-10})^{-1} \simeq 1834$

12. RL-회로: $R = 2$ [Ω], $L = 0.1$ [H]인 RL-회로에서 다음의 기전력에 대한 전류 $i(t)$를 구하고 그래프를 그려라. 초기전류는 0 [A]이다.

(1) $E(t) = 100$ [V]   (2) $E(t) = 100\sin(120\pi t)$ [V]

(답) (1) $i(t) = 50(1 - e^{-20t})$

(2) $i(t) = \dfrac{50}{\sqrt{1 + 36\pi^2}}\sin(120\pi t - \theta) + \dfrac{300\pi}{1 + 36\pi^2}e^{-20t}$, 여기서 $\theta = \tan^{-1}6\pi$

13. RC-회로: $R = 5$ [Ω], $C = 0.01$ [F]인 RC-회로에서 문제 12와 같은 기전력에 대해 전류 $i(t)$를 구하고 그래프를 그려라. 초기전류는 20 A이다.

(답) (1) $i(t) = 20e^{-20t}$

(2) $i(t) = \dfrac{120\pi}{\sqrt{1 + 36\pi^2}}\sin(120\pi t + \theta) + \left(20 - \dfrac{120\pi}{1 + 36\pi^2}\right)e^{-20t}$, 여기서 $\theta = \tan^{-1}\dfrac{1}{6\pi}$

2계 및 고계 상미분방정식

1장에서는 1계 미분방정식의 풀이와 응용에 대해 공부했다. 그러나 자연적, 공학적 현상이 2계 미분방정식으로 기술되는 경우가 많고 그 이상의 고계 미분방정식으로 나타나는 경우도 있다. 이 장에서는 2계 이상의 미분방정식 중 상수계수 미분방정식과 코시-오일러 미분방정식의 해법과 응용에 대해 공부한다. 특히 여기서는 공학과 수학의 연관성에 대한 중요한 설명이 많이 나오므로 집중하여 공부하기 바란다. 먼저 미분방정식의 기초 이론에 대해 알아보자.

2.1 미분방정식의 기초

함수의 선형독립과 선형종속에 대해 알아보자. 유사한 개념이 벡터에 대해서도 존재하는데 이에 대해서는 6.5절에서 기술하고 있다.

함수의 선형결합, 선형독립과 선형종속

선형결합

상수 $c_1, c_2, \cdots, c_n$에 대해
$$c_1 f_1(x) + c_2 f_2(x) + \cdots + c_n f_n(x)$$
를 함수 $f_1(x), f_2(x), \cdots, f_n(x)$의 **선형결합**(linear combination)이라 한다.

선형독립과 선형종속

구간 I의 모든 x에서 함수 $f_1(x), f_2(x), \cdots, f_n(x)$의 선형결합에 대해
$$c_1 f_1(x) + c_2 f_2(x) + \cdots + c_n f_n(x) = 0 \qquad (2.1.1)$$
이 오직 $c_1 = c_2 = \cdots = c_n = 0$에 대해서만 성립하면 함수 $f_1(x), f_2(x), \cdots, f_n(x)$를 구간 I에서 **선형독립**(linear independent)이라 하고, 선형독립이 아닐 때, 즉 모두 0은 아닌(not all zero) $c_i (1 \leq i \leq n)$에 대해 식 (2.1.1)이 성립하면 구간 I에서 **선형종속**(linear dependent)이라 한다.

☞ 함수 $f_1(x)$와 $f_2(x)$가 선형종속이면 $c_1f_1(x) + c_2f_2(x) = 0$을 만족하는 둘 다 0은 아닌(not both zero) c_1과 c_2가 존재한다. 만약 $c_1 \neq 0$이라면 양변을 c_1으로 나누어

$$f_1(x) = -\frac{c_2}{c_1}f_2(x)$$

로 쓸 수 있으며, 이는 $f_1(x)$가 단순히 $f_2(x)$의 상수곱임을 의미한다. 함수 $f_1(x)$와 $f_2(x)$가 선형독립이면 하나의 함수가 나머지 함수의 상수곱으로 표현되지 않는다.

론스키안

> 함수 $f_1(x)$, $f_2(x)$, $\cdots$, $f_n(x)$가 적어도 $n - 1$ 계 도함수를 가질 때, 행렬식
>
> $$W[f_1(x), f_2(x), \cdots, f_n(x)] = \begin{vmatrix} f_1(x) & f_2(x) & \cdots & f_n(x) \\ f_1'(x) & f_2'(x) & \cdots & f_n'(x) \\ \vdots & \vdots & \ddots & \vdots \\ f_1^{(n-1)}(x) & f_2^{(n-1)}(x) & \cdots & f_n^{(n-1)}(x) \end{vmatrix} \tag{2.1.2}$$
>
> 을 함수 $f_1(x)$, $f_2(x)$, $\cdots$, $f_n(x)$의 **론스키안**(Josef Maria Wronski, 1778–1853, 폴란드)이라 한다.

함수의 론스키안을 이용하면 함수의 선형독립 또는 선형종속을 판단할 수 있다. 구간 I에서 정의되는 두 함수 $f_1(x)$와 $f_2(x)$의 선형결합이 0이 되는 경우, 즉

$$c_1f_1(x) + c_2f_2(x) = 0 \tag{2.1.3}$$

을 생각하자. 식 (2.1.3)의 양변을 미분하면

$$c_1f_1'(x) + c_2f_2'(x) = 0 \tag{2.1.4}$$

이고, 식 (2.1.3)과 (2.1.4)는 미지수 c_1, c_2에 대해 **제차 선형계**(homogeneous linear system)

$$\begin{bmatrix} f_1(x) & f_2(x) \\ f_1'(x) & f_2'(x) \end{bmatrix} \begin{bmatrix} c_1 \\ c_2 \end{bmatrix} = \begin{bmatrix} 0 \\ 0 \end{bmatrix} \tag{2.1.5}$$

을 이룬다. 두 함수 $f_1(x)$와 $f_2(x)$가 **선형종속**이면 구간 I의 모든 점에서 c_1, c_2 둘 다 0이 되어서는 안 되므로 식 (2.1.5)의 제차 선형계는 **비자명해**(nontrivial solution)를 가져야 한다(7.4절 참고). 따라서 구간 I의 모든 점에서

$$W[f_1(x), f_2(x)] = \begin{vmatrix} f_1(x) & f_2(x) \\ f_1'(x) & f_2'(x) \end{vmatrix} = 0$$

이다. 한편 두 함수 $f_1(x)$와 $f_2(x)$가 선형독립이면 구간 I의 적어도 한 점에서 $c_1 = c_2 = 0$이어야 하는데, 이는 식 (2.1.5)의 제차 선형계가 **자명해**(trivial solution)를 가짐을 의미한다. 따라서 구간 I의 적어도 한 점에서

$$W[f_1(x), f_2(x)] = \begin{vmatrix} f_1(x) & f_2(x) \\ f_1'(x) & f_2'(x) \end{vmatrix} \neq 0$$

이어야 한다. 이러한 성질은 n개의 함수 $f_1(x), f_2(x), \cdots, f_n(x)$에 대해서도 동일하게 적용되어 다음의 정리를 얻는다.

선형독립, 선형종속과 론스키안

> 구간 I의 모든 점에서 $W[f_1, f_2, \cdots, f_n] = 0$이면 함수 $f_1(x), f_2(x), \cdots, f_n(x)$는 구간 I에서 **선형종속**이고, 구간 I의 적어도 한 점에서 $W[f_1, f_2, \cdots, f_n] \neq 0$이면 함수 $f_1(x), f_2(x), \cdots, f_n(x)$는 구간 I에서 **선형독립**이다. 이의 역도 성립한다.

예제 1

모든 x에 대해 $f_1(x) = x$, $f_2(x) = 2x$의 선형독립 또는 선형종속성을 보여라.

(풀이) 모든 x에 대해

$$W[f_1, f_2] = \begin{vmatrix} x & 2x \\ 1 & 2 \end{vmatrix} = 2x - 2x = 0$$

이므로 $f_1(x), f_2(x)$는 모든 x의 구간에서 선형종속이다.

☞ x와 $2x$는 서로 상수곱 차이뿐이므로 선형종속이 당연하다.

예제 2

모든 x에 대해 $f_1(x) = e^{m_1 x}$, $f_2(x) = e^{m_2 x}$ $(m_1 \neq m_2)$의 선형독립 또는 선형종속성을 보여라.

(풀이) 모든 x에 대해

$$W[f_1, f_2] = \begin{vmatrix} e^{m_1 x} & e^{m_2 x} \\ m_1 e^{m_1 x} & m_2 e^{m_2 x} \end{vmatrix} = m_2 e^{(m_1 + m_2)x} - m_1 e^{(m_1 + m_2)x} = (m_2 - m_1)e^{(m_1 + m_2)x} \neq 0$$

이므로 $f_1(x), f_2(x)$는 모든 x에 대해 선형독립이다.

예제 3

$x > 0$에서 $y_1 = x^{m_1}$, $y_2 = x^{m_2}$ $(m_1 \neq m_2)$의 선형독립 또는 선형종속성을 보여라.

(풀이) $x > 0$에 대해

$$W[y_1, y_2] = \begin{vmatrix} x^{m_1} & x^{m_2} \\ m_1 x^{m_1-1} & m_2 x^{m_2-1} \end{vmatrix} = (m_2 - m_1)x^{m_1+m_2-1} \neq 0$$

이므로 y_1, y_2는 구간 $x > 0$에서 선형독립이다.

미분방정식의 해의 구성

n계 제차 선형 미분방정식

$$a_n(x)\frac{d^n y}{dx^n} + a_{n-1}(x)\frac{d^{n-1} y}{dx^{n-1}} + \cdots + a_1(x)\frac{dy}{dx} + a_0(x)y = 0 \qquad (2.1.6)$$

에 대하여 다음이 성립한다.

제차 선형 미분방정식의 해에 대한 중첩의 원리

> 함수 $y_1, y_2, \cdots, y_k$가 각각 구간 I에서 식 (2.1.6)의 해이면 함수 $y_1, y_2, \cdots, y_k$의 선형결합
>
> $$y = c_1 y_1 + c_2 y_2 + \cdots + c_k y_k \qquad (2.1.7)$$
>
> 도 구간 I에서 식 (2.1.6)의 해이다. 이를 **중첩의 원리**(superposition principle)라 한다.

(증명) 여기서 $n = k = 2$인 경우에 대해 증명하며, 이는 일반화될 수 있다. 아래 증명에서 미분연산이 선형연산임을 사용한다.

함수 y_1, y_2가 $a_2(x)y'' + a_1(x)y' + a_0(x)y = 0$의 해라면 $y = c_1 y_1 + c_2 y_2$에 대해

$$\begin{aligned}
a_2(x)&y'' + a_1(x)y' + a_0(x)y \\
&= a_2(x)[c_1 y_1 + c_2 y_2]'' + a_1(x)[c_1 y_1 + c_2 y_2]' + a_0(x)[c_1 y_1 + c_2 y_2] \\
&= a_2(x)[c_1 y_1'' + c_2 y_2''] + a_1(x)[c_1 y_1' + c_2 y_2'] + a_0(x)[c_1 y_1 + c_2 y_2] \\
&= c_1[a_2(x)y_1'' + a_1(x)y_1' + a_0(x)y_1] + c_2[a_2(x)y_2'' + a_1(x)y_2' + a_0(x)y_2] \\
&= c_1 \cdot 0 + c_2 \cdot 0 = 0
\end{aligned}$$

■

☞ (1) 제차 선형 미분방정식은 항상 자명해 $y = 0$을 갖는다.
(2) 제차 선형 미분방정식의 해 $y_1(x)$의 상수곱 $y = c_1 y_1(x)$도 역시 해이다.
(3) 중첩의 원리는 비선형 미분방정식 또는 비제차 선형 미분방정식에 대해서는 성립하지 않는다.
(4) 식 (2.1.7)에서 $y_1, y_2, \cdots, y_k$의 선형독립에 대한 언급이 없으므로 $k \leq n$일 필요는 없다.

예제 4

함수 $y_1 = e^x$, $y_2 = e^{2x}$, $y_3 = e^{3x}$는 $(-\infty, \infty)$에서 $y''' - 6y'' + 11y' - 6y = 0$의 해이다. 따라서 중첩의 원리에 의해 $y = c_1 e^x + c_2 e^{2x} + c_3 e^{3x}$도 해이다.

제차 선형 미분방정식의 일반해

함수 $y_1, y_2, \cdots, y_n$이 식 (2.1.6)의 선형독립인 해일 때

$$y = c_1 y_1 + c_2 y_2 + \cdots + c_n y_n \qquad (2.1.8)$$

을 식 (2.1.6)의 **일반해**(general solution)라 한다.

예제 5

$y'' - 9y = 0$은 $y_1 = e^{3x}$, $y_2 = e^{-3x}$를 해로 갖는다. 모든 x의 구간에서

$$W[y_1, y_2] = \begin{vmatrix} e^{3x} & e^{-3x} \\ 3e^{3x} & -3e^{-3x} \end{vmatrix} = -6 \neq 0$$

이다. 따라서 y_1, y_2는 선형독립이므로 일반해는

$$y = c_1 e^{3x} + c_2 e^{-3x}.$$

---

n계 비제차 선형 미분방정식

$$a_n(x)\frac{d^n y}{dx^n} + a_{n-1}(x)\frac{d^{n-1} y}{dx^{n-1}} + \cdots + a_1(x)\frac{dy}{dx} + a_0(x)y = g(x) \qquad (2.1.9)$$

에 대하여 다음이 성립한다 $[g(x) \neq 0]$.

비제차 선형 미분방정식의 제차해와 특수해

비제차 선형 미분방정식의 우변을 0으로 놓은 $[g(x) = 0]$ 제차 선형 미분방정식의 일반해 y_h를 **제차해**(homogeneous solution)라 하고, 비제차 선형 미분방정식을 만족하고 임의의 상수를 포함하지 않는 함수 y_p를 **특수해**(particular solution)라 한다.

☞ 비제차 미분방정식의 특수해는 초기값 문제 또는 경계값 문제의 특수해와 용어는 같지만 서로 다른 개념이다.

예제 6

비제차 미분방정식 $y'' - 9y = 27$의 제차해는 예제 5에 의해 $y_h = c_1 e^{3x} + c_2 e^{-3x}$이고, 특수해는 $y_p = -3$이다. 왜냐하면 $y_p'' - 9y_p = 0 - 9(-3) = 27$이기 때문이다.

비제차 선형 미분방정식의 일반해

비제차 선형 미분방정식의 제차해가 $y_h = c_1 y_1 + c_2 y_2 + \cdots + c_n y_n$이고, 특수해가 y_p일 때 비제차 선형 미분방정식의 일반해는

$$y = y_h + y_p = c_1 y_1 + c_2 y_2 + \cdots + c_n y_n + y_p \qquad (2.1.10)$$

이다.

식 (2.1.10)으로 정의된 일반해가 2계 비제차 선형 미분방정식을 만족함을 다음에서 확인할 수 있다.

$$a_2(x)y'' + a_1(x)y' + a_0(x)y$$
$$= a_2(x)[y_h + y_p]'' + a_1(x)[y_h + y_p]' + a_0(x)[y_h + y_p]$$
$$= a_2(x)[y_h'' + y_p''] + a_1(x)[y_h' + y_p'] + a_0(x)[y_h + y_p]$$
$$= [a_2(x)y_h'' + a_1(x)y_h' + a_0(x)y_h] + [a_2(x)y_p'' + a_1(x)y_p' + a_0(x)y_p]$$
$$= 0 + g(x) = g(x)$$

예제 7

미분방정식 $y'' - 9y = 27$의 일반해를 구하라.

(풀이) 예제 6에서 주어진 비제차 선형 미분방정식의 제차해가 $y_h = c_1 e^{3x} + c_2 e^{-3x}$이고, 특수해가 $y_p = -3$임을 알고 있으므로 일반해는

$$y = y_h + y_p = c_1 e^{3x} + c_2 e^{-3x} - 3$$

이다.

☞ 예제 7에서 비제차 선형 미분방정식의 일반해를 제차해와 특수해의 합으로 구했다. 이를 단순히 암기하지 말고 이렇게 구해진 일반해는 임의의 c_1, c_2에 대해 항상 비제차 미분방정식을 만족한다는 점을 이해하기 바란다. 이것이 일반해에 제차해가 포함되는 이유이다.

초기값 문제와 경계값 문제

대부분의 경우 과학 및 공학 분야에서 미분방정식은 초기조건 또는 경계조건과 함께 주어져 초기값 문제 또는 경계값 문제로 나타난다. 여기서는 이들을 2계 선형 미분방정식의 형태로 설명하겠다.

(1) 초기값 문제

미분방정식

$$a_2(x)\frac{d^2y}{dx^2} + a_1(x)\frac{dy}{dx} + a_0(x)y = g(x), \quad x \geq a \qquad (2.1.11)$$

와 x의 시작점 $x = a$에서 y 또는 y의 도함수 값이 주어지는 초기조건(initial condition, IC), 예를 들면

$$y(a) = K_0, \quad y'(a) = K_1 \qquad (2.1.12)$$

를 합하여 **초기값 문제**(initial value problem, IVP)라 한다.

☞ 일반적으로 초기값 문제에서는 x 대신 t를 사용하며, 초기조건도 보통 $t = 0$에서 주어진다.

(2) 경계값 문제

미분방정식

$$a_2(x)\frac{d^2y}{dx^2} + a_1(x)\frac{dy}{dx} + a_0(x)y = g(x), \quad a \leq x \leq b \qquad (2.1.13)$$

와 x의 경계 $x = a$ 및 $x = b$에서 y 또는 y의 도함수 값이 주어지는 경계조건 (boundary condition, BC), 예를 들면

$$y(a) = K_0, \quad y(b) = K_1 \qquad (2.1.14)$$

를 합하여 **경계값 문제**(boundary value problem, BVP)라 한다.

초기값 또는 경계값 문제를 풀면 무한히 많은 해를 포함하는 **일반해**(general solution)가 아닌 유일한 **특수해**(particular solution)를 구할 수 있다. 조건이 하나만 필요한 1계 미분방정식의 경우에는 초기값 문제와 경계값 문제를 구분할 수 없으므로 일괄적으로 초기값 문제라 부른다. 시간 t와 위치변수 x를 모두 포함하는 편미분방정식의 경우에는 초기조건과 경계조건이 모두 필요하여 초기값 문제이면서 동시에 경계값 문제이다. 경계값 문제에 나타나는 다양한 경계조건에 대해서는 11장에서 다룬다.

2계 선형 미분방정식을 포함하는 초기값 문제는 적절한 조건하에서 **유일해**(unique solution)를 갖는다는 것은 이미 증명되어 있다. 이러한 증명이 이 책의 목적이 아니므로 소개하지는 않겠다. 경계값 문제는 주어진 경계조건에 따라 무수히 많은 해, 유일한 해, 또는 해가 존재하지 않을 수도 있는데, 다음 예제를 통해 이를 확인하는 것으로 만족하자.

예제 8

$y'' + y = 0$의 일반해는 $y = c_1 \cos x + c_2 \sin x$이다. 다음 경계조건에 대해 특수해를 구하라.

(1) $y(0) = 0$, $y(2\pi) = 0$ (2) $y(0) = 0$, $y(\pi/2) = 0$ (3) $y(0) = 0$, $y(2\pi) = 1$

(풀이)

(1) $y(0) = c_1 \cos(0) + c_2 \sin(0) = c_1 \cdot 1 + c_2 \cdot 0 = c_1 = 0$이고, $y(2\pi) = c_2 \sin(2\pi) = c_2 \cdot 0 = 0$이 모든 c_2에 대해 성립하므로 특수해는 모든 c_2에 대해 $y = c_2 \sin x$이다. 즉 무수히 많은 해를 갖는다. 다음 그래프는 미분방정식과 경계조건을 만족하는 여러 해 가운데 몇 개를 보여준다.

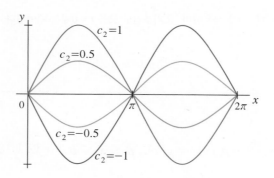

그림 2.1.1 경계값 문제 (1)의 여러 해

(2) $y(0) = c_1 = 0$이고, $y(\pi/2) = c_2 = 0$이므로 $y = 0$이 유일한 해이다.

(3) $y(0) = c_1 = 0$이고, $y(2\pi) = c_2 \cdot 0 = 1$을 만족하는 c_2가 존재하지 않으므로 해도 존재하지 않는다.

공학에서는 수학적으로 엄밀한 **해석해**(analytic solution)가 존재하지 않거나 구할 수 없는 문제에 대해서도 컴퓨터를 사용하는 수치적 방법(numerical method)을 통해 **근사해**(approximate solution)라도 구해야 하는 경우가 많다. 수학이 크게 발전했지만 아직도 복잡한 공학적 문제들에 대해 해석해를 구할 수 없으므로 다양한 전산코드를 사용하여 근사해를 구한다.

쉬어가기 2.1	선형성과 제차성

선형성은 사용 분야나 목적에 따라 다양하게 정의되고 해석되는 용어이다. 여기서는 미분방정식으로 표현되는 계와 미분방정식의 해의 개념으로 나누어 선형성을 설명하겠다. 여기서 설명한 내용은 이 절에서 이미 소개한 미분방정식의 분류, 3.7절 '라플라스 변환과 계'와 밀접하게 연관된다.

상수 c_1, c_2와 x의 함수 $y_1(x)$, $y_2(x)$에 대해

$$O(c_1 y_1 + c_2 y_2) = c_1 O(y_1) + c_2 O(y_2) \tag{2.1.15}$$

가 성립하는 연산 O를 **선형연산**(linear operator)이라고 한다. 미분과 적분은

$$\frac{d}{dx}(c_1 y_1 + c_2 y_2) = c_1 \frac{dy_1}{dx} + c_2 \frac{dy_2}{dx}$$

$$\int (c_1 y_1 + c_2 y_2)dx = c_1 \int y_1 dx + c_2 \int y_2 dx$$

가 성립하므로 선형연산이다. 위에서 1계 미분과 부정적분을 선형연산의 예로 보였지만, 2계 이상의 미분과 정적분도 모두 선형연산이다. 연산의 선형성은 가산성과 균질성을 모두 만족하는 성질이다. **가산성** (additivity)은

$$O(y_1 + y_2) = O(y_1) + O(y_2)$$

를 만족하는 성질이고, **균질성**(homogeniety)은 상수 c에 대해

$$O(cy_1) = cO(y_1)$$

을 만족하는 성질이다. 식 (2.1.15)의 선형연산은 가산성과 균질성을 모두 만족한다. 함수도 연산의 일종으로 볼 수 있다. 일차함수 $y(x) = ax$를 x에 상수 a를 곱하는 연산으로 보면

$$y(c_1 x_1 + c_2 x_2) = a(c_1 x_1 + c_2 x_2) = c_1(ax_1) + c_2(ax_2) = c_1 y(x_1) + c_2 y(x_2)$$

를 만족하므로 선형이다. 반면에 이차함수 $y(x) = x^2$이나 사인함수 $y(x) = \sin x$는 $(c_1 x_1 + c_2 x_2)^2 \neq c_1(x_1)^2 + c_2(x_2)^2$, $\sin(c_1 x_1 + c_2 x_2) \neq c_1 \sin(x_1) + c_2 \sin(x_2)$이므로 선형이 아니다. 우리가 아는 함수 중에 선형함수는 일차함수(linear function) $y(x) = ax$ 뿐이다.

(1) 계의 선형성

입력(input) $g(x)$를 받아 **출력**(output) 또는 **응답**(response) $y(x) = H[g(x)]$을 발생시키는 장치 H를 **계** (system)라고 한다. 계는 입력과 출력이 모두 함수라는 점에서 값(value)을 입력으로 받아 값을 출력하는 함수와 구별된다. 예를 들어 계가 음료 자판기라면 입력은 자판기에 투입하는 돈의 액수이고, 출력은 자판기에서 나오는 음료이다.

그림 2.1.2와 같이 계의 특성이 선형 미분방정식으로 표현되는 계를 **선형계**(linear system)라고 한다. 앞에서는 선형 미분방정식을 식 (1.1.6)과 같이 n계 미분방정식으로 표현하였지만 여기서는 간단한 설명을 위해

2계 미분방정식으로 표현하겠다.

$$g(x) \longrightarrow \boxed{a_2(x)\frac{d^2y}{dx^2} + a_1(x)\frac{dy}{dx} + a_0(x)y = g(x) \qquad (2.1.16)} \longrightarrow y(x)$$

그림 2.1.2 선형계

식 (2.1.16)을 $D(y) = g$로 표현할 수 있는데, 여기서 연산 D는

$$D = a_2\frac{d^2}{dx^2} + a_1\frac{d}{dx} + a_0 \tag{2.1.17}$$

이다. 그림 2.1.2의 선형계에서 입력이 $g_1(x)$일 때 출력을 $y_1(x)$, 입력이 $g_2(x)$일 때 출력을 $y_2(x)$라고 하면 $D(y_1) = g_1$, $D(y_2) = g_2$이다. 따라서

$$\begin{aligned}
D(y_1 + y_2) &= a_2\frac{d^2}{dx^2}(y_1 + y_2) + a_1\frac{d}{dx}(y_1 + y_2) + a_0(y_1 + y_2) \\
&= a_2\left(\frac{d^2y_1}{dx^2} + \frac{d^2y_2}{dx^2}\right) + a_1\left(\frac{dy_1}{dx} + \frac{dy_2}{dx}\right) + a_0(y_1 + y_2) \\
&= \left(a_2\frac{d^2y_1}{dx^2} + a_1\frac{dy_1}{dx} + a_0y_1\right) + \left(a_2\frac{d^2y_2}{dx^2} + a_1\frac{dy_2}{dx} + a_0y_2\right) \\
&= D(y_1) + D(y_2) = g_1 + g_2
\end{aligned}$$

가 성립하여 선형계는 가산성을 만족함을 확인할 수 있다. 제차성도 유사하게 보일 수 있는데 이는 연습문제를 참고하자. 예를 들어 500원짜리 커피와 400원짜리 율무차를 파는 자판기에 900원을 넣고 커피 한잔과 율무차를 마실 수 있으면 가산성 자판기, 800원을 넣고 율무차 두 잔을 마실 수 있으면 균질성 자판기이다. 커피와 율무차는 서로 다른 종류로 구분하지만 커피 또는 율무차끼리는 균질(동질)이므로 가격이 같아 두 배의 가격을 지불하여 두 개를 얻는 것이다. 이 두 가지 특성을 모두 만족하는 자판기는 선형성 자판기이다.

(2) 해의 선형성과 제차성

식 (2.1.17)로 정의된 연산을 이용하여 식 (2.1.16)을 다시 쓰면

$$D(y) = a_2(x)\frac{d^2y}{dx^2} + a_1(x)\frac{dy}{dx} + a_0(x)y = g(x) \tag{2.1.18}$$

이다. 우리가 '식(equation)'이라고 말할 때는 '등식' 또는 '부등식'을 의미한다. 등호(=)가 있으면 등식이고, 부등호(<, > 등)가 있으면 부등식이다. 그런데 등호는 때로 정의의 기호(≡)로 쓰이기도 한다. 식 (2.1.17)과 식 (2.1.18)의 차이는 식 (2.1.17)은 식이 아닌 D의 정의이고, 식 (2.1.18)은 등식 $D(y) = g(x)$이다. 이는 함수 $y = f(x)$와 방정식 $f(x) = 0$의 차이와 같다.

앞의 (1)에서는 계의 선형성을 입력과 출력 사이의 관계로 정의하였지만 미분방정식의 해의 선형성은 해

의 **중첩의 원리**(superposition principle)로 정의한다. 본문에서 설명한 것처럼 $y_1(x)$, $y_2(x)$가 2계 미분방정식의 해일 때 임의의 상수 c_1, c_2에 대해 $y(x) = c_1 y_1(x) + c_2 y_2(x)$도 해이면 중첩의 원리가 성립한다고 말한다. 식 (2.1.17)로 정의되는 연산 D는 이미 보인 것처럼 선형연산이다. 하지만 식 (2.1.18)의 방정식 $D(y) = g(x)$에 대해서는 해의 중첩의 원리가 성립할 수도 있고 그렇지 않을 수도 있다. 먼저 $g(x) \neq 0$인 경우에 y_1, y_2가 해이면 $D(y_1) = g$, $D(y_2) = g$이고

$$
\begin{aligned}
D(c_1 y_1 + c_2 y_2) &= a_2 \frac{d^2}{dx^2}(c_1 y_1 + c_2 y_2) + a_1 \frac{d}{dx}(c_1 y_1 + c_2 y_2) + a_0(c_1 y_1 + c_2 y_2) \\
&= c_1 \left(a_2 \frac{d^2 y_1}{dx^2} + a_1 \frac{dy_1}{dx} + a_0 y_1 \right) + c_2 \left(a_2 \frac{d^2 y_2}{dx^2} + a_1 \frac{dy_2}{dx} + a_0 y_2 \right) \\
&= c_1 D(y_1) + c_2 D(y_2) = c_1 g + c_2 g \neq g
\end{aligned}
$$

이므로 중첩의 원리가 성립하지 않는다. 이번에는 $g(x) = 0$인 경우를 보자. y_1, y_2가 해이므로 $D(y_1) = 0$, $D(y_2) = 0$이고

$$
\begin{aligned}
D(c_1 y_1 + c_2 y_2) &= a_2 \frac{d^2}{dx^2}(c_1 y_1 + c_2 y_2) + a_1 \frac{d}{dx}(c_1 y_1 + c_2 y_2) + a_0(c_1 y_1 + c_2 y_2) \\
&= c_1 \left(a_2 \frac{d^2 y_1}{dx^2} + a_1 \frac{dy_1}{dx} + a_0 y_1 \right) + c_2 \left(a_2 \frac{d^2 y_2}{dx^2} + a_1 \frac{dy_2}{dx} + a_0 y_2 \right) \\
&= c_1 D(y_1) + c_2 D(y_2) = c_1 \cdot 0 + c_2 \cdot 0 = 0
\end{aligned}
$$

이 되어 해의 중첩의 원리가 성립한다. 결과적으로 미분방정식의 선형성은 식 (2.1.18)의 우변 $g(x)$에 관계없이 좌변의 연산 $D(y)$의 선형성으로 판단하여 $D(y)$가 선형연산이면 $D(y) = g(x)$는 선형 미분방정식, $D(y)$가 비선형연산이면 $D(y) = g(x)$는 비선형 미분방정식이다. 따라서 해의 중첩의 원리는 선형 미분방정식이면서 $g(x) = 0$인 미분방정식, 즉 **선형 제차 미분방정식**에 대해서만 성립한다.

요즘은 잘 안쓰는 말이지만 '한국인은 단일민족이다(Koreans are homogeneous people)'라고 말할 때 'homogeneous', 즉 '균질(均質)'이라는 표현을 쓴다. 수학에서도 같은 표현이 자주 등장하는데 이를 보통 '제차(齊次)'라고 번역한다. 여기서 '제(齊)'는 '가지런할 제'이고 '차(次)'는 '다음 차'로서 1차, 2차 등에서 사용되는 글자이니 '제차'가 '차수가 같은'이라는 잘못된 의미로 인식될 소지가 크다. 물론 'homogeneous'가 차수가 같다는 의미로 쓰이는 경우도 있다(1.2절 참고). 하지만 이 경우에도 균질하다는 의미는 여전히 유효하다. 선형 미분방정식이라도 해의 선형성, 즉 가산성과 균질성이 성립하려면 $g(x) = 0$이어야 하므로 제차 미분방정식 보다는 균질 미분방정식으로 표현하는 것이 옳아 보인다.

▌2.1 연습문제

1. 론스키안을 사용하여 주어진 구간에서 함수의 선형독립 또는 선형종속을 구분하라.

(1) $\sin mx,\ \cos mx\ (m \neq 0)$: $(-\infty,\ \infty)$ (2) $e^x,\ xe^x$: $(-\infty,\ \infty)$

(3) $x,\ x^2,\ 4x - 3x^2$: $(-\infty,\ \infty)$ (4) $x,\ x\ln x,\ x^2\ln x$: $(0,\ \infty)$

(답) (1) 선형독립   (2) 선형독립   (3) 선형종속   (4) 선형독립

2. (1) 비제차 선형 미분방정식 $y' = 1$에 대해 $y = x$는 해이지만 이의 상수곱 $y = cx$는 해가 아님을 보여라.

(2) 제차 비선형 미분방정식 $y' = 2y^3$에 대해 $y = \dfrac{1}{x}$은 해이지만 이의 상수곱 $y = \dfrac{c}{x}$는 해가 아님을 보여라.

3. 미분방정식 $y'' + (y')^2 = 0$에 대해 답하라.

(1) $y_1 = 1$과 $y_2 = \ln x$가 구간 $(0,\ \infty)$에서 미분방정식의 해임을 확인하라.

(2) $y_1 + y_2$도 해인가?

(3) 임의의 상수 $c_1,\ c_2$에 대해 $c_1 y_1 + c_2 y_2$도 해인가? 해가 아니라면 그 이유를 설명하라.

(답) (2) 해   (3) 해 아님. 비선형 미분방정식

4. 함수가 주어진 구간에서 미분방정식의 선형독립인 해임을 보이고 일반해를 써라.

(1) $y'' - 4y = 0$: $\cosh 2x,\ \sinh 2x,\ (-\infty,\ \infty)$

(2) $x^2 y'' - 6xy' + 12y = 0$: $x^3,\ x^4,\ (0,\ \infty)$

(답) (1) $y = c_1\cosh 2x + c_2\sinh 2x$ (2) $y = c_1 x^3 + c_2 x^4$

5. 함수 $y = c_1 e^{2x} + c_2 e^{5x} + 6e^x$가 구간 $(-\infty,\ \infty)$에서 미분방정식 $y'' - 7y' + 10y = 24e^x$의 일반해임을 보여라.

6. 그림 2.1.2의 선형계에서 입력 $g_1(x)$의 출력이 $y_1(x)$이다. 상수 c에 대해 입력이 $cg_1(x)$일 때 출력이 $cy_1(x)$가 됨을 보여라.

7. 미분방정식 $y'' - y = 0$의 일반해는 $y = c_1 e^x + c_2 e^{-x}$이다. 다음 조건이 주어지는 초기값 또는 경계값 문제의 특수해를 구하라.

(1) 초기조건: $y(0) = 0,\ y'(0) = 1$ (2) 경계조건: $y(0) = 0,\ y(1) = 1$

(답) (1) $y = \dfrac{1}{2}(e^x - e^{-x})$ (2) $y = \dfrac{e}{e^2 - 1}(e^x - e^{-x})$

2.2   아는 해를 이용하여 모르는 해를 구하는 방법

일반적으로 2계 선형 미분방정식은 선형독립인 2개의 해를 갖는다. 이 절에서는 2계 선형 미분방정식의 알고 있는 하나의 해를 이용하여 나머지 해를 구하는 방법을 소개하며 여기에서 학습한 내용을 2.3절 이후에 자주 사용할 것이다.

2계 미분방정식 $a_2(x)y'' + a_1(x)y' + a_0(x)y = 0$, $a_2(x) \neq 0$의 양변을 $a_2(x)$로 나누면

$$y'' + p(x)y' + q(x)y = 0 \qquad (2.2.1)$$

이 되는데, 여기서 $p(x) = a_1(x)/a_2(x)$, $q(x) = a_0(x)/a_2(x)$이다. 이를 **2계 제차 선형 미분방정식의 표준형**이라 한다. 식 (2.2.1)의 일반해는

$$y = c_1 y_1 + c_2 y_2 \qquad (2.2.2)$$

가 되어야 하는데, 앞으로 y_1만 구할 수 있고 y_2를 구하지 못하는 경우가 자주 발생한다.

알고 있는 0이 아닌 해 $y_1(x)$를 이용하여 다른 해 $y_2(x)$를 구하기 위해 $y_2(x) = u(x)y_1(x)$라 하자. 여기서 $u(x)$는 우리가 구해야 할 미지함수이다. y_2를 미분하여

$$y_2' = u'y_1 + uy_1'$$
$$y_2'' = u''y_1 + u'y_1' + u'y_1' + uy_1'' = u''y_1 + 2u'y_1' + uy_1''$$

을 식 (2.2.1)에 대입하면

$$y_2'' + py_2' + qy_2$$
$$= [u''y_1 + 2u'y_1' + uy_1''] + p[u'y_1 + uy_1'] + q[uy_1]$$
$$= u[y_1'' + py_1' + qy_1] + y_1u'' + [2y_1' + py_1]u'$$
$$= 0 + y_1u'' + [2y_1' + py_1]u' = 0$$

즉

$$y_1u'' + [2y_1' + py_1]u' = 0$$

을 얻는데, 이는 u에 관한 2계 미분방정식이지만 u항은 없다. 따라서 $\omega = u'$로 치환하면

$$y_1\omega' + [2y_1' + py_1]\omega = 0$$

이 되고, 이는 ω에 대한 1계 미분방정식이므로

$$\frac{d\omega}{\omega} + \left(\frac{2y_1'}{y_1} + p\right)dx = 0$$

과 같이 변수분리하여 적분하면

$$\ln|\omega| + 2\ln|y_1| + \int p\,dx = c$$

$$\ln|\omega y_1^2| = -\int p\,dx + c$$

$$\omega y_1^2 = c_1 e^{-\int p\,dx}$$

의 과정을 거쳐 $\omega = c_1 \dfrac{e^{-\int p\,dx}}{y_1^2}$ 를 얻는다. $u' = \omega$이므로 ω를 다시 적분하면

$$u = c_1 \int \frac{e^{-\int p\,dx}}{y_1^2} dx + c_2$$

이고

$$y_2(x) = u(x)y_1(x) = c_1 y_1(x) \int \frac{e^{-\int p(x)dx}}{y_1^2(x)} dx + c_2 y_1(x)$$

이다. 위 식에서 $c_1 = 1$, $c_2 = 0$을 택하면 두 번째 해는 다음과 같다.

$$y_2(x) = y_1(x) \int \frac{e^{-\int p(x)dx}}{y_1^2(x)} dx \tag{2.2.3}$$

☞ y_2를 구하는 과정에서 $c_1 = 1$, $c_2 = 0$으로 선택하여 결과를 간단하게 표현하였다. 그래도 되는 이유를 생각해 보자(연습문제 참고).

마지막으로 반드시 짚고 넘어가야 할 점은 식 (2.2.3)으로 구한 y_2가 y_1과 선형독립이어야 한다는 것이다. 이를 위해 론스키안을 계산하면

$$W[y_1, y_2] = \begin{vmatrix} y_1 & y_1 \int \dfrac{e^{-\int p\,dx}}{y_1^2} dx \\[2ex] y_1' & y_1' \int \dfrac{e^{-\int p\,dx}}{y_1^2} dx + \dfrac{e^{-\int p\,dx}}{y_1} \end{vmatrix} = e^{-\int p\,dx} \neq 0 \tag{2.2.4}$$

이므로 선형독립을 확인할 수 있다.

예제 1

$y_1 = e^x$는 구간 $(-\infty, \infty)$에서 $y'' - y = 0$의 해이다. 일반해를 구하라.

(풀이) 식 (2.2.3)을 직접 사용하면

$$y_2 = y_1 \int \frac{e^{-\int p\,dx}}{y_1^2} dx = e^x \int \frac{e^{-\int 0dx}}{e^{2x}} dx = e^x \int e^{-2x} dx = e^x \left(-\frac{1}{2} e^{-2x} + c \right) = -\frac{1}{2} e^{-x} + ce^x$$

를 얻는다. 여기서 두 번째 항 ce^x는 y_1과 중복이며, 첫째 항 $-\frac{1}{2}e^{-x}$가 두번째 해 y_2이지만 중첩의 원리에서 의해 y_2가 해이면 y_2에 임의의 상수를 곱한 것도 모두 해이므로 두 번째 해를 간단히 $y_2 = e^{-x}$로 쓰겠다. 따라서 일반해는

$$y = c_1 y_1 + c_2 y_2 = c_1 e^x + c_2 e^{-x}.$$

예제 2

$y_1 = x^2$이 $(0, \infty)$에서 $x^2 y'' - 3xy' + 4y = 0$의 해일 때 y_2를 구하라.

(풀이) 미분방정식에서 2계 미분항의 계수가 1이 아니므로 양변을 x^2으로 나누고 식 (2.2.3)을 이용하여 구한다.

$$y_2 = y_1 \int \frac{e^{-\int p dx}}{y_1^2} dx = x^2 \int \frac{e^{-\int (-3/x) dx}}{x^4} dx = x^2 \int \frac{e^{3\ln x}}{x^4} dx$$
$$= x^2 \int \frac{x^3}{x^4} dx = x^2 \int \frac{1}{x} dx = x^2 \ln x.$$

2.2 연습문제

문제 1, 2번의 답에서 두 번째 해 y_2를 가장 간단한 형태로 표현했음에 유의하자.

1. (1) $y_2 = uy_1$으로 놓는 방법, (2) 식 (2.2.3)을 이용하는 방법으로 두 번째 해 y_2를 구하고 결과를 비교하라.
(1) $y'' + 5y' = 0$; $y_1 = 1$ (2) $y'' + 16y = 0$; $y_1 = \cos 4x$

(답) (1) $y_2 = e^{-5x}$ (2) $y_2 = \sin 4x$

2. 식 (2.2.3)을 사용하여 두 번째 해 y_2를 구하라. 적절한 x의 구간을 가정한다.
(1) $xy'' + y' = 0$; $y_1 = \ln x$ (2) $x^2 y'' - xy' + 2y = 0$; $y_1 = x\sin(\ln x)$

(답) (1) $y_2 = 1$ (2) $y_2 = x\cos(\ln x)$

3. 식 (2.2.3)을 유도하는 과정에서 $c_1 = 1$, $c_2 = 0$ 을 선택하였다. c_1, c_2에 어떠한 값도 대입하지 않고 그대로 유지해도 최종적으로 나타나는 일반해의 형태는 같음을 보여라.

2.3   상수계수 2계 미분방정식

이 절에서는 상수계수(constant coefficient)를 가지는 2계 제차 선형 미분방정식의 해법에 대해 공부한다. 계수가 상수 a, b, c인 2계 제차 선형 미분방정식

$$ay'' + by' + cy = 0 \qquad (2.3.1)$$

을 생각하자. 해를 $y = e^{mx}$로 가정하면

$$y' = me^{mx}, \qquad y'' = m^2 e^{mx}$$

이므로, 이들을 식 (2.3.1)에 대입하면

$$ay'' + by' + cy = am^2 e^{mx} + bme^{mx} + ce^{mx} = e^{mx}(am^2 + bm + c) = 0$$

이 된다. 여기서 $e^{mx} \neq 0$이므로

$$am^2 + bm + c = 0 \qquad (2.3.2)$$

이 성립해야 하는데, 이를 식 (2.3.1)의 **특성방정식**(characteristic equation)이라 부른다. 식 (2.3.2)는 m에 대한 2차 방정식으로 다음과 같은 세 가지 형태의 근(root)이 존재한다.

(i) 서로 다른 두 실근 m_1, m_2를 갖는 경우

식 (2.3.1)의 해를 $y = e^{mx}$로 가정했으므로 $m = m_1$, m_2이면 한 해는 $y_1 = e^{m_1 x}$이고 다른 해는 $y_2 = e^{m_2 x}$이다. 2.1절의 예제 2에서 $m_1 \neq m_2$일 때 $e^{m_1 x}$와 $e^{m_2 x}$는 구간 $(-\infty, \infty)$에서 선형독립임을 보였으므로 식 (2.3.1)의 일반해는

$$y = c_1 e^{m_1 x} + c_2 e^{m_2 x} \qquad (2.3.3)$$

이다.

(ii) 중근 m_1을 갖는 경우

특성방정식은 하나의 해 $y_1 = e^{m_1 x}$만을 제공하는데, 또 다른 해를 식 (2.2.3)을 사용하여 구할 수 있다. 즉

$$y_2 = y_1 \int \frac{e^{-\int p dx}}{y_1^2} dx = e^{m_1 x} \int \frac{e^{-\int \frac{b}{a} dx}}{e^{2m_1 x}} dx = e^{m_1 x} \int \frac{e^{-\frac{b}{a}x}}{e^{2m_1 x}} dx$$

이고, 식 (2.3.2)로 표현되는 특성방정식의 중근은 $m_1 = -\dfrac{b}{2a}$이므로

$$y_2 = e^{m_1 x} \int \frac{e^{2m_1 x}}{e^{2m_1 x}} dx = e^{m_1 x} \int dx = x e^{m_1 x}$$

이다. 따라서 일반해는

$$y = c_1 e^{m_1 x} + c_2 x e^{m_1 x} \tag{2.3.4}$$

이다.

(iii) 허근 $m = \alpha \pm i\beta (\beta \neq 0)$를 갖는 경우

두 허근을 이용하면 일반해는

$$y = c_1^* e^{(\alpha + i\beta)x} + c_2^* e^{(\alpha - i\beta)x} = e^{\alpha x}(c_1^* e^{i\beta x} + c_2^* e^{-i\beta x}) \tag{2.3.5}$$

이다. 하지만 식 (2.3.5)는 허수 단위 i를 포함하므로 편리한 실수형 공식을 얻기 위해 **오일러 공식**(증명은 4.1절 참고)

$$e^{ix} = \cos x + i \sin x \tag{2.3.6}$$

를 이용하여 식 (2.3.5)를 다시 쓰면

$$\begin{aligned} y &= e^{\alpha x}[c_1^*(\cos\beta x + i\sin\beta x) + c_2^*(\cos\beta x - i\sin\beta x)] \\ &= e^{\alpha x}[(c_1^* + c_2^*)\cos\beta x + i(c_1^* - c_2^*)\sin\beta x] \end{aligned}$$

이다. $c_1^* + c_2^* = c_1$, $i(c_1^* - c_2^*) = c_2$ 로 나타내면

$$y = e^{\alpha x}(c_1 \cos\beta x + c_2 \sin\beta x) \tag{2.3.7}$$

인 실수형 공식을 얻는다.

이제까지의 내용을 정리하면 표 2.3.1과 같다. 표의 공식은 이 교재의 다른 부분에서도 자주 나오므로 암기하기 바란다. 해를 $y = e^{mx}$로 가정하여 공식을 유도했음을 기억하면 쉽게 암기할 수 있을 것이다.

표 2.3.1 상수계수 2계 미분방정식 해의 종류

특성방정식 $am^2 + bm + c = 0$의 근	미분방정식 $ay'' + by' + cy = 0$의 일반해
(1) 서로 다른 두 실근: m_1, m_2	$y = c_1 e^{m_1 x} + c_2 e^{m_2 x}$
(2) 중근: m_1	$y = c_1 e^{m_1 x} + c_2 x e^{m_1 x}$
(3) 허근: $m = \alpha \pm i\beta$	$y = e^{\alpha x}(c_1 \cos\beta x + c_2 \sin\beta x)$

☞ 공식 (1)의 특수한 경우로 서로 다른 두 실근 $m = \pm m_1$ 인 경우에는 $y = c_1 e^{m_1 x} + c_2 e^{-m_1 x}$ 와 $y = c_1 \cosh m_1 x + c_2 \sinh m_1 x$ 가 모두 해이다(1.1절 예제 3 참고).

때때로 학생들이 상수계수 2계 미분방정식의 해를 $y = e^{mx}$와 같이 지수함수로 가정하는 이유에 대해 질문한다. 그 이유는 e^{mx}와 같은 지수함수는 미분해도 상수곱 차이만 날 뿐 같은 지수함수이고, 우리가 풀어야 할 미분방정식 또한 상수계수이기 때문이다. 다음 절에 나오는 코시–오일러 미분방정식은 상수계수 미분방정식이 아니므로 다른 형태의 해를 가정해야 한다. (쉬어가기 2.2. 참고)

예제 1

표 2.3.1 의 공식을 사용하여 다음 미분방정식의 일반해를 구하라.

(1) $2y'' - 5y' - 3y = 0$ (2) $y'' - 2y' + y = 0$ (3) $y'' + y' + y = 0$

(풀이) (1) $2m^2 - 5m - 3 = (2m + 1)(m - 3) = 0$, $m = -1/2, 3$ $\therefore y = c_1 e^{-x/2} + c_2 e^{3x}$

(2) $m^2 - 2m + 1 = (m - 1)^2 = 0$, $m = 1$(중근) $\therefore y = c_1 e^x + c_2 x e^x$

(3) $m^2 + m + 1 = 0$, $m = \dfrac{-1 \pm \sqrt{3}\,i}{2}$ $\therefore y = e^{-x/2}\left(c_1 \cos\dfrac{\sqrt{3}}{2}x + c_2 \sin\dfrac{\sqrt{3}}{2}x\right)$

이 절을 이대로 끝낸다면 수학이 재미없을 것 같다.

미분방정식 $y'' = 0$도 상수계수 2계 미분방정식이다. 두 번 미분하여 0이 되는 함수는 1차 함수, 즉 $y = c_1 + c_2 x$이므로 이것이 해일 것이라 추측할 수 있다. 실제로 $y'' = 0$을 위에서 설명한 방법으로 풀면 특성방정식 $m^2 = 0$의 해가 중근 $m = 0$이므로 표 2.3.1의 공식 (2)를 사용하면 $y = c_1 e^{0x} + c_2 x e^{0x} = c_1 + c_2 x$가 되어 추측하여 구한 해와 같다. 다음 예제를 보자.

예제 2

다음 미분방정식을 풀어라. 풀기 전에 먼저 해를 추측해 보자(ω는 상수이다).

(1) $y'' - y = 0$ (2) $y'' + y = 0$ (3) $y'' - \omega^2 y = 0$ (4) $y'' + \omega^2 y = 0$

(풀이) (1) 주어진 미분방정식은 $y'' = y$와 같다. 두 번 미분하여 원래의 함수와 같아지는 함수는 e^x와 e^{-x}이므로 일반해를 $y = c_1 e^x + c_2 e^{-x}$로 추측할 수 있을 것이다. [$y'' = y$를 막연히 수식으로만 보지 말고 "두 번 미분하면 원래의 함수와 같다"라는 의미(message)를 전달하는 문장으로 이해하자.] 실제로 미분방정식을 공식을 사용하여 풀면 $m^2 - 1 = (m - 1)(m + 1) = 0$, $m = \pm 1$이므로 표 2.3.1의 공식 (1)에 의해

$$y = c_1 e^x + c_2 e^{-x} \tag{a}$$

이고, 이는 추측한 해와 정확히 같다. 어떤 학생은 두 번 미분하여 원래의 함수와 같아지는 함수가 $\cosh x$ 와 $\sinh x$이므로 일반해가

$$y = c_1 \cosh x + c_2 \sinh x \qquad \text{(b)}$$

라고 말할 수도 있다. 1.1절의 예제 3에서 보았듯이 (a)와 (b)는 동등한 표현이다. **특성방정식의 근이 절대값이 같은 두 실근인 경우에는 해를 지수함수로 표현할 수도 있고 쌍곡선함수로 표현할 수도 있다.**

(2) 문제 (1)에서와 마찬가지로 $y'' = -y$로 생각하면 두 번 미분하여 원래의 함수와 부호가 달라지는 함수는 $\cos x$와 $\sin x$이므로 일반해를 $y = c_1 \cos x + c_2 \sin x$로 추측할 수 있다. 실제로 공식을 사용하여 풀더라도 $m^2 + 1 = 0$, $m = \pm i$이므로 표 2.3.1의 공식 (3)에 의해

$$y = c_1 \cos x + c_2 \sin x$$

이다.

(3) 문제 (1)과 유사한 모양이지만 1계 미분항 y의 앞에 ω^2이 곱해져 있다. 두 번 미분하여 원래 함수에 ω^2이 곱해지는 함수는 $e^{\omega x}$와 $e^{-\omega x}$이므로 일반해를

$$y = c_1 e^{\omega x} + c_2 e^{-\omega x}$$

로 추측하자. 물론 이는 문제 (1)의 설명에 의해

$$y = c_1 \cosh \omega x + c_2 \sinh \omega x$$

와 같다. 공식을 사용해도 $m^2 - \omega^2 = (m - \omega)(m + \omega) = 0$, $m = \pm \omega$이므로 해는 같다.

(4) 문제 (2)와 유사한 형태이나 1계 미분항 y 앞에 ω^2이 곱해져 있다. 따라서 일반해를

$$y = c_1 \cos \omega x + c_2 \sin \omega x$$

로 추측할 수 있다. 이 역시 공식을 사용해도 $m^2 + \omega^2 = 0$, $m = \pm \omega i$이므로 해는 같다.

이 장의 미분방정식의 응용이나 11장 이후의 편미분방정식 풀이에서 자주 보겠지만 실제 공학 분야에서는 예제 2와 같이 해를 추측으로 구할 수 있는 경우가 자주 나타난다. 여러분들은 어렵게 공부하고도 나중에 쉬운 미분방정식의 해를 구하지 못하는 일이 없기를 바란다.

예제 2의 문제 (1)에 대해 지수함수를 사용할 것인지, 아니면 쌍곡선 함수를 사용할 것인지는 주어지는 경계조건에 따라 달라진다. 다음 예제를 보자.

예제 3

경계값 문제 $y'' - y = 0$, $y(0) = 0$, $y(1) = 1$의 해를 구하라.

(풀이) 미분방정식의 일반해는 예제 2의 문제 (1)에서와 같이 지수함수 또는 쌍곡선함수이다.

(1) 지수함수 $y = c_1 e^x + c_2 e^{-x}$를 사용하는 경우:

$$y(0) = c_1 e^0 + c_2 e^{-0} = c_1 + c_2 = 0$$
$$y(1) = c_1 e^1 + c_2 e^{-1} = 1$$

에서 $c_1 = \dfrac{1}{e - e^{-1}}$, $c_2 = -\dfrac{1}{e - e^{-1}}$ 이므로

$$y = \frac{e^x - e^{-x}}{e - e^{-1}} \tag{a}$$

이다.

(2) 쌍곡선함수 $y = c_1 \cosh x + c_2 \sinh x$를 사용하는 경우:

$$y(0) = c_1 \cosh 0 + c_2 \sinh 0 = 0$$
$$y(1) = c_2 \sinh 1 = 1$$

에서 $c_1 = 0$, $c_2 = \dfrac{1}{\sinh 1}$ 이므로

$$y = \frac{\sinh x}{\sinh 1} \tag{b}$$

이다. 물론

$$y = \frac{\sinh x}{\sinh 1} = \frac{(e^x - e^{-x})/2}{(e - e^{-1})/2} = \frac{e^x - e^{-x}}{e - e^{-1}}$$

이므로 (a)와 (b)는 동일한 표현이다.

예제 3의 경계값 문제의 정의역은 $0 \le x \le 1$로 유한하다. 즉 정의역이 유한한 경우에는 일반해를 쌍곡선함수로 표현하는 것이 경계조건을 적용하는 계산과정이 단순해지므로 편리하다. 반대로 정의역이 $-\infty < x < \infty$, $0 \le x < \infty$ 등과 같이 무한한 경우에는 일반해를 지수함수로 표현하는 것이 편리하다.

쉬어가기 2.2   **수학은 헤쳐나가는 것이다.**

2.2절에서 2계 미분방정식의 한 해가 y_1일 때 두 번째 해를 $y_2 = u y_1$으로 놓고 y_2를 구하였다. 또 2.3절에서는 상수계수 2계 미분방정식의 해를 $y = e^{mx}$로 가정하여 해를 구하였다. 오래전에 대전에 소재한 정부출연

연구소에서 여름방학 기간 중에 공학수학을 강의한 적이 있는데 연구원 한 분이 질문하셨다. '무슨 수학이 그런가? 수학답게 멋진(?) 방법으로 해를 구해야지 그렇게 가정해서 구하면 어떡하느냐?'라는 취지의 질문이었고, 강의 내용에 실망하는 표정이 역력했다. 다음은 그분의 질문에 대한 답이다.

먼저 2.2절에서 2계 미분방정식의 일차독립인 두 해 중에서 아는 첫 번째 해 y_1을 이용하여 모르는 두 번째 해 $y_2 = uy_1$을 구하는 경우이다. 여기서 $u(x)$는 상수가 아니고 x의 함수이므로 결과로 나타나는 y_2는 y_1과는 전혀 다른 함수일 수 있다. $y_2 = uy_1$으로 가정하여 얻어지는 u에 관한 미분방정식 역시 2계 미분방정식이지만 u''과 u'항만 있고 u항이 없으므로 이를 1계 미분방정식으로 바꾸어 변수분리법으로 해를 구할 수 있었다. 두 번째로 상수계수 2계 미분방정식의 해를 지수함수로 가정한 경우이다. 상수계수 2계 미분방정식은 앞으로 공부할 3장의 라플라스 변환법 또는 4장의 무한급수법으로도 해를 구할 수 있다. 아마 이러한 방법으로 해를 구했으면 위와 같은 불만은 나오지 않았을 것이다. 하지만 이 방법들을 정확히 이해하기 위해서는 상당한 사전 지식이 필요하다. 지금 단계에서는 해를 $y = e^{mx}$로 가정하는 것이 간단하면서도 명쾌한 해법이다. 해를 지수함수로 가정하였지만 결국 정확한 해를 구했으므로 이 방법 역시 멋진 방법임에 틀림 없다.

자연은 우리에게 친절한 설명을 주지 않는다. 단지 우리가 수학적, 과학적 방법을 동원하여 우리 나름의 방식으로 자연을 이해하는 것뿐이다. 만약 창조주가 있더라도 그 분은 e^x나 $\sin x$를 모를 수도 있다. 이러한 함수들은 인간이 만든 것에 불과하기 때문이다. 한 때 고대인들은 우주의 삼라만상이 공기, 물, 불, 흙의 4대 원소로 이루어졌다고 믿었다. 하지만 지금은 100개가 넘는 원소가 발견되었다. 미래에는 새로운 이론이 원소 개념을 대체할지도 모른다. 과학과 수학은 계속 발전할 것이다.

물에 빠진 사람은 지푸라기라도 잡으려 한다. 지푸라기를 잡고 물에서 빠져나온 사람에게 왜 지푸라기를 잡았느냐고 따질 수 없다. 아마 옆에 구조용 공기 튜브가 있었다면 그것을 잡았을 것이다. 지푸라기라도 잡아 죽지 않고 살았으니 얼마나 멋진 일인가.

양자역학에서 **슈뢰딩거**(Schrodinger, 1887-1961, 오스트리아) **방정식**

$$-\frac{\hbar^2}{2m}\frac{d^2\psi}{dx^2} + U\psi = E\psi \tag{2.3.8}$$

이 나온다. 여기서 ψ는 **파동함수**(wave function), U는 계(입자와 주변)의 **포텐셜 에너지**, E는 계의 **전체 에너지**, h가 플랑크 상수일 때 $\hbar = h/2\pi$, m은 입자의 질량이다. 이는 x축을 따라 움직이는 질량 m인 입자를 기술하는 식이고, $|\psi|^2 dx$는 입자가 구간 dx에서 발견될 확률이며 입자의 양자 상태가 n일 때

$$\int_{-\infty}^{\infty} |\psi_n|^2 dx = 1 \tag{2.3.9}$$

로 규격화(normalization) 된다. 슈뢰딩거 방정식을 정확히 이해하는 것은 쉽지 않

지만 기초적인 경우에 이 미분방정식의 해를 구하는 것은 어렵지 않다. 다음 예제를
보자.

예제 4

그림 2.3.1과 같이 $x = 0$과 $x = L$에서는 포텐셜 에너지가 ∞이고
$0 < x < L$에서는 포텐셜 에너지가 0인 상자 또는 우물(potential
well) 안에서 운동하는 질량 m인 입자가 있다. 입자가 가질 수 있는
에너지 E를 구하라.

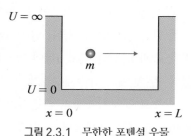

그림 2.3.1 무한한 포텐셜 우물

(풀이) 우물의 양쪽 경계에서 포텐셜 에너지가 무한대이므로 입자는 우물 안에 갇혀 있다. $0 < x < L$에서
$U = 0$이므로 식 (2.3.8)은 $-\dfrac{\hbar^2}{2m}\dfrac{d^2\psi}{dx^2} = E\psi$, 즉

$$\frac{d^2\psi}{dx^2} + \omega^2\psi = 0 \tag{a}$$

이 된다. 여기서 $\omega^2 = \dfrac{2mE}{\hbar^2} > 0$이다. 위의 미분방정식은 예제 2의 (4)에 해당하므로 해는

$$\psi(x) = c_1\cos\omega x + c_2\sin\omega x \tag{b}$$

이다. 양쪽 경계에서는 입자가 존재할 수 없으므로 경계조건 $\psi(0) = 0$에서 $c_1 = 0$이고, $\psi(L) = 0$에서

$$\psi(L) = c_2\sin\omega L = 0$$

이어야 하는데 $c_2 = 0$이면 $\psi = 0$이 되어 우물 안에 입자가 없는 경우이므로 $\sin\omega L = 0$, 즉 $\omega L = n\pi$
(n은 양의 정수)이어야 한다. 따라서 파동함수는

$$\psi_n(x) = c_2\sin\frac{n\pi x}{L}$$

이다. c_2는 식 (2.3.9)로 구할 수 있다. $\omega L = \dfrac{\sqrt{2mE}}{\hbar}L = n\pi$에서

$$E_n = \frac{n^2 h^2}{8mL^2}, \quad n = 1, 2, 3, \cdots$$

이다. 여기서 E_n은 양자수 n에 대응하는 양자화된 계의 전체 에너지로 우물 안에서는 $U = 0$이므로 운동
에너지와 같다. 고전 역학에서와 달리 입자는 연속적인 에너지를 갖지 못하고 양자화된 불연속 에너지
를 가지며 입자가 가질 수 있는 최소 에너지도 0이 아닌 E_1이다. 입자의 에너지가 E_1인 상태를 **바닥상태**
(ground state)라고 하고 E_n, $n \geq 2$인 상태를 **들뜬 상태**(excited state)라고 한다.

예제 4와 같이 특정한 n의 값에서만 해가 존재하는 문제를 **고유값 문제**(eigenvalue
problem)라고 한다(7.7절, 11.1절 참고). 유한한 높이를 갖는 포텐셜 우물 안의 입

자의 운동에 대해서는 연습문제를 참고하자.

미분방정식의 선형화

우리는 1장에서 미분방정식을 선형과 비선형으로 구분한다고 배웠다. 비선형 미분 방정식의 해를 구하는 일은 매우 어렵고, 대개의 경우 그 해를 알지 못하므로 물리 현상을 나타내는 미분방정식이 비선형인 경우 오차가 크지 않은 범위 안에서 이를 선형으로 바꾸어 해를 간단히 구하기도 한다. 이러한 과정을 **선형화**(linearization) 라 부른다. 선형화의 예를 보자.

예제 5   단진자

길이 l인 줄에 질량 m인 추가 매달려 단진자 운동(simple pendulum)을 할 때, 운동의 주기 T를 구하라. 단진자 운동을 발생시키기 위해 $t = 0$에서 θ_0만큼 회전시킨 후에 정지상태에서 놓았다. 즉 초기조건은 $\theta(0) = \theta_0$, $\left. \dfrac{d\theta}{dt} \right|_{t=0} = 0$이다.

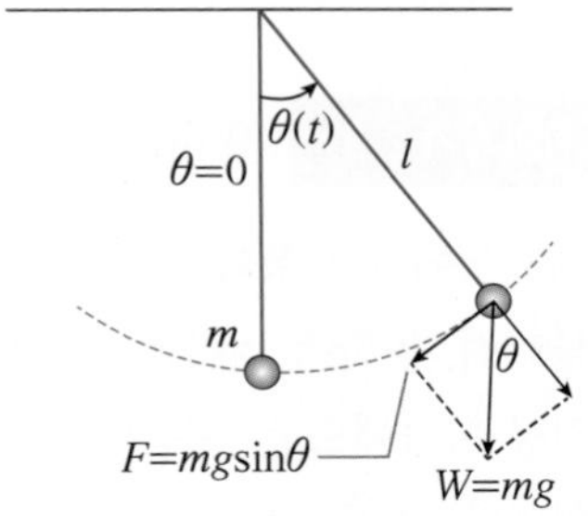

(풀이) 그림 2.3.2와 같이 추의 무게 $W = mg$를 줄에 평행한 방향과 줄에 수직한 방향으로 분해하면 줄에 평행한 방향의 힘 $mg\cos\theta$는 줄에 작용하는 장력과 비기고(따라서 줄의 연장선 방향으로는 추의 움직임이 없다), 줄에 수직한 방향의 힘 $mg\sin\theta$가 추의 접선방향 운동을 발생시킨다. 추의 가속도 a는 추가 움직이는 거리 $s(t) = l\theta(t)$를 시간으로 두 번 미분한 양이고, 줄의 길이 l은 시간에 관계없이 일정하므로

$$a = \frac{d^2(l\theta)}{dt^2} = l\frac{d^2\theta}{dt^2}$$

그림 2.3.2   단지자 운동

이다. 따라서 추에 대해 뉴턴 제2법칙 $F = ma$를 적용하면 단진자 운동방정식

$$-mg\sin\theta = ml\frac{d^2\theta}{dt^2}$$

을 얻는다. 여기서 (−) 부호를 붙인 이유는 힘의 방향이 θ가 증가하는 방향의 반대 방향으로 작용하기 때문이다. 양변을 ml로 나누고 $\omega^2 = g/l$로 놓으면 위 식은

$$\frac{d^2\theta}{dt^2} + \omega^2 \sin\theta = 0 \tag{a}$$

이 되는데, 이는 **비선형 미분방정식**이다. (왜? 종속변수가 θ인데 좌변 둘째 항이 θ의 1차가 아니고 $\sin\theta$이기 때문이다.) 하지만 각 θ가 크지 않을 때 $\sin\theta \approx \theta$로 근사할 수 있으며, 이때 (a)는

$$\frac{d^2\theta}{dt^2} + \omega^2 \theta = 0$$

과 같은 선형 미분방정식이 된다. 이는 예제 2의 (4)에 해당하므로 일반해는

$$\theta(t) = c_1\cos\omega t + c_2\sin\omega t$$

이다. 초기조건을 적용하면 $c_1 = \theta_0$, $c_2 = 0$이므로 특수해는

$$\theta(t) = \theta_0\cos\omega t$$

이다. 운동의 주기는 $\omega^2 = g/l$임을 이용하면

$$T = \frac{2\pi}{\omega} = 2\pi\sqrt{\frac{l}{g}} \tag{b}$$

로 질량 m과 무관하고 줄의 길이 l과 중력가속도 g에만 관계한다.

☞ 초기 조건 $\theta(0)$은 초기 각도, $\left.\dfrac{d\theta}{dt}\right|_{t=0}$ 은 초기 각속도를 나타낸다.

진자에는 단진자 외에도 여러 개의 질량이 여러 개의 줄로 연결되는 복진자, 질량이 원을 그리는 원뿔진자, 막대진자 등 다양한 형태가 있다.

쉬어가기 2.3   할머니댁 추시계

예제 5에서 선형화 과정을 거쳐 문제를 해결하는 예를 보았다. 우리는 항상 수학에서 공부한 내용이 어떤 물리적, 공학적 의미를 갖는지 이해해야 한다. 이러한 습관을 들이면 수학을 쉽고 재미있게 공부할 수 있고 전공 학습에도 큰 도움이 될 것이다. 인류는 처음에 해시계를 사용했지만 밤이나 실내에서는 시간을 알 수 없었다. 지동설을 주장했던 **갈릴레이**(Galileo Galilei, 1564-1642, 이탈리아)가 처음으로 "길이가 같은 진자는 질량에 관계없이 주기가 같다"는 **진자의 등시성**을 발견하였다. 바람이 심하게 부는 날 피사 성당의 천장에 매달려 있는 샹들리에가 흔들리는 것을 보고 진자의 등시성을 발견했다고 하는데, 시계가 없던 그 시절에 갈릴레이는 어떻게 등시성을 알았을까? 본인의 맥박이 규칙적으로 박동하는 점을 이용했다고 한다.

그림 2.3.3

진자의 발견 이후 태엽을 감아 단진자 운동을 지속적으로 발생시켜 시간을 표시하는 추시계를 사용했다.(요즘도 추시계가 있지만 모양만 추시계이지 사실은 전자시계이다.) 여름방학 때 공대 학생이 시골 할머니댁을 방문했는데 할머니께서 마루에 있는 오래된 추시계가 시간이 느리게 간다고 하셨다. 시계 안을 살펴보니 추 하단에 추의 길이를 조절하는 작은 나사가 있었다. 추의 길이를 늘여야 할까 아니면 줄여야 할까? 이러한 질문에 대한 답은 예제 5의 (b)에서 얻을 수 있다. 단진자 운동의 주기는 $\sqrt{l}$ 에 비례한다. 따라서 추의 길이를 줄여야 주기가 짧아져 시간이 빨리 갈 것이다. 할머님이 좋아하실 것 같다.

2.3 연습문제

1. 함수들이 구간 $(-\infty, \infty)$에서 선형독립임을 보여라.

(1) $y_1 = e^{m_1 x}$, $y_2 = xe^{m_1 x}$　　　　　(2) $y_1 = e^{\alpha x}\cos\beta x$, $y_2 = e^{\alpha x}\sin\beta x$, $\beta \neq 0$

2. 미분방정식을 풀어라(k, ω는 적절한 상수이다).

(1) $4y'' + 4y' - 3y = 0$　　　　(2) $2y'' - 9y' = 0$

(3) $y'' + 2ky' + k^2 y = 0$　　　　(4) $y'' + 2.2y' + 1.17y = 0$

(5) $\dfrac{d^2 x}{dt^2} + 4\dfrac{dx}{dt} + (4 + \omega^2)x = 0$, $\omega \neq 0$　　　(6) $y'' + 2ky' + (k^2 + k^{-2})y = 0$

(답) (1) $y = c_1 e^{x/2} + c_2 e^{-3x/2}$　　　(2) $y = c_1 + c_2 e^{9x/2}$　　　(3) $y = c_1 e^{-kx} + c_2 xe^{-kx}$

(4) $y = c_1 e^{-0.9x} + c_2 e^{-1.3x}$　　　(5) $x(t) = e^{-2t}[c_1\cos\omega t + c_2\sin\omega t]$

(6) $y = e^{-kx}\left(c_1\cos\dfrac{x}{k} + c_2\sin\dfrac{x}{k}\right)$

3. 초기값 문제를 풀어라.

(1) $y'' + 4y' + 4y = 0$, $y(0) = 1$, $y'(0) = 1$

(2) $4y'' + 16y' + 17y = 0$, $y(0) = -0.5$, $y'(0) = 1$

(답) (1) $y = e^{-2x} + 3xe^{-2x}$　　　(2) $y = -0.5e^{-2x}\cos(x/2)$

4. 경계값 문제를 풀어라.

(1) $y'' - y = 0$, $y(0) = 1$, $y(\infty) = 0$　　　(2) $y'' + y = 0$, $y'(0) = 0$, $y'(\pi/2) = 2$

(답) (1) $y = e^{-x}$　　　(2) $y = -2\cos x$

☞ 문제 (1)에서 미분방정식의 일반해는 $y = c_1 e^x + c_2 e^{-x}$ 또는 $y = c_1\cosh x + c_2\sinh x$이지만 정의역이 $0 \leq x < \infty$이므로 $y = c_1 e^x + c_2 e^{-x}$를 사용하는 것이 편리하다.

5. 그림 2.3.4와 같이 높이가 $U = U_0$(상수)로 일정한 포텐셜 우물의 안과 밖에서 전체 에너지 E는 U_0보다 작다고 가정한다. 이 경우 고전 역학적으로는 입자가 우물 밖에 존재할 확률은 0이다. 왜냐하면 우물 밖에서 입자는 음($-$)의 운동에너지를 가져야 하기 때문이다. 하지만 양자역학에서는 입자가 우물 밖에 존재할 수 있으며, 이를 터널효과(tunneling effect)라고 한다. 이러한 현상은 하이젠베르크(Werner Heisenberg, 1901~1976, 독일)의 불확정성원리(uncertainty principle)에 의해 에너지의 불확정성도 허용되므로 에너지 보존법칙에 위배되지 않는다. 영역 II에서 파동함수는 식 (2.3.15)와 같다. 영역 I 과 영역 III의 파동함수 ψ_I과 ψ_{III}를 구하여 우물 밖에서도 입자가 존재

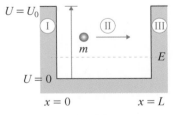

그림 2.3.4　유한한 포텐셜 우물

함을 확인하라.

(답) $\psi_1 = c_1 e^{\omega x}$, $\psi_{III} = c_2 e^{-\omega x}$, 여기서 $\omega^2 = \dfrac{2m(U_0 - E)}{\hbar^2} > 0$

6. 단진자 운동에서 추의 질량 m, 줄의 길이 l, 초기변위 θ_0, 중력가속도 g 중에서 주기에 영향을 미치는 요인은 무엇일까? 질량을 바꾸면 주기가 달라질까? 또 단진자 운동을 이용하는 추시계를 달에 가져간다면 시간이 빨리 갈까 아니면 느리게 갈까?

(답) l, g만 주기에 영향을 미친다. 질량 m, 초기변위 θ_0는 주기에 영향을 미치지 않는다. 달에서는 시간이 느리게 간다.

2.4 코시-오일러 미분방정식

일반적으로 변수계수를 갖는 미분방정식의 해는 4장에서 소개하는 무한급수를 이용하여 구하지만, 변수계수 미분방정식이라도 특별한 경우에는 무한급수 해법을 사용하지 않고 해를 구할 수 있다. 여기서는 변수계수 미분방정식 중 코시-오일러 방정식이라 불리는 미분방정식의 해법을 소개한다.

상수 a, b, c에 대해 $x > 0$에서 정의되는 변수계수 2계 미분방정식

$$ax^2 y'' + bxy' + cy = 0 \tag{2.4.1}$$

을 **코시-오일러 미분방정식**(Agustin Cauchy, 1789–1857, 프랑스; Leonhard Euler, 1707–1783, 스위스)이라 한다. 식 (2.4.1)에서 y'', y', y의 계수에 포함된 x의 차수가 각각 x^2, x, 상수임에 유의하자. 해를 $y = x^m$이라 가정하면

$$y' = mx^{m-1}, \qquad y'' = m(m-1)x^{m-2}$$

이므로 식 (2.4.1)은

$$ax^2 y'' + bxy' + cy = ax^2 m(m-1)x^{m-2} + bxmx^{m-1} + cx^m$$
$$= x^m[am(m-1) + bm + c] = 0$$

으로 각 항의 차수가 같아지므로 식 (2.4.1)을 **동차 방정식**(equi-dimensional equation)이라고도 부른다. 마지막 식에서 $x \neq 0$이므로

$$am(m-1) + bm + c = 0 \qquad (2.4.2)$$

을 얻는데, 이는 식 (2.4.1)의 **특성방정식**이다. 2.3절에서와 같이 식 (2.4.2)는 m에 대한 2차 방정식으로 세 가지 형태의 근이 존재한다.

(i) 서로 다른 두 실근 m_1, m_2를 갖는 경우

식 (2.4.1)의 해를 $y = x^m$으로 가정했으므로 하나의 해는 $y_1 = x^{m_1}$이고 다른 해는 $y_2 = x^{m_2}$이다. 2.1절 예제 3에서 $m_1 \neq m_2$일 때 x^{m_1}과 x^{m_2}는 $x > 0$에서 선형독립임을 보였으므로 일반해는

$$y = c_1 x^{m_1} + c_2 x^{m_2} \qquad (2.4.3)$$

이다.

(ii) 중근 m_1을 갖는 경우

하나의 해는 $y_1 = x^{m_1}$이고 다른 해는 식 (2.2.3)을 이용하여 구한다. 즉

$$y_2 = y_1 \int \frac{e^{-\int p dx}}{y_1^2} dx = x^{m_1} \int \frac{e^{-\int \frac{b}{ax} dx}}{x^{2m_1}} dx = x^{m_1} \int \frac{e^{-\frac{b}{a}\ln x}}{x^{2m_1}} dx$$

이고, 식 (2.4.2)의 중근이 $m_1 = \dfrac{a-b}{2a}$이므로 $-\dfrac{b}{a} = 2m_1 - 1$에서

$$y_2 = x^{m_1} \int \frac{e^{(2m_1-1)\ln x}}{x^{2m_1}} dx = x^{m_1} \int \frac{e^{\ln x^{2m_1-1}}}{x^{2m_1}} dx : e^{\ln x} = x$$
$$= x^{m_1} \int \frac{x^{2m_1-1}}{x^{2m_1}} dx = x^{m_1} \int \frac{1}{x} dx = x^{m_1}\ln x$$

이다. 식 (2.2.4)에 의해 y_1과 y_2는 선형독립이므로 일반해는

$$y = c_1 x^{m_1} + c_2 x^{m_1}\ln x \qquad (2.4.4)$$

이다.

(iii) 허근 $m = \alpha \pm i\beta \ (\beta \neq 0)$를 갖는 경우

2개의 허근을 이용하면 일반해는

$$y = c_1^* x^{(\alpha+i\beta)} + c_2^* x^{(\alpha-i\beta)} = x^\alpha \left(c_1^* x^{i\beta} + c_2^* x^{-i\beta} \right) \qquad (2.4.5)$$

이다. 실수형 공식을 유도하기 위해 $x = e^{\ln x}$와 오일러 공식을 이용하면 식 (2.4.5)는

$$y = x^\alpha \left[c_1^* e^{\ln x^{i\beta}} + c_2^* e^{\ln x^{-i\beta}} \right] = x^\alpha \left[c_1^* e^{i\beta \ln x} + c_2^* e^{-i\beta \ln x} \right]$$
$$= x^\alpha \left\{ c_1^* \left[\cos(\beta \ln x) + i \sin(\beta \ln x) \right] + c_2^* \left[\cos(\beta \ln x) - i \sin(\beta \ln x) \right] \right\}$$
$$= x^\alpha \left[(c_1^* + c_2^*) \cos(\beta \ln x) + i(c_1^* - c_2^*) \sin(\beta \ln x) \right]$$

가 되고, $c_1^* + c_2^* = c_1$ 과 $i(c_1^* - c_2^*) = c_2$ 라 하면

$$y = x^\alpha \left[c_1 \cos(\beta \ln x) + c_2 \sin(\beta \ln x) \right] \tag{2.4.6}$$

가 된다. 공식을 정리하면 표 2.4.1과 같다.

표 2.4.1 코시-오일러 미분방정식 해의 종류

특성방정식 $am(m-1) + bm + c = 0$의 근	미분방정식 $ax^2 y'' + bxy' + cy = 0$의 일반해
(1) 서로 다른 두 실근: m_1, m_2	$y = c_1 x^{m_1} + c_2 x^{m_2}$
(2) 중근: m_1	$y = c_1 x^{m_1} + c_2 x^{m_1} \ln x$
(3) 허근: $m = \alpha \pm i\beta$	$y = x^\alpha \left[c_1 \cos(\beta \ln x) + c_2 \sin(\beta \ln x) \right]$

☞ 표 2.3.1의 공식에서 x 대신 $\ln x$를 사용하면 표 2.4.1의 공식과 같아짐을 확인해 보라.

예제 1

다음 미분방정식을 풀어라.

(1) $x^2 y'' - 2xy' - 4y = 0$ 　　　　(2) $x^2 y'' - 3xy' + 4y = 0$ 　　　　(3) $x^2 y'' + 7xy' + 13y = 0$

(**풀이**) (1) $m(m-1) - 2m - 4 = (m+1)(m-4) = 0$,　$m = -1, 4$ 　　$\therefore y = c_1 x^{-1} + c_2 x^4$

(2) $m(m-1) - 3m + 4 = (m-2)^2 = 0$,　$m = 2$(중근) 　　$\therefore y = c_1 x^2 + c_2 x^2 \ln x$

(3) $m(m-1) + 7m + 13 = 0$,　$m = -3 \pm 2i$ 　　$\therefore y = x^{-3} [c_1 \cos(2\ln x) + c_2 \sin(2\ln x)]$

예제 2

다음 미분방정식을 풀어라.

(1) $x^2 y'' + xy' - k^2 y = 0,\ k \neq 0$ 　　　　(2) $x^2 y'' + xy' = 0$

(**풀이**) (1) $m(m-1) + m - k^2 = (m+k)(m-k) = 0$,　$m = \pm k$ 　　$\therefore y = c_1 x^k + c_2 x^{-k}$

(2) $m(m-1) + m = m^2 = 0$,　$m = 0$(중근) 　　$\therefore y = c_1 + c_2 \ln x$

예제 3

미분방정식 $\dfrac{1}{4}(2x - 1)^2 \dfrac{d^2 y}{dx^2} - (2x - 1)\dfrac{dy}{dx} - 4y = 0$의 해를 구하라.

(풀이) $t = 2x - 1$로 놓으면 $\dfrac{dt}{dx} = 2$이므로 미분의 연쇄율에 의해

$$\frac{dy}{dx} = \frac{dy}{dt}\frac{dt}{dx} = 2\frac{dy}{dt}, \qquad \frac{d^2 y}{dx^2} = \frac{d}{dx}\left(\frac{dy}{dx}\right) = \frac{d}{dt}\left(2\frac{dy}{dt}\right)\frac{dt}{dx} = 4\frac{d^2 y}{dt^2}$$

이므로, 주어진 미분방정식은 코시–오일러 방정식

$$t^2 \frac{d^2 y}{dt^2} - 2t\frac{dy}{dt} - 4y = 0$$

이 된다. 특성방정식 $m(m - 1) - 2m - 4 = (m - 4)(m + 1) = 0$의 근이 $m = 4, -1$이므로 해는

$$y = c_1 t^4 + c_2 t^{-1} = c_1(2x - 1)^4 + c_2(2x - 1)^{-1}.$$

코시–오일러 미분방정식으로 기술되는 경계값 문제를 다루어보자.

먼저 질문 하나 하겠다. 아이스 커피가 담겨진 머그컵이 있다. 더운 여름날 따뜻한 공기와 접한 컵의 바깥면은 온도가 20℃, 차가운 커피와 접한 컵의 안쪽면은 0℃라고 가정하자. 머그컵의 가장자리를 이루는 두 면의 중간지점에서 온도는 10℃보다 높을까 아니면 낮을까?

예제 4의 문제 (1)은 문제 (2)를 이해하기 위한 사전 단계이다.

그림 2.4.1 머그컵의 온도

예제 4

열원(heat source)을 포함하지 않는 매질에서 온도 T는 라플라스 방정식 $\nabla^2 T = 0$을 만족한다(9.6절, 11.5절 참고).

(1) 열원을 포함하지 않는 두 평면 사이(slab이라 부른다)에서 온도 $T(x)$가 x만의 함수이고 $T(1) = 0$, $T(2) = 20$일 때 $x = 1.5$에서 온도를 구하라. xyz–좌표계에서 라플라스 방정식은

$$\nabla^2 T = \frac{\partial^2 T}{\partial x^2} + \frac{\partial^2 T}{\partial y^2} + \frac{\partial^2 T}{\partial z^2} = 0 \qquad \text{(a)}$$

이다.

그림 2.4.2 평면 영역(slab)

(2) 열원을 포함하지 않는 2개의 동심 원기둥(concentric cylinders) 사이에서 온도 $T(r)$이 원기둥 반지름 r만의 함수이고 $T(1) = 0$, $T(2) = 20$일 때 $r = 1.5$에서 온도를 구하라. $r\theta z-$원기둥좌표계(9.1절)에서 라플라스 방정식은

$$\nabla^2 T = \frac{\partial^2 T}{\partial r^2} + \frac{1}{r}\frac{\partial T}{\partial r} + \frac{1}{r^2}\frac{\partial^2 T}{\partial \theta^2} + \frac{\partial^2 T}{\partial z^2} = 0 \qquad (b)$$

이다.

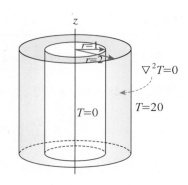

그림 2.4.3   원기둥 영역

(풀이) (1) T가 x만의 함수이므로 1차원 문제이며, 편미분방정식인 (a)의 라플라스 방정식은 상미분방정식

$$\frac{d^2 T}{dx^2} = 0 \qquad (c)$$

이 된다. (c)의 해는 특성방정식 $m^2 = 0$, $m = 0$(중근)으로부터 $T(x) = c_1 + c_2 x$이다. (특성방정식을 이용하지 않아도 해를 쉽게 추측할 수 있을 것이다.) 여기에 주어진 경계조건 $T(1) = 0$, $T(2) = 20$을 적용하면 $c_1 = -20$, $c_2 = 20$이므로

$$T(x) = 20(x - 1) \qquad (d)$$

이다. 따라서 $x = 1.5$에서 온도는

$$T(1.5) = 20(1.5 - 1) = 10℃.$$

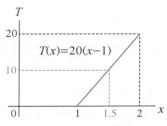

그림 2.4.4   평면 내부의 온도

(2) T가 r만의 함수이므로 (b)의 라플라스 방정식은 상미분방정식

$$\frac{d^2 T}{dr^2} + \frac{1}{r}\frac{dT}{dr} = 0 \qquad (e)$$

이 된다. (e)는 코시−오일러 방정식이고(양변에 r^2을 곱해보자), 특성방정식 $m(m-1) + m = m^2 = 0$, $m = 0$(중근)으로부터 $T(r) = c_1 + c_2 \ln r$이다. 여기에 주어진 경계조건 $T(1) = 0$, $T(2) = 20$을 적용하면 $c_1 = 0$, $c_2 = 20/\ln 2$이므로

$$T(r) = \frac{20}{\ln 2}\ln r \qquad (f)$$

이다. 따라서 $r = 1.5$에서 온도는

$$T(1.5) = \frac{20}{\ln 2}\ln(1.5) = 11.7°C.$$

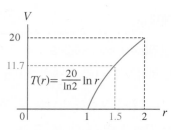

그림 2.4.5   원기둥 면 내부의 온도

☞ 원기둥좌표계에서 라플라스 방정식을 (b) 대신에

$$\nabla^2 T = \frac{1}{r}\frac{\partial}{\partial r}\left(r\frac{\partial T}{\partial r}\right) + \frac{1}{r^2}\frac{\partial^2 T}{\partial \theta^2} + \frac{\partial^2 T}{\partial z^2} = 0 \tag{b'}$$

으로 나타내는 경우도 있다. (b′)의 우변 첫째 항의 미분을 수행하면

$$\frac{1}{r}\frac{\partial}{\partial r}\left(r\frac{\partial T}{\partial r}\right) = \frac{1}{r}\left(\frac{\partial T}{\partial r} + r\frac{\partial^2 T}{\partial r^2}\right) = \frac{\partial^2 T}{\partial r^2} + \frac{1}{r}\frac{\partial T}{\partial r}$$

이므로 (b)와 (b′)는 같은 식이다. 예제 4의 문제 (2)에서 (b′)을 사용하면

$$\frac{1}{r}\frac{d}{dr}\left(r\frac{dT}{dr}\right) = 0 \quad \text{또는} \quad \frac{d}{dr}\left(r\frac{dT}{dr}\right) = 0$$

을 풀어야 한다. 따라서 두 번의 적분을 이용하면 $r\frac{dT}{dr} = c_1$, $\frac{dT}{dr} = \frac{c_1}{r}$ 에서 $T = c_1\ln r + c_2$가 되어 문제 (2)의 풀이와 같아진다.

예제 4의 (1)에서 마주 보는 평면의 중간지점인 $x = 1.5$에서의 온도가 양쪽 경계 온도 차이의 정확히 1/2인 10℃인데 반하여 (2)에서는 $r = 1.5$에서의 온도가 11.7℃로 10℃보다 더 크게 나왔다. 이유는 평면에서는 그림 2.4.6과 같이 내부 온도에 영향을 미치는 좌우 경계의 길이(면적)가 같은 반면에 원기둥 면에서는 바깥쪽, 즉 온도가 20℃인 경계의 길이가 더 길므로 바깥쪽 영향이 더 크게 작용하기 때문이다. 따라서 앞에서 미리 질문했던 아이스 커피를 담은 머크컵 가장자리의 중심 온도는 10℃보다 커야 한다.

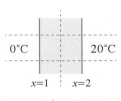

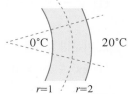

그림 2.4.6 경계조건의 영향

예제 4의 문제 (1)을 좀 더 현실적으로 생각해 보자. 두께가 1인 무한히 넓은 평면이 있다. 판의 두께 방향을 x축 방향이라 할 때 $x = 0$인 면 전체가 온도 0℃로 유지되고, $x = 1$인 면 전체는 20℃로 유지되는 상황이다. 따라서 평면 내부의 온도 T는 판에 평행한 다른 두 방향인 y 또는 z에는 의존하지 않고 판의 두께 x만 의존할 것이다. 이러한 이유 때문에 문제 (1)에서 T를 x만의 함수인 $T(x)$로 간주한 것이다. 또한 예제 4에서 알 수 있듯이 문제 (1)과 (2)는 동일한 방정식 $\nabla^2 T = 0$과 동일한 경계조건 $T(1) = 0$, $T(2) = 20$이 주어졌지만 물체의 기하학적 형태가 다르기 때문에 결과적으로 온도 T의 형태가 달라진다. 평면에서는 1차 함수, 원기둥 면에서는 로그함수임에 주목하자. 매질이 구형인 경우에는 연습문제를 참고하라. 물체의 형태가 예제 4와 동일하더라도 경계조건이 달라지면 2차원 또는 3차원 문제가 되어 편미분방정식을 풀어야 한다. 예를 들어 문제 (2)의 원기둥 안쪽 면에서 경계조건이 회전각 θ에 따라 다르게 주어진다면 T는 r과 θ의 함수인 $T(r, \theta)$가 될 것이며, 이때는 2차원 문제가 되므로 편미분방정식

$$\nabla^2 T = \frac{\partial^2 T}{\partial r^2} + \frac{1}{r}\frac{\partial T}{\partial r} + \frac{1}{r^2}\frac{\partial^2 T}{\partial \theta^2} = 0$$

을 풀어야 한다. 물론 원기둥의 높이 z에 대해 값이 변하는 경계조건이 추가로 주어지면 3차원 문제가 되어

$$\nabla^2 T = \frac{\partial^2 T}{\partial r^2} + \frac{1}{r}\frac{\partial T}{\partial r} + \frac{1}{r^2}\frac{\partial^2 T}{\partial \theta^2} + \frac{\partial^2 T}{\partial z^2} = 0$$

을 풀어야 한다. 문제의 차원은 대상 물체의 형태로 결정되는 것이 아니고 물체에 영향을 미치는 독립변수의 수와 경계조건으로 결정됨을 기억하기 바란다. 1.6절에서 소개한 뉴턴의 냉각법칙 등은 **점모델**(point model)로서 0차원 계산에 해당한다. 이는 공학 문제를 접근하는 데 매우 중요한 개념이다. 예제 4에서는 경계 L에서 온도값이 주어지는 $T(L) = T_L$과 같은 경계조건이 주어졌는데 때로는 $\left.\dfrac{dT}{dx}\right|_{x=L} = 0$ 과 같이 온도의 미분값이 0으로 주어질 수도 있다. 이것은 경계 $x = L$에서 **단열**(insulated) 되었다는 의미이다. 온도의 기울기가 0이면 열이 전도되지 않기 때문이다(8.3절, 11.3절 참고).

■ 2.4 연습문제

1. 함수들이 구간 $(0, \infty)$에서 선형독립임을 보여라.

(1) $y_1 = x^{m_1}, y_2 = x^{m_1}\ln x$　　　　　(2) $y_1 = x^\alpha \cos(\beta \ln x), y_2 = x^\alpha \sin(\beta \ln x), \beta \neq 0$

2. 미분방정식을 풀어라. $(x > 0)$

(1) $xy'' + 2y' = 0$　　　(2) $10x^2 y'' + 46xy' + 32.4y = 0$　　　(3) $x^2 y'' - xy' + 2y = 0$

(답) (1) $y = c_1 + c_2 x^{-1}$　　　(2) $y = c_1 x^{-1.8} + c_2 x^{-1.8}\ln x$　　　(3) $y = x[c_1\cos(\ln x) + c_2\sin(\ln x)]$

3. 초기값 문제의 해를 구하라. $(x > 0)$

(1) $x^2 y'' - 2xy' + 2y = 0, y(1) = 1.5, y'(1) = 1$

(2) $4x^2 y'' + 24xy' + 25y = 0, y(1) = 2, y'(1) = -6$

(3) $x^2 y'' + xy' + 9y = 0, y(1) = 2, y'(1) = 0$

(답) (1) $y = 2x - \dfrac{1}{2}x^2$　　　(2) $y = 2x^{-5/2} - x^{-5/2}\ln x$　　　(3) $y = 2\cos(3\ln x)$

4. 코시–오일러 미분방정식 $x^2 \dfrac{d^2 y}{dx^2} - x\dfrac{dy}{dx} + y = 0$을 $x = e^t$로 치환하여 t에 관한 미분방정식으로 바꾸어 해를 구하라.

(답) $y = c_1 x + c_2 x\ln x$

5. 예제 4에서 열원이 없는 매질의 온도 문제를 다루었는데 이는 전하가 없는 매질의 **전위**(electric potential) 문제와 동일한 문제이다. 전하를 포함하지 않는 2개의 동심구(concentric spheres) 사이에서 전위 V가 구의 반지름 ρ만의 함수일 때 $\rho = 1.5$에서 전위를 구하라. 전위분포는 어떤 함수로 나타나는가? $\rho\theta\phi$–구좌표계(9.1절)에

서 라플라스 방정식은

$$\nabla^2 V = \frac{\partial^2 V}{\partial \rho^2} + \frac{2}{\rho}\frac{\partial V}{\partial \rho} + \frac{1}{\rho^2 \sin^2\phi}\frac{\partial^2 V}{\partial \theta^2} + \frac{1}{\rho^2}\frac{\partial^2 V}{\partial \phi^2} + \frac{\cot\phi}{\rho^2}\frac{\partial V}{\partial \phi} = 0 \qquad \text{(a)}$$

또는

$$\nabla^2 V = \frac{1}{\rho^2}\frac{\partial}{\partial \rho}\left(\rho^2 \frac{\partial V}{\partial \rho}\right) + \frac{1}{\rho^2 \sin^2\phi}\frac{\partial^2 V}{\partial \theta^2} + \frac{1}{\rho^2 \sin\phi}\frac{\partial}{\partial \phi}\left(\sin\phi \frac{\partial V}{\partial \phi}\right) = 0 \qquad \text{(b)}$$

이다. (a)와 (b)가 동일함을 보이고 두 식을 이용하는 두 가지 다른 방법으로 계산하라.

(답) 13.3 V, 분수함수

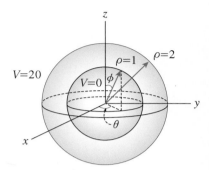

그림 2.4.7 구 영역

쉬어가기 2.4   1차원 수박, 다차원 수박?

냉장고에 오래 보관하여 겉과 속의 온도가 모두 일정하게 차가운 수박을 냉장고 밖으로 꺼냈다. 수박은 완전한 구형이라고 가정한다. 꺼낸 수박을 온도가 일정한 공기 중에 놓으면 수박의 바깥쪽부터 온도가 서서히 올라가게 되고, 수박 중심에서의 거리만 같으면 온도도 같을 것이다. 즉 수박의 온도는 반지름 ρ만의 함수이다. 이번에는 수박을 아래쪽 반만 차가운 물속에 넣는 경우를 생각하자. 수박의 위쪽은 더운 공기와 닿아 빨리 더워지는 반면에 차가운 물속에 잠긴 아래쪽은 서서히 더워질 것이다. 이 경우 수박의 반지름 ρ가 같더라도 물에 잠긴 부위냐 아니면 공기와 접한 부위냐에 따라 온도가 달라진다. 즉 수박의 온도가 ρ뿐 아니라 각 ϕ의 함수가 되어 2차원 문제가 된다. 더 나아가 물에 잠긴 수박의 한쪽 면에 선풍기를 틀어 식힌다면 수박의 온도는 ρ, θ, ϕ의 함수가 될 것이다. 실제로 수박은 3차원 물체이다. 하지만 주변 상황(경계조건)에 따라 수박의 온도를 1차원, 2차원 또는 3차원으로 각기 다르게 해석할 수 있는 것이다. ρ, θ, ϕ를 사용하는 구좌표계는 그림 9.1.30을 참고하자.

공학에서는 이러한 경우가 자주 발생한다. 어떤 문제의 특성을 파악하고자 할 때 목적에 따라 차원을 결정한다. 예를 들어 원형 관을 통과하는 유체에 대해 관의 진행 방향에 대한 유체의 속도 변화만을 알고자 하면 1차원으로 해석하고, 관의 단면 방향에 대한 속도 변화를 알고자 한다면 2차원으로, 두 가지를 모두 알고자하면 3차원으로 해석해야 한다.

그림 2.4.8   1차원 수박과 2차원 수박

2.5   상수계수 비제차 미분방정식: 미정계수법

2.3절과 2.4절에서 2계 선형 제차 미분방정식의 풀이에 대해 공부하였다. 이 절에서는 2계 선형 비제차 미분방정식의 해법에 대해 공부한다. 1계 선형 비제차 미분방정식에 대해서는 1.4절에서 공부하였다.

2.3절 식 (2.3.1)에 해당하는 **상수계수 2계 비제차 선형 미분방정식**은 $g(x) \neq 0$일 때

$$ay'' + by' + cy = g(x) \qquad\qquad (2.5.1)$$

이다. 2.1절의 설명에 의하면 식 (2.5.1)의 일반해는 식 (2.5.1)에 대응하는 제차 미분방정식

$$ay'' + by' + cy = 0 \qquad\qquad (2.5.2)$$

의 일반해인 제차해 $y_h = c_1 y_1 + c_2 y_2$와 식 (2.5.1)의 특수해 y_p의 합

$$y = y_h + y_p = c_1 y_1 + c_2 y_2 + y_p$$

이다. 제차해 y_h를 구하는 방법은 2.3절에서 이미 소개했으므로 이 절에서는 특수해 y_p를 구하는 방법을 소개한다. 먼저 다음 예제를 보자.

예제 1

비제차 미분방정식 $y'' - y = x - 1$의 일반해를 구하라.

(풀이) 주어진 비제차 방정식에 해당하는 제차 방정식은 $y'' - y = 0$이다. 특성방정식

$$m^2 - 1 = (m - 1)(m + 1) = 0, \quad m = \pm 1$$

에 의해 제차해는

$$y_h = c_1 e^x + c_2 e^{-x}$$

이다. 특수해를 $y_p = Ax + B$로 가정하면 $y_p' = A$, $y_p'' = 0$이므로

$$y_p'' - y_p = 0 - Ax - B = x - 1$$

에서 $A = -1$, $B = 1$을 얻는다. 따라서 $y_p = -x + 1$이고, 일반해는

$$y = y_h + y_p = c_1 e^x + c_2 e^{-x} - x + 1$$

이다.

☞ 특수해를 $y_p = Ax + B$로 가정하는 이유를 생각해보자.

표 2.5.1 비제차항에 따라 가정되는 특수해의 형태

$g(x)$	y_p
1. 3 (임의의 상수)	A
2. $2x + 3$	$Ax + B$
3. $2x^2$	$Ax^2 + Bx + C$
4. e^{3x}	Ae^{3x}
5. $\sin 2x$	$A\cos 2x + B\sin 2x$
6. $\cos 2x$	$A\cos 2x + B\sin 2x$
7. $\sinh 2x$	$A\cosh 2x + B\sinh 2x$
8. $\cosh 2x$	$A\cosh 2x + B\sinh 2x$
9. $x^2 e^{3x}$	$(Ax^2 + Bx + C)e^{3x}$
10. $3x^2\sin 2x$	$(Ax^2 + Bx + C)(\cos 2x + \sin 2x)$
11. $e^{3x}\cosh 2x$	$e^{3x}(A\cosh 2x + B\sinh 2x)$

예제 1에서 시도한 것과 같이 특수해를 구하기 위해 주어진 미분방정식의 우변에 위치한 비제차항 $g(x)$의 형태에 따라 미정계수를 포함하는 적절한 특수해를 가정하고 이를 미분방정식에 대입하여 계수의 값을 결정하는데, 이러한 방법을 **미정계수법**(method of undetermined coefficients)이라 한다. **미정계수법은 상수계수 미분방정식에만 적용할 수 있는 제한적인 방법이다.** 비제차항 $g(x)$에 따라 가정되는 특수해 y_p의 예를 표 2.5.1에 나타내었다. 유의해야 할 점은 표 2.5.1의 3과 같이 비제차항이 x의 1차 항이나 상수항을 포함하지 않는 2차 함수라도 가정되는 특수해는 1차 항과 상수항을 포함한다는 것이다. 왜냐하면 가정된 특수해의 2차 항은 식 (2.5.1)의 좌변의 미분항 y'', y'에 의해 1차 항과 상수항을 추가적으로 발생시키기 때문이다. 마찬가지로 표 2.5.1의 5와 같이 비제차항은 사인함수만 포함하지만 가정되는 특수해는 좌변의 미분항에 의해 사인함수 외에 코사인함수도 발생시킨다. 만약 사인함수만을 사용하여 특수해를 가정하게 되면 식 (2.5.1)의 우변의 1계 도함수 y' 항에 의해 코사인함수가 나타나는데, 가정된 특수해에는 이와 비교할 코사인 항이 없으므로 특수해를 구할 수 없다.

미정계수법은 1계 미분방정식의 특수해를 구하는 경우에도 사용할 수 있다. 1.4절의 예제 2를 다시 풀어보자.

예제 2

$\dfrac{dy}{dx} - y = e^{2x}$ 의 해를 구하라.

(풀이) 주어진 비제차 방정식에 해당하는 제차 방정식은 $\dfrac{dy}{dx} - y = 0$ 이므로 변수분리에 의해

$$\int \frac{dy}{y} = \int dx, \qquad \ln|y| = x + c_1, \qquad |y| = e^{x+c_1} = c_2 e^x \; (c_2 = e^{c_1} > 0)$$

로부터 $y_h = ce^x$ 이다. 우변 비제차 항이 e^{2x} 이므로 특수해를 $y_p = Ae^{2x}$ 로 가정하면 $y_p{}' = 2Ae^{2x}$ 에서

$$y_p{}' - y_p = 2Ae^{2x} - Ae^{2x} = Ae^{2x} = e^{2x}$$

에서 $A = 1$, 따라서 $y_p = e^{2x}$. 즉 일반해는

$$y = y_h + y_p = ce^x + e^{2x}$$

가 되어 1.4절 예제 2의 결과와 같다.

예제 3

$y'' - y' + y = 2\sin3x$의 특수해를 구하라.

(풀이) $y_p = A\cos3x + B\sin3x$로 가정하면

$$y_p{}' = -3A\sin3x + 3B\cos3x, \quad y_p{}'' = -9A\cos3x - 9B\sin3x$$

$$y_p{}'' - y_p{}' + y_p = (-9A\cos3x - 9B\sin3x) - (-3A\sin3x + 3B\cos3x) + (A\cos3x + B\sin3x)$$

$$= (-8A - 3B)\cos3x + (3A - 8B)\sin3x = 2\sin3x$$

$$-8A - 3B = 0, \quad 3A - 8B = 2 \longrightarrow A = 6/73, \; B = -16/73$$

$$\therefore \; y_p = \frac{6}{73}\cos3x - \frac{16}{73}\sin3x .$$

☞ 예제 3에서 $y_p = A\sin3x$로 가정하여 풀이를 시도해 보자. 특수해를 구할 수 없을 것이다.

예제 4

가장 간단한 형태의 특수해를 가정하여 $y'' - y = \sin x$의 특수해를 구하라.

(풀이) 표 2.5.1에 의하면 비제차항 $\sin x$에 대해 가정되는 특수해는 $y_p = A\sin x + B\cos x$이다. 하지만 주어진 미분방정식에는 1계 도함수 y' 항이 없으므로 $y_p = A\sin x$로 가정해도 무방하다. 즉

$$y_p{}'' - y_p = -A\sin x - A\sin x = -2A\sin x = \sin x$$

에서 $A = -1/2$이므로

$$y_p = -\frac{1}{2}\sin x .$$

예제 5

$y'' - 5y' + 4y = 8e^x$의 특수해를 구하라.

(풀이) 우변의 비제차항이 $8e^x$이므로 $y_p = Ae^x$로 가정하고 주어진 미분방정식에 대입하면

$$y_p'' - 5y_p' + 4y_p = Ae^x - 5Ae^x + 4Ae^x = 0$$

이 되어 비제차항 $8e^x$가 될 수 없다. 무엇이 잘못되었을까? 주어진 미분방정식에 대응하는 제차 미분방정식과 제차해는 각각 $y'' - 5y' + 4y = 0$, $y_h = c_1e^x + c_2e^{4x}$인데, 가정한 특수해 $y_p = Ae^x$는 이미 제차해에 포함되어 있으므로 미분방정식에 대입했을 때 우변이 0이 된 것이다. 이번에는 특수해를 $y_p = Axe^x$로 가정하자. $y_p' = A(x + 1)e^x$, $y_p'' = A(x + 2)e^x$임을 이용하면

$$y_p'' - 5y_p' + 4y_p = A(x + 2)e^x - 5A(x + 1)e^x + 4Axe^x = -3Ae^x = 8e^x$$

에서 $A = -8/3$이므로 구하는 특수해는 $y_p = -\dfrac{8}{3}xe^x$이다.

예제 5에서와 같이 상수계수 비제차 미분방정식에 대해 가정한 특수해가 이미 제차해에 포함된 경우에는 특수해의 형태가 제차해에 포함되지 않을 때까지 x를 곱해야 한다.

예제 6

$y'' - 2y' + y = e^x$의 특수해를 구하라.

(풀이) 주어진 미분방정식의 제차해는

$$y_h = c_1e^x + c_2xe^x$$

이다. 특수해 $y_p = Ae^x$나 $y_p = Axe^x$는 이미 제차해에 포함되어 있으므로 $y_p = Ax^2e^x$로 가정한다.

$$y_p' = A(x^2 + 2x)e^x, \quad y_p'' = A(x^2 + 4x + 2)e^x$$

이므로

$$y_p'' - 2y_p' + y_p = \cdots = 2Ae^x = e^x$$

에서 $A = 1/2$이고, 따라서

$$y_p = \frac{1}{2}x^2e^x.$$

비제차 미분방정식의 제차화

상수계수 비제차 미분방정식의 특수해를 미정계수법으로 구할 때 가정한 특수해가 제차해에 포함되면 지속적으로 x를 곱하여 중복을 피하는 이유에 대해 알아보자. 설명을 간단히 하기 위해 기호 $D = d/dx$를 사용하겠다.

미분방정식 $y' = 1$, 즉 $Dy = 1$의 일반해는 c가 임의의 상수일 때 $y = x + c$이다. 이는 1장의 변수분리법 또는 간단히 추측에 의해서도 구할 수 있다. 같은 해를 미정계수법으로 구해보자. $Dy = 1$은 비제차 미분방정식이므로 일반해는 제차해와 특수해의 합이다. 제차해는 $Dy = 0$의 해인 $y_h = c$이다. 우변의 비제차항이 상수 1이고 이는 제차해와 중복이므로 본문에서 설명한대로 특수해를 상수 A에 x를 곱한 $y_p = Ax$로 가정한다. 이를 $Dy = 1$에 대입하면 $A = 1$이므로 $y_p = x$이다. 따라서 일반해는 $y = y_h + y_p = c + x$이고, 이는 위에서 변수분리법 또는 추측으로 구한 해와 같다. 이제 $Dy = 1$의 우변 비제차항은 1인데 특수해를 상수 A가 아닌 Ax로 가정한 이유를 알아보자.

먼저 1계 비제차 미분방정식 $Dy = 1$을 제차 미분방정식으로 바꾸겠다. 이를 **제차화**(homogenization)라고 한다. 우변의 1을 0으로 만들기 위해 양변을 미분하면 $D(Dy) = D(1)$, 즉 $D^2y = 0$이고 이는 2계 제차 미분방정식 $d^2y/dx^2 = 0$을 의미한다. 이처럼 비제차 미분방정식을 제차화하면 미분방정식의 계(order)가 증가한다. 특성방정식 $m^2 = 0$에서 $m = 0$(중근)이므로 일반해는 $y = c_1e^{0x} + c_2xe^{0x} = c_1 + c_2x$이다. 이를 앞에서 구한 해 $y = c + x$와 비교하면 상수 c_1이 $Dy = 1$의 제차해이므로 c_2x가 특수해가 되어야 한다. 즉 상수 c_2에 x를 곱한 형태가 특수해인 것이다. 다시 말하면 비제차 미분방정식 우변의 비제차항의 형태를 보고 가정한 특수해가 제차해와 중복된다는 것은 제차화한 미분방정식의 특성방정식이 중근인 경우이므로 이와 일차 독립인 다른 해는 여기에 x를 곱하는 것이다. 위에서 우리는 $Dy = 1$ 대신에 $D^2y = 0$을 풀어 $y = c_1 + c_2x$를 구했으므로 이 해가 $Dy = 1$을 만족하는가를 다시 확인해야 하고, $Dy = D(c_1 + c_2x) = c_2 = 1$에서 결국 $y = c_1 + x$가 되어 애초 $Dy = 1$의 해 $y = c + x$와 같아진다.

예제 5의 2계 비제차 미분방정식은 단순히 양변을 미분하는 것으로 우변의 비제차항 $8e^x$를 0으로 만들 수 없다. $(D - 1)(8e^x) = 0$임을 이용해야 하는데, 이렇게 하면 3계 미분방정식이 되므로 이는 2.7절 고계 미분방정식에서 다룰 것이다. 2.7절의 연습문제를 참고하자.

쉬어가기 2.5　　초기조건과 경계조건의 의미

미분방정식과 초기조건을 합하여 **초기값** 문제라고 하였다. 이 절에서 **비제차 미분방정식**의 해를 구할 수 있게 되었으므로 초기조건의 의미가 무엇인지 생각해 볼 필요가 있다. 식 (2.1.11)을 $a = 0$으로 하고 x대신 t를 사용하여 다시 쓰면

$$a_2(t)\frac{d^2y}{dt^2} + a_1(t)\frac{dy}{dt} + a_0(t)y = g(t), \quad y(0) = K_0, \quad y'(0) = K_1 \quad (t \ge 0) \tag{a}$$

이다. (a)는 쉬어가기 2.1에서 언급한 것처럼 **계**(system)의 특성을 나타내며, 여기서 미분방정식의 계수 a_0, a_1, a_2는 계에 의해 정해지는 값들이다. 계는 입력으로 함수 $g(t)$를 받아 출력으로 함수 $y(t)$를 배출하는 장치이며, 값을 입력으로 받아 값을 출력하는 함수와 구별된다. 입력 $g(t)$를 $y(t)$를 생산하는 원천이라는 의미로 **구동력**(driving force)이라고 부르기도 한다. (a)에서 $g(t) = 0$일 수도 있는데, 이때는 제차 미분방정식이 된다. 그러면 $g(t) = 0$, 즉 구동력이 없으면 $y(t) = 0$일까? 그렇지 않다. 초기값 문제에서는 미분방정식 외에도 초기조건이 더해진다. 구동력이 없더라도 초기조건에 의해서 $y(t)$가 생산될 수 있다. 물론 초기조건까지 0이면 출력은 당연히 0이다.

쉬운 이해를 위해 1계 미분 방정식에 대한 초기값 문제

$$\frac{dy}{dt} + y = 1, \quad y(0) = K \tag{b}$$

를 예로 들겠다. 구동력이 1인 경우이다. 미분방정식의 일반해는

$$y(t) = ce^{-t} + 1 \tag{c}$$

이다. (c)의 우변에서 ce^{-t}는 제차해, 1은 특수해이다. 임의의 상수 c는 초기조건에 의해 결정된다. 서로 다른 초기조건 $K = 0$, 1, 2에 대해 초기조건을 만족하는 특수해(비제차해를 의미하는 특수해와 초기조건을 만족하는 특수해가 명칭이 같음에 주의)를 구하면

$$\begin{aligned} A &: y(0) = 0일 \ 때 \quad y(t) = 1 - e^{-t} \\ B &: y(0) = 1일 \ 때 \quad y(t) = 1 \\ C &: y(0) = 2일 \ 때 \quad y(t) = 1 + e^{-t} \end{aligned} \tag{d}$$

이고, 이를 그래프로 그리면 그림 2.5.1과 같다.

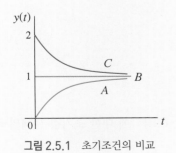

그림 2.5.1 초기조건의 비교

A, B, C 세 경우 모두 시간이 충분히 지나면 1로 가까이 간다. 초기값은 말 그대로 초기에 주어진 값으로 이 값이 계속 유지되는 것이 아니고 시간이 지나면서 계는 입력에 의한 정상상태(steady state) $y = 1$로 돌아간다. 좀 더 쉬운 이해를 위해 $g(t)$를 보일러가 공급하는 열, $y(t)$를 집안의 온도라고 하자. 여기서 이들의 값은 모두 규격화되었다고 가정한다. 여기서 **규격화**(normalization)란 크기의 기준을 1로 잡는다는

뜻이다. 예를 들어 전국민의 평균 키를 1로 보고 나의 키가 1.05라고 말하는 것과 같다. 여기서 $g(t) = 1$ 이므로 보일러는 일정한 열을 공급하고 이때 집안의 온도는 1로 일정하게 유지된다. A는 처음에는 집안의 온도가 0이었는데 보일러가 작동하여 온도가 1이 되어가는 과정을 보인다. B는 처음부터 온도가 1이었으므로 온도의 변화가 없다. C의 경우는 더 이상 말하지 않아도 될 것이다. 결론을 말하면 입력에 의한 출력은 시간이 지나도 계속 유지되고, 초기조건에 의한 출력은 시간이 지나면 사라진다. 실제로 (d)에서 1은 특수해이고, $-e^{-t}$, 0, $+e^{-t}$는 제차해이다. 이런 이유로 특수해를 **정상해**(steady state solution), 제차해를 **과도해**(transient solution)라고 부른다. 정상해가 값이 일정하다는 의미는 아니다. 여기서는 $g(t)$가 상수 1 이었으므로 정상해가 일정한 것이고 $g(t)$가 시간의 함수이면 정상해도 시간의 함수가 된다. 만약 위에서 $g(t) = 0$이면 어떻게 될까? 연습문제를 통해 생각해보기 바란다. 초기값 문제 몇 개 더 푸는 것보다 이러한 개념을 제대로 이해하는 것이 공학문제를 해결하는데 더 도움이 된다는 것을 잊지 말기 바란다.

경계조건에 대해서도 간단히 설명하겠다. 2.4절 예제 4의 경계값 문제에서 왼쪽 경계는 온도가 0, 오른쪽 경계는 온도가 20이다. 이때 우리는 온도가 **시간에 무관**(time independent)하다고 말한다. 사실 시간에 무관하다는 표현보다는 특정한 시간, 즉 물체의 양쪽 온도가 정해진 순간에 물체 내부의 온도를 구한 것이라고 말하는 것이 더 정확한 표현이다. 원래 열전도 현상은 시간과 위치의 함수, 즉 다변수 함수로 나타나는데 이에 대해서는 11장 편미분방정식에서 공부할 것이다.

▌ 2.5 연습문제

1. 미정계수법을 사용하여 미분방정식을 풀어라.

(1) $y'' + 3y' = 28\cosh 4x$ 　　　　　(2) $y'' + 2y' + 10y = 25x^2 + 3$

(3) $y'' + 2y' - 35y = 12e^{5x} + 37\sin 5x$ 　　(4) $y'' + 10y' + 25y = e^{-5x}$

(답) (1) $y = c_1 + c_2 e^{-3x} + 4\cosh 4x - 3\sinh 4x$ 　　(2) $y = e^{-x}(c_1 \cos 3x + c_2 \sin 3x) + \frac{5}{2}x^2 - x$

(3) $y = c_1 e^{5x} + c_2 e^{-7x} + xe^{5x} - \frac{6}{10}\sin 5x - \frac{1}{10}\cos 5x$ 　　(4) $y = c_1 e^{-5x} + c_2 xe^{-5x} + \frac{1}{2}x^2 e^{-5x}$

2. 미정계수법을 사용하여 초기값 문제를 풀어라.

(1) $y'' - 4y = e^{-2x} - 2x$, $y(0) = 0$, $y'(0) = 0$

(2) $y'' + 1.2y' + 0.36y = 4e^{-0.6x}$, $y(0) = 0$, $y'(0) = 1$

(답) (1) $y = -\frac{1}{16}e^{2x} + \frac{1}{16}e^{-2x} - \frac{1}{4}xe^{-2x} + \frac{1}{2}x$ 　　(2) $y = xe^{-0.6x} + 2x^2 e^{-0.6x}$

3. 쉬어가기 2.5에서 설명한 초기값 문제에서 $g(t) = 0$인 경우 초기조건 A, B, C 각각에 대한 초기값 문제의 해를 구하여 그래프를 그리고 결과의 물리적 의미를 말해 보아라.

(답) $A : y = 0$, $B : y = e^{-t}$, $C : y = 2e^{-t}$

2.6 비제차 미분방정식: 매개변수변환법

2.5절에서 비제차 미분방정식의 특수해를 구하는 방법으로 미정계수법에 대하여 알아보았다. 하지만 미정계수법은 용도가 매우 제한적이다. 이 절에서는 비제차 미분방정식의 특수해를 구하는 일반적인 방법으로 **매개변수변환법**(method of variation of parameters)을 소개한다. 매개변수변환법은 제차해를 이용하여 특수해를 구하는 방법으로 이를 사용하면 제차해가 존재하는 모든 비제차 미분방정식의 특수해를 구할 수 있고, 변수계수 미분방정식에도 적용이 가능하다.

1.4절에서 1계 비제차 선형 미분방정식의 일반해[식 (1.4.6)]를 제차해[식 (1.4.9)]와 특수해[식 (1.4.10)]로 구분하였음을 기억하자. 여기에서는 매개변수변환법으로 특수해를 구해보자.

1계 비제차 선형 미분방정식의 표준형[식 (1.4.1)]을 다시 쓰면

$$\frac{dy}{dx} + p(x)y = r(x) \tag{2.6.1}$$

이다. 비제차 미분방정식의 일반해 $y = y_h + y_p$를 구하기 위해서는 제차해 y_h와 특수해 y_p를 구해야 하는데 제차해는 식 (1.4.9)에서

$$y_h = ce^{-\int p(x)dx} \tag{2.6.2}$$

임을 알고 있다. 먼저 특수해를

$$y_p = u(x)y_1(x) \tag{2.6.3}$$

로 가정한다. 여기서 u는 구해야 할 미지함수이며 y_1은 이미 알고 있는 제차해에서 임의의 상수 c를 1로 바꾼 간단한 형태이다. 가정된 특수해가 식 (2.6.1)을 만족해야 하므로

$$y_p{'} + py_p = (uy_1)' + p(uy_1) = u'y_1 + uy_1{'} + puy_1 = y_1u{'} + (y_1{'} + py_1)u = r(x)$$

가 성립하는데, $y_1{'} + py_1 = 0$이므로 $y_1u' = r(x)$에서 $u = \int \frac{r(x)}{y_1}dx$이다. 따라서 특수해를 구하는 공식은

$$y_p = y_1 \int \frac{r(x)}{y_1}dx \tag{2.6.4}$$

이다. 여기에 제차해 $y_1 = e^{-\int p(x)dx}$를 대입하면 특수해

$$y_p = e^{-\int p(x)dx} \int r(x) e^{\int p(x)dx} dx \qquad (2.6.5)$$

를 구할 수 있다. 결국 미분방정식 (2.6.1)의 일반해는 식(2.6.2)의 제차해와 식 (2.6.5)의 특수해를 더하여

$$y = e^{-\int p(x)dx} \left(c + \int re^{\int p(x)dx} dx \right) \qquad (2.6.6)$$

이 된다. 이 식은 1.4절에서 적분인자를 이용하여 구한 식(1.4.6)과 같다.

이번에는 2계 비제차 선형 미분방정식의 특수해를 매개변수변환법으로 구해보자.

2계 비제차 선형 미분방정식의 표준형을

$$y'' + p(x)y' + q(x)y = r(x) \qquad (2.6.7)$$

로 쓰자. 여기서 미분방정식의 계수 $p(x)$, $q(x)$가 일반적으로 상수가 아닌 변수계수 임을 기억하자. 식 (2.6.7)의 제차해가 $y_h = c_1 y_1 + c_2 y_2$일 때, 구하려는 특수해를

$$y_p = uy_1 + vy_2 \qquad (2.6.8)$$

로 가정한다. 여기서 $u(x)$와 $v(x)$는 우리가 구해야 할 미지함수로, 식 (2.6.7)을 만 족하도록 결정되어야 한다. 식 (2.6.8)의 양변을 미분하면

$$y_p' = u'y_1 + uy_1' + v'y_2 + vy_2' \qquad (2.6.9)$$

이다. 그런데 여기서 우리가 유의해야 할 점은 구해야 할 미지함수는 u와 v 2개인 반면에 이들을 구하기 위해 우리가 사용할 수 있는 식은 가정된 y_p를 미분방정식에 대입하여 얻게 되는 식 하나뿐이라는 것이다. 따라서 추가적으로 식이 하나 더 필요 한데, 이를

$$u'y_1 + v'y_2 = 0 \qquad (2.6.10)$$

이라고 가정하겠다. 그러면 식 (2.6.9)는

$$y_p' = uy_1' + vy_2' \qquad (2.6.11)$$

으로 단순해지며 [사실 y_p'을 단순한 형태로 만들기 위해 식 (2.6.10)으로 가정한 것 이다], 이의 2계 미분은

$$y_p'' = u'y_1' + uy_1'' + v'y_2' + vy_2'' \qquad (2.6.12)$$

이다. 이제 식 (2.6.8), (2.6.11), (2.6.12)를 식 (2.6.7)에 대입하면

$$y_p'' + py_p' + qy_p = (u'y_1' + uy_1'' + v'y_2' + vy_2'') + p(uy_1' + vy_2') + q(uy_1 + vy_2)$$
$$= u(y_1'' + py_1' + qy_1) + v(y_2'' + py_2' + qy_2) + u'y_1' + v'y_2' = r$$

이 되는데, 여기서 $y_1'' + py_1' + qy_1 = 0$, $y_2'' + py_2' + qy_2 = 0$이므로

$$u'y_1' + v'y_2' = r \qquad (2.6.13)$$

을 얻는다. 결과적으로 식 (2.6.10)과 (2.6.13)은 **선형계**(linear system)

$$\begin{bmatrix} y_1 & y_2 \\ y_1' & y_2' \end{bmatrix} \begin{bmatrix} u' \\ v' \end{bmatrix} = \begin{bmatrix} 0 \\ r \end{bmatrix}$$

을 이룬다. 여기서

$$W = \begin{vmatrix} y_1 & y_2 \\ y_1' & y_2' \end{vmatrix}, \qquad W_1 = \begin{vmatrix} 0 & y_2 \\ r & y_2' \end{vmatrix}, \qquad W_2 = \begin{vmatrix} y_1 & 0 \\ y_1' & r \end{vmatrix}$$

로 놓으면 **크라머 공식**(Gabriel Cramer, 1704–1752, 스위스, 7.6절)에 의해

$$u' = \frac{W_1}{W}, \quad v' = \frac{W_2}{W}$$

이다. 적분에 의해

$$u = \int \frac{W_1}{W} dx, \quad v = \int \frac{W_2}{W} dx$$

이고, 결과적으로 식 (2.6.8)에 의해 특수해는

$$y_p = y_1 \int \frac{W_1}{W} dx + y_2 \int \frac{W_2}{W} dx \qquad (2.6.14)$$

가 된다. 이는 2계 비제차 선형 미분방정식에 대해 알고 있는 제차해 y_1, y_2를 이용하여 특수해 y_p를 구하는 식이다. 식 (2.6.14)에서 W는 y_1, y_2의 론스키안이고, W_1과 W_2는 각각 W의 첫 번째 열과 두 번째 열을 $[0, r]^T$로 대체한 행렬식이다.

다음 예제는 2.5절의 예제 1과 동일한 문제이다. 2.5절에서는 미정계수법으로 특수해를 구했지만 이번에는 매개변수변환법으로 특수해를 구해 보자.

예제 1

비제차 미분방정식 $y'' - y = x - 1$의 특수해를 구하라.

(풀이) 제차해는 2.5절 예제 1의 경우와 같이

$$y_h = c_1 e^x + c_2 e^{-x}$$

이다. 따라서 $y_1 = e^x$, $y_2 = e^{-x}$로 놓으면

$$W = \begin{vmatrix} y_1 & y_2 \\ y_1' & y_2' \end{vmatrix} = \begin{vmatrix} e^x & e^{-x} \\ e^x & -e^{-x} \end{vmatrix} = -2$$

$$W_1 = \begin{vmatrix} 0 & y_2 \\ r & y_2' \end{vmatrix} = \begin{vmatrix} 0 & e^{-x} \\ x-1 & -e^{-x} \end{vmatrix} = -(x-1)e^{-x}$$

$$W_2 = \begin{vmatrix} y_1 & 0 \\ y_1' & r \end{vmatrix} = \begin{vmatrix} e^x & 0 \\ e^x & x-1 \end{vmatrix} = (x-1)e^x$$

이다. 식 (2.6.14)를 이용하면 특수해는

$$\begin{aligned} y_p &= y_1 \int \frac{W_1}{W} dx + y_2 \int \frac{W_2}{W} dx \\ &= e^x \int \left[\frac{1}{2}(x-1)e^{-x} \right] dx + e^{-x} \int \left[-\frac{1}{2}(x-1)e^x \right] dx \\ &= \frac{1}{2}(-x) - \frac{1}{2}(x-2) = -x+1 \end{aligned}$$

로 2.5절 예제 1의 결과와 같다.

다음 예제는 미정계수법으로 특수해를 구하는 것이 불가능하지만(이유는? 상수계수 미분방정식이지만 비제차항 $\sec x$에 대해 적절한 특수해를 가정할 수 없으므로), 매개변수변환법으로는 특수해를 구할 수 있다.

예제 2

$y'' + y = \sec x$를 풀어라.

(풀이) 특성방정식 $m^2 + 1 = 0$의 근이 $m = \pm i$이므로 제차해는 $y_h = c_1 \cos x + c_2 \sin x$이다.

$$W = \begin{vmatrix} y_1 & y_2 \\ y_1' & y_2' \end{vmatrix} = \begin{vmatrix} \cos x & \sin x \\ -\sin x & \cos x \end{vmatrix} = \cos^2 x + \sin^2 x = 1$$

$$W_1 = \begin{vmatrix} 0 & y_2 \\ r & y_2' \end{vmatrix} = \begin{vmatrix} 0 & \sin x \\ \sec x & \cos x \end{vmatrix} = -\sec x \sin x = -\tan x$$

$$W_2 = \begin{vmatrix} y_1 & 0 \\ y_1' & r \end{vmatrix} = \begin{vmatrix} \cos x & 0 \\ -\sin x & \sec x \end{vmatrix} = \cos x \sec x = 1$$

이므로

$$\begin{aligned} y_p &= y_1 \int \frac{W_1}{W} dx + y_2 \int \frac{W_2}{W} dx \\ &= \cos x \int (-\tan x) dx + \sin x \int 1 dx = \cos x \ln|\cos x| + x \sin x \end{aligned}$$

이고, 일반해 $y = y_h + y_p$는

$$y = c_1\cos x + c_2\sin x + \cos x \ln|\cos x| + x\sin x.$$

☞ 위에서 구한 특수해를 보면 미정계수법으로는 도저히 가정할 수 없는 형태임을 알 것이다.

다음 예제에서는 변수계수 미분방정식인 코시-오일러 방정식의 특수해를 구하는
과정을 보여준다.

예제 3

미분방정식 $x^2 \dfrac{d^2 y}{dx^2} + x\dfrac{dy}{dx} - y = \dfrac{1}{x^2}$ 의 일반해를 구하라.

(풀이) 미분방정식을 식 (2.6.7)과 같은 표준형으로 나타내기 위해 양변을 x^2으로 나누면

$$\frac{d^2 y}{dx^2} + \frac{1}{x}\frac{dy}{dx} - \frac{1}{x^2}y = \frac{1}{x^4}$$

이다. 특성방정식을 풀면 $m(m-1) + m - 1 = (m-1)(m+1) = 0,\ m = \pm 1$이므로

$$y_h = c_1 x + \frac{c_2}{x}$$

에서 $y_1 = x,\ y_2 = \dfrac{1}{x}$ 이다. 따라서

$$W = \begin{vmatrix} x & \dfrac{1}{x} \\ 1 & -\dfrac{1}{x^2} \end{vmatrix} = -\frac{2}{x}, \quad W_1 = \begin{vmatrix} 0 & \dfrac{1}{x} \\ \dfrac{1}{x^4} & -\dfrac{1}{x^2} \end{vmatrix} = -\frac{1}{x^5}, \quad W_2 = \begin{vmatrix} x & 0 \\ 1 & \dfrac{1}{x^4} \end{vmatrix} = \frac{1}{x^3}$$

이므로 특수해는

$$y_p = x\int \frac{1}{2x^4}\,dx + \frac{1}{x}\int\left(-\frac{1}{2x^2}\right)dx = x\left(-\frac{1}{6}x^{-3}\right) + \frac{1}{x}\left(\frac{1}{2}x^{-1}\right) = \frac{1}{3x^2}$$

이고, 일반해는

$$y = c_1 x + \frac{c_2}{x} + \frac{1}{3x^2}.$$

쉬어가기 2.6   다른 가정을 하면 특수해가 달라지는가?

이 절을 강의하면서 학생들로부터 자주 질문을 받는다. 질문의 요지는 (1) "마음대로 식 (2.6.10)을 가정해도 되는가?" (2) "식 (2.6.10) 대신에 다른 식을 가정하면 다른 특수해가 구해지는 것 아닌가?"라는 것들이다. 충분히 공감이 가는 질문이다. 질문 (1)에 대해 생각해 보자. 간단한 예를 들겠다. 방정식

$$x_1 + x_2 = 2 \tag{a}$$

는 미지수가 x_1, x_2 2개인 반면에 식은 하나이므로 해가 무수히 많을 것이다. $x_1 = x_2 = 1$뿐만 아니라 $x_1 = 2$, $x_2 = 0$ 등도 모두 해이다. 여기에

$$x_1 - x_2 = 0 \tag{b}$$

이라는 방정식을 추가하면 (a)와 (b)를 만족하는 해는 $x_1 = x_2 = 1$ 하나로 결정되지만, 이 역시 (a)를 만족한다. 물론 추가되는 방정식이 다르면 다른 해를 얻겠지만, 이 해 또한 (a)를 만족할 것이다. 본문에서 식 (2.6.10)을 추가적으로 가정했지만 식 (2.6.8)은 여전히 특수해인 것이다. 다음은 질문 (2)에 대해 생각해 보자. 본문에서와 같이 식 (2.6.10)을 사용하여 구한 특수해를 y_{p1}, 다른 식을 가정하여 구한 특수해를 y_{p2}라 하자. 그러면 y_{p1}, y_{p2}는 각각 비제차 미분방정식의 특수해이므로

$$y_{p1}'' + p y_{p1}' + q y_{p1} = r \tag{c}$$
$$y_{p2}'' + p y_{p2}' + q y_{p2} = r \tag{d}$$

이 성립한다. (c)에서 (d)를 빼면

$$(y_{p1} - y_{p2})'' + p(y_{p1} - y_{p2})' + q(y_{p1} - y_{p2}) = 0$$

이므로 $y_{p1} - y_{p2}$는 식 (2.6.7)의 제차해이다. 즉 $y_{p2} = y_{p1} + y_h$로, 두 특수해는 제차해 차이만 날 뿐이므로 최종적인 일반해의 형태에는 아무런 차이가 없다.

▌ 2.6 연습문제

1. 매개변수변환법을 사용하여 미분방정식을 풀어라.

(1) $y'' - 4y' + 4y = \dfrac{e^{2x}}{x}$

(2) $y'' + 2y' + y = e^{-x}\cos x$

(3) $x^2 y'' - 4xy' + 6y = 21x^{-4}$

(4) $\dfrac{d^2 y}{dx^2} + 2\dfrac{dy}{dx} + 2y = 4e^{-x}\sec^3 x$

(답) (1) $y = e^{2x}(c_1 + c_2 x + x\ln|x|)$

(2) $y = c_1 e^{-x} + c_2 x e^{-x} - e^{-x}\cos x$

(3) $y = c_1 x^2 + c_2 x^3 + \dfrac{1}{2}x^{-4}$

(4) $y = c_1 e^{-x}\cos x + c_2 e^{-x}\sin x - 2e^{-x}\left(\dfrac{\cos 2x}{\cos x}\right)$

2. 2계 비제차 미분방정식의 특수해를 구하는 식 (2.6.14)를 1계 비제차 미분방정식의 특수해를 구하는 경

우에도 적용할 수 있는가? 즉 식 (2.6.14)가 식 (2.6.4)를 포함하는지를 보여라. 1×1 행렬 $[a_{11}]$의 행렬식이 $|a_{11}| = a_{11}$(7.2절 참고)임을 이용하라.

3. (1) 본문에서 식 (2.6.10) 대신에 $u'y_1 + v'y_2 = f(x)$로 놓았을 때 W, W_1, W_2를 구하라.
(2) 문제 (1)의 결과에 $f(x) = x$를 이용하여 예제 1의 특수해를 구하라. 결과가 같은가?

(답) (1) $W = \begin{vmatrix} y_1 & y_2 \\ y_1' & y_2' \end{vmatrix}$, $W_1 = \begin{vmatrix} f & y_2 \\ r - f' - pf & y_2' \end{vmatrix}$, $W_2 = \begin{vmatrix} y_1 & f \\ y_1' & r - f' - pf \end{vmatrix}$

(2) $y_p = -x + 1$로 같다.

2.7 고계 미분방정식

3계 이상의 미분방정식을 보통 **고계 미분방정식**(high order differential equation)
이라 한다. 자연현상이나 공학문제의 대부분이 1계 또는 2계 미분방정식으로 표현
되지만 **보의 휨**(beam deflection) 현상과 같이 4계 미분방정식으로 표현되는 경우도
있다. 또한 1계 또는 2계 미분방정식이 연립방정식으로 주어지면 해를 구하는 과정
에서 고계 미분방정식을 풀어야 하는 경우도 있다(2.8절 참고). 고계 미분방정식에
대해 특별한 해법이 따로 있는 것은 아니며, 앞에서 공부한 2계 미분방정식의 해법
을 그대로 확장하여 적용한다. 다음 예제를 보자.

제차 미분방정식

예제 1

3계 미분방정식 $y''' - 2y'' - y' + 2y = 0$의 해를 구하라.

(풀이) 2.3절의 상수계수 2계 미분방정식의 풀이에서 해를 $y = e^{mx}$로 가정한 것을 기억하자. 여기에서도
같은 해를 가정하면 주어진 3계 미분방정식의 특성방정식이 $m^3 - 2m^2 - m + 2 = 0$이 됨을 쉽게 알 수
있을 것이다.

$$m^3 - 2m^2 - m + 2 = (m + 1)(m - 1)(m - 2) = 0$$

에서 특성방정식의 근이 $m = -1, 1, 2$이므로 일반해는

$$y = c_1 e^{-x} + c_2 e^x + c_3 e^{2x}.$$

예제 2

$y''' - y'' + 100y' - 100y = 0$, $y(0) = 4$, $y'(0) = 11$, $y''(0) = -299$를 풀어라.

(풀이) $m^3 - m^2 + 100m - 100 = (m - 1)(m^2 + 100) = 0$에서 $m = 1$, $\pm 10i$이므로 일반해는

$$y = c_1 e^x + c_2 \cos 10x + c_3 \sin 10x$$

이다. 초기조건 $y(0) = 4 = c_1 + c_2$, $y'(0) = 11 = c_1 + 10c_3$, $y''(0) = -299 = c_1 - 100c_2$를 적용하면 $c_1 = 1$, $c_2 = 3$, $c_3 = 1$이므로 특수해는

$$y = e^x + 3\cos 10x + \sin 10x.$$

예제 3

$y^{(5)} - 3y^{(4)} + 3y''' - y'' = 0$을 풀어라.

(풀이) $m^5 - 3m^4 + 3m^3 - m^2 = m^2(m - 1)^3 = 0$에서 $m = 0$(중근), $m = 1$(삼중근)이므로 해는

$$y = c_1 + c_2 x + c_3 e^x + c_4 x e^x + c_5 x^2 e^x.$$

예제 4

$y^{(4)} + 2y'' + y = 0$을 풀어라.

(풀이) $m^4 + 2m^2 + 1 = (m^2 + 1)^2 = 0$, $m = \pm i$(중근). 따라서

$$y = c_1 \cos x + c_2 \sin x + c_3 x \cos x + c_4 x \sin x.$$

비제차 미분방정식

고계 비제차 미분방정식의 특수해를 구하기 위해 2계 비제차 미분방정식의 경우와 같이 미정계수법과 매개변수변환법을 사용할 수 있다. 구체적인 내용은 예제를 통해 쉽게 확인할 수 있다.

(1) 미정계수법

예제 5

$y''' + 3y'' + 3y' + y = 30e^{-x}$, $y(0) = 3$, $y'(0) = -3$, $y''(0) = -47$을 풀어라.

(풀이) 특성방정식 $m^3 + 3m^2 + 3m + 1 = (m+1)^3 = 0$에서 $m = -1$(삼중근)이다. 따라서 제차해는

$$y_h = c_1 e^{-x} + c_2 x e^{-x} + c_3 x^2 e^{-x} = (c_1 + c_2 x + c_3 x^2)e^{-x}$$

이다. 주어진 미분방정식의 우변에 위치한 비제차항이 $30e^{-x}$이지만 제차해와의 중복을 고려하여 특수해를 $y_p = Ax^3 e^{-x}$로 가정하면

$$y_p{}' = A(3x^2 - x^3)e^{-x}, \quad y_p{}'' = A(6x - 6x^2 + x^3)e^{-x}, \quad y_p{}''' = A(6 - 18x + 9x^2 - x^3)e^{-x}$$

이므로

$$\begin{aligned}
y_p{}''' &+ 3y_p{}'' + 3y_p{}' + y_p \\
&= Ae^{-x}(6 - 18x + 9x^2 - x^3 + 18x - 18x^2 + 3x^3 + 9x^2 - 3x^3 + x^3) \\
&= 6Ae^{-x} = 30e^{-x}
\end{aligned}$$

로부터 $A = 5$이다. 따라서 $y_p = 5x^3 e^{-x}$이고, 일반해는

$$y = y_h + y_p = (c_1 + c_2 x + c_3 x^2)e^{-x} + 5x^3 e^{-x} = (c_1 + c_2 x + c_3 x^2 + 5x^3)e^{-x}$$

이다.

$$y' = [(c_2 - c_1) + (2c_3 - c_2)x + (15 - c_3)x^2 - 5x^3]e^{-x}$$
$$y'' = [(c_1 - 2c_2 + 2c_3) + (30 + c_2 - 4c_3)x + (-30 + c_3)x^2 + 5x^3]e^{-x}$$

에 초기조건을 적용하면

$$y(0) = 3 = c_1, \quad y'(0) = -3 = -c_1 + c_2, \quad y''(0) = -47 = c_1 - 2c_2 + 2c_3$$

로부터 $c_1 = 3$, $c_2 = 0$, $c_3 = -25$이다. 따라서 구하려는 해는

$$y = (3 - 25x^2 + 5x^3)e^{-x}.$$

(2) 매개변수변환법

1계 및 2계 선형 비제차 미분방정식의 특수해를 구하는 공식을 각각 식 (2.6.4)와 (2.6.14)로 나타난 것과 마찬가지로 n계 선형 비제차 미분방정식의 표준형

$$y^{(n)} + p_{n-1}y^{(n-1)} + \cdots + p_1 y' + p_0 y = r(x) \tag{2.7.1}$$

에 대한 특수해는

$$y_p = y_1 \int \frac{W_1}{W}dx + y_2 \int \frac{W_2}{W}dx + \cdots + y_n \int \frac{W_n}{W}dx \tag{2.7.2}$$

이다. 여기서 W는 식 (2.7.1)의 제차해 $y_1, y_2, \cdots, y_n$의 론스키안이고 W_i는 W의 i번째 열을 $[0, 0, \cdots, r]^T$로 대체한 행렬식이다.

예제 6

3계 코시–오일러 방정식 $x^3y''' - 3x^2y'' + 6xy' - 6y = x^4\ln x$의 특수해를 구하라.

(풀이) 2계 코시–오일러 방정식에 대한 설명은 2.4절을 참고하라. 주어진 미분방정식을 식 (2.7.1)과 같은 표준형으로 나타내기 위해 양변을 x^3으로 나누면

$$y''' - \frac{3}{x}y'' + \frac{6}{x^2}y' - \frac{6}{x^3}y = x\ln x$$

이고, 2.4절에서 코시–오일러 방정식의 해를 $y_h = x^m$으로 가정한 것을 기억하면 특성방정식이

$$m(m-1)(m-2) - 3m(m-1) + 6m - 6 = (m-1)(m-2)(m-3) = 0$$

임을 알 수 있고, 근이 $m = 1, 2, 3$이므로 제차해는 $y_h = c_1x + c_2x^2 + c_3x^3$이다.

$$W = \begin{vmatrix} x & x^2 & x^3 \\ 1 & 2x & 3x^2 \\ 0 & 2 & 6x \end{vmatrix} = 2x^3, \qquad W_1 = \begin{vmatrix} 0 & x^2 & x^3 \\ 0 & 2x & 3x^2 \\ x\ln x & 2 & 6x \end{vmatrix} = x^5\ln x,$$

$$W_2 = \begin{vmatrix} x & 0 & x^3 \\ 1 & 0 & 3x^2 \\ 0 & x\ln x & 6x \end{vmatrix} = -2x^4\ln x, \qquad W_3 = \begin{vmatrix} x & x^2 & 0 \\ 1 & 2x & 0 \\ 0 & 2 & x\ln x \end{vmatrix} = x^3\ln x$$

이므로 식 (2.7.2)에서

$$\begin{aligned} y_p &= y_1\int\frac{W_1}{W}dx + y_2\int\frac{W_2}{W}dx + y_3\int\frac{W_3}{W}dx \\ &= \frac{x}{2}\int x^2\ln x\,dx - x^2\int x\ln x\,dx + \frac{x^3}{2}\int\ln x\,dx \\ &= \frac{x}{2}\left(\frac{1}{3}x^3\ln x - \frac{x^3}{9}\right) - x^2\left(\frac{1}{2}x^2\ln x - \frac{x^2}{4}\right) + \frac{x^3}{2}(x\ln x - x) \\ &= \frac{1}{6}x^4\ln x - \frac{11}{36}x^4 = \frac{x^4}{36}(6\ln x - 11). \end{aligned}$$

☞ 위의 풀이에서 다음을 이용하였다.

$$\int\ln x\,dx = x\ln x - x + c$$

$$\int x\ln x\,dx = \frac{x^2}{2}\ln x - \int\frac{x^2}{2}\cdot\frac{1}{x}dx = \frac{1}{2}x^2\ln x - \frac{x^2}{4} + c$$

$$\int x^2\ln x\,dx = \frac{x^3}{3}\ln x - \int\frac{x^3}{3}\cdot\frac{1}{x}dx = \frac{1}{3}x^3\ln x - \frac{x^3}{9} + c$$

고계 미분방정식의 응용

일부 현상을 제외한 공학 분야의 대부분의 현상이 1계 또는 2계 미분방정식으로 표현된다. 여기서 4계 미분방정식으로 나타나는 보의 처짐을 다루는 경계값 문제를 풀어보자.

예제 7 보의 처짐(1)

단면이 균일하고 길이가 1인 보(또는 막대)에 단위 길이당 하중 $W(x)$가 수직으로 작용할 때 보의 처짐은

$$YI\frac{d^4 y}{dx^4} = W(x) \tag{a}$$

로 기술된다. 여기서 $y(x)$는 아래쪽이 양의 방향인 보 중심선의 수직변위이고 Y는 영률, I는 단면의 관성모멘트이다. 보의 양단이 다른 벽체에 삽입(고정)된 경우에는 경계조건이 $y(0) = y'(0) = 0$, $y(1) = y'(1) = 0$이다. 즉 양단에서는 수직변위가 없고, 변위의 기울기도 0이다. $W(x) = 1$, $YI = 1/24$로 놓고 변위 y를 구하라. 결과를 그래프로 그리고 y의 최대값을 구하라.

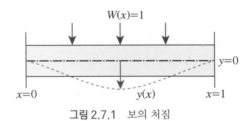

그림 2.7.1 보의 처짐

(풀이) (1) 주어진 값을 대입하면 (a)는

$$\frac{d^4 y}{dx^4} = 24 \tag{b}$$

이고, 특성방정식 $m^4 = 0$에서 $m = 0$(4중근)이므로 제차해는

$$y_h = c_1 + c_2 x + c_3 x^2 + c_4 x^3$$

이다. 제차해와의 중복성을 고려하여 특수해를 $y_p = Ax^4$으로 가정하고 미분방정식에 대입하면 $24A = 24$에서 $A = 1$이므로 일반해는

$$y = y_h + y_p = c_1 + c_2 x + c_3 x^2 + c_4 x^3 + x^4 \tag{c}$$

이다. 경계조건 $y(0) = y'(0) = 0$을 적용하면 $c_1 = c_2 = 0$이고, 경계조건 $y(1) = y'(1) = 0$에서 $c_3 = 1$, $c_4 = -2$를 얻는다. 따라서

$$y(x) = x^2 - 2x^3 + x^4 = x^2(1 - x)^2$$

이다. 한편 $y'(x) = 2x(1 - x)(1 - 2x) = 0$으로부터 $x = 1/2$이므로

$$y_{\max} = y\left(\frac{1}{2}\right) = \frac{1}{16} = 0.0625$$

이다.

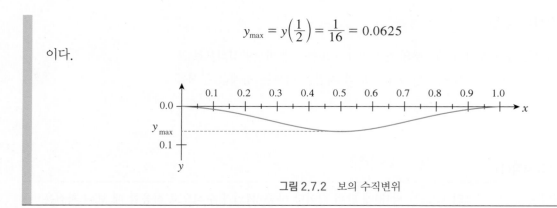

그림 2.7.2   보의 수직변위

☞ (1) 위의 풀이에서는 (b)의 해를 구하기 위해 특성방정식과 미정계수법을 사용하였다. 하지만 단순한 추측으로도 (c)가 해가 됨을 쉽게 알 수 있을 것이다.

(2) 위에서는 보에 작용하는 하중이 연속함수였다. 하중이 구간별 연속 함수인 경우는 3.4절(연습문제)과 10.3절에서 소개한다.

쉬어가기 2.7   강체와 탄성체

본문에서 보의 경계조건으로 삽입(고정)의 경우만 보였는데 이를 다양화하려면 약간의 추가적인 설명이 필요하다. 기계, 재료, 또는 토목공학을 전공하는 학생들은 예제 7의 (a)와 이와 연관되는 경계조건에 대해 잘 알 수도 있지만 공학수학을 공부하는 모든 학생들이 이를 알아야 할 필요는 없다. 하지만 여기서 공대생이 갖추어야 할 상식적인 수준으로 설명하니 나뭇잎보다 숲을 본다는 기분으로 편하게 읽기 바란다.

운동하는 물체의 경우에 외부힘이 작용하여 물체의 운동상태를 바꾼다. 하지만 외부힘에 의해 물체의 모양이나 크기가 변하기도 한다. 액체나 기체의 경우는 외부힘에 의해 흐름이 바뀐다. 외부힘에 대해 모양이 유지되고 운동상태만 바뀌는 물체를 **강체**(rigid body), 모양이나 크기가 변하는 물체를 **탄성체**(elastic body)로 구분한다. 외부힘에 의해 물체에 발생하는 변화를 **변형**(strain)이라 하고, 물체에 대해 단위면적당 작용하는 외부힘을 **변형력**(또는 응력 stress)이라고 한다. 변형력이 작은 경우에 변형력은 변형에 비례하여

$$(변형력) = (탄성률)\,(변형) \tag{a}$$

으로 표현하는데 이를 **훅의 법칙**(Robert Hooke, 1635–1703, 영국)이라고 한다. 대표적인 경우가 우리가 잘 아는 용수철인데 (a)를 $F = kx$로 표현한다. 용수철의 경우는 용수철의 단면을 고려하지 않고 길이의 변형만 고려하므로 힘 F가 용수철에 작용하는 외부힘이며, 이는 변형력, 용수철의 복원력 등 여러가지로 해석할 수 있고, 이에 따라 비례상수 k 앞의 (±) 부호를 적절히 바꾸기도 한다. 비례상수 k도 용수철의 탄성률, 힘상수, 용수철 상수 등 다양하게 불리는데 용어보다는 의미에 중점을 두어야 할 것이다. 용수철에 관한 훅의 법칙은 2.9절 앞부분을 참고하자. 변형에는 물체의 길이가 변하는 **인장변형**(tensile strain), 탁자에 놓인 책의 윗부분에 수평방향의 힘을 가하면 책이 찌그러지는 것과 같은 **층밀림변형**(전단변형, shear strain), 바다속에서 물체가 압력을 받아 부피가 줄어드는 것과 같은 **부피변형**(volume strain)의 세 가지가 있는데, 이

를 발생시키는 변형력을 **인장력**(tensile stress), **층밀림변형력**(전단응력, shear stress), **압력**(pressure) 등으로 다르게 부른다.

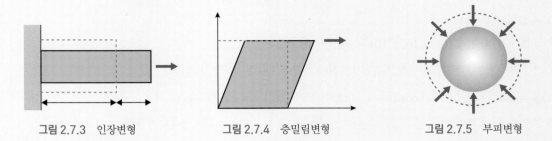

그림 2.7.3 인장변형   그림 2.7.4 층밀림변형   그림 2.7.5 부피변형

세 가지 변형에 대해 (a)에서 비례상수인 탄성률도 **영률**(Young's modulus), **층밀림탄성률**(shear modulus), **부피탄성률**(bulk modulus)로 부른다. 부피변형의 경우는 부피탄성률의 역수인 **압축률**(compressibility)을 사용하기도 한다.

본론으로 돌아가서 예제 7의 (a)의 유도과정을 간략히 살펴보자. 그림 2.7.1의 보는 하중에 의해 보의 상부에서는 압축 인장변형이, 하부에서는 팽창 인장변형이 생기는데, 이로 인해 층밀림변형력도 발생한다. 탄성이론에 의하면 보의 **휨모멘트**(bending moment) $M(x)$와 보에 작용하는 단위길이당 하중 $W(x)$와는

$$\frac{d^2 M}{dx^2} = W(x) \tag{b}$$

의 관계가 성립하며, $M(x)$는 보의 수직변위 y의 **곡률**(curvature)에 비례하여

$$M(x) = YI\kappa \tag{c}$$

가 성립한다. 여기서 κ(카파)는 곡률이고, Y와 I는 예제 7에서 이미 설명하였다. 미적분학에서 $\kappa = \dfrac{y''}{[1 + (y')^2]^{3/2}}$ 인데, 수직변위가 크지 않으면, 즉 $y' \simeq 0$ 이면 $\kappa \simeq y''$ 이다. 따라서 (c)는 $M(x) = YIy''$ 이 되고 이를 (b)에 대입하여 예제 7의 식 (a)가 되는 것이다. 여기서 dM/dx가 층밀림변형력이다.

보의 양단에 적용할 수 있는 경계조건은 그림 2.7.6과 같이

(1) 지지(supported)   (2) 삽입(embedded)   (3) 자유단(free end)

등이 있다. (2)는 이미 예제 7에서 설명하였다. (1)은 뾰족한 지지대로 받쳐진 경우로 $x = L$이 경계일 때 $y(L) = 0$, $y''(L) = 0$이다. 여기서 두 번째 조건은 경계에서 휨모멘트가 0이라는 것이다. (3)은 한 쪽 경계가 자유로운 상태인 경우로 비행기 날개, 다이빙 보드, 아파트에 설치된 테라스 등이 여기에 해당하며, 경계조건은 $y''(L) = 0$, $y'''(L) = 0$이다. 여기서 두 번째 조건은 층밀림변형력이 0임을 의미한다.

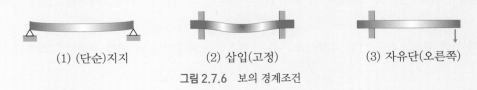

(1) (단순)지지   (2) 삽입(고정)   (3) 자유단(오른쪽)

그림 2.7.6 보의 경계조건

2.7   연습문제

1. 미분방정식 또는 초기값 문제를 풀어라.

(1) $y^{(4)} - 16y = 0$ (2) $y''' + 9y'' + 27y' + 27y = 0$

(3) $(D^3 - D^2 - D + 1)y = 0$

(4) $y^{(4)} = 0$, $y(0) = 1$, $y'(0) = 16$, $y''(0) = -4$, $y'''(0) = 24$

(5) $(D^4 + 10D^2 + 9)y = 0$, $y(0) = 0$, $y'(0) = 0$, $y''(0) = 32$, $y'''(0) = 0$

(답) (1) $y = c_1 e^{2x} + c_2 e^{-2x} + c_3 \cos 2x + c_4 \sin 2x$ (2) $y = c_1 e^{-3x} + c_2 x e^{-3x} + c_3 x^2 e^{-3x}$

(3) $y = c_1 e^{-x} + c_2 e^x + c_3 x e^x$ (4) $y = 1 + 16x - 2x^2 + 4x^3$

(5) $y = 4\cos x - 4\cos 3x$

2. 미분방정식 또는 초기값 문제를 미정계수법으로 풀어라.

(1) $y''' + 3y'' + 3y' + y = 8e^x + x + 3$

(2) $y^{(4)} + 10y'' + 9y = 40\sinh x$, $y(0) = 0$, $y'(0) = 6$, $y''(0) = 0$, $y'''(0) = -26$

(답) (1) $y = c_1 e^{-x} + c_2 x e^{-x} + c_3 x^2 e^{-x} + e^x + x$ (2) $y = \sin x + \sin 3x + 2\sinh x$

3. 미분방정식 또는 초기값 문제를 매개변수변환법으로 풀어라.

(1) $y''' + 3y'' + 3y' + y = 8e^x + x + 3$ [문제 2(1)의 결과와 비교하라.]

(2) $x^3 y''' + x^2 y'' - 2xy' + 2y = x^{-2}$

(3) $x^3 y''' - 3x^2 y'' + 6xy' - 6y = 24x^5$, $y(1) = 1$, $y'(1) = 3$, $y''(1) = 14$

(답) (1) $y = c_1 e^{-x} + c_2 x e^{-x} + c_3 x^2 e^{-x} + e^x + x$ (2) $y = c_1 x + \dfrac{c_2}{x} + c_3 x^2 - \dfrac{1}{12x^2}$

(3) $y = x - x^3 + x^5$

4. 2.5절 예제 5의 미분방정식을 제차화하여 특수해를 구하라.

(답) $y_p = -\dfrac{8}{3} x e^x$

5. 미분방정식 $(D^2 + 1)y = \sin x$를 제차화 하여 일반해를 구하라.

(답) $y = c_1 \cos x + c_2 \sin x - \dfrac{1}{2} x \cos x$

6. (1) 예제 7에서 왼쪽, 오른쪽 경계조건이 모두 (단순)지지일 때 해를 구하여 그래프를 그리고, y의 최대값을 구하라.

(2) 예제 7에서 왼쪽 경계조건은 삽입(고정), 오른쪽 경계조건은 자유단일 때 해를 구하고 그래프를 그려라.

(답) (1) $y = x - 2x^3 + x^4$, $y_{max} = \dfrac{5}{16} = 0.3125$　　　　(2) $y = 6x^2 - 4x^3 + x^4$

2.8 선형 연립미분방정식

다수의 미분방정식에 다수의 미지함수가 섞여 있으면(coupled) 이를 **연립미분방정식**(system of coupled differential equations)이라 한다. 각각의 미분방정식이 선형인 경우는 선형 연립미분방정식, 그렇지 않으면 비선형 연립미분방정식이다. 예를 들어 2개의 미분방정식

$$\frac{dx}{dt} = -x + y, \qquad \frac{dy}{dt} = 2x$$

는 미지함수 $x(t)$, $y(t)$를 서로 공유하고, 각각의 미분방정식이 선형이므로 선형 연립미분방정식이다. 연립미분방정식이 비선형인 경우에는 일반적으로 정확한 해를 구하는 것은 불가능하지만 선형인 경우에는 비교적 쉽게 해를 구할 수 있다. 이 절에서는 소거법 또는 대입법으로 선형 연립미분방정식의 해를 구하는 방법을 소개한다.

D를 이용한 미분의 표현

$D = \dfrac{d}{dx}$ 로 정의하면 미분방정식을 보다 간단히 표현할 수 있다. 예를 들면 $\dfrac{dy}{dx} + y = 0$ 은 $(D+1)y = 0$ 으로 $\dfrac{d^2 y}{dx^2} + 2\dfrac{dy}{dx} + y = 0$ 은 $(D^2 + 2D + 1)y = 0$ 또는 $(D+1)^2 y = 0$ 으로 쓸 수 있다.

소거법을 이용한 선형 연립미분방정식의 풀이

연립 미분방정식에서 미지함수의 개수를 줄여 하나의 미지함수에 대한 미분방정식을 만드는 방법을 **소거법**(elimination method) 또는 **대입법**(substitution method)이라 한다. 중학교 과정에서도 연립(대수)방정식을 풀기 위해 미지수의 개수를 줄이는 방법으로 소거법과 대입법을 배운 적이 있을 것이다. 여기서도 비슷한 방법을 사용한다. 다음 예제를 보자.

예제 1 제차 선형 연립미분방정식

선형 연립미분방정식

$$\frac{dx}{dt} = -x + y, \quad \frac{dy}{dt} = 2x \tag{a}$$

의 해를 구하라. 초기조건은 $x(0) = 0$, $y(0) = 3$이다.

(풀이) (a)를 $D = \frac{d}{dt}$ 를 사용하여 다시 쓰면

$$(D+1)x - y = 0 \tag{b}$$

$$-2x + Dy = 0 \tag{c}$$

이다. 미지함수 $y(t)$를 소거하기 위해 (b)에 D를 곱하여[1] (c)와 더하면

$$(D^2 + D - 2)x = 0 \tag{d}$$

이 되는데, 이는 상수계수 2계 상미분방정식 $\frac{d^2x}{dt^2} + \frac{dx}{dt} - 2x = 0$ 을 의미한다. 따라서 특성방정식 $m^2 + m - 2 = (m-1)(m+2) = 0$에서 $m = 1, -2$이므로[2] 해는

$$x(t) = c_1 e^t + c_2 e^{-2t} \tag{e}$$

이다. 한편 (b)에서 $y = (D+1)x$이므로 여기에 (e)의 $x(t)$를 대입하면

$$y(t) = c_1 e^t - 2c_2 e^{-2t} + c_1 e^t + c_2 e^{-2t} = 2c_1 e^t - c_2 e^{-2t} \tag{f}$$

이다. (e)와 (f)에 초기조건을 적용하면 $x(0) = c_1 + c_2 = 0$, $y(0) = 2c_1 - c_2 = 3$에서 $c_1 = 1$, $c_2 = -1$이므로 특수해는

$$x(t) = e^t - e^{-2t}, \quad y(t) = 2e^t + e^{-2t}$$

이다. 이들이 (a)와 초기조건을 만족하는지 독자들이 확인해 보아라.

☞ (1) 정확히 말하면 D를 곱하는 것이 아니고 양변을 미분하는 것이다.
(2) (d)를 $(D-1)(D+2)x = 0$으로 나타내고 D를 특성방정식의 m으로 생각하면 따로 특성방정식을 세우지 않고도 해를 구할 수 있다. 상수계수 미분방정식의 풀이에 자주 사용하는 방법이다.

예제1에서는 제차 연립미분방정식의 해를 구했다. 동일한 방법이 비제차 연립미분
방정식의 풀이에도 사용된다.

예제 2   비제차 선형 연립미분방정식

$2x' + y' - y = t$, $x' + y' = t^2$, $x(0) = 1$, $y(0) = 0$ 의 해를 구하라.

(풀이) 방정식의 우변이 0이 아니므로 비제차이다. 연립미분방정식을

$$2Dx + (D-1)y = t \tag{a}$$

$$Dx + Dy = t^2 \tag{b}$$

으로 쓰자. (b)에 -2를 곱하여 (a)와 더하면 비제차 1계 상미분방정식

$$(D+1)y = 2t^2 - t \tag{c}$$

를 얻는다. 이의 제차해는 $y_h = ce^{-t}$이고, 특수해를 $y_p = At^2 + Bt + C$로 가정하여 (c)에 대입하면 $A = 2$, $B = -5$, $C = 5$이므로 $y_p = 2t^2 - 5t + 5$이다. 따라서 일반해는 $y = y_h + y_p = ce^{-t} + 2t^2 - 5t + 5$이다. 여기에 초기조건 $y(0) = 0$을 적용하면 $c = -5$이므로

$$y(t) = -5e^{-t} + 2t^2 - 5t + 5 \tag{d}$$

이다. (b)에서 $Dx = t^2 - Dy$이고, (d)에서 $Dy = 5e^{-t} + 4t - 5$이므로

$$Dx = t^2 - 5e^{-t} - 4t + 5$$

의 양변을 적분하여 $x(t) = 5e^{-t} - 2t^2 + 5t + \dfrac{1}{3}t^3 + c_1$ 을 구한다. 여기서 c_1은 적분상수이다. 초기조건 $x(0) = 1$을 적용하면 $c_1 = -4$, 따라서

$$x(t) = 5e^{-t} - 2t^2 + 5t + \frac{1}{3}t^3 - 4 \tag{e}$$

이다. 즉 해는 (d)와 (e)이다.

☞ 비제차 미분방정식의 미지함수의 수를 줄이기 위해 식의 양변을 미분할 때 주의할 점이 있다. 예를 들어 $Dy = 3$의 양변에 $D+1$을 곱하면 $D(D+1)y = (D+1)(3) = D(3) + 1(3) = 0 + 3 = 3$이다.

선형 연립미분방정식의 응용

다음은 선형 연립미분방정식을 이용하는 응용의 예이다. 필요시 1.5절 예제 6을 참고하라.

예제 3   용액의 혼합

2개의 수조가 그림 2.8.1과 같이 연결되어 있다. 수조 1에는 소금 100 kg이 녹아 있는 소금물 100 m³이 들어 있고, 수조 2에는 순수한 물 100 m³이 들어 있다. 펌프에 의해 2개의 수조에서 잘 섞인 소금물이 순환을 시작한다. 시간 t에서 수조 1과 2에 들어 있는 소금의 무게 $y_1(t)$와 $y_2(t)$를 구하라.

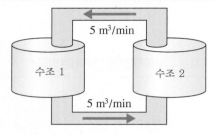

그림 2.8.1   닫힌계(closed system)

(풀이) 수조 1에서 소금의 유입률은 $(5 \text{ m}^3/\text{min})\left(\frac{y_2}{100} \text{ kg/m}^3\right) = \frac{1}{20}y_2 \text{ kg/min}$ 이고 유출률은 $(5 \text{ m}^3/\text{min})\left(\frac{y_1}{100} \text{ kg/m}^3\right) = \frac{1}{20}y_1 \text{ kg/min}$ 이므로 미분방정식 $\frac{dy_1}{dt} = \frac{1}{20}(y_2 - y_1)$이 성립한다. 마찬가지로 수조 2에서도 $\frac{dy_2}{dt} = \frac{1}{20}(y_1 - y_2)$가 성립한다. 두 식은 선형 연립미분방정식

$$\left(D + \frac{1}{20}\right)y_1 - \frac{1}{20}y_2 = 0 \tag{a}$$

$$-\frac{1}{20}y_1 + \left(D + \frac{1}{20}\right)y_2 = 0 \tag{b}$$

을 구성한다. (a)에 $\left(D + \frac{1}{20}\right)$을 곱하고 (b)에는 $\frac{1}{20}$을 곱하여 두 식을 더하면

$\left[\left(D + \frac{1}{20}\right)^2 - \left(\frac{1}{20}\right)^2\right]y_1 = 0$, 즉 $D\left(D + \frac{1}{10}\right)y_1 = 0$ 이 되므로 해

$$y_1(t) = c_1 + c_2 e^{-t/10} \tag{c}$$

를 얻는다. 한편 (a)에서 $y_2 = 20\left(D + \frac{1}{20}\right)y_1$ 이므로 여기에 (c)를 대입하면

$$y_2(t) = c_1 - c_2 e^{-t/10} \tag{d}$$

이다. (c)와 (d)에 초기조건 $y_1(0) = 100$, $y_2(0) = 0$을 적용하면 $c_1 = c_2 = 50$이므로

$$y_1(t) = 50(1 + e^{-t/10}), \quad y_2(t) = 50(1 - e^{-t/10})$$

이다.

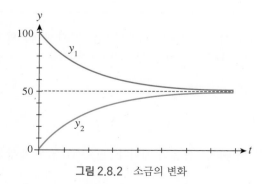

그림 2.8.2   소금의 변화

☞ 그림 2.8.2를 보면 수조 1의 소금은 시간에 따라 감소하고, 수조 2의 소금은 시간에 따라 증가한다. 하지만 두 수조는 외부로부터 소금의 유입, 유출이 없는 **닫힌계**(closed system) 또는 **고립계**(isolated system)이므로 두 수조의 전체 소금의 양은 변하지 않는다. 이는 $y_1(t) + y_2(t) = 100$, 즉 전체 소금의 양이 시간에 관계없이 처음 소금의 양 100과 같아지는 것으로도 확인할 수 있다. 이를 이용하면 예제 3의 해를 하나의 미분방정식을 풀어 구할 수 있다(연습문제 2 참고). 연습문제 3은 **열린계**(open system)에 관한 것이다. 계의 바깥을 **환경**(environment)이라고 한다. 열린계에서는 계와 환경 사이에 전달이 존재한다. 하지만 우리는 계의 변화만 주목할 뿐이다. 환경의 변화까지 생각하는 것은 너무 복잡한 일이다. 예를 들어 발전소에서 가열된 온수를 바닷물을 이용해서 냉각할 때 바닷물의 온도 변화는 고려하지 않는다. 물론 바다는 열용량(heat capacity)이 매우 큰 **열저장체**(heat reservoir)이므로 그럴 필요도 없다.

예제 3에서 보인 수학적 접근방법은 단지 용액의 혼합뿐 아니라 전기회로 또는 질량-용수철계 등 다른 문제에 대해서도 동일하게 적용된다. 전공을 막론하고 공과대학의 모든 학과에서 수학을 공부해야 하는 이유이다. 유사한 응용의 예는 수없이 많지만 연습문제를 통해 몇몇 사례를 공부하기 바란다. 여러 문제를 대충 푸는 것보다는 한 문제라도 정확히 이해하고 푸는 것이 중요하다.

▌ 2.8 연습문제

1. 연립미분방정식 또는 연립 초기값 문제의 해를 구하라. (푸는 방식에 따라 답이 다를 수 있다. 하지만 임의의 상수를 새롭게 정의하면 제공된 답과 같아질 것이다.)

(1) $\dfrac{dx}{dt} = x + y,\ \dfrac{dy}{dt} = x - y$ 　　(2) $\dfrac{d^2x}{dt^2} = 4y + e^t,\ \dfrac{d^2y}{dt^2} = x - e^t$

(3) $D^2x - 2D(D+1)y = \sin t,\ Dy + x = 0$; $x(0) = 0,\ x'(0) = 1/5,\ y(0) = 0$

(4) $Dx = y,\ Dy = z,\ Dz = x$; $x(0) = 3,\ y(0) = \sqrt{3},\ z(0) = -\sqrt{3}$

(**답**) (1) $x(t) = \left(c_1 + \sqrt{2}\,c_2\right)\cosh\sqrt{2}\,t + \left(\sqrt{2}\,c_1 + c_2\right)\sinh\sqrt{2}\,t,\ y(t) = c_1\cosh\sqrt{2}\,t + c_2\sinh\sqrt{2}\,t$

(2) $x(t) = 2c_1 e^{\sqrt{2}t} + 2c_2 e^{-\sqrt{2}t} - 2c_3\cos\sqrt{2}\,t - 2c_4\sin\sqrt{2}\,t + e^t,$

　　$y(t) = c_1 e^{\sqrt{2}t} + c_2 e^{-\sqrt{2}t} + c_3\cos\sqrt{2}\,t + c_4\sin\sqrt{2}\,t$

(3) $x(t) = \dfrac{2}{5}e^{-t}(\cos t + \sin t) + \dfrac{1}{5}\sin t - \dfrac{2}{5}\cos t,\ y(t) = -\dfrac{3}{5} + \dfrac{2}{5}e^{-t}\cos t + \dfrac{1}{5}\cos t + \dfrac{2}{5}\sin t$

(4) $x(t) = e^t + 2e^{-t/2}\left(\cos\dfrac{\sqrt{3}}{2}t + \sin\dfrac{\sqrt{3}}{2}t\right),\ y(t) = e^t + e^{-t/2}\left[(\sqrt{3}-1)\cos\dfrac{\sqrt{3}}{2}t - (\sqrt{3}+1)\sin\dfrac{\sqrt{3}}{2}t\right],$

　　$z(t) = e^t + e^{-t/2}\left[-(\sqrt{3}+1)\cos\dfrac{\sqrt{3}}{2}t + (\sqrt{3}-1)\sin\dfrac{\sqrt{3}}{2}t\right]$

2. 예제 3을 하나의 미분방정식을 이용하여 풀어라.

3. 2개의 수조가 그림 2.8.3과 같이 연결되어 있다. 수조 1에는 소금 50 kg이 녹아 있는 소금물 50 m³이 들어 있고, 수조 2에는 순수한 물 50 m³이 들어 있다. 펌프에 의해 2개의 수조에서 잘 섞인 소금물이 순환을 시작한다.

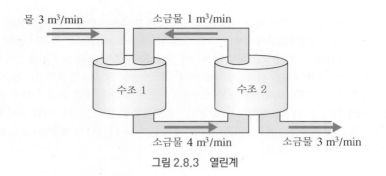

물 3 m³/min   소금물 1 m³/min

수조 1   수조 2

소금물 4 m³/min   소금물 3 m³/min

그림 2.8.3   열린계

(1) 시간 t에서 수조 1과 2에 들어 있는 소금의 양 $y_1(t)$와 $y_2(t)$를 구하고 그래프로 그려라.

(2) 수조 1과 2의 소금의 양이 같아지는 시간과 수조 2의 소금의 양이 최대가 되는 시간을 구하라. 두 시간이 같은가? 그렇다면 그 이유를 물리적으로 설명하라.

(3) 문제 (2)의 시간 이후에는 어떤 수조의 소금이 더 많은가? 이유를 물리적으로 설명하라.

(4) 시간이 충분히 경과할 때 두 수조의 소금 양을 계산하고, 이유를 물리적으로 설명하라.

(답) (1) $y_1(t) = 25(e^{-t/25} + e^{-3t/25})$, $y_2(t) = 50(e^{-t/25} - e^{-3t/25})$

(2) $t = \dfrac{25}{2}\ln 3 \simeq 13.7$ 분으로 같다. (3) 수조 2   (4) 모두 없어짐.

4. 그림 2.8.4의 회로는 $L\dfrac{di_1}{dt} + Ri_2 = E(t)$, $\dfrac{1}{C}\displaystyle\int (i_1 - i_2)dt - Ri_2 = 0$ 으로 나타난다. 여기서 두 번째 식은 적분방정식인데, 양변을 미분하면 미분방정식 $RC\dfrac{di_2}{dt} + i_2 - i_1 = 0$이 된다. $E = 60$ [V], $L = 1$ [H], $R = 50$ [Ω], $C = 10^{-4}$ [F]이고, $i_1(0) = i_2(0) = 0$ [A]일 때 전류 $i_1(t)$, $i_2(t)$를 구하라.

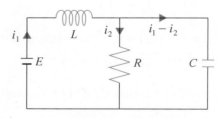

i_1 L i_2 $i_1 - i_2$

E R C

그림 2.8.4   2환 회로

(답) $i_1(t) = \dfrac{6}{5} - \dfrac{6}{5}e^{-100t} - 60te^{-100t}$, $i_2(t) = \dfrac{6}{5} - \dfrac{6}{5}e^{-100t} - 120te^{-100t}$

5. 방사성 물질의 연쇄붕괴: 1.5절에서 방사성 원소가 한 번 붕괴하여 안정한 원소가 되는 경우를 다루었다. 하지만 방사성 원소가 붕괴하여 다른 방사성 원소가 되는 **연쇄붕괴**(chain decay)의 경우도 있다. 그림 2.8.5와 같이 방사성 원소 N_1이 붕괴하여 방사성 원소 N_2가 생성되고, N_2가 다시 붕괴하여 안정 원소 N_3가 되는 경우를 생각하자. 이 경우에는 식 (1.5.2) 대신

$$\frac{dN_1}{dt} = -\lambda_1 N_1 \quad \text{(a)} \qquad \frac{dN_2}{dt} = \lambda_1 N_1 - \lambda_2 N_2 \quad \text{(b)}$$

로 나타난다. 여기서 λ_1, λ_2는 각각 N_1, N_2의 붕괴상수이다. 초기조건은 $N_1(0) = N_{10}$, $N_2(0) = 0$, $N_3(0) = 0$으로 가정한다.

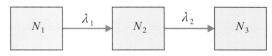

그림 2.8.5 방사성 물질의 연쇄붕괴

(1) $N_1(t)$, $N_2(t)$, $N_3(t)$를 구하라. $N_3(t)$는 미분방정식을 풀지 않고 구한다.

(2) (a)에는 미지함수가 N_1만 있으므로 사실 (a)와 (b)는 연립방정식이 아니다. (a)의 해를 식 (1.5.3)에 의해 구할 수 있으므로, 이를 (b)에 대입하면 N_2에 대한 1계 비제차 미분방정식을 얻을 수 있고 적분인자를 이용하여 N_2를 구할 수 있다. 이러한 방법으로 $N_1(t)$, $N_2(t)$, $N_3(t)$를 구하라.

(3) $N_1(t)$, $N_2(t)$, $N_3(t)$를 하나의 그래프 안에 모두 그려라.

(답) (1), (2) $N_1(t) = N_{10}e^{-\lambda_1 t}$, $N_2(t) = \dfrac{\lambda_1}{\lambda_2 - \lambda_1}N_{10}(e^{-\lambda_1 t} - e^{-\lambda_2 t})$, $N_3(t) = N_{10} - N_1(t) - N_2(t)$

6. 3.5절 예제 2를 이 절에서 설명한 방법으로 풀고 결과를 비교하라.

2.9 질량-용수철계

미분방정식은 자연과학이나 공학 분야뿐 아니라 인문·사회과학 분야에서도 그 활용도가 증가하며 탐구 대상을 정량적, 정성적으로 해석하는 훌륭한 도구이다. 미분방정식의 구체적 형태는 적용되는 분야나 대상에 따라 달라지겠지만 본질적 특징은 동일하다. 이 절에서는 **질량-용수철계**(mass-spring system)를 2계 미분방정식으로 기술하고, 이의 해를 이용하여 운동을 해석하고 결과를 예측하는 과정을 보인다. 학생들은 이를 통해 대상을 모형화(modeling)한 초기값 문제와 그 해가 실제 현상을 정확히 기술하고 있음을 알게 될 것이며, 이러한 과정을 경험하면서 이공계 전공에 필요한 수학적 해석 능력을 키울 수 있다. 질량-용수철계는 저항, 축전기, 인덕터로 구성된 전기회로와 수학적 해석이 동일한데, 이에 대한 내용은 2.10절에서 다룬다.

계와 환경

우리가 자연과학을 다룰 때 **계**(system)라는 개념을 사용한다. 우주의 어떤 작은 부분을 계로 정하고 계를 제외한 나머지 부분에 대한 구체적 변화는 무시하여 문제를 단순화 하는 것이다. 유효한 계는 하나의 물체 또는 입자일 수 있지만 이들의 집합체일 수도 있다. 계는 **경계**(boundary)라는 가상의 선 또는 면을 갖는데 이것이 물리적 경계와 일치하지 않을 수도 있다. 경계의 외부를 **환경**(environment)이라고 한다. 위의 질량-용수철계는 용수철과 거기에 매달린 질량을 하나의 계로 보는 것이다. 필요하다면 질량의 운동에 영향을 미치는 주변 공간을 계에 포함시킬 수도 있다.

훅의 법칙

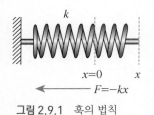

그림 2.9.1   훅의 법칙

용수철은 길이가 늘어나면 당기는 힘을, 길이가 줄어들면 미는 힘을 작용하는데, 이러한 복원력의 크기는 용수철의 변화된 길이에 비례한다. 이러한 특성을 **훅의 법칙**(Hooke's law, Robert Hooke, 1635-1703, 영국)

$$F = -kx \tag{2.9.1}$$

로 표현한다. 여기서 F는 용수철의 **복원력**(restoring force), k는 용수철의 **힘상수**(비례상수), x는 용수철이 원래의 길이 $x = 0$으로부터 변화된 길이로 x가 양이면 늘어난 길이이고 음이면 줄어든 길이이다. $(-)$ 기호는 용수철의 복원력이 길이의 변화에 반대 방향으로 작용함을 뜻한다.

(1) 자유비감쇠 운동

질량 m인 물체가 힘상수 k인 용수철에 매달려 있는 질량-용수철계를 생각하자. $y(t)$는 시간 t에서 질량의 **수직변위**(vertical displacement)이다. 그림 2.9.2와 같이 질량 m의 무게에 의해 용수철의 길이가 원래의 길이로부터 s만큼 증가했을 때 m의 위치를 **평형점**(equilibrium point) $y = 0$이라 하고, 용수철의 길이가 줄어드는 위 방향을 $(-)$ 방향, 용수철의 길이가 늘어나는 아래 방향을 $(+)$ 방향으로 정하자. 질량

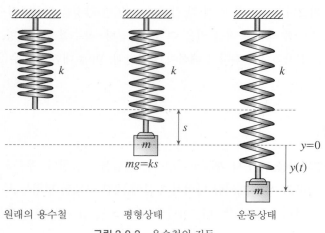

그림 2.9.2   용수철의 진동

이 상하운동을 하는 동안 어떠한 외부힘도 작용하지 않고(free motion), 운동을 방해하는 매질의 감쇠효과도 없다(undamped motion)고 가정한다. 따라서 운동하는 물체 m에 작용하는 힘은 질량의 무게 mg와 용수철의 복원력 $-k(s + y)$뿐이고 질량의 가속도는 $a = d^2y/dt^2$이므로 뉴턴 제2법칙 $F = ma$에서

$$-k(s + y) + mg = m\frac{d^2y}{dt^2}$$

이 된다. 질량이 평형점에 있을 때 $mg = ks$였으므로 위 식은 $-ky = m\dfrac{d^2y}{dt^2}$ 또는

$$m\frac{d^2y}{dt^2} + ky = 0 \qquad (2.9.2)$$

이 된다. 식 (2.9.2)로 표현되는 운동을 **단조화 운동**(simple harmonic motion) 또는 **자유비감쇠 운동**(free undamped motion)이라 한다. 식 (2.9.2)는 $\omega^2 = k/m$라 할 때

$$\frac{d^2y}{dt^2} + \omega^2 y = 0 \qquad (2.9.3)$$

과 같이 쓸 수 있으며, m과 k가 일정할 때 식 (2.9.3)은 상수계수 2계 미분방정식으로 그 해는 2.3절에서 설명한 바와 같이

$$y(t) = c_1 \cos\omega t + c_2 \sin\omega t \qquad (2.9.4)$$

이다. (특성방정식 $m^2 + \omega^2 = 0$에서 $m = \pm\omega i$임을 이용하거나 단순한 추측으로도 해를 구할 수 있을 것이다.) 식 (2.9.4)는 **삼각함수 합성**에 의해

$$y(t) = A\sin(\omega t + \theta) \qquad (2.9.5)$$

와 같이 간단해지는데, 여기서 $A = \sqrt{c_1^2 + c_2^2}$, $\theta = \tan^{-1}\dfrac{c_1}{c_2}$이다. c_1과 c_2는 초기조건에 의해 구해지는 상수이며 A를 **진폭**(amplitude), ω를 **각진동수**(angular frequency), $f = \omega/2\pi$를 **진동수**(frequency), $T = 1/f$를 **주기**(period)라고 한다. 특히 질량 m과 용수철의 힘상수 k에 의해 $\omega = \sqrt{k/m}$에 따라 결정되는 진동수를 질량–용수철계의 **고유진동수**(natural frequency)라 한다. 식 (2.9.5)에 의하면 질량–용수철계의 자유비감쇠 운동은 진폭이 시간에 관계없이 일정하게 유지되는 운동이다.

식 (2.9.2)의 양변에 y'을 곱하고 t에 대해 부분적분하면(상수 E_0, $v = dy/dt$)

$$\frac{1}{2}mv^2 + \frac{1}{2}ky^2 = E_0 \qquad (2.9.6)$$

이 되어, 질량–용수철계의 총 에너지가 질량의 **운동에너지**와 용수철의 **탄성에너지**의 합임을 알 수 있다(연습문제 2).

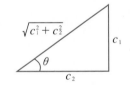

그림 2.9.3 삼각함수 합성

예제 1   자유비감쇠 운동

질량 2 kg인 물체가 힘상수 32 N/cm인 용수철에 매달려 있다. 시간 $t = 0$에서 질량을 평형점 10 cm 아래까지 잡아당긴 후 정지상태에서 놓아 운동을 시작하였다. 질량의 수직변위 $y(t)$를 구하라.

(풀이) $m = 2$, $k = 32$이므로 식 (2.9.2) 또는 (2.9.3)에서

$$2\frac{d^2y}{dt^2} + 32y = 0 \quad 또는 \quad \frac{d^2y}{dt^2} + 16y = 0$$

이다. 특성방정식 $m^2 + 16 = 0$, $m = \pm 4i$에 의해 일반해는(여기서 m은 질량이 아님)

$$y(t) = c_1\cos 4t + c_2\sin 4t$$

이다. 초기조건 $y(0) = 10$, $\left.\dfrac{dy}{dt}\right|_{t=0} = 0$에서

$$y(0) = 10 = c_1\cos(4\cdot 0) + c_2\sin(4\cdot 0), \quad c_1 = 10$$

$$\left.\frac{dy}{dt}\right|_{t=0} = 0 = -4c_1\sin(4\cdot 0) + 4c_2\cos(4\cdot 0), \quad c_2 = 0$$

이므로

$$y(t) = 10\cos 4t.$$

예제 1의 해를 그래프로 그리면 그림 2.9.4와 같다. 앞에서 진동의 수직변위 y의 아래 방향을 (+)로 잡았기 때문에 $y(t) = 10\cos 4t$의 그래프도 아래가 (+)가 되도록 거꾸로 그렸다. 이는 질량 m의 위치가 시간에 따라 어떻게 변하는지를 알려준다. 예를 들어 진동의 주기는 $2\pi/\omega = 2\pi/4 = \pi/2$초, 고유진동수는 $2/\pi/$초, 진폭은 시간에 관계없이 10 cm이고, 질량은 매 $\pi/4$초마다 속도가 0인 상태로 최고점 또는 최저점에 도달하며, 질량이 평형점을 통과할 때 속도가 가장 빠를 것이다(접선의 기울기

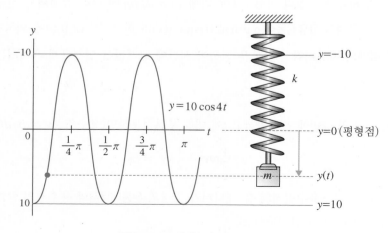

그림 2.9.4 예제 1의 진동

가 속도이므로). 만약 질량의 속도를 알고 싶으면 y를 t로 미분하면 된다.

(2) 자유감쇠 운동

앞에서는 질량과 용수철만을 계로 보았다. 이제 질량 주변의 매질을 계에 추가하여 자유비감쇠 운동에서 무시했던 매질의 **감쇠효과**(damping effect)를 포함한 운동을 고려해 보자. 매질 내에서 운동하는 물체는 매질로부터 운동을 방해하는 **감쇠력**(damping force)을 받는데, 일반적으로 매질의 감쇠력은 물체의 속도에 비례한다. 비례상수인 매질의 **감쇠상수**(damping constant)는 매질의 종류에 따라 다르며, 이를 β라 하면 물체의 속도는 $\dfrac{dy}{dt}$이므로 감쇠력은 $\beta\dfrac{dy}{dt}$이다. 따라서 질량-용수철계에 감쇠력을 적용하면 뉴턴 제2법칙에 의해 $-ky - \beta\dfrac{dy}{dt} = m\dfrac{d^2y}{dt^2}$ 또는

$$m\frac{d^2y}{dt^2} + \beta\frac{dy}{dt} + ky = 0 \tag{2.9.7}$$

을 얻는다. 이는 **자유감쇠 운동**(free damped motion)을 나타낸다.

식 (2.9.7)의 양변을 m으로 나누고 $2\lambda = \beta/m$로 놓으면

$$\frac{d^2y}{dt^2} + 2\lambda\frac{dy}{dt} + \omega^2 y = 0 \quad (\lambda > 0, \ \omega > 0) \tag{2.9.8}$$

이 되는데, 특성방정식 $m^2 + 2\lambda m + \omega^2 = 0$의 근의 종류에 따라 운동의 형태가 다음과 같이 달라진다.

☞ β/m을 λ가 아닌 2λ로 놓은 이유를 생각해보자.

(i) 서로 다른 두 실근 $m = -\lambda \pm \sqrt{\lambda^2 - \omega^2} \ (\lambda > \omega)$인 경우

특성방정식의 해가

$$m_1 = -\lambda + \sqrt{\lambda^2 - \omega^2}, \qquad m_2 = -\lambda - \sqrt{\lambda^2 - \omega^2}$$

이므로 일반해는

$$y(t) = c_1 e^{m_1 t} + c_2 e^{m_2 t} = c_1 e^{(-\lambda + \sqrt{\lambda^2 - \omega^2})t} + c_2 e^{(-\lambda - \sqrt{\lambda^2 - \omega^2})t} \tag{2.9.9}$$

이다. 식 (2.9.9)를 자세히 보면 t가 증가할 때 $e^{(-\lambda + \sqrt{\lambda^2 - \omega^2})t}$와 $e^{(-\lambda - \sqrt{\lambda^2 - \omega^2})t}$의 지수부가 음이고 모두 0으로 수렴하는 감소함수이므로 그림 2.9.6과 같이 $y(t)$는 시간이 경과함에 따라 진폭이 0으로 감소한다. 이러한 운동은 매질의 감쇠 정도를 나타내는 λ가 용수철의 복원력을 나타내는 ω보다 큰 경우에 나타나는 현상으로 **과감쇠**(over damping)라 한다.

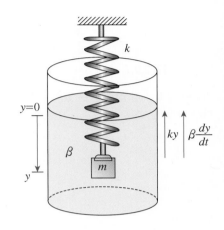

그림 2.9.5 자유감쇠 운동

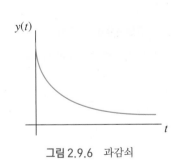

그림 2.9.6 과감쇠

진폭이 시간에 따라 지속적으로 감소함.

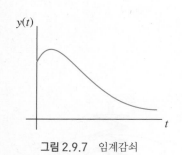

그림 2.9.7 임계감쇠

진폭이 일정 시간 상승할 수 있으나 결국 다시 감소함.

(ii) 중근 $m_1 = -\lambda \ (\lambda = \omega)$인 경우

하나의 해는 $e^{m_1 t}$, 다른 해는 $te^{m_1 t}$이므로 일반해는

$$y(t) = c_1 e^{m_1 t} + c_2 t e^{m_1 t} = c_1 e^{-\lambda t} + c_2 t e^{-\lambda t} \tag{2.9.10}$$

이다. 여기서 $e^{-\lambda t}$는 t가 증가함에 따라 0으로 수렴하는 감소함수이고, $te^{-\lambda t}$는 증가함수 t와 감소함수 $e^{-\lambda t}$의 곱으로 처음에는 증가하다가 결국 0으로 수렴하는[*] 함수이므로 식 (2.9.10)은 그림 2.9.7과 같이 초기에는 상승하고 이후에는 다시 하강하는 운동이 될 수 있다. (λ와 초기조건에 의해 결정되는 상수 c_1, c_2에 따라 달라진다.) 이러한 운동은 매질의 감쇠효과 λ와 용수철의 복원효과 ω가 같은 정도로 작용하는 경우에 나타나는 현상으로 **임계감쇠**(critical damping)라 부른다.

☞ [*] **로피탈 정리**(l'Hopital theorem, Guillaume de l'Hopital, 1661–1704, 프랑스)를 이용하면

$$\lim_{t \to \infty} te^{-\lambda t} = \lim_{t \to \infty} \frac{t}{e^{\lambda t}} = \lim_{t \to \infty} \frac{(t)'}{(e^{\lambda t})'} = \lim_{t \to \infty} \frac{1}{\lambda e^{\lambda t}} = 0 \ .$$

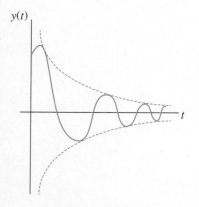

그림 2.9.8 미감쇠

진동을 유지하며 진폭이 감소함.

(iii) 허근 $m = -\lambda \pm \sqrt{\omega^2 - \lambda^2}\, i \ \ (\lambda < \omega)$인 경우

일반해는 $y(t) = e^{-\lambda t}\left(c_1 \cos\sqrt{\omega^2 - \lambda^2}\, t + c_2 \sin\sqrt{\omega^2 - \lambda^2}\, t\right)$인데, 이는 삼각함수 합성에 의해

$$y = A(t)\sin(\sqrt{\omega^2 - \lambda^2}\, t + \theta) \tag{2.9.11}$$

로 쓸 수 있다. 여기서 진폭은 $A(t) = \sqrt{c_1^2 + c_2^2}\, e^{-\lambda t}$, 초기위상은 $\theta = \tan^{-1} c_1 / c_2$이다. $\sin(\sqrt{\omega^2 - \lambda^2}\, t + \theta)$는 시간 t가 증가하더라도 일정하게 -1과 1 사이를 진동하는 함수이지만, 진폭은 시간 t에 대해 감소함수이므로 시간이 지나면 0으로 수렴한다. 따라서 식 (2.9.11)은 그림 2.9.8과 같이 시간이 지남에 따라 진폭이 점점 작아지는 진동을 나타낸다. 이러한 운동은 매질의 감쇠력을 나타내는 λ가 용수철의 복원력을 나타내는 ω보다 작은 경우에 나타나는 현상으로 **미감쇠**(under damping)라 한다.

세 가지 경우 모두 매질의 감쇠력과 용수철 복원력의 정도에 따라 형태는 다르지만 **모든 감쇠진동은 시간이 지나면 진폭이 0이 된다.**

예제 2   자유감쇠 운동

다음은 질량-용수철계의 자유감쇠 운동을 나타내는 여러 경우이다. 질량의 변위 $y(t)$를 구하고 그래프를
그려라. 미분방정식 좌변의 계수 m, β, k가 변화함에 따라 결과가 어떻게 달라지는지 확인하라.

(1) $\dfrac{d^2y}{dt^2} + 5\dfrac{dy}{dt} + 4y = 0$, $y(0) = 3$, $\left.\dfrac{dy}{dt}\right|_{t=0} = 0$

(2) $\dfrac{d^2y}{dt^2} + 4\dfrac{dy}{dt} + 4y = 0$, $y(0) = 3$, $\left.\dfrac{dy}{dt}\right|_{t=0} = 4$

(3) $\dfrac{d^2y}{dt^2} + 2\dfrac{dy}{dt} + 10y = 0$, $y(0) = 3$, $\left.\dfrac{dy}{dt}\right|_{t=0} = -3$

(풀이)

(1) $m^2 + 5m + 4 = (m+1)(m+4) = 0$, $m = -1, -4$(서로 다른 두 실근: 과감쇠)

$$y(t) = c_1 e^{-t} + c_2 e^{-4t}$$

$y(0) = 3 = c_1 + c_2$, $\left.\dfrac{dy}{dt}\right|_{t=0} = 0 = -c_1 - 4c_2$ 에서 $c_1 = 4$, $c_2 = -1$

$$\therefore y(t) = 4e^{-t} - e^{-4t}$$

(2) $m^2 + 4m + 4 = (m+2)^2 = 0$, $m = -2$(중근: 임계감쇠)

$$y(t) = c_1 e^{-2t} + c_2 te^{-2t}$$

$y(0) = 3 = c_1$, $\left.\dfrac{dy}{dt}\right|_{t=0} = 4 = -2c_1 + c_2$ 에서 $c_1 = 3$, $c_2 = 10$

$$\therefore y(t) = 3e^{-2t} + 10te^{-2t} = (3 + 10t)e^{-2t}$$

(3) $m^2 + 2m + 10 = 0$, $m = -1 \pm 3i$(허근: 미감쇠)

$$y(t) = e^{-t}(c_1\cos 3t + c_2\sin 3t)$$

$y(0) = 3 = c_1$, $\left.\dfrac{dy}{dt}\right|_{t=0} = -3 = -c_1 + 3c_2$ 에서 $c_1 = 3$, $c_2 = 0$

$$\therefore y(t) = 3e^{-t}\cos 3t$$

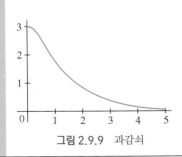

그림 2.9.9   과감쇠

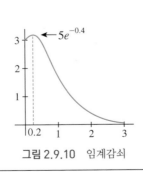

그림 2.9.10   임계감쇠

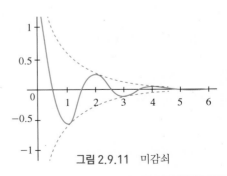

그림 2.9.11   미감쇠

☞ 위의 그래프를 직접 그려라. 고등학교 과정에서 공부한 내용이지만 그래프를 그리기 위해 미분을 하는 이유를 다시
생각해보자.

(3) 강제감쇠 운동

이번에는 용수철의 복원력이나 매질의 감쇠력과 같이 질량의 수직변위 y와 연관되는 계 내부의 힘이 아닌 **외부힘**(external force) $f(t)$가 질량–용수철계에 작용하는 경우를 생각하자. 외부힘은 바람이나 지진 또는 망치로 질량을 때리는 등의 계와 관계 없는 외부 영향에 의해 질량–용수철계에 작용하는 힘이다. 운동방정식은 뉴턴 제2법칙을 적용하여 $-ky - \beta \dfrac{dy}{dt} + f(t) = m \dfrac{d^2y}{dt^2}$ 또는

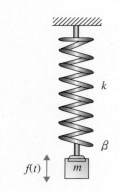

$$m\frac{d^2y}{dt^2} + \beta\frac{dy}{dt} + ky = f(t) \tag{2.9.12}$$

가 되는데, 이를 **강제감쇠 운동**(forced damped motion)이라 한다. 식 (2.9.12)의 양변을 m으로 나누면($\omega^2 = k/m$, $2\lambda = \beta/m$)

$$\frac{d^2y}{dt^2} + 2\lambda\frac{dy}{dt} + \omega^2 y = F(t) \tag{2.9.13}$$

이고, 여기서 $F(t) = f(t)/m$는 단위 질량당 작용하는 외부힘이다. 식 (2.9.13)은 **비제차 미분방정식**임에 유의하자. 앞의 자유비감쇠운동 또는 자유감쇠운동에서는 초기조건으로 주어지는 0이 아닌 초기변위 또는 초기속도가 운동을 유발시키는 요인이었다. 이제는 쉬어가기 2.5에서 설명한대로 외부힘 또는 구동력에 의한 출력이 포함된다.

그림 2.9.12   강제감쇠 운동

예제 3   강제감쇠 운동

$\dfrac{d^2y}{dt^2} + 4\dfrac{dy}{dt} + 3y = 10\cos t$, $y(0) = 5$, $\dfrac{dy}{dt}\Big|_{t=0} = 0$의 해를 구하라.

(풀이) 특성방정식 $m^2 + 4m + 3 = (m+1)(m+3) = 0$, $m = -1, -3$에서 제차해는

$$y_h(t) = c_1 e^{-t} + c_2 e^{-3t}$$

이다. 특수해를 $y_p(t) = A\cos t + B\sin t$로 가정하여 미분방정식에 대입하면

$$(2A + 4B)\cos t + (2B - 4A)\sin t = 10\cos t$$

이고, 양변의 계수를 비교하면 $A = 1$, $B = 2$이므로

$$y_p = \cos t + 2\sin t$$

이다. 따라서 일반해는

$$y(t) = y_h(t) + y_p(t) = c_1 e^{-t} + c_2 e^{-3t} + \cos t + 2\sin t$$

이며, 초기조건을 이용하면 $c_1 = 5$, $c_2 = -1$이므로 구하는 해는

$$y(t) = 5e^{-t} - e^{-3t} + \cos t + 2\sin t.$$

예제 3의 해는 외부힘이 작용하지 않을 때의 해인 제차해 $y_h(t) = 5e^{-t} - e^{-3t}$와 외부힘이 작용할 때의 해인 특수해 $y_p = \cos t + 2\sin t$의 합으로 구성되어 있다. 그림 2.9.13에 제차해 y_h, 특수해 y_p와 이의 합인 $y = y_h + y_p$를 함께 그렸다. 감쇠력이 '과감쇠'로 작용하는 경우이므로 제차해 y_h는 짧은 시간에 소멸하며, 특수해 y_p는 지속적으로 작용하는 외부힘에 의해 감쇠되지 않고 결국 외부힘과 같은 진동수 $f = 1/2\pi$ Hz로 일정하게 진동한다. 따라서 두 운동의 합 y의 진폭은 y_h가 소멸하는 동안에는 크기가 변하고 이후에는 일정한 값을 갖는데, 이렇게 진폭이 변화하는 시간 구간을 **과도구간**(transient region), 그렇지 않은 구간을 **정상구간**(steady state region)이라 한다. 마찬가지 이유로 제차해 y_h를 **과도해**(transient solution), 특수해 y_p를 **정상해**(steady-state solution)라고도 부른다. 한편

$$y_p = \cos t + 2\sin t = \sqrt{5}\cos(t - \theta), \quad \theta = \tan^{-1}2 = 1.107$$

이므로 정상해 y_p는 외부힘 10cos$t$와의 **위상차** θ에 의해 1.107초의 시간 지연이 발생한다(쉬어가기 2.9 참고).

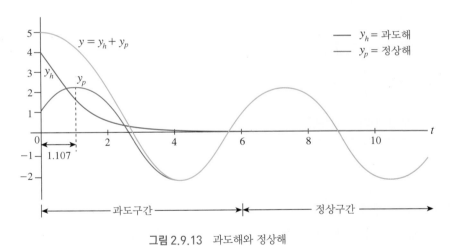

그림 2.9.13 과도해와 정상해

(4) 강제비감쇠 운동과 순수공진

강제감쇠 운동을 나타내는 식 (2.9.12)에서 $\beta = 0$이면 이는 **강제비감쇠 운동**(forced undamped motion)

$$m\frac{d^2y}{dt^2} + ky = f(t) \tag{2.9.14}$$

가 되고, 식 (2.9.14)의 양변을 m으로 나누면

$$\frac{d^2y}{dt^2} + \omega^2 y = F(t) \tag{2.9.15}$$

이다. 다음 예제를 보자.

예제 4   강제비감쇠 운동

F가 상수이고 $\omega \neq \gamma$일 때 $\dfrac{d^2y}{dt^2} + \omega^2 y = F\sin\gamma t$, $y(0) = 0$, $\dfrac{dy}{dt}\Big|_{t=0} = 0$을 풀어라.

(풀이) 제차해는

$$y_h(t) = c_1\cos\omega t + c_2\sin\omega t$$

이며, $\omega \neq \gamma$이므로 특수해를 $y_p(t) = A\sin\gamma t$로 가정하면 $y_p{}' = \gamma A\cos\gamma t$, $y_p{}'' = -\gamma^2 A\sin\gamma t$이므로

$$y_p{}'' + \omega^2 y_p = A(\omega^2 - \gamma^2)\sin\gamma t = F\sin\gamma t$$

에서 $A = \dfrac{F}{\omega^2 - \gamma^2}$ 이다. 따라서 $y_p(t) = \dfrac{F}{\omega^2 - \gamma^2}\sin\gamma t$ 이고, 일반해는

$$y(t) = c_1\cos\omega t + c_2\sin\omega t + \frac{F}{\omega^2 - \gamma^2}\sin\gamma t$$

이다. 초기조건을 이용하여 $c_1 = 0$, $c_2 = -\dfrac{\gamma F}{\omega(\omega^2 - \gamma^2)}$ 를 구할 수 있으므로

$$y(t) = \frac{F}{\omega(\omega^2 - \gamma^2)}(\omega\sin\gamma t - \gamma\sin\omega t) \tag{a}$$

이다. 초기값이 모두 0이므로 외부힘에 의한 진동만 나타난 것이다.

예제 4의 (a)는 제차해 $y_h = -\dfrac{\gamma F}{\omega(\omega^2 - \gamma^2)}\sin\omega t$와 특수해 $y_p = \dfrac{\omega F}{\omega(\omega^2 - \gamma^2)}\sin\gamma t$ 의 합이다. y_h는 예제 3에서와 마찬가지로 외부힘이 작용하지 않을 때의 해인데, 감쇠력이 작용하지 않는 경우이므로 감쇠 없이 질량–용수철계의 고유진동수 $f_\omega = \omega/2\pi$ 로 계속 진동한다. y_p는 외부힘이 작용할 때의 해로 외부힘과 같은 진동수 $f_\gamma = \gamma/2\pi$로 진동한다. 결과적으로 $y = y_h + y_p$는 감쇠 없이 서로 다른 진동수 f_ω와 f_γ로 진동하는 두 진동의 중첩(superposition)으로 과도구간도 존재하지 않는다. 예를 들어 (a)에 $\omega = 2$, $\gamma = 1$, $F = 6$을 대입하면 $y = 2\sin t - \sin 2t$가 되고, 이의 그래프는 그림 2.9.14이다.

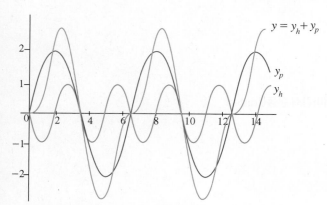

그림 2.9.14 서로 다른 진동수를 갖는 두 진동의 중첩

그렇다면 강제비감쇠 운동에서 질량–용수철계의 고유진동수 f_ω와 외부힘의 진동수 f_γ 가 같아지면 어떤 일이 발생할까? 이런 경우에 해를 구하려면 예제 4의 문제에서 γ를 ω로 바꾸어 풀면 될 것이다.

예제 5   순수공진

F가 상수일 때 $\dfrac{d^2y}{dt^2} + \omega^2 y = F\sin\omega t,\ y(0) = 0,\ \dfrac{dy}{dt}\Big|_{t=0} = 0$을 풀어라.

(풀이) 제차해는 예제 4의 경우와 같다. 우변 비제차항의 형태로 가정한 특수해 $y_p(t) = A\sin\omega t$는 제차해와 중복되므로 특수해를 $y_p(t) = At\cos\omega t$로 가정한다.

$$y_p{}' = A(\cos\omega t - \omega t\sin\omega t),\quad y_p{}'' = A(-2\omega\sin\omega t - \omega^2 t\cos\omega t)$$

이므로

$$y_p{}'' + \omega^2 y_p = A(-2\omega\sin\omega t - \omega^2 t\cos\omega t) + \omega^2(At\cos\omega t) = -2\omega A\sin\omega t = F\sin\omega t$$

에서 $A = \dfrac{F}{2\omega}$. 따라서 $y_p(t) = \dfrac{F}{2\omega}t\cos\omega t$ 이고 일반해는

$$y(t) = c_1\cos\omega t + c_2\sin\omega t - \frac{F}{2\omega}t\cos\omega t$$

이다. 초기조건을 이용하여 $c_1 = 0,\ c_2 = \dfrac{F}{2\omega^2}$ 이므로 구하는 해는

$$y(t) = \frac{F}{2\omega^2}(\sin\omega t - \omega t\cos\omega t) \tag{a}$$

이다.

예제 4의 결과에서 γ를 ω에 접근시킬 때의 극한을 계산하여 예제 5의 결과를 얻을 수도 있다(연습문제). 예제 5의 (a)는 삼각함수 합성에 의해 $\omega t = \tan\theta$일 때

$$y(t) = \frac{F}{2\omega^2}\sqrt{1 + \omega^2 t^2}\,\sin(\omega t - \theta) \tag{2.9.16}$$

가 된다. 위에서 진폭 $A(t) = \dfrac{F}{2\omega^2}\sqrt{1 + \omega^2 t^2}$ 이 t에 대해 증가 함수임을 알 수 있다. 그림 2.9.15는 식 (2.9.16)에 $\omega = \gamma = 2,\ F = 1$을 대입한 경우로 시간에 따라 진폭이 증가함을 보인다.

이러한 현상을 **공진**(resonance)이라 하는데, 외부힘의 진동수와 질량–용수철계의 고유진동수가 같을 때 발생한다. 특히 위와 같이 감쇠력이 전혀 없을 때 발생하는 공진을 **순수공진**(pure resonance)이라 한다.

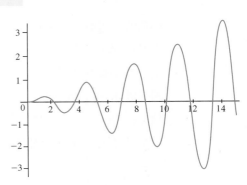

그림 2.9.15   순수공진

쉬어가기 2.8   공진현상

공진현상은 우리 주변에서 쉽게 발견할 수 있다.

(1) 2011년 여름 서울 강변역에 위치한 테크노마트 건물이 심하게 진동하였다. 대한건축학회는 이를 건물 12층에 위치한 헬스클럽에서 여러명의 사람들이 박자에 맞춰 발을 구르는 진동이 증폭되어 생긴 공진현상으로 설명하였다. 즉 사람들이 규칙적으로 발을 구르는 진동수가 건물의 고유진동수와 우연히 같아져 건물에 진동을 유발한 것이다.

(2) 공진의 사례로 미국 워싱턴 주에 있던 타코마(Tacoma) 다리의 붕괴가 자주 언급된다. 그림 2.9.16의 타코마 다리는 타코마 해협을 가로지르는 현수교로 1940년 7월에 개통되었는데, 심한 진동으로 같은 해 11월에 무너졌다. 전문가들은 해협을 통과하는 바람에 의해 공진이 발생하여 붕괴되었다고 주장한다.

(3) 영국의 브로스턴 다리는 1831년 군인들이 발맞춰 행군하면서 생긴 진동이 다리의 고유진동수와 같았기 때문에 무너졌다고 알려져 있다. 군대의 야전규범(field manual, FM)에 의하면 장교가 병사를 인솔하여 다리를 건널 때는 구호에 발을 맞추지 않고 자유롭게 걷게 해야 한다.

(4) 소리도 공기의 진동이므로 그림 2.9.17과 같이 소리로 유리잔을 진동시킬 수 있다. 이때 소리의 진동수와 유리잔의 고유진동수가 같으면 유리잔의 진동이 점점 커져 마침내 유리잔이 깨진다.

그림 2.9.16   타코마 다리의 붕괴   그림 2.9.17   소리와 공진

이외에도 공진현상의 예는 많다. 1950년대 말과 1960년대 초에 같은 기종의 두 비행기가 추락하여 많은 사상자를 냈다. 사고 후 조사에서 두 비행기가 약 400 mph(miles per hour)의 속도에 달했을 때 양 날개가 심하게 진동하여 부러지면서 사고를 낸 것으로 밝혀졌다. 엔진의 진동이 비행기 날개에 공진을 일으켜 생긴 사고였다. 공진이 반드시 파괴적인 것만은 아니다. 다음 절에서 소개하겠지만 질량-용수철계에서 공부한 내용은 RLC-전기회로에도 그대로 적용된다. 우리는 각기 다른 주파수를 가진 전파에 노출되어 있지만 라디오의 주파수 조절 손잡이를 돌려 특정한 주파수의 방송을 들을 수 있는 것도 공진을 이용한 것이다.

마지막으로 공진에 관해 성경에 기록된 내용을 영문 그대로 옮겨 본다.

> As the horn blew, the people began to shout. When they heard the signal horn, they raised a tremendous shout. The wall collapsed. — Joshua 6:20 —

그림 2.9.18 공진에 의한 파괴

이제까지 간단한 질량-용수철계에 대해 공부했다. 여기서 알아야 할 점은 간단한 수학적 모형과 이의 풀이를 통해 과학적, 공학적 현상을 이해할 수 있다는 것이다. 이것이 우리가 수학을 공부하는 이유이다.

2.9 연습문제

1. 천장에 매달려 있는 용수철에 무게가 60 N인 물체를 매달았더니 용수철의 길이가 0.5 m 증가하였다. 물체를 치우고 어린아이가 매달려 공중에서 위아래로 운동할 때 주기가 1초였다. 어린아이의 몸무게를 구하라.

(답) 3.04 kgf 또는 29.8 N

2. 식 (2.9.2)로부터 식 (2.9.6)을 유도하라.

그림 2.9.19 대시포트

3. 무게(힘)가 10 N인 질량에 의해 용수철의 길이가 1 m 늘어나는 질량-용수철계가 감쇠상수 $\beta > 0$을 조절할 수 있는 **대시포트**(dashpot)에 연결되어 있다. 진동이 과감쇠가 되는 β의 범위를 정하라. 중력가속도는 10 m/sec^{2}을 사용한다.

4. 힘상수가 16 N/m인 용수철에 질량이 1 kg인 물체를 매달고 질량 속도의 10배에 해당하는 감쇠력을 작용하는 유체 안에 넣었다. 아래의 경우에 대하여 용수철에 매달린 물체가 평형점을 통과하는지 그렇지 않은지를 말하

고, 만약 통과한다면 평형점을 통과한 후 평형점으로부터 가장 멀어지는 시간과 그때의 거리를 구하라.

(1) 물체를 평형점에서 1 m 잡아당기고 정지상태에서 놓았다.

(2) 물체를 평형점에서 1 m 잡아당기고 위 방향으로 초속도 12 m/s를 가하며 놓았다.

(답) (1) 통과하지 않음.   (2) 통과함. $y(\ln 10/6) = -0.232$ m

5. 2 N의 힘이 용수철의 길이를 1 m 늘인다. 용수철에 0.98 N의 무게를 달고 진동 속도의 0.4배 감쇠력을 작용하는 매질 안에서 평형점에서 1 m 아래로 잡아당긴 후 정지상태에서 운동을 시작하였다. 무게가 처음 아래 방향으로 평형점을 통과하는 시간을 구하라. (**힌트:** 삼각함수 합성과 $\tan^{-1} 2 = 1.107$을 이용하라.)

(답) 약 1.3초

6. $m = 1$, $\beta = 2$, $k = 6$인 질량−용수철계에 외부힘 $\sin 2t + 2\cos 2t$가 작용한다. 초기변위가 1, 초기속도가 0일 때 질량의 변위 $y(t)$를 구하고 그래프로 그려라.

(답) $y(t) = e^{-t}\cos\sqrt{5}\,t + \dfrac{1}{2}\sin 2t$

7. $m = 0.125$, $\beta = 0$, $k = 1.125$인 질량−용수철계에 외부힘 $\cos t - 4\sin t$가 작용한다. 초기변위, 초기속도가 모두 0일 때 질량의 변위 $y(t)$를 구하고 그래프를 그려라.

(답) $y(t) = -\cos 3t + \dfrac{4}{3}\sin 3t + \cos t - 4\sin t$

8. 문제 7에서 외부힘이 $\cos 3t$로 바뀐다면 어떤 현상이 발생하는지를 $y(t)$의 그래프를 그려 설명하라.

(답) $y(t) = \dfrac{4}{3}t\sin 3t$, 순수공진

9. 예제 4의 결과에 대해 $\gamma \to \omega$일 때의 극한값을 구하여 예제 5의 결과가 됨을 보여라.

2.10   전기회로

1.5절의 전기회로 부분에서 저항(R), 인덕터(L), 축전기(C)를 동시에 갖는 RLC−회로의 특성이 2계 미분방정식으로 나타난다고 하였다.

RLC-회로

1.5절에서 설명한 바와 같이 전류 i가 흐르는 저항(R), 인덕터(L), 축전기(C) 양단의 전위차는 각각

$$\triangle E_R = Ri = R\frac{dq}{dt}, \quad \triangle E_L = L\frac{di}{dt} = L\frac{d^2q}{dt^2}, \quad \triangle E_C = \frac{1}{C}q$$

이다. 여기서 q는 전하이고, 전류는 $i = \frac{dq}{dt}$ 이다. 따라서 RLC-회로의 특성은 외부 기전력이 $E(t)$일 때 미분방정식

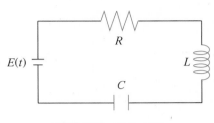

그림 2.10.1 RLC-회로

$$L\frac{d^2q}{dt^2} + R\frac{dq}{dt} + \frac{1}{C}q = E(t) \qquad (2.10.1)$$

로 나타난다. 독자들은 식 (2.10.1)과 질량-용수철계의 강제감쇠 운동을 나타내는 식 (2.9.12)의 유사성을 반드시 확인하기 바란다.

만약 외부 기전력이 교류전원 $E(t) = E_0\sin\omega t$로 주어지면 식 (2.10.1)은

$$L\frac{d^2q}{dt^2} + R\frac{dq}{dt} + \frac{1}{C}q = E_0\sin\omega t \qquad (2.10.2)$$

가 되고, 특성방정식 $Lm^2 + Rm + \frac{1}{C} = 0$의 해는 $m = \dfrac{-R \pm \sqrt{R^2 - 4L/C}}{2L}$ 이다.

따라서 **제차해** q_h는 질량-용수철계와 마찬가지로

(i) $R^2 - \dfrac{4L}{C} > 0$ 일 때 **과감쇠**(over damping)

(ii) $R^2 - \dfrac{4L}{C} = 0$ 일 때 **임계감쇠**(critical damping)

(iii) $R^2 - \dfrac{4L}{C} < 0$ 일 때 **미감쇠**(under damping)

가 되어 결과적으로 모두 감쇠되는[$\lim\limits_{t \to \infty} q_h(t) = 0$] **과도해**(transient solution)를 갖는다. 외부 전원이 $E_0\sin\omega t$이므로 **정상해**(steady-state solution)인 **특수해** $q_p(t)$를

$$q_p(t) = A\cos\omega t + B\sin\omega t$$

로 가정하면

$$q_p{'}(t) = -\omega A\sin\omega t + \omega B\cos\omega t, \quad q_p{''}(t) = -\omega^2 A\cos\omega t - \omega^2 B\sin\omega t$$

이므로 식 (2.10.2)에서

$$L\frac{d^2q_p}{dt^2} + R\frac{dq_p}{dt} + \frac{1}{C}q_p$$

$$= L(-\omega^2 A\cos\omega t - \omega^2 B\sin\omega t) + R(-\omega A\sin\omega t + \omega B\cos\omega t) + \frac{1}{C}(A\cos\omega t + B\sin\omega t)$$

$$= \left(-\omega^2 LA + \omega RB + \frac{A}{C}\right)\cos\omega t + \left(-\omega^2 LB - \omega RA + \frac{B}{C}\right)\sin\omega t = E_0\sin\omega t$$

가 되어

$$-\omega^2 LA + \omega RB + \frac{A}{C} = 0, \qquad -\omega^2 LB - \omega RA + \frac{B}{C} = E_0$$

또는

$$\begin{bmatrix} 1/C - \omega^2 L & \omega R \\ -\omega R & 1/C - \omega^2 L \end{bmatrix} \begin{bmatrix} A \\ B \end{bmatrix} = \begin{bmatrix} 0 \\ E_0 \end{bmatrix} \tag{2.10.3}$$

을 얻는다. 식 (2.10.3)의 해는 **크라머 공식**에 의해

$$A = \frac{\begin{vmatrix} 0 & \omega R \\ E_0 & 1/C - \omega^2 L \end{vmatrix}}{\begin{vmatrix} 1/C - \omega^2 L & \omega R \\ -\omega R & 1/C - \omega^2 L \end{vmatrix}} = \frac{-\omega R E_0}{(1/C - \omega^2 L)^2 + \omega^2 R^2} = \frac{-R E_0}{\omega \left[\left(\frac{1}{\omega C} - \omega L \right)^2 + R^2 \right]}$$

$$B = \frac{\begin{vmatrix} 1/C - \omega^2 L & 0 \\ -\omega R & E_0 \end{vmatrix}}{\begin{vmatrix} 1/C - \omega^2 L & \omega R \\ -\omega R & 1/C - \omega^2 L \end{vmatrix}} = \frac{(1/C - \omega^2 L)E_0}{(1/C - \omega^2 L)^2 + \omega^2 R^2} = \frac{\left(\frac{1}{\omega C} - \omega L \right) E_0}{\omega \left[\left(\frac{1}{\omega C} - \omega L \right)^2 + R^2 \right]}$$

가 되는데, 여기서

$$X = \omega L - \frac{1}{\omega C}, \qquad Z = \sqrt{X^2 + R^2}$$

로 놓으면 $A = -\dfrac{E_0 R}{\omega Z^2}$, $B = -\dfrac{E_0 X}{\omega Z^2}$ 가 된다. X와 Z는 각각 **리액턴스**(reactances)와 **임피던스**(impedence)이다. 임피던스는 저항(R), 인덕터(L), 축전기(C)가 연결된 교류회로의 합성저항으로 단위는 옴(ohm, Ω)이다. 특히 $X_L = \omega L$은 유도 리액턴스 (inductive reactance), $X_C = 1/\omega C$는 **용량 리액턴스**(capacitive reactance)라고 한다. 따라서 구하는 특수해는

$$q_p(t) = -\frac{E_0 R}{\omega Z^2}\cos\omega t - \frac{E_0 X}{\omega Z^2}\sin\omega t = -\frac{E_0}{\omega Z^2}[R\cos\omega t + X\sin\omega t]$$

이고, $\theta = \tan^{-1}\left(\dfrac{X}{R} \right)$일 때

$$q_p(t) = -\frac{E_0}{\omega Z}\cos(\omega t - \theta) \tag{2.10.4}$$

로 단순해진다. 식 (2.10.4)를 t로 미분하면 **정상전류**(steady-state current)는

$$i_p(t) = \frac{E_0}{Z}\sin(\omega t - \theta) \tag{2.10.5}$$

이다. $i_p(t)$는 외부 기전력 $E_0\sin\omega t$에 비해 θ의 **위상차**를 보인다.

예제 1 RLC-회로

그림 2.10.2의 회로에서 전류 $i(t)$를 구하라. $q(0) = 0$, $i(0) = 0$이다.

(풀이) 식 (2.10.2)에서

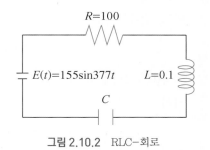

그림 2.10.2 RLC-회로

$$0.1 \frac{d^2 q}{dt^2} + 100 \frac{dq}{dt} + 10^3 q = 155 \sin 377t$$

이고, 특성방정식 $0.1m^2 + 100m + 1000 = 0$ 또는

$m^2 + 1000m + 10000 = 0$에서

$$m = -500 \pm \sqrt{500^2 - 10000} = -500 \pm 489.89 \simeq -10, -990$$

이므로 제차해는

$$q_h(t) = c_1 e^{-10t} + c_2 e^{-990t}$$

이다. [$q_h(t)$는 과도해이다. 즉 $\lim_{t \to \infty} q_h(t) = 0$이다.]

$$X = \omega L - \frac{1}{\omega C} = (377)(0.1) - \frac{1}{377 \cdot 10^{-3}} = 35.05$$

$$Z = \sqrt{R^2 + X^2} = \sqrt{100^2 + 35.05^2} = 106$$

$$\frac{E_0}{\omega Z} = \frac{155}{377 \cdot 106} = 0.003879$$

$$\theta = \tan^{-1}\left(\frac{X}{R}\right) = \tan^{-1}\left(\frac{35.05}{100}\right) = 0.337$$

이므로 식 (2.10.4)에 의해 특수해(또는 정상해)는

$$q_p(t) = -\frac{E_0}{\omega Z} \cos(\omega t - \theta) = -0.003879 \cos(377t - 0.337)$$

이다. 결과적으로 일반해는

$$q(t) = q_h(t) + q_p(t) = c_1 e^{-10t} + c_2 e^{-990t} - 0.003879 \cos(377t - 0.377)$$

이고, 이에 해당하는 전류는

$$i(t) = \frac{dq}{dt} = -10 c_1 e^{-10t} - 990 c_2 e^{-990t} + 1.462 \sin(377t - 0.337)$$

이다. 초기조건

$$q(0) = 0 = c_1 + c_2 - 0.003879 \cos(-0.337)$$

$$i(0) = 0 = -10 c_1 - 990 c_2 + 1.462 \sin(-0.337)$$

에 의해 $c_1 = 0.004191$, $c_2 = -0.0005307$을 구할 수 있으므로 최종적으로 전하는

$$q(t) = 0.004191e^{-10t} - 0.0005307e^{-990t} - 0.003879\cos(377t - 0.337)$$

이고, 전류는 $q(t)$를 t로 미분하여

$$i(t) = -0.04191e^{-10t} + 0.5254e^{-990t} + 1.462\sin(377t - 0.337)$$

이 된다. 그림 2.10.3과 같이 전류는 잠시의 과도구간을 거쳐 외부 기전력과 같은 진동수로 진동한다. 여기서

$$i_p(t) = 1.462\sin(377t - 0.337) = 1.462\sin 337(t - 0.0009)$$

이므로 정상전류 $i_p(t)$는 외부 기전력 $155\sin(377t)$와 위상차 0.337 라디안에 의해 시간지연 0.0009초가 발생한다. 이는 2.9절 질량-용수철계의 강제감쇠 운동과 같은 결과이다.

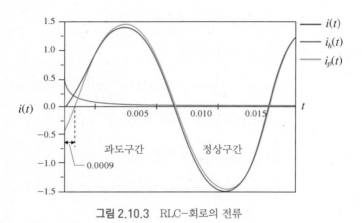

그림 2.10.3 RLC-회로의 전류

LC-회로

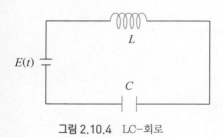

그림 2.10.4 LC-회로

저항 없이($R = 0$) 인덕터와 축전기로만 이루어진 회로를 LC-회로라 한다. LC-회로의 특성은 식 (2.10.1)에서 $R = 0$이므로

$$L\frac{d^2q}{dt^2} + \frac{1}{C}q = E(t) \tag{2.10.6}$$

로 나타난다.

☞ 식 (2.10.6)을 용수철-질량계의 강제비감쇠 운동을 나타내는 식 (2.9.14)와 비교해 보자.

다음에서 외부 기전력이 없는 경우 LC-회로의 특성을 알아보자.

예제 2   LC-회로

$E(t) = 0$, $q(0) = q_0$, $i(0) = 0$인 LC-회로의 전류 $i(t)$를 구하라.

(풀이) 식 (2.10.6)에서

$$L\frac{d^2q}{dt^2} + \frac{1}{C}q = 0 \quad \text{또는} \quad \frac{d^2q}{dt^2} + \frac{1}{LC}q = 0$$

이고, 특성방정식 $m^2 + \frac{1}{LC} = 0$에서 $m = \pm\frac{i}{\sqrt{LC}}\,(LC > 0)$이므로

$$q(t) = c_1\cos\frac{t}{\sqrt{LC}} + c_2\sin\frac{t}{\sqrt{LC}}$$

$$i(t) = \frac{dq}{dt} = -\frac{c_1}{\sqrt{LC}}\sin\frac{t}{\sqrt{LC}} + \frac{c_2}{\sqrt{LC}}\cos\frac{t}{\sqrt{LC}}$$

가 된다. 초기조건을 이용하면

$$q(0) = q_0 = c_1, \quad i(0) = 0 = \frac{c_2}{\sqrt{LC}}$$

이므로 $c_1 = q_0$, $c_2 = 0$이다. 따라서

$$i(t) = -\frac{q_0}{\sqrt{LC}}\sin\frac{t}{\sqrt{LC}}$$

이다. 예를 들어 $q_0 = 1$, $L = 1$, $C = 1$이면 $i(t) = -\sin t$가 되어 그림 2.10.5와 같이 과도구간 없이 정상 상태로 진동한다. 즉 충전과 방전을 반복한다. 이는 2.9절 질량-용수철계의 자유비감쇠 운동과 같은 결과이다.

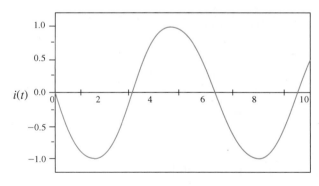

그림 2.10.5   LC-회로의 전류

LC-회로는 2.9절의 용수철-질량계의 강제비감쇠 운동에서와 같이 특정한 진동수를 갖는 외부 기전력에 의해 **공진**(resonance)이 발생할 수 있다. 다음 예를 보자.

예제 3   LC-공진회로

$E(t) = E_0 \sin \dfrac{t}{\sqrt{LC}}$, $q(0) = i(0) = 0$인 LC-회로의 전류 $i(t)$를 구하라. 외부 기전력의 진동수와 LC-회로의 고유진동수가 같은 경우임을 확인하자.

(풀이) 식 (2.10.6)에서

$$L \frac{d^2 q}{dt^2} + \frac{1}{C} q = E_0 \sin \frac{t}{\sqrt{LC}} \quad \text{또는} \quad \frac{d^2 q}{dt^2} + \frac{1}{LC} q = \frac{E_0}{L} \sin \frac{t}{\sqrt{LC}}$$

이므로, 특성방정식 $m^2 + \dfrac{1}{LC} = 0$, $m = \pm \dfrac{i}{\sqrt{LC}}$에 의해

$$q_h(t) = c_1 \cos \frac{t}{\sqrt{LC}} + c_2 \sin \frac{t}{\sqrt{LC}}$$

이다. 특수해를 $q_p(t) = At \cos \dfrac{t}{\sqrt{LC}}$로 가정하면

$$q_p'' + \frac{1}{LC} q = -\frac{2A}{\sqrt{LC}} \sin \frac{t}{\sqrt{LC}} = \frac{E_0}{L} \sin \frac{t}{\sqrt{LC}}$$

에서 $A = -\dfrac{E_0}{2} \sqrt{\dfrac{C}{L}}$ 이므로

$$q_p(t) = -\frac{E_0}{2} \sqrt{\frac{C}{L}} t \cos \frac{t}{\sqrt{LC}}$$

이다. 따라서

$$q(t) = q_h(t) + q_p(t) = c_1 \cos \frac{t}{\sqrt{LC}} + c_2 \sin \frac{t}{\sqrt{LC}} - \frac{E_0}{2} \sqrt{\frac{C}{L}} t \cos \frac{t}{\sqrt{LC}}$$

이고

$$i(t) = -\frac{c_1}{\sqrt{LC}} \sin \frac{t}{\sqrt{LC}} + \frac{c_2}{\sqrt{LC}} \cos \frac{t}{\sqrt{LC}} - \frac{E_0}{2} \sqrt{\frac{C}{L}} \left(\cos \frac{t}{LC} - \frac{t}{\sqrt{LC}} \sin \frac{t}{\sqrt{LC}} \right)$$

가 된다. 초기조건

$$q(0) = 0 = c_1, \quad i(0) = 0 = \frac{c_2}{\sqrt{LC}} - \frac{E_0}{2} \sqrt{\frac{C}{L}}$$

를 이용하면 $c_1 = 0$, $c_2 = E_0 C/2$이므로

$$i(t) = \frac{E_0}{2L} t \sin \frac{t}{\sqrt{LC}}$$

이다. 만약 $E_0 = 2$, $L = 1$, $C = 1$이면 $i(t) = t \sin t$가 되어 시간에 따라 전류의 진폭이 증가하는 순수공진이 발생한다. 이는 2.9절 질량-용수철계의 강제비감쇠 운동에서 질량-용수철계의 고유진동수와 외부힘의 진동수가 같아서 순수공진 발생하는 경우와 같다.

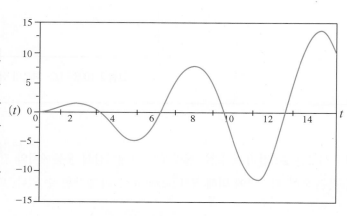

그림 2.10.6 LC-회로의 순수공진

쉬어가기 2.9 　복소수를 이용한 전기회로 해석

2.9절에서 질량-용수철계를, 2.10절에서 전기회로를 공부하였다. 질량-용수철계의 진동은 기계공학의 대상이고, 전기회로 해석은 전기전자공학의 대상이지만 이제 여러분들은 수학적으로 이 둘의 차이가 없음을 알았을 것이다. 전기전자공학에서는 복소수를 많이 사용한다. 복소수를 사용함으로서 계산과정을 단순화할 수 있기 때문이다. 2.10절에서 RLC-회로에 대해 공부했는데 여기에서는 복소수를 이용하여 같은 문제를 풀어 보겠다. 0.5절이 복소수 연산에 관련된 절이니 복소수에 대한 기초가 부족한 학생은 참고하기 바란다.

외부전원 $E(t)$에 직렬연결된 RLC-회로의 특성은

$$L\frac{di}{dt} + Ri + \frac{1}{C}q = E(t) \tag{2.10.7}$$

로 나타난다. 본문의 식 (2.10.1)은 식 (2.10.7)의 양변을 t로 미분하고 전류와 전하 사이의 관계 $i = \frac{dq}{dt}$ 를 이용하면 얻을 수 있다. 만약 외부전원이 교류전원 $E(t) = E_0\sin\omega t$이고, $i(0) = 0$일 때 위 식은

$$L\frac{di}{dt} + Ri + \frac{1}{C}q = E_0\sin\omega t \tag{2.10.8}$$

이다. 식 (2.10.8)의 특수해 $i_p(t)$를 복소수 연산을 이용해서 구해보자. 전기전자공학 분야에서는 허수단위로 $j = \sqrt{-1}$ 을 사용한다. 아마 i는 전류를 나타내는 기호로 사용되기 때문일 것이다. 식 (2.10.8)의 우변은 $\text{Im}(E_0 e^{j\omega t})$로 쓸 수 있으므로 구하려는 특수해를

$$i_p(t) = \text{Im}(Ae^{j\omega t}) \tag{2.10.9}$$

로 가정한다. 여기서 $\text{Im}(z)$는 복소수 z의 허수부를 의미한다. 식 (2.10.9)는 2.5절 미정계수법에서 상수계수 미분방정식의 특수해를 구할 때 우변의 비제차항이 삼각함수이면 특수해의 형태도 삼각함수로 가정하는 것에 해당한다. 만약 교류전원이 $E_0\cos\omega t$로 주어지면 $i_p(t) = \text{Re}(Ae^{j\omega t})$로 나타내면 될 것이다(연습문제 참고). 식 (2.10.9)를 식 (2.10.8)에 대입하면 $q = \int i_p(t)dt$ 이므로

$$L\text{Im}(j\omega Ae^{j\omega t}) + R\text{Im}(Ae^{j\omega t}) + \frac{1}{C}\text{Im}\left(\frac{A}{j\omega}e^{j\omega t}\right) = \text{Im}(E_0 e^{j\omega t})$$

이고, 이를 정리하면 $A\left(j\omega L + R + \frac{1}{j\omega C}\right) = E_0$, $\frac{1}{j} = -j$이므로

$$A = \frac{E_0}{R + j\left(\omega L - \frac{1}{\omega C}\right)} = \frac{E_0}{z} \tag{2.10.10}$$

이다. 여기서 $X = \omega L - \frac{1}{\omega C}$, $z = R + jX$ 로 놓았다. z는 복소수이므로

$$|z| = \sqrt{R^2 + X^2} \tag{2.10.11a}$$

$$\theta = \text{Arg}(z) = \tan^{-1}\left(\frac{X}{R}\right) \tag{2.10.11b}$$

를 이용하여 극형식으로 나타내어 $z = |z|e^{j\theta}$ 로 쓸 수 있다. 따라서 식 (2.10.10)에서

$$A = \frac{E_0}{|z|e^{j\theta}} = \frac{E_0}{|z|}e^{-j\theta} \tag{2.10.12}$$

이다. 식 (2.10.12)를 식 (2.10.9)에 대입하면

$$i_p(t) = \text{Im}\left(\frac{E_0}{|z|}e^{-j\theta}e^{j\omega t}\right) = \text{Im}\left(\frac{E_0}{|z|}e^{j(\omega t - \theta)}\right) = \frac{E_0}{|z|}\sin(\omega t - \theta) \tag{2.10.13}$$

가 되어 본문의 식 (2.10.5)와 같은 결과를 얻는다. 식 (2.10.5)의 z는 실수, 식 (2.10.13)의 z는 복소수임에 유의해야 한다.

주파수가 같은 두 개의 파동 사이의 **위상**(phase) 차이를 **위상차**(phase difference)라고 한다. 예를 들어 □ $A\sin\omega t$와 $B\sin(\omega t - \theta)$는 주파수가 $\omega/2\pi$로 같고 위상차는 θ이다. 그림 2.10.7을 보면 위상차가 θ인 파동은 원래의 파동보다 θ/ω[초] 뒤처지는 파동임을 알 수 있다.

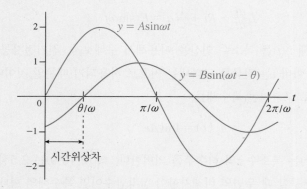

그림 2.10.7 위상차

RLC-회로의 전기소자 중 인턱터(L)와 축전기(C)는 교류전원과 이로 인해 생성되는 전류 사이에 위상차를 발생시킨다. 식 (2.10.13)을 보면 RLC-회로의 정상전류는 교류전원과 비교하여 $\theta = \tan^{-1}\left(\frac{X}{R}\right)$의 위상차가 존재함을 확인할 수 있다. 1.5절에서도 당시에 언급은 안했지만 RL-회로와 RC-회로에서 전류를 표현하는 식 (1.5.14)와 (1.5.19)에서 위상차가 나타났다. 복소수를 사용한 경우에 삼각함수 합성을 하지 않았음에도 위상차가 정확히 나타나는 것이 꽤 신기하다.

수의 영역을 복소수로 확장하고, 함수도 복소함수로 확장하여 수학적으로 논리를 전개하면 실수나 실함수에서 알 수 없었던 유익한 방법론들이 나타난다. 과연 복소수가 실제로 존재하느냐의 문제에 앞서 그 활용성이 우리에게 유익한 것이다.

2.10 연습문제

1. 라디오로 특정한 방송을 청취하기 위해 주파수 조절 손잡이를 돌리는데, 이는 RLC-회로의 L 또는 C의 값을 조정하여 정상전류의 진폭이 최대가 되도록 하는 것이다. 이때 LC 값이 얼마가 되어야 하는가? 식 (2.10.5)를 사용하여 답하라. 이는 예제 3의 LC-회로에서 교류전원의 각주파수가 $\omega = \dfrac{1}{\sqrt{RC}}$ 일 때 공진을 발생시키는 원리와 같다.

(답) $LC = \dfrac{1}{\omega^2}$

2. RLC-회로의 전하 $q(t)$와 전류 $i(t)$를 구하고 그래프를 그려라. $R = 3[\Omega]$, $L = 1[H]$, $C = 0.5[F]$, $E(t) = 0[V]$이고, 초기조건은 $q(0) = 1[C]$, $i(0) = 0[A]$이다. 충분한 시간이 지나면 축전기의 전하와 회로의 전류는 어떤 값으로 수렴하는가?

(답) $q(t) = 2e^{-t} - e^{-2t}$, $i(t) = -2e^{-t} + 2e^{-2t}$. 전하와 전류 모두 0으로 수렴한다.

3. 다음의 기전력 $E(t)$에 대해 $R = 8$, $L = 2$, $C = 0.1$인 RLC-회로의 전하 $q(t)$와 전류 $i(t)$를 구하고 그래프를 그려라. 초기조건은 $q(0) = i(0) = 0$이다.

(1) $E(t) = 100$ (2) $E(t) = 100\cos 2t$

(답) (1) $q(t) = -10e^{-2t}(\cos t + 2\sin t) + 10$, $i(t) = 50e^{-2t}\sin t$

(2) $q(t) = -\dfrac{10}{13}e^{-2t}(\cos t + 18\sin t) + \dfrac{10}{13}(\cos 2t + 8\sin 2t)$,

$i(t) = -\dfrac{10}{13}e^{-2t}(16\cos t - 37\sin t) + \dfrac{20}{13}(8\cos 2t - \sin 2t)$

4. (1) 초기전하와 초기전류가 0이고 $L = 2$, $C = 0.005$, $E(t) = 220\sin 4t$인 LC-회로의 전류를 구하고 그래프를 그려라.

(2) 문제 (1)에서 $E(t) = 220\sin 10t$라면 전류는 어떻게 바뀌는가? 그래프도 그려라.

(답) (1) $i(t) = \dfrac{110}{21}(\cos 4t - \cos 10t)$ (2) $i(t) = 55t\sin 10t$ (순수공진)

5. (1) 식 (2.10.1)에서 $E(t) = E_0\cos\omega t$를 사용하고 본문의 방법으로 정상전류 $i_p(t)$를 구하라.

(2) 식 (2.10.7)에서 $E(t) = E_0\cos\omega t$를 사용하고 쉬어가기 2.9의 방법으로 정상전류 $i_p(t)$를 구하라.

(답) (1) $i_p(t) = \dfrac{E_0}{z}\cos(\omega t - \theta)$, $z = \sqrt{R^2 + X^2}$, $\theta = \tan^{-1}\left(\dfrac{X}{R}\right)$

(2) $i_p(t) = \dfrac{E_0}{|z|}\cos(\omega t - \theta)$, $|z| = \sqrt{R^2 + X^2}$, $\theta = \tan^{-1}\left(\dfrac{X}{R}\right)$

라플라스 변환과 미적분방정식

라플라스 변환은 적분변환의 일종이며, 라플라스 변환을 이용하여 미분방정식의 해를 구할 수 있다.

이 장에서는 먼저 함수의 라플라스 변환에 대해 배우게 된다. 미적분할 때 미적분 공식을 모아 놓은 미적분표를 이용하듯이 이 교재의 부록에 포함된 **라플라스 변환표**를 이용할 수 있지만 지금은 라플라스 변환을 배우는 단계이므로 다양한 함수에 대한 라플라스 변환을 3.1~3.3절에서 공부할 필요가 있다. 3.4절과 3.5절에서는 라플라스 변환을 이용하여 미분방정식을 풀고 3.6절과 3.7절에서는 라플라스 변환으로 계를 해석하는 방법에 대해 공부한다. 라플라스 변환은 또 다른 적분변환인 푸리에 변환(10장 참고)과 함께 편미분방정식의 해를 구하는 유용한 방법이며, 이에 대해서는 13장에서 알아보기로 하자.

3.1 라플라스 변환

라플라스 변환

$t \geq 0$에서 정의되는 함수 $f(t)$의 적분변환(integral transform)

$$\mathcal{L}[f(t)] = \int_0^\infty e^{-st} f(t) dt = F(s) \qquad (3.1.1a)$$

가 수렴하는 값을 가지면 이를 **라플라스 변환**(Laplace transform, Pierre Laplace, 1749–1827, 프랑스)이라고 한다. 라플라스 변환을 하면 t의 함수 $f(t)$가 매개변수(parameter) s의 함수 $F(s)$가 된다. 물론 라플라스 변환이 존재하기 위해 s의 구간이 제한될 수 있다. 식 (3.1.1a)에서 $t \to \infty$일 때 $f(t) \to \infty$라 하더라도 $e^{-st} \to 0$이 되는 속도가 더 빠르게 되는 s를 선택할 수 있기 때문이다. 이에 관해서는 뒤의 라플라스 변환의 존재성에서 다시 설명한다. 본래의 함수 $f(t)$를 $F(s)$의 **라플라스 역변환**(inverse Laplace transform)이라 하며

$$f(t) = \mathcal{L}^{-1}[F(s)] \tag{3.1.1b}$$

로 나타낸다.

기본함수의 라플라스 변환

(1) 함수 $f(t) = 1$의 라플라스 변환을 구해 보자. 라플라스 변환의 정의[식 (3.1.1a)]를 이용하면[*]

$$\mathcal{L}[1] = \int_0^\infty e^{-st} \cdot 1 dt = -\frac{1}{s}e^{-st}\Big|_0^\infty = \frac{1}{s}, \quad s > 0$$

이 됨을 알 수 있다. 여기서 $s \leq 0$에서는 적분이 발산하여 라플라스 변환이 존재하지 않음에 유의하자.

☞ 정적분에서 적분구간이 무한대를 포함하거나 적분구간이 유한하더라도 구간내에서 피적분함수가 무한대가 되는 적분을 **이상적분**(improper integral)이라 한다. 이상적분은 $\int_a^\infty f(x)dx = \lim_{c \to \infty}\int_a^c f(x)dx$ 로 계산한다.

(2) $f(t) = t^n$, $n = 0, 1, 2, \cdots$의 라플라스 변환은 부분적분을 사용하면

$$\mathcal{L}[t^n] = \int_0^\infty e^{-st} t^n dt = -\frac{1}{s}e^{-st}t^n\Big|_0^\infty - \int_0^\infty \left(-\frac{1}{s}e^{-st}\right)nt^{n-1}dt$$

$$= 0 + \frac{n}{s}\int_0^\infty e^{-st}t^{n-1}dt = \frac{n}{s}\mathcal{L}[t^{n-1}]$$

즉

$$\mathcal{L}[t^n] = \frac{n}{s}\mathcal{L}[t^{n-1}]$$

이다. (1)에서 $\mathcal{L}[1] = \frac{1}{s}$ 이므로

$$\mathcal{L}[t] = \frac{1}{s}\mathcal{L}[1] = \frac{1}{s} \cdot \frac{1}{s} = \frac{1}{s^2}$$

$$\mathcal{L}[t^2] = \frac{2}{s}\mathcal{L}[t] = \frac{2}{s} \cdot \frac{1}{s^2} = \frac{2!}{s^3}$$

$$\mathcal{L}[t^3] = \frac{3}{s}\mathcal{L}[t^2] = \frac{3}{s} \cdot \frac{2!}{s^3} = \frac{3!}{s^4}$$

$$\vdots$$

이고, 일반적으로

$$\mathcal{L}[t^n] = \frac{n!}{s^{n+1}}, \ (n = 0, 1, 2, \cdots)$$

이다.

(3) $\mathcal{L}[e^{at}] = \int_0^\infty e^{-st} \cdot e^{at} dt = \int_0^\infty e^{-(s-a)t} dt = -\frac{1}{s-a} e^{-(s-a)t} \Big|_0^\infty = \frac{1}{s-a}, \; s > a$

(4) $\mathcal{L}[\sin at] = \int_0^\infty e^{-st} \sin at \, dt = -\frac{1}{s} e^{-st} \sin at \Big|_0^\infty - \int_0^\infty \left(-\frac{1}{s} e^{-st}\right)(a \cos at) dt$

$\qquad = \frac{a}{s} \int_0^\infty e^{-st} \cos at \, dt = \frac{a}{s}\left[-\frac{1}{s} e^{-st} \cos at \Big|_0^\infty - \int_0^\infty \left(-\frac{1}{s} e^{-st}\right)(-a \sin at) dt\right]$

$\qquad = \frac{a}{s}\left[\frac{1}{s} - \frac{a}{s} \int_0^\infty e^{-st} \sin at \, dt\right] = \frac{a}{s^2} - \frac{a^2}{s^2} \mathcal{L}[\sin at]$

$\qquad \therefore \; \mathcal{L}[\sin at] = \dfrac{\dfrac{a}{s^2}}{1 + \dfrac{a^2}{s^2}} = \dfrac{a}{s^2 + a^2}$

(5) $\mathcal{L}[\sinh at] = \int_0^\infty e^{-st} \sinh at \, dt = -\frac{1}{s} e^{-st} \sinh at \Big|_0^\infty - \int_0^\infty \left(-\frac{1}{s} e^{-st}\right)(a \cosh at) dt$

$\qquad = \frac{a}{s} \int_0^\infty e^{-st} \cosh at \, dt = \frac{a}{s}\left[-\frac{1}{s} e^{-st} \cosh at \Big|_0^\infty - \int_0^\infty \left(-\frac{1}{s} e^{-st}\right)(a \sinh at) dt\right]$

$\qquad = \frac{a}{s}\left[\frac{1}{s} + \frac{a}{s} \int_0^\infty e^{-st} \sinh at \, dt\right] = \frac{a}{s^2} + \frac{a^2}{s^2} \mathcal{L}[\sinh at]$

$\qquad \therefore \; \mathcal{L}[\sinh at] = \dfrac{a/s^2}{1 - a^2/s^2} = \dfrac{a}{s^2 - a^2}$

(6) $\mathcal{L}[t^a] = \int_0^\infty e^{-st} t^a \, dt \; (a > -1)$: 고정된 양의 s에 대해 $st = h$로 치환하면 $s \, dt = dh$이므로

$\qquad = \int_0^\infty e^{-h} \left(\frac{h}{s}\right)^a \frac{dh}{s} = \frac{1}{s^{a+1}} \int_0^\infty e^{-h} h^a \, dh$

이다. 여기에 $\Gamma(x) = \int_0^\infty e^{-t} t^{x-1} dt$를 이용하면(쉬어가기 3.1 참고) $\int_0^\infty e^{-h} h^a \, dh = \Gamma(a+1)$
이므로

$$\mathcal{L}[t^a] = \frac{\Gamma(a+1)}{s^{a+1}}$$

이다. 만약 $a = n$(n은 0 또는 양의 정수)이면 $\Gamma(n+1) = n!$[식 (3.1.4) 참고]이므로

$$\mathcal{L}[t^n] = \frac{n!}{s^{n+1}}$$

이 되고, 이는 (2)의 결과와 같다. 앞에서 구한 기본 함수들의 라플라스 변환을 표 3.1.1에
정리하였다. 더 많은 라플라스 변환공식을 부록 C에서 볼 수 있다.

표 3.1.1 기본함수의 라플라스 변환

	$f(t)$	$\mathscr{L}[f(t)]$		$f(t)$	$\mathscr{L}[f(t)]$
1	1	$\dfrac{1}{s}$	6	e^{at}	$\dfrac{1}{s-a}$
2	t	$\dfrac{1}{s^2}$	7	$\sin at$	$\dfrac{a}{s^2+a^2}$
3	t^2	$\dfrac{2!}{s^3}$	8	$\cos at$	$\dfrac{s}{s^2+a^2}$
4	$t^n(n=0,1,2,\cdots)$	$\dfrac{n!}{s^{n+1}}$	9	$\sinh at$	$\dfrac{a}{s^2-a^2}$
5	$t^a(a>-1)$	$\dfrac{\Gamma(a+1)}{s^{a+1}}$	10	$\cosh at$	$\dfrac{s}{s^2-a^2}$

쉬어가기 3.1   0! = 1과 감마함수

특수함수의 하나인 **감마함수**(gamma function)를

$$\Gamma(x) \equiv \int_0^\infty e^{-t}t^{x-1}dt \tag{3.1.2}$$

로 정의한다. 이 함수는 적분으로 표시되는 함수 중 하나이다. $x > 0$에 대해[*]

$$\Gamma(x+1) = \int_0^\infty e^{-t}t^x dt = -e^{-t}t^x\Big|_0^\infty - \int_0^\infty (-e^{-t})xt^{x-1}dt = x\int_0^\infty e^{-t}t^{x-1}dt = x\Gamma(x)$$

가 되어 감마함수의 성질

$$\Gamma(x+1) = x\Gamma(x) \tag{3.1.3}$$

가 성립한다. $\Gamma(1) = \int_0^\infty e^{-t}dt = -e^{-t}\Big|_0^\infty = 1$ 이므로

$$\Gamma(2) = 1\Gamma(1) = 1$$
$$\Gamma(3) = 2\Gamma(2) = 2\cdot 1 = 2!$$
$$\Gamma(4) = 3\Gamma(3) = 3\cdot 2! = 3!$$
$$\vdots$$

즉 감마함수는 $n = 0, 1, 2\cdots$에 대해

$$\Gamma(n+1) = n! \tag{3.1.4}$$

☞ [*] $\lim\limits_{t\to 0} e^{-t}t^x = 0$ 은 $x > 0$에서만 성립한다. $x < 0$인 경우 $x = -\alpha$, $\alpha > 0$으로 놓으면 $\lim\limits_{t\to 0} e^{-t}t^x = \lim\limits_{t\to 0} \dfrac{1}{e^t t^\alpha} = \infty$ 이다.

을 만족한다. 이러한 이유로 감마함수를 **일반화된 계승함수**(generalized factorial function)라 부른다. 식 (3.1.5)에 $n = 0$을 대입하면 $\Gamma(1) = 0!$이고 $\Gamma(1) = 1$이므로 $0! = 1$로 정의한다. 감마함수의 그래프는 그림 3.1.1과 같다.

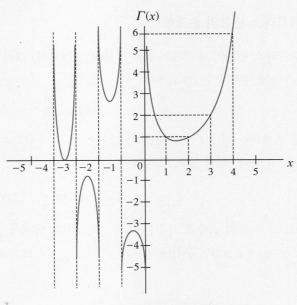

그림 3.1.1 감마함수의 그래프

다음에는 $\Gamma\left(\frac{1}{2}\right)$의 값을 구해 보자. 감마함수의 정의에서

$$\Gamma(1/2) = \int_0^\infty e^{-t} t^{-1/2} dt : t = x^2,\ dt = 2xdx \text{ 로 치환}$$

$$= \int_0^\infty e^{-x^2} x^{-1} 2xdx = 2\int_0^\infty e^{-x^2} dx$$

가 되는데, 9.1절 예제 11에서 $\int_0^\infty e^{-x^2} dx = \dfrac{\sqrt{\pi}}{2}$ 이므로 $\Gamma\left(\frac{1}{2}\right) = \sqrt{\pi}$ 이다. 식 (3.1.3)을 이용하면

$$\Gamma\left(\frac{3}{2}\right) = \frac{1}{2}\Gamma\left(\frac{1}{2}\right) = \frac{1}{2}\sqrt{\pi} = \frac{\sqrt{\pi}}{2}$$

등이 된다.

다양한 함수들의 라플라스 변환을 구해 보자.

예제 1

$\mathscr{L}[t^3]$, $\mathscr{L}[e^{-t}]$, $\mathscr{L}[\cos 2t]$, $\mathscr{L}[\sinh 3t]$를 각각 구하라.

(풀이) 표 3.1.1에서 적절한 공식을 선택하여 적용하면 각각

$$\mathscr{L}[t^3] = \frac{3!}{s^4}, \quad \mathscr{L}[e^{-t}] = \frac{1}{s+1}, \quad \mathscr{L}[\cos 2t] = \frac{s}{s^2+4}, \quad \mathscr{L}[\sinh 3t] = \frac{3}{s^2-9}$$

이다.

라플라스 변환의 존재성

라플라스 변환이 존재하는 조건에 대해 알아보자. 그림 3.1.2와 같이 실수 $M > 0$, $t_0 > 0$에 대해 모든 $t > t_0$에서

$$|f(t)| \leqq Me^{ct} \tag{3.1.5}$$

를 만족하는 상수 c가 존재할 때 함수 $f(t)$가 **지수적 차수**(exponential order) c를 갖는다고 한다. 예를 들어 $f(t) = 1$, t, e^{-t}, $2\cos t$는 그림 3.1.3과 같이

$$|1| \leqq e^t, \quad |t| \leqq e^t, \quad |e^{-t}| \leqq e^t, \quad |2\cos t| \leqq 2e^t$$

이므로 이들의 지수적 차수는 모두 $c = 1$이다. 반면에 $f(t) = e^{t^2}$은 그림 3.1.4에서 보듯이 $t > c > 0$인 구간에서 $e^{t^2} > e^{ct}$이므로 지수적 차수를 갖지 않는다.

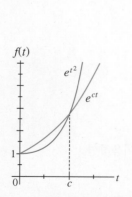

그림 3.1.2 지수적 차수

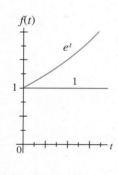 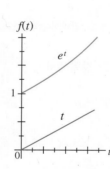 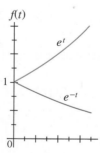 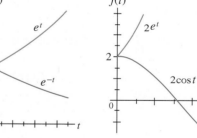

그림 3.1.3 함수의 지수적 차수($c = 1$)의 예

그림 3.1.4 지수적 차수가 존재하지 않음

함수 $f(t)$가 구간 $[0, \infty)$에서 구간별 연속이고 $t > t_0$에서 지수적 차수가 c이면 $s > c$인 s에 대해 $\mathscr{L}[f(t)]$가 존재한다.

(증명) $\mathscr{L}[f(t)] = \int_0^\infty e^{-st} f(t)\,dt = \int_0^{t_0} e^{-st} f(t)\,dt + \int_{t_0}^\infty e^{-st} f(t)\,dt = I_1 + I_2$

로 놓으면 I_1은 구간별 연속함수에 대한 유한한 구간의 적분이므로 수렴하고, $s > c$에 대해

$$|I_2| = \int_{t_0}^\infty |e^{-st} f(t)|\,dt \leq \int_{t_0}^\infty e^{-st} Me^{ct}\,dt = M\int_{t_0}^\infty e^{-(s-c)t}\,dt$$

$$= -M\frac{e^{-(s-c)t}}{s-c}\Big|_{t_0}^\infty = M\frac{e^{-(s-c)t_0}}{s-c}$$

로 수렴하므로 $\mathscr{L}[f(t)]$가 존재한다. ∎

라플라스 변환의 선형성

라플라스 변환은 적분변환이므로

$$\mathscr{L}[c_1 f(t) + c_2 g(t)] = \int_0^\infty e^{-st}[c_1 f(t) + c_2 g(t)]dt$$

$$= c_1 \int_0^\infty e^{-st} f(t)dt + c_2 \int_0^\infty e^{-st} g(t)dt = c_1 \mathscr{L}[f(t)] + c_2 \mathscr{L}[g(t)]$$

에 의해

$$\mathscr{L}[c_1 f(t) + c_2 g(t)] = c_1 \mathscr{L}[f(t)] + c_2 \mathscr{L}[g(t)] \qquad (3.1.6)$$

가 성립한다(쉬어가기 2.1 참고). 라플라스 변환이 선형연산임을 이용하면 다양한 함수의 라플라스 변환을 쉽게 구할 수 있다.

예제 2

$\mathscr{L}[2 + 3t]$를 구하라.

(풀이) $\mathscr{L}[2 + 3t] = 2\mathscr{L}[1] + 3\mathscr{L}[t] = 2 \cdot \dfrac{1}{s} + 3 \cdot \dfrac{1}{s^2} = \dfrac{2}{s} + \dfrac{3}{s^2}$

예제 3

a, b가 상수일 때 $f(t) = ae^{2t} + b\sin t$의 라플라스 변환을 구하라.

(풀이) $\mathscr{L}[ae^{2t} + b\sin t] = a\mathscr{L}[e^{2t}] + b\mathscr{L}[\sin t] = \dfrac{a}{s-2} + \dfrac{b}{s^2+1}$

예제 4

$\sin^2 t$의 라플라스 변환을 구하라.

(풀이) 삼각함수 공식을 사용한다.

$$\mathscr{L}[\sin^2 t] = \mathscr{L}\left[\frac{1 - \cos 2t}{2}\right] = \frac{1}{2}(\mathscr{L}[1] - \mathscr{L}[\cos 2t]) = \frac{1}{2}\left(\frac{1}{s} - \frac{s}{s^2+4}\right)$$

예제 5

$t^{1/2}$의 라플라스 변환을 구하라.

(풀이) 표 3.1.1의 공식 5를 사용하면

$$\mathcal{L}[t^{1/2}] = \frac{\Gamma(1/2 + 1)}{s^{1/2+1}} = \frac{\Gamma(3/2)}{s^{3/2}}$$

이다. 감마함수의 성질에서 $\Gamma(x + 1) = x\Gamma(x)$이고 $\Gamma(1/2) = \sqrt{\pi}$ 이므로

$$\Gamma\left(\frac{3}{2}\right) = \frac{1}{2}\Gamma\left(\frac{1}{2}\right) = \frac{\sqrt{\pi}}{2}$$

이다. 따라서

$$\mathcal{L}[t^{1/2}] = \frac{\Gamma(3/2)}{s^{3/2}} = \frac{\sqrt{\pi}}{2s^{3/2}}.$$

구간별 연속함수(piecewise continuous function)에 대한 라플라스 변환도 생각할 수 있다.

예제 6

다음 함수의 라플라스 변환을 구하라.

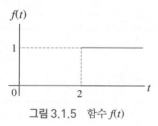

그림 3.1.5 함수 $f(t)$

(풀이) 주어진 함수는 $f(t) = \begin{cases} 0, & 0 \le t < 2 \\ 1, & t \ge 2 \end{cases}$ 이므로

$$\mathcal{L}[f(t)] = \int_0^\infty e^{-st}f(t)dt = \int_0^2 e^{-st} \cdot 0 \, dt + \int_2^\infty e^{-st} \cdot 1 \, dt = -\frac{1}{s}e^{-st}\Big|_2^\infty = \frac{1}{s}e^{-2s}.$$

3.4절에서 다시 설명하겠지만 불연속 함수에 대해 라플라스 변환이 가능하므로 불연속 함수를 포함하는 미분방정식의 풀이에 라플라스 변환이 사용된다.

라플라스 역변환

식 (3.1.1b)의 라플라스 역변환은 라플라스 변환[식 (3.1.1a)]와 짝을 이루는 변환으로

$$\mathcal{L}^{-1}[F(s)] = \frac{1}{2\pi i}\int_{\sigma - i\infty}^{\sigma + i\infty} e^{st}F(s)ds = f(t) \tag{3.1.7}$$

와 같이 복소평면에서의 적분으로 정의되지만, 실제로는 이러한 복소적분을 하지

앞고 라플라스 변환공식을 거꾸로 사용하여 $F(s)$로부터 $f(t)$를 구한다. 라플라스 역
변환 역시 적분변환이므로 선형연산이다.

예제 7

$F(s) = \dfrac{1}{s^3}$ 의 라플라스 역변환을 구하라.

(풀이) $\mathcal{L}[t^2] = \dfrac{2!}{s^3}$ 임을 알고 있으므로 $F(s) = \dfrac{1}{s^3} = \dfrac{1}{2} \cdot \dfrac{2!}{s^3}$ 로 쓰면

$$f(t) = \mathcal{L}^{-1}[F(s)] = \mathcal{L}^{-1}\left[\frac{1}{2} \cdot \frac{2!}{s^3}\right] = \frac{1}{2}\mathcal{L}^{-1}\left[\frac{2!}{s^3}\right] = \frac{1}{2}t^2.$$

예제 8

$F(s) = \dfrac{1}{s^2 + 16}$ 의 라플라스 역변환을 구하라.

(풀이) $\mathcal{L}^{-1}\left[\dfrac{1}{s^2+16}\right] = \mathcal{L}^{-1}\left[\dfrac{1}{4}\dfrac{4}{s^2+16}\right] = \dfrac{1}{4}\mathcal{L}^{-1}\left[\dfrac{4}{s^2+4^2}\right] = \dfrac{1}{4}\sin 4t$

▌ 3.1 연습문제

1. 함수의 라플라스 변환을 구하라. (a, b, ω는 상수이다.)

(1) $f(t) = 2t + 3$ (2) $f(t) = e^{a-bt}$ (3) $f(t) = \cos^2 \omega t$

(4) $f(t) = t^{-1/2}$ (5) $f(t) = (t-1)^3$ (6) $f(t) = \sin t \cos t$

(7) $f(t) = e^t \sinh t$ (8) $f(t) = \displaystyle\sum_{m=1}^{M} e^{mt}$

(9)   (10)

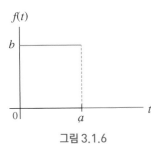

그림 3.1.6

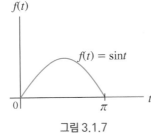

그림 3.1.7

(답) (1) $\dfrac{2}{s^2} + \dfrac{3}{s}$ (2) $\dfrac{e^a}{s+b}$ (3) $\dfrac{1}{2}\left(\dfrac{1}{s} + \dfrac{s}{s^2+4\omega^2}\right)$ (4) $\sqrt{\dfrac{\pi}{s}}$

(5) $\dfrac{6}{s^4} - \dfrac{6}{s^3} + \dfrac{3}{s^2} - \dfrac{1}{s}$ (6) $\dfrac{1}{s^2+4}$ (7) $\dfrac{1}{2}\left(\dfrac{1}{s-2} - \dfrac{1}{s}\right)$ (8) $\displaystyle\sum_{m=1}^{M} \dfrac{1}{s-m}$

(9) $\dfrac{b}{s}(1 - e^{-as})$ (10) $\dfrac{1 + e^{-\pi s}}{s^2 + 1}$

2. 라플라스 역변환을 구하라.

(1) $F(s) = \dfrac{1}{s^5}$ (2) $F(s) = \dfrac{1}{s^2 - 64}$ (3) $F(s) = \dfrac{1}{s^2} - \dfrac{1}{s} + \dfrac{1}{s-1}$

(4) $F(s) = \dfrac{(s+1)^3}{s^4}$ (5) $F(s) = \dfrac{2}{s^2 + 2s}$ (6) $F(s) = \dfrac{3s+5}{s^2 + 7}$

(7) $F(s) = \dfrac{s}{(s^2 + 4)(s+2)}$ (8) $F(s) = \dfrac{1}{(s-1)(s+2)(s+4)}$

(9) $F(s) = \dfrac{s}{L^2 s^2 + n^2 \pi^2}$ (10) $F(s) = \displaystyle\sum_{m=1}^{n} \dfrac{a_m}{s + m^2}$

(답) (1) $\dfrac{1}{24} t^4$ (2) $\dfrac{1}{8}\sinh 8t$ (3) $t - 1 + e^t$ (4) $1 + 3t + \dfrac{3}{2}t^2 + \dfrac{1}{6}t^3$

(5) $1 - e^{-2t}$ (6) $3\cos\sqrt{7}\,t + \dfrac{5}{\sqrt{7}}\sin\sqrt{7}\,t$ (7) $\dfrac{1}{4}(\cos 2t + \sin 2t - e^{-2t})$

(8) $\dfrac{1}{15}e^t - \dfrac{1}{6}e^{-2t} + \dfrac{1}{10}e^{-4t}$ (9) $\dfrac{1}{L^2}\cos\dfrac{n\pi t}{L}$ (10) $\displaystyle\sum_{m=1}^{n} a_m e^{-m^2 t}$

3. 라플라스 변환의 정의를 이용하여 $f(t) = t$의 라플라스 변환을 구하고 표 3.1.1의 공식 2와 같음을 보여라.

4. 오일러 공식 $e^{iat} = \cos at + i\sin at$와 $\mathcal{L}[e^{at}] = \dfrac{1}{s-a}$을 이용하여 $\mathcal{L}[\sin at]$와 $\mathcal{L}[\cos at]$를 구하고 표 3.1.1의 공식 7, 8과 같음을 보여라.

5. $\sinh at = \dfrac{e^{at} - e^{-at}}{2}$, $\cosh at = \dfrac{e^{at} + e^{-at}}{2}$와 $\mathcal{L}[e^{at}] = \dfrac{1}{s-a}$임을 이용하여 $\mathcal{L}[\sinh at]$와 $\mathcal{L}[\cosh at]$를 구하고 표 3.1.1의 공식 9, 10과 같음을 보여라.

3.2   라플라스 변환의 성질 (1)

제1이동정리(s-shift)

함수 $f(t)$에 e^{at}를 곱한 $e^{at}f(t)$의 라플라스 변환은

$$\mathcal{L}[e^{at}f(t)] = \int_0^\infty e^{-st} e^{at} f(t)\,dt = \int_0^\infty e^{-(s-a)t} f(t)\,dt = \mathcal{L}[f(t)]_{s \to s-a}$$

이다. 즉 $\mathcal{L}[f(t)] = F(s)$일 때

$$\mathcal{L}[e^{at}f(t)] = F(s-a) \tag{3.2.1a}$$

가 성립하고, 이를 제1이동정리라 한다. 이의 역변환 형태는

$$\mathcal{L}^{-1}[F(s-a)] = e^{at}f(t) \tag{3.2.1b}$$

이다. $e^{at}f(t)$의 라플라스 변환이 s 영역에서 a만큼 평행이동되므로 제1이동정리를 's-shift'라고도 부른다.

예제 1

$\mathscr{L}[e^{at}\sin bt]$와 $\mathscr{L}[e^{at}\cos bt]$를 구하라.

(풀이) $\mathscr{L}[e^{at}\sin bt] = \mathscr{L}[\sin bt]_{s \to s-a} = \left.\dfrac{b}{s^2 + b^2}\right|_{s \to s-a} = \dfrac{b}{(s-a)^2 + b^2}$

$\mathscr{L}[e^{at}\cos bt] = \mathscr{L}[\cos bt]_{s \to s-a} = \left.\dfrac{s}{s^2 + b^2}\right|_{s \to s-a} = \dfrac{s-a}{(s-a)^2 + b^2}$

예제 2

n이 0 또는 양의 정수일 때 $\mathscr{L}[e^{at}t^n]$을 구하라.

(풀이) $\mathscr{L}[e^{at}t^n] = \mathscr{L}[t^n]_{s \to s-a} = \left.\dfrac{n!}{s^{n+1}}\right|_{s \to s-a} = \dfrac{n!}{(s-a)^{n+1}}$

예제 3

$e^t\cosh 3t$의 라플라스 변환을 구하라.

(풀이) $\mathscr{L}[e^t\cosh 3t] = \mathscr{L}[\cosh 3t]_{s \to s-1} = \left.\dfrac{s}{s^2 - 9}\right|_{s \to s-1} = \dfrac{s-1}{(s-1)^2 - 9}$

☞ 위의 결과를 $\mathscr{L}[e^t\cosh 3t] = \mathscr{L}\left[e^t \cdot \dfrac{e^{3t} + e^{-3t}}{2}\right] = \dfrac{1}{2}\mathscr{L}[e^{4t} + e^{-2t}] = \dfrac{1}{2}\left(\dfrac{1}{s-4} + \dfrac{1}{s+2}\right)$과 비교하라.

예제 4

$\dfrac{s}{s^2 + 6s + 11}$ 의 라플라스 역변환을 구하라.

(풀이) 분모를 완전제곱식으로 변형하여 식 (3.2.2)를 사용하자.

$$\frac{s}{s^2 + 6s + 11} = \frac{s}{(s+3)^2 + 2} = \frac{s+3-3}{(s+3)^2 + 2} = \frac{s+3}{(s+3)^2 + 2} - \frac{3}{(s+3)^2 + 2}$$

이므로

$$\mathscr{L}^{-1}\left[\frac{s}{s^2 + 6s + 11}\right] = \mathscr{L}^{-1}\left[\frac{s+3}{(s+3)^2 + 2} - \frac{3}{(s+3)^2 + 2}\right]$$

$$= \mathscr{L}^{-1}\left[\frac{s+3}{(s+3)^2 + 2}\right] - \frac{3}{\sqrt{2}}\mathscr{L}^{-1}\left[\frac{\sqrt{2}}{(s+3)^2 + 2}\right]$$

$$= e^{-3t}\cos\sqrt{2}\,t - \frac{3}{\sqrt{2}}e^{-3t}\sin\sqrt{2}\,t.$$

단위계단함수

단위계단함수(unit step function)를

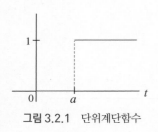

그림 3.2.1 단위계단함수

$$U(t-a) = \begin{cases} 0, & 0 \le t < a \\ 1, & t \ge a \end{cases} \tag{3.2.2}$$

로 정의하는데, 시간 a에서 크기가 1인 어떤 양이 공급되기 시작함을 의미한다 (switch on). 예를 들면 $U(t) = 1,\ t \ge 0,\ \ U(t-2) = \begin{cases} 0, & 0 \le t < 2 \\ 1, & t \ge 2 \end{cases}$ 이며, 이들의 그래프는 다음과 같다.

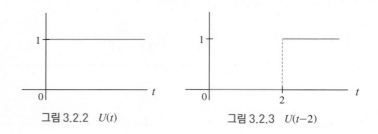

그림 3.2.2 $U(t)$ 그림 3.2.3 $U(t-2)$

예제 5

$f(t) = \sin t\, U(t - 2\pi)$의 그래프를 그려라.

(풀이) $f(t) = \sin t\, U(t - 2\pi) = \begin{cases} 0, & 0 \le t < 2\pi \\ \sin t, & t \ge 2\pi \end{cases}$ 이므로 그래프는 다음과 같다.

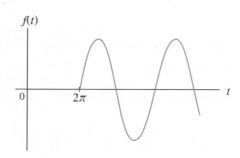

그림 3.2.4 $f(t) = \sin t\, U(t - 2\pi)$

단위계단함수를 이용하여 구간별로 나누어 정의된 함수를 하나의 식으로 표현할 수 있다. 다음 예제에서 단위계단함수의 정의를 이용하여 결과를 거꾸로 확인해 보자.

예제 6

$f(t) = \begin{cases} g(t), & 0 \le t < a \\ h(t), & t \ge a \end{cases}$ 를 단위계단함수를 사용하여 t의 구간을 나누지 않고 나타내어라.

(풀이) $f(t)$를 단위계단함수를 사용하여 나타내면

$$f(t) = g(t)[1 - U(t - a)] + h(t)U(t - a).$$

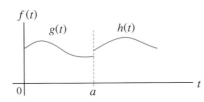

그림 3.2.5 $f(t)$의 그래프

예제 7

$f(t) = \begin{cases} g(t), & 0 \le t < a \\ h(t), & a \le t < b \\ k(t), & t \ge b \end{cases}$ 를 단위계단함수로 나타내어라.

(풀이) $f(t) = g(t)[1 - U(t - a)] + h(t)[U(t - a) - U(t - b)] + k(t)U(t - b)$

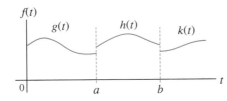

그림 3.2.6 $f(t)$의 그래프

위와 같이 구간별 연속함수를 단위계단함수를 이용하여 구간 구분 없이 나타내는
방법이 뒤에서 자주 사용될 것이다.

단위계단함수의 라플라스 변환을 구하면

$$\mathscr{L}[U(t - a)] = \int_0^\infty e^{-st} U(t - a) dt = \int_0^a e^{-st}(0) dt + \int_0^\infty e^{-st}(1) dt = -\frac{1}{s} e^{-st} \Big|_a^\infty$$

$$= \frac{e^{-as}}{s} \quad (s > 0)$$

에서

$$\mathscr{L}[U(t - a)] = \frac{e^{-as}}{s} \qquad (3.2.3)$$

이다. 특히 $a = 0$이면 $\mathscr{L}[U(t)] = \dfrac{1}{s}$ 이 되고, 이는 $\mathscr{L}[1] = \dfrac{1}{s}$ 과 같아야 한다.

제2이동정리(t-shift)

함수 $f(t-a)U(t-a)$의 라플라스 변환은

$$\mathscr{L}[f(t-a)U(t-a)] = \int_0^\infty e^{-st}f(t-a)U(t-a)dt$$

$$= \int_0^a e^{-st}f(t-a)(0)dt + \int_a^\infty e^{-st}f(t-a)(1)dt = \int_a^\infty e^{-st}f(t-a)dt$$

가 되고, $v = t-a$로 치환하면

$$\mathscr{L}[f(t-a)U(t-a)] = \int_0^\infty e^{-s(v+a)}f(v)dv = e^{-as}\int_0^\infty e^{-sv}f(v)dv = e^{-as}\mathscr{L}[f(t)]$$

이다. 즉 $\mathscr{L}[f(t)] = F(s)$일 때

$$\mathscr{L}[f(t-a)U(t-a)] = e^{-as}F(s) \qquad (3.2.4a)$$

가 성립하고, 이를 제2이동정리라 한다. 이의 역변환 형태는

$$\mathscr{L}^{-1}[e^{-as}F(s)] = f(t-a)U(t-a) \qquad (3.2.4b)$$

이다. 제2이동정리를 t 영역에서 a만큼 평행이동된다는 의미로 't-shift'라고 부른다.

예제 8

(1) $f(t) = (t-2)^2 U(t-2)$의 라플라스 변환을 구하라.

(2) $f(t) = \sin t\, U(t-2\pi)$의 라플라스 변환을 구하라.

(풀이)

(1) $\mathscr{L}[(t-2)^2 U(t-2)] = e^{-2s}\mathscr{L}[t^2] = e^{-2s}\cdot\dfrac{2!}{s^3} = \dfrac{2e^{-2s}}{s^3}$

(2) $\sin t = \sin(t-2\pi)$이므로

$$\mathscr{L}[\sin t\, U(t-2\pi)] = \mathscr{L}[\sin(t-2\pi)U(t-2\pi)] = e^{-2\pi s}\mathscr{L}[\sin t] = \frac{e^{-2\pi s}}{s^2+1}.$$

3.1절 예제 6에서는 구간별 연속함수의 라플라스 변환을 라플라스 변환의 정의를 이용하여 구했다. 다음에서는 단위계단함수를 이용하여 구하는 방법을 소개한다.

예제 9

다음 함수의 라플라스 변환을 구하라.

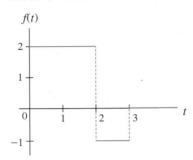

그림 3.2.7 함수 $f(t)$

(풀이) 그림 3.2.7의 함수를 단위계단함수를 사용하여 나타내면

$$f(t) = 2[1 - U(t - 2)] - 1[U(t - 2) - U(t - 3)] = 2 - 3U(t - 2) + U(t - 3)$$

이므로

$$\mathcal{L}[f(t)] = \mathcal{L}[2] - 3\mathcal{L}[U(t-2)] + \mathcal{L}[U(t-3)] = \frac{2}{s} - \frac{3e^{-2s}}{s} + \frac{e^{-3s}}{s}.$$

제2이동정리를 이용하여 라플라스 역변환을 구해보자.

예제 10

(1) $\dfrac{e^{-\pi s}}{s^2 + 1}$ 의 라플라스 역변환을 구하라.

(2) $\dfrac{2}{s^2} - \dfrac{e^{-2s}}{s^2} - \dfrac{2e^{-2s}}{s} + \dfrac{e^{-s}}{s - 1}$ 의 라플라스 역변환을 구하라.

(풀이)

(1) $f(t) = \mathcal{L}^{-1}\left[\dfrac{e^{-\pi s}}{s^2 + 1}\right] = \sin(t - \pi)U(t - \pi)$ 이고 $\sin(t - \pi) = -\sin t$ 이므로

$$f(t) = -\sin t\, U(t - \pi).$$

(2) $f(t) = \mathcal{L}^{-1}\left[\dfrac{2}{s^2} - \dfrac{e^{-2s}}{s^2} - \dfrac{2e^{-2s}}{s} + \dfrac{e^{-s}}{s - 1}\right]$

$\qquad = 2t - (t-2)U(t-2) - 2U(t-2) + e^{t-1}U(t-1)$

$\qquad = 2t - tU(t-2) + e^{t-1}U(t-1)$

3.2 연습문제

1. 함수의 라플라스 변환을 구하라.

(1) $f(t) = e^{3t}t^3$

(2) $f(t) = (t+1)^2 e^t$

(3) $f(t) = t(e^t + e^{2t})$

(4) $f(t) = e^{3t}\left(9 - 4t + 10\sin\dfrac{t}{2}\right)$

(답) (1) $\dfrac{6}{(s-3)^4}$

(2) $\dfrac{2}{(s-1)^3} + \dfrac{2}{(s-1)^2} + \dfrac{1}{s-1}$

(3) $\dfrac{1}{(s-1)^2} + \dfrac{1}{(s-2)^2}$

(4) $\dfrac{9}{(s-3)} - \dfrac{4}{(s-3)^2} + \dfrac{5}{(s-3)^2 + 1/4}$

2. 함수의 라플라스 역변환을 구하라.

(1) $F(s) = \dfrac{1}{(s-1)^3}$

(2) $F(s) = \dfrac{3}{s^2 + 6s + 18}$

(3) $F(s) = \dfrac{s}{(s+1)^2}$

(4) $F(s) = \dfrac{s}{(s+1/2)^2 + 1}$

(답) (1) $\dfrac{1}{2}e^t t^2$ (2) $\sin 3t\, e^{-3t}$ (3) $e^{-t} - te^{-t}$ (4) $e^{-t/2}\left(\cos t - \dfrac{1}{2}\sin t\right)$

3. $\dfrac{1}{s^2 + 2s - 8}$ 은 $\dfrac{1}{(s+1)^2 - 9}$ 또는 $\dfrac{1}{(s-2)(s+4)}$ 로 나타낼 수 있다. 두 가지 방법으로 $\mathscr{L}^{-1}\left[\dfrac{1}{s^2 + 2s - 8}\right]$ 을 구하고 그 결과가 같음을 보여라.

(답) $\dfrac{1}{3}e^{-t}\sinh 3t$ 또는 $\dfrac{1}{6}(e^{2t} - e^{-4t})$

4. (1) 함수 $f(t) = \begin{cases} 0, & 0 \le t < a \\ g(t), & a \le t < b \\ 0, & t \ge b \end{cases}$ 를 단위계단함수를 사용하여 나타내어라.

(2) 전압 $E(t) = \begin{cases} 20t, & 0 \le t < 5 \\ 0, & t \ge 5 \end{cases}$ 를 단위계단함수로 나타내고 그래프를 그려라.

(답) (1) $f(t) = g(t)[U(t-a) - U(t-b)]$ (2) $E(t) = 20t[1 - U(t-5)]$

5. 제2이동정리를 이용하여 $\mathscr{L}[U(t-a)]$ 를 구하고 식 (3.2.3)과 같음을 확인하라.

☞ $f(t) = t$ 이면 $f(t-a) = t-a$ 이고 $f(t) = 1$ 이면 $f(t-a) = 1$ 이다.

6. 함수의 라플라스 변환을 구하라.

(1) $f(t) = 1 - 2U(t-3)$

(2) $f(t) = U(t-a) - U(t-b)$

(3) $f(t) = (t-1)U(t-1)$

(4) $f(t) = (t-1)^3 e^{t-1}U(t-1)$

(5) $f(t) = e^t U(t-2)$

(6) $f(t) = t^2 U(t-1)$

(7) $f(t) = \begin{cases} 0, & 0 \le t < \pi \\ 4\cos t, & t \ge \pi \end{cases}$　　　(8) $f(t) = \begin{cases} e^t, & 0 \le t < 1 \\ 0, & t \ge 1 \end{cases}$

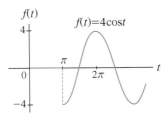

그림 3.2.8

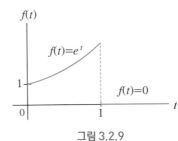

그림 3.2.9

(답) (1) $\dfrac{1}{s} - \dfrac{2e^{-3s}}{s}$　　(2) $\dfrac{e^{-as}}{s} - \dfrac{e^{-bs}}{s}$　　(3) $\dfrac{e^{-s}}{s^2}$　　(4) $\dfrac{6e^{-s}}{(s-1)^4}$

(5) $\dfrac{e^{-2(s-1)}}{s-1}$　　(6) $e^{-s}\left(\dfrac{2}{s^3} + \dfrac{2}{s^2} + \dfrac{1}{s}\right)$　　(7) $-\dfrac{4se^{-\pi s}}{s^2+1}$　　(8) $\dfrac{1-e^{1-s}}{s-1}$

7. 함수의 라플라스 역변환을 구하라.

(1) $\dfrac{e^{-3s}}{s^3}$　　　　(2) $\dfrac{se^{-2s}}{s^2+\pi^2}$　　　　(3) $\dfrac{e^{-s}}{s(s+1)}$

(답) (1) $\dfrac{1}{2}(t-3)^2 U(t-3)$　　(2) $\cos\pi t\, U(t-2)$　　(3) $U(t-1) - e^{-(t-1)}U(\mathrm{t}-1)$

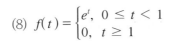

3.3　라플라스 변환의 성질 (2)

라플라스 변환의 미분

라플라스 변환 $\mathscr{L}[f(t)]$를 s로 미분하면

$$\frac{d}{ds}\mathscr{L}[f(t)] = \frac{d}{ds}\int_0^\infty e^{-st}f(t)\,dt = \int_0^\infty \frac{\partial}{\partial s}e^{-st}f(t)\,dt^{*}$$

$$= \int_0^\infty -te^{-st}f(t)\,dt = -\int_0^\infty e^{-st}[tf(t)]\,dt = -\mathscr{L}[tf(t)]$$

> ☞ * 적분 $\displaystyle\int_0^\infty e^{-st}f(t)\,dt$ 의 결과가 s의 함수이므로 이를 s로 미분하는 것은 상미분 $\dfrac{d}{ds}$ 이지만 미분기호가 적분기호 안으로 들어가면 피적분함수가 s와 t의 함수이므로 편미분 $\dfrac{\partial}{\partial s}$ 가 되어야 한다.

이므로, $\mathscr{L}[f(t)] = F(s)$일 때

$$\mathscr{L}[tf(t)] = -\frac{dF(s)}{ds} \tag{3.3.1a}$$

이다. 이에 해당하는 라플라스 역변환은

$$\mathscr{L}^{-1}\left[\frac{dF(s)}{ds}\right] = -tf(t) \tag{3.3.1b}$$

이다. 식 (3.3.1a)를 이용하면

$$\mathcal{L}[t^2 f(t)] = \mathcal{L}[t \cdot tf(t)] = -\frac{d}{ds}\mathcal{L}[tf(t)] = -\frac{d}{ds}\left[-\frac{dF(s)}{ds}\right] = \frac{d^2F(s)}{ds^2}$$

이 성립하며, 일반적으로

$$\mathcal{L}[t^n f(t)] = (-1)^n \frac{d^n F(s)}{ds^n} \tag{3.3.2}$$

이다. 식 (3.3.2)를 이용하면 t^n이 곱해진 함수의 라플라스 변환을 구할 수 있다.

예제 1

다음의 라플라스 변환을 구하라.

(1) $\mathcal{L}[te^{2t}] = -\dfrac{d}{ds}\mathcal{L}[e^{2t}] = -\dfrac{d}{ds}\left(\dfrac{1}{s-2}\right) = \dfrac{1}{(s-2)^2}$

(2) $\mathcal{L}[t\sin at] = -\dfrac{d}{ds}\mathcal{L}[\sin at] = -\dfrac{d}{ds}\left(\dfrac{a}{s^2+a^2}\right) = \dfrac{2as}{(s^2+a^2)^2}$

(3) $\mathcal{L}[te^{-t}\cos t] = -\dfrac{d}{ds}\mathcal{L}[e^{-t}\cos t] = -\dfrac{d}{ds}\left[\dfrac{s+1}{(s+1)^2+1}\right] = \dfrac{(s+1)^2-1}{[(s+1)^2+1]^2}$

(4) $\mathcal{L}[t^2\sin at] = \dfrac{d^2}{ds^2}\mathcal{L}[\sin at] = \dfrac{d^2}{ds^2}\left(\dfrac{a}{s^2+a^2}\right) = \dfrac{6as^2-2a^3}{(s^2+a^2)^3}$

☞ 문제 (1)을 제1이동정리로 풀고 결과를 비교하자.

예제 2

$\dfrac{1}{(s-2)^2}$ 의 라플라스 역변환을 구하라.

(풀이) $\dfrac{d}{ds}\left(\dfrac{1}{s-2}\right) = -\dfrac{1}{(s-2)^2}$ 임을 이용하면

$$\mathcal{L}^{-1}\left[\frac{1}{(s-2)^2}\right] = -\mathcal{L}^{-1}\left[\frac{d}{ds}\left(\frac{1}{s-2}\right)\right] = t\,\mathcal{L}^{-1}\left[\frac{1}{s-2}\right] = te^{2t}$$

로 예제 1의 (1)의 경우와 같다. 식 (3.2.1b)를 이용하면 더욱 간단히 구할 수 있다.

예제 3

$\mathcal{L}^{-1}\left[\dfrac{s^2-\pi^2}{(s^2+\pi^2)^2}\right]$를 구하라.

(풀이) $\mathcal{L}^{-1}\left[\dfrac{s}{s^2+\pi^2}\right] = \cos\pi t$ 이고 $\dfrac{d}{ds}\left(\dfrac{s}{s^2+\pi^2}\right) = -\dfrac{s^2-\pi^2}{(s^2+\pi^2)^2}$ 이므로

$$\mathcal{L}^{-1}\left[\frac{s^2-\pi^2}{(s^2+\pi^2)^2}\right] = -\mathcal{L}^{-1}\left[\frac{d}{ds}\left(\frac{s}{s^2+\pi^2}\right)\right] = t\,\mathcal{L}^{-1}\left[\frac{s}{s^2+\pi^2}\right] = t\cos\pi t.$$

라플라스 변환의 적분

s의 함수 $F(s)$를 구간 $[s, \infty)$에 대해 적분하고, 적분의 순서를 바꾸면

$$\int_s^\infty F(s)ds = \int_{s=s}^\infty \left[\int_{t=0}^\infty e^{-st} f(t)dt \right] ds = \int_{t=0}^\infty f(t) \left[\int_{s=s}^\infty e^{-st} ds \right] dt$$

$$= \int_0^\infty f(t) \left[-\frac{e^{-st}}{t} \right]_s^\infty dt = \int_0^\infty f(t) \left(\frac{e^{-st}}{t} \right) dt = \int_0^\infty e^{-st} \left[\frac{f(t)}{t} \right] dt = \mathscr{L} \left[\frac{f(t)}{t} \right]$$

이다. 즉 $\mathscr{L}[f(t)] = F(s)$일 때

$$\mathscr{L} \left[\frac{f(t)}{t} \right] = \int_s^\infty F(s)ds \qquad (3.3.3a)$$

이고, 이에 대응하는 라플라스 역변환은

$$\mathscr{L}^{-1} \left[\int_s^\infty F(s)ds \right] = \frac{f(t)}{t} \qquad (3.3.3b)$$

이다. 위 식에서 (−) 부호가 나타나지 않도록 적분변수 s를 적분기호 아래에 위치시켰다. 식 (3.3.1a)에서 $tf(t)$의 라플라스 변환이 $F(s)$의 미분으로 표현되었는데, 식 (3.3.3a)에서는 $f(t)/t$의 라플라스 변환이 $F(s)$의 적분으로 표현되었다. 매우 대조적인 결과이다.

예제 4

$\dfrac{e^{at} - e^{bt}}{t}$ 의 라플라스 변환을 구하라.

(풀이) $s > a$, $s > b$에서 $\mathscr{L}[e^{at} - e^{bt}] = \dfrac{1}{s-a} - \dfrac{1}{s-b}$ 이므로, 식 (3.3.3a)에서

$$\mathscr{L} \left[\frac{e^{at} - e^{bt}}{t} \right] = \int_s^\infty \mathscr{L}[e^{at} - e^{bt}]ds = \int_s^\infty \left(\frac{1}{s-a} - \frac{1}{s-b} \right) ds : \text{이상적분}$$

$$= \lim_{c \to \infty} \int_s^c \left(\frac{1}{s-a} - \frac{1}{s-b} \right) ds$$

$$= \lim_{c \to \infty} [\ln(s-a) - \ln(s-b)]_s^c = \lim_{c \to \infty} \left[\ln \frac{s-a}{s-b} \right]_s^c = \lim_{c \to \infty} \left[\ln \frac{c-a}{c-b} - \ln \frac{s-a}{s-b} \right]$$

$$= \lim_{c \to \infty} \left[\ln \frac{1 - a/c}{1 - b/c} - \ln \frac{s-a}{s-b} \right] = -\ln \frac{s-a}{s-b} = \ln \frac{s-b}{s-a}.$$

예제 5

$\ln\left(1 + \dfrac{a^2}{s^2}\right)$의 라플라스 역변환을 구하라.

(풀이) $\dfrac{d}{ds}\ln\left(1 + \dfrac{a^2}{s^2}\right) = \dfrac{1}{1 + \dfrac{a^2}{s^2}} \cdot \dfrac{-2a^2}{s^3} = \dfrac{-2a^2}{s(s^2 + a^2)} = -\dfrac{2}{s} + \dfrac{2s}{s^2 + a^2} = -2\left(\dfrac{1}{s} - \dfrac{s}{s^2 + a^2}\right)$

이므로

$$\ln\left(1 + \frac{a^2}{s^2}\right) = 2\int_s^\infty \left(\frac{1}{s} - \frac{s}{s^2 + a^2}\right)ds$$

이다. 식 (3.3.3b)를 이용하면

$$\mathscr{L}^{-1}\left[\ln\left(1 + \frac{a^2}{s^2}\right)\right] = \mathscr{L}^{-1}\left[2\int_s^\infty \left(\frac{1}{s} - \frac{s}{s^2 + a^2}\right)ds\right] = \frac{2}{t}(1 - \cos at).$$

주기함수의 라플라스 변환

함수 $f(t)$가

$$f(t + T) = f(t) \tag{3.3.4}$$

를 만족하면 $f(t)$는 주기가 T인 **주기함수**(periodic function)이다. 주기함수는 주기 T 마다 같은 값을 가지므로 주기함수의 라플라스 변환을 구하기 위해 $0 \leq t < \infty$ 전체 구간에 대해 적분할 필요가 없을 것이다. 따라서 주기가 T인 함수 $f(t)$의 라플라스 변환을 구하기 위해 적분 구간을

$$\mathscr{L}[f(t)] = \int_0^\infty e^{-st}f(t)dt = \int_0^T e^{-st}f(t)dt + \int_T^\infty e^{-st}f(t)dt$$

와 같이 나눈다. 우변의 두 번째 적분에서 $t = h + T$로 치환하고 $f(h + T) = f(h)$임을 이용하면

$$\int_T^\infty e^{-st}f(t)dt = \int_0^\infty e^{-s(h+T)}f(h + T)dh = e^{-sT}\int_0^\infty e^{-sh}f(h)dh = e^{-sT}\mathscr{L}[f(t)]$$

이므로, 주기가 T인 주기함수 $f(t)$의 라플라스 변환은

$$\mathscr{L}[f(t)] = \frac{1}{1 - e^{-sT}}\int_0^T e^{-st}f(t)dt \tag{3.3.5}$$

가 된다. 주기함수의 라플라스 변환을 구하기 위해 한 주기 $[0, T]$에 대해서만 적분했음에 주목하자.

예제 6

그림 3.3.1과 같은 주기함수 $f(t)$의 라플라스 변환을 구하라.

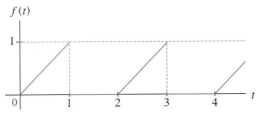

그림 3.3.1   주기함수 $f(t)$

(풀이) 함수는 $f(t) = \begin{cases} t, & 0 \le t < 1 \\ 0, & 1 \le t < 2 \end{cases}$ 이고 주기가 2이므로 식 (3.3.5)를 이용하면

$$\mathcal{L}[f(t)] = \frac{1}{1 - e^{-2s}} \int_0^2 e^{-st} f(t) dt = \frac{1}{1 - e^{-2s}} \left[\int_0^1 e^{-st} t dt + \int_1^2 e^{-st} \cdot 0 dt \right]$$

$$= \frac{1}{1 - e^{-2s}} \int_0^1 e^{-st} t dt = \frac{1}{1 - e^{-2s}} \left[-\frac{1}{s} e^{-st} t \Big|_0^1 + \frac{1}{s} \int_0^1 e^{-st} dt \right]$$

$$= \frac{1}{1 - e^{-2s}} \left(-\frac{e^{-s}}{s} - \frac{e^{-s}}{s^2} + \frac{1}{s^2} \right).$$

예제 6에서는 $f(t)$의 라플라스 변환을 구하기 위한 적분을 직접 계산하였다. 같은 문제에 대해 적분을 계산하지 않고 우리가 알고 있는 라플라스 변환공식을 이용하는 방법을 생각해 보자.

예제 7

예제 6의 주기함수에 대해 적분 계산을 하지 않고 라플라스 변환을 구하라.

(풀이) 먼저 그림 3.3.2와 같은 비주기함수 $g(t) = \begin{cases} t, & 0 \le t < 1 \\ 0, & t \ge 1 \end{cases}$ 을 정의하자.

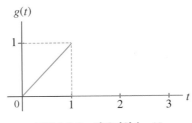

그림 3.3.2   비주기함수 $g(t)$

함수 $g(t)$를 단위계단함수를 사용하여 나타내면

$$g(t) = t[1 - U(t-1)] = t - (t-1)U(t-1) - U(t-1)$$

이다. 예제 6의 풀이에서는 $\int_0^2 e^{-st} f(t) dt$ 를 직접 계산했지만, 구간 $0 \le t \le 2$에서 $f(t)$의 적분과 $0 \le t < \infty$에서 $g(t)$의 적분과 같으므로, 즉

$$\int_0^2 e^{-st}f(t)dt = \int_0^\infty e^{-st}g(t)dt$$

임을 이용하면 식 (3.3.5)에서

$$\mathcal{L}[f(t)] = \frac{1}{1-e^{-2s}}\int_0^2 e^{-st}f(t)dt = \frac{1}{1-e^{-2s}}\int_0^\infty e^{-st}g(t)dt$$

$$= \frac{1}{1-e^{-2s}}\mathcal{L}[g(t)] = \frac{1}{1-e^{-2s}}\mathcal{L}[t-(t-1)U(t-1)-U(t-1)]$$

$$= \frac{1}{1-e^{-2s}}\left(\frac{1}{s^2} - \frac{e^{-s}}{s^2} - \frac{e^{-s}}{s}\right)$$

이다. 적분 계산을 하지 않고 예제 6의 풀이와 동일한 결과를 얻었다.

3.3 연습문제

1. 라플라스 변환의 미분을 이용하여 다음을 구하라.

(1) $\mathcal{L}[te^t]$ (2) $\mathcal{L}[t^2\cosh\pi t]$ (3) $\mathcal{L}[te^{-t}\sin t]$

(4) $\mathcal{L}^{-1}\left[\dfrac{1}{(s-1)^2}\right]$ (5) $\mathcal{L}^{-1}\left[\dfrac{1}{(s-1)^3}\right]$

(답) (1) $\dfrac{1}{(s-1)^2}$ (2) $\dfrac{2s(s^2+3\pi^2)}{(s^2-\pi^2)^3}$ (3) $\dfrac{2(s+1)}{[(s+1)^2+1]^2}$ (4) te^t (5) $\dfrac{1}{2}t^2e^t$

2. $\dfrac{2(1-\cosh at)}{t}$ 의 라플라스 변환을 구하라.

(답) $\ln\dfrac{s^2-a^2}{s^2}$

3. 라플라스 역변환을 구하라.

(1) $\ln\dfrac{s^2+1}{(s-1)^2}$ (2) $\cot^{-1}\dfrac{s}{\pi}$ [힌트: $(\cot^{-1}x)' = -\dfrac{1}{1+x^2}$]

(답) (1) $\dfrac{2}{t}(e^t-\cos t)$ (2) $\dfrac{1}{t}\sin\pi t$

4. 다음 주기함수의 라플라스 변환을 구하라.

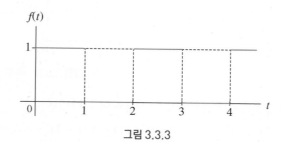

그림 3.3.3

(답) $\dfrac{1}{s(1+e^{-s})}$

3.4 라플라스 변환을 이용한 초기값 문제의 풀이

라플라스 변환을 이용하면 미분방정식이 포함된 초기값 문제의 해를 쉽게 구할 수 있으며, 미분방정식의 계수가 불연속적이거나 순간적으로 충격적인 경우 또는 복잡한 주기함수로 표현되는 경우에도 해를 구할 수 있다. 이를 위해 먼저 도함수(미분)의 라플라스 변환에 대해 알아본다.

도함수의 라플라스 변환

함수 $f(t)$의 1계 도함수 $f'(t)$를 라플라스 변환하면 부분적분에 의해

$$\mathscr{L}[f'(t)] = \int_0^\infty e^{-st} f'(t)\,dt = e^{-st} f(t)\Big|_0^\infty - \int_0^\infty (-se^{-st}) f(t)\,dt = -f(0) + s\mathscr{L}[f(t)]$$

이다.[*] 즉 $\mathscr{L}[f(t)] = F(s)$일 때 1계 도함수 $f'(t)$의 라플라스 변환은

$$\mathscr{L}[f'(t)] = sF(s) - f(0) \qquad (3.4.1)$$

☞ [*] $f(t)$의 지수적 차수가 c이면 $s>c$인 s에 대해 $t\to\infty$일 때 $e^{-st}f(t)\to 0$이다.

이다. 식 (3.4.1)을 2계 도함수에 적용하면

$$\mathscr{L}[f''(t)] = s\mathscr{L}[f'(t)] - f'(0) = s\{s\mathscr{L}[f(t)] - f(0)\} - f'(0)$$
$$= s^2\mathscr{L}[f(t)] - sf(0) - f'(0)$$

이므로

$$\mathscr{L}[f''(t)] = s^2 F(s) - sf(0) - f'(0) \qquad (3.4.2)$$

이다. 일반적으로

$$\mathscr{L}[f^{(n)}(t)] = s^n F(s) - s^{n-1}f(0) - \cdots - sf^{(n-2)}(0) - f^{(n-1)}(0) \qquad (3.4.3)$$

이 성립한다.

라플라스 변환을 이용한 초기값 문제의 풀이

위에서 유도한 도함수의 라플라스 변환을 이용하면 초기값 문제의 해를 간단하게 구할 수 있다. 먼저 쉬운 예를 보자.

예제 1

초기값 문제 $y' = y$, $y(0) = 1$의 해는 추측으로 $y = e^t$임을 안다. 같은 해를 라플라스 변환법으로 구하라.

(풀이) 먼저 $\mathscr{L}[y(t)] = Y(s)$라 놓는다. 식 (3.4.1)에 의해 $\mathscr{L}[y'] = sY(s) - y(0)$이므로 주어진 미분방정식 $y' = y$의 양변을 라플라스 변환하면

$$sY(s) - y(0) = Y(s)$$

이다. 초기조건 $y(0) = 1$을 사용하고 $Y(s)$에 대해 풀면

$$Y(s) = \frac{1}{s-1}$$

이고, 마지막으로 $Y(s)$를 라플라스 역변환하여

$$y(t) = \mathscr{L}^{-1}[Y(s)] = \mathscr{L}^{-1}\left[\frac{1}{s-1}\right] = e^t$$

를 구할 수 있다.

☞ 예제 1을 1장에서 공부한 변수분리법으로 풀면 $dy/dt = y$에서 $dy/y = dt$이므로 양변을 적분하여 $\ln|y| = t + c^*$, 즉 $y = ce^t$이고 초기조건 $y(0) = 1$에서 $c = 1$이므로 $y = e^t$이다.

예제 1과 같이 라플라스 변환법으로 미분방정식의 해를 구하는 경우에는 먼저 $y(t)$에 대한 **미분방정식**을 라플라스 변환하여 $Y(s)$에 대한 **대수방정식**을 유도하고, 이를 풀어 $Y(s)$를 구한 다음에 다시 라플라스 역변환하여 $y(t)$를 구한다. 이를 정리하면 그림 3.4.1과 같다.

그림 3.4.1   라플라스 변환법으로 미분방정식의 해를 구하는 순서

미분방정식을 라플라스 변환법으로 푸는 경우에는 반드시 **초기조건**이 주어져야 한다. 다음에는 2계 상미분방정식이 포함된 초기값 문제에 대해 공부하자. 편미분방정식으로 표현되는 초기값 문제의 풀이에도 라플라스 변환이 사용될 수 있는데, 이에 대해서는 13.2절에서 공부한다.

예제 2

$y'' - y = t$, $y(0) = 1$, $y'(0) = 1$의 해를 라플라스 변환법으로 구하라.

(풀이) $\mathscr{L}[y(t)] = Y(s)$라 놓고 미분방정식을 라플라스 변환하면

$$s^2 Y(s) - sy(0) - y'(0) - Y(s) = \frac{1}{s^2}$$

이고, 초기조건이 $y(0) = 1$, $y'(0) = 1$이므로 $(s^2 - 1)Y(s) = \frac{1}{s^2} + s + 1$ 또는

$$Y(s) = \frac{1}{s^2(s-1)(s+1)} + \frac{1}{s-1} \tag{a}$$

이다. (a)의 우변 첫째 항을 부분분수로 변환하기 위해

$$\frac{1}{s^2(s-1)(s+1)} = \frac{A}{s} + \frac{B}{s^2} + \frac{C}{s-1} + \frac{D}{s+1}$$

로 놓으면

$$1 = As(s-1)(s+1) + B(s-1)(s+1) + Cs^2(s+1) + Ds^2(s-1) \tag{b}$$

이고 $s = 0$, $s = 1$, $s = -1$을 대입하여 $B = -1$, $C = 1/2$, $D = -1/2$을 구한다. 다시 (b)의 양변을 s로 미분하면

$$0 = A[(s-1)(s+1) + s(s+1) + s(s-1)] + B[(s+1) + (s-1)]$$
$$+ C[2s(s+1) + s^2] + D[2s(s-1) + s^2]$$

이며, $s = 0$을 대입하여 $A = 0$을 구한다. 따라서

$$Y(s) = -\frac{1}{s^2} + \frac{1}{2}\left(\frac{1}{s-1} - \frac{1}{s+1}\right) + \frac{1}{s-1} = -\frac{1}{s^2} + \frac{3}{2}\frac{1}{s-1} - \frac{1}{2}\frac{1}{s+1}$$

이고, 이를 역변환하여

$$y(t) = -t + \frac{3}{2}e^t - \frac{1}{2}e^{-t}$$

를 얻는다.

☞ 예제 2를 상수계수 비제차 2계 미분방정식의 해법(2.5절)을 이용하여 풀고 결과를 비교하라.

라플라스 변환법은 특히 구간별 연속 함수가 포함된 미분방정식의 해를 구하는 것을 가능하게 한다. 라플라스 변환을 이용한 미분방정식의 풀이의 큰 장점이다.

예제 3

$r(t)$가 그림 3.4.2로 주어질 때 $y'' + 2y' + y = r(t)$, $y(0) = 0$, $y'(0) = 0$의 해를 구하라.

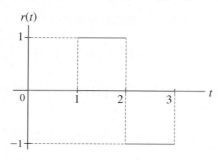

그림 3.4.2 $r(t)$의 그래프

(풀이) $r(t) = (0)[1 - U(t - 1)] + (1)[U(t - 1) - U(t - 2)] + (-1)[U(t - 2) - U(t - 3)]$

$\qquad = U(t - 1) - 2U(t - 2) + U(t - 3)$

이므로, 주어진 미분방정식의 라플라스 변환은

$$(s^2 + 2s + 1)Y(s) = \frac{e^{-s}}{s} - \frac{2e^{-2s}}{s} + \frac{e^{-3s}}{s}$$

이다.

$$Y(s) = \frac{1}{s(s + 1)^2}(e^{-s} - 2e^{-2s} + e^{-3s})$$

$$= \left[\frac{1}{s} - \frac{1}{s + 1} - \frac{1}{(s + 1)^2}\right](e^{-s} - 2e^{-2s} + e^{-3s})$$

에서

$$y(t) = \mathscr{L}^{-1}[Y(s)] = [1 - e^{-(t-1)} - (t-1)e^{-(t-1)}]U(t-1)$$

$$-2[1 - e^{-(t-2)} - (t-2)e^{-(t-2)}]U(t-2) + [1 - e^{-(t-3)} - (t-3)e^{-(t-3)}]U(t-3).$$

라플라스 변환을 이용한 경계값 문제의 풀이

라플라스 변환은 기본적으로 초기값 문제의 해법을 제공하지만 경계값 문제에도 활용될 수 있다. 2.7절 예제 7에서 4계 미분방정식이 포함된 경계값 문제로 나타나는 보의 처짐에 대해 공부했다. 같은 문제를 라플라스 변환을 이용하여 풀어보자.

예제 4　보의처침(2)

2.7절 예제 7의 경계값 문제는 $\dfrac{1}{24}\dfrac{d^4y}{dx^4} = W(x)$, $y(0) = y'(0) = 0$, $y(1) = y'(1) = 0$이다. $W(x) = 1$일 때 해를 라플라스 변환법으로 구하라.

(풀이) $W(x) = 1$일 때 미분방정식은 $\dfrac{d^4y}{dx^4} = 24$이다. $\mathscr{L}[y(x)] = Y(s)$라 하고 식 (3.4.3)을 이용하여 양변을 라플라스 변환하면

$$s^4 Y(s) - s^3 y(0) - s^2 y'(0) - s y''(0) - y'''(0) = \frac{24}{s}$$

이다. 마지막 식에서 $y(0) = y'(0) = 0$이고, $c_1 = y''(0)$, $c_2 = y'''(0)$으로 놓으면

$$Y(s) = \frac{c_1}{s^3} + \frac{c_2}{s^4} + \frac{24}{s^5}$$

이다. 따라서

$$y(x) = \mathscr{L}^{-1}[Y(s)] = \frac{c_1}{2}x^2 + \frac{c_2}{6}x^3 + x^4,$$

$$y'(x) = c_1 x + \frac{c_2}{2}x^2 + 4x^3$$

이다. $x = 1$에서의 경계조건에 의해

$$y(1) = \frac{c_1}{2} + \frac{c_2}{6} + 1 = 0, \quad y'(1) = c_1 + \frac{c_2}{2} + 4 = 0$$

에서 $c_1 = 2$, $c_2 = -12$이다. 따라서

$$y(x) = x^2 - 2x^3 + x^4 = x^2(1 - x)^2$$

가 되어 2.7절 예제 7의 결과와 같다. 최대 수직변위도 $y_{max} = \dfrac{1}{16} = 0.0625$로 같다.

예제 4에서 하중이 구간별 연속함수로 주어지는 경우는 연습문제를 참고하자.

초기조건의 이동

초기값 문제의 초기조건이 $t = t_0$에서 주어지는 경우는 $\tau = t - t_0$로 독립변수를 t에서 τ로 변경하여 초기조건이 $\tau = 0$에서 주어지도록 한다(연습문제 참고).

변수계수 미분방정식

라플라스 변환을 이용하여 변수계수 미분방정식의 해도 구할 수 있지만 과정이 상당히 복잡하며, 모든 변수계수 미분방정식을 풀 수 있는 것도 아니다. 여기서는 다음 예제를 이해하는 것으로 만족하고 일반적인 변수계수 미분방정식에 대한 풀이는 4장에서 공부하자.

예제 5   라게르 미분방정식

라게르 방정식(Edmond Laguerre, 1834–1886, 프랑스) $ty'' + (1 - t)y' + ny = 0$, $n = 0, 1, 2, \cdots$의 해를 구하라.

(풀이) 식 (3.3.1a), 식 (3.4.1)과 부분적분을 사용하면

$$\mathcal{L}[ty'] = -\frac{d}{ds}\mathcal{L}[y'] = -\frac{d}{ds}[sY(s) - y(0)] = -Y(s) - s\frac{dY}{ds}$$

이고, 유사한 방법에 의해

$$\mathcal{L}[ty''] = -\frac{d}{ds}\mathcal{L}[y''] = -\frac{d}{ds}[s^2Y(s) - sy(0) - y'(0)] = -2sY(s) - s^2\frac{dY}{ds} + y(0)$$

이다. 따라서 주어진 미분방정식에 대한 라플라스 변환의 최종 형태는

$$s(1 - s)\frac{dY}{ds} + (n + 1 - s)Y(s) = 0$$

과 같이 $Y(s)$에 대한 1계 미분방정식이 된다. Y와 s에 대해 변수분리하면

$$\frac{dY}{Y} = -\frac{n + 1 - s}{s(1 - s)}ds = \left(\frac{n}{s - 1} - \frac{n + 1}{s}\right)ds$$

가 되고, 양변을 적분하여

$$Y_n(s) = \frac{(s - 1)^n}{s^{n+1}}, \quad n = 0, 1, 2, \cdots$$

를 얻는다. 여기서 Y가 n에 따라 달라지므로 Y_n으로 표시하였다. 따라서 라게르 미분방정식의 해 y_n을 $L_n(t)$로 놓으면

$$L_n(t) = \mathcal{L}^{-1}[Y_n(s)] = \mathcal{L}^{-1}\left[\frac{(s - 1)^n}{s^{n+1}}\right]$$

이다. 한편 $\mathcal{L}[t^n] = \frac{n!}{s^{n+1}}$에 제1이동정리를 적용하면

$$\mathcal{L}[t^n e^{-t}] = \frac{n!}{(s + 1)^{n+1}}$$

이며, $f(t) = t^n e^{-t}$일 때 $f'(0) = f''(0) = \cdots = f^{(n-1)}(0) = 0$이므로 식 (3.4.3)에 의해

$$\mathcal{L}\left[\frac{d^n}{dt^n}(t^n e^{-t})\right] = s^n \frac{n!}{(s + 1)^{n+1}}$$

이다. 미분의 라플라스 변환과 제1이동정리를 이용하면

$$L_n(t) = \frac{e^t}{n!}\frac{d^n}{dt^n}(t^n e^{-t})$$

이다. 이를 **라게르 다항식**이라 한다.

☞ 라게르 다항식은 11.1절 연습문제에 다시 나온다.

3.4 연습문제

1. 초기값 문제를 풀어라.

(1) $y' + 3y = 10\sin t$, $y(0) = 0$ (2) $y'' + y = 2\cos t$, $y(0) = 3$, $y'(0) = 0$

(3) $y^{(4)} - y = 0$, $y(0) = 1$, $y'(0) = 0$, $y''(0) = -1$, $y'''(0) = 0$

(4) $y'' + 9y = f(t)$, $y(0) = 0$, $y'(0) = 4$, $f(t) = \begin{cases} 8\sin t, & 0 \le t < \pi \\ 0, & t \ge \pi \end{cases}$

(답) (1) $y(t) = e^{-3t} - \cos t + 3\sin t$ (2) $y(t) = t\sin t + 3\cos t$ (3) $y(t) = \cos t$

(4) $y(t) = \begin{cases} \sin t + \sin 3t, & 0 \le t < \pi \\ \dfrac{4}{3}\sin 3t, & t \ge \pi \end{cases}$

2. RC-회로의 특성은 $R\dfrac{di}{dt} + \dfrac{1}{C}i(t) = 0$, $i(0) = \dfrac{V_0}{R}$ 이다. 여기서 V_0 는 축전기의 초기전압이다. 축전기가 전압 10 [V]로 충전되었다가 $t = 0$ 초에 스위치가 닫혀 방전을 시작하는 경우 $t = 1$초에서 전류를 구하라.

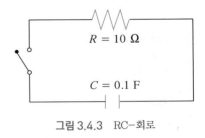

그림 3.4.3   RC-회로

(답) $i(t) = \dfrac{V_0}{R}e^{-t/RC}$, $i(1) = e^{-1}$

3. (초기조건의 이동) 초기값 문제 $y'' + y = 2t$, $y\left(\dfrac{\pi}{4}\right) = \dfrac{\pi}{2}$, $y'\left(\dfrac{\pi}{4}\right) = 2 - \sqrt{2}$ 의 해를 구하라.

(답) $y(t) = 2t - \sin t + \cos t$

4. 예제 4에서 보에 작용하는 하중이

$$W(x) = \begin{cases} 0, & 0 \le x < 1/3 \\ 1, & 1/3 \le x < 2/3 \\ 0, & 2/3 \le x \le 1 \end{cases}$$

일 때 보의 수직변위 $y(x)$와 최대값 $y_{\max}$를 구하라.

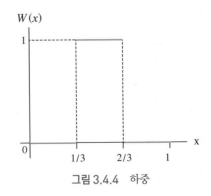

그림 3.4.4   하중

(답) $y(x) = \dfrac{13}{27}x^2 - \dfrac{2}{3}x^3 + \left(x - \dfrac{1}{3}\right)^4 U\left(x - \dfrac{1}{3}\right) - \left(x - \dfrac{2}{3}\right)^4 U\left(x - \dfrac{2}{3}\right)$, $y_{\max} = \dfrac{49}{6^4} = 0.0378$

5. 변수계수 미분방정식이 포함된 초기값 문제 $ty'' - ty' - y = 0$, $y(0) = 0$, $y'(0) = 1$의 해를 구하라.

(답) $y(t) = te^t$

3.5   라플라스 변환을 이용한 선형 연립미분방정식의 풀이

2.8절에서 선형 연립미분방정식의 풀이에 대해 공부했다. 여기서는 같은 문제를 라플라스 변환을 이용하여 푸는 방법에 대해 설명한다. 3.4절에서는 하나의 미분방정식을 라플라스 변환하여 하나의 대수방정식을 얻었다. 마찬가지로 연립 미분방정식을 라플라스 변환하면 연립 대수방정식을 얻을 것이다. 라플라스 변환법은 연립 미분방정식의 해를 구하는 유용한 방법이다.

2.8절 예제 2를 라플라스 변환을 이용하여 다시 풀어보자.

예제 1

연립미분방정식 $2x' + y' - y = t$, $x' + y' = t^2$, $x(0) = 1$, $y(0) = 0$의 해를 구하라.

(풀이) $\mathscr{L}[x(t)] = X(s)$, $\mathscr{L}[y(t)] = Y(s)$로 놓고 2개의 미분방정식을 라플라스 변환하면

$$2[sX(s) - x(0)] + [sY(s) - y(0)] - Y(s) = \frac{1}{s^2}$$

$$[sX(s) - x(0)] + [sY(s) - y(0)] = \frac{2}{s^3}$$

이다. $x(0) = 1$, $y(0) = 0$을 이용하여 정리하면

$$2sX(s) + (s - 1)Y(s) = \frac{1}{s^2} + 2 \tag{a}$$

$$sX(s) + sY(s) = \frac{2}{s^3} + 1 \tag{b}$$

이다. (b)의 양변에 2를 곱하여 (a)에서 빼면

$$-(s + 1)Y(s) = \frac{1}{s^2} - \frac{4}{s^3} = \frac{s - 4}{s^3}$$

이므로

$$Y(s) = \frac{4 - s}{s^3(s + 1)} = \frac{5}{s} - \frac{5}{s^2} + \frac{4}{s^3} - \frac{5}{s + 1}$$

이다. 따라서 $Y(s)$를 라플라스 역변환하여

$$y(t) = 5 - 5t + 2t^2 - 5e^{-t}$$

을 구한다. (b)에서

$$X(s) = -Y(s) + \frac{2}{s^4} + \frac{1}{s}$$

이므로 이 또한 역변환하면

$$x(t) = -y(t) + \frac{1}{3}t^3 + 1 = -(5 - 5t + 2t^2 - 5e^{-t}) + \frac{1}{3}t^3 + 1$$
$$= -4 + 5t - 2t^2 + \frac{1}{3}t^3 + 5e^{-t}$$

가 되어 2.8절 예제 2의 결과와 같다.

☞ 위의 풀이에서는 이미 구한 $Y(s)$의 역변환 결과를 이용하여 $X(s)$에서 $x(t)$를 구하였다. $X(s)$를 먼저 구한 후 $x(t)$를 구해도 같은 결과를 얻는다.

2.9절에서 용수철에 한 개의 질량이 매달려 진동하는 경우를 공부했다. 용수철에 두 개 이상의 질량이 매달려 진동하는 경우는 연립미분방정식으로 표현된다.

예제 2

그림 3.5.1과 같이 2개의 질량이 매달려 서로 연결된 질량–용수철계의 자유비감쇠 운동(2.9절)이

$$m_1 y_1'' = -k_1 y_1 + k_2(y_2 - y_1)$$
$$m_2 y_2'' = -k_2(y_2 - y_1) - k_3 y_2$$

로 기술된다. (역학적으로 식을 이해할 수 있는가? 질량 m_1, m_2에 대해 뉴턴 제2법칙과 훅의 법칙을 사용하라.) $m_1 = m_2 = 1$, $k_1 = k_2 = k_3 = 1$이고 $y_1(0) = 1$, $y_1'(0) = \sqrt{3}$, $y_2(0) = 1$, $y_2'(0) = -\sqrt{3}$ 일 때 y_1과 y_2를 구하라.

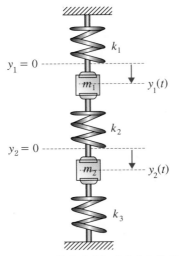

그림 3.5.1　2개의 질량을 가진 용수철 운동

(**풀이**) 주어진 값을 이용하면 미분방정식은

$$y_1'' = y_2 - 2y_1$$
$$y_2'' = y_1 - 2y_2$$

가 되고, $\mathscr{L}[y_1(t)] = Y_1(s)$, $\mathscr{L}[y_2(t)] = Y_2(s)$로 놓고 양변을 라플라스 변환하면

$$s^2 Y_1 - s y_1(0) - y_1'(0) = Y_2 - 2Y_1$$
$$s^2 Y_2 - s y_2(0) - y_2'(0) = Y_1 - 2Y_2$$

이다. 초기조건을 이용하여 정리하면

$$(s^2 + 2)Y_1 - Y_2 = s + \sqrt{3}$$
$$-Y_1 + (s^2 + 2)Y_2 = s - \sqrt{3}$$

이다. 위의 두 식을 행렬로 표시하면

$$\begin{bmatrix} s^2 + 2 & -1 \\ -1 & s^2 + 2 \end{bmatrix} \begin{bmatrix} Y_1 \\ Y_2 \end{bmatrix} = \begin{bmatrix} s + \sqrt{3} \\ s - \sqrt{3} \end{bmatrix}$$

이고, **크라머 공식**(7.6절)에 의해

$$Y_1 = \frac{\begin{vmatrix} s + \sqrt{3} & -1 \\ s - \sqrt{3} & s^2 + 2 \end{vmatrix}}{\begin{vmatrix} s^2 + 2 & -1 \\ -1 & s^2 + 2 \end{vmatrix}} = \frac{(s + \sqrt{3})(s^2 + 2) + (s - \sqrt{3})}{(s^2 + 2)^2 - 1^2}$$

$$= \frac{s^3 + \sqrt{3}s^2 + 3s + \sqrt{3}}{(s^2 + 1)(s^2 + 3)} = \frac{s}{s^2 + 1} + \frac{\sqrt{3}}{s^2 + 3}$$

$$Y_2 = \frac{\begin{vmatrix} s^2 + 2 & s + \sqrt{3} \\ -1 & s - \sqrt{3} \end{vmatrix}}{\begin{vmatrix} s^2 + 2 & -1 \\ -1 & s^2 + 2 \end{vmatrix}} = \frac{(s^2 + 2)(s - \sqrt{3}) + (s + \sqrt{3})}{(s^2 + 2)^2 - 1^2}$$

$$= \frac{s^3 - \sqrt{3}s^2 + 3s - \sqrt{3}}{(s^2 + 1)(s^2 + 3)} = \frac{s}{s^2 + 1} - \frac{\sqrt{3}}{s^2 + 3}$$

이다. Y_1, Y_2를 역변환하면

$$y_1(t) = \cos t + \sin\sqrt{3}\,t$$
$$y_2(t) = \cos t - \sin\sqrt{3}\,t$$

이다. 이는 2.8절 연습문제 6의 결과와 같다.

☞ 7.7절에서는 예제 2를 행렬의 **고유값** 문제로 풀었으니 참고하라.

3.5 연습문제

1. 연립 미분방정식의 해를 구하라.

(1) $y_1{}' = 2y_1 - 4y_2 + U(t-1)e^t$, $y_2{}' = y_1 - 3y_2 + U(t-1)e^t$; $y_1(0) = 3$, $y_2(0) = 0$

(2) $y_1{}' + y_2{}' = 2\sinh t$, $y_2{}' + y_3{}' = e^t$, $y_3{}' + y_1{}' = 2e^t + e^{-t}$; $y_1(0) = 1$, $y_2(0) = 1$, $y_3(0) = 0$

(3) $x'' + y'' = t^2$, $x'' - y'' = 4t$; $x(0) = 8$, $x'(0) = 0$, $y(0) = 0$, $y'(0) = 0$

(답) (1) $y_1(t) = 4e^t - e^{-2t} + \dfrac{1}{3}(e^t - e^{-2t+3})U(t-1)$

$\qquad y_2(t) = e^t - e^{-2t} + \dfrac{1}{3}(e^t - e^{-2t+3})U(t-1)$

(2) $y_1(t) = e^t$, $y_2(t) = e^{-t}$, $y_3(t) = e^t - e^{-t}$

(3) $x(t) = 8 + \dfrac{1}{24}t^4 + \dfrac{1}{3}t^3$, $y(t) = \dfrac{1}{24}t^4 - \dfrac{1}{3}t^3$

2. 2.8절 연습문제 4를 라플라스 변환법으로 풀고 결과를 비교하라.

3. 2.8절 연습문제 5를 라플라스 변환법으로 풀고 결과를 비교하라.

3.6 디락-델타 함수와 합성곱

이 절에서는 디락-델타 함수와 함수의 합성곱을 정의하고 이들의 성질 및 라플라스 변환과 이를 이용하는 적분방정식 또는 미적분방정식의 라플라스 해법에 대하여 알아본다.

단위충격함수와 디락-델타 함수

단위충격함수(unit impulse function) 또는 **사각함수**(rectangular function)를

$$\delta_h(t-a) = \begin{cases} \dfrac{1}{h}, & a \leq t \leq a+h \\ 0, & 0 \leq t < a \ \text{또는} \ t > a+h \end{cases} \qquad (3.6.1)$$

로 정의하는데$(a \geq 0)$, 이는 일정한 시간 동안 일정한 충격량을 공급하는 함수로 생각할 수 있다. 단위충격함수와 t축 사이의 면적은

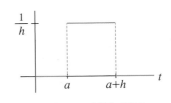

그림 3.6.1 단위충격함수

$$\int_0^\infty \delta_h(t-a)dt = \int_a^{a+h} \frac{1}{h}dt = \frac{1}{h}[a+h-a] = 1$$

이다. 단위충격함수를 단위계단함수로 나타내면

$$\delta_h(t-a) = \frac{1}{h}[U(t-a) - U(t-a-h)]$$

이므로, 단위충격함수의 라플라스 변환은

$$\mathscr{L}[\delta_h(t-a)] = \frac{1}{h}\left[\frac{e^{-as}}{s} - \frac{e^{-(a+h)s}}{s}\right]$$

에서

$$\mathscr{L}[\delta_h(t-a)] = e^{-as}\left(\frac{1-e^{-hs}}{hs}\right) \tag{3.6.2}$$

이다. 단위충격함수의 $h \to 0$일 때 극한값

$$\delta(t-a) = \lim_{h \to 0}\delta_h(t-a) \tag{3.6.3}$$

를 **디락-델타 함수**(Paul Dirac , 1902–1984, 영국) 또는 간단히 **임펄스**(impulse)라 하는데, 단위충격함수의 정의[식 (3.6.1)]를 직접 이용하면

$$\delta(t-a) = \begin{cases} \infty, & t = a \\ 0, & t \neq a \end{cases} \tag{3.6.4}$$

이 되어 시간 a에서 순간적으로 무한대의 충격을 주는 함수로 해석할 수 있다. 디락-델타 함수의 라플라스 변환은 식 (3.6.2)를 이용하여

$$\mathscr{L}[\delta(t-a)] = \lim_{h \to 0}\mathscr{L}[\delta_h(t-a)] = \lim_{h \to 0}e^{-as}\left(\frac{1-e^{-hs}}{hs}\right) = e^{-as}\lim_{h \to 0}\left(\frac{se^{-hs}}{s}\right) = e^{-as}$$

로 구할 수 있다. 즉

$$\mathscr{L}[\delta(t-a)] = e^{-as} \tag{3.6.5}$$

이다. 식 (3.6.5)에서 $a = 0$이면

$$\mathscr{L}[\delta(t)] = 1 \tag{3.6.6}$$

이 됨을 기억하자. 이것은 3.7절에서 공부할 계(system)와 관련되어 매우 중요한 성질이다. 이외에도 디락-델타 함수는 다음과 같은 성질을 갖는다. 이러한 성질은 10.6절의 푸리에 변환에서도 자주 사용할 것이다.

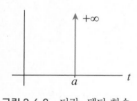

그림 3.6.2 디락–델타 함수

디락–델타 함수의 성질

(1) $\displaystyle\int_0^\infty \delta(t-a)dt = 1$

(2) $\displaystyle\int_0^\infty f(t)\delta(t-a)dt = f(a)$

(3) $\delta(t) = \delta(-t)$

☞ 성질 (1)과 (2)에서 적분구간이 반드시 $[0, \infty)$일 필요는 없다. $t = a$를 포함하는 구간 $[\alpha, \beta]$에서도 성립한다.

[증명] (1) 식 (3.6.1)과 (3.6.3)으로부터 자명하다. 이는 단위충격함수와 마찬가지로 디락–델타 함수로 주어지는 충격량의 총합도 1이라는 의미이다

(2) **적분형 평균값 정리**(쉬어가기 0.2 참고)에 의해

$$\int_0^\infty f(t)\delta_h(t-a)dt = \int_a^{a+h} f(t)\cdot\frac{1}{h}dt = \frac{1}{h}\int_a^{a+h} f(t)dt = f(c)$$

가 $a \le c \le a+h$에 대해 성립하므로

$$\int_0^\infty f(t)\delta(t-a)dt = \lim_{h\to 0}\int_0^\infty f(t)\delta_h(t-a)dt = \lim_{h\to 0}f(c) = f(a)$$

이다.

(3) $\delta(-t) = \begin{cases} 0, & -t \ne 0 \\ \infty, & -t = 0 \end{cases} = \begin{cases} 0, & t \ne 0 \\ \infty, & t = 0 \end{cases} = \delta(t)$이다. 즉 $\delta(t)$는 우함수이다. ■

디락–델타 함수의 성질 (2)는 $[0, \infty)$에서 정의되는 $f(t)$에서 함수값 $f(a)$를 추출하는 역할을 하는데 이를 디락–델타함수의 **선별속성**(sifting property)이라고 한다. 디락–델타 함수는 스스로 어떤 값을 제공하기보다는 성질 (2)에 의해 다른 함수 $f(t)$와의 관계를 규정하는 역할을 한다. 이런 이유로 식 (3.6.4) 대신에 성질 (2)를 디락–델타함수의 정의로 사용하기도 한다. 성질 (1)은 성질 (2)에서 $f(t) = 1$인 경우에 해당하고, 식 (3.6.5)는 성질 (2)에서 $f(t) = e^{-st}$일 때 성립한다(연습문제).

디락-델타 함수가 포함된 미분방정식의 해를 구해 보자.

예제 1

2.9절에 의하면 질량-용수철계의 강제비감쇠 운동이 $m\dfrac{d^2y}{dt^2} + ky = f(t)$로 표현된다. 진동이 $y'' + y = \delta(t - 2\pi)$로 나타날 때, 다음 초기조건에 대해 질량의 변위 $y(t)$를 각각 구하라.

(1) $y(0) = 1$, $y'(0) = 0$ (2) $y(0) = 0$, $y'(0) = 0$

(풀이) (1) $s^2Y(s) - s + Y(s) = e^{-2\pi s}$에서 $Y(s) = \dfrac{s}{s^2+1} + \dfrac{e^{-2\pi s}}{s^2+1}$ 이므로

$$y(t) = \mathscr{L}^{-1}\left[\frac{s}{s^2+1} + \frac{e^{-2\pi s}}{s^2+1}\right] = \cos t + \sin(t-2\pi)U(t-2\pi) = \cos t + \sin t\, U(t-2\pi)$$

$$= \begin{cases} \cos t, & 0 \le t < 2\pi \\ \cos t + \sin t = \sqrt{2}\sin(t+\pi/4), & t \ge 2\pi \end{cases}$$

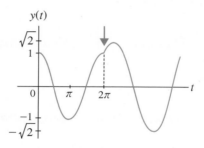

그림 3.6.3   질량의 변위 (1)

감쇠력이 작용하지 않으므로 크기가 1인 일정한 진폭으로 진동하다가 외부힘 $\delta(t - 2\pi)$에 의해 $t \ge 2\pi$에서 진폭이 $\sqrt{2}$로 증가한다.

(2) $(s^2 + 1)Y(s) = e^{-2\pi s}$, $Y(s) = \dfrac{e^{-2\pi s}}{s^2+1}$ 에서

$$y(t) = \mathscr{L}^{-1}\left[\frac{e^{-2\pi s}}{s^2+1}\right] = \sin(t-2\pi)\,U(t-2\pi) = \sin t\, U(t-2\pi)$$

$$= \begin{cases} 0, & 0 \le t < 2\pi \\ \sin t, & t \ge 2\pi \end{cases}$$

초기조건이 모두 0이므로 처음에는 진동하지 않다가
외부힘 $\delta(t - 2\pi)$에 의해 $t = 2\pi$에서 진동이 시작된다.

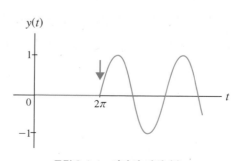

그림 3.6.4   질량의 변위 (2)

합성곱

함수 $f(t)$, $g(t)$가 구간 $[0, \infty)$에서 구간별 연속일 때

$$f(t) * g(t) = \int_{\tau=0}^{t} f(\tau)g(t-\tau)d\tau \qquad (3.6.7)$$

를 f와 g의 **합성곱**(convolution)이라 한다.

☞ 합성곱을 $f(x) * g(x) = \int_{\tau=-\infty}^{\infty} f(\tau)g(x-\tau)d\tau$로 정의하기도 한다. 10장 푸리에 변환을 참고하자.

예제 2 합성곱과 합성곱의 라플라스 변환

합성곱 $e^{at} * e^{bt}$와 $\mathcal{L}[e^{at} * e^{bt}]$를 구하라. $a \neq b$이다.

(풀이) 합성곱의 정의에 의해

$$e^{at} * e^{bt} = \int_{\tau=0}^{\infty} e^{a\tau} e^{b(t-\tau)} d\tau = e^{bt} \int_{\tau=0}^{\infty} e^{(a-b)\tau} d\tau = e^{bt} \left[\frac{1}{a-b} e^{(a-b)\tau} \right]_{\tau=0}^{t}$$

$$= \frac{1}{a-b} e^{bt} [e^{(a-b)t} - 1] = \frac{1}{a-b}(e^{at} - e^{bt})$$

이고, 이의 라플라스 변환은

$$\mathcal{L}[e^{at} * b^{bt}] = \mathcal{L}\left[\frac{1}{a-b}(e^{at} - e^{bt}) \right] = \frac{1}{a-b} \mathcal{L}[e^{at} - e^{bt}] = \frac{1}{a-b}\left(\frac{1}{s-a} - \frac{1}{s-b} \right)$$

$$= \left(\frac{1}{s-a} \right)\left(\frac{1}{s-b} \right).$$

예제 2의 결과를 보면 $\mathcal{L}[e^{at} * e^{bt}] = \mathcal{L}[e^{at}]\mathcal{L}[e^{bt}]$가 됨을 알 수 있다. 이번에는 일반적인 함수 $f(t)$와 $g(t)$의 합성곱의 라플라스 변환을 구해보자. 다음의 증명과정에 나오는 이중적분은 두 번의 단일적분으로 계산하며, 적분구간이 상수인 경우 이중적분의 결과가 적분 순서에 관계 없다는 것은 식 (9.1.2a)와 (9.1.2b)에서 알 수 있다. $\mathcal{L}[f(t)] = F(s)$, $\mathcal{L}[g(t)] = G(s)$일 때

$$\mathcal{L}[f * g] = \mathcal{L}\left[\int_{\tau=0}^{t} f(\tau)g(t-\tau)d\tau \right] : \text{합성곱의 정의}$$

$$= \mathcal{L}\left[\int_{\tau=0}^{\infty} U(t-\tau)f(\tau)g(t-\tau)d\tau \right] : U(t-\tau)\text{를 사용해 적분구간을 }\infty\text{까지 확장}$$

$$= \int_{t=0}^{\infty} e^{-st}\left[\int_{\tau=0}^{\infty} U(t-\tau)f(\tau)g(t-\tau)d\tau \right]dt : \text{라플라스 변환의 정의}$$

$$= \int_{\tau=0}^{\infty} f(\tau)\left[\int_{t=0}^{\infty} e^{-st}U(t-\tau)g(t-\tau)dt \right]d\tau : \text{적분 순서 바꿈}$$

$$= \int_{\tau=0}^{\infty} f(\tau)\mathcal{L}[U(t-\tau)g(t-\tau)]d\tau : \text{라플라스 변환의 정의}$$

$$= \int_{\tau=0}^{\infty} f(\tau)e^{-s\tau}G(s)d\tau \ : \text{제2이동정리}$$

$$= \left(\int_{\tau=0}^{\infty} f(\tau)e^{-s\tau}d\tau \right)G(s) \ = F(s)G(s)$$

즉

$$\mathscr{L}[f*g] = F(s)G(s) \tag{3.6.8a}$$

이다. 이의 역변환은

$$\mathscr{L}^{-1}[F(s)G(s)] = f(t)*g(t) \tag{3.6.8b}$$

이다.

예제 3

$\mathscr{L}[e^{at}*e^{bt}]$를 구하라. $a \neq b$이다.

(풀이) 식 (3.6.8a)를 이용하면

$$\mathscr{L}[e^{at}*e^{bt}] = \mathscr{L}[e^{at}]\mathscr{L}[e^{bt}] = \left(\frac{1}{s-a}\right)\left(\frac{1}{s-b}\right)$$

로 예제 2의 결과와 동일하다.

예제 4

$\dfrac{1}{(s-1)(s+4)}$ 의 라플라스 역변환을 구하라.

(풀이) $\mathscr{L}^{-1}\left[\dfrac{1}{s-1}\right] = e^{t}$, $\mathscr{L}^{-1}\left[\dfrac{1}{s+4}\right] = e^{-4t}$ 이므로, 식 (3.6.8b)에 의해

$$\mathscr{L}^{-1}\left[\frac{1}{(s-1)(s+4)}\right] = e^{t}*e^{-4t} = \int_{0}^{t} e^{\tau}e^{-4(t-\tau)}d\tau = e^{-4t}\int_{0}^{t} e^{5\tau}d\tau$$

$$= e^{-4t}\left[\frac{1}{5}e^{5\tau}\right]_{0}^{t} = e^{-4t}\cdot\frac{1}{5}(e^{5t}-1) = \frac{1}{5}(e^{t}-e^{-4t}).$$

☞ 예제 4를 부분분수법으로 풀어 결과를 비교해 보라.

식 (3.6.8a)의 $g(t)$에 디랙–델타함수 $\delta(t)$를 대입하면 디랙–델타함수의 성질 (2)에 의해

$$f(t)*\delta(t) = \int_{\tau=0}^{t} f(\tau)\delta(t-\tau)d\tau = f(t) \tag{3.6.9}$$

가 된다. 이는 $\delta(t)$가 **합성곱의 항등원**임을 의미한다. 따라서 이를 이용하면

$$\mathscr{L}[f(t)*\delta(t)] = \mathscr{L}[f(t)] = F(s) \tag{3.6.10}$$

이다. 이 역시 계와 관련된 중요한 성질이다.

적분의 라플라스 변환

라플라스 변환을 이용하여 미적분방정식이나 적분방정식의 해도 구할 수 있다. 먼저 적분의 라플라스 변환에 대해 알아본다. 식 (3.6.8a)에 $g(t) = 1$을 대입하면

$$\mathcal{L}[f * 1] = \mathcal{L}[f(t)]\mathcal{L}[1] = \frac{\mathcal{L}[f(t)]}{s}$$

가 되는데, 합성곱의 정의에서 $f * 1 = \int_0^t f(\tau)d\tau$ 이므로 위 식은 $\mathcal{L}[f(t)] = F(s)$일 때

$$\mathcal{L}\left[\int_0^t f(\tau)d\tau\right] = \frac{F(s)}{s} \qquad (3.6.11a)$$

이 된다. 이는 $f(t)$의 적분에 대한 라플라스 변환이다. 이를 $f(t)$의 미분에 대한 라플라스 변환 식 (3.4.1)과 비교해 보면 매우 흥미롭다. 미분의 라플라스 변환은 원래 함수의 변환에 s가 곱해진 반면에 적분의 라플라스 변환은 원래 함수의 변환을 s로 나눈다. 이의 역변환은

$$\mathcal{L}^{-1}\left[\frac{F(s)}{s}\right] = \int_0^t f(\tau)d\tau \qquad (3.6.11b)$$

로 분모에 s^n, $n = 1, 2, \cdots$을 포함하는 함수의 역변환 계산에 유용하게 사용된다.

예제 5

$\int_0^t e^\tau \sin\tau d\tau$ 의 라플라스 변환을 구하라.

(풀이) 식 (3.6.11a)와 제1이동정리를 사용하면

$$\mathcal{L}\left[\int_0^t e^\tau \sin\tau d\tau\right] = \frac{1}{s}\mathcal{L}[e^t \sin t] = \frac{1}{s} \cdot \frac{1}{(s-1)^2+1}.$$

예제 6

$\dfrac{1}{s^3 - s}$ 의 라플라스 역변환을 구하라.

(풀이) 식 (3.6.11b)에 의해

$$\mathcal{L}^{-1}\left[\frac{1}{s^3 - s}\right] = \mathcal{L}^{-1}\left[\frac{1}{s(s^2-1)}\right] = \mathcal{L}^{-1}\left[\frac{1}{s} \cdot \frac{1}{s^2-1}\right] = \int_0^t \sinh\tau d\tau = \cosh t - 1.$$

적분방정식

피적분함수에 미지함수가 포함된 식을 **적분방정식**(integral equation)이라 한다. 합

성곱의 라플라스 변환을 이용하여 적분방정식의 해를 구할 수 있다. 특히 미지함수 $f(t)$에 대해

$$f(t) + \int_0^t f(\tau)g(t-\tau)d\tau = h(t) \tag{3.6.12}$$

와 같이 합성곱 $f(t)*g(t)$를 포함하는 적분방정식을 **볼테라 방정식**(Vito Volterra, 1860–1940, 이탈리아)이라 한다.

예제 7   볼테라 방정식

$f(t) + \int_0^t f(\tau)(t-\tau)d\tau = t$ 의 해 $f(t)$를 구하라.

(풀이) $\mathcal{L}[f(t)] = F(s)$라 하면

$$\int_0^t f(\tau)(t-\tau)d\tau = f(t)*t, \quad \mathcal{L}[f(t)*t] = \mathcal{L}[f(t)]\mathcal{L}[t] = \frac{F(s)}{s^2}$$

이므로, 주어진 볼테라 방정식을 라플라스 변환하면

$$F(s) + \frac{1}{s^2}F(s) = \frac{1}{s^2} \quad \text{또는} \quad F(s) = \frac{1}{s^2+1}$$

이다. 따라서

$$f(t) = \mathcal{L}^{-1}[F(s)] = \sin t.$$

☞ 예제 7의 해가 주어진 적분방정식을 만족함을 확인하라.

미적분방정식

미지함수가 미분 및 적분에 모두 포함된 식을 **미적분방정식**(integro-differential equation)이라 한다. 다음의 예를 보자.

예제 8

그림 3.6.5와 같은 직렬 RLC-회로는 미적분방정식

$$L\frac{di}{dt} + Ri + \frac{1}{C}\int_0^t i(\tau)d\tau = E(t) \tag{a}$$

로 나타난다. $L = 0.1$, $R = 2$, $C = 0.1$, $E(t) = 1$, $i(0) = 0$일 때 전류 $i(t)$를 구하라.

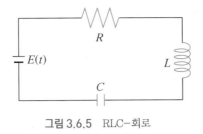

그림 3.6.5 RLC−회로

(풀이) 주어진 값을 이용하면

$$0.1\frac{di}{dt} + 2i + 10\int_0^t i(\tau)d\tau = 1 \quad \text{또는} \quad \frac{di}{dt} + 20i + 100\int_0^t i(\tau)d\tau = 10$$

이다. $\mathcal{L}[i(t)] = I(s)$로 놓고 라플라스 변환하면

$$sI + 20I + 100\frac{I}{s} = \frac{10}{s}$$

이다. 양변에 s를 곱하면 $(s^2 + 20s + 100)\,I(s) = 10$이므로

$$I(s) = \frac{10}{(s+10)^2}$$

이고, 제1이동정리를 이용하여 역변환하면

$$i(t) = \mathcal{L}^{-1}\left[\frac{10}{(s+10)^2}\right] = 10te^{-10t}$$

이다. 기전력 $E(t)$와 전류 $i(t)$의 그래프는 다음과 같다.

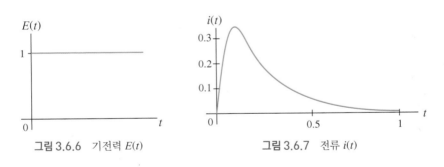

그림 3.6.6 기전력 $E(t)$　　　　　　**그림 3.6.7** 전류 $i(t)$

☞ 예제 8에서 주어진 미적분방정식의 양변을 t로 미분하여 2계 미분방정식으로 변환하여 풀기 위해서는 초기조건이 하나 더 주어져야 한다.

3.6 연습문제

1. 디락−델타 함수의 성질 (2)를 이용하여 식 (3.6.5)를 유도하라.

2. 다음 초기값 문제의 해를 구하고, y의 그래프를 그려라.

(1) $y' + y = \delta(t-1)$, $y(0) = 1$ (2) $y'' - y = \delta(t-\pi)$, $y(0) = 0$, $y'(0) = 0$

(답) (1) $y(t) = \begin{cases} e^{-t}, & 0 \le t < 1 \\ (1+e)e^{-t}, & t \ge 1 \end{cases}$ (2) $y = \begin{cases} 0, & 0 \le t < \pi \\ \sinh(t-\pi), & t \ge \pi \end{cases}$

3. (1) 합성곱의 정의를 이용하여 $e^t * \sin t$를 구하라. (2) (1)의 결과를 이용하여 $\mathscr{L}[e^t * \sin t]$를 구하라.

   (3) 식 (3.6.8a)를 이용하여 $\mathscr{L}[e^t * \sin t]$를 구하라

4. 합성곱 또는 적분의 라플라스 변환을 이용하여 라플라스 변환을 구하라.

(1) $1 * t^3$ (2) $\displaystyle\int_0^t \tau e^{t-\tau} d\tau$ (3) $\displaystyle\int_0^t e^{-\alpha}\cos\alpha \, d\alpha$ (4) $\displaystyle t\int_0^t \sin\tau \, d\tau$

(답) (1) $\dfrac{6}{s^5}$ (2) $\dfrac{1}{s^2} \cdot \dfrac{1}{s-1}$ (3) $\dfrac{1}{s^2} \cdot \dfrac{s+1}{(s-1)^2+1}$ (4) $\dfrac{3s^2+1}{s^2(s^2+1)^2}$

5. 합성곱 또는 적분의 라플라스 변환을 이용하여 라플라스 역변환을 구하라.

(1) $\dfrac{1}{(s+1)^2}$ (2) $\dfrac{1}{(s^2+a^2)^2}$ (3) $\dfrac{1}{s^2+4s}$ (4) $\dfrac{9}{s^2} \cdot \dfrac{s+1}{s^2+9}$

(답) (1) te^{-t} (2) $\dfrac{1}{2a^2}\left(\dfrac{1}{a}\sin at - t\cos at\right)$ (3) $\dfrac{1}{4}(1-e^{-4t})$ (4) $1 - \cos 3t + t - \dfrac{1}{3}\sin 3t$

6. 3.4절 예제 4에서 보에 작용하는 하중이 $W(x) = \delta\left(x - \dfrac{1}{2}\right)$로 주어질 때 보의 수직변위 y와 최대 수직변위 $y_{\max}$를 구하라.

(답) $y = \dfrac{3}{2}x^2 - 2x^3 + 4\left(x - \dfrac{1}{2}\right)^3 U\left(x - \dfrac{1}{2}\right)$, $y_{\max} = \dfrac{1}{8} = 0.125$

7. 적분방정식 $f(t) = 3t^2 - e^{-t} - \displaystyle\int_0^t f(\tau)e^{(t-\tau)}d\tau$ 의 해 $f(t)$를 구하라.

(답) $f(t) = 3t^2 - t^3 + 1 - 2e^{-t}$

8. 예제 8에서 $E(t) = t - t\,U(t-1)$일 때 $i(t)$를 구하고, $E(t)$와 $i(t)$의 그래프를 그려라.

(답) $i(t) = \begin{cases} \dfrac{1}{10}[1 - (1+10t)e^{-10t}], & 0 \le t < 1 \\ -\dfrac{1}{10}(1+10t)e^{-10t} + \dfrac{1}{10}(91-90t)e^{-10(t-1)}, & t \ge 1 \end{cases}$

9. 합성곱에 대해 교환법칙 $x(t)*h(t) = h(t)*x(t)$가 성립함을 보여라. 이는 합성곱을
$f(t) * g(t) = \displaystyle\int_{\tau=0}^t f(t-\tau)g(\tau)d\tau$ 로도 정의할 수 있음을 의미한다.

3.7 라플라스변환과 계

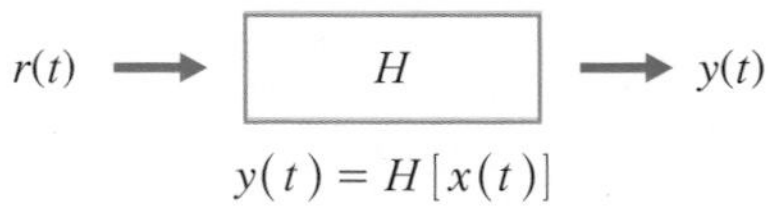

그림 3.7.1과 같이 **입력**(input) $r(t)$에 대해 **응답**(response) 또는 **출력**(output)

$$y(t) = H[r(t)] \tag{3.7.1}$$

를 발생시키는 장치 H를 **계** 또는 **시스템**(system)이라 한다. 여기서 H는 인가되는 입력에 대해 출력을 결정하는 계의 특성으로 입력과 출력이 모두 함수인 점에서 값 (value)을 입력으로 받아 다시 값을 출력하는 **함수**(function)와 구별된다.

$$r(t) \longrightarrow \boxed{\quad H \quad} \longrightarrow y(t)$$

$$y(t) = H[x(t)]$$

그림 3.7.1 계

전달함수

입출력 장치 또는 계에서 출력 $y(t)$의 라플라스 변환 $Y(s)$와 입력 $r(t)$의 라플라스 변환 $R(s)$의 비를 **전달함수**(transfer function)

$$H(s) = \frac{Y(s)}{R(s)} \tag{3.7.2}$$

라고 한다. 여기서 출력은 초기조건의 영향을 제외한 출력을 말한다. 이러한 개념은 제어공학, 전기회로. 신호처리 등 다양한 분야에서 사용된다. 미분방정식에 미치는 초기조건의 영향은 쉬어가기 2.5에서 논의한 적이 있다.

계가 초기값 문제

$$y'' + ay' + by = r(t), \quad y(0) = K_0, \quad y'(0) = K_1$$

로 나타난다. 여기서 $r(t)$는 입력이고 $y(t)$는 출력이다. $\mathcal{L}[y(t)] = Y(s)$, $\mathcal{L}[r(t)] = R(s)$로 놓고 양변을 라플라스 변환하면

$$s^2 Y(s) - sK_0 - K_1 + a[sY(s) - K_0] + bY(s) = R(s)$$

또는

$$(s^2 + as + b)Y(s) = R(s) + (s + a)K_0 + K_1$$

에서

$$Y(s) = \frac{R(s)}{s^2 + as + b} + \frac{s + a}{s^2 + as + b}K_0 + \frac{1}{s^2 + as + b}K_1 \tag{3.7.3}$$

이다. **0 초기조건**(zero initial condition)의 경우 $K_0 = K_1 = 0$이므로 전달함수는

$$H(s) = \frac{Y(s)}{R(s)} = \frac{1}{s^2 + as + b} \tag{3.7.4}$$

이고, 이때 출력의 라플라스 변환은 식 (3.7.3)에서

$$Y(s) = H(s)R(s) + (s + a)H(s)K_0 + H(s)K_1 \tag{3.7.5}$$

이다.

3.6절 예제 1의 (2)의 경우 $a = 0$, $b = 1$이므로 전달함수는 식 (3.7.4)에서

$$H(s) = \frac{1}{s^2 + 1}$$

이고, $K_0 = K_1 = 0$, $R(s) = \mathcal{L}[\delta(t - 2\pi)] = e^{-2\pi s}$이므로 출력은 식 (3.7.5)에서

$$Y(s) = H(s)R(s) = \frac{e^{-2\pi s}}{s^2 + 1}$$

이다. 따라서

$$y(t) = \mathcal{L}^{-1}[Y(s)] = \mathcal{L}^{-1}\left[\frac{e^{-2\pi s}}{s^2 + 1}\right] = \sin(t - 2\pi)U(t - 2\pi) = \sin t\, U(t - 2\pi)$$

이고, 이는 3.6절 예제 1의 (2) 결과와 같다.

식 (3.7.4)에서 $R(s) = 1$인 경우에 $Y(s) = H(s)$, 즉 출력과 전달함수가 같아진다. 이를 바꾸어 말하면 $\mathcal{L}[\delta(t)] = 1$이므로 입력이 $\delta(t)$일 때의 출력 $h(t)$의 라플라스 변환 $H(s)$가 전달함수가 되는 것이다. 이에 대해서는 아래 선형시불변계에서 다시 설명하겠다.

선형시불변계

입력 $r_1(t)$에 대한 응답이 $y_1(t)$, 입력 $r_2(t)$에 대한 응답이 $y_2(t)$이고 그림 3.7.2와 같이 c_1, c_2가 상수일 때, 입력 $c_1 r_1(t) + c_2 r_2(t)$에 대한 응답이 $c_1 y_1(t) + c_2 y_2(t)$가 되는 계는 **선형계**(linear system)이다.

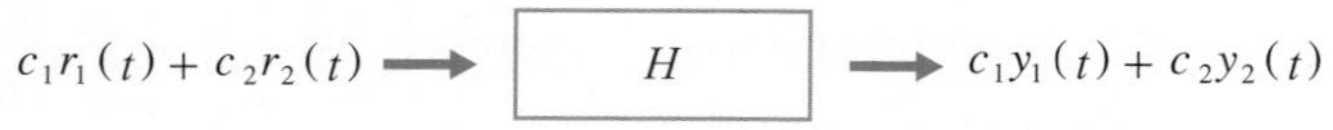

$$c_1 r_1(t) + c_2 r_2(t) \longrightarrow \boxed{\quad H \quad} \longrightarrow c_1 y_1(t) + c_2 y_2(t)$$

그림 3.7.2   선형계

예제 1   선형계와 비선형계

(1) $y(t) = H[r(t)] = kr(t)$, 상수 k : $y_1(t) = kr_1(t)$, $y_2(t) = kr_2(t)$이면

$$c_1 y_1(t) + c_2 y_2(t) = c_1[kr_1(t)] + c_2[kr_2(t)] = k[c_1 r_1(t)] + k[c_2 r_2(t)] = k[c_1 r_1(t) + c_2 r_2(t)]$$에서

입력이 $c_1 r_1(t) + c_2 r_2(t)$일 때 출력이 $c_1 y_1(t) + c_2 y_2(t)$이므로 H는 선형계이다.

(2) $y(t) = H[r(t)] = [r(t)]^2$: $y_1(t) = [r_1(t)]^2$, $y_2(t) = [r_2(t)]^2$이면

$$c_1 y_1(t) + c_2 y_2(t) = c_1[r_1(t)]^2 + c_2[r_2(t)]^2 \neq [c_1 r_1(t) + c_2 r_2(t)]^2$$에서

입력이 $c_1 r_1(t) + c_2 r_2(t)$일 때 출력이 $c_1 y_1(t) + c_2 y_2(t)$가 아니므로 H는 비선형계이다.

한편 입력의 시간전이(time transition)가 출력에서도 같은 크기의 시간전이를 발생시키는 계를 **시불변계**(time-invariant system)라 한다. 다시 말해 그림 3.7.3과 같이 입력 $r(t - t_0)$에 대해 출력이 $y(t - t_0)$가 되는 계를 말한다.

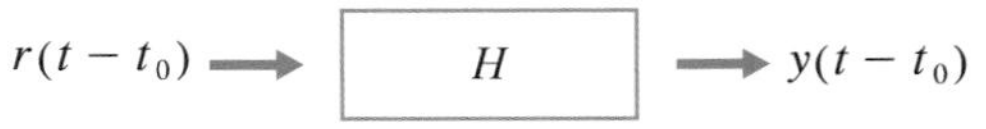

$$r(t - t_0) \longrightarrow \boxed{H} \longrightarrow y(t - t_0)$$

그림 3.7.3   시불변계

시불변계가 아닌 계를 **시변계**(time variant system)라고 한다. 시변계와 시불변계를 판정하는 방법은 그림 3.7.4와 같이 입력 $r(t)$를 시간-지연시킨 입력 $r(t - t_0)$를 계에 통과시켜 얻은 출력 $w(t)$와 입력 $r(t)$를 그대로 계에 통과시켜 얻은 출력 $y(t)$를 시간-지연시킨 $y(t - t_0)$를 비교하는 것이다. $w(t) = y(t - t_0)$이면 시불변계, $w(t) \neq y(t - t_0)$이면 시변계이다.

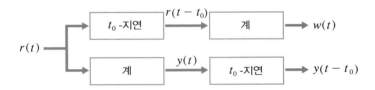

그림 3.7.4   시불변계와 시변계 판정

예제 2   시불변계와 시변계

(1) $y(t) = H[r(t)] = [r(t)]^2$: 시간 t_0 지연시킨 $r(t - t_0)$를 계에 입력하면 출력은 $w(t) = [r(t - t_0)]^2$이고, 출력 $y(t)$를 시간-지연시키면 $y(t - t_0) = [r(t - t_0)]^2$이다. $w(t) = y(t - t_0)$이므로 H는 시불변계이다.

(2) $y(t) = H[r(t)] = tr(t)$: 시간-지연시킨 $r(t - t_0)$를 입력시킨 출력은 $w(t) = tr(t - t_0)$이고 $y(t - t_0) = (t - t_0)r(t - t_0)$이다. $w(t) \neq y(t - t_0)$이므로 H는 시변계이다.

선형이면서 시불변인 계를 **선형시불변계**(Linear Time-Invariant system, LTI 시스템)이라고 한다.

계의 특성이 시간에 대해 선형 미분방정식으로 나타나는 계는 선형계이며, 여기에 미분방정식의 계수가 상수이면 선형시불변계가 된다. 미분방정식의 계수가 시간의 함수이면 물론 선형시변계이다. 예를 들어 RLC-회로의 특성을 나타내는 선형 미분방정식에서 R, L, C의 값이 상수이면 선형시불변계이다. 저항 R이 포함된 회로는 기본적으로 선형시불변계이지만 만약 회로에 전류가 흐르면서 저항에 열이 발생하여 저항값 R이 시간에 따라 증가하는 경우는 이를 선형시불변계로 볼 수 없는 것이다. RLC-회로가 예제 8의 (a)와 같이 미적분방정식으로 나타나더라도 적분연산역시 선형시불변이므로 선형시불변계가 된다. (a)를 2계 선형 미분방정식으로 다시 표현할 수 있으므로 당연한 결과이다.

이외에도 계를 현재의 입력만 출력에 영향을 주는 **무기억계**(memoryless system, 예를 들어 저항 회로)와 과거의 입력도 현재의 결과에 영향을 미치는 **기억계** (memory system, 예를 들어 축전기 회로) 등 여러 가지로 분류할 수 있지만 여기서는 선형시불변계에 대해서만 간단히 설명한다. 자세한 내용은 해당 전공과목을 참고하자.

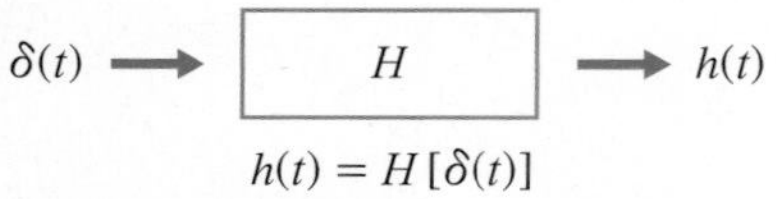

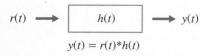

$$h(t) = H[\delta(t)]$$

그림 3.7.5 임펄스 입력에 대한 임펄스 응답

선형시불변계에 입력으로 그림 3.7.5와 같이 **임펄스**(impulse)[또는 디락-델타 함수] $\delta(t)$가 인가될 때 발생하는 응답

$$h(t) = H[\delta(t)] \tag{3.7.6}$$

를 **임펄스 응답**(impulse response)이라고 한다. 입력 $r(t)$를 디락-델타 함수를 이용하여 표현하면 식 (3.6.7)과 식 (3.6.9)에 의해

$$r(t) = r(t) * \delta(t) = \int_{\tau=0}^{t} r(\tau)\delta(t-\tau)d\tau$$

이다. 따라서 출력은

$$y(t) = H[r(t)] = H\left[\int_{\tau=0}^{t} r(\tau)\delta(t-\tau)d\tau\right] = \int_{\tau=0}^{t} r(\tau)H[\delta(t-\tau)]d\tau$$

$$= \int_{\tau=0}^{t} r(\tau)h(t-\tau)d\tau = r(t) * h(t)$$

이다. 위 과정에서 H가 선형계이므로 적분기호 안으로 들어갈 수 있고(정적분은 기본적으로 합을 의미하고, 합의 선형연산은 선형연산의 합과 같다.), 또한 H가 시불변계이므로 $H[\delta(t-\tau)] = h(t-\tau)$임을 이용하였다. 즉 출력은

$$r(t) \rightarrow \boxed{h(t)} \rightarrow y(t)$$

$$y(t) = r(t)*h(t)$$

그림 3.7.6 t-영역에서 선형시불변계의 입출력

$$y(t) = r(t) * h(t) \tag{3.7.7}$$

와 같이 입력 $r(t)$와 임펄스 응답 $h(t)$의 합성곱으로 표현된다. 식 (3.7.7)의 라플라스 변환은 $\mathcal{L}[r(t)] = R(s)$, $\mathcal{L}[h(t)] = H(s)$, $\mathcal{L}[y(t)] = Y(s)$일 때

$$R(s) \rightarrow \boxed{H(s)} \rightarrow Y(s)$$

$$Y(s) = R(s)H(s)$$

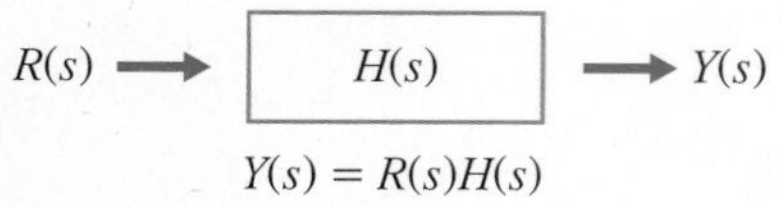

그림 3.7.7 s-영역에서 선형시불변계의 입출력

$$Y(s) = R(s)H(s) \tag{3.7.8}$$

이므로 시스템의 특성 $H(s)$를 알면 입력 $R(s)$에 대한 출력 $Y(s)$를 구할 수 있다. 여기서 $H(s)$는 **선형시불변계의 전달함수**이다.

식 (3.7.7)의 $r(t)$대신에 $\delta(t)$를 대입하고 합성곱에 대한 교환법칙(쉬어가기 3.2)과 디락–델타 함수의 성질 (2)를 이용하면

$$\delta(t) * h(t) = h(t) * \delta(t) = \int_{-\infty}^{\infty} h(\tau)\delta(t-\tau)d\tau = h(t)$$

이다. 이미 앞에서 설명하였지만 이는 특성이 $h(t)$인 선형시불변계에 입력 $\delta(t)$가 인가되면 출력으로 계의 특성 $h(t)$가 생산됨을 의미한다. 식 (3.7.8)에서도 $R(s) = \mathscr{L}[\delta(t)] = 1$이므로 같은 결과를 설명한다. 이것이 식 (3.7.6)에서 선형시불변계의 임펄스 응답을 구하기 위해 입력으로 디락–델타 함수를 사용하는 이유이다.

3.6절 예제 8의 RLC–회로에 대해 임펄스 응답 $h(t)$의 라플라스 변환 $H(s)$를 구해보자. 전류 $i(t)$에 대한 미적분방정식은

$$L\frac{di}{dt} + Ri + \frac{1}{C}\int_0^t i(\tau)d\tau = E(t) \tag{3.7.9}$$

이다. 윗식의 우변인 입력 $E(t)$에 임펄스 $\delta(t)$를 대입했을 때 임펄스 응답이 $h(t)$이므로 식 (3.7.9)에서

$$L\frac{dh}{dt} + Rh + \frac{1}{C}\int_0^t h(\tau)d\tau = \delta(t) \tag{3.7.10}$$

를 얻는다. $\mathscr{L}[h(t)] = H(s)$라 하고 양변을 라플라스 변환하면 $h(0) = 0$일 때

$$LsH(s) + RH(s) + \frac{H(s)}{Cs} = 1$$

에서 임펄스 응답 $h(t)$의 라플라스 변환 $H(s)$는

$$H(s) = \frac{1}{Ls + R + 1/Cs} \tag{3.7.11}$$

이며, $1/H(s)$을 RLC–회로의 **임피던스**(impedence)라고 부른다(여기서 임피던스는 RLC–회로를 옴의 법칙 $V=iR$과 같은 형태로 표현할 때 저항 R에 해당하는 값이다). 따라서 식 (3.7.9)의 해 $i(t)$는

$$I(s) = E(s)H(s) \tag{3.7.12}$$

로 구한 $I(s)$의 라플라스 역변환으로 구할 수 있다.

이제 3.6절의 예제 8을 다양한 입력에 대해 다시 풀어보자.

예제 3

3.6절 예제 8의 RLC-회로의 전류 $i(t)$를 다음 입력에 대해 각각 구하라.

    (1) $E(t) = 1$ (2) $E(t) = t$

(풀이) 식 $(3.7.11)$에 $L = 0.1$, $R = 2$, $C = 0.1$을 대입하면

$$H(s) = \frac{1}{0.1s + 2 + 10/s} = \frac{10s}{(s + 10)^2}.$$

(1) $E(t) = 1$이면 $E(s) = 1/s$, 따라서 식 $(3.7.12)$에서

$$I(s) = E(s)H(s) = \frac{1}{s}\frac{10s}{(s + 10)^2} = \frac{10}{(s + 10)^2}$$

이고

$$i(t) = \mathcal{L}^{-1}[I(s)] = 10te^{-10t}$$

로 3.6절 예제 8의 결과와 같다.

(2) $E(t) = t$이면 $E(s) = 1/s^2$, 따라서

$$I(s) = E(s)H(s) = \frac{1}{s^2}\frac{10s}{(s + 10)^2} = \frac{10}{s(s + 10)^2} = \frac{1}{10}\left(\frac{1}{s} - \frac{1}{s + 10}\right) - \frac{1}{(s + 10)^2}$$

이고

$$i(t) = \mathcal{L}^{-1}[I(s)] = \frac{1}{10}(1 - e^{-10t}) - te^{-10t}.$$

예제 3에서 보듯이 임펄스 응답 $h(t)$를 식 $(3.7.10)$과 같은 미적분방정식을 직접 풀어 구할 수도 있겠지만 방정식 자체를 라플라스 변환하여 대수적으로 $H(s)$를 구했음에 유의하자. 한번 구한 $H(s)$를 이용하면 예제 3과 같이 다양한 입력에 대한 출력을 쉽게 구할 수 있다.

쉬어가기 3.2   선형시불변계의 성질

합성곱의 정의와 디락-델타 함수의 성질 (2)를 이용하면

$$x(t) * \delta(t) = \int_{\tau=-\infty}^{\infty} x(\tau)\delta(t - \tau)d\tau = x(t)$$

이다. 따라서 $\delta(t)$는 합성곱의 항등원이다[$\delta(t)*1 \neq \delta(t)$임에 주의]. 이는 그림 3.7.8과 같이 특성이 $\delta(t)$인 선형시불변계는 입력과 출력이 같은, 즉 $y(t) = x(t)$인 항등계(identity system)임을 의미한다.

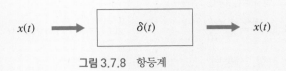

그림 3.7.8 항등계

이와 유사하게 합성곱은 다음의 성질을 만족한다.

(1) $x(t) * h(t) = h(t) * x(t)$: 교환법칙

(2) $[x(t) * h_1(t)] * h_2(t) = x(t) * [h_1(t) * h_2(t)]$: 결합법칙

(3) $x(t) * [h_1(t) + h_2(t)] = x(t) * h_1(t) + x(t) * h_2(t)$: 분배법칙

선형시불변계의 입력과 응답(출력)이 각각 $x(t)$, $y(t)$이고, 임펄스 응답이 $h(t)$일 때 성질 (1)은 그림 3.7.9와 같이 입력과 임펄스 응답이 바뀌어도 같은 출력이 발생함을 의미한다.

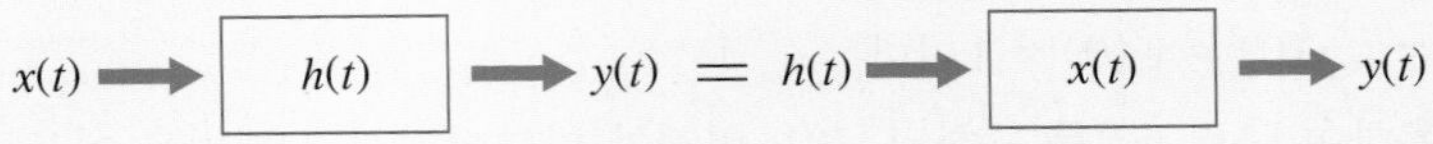

$$x(t) \rightarrow \boxed{h(t)} \rightarrow y(t) \ = \ h(t) \rightarrow \boxed{x(t)} \rightarrow y(t)$$

그림 3.7.9 교환법칙

성질 (2)는 그림 3.7.10과 같이 직렬 연결된 두 개의 계를 이들의 합성곱으로 이루어진 하나의 계로 표현할 수 있음을 의미한다.

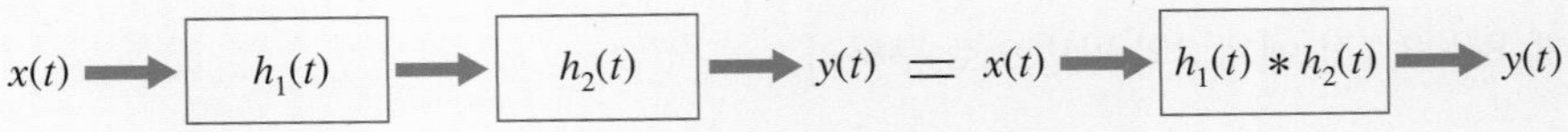

$$x(t) \rightarrow \boxed{h_1(t)} \rightarrow \boxed{h_2(t)} \rightarrow y(t) \ = \ x(t) \rightarrow \boxed{h_1(t) * h_2(t)} \rightarrow y(t)$$

그림 3.7.10 결합법칙

성질 (3)은 그림 3.7.11과 같이 병렬 연결된 두 개의 계가 각각의 임펄스 응답의 합으로 이루어진 하나의 계로 나타남을 의미한다.

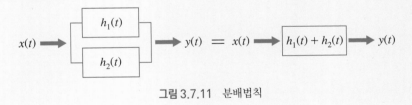

그림 3.7.11 분배법칙

3.7 연습문제

1. 전압분배기에서 입력전압 $r(t)$와 출력전압 $y(t)$의 관계식을 구하고, 이를 이용하여 전압분배기가 선형시불변계임을 보여라.

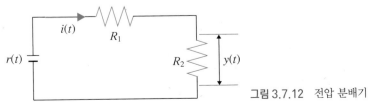

그림 3.7.12 전압 분배기

2. 다음 계의 선형성과 시변성을 말하라. (k는 상수)

(1) $y(t) = e^{r(t)}$ (2) $y(t) = k\dfrac{dr(t)}{dt}$ (3) $y(t) = k\displaystyle\int_0^t r(r)d\tau$ ($t < 0$에서 $r(t) = 0$)

(답) (1) 비선형, 시불변   (2) 선형, 시불변   (3) 선형, 시불변

3. 계의 특성이 $\dfrac{dp(t)}{dt} + 2p = r(t)$와 0 초기조건으로 주어진다.

(1) $\mathcal{L}[p(t)] = P(s)$, $\mathcal{L}[r(t)] = R(s)$로 놓고 계의 전달함수 $H(s)$를 구하라.

(2) (1)에서 구한 $H(s)$를 이용하여 입력이 $U(t)$일 때 응답 $p(t)$를 구하라.

(3) t에 관한 미분방정식을 직접 풀어서 $p(t)$를 구하라.

(답) (1) $H(s) = \dfrac{1}{s+2}$ (2), (3) $p(t) = \dfrac{1}{2}(1 - e^{-2t})$

4. 계의 특성이 $y'' - y = t$, $y(0) = y'(0) = 1$이다.

(1) 전달함수 $H(s)$를 이용하여 출력 $y(t)$를 구하라.   (2) 비제차 미분방정식의 해법을 이용하여 $y(t)$를 구하라.

(3) 입력과 초기조건이 제차해와 특수해에 미치는 영향을 말하라(쉬어가기 2.5 참고).

(답) (1), (2) $y(t) = \dfrac{3}{2}e^t - \dfrac{1}{2}e^{-t} - t$

5. 3.6절 연습문제 8을 3.7절 예제 3의 방법으로 구하라.

6. 문제 3의 계에 대해 임펄스 응답 $h(t)$에 관한 미분방정식을 세우고, 이를 풀어 $H(s)$를 구하라. 문제 3의 (1)의 결과와 비교하라.

(답) $H(s) = \dfrac{1}{s+2}$

무한급수와 미분방정식

앞에서 변수계수 미분방정식의 해는 일반적으로 무한급수를 이용하여 구한다고 하였다. 이러한 무한급수 해법은 풀이과정이 길고 복잡하여 자칫하면 학생들이 지루하게 생각할 수 있다. 하지만 수학에서 무한급수의 개념은 매우 유용할 뿐 아니라 제대로 이해하면 수학을 좀 더 쉽고 재미있게 공부할 수 있다. 이 장에서는 무한급수의 기초에 대해 먼저 공부하고 이를 이용하여 미분방정식의 해를 구하는 방법을 소개하며, 마지막으로 이공계 분야에서 자주 나타나는 르장드르 방정식과 베셀 방정식에 대해 알아본다.

4.1 수열과 급수

무한급수에 대해서는 이미 대학 1학년 기초과정에서 공부했지만 여기서는 미분방정식의 풀이에 필요한 최소한의 무한급수 이론에 대해 복습하자.

수열의 극한

숫자의 나열을 **수열**(sequence)이라 하고 수열의 합을 **급수**(series)라고 한다. 수열 a_1, a_2, $\cdots$, a_n을 n번째 항인 일반항 a_n을 이용하여 $\{a_n\}$으로 표현하고, 이들의 합은 급수 $S_n = \sum_{m=1}^{n} a_m$이다. 수열의 항의 개수가 유한하면 유한수열, 무한하면 무한수열이고 급수도 마찬가지로 유한수열의 합은 유한급수, 무한수열의 합(아직까지는 합이라는 표현을 쓰겠다)은 무한급수이다. 예를 들어 무한수열 $\left\{\dfrac{1}{n}\right\}$은 $1, \dfrac{1}{2}, \dfrac{1}{3}, \cdots, \dfrac{1}{n}, \cdots$이고, 이의 무한급수는 $\sum_{m=1}^{\infty} \dfrac{1}{m}$이다.

n이 무한히 커질 때 무한수열 $\left\{\dfrac{1}{n}\right\}$은 0에 가까이 가고, 무한수열 $\left\{\dfrac{n-1}{n}\right\}$은 1에 가까이 갈 것이다. 하지만 0.1절 **함수의 극한**에서 설명한 것과 마찬가지로 수열 $\{a_n\}$

에서 0이 무한히 커질 때 a_n이 어떤 일정한 값 L에 가까이 간다는 말의 수학적인 정의를 좀 더 명확히 할 필요가 있다.

> **정의 수열의 극한**
>
> $\epsilon > 0$에 대하여 자연수 N이 존재하여 $n > N$이면 $|a_n - L| < \epsilon$이 성립할 때 수열 $\{a_n\}$은 L로 **수렴한다**(converge)라고 말하고, 이때 L을 수열의 극한(limit)이라고 한다. 만약 수열이 수렴하지 않으면 **발산한다**(diverge)라고 말한다.

수열의 극한을 $\lim_{n \to \infty} a_n = L$ 또는 $n \to \infty$일 때 $a_n \to L$이라고 쓴다. 그림 4.1.1은 수열의 극한을 그림으로 보인 것이다.

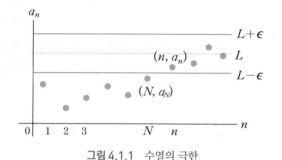

그림 4.1.1 수열의 극한

예를 들어 수열 $\left\{ \dfrac{n-1}{n} \right\}$의 극한이 1이라는 것은 $\epsilon > 0$이 주어질 때 $\left| \dfrac{n-1}{n} - 1 \right| = \dfrac{1}{n} < \epsilon$을 만족하는 자연수 n이 존재한다는 것이다. 실제로 계산해 보면

$$\epsilon = 0.1일 \ 때 : \frac{1}{n} < 0.1이기 \ 위해서는 \ n > 10$$

$$\epsilon = 0.01일 \ 때 : \frac{1}{n} < 0.01이기 \ 위해서는 \ n > 100$$

인 자연수 N을 선택하면 되는 것이다. 물론 $\{n\}$ 또는 $\{(-1)^{n+1}\}$ 등은 발산하는 수열의 예이다. 위와 같은 $\epsilon - \delta$를 이용한 극한의 정의를 모르더라도 이후의 내용을 이해하는데는 문제가 없다.

무한급수의 수렴 및 발산

무한수열(infinite sequence) $\{a_n\}$에 대해 각 항의 합

$$\sum_{m=1}^{\infty} a_m = a_1 + a_2 + a_3 + \cdots \tag{4.1.1}$$

를 무한급수(infinite series)라 하고, n항까지의 합

$$S_n = \sum_{m=1}^{n} a_m = a_1 + a_2 + a_3 + \cdots + a_n \qquad (4.1.2)$$

을 n 번째 **부분합**(partial sum)이라 한다. 그러면 식 (4.1.1)과 같이 무한개의 수를 더한다는 것의 수학적 의미는 무엇일까? 예를 들어 수열 $a_m = \dfrac{1}{2^{m-1}}\,(m = 1, 2, \cdots)$ 의 무한급수

$$1 + \frac{1}{2} + \frac{1}{4} + \frac{1}{8} + \frac{1}{16} + \cdots$$

에 대해 부분합의 수열 $S_1,\ S_2,\ S_3,\ S_4,\ S_5, \cdots$ 는 $1,\ \dfrac{3}{2},\ \dfrac{7}{4},\ \dfrac{15}{8},\ \dfrac{31}{16},\ \cdots$ 로 점점 2에 가까워지는데, 이때

$$\text{"} 1 + \frac{1}{2} + \frac{1}{4} + \frac{1}{8} + \frac{1}{16} + \cdots \text{은 2이다"}$$

라고 말한다. 이와 같이 $\lim\limits_{n \to \infty} S_n = S$ 이면 무한급수 $\sum\limits_{m=1}^{\infty} a_m$ 은 **수렴**한다(converge)고 하고 S를 무한급수의 **합**(sum)으로 정의한다. 수열 $\{S_n\}$이 수렴하지 않으면 무한급수는 **발산**한다(diverge)고 한다. 무한급수의 수렴성도 부분합 수열의 극한으로 정의되는 것임을 기억하자.

예제 1

$\displaystyle\sum_{m=1}^{\infty} \frac{1}{m(m+1)} = \frac{1}{1 \cdot 2} + \frac{1}{2 \cdot 3} + \frac{1}{3 \cdot 4} + \cdots$ 을 구하라.

(풀이) $\dfrac{1}{m(m+1)} = \dfrac{1}{m} - \dfrac{1}{m+1}$ 이므로 n항까지의 부분합은

$$S_n = \sum_{m=1}^{n} \frac{1}{m(m+1)} = \sum_{m=1}^{n} \left[\frac{1}{m} - \frac{1}{m+1} \right]$$

$$= \left(1 - \frac{1}{2} \right) + \left(\frac{1}{2} - \frac{1}{3} \right) + \cdots + \left(\frac{1}{n} - \frac{1}{n+1} \right) = 1 - \frac{1}{n+1}$$

이고, $S = \lim\limits_{n \to \infty} S_n = \lim\limits_{n \to \infty} \left(1 - \dfrac{1}{n+1} \right) = 1$ 이므로 주어진 무한급수는 수렴하고 그 합은 1이다.

무한등비급수

고교 과정에서 배운 바와 같이 무한급수

$$\sum_{m=1}^{\infty} ar^{m-1} = a + ar + ar^2 + \cdots \qquad (4.1.3)$$

을 첫 항 $a(a \neq 0)$, 공비 r인 **무한등비급수**(infinite geometric series)라 한다. 이러한 급수의 합을 구해 보자. 먼저 n항까지의 부분합

$$S_n = a + ar + ar^2 + \cdots + ar^{n-1} \tag{4.1.4}$$

을 구하기 위해 식 (4.1.4)의 양변에 공비 r을 곱하면

$$rS_n = ar + ar^2 + ar^3 + \cdots + ar^n \tag{4.1.5}$$

이다. 식 (4.1.4)에서 식 (4.1.5)를 빼면 $(1 - r)S_n = a - ar^n$이고, $r \neq 1$일 때

$$S_n = \frac{a(1 - r^n)}{1 - r} \tag{4.1.6}$$

이다. 물론 식 (4.1.4)에서 $r = 1$이면

$$S_n = na \tag{4.1.7}$$

이다. 무한등비급수의 합을 구하기 위해서는 $\lim_{n \to \infty} S_n$을 계산해야 하는데, $r \neq 1$일 때 식 (4.1.6)을 이용하면 $\lim_{n \to \infty} S_n = \lim_{n \to \infty} \frac{a(1 - r^n)}{1 - r}$은 $|r| < 1$인 경우에만 $\frac{a}{1 - r}$로 수렴하고, $r = 1$인 경우에는 식 (4.1.7)을 이용하여 $\lim_{n \to \infty} S_n = \lim_{n \to \infty} na = \pm \infty$ ($a > 0$일 때 ∞, $a < 0$일 때 $-\infty$)로 발산한다. 따라서

$$S = \sum_{m=1}^{\infty} ar^{m-1} = a + ar + ar^2 + \cdots = \frac{a}{1 - r} \ (|r| < 1) \tag{4.1.8}$$

이 성립한다. 고교 과정에서 배웠던 문제를 다시 풀어보자.

예제 2

순환소수 $0.232323\cdots$을 분수로 나타내어라.

(풀이) $0.232323\cdots = \frac{23}{100} + \frac{23}{100^2} + \frac{23}{100^3} + \cdots$은 첫 항 $a = 0.23$, 공비 $r = 0.01 < 1$인 무한등비급수이므로 식 (4.1.8)을 이용하여

$$S = \frac{a}{1 - r} = \frac{0.23}{1 - 0.01} = \frac{23}{99}$$

이다.

☞ 예제 2와 같은 문제를 중학교 수학 교과서에서도 볼 수 있는데 $x = 0.232323\cdots$의 양변에 100을 곱하면 $100x = 23.232323\cdots$이므로 두 식을 빼면 $99x = 23$, 즉 $x = 23/99$을 얻는다.

쉬어가기 4.1   토끼와 거북이 경주

여기서 소개하는 '토끼와 거북이 경주' 이야기는 **제논의 역설(zenon's paradox)** 또는 아킬레스와 거북이의 경주(Race of Achilles and the tortoise)로 알려져 있고 초중고 수학 참고서에도 자주 소개되지만 거북이의 판단이 왜 잘못되었는지에 대한 설명은 없었던 것으로 기억한다. 저자는 오래전에 대학 수시입학 문제로 출제하려고 이를 다음과 같이 바꾸어 보았다.

속력 1 m/s로 달리는 거북이가 속력 10 m/s로 달리는 토끼에게 100 m 달리기 시합을 제안했다. 거북이는 토끼보다 10 m 앞에서 출발하면 토끼가 낮잠을 자지 않더라도 달리기에서 이길 수 있다고 생각했다.

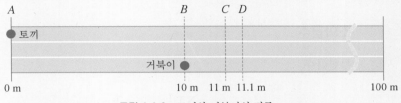

그림 4.1.2 토끼와 거북이의 경주

(거북이 생각) 토끼는 A에서 출발하고 거북이는 10 m 앞인 B에서 출발한다. 토끼의 속력은 10 m/s이므로 토끼가 원래 거북이가 있던 B까지 가는 데 1초가 걸린다. 그 사이에 거북이는 1 m를 갈 수 있으므로 C에 위치한다. 다시 토끼가 B에서 C까지 가는 데 0.1초 걸리므로 거북이는 0.1 m를 가서 D에 위치한다. 이러한 경우가 반복되므로 거북이와 토끼 사이의 간격은 계속 좁혀지지만 토끼가 거북이를 추월하는 데 무한대의 시간이 걸리므로 결과적으로 토끼는 거북이를 영원히 추월할 수 없다.

[문제]

  (1) 경주에서 누가 이길까? 그 이유는 무엇인가?

  (2) 토끼가 거북이를 추월하기 시작하는 시간을 구하라.

  (3) 토끼가 이긴다면 거북이의 생각은 무엇이 잘못되었는가?

  (4) 거북이가 생각한 무한대라는 시간(토끼가 거북이를 추월하는 데 걸리는 시간)을 $1 + 0.1 + 0.01 + \cdots$로 계산해 보아라. (2)의 결과와 같은가?

[풀이] (1) 토끼가 100 m 달리는 데 걸리는 시간은 $\dfrac{100\ \text{m}}{10\ \text{m/s}} = 10$초이고, 거북이가 90 m 달리는 시간은 $\dfrac{90\ \text{m}}{1\ \text{m/s}} = 90$ 초이므로 토끼가 이긴다.

(2) 토끼가 거북이를 추월하기 시작하는 시간을 t로 놓으면 시간 t에서 거북이와 토끼의 위치가 같아야 하므로 $10t = 10 + 1t$에서 $t = \dfrac{10}{9}$ 초이다.

(3) 어떤 수를 계속 더하면 무한대가 된다고 생각하는 것이 잘못되었다.

(4) $1 + 0.1 + 0.01 + \cdots$은 한없이 커지는 수가 아니라 $1 + 0.1 + 0.01 + \cdots = 1.111\cdots$인 유한한 수이다. 이는 첫 항이 1, 공비가 0.1인 무한등비급수이므로

$$1 + 0.1 + 0.01 + \cdots = \frac{1}{1 - 0.1} = \frac{10}{9}\ \text{초}$$

로 (2)의 결과와 같다. 실제로 나누기로 계산해도 $\frac{10}{9} = 1.111\cdots$ 임을 알 수 있다.

위의 예를 수업시간에 학생들에게 소개하고 거북이의 생각이 왜 틀렸는지에 대해 질문하면 정확히 대답하는 학생이 거의 없다. 무한등비급수의 합이 존재할 수 있다는 것은 고교 과정에서 이미 배웠지만 학생들은 이것을 제대로 실감하지 못하는 것 같다.

조화급수

무한급수

$$\sum_{m=1}^{\infty} \frac{1}{m} = 1 + \frac{1}{2} + \frac{1}{3} + \cdots$$

을 **조화급수**(harmonic series)라 한다. 조화급수가 발산함을 보이자.

$$S_1 = 1 > 1 \cdot \frac{1}{2}$$

$$S_2 = 1 + \frac{1}{2} > \frac{1}{2} + \frac{1}{2} = 2 \cdot \frac{1}{2}$$

$$S_4 = 1 + \frac{1}{2} + \left(\frac{1}{3} + \frac{1}{4}\right) > \frac{1}{2} + \frac{1}{2} + \left(\frac{1}{4} + \frac{1}{4}\right) = 3 \cdot \frac{1}{2}$$

$$S_8 = 1 + \frac{1}{2} + \left(\frac{1}{3} + \frac{1}{4}\right) + \left(\frac{1}{5} + \frac{1}{6} + \frac{1}{7} + \frac{1}{8}\right)$$

$$> \frac{1}{2} + \frac{1}{2} + \left(\frac{1}{4} + \frac{1}{4}\right) + \left(\frac{1}{8} + \frac{1}{8} + \frac{1}{8} + \frac{1}{8}\right) = 4 \cdot \frac{1}{2}$$

$$\vdots$$

즉 $S_{2^{n-1}} > n \cdot \frac{1}{2} = \frac{n}{2}$ 이고, $\lim_{n \to \infty} S_n = \lim_{n \to \infty} S_{2^{n-1}} = \lim_{n \to \infty} \frac{n}{2} = \infty$ 이므로 조화급수는 발산한다.

무한급수 $\sum_{m=1}^{\infty} a_m$ 이 수렴하면 $\lim_{m \to \infty} a_m = 0$ 이다. 왜냐하면 $\sum_{m=1}^{\infty} a_m = \lim_{n \to \infty} S_n = S$ 이면

$$\lim_{n \to \infty} a_n = \lim_{n \to \infty} (S_n - S_{n-1}) = S - S = 0$$

이기 때문이다. 하지만 이의 역은 성립하지 않는다. 즉 $\lim_{m \to \infty} a_m = 0$ 이라도 $\sum_{m=1}^{\infty} a_m$ 이 발산할 수 있다. 앞에서 소개한 **조화급수**는 $\lim_{m \to \infty} a_m = \lim_{m \to \infty} \frac{1}{m} = 0$ 이지만 **발산**하는 대표적인 급수이다.

교대급수

자연수 m에 대해 $a_m > 0$일 때 $\displaystyle\sum_{m=1}^{\infty}(-1)^{m+1}a_m = a_1 - a_2 + a_3 - \cdots$ 를 **교대급수** (alternating series)라 한다. 교대급수는 $a_{m+1} \leq a_m$과 $\displaystyle\lim_{m \to \infty} a_m = 0$을 만족하면 수렴한다(증명 생략). 무한급수

$$\sum_{m=1}^{\infty}(-1)^{m+1}\frac{1}{m} = 1 - \frac{1}{2} + \frac{1}{3} - \frac{1}{4} + \cdots$$

을 **교대조화급수**(alternating harmonic series)라 하는데, 이는 $\dfrac{1}{m+1} < \dfrac{1}{m}$ 과 $\displaystyle\lim_{n \to \infty}\frac{1}{m} = 0$을 만족하므로 수렴하는 급수이다.

거듭제곱급수

무한급수

$$\sum_{m=0}^{\infty}a_m(x - x_0)^m = a_0 + a_1(x - x_0) + a_2(x - x_0)^2 + \cdots \qquad (4.1.9)$$

을 **무한거듭제곱급수**(infinite power series)라 하고, 여기서 $a_0, a_1, a_2, \cdots$를 급수의 **계수**(coefficients), x_0를 급수의 **중심**(center)이라 한다. 만약 $x_0 = 0$이면 0을 중심으로 하는 급수

$$\sum_{m=0}^{\infty}a_m x^m = a_0 + a_1 x + a_2 x^2 + \cdots \qquad (4.1.10)$$

이 된다.

테일러 급수

테일러 급수(Brook Taylor, 1685-1731, 영국)에 대해서는 대학 1학년 수학과정에서 공부하였고 이공계의 다른 과목에서도 자주 접한다. 특히 수치해석 과목에서 함수 또는 연산의 근사를 위해 자주 사용하는 공식이다.

거듭제곱급수[식 (4.1.9)]가 $|x - x_0| < R\ (R \neq 0)$에서 임의의 계수의 도함수가 존재하는 함수 $f(x)$를 나타낸다면

$$f(x) = \sum_{m=0}^{\infty}a_m(x - x_0)^m = a_0 + a_1(x - x_0) + a_2(x - x_0)^2 + a_3(x - x_0)^3 + \cdots \quad (4.1.11)$$

이고, 이의 도함수들은

$$f'(x) = \sum_{m=1}^{\infty}m a_m(x - x_0)^{m-1} = 1 \cdot a_1 + 2 \cdot a_2(x - x_0) + 3 \cdot a_3(x - x_0)^2 + \cdots \quad (4.1.12)$$

$$f''(x) = \sum_{}^{\infty} m(m-1)a_m(x-x_0)^{m-2} = 2 \cdot 1 \cdot a_2 + 3 \cdot 2 \cdot a_3(x-x_0) + \cdots \quad (4.1.13)$$

$$f'''(x) = \sum_{m=3}^{\infty} m(m-1)(m-2)a_m(x-x_0)^{m-3} = 3 \cdot 2 \cdot 1 \cdot a_3 + \cdots \quad (4.1.14)$$

등으로 나타난다. 식 $(4.1.11) \sim (4.1.14)$에 $x = x_0$를 대입하면

$$f(x_0) = a_0, \quad f'(x_0) = 1 \cdot a_1, \quad f''(x_0) = 2 \cdot 1 \cdot a_2, \quad f'''(x_0) = 3 \cdot 2 \cdot 1 \cdot a_3$$

이고, 일반적으로 $m \geq 0$에 대해 $f^{(m)}(x_0) = m!a_m$, 즉

$$a_m = \frac{f^{(m)}(x_0)}{m!} \quad (4.1.15)$$

가 된다. 여기서 $f^{(m)}(x)$는 $f(x)$의 m계 도함수이다. 식 $(4.1.15)$는 식 $(4.1.11)$로 나타낸 $f(x)$의 거듭제곱급수의 계수임을 기억하자. 따라서 식 $(4.1.15)$를 식 $(4.1.11)$에 대입한

$$f(x) = \sum_{m=0}^{\infty} \frac{f^{(m)}(x_0)}{m!}(x-x_0)^m$$
$$= f(x_0) + f'(x_0)(x-x_0) + \frac{f''(x_0)}{2!}(x-x_0)^2 + \cdots \quad (4.1.16)$$

을 $f(x)$의 **테일러 급수**(Taylor series)라 한다. 식 $(4.1.16)$에서 $x_0 = 0$이면

$$f(x) = \sum_{m=0}^{\infty} \frac{f^{(m)}(0)}{m!}x^m = f(0) + f'(0)x + \frac{f''(0)}{2!}x^2 + \cdots \quad (4.1.17)$$

이 되는데, 이를 특별히 **매크로린 급수**(Colin Maclaurin ,1698-1746, 영국)라 부르며, 형태가 단순하여 테일러 급수보다 더 자주 사용한다. 결국 테일러 급수는 함수 $f(x)$의 중심이 x_0인 거듭제곱급수이고, 매크로린 급수는 함수 $f(x)$의 중심이 0인 거듭제곱급수이다.

매크로린 급수의 예

예제 3

$f(x) = e^x$의 급수를 구하라.

(풀이) $f(x) = f'(x) = f''(x) = f'''(x) = \cdots = e^x$이므로 $f(0) = f'(0) = f''(0) = f'''(0) = \cdots = e^0 = 1$이다. 따라서 이들을 식 $(4.1.17)$에 대입하여

$$e^x = 1 + x + \frac{x^2}{2!} + \frac{x^3}{3!} + \cdots \quad \text{(a)}$$

을 구할 수 있다. (a)를 일반항으로 표현하면 $f(x) = e^x$에 대해 $f^{(m)}(0) = 1$이므로

$$e^x = \sum_{m=0}^{\infty} \frac{f^{(m)}(0)}{m!} x^m = \sum_{m=0}^{\infty} \frac{x^m}{m!} = 1 + x + \frac{x^2}{2!} + \frac{x^3}{3!} + \cdots$$

이다.

예제 3의 결과를 이용하여 $e^{0.1}$의 값을 구해보자. 계산기를 사용하여 계산하면
$e^{0.1} = 1.1051709\cdots$이다. 이번에는 (a)에 $x = 0.1$을 대입하여 계산하면

$$e^{0.1} = 1 + 0.1 + \frac{(0.1)^2}{2!} + \cdots = 1.105\cdots$$

임을 알 수 있다. e^x의 매크로린 급수의 항수가 늘어날수록 보다 정확한 값을 제공한
다. 물론 (a)에 $x = 1$을 대입하면 **오일러수**(Euler number) 'e'의 값

$$e = 1 + 1 + \frac{1}{2!} + \frac{1}{3!} + \cdots = 2.71828\cdots$$

을 알 수 있다. 계산기는 내부적으로 사칙연산만 가능하므로 $e^{0.1}$과 같은 함수값을
계산할 때 내장된 테일러 급수를 사용한다.

예제 4

$f(x) = \cos x$의 매크로린 급수를 구하라.

(풀이) $f(x) = \cos x$일 때 $f'(x) = -\sin x$, $f''(x) = -\cos x$, $f'''(x) = \sin x$, $f^{(4)}(x) = \cos x$이므로 $f(0) = 1$, $f'(0)$
$= 0$, $f''(0) = -1$, $f'''(0) = 0$, $f^{(4)}(0) = 1$이다. 이들을 식 (4.1.17)에 대입하면

$$\cos x = 1 - \frac{x^2}{2!} + \frac{x^4}{4!} - \cdots \tag{a}$$

이다. $\cos x$가 우함수인데, 이의 매크로린 급수도 우함수들로만 이루어져 있다.

함수의 매크로린 급수를 다른 방법으로 설명해 보자. 그림 4.1.3은 $\cos x$와 이의 매
크로린 급수[예제 4의 (a)]의 처음 몇 항의 합을 나타낸 그림이다. (a)의 처음 세 개
의 부분합

$$S_1 = 1, \quad S_2 = 1 - \frac{x^2}{2!}, \quad S_3 = 1 - \frac{x^2}{2!} + \frac{x^4}{4!}$$

이 $\cos x$를 점점 더 정확히 나타냄을 알 수 있다. 모든 부분합이 급수의 중심 $x = 0$에서 정확하게 함수값을 나타내며 중심에서 멀어질수록 오차가 커진다. 테일러 급수는 급수의 중심에 가까울수록 원래의 함수값을 정확히 나타낸다.

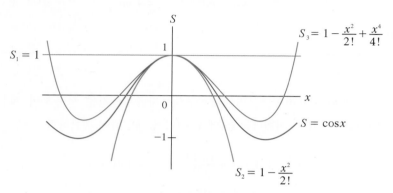

그림 4.1.3 $\cos x$의 매크로린 급수

여기서 우리가 잊지 말아야 할 것은 <u>임의의 계수의 도함수가 존재하는 함수 $f(x)$를 무한개(경우에 따라서는 유한개)의 항을 갖는 다항함수(polynomial)로 나타낸 것이 테일러 급수 또는 매크로린 급수</u>라는 것이다. 다음 예제에서 다항식을 테일러 급수로 나타냄으로써 테일러 급수를 좀 더 명확히 이해해 보자.

예제 5

(1) $f(x) = 1 + x$에 대해 중심이 0인 테일러 급수(매크로린 급수)를 구하라.

(2) $f(x) = 1 + x$에 대해 중심이 1인 테일러 급수를 구하라.

(풀이) $f(x) = 1 + x$이므로 $f'(x) = 1$, $f''(x) = f'''(x) = \cdots = 0$이다.

(1) $f(0) = 1$, $f'(0) = 1$, $f''(0) = f'''(0) = \cdots = 0$이므로 식 (4.1.17)에 의해

$$f(x) = \sum_{m=0}^{\infty} \frac{f^{(m)}(0)}{m!} x^m = f(0) + f'(0)x + \frac{f''(0)}{2!}x^2 + \frac{f'''(0)}{3!}x^3 + \cdots = 1 + x\,.$$

(2) $f(1) = 2$, $f'(1) = 1$, $f''(1) = f'''(1) = \cdots = 0$이므로 식 (4.1.16)에 $x_0 = 1$을 대입하면

$$f(x) = \sum_{m=0}^{\infty} \frac{f^{(m)}(1)}{m!} (x - 1)^m$$

$$= f(1) + f'(1)(x - 1) + \frac{f''(1)}{2!}(x - 1)^2 + \frac{f'''(1)}{3!}(x - 1)^3 + \cdots$$

$$= 2 + 1(x - 1) = 1 + x$$

로 (1)의 결과와 같다.

☞ 주어진 함수 $f(x)$가 원래 다항함수이므로 테일러 급수 또한 중심에 관계없이 같은 다항함수가 된 것이다.

기본함수들에 대한 매크로린 급수를 정리하면 다음과 같다.

(1) 지수함수(exponential function)

$$e^x = \sum_{m=0}^{\infty} \frac{x^m}{m!} = 1 + x + \frac{x^2}{2!} + \cdots \tag{4.1.18}$$

(2) 삼각함수(trigonometric functions)

$$\cos x = \sum_{m=0}^{\infty} \frac{(-1)^m}{(2m)!} x^{2m} = 1 - \frac{x^2}{2!} + \frac{x^4}{4!} - \cdots \tag{4.1.19}$$

$$\sin x = \sum_{m=0}^{\infty} \frac{(-1)^m}{(2m+1)!} x^{2m+1} = x - \frac{x^3}{3!} + \frac{x^5}{5!} - \cdots \tag{4.1.20}$$

☞ $\cos x = \displaystyle\sum_{\substack{m=0 \\ \text{even } m}}^{\infty} \frac{(-1)^{m/2}}{m!} x^m$, $\sin x = \displaystyle\sum_{\substack{m=1 \\ \text{odd } m}}^{\infty} \frac{(-1)^{(m-1)/2}}{m!} x^m$ 로 쓰기도 한다.

(3) 쌍곡선함수(hyperbolic functions)

$$\cosh x = \sum_{m=0}^{\infty} \frac{x^{2m}}{(2m)!} = 1 + \frac{x^2}{2!} + \frac{x^4}{4!} + \cdots \tag{4.1.21}$$

$$\sinh x = \sum_{m=0}^{\infty} \frac{x^{2m+1}}{(2m+1)!} = x + \frac{x^3}{3!} + \frac{x^5}{5!} + \cdots \tag{4.1.22}$$

☞ $\cosh x = \displaystyle\sum_{\substack{m=0 \\ \text{even } m}}^{\infty} \frac{x^m}{m!}$, $\sinh x = \displaystyle\sum_{\substack{m=1 \\ \text{odd } m}}^{\infty} \frac{x^m}{m!}$ 로 쓰기도 한다.

(4) 로그함수(logarithmic function)

$$\ln(1+x) = \sum_{m=1}^{\infty} \frac{(-1)^{m-1}}{m} x^m = x - \frac{x^2}{2} + \frac{x^3}{3} - \cdots \quad (-1 < x \leq 1) \tag{4.1.23}$$

식 (4.1.23)에서 x에 $-x$를 대입하면

$$\ln(1-x) = -\sum_{m=1}^{\infty} \frac{x^m}{m} = -x - \frac{x^2}{2} - \frac{x^3}{3} - \cdots \quad (-1 \leq x < 1) \tag{4.1.24}$$

(5) 등비급수(geometric series)

$$\frac{1}{1-x} = \sum_{m=0}^{\infty} x^m = 1 + x + x^2 + \cdots \quad (|x| < 1) \tag{4.1.25}$$

(6) 이항급수(binomial series)

$$(1+x)^n = \sum_{m=0}^{\infty} {}_nC_m x^m = 1 + nx + \frac{n(n-1)x^2}{2!} + n(n-1)(n-2)\frac{x^3}{3!} + \cdots \quad (|x| < 1) \tag{4.1.26}$$

(5)의 경우 고교 과정에서는 $|x| < 1$일 때 $1 + x + x^2 + \cdots = \frac{1}{1-x}$ 이라고 공부했지만, 이를 거꾸로 해석하면 $\frac{1}{1-x}$ 의 매크로린 급수가 $1 + x + x^2 + \cdots$인 것이다 (연습문제). 함수를 무한급수로 표현할 때 x의 범위가 제한될 수 있는데, (1), (2), (3)의 경우는 모든 x에 대해 수렴하는 급수이다.

쉬어가기 4.2   모든 x에 대해 수렴하는 급수

저자가 대학시절에 테일러 급수를 공부할 때

$$e^x = \sum_{m=0}^{\infty} \frac{x^m}{m!} = 1 + x + \frac{x^2}{2!} + \frac{x^3}{3!} + \cdots$$

의 우변이 정말 모든 x에서 수렴하는 급수일까를 고민했었다. 앞의 설명에 의하면 수열이 점점 0에 가까워질 때 무한급수가 수렴한다고 했는데, x가 아무리 큰 값(예를 들어 1억, 1조 등)을 갖더라도 $x^m/m!$이 0에 가까워진다는 것을 이해하지 못했기 때문이다. 비슷한 의문을 갖는 학생을 위하여 $\lim_{m \to \infty} \frac{x^m}{m!} = 0$의 증명을 소개한다.

(증명) $M > |x|$인 M을 선택하면 $m > M$에 대하여

$$\frac{|x|^m}{m!} = \frac{|x|^m}{1 \cdot 2 \cdots M \cdot (M+1) \cdots \cdot m} \leq \frac{|x|^m}{M! M^{m-M}} = \frac{|x|^m M^M}{M! M^m} = \frac{M^M}{M!}\left(\frac{|x|}{M}\right)^m$$

이다. 따라서

$$0 \leq \frac{|x|^m}{m!} \leq \frac{M^M}{M!}\left(\frac{|x|}{M}\right)^m$$

이고, $m \to \infty$일 때 $\left(\frac{|x|}{M}\right)^m \to 0$이므로 샌드위치 정리(sandwich theorem)에 의해 $\frac{|x|^m}{m!} \to 0$이다. 즉 x가 아무리 큰 값이더라도 $\frac{|x|^m}{m!}$ 이 0에 가까워지는 m이 존재한다.

오일러 공식

2장에서 증명 없이 오일러 공식을 사용했다. 지수함수의 매크로린 급수를 이용하여
오일러 공식을 유도해 보자. 식 (4.1.18)에서 x 대신에 ix를 대입하면

$$e^{ix} = \sum_{m=0}^{\infty} \frac{(ix)^m}{m!} = 1 + ix + \frac{(ix)^2}{2!} + \frac{(ix)^3}{3!} + \frac{(ix)^4}{4!} + \frac{(ix)^5}{5!} + \cdots$$

$$= \left(1 - \frac{x^2}{2!} + \frac{x^4}{4!} - \cdots\right) + i\left(x - \frac{x^3}{3!} + \frac{x^5}{5!} - \cdots\right) = \cos x + i\sin x$$

가 되어 **오일러 공식**(Leonhard Euler, 1707−1783, 스위스)

$$e^{ix} = \cos x + i\sin x \tag{4.1.27}$$

를 얻는다.

▌ 4.1 연습문제

1. 900원짜리 음료수 1병을 먼저 A가 반을 마시고 B가 나머지 반을 마시고, 다시 A가 나머지 반을 마시는 방법으로 번갈아 마신 다음 마신 양만큼 값을 지불한다면 각각 얼마를 지불해야 하는가?

(답) A 600원, B 300원

2. $f(x) = \sin x$의 매크로린 급수를 x의 5차까지 구하라. 계산기를 사용하지 않고 $\sin 0.1$을 소수 이하 셋째 자리까지만 정확하게 구하라.

(답) $\sin x = x - \dfrac{x^3}{3!} + \dfrac{x^5}{5!} - \cdots$, $\sin 0.1 = 0.100\cdots$

3. $\cosh x$, $\ln(1 + x)$, $\dfrac{1}{1 - x}$ 의 매크로린 급수를 구하라.

4. $f(x) = x^2$의 매크로린 급수를 구하라. 결과가 무한급수가 아닌 이유를 간단히 설명하라.

5. $y = e^x$와 이의 매크로린급수의 처음 4개 부분합 $y = 1$, $y = 1 + x$, $y = 1 + x + \dfrac{x^2}{2}$, $y = 1 + x + \dfrac{x^2}{2} + \dfrac{x^3}{6}$ 의 그래프를 함께 그리고 비교하라.

4.2   미분방정식의 급수해법

급수해법으로 미분방정식의 해를 구한다는 것이 무슨 의미일까? 우리는 앞 절에서 어떤 함수 $f(x)$를 x의 무한거듭제곱급수로 나타낼 수 있고, 그 결과가 테일러 급수 또는 매크로린 급수임을 배웠다. 미분방정식의 해를 구한다는 것은 미분방정식을 만족하는 함수를 찾는 것이다. 따라서 미분방정식의 해를 무한거듭제곱급수

$$y = \sum_{m=0}^{\infty} a_m (x - x_0)^m$$

으로 나타낼 수 있을 것이다. 먼저 간단한 예를 보자.

예제 1

미분방정식 $y' = 1$의 해를 구하라.

(풀이) 미분방정식의 해가 $y = x + c$(c는 상수)임은 직감으로도 알 수 있다. 여기서는 해를 급수해법으로 구해 보자. 구하고자 하는 해를 중심이 0인 무한거듭제곱급수 $y = \sum_{m=0}^{\infty} a_m x^m$ 으로 놓으면 $y' = \sum_{m=1}^{\infty} m a_m x^{m-1}$ 이고, 이것이 주어진 미분방정식을 만족해야 하므로

$$y' = \sum_{m=1}^{\infty} m a_m x^{m-1} = a_1 + 2a_2 x + 3a_3 x^2 + \cdots = 1$$

에서 $a_1 = 1$, $a_2 = a_3 = \cdots = 0$이어야 한다. 따라서

$$y = \sum_{m=0}^{\infty} a_m x^m = a_0 + a_1 x + a_2 x^2 + a_3 x^3 + \cdots = a_0 + x$$

즉 $y = x + c$와 같다.

예제 1에서 보았듯이 미분방정식의 급수해법은 미분방정식의 해를 무한거듭제곱급수 $y = \sum_{m=0}^{\infty} a_m (x - x_0)^m$ 으로 놓고 이것이 주어진 미분방정식을 만족하도록 급수의 계수 a_m을 구하여 해를 완성하는 방법이다. 예제 1의 풀이에서 y를 중심이 0인 무한거듭제곱급수로 놓는 이유에 대해서는 뒤에서 설명한다.

예제 1에서는 미분방정식의 해가 다항함수로 나타나는 경우이므로 해를 x의 거듭제곱급수인 $y = \sum_{m=0}^{\infty} a_m x^m$ 으로 놓는 것이 가능해 보인다. 하지만 미분방정식의 해가 다항함수가 아닌 경우에는 어떨까? 다음 예제를 보자.

예제 2

$y' - y = 0$의 해를 구하라. 1장의 변수분리법 또는 단순한 추측에 의해서도 해는 $y = ce^x$이다.

(풀이) $y = \displaystyle\sum_{m=0}^{\infty} a_m x^m$ 으로 놓으면 $y' = \displaystyle\sum_{m=1}^{\infty} m a_m x^{m-1}$ 이므로

$$y' - y = \sum_{m=1}^{\infty} m a_m x^{m-1} - \sum_{m=0}^{\infty} a_m x^m = 0$$

이다. 위 식에서 2개의 급수를 하나의 급수로 나타내기 위하여(그래야만 위 식을 만족하는 계수 a_m을 쉽게 구할 수 있으므로) 각 급수의 x의 차수를 나타내는 기호 Σ의 **지표**(index) m을 새로운 지수 s를 사용하여 나타내면

$$y' - y = \sum_{s=0}^{\infty} (s+1) a_{s+1} x^s - \sum_{s=0}^{\infty} a_s x^s = \sum_{s=0}^{\infty} [(s+1) a_{s+1} - a_s] x^s = 0$$

이 된다. 결국 $y' - y = 0$을 만족하기 위해서는 $(s+1) a_{s+1} - a_s = 0$이어야 하므로 계수 사이의 **반복식** (recursion formula)은

$$a_{s+1} = \frac{a_s}{s+1}, \quad s = 0, 1, 2 \cdots$$

이다. 여기에 $s = 0, 1, 2 \cdots$를 대입하면

$$s = 0 : a_1 = \frac{a_0}{0+1} = \frac{a_0}{1} = \frac{a_0}{1!}$$

$$s = 1 : a_2 = \frac{a_1}{1+1} = \frac{a_1}{2} = \frac{a_0}{2 \cdot 1!} = \frac{a_0}{2!}$$

$$s = 2 : a_3 = \frac{a_2}{2+1} = \frac{a_2}{3} = \frac{a_0}{3 \cdot 2!} = \frac{a_0}{3!}$$

$$\vdots$$

에서 일반적으로 $a_m = \dfrac{a_0}{m!}$ 임을 알 수 있다. 따라서

$$y = \sum_{m=0}^{\infty} a_m x^m = \sum_{m=0}^{\infty} \frac{a_0}{m!} x^m = a_0 \sum_{m=0}^{\infty} \frac{x^m}{m!} = a_0 \left(1 + x + \frac{x^2}{2!} + \frac{x^3}{3!} + \cdots \right)$$

이고, 식 (4.1.20)에서 $e^x = \displaystyle\sum_{m=0}^{\infty} \frac{x^m}{m!} = 1 + x + \frac{x^2}{2!} + \cdots$ 이므로 구하는 해는

$$y = a_0 e^x$$

이다.

☞ 예제 2에서 여러 개의 급수를 하나의 급수로 표현하기 위해 지수 m을 새로운 지표 s로 바꾸었는데 지표를 바꾸어도 급수는 동일하며 단지 표현만 다른 것이다. 즉 위의 풀이에서 $y' = \displaystyle\sum_{m=1}^{\infty} m a_m x^{m-1}$ 을 $y' = \displaystyle\sum_{s=0}^{\infty} (s+1) a_{s+1} x^s$ 로 바꾸었지만 두 급수는 모두 $y' = a_1 + 2a_2 x + 3a_3 x^2 + \cdots$을 나타낸다. 예제 1에서는 미분방정식 좌변에 y' 한 항만 있어서 급수도 하나이므로 새롭게 s를 사용할 필요가 없다.

예제 2의 결과를 다시 생각해 보자. 해가 지수함수로 나타나는 미분방정식을 급수해법으로 풀면 결국 지수함수로 수렴하는 급수해를 구하는 것이다.

미분방정식의 급수해법을 2계 이상의 미분방정식에도 적용할 수 있다. 1계 미분방정식의 경우와 같이 하나의 거듭제곱급수해를 가정하지만 풀이 과정에서 선형독립인 두 개의 해가 나타난다.

예제 3

$y'' + y = 0$의 해를 구하라.

(풀이) $y = \sum_{m=0}^{\infty} a_m x^m$ 으로 놓으면 $y' = \sum_{m=1}^{\infty} m a_m x^{m-1}$, $y'' = \sum_{m=2}^{\infty} m(m-1) a_m x^{m-2}$ 이므로

$$y'' + y = \sum_{m=2}^{\infty} m(m-1) a_m x^{m-2} + \sum_{m=0}^{\infty} a_m x^m = \sum_{s=0}^{\infty} [(s+2)(s+1)a_{s+2} + a_s] x^s = 0.$$

따라서 $s = 0, 1, 2 \cdots$에 대해 $a_{s+2} = -\dfrac{a_s}{(s+2)(s+1)}$ 이어야 하므로

$$s = 0 : a_2 = -\frac{a_0}{2 \cdot 1} = -\frac{a_0}{2!}$$

$$s = 1 : a_3 = -\frac{a_1}{3 \cdot 2} = -\frac{a_1}{3!}$$

$$s = 2 : a_4 = -\frac{a_2}{4 \cdot 3} = \left(-\frac{1}{4 \cdot 3}\right)\left(-\frac{a_0}{2!}\right) = \frac{a_0}{4!}$$

$$s = 3 : a_5 = -\frac{a_3}{5 \cdot 4} = \left(-\frac{1}{5 \cdot 4}\right)\left(-\frac{a_1}{3!}\right) = \frac{a_1}{5!}$$

$$s = 4 : a_6 = -\frac{a_4}{6 \cdot 5} = \left(-\frac{1}{6 \cdot 5}\right)\left(\frac{a_0}{4!}\right) = -\frac{a_0}{6!}$$

$$\vdots$$

이다. 따라서

$$y = \sum_{m=0}^{\infty} a_m x^m = a_0 + a_1 x + a_2 x^2 + a_3 x^3 + a_4 x^4 + a_5 x^5 + a_6 x^6 + \cdots$$

$$= a_0 \left(1 - \frac{x^2}{2!} + \frac{x^4}{4!} - \cdots\right) + a_1 \left(x - \frac{x^3}{3!} + \frac{x^5}{5!} - \cdots\right) = a_0 \cos x + a_1 \sin x$$

이다. 여기서는 식 (4.1.21)과 (4.1.22)를 사용하였다.

☞ 2장에서 공부한 바와 같이 $y'' + y = 0$의 해가 $y = c_1 \cos x + c_2 \sin x$임을 기억하자.

변수계수를 갖는 2계 미분방정식에 대해 2.4절에서 코시-오일러 방정식과 같은 특수한 경우만 다루었다. 급수해법은 일반적인 **변수계수 미분방정식**의 해를 구하는 강력한 도구이다. 예제 4는 1계 미분방정식으로 기존의 방법으로도 해를 구할 수 있는 경우이지만 변수계수 미분방정식에 대한 무한급수 해법을 설명하기 위해 소개한다.

예제 4

$y' = 2xy$의 해를 구하라.

(풀이) $y = \sum_{m=0}^{\infty} a_m x^m$ 으로 놓으면 $y' = \sum_{m=1}^{\infty} m a_m x^{m-1}$ 이므로

$$y' - 2xy = \sum_{m=1}^{\infty} m a_m x^{m-1} - 2x \sum_{m=0}^{\infty} a_m x^m : \text{각 급수의 } x \text{의 차수가 같도록 새로운 지표 } s \text{ 사용}$$

$$= \sum_{s=0}^{\infty} (s+1) a_{s+1} x^s - 2 \sum_{s=1}^{\infty} a_{s-1} x^s : s = 0 \text{의 경우를 따로 분리}$$

$$= a_1 + \sum_{s=1}^{\infty} [(s+1) a_{s+1} - 2 a_{s-1}] x^s = 0$$

에서 $a_1 = 0$, $a_{s+1} = \dfrac{2}{s+1} a_{s-1}$ $(s = 1, 2 \cdots)$이어야 하므로

$$s = 1 : a_2 = \frac{2}{1+1} a_0 = a_0$$

$$s = 2 : a_3 = \frac{2}{2+1} a_1 = 0$$

$$s = 3 : a_4 = \frac{2}{3+1} a_2 = \frac{a_0}{2!}$$

$$s = 4 : a_5 = \frac{2}{4+1} a_3 = 0$$

$$s = 5 : a_6 = \frac{2}{5+1} a_4 = \frac{a_4}{3} = \frac{a_0}{3 \cdot 2!} = \frac{a_0}{3!}$$

$$\vdots$$

이다. 따라서

$$y = \sum_{m=0}^{\infty} a_m x^m = a_0 + a_1 x + a_2 x^2 + a_3 x^3 + a_4 x^4 + a_5 x^5 + a_6 x^6 + \cdots$$

$$= a_0 \left(1 + x^2 + \frac{x^4}{2!} + \frac{x^6}{3!} + \cdots \right) = a_0 \sum_{m=0}^{\infty} \frac{(x^2)^m}{m!}$$

이다. 여기서 식 (4.1.20)에 의해 $e^{x^2} = \sum_{m=0}^{\infty} \dfrac{(x^2)^m}{m!} = 1 + x^2 + \dfrac{x^4}{2!} + \dfrac{x^6}{3!} \cdots$ 이므로

$$y = a_0 e^{x^2}$$

이다.

☞ $y' = 2xy$는 $\dfrac{dy}{y} = 2x dx$ 로 변수분리되므로 양변을 적분하면 $\ln|y| = x^2 + c$, 즉 $y = c e^{x^2}$ 이다.

미분방정식의 계수가 1, x, x^2 등과 같이 x의 거듭제곱으로 나타나는 다항함수가 아니고 e^x, $\sin x$ 등과 같이 비다항함수로 주어지는 경우의 급수해법은 어떻게 될까? 다음의 예를 보자.

예제 5

급수해법으로 $y' = \cos x$를 풀어라.

(풀이) 여기서의 주안점은 $\cos x$의 매크로린 급수를 사용한다는 것이다. 즉 식 (4.1.21)과 $y = \sum_{m=0}^{\infty} a_m x^m$ 을 사용하면

$$y' - \cos x = \sum_{m=1}^{\infty} m a_m x^{m-1} - \sum_{m=0}^{\infty} \frac{(-1)^n}{(2m)!} x^{2m}$$

$$= \sum_{s=0}^{\infty} (s+1) a_{s+1} x^s - \sum_{\substack{s=0 \\ \text{even } s}}^{\infty} \frac{(-1)^{s/2}}{s!} x^s$$

$$= \sum_{\substack{s=1 \\ \text{odd } s}}^{\infty} (s+1) a_{s+1} x^s + \sum_{\substack{s=0 \\ \text{even } s}}^{\infty} \left[(s+1) a_{s+1} - \frac{(-1)^{s/2}}{s!} \right] x^s = 0$$

에서

$$a_{s+1} = 0, \quad s = 1, 3, 5 \cdots$$

$$a_{s+1} = \frac{(-1)^{s/2}}{(s+1)s!} = \frac{(-1)^{s/2}}{(s+1)!}, \quad s = 0, 2, 4 \cdots$$

이다. 이는

$$a_{2n} = 0, \quad n = 1, 2, \cdots$$

$$a_{2n+1} = \frac{(-1)^n}{(2n+1)!}, \quad n = 0, 1, \cdots$$

로 쓸 수 있으므로

$$y = \sum_{m=0}^{\infty} a_m x^m = a_0 + \sum_{\substack{m=1 \\ \text{odd } m}}^{\infty} a_m x^m + \sum_{\substack{m=2 \\ \text{even } m}}^{\infty} a_m x^m = a_0 + \sum_{n=0}^{\infty} a_{2n+1} x^{2n+1} + \sum_{n=1}^{\infty} a_{2n} x^{2n}$$

$$= a_0 + \sum_{n=0}^{\infty} \frac{(-1)^n}{(2n+1)!} x^{2n+1} + \sum_{n=1}^{\infty} 0 \cdot x^{2n} = a_0 + \sin x$$

이다. 마지막 식에서는 식 (4.1.22)를 사용하였다.

☞ $y' = \cos x$를 변수분리법으로 풀 수 있지만 해가 $y = \sin x + c$ (c는 상수)임은 직관적으로도 알 수 있다. 식 (4.1.22) 아래에 소개한 $\cos x$와 $\sin x$의 다른 급수 표현을 사용하면 예제 5를 더욱 쉽게 풀 수 있다.

미분방정식을 급수해법으로 풀 때 생길 수 있는 의문은 급수의 중심이 0이 아닌 거
듭제곱급수해를 갖느냐는 것이다. 앞의 예제 2를 다시 생각해 보자.

예제 6

예제 2의 문제 $y' - y = 0$에 대해 $x_0 = 1$을 중심으로 갖는 급수해를 구하라.

(풀이) $y = \sum_{m=0}^{\infty} a_m (x-1)^m$ 으로 놓으면

$$y' - y = \sum_{m=1}^{\infty} m a_m (x-1)^{m-1} - \sum_{m=0}^{\infty} a_m (x-1)^m$$

$$= \sum_{s=0}^{\infty} (s+1) a_{s+1} (x-1)^s - \sum_{s=0}^{\infty} a_s (x-1)^s$$

$$= \sum_{s=0}^{\infty} [(s+1) a_{s+1} - a_s] (x-1)^s = 0$$

이다. 따라서

$$a_{s+1} = \frac{a_s}{s+1}, \quad s = 0, 1, 2 \cdots$$

이고

$$s = 0 : a_1 = \frac{a_0}{0+1} = \frac{a_0}{1} = \frac{a_0}{1!}$$

$$s = 1 : a_2 = \frac{a_1}{1+1} = \frac{a_1}{2} = \frac{a_0}{2 \cdot 1!} = \frac{a_0}{2!}$$

$$s = 2 : a_3 = \frac{a_2}{2+1} = \frac{a_2}{3} = \frac{a_0}{3 \cdot 2!} = \frac{a_0}{3!}$$

$$\vdots$$

에서 일반적으로 $a_m = \frac{a_0}{m!}$ 이다. 그러므로

$$y = \sum_{m=0}^{\infty} a_m (m-1)^m = \sum_{m=0}^{\infty} \frac{a_0}{m!} (x-1)^m = a_0 \sum_{m=0}^{\infty} \frac{(x-1)^m}{m!}$$

$$= a_0 \left[1 + (x-1) + \frac{(x-1)^2}{2!} + \frac{(x-1)^3}{3!} + \cdots \right] = a_0 e^{x-1}$$

이고, 이는 결국 상수 $c = a_0 e^{-1}$에 대하여

$$y = a_0 e^{x-1} = a_0 e^{-1} e^x = c e^x$$

가 되어 예제 2의 결과와 같다.

예제 6의 결과를 다시 정리해 보자. 중심이 1인 급수해 $y = \sum_{m=0}^{\infty} a_m (x-1)^m$ 에서

$x - 1 = t$로 치환하면 $y = \sum_{m=0}^{\infty} a_m t^m$ 이 되고, $\frac{dy}{dx} = \frac{dy}{dt} \frac{dt}{dx} = \frac{dy}{dt} \cdot 1 = \frac{dy}{dt}$ 이므로 미

분방정식 $y'(x) - y(x) = 0$은 $y'(t) - y(t) = 0$이 된다. 이는 예제 2에서 x를 t로 바꾼 경우이므로 결과도 $y = a_0 e^t$가 될 것이고, $t = x - 1$이므로 $y = a_0 e^{x-1} = ce^x$ $(c = a_0 e^{-1})$가 되어 결과는 같다.

예제 6에서 보듯이 미분방정식의 해가 중심이 x_0인 거듭제곱급수, 즉 $y = \sum_{m=0}^{\infty} a_m (x - x_0)^m$으로 나타나더라도 $x - x_0 = t$로 치환하면 이는 결국 t에 대해 중심이 0인 거듭제곱급수이다. 따라서 앞으로는 중심이 0인 거듭제곱급수해만을 생각하겠다. 물론 미분방정식의 해가 중심이 0인 거듭제곱급수해로 나타나지 않는 경우에는 해를 중심이 0이 아닌 거듭제곱급수로 나타내어 풀거나(대개의 경우 풀이가 매우 복잡하다. 연습문제 8 참고), 2계 선형 미분방정식의 경우에는 4.5절에서 배우게 될 **프로베니우스 해법**을 사용해야 한다. 4.6절에서 소개할 베셀 미분방정식은 프로베니우스 해법을 사용하는 경우이다.

4.2 연습문제

1. 미분방정식 $y' = 0$의 해는 $y = c$ (c는 상수)이다. 이를 급수해법으로 구해 보아라.

2. 미분방정식 $y' = 3y$의 해를 변수분리법과 급수해법으로 구하고 결과를 비교하라.

(답) $y = ce^{3x}$로 같다.

3. 미분방정식 $y'' = 4y$의 해를 (1) 추측 (2) 2.3절 상수계수 2계 미분방정식의 풀이법 (3) 급수해법으로 각각 구하고 결과를 비교하라.

(답) $y = c_1 e^{2x} + c_2 e^{-2x}$ 또는 $y = c_1 \cosh 2x + c_2 \sinh 2x$로 같다.

4. 미분방정식의 해를 급수해법으로 구하라.

(1) $(1 - x)y' = y$ (2) $(1 + x)y' = y$ (3) $y' = 3x^2 y$ (4) $y'' + 4y = 0$

(답) (1) $y = \dfrac{c}{1 - x}$, $|x| < 1$ (2) $y = c(1 + x)$ (3) $y = ce^{x^3}$ (4) $y = c_1 \cos 2x + c_2 \sin 2x$

5. 급수해법으로 변수계수 미분방정식 $y'' - 4xy' - 4y = e^x$의 해를 x의 4차 항까지 구하라.

(답) $y = a_0 (1 + 2x^2 + 2x^4 + \cdots) + a_1 \left(x + \dfrac{4}{3} x^3 + \cdots \right) + \dfrac{1}{2} x^2 + \dfrac{1}{6} x^3 + \dfrac{13}{24} x^4 + \cdots$

6. (1) 변수계수 2계 미분방정식으로 **에어리 방정식**(Georgy Airy, 1801–1892, 영국) $y'' - xy = 0$의 해를 구하라. (2) (1)의 결과를 이용하여 다른 형태의 에어리 방정식 $y'' + xy = 0$의 해를 추측하여 써라.

(답) (1) $y = a_0 y_1 + a_1 y_2$, $y_1 = 1 + \displaystyle\sum_{m=1}^{\infty} \frac{x^{3m}}{2 \cdot 3 \cdots (3m-1)(3m)}$, $y_2 = x + \displaystyle\sum_{m=1}^{\infty} \frac{x^{3m+1}}{3 \cdot 4 \cdots (3m)(3m+1)}$

(2) $y = a_0 y_1 + a_1 y_2$, $y_1 = 1 + \displaystyle\sum_{m=1}^{\infty} \frac{(-1^m)x^{3m}}{2 \cdot 3 \cdots (3m-1)(3m)}$, $y_2 = x + \displaystyle\sum_{m=1}^{\infty} \frac{(-1)^n x^{3m+1}}{3 \cdot 4 \cdots (3m)(3m+1)}$

7. 초기값 문제 $ty'' - ty' - y(t) = 0$, $y(0) = 0$, $y'(0) = 1$의 해를 구하고, 3.4절 연습문제 5의 결과와 비교하라.

(답) $y(t) = te^t$로 같다.

8. 미분방정식 $xy' - y = x$, $0 < x \leq 2$에 대하여 다음 물음에 답하라.

(1) 중심이 0인 급수해 $y = \displaystyle\sum_{m=0}^{\infty} a_m x^m$ 은 미분방정식을 만족하지 않음을 보여라.

(2) 중심이 1인 급수해 $y = \displaystyle\sum_{m=0}^{\infty} a_m (x-1)^m$ 을 구하라. [힌트: $x - 1 = t$로 치환하고 풀이과정에서 식 (4.1.23)을 사용한다. 풀이가 꽤 복잡할 것이다.]

(답) (1) 급수해를 미분방정식에 대입하면 만족하지 않음을 보일 수 있다. (2) $y(x) = a_0 x + x\ln x$

4.3 급수해법의 이론

무한거듭제곱급수

$$\sum_{m=0}^{\infty} a_m (x - x_0)^m = a_0 + a_1(x - x_0) + a_2(x - x_0)^2 + \cdots \quad (4.3.1)$$

에 대해

거듭제곱급수의 부분합과 수렴성

식 (4.3.1)의 거듭제곱급수에 대해

$$S_n(x) = \sum_{m=0}^{n} a_m (x - x_0)^m = a_0 + a_1(x - x_0) + \cdots + a_n(x - x_0)^n \quad (4.3.2)$$

을 **부분합**(partial sum)이라 하고,

$$R_n(x) = \sum_{m=n+1}^{\infty} a_m (x - x_0)^m = a_{n+1}(x - x_0)^{n+1} + \cdots \quad (4.3.3)$$

을 **나머지**(remainder)라 한다. 만약 $\displaystyle\lim_{n \to \infty} S_n(x_1) = S$이면 식 (4.3.1)은 $x = x_1$에서 수렴한다(converge)고 하고, S를 식 (4.3.1)의 **합**(sum) 또는 **값**(value)이라 하며 이를

$S = \sum_{m=0}^{\infty} a_m (x_1 - x_0)^m$ 으로 나타낸다. 만약 $\lim_{n \to \infty} S_n(x_1)$이 유한한 값을 갖지 않으면 식 (4.3.1)은 **발산한다**(diverge)고 한다. 급수가 수렴하는 경우에는 임의의 양수 ϵ에 대하여

$$| R_n(x_1) | = | S - S_n(x_1) | < \epsilon$$

을 만족하는 $n > N$인 N이 존재한다. 이는 $n > N$인 모든 $S_n(x_1)$이 $S - \epsilon$과 $S + \epsilon$ 사이에 존재함을 뜻하며, 이는 또한 N을 충분히 크게 함으로써 $S_n(x_1)$을 이용하여 원하는 만큼 정확하게 S를 근사할 수 있음을 의미한다.

수렴구간, 수렴반지름

그림 4.3.1

무한급수가 수렴하는 x의 구간을 **수렴구간**(convergence interval)이라 하며, 무한급수가

$$| x - x_0 | < R \tag{4.3.4}$$

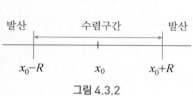

그림 4.3.2

을 만족하는 x에 대해 수렴하면 R을 **수렴반지름**(radius of convergence)이라 한다. $| x - x_0 | = R$에서는 급수가 수렴할 수도 있고 수렴하지 않을 수도 있으므로 따로 확인해야 한다.

수렴반지름의 계산

기초수학 과정에서 공부한 바에 의하면 무한급수 $\sum_{m=0}^{\infty} a_m (x - x_0)^m$의 수렴반지름은

$$R = \frac{1}{\lim_{m \to \infty} \left| \frac{a_{m+1}}{a_m} \right|} \quad \text{또는} \quad R = \frac{1}{\lim_{m \to \infty} \sqrt[m]{|a_m|}} \tag{4.3.5}$$

로 계산한다(증명 생략). 여러 무한급수의 수렴반지름을 계산해 보자.

예제 1

$$\sum_{m=0}^{\infty} m! x^m = 1 + x + 2x^2 + 6x^3 + \cdots$$

$$\frac{1}{R} = \lim_{m \to \infty} \left| \frac{a_{m+1}}{a_m} \right| = \lim_{m \to \infty} \frac{(m+1)!}{m!} = \lim_{m \to \infty} (m+1) = \infty$$

즉 $R = 0$이다. 그러므로 $x = 0$에서만 수렴하는 급수이다.

예제 2

$$e^x = \sum_{m=0}^{\infty} \frac{x^m}{m!} = 1 + x + \frac{x^2}{2!} + \cdots$$

$$\frac{1}{R} = \lim_{m \to \infty} \left| \frac{a_{m+1}}{a_m} \right| = \lim_{m \to \infty} \frac{1/(m+1)!}{1/m!} = \lim_{m \to \infty} \frac{1}{m+1} = 0 \quad \therefore R = \infty$$

따라서 $|x| < \infty$, 즉 모든 x에서 수렴한다.

예제 3

$$\frac{1}{1-x} = \sum_{m=0}^{\infty} x^m = 1 + x + x^2 + x^3 + \cdots$$

급수의 계수 $a_m = 1$이므로 $\dfrac{1}{R} = \lim\limits_{m \to \infty} \left| \dfrac{a_{m+1}}{a_m} \right| = \lim\limits_{m \to \infty} \dfrac{1}{1} = 1$ 에서 $R = 1$이다. 따라서 주어진 급수는 $|x| < 1$ 에서 수렴한다. $x = 1$일 때 급수는 $1 + 1 + 1 + \cdots$로 발산하고 $x = -1$일 때 $1 - 1 + 1 - \cdots$로 발산하므로 수렴구간은 $|x| < 1$이다.

예제 4

$$\ln(1-x) = -\sum_{m=1}^{\infty} \frac{x^m}{m} = -x - \frac{x^2}{2} - \frac{x^3}{3} - \cdots$$

$$\frac{1}{R} = \lim_{m \to \infty} \left| \frac{a_{m+1}}{a_m} \right| = \lim_{m \to \infty} \frac{1/(m+1)}{1/m} = \lim_{m \to \infty} \frac{m}{m+1} = 1 \quad \therefore R = 1$$

따라서 $|x| < 1$이다. $x = 1$일 때는 $-\left(1 + \dfrac{1}{2} + \dfrac{1}{3} + \dfrac{1}{4} + \cdots\right)$인 조화급수로 발산하고, $x = -1$일 때는 $1 - \dfrac{1}{2} + \dfrac{1}{3} - \dfrac{1}{4} + \cdots$인 교대조화급수로 수렴하므로 수렴구간은 $-1 \le x < 1$이다. 이는 식 (4.1.24)의 수렴구간과 같다.

예제 5

$\displaystyle\sum_{m=0}^{\infty} \frac{(-1)^m}{8^m} x^{3m} = 1 - \frac{x^3}{8} + \frac{x^6}{64} - \frac{x^9}{512} + \cdots$ 의 수렴구간을 구하라.

(풀이) 주어진 급수를 $a_m = \dfrac{(-1)^m}{8^m}$ 인 $t = x^3$의 급수로 보면

$$\frac{1}{R} = \lim_{m \to \infty} \left| \frac{a_{m+1}}{a_m} \right| = \lim_{m \to \infty} \frac{1/8^{m+1}}{1/8^m} = \frac{1}{8} \quad \therefore R = 8$$

따라서 $|t| < 8$, 즉 $|x| < 2$에서 수렴한다. $x = \pm 2$에서는 수렴하지 않으므로 수렴구간은 $|x| < 2$이다.

거듭제곱급수의 연산과 수렴성

4.2절에서 아무런 설명 없이 미분방정식의 해를 거듭제곱급수로 나타내고 거듭제곱급수의 미분, 덧셈, 곱셈 등의 연산을 수행하여 해를 구했다. 이 절에서는 이러한 풀이의 타당성에 대해 설명한다.

4.1절의 설명에 의하면 모든 x에 대해

$$e^x = 1 + x + \frac{x^2}{2!} + \frac{x^3}{3!} + \cdots \tag{4.3.6}$$

이 성립하였다. 식 (4.3.6)의 양변을 x에 대해 미분하면

$$(e^x)' = e^x, \quad \left(1 + x + \frac{x^2}{2} + \frac{x^3}{3!} + \cdots\right)' = 1 + x + \frac{x^2}{2!} + \frac{x^3}{3!} + \cdots$$

이므로 결국 같은 식 (4.3.6)이 된다. 마찬가지로 식 (4.3.6)의 양변을 0에서 x까지 적분하면

$$\int_0^x e^x \, dx = e^x - 1, \quad \int_0^x \left(1 + x + \frac{x^2}{2!} + \cdots\right) dx = x + \frac{x^2}{2!} + \frac{x^3}{3!} + \cdots$$

이므로 이 또한 식 (4.3.6)과 같다. 다음의 정리로 이러한 현상을 정리한다.

무한급수의 항별 미분

거듭제곱급수 $\displaystyle\sum_{m=0}^{\infty} a_m (x - x_0)^m$ 이 $|x - x_0| < R$에서 $f(x)$로 수렴하면 거듭제곱급수를 항별로 미분한 급수 $\displaystyle\sum_{m=1}^{\infty} m a_m (x - x_0)^{m-1}$ 은 같은 수렴구간에서 $f'(x)$로 수렴한다. 거듭제곱급수를 항별 미분하여 얻은 급수는 $|x - x_0| = R$에서 수렴할 수도 있고 수렴하지 않을 수도 있다.

무한급수의 항별 적분

거듭제곱급수 $\displaystyle\sum_{m=0}^{\infty} a_m (x - x_0)^m$ 이 $|x - x_0| < R$에서 $f(x)$로 수렴하면 거듭제곱급수를 항별로 적분한 급수 $\displaystyle\sum_{m=0}^{\infty} \frac{a_m}{m+1} (x - x_0)^{m+1}$ 은 같은 수렴구간에서 $\displaystyle\int_{x_0}^x f(t) \, dt$ 로 수렴한다. 거듭제곱급수를 항별 적분하여 얻은 급수는 $|x - x_0| = R$에서 수렴할 수도 있고 수렴하지 않을 수도 있다.

무한급수의 항별 적분에서 적분의 하한이 급수의 중심 x_0라는 점에 유의하자. 이는 불필요한 적분상수가 나타나는 것을 방지한다.

예제 6

우리는 모든 x에 대해

$$\sin x = \sum_{m=0}^{\infty} \frac{(-1)^n}{(2m+1)!} x^{2m+1} = x - \frac{x^3}{3!} + \frac{x^5}{5!} - \cdots \tag{a}$$

이 성립함을 알고 있다. (a)의 우변의 거듭제곱급수를 항별로 미분하고 또 항별로 적분하여 어떤 함수로 수렴하는지를 확인하고 수렴구간을 정하라.

(풀이) (a)의 우변 거듭제곱급수를 항별로 미분하면

$$\frac{d}{dx} \sum_{m=0}^{\infty} \frac{(-1)^n}{(2m+1)!} x^{2m+1} = \sum_{m=0}^{\infty} \frac{(-1)^n}{(2m)!} x^{2m} = 1 - \frac{x^2}{2!} + \frac{x^4}{4!} - \cdots = \cos x$$

이고, 이는 모든 x에 대해 $(\sin x)' = \cos x$로 수렴하는 것과 같다. (a)의 우변 거듭제곱급수를 0에서 x까지 항별 적분하면

$$\int_0^x \sum_{m=0}^{\infty} \frac{(-1)^n}{(2m+1)!} t^{2m+1} dt = \sum_{m=0}^{\infty} \frac{(-1)^n}{(2m+2)!} t^{2m+2} \Big|_0^x$$

$$= \sum_{m=0}^{\infty} \frac{(-1)^n}{(2m+2)!} x^{2m+2} = \frac{x^2}{2!} - \frac{x^4}{4!} + \cdots = -\cos x + 1$$

이다. 이는 모든 x에 대해 $\displaystyle\int_0^x \sin t\, dt = -\cos x + 1$로 수렴하는 것과 같다.

예제 6의 풀이와 같이 항별 미분 또는 항별 적분으로 얻어지는 급수의 수렴구간은 원래 급수의 수렴구간 $|x - x_0| < R$과 같으므로, 수렴반지름 R을 구하기 위하여 식 (4.3.5)를 다시 계산할 필요가 없다. 하지만 $|x - x_0| = R$에서는 수렴할 수도 있고 수렴하지 않을 수도 있으므로 따로 확인해야 한다. 다음 예를 보자.

예제 7

$|x| < 1$에서

$$\frac{1}{1-x} = \sum_{m=0}^{\infty} x^m = 1 + x + x^2 + \cdots \tag{a}$$

이 성립한다. 이를 이용하여 $\dfrac{1}{(1-x)^2}$과 $\ln(1-x)$의 거듭제곱급수를 구하라.

(풀이) (a)의 양변을 미분하면

$$\frac{d}{dx}\left(\frac{1}{1-x}\right) = \frac{1}{(1-x)^2}, \quad \frac{d}{dx}\left(\sum_{m=0}^{\infty} x^m\right) = \sum_{m=1}^{\infty} mx^{m-1}$$

에서

$$\frac{1}{(1-x)^2} = \sum_{m=1}^{\infty} mx^{m-1} = 1 + 2x + 3x^2 + \cdots$$

이 되고, 이는 동일한 수렴구간 $|x| < 1$에서 수렴하는 급수이다. 하지만 이 급수는 $x = \pm 1$에서는 발산하므로 수렴구간은 $|x| < 1$이다. 한편 (a)의 양변을 적분하면

$$\int_0^x \frac{1}{1-t} dt = \int_0^x \sum_{m=0}^{\infty} t^m dt = \sum_{m=0}^{\infty} \frac{x^{m+1}}{m+1}$$

에서

$$-\ln(1-x) = \sum_{m=0}^{\infty} \frac{x^{m+1}}{m+1} = x + \frac{x^2}{2} + \frac{x^3}{3} + \cdots$$

또는

$$\ln(1-x) = -\sum_{m=0}^{\infty} \frac{x^{m+1}}{m+1} = -x - \frac{x^2}{2} - \frac{x^3}{3} - \cdots$$

을 얻는데, 이는 식 (4.1.24)와 같다. 이 급수도 $|x| < 1$에서 수렴하는데, $x = 1$일 때는 $-\left(1 + \frac{1}{2} + \frac{1}{3} + \frac{1}{4} + \cdots\right)$인 조화급수로 발산하고 $x = -1$일 때는 $1 - \frac{1}{2} + \frac{1}{3} - \frac{1}{4} + \cdots$인 교대조화급수가 되어 $\ln(1-x)$에 $x = -1$을 대입한 $\ln 2$로 수렴하므로 수렴구간은 $-1 \le x < 1$이다.

☞ 위의 풀이에서 $\frac{1}{(1-x)^2}$ 과 $\ln(1-x)$를 나타내는 거듭제곱급수의 수렴구간을 구하기 위해 식 (4.3.5)를 이용하지 않았음에 유의하자.

수렴하는 두 급수의 합과 곱에 대해서도 다음의 정리가 성립한다.

무한급수의 합과 곱

수렴하는 급수 $f(x) = \sum_{m=0}^{\infty} a_m (x - x_0)^m$ 과 $g(x) = \sum_{m=0}^{\infty} b_m (x - x_0)^m$ 에 대해

(1) 두 급수를 더한 급수는 $f(x) + g(x)$로 수렴한다. 즉

$$f(x) + g(x) = \sum_{m=0}^{\infty} a_m (x - x_0)^m + \sum_{m=0}^{\infty} b_m (x - x_0)^m = \sum_{m=0}^{\infty} (a_m + b_m)(x - x_0)^m$$

이고, 이는 두 급수의 공통 수렴구간에서 수렴한다.

(2) 두 급수를 곱한 급수는 $f(x)g(x)$로 수렴한다. 즉

$$f(x)g(x) = \sum_{m=0}^{\infty} a_m (x - x_0)^m \sum_{m=0}^{\infty} b_m (x - x_0)^m$$

$$= \sum_{m=0}^{\infty} (a_0 b_m + a_1 b_{m-1} + \cdots + a_m b_0)(x - x_0)^m$$

$$= a_0 b_0 + (a_0 b_1 + a_1 b_0)(x - x_0) + (a_0 b_2 + a_1 b_1 + a_2 b_0)(x - x_0)^2 + \cdots$$

이고, 이는 두 급수의 공통 수렴구간에서 수렴한다.

급수의 곱을 이용하여 예제 7의 첫 번째 문제를 다른 방법으로 풀 수 있다. 즉

$$\frac{1}{(1-x)^2} = \left(\frac{1}{1-x}\right)^2 = (1 + x + x^2 + \cdots)(1 + x + x^2 + \cdots)$$

$$= 1 + 2x + 3x^2 + \cdots = \sum_{m=1}^{\infty} m x^{m-1}$$

이며, 역시 $|x| < 1$에서 수렴한다.

쉬어가기 4.3   알다가도 모를 무한급수의 합

앞의 예제 7에서 교대조화급수의 합이 ln2라고 했다. 이 사실은 그림 4.3.3과 같이 도형을 통해서도 이해할 수 있다.[*]

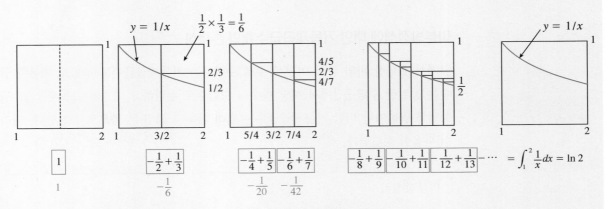

그림 4.3.3 교대조화급수의 합

☞ 그림 밑에 적색 사각형 안의 숫자를 앞에서부터 더하면 정사각형의 파란색 부분의 넓이이다.

즉 처음에 가로, 세로가 1인 정사각형의 넓이에서 다음 두 항의 합으로 표현되는 직사각형의 넓이를 점차적

으로 빼면 교대조화급수의 합은 곡선 $y = 1/x$의 0과 1 사이의 넓이가 되므로

$$1 - \frac{1}{2} + \frac{1}{3} - \frac{1}{4} + \frac{1}{5} - \cdots = \int_0^1 \frac{1}{x} dx = \ln 2$$

이다. 하지만 교대조화급수를 재배열하면 합이 달라질 수 있다. 예를 들어

$$
\begin{aligned}
&1 - \frac{1}{2} + \frac{1}{3} - \frac{1}{4} + \frac{1}{5} - \frac{1}{6} + \frac{1}{7} - \frac{1}{8} + \frac{1}{9} - \cdots \\
&= 1 - \frac{1}{2} - \frac{1}{4} + \frac{1}{3} - \frac{1}{6} - \frac{1}{8} + \frac{1}{5} - \frac{1}{10} - \frac{1}{12} + \frac{1}{7} - \frac{1}{14} - \frac{1}{16} + \cdots \\
&= \left(1 - \frac{1}{2}\right) - \frac{1}{4} + \left(\frac{1}{3} - \frac{1}{6}\right) - \frac{1}{8} + \left(\frac{1}{5} - \frac{1}{10}\right) - \frac{1}{12} + \left(\frac{1}{7} - \frac{1}{14}\right) - \frac{1}{16} + \cdots \\
&= \left(\frac{1}{2}\right) - \frac{1}{4} + \left(\frac{1}{6}\right) - \frac{1}{8} + \left(\frac{1}{10}\right) - \frac{1}{12} + \left(\frac{1}{14}\right) - \frac{1}{16} + \cdots \\
&= \frac{1}{2}\left(1 - \frac{1}{2} + \frac{1}{3} - \frac{1}{4} + \frac{1}{5} - \frac{1}{6} + \frac{1}{7} - \frac{1}{8} + \cdots\right) \\
&= \frac{1}{2}\ln 2
\end{aligned}
$$

가 된다. 일반적으로 교대조화급수를

$$\underbrace{\left(1 + \frac{1}{3} + \frac{1}{5} + \cdots + \frac{1}{2p-1}\right)}_{p항} - \underbrace{\left(\frac{1}{2} + \frac{1}{4} + \cdots + \frac{1}{2n}\right)}_{n항} + \underbrace{\left(\frac{1}{2p+1} + \cdots + \frac{1}{4p-1}\right)}_{p항} - \underbrace{\left(\frac{1}{2n+2} + \cdots + \frac{1}{4n}\right)}_{n항} + \cdots$$

와 같이 재배열하면 합이 $\ln 2 + \frac{1}{2}\ln\frac{p}{n}$이 된다고 증명되어 있다. 앞의 예는 $p = 1$, $n = 2$인 경우로 그 합이 $\ln 2 + \frac{1}{2}\ln\frac{1}{2} = \frac{1}{2}\ln 2$가 되었다. 이와 같이 수렴하는 무한급수라도 항을 재배열 하면, 즉 계산 순서를 달리 하면 합이 달라질 수도 있으니 참으로 알다가도 모를 일이다.

미분방정식에 대한 거듭제곱급수해의 존재성

앞에서 설명한 바와 같이 어떤 함수로 수렴하는 거듭제곱급수를 항별로 미분한 급수는 동일한 수렴구간에서 해당 함수의 도함수로 수렴하고, 2개의 거듭제곱급수를 항별로 곱하거나 더한 거듭제곱급수는 원래 함수의 곱 또는 합으로 수렴한다. 따라서 다음이 성립한다.

> 미분방정식
>
> $$y'' + p(x)y' + q(x)y = r(x) \tag{4.3.7}$$
>
> 에서 계수 $p(x)$, $q(x)$, $r(x)$가 수렴구간 $|x - x_0| < R$에서 중심이 x_0인 거듭제곱급수로 표현되면 식 (4.3.7)의 해 y도 동일한 수렴구간에서 중심이 x_0인 거듭제곱급수로 표현된다.

즉 식 (4.3.7)의 우변 $r(x)$가 중심이 x_0인 거듭제곱급수로 표현되면 좌변 $y'' + p(x)y' + q(x)y$도 중심이 x_0인 거듭제곱급수로 표현되어야 하고, 급수의 항별 덧셈에 의하여 좌변의 각 항 y'', $p(x)y'$, $q(x)y$ 역시 중심이 x_0인 거듭제곱급수로 표현되어야 한다. 여기에 $p(x)$, $q(x)$ 또한 중심이 x_0인 거듭제곱급수로 표현된다면 급수의 항별 곱셈에 의하여 y'과 y도 중심이 x_0인 거듭제곱급수로 표현될 것이다. 위의 정리는 1계 미분방정식 $y' + p(x)y = r(x)$에 대해서도 성립한다.

정규점과 특이점

함수 $f(x)$가 수렴구간 $|x - x_0| < R$에서 $x - x_0$의 거듭제곱급수로 표현되면 $f(x)$는 $x = x_0$에서 **해석적**(analytic)이라 한다. 따라서 미분방정식의 **거듭제곱급수해 존재성**에 관한 정리는 p, q, r이 $x = x_0$에서 해석적이면 해 y도 $x = x_0$에서 해석적이라는 의미이다. 점 x_0에서 $p(x)$, $q(x)$, $r(x)$가 해석적이면 x_0는 미분방정식 (4.3.9)의 **정규점**(regular point)이라 하고 그렇지 않으면 **특이점**(singular point)이라 한다. 다시 말하여 x_0를 정규점으로 갖는 미분방정식은 정규점 x_0를 중심으로 하는 급수해를 가지며 그 급수해는 정규점과 가장 가까운 특이점과의 거리가 수렴반지름이 되는 수렴구간에서 수렴한다.

예제 8

미분방정식 $(1-x)^2 y'' - (1-x)y' - y = 0$에 대해 $x = 0$이 중심인 급수해가 존재하는가? 존재한다면 급수해의 수렴구간을 구하라.

(풀이) 주어진 미분방정식을 식 (4.3.9)의 형태로 다시 쓰면

$$y'' - \frac{1}{1-x}y' - \frac{1}{(1-x)^2}y = 0$$

이다. 여기서 $p(x)$와 $q(x)$ 모두 $x = 1$이 특이점이므로 $x = 0$은 정규점이고

$$p(x) = -\frac{1}{1-x} = -(1 + x + x^2 + \cdots)$$

$$q(x) = -\frac{1}{(1-x)^2} = -(1 + 2x + 3x^2 + \cdots) : \text{예제 7 참고}$$

와 같이 $|x| < 1$에서 수렴하는 중심이 0인 급수로 나타난다. 따라서 주어진 미분방정식은 $|x| < 1$에서 수렴하는 중심이 0인 급수해를 갖는다.

4.3   연습문제

1. 무한급수의 수렴구간을 구하라.

(1) $\displaystyle\sum_{m=0}^{\infty} m(m+1)x^m$ (2) $\displaystyle\sum_{m=0}^{\infty} \frac{(x-3)^m}{3^m}$ (3) $\displaystyle\sum_{m=0}^{\infty} \frac{x^{2m}}{m!}$ (4) $\displaystyle\sum_{m=0}^{\infty} \frac{(x-1)^{2m}}{2^m}$

(답) (1) $|x| < 1$ (2) $|x-3| < 3$ (3) $|x| < \infty$ (4) $|x-1| < \sqrt{2}$

2. $\sinh x$의 매크로린 급수를 항별로 미분하고 또 항별로 적분하여 $\cosh x$의 매크로린급수를 유도하라.

3. $\displaystyle\int_0^x \frac{1}{1+t^2}\,dt = \tan^{-1}x$ 임을 이용하여 다음을 구하라.

(1) $\tan^{-1}x$를 거듭제곱급수로 표현하고 수렴구간을 정하라.

(2) 문제 (1)의 결과를 이용하여 **라이프니츠 공식**(Gottfried Leibniz, 1646–1716, 독일)

$$\pi = 4\left(1 - \frac{1}{3} + \frac{1}{5} - \frac{1}{7} + \cdots\right)$$을 유도하라.

(답) (1) $\tan^{-1}x = x - \dfrac{x^3}{3} + \dfrac{x^5}{5} - \dfrac{x^7}{7} + \cdots = \displaystyle\sum_{m=0}^{\infty} \dfrac{(-1)^m}{2m+1}x^{2m+1},\quad |x| \le 1$

4. (1) 미분방정식 $(1-x^2)y' = 2xy$는 중심이 0인 급수해가 존재하는가? 그렇다면 이유를 쓰고 해를 구하라.

(2) 문제 (1)의 미분방정식의 해를 변수분리법으로 구하고 (1)의 결과와 비교하라.

(답) (1) 존재함. $y = \dfrac{a_0}{1-x^2},\ |x| < 1$ (2) 같다.

5. 4.2절 연습문제 8에서 미분방정식 $xy' - y = x$의 해 y가 중심이 0인 거듭제곱급수로 나타나지 않는 이유를 말하라.

쉬어가기 4.4 π 이야기, 유비수와 무비수

4.3절 연습문제 3(2)에 π값을 계산하는 라이프니츠 공식이 나온다. 내친김에 π에 대해 좀 더 알아보자. 저자는 다음과 같은 문제를 대입 수시입학 시험문제로 낸 적이 있다.

성경의 열왕기상에는 놋바다(놋쇠로 만든 큰 원형 물그릇)의 둘레가 지름의 약 3배라는 문구가 나온다. 미국의 어떤 초등학교에서는 π에 대하여 공부하기 위해 학생들에게 집에서 쟁반, 냄비 뚜껑, 컵과 같은 동그란 물건을 가져오게 하였다. 어떤 수학자가 π를 20억 자리까지 구한 적이 있다. 그는 본인이 계산한 π값을 나타내는 숫자의 배열에서 어떠한 규칙도 발견하지 못했고 기자와의 인터뷰에서 자기가 계산한 π값은 극히 일부에 불과하며 아직도 무한히 남아 있다고 말했다.

(1) 원주율 π의 대략의 값은 얼마이며, 이는 무엇을 나타내는 값인가?

(2) 초등학생들이 수업시간에 한 내용은 무엇이라고 생각하는가?

(3) π는 유리수인가 무리수인가?

(4) π값을 구할 수 있는 방법을 나름대로 말하라.

(5) π는 또한 각도를 의미한다. π는 몇 도에 해당하는가?

원주율 $\pi = 3.14159\cdots$는 '원의 둘레와 지름의 비'로 원의 크기와 관계없이 항상 일정하다. 따라서 초등학생들은 가져온 물건을 이용하여 다양한 크기의 원을 그려 둘레와 지름을 측정하고 비를 계산하여 π의 근사값을 구했을 것이다. 사실 미국 초등학교 이야기는 십여 년 전 저자가 미국 출장 도중 한국에서 이민 간 지인의 집을 방문했을 때 직접 들은 이야기이다. 출장에서 돌아와 수업시간에 한국 대학생들에게 π가 무엇이냐고 질문했을 때 3.14라는 값은 알고 있었지만 '원의 둘레와 지름의 비'라는 사실을 모르는 학생들이 매우 많음에 깜짝 놀란 기억이 있다. 개념의 이해 없이 풀이 위주로 진행되는 한국 수학교육의 문제점을 새삼 느끼는 순간이었다.

수에는 **유한소수**와 **무한소수**가 있고 무한소수는 다시 **순환소수**와 **비순환소수**로 구분한다. 유한소수와 순환소수는 정수의 비, 즉 분수로 표현되므로 **유리수**(rational number)이고 비순환소수는 그렇지 않으므로 **무리수**(irrational number)이다. 위의 서술에서 π값은 어떠한 순환규칙도 없이 무한히 계속되는 소수라고 하였으므로 $\sqrt{2}$ 나 e와 같은 무리수이다.

π의 정의에 의하면 지름이 1인 원을 한 바퀴 굴렸을 때 지나는 길이가 π일 것이다.

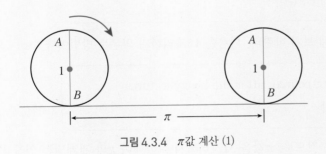
그림 4.3.4 π값 계산 (1)

그림 4.3.5 π값 계산 (2)

π값은 여러 가지 방법으로 계산할 수 있는데, 지름이 1인 원에 내접하는 n각형과 외접하는 n각형을 그리면 원주율 π는 2개의 n각형 변의 길이의 합 사이에 존재한다. n의 값을 점점 크게 하여 보다 정확한 값을 구할 수 있다. 그림 4.3.5와 같이 $n = 6$인 경우 $\tan 30° = 2x$이므로

$$3 = \frac{1}{2} \times 6 < \pi < \tan 30° \times 6 = 3.464\cdots$$

가 되어 π의 첫째 자리가 3이라는 것밖에는 알 수 없다. BC 250년경에 **아르키메데스**(Archimedes, BC 287-BC 212(?), 그리스)가 96각형을 이용하여

$$3.140\cdots = \frac{223}{71} < \pi < \frac{22}{7} = 3.142\cdots$$

임을 계산하였다. 결론적으로 이탈리아 남부 시칠리 섬 시라큐스에서 출생한 아르키메데스가 π값을 소수 이하 둘째 자리까지 구한 최초의 인물이다. 현대에는 라이프니츠 공식 등을 이용하여 π값을정확히 구할 수 있다.

각도(평면각, 단위 라디안)는 호의 길이와 반지름의 비, 즉 $\theta = \frac{l}{r}$로 정의한다. 길이의 비이므로 라디안은 무차원 단위이다. 이러한 각도 정의에 의해 1라디안 은 호의 길이가 반지름과 같을 때, 즉 $l = r$일 때의 중심각의 크기이다. 반지름이 r 인 원의 둘레는 $2\pi r$이고, 이는 반지름 2π(약 6.28)개에 해당하므로 1라디안은 $360°/6.28 = 57.32°$, 즉 $60°$보다 약간 작은 각도이다. 각도의 정의에 의해 원의 중심 각 $360°$는 $2\pi r/r = 2\pi$라디안이므로 $\pi = 180°$이다.

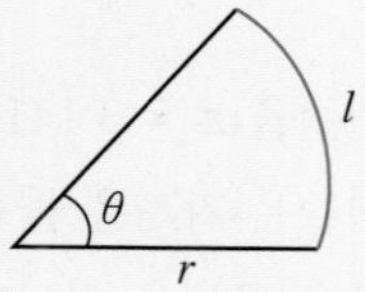

그림 4.3.6 평면각

위의 처음 서술에 나타난 수학자는 형제 관계인 David Chudnovsky와 Gregory Chudnovsky로 1989년과 1992년에 독립적으로 작성된 특별한 프로그램을 다른 두 대의 컴퓨터에서 계산하여 π의 값을 20억 자리까 지 구했다. 그들은 29,360,000개의 숫자를 통계 처리했는데, 가장 많이 나타난 숫자는 2,938,787번 나타난 4이고 가장 적게 나타난 숫자는 2,934,083번 나타난 7이었다. 같은 숫자가 연속적으로 가장 많이 나타난 경우도 조사했는데, 7이 연속 아홉 번 나타났고 그렇게 나올 확률이 29%임도 계산하였다.

마지막으로 π값을 외우는 방법(mnemonics)을 소개한다. 먼저 8자리를 외우는 방법은

> May I have a large container of coffee?

이다. 위 문장과 π와의 관계는 각자 생각해 보기 바란다. 다음은 15자리까지 외우는 방법이다.

> How I want a drink, alcoholic of course, after the heavy lectures
> involving quantum mechanics !

아래에 소개하는 영시는 A.C. Orr가 지은 것으로, π값을 31자리까지 나타내며 π와 관계되는 인물을 칭송 하는 내용이다. 칭송의 대상이 누구인지도 각자 생각해 보기 바란다. 약간의 고어(古語)가 포함되었다.

> Now I, even I, could celebrate
> In rhymes unapt, the great
> Immortal Syracusan, rivaled nevermore
> Who in his wondrous lore,
> Passed on before,
> Left men his guidance,
> How to circles mensurate.

π값을 나타내는 처음 31자리까지 숫자 0이 나오지 않는 것이 다행이다. M. Keith는 π값을 402자리까지 표현했는데, 숫자 0을 특별한 문장부호로 나타냈다. 너무 길어서 여기에 소개하지는 않겠다.

앞에서 잠시 언급한 **유리수**(rational number, 有理數)와 **무리수**(irrational number, 無理數)라는 용어에 대해 잠시 생각해 보자. 영어사전을 찾아보면 'rational'은 '합리적인', 'irrational'은 '비합리적인'이라고 나오므로 이들을 '합리적인 수'와 '비합리적인 수'의 의미로 '유리수'와 '무리수'로 번역한 것 같다. 하지만 저자는 무리수가 왜 비합리적인 수인지 이해할 수 없었다. 이러한 의문이 가깝게 지내는 공대 교수님과 대화하다가 풀렸다. 유리수는 정수의 비, 즉 분수(fraction 또는 ratio)로 표현되는 수이고 무리수는 그렇지 않은 수이므로 'rational'을 분수, 즉 비(比)를 나타내는 'ratio'의 형용사로 보아야 한다는 주장이었다. 저자는 그 교수님의 의견에 전적으로 동감하였고 오랫동안 가졌던 의문이 해결되었다. 유리수는 '유비수(有比數)', 무리수는 '무비수(無比數)'로 부르는 것이 옳을 것 같다. 이렇게 표현하면 의미의 전달도 명확하다.

4.4   르장드르 방정식

자연과학 분야에서 르장드르 미분방정식이 자주 등장한다. 이 교재 12장의 3차원 구좌표계에서의 편미분방정식 문제에서도 르장드르 미분방정식을 볼 수 있다. 변수계수를 갖는 르장드르 방정식의 해를 무한급수 해법으로 구해 보자.

르장드르 방정식

$$(1 - x^2)y'' - 2xy' + n(n + 1)y = 0 \qquad (4.4.1)$$

을 n계 **르장드르 방정식**(Adrien Legendre, 1752–1833, 프랑스)이라 한다. 식 (4.4.1)의 양변을 $1 - x^2$으로 나누어 식 (4.3.7)과 같은 형태로 바꾸면 $|x| < 1$에서

$$p(x) = -\frac{2x}{1 - x^2} = -2x(1 + x^2 + x^4 + \cdots)$$

$$q(x) = \frac{n(n + 1)}{1 - x^2} = n(n + 1)(1 + x^2 + x^4 + \cdots)$$

이다. $p(x)$와 $q(x)$가 $x_0 = 0$에서 해석적이므로 르장드르 방정식은 중심이 0인 급수해 $y = \sum_{m=0}^{\infty} a_m x^m$ 을 가지며, 이는 4.3절에서 공부한 것처럼 $|x| < 1$에서 수렴한다. 따라서

$$(1 - x^2)y'' - 2xy' + n(n + 1)y$$

$$= (1 - x^2)\sum_{m=2}^{\infty} m(m - 1)a_m x^{m-2} - 2x\sum_{m=1}^{\infty} ma_m x^{m-1} + n(n + 1)\sum_{m=0}^{\infty} a_m x^m$$

$$= \sum_{m=2}^{\infty} m(m - 1)a_m x^{m-2} - \sum_{m=2}^{\infty} m(m - 1)a_m x^m - 2\sum_{m=1}^{\infty} ma_m x^m + n(n + 1)\sum_{m=0}^{\infty} a_m x^m$$

$$= \sum_{s=0}^{\infty} (s + 2)(s + 1)a_{s+2} x^s - \sum_{s=2}^{\infty} s(s - 1)a_s x^s - 2\sum_{s=1}^{\infty} sa_s x^s + n(n + 1)\sum_{s=0}^{\infty} a_s x^s$$

$$= \sum_{s=0}^{\infty} (s + 2)(s + 1)a_{s+2} x^s - \sum_{s=0}^{\infty} s(s - 1)a_s x^s - 2\sum_{s=0}^{\infty} sa_s x^s + n(n + 1)\sum_{s=0}^{\infty} a_s x^s$$

$$= \sum_{s=0}^{\infty} [(s + 2)(s + 1)a_{s+2} - s(s - 1)a_s - 2sa_s + n(n + 1)a_s]x^s$$

$$= \sum_{s=0}^{\infty} [(s + 2)(s + 1)a_{s+2} + (n - s)(n + s + 1)a_s]x^s = 0$$

에서 급수의 계수가 0이어야 하므로

$$a_{s+2} = -\frac{(n - s)(n + s + 1)}{(s + 2)(s + 1)}a_s, \quad s = 0, 1, \cdots \tag{4.4.2}$$

이 성립해야 한다. 식 (4.4.2)에 $s = 0, 1, \cdots$을 대입하면

$$s = 0 : a_2 = -\frac{n(n + 1)}{2!}a_0$$

$$s = 1 : a_3 = -\frac{(n - 1)(n + 2)}{3!}a_1$$

$$s = 2 : a_4 = -\frac{(n - 2)(n + 3)}{4 \cdot 3}a_2 = -\frac{(n - 2)(n + 3)}{4 \cdot 3}\left[-\frac{n(n + 1)}{2!}a_0\right]$$

$$= \frac{(n - 2)n(n + 1)(n + 3)}{4!}a_0$$

$$s = 3 : a_5 = -\frac{(n - 3)(n + 4)}{5 \cdot 4}a_3 = -\frac{(n - 3)(n + 4)}{5 \cdot 4}\left[-\frac{(n - 1)(n + 2)}{3!}a_1\right]$$

$$= \frac{(n - 3)(n - 1)(n + 2)(n + 4)}{5!}a_1$$

$$\vdots$$

등이다. 따라서 르장드르 방정식의 일반해는 $y = a_0 y_1 + a_1 y_2 (a_0, a_1$은 임의의 상수)이고, 여기서

$$y_1(x) = 1 - \frac{n(n + 1)}{2!}x^2 + \frac{(n - 2)n(n + 1)(n + 3)}{4!}x^4 - \cdots \tag{4.4.3}$$

$$y_2(x) = x - \frac{(n - 1)(n + 2)}{3!}x^3 + \frac{(n - 3)(n - 1)(n + 2)(n + 4)}{5!}x^5 - \cdots \tag{4.4.4}$$

이다. 이들은 $|x| < 1$에서 수렴하고 르장드르 방정식의 선형독립인 해이다. 짝수 n에 대해서는 y_1은 유한급수인 n차 다항식이 되는 반면 y_2는 무한급수가 되고, 홀수 n

에 대해서는 y_1은 무한급수, y_2는 유한급수인 n차 다항식이 된다.

예제 1

$(1 - x^2)y'' - 2xy' + 6y = 0$의 일반해를 구하라.

(풀이) 미분방정식은 $n = 2$인 2계 르장드르 방정식이므로 일반해는

$$y = c_1 y_1 + c_2 y_2$$

이고, 여기서

$$y_1(x) = 1 - \frac{2 \cdot 3}{2!}x^2 = 1 - 3x^2$$

$$y_2(x) = x - \frac{(2-1)(2+2)}{3!}x^3 + \frac{(2-3)(2-1)(2+2)(2+4)}{5!}x^5 - \cdots.$$

르장드르 다항식

르장드르 미분방정식의 해 중에서 특정한 n값에 대해 생기는 유한한 n차 다항식 $y_1(x)$ 또는 $y_2(x)$에 어떤 상수를 곱한 다항식을 **르장드르 다항식**(Legendre polynomial) $P_n(x)$라 한다. 선형 미분방정식의 해에 상수를 곱해도 역시 해가 되므로 르장드르 방정식의 n값에 따라

$$n = 0일 때 P_0(x) = y_1 \tag{4.4.5}$$

$$n = 1일 때 P_1(x) = y_2 \tag{4.4.6}$$

$$n = 2, 4, 6, \cdots 일 때 \quad P_n(x) = (-1)^{n/2}\frac{1 \cdot 3 \cdot \cdots \cdot (n-1)}{2 \cdot 4 \cdot \cdots \cdot n}y_1 \tag{4.4.7}$$

$$n = 3, 5, 7, \cdots 일 때 \quad P_n(x) = (-1)^{(n-1)/2}\frac{1 \cdot 3 \cdot \cdots \cdot n}{2 \cdot 4 \cdot \cdots \cdot (n-1)}y_2 \tag{4.4.8}$$

로 정의하면 각각의 르장드르다항식은

$$P_0(x) = 1$$
$$P_1(x) = x$$
$$P_2(x) = \frac{1}{2}(3x^2 - 1)$$
$$P_3(x) = \frac{1}{2}(5x^3 - 3x)$$
$$P_4(x) = \frac{1}{8}(35x^4 - 30x^2 + 3)$$
$$P_5(x) = \frac{1}{8}(63x^5 - 70x^3 + 15x)$$
$$\vdots$$

등이며, 일반적으로

$$P_n(x) = \sum_{m=0}^{[n/2]} (-1)^m \frac{(2n-2m)!}{2^n m!(n-m)!(n-2m)!} x^{n-2m} \qquad (4.4.9)$$

으로 표현한다. 여기서 $[n/2]$은 $n/2$을 넘지 않는 최대 정수를 나타내는 **가우스 부호**이다.

n차 르장드르 다항식 $P_n(x)$는 n계 르장드르 미분방정식의 두 해 중에서 유한한 다항식이다. 즉 $P_0(x) = 1$은 0계 르장드르 방정식 $(1-x^2)y'' - 2xy' = 0$의 하나의 해이며, $P_1(x) = x$는 1계 르장드르 방정식 $(1-x^2)y'' - 2xy' + 2y = 0$의 하나의 해이다.

예제 2

예제 1의 미분방정식은 $n = 2$인 2계 르장드르 방정식이므로 $y = P_2(x) = \frac{1}{2}(3x^2 - 1)$ 이 하나의 해이다. 이는 식 (4.4.3)에서 구한 $y_1 = 1 - 3x^2$에 식 (4.4.7)을 적용한 결과이다. 물론 일반해는 $y = c_1 P_2(x) + c_2 y_2(x)$이다.

치환에 의해 르장드르 미분방정식으로 변환되는 경우도 있다.

예제 3

미분방정식 $(a^2 - x^2)y'' - 2xy' + 12y = 0$, $a \neq 0$의 해를 구하라.

(풀이) 미분방정식은 식 (4.4.1)의 형태를 갖는 르장드르 미분방정식은 아니다. 하지만 $x = at$로 치환하여 t에 대한 미분방정식으로 바꾸어보자. 미분의 연쇄율에 의해

$$\frac{dy}{dx} = \frac{dy}{dt}\frac{dt}{dx} = \frac{1}{a}\frac{dy}{dt}$$

$$\frac{d^2 y}{dx^2} = \frac{d}{dx}\left(\frac{dy}{dx}\right) = \frac{d}{dx}\left(\frac{1}{a}\frac{dy}{dt}\right) = \frac{d}{dt}\left(\frac{1}{a}\frac{dy}{dt}\right)\frac{dt}{dx} = \frac{1}{a^2}\frac{d^2 y}{dt^2}$$

이므로 주어진 미분방정식 $(a^2 - x^2)\dfrac{d^2 y}{dx^2} - 2x\dfrac{dy}{dx} + 12y = 0$은

$$(a^2 - a^2 t^2)\frac{1}{a^2}\frac{d^2 y}{dt^2} - 2at\frac{1}{a}\frac{dy}{dt} + 12y = 0$$

또는

$$(1 - t^2)y''(t) - 2ty'(t) + 12y(t) = 0$$

이 되고, 이는 t에 관한 3계 르장드르 방정식이다. 따라서 해는 $y(t) = c_1 y_1(t) + c_2 P_3(t)$, 즉

$$y(x) = c_1 y_1\left(\frac{x}{a}\right) + c_2 P_3\left(\frac{x}{a}\right).$$

르장드르 다항식의 성질

르장드르 미분방정식의 해의 하나인 르장드르 다항식 $P_n(x)$는 다음과 같은 성질을 갖는다. 이러한 성질에 대한 구체적인 증명은 생략하며 이 교재의 10장 이후에서 사용된다.

(1) $P_n(1) = 1$, $P_n(-1) = (-1)^n$

(2) $P_n(-x) = (-1)^n P_n(x)$: n이 짝수일 때 우함수 n이 홀수일 때 기함수

(3) $n = 1, 3, 5, \cdots$에 대해 $P_n(0) = 0$, $n = 0, 2, 4, \cdots$에 대해 $P_n'(0) = 0$

(4) 르장드르 다항식의 반복식:
$$(n + 1)P_{n+1}(x) = (2n + 1)xP_n(x) - nP_{n-1}(x)$$

(5) 로드리게 공식(Benjamin Rodrigue, 1795–1851, 프랑스):
$$P_n(x) = \frac{1}{2^n n!} \frac{d^n}{dx^n}(x^2 - 1)^n$$

(6) 직교성(orthogonality): $\displaystyle\int_{-1}^{1} P_n(x)P_m(x)dx = \begin{cases} 0, & m \neq n \\ \dfrac{2}{2n + 1}, & m = n \end{cases}$

(7) 부차 르장드르 방정식(associated Legendre equation):
$$(1 - x^2)y'' - 2xy' + \left[n(n + 1) - \frac{m^2}{1 - x^2}\right]y = 0$$

의 하나의 해는 **부차 르장드르 함수**(associated Legendre function)
$$P_n^m(x) = (1 - x^2)^{m/2} \frac{d^m P_n}{dx^m}$$

이다.

4.4 연습문제

1. (1) $(1 - x^2)y'' - 2xy' = 0$ $(|x| < 1)$을 풀어 일반해가

$$y = c_1 y_1 + c_2 y_2, \text{ 여기서 } y_1(x) = 1, \ y_2(x) = \frac{1}{2}\ln\frac{1 + x}{1 - x}$$

임을 보여라. [힌트: $y' = z$로 치환하여 변수분리법을 사용하여 z를 구한 후 y를 구한다.]

(2) 문제 (1)의 미분방정식은 0계 르장드르 방정식이다. 르장드르 방정식에 대한 식 (4.4.3)과 (4.4.4)의 해가 문제 (1)에서 구한 해와 같음을 보여라.

2. (1) 식 (4.4.9)로부터 $P_0(x)$, $P_1(x)$, $P_2(x)$를 유도하라.

(2) 르장드르 다항식 중 $P_0(x)$, $P_1(x)$, $P_2(x)$가 0계, 1계 및 2계 르장드르 미분방정식을 만족함을 확인하라.

3. 식 (4.4.3)과 (4.4.4)의 y_1, y_2가 수렴반지름 1을 가짐을 보여라. [식 (4.4.2)를 이용하라.]

4. $\dfrac{d}{dx}\left[(1 - x^2)\dfrac{dy}{dx}\right] + n(n + 1)y = 0$이 n계 르장드르 미분방정식임을 보여라.

5. (1) $\sin\phi\,\dfrac{d^2 u}{d\phi^2} + \cos\phi\,\dfrac{du}{d\phi} + n(n + 1)\sin\phi\,u = 0$이 치환 $z = \cos\phi$에 의해 n계 르장드르 방정식으로 변환됨을 보여라.

(2) 문제 (1)의 결과를 이용해 u가 구좌표계$(\rho,\ \theta,\ \phi)$에서 ϕ만의 함수, 즉 $u = u(\phi)$일 때 르장드르 방정식 $\nabla^2 u = 0$이 0계 르장드르 방정식이 됨을 보여라. 구좌표계에서 라플라스 방정식은

$$\nabla^2 u(\rho, \theta, \phi) = \frac{\partial^2 u}{\partial \rho^2} + \frac{2}{\rho}\frac{\partial u}{\partial \rho} + \frac{1}{\rho^2 \sin^2 \phi}\frac{\partial^2 u}{\partial \theta^2} + \frac{1}{\rho^2}\frac{\partial^2 u}{\partial \phi^2} + \frac{\cot\phi}{\rho^2}\frac{\partial u}{\partial \phi} = 0$$

이다.

4.5   프로베니우스 해법

미분방정식이 중심이 0인 거듭제곱급수해

$$y(x) = \sum_{m=0}^{\infty} a_m x^m = a_0 + a_1 x + a_2 x^2 + \cdots \tag{4.5.1}$$

를 갖지 않는 경우가 있다. 예를 들어 $x = 0$이 특이점인 미분방정식 $x^2 y' = 1$을 생각하자. 식 (4.5.1)을 미분방정식의 해로 놓으면

$$x^2 y' = x^2 \sum_{m=1}^{\infty} m a_m x^{m-1} = \sum_{m=1}^{\infty} m a_m x^{m+1} = a_1 x^2 + 2a_2 x^3 + 3a_3 x^4 + \cdots \neq 1$$

이다. 실제로 $x^2 y' = 1$의 해를 **변수분리법**으로 구하면 $y = c - x^{-1}$인데, 이는 식 (4.5.1)과 같은 거듭제곱급수해로 나타낼 수 없다. 무한급수해법을 이용하여 $x^2 y' = 1$의 해를 구하는 다른 방법을 생각해 보자.

예제 1

1계 미분방정식 $x^2 y' = 1$의 무한급수해를 구하라.

(풀이) $x = 0$이 미분방정식의 특이점이므로 $x = 0$이 중심인 급수해를 갖지 않는다. 따라서 해를

$y = \displaystyle\sum_{m=0}^{\infty} a_m x^{m+r} = x^r (a_0 + a_1 x + a_2 x^2 + \cdots)$으로 놓는다. 이때 $a_0 \neq 0$으로 가정하는데, 이는 x^r의 r

을 결정하기 위함이다. 여기서 r이 0 또는 양의 정수가 아닌 경우에는 y가 거듭제곱급수해가 아니다.

$y' = \displaystyle\sum_{m=0}^{\infty} (m+r) a_m x^{m+r-1}$이므로

$$x^2 y' = x^2 \sum_{m=0}^{\infty} (m+r) a_m x^{m+r-1} = \sum_{m=0}^{\infty} (m+r) a_m x^{m+r+1}$$
$$= r a_0 x^{r+1} + (1+r) a_1 x^{r+2} + (2+r) a_2 x^{r+3} + (3+r) a_3 x^{r+4} + \cdots = 1$$

이 $a_0 \neq 0$에서 성립하기 위해서는 $r = -1$, $a_0 = -1$, $a_2 = a_3 = \cdots = 0$이어야 하므로

$$y = \sum_{m=0}^{\infty} a_m x^{m+r} = x^r (a_0 + a_1 x + a_2 x^2 + \cdots) = x^{-1} (-1 + a_1 x) = a_1 - x^{-1}$$

이다. 이는 위에서 예제 1을 풀기 전에 변수분리법으로 구한 해와 같다.

위와 같이 미분방정식의 특이점을 급수의 중심으로 갖는 확장된 무한급수해를 구하는 방법을 **프로베니우스 해법**(Ferdinand Frobenius, 1849–1917, 독일)이라 한다. 이 절에서는 중심이 0인 거듭제곱급수해를 갖지 않는 2계 미분방정식에 대한 프로베니우스 해법을 소개한다.

프로베니우스 정리

2계 선형 미분방정식 $y'' + p(x) y' + q(x) y = r(x)$가 특이점 $x = 0$을 가지면

$$y = \sum_{m=0}^{\infty} a_m x^{m+r} = x^r (a_0 + a_1 x + a_2 x^2 + \cdots), \quad a_0 \neq 0 \qquad (4.5.2)$$

으로 표현되는 해를 적어도 하나 갖는다(증명 생략).

프로베니우스 정리를 사용하여 미분방정식의 해를 구하는 과정에서 $a_0 \neq 0$을 만족하도록 r의 값을 구하는 식이 나타나는데 이를 **지표방정식**(indicial equation)*이라 한다. 지표방정식의 형태에 따라 여러 가지 경우가 발생하는데, 자세한 내용은 다음 예제를 참고하자.

☞ * x^r에서 r을 결정하는 지표(index)를 의미하는 'index'의 형용사 'indicial'을 사용한 표현으로 지표방정식으로 번역하겠다.

예제 2   지표방정식의 두 근이 정수차가 아닌 경우

$3xy'' + y' - y = 0$의 해를 구하라.

(풀이) 미분방정식을 $y'' + \dfrac{1}{3x}y' - \dfrac{1}{3x}y = 0$ 으로 쓰면 $x = 0$이 특이점이므로 프로베니우스 정리에 의해

해를 $y = \displaystyle\sum_{m=0}^{\infty} a_m x^{m+r}, \ a_0 \neq 0$ 으로 놓는다.

$$y' = \sum_{m=0}^{\infty}(m+r)a_m x^{m+r-1}, \quad y'' = \sum_{m=0}^{\infty}(m+r)(m+r-1)a_m x^{m+r-2}$$

이므로(y' 과 y'' 의 급수가 $m = 0$에서 시작함에 주의하라)

$$
\begin{aligned}
3xy'' + y' - y &= 3x\sum_{m=0}^{\infty}(m+r)(m+r-1)a_m x^{m+r-2} + \sum_{m=0}^{\infty}(m+r)a_m x^{m+r-1} - \sum_{m=0}^{\infty}a_m x^{m+r} \\
&= 3\sum_{m=0}^{\infty}(m+r)(m+r-1)a_m x^{m+r-1} + \sum_{m=0}^{\infty}(m+r)a_m x^{m+r-1} - \sum_{m=0}^{\infty}a_m x^{m+r} \\
&= 3\sum_{s=-1}^{\infty}(s+r+1)(s+r)a_{s+1} x^{s+r} + \sum_{s=-1}^{\infty}(s+r+1)a_{s+1} x^{s+r} - \sum_{s=0}^{\infty}a_s x^{s+r} \\
&= [3r(r-1)+r]a_0 x^{r-1} + \sum_{s=0}^{\infty}\{[3(s+r+1)(s+r)+(s+r+1)]a_{s+1} - a_s\}x^{s+r} \\
&= r(3r-2)a_0 x^{r-1} + \sum_{s=0}^{\infty}[(s+r+1)(3s+3r+1)a_{s+1} - a_s]x^{s+r} = 0
\end{aligned}
$$

이다. 마지막 급수식의 첫 번째 항을 보면 $a_0 \neq 0$이므로 지표방정식 $r(3r-2) = 0$에서 $r = 0$, $2/3$이고, 두 번째 항부터는 모두 0이 되어야 하므로

$$a_{s+1} = \frac{a_s}{(s+r+1)(3s+3r+1)}, \quad s = 0,1,2,\cdots$$

이다.

(1) $r = 0$일 때

$$a_{s+1} = \frac{a_s}{(s+1)(3s+1)}, \quad s = 0,1,2,\cdots$$

$$s = 0: \ a_1 = \frac{a_0}{1 \cdot 1} = \frac{a_0}{1! \cdot 1}$$

$$s = 1: \ a_2 = \frac{a_1}{2 \cdot 4} = \frac{1}{2 \cdot 4}\left(\frac{a_0}{1! \cdot 1}\right) = \frac{a_0}{2! \cdot 1 \cdot 4}$$

$$s = 2: \ a_3 = \frac{a_2}{3 \cdot 7} = \frac{1}{3 \cdot 7}\left(\frac{a_0}{2! \cdot 1 \cdot 4}\right) = \frac{a_0}{3! \cdot 1 \cdot 4 \cdot 7}$$

$$s = 3: \ a_4 = \frac{a_3}{4 \cdot 10} = \frac{1}{4 \cdot 10}\left(\frac{a_0}{3! \cdot 1 \cdot 4 \cdot 7}\right) = \frac{a_0}{4! \cdot 1 \cdot 4 \cdot 7 \cdot 10}$$

$$\vdots$$

$$a_m = \frac{a_0}{m! \cdot 1 \cdot 4 \cdot 7 \cdots \cdot (3m-2)}, \quad m = 1,2,3,\cdots$$

$$\therefore \; y_1(x) = \sum_{m=0}^{\infty} a_m x^{m+0}$$

$$= a_0 + \sum_{m=1}^{\infty} a_m x^m$$

$$= a_0 + \sum_{m=1}^{\infty} \frac{a_0}{m! \cdot 1 \cdot 4 \cdot 7 \cdot \cdots \cdot (3m-2)} x^m$$

$$= a_0 \left[1 + \sum_{m=1}^{\infty} \frac{x^m}{m! \cdot 1 \cdot 4 \cdot 7 \cdot \cdots \cdot (3m-2)} \right]$$

☞ $a_{s+1} = \dfrac{a_s}{(s+1)(3s+1)}$ 에서 s가 1씩 증가할 때 분모의 $s+1$은 1씩 증가하는 수의 곱이 되고, $3s+1$은 3씩 증가하는 수의 곱으로 나타남에 주목하라.

(2) $r = 2/3$일 때

$$a_{s+1} = \frac{a_s}{(s+5/3)(3s+3)} = \frac{a_s}{(3s+5)(s+1)}, \quad s = 0, 1, 2, \cdots$$

$$s = 0 : a_1 = \frac{a_0}{5 \cdot 1} = \frac{a_0}{1! \cdot 5}$$

$$s = 1 : a_2 = \frac{a_1}{8 \cdot 2} = \frac{1}{8 \cdot 2}\left(\frac{a_0}{1! \cdot 5}\right) = \frac{a_0}{2! \cdot 5 \cdot 8}$$

$$s = 2 : a_3 = \frac{a_2}{11 \cdot 3} = \frac{1}{11 \cdot 3}\left(\frac{a_0}{2! \cdot 5 \cdot 8}\right) = \frac{a_0}{3! \cdot 5 \cdot 8 \cdot 11}$$

$$s = 3 : a_4 = \frac{a_3}{14 \cdot 4} = \frac{1}{14 \cdot 4}\left(\frac{a_0}{3! \cdot 5 \cdot 8 \cdot 11}\right) = \frac{a_0}{4! \cdot 5 \cdot 8 \cdot 11 \cdot 14}$$

$$\vdots$$

$$a_m = \frac{a_0}{m! \cdot 5 \cdot 8 \cdot 11 \cdot \cdots \cdot (3m+2)}, \quad m = 1, 2, 3, \cdots$$

$$\therefore \; y_2(x) = \sum_{m=0}^{\infty} a_m x^{m+2/3} = a_0 x^{2/3} + \sum_{m=1}^{\infty} a_m x^{m+2/3}$$

$$= a_0 x^{2/3} \left[1 + \sum_{m=1}^{\infty} \frac{x^m}{m! \cdot 5 \cdot 8 \cdot 11 \cdot \cdots \cdot (3m+2)} \right]$$

여기서 y_1, y_2는 모든 x에서 수렴하며 선형독립이므로 일반해는 $y = c_1 y_1 + c_2 y_2$이다.

프로베니우스 방법으로 해를 구하는 과정에서 지표방정식의 근이 중근이거나 서로 정수 차이가 나서 선형독립인 두 해를 구할 수 없는 경우가 발생할 수 있다. 이때는 2.2절에서 공부했던 내용으로 $y'' + p(x)y + q(x)y = 0$의 첫 번째 해 y_1을 이용하여 선형독립인 두 번째 해 y_2를 구하는 공식[식 (2.2.3)]

$$y_2 = y_1 \int \frac{e^{-\int p \, dx}}{y_1^2} dx \tag{4.5.3}$$

을 이용해야 한다.

예제 3   지표방정식이 중근을 갖는 경우

$x(x-1)y'' + (3x-1)y' + y = 0$의 해를 구하라. $(x \neq 1)$

(풀이) 마찬가지로 $x = 0$이 특이점이므로 $y = \sum_{m=0}^{\infty} a_m x^{m+r}$, $a_0 \neq 0$으로 놓으면

$$x(x-1)y'' + (3x-1)y' + y$$

$$= x(x-1)\sum_{m=0}^{\infty}(m+r)(m+r-1)a_m x^{m+r-2} + (3x-1)\sum_{m}^{\infty}(m+r)a_m x^{m+r-1} + \sum_{m=0}^{\infty} a_m x^{m+r}$$

$$= \sum_{m=0}^{\infty}(m+r)(m+r-1)a_m x^{m+r} - \sum_{m=0}^{\infty}(m+r)(m+r-1)a_m x^{m+r-1}$$

$$+ 3\sum_{m=0}^{\infty}(m+r)a_m x^{m+r} - \sum_{m=0}^{\infty}(m+r)a_m x^{m+r-1} + \sum_{m=0}^{\infty} a_m x^{m+r}$$

$$= \sum_{s=0}^{\infty}(s+r)(s+r-1)a_s x^{s+r} - \sum_{s=-1}^{\infty}(s+r+1)(s+r)a_{s+1} x^{s+r}$$

$$+ 3\sum_{s=0}^{\infty}(s+r)a_s x^{s+r} - \sum_{s=-1}^{\infty}(s+r+1)a_{s+1} x^{s+r} + \sum_{s=0}^{\infty} a_s x^{s+r}$$

$$= [-r(r-1)-r]a_0 x^{r-1} + \sum_{s=0}^{\infty}[(s+r)(s+r-1)a_s$$

$$- (s+r+1)(s+r)a_{s+1} + 3(s+r)a_s - (s+r+1)a_{s+1} + a_s]x^{s+r}$$

$$= -r^2 a_0 x^{r-1} + \sum_{s=0}^{\infty}\{[(s+r)(s+r+2)+1]a_s - (s+r+1)^2 a_{s+1}\}x^{s+r} = 0$$

이다. $a_0 \neq 0$이므로 지표방정식 $r^2 = 0$에서 $r = 0$(중근)이므로 $a_{s+1} = a_s$, $s = 0, 1, 2, \cdots$이므로

$$a_0 = a_1 = a_2 = \cdots$$

이다. $a_0 = a_1 = a_2 = \cdots = 1$을 택하면

$$y_1(x) = \sum_{m=0}^{\infty} a_m x^{m+0} = \sum_{m=1}^{\infty} x^m = \frac{1}{1-x}$$

이다. 또 다른 해를 구하기 위해서 식 (4.5.3)을 사용한다. 주어진 미분방정식의 양변을 $x(x-1)$로 나누면 $p(x) = \dfrac{3x-1}{x(x-1)}$이므로

$$\int p \, dx = \int \frac{3x-1}{x(x-1)} dx = \int \left(\frac{2}{x-1} + \frac{1}{x}\right) dx = 2\ln|x-1| + \ln|x| = \ln|x(x-1)^2|,$$

$$e^{-\int p \, dx} = e^{-\ln|x(x-1)^2|} = \frac{1}{x(x-1)^2}$$

이 되어

$$y_2 = y_1 \int \frac{e^{-\int p \, dx}}{y_1^2} dx = \frac{1}{1-x} \int \frac{\dfrac{1}{x(x-1)^2}}{\left(\dfrac{1}{1-x}\right)^2} dx = \frac{1}{1-x} \int \frac{dx}{x} = \frac{\ln x}{1-x}$$

이다. 여기서 y_1, y_2는 선형독립이므로 일반해는

$$y = c_1 y_1 + c_2 y_2 = \frac{1}{1-x}(c_1 + c_2 \ln x).$$

예제 4   지표방정식의 두 근이 정수 차이가 나는 경우

$x(x-1)y'' - xy' + y = 0$의 해를 구하라. $(x \neq 1)$

(풀이) 마찬가지로 $x = 0$이 특이점이므로 $y = \displaystyle\sum_{m=0}^{\infty} a_m x^{m+r}$, $a_0 \neq 0$으로 놓는다.

$$x(x-1)y'' - xy + y$$

$$= x(x-1)\sum_{m=0}^{\infty}(m+r)(m+r-1)a_m x^{m+r-2} - x\sum_{m=0}^{\infty}(m+r)a_m x^{m+r-1} + \sum_{m=0}^{\infty}a_m x^{m+r}$$

$$= \sum_{m=0}^{\infty}(m+r)(m+r-1)a_m x^{m+r} - \sum_{m=0}^{\infty}(m+r)(m+r-1)a_m x^{m+r-1}$$

$$- \sum_{m=0}^{\infty}(m+r)a_m x^{m+r} + \sum_{m=0}^{\infty}a_m x^{m+r}$$

$$= \sum_{s=0}^{\infty}(s+r)(s+r-1)a_s x^{s+r} - \sum_{s=-1}^{\infty}(s+r+1)(s+r)a_{s-1} x^{s+r}$$

$$- \sum_{s=0}^{\infty}(s+r)a_s x^{s+r} + \sum_{s=0}^{\infty}a_s x^{s+r}$$

$$= r(r-1)a_0 x^{r-1} + \sum_{s=0}^{\infty}[(s+r)(s+r-1)a_s - (s+r+1)(s+r)a_{s+1} - (s+r)a_s + a_s]x^{s+r}$$

$$= r(r-1)a_0 x^{r-1} + \sum_{s=0}^{\infty}[(s+r-1)^2 a_s - (s+r+1)(s+r)a_{s+1}]x^{s+r} = 0$$

에서 $a_0 \neq 0$이므로 지표방정식 $r(r-1) = 0$에서 $r = 0, 1$이다.

(1) $r = 1$일 때

x^{s+r}의 계수가 0이 되어야 하므로 $s^2 a_s - (s+2)(s+1)a_{s+1} = 0$에서

$$a_{s+1} = \frac{s^2}{(s+2)(s+1)}a_s, \quad s = 0, 1, 2, \cdots$$

$$s = 0: a_1 = \frac{0^2}{2 \cdot 1}a_0 = 0$$

$$s = 1: a_2 = \frac{1}{3 \cdot 2}a_1 = \frac{1}{3 \cdot 2} \cdot 0 = 0$$

$$\vdots$$

즉 $a_1 = a_2 = \cdots = 0$이다. 따라서 $a_0 = 1$을 택하면

$$y_1(x) = \sum_{m=0}^{\infty} a_m x^{m+1} = x.$$

(2) $r = 0$일 때

x^{s+r}의 계수가 0이 되어야 하므로 $(s-1)^2 a_s - (s+1)sa_{s+1} = 0$인데, $s = 0$일 때는(s로 나눌 수 없으므로)

$$(-1)^2 a_0 = 0 \cdot a_1 \longrightarrow a_0 = 0$$

이고

$$a_{s+1} = \frac{(s-1)^2}{(s+1)s} a_s, \quad s = 1, 2, \cdots$$

에서

$$s = 1: \quad a_2 = \frac{0^2}{2 \cdot 1} a_1 = 0$$

$$s = 2: \quad a_3 = \frac{1^2}{3 \cdot 2} a_2 = \frac{1^2}{3 \cdot 2} \cdot 0 = 0$$

$$\vdots$$

이다. 결과적으로 $a_0 = a_2 = a_3 = \cdots = 0$이므로 $y_2(x) = \sum_{m=0}^{\infty} a_m x^{m+0} = a_1 x$ 가 되어 $a_1 = 1$을 택하면 $y_2(x) = x$로 (1)의 경우와 같아진다. 이는 일반적인 현상으로 지표방정식의 두 근이 정수 차이가 나는 경우 선형독립인 2개의 해를 구하지 못할 수 있다. 이 경우에도 두 번째 해는 식 (4.5.3)으로 구한다. $p(x) = -\dfrac{1}{x-1}$ 이므로

$$\int p\,dx = -\int \frac{1}{x-1} dx = -\ln|x-1|, \quad e^{\int p\,dx} = e^{\ln|x-1|} = x - 1$$

이 되어

$$y_2 = y_1 \int \frac{e^{-\int p\,dx}}{y_1^2} dx = x \int \frac{x-1}{x^2} dx = x \int \left(\frac{1}{x} - \frac{1}{x^2} \right) = x \left(\ln x + \frac{1}{x} \right) = x\ln x + 1$$

이다. 여기서 y_1, y_2는 선형독립이므로 일반해는

$$y = c_1 y_1 + c_2 y_2 = c_1 x + c_2(x\ln x + 1).$$

마지막으로 2.4절에서 공부한 변수계수 코시-오일러 미분방정식

$$ax^2 y'' + bxy' + cy = 0 \tag{4.5.4}$$

에 대해 프로베니우스 해법을 적용해 보자. $a_0 \neq 0$일 때 해를

$$y = \sum_{m=0}^{\infty} a_m x^{m+r} \tag{4.5.5}$$

로 놓으면

$$ax^2 y'' + bxy' + c$$

$$= ax^2 \sum_{m=0}^{\infty}(m+r)(m+r-1)a_m x^{m+r-2} + bx\sum_{m=0}^{\infty}(m+r)a_m x^{m+r-1} + c\sum_{m=0}^{\infty}a_m x^{m+r}$$

$$= \sum_{m=0}^{\infty}a(m+r)(m+r-1)a_m x^{m+r} + \sum_{m=0}^{\infty}b(m+r)a_m x^{m+r} + \sum_{m=0}^{\infty}ca_m x^{m+r}$$

$$= \sum_{m=0}^{\infty}[a(m+r)(m+r-1) + b(m+r) + c]a_m x^{m+r}$$

$$= [ar(r-1) + br + c]a_0 x^r + \sum_{m=0}^{\infty}[a(m+r)(m+r-1) + b(m+r) + c]a_m x^{m+r}$$

$$= 0$$

이다. 마지막 급수식의 첫 번째 항에서 $a_0 \neq 0$이므로

$$ar(r-1) + br + c = 0 \qquad (4.5.6)$$

이고, 두 번째 항부터 모두 0이 되어야 하므로 $a_m = 0\,(m = 1. 2. \cdots)$이다. 따라서 해는 식 (4.5.5)에서

$$y = \sum_{m=0}^{\infty}a_m x^{m+r} = a_0 x^r \qquad (4.5.7)$$

로 단순해진다. 여기서 r은 식 (4.5.6)의 근이며 이 식은 코시–오일러 방정식의 특성방정식 (2.4.2)와 같은 식이다. 결론적으로 프로베니우스 해법으로 구한 해와 2.4절에서 해를 단순히 $y = x^m$으로 가정하여 구한 해가 같다.

다음 절에서는 프로베니우스 해법을 이용하여 베셀 미분방정식의 해를 구하겠다.

▌ 4.5 연습문제

1. $(x+1)^2 y'' + (x+1)y' - y = 0$을 $x+1 = t$로 치환하여 t에 대한 미분방정식으로 바꾸고 (1) 프로베니우스 해법, (2) 코시–오일러 미분방정식의 해법으로 해를 구하고 그 결과를 비교하라.

(답) $y = c_1(x+1) + \dfrac{c_2}{x+1}$ 로 같다.

2. 미분방정식의 해를 구하라.

(1) $x(1-x)y'' + 2(1-2x)y' - 2y = 0$

(2) $xy'' + 2y' + xy = 0$

(3) $xy'' + (1-2x)y' + (x-1)y = 0$

(답) (1) $y = \dfrac{c_1}{1-x} + \dfrac{c_2}{x}$ (2) $y = c_1 \dfrac{\sin x}{x} + c_2 \dfrac{\cos x}{x}$ (3) $y = c_1 e^x + c_2 e^x \ln x$

3. 미분방정식의 해를 구하라.

(1) $2xy'' + 5y' + xy = 0$ (2) $xy'' + y = 0$

(답) (1) $y = c_1 y_1 + c_2 y_2$, 여기서

$$y_1 = 1 + \sum_{n=1}^{\infty} \frac{(-1)^n}{(2 \cdot 4 \cdot \cdots \cdot 2n)[7 \cdot 11 \cdot \cdots \cdot (4n+3)]} x^{2n} = 1 - \frac{x^2}{14} + \frac{x^4}{616} - \cdots$$

$$y_2 = x^{-3/2} \left(1 + \sum_{n=1}^{\infty} \frac{(-1)^n}{(2 \cdot 4 \cdot \cdots \cdot 2n)[1 \cdot 5 \cdot \cdots \cdot (4n-3)]} x^{2n} \right) = x^{-3/2} \left(1 - \frac{x^2}{2} + \frac{x^4}{40} - \cdots \right)$$

(2) $y = c_1 y_1 + c_2 y_2$, 여기서

$$y_1 = \sum_{m=0}^{\infty} \frac{(-1)^m}{(m+1)! \, m!} x^{m+1} = x - \frac{1}{2} x^2 + \frac{1}{12} x^3 - \frac{1}{144} x^4 + \frac{1}{2880} x^5 - \cdots$$

$$y_2 = y_1 \left(-\frac{1}{x} + \ln x + \frac{7}{12} x + \frac{19}{144} x^2 + \cdots \right)$$

4.6 베셀 방정식

베셀 방정식

베셀 방정식의 해인 **베셀 함수**는 이공계 분야에서 자주 등장한다. 원기둥 좌표계의 라플라스 방정식에서 반지름 r에 관한 미분방정식이 베셀 방정식이 되므로 베셀 함수를 **원기둥함수**(cylindrical function)라고도 한다(12장 참고).

$$x^2 y'' + xy' + (x^2 - \nu^2)y = 0 \tag{4.6.1}$$

을 ν계($\nu \geq 0$) **베셀 방정식**(Friedrich Bessel, 1784–1846, 프로이센)이라 하는데, $x = 0$이 특이점이므로 프로베니우스 해법을 사용하여 해를 구한다. 프로베니우스 정리에 의해 베셀 방정식의 해를 $y = \sum_{m=0}^{\infty} a_m x^{m+r}$, $a_0 \neq 0$으로 놓으면

$$x^2 y'' + xy' + (x^2 - \nu^2)y$$

$$= \sum_{m=0}^{\infty}(m+r)(m+r-1)a_m x^{m+r} + \sum_{m=0}^{\infty}(m+r)a_m x^{m+r} + \sum_{m=0}^{\infty}a_m x^{m+r+2} - \nu^2 \sum_{m=0}^{\infty}a_m x^{m+r}$$

$$= \sum_{s=0}^{\infty}(s+r)(s+r-1)a_s x^{s+r} + \sum_{s=0}^{\infty}(s+r)a_s x^{s+r} + \sum_{s=2}^{\infty}a_{s-2} x^{s+r} - \nu^2 \sum_{s=0}^{\infty}a_s x^{s+r}$$

$$= [r(r-1)+r-\nu^2]a_0 x^r + [(1+r)r + (1+r) - \nu^2]a_1 x^{r+1}$$

$$+ \sum_{s=2}^{\infty}[(s+r)(s+r-1)a_s + (s+r)a_s + a_{s-2} - \nu^2 a_s]x^{s+r} = 0$$

이어야 한다. 위 식이 성립하려면 x의 각 차수에 대해

$$x^r:\ (r^2 - \nu^2)a_0 = 0 (\text{지표방정식}) \tag{4.6.2}$$

$$x^{r+1}:\ [(r+1)^2 - \nu^2]a_1 = 0 \tag{4.6.3}$$

$$x^{s+r}:\ [(s+r)^2 - \nu^2]a_s + a_{s-2} = 0,\ s = 2, 3, \cdots \tag{4.6.4}$$

이 성립해야 한다. 가정에서 $a_0 \neq 0$이므로 지표방정식의 근은 $r = \pm\nu$이다.

(1) $r = \nu (\geq 0)$일 때

식 (4.6.3)에서 $(2\nu + 1)a_1 = 0$이므로 $a_1 = 0$이다. 식 (4.6.4)에서

$$a_s = -\frac{a_{s-2}}{s(s+2\nu)},\quad s = 2, 3, \cdots$$

이 되는데, $a_1 = 0$이므로 $s = 3, 5, \cdots$에 대해 $a_3 = a_5 = \cdots = 0$이다. $s = 2, 4, \cdots$에 대해서는 $s = 2m$, $m = 1, 2, \cdots$로 놓으면 위 식은

$$a_{2m} = -\frac{a_{2m-2}}{2^2 m(\nu + m)}$$

로 쓸 수 있다. $m = 1, 2, \cdots$에 대해

$$m = 1:\ a_2 = -\frac{a_0}{2^2 \cdot 1(\nu + 1)}$$

$$m = 2:\ a_4 = -\frac{a_2}{2^2 \cdot 2(\nu + 2)} = -\frac{1}{2^2 \cdot 2(\nu + 2)}\left(-\frac{a_0}{2^2 \cdot 1(\nu + 1)}\right)$$

$$= \frac{a_0}{2^4 \cdot 2!(\nu + 1)(\nu + 2)}$$

$$\vdots$$

이고, 일반적으로

$$a_{2m} = \frac{(-1)^m a_0}{2^{2m} m!(\nu + 1)(\nu + 2)\cdots(\nu + m)}$$

이다. $a_0 = \dfrac{1}{2^\nu \Gamma(\nu + 1)}$을 택하면 ($\Gamma$ 함수는 쉬어가기 3.1 참고)

$$a_{2m} = \frac{(-1)^m}{2^{2m} m!(\nu + 1)(\nu + 2)\cdots(\nu + m)} \cdot \frac{1}{2^\nu \Gamma(\nu + 1)} = \frac{(-1)^m}{2^{2m+\nu} m!\Gamma(\nu + m + 1)}$$

이다. 여기서

$$(\nu + 1)(\nu + 2) \cdots (\nu + m)\Gamma(\nu + 1) = (\nu + 2) \cdots (\nu + m)\Gamma(\nu + 2)$$
$$= \cdots = \Gamma(\nu + m + 1)$$

을 사용하였다. 따라서 $y_1(x) = \sum_{k=0}^{\infty} a_k x^{k+r}$에서 $r = \nu$, $k = 2m$으로 놓으면

$$y_1(x) = \sum_{m=0}^{\infty} a_{2m} x^{2m+\nu} = \sum_{m=0}^{\infty} \frac{(-1)^m}{2^{2m+\nu} m! \Gamma(m + \nu + 1)} x^{2m+\nu}$$

이며, 이러한 $y_1(x)$를 $J_\nu(x)$로 정의한다. 즉

$$J_\nu(x) = \sum_{m=0}^{\infty} \frac{(-1)^m}{2^{2m+\nu} m! \Gamma(m + \nu + 1)} x^{2m+\nu} \qquad (4.6.5)$$

이며, 이를 ν계 **1종 베셀 함수**(Bessel function of the first kind)라 한다. $J_\nu(x)$는 모든 x에 대해 수렴하고 ν계 베셀 방정식 $x^2 y'' + xy' + (x^2 - \nu^2)y = 0$의 하나의 해이다.

(2) $r = -\nu$일 때

$$y_2(x) = J_{-\nu}(x) = \sum_{m=0}^{\infty} \frac{(-1)^m}{2^{2m-\nu} m! \Gamma(m - \nu + 1)} x^{2m-\nu} \qquad (4.6.6)$$

가 되고, ν가 정수가 아닐 때 $J_\nu(x)$와 $J_{-\nu}(x)$는 선형독립이므로 일반해는

$$y(x) = c_1 J_\nu(x) + c_2 J_{-\nu}(x)$$

이다. ν가 정수인 경우에 대해서는 뒤에서 다시 설명한다.

예제 1

1/2계 베셀 방정식 $x^2 y'' + xy' + (x^2 - 1/4)y = 0$의 일반해는

$$y(x) = c_1 J_{1/2}(x) + c_2 J_{-1/2}(x)$$

이다.

$\nu = n$(n은 0 또는 양의 정수)일 때 베셀 방정식의 해

앞에서 ν계 베셀 미분방정식 $x^2 y'' + xy' + (x^2 - \nu^2)y = 0$의 해가 ν가 정수가 아닐 때만

$$y(x) = c_1 J_\nu(x) + c_2 J_{-\nu}(x)$$

라고 하였다. 0 또는 양의 정수 n과 $m = 0, 1, \cdots$에 대해서는 $\Gamma(n + m + 1) = (n + m)!$

이므로 식 (4.6.5)에서

$$J_n(x) = \sum_{m=0}^{\infty} \frac{(-1)^n}{2^{2m+n} m!(n+m)!} x^{2m+n} \qquad (4.6.7)$$

이 되어

$$J_0(x) = \sum_{m=0}^{\infty} \frac{(-1)^n}{2^{2m}(m!)^2} x^{2m} = 1 - \frac{x^2}{2^2(1!)^2} + \frac{x^4}{2^4(2!)^2} - \cdots \qquad (4.6.8)$$

$$J_1(x) = \sum_{m=0}^{\infty} \frac{(-1)^n}{2^{2m+1}(m!)(m+1)!} x^{2m+1} = \frac{x}{2} - \frac{x^3}{2^3 1!2!} + \frac{x^5}{2^5 2!3!} - \cdots \qquad (4.6.9)$$

$$\vdots$$

등을 얻을 수 있다. $J_0(x)$와 $J_1(x)$의 그래프는 그림 4.6.1과 같다. $J_\nu(x)$가 0이 되는 x를 **영점**(zeros)이라 하며 $J_0(x)$의 첫 번째 영점은 $x = 2.4048$이다.

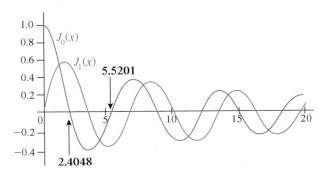

그림 4.6.1 ν계 1종 베셀 함수

$J_{-n}(x)$는 식 (4.6.6)으로 나타나는 $J_{-\nu}(x)$에서 ν를 n에 접근시켜 구할 수 있는데, 그림 3.1.1의 Γ 함수 그래프에서 보는 바와 같이

$$\Gamma(0) = \Gamma(-1) = \Gamma(-2) = \cdots = \pm\infty$$

이므로 $J_{-\nu}(x)$의 계수 중 처음 n개 항($m = 0, 1, \cdots, n-1$)의 계수가 0이 되어

$$J_{-n}(x) = \sum_{m=n}^{\infty} \frac{(-1)^n}{2^{2m-n} m!(m-n)!} x^{2m-n}$$

이 되고, 여기서 $m - n = s$로 놓으면

$$J_{-n}(x) = \sum_{s=0}^{\infty} \frac{(-1)^{n+s}}{2^{2s+n}(n+s)!s!} x^{2s+n} = (-1)^n \sum_{s=0}^{\infty} \frac{(-1)^s}{2^{2s+n}(n+s)!s!} x^{2s+n} = (-1)^n J_n(x)$$

가 된다. 즉 0 또는 양의 정수 n에 대해서는 $J_n(x)$와 $J_{-n}(x)$는 선형종속이 되어 해의 기저가 될 수 없다.

예제 2

$x^2 y'' + xy' + (x^2 - 1)y = 0$의 일반해는 $y(x) = c_1 J_1(x) + c_2 J_{-1}(x)$가 아니다.

따라서 ν가 0 또는 양의 정수인 경우에 베셀 방정식의 해를 구하기 위해서는 $J_\nu(x)$ 와 선형독립인 함수가 필요하다. ν계 2종 베셀 함수(Bessel function of the second kind)

$$Y_\nu(x) = \frac{1}{\sin\nu\pi}[J_\nu(x)\cos\nu\pi - J_{-\nu}(x)] \qquad (4.6.10)$$

는 ν계 베셀 미분방정식을 만족하며 0 또는 양의 정수를 포함하는 임의의 ν값에 대해 $J_\nu(x)$와 선형독립이다(증명 생략). $Y_0(x)$와 $Y_1(x)$의 그래프는 그림 4.6.2와 같다. $Y_0(x)$의 첫 번째 영점은 $x = 0.8936$이다.

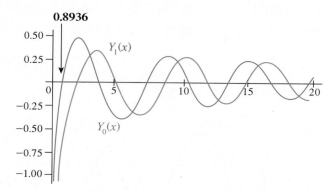

그림 4.6.2 ν계 2종 베셀 함수

결과적으로 ν계 베셀 방정식 $x^2y'' + xy' + (x^2 - \nu^2)y = 0$의 일반해는

$$y(x) = c_1J_\nu(x) + c_2Y_\nu(x) \qquad (4.6.11)$$

이다.

예제 3

2계 베셀 방정식 $x^2y'' + xy' + (x^2 - 4)y = 0$의 일반해는 식 (4.6.11)에 의해

$$y(x) = c_1J_2(x) + c_2Y_2(x)$$

이고, 1/2계 베셀 방정식 $x^2y'' + xy' + (x^2 - 1/4)y = 0$의 일반해는

$$y(x) = c_1J_{1/2}(x) + c_2J_{-1/2}(x)$$

또는

$$y(x) = c_1J_{1/2}(x) + c_2Y_{1/2}(x).$$

다양한 형태의 미분방정식이 베셀 방정식으로 변형될 수 있다.

예제 4

$x^2 = z$로 치환하여 $x^2 y'' + xy' + \left(4x^4 - \dfrac{1}{4}\right)y = 0$의 해를 구하라.

(풀이) $x^2 = z$에서 $\dfrac{dz}{dx} = 2x$이므로

$$y'(x) = \frac{dy}{dx} = \frac{dy}{dz}\frac{dz}{dx} = 2x\frac{dy}{dz} = 2xy'(z)$$

$$y''(x) = \frac{d^2 y}{dx^2} = \frac{d}{dx}\left(\frac{dy}{dx}\right) = \frac{d}{dx}\left(2x\frac{dy}{dz}\right) = 2\frac{dy}{dz} + 2x\frac{d}{dx}\left(\frac{dy}{dz}\right)$$

$$= 2\frac{dy}{dz} + 2x\frac{d}{dz}\left(\frac{dy}{dz}\right)\frac{dz}{dx} = 2y'(z) + 4x^2 y''(z)$$

으로 바뀐다. 이를 주어진 미분방정식에 대입하면

$$x^2[2y' + 4x^2 y''] + x \cdot 2xy' + \left(4x^4 - \frac{1}{4}\right)y = 0$$

이 되는데, $x^2 = z$로 치환하고 양변을 4로 나누어 z에 관한 베셀 방정식

$$z^2 y'' + zy' + \left(z^2 - \frac{1}{16}\right)y = 0$$

을 얻는다. 따라서 해는

$$y = c_1 J_{1/4}(z) + c_2 J_{-1/4}(z) \quad \text{또는} \quad y = c_1 J_{1/4}(z) + c_2 Y_{1/4}(z)$$

이고, 이를 다시 x의 함수로 나타내면

$$y = c_1 J_{1/4}(x^2) + c_2 J_{-1/4}(x^2) \quad \text{또는} \quad y = c_1 J_{1/4}(x^2) + c_2 Y_{1/4}(x^2).$$

매개변수형 베셀 방정식

ν계 베셀 방정식과 형태가 다른

$$x^2 y'' + xy' + (\lambda^2 x^2 - \nu^2)y = 0 \qquad (4.6.12)$$

을 ν계 **매개변수형 베셀 방정식**(parametric Bessel equation)이라 한다. $\lambda x = t$로 치환하면 $dt/dx = \lambda$이므로 미분의 연쇄율을 이용하여

$$y'(x) = \frac{dy}{dx} = \frac{dy}{dt}\frac{dt}{dx} = \lambda\frac{dy}{dt} = \lambda y'(t)$$

$$y''(x) = \frac{d^2y}{dx^2} = \frac{d}{dx}\left(\frac{dy}{dx}\right) = \frac{d}{dt}\left(\lambda\frac{dy}{dt}\right)\frac{dt}{dx} = \frac{d}{dt}\left(\lambda\frac{dy}{dt}\right)\lambda = \lambda^2\frac{d^2y}{dt^2} = \lambda^2 y''(t)$$

이다. 따라서 식 (4.6.12)는

$$\left(\frac{t}{\lambda}\right)^2\left(\lambda\frac{d^2y}{dt^2}\right) + \frac{t}{\lambda}\left(\lambda\frac{dy}{dt}\right) + (t^2 - \nu^2)y = 0$$

즉 베셀 방정식

$$t^2y'' + ty' + (t^2 - \nu^2)y = 0 \qquad (4.6.13)$$

과 같아진다[식 (4.6.1) 참고]. 식 (4.6.13)의 해가

$$y = c_1 J_\nu(t) + c_2 Y_\nu(t)$$

이므로, 매개변수형 베셀 방정식[식 (4.6.12)]의 해는

$$y = c_1 J_\nu(\lambda x) + c_2 Y_\nu(\lambda x) \qquad (4.6.14)$$

이다.

예제 5

0계 매개변수형 베셀 방정식 $x^2y'' + xy' + \lambda^2 x^2 y = 0$의 일반해는 식 (4.6.14)에 의해

$$y = c_1 J_0(\lambda x) + c_2 Y_0(\lambda x).$$

베셀 함수의 성질

[1] $J_0(0) = 1$, $J_n(0) = 0$ $(n = 1, 2, \cdots)$

[2] $J_n(-x) = (-1)^n J_n(x)$, $J_{-n}(x) = (-1)^n J_n(x)$ $(n = 0, 1, 2, \cdots)$

[3] $\lim\limits_{x \to 0^+} Y_n(x) = -\infty$

[4] $\displaystyle\int J_1(x)dx = -J_0(x)$, $\displaystyle\int xJ_0(x)dx = xJ_1(x)$

[5] $[x^\nu J_\nu(x)]' = [x^\nu J_{\nu-1}(x)]$, $[x^{-\nu}J_\nu(x)]' = -x^{-\nu}J_{\nu+1}(x)$

[6] $J_{\nu-1}(x) + J_{\nu+1}(x) = \dfrac{2\nu}{x}J_\nu(x)$, $J_{\nu-1}(x) - J_{\nu+1}(x) = 2J_\nu'(x)$

[7] 직교성(orthogonality): $\displaystyle\int_0^b xJ_\nu(\lambda_m x)J_\nu(\lambda_n x)dx = 0$, $\lambda_m \neq \lambda_m$

성질 [5]의 첫 번째 식 증명

식 (4.6.5)를 이용하면

$$[x^\nu J_\nu(x)]' = \left[\sum_{m=0}^{\infty} \frac{(-1)^n}{2^{2m+\nu}m!\Gamma(m+\nu+1)}x^{2m+2\nu}\right]'$$

$$= \sum_{m=0}^{\infty} \frac{(2m+2\nu)(-1)^n}{2^{2m+\nu}m!\Gamma(m+\nu+1)}x^{2m+2\nu-1}$$

$$= \sum_{m=0}^{\infty} \frac{2(m+\nu)(-1)^n}{2^{2m+\nu}m!(m+\nu)\Gamma(m+\nu)}x^{2m+2\nu-1}$$

$$= x^\nu \sum_{m=0}^{\infty} \frac{(-1)^n}{2^{2m+\nu-1}m!\Gamma(m+\nu)}x^{2m+\nu-1}$$

$$= x^\nu J_{\nu-1}(x)$$

이며, 성질 [5]의 두 번째 식도 유사하게 증명할 수 있다.

성질 [6]의 첫 번째 식 증명

성질 [5]의 첫 번째 식을 좌변의 미분을 수행하여 다시 쓰면

$$\nu x^{\nu-1}J_\nu(x) + x^\nu J_\nu'(x) = x^\nu J_{\nu-1}(x) \tag{4.6.15}$$

이고, 성질 [5]의 두 번째 식에 대해서도 좌변의 미분을 수행하여 다시 쓰면

$$-\nu x^{-\nu-1}J_\nu(x) + x^{-\nu}J_\nu'(x) = -x^{-\nu}J_{\nu+1}(x) \tag{4.6.16}$$

이 되는데, 식 (4.6.16)의 양변에 $x^{2\nu}$를 곱하여 식 (4.6.15)에서 빼면

$$2\nu x^{\nu-1}J_\nu(x) = x^\nu[J_{\nu-1}(x) + J_{\nu+1}(x)]$$

또는

$$J_{\nu-1}(x) + J_{\nu+1}(x) = \frac{2\nu}{x}J_\nu(x)$$

이다. 성질 [6]의 두 번째 식도 유사하게 증명할 수 있다. 성질 [4]도 성질 [5]로부터 쉽게 유도할 수 있다.

$J_{\pm 1/2}(x), J_{\pm 3/2}(x), \cdots$ 의 기본함수 표현(구형 베셀 함수)

식 (4.6.5)를 이용하면

$$J_{1/2}(x) = \sum_{m=0}^{\infty} \frac{(-1)^n}{2^{2m+1/2}m!\Gamma(m+3/2)}x^{2m+1/2} = \sqrt{\frac{2}{x}}\sum_{m=0}^{\infty} \frac{(-1)^n}{2^{2m+1}m!\Gamma(m+3/2)}x^{2m+1}$$

이다. $J_{1/2}(x)$의 분모에서

$$2^{2m+1}m! = 2^{2m+1}m(m-1)\cdot\cdots\cdot 2\cdot 1 = 2^{m+1}2m(2m-2)\cdot\cdots\cdot 4\cdot 2$$

이고

$$\Gamma\left(m+\frac{3}{2}\right) = \left(m+\frac{1}{2}\right)\left(m-\frac{1}{2}\right)\cdot\cdots\cdot\frac{3}{2}\cdot\frac{1}{2}\cdot\Gamma\left(\frac{1}{2}\right)$$

$$= \left(\frac{2m+1}{2}\right)\left(\frac{2m-1}{2}\right)\cdot\cdots\cdot\frac{3}{2}\cdot\frac{1}{2}\cdot\sqrt{\pi}$$

$$= \frac{(2m+1)(2m-1)\cdot\cdots\cdot 3\cdot 1\cdot\sqrt{\pi}}{2^{m+1}}$$

이므로

$$2^{2m+1}m!\Gamma\left(m+\frac{3}{2}\right) = (2m+1)!\sqrt{\pi}$$

가 성립한다. 이를 이용하면

$$J_{1/2}(x) = \sqrt{\frac{2}{\pi x}}\sum_{m=0}^{\infty}\frac{(-1)^m}{(2m+1)!}x^{2m+1} \tag{4.6.17}$$

로 쓸 수 있다. 식 (4.6.17)의 우변의 급수식은 $\sin x$를 나타내므로[식 (4.1.22)] 결국

$$J_{1/2}(x) = \sqrt{\frac{2}{\pi x}}\sin x \tag{4.6.18}$$

이다. 식 (4.6.18)을 $\sqrt{x}J_{1/2}(x) = \sqrt{\frac{2}{\pi}}\sin x$로 쓰고 양변을 미분하면
$\left[\sqrt{x}J_{1/2}(x)\right]' = \sqrt{\frac{2}{\pi}}\cos x$ 이고, 베셀 함수의 성질 [5]의 첫 번째 식
$[x^\nu J_\nu(x)]' = x^\nu J_{\nu-1}(x)$에서 $\left[\sqrt{x}J_{1/2}(x)\right]' = \sqrt{x}J_{-1/2}(x)$이므로

$$J_{-1/2}(x) = \sqrt{\frac{2}{\pi x}}\cos x \tag{4.6.19}$$

를 얻는다. 한편 베셀 함수의 성질 [6]의 첫 번째 식 $J_{\nu-1}(x) + J_{\nu+1}(x) = \frac{2\nu}{x}J_\nu(x)$
로부터

$$J_{3/2}(x) = \frac{1}{x}J_{1/2}(x) - J_{-1/2}(x) = \sqrt{\frac{2}{\pi x}}\left(\frac{\sin x}{x} - \cos x\right) \tag{4.6.20}$$

$$J_{-3/2}(x) = -\frac{1}{x}J_{-1/2}(x) - J_{1/2}(x) = -\sqrt{\frac{2}{\pi x}}\left(\frac{\cos x}{x} + \sin x\right) \tag{4.6.21}$$

등이 성립함도 알 수 있다. $\nu = \pm 1/2,\ \pm 3/2,\cdots$일 때 $J_\nu(x)$를 ν계 **구형 베셀 함수**
(spherical Bessel function)라 부른다.

4.6 연습문제

1. 미분방정식의 해를 구하라.

(1) $x^2y'' + xy' + \left(x^2 - \dfrac{1}{9}\right)y = 0$

(2) $x^2y'' + xy' + (x^2 - 25)y = 0$

(3) $4x^2y'' + 4xy' + (100x^2 - 9)y = 0$

(4) $\dfrac{d}{dx}\left(x\dfrac{dy}{dx}\right) + \left(x - \dfrac{4}{x}\right)y = 0$

(5) $xy'' + y' + \dfrac{1}{4}y = 0$ (치환 $z^2 = x$ 사용)

(6) $xy'' + 5y' + xy = 0$ (치환 $y = u/x^2$ 사용)

(답) (1) $y = c_1J_{1/3}(x) + c_2J_{-1/3}(x)$ 또는 $y = c_1J_{1/3}(x) + c_2Y_{1/3}(x)$

(2) $y = c_1J_5(x) + c_2Y_5(x)$

(3) $y = c_1J_{3/2}(5x) + c_2Y_{3/2}(5x)$

(4) $y = c_1J_2(x) + c_2Y_2(x)$

(5) $y(x) = c_1J_0(\sqrt{x}) + c_2Y_0(\sqrt{x})$

(6) $y = x^{-2}[c_1J_2(x) + c_2Y_2(x)]$

2. $J_0{}'(x) = -J_1(x),\ J_2{}'(x) = \dfrac{1}{2}[J_1(x) - J_3(x)]$임을 보여라. (베셀 함수의 성질을 이용하라.)

3. 식 (4.6.8)과 (4.6.9)를 이용하여 $J_0{}'(x) = -J_1(x)$임을 보여라.

4. 식 (4.6.7)의 급수가 모든 x에 대해 수렴함을 보여라.

5. 베셀 함수의 성질을 이용하여 $\displaystyle\int_0^b xJ_0(x)dx$ 의 값을 구하라.

(답) $bJ_1(b)$

6. 구형 베셀 함수를 다른 방법으로 유도할 수 있다.

(1) $\Gamma(m + 3/2)$에 $m = 0, 1, 2, \cdots$를 사용하여 $\Gamma(m + 3/2) = \dfrac{(2m + 1)!}{2^{2m+1}m!}\sqrt{\pi}$ 가 됨을 보여라.

(2) (1)의 결과를 이용하여 식 (4.6.18)이 성립함을 보여라.

7. 변형 베셀 방정식: $x^2y'' + xy' - (x^2 + \nu^2)y = 0$을 변형 베셀 방정식(modified Bessel equation)이라 하며

$$I_\nu(x) = \sum_{m=0}^{\infty} \frac{x^{2m+\nu}}{2^{2m+\nu}m!\Gamma(m + \nu + 1)} : \nu\text{계 1종 변형 베셀 함수} \tag{4.6.22}$$

$$K_\nu(x) = \frac{\pi}{2\sin\nu\pi}[I_{-\nu}(x) - I_\nu(x)] : \nu\text{계 2종 변형 베셀 함수} \tag{4.6.23}$$

로 정의하면 변형 베셀 방정식의 일반해는 $y(x) = c_1I_\nu(x) + c_2K_\nu(x)$이다.

(1) $i = \sqrt{-1}$ 일 때 $I_\nu(x) = i^{-\nu}J_\nu(ix)$로 정의한다. $\lambda = i$를 사용하여 변형 베셀 방정식을 매개변수형 베셀 방정식으로 바꾸고 $I_\nu(x)$가 변형 베셀 방정식을 만족하는 해임을 보여라.

(2) $I_\nu(x) = i^{-\nu}J_\nu(ix)$와 식 (4.6.5)를 이용하여 식 (4.6.22)가 성립함을 보여라.

☞ 변형 베셀 함수의 그래프는 다음과 같다.

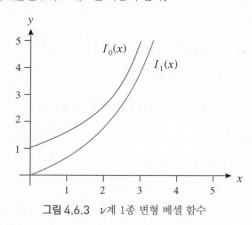

그림 4.6.3 ν계 1종 변형 베셀 함수

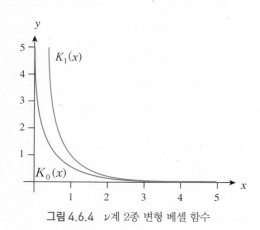

그림 4.6.4 ν계 2종 변형 베셀 함수

베셀 방정식의 경우와 마찬가지로

$$x^2 y'' + xy' - (\lambda^2 x^2 + \nu^2)y = 0 \tag{4.6.24}$$

을 매개변수형 변형 베셀 방정식이라 하고, 이의 해는

$$y(x) = c_1 I_\nu(\lambda x) + c_2 K_\nu(\lambda x) \tag{4.6.25}$$

이다.

초기값 문제의 수치해법

1장에서 문제를 해결하는 방법에 해석적 방법과 수치적 방법이 있다고 하였다. **해석적 방법**(analytic method)은 우리가 이제까지 공부한 것과 같이 오직 수학적인 정의와 정리를 기반으로 문제를 해결하는 방법이며, **수치적 방법**(numerical method)은 컴퓨터의 빠른 연산처리 능력을 이용하여 문제를 해결하는 방법이다. 해석적 방법을 사용하더라도 중간과정 또는 결과값의 계산이 복잡하거나 구한 해를 그래프로 그리기 위해 컴퓨터를 사용할 수 있지만 이를 수치적 방법이라고 하지는 않는다. 수치적 방법은 문제를 컴퓨터를 이용하여 풀 수 있도록 문제 자체를 변형하는 과정과 이렇게 변형된 문제를 컴퓨터에 입력할 수 있는 프로그램 과정이 반드시 포함된다. 수치적 방법은 보통 '**수치해석**(numerical analysis)'이라는 과목으로 별도로 배우지만, 여기서는 이 책의 다른 부분과 연관된 상미분방정식과 편미분방정식의 수치해법에 대해서 소개한다. 간단하지만 유용하게 사용될 수 있다. 이 책의 1장~4장에서 공부했던 초기값 문제에 대한 수치적 방법에 대해 5.2절에서 공부한다. 편미분방정식을 포함한 경계값 문제에 대한 수치해법은 14장에서 다룬다. 먼저 5.1절에서 수치해석에 대한 기본 지식을 습득하자.

5.1 수치해석의 기초

이 절의 목적은 구체적인 수치적 방법론을 공부하는 것이 아니고, 해석적 방법과 수치적 방법의 차이점을 알고 왜 수치적 방법이 중요한지에 대해 이해하는 것이다.

먼저 방정식 $f(x) = 0$을 만족하는 근(root 또는 zero) x를 구하기 위한 해석적 방법과 수치적 방법의 차이를 생각해 보자.

방정식 $f(x) = 0$의 근은 그림 5.1.1에서 $y = f(x)$와 x축과의 교점이다. 우리는 이러한 방정식의 근을 해석적 방법으로 쉽게 구할 수 있을 것이라고 생각하지만 사실 그렇지 않다. 일반적으로 해를 구할 수 있는 방정식은 1차 방정식(linear equation)

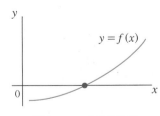

그림 5.1.1 방정식의 근

$$f(x) = ax + b = 0, \quad x = -\frac{b}{a} \quad (a \neq 0)$$

과 2차 방정식(quadratic equation)

$$f(x) = ax^2 + bx + c = 0, \quad x = \frac{-b \pm \sqrt{b^2 - 4ac}}{2a} \quad (a \neq 0)$$

에 국한된다. 3차 및 4차 방정식에 대해서는 근의 공식이 발견되었지만 그 형태가 매우 복잡하며, 5차 이상의 방정식에 대해서는 근의 공식이 존재하지 않음이 증명되었다. 특히 $f(x) = e^x - \tanh x = 0$과 같이 함수 $f(x)$가 삼각함수나 지수함수와 같은 초월함수를 포함한 경우는 일반적으로 해석적으로 근을 구하는 일이 불가능하다. 하지만 수치적 방법을 이용하면 이러한 방정식에 대해서도 근을 구할 수 있다. **이분법**(bisection method)이라 불리는 간단한 방법을 소개한다. 이는 반복적으로 계산하여 $f(p) \simeq 0$을 만족하는 근 p를 구하는 방법이다.

표 5.1.1과 같이 컴퓨터가 수행해야 할 작업을 순서대로 나열한 것을 **알고리즘**(algorithm) 또는 **가프로그램**(pseudo-program)이라 하며, 이러한 알고리즘을 FORTRAN, C, C++, MATLAB 등 각자가 사용하는 프로그램 언어로 표현하면 된다. 수치해석은 특정 프로그램 언어에 대해 공부하는 것이 아니고 문제를 해결하기 위한 수치적 방법론을 공부하는 분야이다.

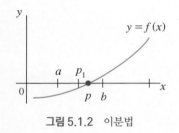

그림 5.1.2 이분법

표 5.1.1 $f(x) = 0$의 근을 구하는 이분법 알고리즘

(1) $n = 0$: set ϵ and a, b as $f(a)f(b) < 0$

(2) $n = n + 1$

(3) Calculate the midpoint: $p_n = \dfrac{a + b}{2}$

(4) If $|f(p_n)| < \epsilon$ then the root is $p \simeq p_n$ and stop.

(5) If $f(a)f(p_n) < 0$ then $b = p_n$,

     else $a = p_n$.

(6) If $|p_n - p_{n-1}| < \epsilon$, then $p \simeq p_n$ and stop.

(7) Go to step (2).

여기서 n은 반복계산 횟수를 나타내는 **반복지표**(iteration index)이다. 단계 (1)에서 오차의 한계 ϵ과 해가 존재하는 구간 $[a, b]$를 정하여 계산을 시작한다. 여기서 ϵ은 원하는 만큼의 정확도로 근을 구하기 위해 정하는 작은 값이고, a와 b는 $f(a)f(b) < 0$, $a < b$를 만족하는 값들이다. 단계 (3)에서 a와 b의 중간점을 계산하여 이를 p_n으로 놓고, 단계 (4)에서 $|f(p_n)| < \epsilon$를 만족하면 계산을 종료하고 그렇지 않으면 단계 (5)로 넘어간다. 단계 (5)에서는 다시 $f(a)f(p_n)$를 계산하여 이 값이 음이면 해는 a와 p_n 사이에 존재하므로 $b = p_n$으로 놓고, 양이면 해는 p_n과 b 사이에 존재하므로 $a = p_n$

으로 놓고 단계 (7)에서 계산을 반복한다. 단계 (6)은 반복계산을 통해 구한 p_n 값에 큰 차이가 없을 때 계산을 종료한다. 단계 (4)와 단계 (6)은 계산을 종료시키는 기준을 정하는데, 이를 **종료기준**(stopping criteria)이라 한다. 이외에도 충분하다고 예상되는 전체 반복계산 수를 미리 정하여 종료기준에 포함시킬 수 있다. 이는 예상하지 못한 오류로 계산이 무한히 반복되는 경우를 막는 방법으로 대부분의 프로그램에서 사용하는 것이 바람직하다.

이분법을 사용하여 3차 방정식의 근을 구하는 예를 보자.

예제 1

3차 방정식 $f(x) = x^3 + 4x^2 - 10 = 0$의 양의 근을 구하라.

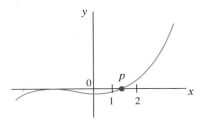

그림 5.1.3   이분법

(풀이) $f(1) = -5 < 0$, $f(2) = 14 > 0$이므로 구하는 근은 1과 2 사이에 존재한다. 따라서 $a = 1$, $b = 2$로 놓고 $\epsilon = 5 \times 10^{-4}$을 사용하겠다.

$$n = 1: a = 1, \ b = 2, \ p_1 = \frac{a + b}{2} = \frac{1 + 2}{2} = 1.5$$

$$f(p_1) = (1.5)^3 + 4 \cdot (1.5)^2 - 10 = 2.375$$

$$f(a)\,f(p_1) = (-5)(2.375) < 0$$

$$\therefore \ b = p_1 = 1.5$$

$$n = 2: a = 1, \ b = 1.5, \ p_2 = \frac{a + b}{2} = \frac{1 + 1.5}{2} = 1.25$$

$$f(p_2) = (1.25)^3 + 4 \cdot (1.25)^2 - 10 = -1.7968$$

$$f(a)\,f(p_2) = (-5)(-1.7968) > 0$$

$$\therefore \ a = p_2 = 1.25$$

$$n = 3: a = 1.25, \ b = 1.5, \ p_3 = \frac{a + b}{2} = \frac{1.25 + 1.5}{2} = 1.375$$

$$\vdots$$

이러한 단계별 계산을 계속한 결과가 표 5.1.2이고, 11회의 반복계산 후에 원하는 근

$$p \simeq p_{11} = 1.3647$$

을 구한다.

표 5.1.2   이분법을 이용한 $f(x) = x^3 + 4x^2 - 10 = 0$의 근

n	a	b	p_n	$\|f(p_n)\|$	$\|a_n - b_n\|$
1	1.00000000	2.00000000	1.50000000	2.37500000	1.000×10^0
2	1.00000000	1.50000000	1.25000000	1.79687500	5.000×10^{-1}
3	1.25000000	1.50000000	1.37500000	0.16210938	2.500×10^{-1}
4	1.25000000	1.37500000	1.31250000	0.84838867	1.250×10^{-1}
5	1.31250000	1.37500000	1.34375000	0.35098267	6.250×10^{-2}
6	1.34375000	1.37500000	1.35937500	0.09640884	3.125×10^{-2}
7	1.35937500	1.37500000	1.36718750	0.03235579	1.563×10^{-2}
8	1.35937500	1.36718750	1.36328125	0.03214997	7.813×10^{-3}
9	1.36328125	1.36718750	1.36523438	0.00007202	3.906×10^{-3}
10	1.36328125	1.36523438	1.36425781	0.01604669	1.953×10^{-3}
11	1.36425781	1.36523438	1.36474609	0.00798926	9.765×10^{-4}

예제 1의 풀이에서 보인 계산과정은 프로그래밍을 통해 컴퓨터가 수행하는 것이지만 여기서는 단지 여러분의 이해를 위해 보인 것임을 기억하자. 예제 1의 근의 **참값**(true value)은 $p = 1.3652300134\cdots$이다.

$$|p - p_{11}| = |1.36523001 - 1.36474609| = 4.8 \times 10^{-4} < 5 \times 10^{-4}$$

로 계산결과가 우리가 원했던 오차의 한계 $\epsilon = 5 \times 10^{-4}$을 만족함을 확인할 수 있다. 비선형 방정식의 근을 구하는 방법으로 이분법에 비해 더욱 빠르고 정확한 여러 다른 방법이 있지만 이에 관한 내용은 수치해석 관련 교재를 참고하자. 하지만 이러한 수치해석 이론을 이해하기 위해서는 기본적으로 수학 지식이 뒷받침되어야 한다는 것은 기억해야 한다.

위의 예에서는 해석적 방법으로 해를 구할 수 없는 경우라도 수치적 방법을 통해 해를 구할 수 있는 경우를 보였다. 또 다른 예를 보자.

예제 2

그림 5.1.4와 같이 3개의 부분회로로 이루어진 전기회로에 대해 각 부분회로를 지나는 전류 i_1, i_2, i_3를 (1) 해석적 방법과 (2) 수치적 방법으로 구하라.

(풀이) 주어진 회로가 저항으로만 이루어진 회로이므로 고등학교 물리과정에서 배운 지식을 이용하여 각 부분회로에 대해 **옴의 법칙**(Ohm's law)을 적용하면

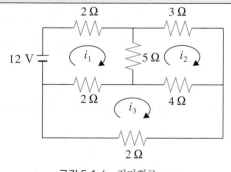

그림 5.1.4   전기회로

$$12 - 2i_1 - 5(i_1 - i_2) - 2(i_1 - i_3) = 0$$
$$-3i_2 - 4(i_2 - i_3) - 5(i_2 - i_1) = 0$$
$$-2(i_3 - i_1) - 4(i_3 - i_2) - 2i_3 = 0$$

이고, 이를 정리하면

$$9i_1 - 5i_2 - 2i_3 = 12$$
$$5i_1 - 12i_2 + 4i_3 = 0 \tag{a}$$
$$i_1 + 2i_2 - 4i_3 = 0$$

이다. (a)를 행렬을 이용하여 표현하면

$$\mathbf{AI} = \mathbf{S} \tag{b}$$

이고, 여기서

$$\mathbf{A} = \begin{bmatrix} 9 & -5 & -2 \\ 5 & -12 & 4 \\ 1 & 2 & -4 \end{bmatrix}, \qquad \mathbf{I} = \begin{bmatrix} i_1 \\ i_2 \\ i_3 \end{bmatrix}, \qquad \mathbf{S} = \begin{bmatrix} 12 \\ 0 \\ 0 \end{bmatrix}$$

이다. 결국 예제 2는 (b)와 같은 선형계의 해를 구하는 문제로 귀결된다.

(1) 해석적 방법

선형계를 푸는 방법은 여러 가지가 있겠지만 여기서는 **크라머 공식**(Cramer's formula, 7.6절)을 사용하겠다. 행렬 $\mathbf{A}$의 첫 번째, 두 번째, 세 번째 열의 원소를 열벡터 $\mathbf{S}$의 원소로 대체한 행렬을 각각 $\mathbf{A}_1$, $\mathbf{A}_2$, $\mathbf{A}_3$라 하면

$$\det\mathbf{A} = \begin{vmatrix} 9 & -5 & -2 \\ 5 & -12 & 4 \\ 1 & 2 & -4 \end{vmatrix} = 196 \qquad \det\mathbf{A}_1 = \begin{vmatrix} 12 & -5 & -2 \\ 0 & -12 & 4 \\ 0 & 2 & -4 \end{vmatrix} = 480$$

$$\det\mathbf{A}_2 = \begin{vmatrix} 9 & 12 & -2 \\ 5 & 0 & 4 \\ 1 & 0 & -4 \end{vmatrix} = 288 \qquad \det\mathbf{A}_3 = \begin{vmatrix} 9 & -5 & 12 \\ 5 & -12 & 0 \\ 1 & 2 & 0 \end{vmatrix} = 264$$

이므로 해는

$$i_1 = \frac{\det\mathbf{A}_1}{\det\mathbf{A}} = \frac{480}{196} \simeq 2.449$$
$$i_2 = \frac{\det\mathbf{A}_2}{\det\mathbf{A}} = \frac{288}{196} \simeq 1.469 \tag{c}$$
$$i_3 = \frac{\det\mathbf{A}_3}{\det\mathbf{A}} = \frac{264}{196} \simeq 1.347$$

이다.

(2) 수치적 방법

선형계의 해를 구하기 위해 1차 연립방정식을 푸는 수치해법 가운데 하나인 **가우스-사이델 법**(Gauss-Seidel method)을 이용하겠다. 이에 대한 자세한 내용은 수치해석 교재를 참고하라. [대부분의 프로그램 언어는 이러한 1차 연립방정을 풀 수 있는 **서브프로그램**(subprogram)을 포함한다.] 먼저 (a)를 각각 i_1, i_2, i_3에 대해 정리하면 다음과 같다. 여기서 l은 반복계산 횟수를 나타내는 반복지표이다.

$$i_1^{(l)} = \frac{1}{9}\left[12 + 5i_2^{(l-1)} + 2i_3^{(l-1)}\right]$$

$$i_2^{(l)} = \frac{1}{12}\left[5i_1^{(l)} + 4i_3^{(l-1)}\right] \qquad\qquad \text{(d)}$$

$$i_3^{(l)} = \frac{1}{4}\left[i_1^{(l)} + 2i_2^{(l)}\right]$$

(d)에 의하면 l 번째 계산을 하기 위해 $l-1$ 번째 계산값이 필요하므로 첫 계산에 필요한 $i_2^{(0)}$, $i_3^{(0)}$의 값을 가정해야 한다. 여기서는 $i_2^{(0)} = i_3^{(0)} = 1.0$ 을 사용하겠다.

반복계산 1: $i_1^{(1)} = \frac{1}{9}\left[12 + 5i_2^{(0)} + 2i_3^{(0)}\right] = \frac{1}{9}[12 + 5(1.0) + 2(1.0)] = 2.111$

$i_2^{(1)} = \frac{1}{12}\left[5i_1^{(1)} + 4i_3^{(0)}\right] = \frac{1}{12}[5(2.111) + 4(1.0)] = 1.213$

$i_3^{(1)} = \frac{1}{4}\left[i_1^{(1)} + 2i_2^{(1)}\right] = \frac{1}{4}[(2.111) + 2(1.213)] = 1.134$

반복계산 2: $i_1^{(2)} = \frac{1}{9}\left[12 + 5i_2^{(1)} + 2i_3^{(1)}\right] = \frac{1}{9}[12 + 5(1.213) + 2(1.134)] = 2.259$

$i_2^{(2)} = \frac{1}{12}\left[5i_1^{(2)} + 4i_3^{(1)}\right] = \frac{1}{12}[5(2.259) + 4(1.134)] = 1.319$

$i_3^{(2)} = \frac{1}{4}\left[i_1^{(2)} + 2i_2^{(2)}\right] = \frac{1}{4}[(2.259) + 2(1.319)] = 1.225$

$$\vdots$$

와 같이 계산하는데, 13회의 반복계산을 하면 $i_1 = 2.449$, $i_2 = 1.469$, $i_3 = 1.347$을 얻으며 이는 (c)의 소수 이하 셋째 자리까지 결과와 같다.

예제 2에서 선형계의 풀이를 비교하면 해석적 방법은 간단한 반면에 수치적 방법은 매우 복잡해 보인다. 하지만 수치적 방법에서 요구되는 반복계산은 표 5.1.3의 알고리즘을 수행하는 간단한 프로그램에 의해 컴퓨터가 순식간에 수행한다.

표 5.1.3 예제 2를 위한 알고리즘

(1) Guess i_1, i_2, i_3.

(2) Set $i_1 = \frac{1}{9}[12 + 5i_2 + 2i_3]$, $i_2 = \frac{1}{12}[5i_1 + 4i_3]$, $i_3 = \frac{1}{4}[i_1 + 2i_2]$.

(3) Check Errors of i_1, i_2, i_3.; if satisfied, go to step (4).

if not satisfied, go to step (2).

(4) Output i_1, i_2, i_3.

☞ 단계 (3)에서 오차(error)라 함은 현재의 반복계산 단계와 이전 반복계산 단계에서의 i_1, i_2, i_3의 차이를 의미한다. 즉 미리 지정한 오차범위(예를 들어 $\epsilon = 10^{-4}$)에 대해 $|i_k^{(l)} - i_k^{(l-1)}| < \epsilon$, $k = 1, 2, 3$을 만족하는지를 확인하는 단계이다.

예제 1에서는 부분회로가 3개이므로 미지수도 i_1, i_2, i_3 3개이고, 결과적으로 **A**도 3×3 행렬로 나타났다. 만약 부분회로의 수가 100개라면 어떨까? 미지수는 i_1, i_2, $\cdots$, i_{100} 100개가 되고, **A**도 100×100 행렬이 될 것이다. 예제 1의 해석적 방법을 이용한 풀이에서 3×3 행렬식을 계산했는데, 우리가 잘 아는 바와 같이 3×3 행렬식을 계산하기 위해서는 3개의 2×2 행렬식 계산을 해야 한다. 그렇다면 100×100 행렬식을 계산하려면 얼마나 많은 수의 연산이 필요할 지는 쉬어가기 7.2를 참고하자. 반면에 수치적 방법은 프로그램만 수정하여 비교적 간단하게 이 일을 해낼 수 있다. 이렇듯 수학적 이론으로는 간단하게 보이지만 실제로 막대한 계산을 요하여 컴퓨터를 이용하지 않으면 계산이 불가능한 경우가 있다. 이것이 이론과 실제의 차이다. 공학 분야에서 100개의 미지수를 갖는 **선형계**(linear system, 1차 연립방정식)는 그다지 대형 문제가 아니다. 공학문제를 해결하다 보면 백만 개이상의 미지수를 다루어야 하는 경우도 자주 나타난다. 문제가 대형화되면 결국 수치적 방법에 의존해야 한다. 이렇듯 수치해석에서는 1차 연립방정식으로 표현되는 선형계를 풀어야 하는 경우가 자주 발생하므로 이에 대한 다양한 수치적 방법이 개발되어 있다.

예제 3

경계값 문제

$$y'' + y = 0, \quad y(0) = 0, \quad y(\pi/2) = 1 \tag{a}$$

의 특수해를 구하고 $x = \pi/4$에서 y값을 구하라.

(풀이)

(1) 해석적 방법

2장에서 공부한 상수계수 2계 상미분방정식의 풀이법을 이용하면 $y'' + y = 0$의 특성방정식 $m^2 + 1 = 0$의 근이 $m = \pm i$이므로 일반해는 $y = c_1 \cos x + c_2 \sin x$이다. 여기에 경계조건 $y(0) = 0$, $y(\pi/2) = 1$을 적용하면 특수해는 $y = \sin x$이다. 따라서

$$y(\pi/4) = \sin(\pi/4) = \frac{1}{\sqrt{2}}$$

이다.

(2) 수치적 방법

먼저 독립변수 x의 구간 $[0, \pi/2]$을 그림 5.1.5와 같이 2개의 **격자**(mesh 또는 cell)로 나누고, 각각의 **격자점**(node)을 $x_0 = 0$, $x_1 = \pi/4$, $x_2 = \pi/2$로 놓는다. y_0, y_1, y_2는 각각 해당 격자점에서 우리가 구해야 할 y값이고 $h = \pi/4$는 **격자의 크기**(mesh size)이다.

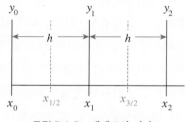

그림 5.1.5   예제 3의 격자

두 격자의 중점이 $x_{1/2}$, $x_{3/2}$일 때 주어진 미분방정식의 양변을 구간 $[x_{1/2}, x_{3/2}]$에 대해 적분하면

$$\int_{x_{1/2}}^{x_{3/2}} \frac{d^2 y}{dx^2} dx + \int_{x_{1/2}}^{x_{3/2}} y\,dx = 0 \quad \text{또는} \quad \frac{dy}{dx}\Big|_{x=x_{3/2}} - \frac{dy}{dx}\Big|_{x=x_{1/2}} + hy_1 = 0$$

이다. 위 식에 미분을 대신하는 근사식으로 **차분식**[*](difference equation)

$$\frac{dy}{dx}\Big|_{x=x_{1/2}} = \frac{y_1 - y_0}{h}, \quad \frac{dy}{dx}\Big|_{x=3/2} = \frac{y_2 - y_1}{h}$$

을 사용하면

$$\frac{y_2 - y_1}{h} - \frac{y_1 - y_0}{h} + hy_1 = 0 \quad \text{또는} \quad y_0 + (h^2 - 2)y_1 + y_2 = 0$$

이 되며, 주어진 경계조건으로부터 이미 $y_0 = 0$, $y_2 = 1$임을 알고 있으므로 경계값 문제는 결국 선형계

$$y_0 = 0$$
$$y_0 + (h^2 - 2)y_1 + y_2 = 0$$
$$y_2 = 1$$

또는

$$\mathbf{AY = S}$$

가 된다. 여기서

$$A = \begin{bmatrix} 1 & 0 & 0 \\ 1 & h^2 - 2 & 1 \\ 0 & 0 & 1 \end{bmatrix}, \qquad Y = \begin{bmatrix} y_0 \\ y_1 \\ y_2 \end{bmatrix}, \qquad S = \begin{bmatrix} 0 \\ 0 \\ 1 \end{bmatrix}$$

이다. 위의 선형계를 풀면(실제 수치적 방법에서는 h 대신에 특정한 수치를 사용해야 하지만 여기서는 간단한 설명을 위해 그대로 h로 놓았다) 해는 $h = \pi/4$이므로

$$y_0 = 0, \quad y_1 = \frac{1}{2 - h^2} = \frac{1}{2 - (\pi/4)^2} \simeq 0.723, \quad y_2 = 1$$

이다.

☞ * 미분(derivative)을 컴퓨터에서 수행이 가능하도록 사칙연산으로 바꾸는 과정을 **차분**(difference)이라고 한다.

14장에서 공부하겠지만 수치적 방법으로 경계값 문제의 해를 구하려면 독립변수 x에 대한 격자를 구성하여 주어진 **미분방정식**(differential equation)을 각 격자점에 대한 **차분방정식**(difference equation)으로 바꾸어야 하는데, 이러한 방법이 **유한차분법**(finite difference method, FDM) 또는 **유한요소법**(finite element method, FEM) 등이다.

예제 3의 해석해와 수치해를 그림 5.1.6에 비교하였다. 실선은 해석해 $y = \sin x$를 나타내고 점은 수치해로 구한 값이다. 해석해와 비교할 때 수치해는 약간의 오차를 갖는다.

예제 3의 풀이를 보면 해석해는 x의 모든 구간에서 해를 제공하는 반면에 수치해는 격자점에서의 값만을 제공하고, 해석적 방법에는 어떤 가정이나 근사가 포함되지 않지만 수치적 방법에는 차분과 같은 근사를 사용하므로 구한 해도 **참해**(exact 또는 true solution)가 아닌 **근사해**(approximate solution)이다. 따라서 이러한 문제에 대해서는 해석적 방법이 수치적 방법보다 월등하게 좋아 보인다. 과연 그럴까? 원래의 문제로 돌아가 보자. 예제 3의 (a)는 y''과 y의 계수가 1이고 우변의 비제차항이 0인 상수계수 미분방정식이므로 해석해를 쉽게 구할 수 있었다. 실제로 우리가 풀어야 할 미분방정식은 열전도방정식일 수도 있고 파동방정식일 수도 있다. 열이나 파동은 매질을 통해 전달되는데 방정식의 계수는 매질의 성질에 의해 주어지는 값이다. 계수가 상수라는 의미는 예제 3의 매질이 단순하게 한 종류의 매질로만 이루어져 있음(homogeneous)을 의미한다. 만약 매질이 서로 다른 물질로 구성된다면(heterogeneous) 영역별로 미분방정식의 계수가 다를 것이며 이때는 해석해를 구할 수 없다. 물론 영역 내부에 빈 구멍(공동, void)이 있을 수도 있다. 또한 영역이 2차원이면 편미분방정식을 풀어야 하므로 전혀 다른 문제가 된다. 이렇듯 해석적 방법은 매우 제한적인 경우에만 사용할 수 있다.

한편 수치적 방법에 사용된 차분에 대해 다시 생각해 보자. 미분의 정의에 의하면

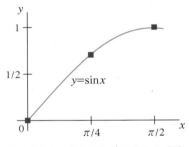

그림 5.1.6 예제 3의 해석해와 수치해

$$\frac{dy}{dx}\bigg|_{x=x_{1/2}} = \lim_{h \to 0} \frac{y_1 - y_0}{h}, \qquad \frac{dy}{dx}\bigg|_{x=x_{3/2}} = \lim_{h \to 0} \frac{y_2 - y_1}{h}$$

인데, 수치적 방법에서는 유한한 크기의 h를 사용할 수밖에 없다. 차분과 같은 근사에 의해 해에 나타나는 오차를 **절단오차**(truncation error)라 한다. 이외에도 수치적 방법에는 컴퓨터의 수치표현 능력의 한계에 의해 오차가 필연적으로 발생하는데, 이는 **자리수오차**(roundoff error)라 부른다. 차분식에서 h를 작게 할수록, 즉 격자의 수를 늘릴수록 근사는 정확해지고 해도 참해에 가까워질 것이다. 하지만 격자수가 늘면 미지수의 수 또한 늘게 되어 계산량이 많아진다. 수치적 방법의 계산속도를 나타내는 **효율성**(efficiency)은 결과의 **정확성**(accuracy)과 상반된다. 그 외에도 수치적 방법의 특징을 판단하는 기준의 하나로 **안정성**(stability)이 있는데, 이는 반복계산에서 전 단계에서 발생한 오차가 다음 단계로 전파되는 정도를 나타내는 것으로 이러한 **전파오차**(propagation error)가 줄어들 때 안정성을 갖는다고 말한다.

우리는 위의 세 가지 예제를 통해 해석적 방법과 수치적 방법의 차이점을 발견했는데 이를 정리하면 다음과 같다.

해석적 방법

- 해를 구할 수 있으면 참해를 제공한다.
- 해를 구할 수 없거나 해를 구할 수 있더라도 계산량이 너무 많아 실질적으로 계산이 불가능한 경우가 있다.
- 특수한 경우에만 해를 구할 수 있어 용도가 제한적이다.

수치적 방법

- 컴퓨터의 연산능력을 이용해서 풀 수 있도록 문제를 재구성해야 한다.
- 절단오차와 자리수오차에 의해 근사해를 구할 수밖에 없다.
- 대부분의 문제에 대해 해를 제공한다.
- 효율성, 정확성, 안정성이 확보되어야 한다.

5.1 연습문제

1. 수학적 이론으로는 조화급수 $\sum_{m=1}^{\infty} \frac{1}{m}$ 은 발산한다(4.1절 참고). 만약 컴퓨터 프로그램을 작성하여 조화급수의 합을 계산한다면 급수가 수렴할까 아니면 발산할까?

(**답**) 수렴

2. 1에서 N까지 자연수의 합을 구하는 컴퓨터 프로그램을 작성하고 입력 $N = 100$에 대해 프로그램을 수행하여 답을 구하라. 프로그램 언어는 어떤 것을 사용해도 된다.

(답) 5050

3. 이분법을 이용하여 비선형방정식 $x = \cos x$의 근을 구하라. 시작점으로 0과 $\pi/2$를 사용하고 $\epsilon = 10^{-4}$의 정확도로 계산한다. 근을 구하는 데 필요한 반복계산 수를 미리 예상하고 실제 반복계산 수와 비교하라.

(답) $p = 0.7391$, 반복계산 14회

4. 선형계에 대해 역행렬(7.5절 참고)을 이용하는 해석적 방법과 수치해법인 가우스-사이델 법으로 해를 구하라. 가우스-사이델 법을 사용하는 경우 $x_1^{(0)} = x_2^{(0)} = x_3^{(0)} = 0$과 $\epsilon = 10^{-3}$을 이용하여 해를 구한다. 필요한 반복계산 수도 구하라.

$$10x_1 - x_2 = 9$$
$$-x_1 + 10x_2 - 2x_3 = 7$$
$$-2x_2 + 10x_3 = 8$$

(답) 해석해: $x_1 = x_2 = x_3 = 1.000$, 수치해: $x_1 = 0.999$, $x_2 = x_3 = 1.000$, 4회

5. 경계값 문제 $y'' - 4y = 0$, $y(0) = 0$, $y(1) = 5$에 대해 해석해와 $h = 0.25$인 수치해를 구하여 본문의 그림 5.1.6과 같은 그래프로 비교하라.

(답) 해석해: $y_1 = 0.7184$, $y_2 = 1.620$, $y_3 = 2.935$
수치해: $y_1 = 0.7256$, $y_2 = 1.6327$, $y_3 = 2.9479$

5.2   초기값 문제의 수치해법

2.1절에서 공부한 바와 같이 일반적인 **초기값 문제**(initial value problem)는 다음과 같이 n계 미분방정식과 n개의 초기조건으로 구성된다.

$$F\left(x, y, \frac{dy}{dx}, \cdots, \frac{d^n y}{dx^n}\right) = 0 \,, \quad y(0) = y_0, \; y'(0) = y_1, \cdots, y^{(n-1)}(0) = y_{n-1} \qquad (5.2.1)$$

이 절에서는 먼저 1계 초기값 문제

$$y' = f(x, y), \quad y(x_0) = y_0 \qquad (5.2.2)$$

의 해를 구하는 수치적 방법을 소개한다. 1장에서 1계 미분방정식을 변수분리

형, 완전미분방정식 또는 선형미분방정식으로 구분하여 해를 구한 것과 달리 식 (5.2.2)의 1계 미분방정식은 우변이 일반적인 형태 $f(x, y)$로 표현되었음에 유의하자. 식 (5.2.2)에서 변수 x를 변수(시간) t로 나타내는 경우도 많으며, 이러한 초기값 문제는 공학의 여러 분야에서 다양한 응용과 연관된다.

오일러 법

(1) 단순 오일러 법

식 (5.2.2)의 해 $y(x)$, $x \geq x_0$를 구하기 위해 x의 구간을 등간격 h로 나누면 $x_n = x_0 + nh$, $n = 1, 2, \cdots$이고, 이때의 함수값을 $y_n = y(x_n)$으로 나타내자. 초기조건에 의해 y_0 값은 이미 주어지며 이것으로부터 순차적으로 $y_1, y_2, \cdots, y_n, \cdots$을 구한다. 식 (5.2.2)의 미분방정식에 포함된 미분항을

$$y'(x_0) = \frac{dy}{dx}\bigg|_{x=x_0} \simeq \frac{y_1 - y_0}{h} \tag{5.2.3}$$

로 근사하고 식 (5.2.3)을 y_1에 대해 정리하면

$$y_1 = y_0 + hf(x_0, y_0)$$

가 되며, 이를 x_n, y_n에 대해 일반적으로 표현한 것이 **단순-오일러 법**(simple Euler method)

$$y_{n+1} = y_n + hf(x_n, y_n) \tag{5.2.4}$$

이다. 이 방법은 그림 5.2.1에서 보는 바와 같이 x_n에서 함수 y의 접선의 기울기를 이용하여 y_{n+1}을 예측하는 것으로 x의 각 구간별로 절단오차가 발생하게 되는데, 이를 **지역 절단오차**(local truncation error)라 부른다.

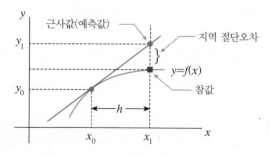

그림 5.2.1 초기값 문제의 절단오차

예제 1

$h = 0.1$을 사용하여 초기값 문제 $y' = 2xy$, $y(1) = 1$의 해를 단순 오일러 법으로 $x = 1.5$까지 구하라.

(풀이) 여기서 $f(x, y) = 2xy$이다. $x_0 = 1.0$, $y_0 = 1.0$이고 $h = 0.1$을 식 (5.2.4)에 적용하면

$$n = 0: y_1 = y_0 + hf(x_0, y_0) = 1 + 0.1f(1, 1) = 1.2$$
$$n = 1: y_2 = y_1 + hf(x_1, y_1) = 1.2 + 0.1f(1.1, 1.2) = 1.464$$
$$n = 2: y_3 = y_2 + hf(x_2, y_2) = 1.464 + 0.1f(1.2, 1.464) = 1.815$$
$$n = 3: y_4 = y_3 + hf(x_3, y_3) = 1.815 + 0.1f(1.3, 1.815) = 2.287$$
$$n = 4: y_5 = y_4 + hf(x_4, y_4) = 2.287 + 0.1f(1.4, 2.287) = 2.928$$

이므로

$$y(1.5) = y_5 = 2.928$$

이다.

예제 1의 해석해(참해) $y = e^{x^2 - 1}$을 이용하면 $y(1.5) = e^{1.5^2 - 1} = 3.4904$가 되어 예제 1의 결과와는 큰 차이를 보인다. 이러한 오차의 원인은 식 (5.2.3)의 근사를 사용했기 때문이다. 식 (5.2.3)은 h가 작을수록 정확한 근사가 되어 결과값도 참해와 가까워진다. $h = 0.05$를 사용하면 $y(1.5) = 3.173$을 얻을 수 있다. 하지만 h가 작아지면 $y(1.5)$를 얻기 위해 더 많은 계산을 해야 한다.

(2) 개선된 오일러 법

단순 오일러 법은 구간 $[x_n, x_{n+1}]$에서 y_n과 y_{n+1} 사이의 변화를 계산하기 위해 구간의 시작점 x_n에서의 접선의 기울기 y_n'만을 이용한다. 따라서 이 방법은 초기값 문제의 해 y가 선형(1차 함수)인 경우에만 정확한 값을 제공한다. 만약 구간 $[x_n, x_{n+1}]$의 양 끝점에서 접선의 기울기 y_n'과 y_{n+1}'의 평균을 이용하면

$$y_{n+1} = y_n + h\left(\frac{y_n' + y_{n+1}'}{2}\right) \tag{5.2.5}$$

이 되고, 이는 y_{n+1}을 더욱 정확하게 예측할 것이다. 하지만 아직 y_{n+1}을 알지 못하는 상황에서 y_{n+1}'을 계산할 수 없으므로 식 (5.2.5)를 직접 사용할 수는 없다. 따라서 단순 오일러 법[식 (5.2.4)]으로 구한 y_{n+1}을 식 (5.2.5)에 사용하면

$$\hat{y}_{n+1} = y_n + hf(x_n, y_n)$$
$$y_{n+1} = y_n + \frac{h}{2}[f(x_n, y_n) + f(x_{n+1}, \hat{y}_{n+1})] \tag{5.2.6}$$

이 되며, 이를 개선된 오일러 법(improved or modified Euler method)이라 한다. 식 (5.2.6)을

$$y_{n+1} = y_n + \frac{h}{2}[f(x_n, y_n) + f(x_n + h, y_n + hf(x_n, y_n))] \qquad (5.2.7)$$

과 같이 하나의 식으로 표현할 수도 있다.

테일러 법

(1) 2항 테일러 법

우리는 4.1절에서 테일러 급수에 대해 공부하였다. 중심이 x_n인 함수 $y(x)$의 테일러 급수에 $x = x_{n+1}$을 대입하면

$$\begin{aligned} y(x_{n+1}) &= y(x_n) + y'(x_n)(x_{n+1} - x_n) + \frac{y''(x_n)}{2!}(x_{n+1} - x_n)^2 + \cdots \\ &= y(x_n) + hy'(x_n) + \frac{h^2}{2}y''(x_n) + \cdots \end{aligned} \qquad (5.2.8)$$

이다. 위 급수의 우변을 두 항까지만 선택하면 $x_{n+1} - x_n = h$이므로

$$y(x_{n+1}) = y(x_n) + hy'(x_n) = y(x_n) + hf(x_n, y_n) \qquad (5.2.9)$$

이 되는데, 식 (5.2.9)는 단순 오일러 법을 나타내는 식 (5.2.4)와 같다. 이런 이유로 단순 오일러 법을 2항 테일러 법으로 부르기도 한다.

(2) 3항 테일러 법

식 (5.2.8)에서 우변의 세 항까지 선택하면

$$y(x_{n+1}) = y(x_n) + hy'(x_n) + \frac{h^2}{2}y''(x_n)$$

또는

$$y_{n+1} = y_n + hy_n' + \frac{h^2}{2}y_n'' \qquad (5.2.10)$$

이 되는데, 이를 3항 테일러 법이라 한다. 식 (5.2.8)의 우변이 무한개의 항을 갖는 반면에 식 (5.2.9) 또는 (5.2.10)의 방법은 유한개의 항을 절단(truncation)하여 사용하므로 절단오차(truncation error)가 발생한다. 이러한 절단오차는 x의 매 구간마다 발생하며, 발생된 오차는 다음 구간으로 전파된다. **전체 오차(global error)**는 지역 절단오차와 전파오차의 합이다.

예제 2

3항 테일러 법을 이용하여 예제 1을 다시 풀라.

(풀이) 예제 1에서 $y' = 2xy$이므로 $y'' = 2y + 2xy' = 2y + 2x(2xy) = 2y + 4x^2y$이고, 이를 식 (5.2.10)에 적용하면

$$y_{n+1} = y_n + hy_n' + \frac{h^2}{2}y_n'' = y_n + h(2x_ny_n) + \frac{h^2}{2}(2y_n + 4x_n^2y_n)$$
$$= (1 + h^2 + 2hx_n + 2h^2x_n^2)y_n = (1.01 + 0.2x_n + 0.02x_n^2)y_n$$

이다. 초기조건 $x_0 = 1.0$, $y_0 = 1.0$을 대입하여 순차적으로 계산하면

$$n = 0: \quad y_1 = (1.01 + 0.2x_0 + 0.02x_0^2)y_0 = [1.01 + 0.2(1.0) + 0.02(1.0)^2](1.0) = 1.23$$
$$n = 1: \quad y_2 = (1.01 + 0.2x_1 + 0.02x_1^2)y_1 = [1.23 + 0.2(1.1) + 0.02(1.1)^2](1.23) = 1.543$$
$$n = 2: \quad y_3 = (1.01 + 0.2x_2 + 0.02x_2^2)y_2 = [1.01 + 0.2(1.2) + 0.02(1.2)^2](1.543) = 1.973$$
$$n = 3: \quad y_4 = \cdots = \cdots = 2.572$$
$$n = 4: \quad y_5 = \cdots = \cdots = 3.419$$

가 되어

$$y(1.5) = y_5 = 3.419$$

이다.

예제 2에서는 테일러 급수의 3항까지 선택했으므로 2항까지 선택한 예제 1에 비해 절단오차가 감소하여 보다 정확한 값을 나타내었다. 하지만 항이 더해지므로 매 x의 매 구간마다 더 많은 계산을 해야 한다. 구간 간격을 $h = 0.05$로 줄이면 절단오차 또한 줄어 $y_5 = 3.470$이 되어 참값 $y(1.5) = 3.4904$에 더 가까워진다.

룽게–쿠타 법

테일러 법에서는 등간격 h를 사용하고 초기값 문제[식 (5.2.2)]를 풀기 위해 $f(x, y)$를 연속적으로 미분해야 했다. 룽게–쿠타 법(Runge–Kutta)은 테일러 법과 유사하지만 $f(x, y)$의 값에 따라 간격 h를 적절히 변화시킬 수 있고 $f(x, y)$를 연속적으로 미분하는 불편함도 사라진다.

☞ **룽게** : Carl Runge, 1856–1927, 독일
쿠타 : Martin Kutta, 1867–1944, 독일

(1) 2계 룽게–쿠타 법

식 (5.2.2)에서 $y' = f(x, y)$의 양변을 미분하면 f_x가 f의 x에 대한 편미분, f_y가 f의 y에 대한 편미분일 때

$$y''(x) = f_x + f_y y' = f_x + f f_y$$

이므로, 이를 테일러 급수[$O(h^3)$은 h^3 이후의 항을 의미한다]

$$y(x + h) = y(x) + h y'(x) + \frac{h^2}{2} y''(x) + O(h^3) \tag{5.2.11}$$

에 대입하면

$$y(x + h) = y(x) + h f(x, y) + \frac{h^2}{2}(f_x + f f_y) \tag{5.2.12}$$

이 된다. 우선 식 (5.2.12)를

$$y(x + h) = y(x) + a h f(x, y) + b h f[x + \alpha h, y + \beta h f(x, y)] \tag{5.2.13}$$

와 같이 나타내 보자. 2변수 함수의 테일러 급수*에 의하면

$$f[x + \alpha h, y + \beta h f(x, y)] \simeq f(x, y) + f_x \alpha h + f_y \beta h f(x, y)$$

이므로 식 (5.2.13)은

$$y(x + h) = y(x) + a h f(x, y) + b h[f(x, y) + f_x \alpha h + f_y \beta h f(x, y)]$$
$$= y(x) + (a + b) h f(x, y) + \alpha b h^2 f_x + \beta b h^2 f f_y \tag{5.2.14}$$

가 된다. 결국 식 (5.2.14)가 식 (5.2.12)와 같아지려면

$$a + b = 1, \quad \alpha b = \frac{1}{2}, \quad \beta b = \frac{1}{2} \tag{5.2.15}$$

을 만족해야 한다. 식 (5.2.15)는 미지수가 4개인 반면에 식은 3개이므로 여러 가지 다른 해를 가질 수 있다. 식 (5.2.12)는 이러한 해의 종류에 따라 다음과 같은 여러 가지 형태로 나누어진다. 이러한 방법들은 식 (5.2.11)에서와 같이 테일러 급수에서 $O(h^3)$ 항까지 선택하여 구한 방법들이므로 **2계 룽게-쿠타 법**이라 부른다.

(i) $a = 0$, $b = 1$, $\alpha = \beta = \frac{1}{2}$ 일 때

식 (5.2.13)에서

$$y(x + h) = y(x) + h f\left[x + \frac{h}{2}, y + \frac{h}{2} f(x, y)\right]$$

이고, 이는 $x = x_n$일 때

☞ 2변수 함수 $f(x, y)$에 대해 중심이 x_0, y_0인 테일러 급수는 다음과 같다(증명 생략).
$$f(x, y) = f(x_0, y_0) + [f_x(x_0, y_0)(x - x_0) + f_y(x_0, y_0)(y - y_0)]$$
$$+ \frac{1}{2!}\left[f_{xx}(x_0, y_0)(x - x_0)^2 + 2f_{xy}(x_0, y_0)(x - x_0)(y - y_0) + f_{yy}(x_0, y_0)(y - y_0)^2\right] + \cdots$$

$$y_{n+1} = y_n + hf\left[x_n + \frac{h}{2}, y_n + \frac{h}{2}f(x_n, y_n)\right] \qquad (5.2.16)$$

과 같이 쓸 수 있다. 이를 **중점법**(midpoint method)이라 한다.

(ii) $a = b = \frac{1}{2}$, $\alpha = \beta = 1$일 때

　마찬가지로

$$y(x + h) = y(x) + \frac{h}{2}f(x, y) + \frac{h}{2}f[x + h, y + hf(x, y)]$$

에 의해

$$
\begin{aligned}
y_{n+1} &= y_n + \frac{1}{2}(k_1 + k_2) \\
k_1 &= hf(x_n, y_n) \\
k_2 &= hf(x_n + h, y_n + k_1)
\end{aligned}
\qquad (5.2.17)
$$

이 성립하며, 이는 **개선된 오일러 법**과 같다. 식 (5.2.17)을 식 (5.2.7)과 비교해 보라. 즉 개선된 오일러 법은 2계 룽게–쿠타 법 중 하나이다.

(iii) $a = \frac{1}{4}$, $b = \frac{3}{4}$, $\alpha = \beta = \frac{2}{3}$일 때

$$y(x + h) = y(x) + \frac{h}{4}f(x, y) + \frac{3h}{4}f\left[x + \frac{2h}{3}, y + \frac{2h}{3}f(x, y)\right]$$

에 의해

$$
\begin{aligned}
y_{n+1} &= y_n + \frac{1}{4}(k_1 + 3k_2) \\
k_1 &= hf(x_n, y_n) \\
k_2 &= hf\left(x_n + \frac{2h}{3}, y_n + \frac{2}{3}k_1\right)
\end{aligned}
\qquad (5.2.18)
$$

이 성립하며, 이를 **호인 법**(Karl Heun, 1859–1929, 독일)이라 한다.

예제 3

룽게–쿠타 법 중 개선된 오일러 법을 이용하여 예제 1을 다시 풀라.

(풀이) $x_0 = 1.0$, $y_0 = 1.0$과 식 (5.2.17)을 이용한다.

$$n = 0: \quad k_1 = hf(x_0, y_0) = 0.1f(1, 1) = 0.2$$

$$k_2 = hf(x_0 + h, y_0 + k_1) = 0.1f(1.1, 1 + 0.2) = 0.264$$

$$y_1 = y_0 + \frac{1}{2}(k_1 + k_2) = 1 + \frac{1}{2}(0.2 + 0.264) = 1.232$$

$$n = 1: \quad k_1 = hf(x_1, y_1) = 0.1f(1.1, 1.232) = 0.2710$$

$$k_2 = hf(x_1 + h, y_1 + k_1) = 0.1f(1.2, 1.232 + 0.2710) = 0.3607$$

$$y_2 = y_1 + \frac{1}{2}(k_1 + k_2) = 1.232 + \frac{1}{2}(0.2710 + 0.3607) = 1.5479$$

$$n = 2: \quad y_3 = \cdots = 1.9832$$

$$n = 3: \quad y_4 = \cdots = 2.5908$$

$$n = 4: \quad y_5 = \cdots = 3.4509$$

따라서

$$y(1.5) = y_5 = 3.4509$$

이다(참값 3.4904).

(2) 4계 룽게–쿠타 법

4계 룽게–쿠타 법 또한 2계 룽게–쿠타 법과 유사하게 유도할 수 있다. **4계 룽게–쿠타 법** 가운데 가장 널리 쓰이는 방법을 아래에 소개한다.

$$y_{n+1} = y_n + \frac{1}{6}(k_1 + 2k_2 + 2k_3 + k_4) \tag{5.2.19}$$

$$k_1 = hf(x_n, y_n)$$

$$k_2 = hf(x_n + h/2, y_n + k_1/2)$$

$$k_3 = hf(x_n + h/2, y_n + k_2/2)$$

$$k_4 = hf(x_n + h, y_n + k_3)$$

개선된 오일러 법에서 단순 오일러 법으로 구한 $\hat{y}_{n+1}$과 새롭게 계산된 y_{n+1}이 다르므로 예측값 $\hat{y}_{n+1}$을 새로운 값 y_{n+1}로 수정하여 다음 단계에 사용하면 정확도를 높일 수 있을 것이다. 이러한 방법을 총칭하여 **예측–수정법**(predictor–corrector method)이라 한다. 하지만 이러한 방법을 매 단계에 적용하여 계산 효율성을 떨어뜨리기보다는 애초부터 정확도가 높은 4계 룽게–쿠타 법 등을 사용하는 것이 유리하다.

식 (5.2.19)에 의하면 4계 룽게–쿠타 법은 매 계산 단계마다 함수 $f(x, y)$를 4회 계산함을 알 수 있다. 반면에 단순 오일러 법은 1회, 2계 룽게–쿠타 법은 2회 계산한다. 따라서 4계 룽게–쿠타 법이 계산 효율성과 정확성 측면에서 우위를 차지하려면 구간간격을 1/4로 줄인 단순 오일러 법이나 구간간격을 1/2로 줄인 2계 룽게–쿠타 법에 비해 정확도가 높아야 할 것이다. 4계 룽게-쿠타 법의 우월성을 보이는 예가 연습문제에 있다.

구간간격 적응법

이제까지 앞에서 소개한 방법들은 모두 일정한 크기의 구간간격 h를 사용한다. 룽게-쿠타 법도 구간간격의 비중을 달리하여(h 앞에 1 또는 1/2 등을 곱하여) 계산하지만 기본적으로 구간간격 h의 크기가 다른 것은 아니다. 각각의 계산 단계에서 정확도가 다른 두 가지 방법에 의한 계산결과의 차이, 즉 오차 E를 계산하여 오차가 작으면 다음 단계의 구간간격을 늘리고 오차가 크면 다음 단계의 구간간격을 줄이는 방법을 **구간간격 적응법**(adaptive method)이라 한다. 이는 계산결과에 따라 자동으로 구간간격을 변화시키는 방법으로 룽게-쿠타-페흘베르그(Runge-Kutta-Fehlberg) 법이 많이 사용된다. 여기서는 5계 및 6계 룽게-쿠타 법을 사용하는 **5-6계 룽게-쿠타-페흘베르그 법**의 최종 형태만 소개한다.

$$\hat{y}_{n+1} = y_n + \left(\frac{25}{216}k_1 + \frac{1408}{2565}k_3 + \frac{2197}{4104}k_4 - \frac{1}{5}k_5\right) + O(h^4) : \text{5계 RK 법}$$

$$y_{n+1} = y_n + \left(\frac{16}{135}k_1 + \frac{6656}{12825}k_3 + \frac{28561}{56430}k_4 - \frac{9}{50}k_5 + \frac{2}{55}k_6\right) + O(h^5) : \text{6계 RK 법}$$

$$k_1 = hf(x_n, y_n)$$

$$k_2 = hf\left(x_n + \frac{1}{4}h, y_n + \frac{1}{4}k_1\right)$$

$$k_3 = hf\left(x_n + \frac{3}{8}h, y_n + \frac{3}{32}k_1 + \frac{9}{32}k_2\right)$$

$$k_4 = hf\left(x_n + \frac{12}{13}h, y_n + \frac{1932}{2197}k_1 - \frac{7200}{2197}k_2 + \frac{7296}{2197}k_3\right)$$

$$k_5 = hf\left(x_n + h, y_n + \frac{439}{216}k_1 - 8k_2 + \frac{3680}{513}k_3 - \frac{845}{4104}k_4\right)$$

$$k_6 = hf\left(x_n + \frac{h}{2}, y_n - \frac{8}{27}k_1 + 2k_2 - \frac{3544}{2565}k_3 + \frac{1859}{4104}k_4 - \frac{11}{40}k_5\right)$$

$$E = \frac{1}{360}k_1 - \frac{129}{4275}k_3 - \frac{2197}{75240}k_4 + \frac{1}{50}k_5 + \frac{2}{55}k_6 : \text{오차}$$

이제까지 소개한 여러 방법들의 특징을 표 5.2.1에 정리하였다.

표 5.2.1 방법론의 비교

방법	구간 내에서의 기울기 계산방법	전체 오차	지역오차	단계별 함수 계산수
오일러	초기값	$O(h)$	$O(h^2)$	1
개선된 오일러	초기값과 예측된 최종값의 평균	$O(h^2)$	$O(h^3)$	2
4계 룽게-쿠타	4개 값의 가중평균	$O(h^4)$	$O(h^5)$	4
5-6계 룽게-쿠타-페흘베르그	6개 값의 가중평균	$O(h^5)$	$O(h^6)$	6

이외에도 초기값 문제를 푸는 방법으로 **다단계법**(multi step method)이 있다. 앞에서 소개한 방법들이 현 단계의 계산을 위해 바로 이전 단계의 계산 결과만 사용하는 **단단계법**(single step method)인 반면에 다단계법은 지난 여러 단계의 계산결과를 이용하여 다음 단계의 값을 추정한다. 다단계법의 하나로 지난 단계의 계산결과를 내삽(interpolation)하여 도함수 y'을 근사하는 다항식을 만들어 다음 단계의 값을 외삽(extrapolation)으로 추정하는 **아담스-밀른**(Adams-Milne) 법 등이 있다. 이렇듯 수치해법들은 다양한 아이디어로 개발할 수 있으나 항상 효율성, 정확성, 안정성 측면에서 면밀하게 검토되어야 한다.

1계 연립미분방정식 또는 고계 미분방정식을 포함한 초기값 문제

2계 이상의 고계 미분방정식은 2개 또는 그 이상의 1계 미분방정식으로 나타낼 수 있으므로 고계 미분방정식을 포함한 초기값 문제는 1계 연립미분방정식의 초기값 문제와 같다. 따라서 이의 풀이에 대해 앞에서 설명한 모든 방법들이 적용될 수 있다. 예를 들어 2계 초기값 문제

$$\frac{d^2y}{dx^2} = f(x, y, y'), \quad y(x_0) = y_0, \quad y'(x_0) = y_1 \tag{5.2.20}$$

의 경우 $y' = u$로 놓으면 연립 2개의 1계 미분방정식으로 구성된 초기값 문제

$$y' = u, \quad u' = f(x, y, u), \quad y(x_0) = y_0, \quad u(x_0) = y_1 \tag{5.2.21}$$

이 된다. 만약 여기에 오일러 법을 적용하면 다음과 같다.

$$y_{n+1} = y_n + hu_n, \ u_{n+1} = u_n + hf(x_n, y_n, u_n) \tag{5.2.22}$$

다음 예제는 2계 초기값 문제의 예이며, 1계 연립미분방정식의 초기값 문제는 연습문제를 참고하자.

예제 4

2계 초기값 문제 $y'' + xy' + y = 0$, $y(0) = 1$, $y'(0) = 2$의 해를 오일러 법으로 구하고 $y(0.2)$를 계산하라.

(풀이) 식 (5.2.21)에 의해

$$y' = u, \quad u' = -xu - y$$

이고, 오일러 법을 적용하면

$$y_{n+1} = y_n + hu_n, \quad u_{n+1} = u_n + h(-x_n u_n - y_n)$$

이다. $h = 0.1$, $y_0 = 1$, $u_0 = 2$를 이용하여 계산하면

$$n = 0: \ y_1 = y_0 + 0.1u_0 = 1 + (0.1)(2) = 1.2$$

$$u_1 = u_0 + h(-x_0 u_0 - y_0) = 2 + (0.1)(-0 \cdot 2 - 1) = 1.9$$

$$n = 1: \ y_2 = y_1 + hu_1 = 1.2 + (0.1)(1.9) = 1.390$$

$$u_2 = u_1 + h(-x_1 u_1 - y_1) = 1.9 + (0.1)[-(0.1)(1.9) - 1.2] = 1.761$$

이므로

$$y(0.2) \simeq 1.390.$$

상미분방정식이 포함된 초기값 문제에 대한 수치해법에 관한 설명은 이 정도로 마치겠다. 편미분방정식이 포함된 경계값 문제에 대한 수치해법은 14장에서 공부한다.

5.2 연습문제

1. 다음 방법으로 예제 1을 다시 풀고 해석해와 비교하라.
(1) 2계 룽게–쿠타 법 (호인 법)   (2) 4계 룽게–쿠타 법(RK 법)

(답)

x_i	호인 법	4계 RK 법	해석해
1.0	1.000000	1.000000	1.0000000
1.1	1.23133	1.233674	1.233678
1.2	1.546144	1.552695	1.552707
1.3	1.979683	1.993687	1.993716
1.4	2.584542	2.611633	2.611697
1.5	3.440198	3.490211	3.490344

2. 초기값 문제 $y' = y - t^2 + 1$, $y(0) = 0.5$의 해를 구하고 $y(0.5)$를 계산하라.

(1) 오일러 법($h = 0.025$)

(2) 개선된 오일러 법($h = 0.05$)

(3) 4계 룽게–쿠타 법($h = 0.1$)

위의 방법들은 $y(0.5)$를 구하기 위해 함수 계산을 동일하게 20회 수행한다. 해석해를 구하여 어떤 방법이 가장 우수한지를 보여라.

(답) 해석해: $y = t^2 + 2t + 1 - \dfrac{1}{2}e^t$

	오일러 법	개선된 오일러 법	4계 RK 법	해석해
$y(0.5)$	1.4147264	1.4250139	1.4256384	1.4256394
오차	7.65×10^{-3}	4.37×10^{-4}	1.04×10^{-6}	—

3. 다음 RLC–회로는 키르히호프 법칙(Gustav Kirchoff, 1824−1887, 독일)에 의해

$$2i_1 + 6(i_1 - i_2) + 2\frac{di_1}{dt} = 12$$

$$\frac{1}{0.5}\int i_2\,dt + 4i_2 + 6(i_2 - i_1) = 0$$

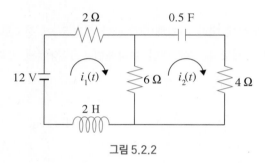

그림 5.2.2

으로 기술된다. $t = 0.2$일 때 각 부분회로를 흐르는 전류 i_1, i_2를 구하라. 초기조건은 $i_1(0) = i_2(0) = 0$이고 $h = 0.1$초를 사용하는 4계 룽게–쿠타 법을 이용하라. 해석해가 다음과 같음을 보이고 결과를 해석해와 비교하라(위 식의 두 번째 식의 양변을 미분하여 사용하라).

$$i_1(t) = -3.375e^{-2t} + 1.875e^{-0.4t} + 1.5$$

$$i_2(t) = 2.25(e^{-0.4t} - e^{-2t})$$

(답) 4계 RK 법: $i_1(0.2) = 0.968498$, $i_2(0.2) = 0.568782$

해석해: $i_1(0.2) = 0.968513$, $i_2(0.2) = 0.568792$

벡터와 벡터공간

벡터에 관한 기본적인 내용은 고교과정 또는 대학 1학년 과정에서 이미 공부했을 수 있다. 하지만 여기에는 이 교재의 다른 장, 특히 8장과 9장의 벡터 미적분학과 연관되는 구체적인 내용과 응용의 예가 많이 포함되어 있으니 처음부터 다시 공부하는 것을 권장한다. 다행히 내용에 큰 어려움이 없으니 학생 스스로 공부할 수 있다. 특히 대학 1학년 과정에서 벡터를 공부하지 않았으면 반드시 공부해야 한다.

쉬어가기 6.1 　벡터의 필요성

수업 시간에 학생들에게 벡터와 스칼라가 어떻게 다르냐고 질문하면 스칼라는 크기만 있는 양이고 벡터는 크기와 방향이 있는 양이라고 대답하지만 왜 그러한 구분이 필요한가라고 재차 물으면 거의 모든 학생이 대답을 못한다. 이런 경우 저자는 학생 A, B, C 3명을 강의실 앞으로 나오게 하여 먼저 그림 6.1.1의 왼쪽과 같이 학생 A에게 '앞으로 나란히'를 하게 하고 학생 B와 C에게 학생 A의 양팔을 각각 1 N(newton)의 힘으로 잡아당기게 한다. 당연히 학생 A는 앞으로 넘어진다. 다음에는 그림 6.1.1의 오른쪽과 같이 학생 A에게 '좌우로 나란히'를 하게 하고 다시 학생 B와 C에게 같은 힘으로 잡아당기게 하면 이때는 학생 A가 움직이지 않는다.

이렇게 같은 힘을 작용하더라도 힘이 작용하는 방향에 따라 힘을 받는 대상에 미치는 영향이 다를 수 있다. 편의점에서 1,000원짜리 물건을 2개 사면 2,000원을 지불하면 되지만 자연계에는 이렇게 크기만 가지고는 해결할 수 없는 물리량이 존재하는데, 힘, 속도, 운동량 등과 같은 벡터량이 그것이다.

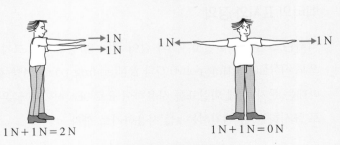

그림 6.1.1 벡터의 성질

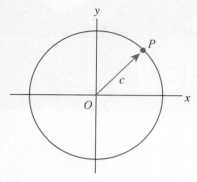

그림 6.1.2   위치벡터

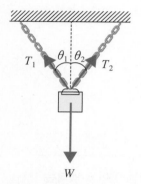

그림 6.1.3   벡터의 필요성

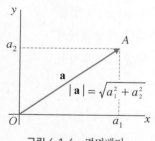

그림 6.1.4   평면벡터

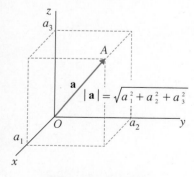

그림 6.1.5   공간벡터

6.1   벡터의 기초

자연계에는 스칼라(scalar)와 벡터(vector)라 불리는 두 종류의 물리량이 존재한다. 스칼라는 크기(magnitude)만을 갖는 양으로 길이, 거리, 속력, 온도, 일 등이 있고, **벡터**는 크기 외에도 방향(direction)을 갖는 양으로 위치, 변위, 속도, 힘, 운동량 등이 이에 해당한다.

그림 6.1.2와 같이 원점 O에서 거리가 c인 지점에 점 P가 있다. 점 P의 위치를 거리 c만으로 나타낼 수 없음은 누구나 알 수 있다. 왜냐하면 원점으로부터의 거리가 c인 점은 반지름을 c로 하는 원 위에 무수히 많이 존재하기 때문이다. 따라서 어떤 점의 위치를 명확히 나타내기 위해서는 기준점(여기서는 원점)으로부터의 거리(distance) [또는 길이(length), 이는 모두 크기임]뿐 아니라 방향도 명시되어야 한다. 이는 위치라는 물리량이 벡터임을 의미하고 흔히 **위치벡터**(position vector)라고 부르는 이유이다. 위치의 변화를 **변위**(displacement)라 하며 역시 벡터이다.

그림 6.1.3과 같이 2개의 줄에 무게가 W인 물체가 매달려 있는 경우를 생각해 보자. 각각의 줄에 작용하는 장력을 T_1, T_2라 하면 일반적으로 $T_1 + T_2 \geq W$이며(연습문제 참고), $T_1 + T_2 = W$가 되는 경우는 단지 $\theta_1 = \theta_2 = 0$인 경우뿐이다. 이처럼 무게나 장력과 같은 힘을 다루는 경우에는 크기뿐 아니라 방향도 고려해야 한다. 이후에 설명하겠지만 이러한 힘을 벡터로 생각하면 그림 6.1.3의 경우에는 θ의 값에 관계없이 $\mathbf{T}_1 + \mathbf{T}_2 + \mathbf{W} = \mathbf{0}$이 항상 성립한다.

이외에도 벡터를 사용하면 평면 및 공간의 도형 문제를 쉽게 해결할 수 있으며 벡터의 개념은 n차원 공간으로 확장할 수도 있다. 이 장에서는 직선 및 평면을 벡터로 해석하는 방법을 배우며 **벡터공간**(vector space)에 대해서도 공부한다. 8장과 9장에서는 이러한 벡터의 개념을 함수로 확장하여 자연과학에서 유용하게 사용되는 벡터함수의 미적분학에 대해 공부한다.

벡터의 표시와 정의

벡터는 그림 6.1.4 및 6.1.5와 같이 평면 및 공간에서 크기와 방향을 갖는 유향선분으로 **시작점**(starting point) O와 **끝점**(ending point) A를 갖는다. 벡터는 벡터를 나타내는 문자 위에 화살표를 사용하여 $\vec{a}$ 로 표시하거나 굵은 글씨를 사용하여 $\mathbf{a}$ 등으로 표시하는데, 여기서는 $\mathbf{a}$를 사용하기로 하자.

벡터(vector)는 크기와 방향을 갖는 유향선분으로 시작점이 원점일 때 끝점의 각 좌표축에 대한 **성분**(component)으로 정의한다. 평면벡터의 경우

$$\mathbf{a} = [a_1,\, a_2]$$

이고, 공간벡터의 경우

$$\mathbf{a} = [a_1,\, a_2,\, a_3]$$

이다.[*]

☞ 이 교재에서는 점의 좌표를 나타내는 기호 '( )'와 벡터 성분의 순서쌍을 나타내는 기호 '[ ]'를 구분하여 사용한다.

앞의 정의에서 벡터의 성분 a_1, a_2, a_3는 스칼라임에 유의하자. 영벡터 $\mathbf{0} = [0, 0]$ 또는 $\mathbf{0} = [0, 0, 0]$은 크기가 0이고 특정한 방향을 갖지 않는 유일한 벡터이다.

벡터의 크기

벡터 $\mathbf{a}$의 **크기**(norm, magnitude)는 $|\mathbf{a}|$로 나타내며 평면벡터 $\mathbf{a} = [a_1, a_2]$와 공간벡터 $\mathbf{a} = [a_1, a_2, a_3]$에 대해 각각

$$|\mathbf{a}| = \sqrt{a_1^2 + a_2^2}, \quad |\mathbf{a}| = \sqrt{a_1^2 + a_2^2 + a_3^2}$$

이다.

벡터의 연산

다음에는 평면벡터에 대하여 여러 가지 벡터 연산을 정의한다. 이러한 정의는 공간벡터에 대해서도 마찬가지로 적용된다.

벡터의 상등

두 벡터 $\mathbf{a} = [a_1, a_2]$, $\mathbf{b} = [b_1, b_2]$에 대하여 $a_1 = b_1$, $a_2 = b_2$이면 $\mathbf{a} = \mathbf{b}$이다.

두 벡터 $\mathbf{a} = [a_1, a_2]$, $\mathbf{b} = [b_1, b_2]$의 크기와 방향이 같을 때 두 벡터는 서로 같다. 그림 6.1.6에서 $\mathbf{a}$를 평행이동하여 $\mathbf{b}$가 되었다면 $a_1 = x_2 - x_1 = b_1$, $a_2 = y_2 - y_1 = b_2$이고, 따라서 $\mathbf{a} = \mathbf{b}$이다. 즉 두 벡터는 시작점과 끝점에 관계없이 방향과 크기가 같으면 서로 같다.

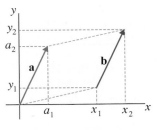

그림 6.1.6 벡터의 상등

예제 1

시작점이 (−1, 3, 6)이고 끝점이 (4, 0, 5)인 벡터 **A**를 성분으로 나타내어라.

(풀이) **A** = [4 − (−1), 0 − 3, 5 − 6] = [5, −3, −1]

벡터의 합과 차

> **a** = [a_1, a_2], **b** = [b_1, b_2]이면 **a** ± **b** = [$a_1 \pm b_1$, $a_2 \pm b_2$]이다.

벡터의 합과 차는 각 성분의 합과 차로 정의한다. 이러한 정의는 벡터의 합과 차에 관한 그림 6.1.7의 평행사변형 원리와 그림 6.1.8의 삼각형 원리와 일치함을 쉽게 확인할 수 있을 것이다.

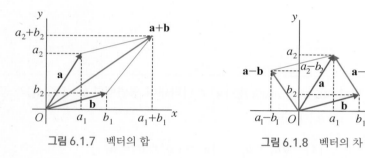

그림 6.1.7   벡터의 합   그림 6.1.8   벡터의 차

다음 예제에 대해 스칼라 개념으로만 접근하면 풀이가 매우 복잡할 것이다.

예제 2

세 힘 **p**, **q**, **r**이 평형상태(equilibrium state)이다. **q** = [0, 3, −4]이고 **r** = [1, −1, 0]일 때 **p**를 구하라.

(풀이) 세 힘이 평형상태이므로 **p** + **q** + **r** = **0**이다. **p** = [x, y, z]로 놓으면

$$\mathbf{p} + \mathbf{q} + \mathbf{r} = [x + 0 + 1, \ y + 3 - 1, \ z - 4 + 0] = [0, 0, 0]$$

으로부터 $x = -1$, $y = -2$, $z = 4$를 얻는다. 따라서

$$\mathbf{p} = [-1, -2, 4].$$

☞ 예제 2를 벡터가 아닌 스칼라를 이용하여 풀어보아라. 공간좌표계에 세 힘을 그리고 x, y, z 각 방향에 대해 각 성분의 합이 0이 되도록 복잡하게 계산해야 할 것이다.

벡터의 합은 다음과 같은 성질을 갖는다.

벡터 합의 성질

> (1) 교환법칙: $\mathbf{a} + \mathbf{b} = \mathbf{b} + \mathbf{a}$ (2) 결합법칙: $(\mathbf{a} + \mathbf{b}) + \mathbf{c} = \mathbf{a} + (\mathbf{b} + \mathbf{c})$

(증명) $\mathbf{a} = [a_1, a_2]$, $\mathbf{b} = [b_1, b_2]$, $\mathbf{c} = [c_1, c_2]$라 하면

(1) $\mathbf{a} + \mathbf{b} = [a_1 + b_1, a_2 + b_2] = [b_1 + a_1, b_2 + a_2] = \mathbf{b} + \mathbf{a}$

(2) $(\mathbf{a} + \mathbf{b}) + \mathbf{c} = [a_1 + b_1, a_2 + b_2] + [c_1, c_2] = [a_1 + b_1 + c_1, a_2 + b_2 + c_2]$

$$= [a_1, a_2] + [b_1 + c_1, b_2 + c_2] = \mathbf{a} + (\mathbf{b} + \mathbf{c})$$

■

벡터의 스칼라곱

> 벡터 $\mathbf{a} = [a_1, a_2]$와 임의의 스칼라 k에 대하여 $k\mathbf{a} = [ka_1, ka_2]$이다.

즉 벡터의 스칼라곱(scalar multiplication)은 각 성분의 스칼라곱으로 정의한다. $k\mathbf{a}$는 $k > 0$이면 $\mathbf{a}$와 같은 방향이고 $k < 0$이면 $\mathbf{a}$와 반대 방향이다. 또한

$$|k\mathbf{a}| = \sqrt{(ka_1)^2 + (ka_2)^2} = |k|\sqrt{a_1^2 + a_2^2} = |k|\,\|\mathbf{a}\|$$

이므로 $k\mathbf{a}$의 크기는 $|\mathbf{a}|$의 $|k|$ 배이다. 여기서 $|\mathbf{a}|$는 벡터의 크기, $|k|$는 k의 절대값을 의미한다. $-\mathbf{a}$는 $-1\mathbf{a}$와 같고 $\mathbf{a}$와 크기는 같고 방향이 반대인 벡터이다.

벡터 스칼라곱의 성질

> 스칼라 k, k_1, k_2에 대해 다음이 성립한다.
> (1) 결합법칙: $k_1(k_2\mathbf{a}) = (k_1 k_2)\mathbf{a} = k_2(k_1\mathbf{a})$ (2) 분배법칙: $k(\mathbf{a} + \mathbf{b}) = k\mathbf{a} + k\mathbf{b}$

(증명) $\mathbf{a} = [a_1, a_2]$, $\mathbf{b} = [b_1, b_2]$라 하면

(1) $k_1(k_2\mathbf{a}) = k_1[k_2 a_1, k_2 a_2] = [k_1 k_2 a_1, k_1 k_2 a_2] = k_2[k_1 a_1, k_1 a_2] = k_2(k_1\mathbf{a})$

(2) $k(\mathbf{a} + \mathbf{b}) = k[a_1 + b_1, a_2 + b_2] = [k(a_1 + b_1), k(a_2 + b_2)] = [ka_1 + kb_1, ka_2 + kb_2]$

$$= [ka_1, ka_2] + [kb_1, kb_2] = k\mathbf{a} + k\mathbf{b}$$

■

예제 3

$3(2\mathbf{a} - \mathbf{b}) - 2(\mathbf{a} + 2\mathbf{b})$를 간단히 하라.

(풀이) 벡터 연산의 성질에 의해

$$3(2\mathbf{a} - \mathbf{b}) - 2(\mathbf{a} + 2\mathbf{b}) = 3 \cdot 2\mathbf{a} - 3\mathbf{b} - 2\mathbf{a} - 2 \cdot 2\mathbf{b} = 4\mathbf{a} - 7\mathbf{b}$$

로 계산한다.

예제 4

평면 위의 네 점 O, A, B, C 가 있다. **OA** = **a**, **OB** = **b**라 할 때 **OC** = −3**a** + 4**b**이면 세 점 A, B, C는 일직선 위에 있음을 보여라.

(풀이) AB = OB − OA = b − a

　　　　AC = OC − OA = (−3**a** + 4**b**) − **a** = 4(**b** − **a**)

즉 **AB**와 **AC**는 시작점이 같고 서로 평행하므로 세 점 A, B, C는 일직선 위에 있다.

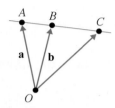

그림 6.1.9   직선 위의 세 점

단위벡터, 방향단위벡터

크기가 1인 벡터를 **단위벡터**(unit vector)라 한다. 벡터 **a**와 같은 방향을 갖는 단위벡터 **u**는

$$\mathbf{u} = \frac{\mathbf{a}}{|\mathbf{a}|}$$

이다. 이때 **u**의 크기는

$$|\mathbf{u}| = \left|\frac{\mathbf{a}}{|\mathbf{a}|}\right| = \frac{|\mathbf{a}|}{|\mathbf{a}|} = 1$$

이 되어 **u**가 단위벡터임을 확인할 수 있다.

예제 5

a = [5, −3, −1]과 같은 방향의 단위벡터 **u**를 구하라.

(풀이) $|\mathbf{a}| = \sqrt{5^2 + (-3)^2 + (-1)^2} = \sqrt{35}$ 이므로 단위벡터는

$$\mathbf{u} = \frac{\mathbf{a}}{|\mathbf{a}|} = \frac{1}{\sqrt{35}}[5, -3, -1].$$

각 좌표축에 평행한 단위벡터를 **방향단위벡터**(directional unit vectors)라 하는데, 그림 6.1.10의 3차원 직각좌표계에서 x, y, z 방향의 방향단위벡터를 각각 **i**, **j**, **k**로 표시하며, 이를 성분으로 나타내면 **i** = [1, 0, 0], **j** = [0, 1, 0], **k** = [0, 0, 1]이고 크

기는 $|\mathbf{i}| = |\mathbf{j}| = |\mathbf{k}| = 1$이다.

벡터 연산의 정의에 따라 임의의 벡터 $\mathbf{a} = [a_1, a_2, a_3]$를 방향단위벡터를 사용하여

$$\mathbf{a} = [a_1, a_2, a_3] = a_1[1, 0, 0] + a_2[0, 1, 0] + a_3[0, 0, 1] = a_1\mathbf{i} + a_2\mathbf{j} + a_3\mathbf{k}$$

로 나타낼 수 있다.

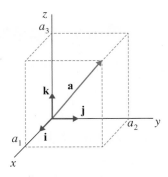

그림 6.1.10　방향단위벡터

쉬어가기 6.2　운동량과 벡터

물리학에서 **운동량**(선운동량, linear momentum)은 스칼라인 질량 m과 벡터인 속도 $\mathbf{v}$의 곱, 즉 $m\mathbf{v}$로 정의한다. 벡터의 스칼라곱은 벡터이므로 운동량 또한 벡터이다. 외부힘이 작용하지 않는 경우 두 물체의 운동량은 항상 보존된다. (충돌 전후 물체의 운동에너지는 완전 탄성충돌인 경우에는 보존되나 비탄성충돌인 경우에는 보존되지 않는다.) 그렇다면 그림 6.1.11과 같이 서로 마주보고 달리던 버스와 택시가 충돌 후 정지했다면 과연 운동량이 보존된 것일까? 충돌 전에 버스와 택시의 운동량이 있었는데 충돌 후에 0이 되었으니 묻는 것이다. 정답은 "보존되었다"이다. 여기서 운동량의 합은 벡터의 합을 의미한다. 이러한 경우에는 이미 충돌 전에도 운동량의 합이 **0**이어야 하므로 운동량의 크기는 같고 방향이 반대이어야 한다. 버스가 택시보다 질량이 클 것이므로 택시가 버스보다 더 빨리 달렸나 보다. 만약 충돌 전에 어느 한쪽의 운동량이 더 컸다면 충돌 후에 정지하지 않고 어느 한쪽으로 밀고 갔을 것이다.

그림 6.1.11　버스와 택시의 충돌(1)

그림 6.1.12와 같이 버스가 충돌 후에 아래 방향으로 튕겨나갔다면 택시가 튕겨나가는 방향을 예상할 수 있다. 택시는 위 방향으로 튕겨나가야 하는데, 그 이유는 도로의 진행 방향을 x축이라 할 때 충돌 전 버스와 택시의 운동량의 y성분이 0이었으므로 충돌 후에도 y성분은 0이 되어야 하기 때문이다. 이처럼 운동량이 보존된다는 것은 벡터적으로 보존된다는 의미이고, 이는 스칼라로는 설명하기 어려운 문제이다.

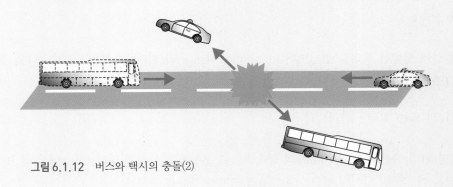

그림 6.1.12　버스와 택시의 충돌(2)

6.1 연습문제

1. 어떤 점을 표시하는 데 "원점으로부터 거리가 5이다"라는 것과 "위치벡터가 $\mathbf{r} = 3\mathbf{i} + 4\mathbf{j}$이다"라는 것의 차이를 말하라.

2. 그림 6.1.3에서 $T_1 + T_2 \geq W$임을 보여라.

3. 두 어린이 A, B가 길이가 120 m인 운동장 한쪽 벽에서 반대편 벽 쪽으로 각각 5 m/s와 6 m/s의 속력으로 달리고 있다. 누가 먼저 도착하는가?

(답) A

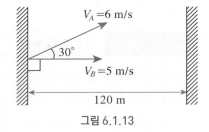

그림 6.1.13

4. 벡터 $\mathbf{a} = -2\mathbf{i} + \mathbf{j} - \mathbf{k}$, $\mathbf{b} = \mathbf{i} - 3\mathbf{k}$에 대하여 $2\mathbf{a}$, $\mathbf{a} + \mathbf{b}$, $\mathbf{a} - \mathbf{b}$, $|\mathbf{a} + \mathbf{b}|$, $|\mathbf{a} - \mathbf{b}|$를 구하라.

(답) $2\mathbf{a} = [-4, 2, -2]$, $\mathbf{a} + \mathbf{b} = [-1, 1, -4]$, $\mathbf{a} - \mathbf{b} = [-3, 1, 2]$, $|\mathbf{a} + \mathbf{b}| = \sqrt{18}$, $|\mathbf{a} - \mathbf{b}| = \sqrt{14}$

5. $P_1(-1, 1, 0)$, $P_2(2, 3, 1)$일 때 벡터 $\mathbf{P_1P_2}$를 원점을 시작점으로 하여 그려라.

(답) $\mathbf{P_1P_2} = [3, 2, 1]$

6. 벡터 $\mathbf{P_1P_2} = [4, 8]$의 끝점이 $(-3, 10)$이다. 시작점을 구하라.

(답) $(-7, 2)$

7. $\mathbf{a} = [2, 8]$, $\mathbf{b} = [3, 4]$일 때 $2\mathbf{a} - 3\mathbf{b}$와 평행한 단위벡터 $\mathbf{c}$를 구하라.

(답) $\mathbf{c} = \dfrac{1}{\sqrt{41}}[-5, 4]$

8. $\mathbf{a} = [-2, -3]$, $\mathbf{b} = [1, 1]$, $\mathbf{c} = [1, -1]$일 때 $\mathbf{a}$를 $\mathbf{b}$와 $\mathbf{c}$로 나타내라.

(답) $\mathbf{a} = -\dfrac{5}{2}\mathbf{b} + \dfrac{1}{2}\mathbf{c}$

9. [접선벡터] 접선에 평행한 벡터를 접선벡터(tangential vector)라 한다. 곡선 $y = x^2/4 + 1$의 점 $(2, 2)$에서의 단위접선벡터 $\mathbf{T}$를 구하라.

(답) $\mathbf{T} = \dfrac{1}{\sqrt{2}}[1, 1]$ 또는 $\mathbf{T} = -\dfrac{1}{\sqrt{2}}[1, 1]$

10. [가속도] 평면 위의 곡선을 따라 10 m/s의 등속력으로 운동하는 물체가 있다. 점 A에서 점 B에 도달하는 데 2초가 소요되었을 때, 두 점 사이의 평균 가속도 $\mathbf{a}$의 크기와 방향을 구하라.

그림 6.1.14

(답) **a**의 크기는 5 m/s², 방향은 수직 윗방향.

11. [장력] 그림 6.1.3에서 **W**는 추의 무게이다. $\theta_1 = 45°$, $\theta_2 = 30°$, $|\mathbf{W}| = 100$일 때 두 줄에 걸리는 장력의 크기 T_1, T_2를 구하라.

(답) $T_1 = \dfrac{100\sqrt{2}}{\sqrt{3}+1}$, $T_2 = \dfrac{200}{\sqrt{3}+1}$

12. [운동량] 정지되어 있는 원자핵이 분열하면 2개의 다른 원자핵으로 쪼개지며 핵분열 전후의 질량 차이에 해당하는 에너지를 운동에너지로 발생한다. 쪼개진 2개 원자핵의 운동 방향에 대해 운동량 보존 관점에서 설명하라.

6.2 벡터의 내적

두 벡터의 곱에는 내적과 외적이 있다. 여기서 '적(積)'은 '곱'의 한자어 표현이다. 이 절에서는 두 벡터의 곱의 하나로 내적(inner product)에 대해 먼저 알아본다. 벡터는 내적에 의해 차원이 벡터에서 스칼라로 감소하여 내적(inner product)이라 한다. 벡터의 내적을 '·'로 표시하므로 'dot product'라고도 하고, 내적의 결과가 스칼라이므로 'scalar product'라고도 한다.

벡터의 내적

두 벡터 **a**, **b**의 내적은 **a**·**b**로 표시하며, 두 벡터가 이루는 각을 $\theta(0 \leq \theta \leq \pi)$라 할 때

$$\mathbf{a} \cdot \mathbf{b} = |\mathbf{a}||\mathbf{b}|\cos\theta \tag{6.2.1}$$

이다.

☞ * $\mathbf{a} \cdot \mathbf{b} = 0$일 때 두 벡터 $\mathbf{a}$와 $\mathbf{b}$는 수직이다.

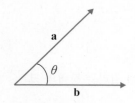

그림 6.2.1   벡터의 내적

벡터 내적의 결과는 스칼라이며 내적의 정의에 의해 벡터의 크기가 0이 아니라도 두 벡터가 이루는 각 θ가 90°이면 두 벡터의 내적은 0이다.* 크기가 1인 단위벡터 $\mathbf{e_1}$, $\mathbf{e_2}$, $\mathbf{e_3}$가 서로 수직이면

$$\mathbf{e_1} \cdot \mathbf{e_2} = \mathbf{e_2} \cdot \mathbf{e_3} = \mathbf{e_3} \cdot \mathbf{e_1} = 0$$
$$\mathbf{e_1} \cdot \mathbf{e_1} = \mathbf{e_2} \cdot \mathbf{e_2} = \mathbf{e_3} \cdot \mathbf{e_3} = 1$$

이 성립하는데, 이를 **크로니커 델타**(Kronecker Delta) δ_{ij}를 사용하여

$$\mathbf{e_i} \cdot \mathbf{e_j} = \delta_{ij} = \begin{cases} 1 & (i = j) \\ 0 & (i \neq j) \end{cases}$$

로 나타내며, 이러한 벡터 $\mathbf{e_1}$, $\mathbf{e_2}$, $\mathbf{e_3}$를 **정규직교기저**(orthonormal basis)라 한다. 직각좌표계의 방향단위벡터 $\mathbf{i}$, $\mathbf{j}$, $\mathbf{k}$는 대표적인 정규직교기저이며 $|\mathbf{i}| = |\mathbf{j}| = |\mathbf{k}| = 1$이므로

$$\mathbf{i} \cdot \mathbf{i} = \mathbf{j} \cdot \mathbf{j} = \mathbf{k} \cdot \mathbf{k} = 1, \quad \mathbf{i} \cdot \mathbf{j} = \mathbf{j} \cdot \mathbf{k} = \mathbf{k} \cdot \mathbf{i} = 0$$

이 성립한다.

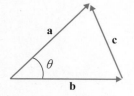

그림 6.2.2   코사인 제2법칙

두 벡터의 내적을 성분으로 계산할 수 있다. 그림 6.2.2의 삼각형에서 두 벡터가 $\mathbf{a} = [a_1, a_2]$, $\mathbf{b} = [b_1, b_2]$이면 $\mathbf{c} = \mathbf{a} - \mathbf{b} = [a_1 - b_1, a_2 - b_2]$이고, **코사인 제2법칙**을 적용하여 $|\mathbf{c}|^2 = |\mathbf{a}|^2 + |\mathbf{b}|^2 - 2|\mathbf{a}||\mathbf{b}|\cos\theta$ 또는

$$|\mathbf{a}||\mathbf{b}|\cos\theta = \frac{1}{2}(|\mathbf{a}|^2 + |\mathbf{b}|^2 - |\mathbf{c}|^2)$$

을 얻는다. 위 식의 좌변은 내적 $\mathbf{a} \cdot \mathbf{b}$의 정의이고

$$|\mathbf{a}|^2 = a_1^2 + a_2^2, \quad |\mathbf{b}|^2 = b_1^2 + b_2^2, \quad |\mathbf{c}|^2 = (a_1 - b_1)^2 + (a_2 - b_2)^2$$

을 이용하면

$$\mathbf{a} \cdot \mathbf{b} = a_1 b_1 + a_2 b_2$$

이다.

공간벡터 $\mathbf{a} = [a_1, a_2, a_3]$, $\mathbf{b} = [b_1, b_2, b_3]$가 만드는 공간에 위치하는 삼각형에 대해 같은 방법을 적용하여 $\mathbf{a} \cdot \mathbf{b} = a_1 b_1 + a_2 b_2 + a_3 b_3$가 성립함을 보일 수 있다(연습문제 참고).

성분에 의한 내적 계산

$$\mathbf{a} = [a_1, a_2],\ \mathbf{b} = [b_1, b_2]$이면 $\mathbf{a} \cdot \mathbf{b} = a_1 b_1 + a_2 b_2 \tag{6.2.2}$$

$$\mathbf{a} = [a_1, a_2, a_3],\ \mathbf{b} = [b_1, b_2, b_3]$이면 $\mathbf{a} \cdot \mathbf{b} = a_1 b_1 + a_2 b_2 + a_3 b_3 \tag{6.2.3}$$

예제 1

$\mathbf{a} = [-1, -2, 1]$, $\mathbf{b} = [2, 1, 1]$일 때 $\mathbf{a} \cdot \mathbf{b}$를 계산하라.

(풀이) $\mathbf{a} \cdot \mathbf{b} = (-1) \cdot 2 + (-2) \cdot 1 + 1 \cdot 1 = -3$

내적의 정의로부터 두 벡터가 이루는 각을 계산할 수 있다. 즉 $\mathbf{a} \cdot \mathbf{b} = |\mathbf{a}||\mathbf{b}| \cos\theta$ 에서 $|\mathbf{a}|$, $|\mathbf{b}|$가 0이 아니면 다음이 성립한다.

두 벡터가 이루는 각

두 벡터 $\mathbf{a}$, $\mathbf{b}$가 이루는 각 θ는 $|\mathbf{a}|$, $|\mathbf{b}|$가 0이 아니면

$$\cos\theta = \frac{\mathbf{a} \cdot \mathbf{b}}{|\mathbf{a}||\mathbf{b}|} \tag{6.2.4}$$

이다.

예제 2

예제 1의 두 벡터가 이루는 각 θ를 구하라($0 \leq \theta \leq \pi$).

(풀이) $|\mathbf{a}| = \sqrt{(-1)^2 + (-2)^2 + 1^2} = \sqrt{6}$, $|\mathbf{b}| = \sqrt{2^2 + 1^2 + 1^2} = \sqrt{6}$ 이고, 예제 1에서 $\mathbf{a} \cdot \mathbf{b} = -3$이므로 식 (6.2.4)에서 $\cos\theta = \frac{\mathbf{a} \cdot \mathbf{b}}{|\mathbf{a}||\mathbf{b}|} = \frac{-3}{\sqrt{6} \cdot \sqrt{6}} = -\frac{1}{2}$, 즉 $\theta = \frac{2\pi}{3}$ 이다.

벡터의 내적은 다음과 같은 성질을 갖는다.

내적의 성질

(1) 교환법칙: $\mathbf{a} \cdot \mathbf{b} = \mathbf{b} \cdot \mathbf{a}$ (2) 결합법칙: $(k\mathbf{a}) \cdot \mathbf{b} = \mathbf{a} \cdot (k\mathbf{b}) = k(\mathbf{a} \cdot \mathbf{b})$

(3) 분배법칙: $\mathbf{a} \cdot (\mathbf{b} + \mathbf{c}) = \mathbf{a} \cdot \mathbf{b} + \mathbf{a} \cdot \mathbf{c}$, $(\mathbf{a} + \mathbf{b}) \cdot \mathbf{c} = \mathbf{a} \cdot \mathbf{c} + \mathbf{b} \cdot \mathbf{c}$

(증명) $\mathbf{a} = [a_1, a_2]$, $\mathbf{b} = [b_1, b_2]$, $\mathbf{c} = [c_1, c_2]$로 놓으면

(1) $\mathbf{a} \cdot \mathbf{b} = a_1 b_1 + a_2 b_2 = b_1 a_1 + b_2 a_2 = \mathbf{b} \cdot \mathbf{a}$

(2) $(k\mathbf{a}) \cdot \mathbf{b} = (ka_1)b_1 + (ka_2)b_2 = a_1(kb_1) + a_2(kb_2) = \mathbf{a} \cdot (k\mathbf{b})$

  $(k\mathbf{a}) \cdot \mathbf{b} = (ka_1)b_1 + (ka_2)b_2 = k(a_1 b_1) + k(a_2 b_2) = k(\mathbf{a} \cdot \mathbf{b})$

(3) $\mathbf{a} \cdot (\mathbf{b} + \mathbf{c}) = a_1(b_1 + c_1) + a_2(b_2 + c_2) = (a_1 b_1 + a_2 b_2) + (a_1 c_1 + a_2 c_2) = \mathbf{a} \cdot \mathbf{b} + \mathbf{a} \cdot \mathbf{c}$

  $(\mathbf{a} + \mathbf{b}) \cdot \mathbf{c} = (a_1 + b_1)c_1 + (a_2 + b_2)c_2 = (a_1 c_1 + a_2 c_2) + (b_1 c_1 + b_2 c_2) = \mathbf{a} \cdot \mathbf{c} + \mathbf{b} \cdot \mathbf{c}$

∎

내적의 성질을 이용하여 몇 가지 유용한 공식을 유도할 수 있다.

내적에 관한 공식

$(1)\ \mathbf{a} \cdot \mathbf{a} = |\mathbf{a}|^2 \quad (2)\ |\mathbf{a} + \mathbf{b}|^2 = |\mathbf{a}|^2 + 2\mathbf{a} \cdot \mathbf{b} + |\mathbf{b}|^2 \quad (3)\ (\mathbf{a} + \mathbf{b}) \cdot (\mathbf{a} - \mathbf{b}) = |\mathbf{a}|^2 - |\mathbf{b}|^2$

(증명)

(1) $\mathbf{a} = [a_1, a_2]$일 때 $\mathbf{a} \cdot \mathbf{a} = a_1^2 + a_2^2 = |\mathbf{a}|^2$

(2) $|\mathbf{a} + \mathbf{b}|^2 = (\mathbf{a} + \mathbf{b}) \cdot (\mathbf{a} + \mathbf{b}) = (\mathbf{a} + \mathbf{b}) \cdot \mathbf{a} + (\mathbf{a} + \mathbf{b}) \cdot \mathbf{b} = \mathbf{a} \cdot \mathbf{a} + \mathbf{b} \cdot \mathbf{a} + \mathbf{a} \cdot \mathbf{b} + \mathbf{b} \cdot \mathbf{b}$

  $= |\mathbf{a}|^2 + 2\mathbf{a} \cdot \mathbf{b} + |\mathbf{b}|^2$

(3) $(\mathbf{a} + \mathbf{b}) \cdot (\mathbf{a} - \mathbf{b}) = \mathbf{a} \cdot (\mathbf{a} - \mathbf{b}) + \mathbf{b} \cdot (\mathbf{a} - \mathbf{b}) = \mathbf{a} \cdot \mathbf{a} - \mathbf{a} \cdot \mathbf{b} + \mathbf{b} \cdot \mathbf{a} - \mathbf{b} \cdot \mathbf{b} = |\mathbf{a}|^2 - |\mathbf{b}|^2$

∎

☞ 두 벡터 $\mathbf{a}$와 $\mathbf{b}$의 곱에는 내적 $\mathbf{a} \cdot \mathbf{b}$와 5.3절에서 공부할 외적 $\mathbf{a} \times \mathbf{b}$가 있을 뿐이다. 두 스칼라 a와 b의 곱 ab에 해당하는 벡터 표현 $\mathbf{ab}$는 정의된 적이 없다. 위의 내적에 관한 공식 (1), (2), (3)을 이에 대응하는 스칼라 공식 (1) $a \cdot a = a^2$, (2) $(a+b)^2 = a^2 + 2ab + b^2$, (3) $(a+b)(a-b) = a^2 - b^2$과 비교해 보자.

예제 3

$|\mathbf{a}| = 3$, $|\mathbf{b}| = 2$, $\mathbf{a} \cdot \mathbf{b} = 1/4$일 때 $|2\mathbf{a} + \mathbf{b}|$의 값을 구하라.

(풀이) 내적에 관한 공식 (2)를 사용하면

$$|2\mathbf{a} + \mathbf{b}|^2 = 4|\mathbf{a}|^2 + 4\mathbf{a} \cdot \mathbf{b} + |\mathbf{b}|^2 = 4 \cdot 3^2 + 4 \cdot \frac{1}{4} + 2^2 = 41$$

이므로 $|2\mathbf{a} + \mathbf{b}| = \sqrt{41}$ 이다.

내적에 관한 공식 (2)를 그림 6.2.2의 삼각형에 적용하면

$$|\mathbf{c}|^2 = |\mathbf{a} - \mathbf{b}|^2 = |\mathbf{a}|^2 - 2\mathbf{a} \cdot \mathbf{b} + |\mathbf{b}|^2 = |\mathbf{a}|^2 - 2|\mathbf{a}||\mathbf{b}|\cos\theta + |\mathbf{b}|^2$$

이 되는데, 이는 **코사인 제2법칙**과 동일하다.

방향각과 방향 코사인

벡터 $\mathbf{a} = [a_1, a_2, a_3]$가 그림 6.2.3과 같이 x축, y축, z축과 이루는 각을 각각 α, β, γ라 하자. 이 각들을 **방향각**(direction angle)이라 하고 방향각의 코사인 값을 **방향 코사인**(direction cosine)이라 한다.

내적의 정의에 의해 $\cos\alpha = \dfrac{\mathbf{a} \cdot \mathbf{i}}{|\mathbf{a}|\,|\mathbf{i}|} = \dfrac{a_1}{|\mathbf{a}|}$ 이다. y축과 z축에 대해서도 같은 방법을 적용하여 다음을 얻는다.

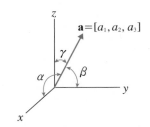

그림 6.2.3 방향각과 방향 코사인

> $\mathbf{a} = [a_1, a_2, a_3]$가 x축, y축, z축과 이루는 각이 각각 α, β, γ이면 다음이 성립한다.
>
> $$\cos\alpha = \frac{a_1}{|\mathbf{a}|}, \quad \cos\beta = \frac{a_2}{|\mathbf{a}|}, \quad \cos\gamma = \frac{a_3}{|\mathbf{a}|} \qquad (6.2.5)$$

식 (6.2.5)를 이용하면 벡터 $\mathbf{a}$와 같은 방향의 단위벡터 $\mathbf{u}$는

$$\mathbf{u} = \frac{\mathbf{a}}{|\mathbf{a}|} = \left[\frac{a_1}{|\mathbf{a}|}, \frac{a_2}{|\mathbf{a}|}, \frac{a_3}{|\mathbf{a}|}\right] = [\cos\alpha, \cos\beta, \cos\gamma]$$

이고

$$\cos^2\alpha + \cos^2\beta + \cos^2\gamma = \frac{1}{|\mathbf{a}|^2}(a_1^2 + a_2^2 + a_3^2) = \frac{|\mathbf{a}|^2}{|\mathbf{a}|^2} = 1$$

임을 알 수 있다.

예제 4

$\mathbf{a} = [1, 1, 1]$의 방향 코사인을 구하라.

(풀이) $|\mathbf{a}| = \sqrt{1^2 + 1^2 + 1^2} = \sqrt{3}$ 이므로 방향 코사인은

$$\cos\alpha = \frac{a_1}{|\mathbf{a}|} = \frac{1}{\sqrt{3}}, \quad \cos\beta = \frac{a_2}{|\mathbf{a}|} = \frac{1}{\sqrt{3}}, \quad \cos\gamma = \frac{a_3}{|\mathbf{a}|} = \frac{1}{\sqrt{3}}.$$

☞ 예제 4에서 $\alpha = \beta = \gamma = \cos^{-1}(1/\sqrt{3}) \approx 0.955$ 라디안, 즉 $54.7°$ 정도이다.

일

일정한 힘 F가 작용하여 물체의 위치를 d만큼 변화시켰을 때 물체에 가해진 일(work)은

$$W = Fd$$

로 정의한다. 하지만 이는 힘의 방향과 물체의 변위가 평행한 경우에만 적용되는 것으로 일반적으로는 힘과 변위를 벡터로 나타내어 다음과 같이 정의한다.

> 일정한 힘 $\mathbf{F}$가 작용하여 물체를 변위 $\mathbf{d}$만큼 이동시켰을 때 힘 $\mathbf{F}$가 물체에 한 일의 양은
>
> $$W = \mathbf{F} \cdot \mathbf{d} = |\mathbf{F}||\mathbf{d}|\cos\theta \qquad (6.2.6)$$
>
> 이다.

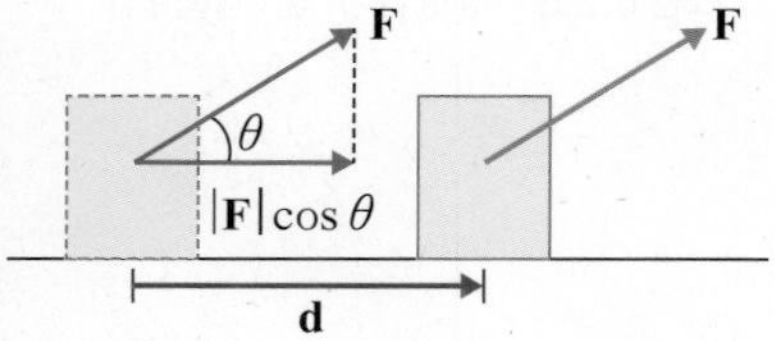

그림 6.2.4 일의 계산

즉 일을 벡터의 내적으로 정의함으로써 그림 6.2.4에서와 같이 가해진 힘의 물체의 이동 방향 성분만 일에 기여하게 된다.

예제 5

일정한 힘 $\mathbf{F} = -\mathbf{i} + 4\mathbf{j} + \mathbf{k}$에 의하여 물체가 $P_1(1,\,1,\,1)$에서 $P_2(3,\,4,\,2)$로 이동했을 때 한 일을 구하라.

(풀이) 물체의 변위를 구하면 $\mathbf{d} = \mathbf{P_1P_2} = \mathbf{OP_2} - \mathbf{OP_1} = [3,\,4,\,2] - [1,\,1,\,1] = [2,\,3,\,1]$이고, 이때 물체에 가해진 일의 양은

$$W = \mathbf{F} \cdot \mathbf{d} = [-1,\,4,\,1] \cdot [2,\,3,\,1] = 11.$$

사영벡터

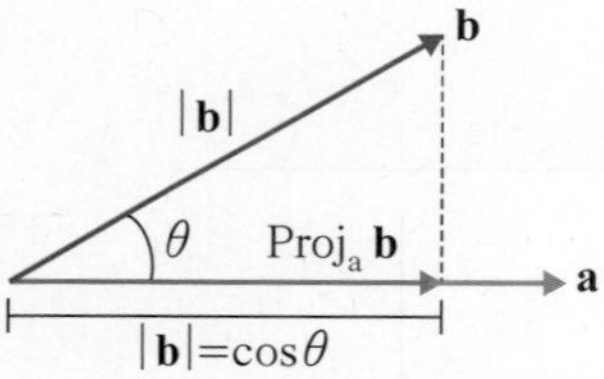

그림 6.2.5 사영벡터

두 벡터 $\mathbf{a}$, $\mathbf{b}$에 대해 그림 6.2.5와 같이 $\mathbf{b}$를 $\mathbf{a}$의 선상에 사영시켜 얻는 $\mathbf{a}$ 방향의 벡터를 '$\mathbf{a}$에 대한 $\mathbf{b}$의 **사영벡터**(projection vector of $\mathbf{b}$ onto $\mathbf{a}$)'라 하고 이를 $\mathrm{Proj_a}\mathbf{b}$로 나타낸다.

내적 $\mathbf{a} \cdot \mathbf{b} = |\mathbf{a}||\mathbf{b}|\cos\theta$에 의해 $\mathbf{b}$의 $\mathbf{a}$ 방향의 성분 $|\mathbf{b}|\cos\theta$는 $\dfrac{\mathbf{a} \cdot \mathbf{b}}{|\mathbf{a}|}$와 같으므로 사영벡터의 크기는

$$|\mathrm{Proj_a}\mathbf{b}| = \frac{|\mathbf{a} \cdot \mathbf{b}|}{|\mathbf{a}|}$$

이고, $\mathbf{a}$의 단위벡터가 $\dfrac{\mathbf{a}}{|\mathbf{a}|}$이므로

$$\mathrm{Proj_a}\mathbf{b} = \left(\frac{\mathbf{a} \cdot \mathbf{b}}{|\mathbf{a}|}\right)\left(\frac{\mathbf{a}}{|\mathbf{a}|}\right) = \frac{\mathbf{a} \cdot \mathbf{b}}{|\mathbf{a}|^2}\mathbf{a}$$

이다.

> **a**에 대한 **b**의 사영벡터와 그 크기는
>
> $$\text{Proj}_\mathbf{a}\mathbf{b} = \frac{\mathbf{a}\cdot\mathbf{b}}{|\mathbf{a}|^2}\mathbf{a}, \quad |\text{Proj}_\mathbf{a}\mathbf{b}| = \frac{|\mathbf{a}\cdot\mathbf{b}|}{|\mathbf{a}|} \tag{6.2.7}$$
>
> 이다. 여기서 $|\mathbf{a}\cdot\mathbf{b}|$의 $|\ |$ 표시는 벡터의 크기가 아니고 절대값 기호이다.

예제 6

$\mathbf{a} = [1, -2, -2]$에 대한 $\mathbf{b} = [6, 3, 2]$의 사영벡터 $\text{Proj}_\mathbf{a}\mathbf{b}$와 그 크기를 구하라.

(풀이) $\mathbf{a}\cdot\mathbf{b} = -4$, $|\mathbf{a}|^2 = 9$이므로

$$\text{Proj}_\mathbf{a}\mathbf{b} = \frac{\mathbf{a}\cdot\mathbf{b}}{|\mathbf{a}|^2}\mathbf{a} = -\frac{4}{9}[1, -2, -2]$$

$$|\text{Proj}_\mathbf{a}\mathbf{b}| = \frac{|\mathbf{a}\cdot\mathbf{b}|}{|\mathbf{a}|} = \frac{|-4|}{\sqrt{1^2 + (-2)^2 + (-2)^2}} = \frac{4}{3}.$$

▌ 6.2 연습문제

1. $\mathbf{a} = [a_1, a_2, a_3]$, $\mathbf{b} = [b_1, b_2, b_3]$에 대하여 $\mathbf{a}\cdot\mathbf{b} = a_1 b_1 + a_2 b_2 + a_3 b_3$임을 보여라.

2. $\mathbf{a}$와 $\mathbf{b}$가 벡터일 때 (1) $\mathbf{a}\cdot\mathbf{b}$ (2) $(\mathbf{a}\cdot\mathbf{b})\mathbf{a}$ (3) $\mathbf{a}\mathbf{b}$가 벡터인지 스칼라인지를 말하라.

(답) (1) 스칼라 (2) 벡터 (3) 정의되지 않음

3. $|\mathbf{a}| = 8$, $|\mathbf{b}| = 3$, $\theta = \pi/6$일 때 $\mathbf{a}\cdot\mathbf{b}$를 구하라.

(답) $12\sqrt{3}$

4. $\mathbf{a} = [2, -3, 4]$, $\mathbf{b} = [-1, 2, 5]$, $\mathbf{c} = [3, 6, -1]$일 때 다음을 구하라.

(1) $|\mathbf{a}|^2$ (2) $\mathbf{a}\cdot\mathbf{a}$ (3) $\mathbf{a}\cdot\mathbf{b}$ (4) $(\mathbf{b}\cdot\mathbf{c})\mathbf{a}$

(답) (1) 29   (2) 29   (3) 12   (4) $[8, -12, 16]$

5. 두 벡터 $\mathbf{a} = [2, -c, 3]$, $\mathbf{b} = [3, 2, 4]$가 서로 수직이 되도록 c를 정하라.

(답) $c = 9$

6. 두 벡터 $\mathbf{a} = [3, 1, -1]$, $\mathbf{b} = [-3, 2, 2]$에 모두 수직인 벡터 $\mathbf{v} = [v_1, v_2, 1]$을 구하라.

(답) $v_1 = 4/9$, $v_2 = -1/3$

7. $|\mathbf{a}| = \sqrt{2}$, $|\mathbf{b}| = 1$, $|\mathbf{b} - \mathbf{a}| = \sqrt{5}$ 일 때 $\mathbf{a}$, $\mathbf{b}$가 이루는 각을 구하라.

(답) $135°$

8. $|\mathbf{a} + \mathbf{b}|^2 + |\mathbf{a} - \mathbf{b}|^2 = 2(|\mathbf{a}|^2 + |\mathbf{b}|^2)$이 성립함을 보여라.

9. 밑면은 한 변의 길이가 1인 정사각형이고 높이가 1인 피라미드형 물체 $ABCDE$가 있다. 점 E가 밑면의 대각선 AC의 중점 위에 위치할 때 벡터 $\mathbf{AC}$와 $\mathbf{AE}$가 이루는 각을 내적을 사용하여 구하라.

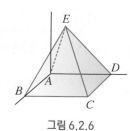

그림 6.2.6

(답) 0.955라디안 또는 $54.7°$

10. [방향각] (1) 비행기가 공항으로부터 남쪽으로 5 km, 동쪽으로 7 km, 높이 4 km 지점에 위치하고 있다. 남쪽 방향을 x축, 동쪽 방향을 y축, 위쪽 방향을 z축 방향이라고 할 때 공항에 대한 비행기의 방향각 α, β, γ를 구하라.
(2) 방향각이 α_1, β_1, γ_1인 벡터 $\mathbf{a}$와 방향각이 α_2, β_2, γ_2인 벡터 $\mathbf{b}$가 서로 수직일 때 $\cos\alpha_1\cos\alpha_2 + \cos\beta_1\cos\beta_2 + \cos\gamma_1\cos\gamma_2$의 값을 구하라.

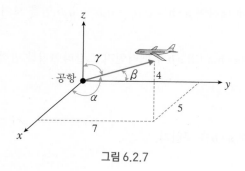

그림 6.2.7

(답) (1) $\alpha \approx 58.19°$, $\beta \approx 42.45°$, $\gamma \approx 65.06°$ (2) 0

11. [일] 질량 3 kg의 물체가 중력에 의하여 $30°$의 경사면을 따라 10 m 이동하였다. 중력이 물체에 대하여 한 일을 구하라. 중력가속도는 9.8 m/s^{2}이다.

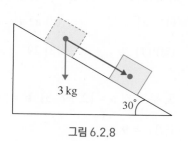

그림 6.2.8

(답) 147 N·m

12. [사영벡터] 벡터 **a**와 크기가 같고 방향이 수직인 벡터를 **b**라 하면, 벡터 **c**에 대해

$$\text{Proj}_a\mathbf{c} + \text{Proj}_b\mathbf{c} = \mathbf{c}$$

가 항상 성립함을 보여라. **a** = [2, 1, 2], **c** = [3, −1, 5]일 때 $\text{Proj}_a\mathbf{c}$ 와 $\text{Proj}_b\mathbf{c}$ 를 구하라.

(답) $\text{Proj}_a\mathbf{c} = \dfrac{5}{3}[2,1,2]$, $\text{Proj}_b\mathbf{c} = [-1/3, -8/3, 5/3]$

13. [점과 직선 사이의 거리] (1) 벡터 **n** = [a, b]가 직선 $ax + by + c = 0$에 수직함을 보여라.
　[힌트: 직선 위의 서로 다른 두 점 $P_0(x_0, y_0)$, $P_2(x_2, y_2)$를 택하면 $\mathbf{P_0P_2}$가 **n**에 수직이다.]

(2) (1)을 이용하여 직선 $ax + by + c = 0$과 직선 바깥의 점 $Q(x_1, y_1)$ 사이의 거리가

$$s = \frac{|ax_1 + by_1 + c|}{\sqrt{a^2 + b^2}}$$

임을 보여라.

6.3　벡터의 외적

벡터의 내적 외에 또 다른 벡터의 곱으로 **벡터의 외적**(outer product)이 있다. 벡터는 외적에 의해 차원이 하나 증가하므로 외적이라 부른다. 즉 2차원 평면벡터를 외적하면 3차원 공간벡터가 된다.

벡터의 외적

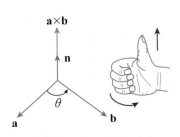

그림 6.3.1　벡터 외적의 방향

> 두 벡터 **a**, **b**의 외적을 **a** × **b**로 표시하며 두 벡터가 이루는 각을 $\theta(0 \le \theta \le \pi)$라 할 때
>
> $$\mathbf{a} \times \mathbf{b} = |\mathbf{a}||\mathbf{b}|\sin\theta\,\mathbf{n} \qquad (6.3.1)$$
>
> 으로 정의한다. 여기서 **n**은 그림 6.3.1과 같은 오른손 법칙(right-hand-rule)에 의해 결정되는 단위벡터이다.

☞ 두 벡터 **a**와 **b**의 외적을 기호 '(cross)'를 사용하여 **a**×**b**로 표시하므로 'cross product' 또는 외적의 결과가 벡터이므로 'vector product'라고도 부른다. **a**와 **b**가 평면벡터라도 **a**×**b**는 공간벡터가 되므로 처음부터 **a**와 **b**도 세 개의 성분을 갖는 공간벡터로 표시해야 한다.

$\mathbf{a} \times \mathbf{b}$는 크기가 $|\mathbf{a}||\mathbf{b}|\sin\theta$이고 방향은 두 벡터 모두에 대해 수직인 벡터이다. 외적의 정의에 의하면 방향이 같은 두 벡터($\theta = 0$)의 외적은 $\mathbf{0}$이다. 두 벡터의 내적은 스칼라인 반면에 외적은 벡터임에 유의하라.

방향단위벡터들 사이에는

$$\mathbf{i} \times \mathbf{i} = \mathbf{j} \times \mathbf{j} = \mathbf{k} \times \mathbf{k} = \mathbf{0}$$

$$\mathbf{i} \times \mathbf{j} = \mathbf{k}, \ \mathbf{j} \times \mathbf{k} = \mathbf{i}, \ \mathbf{k} \times \mathbf{i} = \mathbf{j}$$

$$\mathbf{j} \times \mathbf{i} = -\mathbf{k}, \ \mathbf{k} \times \mathbf{j} = -\mathbf{i}, \ \mathbf{i} \times \mathbf{k} = -\mathbf{j}$$

등이 성립한다. 방향단위벡터 $\mathbf{i}$, $\mathbf{j}$, $\mathbf{k}$ 사이의 외적은 그림 6.3.2와 같은 규칙성을 갖는다.

일반적으로 벡터의 외적은 다음과 같은 성질을 갖는다.

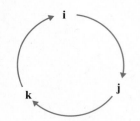

그림 6.3.2   단위벡터 외적의 방향성

외적의 성질

(1) $\mathbf{a} \times \mathbf{b} = -\mathbf{b} \times \mathbf{a}$: 반교환법칙

(2) $k(\mathbf{a} \times \mathbf{b}) = (k\mathbf{a}) \times \mathbf{b} = \mathbf{a} \times (k\mathbf{b})$: 스칼라곱에 대한 결합법칙

(3) $\mathbf{a} \times (\mathbf{b} + \mathbf{c}) = \mathbf{a} \times \mathbf{b} + \mathbf{a} \times \mathbf{c}$, $(\mathbf{a} + \mathbf{b}) \times \mathbf{c} = \mathbf{a} \times \mathbf{c} + \mathbf{b} \times \mathbf{c}$: 합에 대한 분배법칙

(증명)

(1) 벡터 외적의 정의에 의해 벡터 $\mathbf{a} \times \mathbf{b}$와 $\mathbf{b} \times \mathbf{a}$의 방향이 반대이므로 자명하다.

(2) $\mathbf{a}$와 $\mathbf{b}$가 이루는 각을 θ, 오른손 법칙에 의해 $\mathbf{a}$와 $\mathbf{b}$에 수직한 방향을 $\mathbf{n}$이라 하면

$$\mathbf{a} \times \mathbf{b} = |\mathbf{a}||\mathbf{b}|\sin\theta\,\mathbf{n}$$

이다. 같은 방법으로 $k\mathbf{a}$와 $\mathbf{b}$에 대해 θ_1, $\mathbf{n}_1$을, $\mathbf{a}$와 $k\mathbf{b}$에 대해서도 θ_2, $\mathbf{n}_2$를 정의하면 $k > 0$일 때 $\theta_1 = \theta_2 = \theta$, $\mathbf{n}_1 = \mathbf{n}_2 = \mathbf{n}$이고, $k < 0$일 때 $\theta_1 = \theta_2 = \pi - \theta$, $\mathbf{n}_1 = \mathbf{n}_2 = -\mathbf{n}$이다. 따라서 $k > 0$일 때

$$(k\mathbf{a}) \times \mathbf{b} = |k\mathbf{a}||\mathbf{b}|\sin\theta_1\,\mathbf{n}_1 = k|\mathbf{a}||\mathbf{b}|\sin\theta\,\mathbf{n} = k(\mathbf{a} \times \mathbf{b})$$

$$(\mathbf{a}) \times (k\mathbf{b}) = |\mathbf{a}||k\mathbf{b}|\sin\theta_2\,\mathbf{n}_2 = k|\mathbf{a}||\mathbf{b}|\sin\theta\,\mathbf{n} = k(\mathbf{a} \times \mathbf{b})$$

이고, $k < 0$일 때는

$$(k\mathbf{a}) \times \mathbf{b} = |k\mathbf{a}||\mathbf{b}|\sin\theta_1\,\mathbf{n}_1 = -k|\mathbf{a}||\mathbf{b}|\sin(\pi - \theta)(-\mathbf{n}) = k|\mathbf{a}||\mathbf{b}|\sin\theta\,\mathbf{n} = k(\mathbf{a} \times \mathbf{b})$$

$$\mathbf{a} \times (k\mathbf{b}) = |\mathbf{a}||k\mathbf{b}|\sin\theta_2\,\mathbf{n}_2 = -k|\mathbf{a}||\mathbf{b}|\sin(\pi - \theta)(-\mathbf{n}) = k|\mathbf{a}||\mathbf{b}|\sin\theta\,\mathbf{n} = k(\mathbf{a} \times \mathbf{b})$$

이다. $k = 0$일 때는 당연히 성립하고 따라서 $k(\mathbf{a} \times \mathbf{b}) = (k\mathbf{a}) \times \mathbf{b} = \mathbf{a} \times (k\mathbf{b})$이다.

(3) 분배법칙에 대한 증명은 생략한다.

∎

벡터 외적에 대한 결합법칙은 성립하지 않는다. 즉 $\mathbf{a} \times (\mathbf{b} \times \mathbf{c}) \neq (\mathbf{a} \times \mathbf{b}) \times \mathbf{c}$이다.

성분에 의한 외적 계산

벡터 내적의 경우와 같이 벡터의 외적도 성분으로 표현할 수 있다. $\mathbf{a} = [a_1, a_2, a_3]$, $\mathbf{b} = [b_1, b_2, b_3]$에 대해 외적의 합에 대한 분배법칙을 적용하면

$$
\begin{aligned}
\mathbf{a} \times \mathbf{b} &= (a_1\mathbf{i} + a_2\mathbf{j} + a_3\mathbf{k}) \times (b_1\mathbf{i} + b_2\mathbf{j} + b_3\mathbf{k}) \\
&= a_1\mathbf{i} \times (b_1\mathbf{i} + b_2\mathbf{j} + b_3\mathbf{k}) + a_2\mathbf{j} \times (b_1\mathbf{i} + b_2\mathbf{j} + b_3\mathbf{k}) + a_3\mathbf{k} \times (b_1\mathbf{i} + b_2\mathbf{j} + b_3\mathbf{k}) \\
&= a_1b_1\mathbf{i} \times \mathbf{i} + a_1b_2\mathbf{i} \times \mathbf{j} + a_1b_3\mathbf{i} \times \mathbf{k} + a_2b_1\mathbf{j} \times \mathbf{i} + a_2b_2\mathbf{j} \times \mathbf{j} + a_2b_3\mathbf{j} \times \mathbf{k} \\
&\quad + a_3b_1\mathbf{k} \times \mathbf{i} + a_3b_2\mathbf{k} \times \mathbf{j} + a_3b_3\mathbf{k} \times \mathbf{k}
\end{aligned}
$$

가 된다. 여기에 단위벡터 사이의 외적 결과를 이용하면

$$
\mathbf{a} \times \mathbf{b} = (a_2b_3 - b_2a_3)\mathbf{i} - (a_1b_3 - b_1a_3)\mathbf{j} + (a_1b_2 - b_1a_2)\mathbf{k}
$$

가 되고, 이는 행렬식을 사용하여

$$
\mathbf{a} \times \mathbf{b} = \begin{vmatrix} a_2 & a_3 \\ b_2 & b_3 \end{vmatrix}\mathbf{i} - \begin{vmatrix} a_1 & a_3 \\ b_1 & b_3 \end{vmatrix}\mathbf{j} + \begin{vmatrix} a_1 & a_2 \\ b_1 & b_2 \end{vmatrix}\mathbf{k}
$$

로 나타낼 수 있으며, 이를 보통 기억하기 쉽도록 다음과 같이 3×3 행렬식으로 나타낸다.

$$
\mathbf{a} \times \mathbf{b} = \begin{vmatrix} \mathbf{i} & \mathbf{j} & \mathbf{k} \\ a_1 & a_2 & a_3 \\ b_1 & b_2 & b_3 \end{vmatrix} \tag{6.3.2}
$$

벡터의 외적을 식 (6.3.2)로 정의하고 외적의 성질 (3)을 증명하기도 한다(연습문제 참고).

예제 1

$\mathbf{a} = [1, 1, 0]$, $\mathbf{b} = [3, 0, 0]$일 때 $\mathbf{a} \times \mathbf{b}$를 구하라.

(풀이)

$$\mathbf{a} \times \mathbf{b} = \begin{vmatrix} \mathbf{i} & \mathbf{j} & \mathbf{k} \\ 1 & 1 & 0 \\ 3 & 0 & 0 \end{vmatrix} = \begin{vmatrix} 1 & 0 \\ 0 & 0 \end{vmatrix}\mathbf{i} - \begin{vmatrix} 1 & 0 \\ 3 & 0 \end{vmatrix}\mathbf{j} + \begin{vmatrix} 1 & 1 \\ 3 & 0 \end{vmatrix}\mathbf{k} = -3\mathbf{k}$$

이며, 이는 그림 6.3.3과 같이 오른손 법칙에 의해 아래쪽을 향한다.

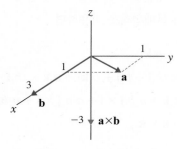

그림 6.3.3   벡터의 외적

벡터의 외적으로 표시되는 몇 가지 예를 보자.

평행사변형의 넓이

그림 6.3.4와 같이 두 벡터 $\mathbf{a}$, $\mathbf{b}$를 두 변으로 하는 평행사변형의 넓이는 $|\mathbf{a}||\mathbf{b}|\sin\theta$이고, 벡터 외적의 정의로부터 이는 $|\mathbf{a} \times \mathbf{b}|$와 같다.

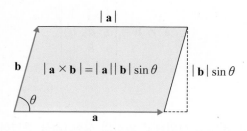

그림 6.3.4   평행사변형의 넓이

물론 두 벡터 $\mathbf{a}$, $\mathbf{b}$를 두 변으로 하는 삼각형의 넓이는 $\frac{1}{2}|\mathbf{a} \times \mathbf{b}|$이다.

회전하는 물체의 선속도

그림 6.3.5와 같이 어떤 물체가 각속도(angular velocity) $\mathbf{W} = [0, 0, \omega]$로 회전

한다. 벡터 $\mathbf{W}$의 방향은 회전축 방향이고, 이의 크기 $\omega = |\mathbf{W}|$는 각속력(angular speed)으로 단위 시간당 회전한 각도를 나타낸다. 위치벡터 $\mathbf{r}$이 지시하는 회전하는 물체의 한 점에서의 선속도(linear velocity) $\mathbf{V}$를

$$\mathbf{V} = \mathbf{W} \times \mathbf{r}$$

로 정의하는데, 이의 크기, 즉 선속력(linear speed) v는

$$v = |\mathbf{V}| = |\mathbf{W} \times \mathbf{r}| = |\mathbf{W}||\mathbf{r}| \sin\theta = \omega d$$

로 각속력에 회전 반지름을 곱한 값, 즉 단위 시간당 회전한 호의 길이이다. 선속도 $\mathbf{V}$는 벡터 $\mathbf{W}$와 벡터 $\mathbf{r}$ 모두에 수직한 방향, 즉 반지름 d인 수평 원의 접선방향이다.

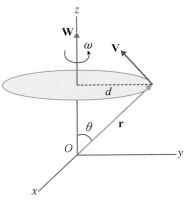

그림 6.3.5　회전에 위한 선속도

예제 2

물체가 그림 6.3.5와 같이 회전한다. $\omega = 2\pi[\text{rad/s}]$, $|\mathbf{r}| = 2[\text{m}]$, $\theta = 30°$이고 $\mathbf{r}$이 yz-평면 위에 위치하는 경우 $\mathbf{V}$의 크기와 방향을 구하라.

(풀이) $\mathbf{r}$이 yz-평면 위에 위치하면 $r = [0, 2\sin30°, 2\cos30°] = [0, 1, \sqrt{3}]$이고 $\mathbf{W} = [0, 0, 2\pi]$이므로

$$\mathbf{V} = \mathbf{W} \times \mathbf{r} = \begin{vmatrix} \mathbf{i} & \mathbf{j} & \mathbf{k} \\ 0 & 0 & 2\pi \\ 0 & 1 & \sqrt{3} \end{vmatrix} = [-2\pi, 0, 0].$$

따라서 $|\mathbf{V}| = 2\pi$이고 $\mathbf{V}$의 방향은 $-x$축 방향이다.

각운동량

속도 $\mathbf{V}$로 운동하는 질량 m인 물체는 선운동량(linear momentum) $\mathbf{p} = m\mathbf{V}$를 갖는다. 선운동량은 벡터이며 이에 대해서는 쉬어가기 6.2에서 다루었다. 선운동량 외에도 물체의 회전과 관련되는 중요한 벡터 물리량으로 **각운동량**(angular momentum)이 있는데 물체의 각운동량 $\mathbf{L}$을 물체의 위치벡터 $\mathbf{r}$과 선운동량 $\mathbf{p}$의 외적으로 정의한다. 즉

$$\mathbf{L} = \mathbf{r} \times \mathbf{p} \tag{6.3.3}$$

이다. 그림 6.3.6과 같이 물체의 위치벡터 $\mathbf{r}$과 선운동량 $\mathbf{p}$가 xy-평면에 위치하면 오른손 법칙에 의해 각운동량 $\mathbf{L}$은 양의 x축을 향한다. 이때 각운동량의 크기는

$$|\mathbf{L}| = |\mathbf{r}||\mathbf{p}|\sin\theta$$

이므로 $\theta = \pi/2$, 즉 $\mathbf{r}$과 $\mathbf{p}$가 수직일 때 축에 대한 각운동량의 크기가 최대가 되고,

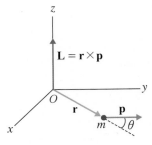

그림 6.3.6　각운동량

$\theta = 0$이면 각운동량의 크기도 0이다. **L**의 방향을 알기 위해 오른손 법칙을 사용할 때 **r**과 **p**의 시작점이 같아야 함에 유의하자. 각운동량의 보존에 대해서는 쉬어가기 8.4에서 설명한다.

예제 3   등속 원운동하는 입자의 각운동량

질량이 m인 입자가 xy−평면에서 반지름 r인 원을 따라 등속(력) 운동한다. 양의 z축에 대한 입자의 각운동량을 구하라. 각운동량은 입자의 위치에 관계없이 일정한가?

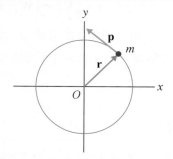

그림 6.3.7   등속원운동하는 입자의 각운동량

(풀이) 원운동이므로 반지름 $r = |\mathbf{r}|$이 일정하고 입자의 속도를 **v**로 놓으면 등속력이므로 $v = |\mathbf{v}|$도 일정하다. 선운동량은 $\mathbf{p} = m\mathbf{v}$이고 **v**가 시간에 따라 변하므로 **p**도 시간에 따라 변한다. 물론 **p**의 크기는 일정하지만 방향이 변하는 것이다. z축에 대한 입자의 각운동량은 $\mathbf{L} = \mathbf{r} \times \mathbf{p} = \mathbf{r} \times (m\mathbf{v})$이다. **L**의 방향은 항상 양의 z축[그림 6.3.7에서 지면(종이면)의 위로 나오는] 방향으로 일정하고, $|\mathbf{L}| = |\mathbf{r}||m\mathbf{v}|\sin(\pi/2) = mvr$에서 m, v, r 모두 상수이므로 각운동량의 크기도 일정하다. 따라서 입자의 각운동량은

$$\mathbf{L} = [0, 0, mvr]$$

로 쓸 수 있다. 등속 원운동에서 입자의 선운동량은 변하지만 각운동량은 일정하다.

스칼라 삼중적

벡터 $\mathbf{a} = [a_1, a_2, a_3]$, $\mathbf{b} = [b_1, b_2, b_3]$, $\mathbf{c} = [c_1, c_2, c_3]$에 대해 $(\mathbf{abc}) = \mathbf{a} \cdot (\mathbf{b} \times \mathbf{c})$를 **스칼라 삼중적**(scalar triple product)이라 한다. 벡터 외적의 성분 표시에 의하면

$$\mathbf{b} \times \mathbf{c} = \begin{vmatrix} \mathbf{i} & \mathbf{j} & \mathbf{k} \\ b_1 & b_2 & b_3 \\ c_1 & c_2 & c_3 \end{vmatrix} = \begin{vmatrix} b_2 & b_3 \\ c_2 & c_3 \end{vmatrix}\mathbf{i} - \begin{vmatrix} b_1 & b_3 \\ c_1 & c_3 \end{vmatrix}\mathbf{j} + \begin{vmatrix} b_1 & b_2 \\ c_1 & c_2 \end{vmatrix}\mathbf{k} = \left[\begin{vmatrix} b_2 & b_3 \\ c_2 & c_3 \end{vmatrix}, -\begin{vmatrix} b_1 & b_3 \\ c_1 & c_3 \end{vmatrix}, \begin{vmatrix} b_1 & b_2 \\ c_1 & c_2 \end{vmatrix} \right]$$

이므로

$$(\mathbf{abc}) = \mathbf{a} \cdot (\mathbf{b} \times \mathbf{c}) = a_1\begin{vmatrix} b_2 & b_3 \\ c_2 & c_3 \end{vmatrix} - a_2\begin{vmatrix} b_1 & b_3 \\ c_1 & c_3 \end{vmatrix} + a_3\begin{vmatrix} b_1 & b_2 \\ c_1 & c_2 \end{vmatrix} = \begin{vmatrix} a_1 & a_2 & a_3 \\ b_1 & b_2 & b_3 \\ c_1 & c_2 & c_3 \end{vmatrix}$$

와 같이 벡터 **a**, **b**, **c**의 성분을 순서대로 행벡터로 갖는 행렬식과 같다.

$$(\mathbf{abc}) = \mathbf{a} \cdot (\mathbf{b} \times \mathbf{c}) = \begin{vmatrix} a_1 & a_2 & a_3 \\ b_1 & b_2 & b_3 \\ c_1 & c_2 & c_3 \end{vmatrix} \quad (6.3.4)$$

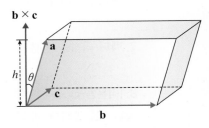

스칼라 삼중적 $(\mathbf{abc})$는 그림 6.3.8과 같이 시작점이 같은 3개의 벡터 **a**, **b**, **c**가 이루는 평행육면체의 부피를 나타낸다. 왜냐하면 **a**와 **b** × **c**가 이루는 각이 θ일 때

$$(\mathbf{abc}) = \mathbf{a} \cdot (\mathbf{b} \times \mathbf{c}) = |\mathbf{a}| \, |\mathbf{b} \times \mathbf{c}| \cos\theta$$

가 되는데, 여기서 $|\mathbf{b} \times \mathbf{c}|$는 **b**와 **c**가 이루는 평행사변형(밑면)의 넓이이고 $|\mathbf{a}| \cos\theta$는 평행육면체의 높이 h이기 때문이다.

그림 6.3.8 평행육면체의 부피

6.3 연습문제

1. 두 벡터 **a** = [2, −1, 2], **b** = [−1, 3, −1]의 외적과 외적의 크기를 구하라.

(답) **a** × **b** = [−5, 0, 5], $|\mathbf{a} \times \mathbf{b}| = 5\sqrt{2}$

2. $P_1(0, 0, 1)$, $P_2(0, 1, 2)$, $P_3(1, 2, 3)$일 때 $\mathbf{P_1P_2} \times \mathbf{P_1P_3}$를 구하라.

(답) [0, 1, −1]

3. **a** = [−1, −2, 4], **b** = [4, −1, 0]에 모두 수직인 단위벡터 **c**를 구하라.

(답) $\mathbf{c} = \pm \dfrac{1}{\sqrt{353}}[4, 16, 9]$

4. 그림 6.3.9의 $ABCD$로 이루어진 도형이 평행사변형임을 보이고 그 넓이를 구하라.

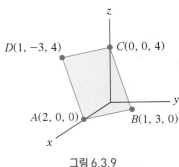

그림 6.3.9

(답) 14

5. 점 $P_1(0, 0, 0)$, $P_2(0, 1, 2)$, $P_3(2, 2, 0)$을 꼭지점으로 하는 삼각형의 면적을 구하라.

(답) 3

6. 벡터 $\mathbf{a} = [4, 6, 0]$, $\mathbf{b} = [-2, 6, -6]$, $\mathbf{c} = [5/2, 3, 1/2]$가 모두 같은 평면 위에 있음을 보여라.

7. 벡터 외적을 성분으로 나타내어 분배법칙 $\mathbf{a} \times (\mathbf{b} + \mathbf{c}) = \mathbf{a} \times \mathbf{b} + \mathbf{a} \times \mathbf{c}$가 성립함을 보여라.

8. [각운동량] 수직 막대가 설치된 빙상장에서 질량이 m인 여성이 스케이트를 탄다. 그녀는 본인이 막대 옆을 일직선으로 통과할 때 막대와 그녀 사이의 최단거리가 d가 되는 점을 향해 일정한 속력 v로 진행한다. (1) 막대에 대한 여성의 각운동량의 크기를 구하라. (2) 여성이 본인과 막대와의 거리가 최단거리 d가 되는 순간에 한 손으로 막대를 잡고 그녀와 막대 사이의 거리를 d로 일정하게 유지하며 회전한다. 이때 그녀의 각운동량은 얼마인가? 예제 3의 결과를 이용하여 답하라. 회전 전후에 여성의 각운동량이 보존되었나?

그림 6.3.10   스케이트 타는 여성

(답) (1) 각운동량의 크기는 mvd로 여성의 위치와 무관하다. (2) mvd로 같다. 보존됨.
☞ 각운동량 보존에 대해서는 쉬어가기 8.4에서 설명할 것이다.

9. [토크] 고정점이 있는 강체(rigid body)에 힘이 작용하면 강체는 고정점에 대하여 회전한다. 이와 같이 물체를 회전시킬 수 있는 힘의 능력을 **토크**(torque 돌림힘)라 한다. 그림 6.3.11과 같이 고정점 O로부터 $\mathbf{r}$의 위치에서 힘 $\mathbf{F}$를 가할 때의 토크 $\boldsymbol{\tau}$는

$$\boldsymbol{\tau} = \mathbf{r} \times \mathbf{F}$$

로 정의한다. $|\mathbf{r}| = 0.1 \text{ m}$, $|\mathbf{F}| = 10 \text{ N}$, $\theta = 30°$일 때 고정점에 작용하는 토크의 크기와 방향을 구하라.

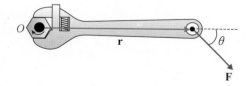

그림 6.3.11   토크

(답) 토크의 크기는 0.5 Nm, 방향은 지면으로 들어가는 방향

10. [사면체의 부피] 3개의 벡터로 이루어지는 사면체의 부피는 같은 벡터로 이루어지는 평행육면체 부피의 1/6이다. $\mathbf{a} = [2, 0, 3]$, $\mathbf{b} = [0, 6, 2]$, $\mathbf{c} = [3, 3, 0]$으로 이루어지는 사면체의 부피를 구하라.

(답) 11

11. [자기력] 자기장 $\mathbf{B}$ 안에서 속도 $\mathbf{v}$로 이동하는 전하 q가 받는 자기력은 $\mathbf{F}_B = q\mathbf{v} \times \mathbf{B}$이다. 구형 진공관식 TV에서 전자가 8.0×10^6 m/s의 속력으로 x축을 따라 운동하고, 크기가 0.025 T(Tesla)인 xy-평면 위의 자기장 $\mathbf{B}$가 x축과 $60°$ 방향으로 작용한다. 전자에 작용하는 자기력을 구하라. $e = 1.6 \times 10^{-19}$ C(Coulomb)이고 $1\ \mathrm{T} = 1\ \dfrac{\mathrm{N}}{\mathrm{C \cdot m/s}}$이다.

(답) $\mathbf{F}_B = [0, 0, -2.8 \times 10^{-14}]$ N

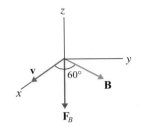

그림 6.3.12

6.4 직선과 평면

평면의 곡선 또는 공간의 곡선이나 곡면을 벡터함수로 표현할 수 있는데, 여기서는 비교적 쉽게 다룰 수 있는 직선과 평면에 대해 알아본다. 일반적인 곡선과 곡면에 대한 벡터적 해석방법은 8장과 9장에서 다룰 것이다.

평면 위의 직선

고등학교 과정에서 직선의 방정식을 $ax + by + c = 0$으로 표시하였다. 평면에서 벡터 $\mathbf{n} = [a, b]$에 수직이고 점 $P_0(x_0, y_0)$를 지나는 직선 L은 유일하게 결정된다. 이러한 직선의 방정식을 벡터를 이용하여 구해 보자.

직선 위에 임의의 점을 $P(x, y)$라 하면 $\mathbf{P_0P}$와 $\mathbf{n}$이 수직이고, $\mathbf{OP_0} = \mathbf{r}_0$, $\mathbf{OP} = \mathbf{r}$이라 할 때 $\mathbf{P_0P} = \mathbf{r} - \mathbf{r}_0$이므로

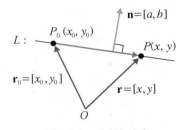

그림 6.4.1 평면의 직선

$$\mathbf{n} \cdot (\mathbf{r} - \mathbf{r}_0) = 0$$

이고, 이를 **직선의 벡터방정식**이라 한다. 성분으로 표시하면

$$[a, b] \cdot [x - x_0, y - y_0] = 0 \quad \text{또는} \quad a(x - x_0) + b(y - y_0) = 0$$

이고, $c = -ax_0 - by_0$로 놓으면 직선의 방정식은

$$ax + by + c = 0$$

이 되어 고등학교 과정에서 공부한 결과와 같음을 알 수 있다.

평면 위의 직선의 방정식

> $\mathbf{n} = [a, b]$에 수직이고 점 $P_0(x_0, y_0)$를 지나는 직선의 방정식은
>
> $$\mathbf{n} \cdot (\mathbf{r} - \mathbf{r}_0) = 0 \qquad (6.4.1)$$
>
> 이고, 이를 좌표계의 성분으로 표시하면
>
> $$ax + by + c = 0 \qquad (6.4.2)$$
>
> 이다($c = -ax_0 - by_0$).

위 결과를 역으로 말하면 직선 $ax + by + c = 0$의 법선벡터가 $\mathbf{n} = [a, b]$임을 알 수 있다.

예제 1

$\mathbf{n} = [1, 2]$에 수직이고 점 $P_0(3, 5)$를 지나는 직선의 방정식을 구하라.

(풀이) $\mathbf{n} = [1, 2]$이므로 직선의 방정식은 $x + 2y + c = 0$이다. 점 $(3, 5)$를 지나므로 $3 + 2(5) + c = 0$에서 $c = -13$이다. 따라서 구하는 직선의 방정식은

$$x + 2y - 13 = 0.$$

평면 위의 점과 직선 사이의 거리

벡터를 이용하면 평면 위에서 두 직선이 이루는 각이나 점과 직선 사이의 거리 등을 쉽게 구할 수 있다. 점 $Q(x_1, y_1)$과 직선 $ax + by + c = 0$ 사이의 거리를 구해 보자. 여기서 거리라 함은 점과 직선 사이의 수직거리를 의미한다. 직선 위에 임의의 점 $P(x_0, y_0)$를 택하면 이곳에서 직선의 법선벡터가 $\mathbf{n} = [a, b]$이므로 직선 $ax + by + c = 0$과 점 Q 사이의 거리 s는 $\mathbf{n}$에 대한 $\mathbf{PQ}$의 사영벡터 크기가 된다. 즉 식 (6.2.7)을 이용하여

$$s = |\mathrm{Proj}_{\mathbf{n}}\mathbf{PQ}| = \frac{|\mathbf{n} \cdot \mathbf{PQ}|}{|\mathbf{n}|}$$

이다.

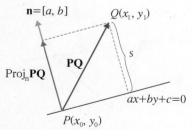

그림 6.4.2   점과 직선 사이의 거리

> 법선벡터가 $\mathbf{n} = [a, b]$인 직선과 점 Q 사이의 수직거리는 직선 위의 임의의 점 P에 대해
>
> $$s = \frac{|\mathbf{n} \cdot \mathbf{PQ}|}{|\mathbf{n}|} \qquad (6.4.3)$$
>
> 이다.

앞의 결과를 벡터의 성분으로 나타내면 두 점 $P(x_0, y_0)$, $Q(x_1, y_1)$에 대해

$$\mathbf{n} \cdot \mathbf{PQ} = [a, b] \cdot [x_1 - x_0, y_1 - y_0] = a(x_1 - x_0) + b(y_1 - y_0) = ax_1 + by_1 + c$$

이고($c = -ax_0 - by_0$)

$$|\mathbf{n}| = \sqrt{a^2 + b^2}$$

이므로

$$s = \frac{|ax_1 + by_1 + c|}{\sqrt{a^2 + b^2}}$$

이다. 이는 고등학교 과정에서 벡터를 사용하지 않고 유도한 공식과 동일할 것이다.
또한 벡터의 외적을 이용해도 같은 식을 유도할 수 있다(연습문제 참고).

예제 2

점 $Q(3, 3)$과 직선 $x + 2y - 4 = 0$ 사이의 거리를 구하라.

(풀이) 직선 위의 임의의 점을 택한다. 예를 들어 $x = 0$일 때 $y = 2$이므로 점 $P(0, 2)$를 택하면
$\mathbf{PQ} = [3 - 0, 3 - 2] = [3, 1]$이고, $\mathbf{n} = [1, 2]$이므로

$$\mathbf{n} \cdot \mathbf{PQ} = [1, 2] \cdot [3, 1] = 5, \quad |\mathbf{n}| = \sqrt{1^2 + 2^2} = \sqrt{5}.$$

따라서

$$s = \frac{|\mathbf{n} \cdot \mathbf{PQ}|}{|\mathbf{n}|} = \frac{5}{\sqrt{5}} = \sqrt{5}$$

이다.

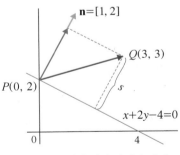

그림 6.4.3   점과 직선 사이의 거리

공간 내의 평면

벡터의 관점에서 보면 2차원 평면에서의 직선은 3차원 공간의 평면과 동일한 개념
이다. 평면에서 직선을 다룬 방법과 동일한 방법을 이용하여 공간에 존재하는 평면
에 대해 알아보자.

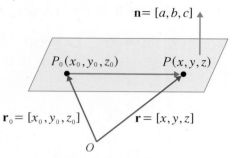

그림 6.4.4 평면의 방정식

그림 6.4.4와 같이 공간에서 점 $P_0(x_0, y_0, z_0)$를 포함하고 벡터 $\mathbf{n} = [a, b, c]$에 수직인 평면은 유일하게 결정된다. 평면 위에 임의의 점 $P(x, y, z)$를 택하면 평면 위의 벡터 $\mathbf{P_0P} = \mathbf{r} - \mathbf{r_0}$는 $\mathbf{n}$에 수직하므로

$$\mathbf{n} \cdot (\mathbf{r} - \mathbf{r_0}) = 0$$

이어야 하는데, 이를 **평면의 벡터방정식**이라 한다. 이는 평면좌표에서의 직선의 벡터방정식[식 (6.4.1)]과 형태가 동일함에 유의하자. 위의 식을 성분으로 표시하면

$$[a, b, c] \cdot [x - x_0, y - y_0, z - z_0] = 0$$

또는

$$a(x - x_0) + b(y - y_0) + c(z - z_0) = 0$$

이다. 여기서 $d = -ax_0 - by_0 - cz_0$로 놓으면 평면의 방정식은

$$ax + by + cz + d = 0$$

이다.

$\mathbf{n} = [a, b, c]$에 수직이고 점 $P_0(x_0, y_0, z_0)$를 지나는 **평면의 방정식**은

$$\mathbf{n} \cdot (\mathbf{r} - \mathbf{r_0}) = 0 \qquad\qquad (6.4.4)$$

이고, 이를 좌표계의 성분으로 표시하면

$$ax + by + cz + d = 0 \qquad\qquad (6.4.5)$$

이다($d = -ax_0 - by_0 - cz_0$).

위에서 평면 $ax + by + cz + d = 0$의 법선벡터가 $\mathbf{n} = [a, b, c]$임을 알 수 있다.

예제 3

점 $P_0(1, 3, 2)$를 지나고 $\mathbf{n} = [2, -1, 4]$에 수직인 평면의 방정식을 구하라.

(풀이) $\mathbf{n} = [2, -1, 4]$에 수직한 평면의 방정식은

$$2x - y + 4z + d = 0$$

인데, 이 평면은 점 $P_0(1, 3, 2)$를 포함하므로 $2(1) - (3) + 4(2) + d = 0$에서 $d = -7$이다. 따라서 평면의 방정식은

$$2x - y + 4z - 7 = 0.$$

예제 4

점 $A(1, 0, -1)$, $B(3, 1, 4)$, $C(2, -2, 0)$을 포함하는 평면의 방정식을 구하라.

(풀이) $\mathbf{a} = \mathbf{AB}$, $\mathbf{b} = \mathbf{AC}$로 놓으면

$$\mathbf{a} = [3 - 1, 2 - 0, 4 - (-1)] = [2, 1, 5], \quad \mathbf{b} = [2 - 1, -2 - 0, 0 - (-1)] = [1, -2, 1]$$

이므로 평면에 수직인 벡터는

$$\mathbf{n} = \mathbf{a} \times \mathbf{b} = \begin{vmatrix} \mathbf{i} & \mathbf{j} & \mathbf{k} \\ 2 & 1 & 5 \\ 1 & -2 & 1 \end{vmatrix} = [11, 3, -5]$$

이다. 따라서 평면의 방정식은 $11x + 3y - 5z + d = 0$이고, 점 $A(1, 0, -1)$를 포함하므로 $d = -16$이 되어

$$11x + 3y - 5z - 16 = 0.$$

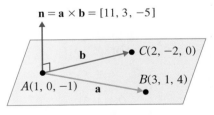

그림 6.4.5   평면의 방정식

점과 평면 사이의 거리

점 $Q(x_1, y_1, z_1)$와 평면 $ax + by + cz + d = 0$ 사이의 거리를 구해 보자. 방법은 평면 좌표계에서와 동일하다. 평면 위에 임의의 점 $P(x_0, y_0, z_0)$를 택하면 평면의 법선벡터가 $\mathbf{n} = [a, b, c]$이므로 평면 $ax + by + cz + d = 0$과 점 Q 사이의 수직거리 s는 $\mathbf{n}$에 대한 $\mathbf{PQ}$의 사영벡터 크기가 된다. 즉

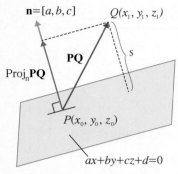

그림 6.4.6 점과 평면 사이의 거리

$$s = |\text{Proj}_\mathbf{n} \mathbf{PQ}| = \frac{|\mathbf{n} \cdot \mathbf{PQ}|}{|\mathbf{n}|}$$

로 평면에서 점과 직선 사이의 거리를 나타내는 식 (6.4.3)과 동일하다.

법선벡터가 $\mathbf{n} = [a, b, c]$인 평면과 점 Q 사이의 수직거리는 평면 위 임의의 점 P에 대해

$$s = \frac{|\mathbf{n} \cdot \mathbf{PQ}|}{|\mathbf{n}|} \qquad (6.4.6)$$

이다.

평면 위의 점과 직선 사이의 거리를 성분으로 나타낸 것과 마찬가지로 식 (6.4.6)을 성분으로 나타내면

$$s = \frac{|ax_1 + by_1 + cz_1 + d|}{\sqrt{a^2 + b^2 + c^2}}$$

가 됨을 확인해 보라.

예제 5

점 $Q(1, 1, 3)$과 평면 $3x + 2y + 6z - 6 = 0$ 사이의 거리를 구하라.

(풀이) 평면 위 임의의 점을 택한다. 예를 들어 $x = 0$, $z = 0$일 때 $y = 3$이므로 점 $P(0, 3, 0)$를 택하면 $\mathbf{PQ} = [1 - 0, 1 - 3, 3 - 0] = [1, -2, 3]$이고, $\mathbf{n} = [3, 2, 6]$이므로

$$\mathbf{n} \cdot \mathbf{PQ} = [3, 2, 6] \cdot [1, -2, 3] = 17, \quad |\mathbf{n}| = \sqrt{3^2 + 2^2 + 6^2} = 7$$

따라서

$$s = \frac{|\mathbf{n} \cdot \mathbf{PQ}|}{|\mathbf{n}|} = \frac{17}{7}.$$

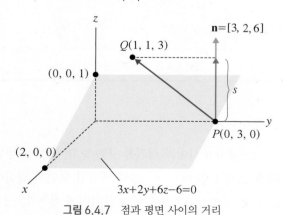

그림 6.4.7 점과 평면 사이의 거리

공간 내의 직선

3차원 공간에서 보는 2차원 직선은 어떤 평면과 xy-평면($z = 0$)과의 교선으로 간주한다. 3차원 공간 내의 직선에 대해 알아보자. 결론부터 말하면 공간의 직선은 두 평면의 교선이며, 두 평면을 나타내는 2개의 일차식으로 나타난다.

공간에서 벡터 $\mathbf{u} = [a, b, c]$에 평행하고 점 $P_0(x_0, y_0, z_0)$를 지나는 직선은 유일하게 결정되는데, 이러한 직선의 방정식을 구해 보자.

좌표계의 원점이 O일 때 벡터 $\mathbf{r}_0 = \mathbf{OP_0}$로 놓고 직선 위에 임의의 점 P를 택하여 $\mathbf{r} = \mathbf{OP}$로 놓으면 $\mathbf{OP} = \mathbf{OP_0} + \mathbf{P_0P}$이고, $\mathbf{P_0P}$는 $\mathbf{u}$에 평행하므로 임의의 스칼라인 매개변수(parameter) t를 사용하여

$$\mathbf{r}(t) = \mathbf{r}_0 + t\mathbf{u} \ (-\infty < t < \infty)$$

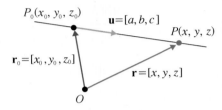

그림 6.4.8   공간에서 직선의 방정식

로 쓸 수 있다. 이를 직선의 **매개변수 벡터방정식**(parametric vector equation)이라 한다. 위 식에 $\mathbf{r} = [x, y, z]$, $\mathbf{r}_0 = [x_0, y_0, z_0]$, $\mathbf{u} = [a, b, c]$를 대입하면

$$[x, y, z] = [x_0, y_0, z_0] + t[a, b, c] = [x_0 + ta, y_0 + tb, z_0 + tc]$$

에서

$$x = x_0 + ta, \quad y = y_0 + tb, \quad z = z_0 + tc$$

를 얻는데, 이를 **매개변수 방정식**(parametric equation)이라 한다. $abc \neq 0$일 때 마지막 식을 t에 관해 풀어 정리하면

$$\frac{x - x_0}{a} = \frac{y - y_0}{b} = \frac{z - z_0}{c}$$

가 되고, 이를 동일한 직선에 대해 **대칭방정식**(symmetric equation)이라 한다.

점 $P_0(x_0, y_0, z_0)$를 지나고 벡터 $\mathbf{u} = [a, b, c]$에 평행한 직선의 방정식은 다음과 같다.

매개변수 벡터방정식: $\mathbf{r}(t) = \mathbf{r}_0 + t\mathbf{u} \ (-\infty < t < \infty)$ (6.4.7)

매개변수 방정식: $x = x_0 + ta, \ y = y_0 + tb, \ z = z_0 + tc$ (6.4.8)

대칭방정식: $\dfrac{x - x_0}{a} = \dfrac{y - y_0}{b} = \dfrac{z - z_0}{c} \ (abc \neq 0)$ (6.4.9)

☞ 식 (6.4.7)에서 $t = 0$일 때 벡터 $\mathbf{r}$은 점 P_0를 가리키고, $t \to -\infty$일 때와 $t \to \infty$일 때는 각각 길이가 무한대인 직선의 왼쪽 끝과 오른쪽 끝을 가리킨다는 것을 이해할 수 있어야 한다. 또한 t를 시간으로 보면 $\mathbf{r}(t)$는 시간에 따라 물체의 위치를 나타내는 위치벡터이다.

대칭방정식[식 (6.4.9)]은 a, b, c가 모두 0이 아닌 경우에만 사용할 수 있다. 예를 들어 $c = 0$인 경우에는 매개변수 방정식으로부터

$$\frac{x - x_0}{a} = \frac{y - y_0}{b}, \quad z = z_0$$

를 얻을 수 있으며, 이는 xy–평면에 평행한 평면 $z = z_0$ 위의 직선이다.

예제 6

평면에서 점 $P_0(3, 2)$를 지나고 기울기가 1인 직선의 방정식을 구하라.

(풀이) 식 (6.4.7)은 평면벡터의 경우에도 사용할 수 있다. 기울기가 1인 평면벡터는 [1, 1]로 쓸 수 있으므로

$$\mathbf{r}(t) = [3, 2] + t\,[1, 1] = [3 + t, 2 + t]$$

이다. 여기서 $\mathbf{r}(t) = [x(t), y(t)]$라 하면

$$x = 3 + t, \quad y = 2 + t$$

를 얻으며, t를 소거하면 xy–평면($z = 0$) 위의 직선 $y = x - 1$이 된다.

예제 7

점 $P_0(2, -1, 8)$과 점 $P_1(5, 6, -3)$을 지나는 직선의 방정식을 구하라.

(풀이) $\mathbf{r}_0 = \mathbf{OP_0}$, $\mathbf{r}_1 = \mathbf{OP_1}$으로 나타내면 $\mathbf{P_0 P_1} = \mathbf{r}_1 - \mathbf{r}_0$이므로

$$\mathbf{r}(t) = \mathbf{r}_0 + t(\mathbf{r}_1 - \mathbf{r}_0) = [2, -1, 8] + t\,[5 - 2, 6 + 1, -3 - 8] = [2 + 3t, -1 + 7t, 8 - 11t].$$

즉 $x = 2 + 3t$, $y = -1 + 7t$, $z = 8 - 11t$이고, t를 소거하면

$$\frac{x - 2}{3} = \frac{y + 1}{7} = \frac{z - 8}{-11}.$$

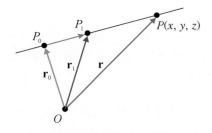

그림 6.4.9 공간 내의 직선

식 (6.4.9)로부터 직선 $\dfrac{x - x_0}{a} = \dfrac{y - y_0}{b} = \dfrac{z - z_0}{c}$ 에 평행한 벡터가 $\mathbf{u} = [a, b, c]$임을 알 수 있다. 다음의 예를 보자.

예제 8

두 직선 $-2(x + 1) = 6(y + 2) = 3(z - 1)$, $3(x - 2) = -2(y + 1) = 6(z + 4)$가 이루는 예각을 구하라.

(풀이) 두 직선을

$$\frac{x + 1}{-3} = \frac{y + 2}{1} = \frac{z - 1}{2}, \quad \frac{x - 2}{2} = \frac{y + 1}{-3} = \frac{z + 4}{1}$$

로 다시 쓰면 두 직선의 방향벡터는 $\mathbf{u}_1 = [-3, 1, 2]$, $\mathbf{u}_2 = [2, -3, 1]$이다.

$$|\mathbf{u_1}| = \sqrt{(-3)^2 + 1^2 + 2^2} = \sqrt{14}, \quad |\mathbf{u_2}| = \sqrt{2^2 + (-3)^2 + 1^2} = \sqrt{14}$$

$$\mathbf{u_1} \cdot \mathbf{u_2} = (-3) \cdot 2 + 1 \cdot (-3) + 2 \cdot 1 = -7$$

이므로

$$\cos\theta = \frac{\mathbf{u_1} \cdot \mathbf{u_2}}{|\mathbf{u_1}||\mathbf{u_2}|} = \frac{-7}{\sqrt{14}\sqrt{14}} = -\frac{1}{2}$$

이다. 여기서 $\theta = \cos^{-1}(-1/2) = 2\pi/3$이므로 두 직선이 이루는 예각은 $\pi/3$이다.

공간 내의 점과 직선 사이의 거리

공간에 존재하는 직선 $\dfrac{x - x_0}{a} = \dfrac{y - y_0}{b} = \dfrac{z - z_0}{c}$와 점 $Q(x_1, y_1, z_1)$ 사이의 거리를 구해 보자. 여기서 직선에 평행한 벡터는 $\mathbf{u} = [a, b, c]$이다. 직선 위에 임의의 점 $P(x_0, y_0, z_0)$를 택하면 점 Q와 직선 사이의 거리는 $|\mathbf{PQ}|\sin\theta$와 같다. 벡터 외적에서 $|\mathbf{PQ} \times \mathbf{u}| = |\mathbf{PQ}||\mathbf{u}|\sin\theta$이므로

$$s = |\mathbf{PQ}|\sin\theta = \frac{|\mathbf{PQ} \times \mathbf{u}|}{|\mathbf{u}|}$$

이다.

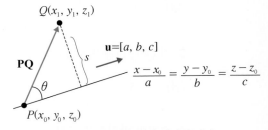

그림 6.4.10 점과 직선 사이의 거리

방향벡터가 $\mathbf{u} = [a, b, c]$인 직선과 점 Q 사이의 수직거리는 직선 위에 임의의 점 P에 대해

$$s = \frac{|\mathbf{PQ} \times \mathbf{u}|}{|\mathbf{u}|} \tag{6.4.10}$$

이다.

예제 9

공간의 직선 $\dfrac{x-1}{1} = \dfrac{y-3}{-1} = \dfrac{z}{2}$ 와 점 $Q(1, 1, 5)$ 사이의 거리를 구하라.

(풀이) 직선에 평행한 벡터는 $\mathbf{u} = [1, -1, 2]$이므로 $|\mathbf{u}| = \sqrt{6}$ 이다. 직선의 방정식에서 $z = 0$이면 $x = 1$, $y = 3$이므로 직선 위의 임의의 점을 $P(1, 3, 0)$으로 택하면

$$\mathbf{PQ} = [1-1,\ 1-3,\ 5-0] = [0, -2, 5], \quad \mathbf{PQ} \times \mathbf{u} = \begin{vmatrix} \mathbf{i} & \mathbf{j} & \mathbf{k} \\ 0 & -2 & 5 \\ 1 & -1 & 2 \end{vmatrix} = [1, 5, 2]$$

이므로 $|\mathbf{PQ} \times \mathbf{u}| = \sqrt{30}$ 이다. 따라서

$$s = \frac{|\mathbf{PQ} \times \mathbf{u}|}{|\mathbf{u}|} = \frac{\sqrt{30}}{\sqrt{6}} = \sqrt{5}\,.$$

6.4 연습문제

1. 두 직선 $3x + y = 5$, $2x - y = 4$가 이루는 각을 구하라. 예각으로 답하라.

(답) $\pi/4$

2. 직선 $x + y + 1 = 0$에 수직이고 원점을 지나는 직선의 방정식을 구하라.

(답) $x - y = 0$

3. 점 $Q(1, 1)$와 직선 $y = 2x + 1$ 사이의 거리를 구하라.

(답) $2/\sqrt{5}$

4. 평면의 방정식을 구하라.
(1) $4\mathbf{i} - 2\mathbf{j}$에 수직이고 점 $(1, 2, 5)$를 포함하는 평면
(2) 점 $(3, 5, 2)$, $(2, 3, 1)$, $(-1, -1, 4)$를 포함하는 평면
(3) 원점을 포함하고 $5x - y + z = 6$에 평행한 평면
(4) y축에 수직이고 점 $(-7, -5, 18)$을 포함하는 평면
(5) 직선 $x - 4 = \dfrac{y-1}{2} = \dfrac{z+2}{3}$ 에 수직이고 점 $(3, 1, -1)$을 포함하는 평면

(답) (1) $2x - y = 0$ (2) $5x - 3y + z - 2 = 0$ (3) $5x - y + z = 0$ (4) $y = -5$
(5) $x + 2y + 3z - 2 = 0$

5. 원점에서 거리가 5이고 법선벡터가 $\mathbf{n} = [1, 1, 1]$인 평면의 방정식을 구하라.

(답) $x + y + z \pm 5\sqrt{3} = 0$

6. 직선의 벡터방정식과 대칭방정식을 구하라.
(1) $5\mathbf{i} + 9\mathbf{j} + 4\mathbf{k}$에 평행하고 원점을 지나는 직선
(2) 점 $(1, 2, 1)$, $(3, 5, -2)$를 지나는 직선

(답) (1) $\mathbf{r}(t) = [5t, 9t, 4t]$, $\dfrac{x}{5} = \dfrac{y}{9} = \dfrac{z}{4}$

(2) $\mathbf{r}(t) = [1 + 2t, 2 + 3t, 1 - 3t]$, $\dfrac{x - 1}{2} = \dfrac{y - 2}{3} = \dfrac{1 - z}{3}$

7. xz-평면과 yz-평면에 모두 평행하고 점 $(2, -2, 15)$를 지나는 직선의 방정식을 구하라.

(답) $x = 2$, $y = -2$, $-\infty < z < \infty$

8. 직선 $\mathbf{r}(t) = [4 - 2t, 1 + 2t, 9 + 3t]$와 xy-평면, yz-평면, xz-평면과의 교점을 구하라.

(답) $(10, -5, 0)$, $(0, 5, 15)$, $(5, 0, 15/2)$

9. 두 직선이 교차하면 교점을 구하라.
(1) $x = 4 + t$, $y = 5 + t$, $z = -1 + 2t$; $x = 6 + 2s$, $y = 11 + 4s$, $z = -3 + s$
(2) $x = 2 - t$, $y = 3 + t$, $z = 1 + t$; $x = 4 + s$, $y = 1 + s$, $z = 1 - s$

(답) (1) $(2, 3, -5)$　　(2) 교차하지 않음

10. 직선 $2(x - 4) = -(y - 3) = z$, $3(x - 5) = 2(y - 1) = -(z - 5)$가 이루는 각을 구하라. 여기서 각이라 함은 두 직선이 만나지 않더라도 한 직선을 평행이동하여 교차시켰을 때 두 직선을 포함하는 평면에서의 교차각을 의미한다.

(답) $40.37°$

11. 평면 $x + y + z - 7 = 0$에 수직하고 직선 $x = 4 + 3t$, $y = -t$, $z = 1 + 5t$를 포함하는 평면의 방정식을 구하라.

(답) $3x - y - 2z - 10 = 0$

12. 두 평면 $2x - 3y + 4z = 1$, $x - y - z = 5$의 교선의 매개변수 방정식, 벡터방정식, 대칭방정식을 구하라

(답) $x = 14 + 7t$, $y = 9 + 6t$, $z = t$; $\mathbf{r}(t) = [14 + 7t, 9 + 6t, t]$; $\dfrac{x - 14}{7} = \dfrac{y - 9}{6} = z$

13. 평면 $3x - 2y + z = -5$와 직선 $x - 1 = \dfrac{y + 2}{2} = \dfrac{z}{4}$의 교점을 구하라.

(답) $(-3, -10, -16)$

14. 점 $Q(0, 0, 3)$와 직선 $x = 2t$, $y = -t$, $z = t$ 사이의 거리를 구하라.

(답) $\sqrt{15/2}$

15. 직선 $ax + by + c = 0$에 평행한 벡터는 $\mathbf{u} = [-b, a]$라는 사실과 벡터의 외적을 이용하여 점 (x_1, y_1)과 직선 $ax + by + c = 0$ 사이의 거리 공식 $s = \dfrac{|ax_1 + by_1 + c|}{\sqrt{a^2 + b^2}}$를 유도하라.

16. 평면에서 점 $P_0(x_0, y_0)$를 지나고 벡터 $\mathbf{u} = [a, b]$에 평행한 직선의 방정식을 식 (6.4.7), (6.4.8), (6.4.9)의 형태로 나타내라.

(답) $\mathbf{r}(t) = \mathbf{r}_0 + t\mathbf{u}$, $x = x_0 + ta$, $y = y_0 + tb$, $\dfrac{x - x_0}{a} = \dfrac{y - y_0}{b}$ 또는 $y - y_0 = \dfrac{b}{a}(x - x_0)$

6.5   벡터공간

앞 절에서 2차원 평면벡터 $\mathbf{a} = [a_1, a_2]$ 또는 3차원 공간벡터 $\mathbf{a} = [a_1, a_2, a_3]$를 다루었는데, 벡터의 개념을 3차원 이하로만 제한할 필요는 없다. 4개의 성분 (quadruple)을 갖는 벡터 $\mathbf{a} = [a_1, a_2, a_3, a_4]$는 4차원 벡터이며, n개의 성분을 갖는 (n-tuple) 벡터 $\mathbf{a} = [a_1, a_2, \cdots, a_n]$은 n차원 벡터이다. 모든 n차원 벡터의 집합을 R^n으로 표시한다. 이러한 n차원 벡터에 대해서도 5.1절에서 설명한 벡터 연산이 동일하게 적용되는데, 차이가 있다면 4차원 이상의 벡터는 기하학적인 표현이 불가능하다는 것뿐이다. 벡터의 개념을 더욱 확장하여 **벡터공간**(vector space)이라 불리는 특수한 집합의 원소로서 벡터를 정의한다. 이러한 정의에 의하면 행렬이나 함수 등도 벡터에 포함된다.

벡터공간

집합 V가 덧셈과 스칼라곱이 정의되는 원소의 집합일 때, 다음의 10가지 공리 (axiom)를 만족하면 V를 **벡터공간**(vector space)이라 하고 그 집합의 원소를 **벡터**(vector)라 한다.

덧셈에 관한 공리

(i) $\mathbf{x}$와 $\mathbf{y}$가 V의 원소이면 $\mathbf{x} + \mathbf{y}$도 V의 원소이다: 가산성(additivity)

(ii) V의 원소 $\mathbf{x}$, $\mathbf{y}$에 대해 $\mathbf{x} + \mathbf{y} = \mathbf{y} + \mathbf{x}$이다: 교환법칙

(iii) V의 원소 $\mathbf{x}$, $\mathbf{y}$, $\mathbf{z}$에 대해 $\mathbf{x} + (\mathbf{y} + \mathbf{z}) = (\mathbf{x} + \mathbf{y}) + \mathbf{z}$이다: 결합법칙

(iv) $\mathbf{0} + \mathbf{x} = \mathbf{x} + \mathbf{0} = \mathbf{x}$를 만족하는 유일한 벡터 $\mathbf{0}$이 V에 존재한다: 항등원 (additive identity)

(v) V의 모든 원소 $\mathbf{x}$에 대해 $\mathbf{x} + (-\mathbf{x}) = (-\mathbf{x}) + \mathbf{x} = \mathbf{0}$을 만족하는 $-\mathbf{x}$도 V의 원소이다: 역원(additive inverse)

스칼라곱에 관한 공리

임의의 스칼라 k, k_1, k_2에 대해

(vi) $\mathbf{x}$가 V의 원소이면 $k_1\mathbf{x}$도 V의 원소이다: 균질성(homogeniety)

(vii) $k_1(\mathbf{x} + \mathbf{y}) = k_1\mathbf{x} + k_1\mathbf{y}$

(viii) $(k_1 + k_2)\mathbf{x} = k_1\mathbf{x} + k_2\mathbf{x}$

(ix) $k_1(k_2\mathbf{x}) = (k_1 k_2)\mathbf{x}$

(x) $1\mathbf{x} = \mathbf{x}$

여기서 스칼라를 실수로 한정하면 V는 **실벡터공간**(real vector space)이며, 복소수로 확장하면 **복소벡터공간**(complex vector space)이라 한다. 특히 공리 (i)과 (vi)을 **닫힘공리**(closure axiom)라 한다.

예제 1

집합 (**1**) $V = \{1\}$, (2) $V = \{0\}$이 벡터공간이 되는지를 보여라.

(1) $V = \{\mathbf{1}\}$은 하나의 원소만을 가지고 있으며 많은 공리를 만족하지 않는다. 예를 들어 $1 + 1 = 2$이고 $k \neq 1$에 대해 $k \cdot 1 = k$가 되어 공리 (i)과 (vi)을 만족하지 않는다. 따라서 $V = \{1\}$은 벡터공간이 아니다.

(2) $0 + 0 = 0$, $k \cdot 0 = 0$ 등으로 모든 공리를 만족하므로 V는 벡터공간이다. $V = \{0\}$을 영공간(zero space)이라고도 부른다.

다음은 벡터공간의 예이다.
- 실수의 집합 R
- n차원 실벡터의 집합 R^n
- $m \times n$ 실행렬의 집합 $A_{m \times n}$
- n차 이하의 다항식의 집합 P_n

- 모든 실수에 대해 정의되는 실함수 f의 집합
- 닫힌구간 $a \leq x \leq b$에서 연속인 실함수 f의 집합 $C[a, b]$
- 모든 실수에 대해 연속인 실함수 f의 집합 $C(-\infty, \infty)$
- 닫힌구간 $a \leq x \leq b$에서 연속이고 $f, f', \cdots, f^{(n)}$이 존재하는 실함수 f의 집합 $C^m[a, b]$

예제 2

(1) 실수의 집합은 벡터공간이 되기 위한 10가지 공리를 모두 만족하므로 벡터공간이다. 하지만 음이 아닌 수의 집합은 덧셈에 대한 역원, 임의의 스칼라곱 등이 집합에 포함되지 않으므로 공리 (v)와 (vi)을 만족하지 않고 따라서 벡터공간이 아니다.

(2) 임의의 3차원 실벡터의 집합은 10가지 공리를 모두 만족하는 벡터공간이다. 하지만 y성분이 1인 3차원 벡터의 집합은 벡터공간이 될 수 없다. 왜냐하면

$$[0, 1, 0] + [1, 1, 1] = [1, 2, 1], \quad 2[0, 1, 0] = [0, 2, 0], \cdots$$

과 같이 y성분이 2가 되어 조건을 만족하지 않기 때문이다.

부분공간

> 벡터공간 V의 부분집합 W가 V에서 정의되는 덧셈과 스칼라곱에 대해 스스로 벡터공간이면 W를 V의 **부분공간**(subspace)이라 한다.

W가 V의 부분공간임을 보이기 위해 10가지 모든 공리가 만족됨을 보일 필요는 없다. 왜냐하면 W의 모든 벡터는 V의 벡터이기 때문이다. W가 벡터공간 V의 부분공간임을 보이기 위해서는 닫힘공리 (i)과 (vi)을 만족하는 것을 보이기만 하면 된다.

예제 3

f와 g가 모든 실수에 대해 연속인 실함수라 하면 $f + g$와 kf(k는 실수)도 모든 실수에 대해 연속인 실함수이므로 연속인 실함수 f의 집합 C는 모든 실수에서 정의되는 실함수 벡터공간의 부분공간이기도 하다.

2.1절에서 함수의 선형결합, 선형독립, 선형종속에 대해 공부했다. 여기에서는 같은 개념을 벡터에 적용한다.

선형결합

스칼라 c_1, c_2, $\cdots$, c_n에 대해

$$c_1 \mathbf{x}_1 + c_2 \mathbf{x}_2 + \cdots + c_n \mathbf{x}_n$$

을 벡터 $\mathbf{x}_1$, $\mathbf{x}_2$, $\cdots$, $\mathbf{x}_n$의 **선형결합**(linear combination)이라 한다.

선형독립과 선형종속

벡터 $\mathbf{x}_1$, $\mathbf{x}_2$, $\cdots$, $\mathbf{x}_n$에 대해

$$c_1 \mathbf{x}_1 + c_2 \mathbf{x}_2 + \cdots + c_n \mathbf{x}_n = \mathbf{0}$$

이 오직 $c_1 = c_2 = \cdots = c_n = 0$에 대해서만 성립하면 벡터 $\mathbf{x}_1$, $\mathbf{x}_2$, $\cdots$, $\mathbf{x}_n$은 **선형독립**(linearly independent)이라 하고, 선형독립이 아닐 때, 즉 0이 아닌 $c_i (1 \leq i \leq n)$에 대해 성립하면 **선형종속**(linearly dependent)이라 한다.

만약 $c_1 \neq 0$에 대해 $c_1 \mathbf{x}_1 + c_2 \mathbf{x}_2 + \cdots + c_n \mathbf{x}_n = \mathbf{0}$이 성립하면 벡터 $\mathbf{x}_1$, $\mathbf{x}_2$, $\cdots$, $\mathbf{x}_n$은 선형종속이며

$$\mathbf{x}_1 = -\frac{c_2}{c_1} \mathbf{x}_2 - \cdots - \frac{c_n}{c_1} \mathbf{x}_n$$

이므로 $\mathbf{x}_1$은 나머지 벡터의 선형결합으로 나타난다.

예제 4

(1) 벡터 $\mathbf{x}_1 = [1, 0]$, $\mathbf{x}_2 = [0, 1]$는 선형독립이다.

$$c_1 \mathbf{x}_1 + c_2 \mathbf{x}_2 = c_1[1, 0] + c_2[0, 1] = [c_1, c_2] = [0, 0]$$

이 오직 $c_1 = c_2 = 0$일 때만 성립하기 때문이다.

(2) 벡터 $\mathbf{x}_1 = [1, 0]$, $\mathbf{x}_2 = [0, 1]$, $\mathbf{x}_3 = [1, 1]$은 선형종속이다.

$$c_1 \mathbf{x}_1 + c_2 \mathbf{x}_2 + c_3 \mathbf{x}_3 = c_1[1, 0] + c_2[0, 1] + c_3[1, 1] = [c_1 + c_3, c_2 + c_3] = [0, 0]$$

이 0이 아닌 $c_i (1 \leq i \leq 3)$에 대해 성립하기 때문이다.

기저와 차원

벡터공간 V의 모든 벡터가 선형독립인 벡터 $\mathbf{x}_1$, $\mathbf{x}_2$, $\cdots$, $\mathbf{x}_n$의 선형결합으로 표현되면 벡터 $\mathbf{x}_1$, $\mathbf{x}_2$, $\cdots$, $\mathbf{x}_n$을 벡터공간 V의 **기저**(basis)라 하며, 기저를 이루는 벡터의 수를 벡터공간 V의 **차원**(dimension)이라 하고 $\dim V$로 나타낸다.

n차원 실벡터공간(real vector space)을 R^n으로 표기한다. 3차원 벡터공간 R^3의 방향단위벡터 $\mathbf{e_1} = [1, 0, 0]$, $\mathbf{e_2} = [0, 1, 0]$, $\mathbf{e_3} = [0, 0, 1]$을 R^3의 **표준기저**(standard basis)라 하며 R^n의 표준기저는 $\mathbf{e_1} = [1, 0, 0, \cdots, 0]$, $\mathbf{e_2} = [0, 1, 0, \cdots, 0], \cdots$, $\mathbf{e_n} = [0, 0, 0, \cdots, 1]$이다.

벡터공간의 기저가 유한한 수의 벡터를 가지면 **유한차원**(finite dimension)이라 하고, 무한한 벡터를 가지면 **무한차원**(infinite dimension)이라 한다. 예를 들어 구간 I에서 연속적으로 n번 미분 가능한 함수공간(function space) $C^n(I)$의 차원은 무한이다. 영공간 $\{\mathbf{0}\}$은 특수한 경우로 오직 $\mathbf{0}$만이 벡터이며, 이는 선형독립이 아니므로 기저가 아니다. 이러한 경우는 관례상 공집합(empty set)을 기저로 하고 차원을 0으로 한다. 모든 벡터공간은 기저를 갖지만 기저의 표현은 서로 다를 수 있다. 예를 들어 벡터 $\mathbf{e_1} = [1, 0, 0]$, $\mathbf{e_2} = [0, 1, 0]$, $\mathbf{e_3} = [0, 0, 1]$이 R^3의 표준기저지만 $\mathbf{u_1} = [1, 0, 0]$, $\mathbf{u_2} = [1, 1, 0]$, $\mathbf{u_3} = [1, 1, 1]$도 선형독립이고 모든 벡터 $a = [a_1, a_2, a_3]$를 $\mathbf{u_1}$, $\mathbf{u_2}$, $\mathbf{u_3}$의 선형결합 $\mathbf{a} = c_1\mathbf{u_1} + c_2\mathbf{u_2} + c_3\mathbf{u_3}$로 나타낼 수 있으므로(연습문제 참고) $\mathbf{u_1}$, $\mathbf{u_2}$, $\mathbf{u_3}$는 R^3의 또 다른 기저인 것이다.

예제 5

실수 전체에서 정의되는 2차 이하의 다항식이 벡터공간이 됨을 보이고 기저와 차원을 구하라.

(풀이) 조건을 만족하는 벡터를 스칼라 α, β, γ에 대해 $p(x) = \alpha + \beta x + \gamma x^2$으로 놓으면 임의의 스칼라 k_1, k_2에 대해

$$k_1 p_1 + k_2 p_2 = k_1(\alpha_1 + \beta_1 x + \gamma_1 x^2) + k_2(\alpha_2 + \beta_2 x + \gamma_2 x^2)$$
$$= (k_1\alpha_1 + k_2\alpha_2) + (k_1\beta_1 + k_2\beta_2)x + (k_1\gamma_1 + k_2\gamma_2)x^2$$

이 되어 역시 2차 이하의 다항식이다. 이와 같이 2차 이하의 다항식은 벡터공간의 모든 공리를 만족하므로 벡터공간이다. 2차 이하의 다항식이라는 조건을 만족하는 세 벡터를 1, x, x^2이라 하자. 벡터공간의 모든 벡터는 이들의 선형결합으로 나타낼 수 있으며, x가 실수일 때 스칼라 c_1, c_2, c_3에 대하여

$$c_1 \cdot 1 + c_2 x + c_3 x^2 = 0$$

은 오직 $c_1 = c_2 = c_3 = 0$일 때만 성립하므로 이들은 선형독립이다. 따라서 기저는 1, x, x^2이고 벡터공간은 3차원이다.

---

n차 이하의 다항식 벡터공간 P_n의 기저는 1, $x, \cdots, x^n$, 차원은 $n + 1$이고 n차 이하의 임의의 다항식은 기저의 선형결합 $p(x) = c_0 + c_1 x + \cdots + c_n x^n$으로 나타난다.

생성공간

> 주어진 벡터의 모든 선형결합의 집합을 **생성공간**(span)이라 한다. 물론 생성공간은 벡터공간이다.

예제 6

벡터 $\mathbf{e}_1 = [1, 0, 0]$, $\mathbf{e}_2 = [0, 1, 0]$, $\mathbf{e}_3 = [0, 0, 1]$의 생성공간은 3차원 공간 R^3이며, 벡터 $\mathbf{e}_1 = [1, 0]$, $\mathbf{e}_2 = [0, 1]$의 생성공간은 2차원 공간 R^2이다.

제차 선형 미분방정식

n계 제차 선형 미분방정식

$$a_n(x)\frac{d^n y}{dx^n} + a_{n-1}(x)\frac{d^{n-1}y}{dx^{n-1}} + \cdots + a_1(x)\frac{dy}{dx} + a_0(x)y = 0$$

의 계수 $a_i(x)$, $i = 0, 1, \cdots, n$가 구간 I의 모든 x에 대해 연속이고 $a_n(x) \neq 0$이면 해 y_1은 벡터공간 $C^n(I)$의 하나의 벡터이다. 만약 y_1과 y_2가 해이면 이들의 합 $y_1 + y_2$와 상수곱 ky_1도 해이므로 해집합은 덧셈과 스칼라곱에 대해 닫혀 있고 $C^n(I)$의 부분공간이 된다. 이러한 이유로 제차 선형 미분방정식의 해집합을 **해공간**(solution space)이라 부른다. $y_1, y_2, \cdots, y_n$이 해이면 **일반해**(general solution)를

$$y = c_1y_1 + c_2y_2 + \cdots + c_ny_n$$

으로 정의하는데, 모든 해는 적절한 $c_1, c_2, \cdots, c_n$에 의해 나타낼 수 있다. 즉 선형독립인 $y_1, y_2, \cdots, y_n$은 해공간의 기저이고 해공간의 차원은 n이다.

예제 7

2계 제차 선형 미분방정식 $y'' + y = 0$의 일반해는 $y = c_1\cos x + c_2\sin x$이다. 선형독립인 $\cos x$와 $\sin x$는 해공간의 기저를 이루며, 따라서 해공간의 차원은 2이다. 여기서 $\cos x$와 $\sin x$가 선형독립인 것은 연습문제를 참고하자.

▌ 6.5 연습문제

1. 다음 집합이 벡터공간이 되는가? 그 이유를 설명하라.

(1) $a_1 + a_2 = 0$인 벡터 $[a_1, a_2]$ (2) $a_2 = 3a_1 + 1$인 벡터 $[a_1, a_2]$

(3) $a_1 \geq 0$, $a_2 \geq 0$인 벡터 $[a_1, a_2]$ (4) 벡터 $[a_1, a_2, 0]$

(답) (1) 벡터공간   (2) 아님   (2) 아님   (4) 벡터공간

2. 다음 집합이 벡터공간 $C(-\infty, \infty)$의 부분공간이 되는가? 그 이유를 설명하라.

(1) $f(1) = 0$인 함수   (2) $f(0) = 1$인 함수

(3) 모든 x에 대해 $f(x) \geqq 0$인 함수   (4) 미분 가능한 함수

(답) (1) 부분공간   (2) 아님   (3) 아님   (4) 부분공간

3. 다음이 주어진 벡터공간의 부분공간이 되는가? 그 이유를 설명하라.

(1) $p(x) = c_1 x + c_3 x^3$: P_3

(2) 모든 단위벡터: R^3

(3) $x - 2$로 나누어지는 2차 이하 다항식 p: P_2

(4) $\int_a^b f(x)dx = 0$인함수 f: $C[a, b]$

(답) (1) 부분공간   (2) 아님   (3) 부분공간   (4) 부분공간

4. 벡터가 선형독립인지 선형종속인지를 보여라.

(1) R^2의 $[4, -8]$, $[-6, 12]$ (2) R^2의 $[1, 1]$, $[0, 1]$, $[2, 5]$

(3) P_2의 1, $(x + 1)$, $(x + 1)^2$ (4) P_2의 1, $(x + 1)$, $(x + 1)^2$, x^2

(답) (1) 선형종속   (2) 선형종속   (3) 선형독립   (4) 선형종속

5. 벡터 $\mathbf{u}_1 = [1, 0, 0]$, $\mathbf{u}_2 = [1, 1, 0]$, $\mathbf{u}_3 = [1, 1, 1]$는 벡터공간 R^3의 기저이다

(1) $\mathbf{u}_1$, $\mathbf{u}_2$, $\mathbf{u}_3$가 선형독립임을 보여라.

(2) 벡터 $\mathbf{a} = [3, 4, -8]$을 $\mathbf{u}_1$, $\mathbf{u}_2$, $\mathbf{u}_3$의 선형결합으로 나타내라.

(답) (1) 선형독립   (2) $\mathbf{a} = -\mathbf{u}_1 + 12\mathbf{u}_2 - 8\mathbf{u}_3$

6. 벡터 $p_1(x) = x + 1$, $p_2(x) = x - 1$은 벡터공간 P_1의 기저이다

(1) $p_1(x)$, $p_2(x)$가 선형독립임을 보여라.

(2) 벡터 $p(x) = 5x + 2$를 $p_1(x)$, $p_2(x)$의 선형결합으로 나타내라.

(답) (1) 선형독립   (2) $p(x) = \dfrac{7}{2}p_1 + \dfrac{3}{2}p_2$

7. 상수 a, b에 대해 $y = a\cos x + b\sin x$로 표현되는 모든 함수가 벡터공간인가? 벡터공간이면 기저와 차원을 구하라.

(답) 벡터공간, 기저 $\cos x$, $\sin x$, 차원 2

8. 미분방정식 $\dfrac{d^2 y}{dx^2} - 3\dfrac{dy}{dx} - 10y = 0$의 해공간의 기저와 차원, 일반해를 구하라.

(답) 기저 $\{e^{-2x}, e^{5x}\}$, 차원 2, 일반해 $y = c_1 e^{-2x} + c_2 e^{5x}$

행렬과 응용

행렬은 단순히 숫자를 직사각형 모양으로 나열한 것 이상으로 선형계 해석, 선형변환, 고유값 문제, 최적화, 컴퓨터 그래픽과 가상현실 등 다양한 응용 분야에서 이용된다. 행렬을 이용하면 벡터를 보다 체계적으로 다룰 수도 있다. 또한 미분방정식과 경계조건으로 이루어진 경계값 문제를 수치적으로 푸는 경우 최종적으로 연립방정식의 해를 구하는 문제가 되므로 행렬에 대한 올바른 지식은 수치해석 과목에서도 매우 중요하다. 여기서는 이 책의 다른 부분과 연관된 행렬의 기본적인 내용만을 다루겠다. 나머지 부분에 대해서는 선형대수 과목을 통해 공부하기 바란다.

7.1 행렬의 기초

숫자들의 직사각형 배열을 **행렬**(matrix)이라 한다. 행렬은

$$\begin{bmatrix} a_{11} & a_{12} & \cdots & a_{1n} \\ a_{21} & a_{22} & \cdots & a_{2n} \\ \vdots & \vdots & \ddots & \vdots \\ a_{m1} & a_{m2} & \cdots & a_{mn} \end{bmatrix}$$

와 같이 나타내고 m개의 행(row)과 n개의 열(column)을 갖는 행렬을 $m \times n$ 행렬이라 부르며, 이를 $[a_{ij}]_{m \times n}$으로 나타내기도 한다. 행렬에 속한 개개의 수를 행렬의 **성분**(components) 또는 **원소**(elements)라 하고 $a_{ij}(1 \leq i \leq m, 1 \leq j \leq n)$로 나타낸다. 만약 $m = n$이면

$$\begin{bmatrix} a_{11} & a_{12} & \cdots & a_{1n} \\ a_{21} & a_{22} & \cdots & a_{2n} \\ \vdots & \vdots & \ddots & \vdots \\ a_{n1} & a_{n2} & \cdots & a_{nn} \end{bmatrix}$$

와 같은 $n \times n$ **정사각행렬**(square matrix)이 되고 $a_{11}, \cdots, a_{nn}$을 잇는 대각선 위의 성분을 **주대각성분**(principal diagonal components)이라 한다.

행렬의 연산

크기가 같은 두 행렬

$$\mathbf{A} = \begin{bmatrix} a_{11} & a_{12} & \cdots & a_{1n} \\ a_{21} & a_{22} & \cdots & a_{2n} \\ \vdots & \vdots & \ddots & \vdots \\ a_{m1} & a_{m2} & \cdots & a_{mn} \end{bmatrix}, \quad \mathbf{B} = \begin{bmatrix} b_{11} & b_{12} & \cdots & b_{1n} \\ b_{21} & b_{22} & \cdots & b_{2n} \\ \vdots & \vdots & \ddots & \vdots \\ b_{m1} & b_{m2} & \cdots & b_{mn} \end{bmatrix}$$

에 대하여 다음과 같이 정의한다.

행렬의 상등

$\mathbf{A} = \mathbf{B}$이면 $a_{ij} = b_{ij}$ $(1 \leq i \leq m, 1 \leq j \leq n)$이다.

즉 행렬의 성분이 모두 같을 때 두 행렬이 같다.

행렬의 합

$\mathbf{A} + \mathbf{B} = [a_{ij} + b_{ij}]_{m \times n}$ $(1 \leq i \leq m, 1 \leq j \leq n)$

즉 행렬의 합은 각 성분의 합으로 정의한다. 행렬의 합에 대해 다음의 성질이 성립함을 쉽게 알 수 있다.

- **행렬의 합에 관한 성질**

(1) $\mathbf{A} + \mathbf{B} = \mathbf{B} + \mathbf{A}$: 교환법칙　(2) $(\mathbf{A} + \mathbf{B}) + \mathbf{C} = \mathbf{A} + (\mathbf{B} + \mathbf{C})$: 결합법칙

성질 (1)의 증명: $\mathbf{A} = [a_{ij}]_{m \times n}$, $\mathbf{B} = [b_{ij}]_{m \times n}$라 하면

$$\mathbf{A} + \mathbf{B} = [a_{ij}]_{m \times n} + [b_{ij}]_{m \times n} = [a_{ij} + b_{ij}]_{m \times n}$$
$$= [b_{ij} + a_{ij}]_{m \times n} = [b_{ij}]_{m \times n} + [a_{ij}]_{m \times n} = \mathbf{B} + \mathbf{A}.$$

∎

행렬의 스칼라곱

스칼라 k에 대하여 $k\mathbf{A} = [ka_{ij}]_{m \times n}$ $(1 \leq i \leq m, 1 \leq j \leq n)$이다.

위와 같이 행렬의 **스칼라곱**(scalar multiplication)은 각 성분의 스칼라곱으로 정의한다. 따라서 $-\mathbf{A} = [-a_{i,j}]_{m \times n}$이며 $\mathbf{A} - \mathbf{B} = \mathbf{A} + (-\mathbf{B})$와 같다. 이러한 스칼라곱의 정의에 의해 다음의 성질이 성립함을 알 수 있다.

- **행렬의 스칼라곱에 관한 성질**

> 스칼라 k, k_1, k_2에 대하여 다음이 성립한다.
> (1) $k_1(k_2\mathbf{A}) = (k_1 k_2)\mathbf{A} = k_2(k_1\mathbf{A})$: 결합법칙
> (2) $k(\mathbf{A} + \mathbf{B}) = k\mathbf{A} + k\mathbf{B}$: 분배법칙

성질 (2)의 증명: $\mathbf{A} = [a_{ij}]_{m \times n}$, $\mathbf{B} = [b_{ij}]_{m \times n}$라 하면

$$k(\mathbf{A} + \mathbf{B}) = k([a_{ij}]_{m \times n} + [b_{ij}]_{m \times n}) = k[a_{ij} + b_{ij}]_{m \times n} = [ka_{ij} + kb_{ij}]_{m \times n}$$
$$= k[a_{ij}]_{m \times n} + k[b_{ij}]_{m \times n} = k\mathbf{A} + k\mathbf{B}.$$

∎

예제 1

$\mathbf{A} = \begin{bmatrix} 4 & 7 \\ 3 & 5 \end{bmatrix}$, $\mathbf{B} = \begin{bmatrix} 9 & -2 \\ 6 & 8 \end{bmatrix}$ 일 때 $\mathbf{A} + \mathbf{B}$, $\mathbf{A} - \mathbf{B}$, $2\mathbf{A}$를 계산하라.

(풀이) $\mathbf{A} + \mathbf{B} = \begin{bmatrix} 4 & 7 \\ 3 & 5 \end{bmatrix} + \begin{bmatrix} 9 & -2 \\ 6 & 8 \end{bmatrix} = \begin{bmatrix} 4+9 & 7-2 \\ 3+6 & 5+8 \end{bmatrix} = \begin{bmatrix} 13 & 5 \\ 9 & 13 \end{bmatrix}$

$\mathbf{A} - \mathbf{B} = \begin{bmatrix} 4 & 7 \\ 3 & 5 \end{bmatrix} - \begin{bmatrix} 9 & -2 \\ 6 & 8 \end{bmatrix} = \begin{bmatrix} 4-9 & 7+2 \\ 3-6 & 5-8 \end{bmatrix} = \begin{bmatrix} -5 & 9 \\ -3 & -3 \end{bmatrix}$

$2\mathbf{A} = 2\begin{bmatrix} 4 & 7 \\ 3 & 5 \end{bmatrix} = \begin{bmatrix} 2\cdot4 & 2\cdot7 \\ 2\cdot3 & 2\cdot5 \end{bmatrix} = \begin{bmatrix} 8 & 14 \\ 6 & 10 \end{bmatrix}$

영행렬(zero or null matrix)은 행렬의 성분이 모두 0인 행렬로

$$\mathbf{0} = \begin{bmatrix} 0 & 0 & 0 \\ 0 & 0 & 0 \\ 0 & 0 & 0 \end{bmatrix}$$

와 같은 행렬이다. 행렬 $\mathbf{A}$에 대하여

$$\mathbf{A} + \mathbf{0} = \mathbf{A}, \quad \mathbf{A} + (-\mathbf{A}) = \mathbf{0}$$

이 성립하므로 영행렬 $\mathbf{0}$은 덧셈에 대한 **항등원**이고 $-\mathbf{A}$는 덧셈에 대해 $\mathbf{A}$의 **역원**이다.

행렬의 곱

이제 두 행렬 **A**, **B**의 곱에 대하여 알아보자. 먼저 **A**가 하나의 행을 갖는 **행벡터**(row vector)이고 **B**가 하나의 열을 갖는 **열벡터**(column vector)일 때 곱 **AB**를

$$\mathbf{AB} = \begin{bmatrix} 2 & 4 & 5 \end{bmatrix} \begin{bmatrix} 3 \\ 1 \\ 0 \end{bmatrix} = [2 \cdot 3 + 4 \cdot 1 + 5 \cdot 0] = [10]$$

로 계산하며, 이를 행렬의 **내적**(inner product)이라 부른다. 즉 1×3 행렬과 3×1 행렬의 곱은 하나의 성분만을 갖는 1×1 행렬이 된다. 행이 2개 이상인 행렬 **A**와 열벡터 **B**의 곱에 대해서도 **A**의 각 행에 내적 연산을 동일하게 적용하는 것을 원칙으로 하여

$$\mathbf{AB} = \begin{bmatrix} 2 & 4 & 5 \\ 2 & 6 & 8 \\ 1 & 0 & 9 \end{bmatrix} \begin{bmatrix} 3 \\ 1 \\ 0 \end{bmatrix} = \begin{bmatrix} 2 \cdot 3 + 4 \cdot 1 + 5 \cdot 0 \\ 2 \cdot 3 + 6 \cdot 1 + 8 \cdot 0 \\ 1 \cdot 3 + 0 \cdot 1 + 9 \cdot 0 \end{bmatrix} = \begin{bmatrix} 10 \\ 12 \\ 3 \end{bmatrix}$$

과 같이 계산한다. **B**의 열이 2개 이상인 경우에는 **B**의 각 열에 대해 동일한 **A**를 곱하여

$$\mathbf{AB} = \begin{bmatrix} 2 & 4 & 5 \\ 2 & 6 & 8 \\ 1 & 0 & 9 \end{bmatrix} \begin{bmatrix} 3 & 2 \\ 1 & 0 \\ 0 & 1 \end{bmatrix} = \begin{bmatrix} 2 \cdot 3 + 4 \cdot 1 + 5 \cdot 0 & 2 \cdot 2 + 4 \cdot 0 + 5 \cdot 1 \\ 2 \cdot 3 + 6 \cdot 1 + 8 \cdot 0 & 2 \cdot 2 + 6 \cdot 0 + 8 \cdot 1 \\ 1 \cdot 3 + 0 \cdot 1 + 9 \cdot 0 & 1 \cdot 2 + 0 \cdot 0 + 9 \cdot 1 \end{bmatrix} = \begin{bmatrix} 10 & 9 \\ 12 & 12 \\ 3 & 11 \end{bmatrix}$$

로 계산한다. 일반적으로 **행렬의 곱**(matrix multiplication)을

> **A**가 $m \times p$, **B**가 $p \times n$ 행렬일 때, 행렬의 곱 **AB**는
>
> $$\mathbf{AB} = [c_{ij}]_{m \times n}, \quad c_{ij} = \sum_{k=1}^{p} a_{ik} b_{kj}$$
>
> 이다.

로 정의한다. 두 행렬 **A**와 **B**의 곱 **AB**는 **A**의 열의 개수와 **B**의 행의 개수가 같을 때만 정의되는데, **A**의 i 번째 행의 성분과 **B**의 j 번째 열의 성분을 순서대로 곱하여 더한 값이 행렬 **AB**의 (i, j) 성분이 되는 것이다.

예제 2

(1) $\mathbf{A} = \begin{bmatrix} 4 & 7 \\ 3 & 5 \end{bmatrix}$, $\mathbf{B} = \begin{bmatrix} 9 & -2 \\ 6 & 8 \end{bmatrix}$일 때

$$\mathbf{AB} = \begin{bmatrix} 4 & 7 \\ 3 & 5 \end{bmatrix} \begin{bmatrix} 9 & -2 \\ 6 & 8 \end{bmatrix} = \begin{bmatrix} 4 \cdot 9 + 7 \cdot 6 & 4 \cdot (-2) + 7 \cdot 8 \\ 3 \cdot 9 + 5 \cdot 6 & 3 \cdot (-2) + 5 \cdot 8 \end{bmatrix} = \begin{bmatrix} 78 & 48 \\ 57 & 34 \end{bmatrix}$$

(2) $\mathbf{A} = \begin{bmatrix} 5 & 8 \\ 1 & 0 \\ 2 & 7 \end{bmatrix}$, $\mathbf{B} = \begin{bmatrix} -4 & -3 \\ 2 & 0 \end{bmatrix}$ 일 때

$$\mathbf{AB} = \begin{bmatrix} 5 & 8 \\ 1 & 0 \\ 2 & 7 \end{bmatrix} \begin{bmatrix} -4 & -3 \\ 2 & 0 \end{bmatrix} = \begin{bmatrix} 5 \cdot (-4) + 8 \cdot 2 & 5 \cdot (-3) + 8 \cdot 0 \\ 1 \cdot (-4) + 0 \cdot 2 & 1 \cdot (-3) + 0 \cdot 0 \\ 2 \cdot (-4) + 7 \cdot 2 & 2 \cdot (-3) + 7 \cdot 0 \end{bmatrix} = \begin{bmatrix} -4 & -15 \\ -4 & -3 \\ 6 & -6 \end{bmatrix}$$

이지만, $\mathbf{BA}$는 정의되지 않는다.

행렬의 곱은 다음과 같은 성질을 갖는다.

- **행렬의 곱에 관한 성질**

> (1) 결합법칙: $\mathbf{A}(\mathbf{BC}) = (\mathbf{AB})\mathbf{C}$
> (2) 분배법칙: $\mathbf{A}(\mathbf{B} + \mathbf{C}) = \mathbf{AB} + \mathbf{AC}$, $(\mathbf{A} + \mathbf{B})\mathbf{C} = \mathbf{AC} + \mathbf{BC}$

성질 (2)의 첫 번째 식 증명:

$\mathbf{A} = [a_{ij}]_{m \times p}$, $\mathbf{B} = [b_{ij}]_{p \times n}$, $\mathbf{C} = [c_{ij}]_{p \times n}$라 하면

$$\mathbf{A}(\mathbf{B} + \mathbf{C}) = [a_{ij}]_{m \times p} \left([b_{ij}]_{p \times n} + [c_{ij}]_{p \times n} \right) = [a_{ij}]_{m \times p} [b_{ij} + c_{ij}]_{p \times n} = [d_{ij}]_{m \times n}$$

이고, 여기서 $d_{ij} = \sum_{k=1}^{p} a_{ik}(b_{kj} + c_{kj})$이다. 마찬가지로

$$\mathbf{AB} + \mathbf{AC} = [a_{ij}]_{m \times p} [b_{ij}]_{p \times n} + [a_{ij}]_{m \times p} [c_{ij}]_{p \times n} = [e_{ij}]_{m \times n} + [f_{ij}]_{m \times n}$$

이고, 여기서 $e_{ij} = \sum_{k=1}^{p} a_{ik} b_{kj}$, $f_{ij} = \sum_{k=1}^{p} a_{ik} c_{kj}$이다. 그런데

$$d_{ij} = \sum_{k=1}^{p} a_{ik}(b_{kj} + c_{kj}) = \sum_{k=1}^{p} a_{ik} b_{kj} + \sum_{k=1}^{p} a_{ik} c_{kj} = e_{ij} + f_{ij}$$

이므로 $\mathbf{A}(\mathbf{B} + \mathbf{C}) = \mathbf{AB} + \mathbf{AC}$이다.

■

행렬의 곱에 대해서는 일반적으로 $\mathbf{AB} \neq \mathbf{BA}$이다. 즉 교환법칙이 성립하지 않음에 유의하라.

A, B, C, D가 실수일 때 다음 성질이 성립한다.

- $AB = BA$ (교환법칙)

- $AB = AC$이고 $A \neq 0$이면 $B = C$
- $AD = 0$이면 $A = 0$ 또는 $D = 0$

하지만 행렬의 곱에서는 $\mathbf{A}, \mathbf{B}, \mathbf{C}, \mathbf{D}$가 모두 정사각행렬이라도 일반적으로 위의 성질이 성립하지 않는다. 다음 예제를 보자.

예제 3

$\mathbf{A} = \begin{bmatrix} 0 & 1 \\ 0 & 2 \end{bmatrix}, \mathbf{B} = \begin{bmatrix} 1 & 1 \\ 3 & 4 \end{bmatrix}, \mathbf{C} = \begin{bmatrix} 2 & 5 \\ 3 & 4 \end{bmatrix}, \mathbf{D} = \begin{bmatrix} 3 & 7 \\ 0 & 0 \end{bmatrix}$일 때

(1) $\mathbf{AB} = \begin{bmatrix} 0 & 1 \\ 0 & 2 \end{bmatrix} \begin{bmatrix} 1 & 1 \\ 3 & 4 \end{bmatrix} = \begin{bmatrix} 0 \cdot 1 + 1 \cdot 3 & 0 \cdot 1 + 1 \cdot 4 \\ 0 \cdot 1 + 2 \cdot 3 & 0 \cdot 1 + 2 \cdot 4 \end{bmatrix} = \begin{bmatrix} 3 & 4 \\ 6 & 8 \end{bmatrix}$

$\mathbf{BA} = \begin{bmatrix} 1 & 1 \\ 3 & 4 \end{bmatrix} \begin{bmatrix} 0 & 1 \\ 0 & 2 \end{bmatrix} = \begin{bmatrix} 1 \cdot 0 + 1 \cdot 0 & 1 \cdot 1 + 1 \cdot 2 \\ 3 \cdot 0 + 4 \cdot 0 & 3 \cdot 1 + 4 \cdot 2 \end{bmatrix} = \begin{bmatrix} 0 & 3 \\ 0 & 11 \end{bmatrix}$

에서 $\mathbf{AB} \neq \mathbf{BA}$이다.

(2) $\mathbf{AC} = \begin{bmatrix} 0 & 1 \\ 0 & 2 \end{bmatrix} \begin{bmatrix} 2 & 5 \\ 3 & 4 \end{bmatrix} = \begin{bmatrix} 0 \cdot 2 + 1 \cdot 3 & 0 \cdot 5 + 1 \cdot 4 \\ 0 \cdot 2 + 2 \cdot 3 & 0 \cdot 5 + 2 \cdot 4 \end{bmatrix} = \begin{bmatrix} 3 & 4 \\ 6 & 8 \end{bmatrix}$

에서 $\mathbf{AB} = \mathbf{AC}$이다. 하지만 $\mathbf{A} \neq \mathbf{0}$인데 $\mathbf{B} \neq \mathbf{C}$이다.

(3) $\mathbf{AD} = \begin{bmatrix} 0 & 1 \\ 0 & 2 \end{bmatrix} \begin{bmatrix} 3 & 7 \\ 0 & 0 \end{bmatrix} = \begin{bmatrix} 0 \cdot 3 + 1 \cdot 0 & 0 \cdot 7 + 1 \cdot 0 \\ 0 \cdot 3 + 2 \cdot 0 & 0 \cdot 7 + 2 \cdot 0 \end{bmatrix} = \begin{bmatrix} 0 & 0 \\ 0 & 0 \end{bmatrix} = \mathbf{0}$

이다. 하지만 $\mathbf{A} \neq \mathbf{0}, \mathbf{D} \neq \mathbf{0}$이다.

정사각행렬 $\mathbf{A}$의 거듭제곱을

$$\mathbf{AA} = \mathbf{A}^2, \quad \mathbf{AAA} = \mathbf{A}^3, \cdots$$

등으로 나타낸다. 행렬의 곱에 관한 성질을 이용하면

$$(\mathbf{A} + \mathbf{B})^2 = (\mathbf{A} + \mathbf{B})(\mathbf{A} + \mathbf{B}) = \mathbf{A}(\mathbf{A} + \mathbf{B}) + \mathbf{B}(\mathbf{A} + \mathbf{B})$$
$$= \mathbf{A}^2 + \mathbf{AB} + \mathbf{BA} + \mathbf{B}^2$$
$$(\mathbf{A} + \mathbf{B})(\mathbf{A} - \mathbf{B}) = \mathbf{A}(\mathbf{A} - \mathbf{B}) + \mathbf{B}(\mathbf{A} - \mathbf{B})$$
$$= \mathbf{A}^2 - \mathbf{AB} + \mathbf{BA} - \mathbf{B}^2$$

이 된다. 일반적으로 $\mathbf{AB} \neq \mathbf{BA}$이므로 위 식은 더 이상 간단해지지 않는다.

선형변환

벡터공간 $\mathbf{X}, \mathbf{Y}$에 대해 $\mathbf{X}$에 속하는 벡터 $\mathbf{x}$가 $\mathbf{Y}$에 속하는 벡터 $\mathbf{y}$와 $\mathbf{y} = F(\mathbf{x})$로 대응

될 때 이를 $\mathbf{x}$의 $\mathbf{y}$로의 **변환**(transformation) 또는 **사상**(mapping)이라 한다. 특히 $\mathbf{X}$에 속하는 벡터 $\mathbf{x_1}$, $\mathbf{x_2}$와 임의의 스칼라 k에 대하여

$$F(\mathbf{x_1} + \mathbf{x_2}) = F(\mathbf{x_1}) + F(\mathbf{x_2}), \;\; F(k\mathbf{x_1}) = kF(\mathbf{x_1})$$

을 만족하는 변환을 **선형변환**(linear transformation)이라 한다.

$\mathbf{X}$와 $\mathbf{Y}$가 각각 실벡터공간 R^n과 R^m의 원소, 즉 $\mathbf{X}$는 $n \times 1$ 행렬, $\mathbf{Y}$는 $m \times 1$ 행렬이고 $\mathbf{A}$가 $m \times n$ 행렬인 경우

$$\mathbf{Y} = \mathbf{AX}$$

또한 선형변환을 나타낸다. 예를 들어 $\mathbf{A} = \begin{bmatrix} 1 & 0 \\ 0 & -1 \end{bmatrix}$은 선형변환 $\mathbf{Y} = \mathbf{AX}$에 의해

$$\begin{bmatrix} y_1 \\ y_2 \end{bmatrix} = \begin{bmatrix} 1 & 0 \\ 0 & -1 \end{bmatrix} \begin{bmatrix} x_1 \\ x_2 \end{bmatrix} = \begin{bmatrix} x_1 \\ -x_2 \end{bmatrix}$$

가 되므로 점 (x_1, x_2)가 $y_1 = x_1$, $y_2 = -x_2$를 만족하는 점 (y_1, y_2)로 이동하는 변환, 즉 그림 7.1.1과 같이 x축에 대칭인 점으로의 변환을 나타낸다. 마찬가지로 행렬

$$\begin{bmatrix} 0 & 1 \\ 1 & 0 \end{bmatrix}, \;\; \begin{bmatrix} -1 & 0 \\ 0 & -1 \end{bmatrix}, \;\; \begin{bmatrix} c & 0 \\ 0 & 1 \end{bmatrix}, \;\; \begin{bmatrix} \cos\theta & -\sin\theta \\ \sin\theta & \cos\theta \end{bmatrix}$$

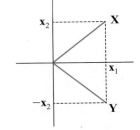

그림 7.1.1 선형변환 : x축 대칭

는 각각 직선 $y = x$에 대한 대칭, 원점에 대한 대칭, x축 방향으로의 확장($c > 1$인 경우 $0 < c < 1$이면 수축), 원점을 중심으로 반시계 방향으로 θ만큼 회전하는 변환을 나타낸다(연습문제 참고).

이러한 선형변환에 관한 이론은 컴퓨터 그래픽 등의 다양한 분야에 응용되고 있다.

마르코프 과정

행렬의 모든 성분이 음이 아니고 각 행 또는 열의 합이 모두 1인 정사각행렬을 **확률행렬**(stochastic matrix)이라 한다. 어떤 상태로 변화할 확률이 바로 이전 상태에만 의존하는 확률과정을 **마르코프 과정**(A. Markov, 1856–1922, 러시아)이라 한다. 선형변환의 하나로 마르코프 과정의 예를 보자.

예제 4

어떤 도시의 2020년의 토지 사용상태가 다음과 같다.

I	주거지역	30%
II	상업지역	20%
III	공업지역	50%

5년 간격으로 토지 활용상태가 변화할 확률행렬이

$$\mathbf{A} = \begin{matrix} \text{I에서} & \text{II에서} & \text{III에서} \\ \begin{bmatrix} 0.8 & 0.1 & 0.0 \\ 0.1 & 0.7 & 0.1 \\ 0.1 & 0.2 & 0.9 \end{bmatrix} & \begin{matrix} \text{I로} \\ \text{II로} \\ \text{III로} \end{matrix} \end{matrix}$$

로 주어진다면 2025년과 2030년에 예상되는 토지 사용률을 계산하라.

(풀이) 5년 간격으로 토지 활용상태가 변화되는 확률행렬이 $\mathbf{A}$이므로 2020년의 토지 사용상태를 $\mathbf{X} = [30\ 20\ 50]^T$ 이라 하면(T는 행과 열을 바꾼 전치행렬을 의미한다. 아래 참고) 2025년의 토지 사용상태 $\mathbf{Y}$는

$$\mathbf{Y} = \mathbf{AX} = \begin{bmatrix} 0.8 & 0.1 & 0.0 \\ 0.1 & 0.7 & 0.1 \\ 0.1 & 0.2 & 0.9 \end{bmatrix} \begin{bmatrix} 30 \\ 20 \\ 50 \end{bmatrix} = \begin{bmatrix} 26 \\ 22 \\ 52 \end{bmatrix}$$

이다. 즉 주거지역 26%, 상업지역 22%, 공업지역 52%로 예상된다. 유사한 방법으로 2030년의 토지 사용상태 $\mathbf{Z}$를 계산하면

$$\mathbf{Z} = \mathbf{AY} = \begin{bmatrix} 0.8 & 0.1 & 0.0 \\ 0.1 & 0.7 & 0.1 \\ 0.1 & 0.2 & 0.9 \end{bmatrix} \begin{bmatrix} 26 \\ 22 \\ 52 \end{bmatrix} = \begin{bmatrix} 23.0 \\ 23.2 \\ 53.8 \end{bmatrix}$$

이 된다.

여러 가지 행렬

전치행렬

행과 열을 바꾸어 생기는 행렬이다. 행렬 $\mathbf{A} = [a_{ij}]_{m \times n}$에 대하여 $\mathbf{B} = [b_{ij}]_{n \times m}$, $b_{ij} = a_{ji}$인 행렬을 $\mathbf{A}$의 **전치행렬**(transpose matrix)이라 하고 $\mathbf{B} = \mathbf{A}^T$로 나타낸다. 예를 들어

$$\mathbf{A} = \begin{bmatrix} 3 & 2 & -1 \\ 6 & 5 & 2 \end{bmatrix}$$

이면

$$\mathbf{A}^T = \begin{bmatrix} 3 & 6 \\ 2 & 5 \\ -1 & 2 \end{bmatrix}$$

이다. 전치행렬의 정의에 의해 원래의 행렬과 전치행렬을 곱하면 항상 정사각행렬이 된다. 행벡터의 전치행렬은 열벡터이고 열벡터의 전치행렬은 행벡터이다. 예를 들어

$$\mathbf{A} = \begin{bmatrix} 5 \\ 0 \\ 3 \end{bmatrix} \text{이면} \quad \mathbf{A}^T = [5 \ 0 \ 3]$$

이다. 전치행렬은 다음과 같은 성질을 갖는다.

- **전치행렬의 성질**

> (1) $(\mathbf{A}^T)^T = \mathbf{A}$ (2) $(\mathbf{A} + \mathbf{B})^T = \mathbf{A}^T + \mathbf{B}^T$
>
> (3) $(k\mathbf{A})^T = k\mathbf{A}^T$ (k는 스칼라) (4) $(\mathbf{AB})^T = \mathbf{B}^T\mathbf{A}^T$

(증명) $\mathbf{A} = [a_{ij}]_{m \times n}$의 전치행렬을 $\mathbf{A}^T = [A_{ij}]_{n \times m}\,(A_{ij} = a_{ji})$, $\mathbf{B} = [b_{ij}]_{m \times n}$의 전치행렬을 $\mathbf{B}^T = [B_{ij}]_{n \times m}\,(B_{ij} = b_{ji})$와 같이 표시하자.

(1) 전치행렬의 정의로부터 자명하다.

(2) $(\mathbf{A} + \mathbf{B})^T = ([a_{ij}]_{m \times n} + [b_{ij}]_{m \times n})^T = ([a_{ij} + b_{ij}]_{m \times n})^T = [A_{ij} + B_{ij}]_{n \times m}$

$\qquad = [A_{ij}]_{n \times m} + [B_{ij}]_{n \times m} = ([a_{ij}]_{m \times n})^T + ([b_{ij}]_{m \times n})^T = \mathbf{A}^T + \mathbf{B}^T$

(3) $(k\mathbf{A})^T = (k[a_{ij}]_{m \times n})^T = ([ka_{ij}]_{m \times n})^T = [kA_{ij}]_{n \times m}$

$\qquad = k[A_{ij}]_{n \times m} = k([a_{ij}]_{m \times n})^T = k\mathbf{A}^T$

(4) $\mathbf{A} = [a_{ij}]_{m \times p}$, $\mathbf{B} = [b_{ij}]_{p \times n}$라 하면

$$(\mathbf{AB})^T = ([a_{ij}]_{m \times p}\,[b_{ij}]_{p \times n})^T = ([c_{ij}]_{m \times n})^T = [C_{ij}]_{n \times m},\ (C_{ij} = c_{ji})$$

이고, 여기서 $C_{ij} = \displaystyle\sum_{k=1}^{p} a_{jk}b_{ki}$ 이다. 마찬가지로

$$\mathbf{B}^T\mathbf{A}^T = ([b_{ij}]_{p \times n})^T([a_{ij}]_{m \times p})^T = [B_{ij}]_{n \times p}[A_{ij}]_{p \times m} = [D_{ij}]_{n \times m}$$

이고, 여기서 $D_{ij} = \displaystyle\sum_{k=1}^{p} B_{ik}A_{kj}$ 이다. 그런데

$$D_{ij} = \sum_{k=1}^{p} B_{ik}A_{kj} = \sum_{k=1}^{p} b_{ki}a_{jk} = \sum_{k=1}^{p} a_{jk}b_{ki} = c_{ji} = C_{ij}$$ 이므로 $(\mathbf{AB})^T = \mathbf{B}^T\mathbf{A}^T$이다.

■

삼각행렬

삼각행렬(triangular matrix)은 정사각행렬에 대해서 정의되는데, 이에는

$$\mathbf{U} = \begin{bmatrix} 1 & 2 & 3 \\ 0 & 4 & 5 \\ 0 & 0 & 6 \end{bmatrix}$$

과 같이 $i > j$일 때 $u_{ij} = 0$인 **위삼각행렬**(upper triangular matrix)과

$$\mathbf{L} = \begin{bmatrix} 1 & 0 & 0 \\ 2 & 3 & 0 \\ 4 & 5 & 6 \end{bmatrix}$$

과 같이 $i < j$일 때 $l_{ij} = 0$인 **아래삼각행렬**(lower triangular matrix)이 있다.

대각행렬

행렬의 주대각성분을 제외한 나머지 성분이 0인 행렬을 **대각행렬**(diagonal matrix)이라 한다. 즉 $i \neq j$일 때 $d_{ij} = 0$인 행렬로

$$\mathbf{D} = \begin{bmatrix} 1 & 0 & 0 \\ 0 & 2 & 0 \\ 0 & 0 & 3 \end{bmatrix}$$

과 같은 행렬이다.

스칼라 행렬

대각행렬 중에서 주대각성분이 모두 같은 행렬을 **스칼라 행렬**(scalar matrix)이라 한다. 스칼라 행렬을 어떤 행렬에 곱하면 스칼라 행렬의 주대각성분을 행렬에 곱한 것과 같다. 즉 스칼라 행렬 $\mathbf{K} = \begin{bmatrix} 5 & 0 \\ 0 & 5 \end{bmatrix}$를 $\mathbf{A} = \begin{bmatrix} 1 & 2 \\ 3 & 4 \end{bmatrix}$에 곱하면

$$\mathbf{KA} = \begin{bmatrix} 5 & 0 \\ 0 & 5 \end{bmatrix} \begin{bmatrix} 1 & 2 \\ 3 & 4 \end{bmatrix} = \begin{bmatrix} 5 & 10 \\ 15 & 20 \end{bmatrix} = 5 \begin{bmatrix} 1 & 2 \\ 3 & 4 \end{bmatrix} = 5\mathbf{A}$$

이다.

단위행렬

단위행렬(unit or identity matrix)은 스칼라 행렬 중에서 주대각성분이 모두 1인 행렬로

$$\mathbf{I} = \begin{bmatrix} 1 & 0 & 0 \\ 0 & 1 & 0 \\ 0 & 0 & 1 \end{bmatrix}$$

과 같은 행렬인데, 임의의 정사각행렬 $\mathbf{A}$에 대하여 $\mathbf{IA} = \mathbf{AI} = \mathbf{A}$이다. 예를 들면

$$\mathbf{IA} = \begin{bmatrix} 1 & 0 \\ 0 & 1 \end{bmatrix} \begin{bmatrix} 1 & 2 \\ 3 & 4 \end{bmatrix} = \begin{bmatrix} 1 & 2 \\ 3 & 4 \end{bmatrix} = \mathbf{A}, \quad \mathbf{AI} = \begin{bmatrix} 1 & 2 \\ 3 & 4 \end{bmatrix} \begin{bmatrix} 1 & 0 \\ 0 & 1 \end{bmatrix} = \begin{bmatrix} 1 & 2 \\ 3 & 4 \end{bmatrix} = \mathbf{A}$$

이다.

순열행렬

정사각행렬의 각 행과 열에 오직 하나의 1만 포함하고 나머지는 모두 0인 행렬을 **순열행렬**(permutation matrix)이라 한다. 따라서 단위행렬도 순열행렬에 속한다. 예

를 들어 순열행렬 $\mathbf{P} = \begin{bmatrix} 0 & 1 \\ 1 & 0 \end{bmatrix}$을 $\mathbf{A} = \begin{bmatrix} 1 & 2 \\ 3 & 4 \end{bmatrix}$에 곱하면

$$\mathbf{PA} = \begin{bmatrix} 0 & 1 \\ 1 & 0 \end{bmatrix}\begin{bmatrix} 1 & 2 \\ 3 & 4 \end{bmatrix} = \begin{bmatrix} 3 & 4 \\ 1 & 2 \end{bmatrix}$$

가 되어 행렬 $\mathbf{A}$의 첫 번째 행과 두 번째 행을 교환한 결과가 된다.

대칭행렬

행렬의 성분이 주대각성분을 기준으로 대칭인 행렬, 즉 $\mathbf{A}^T = \mathbf{A}$인 행렬을 **대칭행렬**
(symmetric matrix)이라 한다. 즉 $a_{ij} = a_{ji}(i \neq j)$로

$$\mathbf{S} = \begin{bmatrix} 1 & 2 & 7 \\ 2 & 5 & 6 \\ 7 & 6 & 4 \end{bmatrix}$$

와 같은 행렬을 말한다.

부분행렬

행렬 $\mathbf{A}$의 몇 개의 행이나 열 또는 행과 열을 제거한 행렬을 $\mathbf{A}$의 **부분행렬**(sub-
matrix)이라 한다.

$$\mathbf{A} = \begin{bmatrix} a & b & c \\ d & e & f \\ g & h & i \end{bmatrix}$$

의 부분행렬은

$$\mathbf{A}_1 = \begin{bmatrix} a & b & c \\ d & e & f \end{bmatrix}, \quad \mathbf{A}_2 = \begin{bmatrix} g & h & i \end{bmatrix}, \quad \mathbf{A}_3 = \begin{bmatrix} a & c \\ d & f \\ g & i \end{bmatrix}, \quad \mathbf{A}_4 = \begin{bmatrix} a & b \\ d & e \end{bmatrix}, \cdots$$

등이다. 부분행렬을 이용하여

$$\mathbf{A} = \begin{bmatrix} \mathbf{A}_1 \\ \mathbf{A}_2 \end{bmatrix}$$

로 나타낼 수 있다. $\mathbf{A}$는 $\mathbf{A}$의 부분행렬이기도 하다.

행연산과 행렬의 곱

행렬의 i행에 0이 아닌 상수 m을 곱하고 k행과 더한 결과를 새롭게 k행으로 사용하
는 연산을 **기본 행연산**(elementary row operation)이라 하는데, 이를 $mR_i + R_k \rightarrow R_k$
로 나타낸다. 이러한 기본 행연산을 행렬의 곱으로 설명할 수 있다. 예를 들어 행렬

$$\mathbf{A} = \begin{bmatrix} -1 & 2 & 3 \\ 4 & -5 & -2 \\ 9 & -9 & 6 \end{bmatrix} \qquad (7.1.1)$$

의 1행에 2를 곱하고 2행에 더하여 결과를 다시 2행으로 사용하는 기본 행연산 $2R_1 + R_2 \rightarrow R_2$는 행렬 $\mathbf{A}$에 $\mathbf{E}_{21} = \begin{bmatrix} 1 & 0 & 0 \\ 2 & 1 & 0 \\ 0 & 0 & 1 \end{bmatrix}$을 곱한 것과 같다. 즉

$$\mathbf{A}_1 = \mathbf{E}_{21}\mathbf{A} = \begin{bmatrix} 1 & 0 & 0 \\ 2 & 1 & 0 \\ 0 & 0 & 1 \end{bmatrix}\begin{bmatrix} -1 & 2 & 3 \\ 4 & -5 & -2 \\ 9 & -9 & 6 \end{bmatrix} = \begin{bmatrix} -1 & 2 & 3 \\ 2 & -1 & 4 \\ 9 & -9 & 6 \end{bmatrix}$$

이다. 여기서 $\mathbf{E}_{21}$의 하첨자 '21'은 $\mathbf{A}$의 1행을 기준으로 2행을 변환한다는 의미이다. 위에서 알 수 있듯이 $n \times n$ 행렬 $\mathbf{A}$에 곱하여 기본 행연산 $mR_i + R_k \rightarrow R_k$를 수행하는 행렬 $\mathbf{E}_{ki}$는 $n \times n$ 단위행렬 $\mathbf{I}$의 (k, i) 성분을 m으로 바꾼 행렬이다.

식 (7.1.1)의 행렬 $\mathbf{A}$를 대각선 아래의 모든 성분이 0인 위삼각행렬로 변환하는 과정을 살펴보자. 이러한 변환은 7.3절에서 소개할 **가우스 소거법**이나 7.4절의 행렬의 **계급** 또는 **계수**(rank) 계산에 유용하게 사용된다. 먼저 $\mathbf{A}$의 2행과 3행의 1열 성분을 0으로 만들고 다시 3행의 2열 성분이 0이 되도록 다음과 같은 기본 행연산을 수행하면 원하는 결과를 얻을 수 있다.

$$\begin{bmatrix} -1 & 2 & 3 \\ 4 & -5 & -2 \\ 9 & -9 & 6 \end{bmatrix}\begin{matrix} 4R_1 + R_2 \rightarrow R_2 \\ 9R_1 + R_3 \rightarrow R_3 \end{matrix} \Rightarrow \begin{bmatrix} -1 & 2 & 3 \\ 0 & 3 & 10 \\ 0 & 9 & 33 \end{bmatrix}(-3)R_2 + R_3 \rightarrow R_3 \Rightarrow \begin{bmatrix} -1 & 2 & 3 \\ 0 & 3 & 10 \\ 0 & 0 & 3 \end{bmatrix}$$

이러한 변환을 행렬의 곱으로 표현해 보자.

예제 5

식 (7.1.1)의 행렬 $\mathbf{A}$를 위삼각행렬로 변환하는 행연산을 행렬의 곱으로 나타내라.

(풀이) 행렬 $\mathbf{A}$의 2행, 1열의 성분 4를 0으로 바꾸는 기본 행연산 $4R_1 + R_2 \rightarrow R_2$는 $\mathbf{E}_{21} = \begin{bmatrix} 1 & 0 & 0 \\ 4 & 1 & 0 \\ 0 & 0 & 1 \end{bmatrix}$을 $\mathbf{A}$에 곱하는 것과 같다. 즉

$$\mathbf{A}_1 = \mathbf{E}_{21}\mathbf{A} = \begin{bmatrix} 1 & 0 & 0 \\ 4 & 1 & 0 \\ 0 & 0 & 1 \end{bmatrix}\begin{bmatrix} -1 & 2 & 3 \\ 4 & -5 & -2 \\ 9 & -9 & 6 \end{bmatrix} = \begin{bmatrix} -1 & 2 & 3 \\ 0 & 3 & 10 \\ 9 & -9 & 6 \end{bmatrix}$$

이다. 마찬가지로 $\mathbf{A}_1$의 3행, 1열의 성분 9를 0으로 바꾸는 기본 행연산 $9R_1 + R_3 \rightarrow R_3$은 $\mathbf{E}_{31} = \begin{bmatrix} 1 & 0 & 0 \\ 0 & 1 & 0 \\ 9 & 0 & 1 \end{bmatrix}$을 이용하면

$$\mathbf{A}_1 = \mathbf{E}_{31}\mathbf{A} = \begin{bmatrix} 1 & 0 & 0 \\ 0 & 1 & 0 \\ 9 & 0 & 1 \end{bmatrix}\begin{bmatrix} -1 & 2 & 3 \\ 0 & 3 & 10 \\ 9 & -9 & 6 \end{bmatrix} = \begin{bmatrix} -1 & 2 & 3 \\ 0 & 3 & 10 \\ 0 & 9 & 33 \end{bmatrix}$$

이다. 마지막으로 $\mathbf{A}_2$의 3행, 2열의 성분 9를 0으로 바꾸는 기본 행연산 $(-3)R_2 + R_3 \rightarrow R_3$은

$$\mathbf{E}_{32} = \begin{bmatrix} 1 & 0 & 0 \\ 0 & 1 & 0 \\ 0 & -3 & 1 \end{bmatrix}$$을 이용하여

$$\mathbf{A}_3 = \mathbf{E}_{32}\mathbf{A}_2 = \begin{bmatrix} 1 & 0 & 0 \\ 0 & 1 & 0 \\ 0 & -3 & 1 \end{bmatrix} \begin{bmatrix} -1 & 2 & 3 \\ 0 & 3 & 10 \\ 0 & 9 & 33 \end{bmatrix} = \begin{bmatrix} -1 & 2 & 3 \\ 0 & 3 & 10 \\ 0 & 0 & 3 \end{bmatrix}$$

과 같이 구할 수 있다. 위의 세 가지 기본 행연산을 하나의 행렬의 곱 $\mathbf{A}_3 = \mathbf{EA}$로도 표시할 수 있다. 실제로

$$\mathbf{E} = \mathbf{E}_{32}\mathbf{E}_{31}\mathbf{E}_{21} = \begin{bmatrix} 1 & 0 & 0 \\ 0 & 1 & 0 \\ 0 & -3 & 1 \end{bmatrix} \begin{bmatrix} 1 & 0 & 0 \\ 0 & 1 & 0 \\ 9 & 0 & 1 \end{bmatrix} \begin{bmatrix} 1 & 0 & 0 \\ 4 & 1 & 0 \\ 0 & 0 & 1 \end{bmatrix} = \begin{bmatrix} 1 & 0 & 0 \\ 4 & 1 & 0 \\ -3 & -3 & 1 \end{bmatrix}$$

이므로

$$\mathbf{A}_3 = \mathbf{EA} = \begin{bmatrix} 1 & 0 & 0 \\ 4 & 1 & 0 \\ -3 & -3 & 1 \end{bmatrix} \begin{bmatrix} -1 & 2 & 3 \\ 4 & -5 & -2 \\ 9 & -9 & 6 \end{bmatrix} = \begin{bmatrix} -1 & 2 & 3 \\ 0 & 3 & 10 \\ 0 & 0 & 3 \end{bmatrix}$$

이다.

앞에서 소개한 **순열행렬**을 이용하면 행렬의 두 행을 교환하는 **행교환**(row exchange)도 행렬의 곱으로 나타낼 수 있다. 정사각행렬의 i행과 k행을 교환하는 행연산은 단위행렬 $\mathbf{I}$의 i행과 k행을 서로 교환한 순열행렬 $\mathbf{E}_{i \leftrightarrow k}$를 $\mathbf{A}$에 곱하는 것과 같다. 다음 예를 보자.

예제 6

식 (7.1.1)의 행렬 $\mathbf{A}$의 1행과 2행을 교환하는 행연산을 행렬의 곱으로 나타내어라.

(풀이) $\mathbf{E}_{1 \leftrightarrow 2} = \begin{bmatrix} 0 & 1 & 0 \\ 1 & 0 & 0 \\ 0 & 0 & 1 \end{bmatrix}$를 이용하면

$$\mathbf{A}_{1 \leftrightarrow 2} = \mathbf{E}_{1 \leftrightarrow 2}\mathbf{A} = \begin{bmatrix} 0 & 1 & 0 \\ 1 & 0 & 0 \\ 0 & 0 & 1 \end{bmatrix} \begin{bmatrix} -1 & 2 & 3 \\ 4 & -5 & -2 \\ 9 & -9 & 6 \end{bmatrix} = \begin{bmatrix} 4 & -5 & -2 \\ -1 & 2 & 3 \\ 9 & -9 & 6 \end{bmatrix}$$

이다.

쉬어가기 7.1   수학적 귀납법

고교 과정에서 배운 내용이지만 다시 정리해 보자. **수학적 귀납법**(mathematical induction)은 어떤 명제 $P(n)$이 일련의 자연수 n에 대하여 성립함을 보이는 증명법으로 다음의 두 단계로 증명한다. (1) $P(1)$이 성립한다. (2) $P(k)$가 성립한다고 가정하면 $P(k+1)$도 성립한다. 이를테면 n이 자연수일 때

$$1 + 3 + 5 + \cdots + (2n - 1) = n^2 \tag{a}$$

이 성립함을 수학적 귀납법으로 증명하자.

(1) $n = 1$일 때 (a)의 좌변은 1이고 우변도 $1^2 = 1$이므로 (a)는 성립한다.

(2) $n = k$일 때 (a)가 성립한다고 가정하면

$$1 + 3 + 5 + \cdots + (2k - 1) = k^2 \tag{b}$$

이다. (b)의 양변에 $2k + 1$을 더하면

$$1 + 3 + 5 + \cdots + (2k - 1) + (2k + 1) = k^2 + 2k + 1 = (k + 1)^2$$

이므로 $n = k + 1$일 때도 성립한다. 따라서 (1), (2)에 의해 (a)는 모든 자연수 n에 대하여 성립한다.

7.1 연습문제

1. 두 행렬 $\begin{bmatrix} x^2 & 1 \\ y & 5 \end{bmatrix}$, $\begin{bmatrix} 9 & 1 \\ 4x & 5 \end{bmatrix}$가 같아지도록 x, y를 정하라.

(답) $x = \pm 3$, $y = \pm 12$

2. $\mathbf{A} = \begin{bmatrix} 1 & -1 \\ 2 & 2 \end{bmatrix}$, $\mathbf{B} = \begin{bmatrix} -1 & 1 \\ 0 & -3 \end{bmatrix}$일 때 $\frac{1}{2}\mathbf{A}$, $\mathbf{A} + \mathbf{B}$, $\mathbf{A} - \mathbf{B}$, $(\mathbf{A} - \mathbf{B})^T$를 구하라.

(답) $\frac{1}{2}\mathbf{A} = \begin{bmatrix} 1/2 & -1/2 \\ 1 & 1 \end{bmatrix}$, $\mathbf{A} + \mathbf{B} = \begin{bmatrix} 0 & 0 \\ 2 & -1 \end{bmatrix}$, $\mathbf{A} - \mathbf{B} = \begin{bmatrix} 2 & -2 \\ 2 & 5 \end{bmatrix}$, $(\mathbf{A} - \mathbf{B})^T = \begin{bmatrix} 2 & 2 \\ -2 & 5 \end{bmatrix}$

3. $\mathbf{A} = \begin{bmatrix} 1 & 2 \\ 3 & -1 \end{bmatrix}$, $\mathbf{B} = \begin{bmatrix} 2 & 0 \\ 1 & 1 \end{bmatrix}$일 때 $\mathbf{AB}$, $\mathbf{BA}$를 구하여 $\mathbf{AB} \neq \mathbf{BA}$임을 확인하라.

(답) $\mathbf{AB} = \begin{bmatrix} 4 & 2 \\ 5 & -1 \end{bmatrix}$, $\mathbf{BA} = \begin{bmatrix} 2 & 4 \\ 4 & 1 \end{bmatrix}$

4. $\mathbf{A} = \begin{bmatrix} 2 & 1 \\ 6 & 3 \\ 2 & 5 \end{bmatrix}$일 때 $\mathbf{AA}^T$가 대칭행렬임을 보여라.

5. $\mathbf{A} = \begin{bmatrix} 1 & 1 \\ 2 & -3 \end{bmatrix}$에 대해 $\mathbf{A} = \mathbf{LU}$일 때 $\mathbf{L}$과 $\mathbf{U}$를 구하라. 여기서 $\mathbf{L}$은 주대각성분이 1인 2×2 아래삼각행렬, $\mathbf{U}$는 2×2 위삼각행렬이다.

(답) $\mathbf{L} = \begin{bmatrix} 1 & 0 \\ 2 & 1 \end{bmatrix}$, $\mathbf{U} = \begin{bmatrix} 1 & 1 \\ 0 & -5 \end{bmatrix}$

6. 100,000명이 거주하는 도시에서 매년 음악회가 열린다. 올해 예약한 사람이 내년에 다시 예약할 확률이 90%이고, 예약하지 않은 사람이 예약할 확률은 0.2%이다. 올해 예약한 사람이 1,200명일 때 추후 3년간의 예

약자를 예상하라.

(답) 첫 해 1,278, 둘째 해 1,348, 셋째 해 1,411

7. 행렬 $\mathbf{A} = \begin{bmatrix} 3 & -1 \\ 1 & 0 \end{bmatrix}$, $\mathbf{B} = \begin{bmatrix} -1 & 2 \\ 1 & 1 \end{bmatrix}$일 때, 다음을 직접 계산하여 확인하라.

$$(\mathbf{A} - \mathbf{B})^2 = \mathbf{A}^2 - \mathbf{AB} - \mathbf{BA} + \mathbf{B}^2 \neq \mathbf{A}^2 - 2\mathbf{AB} + \mathbf{B}^2$$

(답) $(\mathbf{A} - \mathbf{B})^2 = \mathbf{A}^2 - \mathbf{AB} - \mathbf{BA} + \mathbf{B}^2 = \begin{bmatrix} 16 & -9 \\ 0 & 1 \end{bmatrix}$, $\mathbf{A}^2 - 2\mathbf{AB} + \mathbf{B}^2 = \begin{bmatrix} 19 & -13 \\ 5 & -2 \end{bmatrix}$

8. $\mathbf{A} = \begin{bmatrix} \cos\theta & -\sin\theta \\ \sin\theta & \cos\theta \end{bmatrix}$일 때

(1) 선형변환 $\mathbf{Y} = \mathbf{AX}$는 $x_1 x_2$-좌표계에서 원점을 중심으로 반시계 방향으로 θ만큼 회전하는 변환임을 보여라.

(2) 선형변환 $\mathbf{Y} = \mathbf{BX}$가 원점을 중심으로 시계 방향으로 $45°$ 회전시키는 변환이 되도록 $\mathbf{B}$를 결정하라.

(3) $\mathbf{A}^n = \begin{bmatrix} \cos n\theta & -\sin n\theta \\ \sin n\theta & \cos n\theta \end{bmatrix}$임을 **수학적 귀납법**으로 증명하고, 선형변환 $\mathbf{Y} = \mathbf{A}^n\mathbf{X}$를 기하학적으로 간단히 설명하라.

(답) (2) $\mathbf{B} = \dfrac{1}{\sqrt{2}} \begin{bmatrix} 1 & 1 \\ -1 & 1 \end{bmatrix}$ (3) $n\theta$ 회전하는 변환으로, 이는 θ씩 n번 회전하는 것과 같다.

9. 행렬의 곱에 관한 성질 (1)이 성립함을 보여라.

10. 전치행렬에 관한 성질 (4)가 임의의 3×3 행렬에 대하여 성립함을 확인하라.

11. 행렬 $\mathbf{A} = \begin{bmatrix} -2 & 2 & -6 \\ 5 & 0 & 1 \\ 1 & -2 & 2 \end{bmatrix}$에 대해

(1) $\mathbf{A}$의 2행과 3행을 교환하는 순열행렬 $\mathbf{E}_{2 \leftrightarrow 3}$을 구하고 행렬의 곱으로 결과를 확인하라.

(2) $\mathbf{A}$의 1행에 2를 곱하는 행렬 $\mathbf{E}_{2 \times 1}$을 구하고 행렬의 곱으로 결과를 확인하라.

(3) $\mathbf{A}$를 위삼각행렬로 변환하는 행렬 $\mathbf{E}$를 구하고 행렬의 곱으로 결과를 확인하라.

(답) (1) $\mathbf{E}_{2 \leftrightarrow 3} = \begin{bmatrix} 1 & 0 & 0 \\ 0 & 0 & 1 \\ 0 & 1 & 0 \end{bmatrix}$ (2) $\mathbf{E}_{2 \times 1} = \begin{bmatrix} 2 & 0 & 0 \\ 0 & 1 & 0 \\ 0 & 0 & 1 \end{bmatrix}$ (3) $\mathbf{E} = \begin{bmatrix} 1 & 0 & 0 \\ 5/2 & 1 & 0 \\ 1 & 1/5 & 1 \end{bmatrix}$

12. $\displaystyle\sum_{k=1}^{n} k^2 = \dfrac{n(n+1)(2n+1)}{6}$이 성립함을 **수학적 귀납법**으로 증명하라.

7.2 행렬식

$n \times n$ 정사각행렬 $\mathbf{A}$에 대응하는 수로 **행렬식**(determinant)을 정의하는데, 이를 $\det\mathbf{A}$ 또는 $|\mathbf{A}|$로 표시한다. 2차 방정식의 판별식(determinant)으로 근의 형태를 알 수 있듯이 행렬식으로 행렬의 여러 가지 특성을 알 수 있다. 등식이나 부등식을 의미하는 '식'이란 말이 섞여 있어 '행렬식'이라는 용어가 부적절해 보이지만 이를 '행렬의 판별식'이라 생각하면 편할 것이다.

먼저 행렬식의 계산방법에 대해 공부하자.

행렬식의 계산 (1): 여인수법

먼저 1×1, 2×2, 3×3 행렬식을 정의하고, 이들을 일반화하여 $n \times n$ 행렬식을 정의하겠다.

1×1 행렬식

> $\mathbf{A} = [a]$일 때 $\det\mathbf{A} = |a| = a$이다.

위에서 기호 $|\ |$는 행렬식 표기이지 절대값(absolute value) 기호가 아니다.

예제 1

$\mathbf{A} = [-1]$이면 $\det\mathbf{A} = |-1| = -1$이다.

2×2 행렬식

> $\mathbf{A} = \begin{bmatrix} a_{11} & a_{12} \\ a_{21} & a_{22} \end{bmatrix}$일 때 $\det\mathbf{A} = \begin{vmatrix} a_{11} & a_{12} \\ a_{21} & a_{22} \end{vmatrix} = a_{11}a_{22} - a_{21}a_{12}$ 이다.

즉 왼쪽 위에서 오른쪽 아래 방향의 대각선 성분의 곱에서 다른 대각선 성분의 곱을 뺀 값으로 기억하자.

$$\begin{bmatrix} a_{11} & a_{12} \\ a_{21} & a_{22} \end{bmatrix}$$

예제 2

$\mathbf{A} = \begin{bmatrix} 1 & -2 \\ 3 & 4 \end{bmatrix}$ 이면 $\det \mathbf{A} = \begin{vmatrix} 1 & -2 \\ 3 & 4 \end{vmatrix} = 1 \cdot 4 - 3 \cdot (-2) = 10$ 이다.

3×3 행렬식

$$\mathbf{A} = \begin{bmatrix} a_{11} & a_{12} & a_{13} \\ a_{21} & a_{22} & a_{23} \\ a_{31} & a_{32} & a_{33} \end{bmatrix} \text{일 때 } \det \mathbf{A} = \begin{vmatrix} a_{11} & a_{12} & a_{13} \\ a_{21} & a_{22} & a_{23} \\ a_{31} & a_{32} & a_{33} \end{vmatrix}$$

$$= a_{11}a_{22}a_{33} + a_{12}a_{23}a_{31} + a_{13}a_{21}a_{32} - a_{13}a_{22}a_{31} - a_{11}a_{23}a_{32} - a_{12}a_{21}a_{33} \text{이다.}$$

위의 3×3 행렬식의 정의를 좀 더 간결하게 표현해 보자. 위의 정의는

$$\det \mathbf{A} = a_{11}(a_{22}a_{33} - a_{32}a_{23}) - a_{12}(a_{21}a_{33} - a_{31}a_{23}) + a_{13}(a_{21}a_{32} - a_{31}a_{22})$$

로 다시 쓸 수 있는데, 이는 2×2 행렬식의 정의에 의하여

$$\det \mathbf{A} = a_{11} \begin{vmatrix} a_{22} & a_{23} \\ a_{32} & a_{33} \end{vmatrix} - a_{12} \begin{vmatrix} a_{21} & a_{23} \\ a_{31} & a_{33} \end{vmatrix} + a_{13} \begin{vmatrix} a_{21} & a_{22} \\ a_{31} & a_{32} \end{vmatrix}$$

와 같다. 이를 자세히 살펴보면 행렬 $\mathbf{A}$의 1행의 각 성분에 대하여 그 성분이 위치한 행과 열을 제외한 부분행렬의 행렬식으로 표현되었음을 알 수 있다. 마찬가지 방법으로

$$\det \mathbf{A} = a_{11}(a_{22}a_{33} - a_{32}a_{23}) - a_{21}(a_{12}a_{33} - a_{32}a_{13}) + a_{31}(a_{12}a_{23} - a_{22}a_{13})$$

$$= a_{11} \begin{vmatrix} a_{22} & a_{23} \\ a_{32} & a_{33} \end{vmatrix} - a_{21} \begin{vmatrix} a_{12} & a_{13} \\ a_{32} & a_{33} \end{vmatrix} + a_{31} \begin{vmatrix} a_{12} & a_{13} \\ a_{22} & a_{23} \end{vmatrix}$$

과 같이 행렬 $\mathbf{A}$의 1열의 각 성분에 대하여 그 성분이 위치한 행과 열을 제외한 행렬의 행렬식으로도 표현할 수 있다. 행렬 $\mathbf{A} = [a_{ij}]$에서 성분 a_{ij}가 속한 i행과 j열을 제외한 행렬을 성분 a_{ij}의 **부분행렬**(submatrix)이라 한다. 예를 들면

$$\mathbf{A} = \begin{bmatrix} a_{11} & a_{12} & a_{13} \\ a_{21} & a_{22} & a_{23} \\ a_{31} & a_{32} & a_{33} \end{bmatrix}$$

은 성분 a_{11}과 이의 부분행렬을 보여준다. 성분 a_{ij}의 **여인수**(cofactor)를

$$C_{ij} = (-1)^{i+j} M_{ij}$$

로 정의하는데, 여기서 M_{ij}는 성분 a_{ij}의 부분행렬의 행렬식이다. 행렬의 여인수 C_{ij}는 M_{ij}에 단순히 $+$, $-$ 기호가 추가된 것으로 $i+j$가 짝수인 경우에는 $C_{ij} = M_{ij}$이고,

$i + j$가 홀수인 경우에는 $C_{ij} = -M_{ij}$로, 부호는

$$\begin{bmatrix} + & - & + & \cdots \\ - & + & - & \cdots \\ + & - & + & \cdots \\ \vdots & \vdots & \vdots & \ddots \end{bmatrix}$$

와 같이 변한다. 따라서 3×3 행렬식을 1행으로 전개하면

$$\det\mathbf{A} = a_{11}C_{11} + a_{12}C_{12} + a_{13}C_{13}$$

이고, 1열로 전개하면

$$\det\mathbf{A} = a_{11}C_{11} + a_{21}C_{21} + a_{31}C_{31}$$

이다. 임의의 행이나 열에 대해 계산해도 같은 결과를 얻음을 쉽게 알 수 있다.

3×3 행렬식의 정의를 일반화하여 $n \times n$ 행렬식을 다음과 같이 정의한다.

$n \times n$ 행렬식

$\mathbf{A}$가 $n \times n$ 행렬일 때, $1 \le i \le n$에 대하여

$$\det\mathbf{A} = a_{i1}C_{i1} + a_{i2}C_{i2} + \cdots + a_{in}C_{in} = \sum_{k=1}^{n} a_{ik}C_{ik} \qquad (7.2.1)$$

또는 $1 \le j \le n$에 대하여

$$\det\mathbf{A} = a_{1j}C_{1j} + a_{2j}C_{2j} + \cdots + a_{nj}C_{nj} = \sum_{k=1}^{n} a_{kj}C_{kj} \qquad (7.2.2)$$

이다.

위의 정의에 의하면 $n \times n$ 행렬식은 임의의 i행($1 \le i \le n$)의 성분과 이의 여인수에 대한 **행전개**(row expansion) 또는 임의의 j열($1 \le j \le n$)의 성분과 이의 여인수에 대한 **열전개**(column expansion)로 계산한다. $n \times n$ 행렬식 계산이 특정한 행이나 열에 국한되지 않고 임의의 행이나 열에 대한 전개로 나타낼 수 있음은 이미 증명되어 있다.[*]

☞ * 임의의 $n \times n$ 행렬에 대해 수학적 귀납법으로 증명할 수 있다(Kreyszig, 'Advanced Engineering Mathematics' 8th Ed. Appendix 4).

예제 3

행렬식 $\begin{vmatrix} 2 & 4 & 7 \\ 6 & 0 & 3 \\ 1 & 5 & 3 \end{vmatrix}$ 을 계산하라.

(풀이) 행렬의 1행을 기준으로 전개하면

$$\begin{vmatrix} 2 & 4 & 7 \\ 6 & 0 & 3 \\ 1 & 5 & 3 \end{vmatrix} = 2\begin{vmatrix} 0 & 3 \\ 5 & 3 \end{vmatrix} - 4\begin{vmatrix} 6 & 3 \\ 1 & 3 \end{vmatrix} + 7\begin{vmatrix} 6 & 0 \\ 1 & 5 \end{vmatrix} = 2(-15) - 4(15) + 7(30) = 120$$

이 되고, 만약 2행을 택하면

$$\begin{vmatrix} 2 & 4 & 7 \\ 6 & 0 & 3 \\ 1 & 5 & 3 \end{vmatrix} = -6\begin{vmatrix} 4 & 7 \\ 5 & 3 \end{vmatrix} + 0\begin{vmatrix} 2 & 7 \\ 1 & 3 \end{vmatrix} - 3\begin{vmatrix} 2 & 4 \\ 1 & 5 \end{vmatrix} = -6(12-35) - 3(10-4) = 120$$

이 되어 결과는 같다.

예제 4

$\mathbf{A} = \begin{bmatrix} 5 & 1 & 2 & 4 \\ -1 & 0 & 2 & 3 \\ 1 & 1 & 6 & 1 \\ 1 & 0 & 0 & -4 \end{bmatrix}$ 의 행렬식을 구하라.

(풀이) 편의상 성분에 0이 많이 포함된 4행을 기준으로 전개하여 계산한다.

$$\det\mathbf{A} = -\begin{vmatrix} 1 & 2 & 4 \\ 0 & 2 & 3 \\ 1 & 6 & 1 \end{vmatrix} - 4\begin{vmatrix} 5 & 1 & 2 \\ -1 & 0 & 2 \\ 1 & 1 & 6 \end{vmatrix}$$

$$= -\left\{ 2\begin{vmatrix} 1 & 4 \\ 1 & 1 \end{vmatrix} - 3\begin{vmatrix} 1 & 2 \\ 1 & 6 \end{vmatrix} \right\} - 4\left\{ \begin{vmatrix} 1 & 2 \\ 1 & 6 \end{vmatrix} - 2\begin{vmatrix} 5 & 1 \\ 1 & 1 \end{vmatrix} \right\}$$

$$= -2(1-4) + 3(6-2) - 4(6-2) + 8(5-1) = 34$$

$n \times n$ 정사각행렬 $\mathbf{A}$, $\mathbf{B}$에 대하여 다음과 같은 성질이 성립한다.

행렬식의 성질 [1]

(1) $\mathbf{A}$의 한 행 또는 한 열에 스칼라 c를 곱한 행렬의 행렬식은 $c\det\mathbf{A}$이다. 이
　　를 이용하면 $\det(c\mathbf{A}) = c^n \det\mathbf{A}$가 된다.
(2) $\mathbf{A}$의 한 행 또는 한 열이 모두 0이면 $\det\mathbf{A} = 0$이다.

(3) $\mathbf{A}$의 두 행 또는 두 열을 교환한 행렬의 행렬식은 $-\det\mathbf{A}$이다.

(4) $\mathbf{A}$의 두 행 또는 두 열이 같거나 비가 일정하면 $\det\mathbf{A} = 0$이다.

(5) $\mathbf{A}$의 한 행 또는 한 열에 0이 아닌 실수를 곱하여 다른 행 또는 열에 더한 행렬의 행렬식은 $\det\mathbf{A}$이다. 즉 행렬식의 값은 기본 행연산에 무관하다 (invariance of determinant).

(증명) (1) $\mathbf{A}$의 i행($1 \leq i \leq n$)에 스칼라 c를 곱한 행렬을 $\mathbf{B}$라 하면 식 (7.2.1)에서

$$\det\mathbf{B} = \sum_{k=1}^{n}(ca_{ik})C_{ik} = c\sum_{k=1}^{n}a_{ik}C_{ik} = c\det\mathbf{A}$$

이다. 열에 대해서도 마찬가지다.

(2) 한 행 또는 열의 성분이 모두 0인 행렬은 해당 행 또는 열에 $c = 0$을 곱한 행렬로 볼 수 있으므로 성질 (1)에 의해 $\det\mathbf{A} = 0$이다.

(3) 수학적 귀납법을 사용한다. $\mathbf{A}$의 두 행을 교환한 행렬을 $\mathbf{B}$라 하자. 2×2 행렬에 대해[성질 (3)은 $n \geq 2$인 경우에만 성립하므로]

$$\det\mathbf{A} = \begin{vmatrix} a_{11} & a_{12} \\ a_{21} & a_{22} \end{vmatrix} = a_{11}a_{22} - a_{21}a_{12}, \quad \det\mathbf{B} = \begin{vmatrix} a_{21} & a_{22} \\ a_{11} & a_{12} \end{vmatrix} = a_{21}a_{12} - a_{11}a_{22}$$

이므로 $\det\mathbf{B} = -\det\mathbf{A}$가 성립한다. $(n-1) \times (n-1)$ 행렬에 대해 $\det\mathbf{B} = -\det\mathbf{A}$가 성립한다고 가정하자. $n \times n$ 행렬에 대해 원래의 행렬 $\mathbf{A}$와 두 행을 교환한 행렬 $\mathbf{B}$의 행렬식을 서로 교환하지 않은 행인 p행의 성분과 이의 여인수로 계산하면 각각

$$\det\mathbf{A} = \sum_{k=1}^{n}a_{pk}C_{pk}, \quad \det\mathbf{B} = \sum_{k=1}^{n}a_{pk}D_{pk}$$

이다. 여기서 C_{pk}, D_{pk}는 크기가 $(n-1) \times (n-1)$이고 두 행이 교환된 행렬의 행렬식이므로 가정에 의해 $D_{pk} = -C_{pk}$이다. 따라서 $n \times n$ 행렬에 대해서도 $\det\mathbf{B} = -\det\mathbf{A}$이므로 성질 (3)은 $n \geq 2$인 모든 행렬에 대해 성립한다.

(4) p행과 i행의 비가 c인 행렬을 $\mathbf{A}$라 하자. ($c = 1$이면 두 행이 같음.) $\mathbf{A}$의 행렬식을 p행으로 전개하면

$$\det\mathbf{A} = \sum_{k=1}^{n}a_{pk}C_{pk} = \sum_{k=1}^{n}ca_{ik}C_{pk} = c\sum_{k=1}^{n}a_{ik}C_{pk}$$

이다. 여기서 $D = \sum_{k=1}^{n}a_{ik}C_{pk}$로 놓으면 D는 p행과 i행이 같은 행렬의 행렬식이다. 성질 (3)에 의하면 p행과 i행을 교환한 행렬의 행렬식은 $-D$이다. 하지만 p행과 i행이 같은 행렬은 두 행을 교환해도 행렬식은 같으므로 $D = -D$, 즉 $D = 0$이므로

$\det \mathbf{A} = c \cdot 0 = 0$이다.

(5) $\mathbf{A}$의 i행에 0이 아닌 실수 m을 곱하여 p행에 더하여 p행으로 사용한 행렬을 $\mathbf{B}$라 하자. $\mathbf{B}$의 행렬식을 p행으로 전개하면

$$\det \mathbf{B} = \sum_{k=1}^{n} (ma_{ik} + a_{pk})C_{pk} = m \sum_{k=1}^{n} a_{ik} C_{pk} + \sum_{k=1}^{n} a_{pk} C_{pk}$$

이다. 여기서 $\displaystyle\sum_{k=1}^{n} a_{ik} C_{pk}$ 는 p행의 성분이 i행의 성분과 같은 행렬의 행렬식이므로 성질 (4)에 의해 값이 0이고, $\displaystyle\sum_{k=1}^{n} a_{ik} C_{pk}$ 는 원래의 행렬 $\mathbf{A}$의 행렬식이므로

$$\det \mathbf{B} = m \cdot 0 + \det \mathbf{A} = \det \mathbf{A}$$

이다.

∎

예제 5 행렬식의 성질 [1]

간단한 행렬에 대해 행렬식의 성질 [1]이 성립함을 확인해 보자.

(1) $\mathbf{A} = \begin{bmatrix} 1 & -2 \\ 3 & 4 \end{bmatrix}$의 1행에 2를 곱한 행렬을 $\mathbf{B} = \begin{bmatrix} 2 & -4 \\ 3 & 4 \end{bmatrix}$라 하면

$$\det \mathbf{A} = \begin{vmatrix} 1 & -2 \\ 3 & 4 \end{vmatrix} = 1 \cdot 4 - 3 \cdot (-2) = 10$$

$$\det \mathbf{B} = \begin{vmatrix} 2 & -4 \\ 3 & 4 \end{vmatrix} = 2 \cdot 4 - 3 \cdot (-4) = 20$$

이므로 $\det \mathbf{B} = 2\det \mathbf{A}$이다.

(2) 2열이 모두 0인 행렬 $\mathbf{A} = \begin{bmatrix} 1 & 0 \\ 3 & 0 \end{bmatrix}$에 대해 $\det \mathbf{A} = \begin{vmatrix} 1 & 0 \\ 3 & 0 \end{vmatrix} = 1 \cdot 0 - 3 \cdot 0 = 0$이다.

(3) $\mathbf{A} = \begin{bmatrix} 1 & -2 \\ 3 & 4 \end{bmatrix}$의 1열과 2열을 교환한 행렬 $\mathbf{B} = \begin{bmatrix} -2 & 1 \\ 4 & 3 \end{bmatrix}$에 대해

$$\det \mathbf{A} = \begin{vmatrix} 1 & -2 \\ 3 & 4 \end{vmatrix} = 10, \quad \det \mathbf{B} = \begin{vmatrix} -2 & 1 \\ 4 & 3 \end{vmatrix} = -10$$

이므로 $\det \mathbf{B} = -\det \mathbf{A}$이다.

(4) 2열이 1열의 2배인 행렬 $\mathbf{A} = \begin{bmatrix} 1 & 2 \\ 3 & 6 \end{bmatrix}$에 대해 $\det \mathbf{A} = \begin{vmatrix} 1 & 2 \\ 3 & 6 \end{vmatrix} = 0$이다.

(5) $\mathbf{A} = \begin{bmatrix} 1 & -2 \\ 3 & 4 \end{bmatrix}$의 1행에 2를 곱하여 2행에 더한 행렬 $\mathbf{B} = \begin{bmatrix} 1 & -2 \\ 5 & 0 \end{bmatrix}$에 대해

$$\det \mathbf{A} = \begin{vmatrix} 1 & -2 \\ 3 & 4 \end{vmatrix} = 10, \quad \det \mathbf{B} = \begin{vmatrix} 1 & -2 \\ 5 & 0 \end{vmatrix} = 10$$

이므로 $\det \mathbf{B} = \det \mathbf{A}$이다.

예제 6

다음 행렬식 계산에 대해 그 이유를 생각해 보라.

(1) $\begin{vmatrix} 5 & 8 \\ 20 & 16 \end{vmatrix} = 5 \begin{vmatrix} 1 & 8 \\ 4 & 16 \end{vmatrix} = 5 \cdot 8 \begin{vmatrix} 1 & 1 \\ 4 & 2 \end{vmatrix} = 5 \cdot 8 \cdot 2 \begin{vmatrix} 1 & 1 \\ 2 & 1 \end{vmatrix} = 80(1 - 2) = -80$

(2) $\begin{vmatrix} 4 & 2 & -1 \\ 5 & -2 & 1 \\ 7 & 4 & -2 \end{vmatrix} = -2 \begin{vmatrix} 4 & -1 & -1 \\ 5 & 1 & 1 \\ 7 & -2 & -2 \end{vmatrix} = -2 \cdot 0 = 0$

(3) $\begin{vmatrix} 1 & 1 & 1 \\ x & y & z \\ x+y+z & y+z+x & z+x+y \end{vmatrix} = (x + y + z) \begin{vmatrix} 1 & 1 & 1 \\ x & y & z \\ 1 & 1 & 1 \end{vmatrix} = (x + y + z) \cdot 0 = 0$

(4) $\begin{vmatrix} x & x+1 & x+2 \\ y & y+1 & y+2 \\ z & z+1 & z+2 \end{vmatrix} = \begin{vmatrix} x & 1 & 2 \\ y & 1 & 2 \\ z & 1 & 2 \end{vmatrix} = 0$

7.5절에서 자세히 설명하겠지만 $\det \mathbf{A} = 0$일 때 $\mathbf{A}$를 **특이행렬**(singular matrix)이라 하고 $\det \mathbf{A} \neq 0$일 때 $\mathbf{A}$를 **정규행렬**(regular matrix)이라 한다. 추가적으로 행렬식은 다음과 같은 성질을 갖는다.

행렬식의 성질 [2]

(6) $\det \mathbf{A} = \det \mathbf{A}^T$

(7) $\det(\mathbf{AB}) = \det \mathbf{A} \det \mathbf{B}$

(8) $\mathbf{A}$가 삼각행렬이고 주대각성분이 $a_{11}, a_{22}, \cdots, a_{nn}$이면 $\det \mathbf{A} = a_{11} a_{22} \cdots a_{nn}$

성질 (7)의 증명

$\mathbf{A}$가 특이행렬이면 $\det \mathbf{A} = 0$이다. 7.5절에서 공부할 '행렬의 소거법칙'에 의하면 $\mathbf{A}$가 특이행렬일 때 $\mathbf{AB}$도 특이행렬이므로 $\det(\mathbf{AB}) = 0$이 되어 (7)이 성립한다. $\mathbf{B}$가 특이행렬인 경우도 마찬가지이다. 다음에는 $\mathbf{A}$와 $\mathbf{B}$가 다음과 같은 정규행렬인 경우를 생각하자.

$$\mathbf{A} = \begin{bmatrix} a_{11} & a_{12} & \cdots & a_{1n} \\ a_{21} & a_{22} & \cdots & a_{2n} \\ \vdots & \vdots & \ddots & \vdots \\ a_{n1} & a_{n2} & \cdots & a_{nn} \end{bmatrix}, \quad \mathbf{B} = \begin{bmatrix} b_{11} & b_{12} & \cdots & b_{1n} \\ b_{21} & b_{22} & \cdots & b_{2n} \\ \vdots & \vdots & \ddots & \vdots \\ b_{n1} & b_{n2} & \cdots & b_{nn} \end{bmatrix}$$

7.1절 행연산과 행렬의 곱에서 설명한 바와 같이 $\mathbf{A}$를 대각행렬 $\mathbf{D}$로 변환하는 기본

행연산을 $\mathbf{E}$라 하면

$$\mathbf{A} = \mathbf{EA} = \begin{bmatrix} d_{11} & 0 & \cdots & 0 \\ 0 & d_{22} & \cdots & 0 \\ \vdots & \vdots & \ddots & \vdots \\ 0 & 0 & \cdots & d_{nn} \end{bmatrix} \tag{7.2.3}$$

이고, 행렬식의 성질 [1]의 (5)에 의해 det$\mathbf{A}$ = det$\mathbf{D}$이다. 이번에는 행렬 $\mathbf{AB}$에 기본 행연산 $\mathbf{E}$를 수행하고 식 (7.2.3)을 적용하면

$$\mathbf{E}(\mathbf{AB}) = (\mathbf{EA})\mathbf{B} = \mathbf{DB}$$

이므로 det($\mathbf{AB}$) = det($\mathbf{DB}$)이다. 따라서 det$\mathbf{DB}$ = det$\mathbf{D}$ det$\mathbf{B}$를 증명하면 (7)을 증명 하는 것이 된다.

$$\mathbf{DB} = \begin{bmatrix} d_{11} & 0 & \cdots & 0 \\ 0 & d_{22} & \cdots & 0 \\ \vdots & \vdots & \ddots & \vdots \\ 0 & 0 & \cdots & d_{nn} \end{bmatrix} \begin{bmatrix} b_{11} & b_{12} & \cdots & b_{1n} \\ b_{21} & b_{22} & \cdots & b_{2n} \\ \vdots & \vdots & \ddots & \vdots \\ b_{n1} & b_{n2} & \cdots & b_{nn} \end{bmatrix} = \begin{bmatrix} d_{11}b_{11} & d_{11}b_{12} & \cdots & d_{11}b_{1n} \\ d_{22}b_{21} & d_{22}b_{22} & \cdots & d_{22}b_{2n} \\ \vdots & \vdots & \ddots & \vdots \\ d_{nn}b_{n1} & d_{nn}b_{n2} & \cdots & d_{nn}b_{nn} \end{bmatrix}$$

이 되는데, 각 행에서 d_{11}, d_{22}, $\cdots$, d_{nn}이 각각 공통인수이므로 행렬식의 성질 [1]의 (1)에 의해

$$\det(\mathbf{DB}) = d_{11}d_{22}\cdots d_{nn} \begin{vmatrix} b_{11} & b_{12} & \cdots & b_{1n} \\ b_{21} & b_{22} & \cdots & b_{2n} \\ \vdots & \vdots & \ddots & \vdots \\ b_{n1} & b_{n2} & \cdots & b_{nn} \end{vmatrix} \tag{7.2.4}$$

이다. 식 (7.2.3)으로 나타나는 대각행렬의 행렬식을 계산하면 det$\mathbf{D}$ = $d_{11}d_{22}\cdots d_{nn}$이 므로 식 (7.2.4)는

$$\det(\mathbf{DB}) = \det\mathbf{D} \det\mathbf{B}$$

이다.

☞ (7)의 증명과정에서 대각행렬 대신에 삼각행렬을 사용해도 무방하지만 과정이 더 복잡해진다. 이유를 생각해 보자.

■

성질 (6), (8)의 증명은 연습문제에서 다룬다. 성질 (8)은 대각행렬을 포함한 위삼각 행렬 또는 아래삼각행렬의 행렬식이

$$\begin{vmatrix} a_{11} & a_{12} & \cdots & a_{1n} \\ 0 & a_{22} & \cdots & a_{2n} \\ \vdots & \vdots & \ddots & \vdots \\ 0 & 0 & \cdots & a_{nn} \end{vmatrix} = \begin{vmatrix} a_{11} & 0 & \cdots & 0 \\ a_{21} & a_{22} & \cdots & 0 \\ \vdots & \vdots & \ddots & \vdots \\ a_{n1} & a_{n2} & \cdots & a_{nn} \end{vmatrix} = \begin{vmatrix} a_{11} & 0 & \cdots & 0 \\ 0 & a_{22} & \cdots & 0 \\ \vdots & \vdots & \ddots & \vdots \\ 0 & 0 & \cdots & a_{nn} \end{vmatrix} = a_{11}a_{22}\cdots a_{nn}$$

과 같이 주대각성분의 곱이 됨을 의미한다. 단위행렬 $\mathbf{I}$에 대해서는 항상 det$\mathbf{I}$ = 1인 데, 이는 성질 (8)로부터 자명하다.

예제 7 행렬식의 성질 [2]

$\det \mathbf{A} = \begin{vmatrix} 1 & -2 \\ 3 & 4 \end{vmatrix} = 10$, $\det \mathbf{B} = \begin{vmatrix} 1 & 0 \\ -2 & 3 \end{vmatrix} = 3$을 이용하여 행렬식의 성질 [2]를 확인해 보자.

(6) $\det \mathbf{A}^T = \begin{vmatrix} 1 & 3 \\ -2 & 4 \end{vmatrix} = 10$이므로 $\det \mathbf{A} = \det \mathbf{A}^T$이다.

(7) $\mathbf{AB} = \begin{bmatrix} 5 & -6 \\ -5 & 12 \end{bmatrix}$에서 $\det(\mathbf{AB}) = 30$이고 $\det \mathbf{A} \det \mathbf{B} = 10 \cdot 3 = 30$이므로

$$\det(\mathbf{AB}) = \det \mathbf{A} \det \mathbf{B}.$$

(8) 행렬 $\mathbf{B}$가 삼각행렬이므로 $\det \mathbf{B} = \begin{vmatrix} 1 & 0 \\ -2 & 3 \end{vmatrix} = 1 \cdot 3 = 3$이다.

☞ 행렬식의 또 다른 성질로 $\det(\mathbf{A} + \mathbf{B}) \neq \det \mathbf{A} + \det \mathbf{B}$가 있다. 예제 7에서 $\mathbf{A} + \mathbf{B} = \begin{bmatrix} 2 & -2 \\ 1 & 7 \end{bmatrix}$이므로

$$\det(\mathbf{A} + \mathbf{B}) = 16, \quad \det \mathbf{A} + \det \mathbf{B} = 10 + 3 = 13$$

이므로 $\det(\mathbf{A} + \mathbf{B}) \neq \det \mathbf{A} + \det \mathbf{B}$이다.

행렬식의 계산 (2) : 삼각형법

행렬식의 성질 [1]의 (5)에 의하면 행렬식은 기본 행연산에 무관하고 행렬식의 성질 [2]의 (8)에 의하면 삼각행렬의 행렬식은 주대각성분의 곱으로 계산할 수 있다. 따라서 기본 행연산을 이용하여 행렬의 주대각성분 아래의 모든 성분이 0인 위삼각행렬을 구성하면 행렬식을 간단히 계산할 수 있다. 이러한 방법을 **삼각형법**(row reduction method)이라 한다.

예제 8

식 (7.1.1)의 행렬 $\mathbf{A} = \begin{bmatrix} -1 & 2 & 3 \\ 4 & -5 & -2 \\ 9 & -9 & 6 \end{bmatrix}$에 대해 삼각형법으로 행렬식을 계산하라.

(풀이) 7.1절의 예제 5에 의하면 행렬 $\mathbf{A}$의 위삼각행렬이 $\begin{bmatrix} -1 & 2 & 3 \\ 0 & 3 & 10 \\ 0 & 0 & 3 \end{bmatrix}$이므로

$$\begin{vmatrix} -1 & 2 & 3 \\ 4 & -5 & -2 \\ 9 & -9 & 6 \end{vmatrix} = \begin{vmatrix} -1 & 2 & 3 \\ 0 & 3 & 10 \\ 0 & 0 & 3 \end{vmatrix} = (-1) \cdot 3 \cdot 3 = -9$$

이다.

쉬어가기 7.2   방법을 알고도 계산할 수 없는 행렬식-수치적 방법의 필요성

2×2, 3×3 등과 같이 크기가 작은 행렬식을 계산하는 것은 별 문제가 없어 보인다. 하지만 대규모 행렬에 대해 단순히 여인수를 사용하여 행렬식을 계산하는 것은 실질적으로 불가능하다. 예를 들어 하나의 100×100 행렬식을 계산하기 위해서는 100개의 99×99 행렬식을 계산해야 하고, 각각의 99×99 행렬식은 다시 99개의 98×98 행렬식을 계산하는 등 행렬식 계산이 계속 반복되기 때문이다. 정확한 계산에 의하면 $n \times n$ 행렬의 행렬식을 여인수를 사용하여 계산하는 경우에는 $n!$번의 연산이 필요한 반면에 삼각형법을 사용하는 경우에는 약 $n^3/3$이 필요하다. 따라서 100×100 행렬식을 여인수를 사용하여 계산하면 $100!$번의 연산이 필요하고 삼각형법을 사용하면 $100^3/3 = 333,000$번 정도의 연산이 필요하다. $100!$은 얼마 전까지만 해도 공학용 계산기로도 나타나지 않는 매우 큰 수이므로 컴퓨터를 사용해도 계산이 거의 불가능하다. 실제로 많은 공학적 문제에서는 $10^6 \times 10^6$ 크기의 행렬도 자주 접하게 되는데, 이러한 문제들을 해결하기 위해 여인수법과 같은 해석적 방법이 아니고 컴퓨터를 활용하여 계산할 수 있는 많은 수치적 방법들이 개발되어 있다(행렬식을 계산하는데 소요되는 시간에 관한 예가 연습문제에 있으니 참고하기 바란다). 이렇듯 컴퓨터의 빠른 연산속도를 이용해 문제를 해결하는 분야를 **수치해석**(numerical analysis)이라 한다.

영역의 넓이(부피)와 행렬식

그림 7.2.1과 같이 두 변이 $\overline{\mathbf{r}}_1 = [\overline{a}_{11}, 0]$, $\overline{\mathbf{r}}_2 = [0, \overline{a}_{22}]$로 이루어진 직사각형을 생각하자. 두 벡터 $\overline{\mathbf{r}}_1$, $\overline{\mathbf{r}}_2$를 행벡터로 갖는 행렬을 $\overline{\mathbf{A}}$라 하면

$$\det \overline{\mathbf{A}} = \begin{vmatrix} \overline{a}_{11} & 0 \\ 0 & \overline{a}_{22} \end{vmatrix} = \overline{a}_{11} \overline{a}_{22} \tag{7.2.5}$$

는 직사각형의 넓이 $\overline{V}$를 나타낸다. 이번에는 그림 7.2.1의 직사각형을 원점을 중심으로 각도 θ만큼 회전시킨다. 직사각형을 회전시켜도 넓이는 같음에 유의하자. 회전된 직사각형의 두 변을 나타내는 벡터 $\mathbf{r}_1$, $\mathbf{r}_2$를 행벡터로 갖는 행렬을 $\mathbf{A}$라 하면 7.1절 **선형변환**에서 공부한 것과 같이

$$\mathbf{A} = \Theta \overline{\mathbf{A}}, \text{ 여기서 } \Theta = \begin{bmatrix} \cos\theta & -\sin\theta \\ \sin\theta & \cos\theta \end{bmatrix}$$

가 성립한다(여기서 Θ는 θ의 대문자이다).

따라서 $\det \mathbf{A} = \det(\Theta \overline{\mathbf{A}})$이고 $\det \Theta = \cos^2\theta + \sin^2\theta = 1$이므로 행렬식의 성질 [2]의 (7)에 의해 $\det \mathbf{A} = \det \overline{\mathbf{A}}$이다. 이는 결과적으로 벡터 $\mathbf{r}_1 = [a_{11}, a_{12}]$, $\mathbf{r}_2 = [a_{21}, a_{22}]$로 이루어진 직사각형의 넓이 V가 $\mathbf{r}_1$, $\mathbf{r}_2$를 행벡터로 갖는 행렬 $\mathbf{A}$의 행렬식임을 의미한다. 즉

$$V = \det \mathbf{A} = \begin{vmatrix} a_{11} & a_{12} \\ a_{21} & a_{22} \end{vmatrix} = a_{11} a_{22} - a_{12} a_{21} \tag{7.2.6}$$

이다.

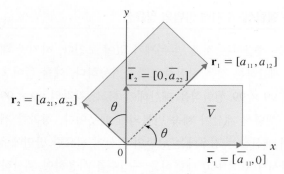

그림 7.2.1   직사각형의 넓이

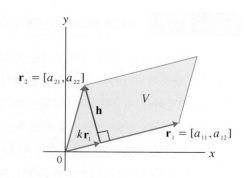

그림 7.2.2   평행사변형의 넓이

다음에는 그림 7.2.2와 같이 벡터 $\mathbf{r}_1$, $\mathbf{r}_2$로 이루어진 평행사변형을 생각하자. 평행사변형의 높이를 나타내는 벡터를 $\mathbf{h}$라 할 때 스칼라 k에 대해 $\mathbf{h} = \mathbf{r}_2 - k\mathbf{r}_1$이므로 $\mathbf{h}$는 $\mathbf{r}_1$과 $\mathbf{r}_2$의 기본 행연산에 의해 생성된 벡터이다. 평행사변형의 넓이는 두 변이 $\mathbf{r}_1$과 $\mathbf{h}$인 직사각형의 넓이와 같으므로 식 (7.2.6)에 의해 $\mathbf{r}_1$과 $\mathbf{h}$를 행으로 갖는 행렬의 행렬식이다. 한편 행렬식의 성질 [1]의 (5)에 의하면 $\mathbf{r}_1$, $\mathbf{r}_2$를 행으로 갖는 행렬과 $\mathbf{r}_1$, $\mathbf{h}(= \mathbf{r}_2 - k\mathbf{r}_1)$를 행으로 갖는 행렬의 행렬식은 같다. 따라서 식 (7.2.6)은 행렬 $\mathbf{A}$의 두 행벡터로 이루어진 평행사변형의 넓이에도 적용된다.

이러한 결과는 6.3절에서 벡터 $\mathbf{r}_1 = [a_{11}, a_{12}]$, $\mathbf{r}_2 = [a_{21}, a_{22}]$로 놓았을 때 $\mathbf{r}_1$과 $\mathbf{r}_2$를 두 변으로 하는 평행사변형(그림 6.3.4)에 대해

$$\mathbf{r}_1 \times \mathbf{r}_2 = \begin{vmatrix} \mathbf{i} & \mathbf{j} & \mathbf{k} \\ a_{11} & a_{12} & 0 \\ a_{21} & a_{22} & 0 \end{vmatrix} = \begin{vmatrix} a_{11} & a_{12} \\ a_{21} & a_{22} \end{vmatrix} \mathbf{k}$$

를 이용하여 넓이를

$$V = |\mathbf{r}_1 \times \mathbf{r}_2| = \begin{vmatrix} a_{11} & a_{12} \\ a_{21} & a_{22} \end{vmatrix} = \det \mathbf{A}$$

로 구한 것과 동일하다.

위에서 설명한 평면영역의 넓이와 행렬식과의 관계는 n차원 영역의 크기(부피의 일반화)에 대해서도 동일하게 성립한다. n차원 직교좌표계에서 서로 수직인 벡터 $\mathbf{r}_1 = [a_{11}, a_{12}, \cdots, a_{1n}]$, $\mathbf{r}_2 = [a_{21}, a_{22}, \cdots, a_{2n}], \cdots, \mathbf{r}_n = [a_{n1}, a_{n2}, \cdots, a_{nn}]$을 행벡터로 갖는 행렬을 $\mathbf{A}$라 할 때 $\mathbf{r}_1, \mathbf{r}_2, \cdots, \mathbf{r}_n$은 서로 직교하므로

$$\mathbf{A}\mathbf{A}^T = \begin{bmatrix} a_{11} & a_{12} & \cdots & a_{1n} \\ a_{21} & a_{22} & \cdots & a_{2n} \\ \vdots & \vdots & \ddots & \vdots \\ a_{n1} & a_{n2} & \cdots & a_{nn} \end{bmatrix} \begin{bmatrix} a_{11} & a_{21} & \cdots & a_{n1} \\ a_{12} & a_{22} & \cdots & a_{n2} \\ \vdots & \vdots & \ddots & \vdots \\ a_{1n} & a_{2n} & \cdots & a_{nn} \end{bmatrix} = \begin{bmatrix} |\mathbf{r}_1|^2 & 0 & \cdots & 0 \\ 0 & |\mathbf{r}_2|^2 & \cdots & 0 \\ \vdots & \vdots & \ddots & \vdots \\ 0 & 0 & \cdots & |\mathbf{r}_n|^2 \end{bmatrix}$$

이다. 행렬식의 성질 [2]의 (8)에 의해

$$\det(\mathbf{A}\mathbf{A}^T) = |\mathbf{r}_1|^2 |\mathbf{r}_2|^2 \cdots |\mathbf{r}_n|^2$$

이고, 성질 [2]의 (6)과 (7)에 의해 $\det(\mathbf{A}\mathbf{A}^T) = \det\mathbf{A}\det\mathbf{A}^T = (\det\mathbf{A})^2$이므로 $\mathbf{r}_1, \mathbf{r}_2, \cdots, \mathbf{r}_n$ 이 이루는 영역의 크기는

$$V = |\,\mathbf{r}_1\,|\,|\,\mathbf{r}_2\,|\,\cdots\,|\,\mathbf{r}_n\,| = \det\mathbf{A} \tag{7.2.7}$$

이다. $\mathbf{r}_1, \mathbf{r}_2, \cdots, \mathbf{r}_n$이 수직이 아닌 경우에도 직사각형과 평행사변형 사이의 관계와 마찬가지로 영역의 크기는 $\det\mathbf{A}$이다.

☞ 식 (7.2.7)을 적용하여 계산한 크기의 '+', '−' 부호는 큰 의미가 없다. $\mathbf{r}_1, \mathbf{r}_2, \cdots, \mathbf{r}_n$이 오른손 법칙에 따라 순서대로 나열된 경우에는 크기가 '+'이고 그렇지 않은 경우에는 '−'이다. 오른손 법칙에 따른 xyz-좌표계의 표준 형태는 그림 7.2.3과 같다. 즉 오른손으로 엄지손가락을 제외한 나머지 네 손가락을 양의 x축에서 양의 y축 방향으로 감쌀 때 엄지손가락이 양의 z축을 가리킨다.

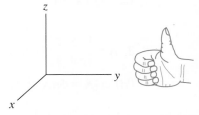

그림 7.2.3 오른손 법칙에 따른 xyz-좌표계

예제 9

6.3절의 그림 6.3.8과 같이 벡터 $\mathbf{a} = [a_1, a_2, a_3]$, $\mathbf{b} = [b_1, b_2, b_3]$, $\mathbf{c} = [c_1, c_2, c_3]$로 이루어진 평행육면체의 부피를 구하라.

(풀이) 벡터 $\mathbf{a}$, $\mathbf{b}$, $\mathbf{c}$를 행벡터로 갖는 행렬을 $\mathbf{A}$라 할 때 평행육면체의 부피는

$$\det\mathbf{A} = \begin{vmatrix} a_1 & a_2 & a_3 \\ b_1 & b_2 & b_3 \\ c_1 & c_2 & c_3 \end{vmatrix}$$

이며, 이는 6.3절의 스칼라 삼중적 $(\mathbf{abc}) = \mathbf{a} \cdot (\mathbf{b} \times \mathbf{c}) = \begin{vmatrix} a_1 & a_2 & a_3 \\ b_1 & b_2 & b_3 \\ c_1 & c_2 & c_3 \end{vmatrix}$로 계산한 결과와 같다.

위에서 설명한 선형변환에 대한 부피(또는 넓이)의 변화는 9.1절에서 중적분을 좌표변환하여 계산할 때 필요한 **야코비안**(Jacobian) 행렬식과 연관된다.

▌ 7.2 연습문제

1. 여인수를 사용하여 행렬식을 계산하라.

(1) $|-7|$

(2) $\begin{vmatrix} 3 & 5 \\ -1 & 4 \end{vmatrix}$

(3) $\begin{vmatrix} 1 & 1 & 1 \\ x & y & z \\ 2 & 3 & 4 \end{vmatrix}$

(4) $\begin{vmatrix} 3 & 2 & 2 \\ 2 & 2 & 2 \\ 4 & 2 & 2 \end{vmatrix}$

(5) $\begin{vmatrix} 3 & 2 & -1 \\ 2 & 2 & -1 \\ 4 & 2 & -1 \end{vmatrix}$

(6) $\begin{vmatrix} 1 & 1 & -3 & 0 \\ 1 & 5 & 3 & 2 \\ 1 & -2 & 1 & 0 \\ 4 & 8 & 0 & 0 \end{vmatrix}$

(답) (1) -7 (2) 17 (3) $-x + 2y - z$ (4) 0 (5) 0 (6) -104

2. 행렬식을 만족하는 x를 구하라.

(1) $\begin{vmatrix} x+1 & 2 \\ -1 & 1 \end{vmatrix} = 2$

(2) $\begin{vmatrix} x-1 & 0 & 0 \\ 0 & x-2 & 0 \\ 0 & 0 & x-3 \end{vmatrix} = 0$

(답) (1) $x = -1$ (2) $x = 1, 2, 3$

3. $\mathbf{A} = \begin{bmatrix} 5 & 7 \\ -3 & 4 \end{bmatrix}$ 일 때 $\det\mathbf{A}$와 $\det\mathbf{A}^T$를 구하라.

(답) $\det\mathbf{A} = \det\mathbf{A}^T = 41$

4. $\begin{vmatrix} a_{11} & a_{12} & a_{13} \\ a_{21} & a_{22} & a_{23} \\ a_{31} & a_{32} & a_{33} \end{vmatrix} = k$ 일 때 다음을 k로 나타내라.

(1) $\begin{vmatrix} a_{11} & a_{21} & a_{31} \\ a_{12} & a_{22} & a_{32} \\ a_{13} & a_{23} & a_{33} \end{vmatrix}$

(2) $\begin{vmatrix} a_{13} & a_{12} & a_{11} \\ a_{23} & a_{22} & a_{21} \\ a_{33} & a_{32} & a_{31} \end{vmatrix}$

(3) $\begin{vmatrix} 2a_{11} & a_{12} & a_{13} \\ 6a_{21} & 3a_{22} & 3a_{23} \\ 2a_{31} & a_{32} & a_{33} \end{vmatrix}$

(4) $\begin{vmatrix} -a_{11} & -a_{12} & -a_{13} \\ a_{21} & a_{22} & a_{23} \\ a_{31}-a_{11} & a_{32}-a_{12} & a_{33}-a_{13} \end{vmatrix}$

(답) (1) k (2) $-k$ (3) $6k$ (4) $-k$

5. $\mathbf{A} = \begin{bmatrix} 2 & -1 & 1 \\ 3 & 1 & -1 \\ 0 & 2 & 2 \end{bmatrix}$, $\mathbf{B} = \begin{bmatrix} 2 & 1 & 5 \\ 4 & 3 & 8 \\ 0 & -1 & 0 \end{bmatrix}$ 일 때 $\det(\mathbf{AB})$를 구하라.

(답) -80

6. 행렬식을 여인수를 사용하지 않고 계산하라.

(1) $\begin{vmatrix} -5 & 1 & 2 \\ 0 & -1 & 3 \\ 0 & 0 & 4 \end{vmatrix}$

(2) $\begin{vmatrix} 0 & 0 & 4 \\ 0 & -1 & 3 \\ -5 & 1 & 2 \end{vmatrix}$

(3) $\begin{vmatrix} 0 & -1 & 3 \\ -5 & 1 & 2 \\ 0 & 0 & 4 \end{vmatrix}$

(4) $\begin{vmatrix} -5 & 0 & 0 \\ 0 & -1 & 0 \\ 0 & 0 & 4 \end{vmatrix}$

(5) $\begin{vmatrix} 1 & 1 & 1 \\ a & b & c \\ b+c & c+a & a+b \end{vmatrix}$

(답) (1) 20 (2) -20 (3) -20 (4) 20 (5) 0

7. $n \geq 2$인 행렬에 대하여 행렬식의 성질 [2]의 (6)을 수학적 귀납법으로 증명하라.

8. $n \times n$ 행렬 $\mathbf{A}$가 $\mathbf{A}^2 = \mathbf{I}$를 만족하면 $\det\mathbf{A} = \pm 1$임을 보여라. [행렬식의 성질 [2]의 (7)을 사용하라.]

9. 행렬식의 성질 [2]의 (8)이 성립함을 보여라.

10. 삼각형법을 이용하여 $\begin{vmatrix} -2 & 2 & -6 \\ 5 & 0 & 1 \\ 1 & -2 & 2 \end{vmatrix}$를 계산하라.

(답) 38

11. 6.3절 식 (6.3.4)와 벡터의 내적을 이용하여 $\mathbf{a} \times \mathbf{b}$가 $\mathbf{a}$와 $\mathbf{b}$에 모두 수직임을 확인하라.

12. (1) 50×50 행렬식을 여인수를 사용하여 계산하는 경우와 삼각형법을 사용하여 계산하는 경우에 대해 쉬어가기 7.2의 내용에 따라 연산수를 비교하라.

(2) 컴퓨터의 연산속도를 MIPS(million instructions per second)로 나타내기도 하는데, 1 MIPS는 초당 100만 번의 연산을 수행함을 뜻한다. 연산속도가 10^3 MIPS인 컴퓨터를 사용하여 (1)의 연산을 하는 경우 소요되는 시간을 계산하라.

(답) (1) 여인수법: 약 3.04×10^{64}, 삼각형법: 약 41,666

(2) 여인수법: 약 3.04×10^{55}초 $\approx 9.64 \times 10^{47}$년, 삼각형법: 약 4.17×10^{-5}초

13. 다음 그림과 같은 직사각형과 평행사변형의 넓이 V를 행렬식을 이용하여 각각 구하고, 넓이가 같음을 행렬식의 성질을 이용하여 설명하라.

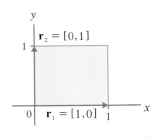 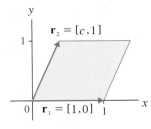

그림 7.2.4

(답) $V = \begin{vmatrix} 1 & 0 \\ 0 & 1 \end{vmatrix} = \begin{vmatrix} 1 & 0 \\ c & 1 \end{vmatrix} = 1$

14. 그림 7.2.1에서 $\overline{a}_{11} = \sqrt{a_{11}^2 + a_{12}^2}$, $\overline{a}_{22} = \sqrt{a_{21}^2 + a_{22}^2}$ 이고 $\mathbf{r}_1$과 $\mathbf{r}_2$가 수직이므로 $\mathbf{r}_1 \cdot \mathbf{r}_2 = 0$임을 이용하여 본문의 설명과 같이 $\overline{a}_{11}\overline{a}_{22} = a_{11}a_{22} - a_{12}a_{21}$이 성립함을 보여라.

15. $n \times n$ 행렬 $\mathbf{A}$에 대해 c가 실수일 때 $\det(c\mathbf{A}) = c^n \det\mathbf{A}$임을 영역의 크기로 설명하라.

7.3 선형계와 가우스 소거법

선형계의 해를 구하는 일은 매우 중요하다. 자연과학 및 공학 분야의 많은 문제가 선형계로 나타나기 때문이다. 실제로 어떤 현상이 선형계가 아닌 **미분방정식**(differential equation)으로 기술된다 하더라도 해를 수학적으로 구할 수 없는 경우에는 컴퓨터를 이용하는 수치적 방법을 사용해야 한다. 수치적 방법에서는 미분방정식을 작게 나누어진 구간에 적용하여 얻어지는 **차분방정식**(difference equation)을 풀게 되는데, 경계값 문제의 경우 이러한 차분방정식은 많은 경우 대규모 선형계를 이룬다. 따라서 선형계를 보다 정확하고 빠르게 계산하는 방법이 지속적으로 개발되어 왔다. 여기서는 선형계를 풀기 위한 방법 중에서 가우스 소거법, 역행렬, 크라머 공식 등 **직접법**(direct method)을 소개한다. 실제로 수치적 방법에서 많이 사용하는 **반복법**(iterative method)은 수치해석 과목에서 자세히 다루게 될 것이다.

선형계

상수 a, b, c에 대해 $ax + by + c = 0$을 변수 x, y에 대해 선형방정식 또는 1차 방정식이라 하며,[*] 이는 평면 위의 직선이 됨을 잘 알고 있다. 마찬가지로 상수 a, b, c, d에 대해 $ax + by + cz + d = 0$은 변수 x, y, z에 대해 선형방정식이며, 이는 공간의 평면을 나타낸다. 일반적으로 상수 a_1, $a_2, \cdots$, a_n과 b에 대해

$$a_1x_1 + a_2x_2 + \cdots + a_nx_n = b$$

는 변수 x_1, $x_2, \cdots$, x_n에 대한 선형방정식이며, 여러 개의 선형방정식으로 이루어진 계를 **선형방정식계**(system of linear equations) 또는 간단히 **선형계**(linear system)라 한다(쉬운 표현으로 1차 연립방정식이다).

미지수의 개수가 n이고 m개의 선형방정식으로 이루어진 선형계

$$a_{11}x_1 + a_{12}x_2 + \cdots + a_{1n}x_n = b_1$$
$$a_{21}x_1 + a_{22}x_2 + \cdots + a_{2n}x_n = b_2$$
$$\vdots$$
$$a_{m1}x_1 + a_{m2}x_2 + \cdots + a_{mn}x_n = b_m$$

을 생각하자. 이를 행렬로 표시하면

$$\mathbf{AX} = \mathbf{B}$$

이고, 여기서 **A**, **X**, **B**는 각각

$$\mathbf{A} = \begin{bmatrix} a_{11} & a_{12} & \cdots & a_{1n} \\ a_{21} & a_{22} & \cdots & a_{2n} \\ \vdots & \vdots & \ddots & \vdots \\ a_{m1} & a_{m2} & \cdots & a_{mn} \end{bmatrix}, \quad \mathbf{X} = \begin{bmatrix} x_1 \\ x_2 \\ \vdots \\ x_n \end{bmatrix}, \quad \mathbf{B} = \begin{bmatrix} b_1 \\ b_2 \\ \vdots \\ b_m \end{bmatrix}$$

이다. $m \times n$ 행렬 $\mathbf{A}$를 **계수행렬**(coefficient matrix), $n \times 1$ 열벡터 $\mathbf{X}$를 **해벡터** (solution vector), $m \times 1$ 열벡터 $\mathbf{B}$를 **입력벡터**(input vector)라 한다. $\mathbf{B}$의 성분이 모두 0일 때 **제차 선형계**(homogeneous linear system)이고 그렇지 않으면 **비제차 선형계**(nonhomogeneous linear system)이다. 제차 선형계는 적어도 $x_1 = x_2 = \cdots = x_n = 0$을 해로 갖는데, 이렇게 모두 0인 해를 **자명해**(trivial solution) 라 한다. 선형계에서 식의 개수가 미지수의 개수보다 많으면($m > n$) **과잉결정**(over-determined), 식과 미지수의 개수가 같으면($m = n$) **결정**(determined), 식의 개수가 미지수의 개수보다 적으면($m < n$) **과소결정**(under-determined)되었다고 한다. 선형계 $\mathbf{AX} = \mathbf{B}$에서 $\mathbf{A}$가 $m \times n$ 행렬이라는 것은 식의 개수가 m, 미지수의 개수가 n이라는 점을 기억하라.

$m = n = 2$일 때의 선형계는

$$a_{11}x_1 + a_{12}x_2 = b_1$$
$$a_{21}x_1 + a_{22}x_2 = b_2$$

가 되는데, 이는 x_1x_2-좌표계에서 2개의 직선을 나타내며 두 직선의 교점 (x_1, x_2)가 선형계의 해가 된다. 여기에는 세 가지 경우가 있다.

(i) 유일한 해가 존재함: 두 직선이 교차할 때
(ii) 해가 존재하지 않음: 두 직선이 평행할 때
(iii) 무수히 많은 해가 존재함: 두 직선이 일치할 때

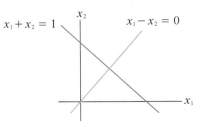

그림 7.3.1   유일한 해

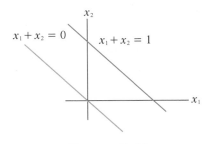

그림 7.3.2   해 없음

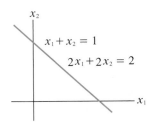

그림 7.3.3   무수히 많은 해

다음에는 선형계의 해를 구하는 방법에 대해 알아보자.

가우스 소거법

선형계의 해를 구하는 방법의 하나로 **가우스 소거법**(Gauss elimination method: Johan Gauss, 1777–1855, 독일)이 있다. 가우스 소거법에서는 행(또는 열)을 서로 교환하거나 하나의 행(또는 열)에 0이 아닌 실수를 곱하여 다른 행에 더하는 기본 행연산을 쉽게 표시하기 위하여 선형계 $\mathbf{A}\mathbf{X} = \mathbf{B}$에서 계수행렬 $\mathbf{A}$와 열벡터 $\mathbf{B}$를 결합하여

$$\widetilde{\mathbf{A}} = \begin{bmatrix} a_{11} & a_{12} & \cdots & a_{1n} & | & b_1 \\ a_{21} & a_{22} & \cdots & a_{2n} & | & b_2 \\ \vdots & \vdots & \ddots & \vdots & | & \vdots \\ a_{m1} & a_{m2} & \cdots & a_{mn} & | & b_m \end{bmatrix}$$

과 같이 쓰는데, 이를 **첨가행렬**(augmented matrix)이라 한다. 가우스 소거법에서는 첨가행렬을 **사다리형**(echelon form) 모양의 행렬로 변환한 후 아래에서 위로 **역대입**(backward substitution)하여 미지수를 구한다. $m = n$일 때의 가우스 소거법은 다음과 같다.

(i) 사다리형 구성

7.1절에서 개략적으로 설명한 것처럼 행렬 $\mathbf{A}$의 성분 a_{11}을 기준으로 $a_{i1}(2 \leq i \leq n)$을 0으로 만들고, 다시 a_{22}를 기준으로 $a_{i2}(3 \leq i \leq n)$를 0으로 만드는 과정을 반복하여 행렬 $\mathbf{A}$의 주대각성분 아래의 모든 성분을 0으로 만든다. 이를 위해 첨가행렬의 각 행($i = 1, 2, \cdots, n$)에 대해 연산

$$m_{ki}R_i + R_k \rightarrow R_k \ (k = i + 1, i + 2, \cdots, n)$$

을 수행한다. 여기서 **곱수**(multiplier) m_{ki}는

$$m_{ki} = -\frac{a_{ki}}{a_{ii}}, \ (a_{ii} \neq 0)$$

이고, 이때 a_{ii}를 i 번째 열의 **기준성분**(pivot component)이라 한다. 이의 결과로 사다리형

$$\begin{bmatrix} a_{11} & a_{12} & \cdots & a_{1n} & | & b_1 \\ 0 & a_{22} & \cdots & a_{2n} & | & b_2 \\ \vdots & \vdots & \ddots & \vdots & | & \vdots \\ 0 & a_{22} & \cdots & a_{mn} & | & b_m \end{bmatrix}$$

이 구성된다. 여기서 2행 이하의 성분은 기본 행연산에 의해 그 값이 처음과 달라진다. 사다리형을 만드는 과정에서 만약 $a_{ii} = 0$이면 $i + 1$행 이후 i열의 성분이 처음으로 0이 아닌 행을 찾아 i행과 교환한다.

(ii) 역대입

위에서 구한 사다리형의 n행으로부터

$$x_n = \frac{b_n}{a_{nn}}$$

에 의해 x_n을 구할 수 있으며, 역대입

$$x_i = \frac{1}{a_{ii}}\left(b_i - \sum_{k=i+1}^{n} a_{ik} x_k \right)$$

에 의해 나머지 미지수 $x_i\,(i = n-1,\, n-2, \cdots,\, 1)$를 구한다.

예제 1

다음 선형계의 해를 가우스 소거법으로 구하라.

$$x_1 + 2x_2 + 2x_3 = 1$$
$$3x_1 \quad\quad + x_2 = 1$$
$$x_1 + x_2 + x_3 = 1$$

(풀이) 먼저 주어진 선형계에 해당하는 첨가행렬은

$$\begin{bmatrix} 1 & 2 & 2 & | & 1 \\ 3 & 1 & 0 & | & 1 \\ 1 & 1 & 1 & | & 1 \end{bmatrix}$$

이다. 2행과 3행의 첫 번째 성분을 0으로 만들기 위하여 a_{11}을 기준성분으로 곱수

$$m_{21} = -a_{21}/a_{11} = -3/1 = -3$$
$$m_{31} = -a_{31}/a_{11} = -1/1 = -1$$

을 구하고, $-3R_1 + R_2 \to R_2$, $-R_1 + R_3 \to R_3$를 수행하여

$$\begin{bmatrix} 1 & 2 & 2 & | & 1 \\ 0 & -5 & -6 & | & -2 \\ 0 & -1 & -1 & | & 0 \end{bmatrix}$$

를 얻는다. 다음은 3행의 두 번째 성분을 0으로 만들어야 하므로 a_{22}를 기준성분으로 하여 곱수

$$m_{32} = -a_{32}/a_{22} = -(-1)/(-5) = -1/5$$

을 이용하여 $(-1/5)R_2 + R_3 \to R_3$하면, 사다리형

$$\begin{bmatrix} 1 & 2 & 2 & | & 1 \\ 0 & -5 & -6 & | & -2 \\ 0 & 0 & 1/5 & | & 2/5 \end{bmatrix}$$

를 얻는다. 마지막 행에서

$$x_3 = \frac{b_3}{a_{33}} = \frac{2/5}{1/5} = 2$$

이고, 역대입을 이용하여

$$x_2 = \frac{1}{a_{22}}(b_2 - a_{23}x_3) = \frac{1}{-5}[-2 - (-6)\cdot 2] = -2$$

$$x_1 = \frac{1}{a_{11}}(b_1 - a_{12}x_2 - a_{13}x_3) = \frac{1}{1}[1 - 2\cdot(-2) - 2\cdot 2] = 1$$

을 구한다.

다음에서 선형계의 해가 존재하지 않는 경우를 보자. 최종적으로 나타나는 사다리형의 모양을 주시하자.

예제 2

$3x_1 + 2x_2 + x_3 = 3$, $2x_1 + x_2 + x_3 = 0$, $6x_1 + 2x_2 + 4x_3 = 6$의 해를 구하라.

(풀이) 예제 1에서와 같은 방법으로 첨가행렬을 이용하여 다음과 같이 구한다.

$$\begin{bmatrix} 3 & 2 & 1 & | & 3 \\ 2 & 1 & 1 & | & 0 \\ 6 & 2 & 4 & | & 6 \end{bmatrix} \begin{matrix} \\ (-2/3)R_1 + R_2 \rightarrow R_2 \\ -2R_1 + R_3 \rightarrow R_3 \end{matrix}$$

$$\begin{bmatrix} 3 & 2 & 1 & | & 3 \\ 0 & -1/3 & 1/3 & | & -2 \\ 0 & -2 & 2 & | & 0 \end{bmatrix} \begin{matrix} \\ \\ -6R_2 + R_3 \rightarrow R_3 \end{matrix}$$

$$\begin{bmatrix} 3 & 2 & 1 & | & 3 \\ 0 & -1/3 & 1/3 & | & -2 \\ 0 & 0 & 0 & | & 12 \end{bmatrix}$$

3행에서 $0 \cdot x_3 = 12$를 만족하는 해는 존재하지 않는다.

다음 예는 선형계의 해가 무수히 많이 존재하는 경우이다.

예제 3

$x_1 + x_2 + x_3 = 3$, $x_1 - x_2 - x_3 = -1$, $3x_1 + x_2 + x_3 = 5$의 해를 구하라.

(풀이) 마찬가지로

$$\begin{bmatrix} 1 & 1 & 1 & | & 3 \\ 1 & -1 & -1 & | & -1 \\ 3 & 1 & 1 & | & 5 \end{bmatrix} \begin{matrix} \\ -R_1 + R_2 \rightarrow R_2 \\ -3R_1 + R_3 \rightarrow R_3 \end{matrix}$$

$$\begin{bmatrix} 1 & 1 & 1 & | & 3 \\ 0 & -2 & -2 & | & -4 \\ 0 & -2 & -2 & | & -4 \end{bmatrix} -R_2 + R_3 \to R_3$$

$$\begin{bmatrix} 1 & 1 & 1 & | & 3 \\ 0 & -2 & -2 & | & -4 \\ 0 & 0 & 0 & | & 0 \end{bmatrix}$$

로 행연산하면 3행은 $0 \cdot x_1 + 0 \cdot x_2 + 0 \cdot x_3 = 0$이므로 항상 성립하고 2행 $-2x_2 - 2x_3 = -4$에서 $x_3 = t$라 하면 $x_2 = 2 - t$, $x_1 = 1$이고 t를 임의로 선택할 수 있으므로 선형계를 만족하는 해는 무수히 많다.

가우스 소거법을 적용할 때 마지막 단계에서 볼 수 있는 행렬의 형태를 **사다리형**(echelon form)이라 하였다. 예제 1, 2, 3에서의 사다리형은 각각

$$\begin{bmatrix} 1 & 2 & 2 & | & 1 \\ 0 & -5 & -6 & | & -2 \\ 0 & 0 & 1/5 & | & 2/5 \end{bmatrix}, \quad \begin{bmatrix} 3 & 2 & 1 & | & 3 \\ 0 & 1/3 & 1/3 & | & -2 \\ 0 & 0 & 0 & | & 12 \end{bmatrix}, \quad \begin{bmatrix} 1 & 1 & 1 & | & 3 \\ 0 & -2 & -2 & | & -4 \\ 0 & 0 & 0 & | & 0 \end{bmatrix}$$

이다. 사다리형 행렬을 다시 선형계로 표현하면

$$a_{11}x_1 + a_{12}x_2 + a_{13}x_3 + \cdots + a_{1n}x_n = b_1$$
$$a_{22}x_2 + a_{23}x_2 + \cdots + a_{2n}x_n = b_2$$
$$\vdots$$
$$a_{rr}x_r + \cdots + a_{rn}x_n = b_r$$
$$0 = b_{r+1}$$
$$\vdots$$
$$0 = b_m$$

이다. 여기서 $r \le m$이고 $a_{11} \ne 0$, $a_{22} \ne 0, \cdots, a_{rr} \ne 0$이다. 위의 예제 1, 2, 3에서 보듯이 사다리형의 형태에 따라 다음이 성립한다.

(i) $r = n$이고 $b_{r+1}, \cdots, b_m$이 모두 0이면 유일한 해가 존재한다.

(ii) $r < m$이고 $b_{r+1}, \cdots, b_m$ 중 적어도 하나가 0이 아니면 해가 존재하지 않는다.

(iii) $r < n$이고 $b_{r+1}, \cdots, b_m$이 모두 0이면 무수히 많은 해가 존재한다.

가우스–요르단 소거법

가우스 소거법에서는 계수행렬을 위삼각행렬로 변환한 후 유일한 해가 존재하는 경우에는 미지수를 하나만 포함하는 마지막 행부터 역순으로 해를 구하는 역대입 과정을 거친다. 만일 처음부터 첨가행렬 $\widetilde{\mathbf{A}}$를

$$\begin{bmatrix} a_{11} & 0 & \cdots & 0 & | & b_1 \\ 0 & a_{22} & \cdots & 0 & | & b_2 \\ \vdots & \vdots & \ddots & \vdots & | & \vdots \\ 0 & 0 & \cdots & a_{nn} & | & b_n \end{bmatrix} \quad 또는 \quad \begin{bmatrix} 1 & 0 & \cdots & 0 & | & b_1 \\ 0 & 1 & \cdots & 0 & | & b_2 \\ \vdots & \vdots & \ddots & \vdots & | & \vdots \\ 0 & 0 & \cdots & 1 & | & b_n \end{bmatrix}$$

과 같이 대각행렬 또는 단위행렬로 변환하면 각 행이 하나의 미지수만을 가지므로 역대입 과정이 불필요한데, 이를 **가우스-요르단 소거법**(Gauss-Jordan elimination method: Wilhem Jordan, 1842-1899, 독일)이라 한다. 하지만 계수행렬을 위삼각행렬에서 대각행렬 또는 단위행렬로 변환하기 위해서는 역대입에 필요한 연산수보다 더 많은 연산수가 소요되므로 가우스-조단 소거법의 실효성은 크지 않다. 하지만 가우스-조단 소거법을 이용하면 역행렬을 보다 쉽게 구할 수 있는데, 이에 대해서는 7.5절에서 다시 설명한다.

선형계로 나타나는 예

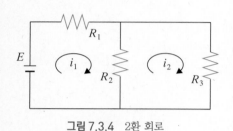

그림 7.3.4   2환 회로

선형계의 예로 저항으로만 이루어진 2환 회로(two loop circuit)를 생각하자. 각 부분회로에 대하여 전류 i_1, i_2를 가정하고 옴의 법칙을 적용하면

$$E - R_1 i_1 - R_2(i_1 - i_2) = 0$$
$$-R_3 i_2 - R_2(i_2 - i_1) = 0$$

또는

$$(R_1 + R_2)i_1 - R_2 i_2 = E$$
$$R_2 i_1 - (R_2 + R_3)i_2 = 0$$

을 얻는다. 부분회로의 수가 증가하면 미지수와 방정식의 수도 증가한다.

예제 4

그림 7.3.4에서 $R_1 = 1\ \Omega$, $R_2 = 2\ \Omega$, $R_3 = 1\ \Omega$, $E = 5\ \text{V}$일 때 i_1, i_2를 구하라.

(풀이) 위 식에 주어진 값을 대입하면

$$3i_1 - 2i_2 = 5$$
$$2i_1 - 3i_2 = 0$$

이다. 이를 정리하면

$$\mathbf{AI} = \mathbf{B}$$

가 되는데, 여기서

$$\mathbf{A} = \begin{bmatrix} 3 & -2 \\ 2 & -3 \end{bmatrix}, \quad \mathbf{I} = \begin{bmatrix} i_1 \\ i_2 \end{bmatrix}, \quad \mathbf{B} = \begin{bmatrix} 5 \\ 0 \end{bmatrix}$$

이고, **A**와 **B**를 결합한 첨가행렬은

$$\begin{bmatrix} 3 & -2 & | & 5 \\ 2 & -3 & | & 0 \end{bmatrix}$$

이다. 첨가행렬에 가우스 소거법을 적용하면

$$\begin{bmatrix} 3 & -2 & 5 \\ 2 & -3 & 0 \end{bmatrix} (-2/3)R_1 + R_2 \rightarrow R_2$$

$$\begin{bmatrix} 3 & -2 & 5 \\ 0 & -5/3 & -10/3 \end{bmatrix}$$

이고, 역대입을 이용하여

$$i_2 = \frac{b_2}{a_{22}} = \frac{-10/3}{-5/3} = 2$$

$$i_1 = \frac{1}{a_{11}}(b_1 - a_{12}i_2) = \frac{1}{3}[5 - (-2)\cdot 2] = 3$$

이다.

무수히 많은 해가 존재하는 예로 다음의 화학반응을 생각하자.

예제 5

화학반응식 $aC_2H_6 + bO_2 \rightarrow cCO_2 + dH_2O$를 완성하라.

(풀이) 반응 전후의 원자수가 일정해야 하므로

$$\begin{cases} \text{C}: 2a = c \\ \text{H}: 6a = 2d \\ \text{O}: 2b = 2c + d \end{cases} \Rightarrow \begin{cases} 2a - c = 0 \\ 6a - 2d = 0 \\ 2b - 2c - d = 0 \end{cases}$$

을 얻고, 이를 행렬로 표시하면

$$\begin{bmatrix} 2 & 0 & -1 & 0 \\ 6 & 0 & 0 & -2 \\ 0 & 2 & -2 & -1 \end{bmatrix} \begin{bmatrix} a \\ b \\ c \\ d \end{bmatrix} = \begin{bmatrix} 0 \\ 0 \\ 0 \end{bmatrix}$$

으로, 미지수의 수가 식의 수보다 많은 제차 선형계이다. 첨가행렬에 가우스 소거법을 적용하면

$$\begin{bmatrix} 2 & 0 & -1 & 0 & 0 \\ 6 & 0 & 0 & -2 & 0 \\ 0 & 2 & -2 & -1 & 0 \end{bmatrix} -3R_1 + R_2 \rightarrow R_2$$

$$\begin{bmatrix} 2 & 0 & -1 & 0 & 0 \\ 0 & 0 & 3 & -2 & 0 \\ 0 & 2 & -2 & -1 & 0 \end{bmatrix} R_2 \leftrightarrow R_3$$

$$\begin{bmatrix} 2 & 0 & -1 & 0 & 0 \\ 0 & 2 & -2 & -1 & 0 \\ 0 & 0 & 3 & -2 & 0 \end{bmatrix}$$

이고, 마지막 행에서 d를 임의로 선택할 수 있으므로 해는 무수히 많다. 즉 $c = \frac{2}{3}d$, $b = \frac{7}{6}d$, $a = \frac{1}{3}d$인데 a, b, c가 정수가 되도록 d를 6으로 고정하면 $a = 2$, $b = 7$, $c = 4$이다.

7.3 연습문제

1. $\begin{bmatrix} a_{11} & a_{12} \\ a_{21} & a_{22} \end{bmatrix} \begin{bmatrix} x \\ y \end{bmatrix} = \begin{bmatrix} b_1 \\ b_2 \end{bmatrix}$ 를 연립방정식 형태로 다시 써라.

(답) $a_{11}x + a_{12}y = b_1,\ a_{21}x + a_{22}y = b_2$

2. 연립방정식 $x_1 - x_2 = 11,\ 4x_1 + 3x_2 = -5$를 행렬을 사용하여 나타내고, 가우스 소거법으로 해를 구하라.

(답) $\begin{bmatrix} 1 & -1 \\ 4 & 3 \end{bmatrix} \begin{bmatrix} x_1 \\ x_2 \end{bmatrix} = \begin{bmatrix} 11 \\ -5 \end{bmatrix},\ \ x_1 = 4,\ \ x_2 = -7$

3. 선형계의 해를 가우스 소거법으로 구하라.

(1) $x_1 - 2x_2 + 4x_3 = 3$
$\quad -2x_1 + x_2 + 3x_3 = 2$
$\quad 3x_1 + 4x_2 - x_3 = 6$

(2) $x_1 - 2x_2 + x_3 = 2$
$\quad 3x_1 - x_2 + 2x_3 = 5$
$\quad 2x_1 + x_2 + x_3 = 1$

(3) $x_1 + x_3 - x_4 = 1$
$\quad 2x_2 + x_3 = 3$
$\quad x_1 - x_2 + x_4 = -1$
$\quad x_1 + x_2 + x_3 + x_4 = 2$

(답) (1) $x_1 = x_2 = x_3 = 1$ (2) 해가 존재하지 않음.

(3) $x_4 = t$로 놓으면 $x_3 = 4t + 1,\ x_2 = -2t + 1,\ x_1 = -3t$로 해가 무수히 많다.

4. 회로에 흐르는 전류 $i_1,\ i_2,\ i_3$를 구하라.

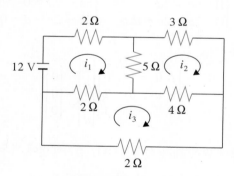

그림 7.3.5   3환 회로

(답) $i_1 \simeq 2.45,\ i_2 \simeq 1.47,\ i_3 \simeq 1.35$

5. 화학반응식을 완성하라.

(1) $Na + H_2O \rightarrow NaOH + H_2$

(2) $Cu + HNO_3 \rightarrow Cu(NO_3)_2 + H_2O + NO$

(답) (1) $2Na + 2H_2O \rightarrow 2NaOH + H_2$

(2) $3Cu + 8HNO_3 \rightarrow 3Cu(NO_3)_2 + 4H_2O + 2NO$

7.4 행렬의 계급

선형계 $AX = B$의 해는 선형계를 이루는 계수행렬 A와 입력벡터 B와 밀접한 관련을 가진다. 이 절에서는 이러한 관계에 대해 좀 더 자세히 알아본다.

행렬의 계급

> 행렬 A의 선형독립인 행벡터(row vector)의 최대수를 행렬 A의 계수 또는 계급(rank)이라 하며 rank$A$로 나타낸다.

☞ 행렬의 계급(rank)은 보통 '계수'로 번역하지만 선형계 $AX = B$의 계수행렬 A의 '계수(coefficient)'와 혼동되므로 이 책에서는 '계급'이라는 용어를 사용한다. 영어 rank의 의미를 담은 번역으로 보인다.

벡터의 선형독립성에 대해서는 6.5절에서 이미 공부하였다.

예제 1

7.3절 예제 1의 계수행렬 $A = \begin{bmatrix} 1 & 2 & 2 \\ 3 & 1 & 0 \\ 1 & 1 & 1 \end{bmatrix}$의 계급을 구하라.

(풀이) A의 행벡터는 $\mathbf{r}_1 = [1 \ 2 \ 2]$, $\mathbf{r}_2 = [3 \ 1 \ 0]$, $\mathbf{r}_3 = [1 \ 1 \ 1]$이다. 이들은 스칼라 k_1, k_2, k_3에 대해

$$k_1\mathbf{r}_1 + k_2\mathbf{r}_2 + k_3\mathbf{r}_3 = k_1[1 \ 2 \ 2] + k_2[3 \ 1 \ 0] + k_3[1 \ 1 \ 1]$$
$$= [k_1 + 3k_2 + k_3 \ \ 2k_1 + k_2 + k_3 \ \ 2k_1 + k_3] = [0 \ 0 \ 0]$$

이 오직 $k_1 = k_2 = k_3 = 0$일 때만 성립하므로 선형독립이고, 따라서 rank$A$ = 3이다.

예제 2

7.3절 예제 2의 계수행렬 $A = \begin{bmatrix} 3 & 2 & 1 \\ 2 & 1 & 1 \\ 6 & 2 & 4 \end{bmatrix}$의 계급을 구하라.

(풀이) $\mathbf{A}$의 행벡터 $\mathbf{r}_1 = [3 \ 2 \ 1]$, $\mathbf{r}_2 = [2 \ 1 \ 1]$, $\mathbf{r}_3 = [6 \ 2 \ 4]$에 대해 선형독립성을 조사해 보자. 스칼라 k_1, k_2, k_3에 대해

$$k_1\mathbf{r}_1 + k_2\mathbf{r}_2 + k_3\mathbf{r}_3 = k_1[3 \ 2 \ 1] + k_2[2 \ 1 \ 1] + k_3[6 \ 2 \ 4]$$
$$= [3k_1 + 2k_2 + 6k_3 \ \ 2k_1 + k_2 + 2k_3 \ \ \ k_1 + k_2 + 4k_3] = [0 \ 0 \ 0]$$

이 0이 아닌 k_1, k_2, k_3에 대해서도 성립하므로 $\mathbf{r}_1$, $\mathbf{r}_2$, $\mathbf{r}_3$는 선형종속이다. 하지만 처음 두 벡터 $\mathbf{r}_1 = [3 \ 2 \ 1]$, $\mathbf{r}_2 = [2 \ 1 \ 1]$만을 생각하면

$$k_1\mathbf{r}_1 + k_2\mathbf{r}_2 = k_1[3 \ 2 \ 1] + k_2[2 \ 1 \ 1] = [3k_1 + 2k_2 \ \ 2k_1 + k_2 \ \ k_1 + k_2] = [0 \ 0 \ 0]$$

이 오직 $k_1 = k_2 = 0$일 때만 성립하므로 $\mathbf{r}_1$, $\mathbf{r}_2$는 선형독립이고, 따라서 $\mathrm{rank}\mathbf{A} = 2$이다. 참고로 나머지 행벡터 $\mathbf{r}_3$는

$$\mathbf{r}_3 = [6 \ 2 \ 4] = -2 \cdot [3 \ 2 \ 1] + 6 \cdot [2 \ 1 \ 1] = -2\mathbf{r}_1 + 6\mathbf{r}_2$$

와 같이 선형독립인 $\mathbf{r}_1$, $\mathbf{r}_2$의 선형결합으로 나타난다.

위 예제에서 보듯이 행렬의 행벡터 수가 행렬의 계급보다 많으면 나머지 행벡터는 선형독립인 행벡터의 선형결합으로 나타난다. 행렬의 계급은 다음 성질을 갖는다.

행렬의 계급에 관한 성질

> (1) 행렬의 계급은 행렬의 기본 행연산에 무관하다(invariance of rank).
> (2) 행렬의 계급은 선형독립인 열벡터(column vector)의 최대수와도 같다.

행렬 $\mathbf{A}$의 행을 교환하거나 행에 0이 아닌 실수를 곱하거나, 하나의 행에 실수를 곱하여 다른 행에 곱하는 기본행연산은 행벡터의 선형독립 여부에 무관하므로 성질 (1)은 자명하다.

(성질 2의 증명) $m \times n$ 행렬

$$\mathbf{A} = \begin{bmatrix} a_{11} & a_{12} & \cdots & a_{1n} \\ a_{21} & a_{22} & \cdots & a_{2n} \\ \vdots & \vdots & \ddots & \vdots \\ a_{m1} & a_{m2} & \cdots & a_{mn} \end{bmatrix} = \begin{bmatrix} \mathbf{a_1} \\ \mathbf{a_2} \\ \vdots \\ \mathbf{a_m} \end{bmatrix}$$

의 계급을 r이라 하면 $\mathbf{A}$는 선형독립인 r개의 행벡터를 갖는다. 이러한 선형독립인 행벡터를

$$\mathbf{u_1} = [u_{11} \ u_{12} \ \cdots \ u_{1n}], \mathbf{u_2} = [u_{21} \ u_{22} \ \cdots \ u_{2n}], \cdots, \mathbf{u_r} = [u_{r1} \ u_{r2} \ \cdots \ u_{rn}]$$

이라 하면 $\mathbf{A}$의 모든 행벡터 $\mathbf{a_1}, \mathbf{a_2}, \cdots, \mathbf{a_m}$은 $\mathbf{u_1}, \mathbf{u_2}, \cdots, \mathbf{u_r}$의 선형결합

$$\mathbf{a_1} = c_{11}\mathbf{u_1} + c_{12}\mathbf{u_2} + \cdots + c_{1r}\mathbf{u_r}$$
$$\mathbf{a_2} = c_{21}\mathbf{u_1} + c_{22}\mathbf{u_2} + \cdots + c_{2r}\mathbf{u_r}$$
$$\vdots \qquad\qquad\qquad\qquad (7.4.1)$$
$$\mathbf{a_m} = c_{m1}\mathbf{u_1} + c_{m2}\mathbf{u_2} + \cdots + c_{mr}\mathbf{u_r}$$

로 나타난다. 식 (7.4.1)을 성분으로 표시하면 $k = 1, 2, \cdots, n$에 대해

$$a_{1k} = c_{11}u_{1k} + c_{12}u_{2k} + \cdots + c_{1r}u_{rk}$$
$$a_{2k} = c_{21}u_{1k} + c_{22}u_{2k} + \cdots + c_{2r}u_{rk}$$
$$\vdots \qquad\qquad\qquad\qquad (7.4.2)$$
$$a_{mk} = c_{m1}u_{1k} + c_{m2}u_{2k} + \cdots + c_{mr}u_{rk}$$

이고, 식 (7.4.2)는 다시

$$\begin{bmatrix} a_{1k} \\ a_{2k} \\ \vdots \\ a_{mk} \end{bmatrix} = u_{1k}\begin{bmatrix} c_{11} \\ c_{21} \\ \vdots \\ c_{m1} \end{bmatrix} + u_{2k}\begin{bmatrix} c_{12} \\ c_{22} \\ \vdots \\ c_{m2} \end{bmatrix} + \cdots + u_{rk}\begin{bmatrix} c_{1r} \\ c_{2r} \\ \vdots \\ c_{mr} \end{bmatrix} \qquad (7.4.3)$$

로 쓸 수 있다. 식 (7.4.3)의 좌변은 $k = 1, 2, \cdots, n$에 대해 $\mathbf{A}$의 모든 열벡터를 나타내므로 $\mathbf{A}$의 모든 열벡터가 r개의 열벡터 $[c_{11} \; c_{21} \; \cdots \; c_{m1}]^T, \; [c_{12} \; c_{22} \; \cdots \; c_{m2}]^T, \cdots,$ $[c_{1r} \; c_{2r} \; \cdots \; c_{mr}]^T$의 선형결합임을 의미한다. 따라서 $\mathbf{A}$의 선형독립인 열벡터의 최대수를 $\tilde{r}$이라 하면 이것은 $\mathbf{A}$의 선형독립인 행벡터의 최대수 r을 초과할 수 없다. 즉

$$\tilde{r} \leq r \qquad\qquad\qquad (7.4.4)$$

이다. 다음에는 계급이 $\tilde{r}$이고 $\mathbf{B} = \mathbf{A}^T$인 $n \times m$ 행렬 $\mathbf{B}$에 대해 위와 동일한 과정을 수행하면 $\mathbf{B}$의 열벡터는 $\mathbf{A}$의 행벡터와 같고 $\mathbf{B}$의 행벡터는 $\mathbf{A}$의 열벡터와 같으므로 $\mathbf{B}$의 선형독립인 열벡터의 최대수 r이 $\mathbf{B}$의 선형독립인 행벡터의 최대수 $\tilde{r}$을 초과할 수 없다. 즉

$$r \leq \tilde{r} \qquad\qquad\qquad (7.4.5)$$

을 얻을 것이다. 따라서 식 (7.4.4)와 (7.4.5)에 의해 $\tilde{r} = r$, 즉 $\mathbf{A}$의 선형독립인 열벡터의 최대수는 $\mathbf{A}$의 선형독립인 행벡터의 최대수와 같다.

■

행렬의 행벡터에 의한 생성공간(span)을 **행공간**(row space), 열벡터에 의한 생성공간을 **열공간**(column space)이라 하는데, 행렬의 계급에 관한 성질 (2)에 의하면 행렬 $\mathbf{A}$의 행공간과 열공간의 차원은 모두 $\mathrm{rank}\mathbf{A}$이고 또한 $\mathrm{rank}\mathbf{A} = \mathrm{rank}\mathbf{A}^T$임도 알 수 있다. 기본 행연산에 의해 얻어지는 행렬을 **행동치**(row equivalence)라 하며, 성질

(1)은 행동치인 행렬의 계급이 같음을 나타낸다. 이 성질은 행렬의 계급을 구하는 기초적인 방법을 제공한다. 가우스 소거법을 이용하여 행렬 $\mathbf{A}$를 행동치인 사다리형 행렬 $\overline{\mathbf{A}}$로 변환하면

$$\overline{\mathbf{A}} = \begin{bmatrix} a_{11} & a_{12} & \cdots & a_{1r} & \cdots & a_{1n} \\ 0 & a_{22} & \cdots & a_{2r} & \cdots & a_{2n} \\ \vdots & \vdots & \ddots & \vdots & \cdots & \vdots \\ 0 & 0 & \cdots & a_{rr} & \cdots & a_{rn} \\ 0 & 0 & \cdots & 0 & \cdots & 0 \\ \vdots & \vdots & \cdots & \vdots & \cdots & \vdots \end{bmatrix}$$

(7.4.6)

인데, 성분이 모두 0인 행벡터($\mathbf{0}$ 벡터)는 다른 행벡터와 선형종속이므로 나머지 행벡터의 수가 계급의 최대값이다. 하지만 사다리형 $\overline{\mathbf{A}}$에 나타나는 $\mathbf{0}$이 아닌 행벡터들은 선형독립이므로 사다리형 행렬에서 $\mathbf{0}$이 아닌 행벡터의 수는 계급과 같다.

예제 3

예제 1의 행렬 $\mathbf{A} = \begin{bmatrix} 1 & 2 & 2 \\ 3 & 1 & 0 \\ 1 & 1 & 1 \end{bmatrix}$의 계급을 (1) 선형독립인 열벡터의 최대수, (2) 사다리형을 이용하는 방법으로 구하라.

(풀이) (1) $\mathbf{A}$의 열벡터는 $\mathbf{c}_1 = [1\ 3\ 1]^T$, $\mathbf{c}_2 = [2\ 1\ 1]^T$, $\mathbf{c}_3 = [2\ 0\ 1]^T$이고

$$k_1\mathbf{c}_1 + k_2\mathbf{c}_2 + k_3\mathbf{c}_3 = k_1[1\ 3\ 1]^T + k_2[2\ 1\ 1]^T + k_3[2\ 0\ 1]^T$$

$$= [k_1 + 2k_2 + 2k_3 \quad 3k_1 + k_2 \quad k_1 + k_2 + k_3]^T = [0\ 0\ 0]^T$$

이 오직 $k_1 = k_2 = k_3 = 0$일 때만 성립하므로 rank$\mathbf{A} = 3$이다.

(2) 행렬 $\mathbf{A}$의 사다리형은 7.3절의 예제 1에서

$$\begin{bmatrix} 1 & 2 & 2 \\ 0 & -5 & -6 \\ 0 & 0 & 1/5 \end{bmatrix}$$

이고, 3개의 행이 모두 0이 아니므로 rank$\mathbf{A} = 3$이다.

위와 같이 사다리형으로 변환하여 행렬의 계급을 구하는 것은 벡터의 선형독립 또는 선형종속을 판별하는 방법이 되기도 한다. $m \times n$ 행렬 $\mathbf{A}$가 n개의 성분을 갖는 m개의 행벡터 $\mathbf{a}_1,\ \mathbf{a}_2, \cdots,\ \mathbf{a_m}$으로 이루어져 있을 때 rank$\mathbf{A} = m$이면 행벡터 $\mathbf{a}_1,\ \mathbf{a}_2, \cdots,\ \mathbf{a_m}$은 선형독립이고 rank$\mathbf{A} < m$이면 선형종속이기 때문이다. 특히 $m \times n$ 행렬 $\mathbf{A}$에서 $n < m$이면 행렬의 계급에 관한 성질 (2)에 의해 rank$\mathbf{A} \leq n \leq m$이므로 m개의 행

벡터는 항상 선형종속이다. 이를 정리하면 다음과 같다.

행렬의 계급과 행벡터의 선형독립성

$m \times n$ 행렬 $\mathbf{A}$에서 $\mathrm{rank}\mathbf{A} = m$이면 m개의 행벡터는 선형독립이고 $\mathrm{rank}\mathbf{A} < m$이면 선형종속이다. 특히 $n < m$이면 m개의 행벡터는 항상 선형종속이다.

위의 정리를 이용하여 6.5절의 예제 4를 다시 생각해 보자.

예제 4

다음 벡터의 선형독립 또는 선형종속을 판별하라.

(1) $\mathbf{x}_1 = [1\ \ 0]$, $\mathbf{x}_2 = [0\ \ 1]$ (2) $\mathbf{x}_1 = [1\ \ 0]$, $\mathbf{x}_2 = [0\ \ 1]$, $\mathbf{x}_3 = [1\ \ 1]$

(풀이) (1) 두 벡터를 행벡터로 갖는 행렬은

$$\mathbf{A} = \begin{bmatrix} 1 & 0 \\ 0 & 1 \end{bmatrix}$$

이고 자체로 사다리형이다. $\mathbf{0}$이 아닌 행벡터의 수가 2이므로 $\mathrm{rank}\mathbf{A} = 2$, 따라서 두 벡터는 선형독립이다.

(2) 같은 방법으로 행벡터로 행렬을 구성하여 사다리형으로 변환하면

$$\mathbf{A} = \begin{bmatrix} 1 & 0 \\ 0 & 1 \\ 1 & 1 \end{bmatrix} {}_{-R_1 + R_3 \to R_3} \Rightarrow \begin{bmatrix} 1 & 0 \\ 0 & 1 \\ 0 & 1 \end{bmatrix} {}_{-R_2 + R_3 \to R_3} \Rightarrow \begin{bmatrix} 1 & 0 \\ 0 & 1 \\ 0 & 0 \end{bmatrix}$$

이다. $\mathrm{rank}\mathbf{A} = 2 < 3$이므로 3개의 행벡터는 선형종속이다. 여기서는 $\mathbf{A}$가 3×2 행렬, 즉 열의 수가 행의 수보다 작으므로 3개의 행벡터는 항상 선형종속이다.

다음에는 행렬의 계급과 선형계의 해와의 관계에 대해 알아보자.

선형계의 해의 존재성 및 유일성

n개의 미지수와 m개의 식을 갖는 $m \times n$ 선형계 $\mathbf{AX} = \mathbf{B}$의 첨가행렬을 $\widetilde{\mathbf{A}}$ 라 할 때

(1) 해의 존재성: 해가 존재할 필요충분조건은 $\mathrm{rank}\mathbf{A} = \mathrm{rank}\,\widetilde{\mathbf{A}}$ 이다.

(2) 해의 유일성: 해가 유일하게 존재할 필요충분조건은 $\mathrm{rank}\mathbf{A} = \mathrm{rank}\,\widetilde{\mathbf{A}} = n$이다.

(3) $\mathrm{rank}\mathbf{A} = \mathrm{rank}\,\widetilde{\mathbf{A}} < n$이면 무수히 많은 해가 존재한다.

(증명) (1) $\widetilde{\mathbf{A}}$는 $\mathbf{A}$에 열벡터 $\mathbf{B}$를 추가한 것이므로 $\operatorname{rank}\widetilde{\mathbf{A}} = \operatorname{rank}\mathbf{A} + 1$ 또는 $\operatorname{rank}\widetilde{\mathbf{A}} = \operatorname{rank}\mathbf{A}$이어야 한다. 만약 $\operatorname{rank}\mathbf{A} = \operatorname{rank}\widetilde{\mathbf{A}}$이면 $\mathbf{B}$는 $\mathbf{A}$의 열벡터 $\mathbf{c_1}, \mathbf{c_2}, \cdots, \mathbf{c_n}$의 선형결합이므로

$$x_1\mathbf{c_1} + x_2\mathbf{c_2} + \cdots + x_n\mathbf{c_n} = \mathbf{B} \tag{7.4.7}$$

를 만족하는 적어도 하나는 0이 아닌 해 $x_1, x_2, \cdots, x_n$이 존재한다. 식 (7.4.7)은 선형계 $\mathbf{AX} = \mathbf{B}$의 다른 표현이므로 $x_1, x_2, \cdots, x_n$은 $\mathbf{AX} = \mathbf{B}$의 해이다. 역으로 선형계의 해 $\mathbf{X} = [x_1\ x_2\ \cdots\ x_n]^T$가 존재하면 $\mathbf{AX} = \mathbf{B}$를 식 (7.4.7)로 쓸 수 있고, 이는 열벡터 $\mathbf{B}$가 $\mathbf{A}$의 n개 열벡터의 선형결합임을 의미하므로 $\operatorname{rank}\widetilde{\mathbf{A}} = \operatorname{rank}\mathbf{A}$이다.

(2) $\operatorname{rank}\mathbf{A} = \operatorname{rank}\widetilde{\mathbf{A}} = n$이면 $\mathbf{A}$의 n개의 열벡터 $\mathbf{c_1}, \mathbf{c_2}, \cdots, \mathbf{c_n}$은 선형독립이다. 선형계 $\mathbf{AX} = \mathbf{B}$를 $\mathbf{c_1}, \mathbf{c_2}, \cdots, \mathbf{c_n}$과 해 $\widetilde{x_1}, \widetilde{x_2}, \cdots, \widetilde{x_n}$을 사용하여 나타내면

$$\widetilde{x_1}\mathbf{c_1} + \widetilde{x_2}\mathbf{c_2} + \cdots + \widetilde{x_n}\mathbf{c_n} = \mathbf{B} \tag{7.4.8}$$

이고, 식 (7.4.7)과 (7.4.8)에서

$$\mathbf{c_1}\widetilde{x_1} + \mathbf{c_2}\widetilde{x_2} + \cdots + \mathbf{c_n}\widetilde{x_n} = \mathbf{c_1}x_1 + \mathbf{c_2}x_2 + \cdots + \mathbf{c_n}x_n$$

또는

$$(x_1 - \widetilde{x_1})\mathbf{c_1} + (x_2 - \widetilde{x_2})\mathbf{c_2} + \cdots + (x_n - \widetilde{x_n})\mathbf{c_n} = 0$$

이다. $\mathbf{c_1}, \mathbf{c_2}, \cdots, \mathbf{c_n}$이 선형독립이므로 $x_1 = \widetilde{x_1}$, $x_2 = \widetilde{x_2}, \cdots,\ x_n = \widetilde{x_n}$이고, 따라서 식 (7.4.7)의 해 $x_1, x_2, \cdots, x_n$은 **유일하다**. 역도 성립한다.

(3) $r = \operatorname{rank}\mathbf{A} = \operatorname{rank}\widetilde{\mathbf{A}} < n$이면 $\mathbf{A}$에는 선형독립인 r개의 열벡터가 존재한다. 이러한 r개의 선형독립인 열벡터를 $\mathbf{c_1}, \cdots, \mathbf{c_r}$이라 하고 나머지 $n - r$개의 열벡터를 $\mathbf{c_{r+1}}, \cdots, \mathbf{c_n}$이라 하자. 선형계 $\mathbf{AX} = \mathbf{B}$는 해가 $\mathbf{X} = [x_1\ x_2\ \cdots\ x_n]^T$일 때

$$\underline{x_1\mathbf{c_1} + x_2\mathbf{c_2} + \cdots + x_r\mathbf{c_r}} + \underline{x_{r+1}\mathbf{c_{r+1}} + \cdots + x_n\mathbf{c_n}} = \mathbf{B} \tag{7.4.9}$$

로 나타난다. 식 (7.4.9) 좌변의 처음 r항은 선형독립인 열벡터 $\mathbf{c_1}, \cdots, \mathbf{c_r}$의 선형결합이다. 나머지 $n - r$항을 $\mathbf{c_1}, \cdots, \mathbf{c_r}$의 선형결합으로 나타내면

$$x_{r+1}\mathbf{c_{r+1}} + \cdots + x_n\mathbf{c_n} = \alpha_1\mathbf{c_1} + \cdots + \alpha_r\mathbf{c_r} \tag{7.4.10}$$

이고, 식 (7.4.10)을 이용하여 식 (7.4.9)를 다시 쓰면

$$\widetilde{x_1}\mathbf{c_1} + \widetilde{x_2}\mathbf{c_2} + \cdots + \widetilde{x_r}\mathbf{c_r} = \mathbf{B} \tag{7.4.11}$$

이다. 여기서 $\widetilde{x_k} = x_k + \alpha_k\,(1 \le k \le r)$이다. $r = \operatorname{rank}\widetilde{\mathbf{A}} = \operatorname{rank}\mathbf{A}$이므로 위의 (1) 해의 존재성에 의해 식 (7.4.11)을 만족하는 $\widetilde{x_1}, \cdots, \widetilde{x_r}$이 존재한다. 또한 $\mathbf{c_1}, \cdots, \mathbf{c_r}$이 선형독립이므로 특정한 $\mathbf{B}$에 대해 (2) 해의 유일성에 의해 $\widetilde{x_1}, \cdots, \widetilde{x_r}$은 유일하다. 따라서 $x_{r+1}, \cdots, x_n$을 임의로 선택하면 식 (7.4.10)에 의해 $\alpha_1, \cdots, \alpha_r$이 결정된다.

$\widetilde{x_k} = x_k + \alpha_k \, (1 \leq k \leq r)$에서 $\widetilde{x_1}, \cdots, \widetilde{x_r}$은 유일하지만 $\alpha_1, \cdots, \alpha_r$이 임의의 값을 가지므로 $x_1, \cdots, x_k$도 임의의 값을 갖고 결국 $x_1, \cdots, x_n$이 모두 임의의 값을 갖는다. 따라서 선형계의 해 $\mathbf{X} = [x_1 \, x_2 \, \cdots \, x_n]^T$는 무수히 많다.

∎

선형계의 해의 존재성 및 유일성에 관한 위의 정리는 7.3절 예제 1, 2, 3에서 선형계를 가우스 소거법으로 풀었던 결과를 이론적으로 정확하게 설명한다. 7.3절의 예제 1, 2, 3에서 첨가행렬 $\widetilde{\mathbf{A}}$의 사다리형은 각각

$$\begin{bmatrix} 1 & 2 & 2 & | & 1 \\ 0 & -5 & -6 & | & -2 \\ 0 & 0 & 1/5 & | & 2/5 \end{bmatrix}, \quad \begin{bmatrix} 3 & 2 & 1 & | & 3 \\ 0 & -1/3 & 1/3 & | & -2 \\ 0 & 0 & 0 & | & 12 \end{bmatrix}, \quad \begin{bmatrix} 1 & 1 & 1 & | & 3 \\ 0 & -2 & -2 & | & -4 \\ 0 & 0 & 0 & | & 0 \end{bmatrix}$$

인데, 첫 번째 경우는 $\text{rank}\mathbf{A} = \text{rank}\widetilde{\mathbf{A}} = 3$이고 이는 $\mathbf{A}$의 열의 수(미지수의 수)와 같다. 따라서 위의 정리 (2)에 의해 선형계는 유일한 해를 갖는다. 두 번째 경우는 $\text{rank}\mathbf{A} = 2$, $\text{rank}\widetilde{\mathbf{A}} = 3$, 즉 $\text{rank}\mathbf{A} \neq \text{rank}\widetilde{\mathbf{A}}$이므로 해가 존재하지 않고, 세 번째 경우는 $\text{rank}\mathbf{A} = \text{rank}\widetilde{\mathbf{A}} = 2 < 3$이므로 무수히 많은 해가 존재한다.

행렬의 계급과 행렬식 [1]

> $m \times n$ 행렬 $\mathbf{A}$가 행렬식이 0이 아닌 $r \times r$ 부분행렬을 갖고 $(r+1) \times (r+1)$ 또는 그 이상의 $\mathbf{A}$의 부분행렬에 대해서 행렬식이 모두 0이면 $\text{rank}\mathbf{A} = r$이다. 역도 성립한다.

(증명) 행렬 $\mathbf{A}$의 사다리형 $\overline{\mathbf{A}}$가 식 (7.4.6)과 같이 나타날 때, $\overline{\mathbf{A}}$의 처음 r개의 행과 r개의 열을 가지는 정사각형 모양의 부분행렬을 $\mathbf{R}$이라 하면 $\mathbf{R}$은 위삼각행렬이고 대각성분 $a_{ii}(i = 1, \cdots, r)$는 모두 0이 아니므로 $\det\mathbf{R} = a_{11} \cdot a_{22} \cdots a_{rr} \neq 0$이다. $r + 1$개 또는 그 이상의 행과 열을 갖는 부분행렬은 행벡터 $\mathbf{0}$을 포함하므로 6.2절 행렬식의 성질 [1]의 (2)에 의해 행렬식이 0이다. 기본 행연산에 의해 행렬의 계급이 바뀌지 않으므로 $\text{rank}\overline{\mathbf{A}} = \text{rank}\mathbf{A} = r$이다. 역으로 $\text{rank}\mathbf{A} = r$이면 $\overline{\mathbf{A}}$가 식 (7.4.6)의 형태를 가지게 되어 행렬식이 0이 아닌 $r \times r$ 부분행렬을 갖고, $(r+1) \times (r+1)$ 또는 그 이상의 부분행렬에 대해서는 행렬식이 0이다.

∎

예제 5

예제 2의 행렬 $\mathbf{A} = \begin{bmatrix} 3 & 2 & 1 \\ 2 & 1 & 1 \\ 6 & 2 & 4 \end{bmatrix}$의 계급을 행렬식을 사용하여 구하라.

(풀이) 7.3절 예제 2의 사다리형에서 $\det \mathbf{A} = 3 \cdot (-1/3) \cdot 0 = 0$이다. 하지만 $\mathbf{A}$의 2×2 부분행렬 $\mathbf{B} = \begin{bmatrix} 3 & 2 \\ 2 & 1 \end{bmatrix}$에 대해 $\det \mathbf{B} = -1 \neq 0$이므로 $\text{rank}\mathbf{A} = 2$이다.

위의 정리의 특수한 경우로 다음과 같은 중요한 성질이 있다. 이는 $m = n$인 선형계의 해의 존재성 및 유일성을 미리 확인하는 좋은 방법이다.

행렬의 계급과 행렬식 [2]

> $n \times n$ 정사각행렬 $\mathbf{A}$에 대해 $\det \mathbf{A} \neq 0$이면 $\text{rank}\mathbf{A} = n$이고 역도 성립한다.

행렬식을 이용하여 행렬의 계급을 구해 보자.

예제 6

예제 1의 행렬 $\mathbf{A} = \begin{bmatrix} 1 & 2 & 2 \\ 3 & 1 & 0 \\ 1 & 1 & 1 \end{bmatrix}$의 계급을 행렬식을 사용하여 구하라.

(풀이) $\mathbf{A}$는 3×3 정사각행렬이고 이의 사다리형(예제 3 참고) $\begin{bmatrix} 1 & 2 & 2 \\ 0 & -5 & -6 \\ 0 & 0 & 1/5 \end{bmatrix}$로부터

$$\det \mathbf{A} = (1) \cdot (-5) \cdot (1/5) = -1 \neq 0$$

이므로 $\text{rank}\mathbf{A} = 3$이다.

위에서 설명한 행렬의 계급과 행렬식에 관한 정리들을 이용하면 $n \times n$ 비제차 선형계 해의 종류를 판별할 수 있다. 다음 예제를 보자.

예제 7

선형계 $kx + y = 1$, $x + ky = 1$에 대하여 다음 조건을 만족하는 k를 구하라.
(1) 유일한 해가 존재함.   (2) 무수히 많은 해가 존재함.   (3) 해가 존재하지 않음.

(풀이) 선형계의 계수행렬을 $\mathbf{A}$, 첨가행렬을 $\widetilde{\mathbf{A}}$라 할 때

$$\mathbf{A} = \begin{bmatrix} k & 1 \\ 1 & k \end{bmatrix}, \quad \widetilde{\mathbf{A}} = \begin{bmatrix} k & 1 & | & 1 \\ 1 & k & | & 1 \end{bmatrix}$$

이고 $\det\mathbf{A} = \begin{vmatrix} k & 1 \\ 1 & k \end{vmatrix} = k^2 - 1$이다.

(1) $\det\mathbf{A} \neq 0$, 즉 $k \neq \pm 1$일 때 $\text{rank}\mathbf{A} = \text{rank}\,\widetilde{\mathbf{A}} = 2$이므로 유일한 해가 존재한다.

(2) $k = 1$일 때 $\text{rank}\mathbf{A} = \text{rank}\,\widetilde{\mathbf{A}} = 1 < 2$이므로 무수히 많은 해가 존재한다.

(3) $k = -1$일 때 $\text{rank}\mathbf{A} = 1 \neq 2 = \text{rank}\,\widetilde{\mathbf{A}}$이므로 해가 존재하지 않는다.

예제 7을 다음과 같이 설명할 수도 있다. $\widetilde{\mathbf{A}}$의 사다리형은

$$\begin{bmatrix} k & 1 & | & 1 \\ 1 & k & | & 1 \end{bmatrix} (-1/k)R_1 + R_2 \to R_2$$

로부터

$$\begin{bmatrix} k & 1 & | & 1 \\ 0 & -\dfrac{1}{k} + k & | & -\dfrac{1}{k} + 1 \end{bmatrix} \quad \text{또는} \quad \begin{bmatrix} k & 1 & | & 1 \\ 0 & k^2 - 1 & | & k - 1 \end{bmatrix}$$

이다. 마지막 행에서

(1) $k^2 - 1 \neq 0$, $k - 1 \neq 0$, 즉 $k \neq \pm 1$일 때 $c_1 x_2 = c_2$, $c_1 \neq 0$, $c_2 \neq 0$ 형태이므로 유일한 해가 존재한다.

(2) $k^2 - 1 = 0$, $k - 1 = 0$, 즉 $k = 1$일 때 $0 \cdot x_2 = 0$ 형태이므로 무수히 많은 해가 존재한다.

(3) $k^2 - 1 = 0$, $k - 1 \neq 0$, 즉 $k = -1$일 때 $0 \cdot x_2 = c_3$, $c_3 \neq 0$ 형태이므로 해가 존재하지 않는다.

제차 선형계

선형계에서 우변의 입력벡터 $\mathbf{B}$가 $\mathbf{0}$인 선형계, 즉

$$\begin{aligned}
a_{11}x_1 + a_{12}x_2 + \cdots + a_{1n}x_n &= 0 \\
a_{21}x_1 + a_{22}x_2 + \cdots + a_{2n}x_n &= 0 \\
&\vdots \\
a_{m1}x_1 + a_{m2}x_2 + \cdots + a_{mn}x_n &= 0
\end{aligned}$$

또는

$$\mathbf{AX} = \mathbf{0}$$

을 **제차 선형계**(homogeneous linear system)라 한다. 제차 선형계는 항상 **자명해** (trivial solution) $x_1 = x_2 = \cdots = x_n = 0$을 갖는다. 이외에도 행렬의 계급과 해의 존

재성 및 유일성과의 관계에 관한 정리로부터 다음을 얻는다.

$m \times n$ 제차 선형계 [1]

> $\mathbf{A}$가 $m \times n$ 행렬일 때 rank$\mathbf{A} < n$이면 제차 선형계 $\mathbf{AX} = \mathbf{0}$은 0이 아닌 비자명 해(nontrivial solution)를 갖는다.

(증명) 선형계의 해의 존재성 및 유일성에 관한 정리 중 성질 (3)에서 알 수 있듯이 $r = $ rank$\mathbf{A} < n$이면 $n - r$개의 미지수 $x_{r+1}, \cdots, x_n$을 임의로 택할 수 있으므로 무수히 많은 0이 아닌 비자명해를 갖는다.   ■

$\mathbf{A}$가 $m \times n(m < n)$ 행렬이면 rank$\mathbf{A} \leq m < n$이다. 따라서 다음을 얻는다.

$m \times n$ 제차 선형계 [2]

> 방정식의 수가 미지수의 수보다 작은 제차 선형계는 비자명해를 갖는다.

위의 정리에 의하면 $n \times n$ 제차 선형계 $\mathbf{AX} = \mathbf{0}$이 비자명해를 갖기 위해 rank$\mathbf{A} < n$이고, 이는 다시 **행렬의 계급과 행렬식 [1]**에 의해 det$\mathbf{A} = 0$이다. 따라서 다음을 얻는다.

$n \times n$ 제차 선형계

> $n \times n$ 제차 선형계 $\mathbf{AX} = \mathbf{0}$은 det$\mathbf{A} = 0$일 때 비자명해를 갖는다. 역도 성립한다.

예제 8

제차 선형계 $x_1 - x_2 - 2x_3 = 0$, $2x_1 + 4x_2 + 5x_3 = 0$, $6x_1 - 3x_3 = 0$의 해를 구하라.

(풀이) 가우스 소거법을 사용해 보자.

$$\begin{bmatrix} 1 & -1 & -2 & | & 0 \\ 2 & 4 & 5 & | & 0 \\ 6 & 0 & -3 & | & 0 \end{bmatrix} \begin{matrix} \\ -2R_1 + R_2 \rightarrow R_2 \\ -6R_1 + R_3 \rightarrow R_3 \end{matrix}$$

$$\begin{bmatrix} 1 & -1 & -2 & | & 0 \\ 0 & 6 & 9 & | & 0 \\ 0 & 6 & 9 & | & 0 \end{bmatrix} \begin{matrix} \\ \\ -R_2 + R_3 \rightarrow R_3 \end{matrix}$$

$$\begin{bmatrix} 1 & -1 & -2 & | & 0 \\ 0 & 6 & 9 & | & 0 \\ 0 & 0 & 0 & | & 0 \end{bmatrix}$$

에서 x_3를 임의로 선택할 수 있으므로 자명해는 물론 무한히 많은 비자명해를 갖는다. 이는 계수행렬을 $\mathbf{A}$라 할 때 $\text{rank}\mathbf{A} = 2 < 3 = n$이므로 선형계의 해의 존재성 및 유일성에 관한 정리로부터 예상되는 결과이다. 한편 $\det\mathbf{A} = 1 \cdot 6 \cdot 0 = 0$이므로 위의 $n \times n$ 제차 선형계에 관한 정리도 만족한다.

제차 및 비제차 선형계의 해

> (1) $\mathbf{X_1}$과 $\mathbf{X_2}$가 제차 선형계 $\mathbf{AX} = \mathbf{0}$의 해이면 임의의 상수 c_1, c_2에 대해 이들의 선형결합 $c_1\mathbf{X_1} + c_2\mathbf{X_2}$도 제차 선형계의 해이다.
> (2) $\mathbf{X_p}$가 비제차 선형계 $\mathbf{AX} = \mathbf{B}$의 특수한 하나의 해이고 비제차 선형계에 대응하는 제차 선형계 $\mathbf{AX} = \mathbf{0}$의 해가 $\mathbf{X_h}$이면 비제차 선형계의 해는 $\mathbf{X} = \mathbf{X_h} + \mathbf{X_p}$이다.

(증명)

(1) $\mathbf{X_1}$과 $\mathbf{X_2}$가 제차 선형계의 해이므로 $\mathbf{AX_1} = \mathbf{0}$, $\mathbf{AX_2} = \mathbf{0}$이다. 따라서

$$\mathbf{AX} = \mathbf{A}(c_1\mathbf{X_1} + c_2\mathbf{X_2}) = c_1\mathbf{AX_1} + c_2\mathbf{AX_2} = c_1 \cdot \mathbf{0} + c_2 \cdot \mathbf{0} = \mathbf{0}$$

이므로 $c_1\mathbf{X_1} + c_2\mathbf{X_2}$도 제차 선형계의 해다.

(2) $\mathbf{A}(\mathbf{X_h} + \mathbf{X_p}) = \mathbf{AX_h} + \mathbf{AX_p} = \mathbf{0} + \mathbf{B} = \mathbf{B}$ ∎

위에서 정리 (1)은 제차 선형계의 독특한 성질이며 비제차 선형계에서는 성립하지 않는다. 정리 (2)는 비제차 선형계의 (무수히 많은) 해가 비제차 선형계에 해당하는 제차 선형계의 해인 **제차해**(homogeneous solution)와 본래 비제차 선형계의 해인 **특수해**(particular solution)의 합으로 표현됨을 의미한다. 이는 비제차 선형계가 유일한 해를 갖는 경우에도 이에 해당하는 제차 선형계는 자명해를 가지므로 여전히 성립하는 성질이다.

7.4 연습문제

1. $a_{11} + a_{22} = 0$을 만족하는 모든 2×2 행렬 $\begin{bmatrix} a_{11} & a_{12} \\ a_{21} & a_{22} \end{bmatrix}$이 벡터공간임을 보이고 기저와 차원을 구하라.

(답) 3차원 벡터공간

2. 다음 벡터가 선형독립인지 선형종속인지를 먼저 정의에 의해 판별하고 주어진 벡터를 행벡터로 갖는 행렬의 계급으로 이를 설명하라.

(1) [1 1], [0 0]   (2) [1 1], [0 1]

(답) (1) 선형종속   (2) 선형독립

3. 벡터의 선형독립 또는 선형종속을 판별하라.

(1) [1 −2], [1 7], [2 3]   (2) [1 9 9 9], [2 0 0 0], [2 0 0 1]

(답) (1) 선형종속   (2) 선형독립

4. 행렬을 사다리형으로 변환하여 계급을 구하라.

$$(1) \begin{bmatrix} 1 & -2 \\ -1 & 2 \\ 2 & -4 \end{bmatrix} \qquad (2) \begin{bmatrix} 0 & 1 & 1 \\ 1 & 0 & 1 \\ 1 & 1 & 0 \end{bmatrix} \qquad (3) \begin{bmatrix} m & n & p \\ n & m & p \end{bmatrix}, m^2 \neq n^2$$

(답) (1) 1   (2) 3   (3) 2

5. 행렬의 행공간과 열공간의 기저와 차원을 구하라.

$$(1) \begin{bmatrix} 8 & -4 \\ -2 & 1 \\ 6 & -3 \end{bmatrix} \qquad (2) \begin{bmatrix} 3 & 1 & 4 \\ 0 & 5 & 8 \\ -3 & 4 & 4 \\ 1 & 2 & 4 \end{bmatrix}$$

(답) (1) 행공간의 기저 [−2 1], 열공간의 기저 $[-4 \ 1 \ 3]^T$. 차원은 모두 1.

(2) 행공간의 기저 [3 1 4], [0 5 8], 열공간의 기저 $[3 \ 0 \ -3 \ 1]^T$, $[1 \ 5 \ 4 \ 2]^T$. 차원은 모두 2. (기저는 바뀔 수 있음)

6. 행렬식을 이용하여 제차 선형계의 해를 구하라.

(1) $x + y = 0$ (2) $4x - y + z = 0$
     $x - y = 0$ $x - 2y - z = 0$
                                     $3x + y + 5z = 0$

(답) (1) $x = y = 0$ (2) $x = y = z = 0$

7. 제차 선형계가 0이 아닌 해를 갖도록 a 또는 b를 결정하라.

(1) $ax + y = 0$ (2) $4x - y + z = 0$
     $x - y = 0$ $x - 2y - z = 0$
                                     $3x + y + bz = 0$

(답) (1) $a = -1$ (2) $b = 2$

7.5 역행렬

$n \times n$ 선형계 $\mathbf{AX} = \mathbf{B}$의 해는 행렬 $\mathbf{A}$의 역행렬을 알면 쉽게 구할 수 있다. 또한 역행렬을 이용하여 암호화된 메시지를 해독할 수도 있다(연습문제 참고). 먼저 역행렬의 정의부터 알아보자.

역행렬

> 정사각행렬 $\mathbf{A}$, $\mathbf{B}$에 대하여 $\mathbf{AB} = \mathbf{BA} = \mathbf{I}$이면 $\mathbf{B}$를 $\mathbf{A}$의 **역행렬**(inverse matrix), $\mathbf{A}$를 $\mathbf{B}$의 역행렬이라 하고 $\mathbf{B} = \mathbf{A}^{-1}$, $\mathbf{A} = \mathbf{B}^{-1}$로 쓴다.

예제 1

$\mathbf{A} = \begin{bmatrix} 2 & 1 \\ 1 & 1 \end{bmatrix}$, $\mathbf{B} = \begin{bmatrix} 1 & -1 \\ -1 & 2 \end{bmatrix}$에서

$$\mathbf{AB} = \begin{bmatrix} 2 & 1 \\ 1 & 1 \end{bmatrix}\begin{bmatrix} 1 & -1 \\ -1 & 2 \end{bmatrix} = \begin{bmatrix} 1 & 0 \\ 0 & 1 \end{bmatrix} = \mathbf{I}$$

$$\mathbf{BA} = \begin{bmatrix} 1 & -1 \\ -1 & 2 \end{bmatrix}\begin{bmatrix} 2 & 1 \\ 1 & 1 \end{bmatrix} = \begin{bmatrix} 1 & 0 \\ 0 & 1 \end{bmatrix} = \mathbf{I}$$

이므로 행렬 $\mathbf{A}$와 $\mathbf{B}$는 각각 행렬 $\mathbf{B}$와 $\mathbf{A}$의 역행렬이다.

예제 2

$\mathbf{A} = \begin{bmatrix} 1 & 1 \\ 0 & 0 \end{bmatrix}$의 역행렬을 구하라.

(풀이) $\mathbf{A}$의 역행렬을 $\mathbf{A}^{-1} = \begin{bmatrix} a_{11} & a_{12} \\ a_{21} & a_{22} \end{bmatrix}$라 놓으면

$$\mathbf{AA}^{-1} = \begin{bmatrix} 1 & 1 \\ 0 & 0 \end{bmatrix}\begin{bmatrix} a_{11} & a_{12} \\ a_{21} & a_{22} \end{bmatrix} = \begin{bmatrix} a_{11} + a_{21} & a_{12} + a_{22} \\ 0 & 0 \end{bmatrix} \neq \mathbf{I}$$

이다. 따라서 $\mathbf{A}$의 역행렬은 존재하지 않는다.

역행렬의 유일성

> $\mathbf{A}$의 역행렬이 존재하면 그 역행렬은 유일하다.

(증명) $\mathbf{B}$와 $\mathbf{C}$가 $\mathbf{A}$의 역행렬이면 $\mathbf{AB} = \mathbf{I}$, $\mathbf{CA} = \mathbf{I}$이다. 7.1절 행렬의 곱에 대한 결

합법칙을 이용하면

$$\mathbf{B} = \mathbf{IB} = (\mathbf{CA})\mathbf{B} = \mathbf{C}(\mathbf{AB}) = \mathbf{CI} = \mathbf{C}$$

즉 $\mathbf{B} = \mathbf{C}$이므로 역행렬은 유일하다.

∎

역행렬이 존재하는 행렬을 **정규행렬**(regular matrix) 또는 **가역행렬**(invertible matrix)이라 하고 역행렬이 존재하지 않는 행렬을 **특이행렬**(singular matrix)이라 한다.

역행렬의 존재성

> $n \times n$ 행렬 $\mathbf{A}$의 역행렬 $\mathbf{A}^{-1}$이 존재하기 위한 필요충분조건은 rank$\mathbf{A} = n$ 또는 det$\mathbf{A} \neq 0$이다.

(증명) $n \times n$ 선형계

$$\mathbf{AX} = \mathbf{B} \tag{7.5.1}$$

를 생각하자. 만약 $\mathbf{A}^{-1}$이 존재하면 이를 식 (7.5.1)의 양변에 곱하여 $\mathbf{A}^{-1}\mathbf{AX} = \mathbf{A}^{-1}\mathbf{B}$ 또는 $\mathbf{X} = \mathbf{A}^{-1}\mathbf{B}$가 되는데, 역행렬의 유일성에 의해 $\mathbf{A}^{-1}$은 유일하므로 $\mathbf{X}$ 또한 유일하다. 따라서 7.4절 제차 선형계의 해의 존재성 및 유일성에 관한 정리에 의해 rank$\mathbf{A} = n$이다. 역으로 rank$\mathbf{A} = n$이면 같은 정리에 의해 식 (7.5.1)은 유일한 해를 가지며, 이는 가우스 소거법의 역대입 과정을 나타내는 $n \times n$ 행렬 $\mathbf{C}$에 대해

$$\mathbf{X} = \mathbf{CB} \tag{7.5.2}$$

로 나타난다. 식 (7.5.2)를 식 (7.5.1)에 대입하고 행렬의 곱에 대한 결합법칙을 적용하면

$$\mathbf{A}(\mathbf{CB}) = (\mathbf{AC})\mathbf{B} = \mathbf{B}$$

에서 $\mathbf{AC} = \mathbf{I}$, 즉 $\mathbf{C} = \mathbf{A}^{-1}$이다. 마찬가지로 식 (7.5.1)을 식 (7.5.2)에 대입하면

$$\mathbf{X} = \mathbf{C}(\mathbf{AX}) = (\mathbf{CA})\mathbf{X}$$

에서 $\mathbf{CA} = \mathbf{I}$이므로 $\mathbf{C} = \mathbf{A}^{-1}$이다. 따라서 $\mathbf{A}^{-1}$이 존재한다. $n \times n$ 행렬에 대해 rank$\mathbf{A} = n$이면 det$\mathbf{A} \neq 0$임은 7.4절 행렬의 계급과 행렬식 [2]에서 보였다.

∎

역행렬의 존재성에 의하면 $n \times n$ 행렬 $\mathbf{A}$에 대해 rank$\mathbf{A} = n$ 또는 det$\mathbf{A} \neq 0$이면 $\mathbf{A}$는 정규행렬이고 rank$\mathbf{A} < 0$(또는 det$\mathbf{A} \neq 0$)이면 $\mathbf{A}$는 특이행렬이다. 이는 정규행렬과 특이행렬에 대한 7.2절의 설명과 동일하다.

역행렬의 성질

$$(1)\ (\mathbf{A}^{-1})^{-1} = \mathbf{A} \qquad (2)\ (\mathbf{AB})^{-1} = \mathbf{B}^{-1}\mathbf{A}^{-1} \qquad (3)\ (\mathbf{A}^{T})^{-1} = (\mathbf{A}^{-1})^{T}$$

(증명) (1) $\mathbf{A}$의 역행렬 $\mathbf{A}^{-1}$이 존재하면 $\mathbf{A}^{-1}\mathbf{A} = \mathbf{A}\mathbf{A}^{-1} = \mathbf{I}$이므로 $\mathbf{A}^{-1}$의 역행렬은 $\mathbf{A}$이다. 즉 $(\mathbf{A}^{-1})^{-1} = \mathbf{A}$이다.

(2) 역행렬의 정의로부터 $\mathbf{AB}(\mathbf{AB})^{-1} = \mathbf{I}$이고 양변에 $\mathbf{A}^{-1}$을 곱하면 좌변은 $\mathbf{A}^{-1}\mathbf{AB}(\mathbf{AB})^{-1} = \mathbf{B}(\mathbf{AB})^{-1}$이고 우변은 $\mathbf{A}^{-1}\mathbf{I} = \mathbf{A}^{-1}$이므로 $\mathbf{B}(\mathbf{AB})^{-1} = \mathbf{A}^{-1}$이다. 다시 양변에 $\mathbf{B}^{-1}$을 곱하면 $(\mathbf{AB})^{-1} = \mathbf{B}^{-1}\mathbf{A}^{-1}$이다.

(3) 연습문제 참고.

■

7.1절에서 행렬의 곱은 숫자의 곱과 달리 일반적으로 $\mathbf{AB} = \mathbf{0}$이 $\mathbf{A} = \mathbf{0}$ 또는 $\mathbf{B} = \mathbf{0}$을 의미하지 않을 뿐 아니라 $\mathbf{AC} = \mathbf{AD}$가 $\mathbf{C} = \mathbf{D}$를 의미하지도 않는다고 하였다.

행렬의 소거법칙

$n \times n$ 행렬 $\mathbf{A}, \mathbf{B}, \mathbf{C}$에 대해
 (1) $\mathrm{rank}\mathbf{A} = n$일 때 $\mathbf{AB} = \mathbf{0}$이면 $\mathbf{B} = \mathbf{0}$이다.
 (2) $\mathrm{rank}\mathbf{A} = n$일 때 $\mathbf{AC} = \mathbf{AD}$이면 $\mathbf{C} = \mathbf{D}$이다.
 (3) $\mathbf{A}$가 특이행렬이면 $\mathbf{BA}$, $\mathbf{AB}$도 특이행렬이다.

(증명) (1) $\mathrm{rank}\mathbf{A} = n$이므로 $\mathbf{A}^{-1}$이 존재한다. $\mathbf{AB} = \mathbf{0}$의 양변에 $\mathbf{A}^{-1}$을 곱하면 $\mathbf{A}^{-1}\mathbf{AB} = \mathbf{IB} = \mathbf{B} = \mathbf{0}$이다.

(2) $\mathbf{AC} = \mathbf{AD}$의 양변에 $\mathbf{A}^{-1}$을 곱하면 $\mathbf{A}^{-1}\mathbf{AC} = \mathbf{A}^{-1}\mathbf{AD}$에서 $\mathbf{C} = \mathbf{D}$이다.

(3) $\mathbf{A}$가 특이행렬이므로 역행렬의 존재성에 의해 $\mathrm{rank}\mathbf{A} < n$ 또는 $\det\mathbf{A} = 0$이다. 따라서 7.4절의 정리 $m \times n$ 제차 선형계 [1]에 의해 제차 선형계

$$\mathbf{AX} = \mathbf{0} \qquad\qquad (7.5.3)$$

은 비자명해를 갖는다. 식 (7.5.3)의 양변에 $\mathbf{B}$를 곱하면 $\mathbf{BAX} = (\mathbf{BA})\mathbf{X} = \mathbf{0}$이므로 $\mathrm{rank}(\mathbf{BA}) < n$이고, 따라서 $\mathbf{BA}$는 특이행렬이다.

한편 $\det\mathbf{A} = 0$이므로 7.2절 행렬식의 성질 [2]의 (6)에 의해 $\det\mathbf{A} = \det\mathbf{A}^{T} = 0$에서 $\mathbf{A}^{T}$도 특이행렬이고, 방금 위에서 증명한 결과에 따라 $\mathbf{B}^{T}\mathbf{A}^{T}$도 특이행렬이다. $\mathbf{B}^{T}\mathbf{A}^{T}$가 특이행렬이면 7.1절 전치행렬에 관한 성질 (4)에 의해 $(\mathbf{AB})^{T}$도 특이행렬이므로 $\det(\mathbf{AB})^{T} = 0$이고, 이는 $\det(\mathbf{AB}) = 0$을 의미하므로 $\mathbf{AB}$도 특이행렬이다.

■

역행렬의 계산 [1]: 수반행렬

행렬 $\mathbf{A}$의 역행렬 $\mathbf{A}^{-1}$은 어떻게 구할까? 첫 번째 방법으로 수반행렬을 사용할 수 있다. 먼저 수반행렬을 정의하자.

수반행렬

$n \times n$ 행렬 $\mathbf{A} = \begin{bmatrix} a_{11} & a_{12} & \cdots & a_{1n} \\ a_{21} & a_{22} & \cdots & a_{2n} \\ \vdots & \vdots & \ddots & \vdots \\ a_{n1} & a_{n2} & \cdots & a_{nn} \end{bmatrix}$의 성분 a_{ij}의 여인수를 C_{ij}라 할 때, 행렬 $\mathbf{A}$의

수반행렬(adjoint matrix)은 $\text{adj}\mathbf{A} = \begin{bmatrix} C_{11} & C_{12} & \cdots & C_{1n} \\ C_{21} & C_{22} & \cdots & C_{2n} \\ \vdots & \vdots & \ddots & \vdots \\ C_{n1} & C_{n2} & \cdots & C_{nn} \end{bmatrix}^T$ 이다.

예제 3

$\mathbf{A} = \begin{bmatrix} 1 & 4 \\ 2 & 10 \end{bmatrix}$의 수반행렬을 구하라.

(풀이) $\text{adj}\,\mathbf{A} = \begin{bmatrix} C_{11} & C_{12} \\ C_{21} & C_{22} \end{bmatrix}^T = \begin{bmatrix} C_{11} & C_{21} \\ C_{12} & C_{22} \end{bmatrix} = \begin{bmatrix} 10 & -4 \\ -2 & 1 \end{bmatrix}$

행렬 $\mathbf{A}$의 행렬식과 수반행렬을 이용하여 $\mathbf{A}^{-1}$을 다음과 같이 구한다.

수반행렬을 이용한 역행렬 계산

$$A^{-1} = \frac{\text{adj}\,\mathbf{A}}{\det \mathbf{A}} \tag{7.5.4}$$

(증명) 행렬의 곱의 정의에 따라

$$\mathbf{A}(\text{adj}\mathbf{A}) = \begin{bmatrix} a_{11} & a_{12} & \cdots & a_{1n} \\ a_{21} & a_{22} & \cdots & a_{2n} \\ \vdots & \vdots & \ddots & \vdots \\ a_{n1} & a_{n2} & \cdots & a_{nn} \end{bmatrix} \begin{bmatrix} C_{11} & C_{21} & \cdots & C_{n1} \\ C_{12} & C_{22} & \cdots & C_{n2} \\ \vdots & \vdots & \ddots & \vdots \\ C_{1n} & C_{2n} & \cdots & C_{nn} \end{bmatrix} = [s_{ij}]_{n \times n}$$

이고, 여기서 $s_{ij} = \sum_{k=1}^{n} a_{ik} C_{jk} (1 \leq i \leq n, \ 1 \leq j \leq n)$이다. 주대각성분은 ($i = j$일 때) $s_{ii} = \sum_{k=1}^{n} a_{ik} C_{ik} = \det\mathbf{A}$ 이고, 비대각성분은 ($i \neq j$일 때) $s_{ij} = \sum_{k=1}^{n} a_{ik} C_{jk}$ 인데, 이는 $a_{ik} = a_{jk} (k = 1, 2, \cdots, n)$, 즉 i행과 j행이 같은 행렬의 행렬식이므로 7.2절 행렬

식의 성질 [1]의 (4)에 의해 그 값은 0이다. 따라서

$$\mathbf{A}(\mathrm{adj}\mathbf{A}) = \begin{bmatrix} \det\mathbf{A} & 0 & \cdots & 0 \\ 0 & \det\mathbf{A} & \cdots & 0 \\ \vdots & \vdots & \ddots & \vdots \\ 0 & 0 & \cdots & \det\mathbf{A} \end{bmatrix} = \det\mathbf{A}\begin{bmatrix} 1 & 0 & \cdots & 0 \\ 0 & 1 & \cdots & 0 \\ \vdots & \vdots & \ddots & \vdots \\ 0 & 0 & \cdots & 1 \end{bmatrix} = (\det\mathbf{A})\mathbf{I}$$

이다. $\det\mathbf{A} \neq 0$일 때 위 식의 양변을 $\det\mathbf{A}$로 나누면 $\mathbf{A}\left(\dfrac{\mathrm{adj}\mathbf{A}}{\det\mathbf{A}}\right) = \mathbf{I}$가 되고, 따라서

$$\mathbf{A}^{-1} = \frac{\mathrm{adj}\mathbf{A}}{\det\mathbf{A}}$$

이다.

■

예제 4

$\mathbf{A} = \begin{bmatrix} 1 & 4 \\ 2 & 10 \end{bmatrix}$의 역행렬을 구하라.

(풀이) 예제 3에서 $\mathrm{adj}\mathbf{A} = \begin{bmatrix} 10 & -4 \\ -2 & 1 \end{bmatrix}$이고 $\det\mathbf{A} = 10 - 8 = 2$이므로

$$\mathbf{A}^{-1} = \frac{\mathrm{adj}\mathbf{A}}{\det\mathbf{A}} = \frac{1}{2}\begin{bmatrix} 10 & -4 \\ -2 & 1 \end{bmatrix} = \begin{bmatrix} 5 & -2 \\ -1 & 1/2 \end{bmatrix}$$

이다.

$$\mathbf{A}\mathbf{A}^{-1} = \begin{bmatrix} 1 & 4 \\ 2 & 10 \end{bmatrix}\begin{bmatrix} 5 & -2 \\ -1 & 1/2 \end{bmatrix} = \begin{bmatrix} 1 & 0 \\ 0 & 1 \end{bmatrix} = \mathbf{I}$$

$$\mathbf{A}^{-1}\mathbf{A} = \begin{bmatrix} 5 & -2 \\ -1 & 1/2 \end{bmatrix}\begin{bmatrix} 1 & 4 \\ 2 & 10 \end{bmatrix} = \begin{bmatrix} 1 & 0 \\ 0 & 1 \end{bmatrix} = \mathbf{I}$$

로 결과를 확인할 수 있다.

행렬의 크기가 커지면 수반행렬을 이용하여 역행렬을 구하는 것은 더이상 간단한 작업이 아니다. 3×3 행렬의 역행렬을 구해 보자.

예제 5

$\mathbf{A} = \begin{bmatrix} 1 & 2 & 2 \\ 3 & 1 & 0 \\ 1 & 1 & 1 \end{bmatrix}$의 역행렬을 구하라.

(풀이) 2행으로 전개하여 행렬식을 계산하면

$$\det\mathbf{A} = \begin{vmatrix} 1 & 2 & 2 \\ 3 & 1 & 0 \\ 1 & 1 & 1 \end{vmatrix} = -3\begin{vmatrix} 2 & 2 \\ 1 & 1 \end{vmatrix} + 1\begin{vmatrix} 1 & 2 \\ 1 & 1 \end{vmatrix} = -1$$

이고, 7.2절에서 설명한 것처럼 여인수를

$$C_{11} = (-1)^1 \begin{vmatrix} 1 & 0 \\ 1 & 1 \end{vmatrix} = 1, \quad C_{12} = (-1)^3 \begin{vmatrix} 3 & 0 \\ 1 & 1 \end{vmatrix} = -3, \quad C_{13} = (-1)^4 \begin{vmatrix} 3 & 1 \\ 1 & 1 \end{vmatrix} = 2, \cdots$$

와 같이 구하면

$$\text{adj}\mathbf{A} = \begin{bmatrix} C_{11} & C_{21} & C_{31} \\ C_{12} & C_{22} & C_{32} \\ C_{13} & C_{23} & C_{33} \end{bmatrix} = \begin{bmatrix} 1 & 0 & -2 \\ -3 & -1 & 6 \\ 2 & 1 & -5 \end{bmatrix}$$

가 된다. 따라서

$$\mathbf{A}^{-1} = \frac{\text{adj}\mathbf{A}}{\det\mathbf{A}} = \frac{1}{-1} \begin{bmatrix} 1 & 0 & -2 \\ -3 & -1 & 6 \\ 2 & 1 & -5 \end{bmatrix} = \begin{bmatrix} -1 & 0 & 2 \\ 3 & 1 & -6 \\ -2 & -1 & 5 \end{bmatrix}$$

이다. 결과는 $\mathbf{A}\mathbf{A}^{-1} = \mathbf{I}$로 확인할 수 있다.

역행렬의 계산 (2): 가우스-요르단 소거법

7.3절에서 선형계의 해를 구하는 방법으로 가우스-요르단 소거법을 소개했다. 이를 이용하여 역행렬을 구할 수 있다. 이 방법에서는 행렬 $\mathbf{A}$와 같은 크기의 단위행렬 $\mathbf{I}$를 함께 $[\mathbf{A} : \mathbf{I}]$와 같이 첨가행렬로 구성하고, 왼쪽의 $\mathbf{A}$가 $\mathbf{I}$가 되도록 기본 행연산을 첨가행렬 $[\mathbf{A} : \mathbf{I}]$ 전체에 대해 수행하면 오른쪽에 위치했던 $\mathbf{I}$는 $\mathbf{A}^{-1}$이 된다. 다음 예를 보자.

예제 6

예제 5의 행렬 $\mathbf{A}$의 역행렬을 가우스-요르단 소거법으로 구하라.

(풀이) (i) $\mathbf{A}$가 왼쪽, 같은 크기의 $\mathbf{I}$가 오른쪽에 위치하는 첨가행렬 $[\mathbf{A} : \mathbf{I}]$를 구성한다. 모든 행연산은 $\mathbf{A}$와 $\mathbf{I}$에 대해 동일하게 적용한다.

$$\begin{bmatrix} 1 & 2 & 2 & | & 1 & 0 & 0 \\ 3 & 1 & 0 & | & 0 & 1 & 0 \\ 1 & 1 & 1 & | & 0 & 0 & 1 \end{bmatrix}$$

(ii) $\mathbf{A}$를 위삼각행렬로 변환한다.

$$\begin{bmatrix} 1 & 2 & 2 & | & 1 & 0 & 0 \\ 3 & 1 & 0 & | & 0 & 1 & 0 \\ 1 & 1 & 1 & | & 0 & 0 & 1 \end{bmatrix} \begin{matrix} \\ -3R_1 + R_2 \to R_2 \\ -R_1 + R_3 \to R_3 \end{matrix}$$

$$\begin{bmatrix} 1 & 2 & 2 & | & 1 & 0 & 0 \\ 0 & -5 & -6 & | & -3 & 1 & 0 \\ 0 & -1 & -1 & | & -1 & 0 & 1 \end{bmatrix} (-1/5)R_2 + R_3 \to R_3$$

$$\begin{bmatrix} 1 & 2 & 2 & | & 1 & 0 & 0 \\ 0 & -5 & -6 & | & -3 & 1 & 0 \\ 0 & 0 & 1/5 & | & -2/5 & -1/5 & 1 \end{bmatrix}$$

(iii) $\mathbf{A}$의 주대각성분을 1로 변환한다.

$$\begin{bmatrix} 1 & 2 & 2 & | & 1 & 0 & 0 \\ 0 & -5 & -6 & | & -3 & 1 & 0 \\ 0 & 0 & 1/5 & | & -2/5 & -1/5 & 1 \end{bmatrix} \begin{matrix} \\ (-1/5)R_2 \to R_2 \\ 5R_3 \to R_3 \end{matrix}$$

$$\begin{bmatrix} 1 & 2 & 2 & | & 1 & 0 & 0 \\ 0 & 1 & -6/5 & | & 3/5 & -1/5 & 0 \\ 0 & 0 & 1 & | & -2 & -1 & 5 \end{bmatrix}$$

(iv) $\mathbf{A}$의 주대각성분을 기준으로 $\mathbf{A}$의 마지막 열의 비대각성분을 0으로 변환한다.

$$\begin{bmatrix} 1 & 2 & 2 & | & 1 & 0 & 0 \\ 0 & 1 & 6/5 & | & 3/5 & -1/5 & 0 \\ 0 & 0 & 1 & | & -2 & -1 & 5 \end{bmatrix} \begin{matrix} -2R_3 + R_1 \to R_1 \\ (-6/5)R_3 + R_2 \to R_2 \\ \\ \end{matrix}$$

$$\begin{bmatrix} 1 & 2 & 0 & | & 5 & 2 & -10 \\ 0 & 1 & 0 & | & 3 & 1 & -6 \\ 0 & 0 & 1 & | & -2 & -1 & 5 \end{bmatrix} \begin{matrix} -2R_2 + R_1 \to R_1 \\ \\ \\ \end{matrix}$$

(v) $\mathbf{A}$의 나머지 열에 대해 (iv)의 과정을 반복한다.

$$\begin{bmatrix} 1 & 0 & 0 & | & -1 & 0 & 2 \\ 0 & 1 & 0 & | & 3 & 1 & -6 \\ 0 & 0 & 1 & | & -2 & -1 & 5 \end{bmatrix}$$

이것으로 가우스–조단 과정이 완성되고 오른쪽 부분이 구하는 역행렬

$$\mathbf{A}^{-1} = \begin{bmatrix} -1 & 0 & 2 \\ 3 & 1 & -6 \\ -2 & -1 & 5 \end{bmatrix}$$

이다. 이는 예제 5의 결과와 동일하다.

가우스–요르단 소거법으로 역행렬을 구할 수 있는 이유를 생각해 보자. 7.1절에서 설명한 것처럼 기본 행연산을 행렬의 곱으로 나타낼 수 있다. $\mathbf{A}$를 $\mathbf{I}$로 바꾸는 기본 행연산을 나타내는 행렬을 $\mathbf{E}$라 할 때 가우스–요르단 소거법은 첨가행렬 $[\mathbf{A} : \mathbf{I}]$를 $[\mathbf{EA} : \mathbf{EI}] = [\mathbf{EA} : \mathbf{E}]$로 변환하는 과정이며 최종 첨가행렬의 왼쪽에서 $\mathbf{EA} = \mathbf{I}$이므로 $\mathbf{E} = \mathbf{A}^{-1}$이고, 이것이 마지막 첨가행렬의 오른쪽에 나타나는 $\mathbf{A}$의 역행렬이다.

역행렬을 이용한 선형계의 해

선형계 $\mathbf{AX} = \mathbf{B}$의 양변에 역행렬 $\mathbf{A}^{-1}$을 곱하면

$$\mathbf{A}^{-1}\mathbf{A}\mathbf{X} = \mathbf{A}^{-1}\mathbf{B}$$

가 되고, $\mathbf{A}^{-1}\mathbf{A}\mathbf{X} = \mathbf{I}\mathbf{X} = \mathbf{X}$이므로 다음을 얻는다.

> $\mathbf{A}^{-1}$이 존재하면 선형계 $\mathbf{A}\mathbf{X} = \mathbf{B}$의 해는 $\mathbf{X} = \mathbf{A}^{-1}\mathbf{B}$이다.

예제 7

다음 선형계의 해를 역행렬을 이용하여 구하라.

$$x_1 + 2x_2 + 2x_3 = 1$$
$$3x_1 + x_2 = 1$$
$$x_1 + x_2 + x_3 = 1$$

(풀이) 계수행렬이 예제 5의 행렬 $\mathbf{A}$와 같으므로 예제 5에서 구한 역행렬을 이용하면

$$\mathbf{X} = \mathbf{A}^{-1}\mathbf{B} = \begin{bmatrix} -1 & 0 & 2 \\ 3 & 1 & -6 \\ -2 & -1 & 5 \end{bmatrix}\begin{bmatrix} 1 \\ 1 \\ 1 \end{bmatrix} = \begin{bmatrix} 1 \\ -2 \\ 2 \end{bmatrix}$$

로 7.3절 예제 1의 결과와 같다.

예제 8

7.3절의 예제 4를 역행렬을 이용하여 풀어라.

(풀이) 6.3절의 예제 4의 선형계 $\mathbf{A}\mathbf{I} = \mathbf{B}$에서

$$\mathbf{A} = \begin{bmatrix} 3 & -2 \\ 2 & -3 \end{bmatrix}, \quad \mathbf{I} = \begin{bmatrix} i_1 \\ i_2 \end{bmatrix}, \quad \mathbf{B} = \begin{bmatrix} 5 \\ 0 \end{bmatrix}$$

이다. 행렬 $\mathbf{A}$의 역행렬을 구하면

$$\mathbf{A}^{-1} = \frac{\mathrm{adj}\mathbf{A}}{\det\mathbf{A}} = \frac{1}{-5}\begin{bmatrix} -3 & 2 \\ -2 & 3 \end{bmatrix} = \begin{bmatrix} 3/5 & -2/5 \\ 2/5 & -3/5 \end{bmatrix}$$

이고, $\mathbf{A}\mathbf{I} = \mathbf{B}$의 양변에 $\mathbf{A}^{-1}$을 곱하면

$$\mathbf{I} = \mathbf{A}^{-1}\mathbf{B} = \begin{bmatrix} 3/5 & -2/5 \\ 2/5 & -3/5 \end{bmatrix}\begin{bmatrix} 5 \\ 0 \end{bmatrix} = \begin{bmatrix} 15/5 \\ 10/5 \end{bmatrix} = \begin{bmatrix} 3 \\ 2 \end{bmatrix}$$

즉 $i_1 = 3$, $i_2 = 2$이다.

7.5 연습문제

1. 행렬의 역행렬을 수반행렬을 이용하는 방법과 가우스-요르단 소거법으로 구하라.

(1) $\begin{bmatrix} 6 & -2 \\ 0 & 4 \end{bmatrix}$

(2) $\begin{bmatrix} 1 & 2 & 3 \\ 4 & 5 & 6 \\ 7 & 8 & 9 \end{bmatrix}$

(3) $\begin{bmatrix} -1 & 3 & 0 \\ 1 & -2 & 1 \\ 0 & 1 & 2 \end{bmatrix}$

(4) $\begin{bmatrix} 1 & 0 & 0 & 0 \\ 0 & 0 & 1 & 0 \\ 0 & 0 & 0 & 1 \\ 0 & 1 & 0 & 0 \end{bmatrix}$

(답) (1) $\dfrac{1}{12}\begin{bmatrix} 2 & 1 \\ 0 & 3 \end{bmatrix}$

(2) 존재하지 않음.

(3) $\begin{bmatrix} 5 & 6 & -3 \\ 2 & 2 & -1 \\ -1 & -1 & 1 \end{bmatrix}$

(4) $\begin{bmatrix} 1 & 0 & 0 & 0 \\ 0 & 0 & 0 & 1 \\ 0 & 1 & 0 & 0 \\ 0 & 0 & 1 & 0 \end{bmatrix}$

2. $\begin{bmatrix} \cos\theta & -\sin\theta \\ \sin\theta & \cos\theta \end{bmatrix}$ 의 역행렬을 구하라.

(답) $\begin{bmatrix} \cos\theta & \sin\theta \\ -\sin\theta & \cos\theta \end{bmatrix}$

3. 연습문제 7.3의 문제 3(1)을 역행렬을 이용하여 풀어라.

4. 연습문제 7.3의 문제 4를 역행렬을 이용하여 풀어라.

5. (1) 7.2절 행렬식의 성질 [2]의 (7)을 이용하여 $\det \mathbf{A}^{-1} = \dfrac{1}{\det \mathbf{A}}$ 이 성립함을 보여라.

(2) 역행렬에 관한 성질 (3)이 성립함을 보여라.

(3) 역행렬에 관한 성질 (2)를 이용하여 $(\mathbf{A}^2)^{-1} = (\mathbf{A}^{-1})^2$ 이 성립함을 보여라.

6. 임의의 2×2 행렬에 대하여 $(\mathbf{AB})^{-1}$, $\mathbf{A}^{-1}$, $\mathbf{B}^{-1}$ 을 직접 계산하여 역행렬의 성질 (2)가 성립함을 보여라.

7. (1) 대각행렬 $\mathbf{A} = \begin{bmatrix} a_{11} & 0 & \cdots & 0 \\ 0 & a_{22} & \cdots & 0 \\ \vdots & \vdots & \ddots & \vdots \\ 0 & 0 & \cdots & a_{nn} \end{bmatrix}$ 의 역행렬은 $\mathbf{A}^{-1} = \begin{bmatrix} 1/a_{11} & 0 & \cdots & 0 \\ 0 & 1/a_{22} & \cdots & 0 \\ \vdots & \vdots & \ddots & \vdots \\ 0 & 0 & \cdots & 1/a_{nn} \end{bmatrix}$ 임을 보이고, $\mathbf{A}^{-1}\mathbf{A} = \mathbf{A}\mathbf{A}^{-1} = \mathbf{I}$

가 성립함을 확인하라.

(2) (1)을 이용하여 $\mathbf{A} = \begin{bmatrix} 1 & 0 & 0 \\ 0 & 2 & 0 \\ 0 & 0 & 3 \end{bmatrix}$ 의 역행렬을 구하라.

(답) (2) $\mathbf{A} = \begin{bmatrix} 1 & 0 & 0 \\ 0 & 1/2 & 0 \\ 0 & 0 & 1/3 \end{bmatrix}$

8. 2×2 행렬 $\mathbf{A} = \begin{bmatrix} a_{11} & a_{12} \\ a_{21} & a_{22} \end{bmatrix}$ 에 대하여 $\mathbf{A}^{-1} = \dfrac{\text{adj}\mathbf{A}}{\det \mathbf{A}}$ 가 성립함을 보여라.

9. 정규행렬 $\mathbf{A} = \begin{bmatrix} 1 & 2 & 3 \\ 1 & 1 & 2 \\ 0 & 1 & 2 \end{bmatrix}$ 와 다음의 수문자 대응표를 공유하는 두 사람이 비밀통신을 한다. 통신을 보내는 사람

이 15자의 영문을 대응표에 의하여 숫자로 바꾸어 3×5 행렬 M을 만든 후 두 행렬의 곱 $B = AM$의 성분 :

$$49\ 66\ 101\ 91\ 19\ 30\ 47\ 65\ 58\ 14\ 19\ 38\ 52\ 58\ 5$$

를 보냈다. 통신 내용을 해독하라.

0	1	2	3	4	5	6	7	8	9	10	11	12
space	A	B	C	D	E	F	G	H	I	J	K	L
13	14	15	16	17	18	19	20	21	22	23	24	25	26
M	N	O	P	Q	R	S	T	U	V	W	X	Y	Z

(답) KIM_IS_THE_SPY_

7.6 크라머 공식

$n \times n$ 선형계 $\mathbf{AX} = \mathbf{B}$를 생각하자. 여기서 $\mathbf{A}$, $\mathbf{X}$, $\mathbf{B}$는 각각

$$\mathbf{A} = \begin{bmatrix} a_{11} & a_{12} & \cdots & a_{1n} \\ a_{21} & a_{22} & \cdots & a_{2n} \\ \vdots & \vdots & \ddots & \vdots \\ a_{n1} & a_{n2} & \cdots & a_{nn} \end{bmatrix}, \quad \mathbf{X} = \begin{bmatrix} x_1 \\ x_2 \\ \vdots \\ x_n \end{bmatrix}, \quad \mathbf{B} = \begin{bmatrix} b_1 \\ b_2 \\ \vdots \\ b_n \end{bmatrix}$$

이다. $\mathbf{AX} = \mathbf{B}$의 양변에 $\mathbf{A}^{-1}$을 곱하면

$$\mathbf{X} = \mathbf{A}^{-1}\mathbf{B} = \frac{1}{\det\mathbf{A}} \begin{bmatrix} C_{11} & C_{21} & \cdots & C_{n1} \\ C_{12} & C_{22} & \cdots & C_{n2} \\ \vdots & \vdots & \ddots & \vdots \\ C_{1n} & C_{2n} & \cdots & C_{nn} \end{bmatrix} \begin{bmatrix} b_1 \\ b_2 \\ \vdots \\ b_n \end{bmatrix} = \frac{1}{\det\mathbf{A}} \begin{bmatrix} b_1 C_{11} + b_2 C_{21} + \cdots + b_n C_{n1} \\ b_1 C_{12} + b_2 C_{22} + \cdots + b_n C_{n2} \\ \vdots \\ b_1 C_{1n} + b_2 C_{2n} + \cdots + b_n C_{nn} \end{bmatrix}$$

이 된다. 위 식을 성분 $x_k (1 \leq k \leq n)$에 대해 다시 쓰면

$$x_k = \frac{b_1 C_{1k} + b_2 C_{2k} + \cdots + b_n C_{nk}}{\det\mathbf{A}}$$

이다. 여기서 분자의 $b_1 C_{1k} + b_2 C_{2k} + \cdots + b_n C_{nk}$는 행렬 $\mathbf{A}$의 k 번째 열을 $\mathbf{B}$의 성분으로 바꾼 새로운 행렬 $\mathbf{A}_k$의 행렬식으로

$$\det\mathbf{A}_k = \begin{vmatrix} a_{11} & \cdots & a_{1k-1} & \boxed{b_1} & a_{1k+1} & \cdots & a_{1n} \\ a_{21} & \cdots & a_{2k-1} & \boxed{b_2} & a_{2k+1} & \cdots & a_{2n} \\ \vdots & \vdots & \vdots & \vdots & \vdots & \vdots & \vdots \\ a_{n1} & \cdots & a_{nk-1} & \boxed{b_n} & a_{nk+1} & \cdots & a_{nn} \end{vmatrix}$$

이다. 따라서 다음과 같이 **크라머 공식**(Gabriel Cramer, 1704–1752, 스위스)이 성립한다.

$\mathbf{A}$가 $n \times n$ 정규행렬일 때 선형계 $\mathbf{AX} = \mathbf{B}$의 해는

$$x_k = \frac{\det\mathbf{A}_k}{\det\mathbf{A}} \ (k = 1, 2, \cdots, n) \qquad (7.6.1)$$

이다. 여기서 $\mathbf{A}_k$는 $\mathbf{A}$의 k열 성분을 $\mathbf{B}$의 성분으로 대체한 행렬이다.

예제 1

선형계의 해를 크라머 공식을 이용하여 구하라.

$$x_1 + 2x_2 + 2x_3 = 1$$
$$3x_1 + x_2 = 1$$
$$x_1 + x_2 + x_3 = 1$$

(풀이) 이번에는 기본 행연산을 이용하여 계수행렬 $\mathbf{A}$의 행렬식을 계산하자.

$$\det\mathbf{A} = \begin{vmatrix} 1 & 2 & 2 \\ 3 & 1 & 0 \\ 1 & 1 & 1 \end{vmatrix} = \begin{vmatrix} 1 & 2 & 2 \\ 0 & -5 & -6 \\ 0 & -1 & -1 \end{vmatrix} = \begin{vmatrix} 1 & 2 & 2 \\ 0 & -5 & -6 \\ 0 & 0 & 1/5 \end{vmatrix} = (1)(-5)(1/5) = -1$$

이다. 마찬가지 방법으로

$$\det\mathbf{A}_1 = \begin{vmatrix} 1 & 2 & 2 \\ 1 & 1 & 0 \\ 1 & 1 & 1 \end{vmatrix} = -1, \quad \det\mathbf{A}_2 = \begin{vmatrix} 1 & 1 & 2 \\ 3 & 1 & 0 \\ 1 & 1 & 1 \end{vmatrix} = 2, \quad \det\mathbf{A}_3 = \begin{vmatrix} 1 & 2 & 1 \\ 3 & 1 & 1 \\ 1 & 1 & 1 \end{vmatrix} = -2$$

를 구하면, 크라머 공식에 의하여

$$x_1 = \frac{\det\mathbf{A}_1}{\det\mathbf{A}} = \frac{-1}{-1} = 1, \quad x_2 = \frac{\det\mathbf{A}_2}{\det\mathbf{A}} = \frac{2}{-1} = -2, \quad x_3 = \frac{\det\mathbf{A}_3}{\det\mathbf{A}} = \frac{-2}{-1} = 2$$

가 되어 7.3절의 예제 1 또는 7.5절의 예제 7의 결과와 같다.

예제 2

그림 7.6.1에서 줄에 작용하는 장력 T_1, T_2를 구하라.

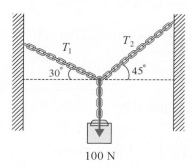

그림 7.6.1 힘의 평형

(풀이) 힘의 평형식은

$$T_1\cos30° - T_2\cos45° = 0$$
$$T_1\sin30° - T_2\sin45° = 100$$

이다. 이를 다시 쓰면

$$\frac{\sqrt{3}}{2}T_1 - \frac{1}{\sqrt{2}}T_2 = 0, \quad \frac{1}{2}T_1 + \frac{1}{\sqrt{2}}T_2 = 100$$

또는

$$\mathbf{AT} = \mathbf{B}$$

가 되는데, 여기서

$$\mathbf{A} = \begin{bmatrix} \sqrt{3}/2 & -1/\sqrt{2} \\ 1/2 & 1/\sqrt{2} \end{bmatrix}, \quad \mathbf{T} = \begin{bmatrix} T_1 \\ T_2 \end{bmatrix}, \quad \mathbf{B} = \begin{bmatrix} 0 \\ 100 \end{bmatrix}$$

이다.

$$\det\mathbf{A} = \begin{vmatrix} \sqrt{3}/2 & -1\sqrt{2} \\ 1/2 & 1/\sqrt{2} \end{vmatrix} = \frac{\sqrt{3}+1}{2\sqrt{2}}$$

$$\det\mathbf{A}_1 = \begin{vmatrix} 0 & -1/\sqrt{2} \\ 100 & 1/\sqrt{2} \end{vmatrix} = \frac{100}{\sqrt{2}}$$

$$\det\mathbf{A}_2 = \begin{vmatrix} \sqrt{3}/2 & 0 \\ 1/2 & 100 \end{vmatrix} = 50\sqrt{3}$$

이므로, 크라머 공식에 의해

$$T_1 = \frac{\det\mathbf{A}_1}{\det\mathbf{A}} = \frac{200}{\sqrt{3}+1} = 73.2$$

$$T_2 = \frac{\det\mathbf{A}_2}{\det\mathbf{A}} = \frac{100\sqrt{6}}{\sqrt{3}+1} = 89.7$$

이다.

7.6 연습문제

1. 크라머 공식이 성립함은 가우스 소거법으로도 보일 수 있다. 2×2 선형계

$$a_{11}x_1 + a_{12}x_2 = b_1, \ \ a_{21}x_1 + a_{22}x_2 = b_2$$

에 대하여 가우스 소거법으로 크라머 공식을 유도하라.

2. 크라머 공식을 사용하여 연립방정식의 해를 구하라.

(1) $2x - 3y = -1$
   $4x + 7y = -1$

(2) $2x - 5y + 2z = 7$
   $x + 2y - 4z = 3$
   $3x - 4y - 6z = 5$

(3) $\omega + x + y + z = 0$
   $\omega + x + y - z = 4$
   $\omega + x - y + z = -4$
   $\omega - x + y + z = 2$

(답) (1) $x = -5/13$, $y = 1/13$ (2) $x = 5$, $y = z = 1$,   (3) $\omega = 1$, $x = -1$, $y = 2$, $z = -2$

3. 연습문제 7.3의 문제 3 (1)을 크라머 공식을 이용하여 풀어라.

4. 연습문제 7.3의 문제 4를 크라머 공식을 이용하여 풀어라.

5. 연립방정식 $x + y = 1$, $x + \epsilon y = 2$에 대하여 다음 물음에 답하라.

(1) 크라머 공식을 이용하여 해를 구하라.

(2) ϵ이 1에 가까워지면 계수행렬의 **특이성**(singularity)이 증가한다. 실제로 $\epsilon = 1$일 때 두 직선은 평행하게 되어 해가 존재하지 않는다. ϵ이 99에서 101로 변할 때와 0.99에서 1.01로 변하는 경우에 대해 각각 해를 구하여 해의 변화를 직접 관찰하라.

(답) (1) $x = 1 - \dfrac{1}{\epsilon - 1}$, $y = \dfrac{1}{\epsilon - 1}$

(2) $\epsilon = 1$ 근처에서 계수행렬의 특이성이 커져 해가 급격히 변화함을 관찰하자.

6. 내부저항 r_1, r_2, 기전력 E_1, E_2인 2개의 전지와 외부저항 R로 이루어진 회로가 있다. 부분전류를 i_1, i_2라 할 때 이 회로는

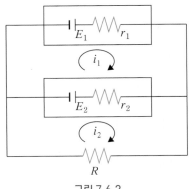

그림 7.6.2

$$E_1 - r_1 i_1 - r_2(i_1 - i_2) - E_2 = 0$$
$$E_2 - r_2(i_2 - i_1) - Ri_2 = 0$$

으로 표현된다.

(1) 크라머 공식을 이용하여 전류 i_1, i_2를 구하라.

(2) $E_1 = E_2 = E$이고 저항 R이 무한대로 커질 때 단자전압($V = i_2 R$)을 구하라.

(답) (1) $i_1 = \dfrac{R(E_1 - E_2) + r_2 E_1}{r_1 r_2 + R(r_1 + r_2)}$, $i_2 = \dfrac{r_1 E_2 + r_2 E_1}{r_1 r_2 + R(r_1 + r_2)}$ (2) E

7.7   행렬의 고유값 문제

이 절에서는 정사각행렬의 고유값 문제를 간단하게 다룬다. 이에 관한 자세한 내용은 선형대수학의 상급과정에서 공부할 수 있다.

고유값과 고유벡터

> 정사각행렬 $\mathbf{A}$, 열벡터 $\mathbf{X}$, 스칼라 λ에 대하여
>
> $$\mathbf{AX} = \lambda \mathbf{X} \qquad (7.7.1)$$
>
> 가 성립하면 λ를 행렬 $\mathbf{A}$의 **고유값**(eigenvalue), $\mathbf{X}$를 행렬 $\mathbf{A}$의 **고유벡터** (eigenvector)라고 한다.

☞ 고유값(eigenvalue)는 독일어와 영어의 조합으로 독일어 eigenwert에서 유래한다. 순수 영어로는 proper value로 쓸 수 있을 것이다.

예제 1

열벡터 $\mathbf{X} = \begin{bmatrix} 0 \\ 1 \\ 1 \end{bmatrix}$이 정사각행렬 $\mathbf{A} = \begin{bmatrix} 1 & -2 & 2 \\ -2 & 1 & -2 \\ 2 & 2 & 1 \end{bmatrix}$의 고유벡터임을 확인하라.

(풀이)

$$\mathbf{AX} = \begin{bmatrix} 1 & -2 & 2 \\ -2 & 1 & -2 \\ 2 & 2 & 1 \end{bmatrix} \begin{bmatrix} -1 \\ 1 \\ 1 \end{bmatrix} = \begin{bmatrix} -1 \\ 1 \\ 1 \end{bmatrix} = (1) \begin{bmatrix} -1 \\ 1 \\ 1 \end{bmatrix} = (1)\mathbf{X}$$

따라서 $\mathbf{X}$는 고유벡터이고 이에 대응하는 고유값은 1이다.

식 (7.7.1)의 고유값 문제를 단위행렬 $\mathbf{I}$를 이용하여

$$(\mathbf{A} - \lambda\mathbf{I})\mathbf{X} = \mathbf{0} \qquad (7.7.2)$$

으로 다시 쓸 수 있는데, 이는 $\mathbf{X} = [x_1 x_2 \cdots x_n]^T$에 대하여 우변이 모두 0인 제차 선형계이다. 따라서 0이 아닌 비자명해를 갖기 위해서는 7.4절 제차 선형계에 대한 정리에 의해 계수행렬의 행렬식이 0이 되어야 하므로

$$\det(\mathbf{A} - \lambda\mathbf{I}) = 0 \qquad (7.7.3)$$

이 성립하는데, 이를 고유값 문제의 **특성방정식**(characteristic equation)이라 한다. 따라서 $n \times n$ 행렬 $\mathbf{A}$의 고유값은 $\lambda_1 = \lambda_2 = \cdots = \lambda_n$일 때 최소 1개, $\lambda_1 \neq \lambda_2 \neq \cdots \neq \lambda_n$일 때 최대 n개이다. 고유값 문제를 풀 때 먼저 식 (7.7.3)을 풀어 고유값을 구한 다음 각각의 고유값에 해당하는 고유벡터를 구한다.

예제 2

행렬 $\mathbf{A} = \begin{bmatrix} 2 & 0 \\ 1 & 1 \end{bmatrix}$의 고유값과 고유벡터를 구하라.

(풀이) 행렬 $\mathbf{A}$의 특성방정식

$$\det(\mathbf{A} - \lambda\mathbf{I}) = \begin{vmatrix} 2 - \lambda & 0 \\ 1 & 1 - \lambda \end{vmatrix} = (\lambda - 1)(\lambda - 2) = 0$$

에서 고유값은 $\lambda_1 = 1$, $\lambda_2 = 2$이다.

(i) $\lambda_1 = 1$일 때

고유값 문제는

$$\begin{bmatrix} 2 & 0 \\ 1 & 1 \end{bmatrix} \begin{bmatrix} x_1 \\ x_2 \end{bmatrix} = (1) \begin{bmatrix} x_1 \\ x_2 \end{bmatrix}$$

이 되고, 이것을 다시 식 (7.7.2)와 같이

$$\begin{bmatrix} 1 & 0 \\ 1 & 0 \end{bmatrix} \begin{bmatrix} x_1 \\ x_2 \end{bmatrix} = \begin{bmatrix} 0 \\ 0 \end{bmatrix}$$

으로 나타내면 해는 $x_1 = 0$이고 x_2는 임의의 실수이다. $x_2 = 1$로 놓으면 $\lambda_1 = 0$에 대응하는 고유벡터는

$$\mathbf{X}_1 = \begin{bmatrix} 0 \\ 1 \end{bmatrix}$$

이다.

(ii) $\lambda_2 = 2$일 때

$$\begin{bmatrix} 2 & 0 \\ 1 & 1 \end{bmatrix}\begin{bmatrix} x_1 \\ x_2 \end{bmatrix} = (2)\begin{bmatrix} x_1 \\ x_2 \end{bmatrix} \quad \text{또는} \quad \begin{bmatrix} 0 & 0 \\ 1 & -1 \end{bmatrix}\begin{bmatrix} x_1 \\ x_2 \end{bmatrix} = \begin{bmatrix} 0 \\ 0 \end{bmatrix}$$

이다. 해는 $x_1 = x_2$ 이므로 $\lambda_2 = 2$에 대응하는 고유벡터는

$$\mathbf{X}_2 = \begin{bmatrix} 1 \\ 1 \end{bmatrix}$$

이다.

☞ 고유벡터는 보통 가장 간단한 형태로 표현한다. 왜냐하면 $\mathbf{X}$가 고유벡터이면 0이 아닌 상수 c에 대해 $c\mathbf{X}$도 고유벡터이기 때문이다. 즉 $\mathbf{AX} = \lambda\mathbf{X}$일 때 $\mathbf{A}(c\mathbf{X}) = c\mathbf{AX} = c\lambda\mathbf{X} = \lambda(c\mathbf{X})$가 성립한다.

우리는 서로 다른 고유값에 해당하는 고유벡터들이 선형독립이라는 사실을 증명할 수 있다. 예제 2에서 구한 두 개의 고유벡터 $\mathbf{X}_1 = \begin{bmatrix} 0 \\ 1 \end{bmatrix}$, $\mathbf{X}_2 = \begin{bmatrix} 1 \\ 1 \end{bmatrix}$도 당연히 선형독립이다(6.5절 예제 4 참고).

다음에는 고유값과 고유벡터의 의미를 구체적으로 살펴보자. 행렬 $\mathbf{A}$에 의한 벡터 $\mathbf{X}$의 선형변환이 $\mathbf{Y} = \mathbf{AX}$임은 7.1절에서 설명하였다. 따라서 예제 2의 고유벡터

$$\mathbf{X}_1 = \begin{bmatrix} 0 \\ 1 \end{bmatrix}, \quad \mathbf{X}_2 = \begin{bmatrix} 1 \\ 1 \end{bmatrix}$$

의 선형변환은

$$\mathbf{Y}_1 = \mathbf{AX}_1 = \begin{bmatrix} 2 & 0 \\ 1 & 1 \end{bmatrix}\begin{bmatrix} 0 \\ 1 \end{bmatrix} = \begin{bmatrix} 0 \\ 1 \end{bmatrix}, \quad \mathbf{Y}_2 = \mathbf{AX}_2 = \begin{bmatrix} 2 & 0 \\ 1 & 1 \end{bmatrix}\begin{bmatrix} 1 \\ 1 \end{bmatrix} = \begin{bmatrix} 2 \\ 2 \end{bmatrix}$$

이다. 고유벡터 $\mathbf{X}_1$, $\mathbf{X}_2$와 이들의 선형변환 $\mathbf{Y}_1$, $\mathbf{Y}_2$를 그림 7.7.1에 보였다. 고유벡터는 선형변환에 의해 방향은 변하지 않고 고유값에 따라 크기만 달라짐을 알 수 있다. 물론 고유값이 음수인 경우에는 방향이 반대가 된다. 3×3 행렬에 의한 고유벡터의 선형변환의 기하학적 의미는 각자 생각해 보기 바란다. 결과적으로 행렬의 고유벡터는 그 행렬에 의한 선형변환에 의해 회전하지 않는 $\mathbf{0}$이 아닌 벡터이며 이때 고유값은 확대 또는 축소의 비율을 의미한다.

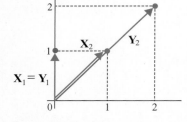

그림 7.7.1 고유값에 의한 선형변환

$\mathbf{A}$가 $n \times n$ 행렬일 때 특성방정식 (7.7.3)은 λ에 관한 n차 다항식으로 고유값이 $\lambda_1, \lambda_2, \cdots, \lambda_n$일 때

$$\det(\mathbf{A} - \lambda\mathbf{I}) = \begin{vmatrix} a_{11} - \lambda & a_{12} & \cdots & a_{1n} \\ a_{21} & a_{22} - \lambda & \cdots & a_{2n} \\ \vdots & \vdots & \ddots & \vdots \\ a_{n1} & a_{n2} & \cdots & a_{nn} - \lambda \end{vmatrix}$$

$$= (a_{11} - \lambda) \begin{vmatrix} a_{22} - \lambda & a_{23} & \cdots & a_{2n} \\ a_{32} & a_{32} - \lambda & \cdots & a_{3n} \\ \vdots & \vdots & \ddots & \vdots \\ a_{n2} & a_{n3} & \cdots & a_{nn-\lambda} \end{vmatrix} + a_{12} \begin{vmatrix} a_{21} & a_{23} & \cdots & a_{2n} \\ a_{31} & a_{33} - \lambda & \cdots & a_{3n} \\ \vdots & \vdots & \ddots & \vdots \\ a_{n1} & a_{n3} & \cdots & a_{nn-\lambda} \end{vmatrix} + \cdots$$

$$= (a_{11} - \lambda)(a_{22} - \lambda)\cdots(a_{nn} - \lambda) + \lambda \text{의 } n-2\text{차 이하의 항들.}$$

$$= (\lambda - \lambda_1)(\lambda - \lambda_2)\cdots(\lambda - \lambda_n)$$

이 성립한다(여기에서는 $\mathbf{A} - \lambda \mathbf{I}$의 첫 번째 행을 기준으로 전개하여 행렬식을 계산하는 경우를 보였다. 7.2절 행렬식 계산 참고). 위 식에 $\lambda = 0$을 대입하면

$$\det \mathbf{A} = \lambda_1 \lambda_2 \cdots \lambda_n \tag{7.7.4}$$

이고, 또한 $n \times n$ 행렬 $\mathbf{A}$의 주대각 성분의 합을 trace $\mathbf{A} = a_{11} + a_{22} + \cdots + a_{nn}$이라 하고 식 (7.7.4)에서 λ^{n-1} 항의 계수를 비교하면

$$\text{trace } \mathbf{A} = a_1 + a_2 + \cdots + a_n = \lambda_1 + \lambda_2 + \cdots + \lambda_n \tag{7.7.5}$$

이 됨도 알 수 있다. 행렬의 고유값의 집합을 **스펙트럼**(spectrum)이라 하고, 고유값의 절대값 중 최대값을 **스펙트럼 반지름**(spectral radius)이라고 하며 $\rho(\mathbf{A})$로 나타낸다.

예제 3

행렬 $\mathbf{A} = \begin{bmatrix} 1 & 2 & 1 \\ 6 & -1 & 0 \\ -1 & -2 & -1 \end{bmatrix}$의 (1) 고유값과 고유벡터를 구하고 (2) det $\mathbf{A}$, trace $\mathbf{A}$, $\rho(\mathbf{A})$를 계산하라.

(풀이) (1) 행렬 $\mathbf{A}$의 특성방정식

$$\det(\mathbf{A} - \lambda \mathbf{I}) = \begin{vmatrix} 1 - \lambda & 2 & 1 \\ 6 & -1 - \lambda & 0 \\ -1 & -2 & -1 - \lambda \end{vmatrix} = -\lambda(\lambda + 4)(\lambda - 3) = 0$$

에서 고유값은 $\lambda_1 = 0, \lambda_2 = -4, \lambda_3 = 3$ 이다.

(i) $\lambda_1 = 0$일 때, 고유값 문제는

$$\begin{bmatrix} 1 & 2 & 1 \\ 6 & -1 & 0 \\ -1 & -2 & -1 \end{bmatrix} \begin{bmatrix} x_1 \\ x_2 \\ x_3 \end{bmatrix} = (0) \begin{bmatrix} x_1 \\ x_2 \\ x_3 \end{bmatrix}$$

이 되고, 이를 풀면

$$x_1 = -\frac{1}{13} x_3, \quad x_2 = -\frac{6}{13} x_3$$

이다. $x_3 = -13$으로 놓으면, $\lambda_1 = 0$에 대응하는 고유벡터는 다음과 같다.

$$\mathbf{X}_1 = \begin{bmatrix} 1 \\ 6 \\ -13 \end{bmatrix}$$

(ii) $\lambda_2 = -4$일 때

$$\begin{bmatrix} 1 & 2 & 1 \\ 6 & -1 & 0 \\ -1 & -2 & -1 \end{bmatrix}\begin{bmatrix} x_1 \\ x_2 \\ x_3 \end{bmatrix} = (-4)\begin{bmatrix} x_1 \\ x_2 \\ x_3 \end{bmatrix}$$

이다. 마지막 식을 다시

$$\begin{bmatrix} 5 & 2 & 1 \\ 6 & 3 & 0 \\ -1 & -2 & 3 \end{bmatrix}\begin{bmatrix} x_1 \\ x_2 \\ x_3 \end{bmatrix} = \begin{bmatrix} 0 \\ 0 \\ 0 \end{bmatrix}$$

와 같이 쓰고, 이를 풀면 $x_1 = -x_3$, $x_2 = 2x_3$ 이다. $x_3 = 1$을 선택하면 다음과 같다.

$$\mathbf{X}_2 = \begin{bmatrix} -1 \\ 2 \\ 1 \end{bmatrix}$$

(iii) $\lambda_3 = 3$일 때 : 마찬가지 방법으로

$$\mathbf{X}_3 = \begin{bmatrix} 2 \\ 3 \\ -2 \end{bmatrix}$$

를 구할 수 있다.

(2) (1)에서 고유값이 $\lambda_1 = 0$, $\lambda_2 = -4$, $\lambda_3 = 3$이므로 식 (7.7.4)와 (7.7.5)에서

$$\det\mathbf{A} = 0 \cdot (-4) \cdot 3 = 0$$
$$\mathrm{trace}\mathbf{A} = 0 + (-4) + 3 = -1$$

이고

$$\rho(\mathbf{A}) = \max\{|0|, |-4|, |3|\} = 4$$

이다.

삼각행렬 또는 대각행렬의 경우는 주대각 성분이 고유값이 된다(연습문제 참고).

예제 4   선형 연립미분방정식

3.5절 예제 2를 행렬의 고유값을 이용하여 다시 풀어라.

(**풀이**) 3.5절 예제 2의 연립미분방정식은

$$\mathbf{Y}'' = \mathbf{AY} \tag{a}$$

로 쓸 수 있다. 여기서 $\mathbf{Y} = \begin{bmatrix} y_1 \\ y_2 \end{bmatrix}$, $\mathbf{Y}'' = \begin{bmatrix} y_1{}'' \\ y_2{}'' \end{bmatrix}$, $\mathbf{A} = \begin{bmatrix} -2 & 1 \\ 1 & -2 \end{bmatrix}$ 이다. 이제

$$\mathbf{Y} = \mathbf{X}e^{\omega t} \tag{b}$$

를(상수계수 2계 미분방정식의 해를 지수함수로 나타낸 것은 이미 2.3절에서 시도했다.) (a)에 대입하면 $\omega^2\mathbf{X}e^{\omega t} = \mathbf{AX}e^{\omega t}$, 즉 고유값 문제

$$\mathbf{AX} = \lambda\mathbf{X} \quad (\lambda = \omega^2) \tag{c}$$

이 된다. 이 절의 연습문제 2 (2)에 의하면 (c)의 고유값이 $\lambda_1 = \omega_1^2 = -1$, $\lambda_2 = \omega_2^2 = -3$, 즉 $\omega_1 = \pm i$, $\omega_2 = \pm\sqrt{3}\,i$ 이고, 고유벡터는

$$\mathbf{X}_1 = \begin{bmatrix} 1 \\ 1 \end{bmatrix}, \quad \mathbf{X}_2 = \begin{bmatrix} 1 \\ -1 \end{bmatrix} \tag{d}$$

이므로 (b)에서

$$\mathbf{X}_1 e^{\pm it} = \mathbf{X}_1(\cos t \pm i\sin t), \quad \mathbf{X}_2 e^{\pm\sqrt{3}it} = \mathbf{X}_2(\cos\sqrt{3}\,t \pm i\sin\sqrt{3}\,t)$$

이고, 이들의 선형독립인 실수해의 형태는 $\mathbf{X}_1\cos t$, $\mathbf{X}_1\sin t$, $\mathbf{X}_2\cos\sqrt{3}\,t$, $\mathbf{X}_2\sin\sqrt{3}\,t$ 이다. 따라서 일반해는 이들의 선형결합

$$\mathbf{Y} = \mathbf{X}_1(c_1\cos t + c_2\sin t) + \mathbf{X}_2(c_1^*\cos\sqrt{3}\,t + c_2^*\sin\sqrt{3}\,t) \tag{e}$$

가 된다. 여기서 c_1, c_2, c_1^*, c_2^* 는 임의의 상수이다. (e)의 양변을 미분하면

$$\mathbf{Y}' = \mathbf{X}_1(-c_1\sin t + c_2\cos t) + \mathbf{X}_2(-\sqrt{3}\,c_1^*\sin\sqrt{3}\,t + \sqrt{3}\,c_2^*\cos\sqrt{3}\,t) \tag{f}$$

이고, (e)와 (f)에 초기조건 $\mathbf{Y}(0) = \begin{bmatrix} 1 \\ 1 \end{bmatrix}$, $\mathbf{Y}'(0) = \begin{bmatrix} \sqrt{3} \\ -\sqrt{3} \end{bmatrix}$

을 적용하면 $c_1 = 1, c_2 = 0, c_1^* = 0, c_2^* = 1$ 이다. 따라서 (e)로부터 특수해는

$$\mathbf{Y} = \mathbf{X}_1\cos t + \mathbf{X}_2\sin\sqrt{3}\,t = \begin{bmatrix} 1 \\ 1 \end{bmatrix}\cos t + \begin{bmatrix} 1 \\ -1 \end{bmatrix}\sin\sqrt{3}\,t,$$

즉

$$y_1(t) = \cos t + \sin\sqrt{3}\,t, \quad y_2(t) = \cos t - \sin\sqrt{3}\,t$$

가 되어 3.5절 예제 2의 결과와 같다.

이 외에도 행렬에 관한 중요한 내용이 많이 있지만 여기서는 교재의 다른 장을 공부할 때 필요한 내용만을 기술하였으니 다른 내용은 별도의 선형대수학 과목을 통해 공부하기 바란다.

7.7 연습문제

1. 선형계의 해를 구하라. 계수행렬의 행렬식은 얼마인가?

(1) $x_1 + x_2 = 0$
    $x_1 - x_2 = 0$

(2) $x_2 + 2x_2 = 0$
    $2x_1 + 4x_2 = 0$

(**답**) (1) $x_1 = x_2 = 0$, $\begin{vmatrix} 1 & 1 \\ 1 & -1 \end{vmatrix} = -2 \neq 0$ (2) 해가 무수히 많음. $\begin{vmatrix} 1 & 2 \\ 2 & 4 \end{vmatrix} = 0$

2. 행렬의 고유값과 고유벡터를 구하고 선형변환 전후의 고유벡터를 그려라.

(1) $\begin{bmatrix} -1 & 2 \\ -7 & 8 \end{bmatrix}$　　　(2) $\begin{bmatrix} -2 & 1 \\ 1 & -2 \end{bmatrix}$　　　(3) $\begin{bmatrix} 5 & -1 & 0 \\ 0 & -5 & 9 \\ 5 & -1 & 0 \end{bmatrix}$

(답) (1) $\lambda_1 = 1,\ \lambda_2 = 6;\ \mathbf{X}_1 = \begin{bmatrix} 1 \\ 1 \end{bmatrix},\ \mathbf{X}_2 = \begin{bmatrix} 2 \\ 7 \end{bmatrix}$

(2) $\lambda_1 = -1,\ \lambda_2 = -3;\ \mathbf{X}_1 = \begin{bmatrix} 1 \\ 1 \end{bmatrix},\ \mathbf{X}_2 = \begin{bmatrix} 1 \\ -1 \end{bmatrix}$

(3) $\lambda_1 = 0,\ \lambda_2 = -4,\ \lambda_3 = 4;\ \mathbf{X}_1 = \begin{bmatrix} 9 \\ 45 \\ 25 \end{bmatrix},\ \mathbf{X}_2 = \begin{bmatrix} 1 \\ 9 \\ 1 \end{bmatrix},\ \mathbf{X}_3 = \begin{bmatrix} 1 \\ 1 \\ 1 \end{bmatrix}$

3. 2×2 행렬 $\mathbf{A} = \begin{bmatrix} a & b \\ c & d \end{bmatrix}$에 대해 특성방정식이 $\lambda^2 - (\text{trace}\mathbf{A})\lambda + \det\mathbf{A} = 0$으로 나타남을 보여라.

4. 행렬의 고유값을 이용하여 행렬식, 주대각 성분의 합(trace), 스펙트럼 반지름(ρ)을 구하라.

(1) $\begin{bmatrix} -5 & 2 \\ 5 & -2 \end{bmatrix}$　　　(2) $\begin{bmatrix} \frac{1}{2} & 0 \\ \frac{1}{4} & \frac{1}{2} \end{bmatrix}$　　　(3) $\begin{bmatrix} 2 & 0 & 0 \\ 0 & 2 & 0 \\ 0 & 0 & 1 \end{bmatrix}$

(답) (1) 0, −7, 7　(2) $\frac{1}{4}$, 1, $\frac{1}{2}$　(3) 4, 5, 2

5. 7.1절 예제 4에서 다룬 마르코프 과정에서 시간에 따른 토지사용이 변하지 않는 상태에서의 토지사용율(%)을 구하라. [힌트: $\mathbf{A}$가 확률행렬, $\mathbf{X}$가 현재의 토지사용율, $\mathbf{Y}$가 미래의 토지사용율일 때 $\mathbf{Y} = \mathbf{AX}$이므로 토지사용율이 변하지 않는다면 $\mathbf{X} = \mathbf{AY}$가 된다.]

(답) 주거지역 12.5%, 상업지역 25.0%, 공업지역 62.5%

벡터 미분학

이제까지는 벡터와 미적분학이 별개로 취급되었다. 하지만 속도, 힘, 열의 이동, 전기장, 자기장과 같은 다차원 벡터 함수(벡터장)에 미적분학 개념을 적용하여 매우 유용한 결과를 얻을 수 있으며 이러한 방법은 이공학 분야에서 널리 사용되고 있다. 이 장에서는 여러가지 벡터 미분연산자와 이의 응용에 대해 공부한다. 다변수 스칼라 함수 또는 다차원 벡터 함수의 벡터연산에 대한 적분은 9장에서 다룰 것이다.

8.1 벡터함수

이제까지 함수값(함수의 크기)만을 나타내는 **스칼라함수**(scalar function)를 주로 다루었지만 벡터를 함수로 확장하면 크기와 방향을 동시에 갖는 **벡터함수**(vector function)가 된다. 3변수 스칼라 함수의 예는

$$f(x, y, z) = x^2yz \tag{8.1.1}$$

이고, 3차원 벡터함수의 예는

$$\mathbf{r}(x, y, z) = [f(x, y, z), g(x, y, z), h(x, y, z)] = \left[\frac{xy}{z}, x^2yz, e^{xyz} \right] \tag{8.1.2}$$

이다. 벡터함수는 스칼라함수를 성분으로 갖는 함수로 독립변수 x, y, z의 변화에 따라 함수의 크기와 방향이 모두 결정된다. 넓은 의미로 스칼라함수를 성분이 하나인 벡터함수로 생각할 수도 있을 것이다. 이 책에서는 벡터함수를 벡터임을 나타내는 굵은 글씨체를 사용하여 $\mathbf{r}$과 같이 표시하며, 이 교재에서 $\mathbf{r}$은 이동하는 물체(입자) 또는 어떤 크기(예를 들어 힘)가 작용하는 지점의 **위치벡터**를 의미한다.

벡터장

벡터함수의 크기와 방향을 함께 그린 그래프를 **벡터장**(vector field)이라 부른다. 벡터장으로 위치장(position field), 속도장(velocity field), 힘장(force field), 전기장(electric field), 자기장(magnetic field) 등을 생각할 수 있다.

먼저 간단한 상수 벡터의 경우부터 시작하자.

예제 1

위치벡터 $\mathbf{r} = [1, 1] = \mathbf{i} + \mathbf{j}$의 벡터장을 그려라.

(풀이) $\mathbf{r} = [1, 1]$은 2차원 상수 벡터로 x, y에 관계없이 크기는 $|\mathbf{r}| = \sqrt{1^2 + 1^2} = \sqrt{2}$ 이고 x축에서 반시계 방향으로 $45°$ 회전한 방향을 가리킨다. 따라서 벡터장은 그림 8.1.1과 같아야 한다. xy-평면에 그려지는 모든 벡터의 시작점이 원점이 아니고 점 (x, y)임에 유의해야 한다.

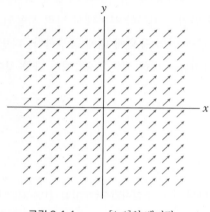

그림 8.1.1 $\mathbf{r} = [1, 1]$의 벡터장

예제 2   위치장

그림 8.1.2와 같은 2차원 평면에서의 위치벡터 $\mathbf{r}(x, y) = [x, y]$의 벡터장을 그려라.

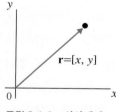

그림 8.1.2   위치벡터 $\mathbf{r}$

(풀이) $\mathbf{r}(x, y)$의 방향은 항상 원점에서 바깥을 향하며 $\mathbf{r}$의 크기는 $|\mathbf{r}(x, y)| = \sqrt{x^2 + y^2}$ 이므로 x와 y의 변화에 따라 위치벡터 $\mathbf{r}$의 크기와 방향을 함께 그린 벡터장은 그림 8.1.3과 같다.

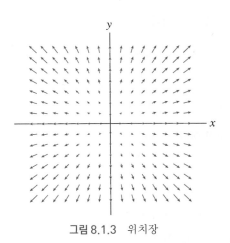

그림 8.1.3 위치장

예제 3 중력장

질량 M에 의해 주변에 형성되는 중력장은 G가 중력상수일 때

$$\mathbf{g} = -\frac{GM}{|\mathbf{r}|^3}\mathbf{r}$$ (a)

이다(쉬어가기 8.1 참고). 위 식에서 위치벡터가 $\mathbf{r} = [x, y]$이면 $|\mathbf{r}| = \sqrt{x^2 + y^2}$ 이므로 중력장은

$$\mathbf{g} = -\frac{GM}{|\mathbf{r}|^3}\mathbf{r} = -\frac{GM}{(x^2+y^2)^{3/2}}[x,y] = -GM\left[\frac{x}{(x^2+y^2)^{3/2}}, \frac{y}{(x^2+y^2)^{3/2}}\right]$$

이다. 적당한 상수 GM에 대하여 중력장을 그리면 그림 8.1.4와 같이 원점을 향하고($-\mathbf{r}$ 방향이므로) 원점에서 멀어질수록 크기가 작아지는 벡터장이 된다.

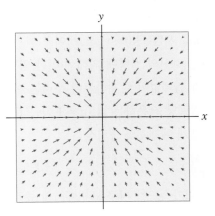

그림 8.1.4 중력장

쉬어가기 8.1 중력장과 전기장은 닮은꼴이다.

뉴턴의 **중력법칙**(law of universal gravitation)에 의하면 원점에 위치하는 질량 M에서 위치벡터 $\mathbf{r}$만큼 떨어진 곳에 위치하는 질량 m 사이에 작용하는 중력은

$$\mathbf{F}_g = -\frac{GMm}{|\mathbf{r}|^3}\mathbf{r} \tag{8.1.3}$$

이다. 여기서 G는 중력상수(gravitational constant)로 $6.7 \times 10^{-11}\,\mathrm{Nm^2\,kg^{-2}}$이다. 위 식은 중력을 벡터로 표현한 식으로 중력의 크기를 구하면

$$|\mathbf{F}_g| = -\frac{GMm}{|\mathbf{r}|^3}|\mathbf{r}| = -\frac{GMm}{|\mathbf{r}|^2} \tag{8.1.4}$$

이 되어 두 질량 사이에 작용하는 중력[부호가 (−)이므로 인력]이 질량의 곱에 비례하고 떨어진 거리의 제곱에 반비례한다는 매우 일반적인 스칼라 표현이 된다. 식 (8.1.4)로부터는 중력의 크기만 알 수 있지만 식 (8.1.3)은 중력이 $-\mathbf{r}$, 즉 위치벡터의 반대방향으로 작용한다는 것도 알려준다.

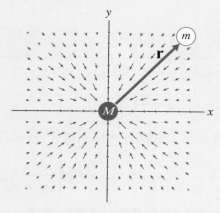

그림 8.1.5 중력

중력은 발로 공을 차서 이동시키거나 손으로 용수철을 당겨 변형시키는 것과 같이 직접적인 접촉에 의해 전달되는 **접촉력**(contact force)이 아니고 원거리에서도 매개체 없이 힘이 전달되는 **장력**(field force)이다. 여기서 M을 **원천질량**(source mass), m을 **시험질량**(test mass)이라 하자. 원천질량은 자신의 질량에 의해 주변 공간에 영향을 미치고, 시험질량은 자신의 질량에 의해 이러한 영향을 감지한다. 원천질량에 의해 주변에 생기는 영향은 시험질량의 유무와 관계없이 존재하는데 우리는 이것을 **중력장**(gravitational field)이라 부른다. 중력장을 시험질량의 단위 질량당 작용하는 힘, $\mathbf{g} = \mathbf{F_g}/m$으로 정의하면 중력[식 (8.1.3)]으로부터 쉽게 예제 3의 중력장

$$\mathbf{g} = -\frac{GM}{|\mathbf{r}|^3}\mathbf{r} \tag{8.1.5a}$$

을 얻는다. 참고로 지표면 주위의 중력가속도가 지구 표면에서의 중력가속도 g로 일정하다고 가정하면 중력장은 식 (8.1.5a) 대신에

$$\mathbf{g} = [0,\ -g] \tag{8.1.5b}$$

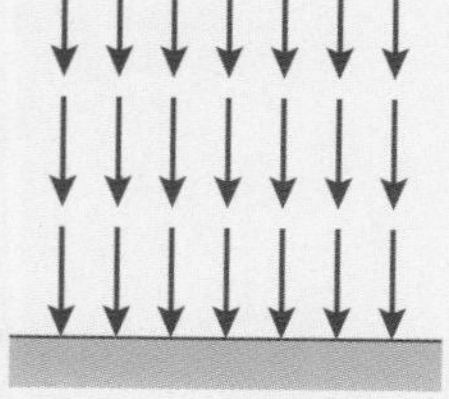

그림 8.1.6 지표면 주위의 중력장

가 되어 그림 8.1.6과 같이 일정한 크기 g로 아래를 향하게 된다. 두 경우 모두 질량 m에 작용하는 중력은

$\mathbf{F}_g = m\mathbf{g}$이다.

아인슈타인(Albert Einstein, 1879–1955, 독일 태생)은 1915년에 발표한 **일반 상대성 이론**에서 질량이 주변의 시공간을 왜곡(distortion)시켜 중력이 발생하며, 이 중력은 심지어 질량이 없는 빛의 진행경로도 휘게 한다(중력렌즈 효과)고 설명하였다. 제1차 세계대전이 한창이던 1919년에 **에딩턴**(Arthur Eddington, 1882–1944, 영국)은 개기일식을 이용해 지구에 가려 안보여야 할 별을 촬영하는데 성공하여 아인슈타인의 주장을 실험적으로 증명하였고, 당시 영국의 적국이었던 독일의 과학자 아인슈타인을 세계적인 스타로 만들었다.

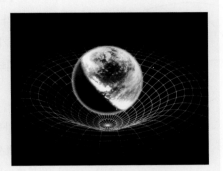

그림 8.1.7   시공간의 왜곡

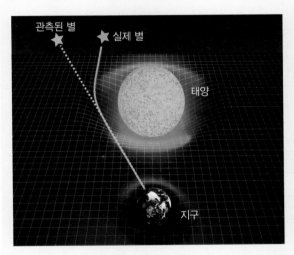

그림 8.1.8   에딩턴의 관측

전기장(electric field)은 중력과 유사하게 자유공간 안의 원점에 위치하는 원천전하(source charge) Q로부터 $\mathbf{r}$에 위치하는 시험전하(test charge) q 사이에 작용하는 전기력이 원인이 된다. 이 전기력은 **쿨롱의 법칙**(Charles Coulomb, 1736–1806, 프랑스)에 의해

$$\mathbf{F}_E = \frac{1}{4\pi\epsilon_0}\frac{Qq}{|\mathbf{r}|^3}\mathbf{r} \tag{8.1.6}$$

이며, ϵ_0는 자유공간의 **유전율**(permittivity)로

$$\frac{1}{4\pi\epsilon_0} = 9\times10^9 \ \mathrm{Nm^2C^{-2}}$$

이다. 전기장 $\mathbf{E}$는 식 (8.1.6)의 전기력을 시험전하 q로 나누어

$$\mathbf{E} = \frac{1}{4\pi\epsilon_0}\frac{Q}{|\mathbf{r}|^3}\mathbf{r} \tag{8.1.7}$$

이 된다. 전기장의 방향은 $Q < 0$이면 인력(attractive force)이고, $Q > 0$이면 척력(repulsive force)이다. 중력장 안에서 시험 질량이 중력 $\mathbf{F}_g = m\mathbf{g}$를 받듯이 전기장 안의 시험 전하 q는 전기력 $\mathbf{F}_E = q\mathbf{E}$를 받는다. **자기장**(magnetic field)도 자기장 안에서 움직이는 전하가 받는 힘으로부터 유사하게 설명할 수 있다.

저자는 한때 중력(또는 전기력)이 왜 하필 거리의 2제곱에 반비례하는지 매우 궁금하였다. 1.99도 아니고 2.01도 아닌 2제곱이니 말이다. 자연현상이 인간이 만든 숫자 2로 정확하게 표현되는 것이 신기했다. 하지만 이는 원점에 위치한 질량(전하)이 중력장(전기장)을 발생시켜 이를 전공간으로 퍼뜨리면 중심에서 거리가 r인 점에서는 구의 표면적 $4\pi r^2$으로 분산되는 현상을 설명한 것이기 때문이다.

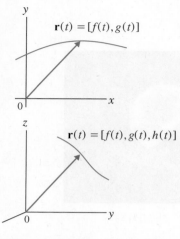

그림 8.1.9   곡선(이동경로)의 벡터 표현

매개변수형 벡터함수

위치벡터 $\mathbf{r}(x, y, z)$는 x, y, z가 t의 함수이면 t의 함수 $\mathbf{r}(t)$가 될 것이다. $\mathbf{r}(t)$는 t가 변함에 따라 평면 또는 공간에서 곡선을 그리는데 이 곡선은 물체의 이동경로에 해당한다. 여기서 t를 x, y, z와 $\mathbf{r}$을 연결하는 변수라는 의미로 **매개변수**(parameter)라고 한다. 벡터함수

$$\mathbf{r}(t) = [f(t), g(t)] \quad \text{또는} \quad \mathbf{r}(t) = [f(t), g(t), h(t)] \tag{8.1.8}$$

는 각각 2차원 또는 3차원 **매개변수형 벡터함수**이다. 독자들은 t를 시간으로 보고 $\mathbf{r}(t)$를 시간 t에서 물체의 위치벡터로 생각하면 이해가 쉬울 것이다. t에 따라 위치 $\mathbf{r}(t)$가 바뀌고 이를 연결한 곡선이 결국 물체의 이동경로가 되는 것이다. 직선의 매개변수형 벡터함수에 대해서는 이미 6.4절에서 공부하였다.

예제 4   원형 나선

벡터함수 $\mathbf{r}(t) = [\cos t, \sin t, t]$, $0 \le t \le 2\pi$의 궤적을 그려라.

(풀이) $x = \cos t$, $y = \sin t$, $z = t$이므로

t	0	$\pi/2$	π	$3\pi/2$	2π
x	1	0	-1	0	1
y	0	1	0	-1	0
z	0	$\pi/2$	π	$3\pi/2$	2π

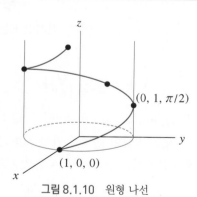

그림 8.1.10   원형 나선

이다. $\mathbf{r}(t)$가 그리는 곡선을 xyz-좌표계에 그리려면 매개변수 t를 소거하면 된다.
따라서 $x^2 + y^2 = \cos^2 t + \sin^2 t = 1$, $z = t$로 하여 동일한 그래프를 그릴 수 있다. 이를 **원형 나선**(circular helix)이라 한다.

예제 5

평면 $y = 2x$와 포물면(paraboloid) $z = 9 - x^2 - y^2$의 교선 C의 매개변수형 벡터함수를 구하고 이를 그려라.

(풀이) $x = t$로 놓으면 $y = 2t$, $z = 9 - t^2 - (2t)^2 = 9 - 5t^2$이므로

$$\mathbf{r}(t) = [x, y, z] = [t, 2t, 9 - 5t^2]$$

이다.

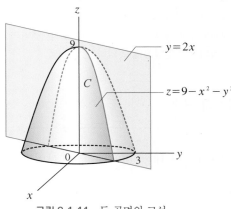

그림 8.1.11 두 곡면의 교선

☞ 예제 5에서 $y = t$로 놓고 풀어도 된다. 결과는 다르지만 결국 같은 곡선을 나타낸다.

다음에는 벡터함수에 대해 **극한**(limit), **연속성**(continuity), **도함수**(derivative) 및 **적분**(integral)에 대해 알아보겠다. 이는 기초 미적분학에서 공부한 스칼라함수의 경우와 매우 유사하다. 여기서는 2차원 벡터 $\mathbf{r}(t) = [f(t), g(t)]$에 대해 설명하지만 3차원 벡터 $\mathbf{r}(t) = [f(t), g(t), h(t)]$에 대해서도 동일한 설명이 가능하다.

벡터함수의 극한

벡터함수 $\mathbf{r}(t) = [f(t), g(t)]$에 대해 $\lim\limits_{t \to a} f(t)$, $\lim\limits_{t \to a} g(t)$가 존재하면

$$\lim\limits_{t \to a} \mathbf{r}(t) = \left[\lim\limits_{t \to a} f(t), \lim\limits_{t \to a} g(t) \right] \tag{8.1.9}$$

이다. 즉 벡터함수의 극한은 각 성분의 극한으로 정의한다.

벡터함수에 대한 극한의 성질

$\displaystyle\lim_{t \to a}\mathbf{r}_1(t) = \mathbf{L}_1$, $\displaystyle\lim_{t \to a}\mathbf{r}_2(t) = \mathbf{L}_2$ 이면 다음이 성립한다.

(1) $\displaystyle\lim_{t \to a}k\mathbf{r}_1(t) = k\mathbf{L}_1$ (k는 스칼라 상수)   (2) $\displaystyle\lim_{t \to a}[\mathbf{r}_1(t) + \mathbf{r}_2(t)] = \mathbf{L}_1 + \mathbf{L}_2$

(3) $\displaystyle\lim_{t \to a}[\mathbf{r}_1(t) \cdot \mathbf{r}_2(t)] = \mathbf{L}_1 \cdot \mathbf{L}_2$ (4) $\displaystyle\lim_{t \to a}[\mathbf{r}_1(t) \times \mathbf{r}_2(t)] = \mathbf{L}_1 \times \mathbf{L}_2$

☞ 위의 벡터함수에 대한 극한의 성질을 기초 미적분학에서 공부한 스칼라함수에 대한 극한의 성질(0.1절 정리 0.1.1)과 비교해 보자. 벡터의 곱에는 내적과 외적이 있고, 벡터의 나눗셈은 정의되지 않았음에 유의하자.

벡터함수의 연속

벡터함수 $\mathbf{r}(t)$에 대해 $\displaystyle\lim_{t \to a}\mathbf{r}(t) = \mathbf{r}(a)$이면 벡터함수 $\mathbf{r}(t)$는 $t = a$에서 연속이다.

☞ 벡터함수의 연속을 0.1절의 스칼라함수의 연속과 비교해 보자.

벡터함수가 구간 내의 모든 점에서 연속이면 벡터함수는 해당 구간에서 연속이다.

스칼라함수 $y = f(x)$의 미분이

$$\frac{dy}{dx} = \lim_{\triangle x \to 0}\frac{f(x + \triangle x) - f(x)}{\triangle x}$$

라는 것은 잘 알고 있다. 벡터함수의 미분은 모양은 유사하나 의미는 다르다.

벡터함수의 미분

벡터함수 $\mathbf{r}(t)$의 미분(또는 도함수)을

$$\mathbf{r}'(t) = \lim_{\triangle t \to 0}\frac{\mathbf{r}(t + \triangle t) - \mathbf{r}(t)}{\triangle t} \tag{8.1.10}$$

로 정의한다.

위의 정의를 기하학적으로 생각해 보자. 벡터 $\mathbf{r}(t + \triangle t) - \mathbf{r}(t)$는 그림 8.1.12와 같이 t와 $t + \triangle t$ 사이에서 PQ를 연결하는 벡터인데, 이를 스칼라인 $\triangle t$로 나누어도 방향은 바뀌지 않는다. $\triangle t \to 0$이면 PQ는 곡선 C 위의 점 P에서 접선이 되므로 $\mathbf{r}'(t)$는 점 P에서의 **접선벡터**(tangential vector)이다. 이는 $y = f(x)$의 도함수 $y'(x)$가 접선의 기울기인 것과 비교된다.

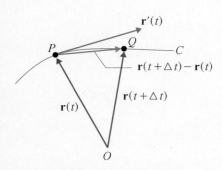

그림 8.1.12 벡터함수와 도함수

벡터함수의 도함수를 성분으로 나타내자. $\mathbf{r}(t) = [f(t), g(t)]$이면 식 (8.1.10)에 의해

$$\begin{aligned}
\mathbf{r}'(t) &= \lim_{\triangle t \to 0} \frac{\mathbf{r}(t + \triangle t) - \mathbf{r}(t)}{\triangle t} \\
&= \lim_{\triangle t \to 0} \frac{1}{\triangle t} \{ [f(t + \triangle t), g(t + \triangle t)] - [f(t), g(t)] \} \\
&= \lim_{\triangle t \to 0} \frac{1}{\triangle t} \{ [f(t + \triangle t) - f(t), g(t + \triangle t) - g(t)] \} \\
&= \lim_{\triangle t \to 0} \left[\frac{f(t + \triangle t) - f(t)}{\triangle t}, \frac{g(t + \triangle t) - g(t)}{\triangle t} \right] \\
&= \left[\lim_{\triangle t \to 0} \frac{f(t + \triangle t) - f(t)}{\triangle t}, \lim_{\triangle t \to 0} \frac{g(t + \triangle t) - g(t)}{\triangle t} \right] \\
&= [f'(t), g'(t)]
\end{aligned}$$

이다. 위의 유도과정에서 벡터함수의 극한을 나타내는 식 (8.1.9)를 사용했음에 유의하자. 즉 벡터함수의 미분은 스칼라함수인 각 성분을 미분하면 된다. 고계 도함수에 대해서도 마찬가지이다.

$\mathbf{r}(t) = [f(t), g(t)]$이고 $f(t)$와 $g(t)$가 미분 가능할 때

$$\mathbf{r}'(t) = [f'(t), g'(t)]$$

이다. 마찬가지로 $f(t)$, $g(t)$가 n번 미분 가능하면

$$\mathbf{r}^{(n)}(t) = [f^{(n)}(t), g^{(n)}(t)].$$

예제 6

$\mathbf{r}(t) = [\cos 2t, \sin t]$, $0 \le t \le 2\pi$의 $t = 0$에서의 접선벡터를 구하여 $\mathbf{r}(t)$와 함께 그려라.

(풀이) $x = \cos 2t$, $y = \sin t$이고 $\cos 2t = 1 - 2\sin^2 t$이므로 $x = 1 - 2y^2$, $-1 \le x \le 1$, 즉 포물선이며 $\mathbf{r}'(t) = [-2\sin 2t, \cos t]$이므로 $\mathbf{r}'(0) = [0, 1] = \mathbf{j}$이다.

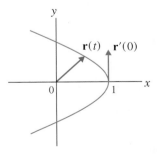

그림 8.1.13   벡터함수의 미분

다음 예제를 이해하기 위해서는 직선의 매개변수형 벡터함수에 대해 알아야 한다. 먼저 6.4절을 공부하자.

예제 7

$\mathbf{r}(t) = [t, t^2]$에 대해 $t = 1$에서 $\mathbf{r}(t)$에 접하는 직선의 방정식 $\mathbf{r}_T(t)$를 구하라.

(풀이) $\mathbf{r}(1) = [1, 1]$이고, $\mathbf{r}'(t) = [1, 2t]$이므로 $\mathbf{r}'(1) = [1, 2]$이다. 따라서 $t = 1$에서 접선의 방정식은 $\mathbf{r}_T(t) = \mathbf{r}(1) + t\mathbf{r}'(1) = [1, 1] + t[1, 2] = [1 + t, 1 + 2t]$이다.

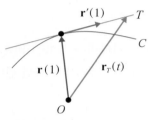

그림 8.1.14   접선의 방정식

☞ 예제 7을 t를 소거한 x, y의 관계식으로 설명해 보아라. $\mathbf{r}_T(t)$는 포물선 $y = x^2$의 $x = 1$에서 접선의 방정식이 될 것이다.

예제 8

$\mathbf{r}(t) = [t^3 - 2t^2, 4t, e^{-t}]$일 때 $\mathbf{r}''(t)$를 구하라.

(풀이) $\mathbf{r}'(t) = [3t^2 - 4t, 4, -e^{-t}]$이고 $\mathbf{r}''(t) = [6t - 4, 0, e^{-t}]$이다.

벡터함수의 미분의 성질

벡터함수 $\mathbf{u}$, $\mathbf{v}$에 대해

(1) $(c\mathbf{u})' = c\mathbf{u}'$, c는 스칼라 상수   (2) $(\mathbf{u} + \mathbf{v})' = \mathbf{u}' + \mathbf{v}'$

(3) $(\mathbf{u} \cdot \mathbf{v})' = \mathbf{u}' \cdot \mathbf{v} + \mathbf{u} \cdot \mathbf{v}'$ (4) $(\mathbf{u} \times \mathbf{v})' = \mathbf{u}' \times \mathbf{v} + \mathbf{u} \times \mathbf{v}'$

(5) $(\mathbf{u}\,\mathbf{v}\,\mathbf{w})' = (\mathbf{u}'\,\mathbf{v}\,\mathbf{w}) + (\mathbf{u}\,\mathbf{v}'\,\mathbf{w}) + (\mathbf{u}\,\mathbf{v}\,\mathbf{w}')$

☞ (5)에서 $(\mathbf{u}\mathbf{v}\mathbf{w}) = \mathbf{u} \cdot \mathbf{v} \times \mathbf{w}$이며, 이를 **스칼라 삼중적**(scalar triple product)이라 한다. 자세한 내용은 6.3절을 참고하라.

성질 (3)의 증명: 벡터함수에 대한 극한의 성질 (2)와 (3)을 이용한다.

$$
\begin{aligned}
(\mathbf{u} \cdot \mathbf{v})' &= \lim_{\triangle t \to 0} \frac{\mathbf{u}(t + \triangle t) \cdot \mathbf{v}(t + \triangle t) - \mathbf{u}(t) \cdot \mathbf{v}(t)}{\triangle t} \\
&= \lim_{\triangle t \to 0} \frac{\mathbf{u}(t + \triangle t) \cdot \mathbf{v}(t + \triangle t) - \mathbf{u}(t) \cdot \mathbf{v}(t + \triangle t) + \mathbf{u}(t) \cdot \mathbf{v}(t + \triangle t) - \mathbf{u}(t) \cdot \mathbf{v}(t)}{\triangle t} \\
&= \lim_{\triangle t \to 0} \frac{[\mathbf{u}(t + \triangle t) - \mathbf{u}(t)] \cdot \mathbf{v}(t + \triangle t) + \mathbf{u}(t) \cdot [\mathbf{v}(t + \triangle t) - \mathbf{v}(t)]}{\triangle t} \\
&= \lim_{\triangle t \to 0} \frac{\mathbf{u}(t + \triangle t) - \mathbf{u}(t)}{\triangle t} \cdot \lim_{\triangle t \to 0} \mathbf{v}(t + \triangle t) + \lim_{\triangle t \to 0} \mathbf{u}(t) \cdot \lim_{\triangle t \to 0} \frac{\mathbf{v}(t + \triangle t) - \mathbf{v}(t)}{\triangle t} \\
&= \mathbf{u}' \cdot \mathbf{v} + \mathbf{u} \cdot \mathbf{v}'
\end{aligned}
$$

☞ 위의 벡터 도함수의 성질을 1.1절의 스칼라함수에 대한 미분의 성질과 비교하자. 위의 성질 (3)의 증명은 고교 과정에서 공부했던 내용과 유사하다.

벡터함수의 미분에 대해서도 스칼라함수에 적용되는 **연쇄율**(chain rule)이 유사하게 적용된다.

벡터함수에 대한 미분의 연쇄율

$\mathbf{r} = \mathbf{r}(l)$이고 $l = u(t)$이면 $\dfrac{d\mathbf{r}}{dt} = \dfrac{d\mathbf{r}}{dl}\dfrac{dl}{dt} = \mathbf{r}'(l)u'(t)$이다.

예제 9

$\mathbf{r}(l) = [\cos 2l,\ \sin 2l,\ e^{-3l}]$, $l = t^4$일 때 $\dfrac{d\mathbf{r}}{dt}$를 구하라.

(풀이)

$$
\begin{aligned}
\frac{d\mathbf{r}}{dt} = \frac{d\mathbf{r}}{dl}\frac{dl}{dt} &= [-2\sin 2l,\ 2\cos 2l,\ -3e^{-3l}](4t^3) \\
&= \left[-8t^3 \sin(2t^4),\ 8t^3 \cos(2t^4),\ -12t^3 e^{-3t^4}\right]
\end{aligned}
$$

벡터함수의 편미분

벡터 $\mathbf{r} = [f(x, y),\ g(x, y)]$에 대한 편미분도 (상)미분의 경우와 같이

$$
\frac{\partial \mathbf{r}}{\partial x} = \left[\frac{\partial f}{\partial x},\ \frac{\partial g}{\partial x}\right], \qquad \frac{\partial \mathbf{r}}{\partial y} = \left[\frac{\partial f}{\partial y},\ \frac{\partial g}{\partial y}\right]
$$

이다. 즉 성분의 편미분이다.

2계 이상의 고계 편미분도 유사하게 정의한다.

예제 10

$\mathbf{V} = [y^2, z^2, x^2]$에 대한 가능한 1계 편미분을 구하라.

(풀이) $\dfrac{\partial \mathbf{V}}{\partial x} = [0, 0, 2x], \quad \dfrac{\partial \mathbf{V}}{\partial y} = [2y, 0, 0], \quad \dfrac{\partial \mathbf{V}}{\partial z} = [0, 2z, 0]$

벡터함수의 적분 역시 벡터함수의 미분과 마찬가지로 각 성분의 적분으로 정의한다. 따라서 벡터함수 $\mathbf{r}(t) = [f(t), g(t)]$의 부정적분은 각 성분의 부정적분, 즉

$$\int \mathbf{r}(t)dt = \left[\int f(t)dt + c_1, \int g(t)dt + c_2 \right] = \left[\int f(t)dt, \int g(t)dt \right] + [c_1, c_2]$$

이다. 여기서 $\mathbf{C} = [c_1, c_2]$라 하면

$$\int \mathbf{r}(t)dt = \left[\int f(t)dt, \int g(t)dt \right] + \mathbf{C}$$

와 같이 벡터함수의 부정적분에서 **적분상수가 벡터**임에 유의해야 한다.

벡터함수의 적분

벡터함수 $\mathbf{r}(t) = [f(t), g(t)]$의 부정적분은

$$\int \mathbf{r}(t)dt = \left[\int f(t)dt, \int g(t)dt \right] + \mathbf{C}$$

이고, 정적분은

$$\int_a^b \mathbf{r}(t)dt = \left[\int_a^b f(t)dt, \int_a^b g(t)dt \right]$$

이다.

예제 11

$\mathbf{r}(t) = [6t^2, 4e^{-2t}, 8\cos 4t]$일 때 $\displaystyle\int \mathbf{r}(t)dt$를 구하라.

(풀이)

$$\int \mathbf{r}(t)dt = \left[\int 6t^2 dt, \int 4e^{-2t}dt, \int 8\cos 4t dt \right] = [2t^3 + c_1, -2e^{-2t} + c_2, 2\sin 4t + c_3]$$
$$= [2t^3, -2e^{-2t}, 2\sin 4t] + \mathbf{C}$$

이고, 여기서 $\mathbf{C} = [c_1, c_2, c_3]$이다.

벡터함수로 표시된 곡선의 길이

우리는 기초 미적분학에서 스칼라함수 $y = f(x)$가 구간 $a \leq x \leq b$에서 그리는 곡선의 길이가

$$L = \int_a^b \sqrt{1 + [f'(x)]^2}\, dx \qquad (8.1.11)$$

임을 이미 배웠다.

식 (8.1.11)의 유도과정을 다시 생각해 보자. x의 구간 $[a, b]$를 n개의 소구간으로 분할할 때 k 번째 구간, 즉 점 $(x_{k-1}, f(x_{k-1}))$과 점 $(x_k, f(x_k))$에 해당하는 곡선을 직선으로 계산한 길이는

$$L_k = \sqrt{(x_k - x_{k-1})^2 + [f(x_k) - f(x_{k-1})]^2} = \sqrt{(\triangle x_k)^2 + [f(x_k) - f(x_{k-1})]^2}$$

이다. 여기에 $x_{k-1} \leq x_k^* \leq x_k$인 x_k^*에 대해 **평균값 정리**(쉬어가기 0.2 참고)

$$f'(x_k^*) = \frac{f(x_k) - f(x_{k-1})}{\triangle x_k}$$

을 이용하면

$$L_k = \sqrt{(\triangle x_k)^2 + [f'(x_k^*)\triangle x_k]^2} = \sqrt{1 + [f'(x_k^*)]^2}\, \triangle x_k$$

이다. 따라서 $x = a$에서 $x = b$까지 전체 곡선의 길이 L은

$$L = \lim_{n \to \infty} \sum_{k=1}^n L_k = \lim_{n \to \infty} \sum_{k=1}^n \sqrt{1 + [f'(x_k^*)]^2}\, \triangle x_k$$

이고, 이는 **리만합**(Riemann sum)의 극한으로 식 (8.1.11)이 된다.

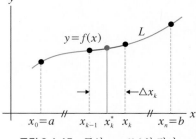

그림 8.1.15　곡선 $y = f(x)$의 길이

이번에는 그림 8.1.16과 같이 매개변수형 벡터함수 $\mathbf{r}(t) = [f(t),\, g(t)]$가 $t = a$에서 $t = b$ 사이에서 그리는 곡선 C의 길이 L을 구하자. 방법은 위의 경우와 거의 같다. 여기서는 편의상 평면 위의 곡선에 대해 설명하지만 3차원 곡선에 대해서도 유사한 설명이 가능하다.

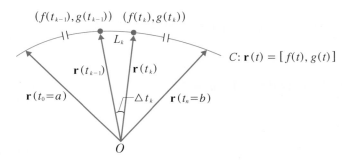

그림 8.1.16　곡선 $\mathbf{r}(t)$의 길이

t의 구간 $[a, b]$를 n개의 소구간으로 분할할 때 k 번째 구간, 즉 점 $(f(t_{k-1}), g(t_{k-1}))$
과 점 $(f(t_k), g(t_k))$에 해당하는 곡선을 직선으로 계산한 길이는

$$L_k = \sqrt{[f(t_k) - f(t_{k-1})]^2 + [g(t_k) - g(t_{k-1})]^2}$$

이다. 평균값 정리에 의해

$$f'(t_k^*) = \frac{f(t_k) - f(t_{k-1})}{\Delta t_k}, \quad g'(t_k^*) = \frac{g(t_k) - g(t_{k-1})}{\Delta t_k}$$

를 만족하는 t_k^*가 $t_{k-1} \leq t_k^* \leq t_k$에 존재하므로

$$L_k = \sqrt{[f'(t_k^*)]^2 + [g'(t_k^*)]^2} \; \Delta t_k$$

이다. 따라서 $t = a$와 $t = b$ 사이에서 그리는 곡선의 길이는

$$L = \lim_{n \to \infty} \sum_{k=1}^{n} \sqrt{[f'(t_k^*)]^2 + [g'(t_k^*)]^2} \; \Delta t_k$$

이고, 이는 리만합의 극한으로 다음과 같이 나타난다.

벡터함수 $\mathbf{r}(t) = [f(t), g(t)]$가 $t = a$에서 $t = b$ 사이에서 그리는 곡선의 길이 L은

$$L = \int_a^b \sqrt{[f'(t)]^2 + [g'(t)]^2} \, dt \qquad (8.1.12)$$

이다. $\mathbf{r}'(t) = [f'(t), g'(t)]$, $|\mathbf{r}'(t)| = \sqrt{[f'(t)]^2 + [g'(t)]^2}$ 이므로

$$L = \int_a^b |\mathbf{r}'(t)| \, dt \qquad (8.1.13)$$

로 쓸 수도 있다.

☞ $\mathbf{r}(t)$를 이동하는 물체의 위치벡터로 생각하면, 식 (8.1.13)은 움직인 거리 L이 시간 a에서 b까지 속력(speed) $|\mathbf{r}'(t)|$로 이동한 거리 임을 의미한다.

예제 12

$\mathbf{r}(t) = [\cos t, \sin t]$, $0 \leq t \leq 2\pi$의 곡선의 길이를 구하라.

(풀이) $\mathbf{r}'(t) = [-\sin t, \cos t]$, $|\mathbf{r}'(t)| = \sqrt{(-\sin t)^2 + \cos^2 t} = 1$이므로
식 (8.1.13)에서

$$L = \int_0^{2\pi} |\mathbf{r}'(t)| \, dt = \int_0^{2\pi} dt = 2\pi \, .$$

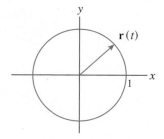

그림 8.1.17   곡선의 길이

곡면의 매개변수형 표현

매개변수 t를 사용하는 벡터함수

$$\mathbf{r}(t) = [f(t),\, g(t),\, h(t)], \quad a \leq t \leq b$$

가 공간의 곡선을 표시한 것과 같이 2개의 매개변수 u, v를 사용하는 벡터함수

$$\mathbf{r}(u, v) = [f(u, v),\, g(u, v),\, h(u, v)], \quad a \leq u \leq b, c \leq v \leq d \qquad (8.1.14)$$

는 공간의 곡면을 나타낸다. 그림 8.1.18과 8.1.19는 $\mathbf{r}(t)$와 $\mathbf{r}(u, v)$에 의한 사상 (mapping)이 곡선과 곡면이 됨을 보여준다.

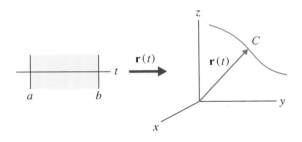

그림 8.1.18　$\mathbf{r}(t)$의 사상

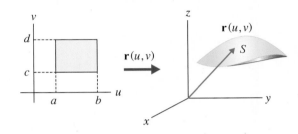

그림 8.1.19　$\mathbf{r}(u, v)$의 사상

u 또는 v가 상수이면 $\mathbf{r}(u, v)$는 $\mathbf{r}(u)$ 또는 $\mathbf{r}(v)$가 되어 곡면 $\mathbf{r}(u, v)$ 위의 곡선을 나타낸다. 2개의 매개변수를 사용하는 벡터함수로 곡면을 표시하는 방법은 8.5절 면적분의 계산에서 다시 사용될 것이다.

매개변수형 벡터함수 $\mathbf{r}(u, v)$로 나타나는 곡면과 곡면 위의 곡선의 예를 살펴보자.

예제 13　$\mathbf{r}(u, v)$로 표시되는 곡면(원기둥)

$\mathbf{r}(u, v) = [a\cos u,\, a\sin u,\, v]$, $0 \leq u \leq 2\pi$, $0 \leq v \leq 1$은 $x = a\cos u$, $y = a\sin u$, $z = v$이므로

$$x^2 + y^2 = (a\cos u)^2 + (a\sin u)^2 = a^2(\cos^2 u + \sin^2 u) = a^2,\ 0 \leq z \leq 1$$

을 만족하므로 같은 반지름이 a, 높이가 1인 원기둥의 표면을 나타낸다. $u = c$(상수)일 때 $\mathbf{r}(u, v)$는 $\mathbf{r}(v) = [a\cos c,\, a\sin c,\, v]$, $0 \leq v \leq 1$이 되어 x, y는 상수이고 $0 \leq z \leq 1$이므로 $\mathbf{r}(v)$는 원기둥의 면 위에서 z축에 평행한 직선이며 $v = c$인 경우에는 $\mathbf{r}(u) = [a\cos u,\, a\sin u,\, c]$, $0 \leq u \leq 2\pi$가 되어 $x^2 + y^2 = a^2$, $z = c$이므로 $\mathbf{r}(u)$는 원기둥의 면 위에서 반지름 a, 높이 c인 원이다.

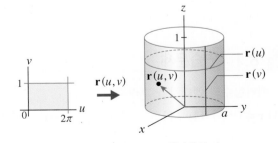

그림 8.1.20　$\mathbf{r}(u, v)$: 원기둥의 면

구 $x^2 + y^2 + z^2 = a^2$의 매개변수형 표현은

$$\mathbf{r}(u, v) = [a\cos v \cos u,\ a\cos v \sin u,\ a\sin v],\quad 0 \le u \le 2\pi,\ -\pi/2 \le v \le \pi/2$$

이다. 여기서 $x = a\cos v \cos u$, $y = a\cos v \sin u$, $z = a\sin v$이므로

$$x^2 + y^2 + z^2 = (a\cos v \cos u)^2 + (a\cos v \sin u)^2 + (a\sin v)^2$$
$$= a^2\cos^2 v(\cos^2 u + \sin^2 u) + a^2\sin^2 v = a^2(\cos^2 v + \sin^2 v) = a^2$$

을 만족하므로 반지름이 a인 구이다.

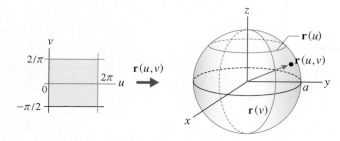

그림 8.1.21 $\mathbf{r}(u, v)$: 구의 면

$u = c$(상수)일 때 $\mathbf{r}(u, v)$는

$$\mathbf{r}(v) = [a\cos v \cos c,\ a\cos v \sin c,\ a\sin v],\quad -\pi/2 \le v \le \pi/2$$

가 되는데, 이는 $x^2 + y^2 + z^2 = a^2$과 $y = kx(k = \tan c = $ 상수$)$를 만족하므로 구의 표면과 원점을 지나며 z축에 평행한 평면의 교선, 즉 **경도**(meridians, longitude)를 나타낸다. 한편 $v = c$이면 $\mathbf{r}(u, v)$는

$$\mathbf{r}(u) = [a\cos c \cos u,\ a\cos c \sin u,\ a\sin c],\quad 0 \le u \le 2\pi$$

가 되고, 이는 $x^2 + y^2 + z^2 = a^2$, $z = c$를 만족하므로 구의 표면과 xy-평면에 평행한 평면의 교선, 즉 **위도**(parallels, latitude)를 나타낸다.

8.1 연습문제

1. 벡터함수의 벡터장을 그려라.

(1) $\mathbf{r} = (x, y) = [y^2, 1]$ (2) $\mathbf{r}(x, y) = [-x^2 - y^2, 0]$ (3) $\mathbf{r}(x, y) = [\cos x, \sin x]$

2. 6.3절에서 물체가 각속도 $\mathbf{W}$로 회전할 때 위치벡터 $\mathbf{r}$인 점에서의 선속도 $\mathbf{V}$가 $\mathbf{V} = \mathbf{W} \times \mathbf{r}$이라고 하였다. $\mathbf{W} = [0, 0, 1]$일 때 $\mathbf{r} = [x, y, z]$에서 선속도 $\mathbf{V}$의 벡터장을 그려라.

3. 벡터함수가 나타내는 곡선을 그려라(a, b는 상수).

(1) $\mathbf{r}(t) = [2\cos t,\ 2\sin t,\ 3]$ (2) $\mathbf{r}(t) = [a\cos t,\ b\sin t]$ (3) $\mathbf{r}(t) = [t,\ t^3 + 2,\ 0]$

4. 곡선을 매개변수형 벡터방정식으로 나타내고 그래프를 그려라.

(1) $y^2 + (z - 3)^2 = 9$, $x = 0$ (2) $x^2 + y^2 = 9$, $z = 9 - x^2$

(답) (1) $\mathbf{r}(t) = [0,\ 3\cos t,\ 3 + 3\sin t]$ (2) $\mathbf{r}(t) = [3\cos t,\ 3\sin t,\ 9\sin^2 t]$

5. $\mathbf{r}(t) = [2\cos t,\ 6\sin t]$의 곡선을 그리고 $\mathbf{r}(\pi/6)$와 $\mathbf{r}'(\pi/6)$를 나타내어라.

(답) $\mathbf{r}(\pi/6) = [\sqrt{3}, 3]$, $\mathbf{r}'(\pi/6) = [-1, 3\sqrt{3}]$

6. $\mathbf{r}(t) = [\ln t,\ 1/t]$, $t > 0$에 대해 1계 및 2계 도함수를 구하라.

(답) $\mathbf{r}'(t) = [1/t,\ -1/t^2]$, $\mathbf{r}''(t) = [-1/t^2,\ 2/t^3]$

7. 벡터함수에 대해 가능한 1계 편도함수를 구하라.

(1) $\mathbf{V} = [\cos x \cosh y,\ -\sin x \sinh y]$ (2) $\mathbf{V} = \left[\dfrac{1}{2}\ln(x^2 + y^2),\ \tan^{-1}\dfrac{y}{x},\ z\right]$

☞ 문제 (2) 역삼각함수의 미분은 0.3절을 참고하라.

(답) (1) $\dfrac{\partial \mathbf{V}}{\partial x} = [-\sin x \cosh y,\ -\cos x \sinh y]$, $\dfrac{\partial \mathbf{V}}{\partial y} = [\cos x \sinh y,\ \ -\sin x \cosh y]$

(2) $\dfrac{\partial \mathbf{V}}{\partial x} = \left[\dfrac{x}{x^2 + y^2},\ \dfrac{-y}{x^2 + y^2},\ 0\right]$, $\dfrac{\partial \mathbf{V}}{\partial y} = \left[\dfrac{y}{x^2 + y^2},\ \dfrac{x}{x^2 + y^2},\ 0\right]$, $\dfrac{\partial \mathbf{V}}{\partial z} = [0, 0, 1]$

8. 곡선 $x = t$, $y = t^2/2$, $z = t^3/3$에 대해 $t = 2$에서의 접선의 방정식 $\mathbf{r}_T(t)$를 구하라.

(답) $\mathbf{r}_T = [2 + t,\ 2 + 2t,\ 8/3 + 4t]$

9. 곡선 $\mathbf{r}(t) = [\cosh t,\ \sinh t,\ 0]$에 대해

(1) $\mathbf{r}'(t)$와 이의 단위벡터 $\mathbf{u}(t)$를 구하라.

(2) 점 $P(5/3,\ 4/3,\ 0)$에서 $\mathbf{r}'$과 $\mathbf{u}$를 구하라.

(3) 점 P에서 접선의 방정식 $\mathbf{r}_T(t)$를 구하고 $\mathbf{r}(t)$와 $\mathbf{r}_T(t)$를 함께 그려라.

(답) (1) $\mathbf{r}'(t) = [\sinh t,\ \cosh t,\ 0]$, $\mathbf{u}(t) = \dfrac{1}{\sqrt{\cosh 2t}}[\sinh t,\ \cosh t,\ 0]$

(2) $\mathbf{r}' = [4/3,\ 5/3,\ 0]$, $\mathbf{u} = \dfrac{3}{\sqrt{41}}[4/3,\ 5/3,\ 0]$ (3) $\mathbf{r}_T = [5/3 + 4t/3,\ 4/3 + 5t/3,\ 0]$

10. $\displaystyle\int \left[te^t,\ -e^{-2t},\ te^{t^2}\right] dt$를 계산하라.

(답) $\left[(t - 1)e^t,\ \dfrac{1}{2}e^{-2t},\ \dfrac{1}{2}e^{t^2}\right] + \mathbf{C}$

11. $\mathbf{r}'(t) = [6, 6t, 3t^2]$, $\mathbf{r}(0) = [1, -2, 1]$을 만족하는 $\mathbf{r}(t)$를 구하라.

(답) $\mathbf{r}(t) = [6t + 1, 3t^2 - 2, t^3 + 1]$

12. 벡터함수에 대한 미분의 성질 (5) $(\mathbf{u} \ \mathbf{v} \ \mathbf{w})' = (\mathbf{u}' \ \mathbf{v} \ \mathbf{w}) + (\mathbf{u} \ \mathbf{v}' \ \mathbf{w}) + (\mathbf{u} \ \mathbf{v} \ \mathbf{w}')$가 성립함을 보여라.

13. $\mathbf{v}$가 상수벡터일 때 $\int \mathbf{v} \cdot \mathbf{r}(t) dt = \mathbf{v} \cdot \int \mathbf{r}(t) dt$가 성립함을 보여라.
[힌트: $\mathbf{v} = [v_1, v_2, v_3]$, $\mathbf{r}(t) = [x(t), y(t), z(t)]$로 놓아라.]

14. 피타고라스 정리에 의하면 밑변이 a, 높이가 b인 직각삼각형의 빗변의 길이는 $\sqrt{a^2 + b^2}$이다. 다음 방법으로 빗변의 길이를 구하여 결과가 같음을 보여라.

(1) 빗변을 직선 $y = \dfrac{b}{a}x$, $0 \le x \le a$로 나타내어 길이를 구한다.

(2) 빗변을 벡터 $\mathbf{r}(t) = [at, bt]$, $0 \le t \le 1$로 나타내어 길이를 구한다.

15. 현수선(catenary) $\mathbf{r}(t) = [t, \cosh t]$, $0 \le t \le 1$에 대해 다음 물음에 답하라.

(1) $\mathbf{r}(t)$를 그리고 곡선의 길이를 식 (8.1.13)을 이용하여 구하라.

(2) 곡선의 길이를 식 (8.1.11)을 이용하여 구하고 (1)의 결과와 비교하라.

(답) (1) $\sinh 1$ (2) 같다.

☞ 현수선: $y = \cosh x$의 그래프가 선밀도가 균일한 줄의 양끝을 고정하여 매달았을 때 생기는 줄의 형태와 같다고 하여 붙여진 이름이다. 쌍곡선함수에 대해서는 0.3절을 참고하라.

16. 식 (8.1.12) 또는 (8.1.13)을 이용하여 식 (8.1.11)을 유도하라. [$y = f(x)$의 매개변수형 벡터함수는 $\mathbf{r}(t) = [t, f(t)]$이다.]

17. 예제 12의 곡선의 길이를 식 (8.1.11)을 이용하여 구하라. ($0 \le x \le 1$에 해당하는 길이를 4배하여 구하라.)

18. $\mathbf{r}(u, v)$가 주어진 곡면을 나타냄을 보이고 u 또는 v가 상수일 때의 곡선을 구하여 곡면과 함께 그려라.

(1) $\mathbf{r}(u, v) = [u, v, 0]$: xy-평면($z = 0$)

(2) $\mathbf{r}(u, v) = [a\cos v, b\sin v, u]$, $0 \le u \le 1$: 타원기둥 $\left(\dfrac{x}{a}\right)^2 + \left(\dfrac{y}{b}\right)^2 = 1$, $0 \le z \le 1$

(3) $\mathbf{r}(u, v) = [u\cos v, u\sin v, u]$, $0 \le u \le 1$, $0 \le v \le 2\pi$: 원뿔 $z = \sqrt{x^2 + y^2}$, $0 \le z \le 1$

(답) (1) $\mathbf{r}(v)$ 직선, $\mathbf{r}(u)$ 직선   (2) $\mathbf{r}(v)$ 타원, $\mathbf{r}(u)$ 직선   (3) $\mathbf{r}(v)$ 원, $\mathbf{r}(u)$ 직선

8.2 속도, 가속도

시간 t에 대하여 물체의 **위치**(position) 또는 **변위**(displacement)를 나타내는 벡터를

$$\mathbf{r}(t) = [f(t),\, g(t),\, h(t)] \qquad (8.2.1)$$

라 하면 물체의 **속도**(velocity)와 **가속도**(acceleration)는 각각

$$\mathbf{V}(t) = \mathbf{r}'(t) = [f'(t),\, g'(t),\, h'(t)] \qquad (8.2.2)$$

$$\mathbf{a}(t) = \mathbf{V}'(t) = [f''(t),\, g''(t),\, h''(t)] \qquad (8.2.3)$$

이다.

예제 1

물체의 위치가 $\mathbf{r}(t) = [t,\, t^2]$일 때 $t = 1$에서의 속도와 가속도를 구하고 $\mathbf{r}(t)$의 그래프 위에 함께 그려라.

(풀이) $x = t$, $y = t^2$에서 $y = x^2$이므로 $\mathbf{r}(t)$는 $-\infty < t < \infty$에서 포물선을 그린다.

$$\mathbf{V}(t) = \mathbf{r}'(t) = [1,\, 2t]$$에서 $\mathbf{V}(1) = [1,\, 2]$이고, $\mathbf{a}(t) = \mathbf{V}'(t) = [0,\, 2]$에서 $\mathbf{a}(1) = [0,\, 2]$

이다. $\mathbf{r}(t)$의 그래프와 $t = 1$에서의 속도와 가속도는 그림 8.2.1과 같다.

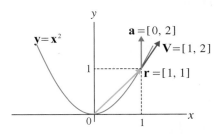

그림 8.2.1 속도와 가속도

속도의 크기, 즉 $v = |\mathbf{V}|$를 **속력**(speed)이라고 한다. 따라서 속력 v로 움직이는 물체의 시간 t동안의 **이동거리**(traveled distance)는

$$s(t) = \int_0^t v(t)\,dt \qquad (8.2.4)$$

이다. 물체가 곡선 C를 따라 이동하였다면 이동거리를 **곡선의 길이**(arc length)로 부르기도 한다. 식 (8.2.4)의 양변을 t로 미분하면 $\dfrac{ds(t)}{dt} = \dfrac{d}{dt}\displaystyle\int_0^t v(t)\,dt = v(t)$에서

$$v(t) = \frac{ds}{dt} \qquad (8.2.5)$$

가 성립한다. 즉 속력을 시간으로 적분하면 이동거리가 되고, 이동거리를 시간으로 미분하면 속력이 된다.

평면 위의 운동(중력에 의한 포물선 운동)

평면 또는 공간에서 물체의 운동은 벡터적으로 기술된다. 식 (8.2.2)와 (8.2.3)에 의하면

$$\mathbf{r}(t) = \int \mathbf{V}(t)dt, \quad \mathbf{V}(t) = \int \mathbf{a}(t)dt$$

임을 알 수 있다. 이를 이용하여 그림 8.2.2와 같이 높이 s_0에서 초속력 v_0로 지표면에 대해 θ의 각도로 쏘아 올린(또는 던져진) 물체의 운동을 생각하자. 여기서 가정은 다음과 같다.

(1) 발사된 후에 물체에 가해지는 힘은 중력뿐이다. 즉 쏘아 올린 물체의 자체 추진력이 없고 저항력도 없다.
(2) 지구의 곡률을 고려하지 않는다. 즉 단거리 운동만 고려한다.
(3) 중력가속도가 일정하다. 즉 지표면에서 중력가속도($g = 9.8$ m/s^2 또는 32 ft/s^2)를 사용한다.

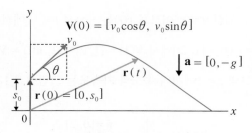

그림 8.2.2 포물선 운동

가속도가 $\mathbf{a}(t) = [0, -g]$이므로, 물체의 속도는 적분에 의해

$$\mathbf{V}(t) = \int \mathbf{a}(t)dt = \int [0, -g]dt = [0, -gt] + \mathbf{C}_1$$

이다. 물체의 초기속도(initial velocity)가 $\mathbf{V}(0) = \mathbf{C}_1 = [v_0\cos\theta, v_0\sin\theta]$이므로

$$\mathbf{V}(t) = [v_0\cos\theta, v_0\sin\theta - gt] \tag{8.2.6}$$

이고, 이를 다시 적분하면 $\mathbf{r}(t) = \int \mathbf{V}(t)dt = \left[v_0\cos\theta t, v_0\sin\theta t - \dfrac{1}{2}gt^2\right] + \mathbf{C}_2$ 가 되는데 물체의 초기변위(initial displacement) $\mathbf{r}(0) = \mathbf{C}_2 = [0, s_0]$에서

$$\mathbf{r}(t) = \left[v_0\cos\theta t, v_0\sin\theta t - \frac{1}{2}gt^2 + s_0\right] \tag{8.2.7}$$

이다. 이러한 문제를 풀기 위해 고등학교 과정에서는 $v = v_0 + at$, $s = v_0t + \dfrac{1}{2}at^2$, $v^2 - v_0^2 = 2as$와 같은 공식을 단순히 암기하여 사용했지만 여기서는 어떤 공식의 도움 없이 벡터함수의 적분만을 사용했음을 기억하기 바란다.

예제 2

지표면에서 $30°$ 각도로 초속력 98 m/s로 쏘아 올린 물체에 대해 (1) 물체의 변위, (2) 물체의 최고 높이, (3) 물체가 지표면에서 이동한 거리, (4) 물체가 땅에 떨어질 때의 속력을 구하라.

(풀이)

(1) 식 (8.2.7)에 $v_0 = 98$, $s_0 = 0$, $\theta = 30°$, $g = 9.8$을 대입하면

$$\mathbf{r}(t) = \left[98\cos 30° t, 98\sin 30° t - \frac{1}{2}(9.8)t^2\right] = [49\sqrt{3}\,t, 49t - 4.9t^2].$$

(2) $\mathbf{r}(t) = [x(t), y(t)]$라 하면

$$x(t) = 49\sqrt{3}\,t, \quad y(t) = 49t - 4.9t^2$$

이다. 최고점에서는 물체 속도의 y성분이 0이므로 $v_y = \dfrac{dy}{dt} = 49 - 9.8t = 0$, 즉 $t = 5$초에서 물체가 최고점에 도달한다. 이때의 높이는

$$y(5) = 49 \cdot 5 - 4.9 \cdot 5^2 = 122.5\,(\text{m}).$$

(3) 물체가 땅에 떨어질 때 $y = 0$이므로 $y(t) = 49t - 4.9t^2 = 0$에서 $t = 10$이다($t = 0$은 물체가 출발한 시간). 따라서

$$x(10) = 49\sqrt{3} \cdot 10 = 848.7\,(\text{m}).$$

(4) 물체의 속도는 $\mathbf{V}(t) = \mathbf{r}'(t) = [49\sqrt{3}, 49 - 9.8t]$이다. 땅에 떨어질 때의 속도는

$$\mathbf{V}(10) = [49\sqrt{3}, 49 - 9.8 \cdot 10] = [49\sqrt{3}, -49]$$

이고, 이때의 속력은

$$|\mathbf{V}| = \sqrt{(49\sqrt{3})^2 + (-49)^2} = 98\,(\text{m/s})$$

로 물체의 초속력과 같다.

속도의 크기가 일정한 운동에서 속도와 가속도의 방향 관계

속도의 크기가 일정하므로 $|\mathbf{V}| = c$(상수)이면 $|\mathbf{V}|^2 = c^2$이고 $|\mathbf{V}|^2 = \mathbf{V} \cdot \mathbf{V}$임을 이용하면 $\mathbf{V} \cdot \mathbf{V} = c^2$이다. 8.1절 벡터함수에 대한 미분의 성질 (3)과 벡터 내적에 대해 교환법칙이 성립함을 이용하여 마지막 식의 양변을 미분하면

$$(\mathbf{V} \cdot \mathbf{V})' = \mathbf{V}' \cdot \mathbf{V} + \mathbf{V} \cdot \mathbf{V}' = 2\mathbf{V} \cdot \mathbf{V}' = 0$$

인데 $\mathbf{V}' = \mathbf{a}$이므로

$$\mathbf{V} \cdot \mathbf{a} = 0 \tag{8.2.8}$$

이다. 즉 크기가 일정한 속도와 가속도는 서로 수직이다. 등속 원운동의 경우에도 가속도 $\mathbf{a}$와 선속도 $\mathbf{V}$의 방향이 서로 수직이다. 다음 예를 보자.

예제 3   원운동

$\mathbf{r}(t) = [\cos t,\ \sin t]$에서

$$\mathbf{V}(t) = \mathbf{r}'(t) = [-\sin t,\ \cos t],\ \mathbf{a}(t) = \mathbf{V}'(t) = [-\cos t,\ -\sin t]$$

이다. $|\mathbf{V}(t)| = \sqrt{(-\sin t)^2 + (\cos t)^2} = 1$이므로 이는 속도의 크기가 일정한 등속력 운동이고 $\mathbf{V}(t) \cdot \mathbf{a}(t)$ $= \sin t \cos t - \sin t \cos t = 0$이므로 $\mathbf{V}(t)$와 $\mathbf{a}(t)$는 t에 관계없이 서로 수직이다.

$$t = 0 :\ \mathbf{r}(0) = [1, 0],\ \mathbf{V}(0) = [0, 1],\ \mathbf{a}(0) = [-1, 0]$$
$$t = \frac{\pi}{2} :\ \mathbf{r}\left(\frac{\pi}{2}\right) = [0, 1],\ \ \mathbf{V}\left(\frac{\pi}{2}\right) = [-1, 0],\ \ \mathbf{a}\left(\frac{\pi}{2}\right) = [0, -1]$$
$$\vdots$$

등으로 속도와 가속도는 그림 8.2.3과 같이 항상 서로 수직임을 알 수 있다.

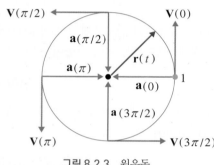

그림 8.2.3   원운동

예제 3의 반지름이 1인 원운동을 반지름 $|\mathbf{r}| = r$ (상수)인 원 위를 일정한 각속력 ω rad/s로 회전하는 원운동으로 일반화하면

$$\mathbf{r}(t) = r[\cos\omega t,\ \sin\omega t]$$

이다. 이때 속도와 가속도(구심가속도, centripetal acceleration)는

$$\mathbf{V}(t) = \mathbf{r}'(t) = r\omega[-\sin\omega t,\ \cos\omega t]$$
$$\mathbf{a}(t) = \mathbf{V}'(t) = r\omega^2[-\cos\omega t,\ -\sin\omega t]$$

이고, 속도의 크기는

$$v = |\mathbf{V}| = r\omega\sqrt{(-\sin\omega t)^2 + (\cos\omega t)^2} = r\omega \tag{8.2.9}$$

이므로 등속(력) 원운동이다. 구심가속도의 크기는

$$a = |\mathbf{a}| = r\omega^2\sqrt{\cos\omega^2 t + \sin\omega^2 t} = r\omega^2 = \frac{v^2}{r} \tag{8.2.10}$$

이고, 구심력(centripetal force)의 크기는 원운동하는 물체의 질량이 m일 때 뉴턴 제2법칙에 의해

$$F = |\mathbf{F}| = m|\mathbf{a}| = \frac{mv^2}{r} \tag{8.2.11}$$

으로 우리가 잘 아는 식이다.

지구의 반지름은 약 6,400 km이고 지구와 태양 사이의 평균거리인 1 AU(Astro-nomical Unit 천문단위)는 약 1억 5천만 km이다. 지구의 공전속력과 지구자전에 의해 지구의 적도 지역에서 발생하는 자전속력을 구해보자. 지구의 공전 궤도를 정지된 태양이 중심인 원으로 가정하겠다. 지구는 태양 주위를 1년에 한 바퀴 회전하므로 공전속력은

$$v = \frac{2\pi \times 1.5 \times 10^8 \text{ km}}{365 \text{ day} \times 24 \text{ h/day}} \simeq 107,000 \text{ km/h}$$

이다. 또한 지구는 하루에 한 번 자전하므로 각속력은

$$\omega = 2\pi \text{ rad}/(24 \text{ hour}) = 0.262 \text{ rad/h},$$

따라서 자전에 의한 지구표면에서의 속력은 식 (8.2.9)에서

$$v = r\omega = 6,400 \text{ km} \times 0.262 \text{ rad/h} \simeq 1,700 \text{ km/h}$$

이다. 참으로 지구는 매우 빠른 속도로 움직이고 있다.

쉬어가기 8.2　　지구의 운동

다음은 저자가 대입 수시입학 문제로 출제했던 가속도 운동, 상대운동과 관련된 내용이다.

(1) 평평한 마루 위에 책상이 있고 책상 끝에 2개의 동전을 놓는다. 같은 시간에 동전 하나는 아래 방향으로 그대로 떨어뜨리고 다른 동전은 수평 방향으로 손가락으로 쳐서 떨어뜨린다. 어느 동전이 먼저 마루에 떨어지는가?

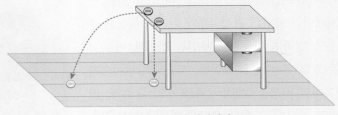

그림 8.2.4 동전 낙하실험

(2) 고속도로를 빠르게 달리는 차 안에서 동전을 들어 손바닥을 향해 떨어뜨린다. 조준한 곳으로 떨어질까? 차 밖에 정지해 있는 사람이 이 운동을 관찰한다면 떨어지는 동전의 궤적이 어떤 모양일 것이라 생각하는가? 이러한 현상을 문제 (1)과 관련하여 설명하라.

(3) 신부이며 천문학자였던 **코페르니쿠스**(Nicolaus Copernicus, 1473-1543, 폴란드)를 비롯한 16세기 과학자들이 지구는 둥글고 자전과 공전을 한다고 주장했을 당시 많은 학자들로부터 반박을 받았다. 반박의 예로 지구가 빠른 속도로 운동한다면 나뭇가지에 앉아 있는 새가 나무 밑에 있는 지렁이를 발견하더라도 새가 나무를 떠나는 순간 지구 운동에 의해 지렁이의 위치가 변하므로 잡을 수 없을 것이라 하였다. 또한 사람이 벽 옆에 서서 제자리 뛰기를 하면 본래 뛰었던 자리로 돌아오지 않고 벽에 충돌할 것이라고도 하였다. 지구

운동에 반박했던 사람들의 주장에 대해 본인의 입장을 설명하라.

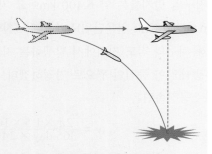

그림 8.2.5 비행기의 폭격

다음은 위의 질문에 대한 답이다.

(1) 동전은 동시에 떨어진다. 두 동전의 운동을 수평 방향과 수직 방향으로 나누어 보면 수평 방향의 초기속도가 있느냐 없느냐의 차이일 뿐 수직 방향 운동은 동일하다. 수평방향으로 초기속도를 주고 떨어뜨린 경우는 수직방향의 등가속 운동과 수평방향의 등속운동이 합쳐진 것뿐이다.

(2) 동전은 조준한 손 안으로 떨어진다. 차 안에서는 수직으로 낙하하는 것처럼 보이지만, 차 밖에서 보면 차의 속도만큼 수평 방향의 초기속도로 던진 경우이므로 (1)에서 던진 동전의 경우와 같이 포물선 궤적을 그리며 낙하하고 손도 동일한 수평속도로 이동한다. 이는 그림 8.2.5와 같이 등속도로 운동하는 폭격기가 목표 지점 이전에 미리 포탄을 투하해야 하고 폭격기 조종사는 항상 자신의 아래에서 포탄이 폭발하는 것을 보게 되는 이치와 같다.

(3) 마찬가지로 지구 위의 모든 물체는 지구 운동에 해당하는 속도로 이동한다. 즉 지렁이가 이동하는 만큼 새도 이동하고, 벽이 이동하는 만큼 사람도 이동하므로 이러한 반박은 성립하지 않는다. 갈릴레이(Galileo Galilei, 1564-1642, 이탈리아)가 **지동설**을 주장하다가 종교재판에서 이를 철회한 후 법정을 나서며 "그래도 지구는 돈다"라고 말했다는 일화가 있다. 지난 2009년은 천문의 해였다. 갈릴레이가 망원경으로 처음 천체를 관측한 해가 1609년이었고 400년 후에 이를 기념한 것이다. 이러한 사실이 뭐가 중요하냐고 물을 수도 있겠지만 갈릴레이 이전에는 모든 천체가 지구를 중심으로 회전한다는 **아리스토텔레스**(Aristoteles, BC 384-322, 그리스)의 **천동설**을 신봉하던 시기였다. 갈릴레이는 목성의 위성 4개와 이들이 목성의 주위를 돌고 있다는 사실을 발견하여 천동설을 부인한 것이다. 우리가 알고 있는 목성의 위성은 2023년 기준 95개이다. 지금도 갈릴에이가 발견한 목성의 가장 큰 4개의 위성을 **갈릴레이 위성**(이오, 유로파, 가니메레스, 칼리스토)이라고 부른다. 과학은 사실에 입각한 학문이다. 모르는 사실을 안다고 하지도 않지만 새로운 사실이 나오면 과거의 주장에 얽매이지 않고 이를 바로 받아들이는 것이 과학자의 입장이다. 과학에는 영원한 진리가 없다. 단지 진리를 해석할 뿐이다.

그림 8.2.6

접선 가속도와 법선 가속도

앞 절의 그림 8.1.12에서 $\mathbf{r}'(t)$가 곡선 C의 접선벡터이므로

$$\mathbf{T} = \frac{\mathbf{r}'(t)}{|\mathbf{r}'(t)|} = \frac{\mathbf{V}(t)}{v(t)} \qquad (8.2.12)$$

로 놓으면, 이는 곡선 C의 **단위접선벡터**(unit tangential vector)로 $|\mathbf{T}| = 1$이다. 따라서 $\mathbf{V}(t) = v(t)\mathbf{T}(t)$로 쓸 수 있고 양변을 t로 미분하여 가속도

$$\mathbf{a}(t) = \mathbf{V}'(t) = (v\mathbf{T})' = \frac{dv}{dt}\mathbf{T} + v\frac{d\mathbf{T}}{dt} \qquad (8.2.13)$$

를 얻는다. 그런데 $\mathbf{T}$는 단위벡터로 크기가 1로 일정하므로 식 (8.2.6)에 의해 $\mathbf{T} \cdot \frac{d\mathbf{T}}{dt} = 0$, 즉 $\frac{d\mathbf{T}}{dt}$가 $\mathbf{T}$에 수직인 법선벡터이다. 따라서 식 (8.2.13)을

$$\mathbf{a}(t) = \mathbf{a}_T(t) + \mathbf{a}_N(t) \qquad (8.2.14)$$

로 쓸 수 있고, 그림 8.2.7과 같이

$$\mathbf{a}_T(t) = \frac{dv}{dt}\mathbf{T} \qquad (8.2.15)$$

는 **접선 가속도**(tangential acceleration)로 속도의 크기, 즉 속력의 변화를 나타내고

$$\mathbf{a}_N(t) = v\frac{d\mathbf{T}}{dt} \qquad (8.2.16)$$

는 **법선 가속도**(normal acceleration)로 속도의 방향 변화를 나타내는 가속도이다.

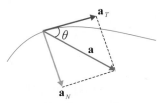

그림 8.2.7 법선 및 접선 가속도

예제 4 접선 가속도와 법선 가속도

예제 1의 운동에 대해 접선 가속도와 법선 가속도를 구하고, 이들을 더하여 예제 1의 가속도와 같음을 확인하라.

(풀이) 예제 1에서 $\mathbf{V}(t) = [1, 2t]$이므로 $v = |\mathbf{V}| = \sqrt{1 + 4t^2}$, $\mathbf{T} = \frac{\mathbf{V}}{v} = \frac{[1, 2t]}{\sqrt{1 + 4t^2}}$. 따라서 식 (8.2.15)와 식 (8.2.16)에 의해

$$\mathbf{a}_T(t) = \frac{dv}{dt}\mathbf{T} = \frac{4t}{\sqrt{1 + 4t^2}}[1, 2t], \quad \mathbf{a}_N(t) = v\frac{d\mathbf{T}}{dt} = \frac{2}{\sqrt{1 + 4t^2}}[-2t, 1]$$

이므로 $\mathbf{a}_T(1) = \frac{4}{5}[1, 2]$, $\mathbf{a}_N(1) = \frac{2}{5}[-2, 1]$이고

$$\mathbf{a} = \mathbf{a}_T + \mathbf{a}_N = \frac{4}{5}[1, 2] + \frac{2}{5}[-2, 1] = [0, 2]$$

가 되어 예제 1의 결과와 같다.

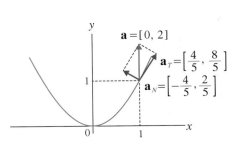

그림 8.2.8 포물선 운동의 가속도

☞ 예제 1과 예제 4의 포물선 운동은 $t = 0$일 때는 모든 가속도가 법선 가속도이고, $t \to \pm\infty$일 때는 모든 가속도가 접선 가속도가 되는 등가속 운동이다.

예제 4에서 알 수 있듯이 일반적인 곡선 운동에서는 접선 가속도와 법선 가속도가 모두 존재한다. 하지만 등가속 직선 운동의 경우에는 $\mathbf{a}_N = \mathbf{0}$, 등속(력) 원운동의 경우에는 $\mathbf{a}_T = \mathbf{0}$이 될 것이다. 이를 확인해 보자.

예제 5   등가속 직선 운동

x축을 따라 직선 운동하는 $\mathbf{r}(t) = [t^2/2,\ 0]$에 대해 접선 가속도와 법선 가속도를 구하라.

(풀이) $\mathbf{V}(t) = \mathbf{r}'(t) = [t,\ 0]$이고, $\mathbf{a}(t) = \mathbf{V}'(t) = [1,\ 0]$이므로 등가속 직선운동이다.

$$v = |\mathbf{V}| = t, \quad \mathbf{T} = \frac{\mathbf{V}}{v} = \frac{[t,\,0]}{t} = [1,\ 0]$$

에서 $\dfrac{dv}{dt} = 1$, $\dfrac{d\mathbf{T}}{dt} = [0,\,0]$이므로

$$\mathbf{a}_T(t) = \frac{dv}{dt}\mathbf{T} = 1[1,\ 0] = [1,\ 0],$$

$$\mathbf{a}_N(t) = v\frac{d\mathbf{T}}{dt} = t[0,\ 0] = [0,\ 0]$$

이다. 따라서 가속도는 모두 접선 가속도이다.

예제 6   등속 원운동

원운동 $\mathbf{r}(t) = [\cos t,\ \sin t]$에 대해 접선 가속도와 법선 가속도를 구하라.

(풀이) $\mathbf{V}(t) = \mathbf{r}'(t) = [-\sin t,\ \cos t]$에서 $|\mathbf{V}| = \sqrt{(-\sin t)^2 + (\cos t)^2} = 1$이므로 등속력 운동이고, 가속도는 $\mathbf{a}(t) = \mathbf{V}'(t) = [-\cos t,\ -\sin t]$이다.

$$v = |\mathbf{V}| = 1, \quad \mathbf{T} = \frac{\mathbf{V}}{v} = [-\sin t,\ \cos t]$$

에서 $\dfrac{dv}{dt} = 0$, $\dfrac{d\mathbf{T}}{dt} = [-\cos t,\ -\sin t]$이므로

$$\mathbf{a}_T(t) = \frac{dv}{dt}\mathbf{T} = 0[-\sin t,\ \cos t] = [0,\ 0],$$

$$\mathbf{a}_N(t) = v\frac{d\mathbf{T}}{dt} = 1[-\cos t,\ -\sin t] = [-\cos t,\ -\sin t]$$

이다. 따라서 가속도는 모두 법선 가속도이다.

위에서 가속도 $\mathbf{a}$를 접선 가속도 $\mathbf{a}_T$와 법선 가속도 $\mathbf{a}_N$으로 나타내었는데 이러한 두 가속도가 별도로 존재하는 것이 아니고 가속도 $\mathbf{a}$를 곡선 C의 접선방향 성분과 법선 방향 성분으로 나누어 생각할 수 있다는 의미이다. 이외에도 접선 가속도와 법선 가속도를 구하는 다른 방법을 연습문제에서 소개한다.

곡률

일반적으로 곡선 C의 단위접선벡터 $\mathbf{T}$는 곡선의 거리 s에 따라 변한다. 그림 8.2.9 를 보면 곡선이 직선에 가까운 $P_0 P_1$ 구간에서는 $\mathbf{T}$의 방향 변화가 작지만 곡선이 급격하게 휘는 $P_1 P_2$ 구간에서는 $\mathbf{T}$의 방향 변화가 크다.

매끄러운 곡선 C에 대해 휘어지는 정도를 나타내는 지표로 **곡률**(curvature)

$$\kappa = \left| \frac{d\mathbf{T}}{ds} \right| \tag{8.2.17}$$

을 사용하는데, 이는 곡선의 길이에 대한 $\mathbf{T}$의 변화율이다. 여기서 s는 식 (8.2.4)로 정의되는 곡선의 길이이다. 식 (8.2.17)을 사용하기 위해서는 $\mathbf{T}(s)$를 알아야 하는데,

$$\frac{d\mathbf{T}}{dt} = \frac{d\mathbf{T}}{ds}\frac{ds}{dt} \text{에서 } \frac{d\mathbf{T}}{ds} = \frac{d\mathbf{T}/dt}{ds/dt} = \frac{1}{v}\frac{d\mathbf{T}}{dt}$$

임을 이용하면 식 (8.2.17)을

$$\kappa = \frac{1}{v}\left| \frac{d\mathbf{T}}{dt} \right| \tag{8.2.18}$$

로 쓸 수 있다.

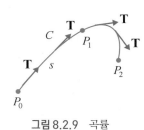

그림 8.2.9 곡률

예제 7 원의 곡률

반지름이 R인 원의 곡률을 구하라.

(풀이) 반지름이 R인 원은 $C : \mathbf{r}(t) = R[\cos t, \sin t]$이다. $\mathbf{V}(t) = \mathbf{r}'(t) = R[-\sin t, \cos t]$, $v = |\mathbf{V}| = R$이므로

$$\mathbf{T}(t) = \frac{\mathbf{V}}{v} = [-\sin t, \cos t], \quad \frac{d\mathbf{T}}{dt} = [-\cos t, -\sin t]$$

에서 $\left| \dfrac{d\mathbf{T}}{dt} \right| = 1$이다. 따라서 식 (8.2.18)을 이용하면 곡률은

$$\kappa = \frac{1}{v}\left| \frac{d\mathbf{T}}{dt} \right| = \frac{1}{R}(1) = \frac{1}{R}$$

이다. 즉 원의 곡률은 반지름의 역수로 $R \to \infty$일 때 $\kappa \to 0$, $R \to 0$일 때 $\kappa \to \infty$이다.

곡률 반지름

그림 8.2.10과 같이 곡선 C의 한 점 P에서 곡선에 접하는 원을 **곡률원**(circle of curvature)이라고 하고, 곡률원의 반지름 ρ를 **곡률 반지름**(radius of curvature)이라고 한다. 곡률원은 곡선이 휘는 안쪽에 위치하고 점 P에서 곡률원의 접선과 곡선의 접선은 일치해야 한다. 곡선 C를 따라 이동하는 물체의 점 P에서의 법선 가속도의 크기 $|\mathbf{a}_N| = v\left| \dfrac{d\mathbf{T}}{dt} \right|$는 곡률원의 구심 가속도 $|\mathbf{a}_{\text{cent}}| = \dfrac{v^2}{\rho}$와 같아야 하므로

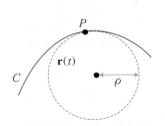

그림 8.2.10 곡률원과 곡률반지름

$\rho = \dfrac{v}{\left|\dfrac{dT}{dt}\right|}$ 이고, 여기에 식 (8.2.18)을 적용하면

$$\rho = \frac{1}{\kappa} \tag{8.2.19}$$

이 되어, 곡률 반지름은 곡률의 역수임을 알 수 있다. 이러한 원리는 곡선 구간을 주행하는 자동차의 원심력을 최소화하기 위해 도로에 경사(banked curve)를 줄 때 필요할 것이다.

전향 가속도

2차원 전향 가속도: 원운동과 직선운동의 중첩

단위원을 따라 움직이는 물체의 위치벡터가 $\mathbf{r}_0 = [\cos t, \sin t]$일 때, $\mathbf{r}(t) = t\mathbf{r}_0$는 원운동과 중심에서 바깥쪽으로 진행하는 직선운동이 결합된 평면 나선운동을 나타낸다. 쉽게 말하면 개미가 회전하는 CD의 중심에서 바깥쪽으로 등속으로 이동하는 경우에 해당한다. 이러한 운동의 속도와 가속도를 구하면

$$\mathbf{V} = \mathbf{r}' = (t\mathbf{r}_0)' = \mathbf{r}_0 + t\mathbf{r}_0'$$
$$\mathbf{a} = \mathbf{V}' = (\mathbf{r}_0 + t\mathbf{r}_0')' = \mathbf{r}_0' + \mathbf{r}_0' + t\mathbf{r}_0'' = 2\mathbf{r}_0' + t\mathbf{r}_0''$$

이 되는데, 원운동 $\mathbf{r}_0$에 대해 $\mathbf{r}_0'' = -\mathbf{r}_0$이므로

$$\mathbf{a} = 2\mathbf{r}_0' - t\mathbf{r}_0 \tag{8.2.20}$$

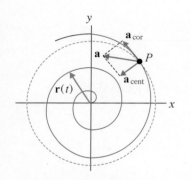

그림 8.2.11　2차원 전향 가속도

이다. 즉 이러한 운동에 대한 가속도는 그림 8.2.11과 같이 운동 경로 위의 한 점에서 그려지는 원 위에서 원의 중심을 향하는 **구심 가속도**(centripetal acceleration) $\mathbf{a}_{cent} = -t\mathbf{r}_0$와 원의 접선 방향을 향하는 가속도인 $\mathbf{a}_{cor} = 2\mathbf{r}_0'$의 합으로 나타나는데, 여기서 $\mathbf{a}_{cor}$를 **전향 가속도** 또는 **코리올리 가속도**(Coriolis acceleration)라 부른다. 움직이는 물체는 전향 가속도에 의해 **전향력**(Coriolis force)이라는 힘을 받게 되는데, 이는 일종의 관성력으로 전향 가속도의 반대 방향으로 작용하며 물체의 운동에는 영향을 미치지 않는다. 따라서 회전하는 CD의 중심에서 바깥쪽으로 이동하는 개미는 진행 방향의 우측으로 전향력을 받게 된다. 여기서 $\mathbf{a}_{cor}$와 $\mathbf{a}_{cent}$가 경로 $\mathbf{r}(t)$에 접하거나 수직이 아니고 점 P를 지나는 원에 대해 접하거나 수직이라는 점에 유의해야 한다.

3차원 전향 가속도: 두 회전의 중첩

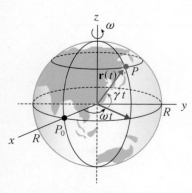

그림 8.2.12　3차원 전향 가속도

그림 8.2.12와 같이 적도 위의 점 P_0에서 자전하는 지구의 경도를 따라 북쪽으로 움직이는 비행기의 시간 t에서의 위치 P를 나타내는 벡터는

$$\mathbf{r}(t) = [R\cos\gamma t\,\cos\omega t, R\cos\gamma t\,\sin\omega t, R\sin\gamma t] = R\cos\gamma t\,\mathbf{r}_0 + R\sin\gamma t\,\mathbf{k}$$

이다. 여기서 R은 지구의 반지름, γ는 비행기의 각속력, $\mathbf{r}_0 = [\cos\omega t, \sin\omega t, 0]$은 각속력 ω인 지구의 자전을 나타내는 xy-평면에서 단위 원운동, $\mathbf{k} = [0, 0, 1]$은 z축 방향의 단위벡터이다. (P의 경도 상의 위치에 따라 지구의 자전 반지름이 변화함에 유의하라.) 따라서

$$\mathbf{V} = \mathbf{r}' = -\gamma R\sin\gamma t\, \mathbf{r}_0 + R\cos\gamma t\, \mathbf{r}_0{}' + \gamma R\cos\gamma t\, \mathbf{k}$$

$$\mathbf{a} = \mathbf{V}' = -\gamma^2 R\cos\gamma t\, \mathbf{r}_0 - \gamma R\sin\gamma t\, \mathbf{r}_0{}' - \gamma R\sin\gamma t\, \mathbf{r}_0{}' + R\cos\gamma t\, \mathbf{r}_0{}'' - \gamma^2 R\sin\gamma t\, \mathbf{k}$$

이고, $\mathbf{r}_0{}'' = -\omega^2 \mathbf{r}_0$이므로

$$\mathbf{a} = -\gamma^2 R\cos\gamma t\, \mathbf{r}_0 - 2\gamma R\sin\gamma t\, \mathbf{r}_0{}' - \omega^2 R\cos\gamma t\, \mathbf{r}_0 - \gamma^2 R\sin\gamma t\, \mathbf{k}$$

이다. 마지막 식을 정리하여

$$\mathbf{a} = -\omega^2 R\cos\gamma t\, \mathbf{r}_0 - \gamma^2 R(\cos\gamma t \mathbf{r}_0 + \sin\gamma t\, \mathbf{k}) - 2\gamma R\sin\gamma t\, \mathbf{r}_0{}' \qquad (8.2.21)$$

로 나타내면 우변의 첫째 항 $-\omega^2 R\cos\gamma t\, \mathbf{r}_0$는 지구의 자전 중심축을 향하는 xy-평면 벡터로 지구 자전의 구심 가속도이고, 둘째 항 $-\gamma^2 R(\cos\gamma t\, \mathbf{r}_0 + \sin\gamma t\, \mathbf{k})$는 지구 중심을 향하는 비행기 회전의 구심 가속도이다. 마지막으로 셋째 항 $-2\gamma R\sin\gamma t\, \mathbf{r}_0{}'$은 지구 자전의 접선 방향 가속도로 이를 전향 가속도 $\mathbf{a}_{cor}$라 한다. $\mathbf{a}_{cor}$의 방향은 북반구에서는$(0 < \gamma t < \pi/2)$ $\sin\gamma t > 0$이므로 지구 자전의 반대 방향인 $-\mathbf{r}_0{}'$이고, 남반구에서는$(-\pi/2 < \gamma t < 0)$ $\sin\gamma t < 0$이므로 지구 자전 방향 $\mathbf{r}_0{}'$이다. $|\mathbf{r}_0{}'| = \omega$이므로 전향 가속도의 크기는

$$|\mathbf{a}_{cor}| = 2\gamma R\,|\sin\gamma t|\,|\mathbf{r}_0{}'| = 2\omega\gamma R\,|\sin\gamma t|$$

가 되어 적도에서는$(\gamma t = 0)$ $\sin\gamma t = 0$이므로 최소값 0, 양극에서는$(\gamma t = \pm\pi/2)$ $\sin\gamma t = \pm1$이므로 최대값 $2\omega\gamma R$을 갖는다. 실제로 비행기에 미치는 전향력은 전향 가속도의 반대 방향으로 작용한다. 따라서 북쪽을 향해 움직이는 비행기는 북반구에서는 동쪽 방향(진행 방향의 우측)으로, 남반구에서는 서쪽 방향(진행 방향의 좌측)으로 전향력을 받는다. 이러한 현상은 한국에서 외국을 갈 때와 올 때 비행시간이 달라지는 이유가 되며 대기의 흐름, 미사일 등의 경로에도 관계한다.

쉬어가기 8.3 　관성력은 가속도의 반대 방향이다.

"관성력의 방향은 가속도의 반대 방향이다"라는 말을 자주 들었을 것이다. 우리가 엘리베이터를 타고 위로 움직이면 아래 방향으로 힘을 받고, 엘리베이터가 올라가다 정지하면 위 방향으로 힘을 받는 느낌을 두고 하는 말이다. **관성력**(inertial force)은 가속운동하는 관측자가 가속도의 반대 방향으로 느끼는 힘으로 가속도 운동을 하지 않는 관측자에게는 나타나지 않는다. 직선 가속운동뿐 아니라 원운동에서는 원심력, 곡선 운동에서는 전향력으로 나타난다. 이러한 관성력은 가속운동하는 가속계에만 나타나는 힘으로 뉴턴의 법칙

이 성립하는 정지계 또는 등속운동계와 같은 관성계에서는 나타나지 않는다. 관성력을 **겉보기힘**(fictitious force)이라고도 부른다. 이러한 관성력은 물체의 운동의 결과로 나타나는 힘으로 이러한 힘이 다시 운동에 영향을 미치지는 않는다.

직선 가속운동

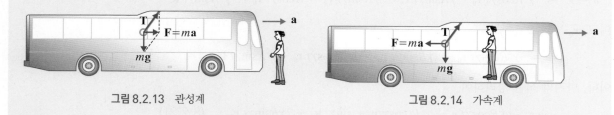

그림 8.2.13   관성계   그림 8.2.14   가속계

버스가 가속운동을 할 때 그림 8.2.13과 같은 외부의 관측자에게는 버스 손잡이도 버스와 함께 가속운동하는 것으로 보이며, 줄의 장력 $\mathbf{T}$와 줄의 무게 $m\mathbf{g}$의 합력 $\mathbf{F}$가 손잡이에 작용하여 $\mathbf{F} = m\mathbf{a}$에 의해 가속도가 발생한다고 설명한다. 하지만 그림 8.2.14와 같은 버스 내부의 관측자에게는 손잡이는 정지해 있는 것으로 보이며, 이를 버스 가속도의 반대 방향으로 관성력 $\mathbf{F} = -m\mathbf{a}$가 손잡이에 작용하고 이것이 $\mathbf{T}$와 $m\mathbf{g}$와 함께 힘의 평형을 이루어 손잡이가 정지되어 있다고 설명한다. 이와 같이 가속운동하는 관측자가 가속도의 반대 방향으로 느끼는 힘 $\mathbf{F} = -m\mathbf{a}$를 관성력이라 한다.

등속 원운동

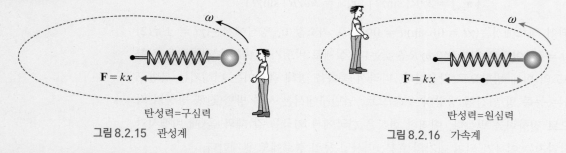

탄성력=구심력   탄성력=원심력
그림 8.2.15   관성계   그림 8.2.16   가속계

등속 원운동에서 구심력은 항상 원의 중심을 향한다. 회전하는 원판 위에 추가 매달린 용수철의 길이가 늘어날 때 그림 8.2.15와 같은 외부의 관측자는 용수철의 탄성력이 구심력으로 작용하여 추가 회전한다고 설명하지만, 그림 8.2.16과 같이 원판 위에서 함께 운동하는 관측자는 용수철의 탄성력과 크기가 같고 방향이 반대인 힘이 용수철에 작용하여 추가 정지되어 있다고 설명해야 할 것이다. 이와 같이 원운동하는 물체 안에서 구심력의 반대 방향으로 느끼는 힘을 **원심력**이라 하는데 이 또한 관성력의 일종이다.

8.2 연습문제

1. $\mathbf{r}(t) = [-\cosh 2t,\ \sinh 2t]$의 경로를 그리고, $t = 0$에서 속도와 가속도를 구하여 함께 그려라. 이때의 속력도 구하라.

(답) $\mathbf{V}(0) = [0, 2]$, $|\mathbf{V}(0)| = 2$, $\mathbf{a}(0) = [-4, 0]$

2. 물체의 위치가 $\mathbf{r}(t) = [t^2,\ t^3 - 2t,\ t^2 - 5t]$로 주어질 때 이 물체가 xy−평면을 지나는 시간을 구하고 이때의 속도와 가속도도 구하라.

(답) $\mathbf{V}(0) = [0, -2, -5]$, $\mathbf{V}(5) = [10, 73, 5]$, $\mathbf{a}(0) = [2, 0, 2]$, $\mathbf{a}(5) = [2, 30, 2]$

3. 미식축구에서 쿼터백이 수평에서 $45°$ 각도로 100야드의 패스를 하려고 한다. 필요한 공의 초기 속력을 구하라. 1야드는 3피트이고 지표면에서 중력가속도는 32 ft/s²이다.

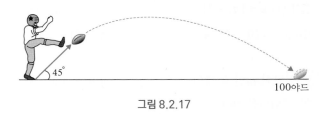

그림 8.2.17

(답) $40\sqrt{6}$ (ft/s)

4. 정지된 표적(T)을 향해 대포가 포탄(P)을 쏘았고 같은 시간에 표적은 자유낙하를 시작한다. 포탄이 표적을 명중시키는가?

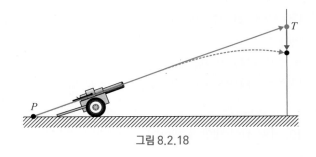

그림 8.2.18

(답) 명중시킨다.

5. (1) 본문의 설명에 의하면 $\mathbf{a}_T = |\mathbf{a}_T|\mathbf{T}$이고, 그림 8.2.7에서 $|\mathbf{a}_T| = |\mathbf{a}|\cos\theta$이다. 이를 이용하여 접선 가속도를 구하는 식

$$\mathbf{a}_T = \frac{\mathbf{a}\cdot\mathbf{V}}{\mathbf{V}\cdot\mathbf{V}}\mathbf{V} \tag{8.2.22}$$

을 유도하라. 법선 가속도는 $\mathbf{a}_N = \mathbf{a} - \mathbf{a}_T$로 구한다.

(2) 식 (8.2.22)를 이용하여 예제 4를 다시 풀어라.

(3) 식 (8.2.22)를 이용하여 예제 5를 다시 풀어라.

6. 다음의 법선 및 접선 가속도를 구하고 두 가속도가 수직임을 보여라.

(1) $\mathbf{r}(t) = [3t, -t, 2t]$: 등속 직선운동   (2) $\mathbf{r}(t) = t\mathbf{r}_0$, 여기서 $\mathbf{r}_0 = [\cos t, \sin t]$: 평면 나선운동

(답) (1) $\mathbf{a}_T = \mathbf{0}$, $\mathbf{a}_N = \mathbf{0}$ (2) $\mathbf{a}_T = \dfrac{t}{1 + t^2}(\mathbf{r}_0 + t\mathbf{r}_0{}')$, $\mathbf{a}_N = \dfrac{2 + t^2}{1 + t^2}(\mathbf{r}_0{}' - t\mathbf{r}_0)$

7. 직선의 곡률을 구하라.

(답) 0

8. 본문의 설명에 의하면 $\mathbf{r}_0 = [\cos t, \sin t]$일 때 평면 나선운동 $\mathbf{r}(t) = t\mathbf{r}_0$의 가속도는 $\mathbf{a} = 2\mathbf{r}_0{}' - t\mathbf{r}_0$였다.

(1) $t = \pi$에서 가속도 $\mathbf{a}$를 구하라.

(2) $t = \pi$에서 $\mathbf{a}_T$와 $\mathbf{a}_N$을 구하고[문제 6의 (2) 이용] 이들을 더하여 (1)의 결과와 비교하라.

(3) $t = \pi$에서 $\mathbf{a}_{\text{cor}}$와 $\mathbf{a}_{\text{cent}}$를 구하고 이들을 더하여 (1)의 결과와 비교하라.

(답) (1) $\mathbf{a} = [\pi, -2]$ (2) $\mathbf{a}_T = \dfrac{\pi}{1 + \pi^2}[-1, -\pi]$, $\mathbf{a}_N = \dfrac{2 + \pi^2}{1 + \pi^2}[\pi, -1]$, $\mathbf{a} = [\pi, -2]$

(3) $\mathbf{a}_{\text{cor}} = [0, -2]$, $\mathbf{a}_{\text{cent}} = [\pi, 0]$, $\mathbf{a} = [\pi, -2]$

9. 질량이 m인 물체의 무게는 $W = mg$이다. 이는 중력에 의한 무게이며 실제 무게는 여기에서 지구 자전에 의한 원심력을 빼야하므로 $W_e = m(g - a)$이고, 이를 **유효무게**(effective weight)라고 한다. 여기서 a는 지구자전에 의한 구심가속도이다. 적도 위에서 체중이 60 kgf인 사람의 유효체중을 구하라. 본문의 예제 3 아래 설명에 나오는 값을 이용하라.

(답) 59.8 kgf. 중력에 의한 무게와 큰 차이가 없다. 이는 가속운동을 하는 지구를 관성계로 보는 타당한 이유가 된다.

☞ 우리는 체중을 말할 때 무게, 즉 힘이 아닌 질량으로 말하고 있다. 무게가 60 kgf인 물체의 질량은 60 kg이다. 지표면에서 1 kgf = (1 kg)(9.8 m/s²) = 9.8 kg · m/s² = 9.8 N이다.

10. 질량 M인 태양과 태양의 주위를 도는 질량 m인 행성 사이에 중력 $\mathbf{F} = -\dfrac{GMm}{|\mathbf{r}|^3}\mathbf{r}$이 작용하며 이를 **중심력**(center force)이라고 한다. (행성의 궤도가 원이 아닌 타원이므로 구심력이라고 부르지 않는다.) 여기서 $\mathbf{r}$은 태양을 원점으로 하는 행성의 위치벡터이다. 쉬어가기 8.4를 먼저 읽고 다음에 답하라.

(1) 중심력에 의해 행성에 작용하는 토크 $\boldsymbol{\tau}$가 0임을 보여라.

(2) 행성의 각운동량 $\mathbf{L}$이 항상 일정한 이유를 말하라.

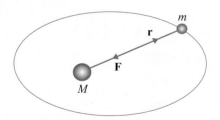

그림 8.2.19   태양과 행성

쉬어가기 8.4	선운동량과 각운동량

질량이 m, 속도가 $\mathbf{V}$인 물체의 **선운동량**(linear momentum)을 $\mathbf{p} = m\mathbf{V}$로 정의하면 뉴턴의 제2법칙 $\mathbf{F} = ma = m\dfrac{d\mathbf{V}}{dt} = \dfrac{d}{dt}(m\mathbf{V}) = \dfrac{d\mathbf{p}}{dt}$에서

$$\mathbf{F} = \frac{d\mathbf{p}}{dt} \qquad (8.2.23)$$

이다. 이는 물체에 가해진 힘과 물체의 선운동량의 시간 변화율이 같음을 의미하며 뉴턴의 제2법칙과 달리 질량이 변하는 경우에도 사용할 수 있다. 로켓이 기체를 방출하여 질량은 감소하지만 추진력을 얻는 문제를 해결하는 좋은 방법이 된다. 만약 $\mathbf{F} = \mathbf{0}$이면 식 (8.2.23)에서 $d\mathbf{p}/dt = \mathbf{0}$이므로 선운동량 $\mathbf{p}$가 일정해야 하는데, 이를 외부 힘이 작용하지 않으면 물체의 선운동량은 보존된다고 말한다. 선운동량 보존에 대해서는 쉬어가기 6.2에서 소개하였다.

6.3절에서 물체의 **각운동량**(angular momentum)은 $\mathbf{L} = \mathbf{r} \times \mathbf{p}$로, 토크(torque)는 $\boldsymbol{\tau} = \mathbf{r} \times \mathbf{F}$로 정의하였다. 여기서 $\mathbf{r}$은 고정점을 시작점으로 나타낸 물체의 위치벡터이다. 8.1절 벡터함수의 미분의 성질 (4)를 이용하여 $\mathbf{L}$을 미분하면 물체의 속도 $\mathbf{V} = d\mathbf{r}/dt$와 물체의 운동량 $m\mathbf{V}$의 방향이 같으므로

$$\frac{d\mathbf{L}}{dt} = \frac{d}{dt}(\mathbf{r} \times \mathbf{p}) = \frac{d\mathbf{r}}{dt} \times \mathbf{p} + \mathbf{r} \times \frac{d\mathbf{p}}{dt} = \mathbf{V} \times (m\mathbf{V}) + \mathbf{r} \times \mathbf{F} = \mathbf{0} + \boldsymbol{\tau} = \boldsymbol{\tau}$$

에서

$$\boldsymbol{\tau} = \frac{d\mathbf{L}}{dt} \qquad (8.2.24)$$

가 된다. 이는 물체에 가해진 토크가 물체의 각운동량의 시간 변화율과 같음을 보인다. 식 (8.2.23)과 (8.2.24)로 나나나는 과학의 대칭적 질서는 매우 흥미롭다. 식 (8.2.24)에서 $\boldsymbol{\tau} = \mathbf{0}$이면 $d\mathbf{L}/dt = \mathbf{0}$이므로 외부 토크가 작용하지 않으면 각운동량 또한 보존됨을 알 수 있다. 이에 관해서는 6.3절 연습문제와 쉬어가기 9.1에서 간단하게 다루었다.

8.3 기울기벡터

자연과학을 탐구하는 데 유용하게 사용되는 다변수 함수와 관련된 도함수가 있는데, 기울기벡터, 발산, 회전 등이 그 예이다. 이 절에서는 먼저 스칼라함수에 대한 기울기벡터(과거에는 '구배'라고도 하였음)에 대하여 알아본다. 이 절 이후에서 공부할 내용은 열역학, 열전달, 유체역학, 전자기학 등 다양한 전공과목과 관련되어 매우 중요한 부분이다.

기울기벡터

스칼라함수 f에 대해

$$\operatorname{grad} f = \nabla f = \frac{\partial f}{\partial x}\mathbf{i} + \frac{\partial f}{\partial y}\mathbf{j} + \frac{\partial f}{\partial z}\mathbf{k} = \left[\frac{\partial f}{\partial x}, \frac{\partial f}{\partial y}, \frac{\partial f}{\partial z}\right] \qquad (8.3.1)$$

를 f의 **기울기벡터**(gradient)라 한다.

여기서 ∇은 '델(del)' 또는 '나블라(nabla)'로 불리는 벡터미분 연산자로

$$\nabla = \frac{\partial}{\partial x}\mathbf{i} + \frac{\partial}{\partial y}\mathbf{j} + \frac{\partial}{\partial z}\mathbf{k} = \left[\frac{\partial}{\partial x}, \frac{\partial}{\partial y}, \frac{\partial}{\partial z}\right] \qquad (8.3.2)$$

이다. 여기서 f는 스칼라함수지만 이의 기울기벡터 ∇f는 벡터함수임에 유의하자.

예제 1

점 $(1, 1, 1)$에서 $f(x, y, z) = x^2 + yz + z^3$의 기울기벡터를 구하라.

(풀이) $\nabla f = \left[\dfrac{\partial f}{\partial x}, \dfrac{\partial f}{\partial y}, \dfrac{\partial f}{\partial z}\right] = [2x, z, y + 3z^2]$이므로

$$\nabla f(1, 1, 1) = [2 \cdot 1, 1, 1 + 3 \cdot 1^2] = [2, 1, 4].$$

기울기벡터의 성질

미분 가능한 스칼라함수 f, g에 대하여 다음이 성립한다.

(1) $\nabla(cf) = c\nabla f$ (c는 상수)   (2) $\nabla(f + g) = \nabla f + \nabla g$

(3) $\nabla(fg) = (\nabla f)g + f(\nabla g)$ (4) $\nabla(1/g) = -\nabla g / g^2$

(5) $\nabla(f/g) = [(\nabla f)g - f(\nabla g)]/g^2$

☞ 0.1절 1변수 함수의 미분의 성질과 유사함을 확인하자.

성질 (1)의 증명

$$\nabla(cf) = [(cf)_x, (cf)_y, (cf)_z] = [cf_x, cf_y, cf_z] = c[f_x, f_y, f_z] = c\nabla f$$

성질 (3)의 증명

$$\nabla(fg) = [(fg)_x, (fg)_y, (fg)_z] = [f_x g + fg_x, f_y g + fg_y, f_z g + fg_z]$$
$$= [f_x, f_y, f_z]\, g + f[g_x, g_y, g_z] = (\nabla f)g + f(\nabla g)$$

방향도함수

스칼라함수 f 의 단위벡터 **u** 방향의 변화율을 **방향도함수**(directional derivative)라 하고 $D_\mathbf{u} f$ 라고 쓴다.

0.2절에서 2변수 함수 $z = f(x, y)$의 편미분 $\partial z / \partial x$는 함수 f의 x축 방향, 즉 **i** 방향의 변화율을 나타내고, 편미분 $\partial z / \partial y$는 함수 f의 y축 방향, 즉 **j** 방향의 변화율을 나타낸다고 하였다. 여기서는 2변수 함수 $z = f(x, y)$의 평면벡터 **u** 방향의 변화율에 대해 알아보자.

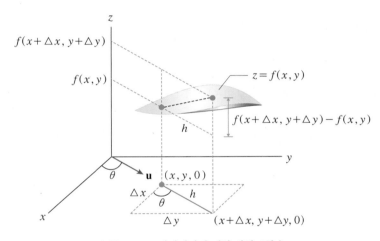

그림 8.3.1   평면벡터에 대한 방향도함수

함수 f의 **u** 방향의 변화율을 $D_\mathbf{u} f$ 라 하면 그림 8.3.1에서 h가 벡터 **u**와 평행한 직선의 길이를 나타내는 매개변수일 때

$$D_\mathbf{u} f = \frac{df}{dh} = \lim_{h \to 0} \frac{f(x + \triangle x, y + \triangle y) - f(x, y)}{h}$$
$$= \lim_{h \to 0} \frac{f(x + h\cos\theta, y + h\sin\theta) - f(x, y)}{h}$$

이다. 여기서 고정된 θ에 대해 f는 h만의 함수이므로 $D_\mathbf{u} f$ 가 상미분 df/dh가 됨에 유의하자. 이는 $\theta = 0$과 $\theta = \pi/2$일 때, 즉 **i**와 **j** 방향에 대해 각각

$$D_\mathbf{i} f = \lim_{h \to 0} \frac{f(x + h, y) - f(x, y)}{h}, \quad D_\mathbf{j} f = \lim_{h \to 0} \frac{f(x, y + h) - f(x, y)}{h}$$

를 나타내며, 이들은 각각 z의 편도함수 $\partial z / \partial x$와 $\partial z / \partial y$와 같다. 즉 방향도함수 $D_\mathbf{u} f$ 는 편미분을 임의의 방향에 대해 일반화한 개념이다.

방향도함수의 계산

> 스칼라함수 f의 단위벡터 $\mathbf{u}$에 대한 방향도함수는
> $$D_\mathbf{u} f = \mathbf{u} \cdot \nabla f \qquad (8.3.3)$$
> 이다.

(증명) 함수 $f(x, y)$에 대해 임의의 단위벡터 $\mathbf{u}$ 방향의 방향도함수를

$$D_\mathbf{u} f = \frac{df}{dh} = \lim_{h \to 0} \frac{f(x, y) - f(x_0, y_0)}{h} \qquad (8.3.4)$$

로 쓸 수 있다. 여기서 h는 $\mathbf{u}$ 방향 직선 L의 길이를 나타내는 매개변수이다.

직선의 매개변수 벡터방정식(6.4절 참고)이 $\mathbf{r}[x(h), y(h)] = \mathbf{r}_0 + h\mathbf{u}$이므로

$$\mathbf{r}'(h) = \left[\frac{dx}{dh}, \frac{dy}{dh} \right] = \mathbf{u} \qquad (8.3.5)$$

이다. 따라서 식 (8.3.4)에 편미분의 연쇄율을 적용하면 식 (8.3.5)에 의해

$$D_\mathbf{u} f = \frac{df}{dh} = \frac{\partial f}{\partial x} \frac{dx}{dh} + \frac{\partial f}{\partial y} \frac{dy}{dh} = \left[\frac{\partial f}{\partial x}, \frac{\partial f}{\partial y} \right] \cdot \left[\frac{dx}{dh}, \frac{dy}{dh} \right] = \nabla f \cdot \mathbf{u}$$

이다. ∎

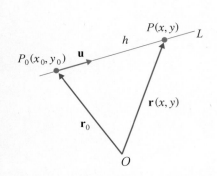

그림 8.3.2 방향도함수 계산

예제 2

점 $(1, 1)$에서 $f(x, y) = 2x^2y^3 + 6xy$의 $\mathbf{u} = [\cos(\pi/6), \sin(\pi/6)]$ 방향의 방향도함수를 계산하라.

(풀이) $\nabla f = [4xy^3 + 6y, 6x^2y^2 + 6x]$, $\nabla f(1, 1) = [10, 12]$이므로

$$D_\mathbf{u} f = \mathbf{u} \cdot \nabla f = [\cos(\pi/6), \sin(\pi/6)] \cdot [10, 12] = 5\sqrt{3} + 6 .$$

3변수 함수 $\omega = g(x, y, z)$에 대해서도 $D_\mathbf{u} g$는 $g(x, y, z)$의 공간벡터 $\mathbf{u}$방향 방향도함수가 된다.

예제 3

점 $(1, -1, 2)$에서 $g(x, y, z) = xy^2 - 4x^2y + z^2$의 $\mathbf{a} = [6, 2, 3]$ 방향의 방향도함수를 계산하라.

(풀이) $\nabla g = [y^2 - 8xy, 2xy - 4x^2, 2z]$에서 $\nabla g(1, -1, 2) = [9, -6, 4]$이다. $\mathbf{a}$를 단위벡터로 변환하면 $|\mathbf{a}| = \sqrt{6^2 + 2^2 + 3^2} = 7$이므로 $\mathbf{u} = \dfrac{\mathbf{a}}{|\mathbf{a}|} = \dfrac{1}{7}[6, 2, 3]$이다. 따라서

$$D_{\mathbf{u}}g = \mathbf{u} \cdot \nabla g = \frac{1}{7}[6, 2, 3] \cdot [9, -6, 4] = \frac{54}{7}.$$

그림 8.3.3과 같이 기울기벡터 ∇f와 단위벡터 $\mathbf{u}$ 사이의 각을 θ라 하면 $|\mathbf{u}| = 1$이므로 $D_{\mathbf{u}}f = \mathbf{u} \cdot \nabla f = |\mathbf{u}| |\nabla f| \cos\theta = |\nabla f| \cos\theta$이고, $-1 \le \cos\theta \le 1$이므로

$$-|\nabla f| \le D_{\mathbf{u}}f \le |\nabla f|$$

이다. 따라서 방향도함수는 $\theta = 0$, 즉 두 벡터 $\mathbf{u}$와 ∇f의 방향이 같을 때 최대값 $|\nabla f|$를 가지며, $\theta = \pi$, 즉 $\mathbf{u}$의 방향이 $-\nabla f$의 방향(∇f의 반대 방향)과 같을 때 최소값 $-|\nabla f|$를 갖는다. 따라서 다음과 같은 중요한 정리를 얻는다.

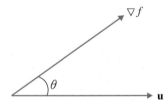

그림 8.3.3 방향도함수의 최대값

최대 변화율, 최대 감소율

> 스칼라함수 f의 기울기벡터 ∇f는 f가 **가장 급격히 증가하는 방향**을 가리키며 이 때의 증가율은 $|\nabla f|$이고, $-\nabla f$는 f가 **가장 급격히 감소하는 방향**을 가리키며 이때의 증가율은 $-|\nabla f|$이다.

☞ 위 정리를 'Theorem of Steepest Ascent and Descent'라 부른다. 학생들이 위의 내용을 잘 이해하지 못하는 경우가 많다. 이는 $\mathbf{u}$와 ∇f의 방향이 이미 정해져 있을 것이라는 고정관념 때문이다. 함수 f의 방향별 변화율을 생각할 때 방향 $\mathbf{u}$는 자유롭다.

예제 4

예제 3에 대해 점 $(1, -1, 2)$에서 g가 가장 급격히 증가하는 방향과 그때의 증가율을 계산하라.

(풀이) 예제 3의 풀이에서 $\nabla g(1, -1, 2) = [9, -6, 4]$가 g가 가장 급격히 증가하는 방향이고, 이때 증가율은 $|\nabla g(1, -1, 2)| = \sqrt{9^2 + (-6)^2 + 4^2} = \sqrt{133} \fallingdotseq 11.5$이다. 이는 당연히 예제 3의 결과인 $54/7 \fallingdotseq 7.7$ 보다 커야 한다.

예제 5

어떤 산의 높이가 $z = f(x, y) = 1 - \sqrt{x^2 + y^2}$, $0 \leq z \leq 1$로 주어질 때 산의 높이가 가장 급하게 증가하는 방향은 항상 산의 중심 방향임을 보여라.

(풀이) $\nabla f = -\left[\dfrac{x}{\sqrt{x^2 + y^2}}, \dfrac{y}{\sqrt{x^2 + y^2}}\right] = -\dfrac{1}{\sqrt{x^2 + y^2}}\mathbf{r}$,

여기서 $\mathbf{r} = [x, y]$이다. 따라서 산의 어느 곳에 위치하던지 경사가 가장 급한 방향은 그림 8.3.4에서 $-\mathbf{r}$, 즉 산의 중심 방향이다.

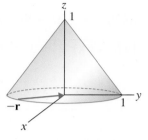

그림 8.3.4　산의 경사

☞ 위 풀이에서 경사가 가장 급한 방향을 가리키는 벡터 ∇f가 왜 평면벡터인가라는 질문을 자주 받는다. 문제에서 요구하는 방향이 산의 정상 방향이 아니라 산의 높이가 가장 급격히 증가하는 방향이라는 점에 유의하기 바란다. 우리가 북극성이 위치한 방향을 북쪽으로 정하지만 이는 직접 북극성을 향하는 3차원 방향이 아니라 평면에서 북극성을 향하는 2차원 방향이다.

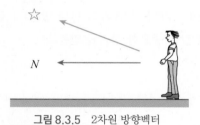

그림 8.3.5　2차원 방향벡터

다음은 예제 5와 달리 기울기벡터 ∇T가 3차원 벡터가 되는 경우이다.

예제 6

$0 \leq x \leq 1$, $0 \leq y \leq 2$, $0 \leq z \leq 3$인 방의 내부 온도는 $T(x, y, z) = xyz(1-x)(2-y)(3-z)$이다. 점 $(1/2, 1, 1)$에 위치한 모기가 온도가 가장 급격히 감소하는 방향으로 이동하려 한다. 어느 방향으로 날아가야 하는가?

(풀이) $\nabla T = [yz(2 - y)(3 - z)(1 - 2x), \; xz(1 - x)(3 - z)(2 - 2y), \; xy(1 - x)(2 - y)(3 - 2z)]$에서

$\nabla T(1/2, 1, 1) = [0, 0, 1/4]$이므로 그림 8.3.6과 같이 $-\nabla T = -\dfrac{1}{4}\mathbf{k}$ 방향으로 이동해야 한다.

(참고: T를 편미분할 때 미분하려는 변수 외의 변수는 상수로 취급하여 그대로 두고 미분하려는 변수로만 미분하면 된다.)

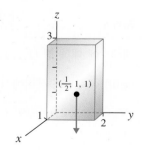

그림 8.3.6　모기의 이동

예제 6에서는 고정점에서 온도가 가장 급격히 감소하는 방향을 구했다. 반면에 예제 7은 연속적으로 온도가 가장 급격히 증가하는 방향을 구하는 문제이다.

예제 7

온도분포 $T(x, y) = x + y^2$ ($x \geq 0$, $y \geq 0$)을 갖는 평면이 있다. $t = 0$에서 평면 위의 점 $(0, 1)$에 있던 열추적기가 온도가 가장 급격히 증가하는 방향을 따라 연속적으로 움직인다. 움직이는 경로를 x와 y의 관계식으로 나타내고 xy-평면에 그려라.

(풀이) 온도가 가장 급격히 증가하는 방향은 $\nabla T = [1, 2y]$이다. 그림 8.3.7과 같이 열추적기의 경로를 $\mathbf{r}(t) = [x(t), y(t)]$로 놓으면 경로 위의 모든 점에서 접선 방향은 온도가 가장 급격히 증가하는 방향이어야 하므로 $\mathbf{r}'(t) = [x'(t), y'(t)]$는 $\nabla T = [1, 2y]$와 같아야 한다.

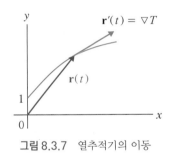

그림 8.3.7   열추적기의 이동

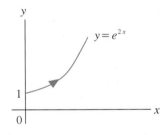

그림 8.3.8   열추적기의 이동경로

즉 $[x'(t), y'(t)] = [1, 2y]$에서 미분방정식 $x'(t) = 1$, $y'(t) = 2y$를 얻고, 이들의 해는 $x(t) = t + c_1$, $y(t) = c_2 e^{2t}$ 이다(아래 참고). $t = 0$에서 열추적기의 위치가 $(0, 1)$이므로 $c_1 = 0$, $c_2 = 1$이고, t를 소거하면 경로는 $y = e^{2x}$ 이다.

☞ $x'(t) = 1$, $y'(t) = 2y$의 해가 $x(t) = t + c_1$, $y(t) = c_2 e^{2t}$임을 직관적으로 알 수 있다. $[x(t)$와 $y(t)$를 미분하여 미분방정식을 만족하는지 확인하라.] 1장에서 설명한 1계 미분방정식에 대한 변수분리법을 사용해도 같은 결과를 얻는다. 1장에서 공부한 내용이지만 다시 소개한다.

(1) $\frac{dx}{dt} = 1$을 변수분리하고 양변을 t로 적분하면 $\int dx = \int dt$ 에서 $x(t) = t + c_1$이다.

(2) $\frac{dy}{dt} = 2y$를 변수분리하고 양변을 t로 적분하면 $\int \frac{dy}{y} = \int 2dt$ 에서 $\ln|y| = 2t + c$이다. 즉 $|y| = e^{2t + c} = c^* e^{2t}(c^* = e^c > 0)$이 되는데, 이는 임의의 상수 c_2에 대해 $y = c_2 e^{2t}$와 같다.

법선벡터

곡선의 법선

곡선 $f(x, y) = c$는 곡면 $z = f(x, y)$의 **등위곡선**이라 하였다(0.1절 참고). 이러한 곡선의 매개변수형 벡터함수를 $\mathbf{r}(t) = [x(t), y(t)]$라 하자. $f(x, y) = c$의 양변을 t로 미분하면 $\dfrac{df}{dt} = 0$이고, 편미분의 연쇄율에 의해

$$\frac{df}{dt} = \frac{\partial f}{\partial x}\frac{dx}{dt} + \frac{\partial f}{\partial y}\frac{dy}{dt} = 0$$

이다. 위 식은 $\nabla f = \left[\dfrac{\partial f}{\partial x}, \dfrac{\partial f}{\partial y} \right]$, $\mathbf{r}'(t) = [x'(t), y'(t)]$임을 이용하여

$$\nabla f \cdot \mathbf{r}'(t) = 0 \qquad\qquad (8.3.6)$$

으로 쓸 수 있는데, 이는 ∇f와 $\mathbf{r}'(t)$가 서로 수직임을 의미한다. 따라서 ∇f는 곡선 $f(x, y) = c$의 **법선벡터**(normal vector)이다.

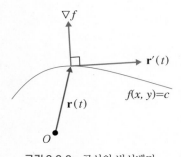

그림 8.3.9 곡선의 법선벡터

앞에서 스칼라함수 f의 기울기벡터 ∇f는 함수 f가 가장 급격히 증가하는 방향을 가리키는 벡터라 하였는데, 여기서는 다시 ∇f가 등위곡선 $f(x, y) = c$의 법선벡터라고 말하고 있다. 이러한 두 가지 개념이 어떤 관계를 갖는지 이해해 보자. 그림 8.3.10에서 $z = f(x, y)$는 공간의 곡면을 나타내는 2변수 함수이고, 1변수 함수의 음함수 형태인 $f(x, y) = c$는 이의 등위곡선이다. 동일한 기울기벡터 ∇f는 곡면 $z = f(x, y)$에서는 함수 f가 가장 급격히 증가하는 방향을 가리키는 벡터이지만 곡선 $f(x, y) = c$에서는 각각의 등위곡선에 수직하는 법선벡터인 것이다. 산에서는 물이 경사가 가장 급격히 감소하는 방향을 따라 흐르는데, 물이 흐르는 계곡이 등고선 지도에서는 그림 8.3.11과 같이 등고선에 수직한 방향으로 나타나는 것이 좋은 예가 될 것이다.

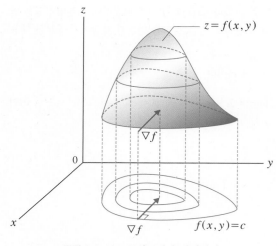

그림 8.3.10 등위곡선과 법선벡터

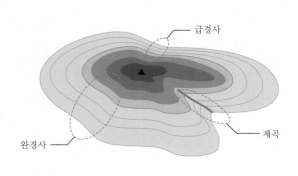

그림 8.3.11 등고선 지도

예제 8

2변수 함수인 곡면 $f(x, y) = -x^2 + y^2$에 대해 점 $(2, 3)$을 지나는 등위곡선을 그리고, 그 점에서 법선벡터도 함께 그려라.

(풀이) $f(x, y) = -x^2 + y^2 = c$가 점 $(2, 3)$을 지나므로 $c = 5$이다. 따라서 등위곡선은 $-x^2 + y^2 = 5$이고, 법선벡터는

$\mathbf{n} = \nabla f(2, 3) = [-2x, 2y]_{(2, 3)} = [-4, 6]$이다.

여기서 $-\nabla f(2, 3) = [4, -6]$도 $\mathbf{n}$과 반대방향의 법선벡터이다.

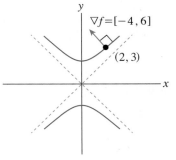

그림 8.3.12 2변수 함수의 등위곡선

곡면의 법선

곡선의 법선과 마찬가지로 곡면 $g(x, y, z) = c$는 3변수 함수 $\omega = g(x, y, z)$의 등위곡면이다. 이 곡면 위에 위치하는 둘 이상의 곡선을 $\mathbf{r}(t) = [x(t), y(t), z(t)]$라 하자. $g(x, y, z) = c$의 양변을 t로 미분하면

$$\frac{dg}{dt} = \frac{\partial g}{\partial x}\frac{dx}{dt} + \frac{\partial g}{\partial y}\frac{dy}{dt} + \frac{\partial g}{\partial z}\frac{dz}{dt} = 0$$

또는

$$\nabla g \cdot \mathbf{r}'(t) = 0 \qquad (8.3.7)$$

이다. 따라서 ∇g와 $\mathbf{r}'(t)$는 수직이며, 이는 그림 8.3.13과 같이 ∇g가 곡면 $g(x, y, z) = c$의 **법선벡터**임을 뜻한다.

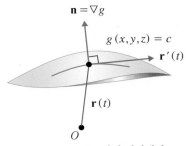

그림 8.3.13 곡면의 법선벡터

예제 9

3변수 함수 $g(x, y, z) = x^2 + y^2 + z^2$에 대해 점 $(1, 1, 1)$을 지나는 등위곡면을 그리고, 그 점에서 법선벡터도 함께 그려라.

(풀이) 점 $(1, 1, 1)$을 지나는 등위곡면은 $g(x, y, z) = x^2 + y^2 + z^2 = 3$이므로 법선벡터는

$$\mathbf{n} = \nabla g(1, 1, 1) = [2x, 2y, 2z]_{(1, 1, 1)} = [2, 2, 2]$$

이다.

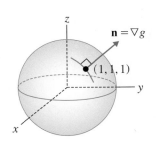

그림 8.3.14 3변수 함수의 등위곡면

쉬어가기 8.5   다른 접근, 같은 결과

여기서 기울기벡터를 이용하여 구한 법선벡터와 6장에서 벡터의 내적을 이용하여 구한 법선벡터를 비교해 보자. 6.4절에서 직선 $ax + by + c = 0$의 법선벡터가 $\mathbf{n} = [a, b]$임을 배웠다. 하지만 이 절에서는 직선 $ax + by + c = 0$은 2변수 함수 $f(x, y) = ax + by + c$의 등위곡선이므로 $\mathbf{n} = \nabla f = [a, b]$가 직선 $ax + by + c = 0$의 법선벡터라고 설명한다.

마찬가지로 6.4절에서 평면 $ax + by + cz + d = 0$의 법선벡터는 $\mathbf{n} = [a, b, c]$이었다. 여기서는 평면 $ax + by + cz + d = 0$을 3변수 함수 $g(x, y, z) = ax + by + cz + d$의 등위곡선으로 생각하여 $\mathbf{n} = \nabla g = [a, b, c]$가 평면 $ax + by + cz + d = 0$의 법선벡터라고 설명한다. 다른 접근으로 동일한 결과를 얻을 수 있지만 기울기벡터를 이용하면 직선 또는 평면에 국한되지 않고 임의의 곡선 또는 곡면의 법선벡터도 구할 수 있다.

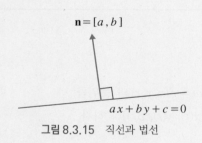

그림 8.3.15 직선과 법선

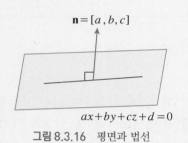

그림 8.3.16 평면과 법선

접평면

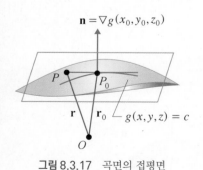

그림 8.3.17 곡면의 접평면

곡면 $g(x, y, z) = c$ 위의 점에서 접하는 평면을 **접평면**(tangent plane)이라 한다. 곡면 위의 점 $P_0(x_0, y_0, z_0)$를 택하고 $\mathbf{OP_0} = \mathbf{r_0}$라 하자. 점 P_0에서 곡면의 법선벡터는 $\nabla g(x_0, y_0, z_0)$이고 접평면 위의 임의의 점을 $P(x, y, z)$, $\mathbf{OP} = \mathbf{r}$이라면 $\mathbf{P_0P} = \mathbf{r} - \mathbf{r_0}$와 $\nabla g(x_0, y_0, z_0)$가 수직이므로 **접평면의 방정식**

$$\nabla g(x_0, y_0, z_0) \cdot (\mathbf{r} - \mathbf{r_0}) = 0 \qquad (8.3.8)$$

을 구한다. 식 (8.3.8)을 성분으로 표현하면

$$\frac{\partial g}{\partial x}\Big|_{(x_0, y_0, z_0)} (x - x_0) + \frac{\partial g}{\partial y}\Big|_{(x_0, y_0, z_0)} (y - y_0) + \frac{\partial g}{\partial z}\Big|_{(x_0, y_0, z_0)} (z - z_0) = 0$$

이다.

예제 10

곡면 $x^2 - 4y^2 + z^2 = 16$ 위의 점 $(2, 1, 4)$에서 접평면의 방정식을 구하라.

(풀이) 곡면을 $g(x, y, z) = x^2 - 4y^2 + z^2 = 16$으로 놓으면 $\nabla g = [2x, -8y, 2z]$이므로 점 $P_0(2, 1, 4)$에서 법선벡터는 $\nabla g(2, 1, 4) = [4, -8, 8]$이고, 평면 위의 임의의 점을 $P(x, y, z)$라 하면 $\mathbf{P_0P} = \mathbf{r} - \mathbf{r_0} = [x - 2, y - 1, z - 4]$이다. 따라서 접평면은

$$\nabla g \cdot (\mathbf{r} - \mathbf{r_0}) = [4, -8, 8] \cdot [x - 2, y - 1, z - 4] = 0$$

에서 $4(x - 2) - 8(y - 1) + 8(z - 4) = 0$ 또는 $x - 2y + 2z = 8$이다.

예제 11

곡면 $z^2 = x^2 + y^2$의 접평면이 항상 원점을 포함함을 보여라.

(풀이) 곡면을 $g(x, y, z) = x^2 + y^2 - z^2 = 0$으로 놓으면 $\nabla g = 2[x, y, -z]$이므로 점 (x_0, y_0, z_0)에서 접평면의 방정식은 $x_0(x - x_0) + y_0(y - y_0) - z_0(z - z_0) = 0$ 또는

$$x_0 x + y_0 y - z_0 z = x_0^2 + y_0^2 - z_0^2$$

이다. 여기서 점 (x_0, y_0, z_0)는 곡면 위의 점이므로 $x_0^2 + y_0^2 - z_0^2 = 0$을 만족하고, 따라서 접평면의 방정식은 $x_0 x + y_0 y - z_0 z = 0$으로 단순해지며 이는 x_0, y_0, z_0의 값에 관계없이 항상 원점 $(0, 0, 0)$을 지난다.

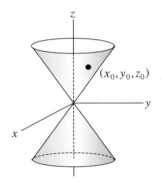

그림 8.3.18 접평면

☞ 대부분 학생들이 "…을 구하라"보다는 예제 11과 같이 "…을 보여라" 또는 "…을 증명하라"라는 문제에 약한 면을 보인다. 사실 "…을 보여라"는 이미 답을 알려준 문제이므로 더 쉬울 수 있다. 예제 11에서는 평면의 방정식 $ax + by + cz + d = 0$이 원점을 지나려면 $d = 0$이어야 한다는 것만 생각하면 간단하게 해결할 수 있다.

포텐셜 함수

$\mathbf{F} = \nabla \phi$를 만족하는 스칼라함수 ϕ를 벡터 $\mathbf{F}$의 **포텐셜**(potential)이라 하며, 이러한 ϕ가 존재하는 벡터 $\mathbf{F}$를 **보존장**(conservative field)이라 한다.

예제 12   중력장의 포텐셜

8.1절 예제 3에서 원점에 위치하는 질량 M에 의해 위치 벡터 $\mathbf{r} = [x, y]$에 작용하는 **중력장**(gravitational field)은 $c = GM$이라고 할 때

$$\mathbf{g}(\mathbf{r}) = -\frac{GM\mathbf{r}}{|\mathbf{r}|^3} = -c\frac{\mathbf{r}}{|\mathbf{r}|^3} = -c\left[\frac{x}{(x^2 + y^2)^{3/2}}, \frac{y}{(x^2 + y^2)^{3/2}}\right]$$

이다. $\mathbf{g}$의 포텐셜 ϕ는 $\mathbf{g} = \nabla\phi = \left[\dfrac{\partial\phi}{\partial x}, \dfrac{\partial\phi}{\partial y}\right]$의 관계를 만족하므로

$$\frac{\partial\phi}{\partial x} = -\frac{cx}{(x^2 + y^2)^{3/2}} \quad \text{(a)} \qquad \frac{\partial\phi}{\partial y} = -\frac{cy}{(x^2 + y^2)^{3/2}} \quad \text{(b)}$$

이다. (a)를 적분하면($x^2 + y^2 = t$로 치환)

$$\phi(x, y) = -c\int \frac{x}{(x^2 + y^2)^{3/2}}\,dx = \frac{c}{\sqrt{x^2 + y^2}} + h(y) \quad \text{(c)}$$

이고, (c)를 다시 y로 편미분하여 (b)와 비교하면

$$\frac{\partial\phi}{\partial y} = -\frac{cy}{(x^2 + y^2)^{3/2}} + h'(y) = -\frac{cy}{(x^2 + y^2)^{3/2}}$$

에서 $h'(y) = 0$ 또는 $h(y) = k$(상수)이다. 포텐셜은 상대적인 값이기 때문에 k의 값이 무의미하므로 $k = 0$을 택하면 중력장의 포텐셜은 $\phi = \dfrac{c}{\sqrt{x^2 + y^2}}$ 또는

$$\phi = \frac{GM}{|\mathbf{r}|} \tag{8.3.9}$$

이다. 그림 8.3.19는 식 (8.3.9)의 GM에 적당한 값을 대입한 2차원 포텐셜 $\phi(x, y)$의 그래프이다. 그림의 붉은 화살표는 $\nabla\phi$, 즉 중력장 $\mathbf{g}$의 방향으로 포텐셜이 가장 급격하게 증가하는 방향을 가리킨다.

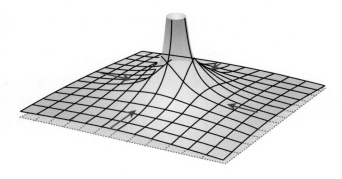

그림 8.3.19 중력장의 포텐셜

☞ 풀이의 (c)에서 적분상수가 아닌 $h(y)$를 사용했음에 유의하자.

예제 12의 중력장에서 시험 질량 m이 받는 중력은 $\mathbf{F}_g = m\mathbf{g}$이므로, 질량 m이 일정할 때 $\mathbf{F}_g = m\mathbf{g} = m\nabla\phi = \nabla(m\phi)$이다. 여기서 물체의 **위치에너지**(potential energy) U를 $U = -m\phi$로 정의하면 $\mathbf{F}_g = -\nabla U$가 된다. 즉 중력은 물체의 위치에너

지가 가장 급격히 감소하는 방향으로 작용한다. 식 (8.3.9)에 의하면

$$U = -m\phi = -\frac{GMm}{[\mathbf{r}]}$$

이 되는데 이는 쉬어가기 1.2에서 설명한 위치에너지의 식과 같다. 단위 질량당 작용하는 중력장의 포텐셜 ϕ와 질량이 m인 물체의 위치에너지는 부호가 다른 것 외에 크기도 m배 차이가 난다.

이러한 포텐셜 개념은 높이 차이가 물의 흐름을 만들 듯이 온도(temperature)와 열(heat), 전기장(electric field)과 전위(electric potential), 유체의 속도(velocity)와 유동 포텐셜(flow potential), 입자류(particle current)와 입자속(particle flux) 사이에서도 마찬가지로 적용된다. 예를 들어 **푸리에 열전도 법칙**에 의하면 벡터인 열 $\mathbf{q}$ 와 스칼라인 온도 T는 $\mathbf{q} = -k\nabla T$의 관계를 갖는다. 즉, 열은 온도의 기울기벡터의 크기에 비례하여 온도가 가장 급격히 감소하는 방향으로 흐르는데 이때 비례상수 k 가 물체의 **열전도도**(thermal conductivity)이다. 본래의 포텐셜의 정의와는 부호와 상수 차이는 나지만, 결과적으로 온도의 차이가 열의 흐름을 생성시키는 포텐셜인 것이다. 그림 8.3.20은 1차원 열전도 현상을 나타낸다. 이러한 열의 흐름은 온도의 기울기를 감소시키게 되고 기울기가 0이 되면 결국 열의 흐름도 사라진다.

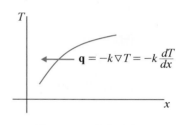

그림 8.3.20 1차원 열전도

마찬가지로 전기장 $\mathbf{E}$는 전위 V와 $\mathbf{E} = -\nabla V$, 유체의 속도 $\mathbf{V}$와 유동 포텐셜 ψ는 $\mathbf{V} = \nabla \psi$의 관계가 성립한다. 입자류와 입자속과의 관계는 8.4절에서 설명하겠다. 여기서 하나 더 중요한 점은 앞의 설명에서 ∇f는 등위곡선 $f(x, y) = c$의 법선벡터 이므로 열은 등온선에, 전기장은 등전위선에, 유체의 속도 즉 유선(stream line)은 등포텐셜선에 수직한 방향으로 진행한다.

8.3 연습문제

1. 온도분포가 T로 주어질 때 열은 T가 최대로 감소하는 방향으로 전도된다. 주어진 점 P에서 열이 전도되는 방향을 구하라.

(1) $T = \tan^{-1}(y/x)$, $P(3, 4)$ (2) $T = e^{x^2 - y^2}\sin 2xy$, $P(1, 1)$

(3) $T = xyz$, $P(1, 1, 1)$ (4) $T = \sin x \cosh(yz)$, $P(\pi/2, 0, 1)$

(답) (1) $[4/25, -3/25]$ (2) $-2[\cos 2 + \sin 2,\ \cos 2 - \sin 2]$ (3) $[-1, -1, -1]$ (4) $[0, 0, 0]$

2. $f = e^x \cos y$에 대해 점 $P(2, \pi, 0)$에서 $\mathbf{a} = [2, 3]$ 방향의 방향도함수를 구하라.

(답) $-2e^2/\sqrt{13}$

3. $f(x, y) = x^2 + y^2$에 대해 양의 x축과 $30°$ 방향의 방향도함수를 계산하라. 또한 방향도함수의 정의를 이용해 계산하여 결과를 비교하라.

(답) $\sqrt{3} x + y$로 같다.

4. 산의 높이가 $z = 1500 - 3x^2 - 5y^2$일 때 $P(-0.5, 0.1)$에서 높이가 가장 급격히 증가하는 방향과 그때 높이의 증가율을 구하라.

(답) $[3, -1]$, $\sqrt{10}$

5. 평면의 온도분포가 $T(x, y) = x + y$ $(x \geq 0, y \geq 0)$이다. $t = 0$에서 평면 위의 점 $(0,0)$에 있던 열추적기가 온도가 가장 급격히 증가하는 방향으로 움직인다. 움직이는 경로를 x와 y의 관계식으로 나타내고 xy-평면에 그려라.

(답) $y = x$

6. 기울기벡터에 관한 성질 (2)와 (5)가 성립함을 보여라.

7. 곡선 및 곡면에 대해 주어진 점에서의 단위법선벡터를 구하라.

(1) $y = 1 - x^2$, $P(1, 0)$ (2) $z = \sqrt{x^2 + y^2}$, $P(6, 8, 10)$

(답) (1) $\pm \dfrac{1}{\sqrt{5}}[2, 1]$ (2) $\pm \dfrac{1}{\sqrt{2}}[3/5, 4/5, -1]$

8. 곡면 $z = x^2 + y^2$ 위에서의 법선벡터가 벡터 $[4, 1, 1/2]$에 평행하게 되는 점을 구하라.

(답) $(-4, -1, 17)$

9. 곡면 $x^2 + y^2 + z^2 = a^2$의 법선벡터 연장선이 항상 원점을 통과함을 보여라.

10. $z = \ln(x^2 + y^2)$ 위의 점 $(1/\sqrt{2}, 1/\sqrt{2}, 0)$에서의 접평면의 방정식을 구하라.

(답) $\sqrt{2} x + \sqrt{2} y - z = 2$

11. 곡면 $x^2 + 4x + y^2 + z^2 - 2z = 11$에 대해 접평면이 수평인($xy$-평면에 평행한) 점 또는 점들을 구하라.

(답) $(-2, 0, 5)$, $(-2, 0, -3)$

12. 벡터장 $\mathbf{V} = \left[\dfrac{x}{x^2 + y^2}, \dfrac{y}{x^2 + y^2} \right]$의 포텐셜 f를 구하라.

(답) $f(x, y) = \dfrac{1}{2} \ln(x^2 + y^2)$

쉬어가기 8.6 답만 맞으면 될까?

연습문제 8.3의 문제 11을 시험에 출제한 적이 있는데 한 학생이 다른 문제는 제쳐두고 이 문제만 한참 생각하더니 다음과 같이 풀었다.

"곡면 $x^2 + 4x + y^2 + z^2 - 2z = 11$은 $(x+2)^2 + y^2 + (z-1)^2 = 16$과 같으므로 중심이 $(-2, 0, 1)$, 반지름이 4인 구이다. 따라서 접평면이 수평이 되는 점은 $(-2, 0, 5)$와 $(-2, 0, -3)$이다."

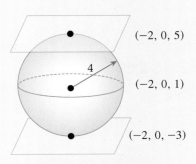

그림 8.3.21 구의 접평면

사실 저자는 문제에서 주어진 곡면이 구라는 것을 알지 못했다. 이 답안을 놓고 채점을 고민했는데 별로 많은 점수는 주지 않았던 것으로 기억한다. 답은 맞지만 구면이 아니었다면 (더 나아가 구면이라도 구하는 접평면이 수평면이 아니었다면) 그 학생은 이 문제를 풀지 못했을 것이다. 만약 고등학생에게 이 문제를 내었다면 그리 어려운 문제가 아닐 것이고 거의 모두 위 학생과 같이 풀었을 것이다. 일반적인 곡면에 대해 법선벡터를 구하는 지식은 분명히 구의 법선벡터를 구하는 지식보다 상위 지식이고 이러한 지식을 습득하는 것이 공부하는 이유이다.

8.4 발산 및 회전

발산

벡터함수 $\mathbf{V} = [v_1, v_2, v_3]$에 대해

$$\text{div}\,\mathbf{V} = \nabla \cdot \mathbf{V} = \frac{\partial v_1}{\partial x} + \frac{\partial v_2}{\partial y} + \frac{\partial v_3}{\partial z} \tag{8.4.1}$$

를 **발산**(divergence)이라 한다.

☞ $\nabla = \left[\dfrac{\partial}{\partial x}, \dfrac{\partial}{\partial y}, \dfrac{\partial}{\partial z}\right]$와 벡터 내적을 이용하여 기호적으로

$$\nabla \cdot \mathbf{V} = \left[\frac{\partial}{\partial x}, \frac{\partial}{\partial y}, \frac{\partial}{\partial z}\right] \cdot [v_1, v_2, v_3] = \frac{\partial v_1}{\partial x} + \frac{\partial v_2}{\partial y} + \frac{\partial v_3}{\partial z}$$

로 생각하자. 발산을 표시할 때는 두 벡터 ∇과 $\mathbf{V}$ 사이에 반드시 점(dot, '·')을 찍어야 한다.

예제 1

$\mathbf{V} = [xy,\ xyz,\ -yz]$의 발산을 계산하라.

(풀이) $\mathrm{div}\mathbf{V} = \nabla \cdot \mathbf{V} = \dfrac{\partial}{\partial x}(xy) + \dfrac{\partial}{\partial y}(xyz) + \dfrac{\partial}{\partial z}(-yz) = y + xz - y = xz$

발산에 관한 성질

벡터함수 $\mathbf{U}$, $\mathbf{V}$와 스칼라함수 f, g에 대하여 다음이 성립한다.

(1) $\nabla \cdot (c\mathbf{V}) = c\nabla \cdot \mathbf{V}$ (c는 스칼라 상수)

(2) $\nabla \cdot (\mathbf{U} + \mathbf{V}) = \nabla \cdot \mathbf{U} + \nabla \cdot \mathbf{V}$

(3) $\nabla \cdot (f\mathbf{V}) = \nabla f \cdot \mathbf{V} + f\nabla \cdot \mathbf{V}$

(4) $\nabla \cdot (f\nabla g) = \nabla f \cdot \nabla g + f\nabla^2 g$

☞ 라플라스 연산자 ∇^2에 대해서는 뒤에 나오는 식 (8.4.4)를 참고하자.

성질 (3)의 증명

$\mathbf{V} = [v_1,\ v_2,\ v_3]$일 때

$$\nabla \cdot (f\mathbf{V}) = (fv_1)_x + (fv_2)_y + (fv_3)_z = f_x v_1 + fv_{1x} + f_y v_2 + fv_{2y} + f_z v_3 + fv_{3z}$$

$$= f(v_{1x} + v_{2y} + v_{3z}) + [v_1,\ v_2,\ v_3] \cdot [f_x,\ f_y,\ f_z] = f\nabla \cdot \mathbf{V} + \mathbf{V} \cdot \nabla f$$

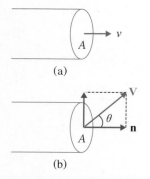

(a)

(b)

그림 8.4.1 유속과 유체의 부피

그림 8.4.1(a)와 같이 유체의 속력 v와 단면적 A가 수직인 경우에는 단위시간당 A를 통과하는 유체의 부피는 vA [cm³/s] 이다. 하지만 그림 8.4.1(b)와 같이 면 A를 통해 속도 $\mathbf{V}$인 유체가 유출되는 양을 계산할 때는 유체의 속도 $\mathbf{V}$와 면의 단위법선벡터 $\mathbf{n}$을 내적해야 한다. $\mathbf{V}\cdot\mathbf{n} = |\mathbf{V}|\,|\mathbf{n}|\cos\theta = |\mathbf{V}|\cos\theta$이므로 면 A에 수직 성분 $|\mathbf{V}|\cos\theta$만 면 A를 통해 유출되고, $|\mathbf{V}|\sin\theta$는 면 A에 평행한 성분이므로 유출에 기여하지 않기 때문이다.

발산의 물리적 의미

☞ * $\triangle z = 1$인 직육면체라고 생각하면 편리하다.

그림 8.4.2와 같이 2차원 운동을 하는 유체 내부에 가로 $\triangle x$, 세로 $\triangle y$인 가상의 평면 영역 R^*을 생각하자. 유체의 속도벡터는 $\mathbf{V} = [v_1,\ v_2]$이고, 각 변의 바깥 방향 단위법선벡터(outward unit normal vector)들은 $\mathbf{n}_L = [-1,\ 0]$, $\mathbf{n}_R = [1,\ 0]$,

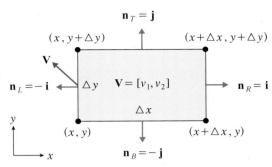

그림 8.4.2 발산의 물리적 의미

$\mathbf{n}_B = [0, -1]$, $\mathbf{n}_T = [0, 1]$이다. 이때 영역 R의 각 변을 통해 단위 시간당 유출되는 유체의 부피는

원쪽: $\mathbf{V}(x, y) \cdot \mathbf{n_L}\triangle y = [v_1(x, y), v_2(x, y)] \cdot [-1, 0]\triangle y = -v_1(x, y)\triangle y$

오른쪽: $\mathbf{V}(x + \triangle x, y) \cdot \mathbf{n_R}\triangle y = [v_1(x + \triangle x, y), v_2(x + \triangle x, y)] \cdot [1, 0]\,\triangle y$
$\qquad\qquad = v_1(x + \triangle x, y)\triangle y$

아래: $\mathbf{V}(x, y) \cdot \mathbf{n_B}\triangle x = [v_1(x, y), v_2(x, y)] \cdot [0, -1]\triangle x = -v_2(x, y)\triangle x$

위: $\mathbf{V}(x, y + \triangle y) \cdot \mathbf{n_T}\triangle x = [v_1(x, y + \triangle y), v_2(x, y + \triangle y)] \cdot [0, 1]\triangle x$
$\qquad\quad = v_2(x, y + \triangle y)\triangle x$

이다. 모든 변을 통해 단위 시간당 유출되는 유체의 부피는 이들을 모두 더하여

$$[v_1(x + \triangle x, y) - v_1(x, y)]\triangle y + [v_2(x, y + \triangle y) - v_2(x, y)]\triangle x$$

이고, 다시 R의 넓이 $\triangle A = \triangle x\triangle y$로 나누면

$$\frac{v_1(x + \triangle x, y) - v_1(x, y)}{\triangle x} + \frac{v_2(x, y + \triangle y) - v_2(x, y)}{\triangle y}$$

이다. 위 식은 $\triangle A = \triangle x\triangle y$가 0으로 접근할 때 $\dfrac{\partial v_1}{\partial x} + \dfrac{\partial v_2}{\partial y}$가 되고, 이는 발산의 정의에 의해 $\nabla \cdot \mathbf{V}$이다. 즉 2차원 속도벡터의 발산

$$\nabla \cdot \mathbf{V} = \frac{\partial v_1}{\partial x} + \frac{\partial v_2}{\partial y}$$

는 유체 안의 한 점에서 단위 시간당, 단위 부피당 유출되는 유체의 부피, 즉 순수 유출률(s^{-1})을 나타낸다. 유사한 방법으로 3차원 공간에서 정의되는 속도벡터 $\mathbf{V} = [v_1, v_2, v_3]$의 발산은

$$\nabla \cdot \mathbf{V} = \frac{\partial v_1}{\partial x} + \frac{\partial v_2}{\partial y} + \frac{\partial v_3}{\partial z}$$

이다. 그림 8.4.3과 같이 유체 내의 한 점 $P(x_0, y_0, z_0)$에서 $\nabla \cdot \mathbf{V} > 0$이면 순수 유출,

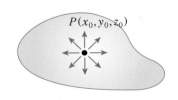

그림 8.4.3 $\nabla \cdot \mathbf{V} > 0$

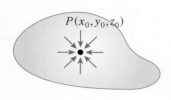

그림 8.4.4 $\nabla \cdot \mathbf{V} < 0$

그림 8.4.4와 같이 $\nabla \cdot \mathbf{V} < 0$이면 순수 유입이다. 물론 $\nabla \cdot \mathbf{V} = 0$이면 유입과 유출이 같아 순수 유출이 0이다.

발산에 의한 유체의 순수 유출률을 속도 $\mathbf{V}$의 벡터장을 그려 확인할 수 있다. 다음 예제를 보자.

예제 2

유체 속도 $\mathbf{V}$의 벡터장을 그려 $\nabla \cdot \mathbf{V}$가 음, 0 또는 양의 값을 갖는지 추정하고 실제 계산과 비교하라.

(1) $\mathbf{V} = [1, 0]$　　　　　　　　　　　　(2) $\mathbf{V} = [x, 0]$

(풀이) (1) 유체의 속도장 안에 사각형을 그리면 위와 아래 면으로는 유체의 유입 또는 유출이 없고 왼쪽 면을 통한 유입률과 오른쪽 면을 통한 유출률이 같으므로 $\nabla \cdot \mathbf{V} = 0$이 될 것이다. 실제 계산도 $\nabla \cdot \mathbf{V} = \dfrac{\partial}{\partial x}(1) + \dfrac{\partial}{\partial y}(0) = 0$이다.

(2) 마찬가지로 위와 아래 면으로 유체의 유입과 유출이 없고 왼쪽 면과 오른쪽 면을 통해서는 순수 유출이 있으므로 $\nabla \cdot \mathbf{V} > 0$이 될 것이다. 실제 계산도 $\nabla \cdot \mathbf{V} = \dfrac{\partial}{\partial x}(x) + \dfrac{\partial}{\partial y}(0) = 1$이다.

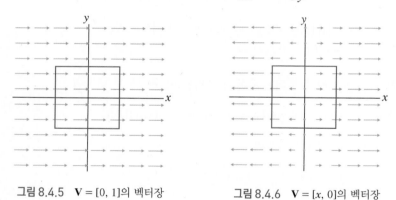

그림 8.4.5 $\mathbf{V} = [0, 1]$의 벡터장　　　　　그림 8.4.6 $\mathbf{V} = [x, 0]$의 벡터장

☞ (1), (2) 모두 $\nabla \cdot \mathbf{V}$의 값이 상수이므로 사각형 위치에 관계없이 순수 유출률은 일정하다. 그렇지 않은 경우는 연습문제를 참고하자.

유체의 연속방정식

그림 8.4.7과 같이 xyz-좌표계에서 속도가 $\mathbf{V} = [v_1,\ v_2,\ v_3]$ cm/s이고 밀도가 ρ g/cm^{3}인 유체 내부에 $\triangle V = \triangle x \triangle y \triangle z$의 부피를 갖는 직육면체를 생각하자. 단위 시간당 단위 면적을 통과하는 유체의 질량을 나타내는 **유체질량속**(fluid mass flux)은 $\mathbf{U} = \rho \mathbf{V}$ g/cm$^2 \cdot$s이다. 그림 8.4.2와 같은 2차원 영역에서 적용한 방법을 3차원으로 확장하면

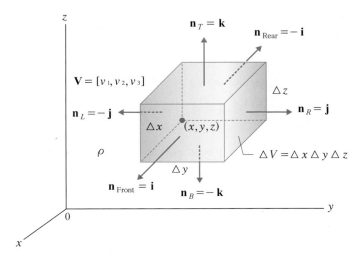

그림 8.4.7 유체의 연속방정식

부피 $\triangle V$ 내의 유체 질량의 감소율 = $\triangle V$의 면을 통한 유체 질량의 순수 유출률

이므로

$$-\frac{\partial \rho}{\partial t}\triangle V = [\mathbf{U}(x, y, z)] \cdot \mathbf{n}_{\text{Rear}} + \mathbf{U}(x + \triangle x, y, z) \cdot \mathbf{n}_{\text{Front}}]\triangle y \triangle z$$

$$+ [\mathbf{U}(x, y, z) \cdot \mathbf{n}_L + \mathbf{U}(x, y + \triangle y, z) \cdot \mathbf{n}_R]\triangle z \triangle x$$

$$+ [\mathbf{U}(x, y, z) \cdot \mathbf{n}_B + \mathbf{U}(x, y, z + \triangle z) \cdot \mathbf{n}_T]\triangle x \triangle y$$

$$= [\rho v_1(x + \triangle x, y, z) - \rho v_1(x, y, z)]\triangle y \triangle z$$

$$+ [\rho v_2(x, y + \triangle y, z) - \rho v_2(x, y, z)]\triangle z \triangle x$$

$$+ [\rho v_3(x, y, z + \triangle z) - \rho v_3(x, y, z)]\triangle x \triangle y$$

이다. 양변을 $\triangle V = \triangle x \triangle y \triangle z$로 나누면

$$-\frac{\partial \rho}{\partial t} = \frac{\rho v_1(x + \triangle x, y, z) - \rho v_1(x, y, z)}{\triangle x} + \frac{\rho v_2(x, y + \triangle y, z) - \rho v_2(x, y, z)}{\triangle y}$$

$$+ \frac{\rho v_3(x, y, z + \triangle z) - \rho v_3(x, y, z)}{\triangle z}$$

이고, $\triangle V = \triangle x \triangle y \triangle z \rightarrow 0$일 때

$$-\frac{\partial \rho}{\partial t} = \frac{\partial(\rho v_1)}{\partial x} + \frac{\partial(\rho v_2)}{\partial y} + \frac{\partial(\rho v_3)}{\partial z}$$

또는

$$-\frac{\partial \rho}{\partial t} = \nabla \cdot (\rho \mathbf{V}) \tag{8.4.2}$$

을 얻는데, 이를 유체의 **연속방정식**(continuity equation)이라 한다. 식 (8.4.2)의 우변이 유체 내의 한 점에서 유체 질량의 단위 시간당, 단위 부피당 순수 유출률을 나타내므로 이는 유체 밀도의 시간 감소율과 같아야 한다. 따라서 질량의 순수 유출률이 양인 경우, 즉 $\nabla \cdot (\rho \mathbf{V}) > 0$일 때 유체의 밀도는 감소하고 순수 유출률이 음인 경우, 즉 $\nabla \cdot (\rho \mathbf{V}) < 0$일 때 유체의 밀도는 증가한다. 순수 유출률이 0인 경우, 즉 $\nabla \cdot (\rho \mathbf{V}) = 0$이면 밀도는 일정하다. [참고: 여기서는 xyz-좌표계에서 유체 연속방정식을 유도한 후 이를 식 (8.4.2)와 같이 발산 기호를 사용하여 다시 나타내었는데, 발산의 의미를 정확히 이해하면 특정한 차원이나 좌표계에 국한되지 않고 식 (8.4.2)를 직접 유도할 수도 있다. 이에 대해서는 9.6절에서 다시 다룬다.]

시간과 위치에 대해 밀도가 일정한(ρ = 일정) **비압축성 유체**(incompressible flow)의 경우에는 $\nabla \cdot (\rho \mathbf{V}) = \rho \nabla \cdot \mathbf{V}$, $\dfrac{\partial \rho}{\partial t} = 0$이므로 식 (8.4.2)는

$$\nabla \cdot \mathbf{V} = 0 \tag{8.4.3}$$

으로 단순해지는데, 이를 **비압축성 유체의 연속방정식**이라 한다. 따라서 $\nabla \cdot \mathbf{V} \neq 0$이면 유체는 **압축성**(compressible)이고 $\nabla \cdot \mathbf{V} = 0$이면 **비압축성**(incompressible)이다. 중·고등학교 과정에서는 비압축성 유체의 연속방정식을 그림 8.4.8과 같이 $V_1 A_1 = V_2 A_2$ 등으로 나타내어 관의 단면적의 크기에 관계없이 단위 시간당 같은 부피의 유체가 통과한다고 설명하였다. (수돗물이 지나는 관의 끝을 손가락으로 누르면 물줄기가 더 빠르게 나오는 경우를 생각하자.)

전자기학에서는 $\mathbf{E}$가 전기장일 때 그림 8.4.9와 같이 내부에 전하가 없으면 $\nabla \cdot \mathbf{E} = 0$, 즉 전기장의 순수 유출이 0이다. 이를 **솔레노이달**(solenoidal)하다고 말하기도 하는데 자기장은 항상 순수 유출이 0, 즉 $\nabla \cdot \mathbf{B} = 0$이기 때문이다. 자세한 내용은 쉬어가기 9.6을 참고하자.

유체 속도의 발산과 밀도의 관계를 이해하기 위해 다음의 예를 보자.

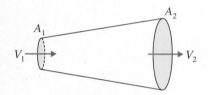

그림 8.4.8 유체의 연속방정식

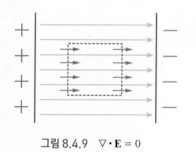

그림 8.4.9 $\nabla \cdot \mathbf{E} = 0$

예제 3

속도벡터가 $\mathbf{V} = [y, 0, 0]$이고 $t = 0$에서 $0 \leq x \leq 1$, $0 \leq y \leq 1$, $0 \leq z \leq 1$인 정육면체 안의 유체가 $t = 1$에서는 어떤 형태를 갖는가? 그때 유체의 부피는 얼마인가?

(풀이) 유체의 위치벡터를 $\mathbf{r} = [x(t), y(t), z(t)]$라 하면 속도벡터는 $\mathbf{V} = [x'(t), y'(t), z'(t)]$이므로

$$x'(t) = y, \quad y'(t) = 0, \quad z'(t) = 0$$

이어야 한다. 미분방정식 $y'(t) = 0$, $z'(t) = 0$의 해는 $y(t) = c_2$, $z(t) = c_3$이다. 따라서 $x'(t) = c_2$에서 $x(t) = c_2t + c_1$이므로 위치벡터는

$$\mathbf{r}(t) = [x(t), y(t), z(t)] = [c_2t + c_1, c_2, c_3]$$

이다. 따라서 $t = 0$과 $t = 1$에서 유체입자의 위치는 각각

$$\mathbf{r}(0) = [c_1, c_2, c_3], \quad \mathbf{r}(1) = [c_2 + c_1, c_2, c_3]$$

이며, 여기서 c_1, c_2, c_3는 각 유체입자의 초기위치에 의해 결정되는 상수이다. 예를 들어 $t = 0$에서 $(1, 0, 0)$에 위치한 유체입자는 $c_1 = 1$, $c_2 = 0$, $c_3 = 0$이므로 $t = 1$에서도 그대로 $(1, 0, 0)$에 위치하며, $t = 0$에서 $(1, 1, 0)$에 위치한 유체입자는 $c_1 = 1$, $c_2 = 1$, $c_3 = 0$이므로 $t = 1$에서는 $(2, 1, 0)$에 위치하게 된다. 그림 8.4.10에서 보듯이 $t = 0$에서 정육면체를 이루던 유체가 $t = 1$에서는 밑면이 평행사변형인 평행육면체로 이동하며 이동 후에도 유체의 부피는 1이다. 이 유체는 $\nabla \cdot \mathbf{V} = 0$이므로 비압축성이며, 비압축성 유체는 밀도의 변화가 없으므로 부피의 변화도 없다.

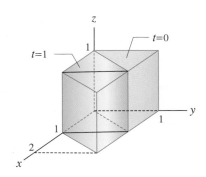

그림 8.4.10 시간에 따른 유체 위치의 변화

라플라스 방정식

스칼라함수 f에 대해

$$\nabla^2 f = \frac{\partial^2 f}{\partial x^2} + \frac{\partial^2 f}{\partial y^2} + \frac{\partial^2 f}{\partial z^2} = 0 \tag{8.4.4}$$

을 **라플라스 방정식**(Laplace equation)이라 하고, 라플라스 방정식을 만족하는 함수를 **조화함수**(harmonic function)라고 한다.

☞ $\nabla^2 = \nabla \cdot \nabla = \dfrac{\partial^2}{\partial x^2} + \dfrac{\partial^2}{\partial y^2} + \dfrac{\partial^2}{\partial z^2}$ 을 라플라스 연산자(Laplacian)라 부른다. 기호적으로 $\nabla = \left[\dfrac{\partial}{\partial x}, \dfrac{\partial}{\partial y}, \dfrac{\partial}{\partial z} \right]$와 벡터 내적을 이용하여

$$\nabla^2 = \nabla \cdot \nabla = \left[\frac{\partial}{\partial x}, \frac{\partial}{\partial y}, \frac{\partial}{\partial z} \right] \cdot \left[\frac{\partial}{\partial x}, \frac{\partial}{\partial y}, \frac{\partial}{\partial z} \right] = \frac{\partial^2}{\partial x^2} + \frac{\partial^2}{\partial y^2} + \frac{\partial^2}{\partial z^2}$$

으로 생각하자.

예제 4

$f = \tan^{-1} \dfrac{y}{x}$ 가 라플라스 방정식 $\nabla^2 f = 0$을 만족함을 보여라.

(풀이) $f_x = \dfrac{-y/x^2}{1 + (y/x)^2} = \dfrac{-y}{x^2 + y^2}, \quad f_{xx} = \dfrac{2xy}{(x^2 + y^2)^2}$

$\qquad f_y = \dfrac{1/x}{1 + (y/x)^2} = \dfrac{x}{x^2 + y^2}, \quad f_{yy} = \dfrac{-2xy}{(x^2 + y^2)^2}$

이므로 $\nabla^2 f = f_{xx} + f_{yy} = \dfrac{2xy}{(x^2 + y^2)^2} + \dfrac{-2xy}{(x^2 + y^2)^2} = 0$ 이 성립한다. 따라서 f는 조화함수이다.

분자의 확산과 라플라스 방정식

밀도 차이에 의해 물질을 이루고 있는 입자들이 스스로 운동하여 농도가 높은 쪽에서 농도가 낮은 쪽으로 퍼져나가는 현상을 **확산**(diffusion)이라 한다. 그림 8.4.11은 설탕입자가 물속에서 확산되는 현상을 보인다. 방안에 꽃향기가 퍼져나가는 것, 대기나 해수가 일정한 조성을 가지는 것, 흙 안에서 물의 농도차에 의해 물이 이동해 가는 삼투현상도 확산에 속한다.

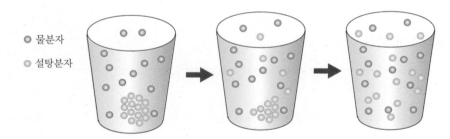

○ 물분자
○ 설탕분자

그림 8.4.11 확산현상

유체의 연속방정식에서 스칼라인 밀도 ρ에 벡터인 속도 $\mathbf{V}$를 곱한 **유체질량속** $\rho\mathbf{V}$를 사용하였다. 이러한 질량속은 벡터에 스칼라를 곱했으므로 벡터이다. 따라서 식 (8.4.2)에서 $\nabla \cdot (\rho\mathbf{V})$는 한 점에서 유체 질량의 순수 유출률이다. 확산현상에서도 스칼라에 속도를 곱하여 벡터로 만드는 방법이 사용된다. 예를 들어 스칼라인 **입자밀도**(particle density) n(particles/cm³)에 입자의 속도 $\mathbf{v}$(cm/s)를 곱한 벡터량 $\mathbf{J} = n\mathbf{v}$(particles/cm² · s)를 **입자류**(particle current)라 한다. 발산의 물리적 의미에 의하면 $\nabla \cdot \mathbf{J}$는 한 점에서 입자의 순수 유출률(particles/cm³·s)이므로 S가 외부요인에 의한 단위체적, 단위시간당 입자의 생성률(external source)일 때, 확산현상은

$$\frac{\partial n}{\partial t} = -\nabla \cdot \mathbf{J} + S \tag{8.4.5}$$

로 기술되며, 이를 **확산방정식**(diffusion equation)이라 한다. 하지만 윗식은 미지수가 n과 $\mathbf{J}$ 두 개이므로 하나의 식이 더 필요하다. 입자밀도 n에 입자의 속력 $|\mathbf{v}|$를 곱한 양 $\phi = n\,|\mathbf{v}|$(particles/cm$^2 \cdot$ s)는 **입자속**(particle flux)이라 하는데, **픽의 법칙**(Fick's law)에 의하면 확산계수 D에 대해

$$\mathbf{J} = -D\nabla\phi \qquad\qquad (8.4.6)$$

로 근사할 수 있다. 이것은 그림 8.3.20의 열전도 현상과 같이 입자류도 입자속의 기울기벡터가 감소하는 방향으로 흐른다는 의미이다. 따라서

$$\nabla\cdot\mathbf{J} = \nabla\cdot(-D\nabla\phi) = -D\nabla\cdot\nabla\phi = -D\nabla^2\phi$$

이고, $n = \dfrac{\phi}{|\mathbf{v}|}$이므로 식 (8.4.5)는

$$\frac{1}{|\mathbf{v}|}\frac{\partial\phi}{\partial t} = D\nabla^2\phi + S \qquad\qquad (8.4.7)$$

가 된다. 식 (8.4.7)에서 $\partial\phi/\partial t = 0$인 시간비종속(time-independent)이면 **푸아송 방정식**(Siméon Denis Poisson, 1781–1840, 프랑스)

$$-D\nabla^2\phi = S \qquad\qquad (8.4.8)$$

이 되고, 여기에 더해 $S = 0$이면 **라플라스 방정식**

$$\nabla^2\phi = 0 \qquad\qquad (8.4.9)$$

이 된다. $\nabla^2\phi$가 입자속 ϕ의 순수유출을 의미하므로 식 (8.4.9)는 $\nabla\cdot\mathbf{J} = 0$, 즉 입자의 순수유출률이 0이라는 의미이다.

여기서 유출은 입자가 포함된 매질의 경계에서의 유출 또는 유입된 입자가 시간이 지난 후에 다시 유출되는 것이 아니라 매질 내부의 임의의 점에서 동일한 시간에 순수유출이 0이라는 의미이다. 식 (8.4.9)를 1차원 형태로 쓰면 $\dfrac{d^2\phi}{dx^2} = 0$이므로 $\dfrac{d\phi}{dx}$는 일정해야 한다. 즉, 그림 8.4.12와 같이 $\phi(x)$가 매끄러운 곡선으로 나타나고, 매질 내의 임의의 점 a에서 $\lim_{x\to a^-}\phi'(a) = \lim_{x\to a^+}\phi'(a)$를 만족해야 점 a에서 서로 반대 방향의 입자류의 크기가 같아져서 순수유출이 0이 되는 것이다. 물론 점 a가 매질의 경계에 위치하거나 매질 내에 확산계수 D가 0이 되는 **공동**(void)이 존재해서는 안된다.

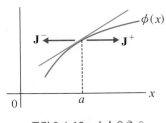

그림 8.4.12 순수유출 0

8.3절에서 설명한 열전도 현상도 매질 내부에 열원(heat source)이 없고 시간비종속(time-independent)이면 라플라스방정식 $\nabla^2 T = 0$이 된다(9.6절 연습문제 7 참고). 우리는 이미 2.4절에서 1차원 라플라스 방정식으로 나타나는 열전도 방정식을 풀었음을 기억하자. 편미분방정식으로 표현되는 다차원 라플라스 방정식의 해법은 11.5절에서 다룰 것이다. 2차원 극좌표계, 3차원 원기둥좌표계 및 구좌표계로 표현되는 라플라스 방정식의 풀이에 대해서는 12장에서 공부한다.

회전

벡터함수에 대한 연산으로 발산외에 회전이 있다.

벡터함수 $\mathbf{V} = [v_1, v_2, v_3]$에 대해

$$\text{curl } \mathbf{V} = \nabla \times \mathbf{V} = \begin{vmatrix} \mathbf{i} & \mathbf{j} & \mathbf{k} \\ \dfrac{\partial}{\partial x} & \dfrac{\partial}{\partial y} & \dfrac{\partial}{\partial z} \\ v_1 & v_2 & v_3 \end{vmatrix} = \left[\dfrac{\partial v_3}{\partial y} - \dfrac{\partial v_2}{\partial z}, \; \dfrac{\partial v_1}{\partial z} - \dfrac{\partial v_3}{\partial x}, \; \dfrac{\partial v_2}{\partial x} - \dfrac{\partial v_1}{\partial y} \right] \quad (8.4.10)$$

를 회전(curl 또는 rotation)이라 한다.

☞ 벡터함수의 발산은 스칼라이지만 벡터함수의 회전은 벡터이다.

예제 5

$\mathbf{V} = [xy, xyz, -yz]$의 회전을 계산하라.

(풀이) $\text{curl } \mathbf{V} = \nabla \times \mathbf{V} = \begin{vmatrix} \mathbf{i} & \mathbf{j} & \mathbf{k} \\ \dfrac{\partial}{\partial x} & \dfrac{\partial}{\partial y} & \dfrac{\partial}{\partial z} \\ xy & xyz & -yz \end{vmatrix} = [-z - xy, \; 0, \; yz - x]$

회전에 관한 성질

벡터함수 $\mathbf{U}$, $\mathbf{V}$와 스칼라함수 f에 대해 다음이 성립한다.
(1) $\nabla \times (c\mathbf{V}) = c \nabla \times \mathbf{V}$ (c는 상수)
(2) $\nabla \times (\mathbf{U} + \mathbf{V}) = \nabla \times \mathbf{U} + \nabla \times \mathbf{V}$
(3) $\nabla \times (f\mathbf{V}) = \nabla f \times \mathbf{V} + f \nabla \times \mathbf{V}$
(4) $\nabla \cdot (\mathbf{U} \times \mathbf{V}) = (\nabla \times \mathbf{U}) \cdot \mathbf{V} - \mathbf{U} \cdot (\nabla \times \mathbf{V})$

성질 (4)의 증명

$\mathbf{U} = [u_1, u_2, u_3]$, $\mathbf{V} = [v_1, v_2, v_3]$일 때

$$\begin{aligned}
\nabla \cdot (\mathbf{U} \times \mathbf{V}) &= (u_2 v_3 - u_3 v_2)_x + (u_3 v_1 - u_1 v_3)_y + (u_1 v_2 - u_2 v_1)_z \\
&= u_{2x} v_3 + u_2 v_{3x} - u_{3x} v_2 - u_3 v_{2x} + u_{3y} v_1 + u_3 v_{1y} - u_{1y} v_3 - u_1 v_{3y} \\
&\quad + u_{1z} v_2 + u_1 v_{2z} - u_{2z} v_1 - u_2 v_{1z} \\
&= (u_{3y} - u_{2z}) v_1 + (u_{1z} - u_{3x}) v_2 + (u_{2x} - u_{1y}) v_3 \\
&\quad - u_1 (v_{3y} - v_{2z}) - u_2 (v_{1z} - v_{3x}) - u_3 (v_{2x} - v_{1y}) \\
&= (\nabla \times \mathbf{U}) \cdot \mathbf{V} - \mathbf{U} \cdot (\nabla \times \mathbf{V})
\end{aligned}$$

∎

이외에도 회전에 관련되어 다음과 같은 항등식이 성립한다.

회전에 관한 항등식

> (1) $\nabla \times \nabla f = \mathbf{0}$ (2) $\nabla \cdot \nabla \times \mathbf{V} = 0$

(증명)

$$(1)\ \nabla \times \nabla f = \begin{vmatrix} \mathbf{i} & \mathbf{j} & \mathbf{k} \\ \dfrac{\partial}{\partial x} & \dfrac{\partial}{\partial y} & \dfrac{\partial}{\partial z} \\ \dfrac{\partial f}{\partial x} & \dfrac{\partial f}{\partial y} & \dfrac{\partial f}{\partial z} \end{vmatrix} = [f_{zy} - f_{yz},\ f_{xz} - f_{zx},\ f_{yx} - f_{xy}] = \mathbf{0}$$

(2) $\mathbf{V} = [v_1,\ v_2,\ v_3]$일 때 $\nabla \cdot \nabla \times \mathbf{V} = (v_{3y} - v_{2z})_x + (v_{1z} - v_{3x})_y + (v_{2x} - v_{1y})_z$

$$= v_{3yx} - v_{2zx} + v_{1zy} - v_{3xy} + v_{2xz} - v_{1yz} = 0$$

■

☞ 항등식 (1), (2)를 각각 curl(grad$f$) = $\mathbf{0}$, div(curl $\mathbf{V}$) = 0으로 쓰기도 하며 각각 '보존장의 회전은 0', '회전장의 발산은 0'이라 말한다.

회전의 물리적 의미

그림 8.4.13과 같은 평면영역 R에서 1계 편도함수가 연속인 2차원 속도벡터를 $\mathbf{V} = [v_1, v_2]$라 하자. 이때 R 내에 위치하는 가로 $\triangle x$, 세로 $\triangle y$인 직사각형의 각 변을 따라 반시계 방향으로 이동하는 유체 부피의 변화율[순환(circulation) 또는 회전(rotation)]은 각 변과 평행한 단위접선벡터를 $\mathbf{u}_L$, $\mathbf{u}_R$, $\mathbf{u}_B$, $\mathbf{u}_T$라 할 때

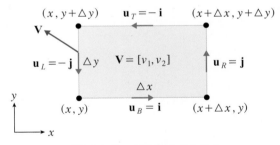

그림 8.4.13 회전의 물리적 의미

$$L: \mathbf{V}(x, y) \cdot \mathbf{u}_L \triangle y = -v_2(x, y) \triangle y$$
$$R: \mathbf{V}(x + \triangle x, y) \cdot \mathbf{u}_R \triangle y = v_2(x + \triangle x, y) \triangle y$$
$$B: \mathbf{V}(x, y) \cdot \mathbf{u}_B \triangle x = v_1(x, y) \triangle x$$
$$T: \mathbf{V}(x, y + \triangle y) \cdot \mathbf{u}_T \triangle x = -v_1(x, y + \triangle y) \triangle x$$

이고, 이를 모두 더하면

$$-[v_1(x, y + \triangle y) - v_1(x, y)]\triangle x + [v_2(x + \triangle x, y) - v_2(x, y)]\triangle y$$

이다. 이를 직사각형의 넓이 $\triangle A = \triangle x \triangle y$로 나누면

$$- \frac{v_1(x, y + \triangle y) - v_1(x, y)}{\triangle y} + \frac{v_2(x + \triangle x, y) - v_2(x, y)}{\triangle x}$$

가 되고, $\triangle A = \triangle x \triangle y$가 0으로 접근할 때 이는 $\frac{\partial v_2}{\partial x} - \frac{\partial v_1}{\partial y}$이다. 이러한 xy−평면에서의 유체의 순환, 즉 회전의 중심은 z축이므로 위의 결과에 $\mathbf{k}$를 곱하여 벡터로 나타내면

$$\left(\frac{\partial v_2}{\partial x} - \frac{\partial v_1}{\partial y} \right) \mathbf{k} = \nabla \times \mathbf{V}$$

이다. 3차원 공간의 직육면체에 대해 유사한 방법을 적용하면

$$\nabla \times \mathbf{V} = \left(\frac{\partial v_3}{\partial y} - \frac{\partial v_2}{\partial z} \right) \mathbf{i} + \left(\frac{\partial v_1}{\partial z} - \frac{\partial v_3}{\partial x} \right) \mathbf{j} + \left(\frac{\partial v_2}{\partial x} - \frac{\partial v_1}{\partial y} \right) \mathbf{k}$$

이 되고, 이는 공간의 한 점에서 유체의 회전율(s^{-1})을 나타내는데, $\nabla \times \mathbf{V} = \mathbf{0}$이면 유체의 회전이 없는 **비회전성**(irrotational) 유체이고, $\nabla \times \mathbf{V} \neq \mathbf{0}$이면 $\nabla \times \mathbf{V}$의 방향을 회전축으로 회전하는 **회전성**(rotational) 유체라 한다. 비회전성 유체는 유체 내의 모든 점에서 각운동량이 0인 유체이다. 회전성에 대한 이해를 돕기 위해 다음 예를 보자.

각속도와 선속도

6.3절에서 어떤 물체가 각속도 $\mathbf{W}$로 회전할 때 위치 $\mathbf{r}$에서의 선속도 $\mathbf{V}$는

$$\mathbf{V}(x, y, z) = \mathbf{W} \times \mathbf{r} = \begin{vmatrix} \mathbf{i} & \mathbf{j} & \mathbf{k} \\ 0 & 0 & \omega \\ x & y & z \end{vmatrix} = [-\omega y, \omega x, 0]$$

이라 하였다. 속도 $\mathbf{V}$의 회전을 계산하면

$$\nabla \times \mathbf{V} = \begin{vmatrix} \mathbf{i} & \mathbf{j} & \mathbf{k} \\ \frac{\partial}{\partial x} & \frac{\partial}{\partial y} & \frac{\partial}{\partial z} \\ -\omega y & \omega x & 0 \end{vmatrix} = [0, 0, 2\omega] = 2\mathbf{W}$$

이다. 결국 그림 8.4.14와 같은 선속도의 회전을 계산했더니 애초에 선속도를 발생시켰던 각속도가 된 것이다(여기서 2배에 큰 의미를 둘 필요는 없다). 즉 $\nabla \times \mathbf{V} = \mathbf{0}$이면 $\mathbf{W} = \mathbf{0}$이고 $\nabla \times \mathbf{V} \neq \mathbf{0}$이면 $\mathbf{W} \neq \mathbf{0}$이다. $\nabla \times \mathbf{V} \neq \mathbf{0}$이더라도 $\nabla \times \mathbf{V}$가 벡터이므로 이를 양 또는 음으로 말할 수는 없다. 하지만 그림 6.3.1과 같은 **벡터 외적의 오른손법칙**에 의해 $\nabla \times \mathbf{V}$의 방향이 엄지손가락 방향일 때 나머지 네 손가락이 가리키는 방향의 회전성을 갖는다. $\mathbf{W} = \nabla \times \mathbf{V} \neq \mathbf{0}$인 유체는 **와도**(vorticity)를 갖는다고 말한다.

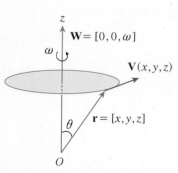

그림 8.4.14 각속도와 선속도

예제 6

그림 8.4.15와 같은 원기둥 주위의 2차원 **이상유동**
(ideal flow)의 속도벡터가

$$\mathbf{V}(x, y) = \left[1 - \frac{x^2 - y^2}{(x^2 + y^2)^2}, -\frac{2xy}{(x^2 + y^2)^2} \right]$$

이다. 유동의 (1) 압축성과 (2) 회전성을 말하라.

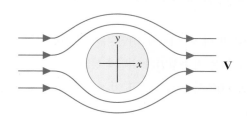

그림 8.4.15 2차원 이상유동

(풀이) $\nabla \cdot \mathbf{V}$와 $\nabla \times \mathbf{V}$ 계산에 필요한 편미분을 먼저 계산한다.

$\mathbf{V} = [v_1, v_2]$라 하면 $v_1 = 1 - \dfrac{x^2 - y^2}{(x^2 + y^2)^2}$, $v_2 = -\dfrac{2xy}{(x^2 + y^2)^2}$ 에서

$$\frac{\partial v_1}{\partial x} = \frac{2x(x^2 - 3y^2)}{(x^2 + y^2)^3}, \quad \frac{\partial v_1}{\partial y} = \frac{2y(3x^2 - y^2)}{(x^2 + y^2)^3}$$

$$\frac{\partial v_2}{\partial x} = \frac{2y(3x^2 - y^2)}{(x^2 + y^2)^3}, \quad \frac{\partial v_2}{\partial y} = -\frac{2x(x^2 - 3y^2)}{(x^2 + y^2)^3}$$

이다. 함수의 대칭성을 이용하면 한 번의 미분으로 문제 (1)과 (2)에 필요한 네 개의 편미분의 결과를 얻을 수 있다.

(1) $\nabla \cdot \mathbf{V} = \dfrac{\partial v_1}{\partial x} + \dfrac{\partial v_2}{\partial y} = 0$ 이므로 비압축성 유동이다.

(2) $\nabla \times \mathbf{V} = \begin{vmatrix} \mathbf{i} & \mathbf{j} & \mathbf{k} \\ \dfrac{\partial}{\partial x} & \dfrac{\partial}{\partial y} & \dfrac{\partial}{\partial z} \\ v_1 & v_2 & 0 \end{vmatrix} = \left[0, 0, \dfrac{\partial v_2}{\partial x} - \dfrac{\partial v_1}{\partial y} \right] = [0, 0, 0] = \mathbf{0}$ 이므로 비회전성 유동이다.

☞ 유체가 비압축성, 비회전성이고 점성(viscosity)을 무시할 수 있을 때 이상유동이라고 한다.

8.4   연습문제

1. $\mathbf{V} = [e^x, ye^{-x}, 2z\sinh x]$에 대해 (1) $\nabla \cdot \mathbf{V}$, (2) $\nabla \times \mathbf{V}$를 구하라.

(답) $2e^x$

2. 유체 속도 $\mathbf{V}$의 발산 $\nabla \cdot \mathbf{V}$는 순수 유출률을 나타낸다. 벡터함수의 벡터장을 그려 $\nabla \cdot \mathbf{V}$가 음, 0 또는 양의 값을 갖는지 추정하고 실제 계산과 비교하라(벡터장을 그려서 확인할 것).

(1) $\mathbf{V} = [x, -y]$ (2) $\mathbf{V} = [x^2, 0]$

(답) (1) 유입률과 유출률이 같다. $\nabla \cdot \mathbf{V} = 0$

(2) $x < 0$일 때 순수 유입, $x = 0$일 때 0, $x > 0$일 때 순수 유출 $\nabla \cdot \mathbf{V} = 2x$

3. 속도벡터 $\mathbf{V} = [x, 0, 0]$인 유체에 대하여 다음에 답하라.

(1) 유체는 압축성인가 비압축성인가?

(2) $t = 0$에서 $0 \leq x \leq 1$, $0 \leq y \leq 1$, $0 \leq z \leq 1$인 정육면체 내 유체의 부피가 $t = 1$에서는 얼마가 되는가?

(답) (1) 압축성   (2) e

4. 발산에 관한 성질 (4)가 성립함을 보여라.

5. $\mathbf{r} = [x, y, z]$일 때 8.3절 예제 12에서 구한 중력장의 포텐셜 $\phi = \dfrac{GM}{|\mathbf{r}|}$ 이 라플라스 방정식 $\nabla^2 \phi = 0$을 만족하는 조화함수임을 보여라.

6. $\mathbf{V} = \dfrac{[x, y, z]}{(x^2 + y^2 + z^2)^{3/2}}$ 일 때 (1) $\nabla \cdot \mathbf{V}$, (2) $\nabla \times \mathbf{V}$를 구하라.

(답) (1) 0   (2) $\mathbf{0}$

7. $\mathbf{U} = [y, z, x]$, $\mathbf{V} = [yz, zx, xy]$, $f = xyz$일 때 다음을 구하라.

(1) $\mathbf{U} \times (\nabla \times \mathbf{V})$ (2) $\mathbf{V} \times (\nabla \times \mathbf{U})$ (3) $\mathbf{V} \times \nabla f$

(답) (1) [0, 0, 0]   (2) $[x(y - z), y(z - x), z(x - y)]$ (3) [0, 0, 0]

8. 유체 속도가 $\mathbf{V} = [x, y, -z]$일 때 유동의 압축성과 회전성을 말하고 유동의 경로를 $\mathbf{r}(t)$로 나타내어라.

(답) 압축성, 비회전성, $\mathbf{r}(t) = [c_1 e^t, c_2 e^t, c_3 e^{-t}]$

9. 회전에 관한 성질 (2)와 (3)이 성립함을 보여라.

10. 2차원 xy-좌표계의 라플라스 방정식 $\dfrac{\partial^2 u}{\partial x^2} + \dfrac{\partial^2 u}{\partial y^2} = 0$이 2차원 $r\theta$-극좌표계(0.4절 참고)에서는

$$\frac{\partial^2 u}{\partial r^2} + \frac{1}{r} \frac{\partial u}{\partial r} + \frac{1}{r^2} \frac{\partial^2 u}{\partial \theta^2} = 0$$

이 됨을 보여라(12.1절 참고).

벡터 적분학

8장에서 다변수 함수 또는 벡터 함수의 미분에 대해 공부했듯이 이 장에서는 이러한 함수들의 적분에 대해 공부한다. 이를 통해 선적분과 면적분, 이와 연관된 발산정리와 스토크스 정리에 대해 이해하게 될 것이다. 이러한 지식은 물리학은 물론 유체역학, 전자기학, 열전달, 고체역학 등 다양한 공학분야와 밀접히 연관된다.

9.1 중적분

중적분은 대부분의 공과대학에서 1학년 과정에서 공부하지만 9장에서 중적분에 관한 지식을 요구하므로 여기에 다시 정리한다. 중적분 자체와 관련된 공학의 응용분야도 많으므로 다시 한번 공부하기를 권한다.

정적분에는 1변수 함수를 하나의 독립변수로 적분하는 단일적분 외에 다변수 함수를 다수의 독립변수로 적분하는 중적분이 있다. 중적분은 이중적분, 삼중적분 등으로 계속 확장할 수 있는데, 먼저 단일적분의 의미를 생각해 보자.

단일적분

우리가 보통 **정적분**(definite integral)이라고 부르는 **단일적분**(single integral) $\int_a^b f(x)dx$ 는 1변수 함수 $f(x)$를 x축 위의 구간 $[a,b]$에 대해 적분하는 것이다. 구간 $[a,b]$를 n개의 분할구간(partition)으로 나누고 k번째 분할구간의 길이를 $\triangle x_k$, $x_{k-1} \le x_k^* \le x_k$ 일 때

$$\int_a^b f(x)dx = \lim_{n \to \infty} \sum_{k=1}^n f(x_k^*) \triangle x_k \qquad (9.1.1)$$

와 같이 **리만합**의 극한으로 정의하고, 이는 구간 $[a,b]$에서 곡선 $y = f(x)$와 x축 사이의 넓이를 나타낸다. 단일적분은 0.1절을 참고하자.

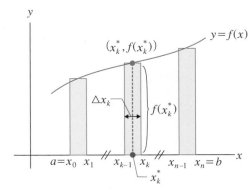

그림 9.1.1 단일적분

이중적분

이중적분(double integral)은 2변수 함수 $f(x,y)$를 xy-평면 위의 영역 R에 대해 적분하는 것이다. 영역 R을 n개의 직사각형 분할영역으로 나누고 k 번째 분할영역의 넓이를 $\triangle A_k = \triangle x_k \triangle y_k$, 그 영역 안의 한 점을 (x_k^*, y_k^*)라 하면

$$\iint_R f dA = \iint_R f(x,y)dxdy = \lim_{n \to \infty} \sum_{k=1}^{n} f(x_k^*, y_k^*)\triangle x_k \triangle y_k \qquad (9.1.2)$$

로 정의한다. 이는 그림 9.1.2에서 보는 것처럼 평면영역 R에 해당하는 곡면 $z = f(x,y)$로 이루어진 입체의 부피를 나타낸다. 특별히 $f(x,y) = 1$인 경우 이중적분

$$\iint_R dA = \iint_R dxdy = \lim_{n \to \infty} \sum_{k=1}^{n} \triangle x_k \triangle y_k$$

는 영역 R의 넓이가 된다. 또한 $\rho(x,y)$가 면밀도(단위 면적당 질량)이면

$$\iint_R \rho dA = \iint_R \rho(x,y)dxdy = \lim_{n \to \infty} \sum_{k=1}^{n} \rho(x_k^*, y_k^*)\triangle x_k \triangle y_k$$

는 영역 R의 질량이다. xy-좌표계의 이중적분에서 $dA = dxdy$이다.

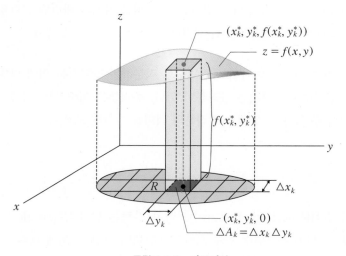

그림 9.1.2   이중적분

정리 0.1.7의 정적분(단일적분)의 성질과 유사하게 이중적분은 다음과 같은 성질을 가지며 이러한 성질들은 이중적분의 정의를 이용하여 쉽게 증명할 수 있다. 뒤에서 공부할 삼중적분도 유사한 성질을 갖는다.

이중적분의 성질

(i) $\iint_R kf(x,y)dxdy = k\iint_R f(x,y)dxdy$ (k는 상수)

(ii) $\iint_R [f_1(x,y) \pm f_2(x,y)]dxdy = \iint_R f_1(x,y)dxdy \pm \iint_R f_2(x,y)dxdy$

(iii) R에서 $f(x,y) \geq 0$이면 $\iint_R f(x,y)dxdy \geq 0$,

$f(x,y) < 0$이면 $\iint_R f(x,y)dxdy < 0$

(iv) R에서 $f_1(x,y) \leq f_2(x,y)$이면 $\iint_R f_1(x,y)dxdy \leq \iint_R f_2(x,y)dxdy$

(v) R이 R_1과 R_2의 합이면 $\iint_R f(x,y)dxdy = \iint_{R_1} f(x,y)dxdy + \iint_{R_2} f(x,y)dxdy$

이중적분의 계산방법

이중적분을 계산하는 특별한 방법이 있는 것은 아니며, 영역 R을 변수 x, y로 나타내고 각각의 변수에 대해 <u>연속된 두 번의 단일적분으로 계산한다.</u> 영역 R을 정의하는 방법에 따라 두 종류의 계산방법이 있다.

(i) $R: a \leq x \leq b, g_1(x) \leq y \leq g_2(x)$인 경우

xy-평면 위의 영역 R이 그림 9.1.3과 같이 $a \leq x \leq b, g_1(x) \leq y \leq g_2(x)$로 정해지면 x를 고정시키고 먼저 y에 대해 적분한 후 x에 대해 다시 적분한다. 즉

$$\iint_R f(x,y)dA = \int_{x=a}^b \left(\int_{y=g_1(x)}^{g_2(x)} f(x,y)dy \right)dx \qquad (9.1.2a)$$

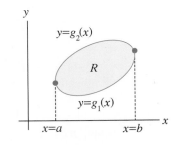

그림 9.1.3 이중적분의 계산 (1)

로 계산한다. 괄호 안의 적분을 수행하면 x만의 함수가 됨에 주목하자.

(ii) $R: h_1(y) \leq x \leq h_2(y), c \leq y \leq d$인 경우

영역 R이 그림 9.1.4와 같이 $h_1(y) \leq x \leq h_2(y), c \leq y \leq d$로 정해지면 y를 고정시키고 먼저 x에 대해 적분한 후 y에 대해 적분한다. 즉

$$\iint_R f(x,y)dA = \int_{y=c}^d \left(\int_{x=h_1(y)}^{h_2(y)} f(x,y)dx \right)dy \qquad (9.1.2b)$$

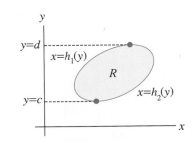

그림 9.1.4 이중적분의 계산 (2)

로 계산한다. 이 교재에서는 <u>적분구간에 적분하는 변수 x 또는 y를 표시하므로 뒤에 나오는 dx와 dy의 순서는 중요하지 않다.</u>

예제 1

그림 9.1.5와 같이 R이 $y = x$, $y = 2x$, $x = 1$, $x = 2$로 둘러싸인 영역일 때 $\iint_R \dfrac{x}{y}dxdy$를 계산하라.

(풀이) x의 구간을 고정하고 영역 R을 나타내면 $1 \leq x \leq 2, x \leq y \leq 2x$이므로

$$\iint_R \frac{x}{y}\,dxdy = \int_{x=1}^2 \int_{y=x}^{2x} \frac{x}{y}\,dydx = \int_1^2 x\left(\int_x^{2x} \frac{1}{y}\,dy\right)dx$$

$$= \int_1^2 x[\ln y]_x^{2x}\,dx = \int_1^2 x\ln 2\,dx = \frac{3}{2}\ln 2$$

이다.

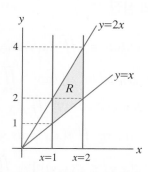

그림 9.1.5   예제 1의 영역

☞ 예제 1에서 y 구간을 고정하여 영역 R을 나타내면 $1 \le y \le 2$에서는 $1 \le x \le y$이고, $2 \le y \le 4$에서는 $y/2 \le x \le 2$이므로

$$\iint_R \frac{x}{y}\,dxdy = \int_{y=1}^2 \int_{x=1}^y \frac{x}{y}\,dxdy + \int_{y=2}^4 \int_{x=y/2}^2 \frac{x}{y}\,dxdy$$

$$= \int_{y=1}^2 \frac{1}{y}\int_{x=1}^y x\,dxdy + \int_{y=2}^4 \frac{1}{y}\int_{x=y/2}^2 x\,dxdy = \int_{y=1}^2 \frac{1}{y}\left[\frac{x^2}{2}\right]_1^y dy + \int_{y=2}^4 \frac{1}{y}\left[\frac{x^2}{2}\right]_{y/2}^2 dy$$

$$= \int_1^2 \frac{1}{y}\left(\frac{y^2}{2} - \frac{1}{2}\right)dy + \int_2^4 \frac{1}{y}\left(2 - \frac{y^2}{8}\right)dy = \int_1^2 \left(\frac{y}{2} - \frac{1}{2y}\right)dy + \int_2^4 \left(\frac{2}{y} - \frac{y}{8}\right)dy$$

$$= \left[\frac{y^2}{4} - \frac{1}{2}\ln y\right]_1^2 + \left[2\ln y - \frac{y^2}{16}\right]_2^4 = \frac{3}{2}\ln 2$$

가 되어 결과는 같지만 과정이 매우 복잡해진다.

직사각형 영역 R

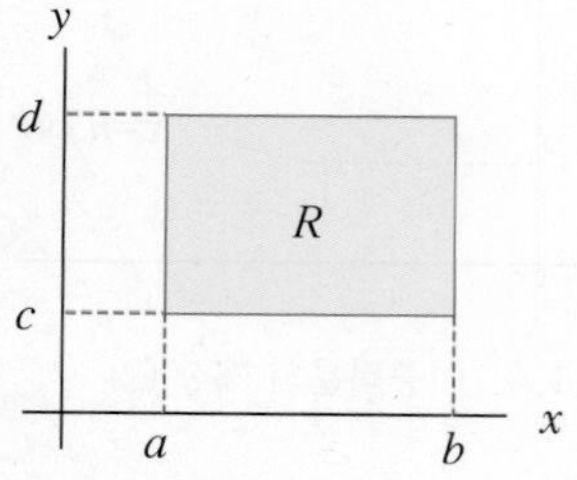

영역 R이 그림 9.1.6과 같이 $a \le x \le b, c \le y \le d$와 같은 직사각형 영역이면 x, y 중 어느 것이든 하나의 변수에 대해 먼저 적분하고 다시 나머지 변수로 적분하면 된다. 즉

그림 9.1.6   직사각형 영역 R

$$\iint_R f(x,y)\,dxdy = \int_{y=c}^d \int_{x=a}^b f(x,y)\,dxdy \tag{9.1.2c}$$

와 같이 x로 적분한 후 y로 적분하거나 또는

$$\iint_R f(x,y)\,dxdy = \int_{x=a}^b \int_{y=c}^d f(x,y)\,dydx \tag{9.1.2d}$$

와 같이 y로 적분한 후 x로 적분하는 두 가지 방법 모두 가능하다. 특히 피적분함수 $f(x, y)$가 x만의 함수와 y만의 함수의 곱으로 표현되는 경우에는 x와 y에 대해 동시에 적분할 수 있다. 다음 예를 보자.

예제 2

그림 9.1.7과 같이 영역 R이 $0 \leq x \leq 1$, $1 \leq y \leq 2$일 때 $\iint_R xy\,dxdy$를 계산하라.

(풀이) 영역 R이 직사각형 영역이고 피적분 함수 $f(x,y) = xy$ 또한 두 변수 x, y에 대해 분리되므로

$$\iint_R xy\,dxdy = \int_{x=0}^{1} x\,dx \int_{y=1}^{2} y\,dy = \left[\frac{x^2}{2}\right]_0^1 \left[\frac{y^2}{2}\right]_1^2 = \frac{1}{2} \cdot \frac{3}{2} = \frac{3}{4}$$

과 같이 간단히 계산한다.

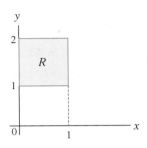

그림 9.1.7 예제 2의 영역 R

이중적분 사용의 예

단위 면적당 질량을 나타내는 밀도함수(면밀도)가 ρ일 때, 평면 영역 R에 대하여
다음이 성립한다.

- R의 **면적**: $A = \iint_R dxdy$ (9.1.3)

- R의 **질량**: $M = \iint_R \rho\,dxdy$ (9.1.4)

- R의 **질량중심**: $(\overline{x}, \overline{y})$

$$\overline{x} = \frac{1}{M}\iint_R x\rho\,dxdy, \quad \overline{y} = \frac{1}{M}\iint_R y\rho\,dxdy \qquad (9.1.5)$$

- R의 x축, y축, 원점에 대한 **관성 모멘트**:

$$I_x = \iint_R y^2 \rho\,dxdy, \quad I_y = \iint_R x^2 \rho\,dxdy, \quad I_0 = \iint_R (x^2 + y^2)\rho\,dxdy = I_x + I_y \quad (9.1.6)$$

쉬어가기 9.1   관성모멘트와 회전운동

물리학에서 **모멘트**(moment)는 어떤 물리적 효과가 물리량뿐 아니라 그 물리량의 분포에 따라서 다르게 결정될 때 사용하는 용어로 능률이라고도 한다. 예를 들어 회전운동에서는 병진운동에서 사용하는 질량 m 대신 **관성모멘트**(moment of inertia)를 사용하며 이를 보통 I로 표현한다. 질량이 식 (9.1.4)로 계산되어지는 것과 달리 관성모멘트는 식 (9.1.6)과 같이 회전축에 대한 질량의 분포가 고려되므로 회전축의 위치에 따라 값이 달라진다.

뉴턴 제2법칙이 병진운동에서는 $F = ma$이고, 회전운동에서는 $\tau = I\alpha$이다. 여기서 τ는 토크(돌림힘), α는 물체의 각가속도이다. 이렇게 보면 토크를 '돌림힘'으로 번역한 것처럼 관성모멘트도 '돌림질량'이라고 번역해도 좋을 것 같다. 질량이 크면 같은 힘에 대해 병진운동의 변화에 대한 저항성이 커지는 것처럼 관성모멘트가 크면 같은 돌림힘에 대해 회전운동의 변화에 대한 저항성이 커진다. 쉽게 말하면 관성모멘트가 크면 돌리기도 어렵지만 한번 돌아가면 멈추기도 어렵다는 뜻이다. 이를 이용한 것이 플라이휠 (flywheel)이다. 플라이휠은 질량을 회전축으로부터 먼 곳에 집

그림 9.1.8   회전축에 따라 다른 관성모멘트

중시켜 관성모멘트를 증가시킨 장치이다. 엔진에 달린 플라이휠은 엔진의 회전속도를 일정하게 유지시키는 역할을 한다.

쉬어가기 6.2에서 외부에서 힘이 작용하지 않으면 계의 선운동량이 보존된다고 하였다. 마찬가지로 외부에서 토크가 작용하지 않으면 각운동량도 보존된다. 그림 9.1.9와 같이 회전하는 피규어 스케이팅 선수는 같은 질량이지만 팔을 옆으로 뻗었을 때가 팔을 모았을 때보다 회전축에 대한 관성모멘트가 크다. 따라서 팔을 벌린 상태에서 팔을 모으면 각속도가 증가하여 더 빨리 회전한다.

그림 9.1.9   각운동량 보존

지구가 일정한 각속력으로 자전하여 하루의 시간이 일정하고, 지구가 일정한 선속력으로 태양 주위를 공전하여 1년 4계절이 일정하다. 소량의 물은 걸레로도 쉽게 닦아낼 수 있지만 홍수 때 넘치는 물은 건물을 쓰러뜨리면서도 계속 진행한다. 지구는 엄청나게 큰 질량과 관성모멘트를 가지고 있다. 거기다가 우주 공간에는 공기저항이나 마찰력도 없으므로 운동상태를 변화시키는 힘도 거의 작용하지 않는다. 이러한 이유로 지구는 46억년 동안이나 거의 같은 운동상태를 계속 유지해 온 것이다. (사실은 지구 내부의 액체 성분이 지구 자전을 방해하므로 지구의 자전 각속도는 약간씩 줄고 있다.) 시간의 흐름도 질량과 관계가 있을까? 질량이 큰 세상에서는 운동상태가 변하는데 시간이 오래 걸리니 시간 스케일도 따라서 커져야 할 것 같다. 마치 제임스웹 망원경으로 보는 138억 년 된 우주처럼 말이다.

예제 3

영역 R의 질량 M과 질량중심의 좌표 $(\overline{x}, \overline{y})$, x축, y축에 대한 관성 모멘트 I_x, I_y를 각각 구하라. R의 면밀도는 $\rho(x,y) = 1$이다.

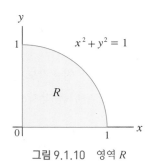

그림 9.1.10   영역 R 그림 9.1.11   삼각함수 치환

(풀이) 영역 R의 면밀도가 1이므로 질량은 면적과 같다. $R : 0 \leq x \leq 1, 0 \leq y \leq \sqrt{1-x^2}$ 이므로

$$M = \iint_R dA = \iint_R dxdy = \int_{x=0}^{1} \int_{y=0}^{\sqrt{1-x^2}} dydx = \int_0^1 \sqrt{1-x^2}\, dx \qquad\text{(a)}$$

이다. 삼각함수 치환을 이용하기 위해 그림 9.1.11에서 $x = \sin\theta \, (0 \leq \theta \leq \pi/2)$로 놓으면 $dx = \cos\theta \, d\theta$이므로

$$M = \int_0^{\pi/2} \sqrt{1-\sin^2\theta} \cdot \cos\theta d\theta = \int_0^{\pi/2} \sqrt{\cos^2\theta} \cdot \cos\theta d\theta$$

$$= \int_0^{\pi/2} |\cos\theta| \cos\theta d\theta \; ; 0 \leq \theta \leq \frac{\pi}{2}\text{에서 } \cos\theta \geq 0$$

$$= \int_0^{\pi/2} \cos^2\theta d\theta = \int_0^{\pi/2} \frac{1+\cos 2\theta}{2} d\theta = \left[\frac{\theta}{2} + \frac{1}{4}\sin 2\theta \right]_0^{\pi/2} = \frac{\pi}{4}$$

$$\overline{x} = \frac{1}{M} \iint_R x dxdy = \frac{4}{\pi} \int_{x=0}^{1} x \int_{y=0}^{\sqrt{1-x^2}} dydx = \frac{4}{\pi} \int_0^1 x\sqrt{1-x^2}\, dx \; ; \sqrt{1-x^2} = t \text{로 치환}$$

$$= \frac{4}{\pi} \int_0^1 t^2 dt = \frac{4}{3\pi}$$

이고, 문제의 대칭성으로 $\overline{x} = \overline{y}$ 이다.

$$I_x = \iint_R y^2 dA = \int_{x=0}^{1} \int_{y=0}^{\sqrt{1-x^2}} y^2 dydx = \frac{1}{3} \int_0^1 (1-x^2)^{3/2} dx \; ; x = \sin\theta \text{로 치환}$$

$$= \frac{1}{3} \int_0^{\pi/2} \cos^4\theta d\theta = \frac{1}{3} \int_0^{\pi/2} \left(\frac{1+\cos 2\theta}{2} \right)^2 d\theta = \frac{1}{12} \int_0^{\pi/2} (1 + 2\cos 2\theta + \cos^2 2\theta) d\theta$$

$$= \frac{1}{12} \int_0^{\pi/2} \left(1 + 2\cos 2\theta + \frac{1+\cos 4\theta}{2} \right) d\theta = \frac{1}{12} \left[\frac{3}{2}\theta + \sin 2\theta + \frac{1}{8}\sin 4\theta \right]_0^{\pi/2} = \frac{\pi}{16}$$

이고, 마찬가지로 $I_x = I_y$이다.

☞ 고등학교 과정에서와 같이 영역 R의 면적을 곡선 $y = \sqrt{1-x^2}$ 과 x축 사이의 넓이로 계산하면 $\int_0^1 \sqrt{1-x^2}\, dx$ 이다. 이는 예제 3의 풀이 과정의 (a)와 같다. 이중적분과 단일적분으로 계산한 R의 질량은 동일하다.

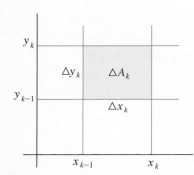

그림 9.1.12 직각좌표계의 미소넓이

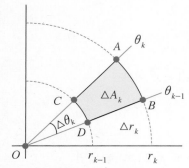

그림 9.1.13 극좌표계의 미소넓이

극좌표계에서 이중적분

이중적분에서 피적분함수가 $f(x,y)$가 아니고 $f(r,\theta)$인 경우에 이중적분을 계산하기 위해서는 영역 R 또한 r과 θ로 나타내어야 한다. xy-좌표계에서는 x_{k-1}이 x_k로 $\triangle x_k$ 증가하고 y_{k-1}이 y_k로 $\triangle y_k$ 증가할 때 넓이의 증분은 그림 9.1.12와 같이 $\triangle A_k = \triangle x_k \triangle y_k$ 이다. 반면에 0.4절에서 간략히 소개한 극좌표계에서는 r_{k-1}이 r_k로 $\triangle r_k$ 증가하고 θ_{k-1}이 θ_k로 $\triangle \theta_k$ 증가할 때 넓이의 증분은 단순히 $\triangle A_k = \triangle r_k \triangle \theta_k$가 아니라는 점에 주의해야 한다. r은 길이의 단위를 갖지만 θ는 각도, 즉 무차원 단위인 라디안 (radian)이므로 $\triangle A_k = \triangle r_k \triangle \theta_k$는 넓이의 단위를 갖지 못한다.

그림 9.1.13에서 $\triangle A_k$는 부채꼴 OAB의 넓이에서 부채꼴 OCD의 넓이를 뺀 값이므로

$$\triangle A_k = \frac{1}{2}r_k^2 \triangle \theta_k - \frac{1}{2}r_{k-1}^2 \triangle \theta_k = \frac{1}{2}(r_k^2 - r_{k-1}^2)\triangle \theta_k = \frac{1}{2}(r_k + r_{k-1})(r_k - r_{k-1})\triangle \theta_k$$

이고, $r_k^* = (r_{k-1} + r_k)/2$ 라 하면

$$\triangle A_k = r_k^* \triangle r_k \triangle \theta_k$$

이다. 이러한 이유로 극좌표계에서의 이중적분은 (r_k^*, θ_k^*)가 영역 $\triangle A_k$ 안의 한 점일 때

$$\iint_R f dA = \iint_R f(r,\theta)r dr d\theta = \lim_{n \to \infty}\sum_{k=1}^{n} f(r_k^*, \theta_k^*)r_k^* \triangle r_k \triangle \theta_k \qquad (9.1.7)$$

로 정의한다. 즉 이중적분의 미소넓이 dA는 xy-좌표계에서는 $dA = dxdy$이고 극좌표계에서는 $dA = rdrd\theta$이다. 이에 대해서는 이 절의 뒷부분에서 **야코비안**으로 다시 설명한다.

예제 4

예제 3을 극좌표계의 이중적분을 사용하여 다시 풀어라.

(풀이) 극좌표계를 사용하면 영역 R은 $0 \leq r \leq 1$, $0 \leq \theta \leq \pi/2$로 간단히 나타낼 수 있고 $dA = rdrd\theta$ 이므로

$$M = \iint_R dA = \int_{r=0}^{1} \int_{\theta=0}^{\pi/2} r dr d\theta = \int_0^1 rdr \int_0^{\pi/2} d\theta = \frac{1}{2} \cdot \frac{\pi}{2} = \frac{\pi}{4}$$

이고, 극좌표계에서 $x = r\cos\theta$이므로

$$\bar{x} = \frac{1}{M}\iint_R x dA = \frac{1}{M}\int_{r=0}^{1}\int_{\theta=0}^{\pi/2}(r\cos\theta)rdrd\theta = \frac{4}{\pi}\int_0^1 r^2 dr \int_0^{\pi/2}\cos\theta d\theta$$

$$= \frac{4}{\pi} \cdot \frac{1}{3} \cdot 1 = \frac{4}{3\pi}$$

이다. 마찬가지로 $y = r\sin\theta$임을 이용하여

$$I_x = \iint_R y^2 \, dA = \int_{r=0}^{1} \int_{\theta=0}^{\pi/2} (r\sin\theta)^2 \, r \, dr \, d\theta = \int_0^1 r^3 \, dr \int_0^{\pi/2} \sin^2\theta \, d\theta$$

$$= \int_0^1 r^3 \, dr \int_0^{\pi/2} \frac{1 - \cos 2\theta}{2} \, d\theta = \frac{\pi}{16}$$

로 매우 간단히 구할 수 있는데, 이는 모두 예제 3의 결과와 같다.

예제 5

중심이 원점인 단위원의 외부와 **심장형**(cardioid) $r = 1 + \cos\theta$의 내부 영역 R의 넓이를 구하라.

(풀이) 그림 9.1.14에서 보듯이 $R : -\dfrac{\pi}{2} \leq \theta \leq \dfrac{\pi}{2}$, $1 \leq r \leq 1 + \cos\theta$이므로

$$A = \iint_R dA = \int_{\theta=-\pi/2}^{\pi/2} \int_{r=1}^{1+\cos\theta} r \, dr \, d\theta$$

$$= \int_{-\pi/2}^{\pi/2} \left[\frac{r^2}{2} \right]_1^{1+\cos\theta} d\theta = \int_{-\pi/2}^{\pi/2} \frac{(1 + \cos\theta)^2 - 1}{2} \, d\theta$$

$$= \int_{-\pi/2}^{\pi/2} \left(\cos\theta + \frac{\cos^2\theta}{2} \right) d\theta = 2 \int_0^{\pi/2} \left(\cos\theta + \frac{1 + \cos 2\theta}{4} \right) d\theta = 2 + \frac{\pi}{4}.$$

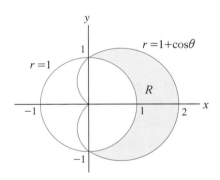

그림 9.1.14 단위원과 심장형

다음은 xy-좌표계의 이중적분을 극좌표계의 이중적분으로 바꾸어 푸는 경우이다.

예제 6

이중적분 $\displaystyle\int_{x=0}^{2} \int_{y=x}^{\sqrt{8-x^2}} \frac{1}{5 + x^2 + y^2} \, dy \, dx$ 를 계산하라.

(풀이) 적분 영역은 그림 9.1.15의 R이다. 따라서 주어진 이중적분을 극좌표로 표현하면 $r^2 = x^2 + y^2$이므로

$$\int_{x=0}^{2}\int_{y=x}^{\sqrt{8-x^2}}\frac{1}{5+x^2+y^2}\,dydx=\int_{r=0}^{\sqrt{8}}\int_{\theta=\pi/4}^{\pi/2}\frac{1}{5+r^2}\,rdrd\theta$$

$$=\int_{0}^{\sqrt{8}}\frac{r}{5+r^2}\,dr\int_{\pi/4}^{\pi/2}d\theta=\frac{1}{2}\ln\frac{13}{5}\cdot\frac{\pi}{4}=\frac{\pi}{8}\ln\frac{13}{5}$$

이다. 여기서 r에 대한 적분은 $5+r^2=t$로 치환하여

$$\int_{0}^{\sqrt{8}}\frac{r}{5+r^2}\,dr=\frac{1}{2}\int_{5}^{13}\frac{dt}{t}=\frac{1}{2}\ln\frac{13}{5}$$

과 같이 구한다.

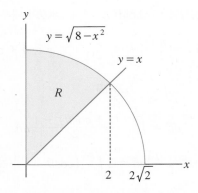

그림 9.1.15   예제 6의 적분 영역

좌표변환에 의한 이중적분, 야코비안

예제 3과 4를 비교하면 좌표변환에 의해 이중적분이 보다 쉽게 계산될 수 있음을 알 수 있다. 이는 xy-평면에서 불규칙한 형태를 갖는 영역 R이 $r\theta$-평면에서는 단순한 모양의 영역 R'을 갖기 때문이다. 좌표변환에 의해 이중적분을 수행하기 위해서는 좌표계 변환에 따른 영역의 면적 변화를 정확히 표현해 주는 비율이 필요한데, 이것을 **야코비안**(Karl Jacobi, 1804-1851, 독일)이라 하고 $|J|$로 나타낸다. xy-평면의 영역 R이 uv-평면의 영역 R'으로

$$x=g(u,v),\quad y=h(u,v)$$

에 의해 일대일 대응되면 $|J(u,v)|$는 행렬식

$$|J(u,v)|=\begin{vmatrix}\dfrac{\partial x}{\partial u}&\dfrac{\partial x}{\partial v}\\[2mm]\dfrac{\partial y}{\partial u}&\dfrac{\partial y}{\partial v}\end{vmatrix}\qquad(9.1.8)$$

이고, 이를 이용하면

$$\iint_R f(x, y)dxdy = \iint_{R'} f(u, v)|J(u, v)|dudv \qquad (9.1.9)$$

와 같이 xy-좌표계에서 영역 R에 대한 적분이 uv-좌표계에서 영역 R'에 대한 적분으로 바뀐다. 여기서 $|J|$는 야코비안 행렬 J의 행렬식으로 앞으로 간단히 **야코비안**으로 부르겠다. 야코비안은 행렬 내부의 행벡터 또는 열벡터의 교환에 의해 (+), (−) 부호가 달라질 수 있는데 좌표변환 전후 적분 결과의 부호가 바뀌지 않도록 선택하면 된다.

예제 7

xy-좌표계와 극좌표계 사이의 야코비안을 구하라.

(풀이) $x(r, \theta) = r\cos\theta$, $y(r, \theta) = r\sin\theta$이므로

$$|J(r, \theta)| = \begin{vmatrix} \dfrac{\partial x}{\partial r} & \dfrac{\partial x}{\partial \theta} \\ \dfrac{\partial y}{\partial r} & \dfrac{\partial y}{\partial \theta} \end{vmatrix} = \begin{vmatrix} \cos\theta & -r\sin\theta \\ \sin\theta & r\cos\theta \end{vmatrix} = r(\cos^2\theta + \sin^2\theta) = r$$

이다. 이는 식 (9.1.7)에서 $\iint_R f(x, y)dxdy = \iint_{R'} f(r, \theta)rdrd\theta$ 임을 다시 설명한다.

예제 8

R이 $x - y = 2$, $x - y = 3$, $2x + y = 4$, $2x + y = 6$으로 둘러싸인 영역일 때 $\iint_R (2x^2 - xy - y^2)dxdy$를 계산하라.

(풀이) $x - y = u$, $2x + y = v$로 치환하면 uv-평면에서의 영역 R'은 $2 \le u \le 3$, $4 \le v \le 6$이고 $x = (u + v)/3$, $y = (-2u + v)/3$이다. 따라서

$$|J(u, v)| = \begin{vmatrix} \dfrac{\partial x}{\partial u} & \dfrac{\partial x}{\partial v} \\ \dfrac{\partial y}{\partial u} & \dfrac{\partial y}{\partial v} \end{vmatrix} = \begin{vmatrix} \dfrac{1}{3} & \dfrac{1}{3} \\ -\dfrac{2}{3} & \dfrac{1}{3} \end{vmatrix} = \dfrac{1}{3}$$

이므로

$$\iint_R (2x^2 - xy - y^2)dxdy = \iint_R (x - y)(2x + y)dxdy = \int_{u=2}^{3} \int_{v=4}^{6} uv\left(\dfrac{1}{3}\right)dudv$$
$$= \dfrac{1}{3}\int_2^3 udu \int_4^6 vdv = \dfrac{1}{3} \cdot \dfrac{5}{2} \cdot 10 = \dfrac{25}{3}$$

이다.

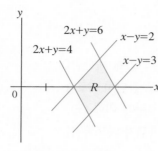

그림 9.1.16 xy-평면의 영역

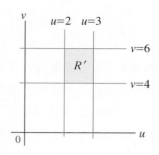

그림 9.1.17 uv-평면의 영역

예제 8에서는 $u = x - y$, $v = 2x + y$를 $x = \frac{1}{3}(u + v)$, $y = \frac{1}{3}(-2u + v)$로 바꾸어 $|J(u, v)|$를 계산했다. 하지만

$$|J(x, y)| = \begin{vmatrix} \dfrac{\partial u}{\partial x} & \dfrac{\partial u}{\partial y} \\ \dfrac{\partial v}{\partial x} & \dfrac{\partial v}{\partial y} \end{vmatrix} = \begin{vmatrix} 1 & -1 \\ 2 & 1 \end{vmatrix} = 3$$

으로 계산하고 $|J(u, v)| = 1/|J(x, y)| = 1/3$을 구할 수도 있다. 같은 적분에 대해 xy-평면에서의 적분값이 uv-평면에서의 적분값의 1/3배라면 uv-평면에서의 적분값은 xy-평면에서의 적분값의 3배가 되는 것은 당연하다. 이는 일반적으로 항상 성립하는 결과이며, 따라서 $|J(u, v)|$ 대신에 $|J(x, y)|$를 구하여 이의 역수를 사용해도 좋다.

예제 9

이중적분 $\iint_R xy\,dA$를 그림 9.1.18의 영역 R에 대해 계산하라.

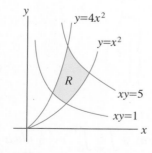

그림 9.1.18 xy-평면의 영역

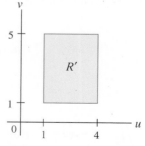

그림 9.1.19 uv-평면의 영역

(풀이) $u = \dfrac{y}{x^2}$, $v = xy$로 치환하면 uv-평면의 영역 R'은 그림 9.1.19와 같고

$$|J(x,y)| = \begin{vmatrix} \dfrac{\partial u}{\partial x} & \dfrac{\partial u}{\partial y} \\ \dfrac{\partial v}{\partial x} & \dfrac{\partial v}{\partial y} \end{vmatrix} = \begin{vmatrix} -\dfrac{2y}{x^3} & \dfrac{1}{x^2} \\ y & x \end{vmatrix} = -\dfrac{3y}{x^2} = -3u$$

이므로 $|J(u,v)| = |J(x,y)|^{-1} = -\dfrac{1}{3u}$ 이다. R에서 $x, y > 0$ 이므로 $|J(u,v)| = \dfrac{1}{3u}$ 을 사용하자. 따라서

$$\iint_R xy\,dxdy = \iint_{R'} v|J(u,v)|\,dudv = \iint_{R'} v \cdot \dfrac{1}{3u}\,dudv = \dfrac{1}{3}\int_{u=1}^{4}\int_{v=1}^{5}\dfrac{v}{u}\,dvdu$$

$$= \dfrac{1}{3}\int_1^4 \dfrac{du}{u}\int_1^5 v\,dv = \dfrac{1}{3}\cdot\ln 4 \cdot 12 = 8\ln 2.$$

예제 10

타원 $\left(\dfrac{x}{a}\right)^2 + \left(\dfrac{y}{b}\right)^2 = 1$의 넓이를 계산하라.

(풀이)

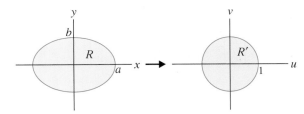

그림 9.1.20 좌표변환

$u = \dfrac{x}{a}, v = \dfrac{y}{b}$로 놓으면

$$|J(u,v)| = \begin{vmatrix} \dfrac{\partial x}{\partial u} & \dfrac{\partial x}{\partial v} \\ \dfrac{\partial y}{\partial u} & \dfrac{\partial y}{\partial v} \end{vmatrix} = \begin{vmatrix} a & 0 \\ 0 & b \end{vmatrix} = ab$$

또는

$$|J(x,y)| = \begin{vmatrix} \dfrac{\partial u}{\partial x} & \dfrac{\partial u}{\partial y} \\ \dfrac{\partial v}{\partial x} & \dfrac{\partial v}{\partial y} \end{vmatrix} = \begin{vmatrix} \dfrac{1}{a} & 0 \\ 0 & \dfrac{1}{b} \end{vmatrix} = \dfrac{1}{ab} \text{에서 } |J(u,v)| = |J(x,y)|^{-1} = ab$$

이고 xy-평면에서 타원영역 R은 uv-평면에서 반지름이 1인 원 $R': u^2 + v^2 = 1$의 내부영역이 되므로

$$A(R) = \iint_R dxdy = \iint_{R'} |J(u,v)|\,dudv = ab\iint_{R'} dudv = ab\cdot\pi = \pi ab.$$

여기서 원의 넓이 공식은 그대로 사용하였다. $a = b$인 경우 타원의 넓이는 원의 넓이와 같아진다.

쉬어가기 9.2   야코비안 행렬과 행렬식

본문에서 어떤 좌표계에서의 중적분을 다른 좌표계에서의 중적분으로 바꿀 때 좌표계 차이에 의한 부피(넓이)의 변화량이 **야코비안**(jacobian)이라고 했다. 우리는 7.1절에서 정사각행렬 $\mathbf{A}$에 의해 $\mathbf{X}$에서 $\mathbf{Y}$로 변환되는 선형변환이 $\mathbf{Y} = \mathbf{AX}$이고, 7.2절에서는 이러한 선형변환에 의한 부피(또는 넓이)의 변화는 $\mathbf{A}$의 행렬식, 즉 $|\mathbf{A}|$임을 알았다. 야코비안 행렬 J는 비선형변환을 미소증분에 대한 선형변환으로 나타낸다. 야코비안을 2차원 uv-좌표계에서 xy-좌표계로의 선형변환으로 설명하면 다음과 같다.

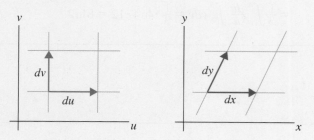

그림 9.1.21   야코비안 행렬에 의한 선형변환

그림 9.1.21과 같이 선형변환 $J = \begin{bmatrix} a_{11} & a_{12} \\ a_{21} & a_{22} \end{bmatrix}$에 의해 미소증분 du와 dv가 dx와 dy로 변환되면

$$\begin{bmatrix} dx \\ dy \end{bmatrix} = J \begin{bmatrix} du \\ dv \end{bmatrix} = \begin{bmatrix} a_{11} & a_{12} \\ a_{21} & a_{22} \end{bmatrix} \begin{bmatrix} du \\ dv \end{bmatrix} \tag{9.1.10}$$

이다. 따라서 $dx = a_{11}du + a_{12}dv$, $dy = a_{21}du + a_{22}dv$가 성립하는데, 식 (1.3.2)로 주어지는 2변수 함수의 미분(전미분)을 사용하면

$$dx = a_{11}du + a_{12}dv = \frac{\partial x}{\partial u}du + \frac{\partial x}{\partial v}dv, \tag{9.1.11a}$$

$$dy = a_{21}du + a_{22}dv = \frac{\partial y}{\partial u}du + \frac{\partial y}{\partial v}dv \tag{9.1.11b}$$

에서 야코비안 행렬

$$J = \begin{bmatrix} \dfrac{\partial x}{\partial u} & \dfrac{\partial x}{\partial v} \\ \dfrac{\partial y}{\partial u} & \dfrac{\partial y}{\partial v} \end{bmatrix} \tag{9.1.12}$$

를 얻는다. 따라서 야코비안 행렬식

$$|J| = \begin{vmatrix} \dfrac{\partial x}{\partial u} & \dfrac{\partial x}{\partial v} \\ \dfrac{\partial y}{\partial u} & \dfrac{\partial y}{\partial v} \end{vmatrix} \tag{9.1.13}$$

은 선형변환 J에 의한 넓이의 변화를 나타낸다.

예제 11 부정적분을 모르는 정적분 계산

적분 $I = \displaystyle\int_0^\infty e^{-x^2}dx$ 를 계산하라.

(풀이) 먼저 I^2을 구하자. 적분하는 변수를 바꾸어도 정적분의 결과가 같으므로

$$I^2 = \left(\int_0^\infty e^{-x^2}dx\right)^2 = \left(\int_{x=0}^\infty e^{-x^2}dx\right)\left(\int_{y=0}^\infty e^{-y^2}dy\right) = \int_{x=0}^\infty\int_{y=0}^\infty e^{-(x^2+y^2)}dxdy$$

가 된다. 이를 극좌표로 변환하면 xy–평면의 제1사분면 영역인 $0 \le x < \infty$, $0 \le y < \infty$는 영역 $0 \le r < \infty$, $0 \le \theta \le \pi/2$에 해당하고 $x^2 + y^2 = r^2$, $dxdy = rdrd\theta$이므로

$$I^2 = \int_{r=0}^\infty\int_{\theta=0}^{\pi/2} e^{-r^2}rdrd\theta = \int_0^{\pi/2} d\theta \int_0^\infty e^{-r^2}rdr = \frac{\pi}{2}\cdot\frac{1}{2} = \frac{\pi}{4}$$

이다. 따라서 $I = \dfrac{\sqrt{\pi}}{2}$ 이고, 그림 9.1.22와 같은 영역의 넓이이다.

위에서 적분 $\displaystyle\int_0^\infty e^{-r^2}rdr$ 은 $r^2 = t$로 치환하여 계산할 수 있다.

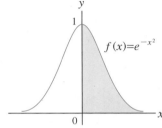

그림 9.1.22 $f(x) = e^{-x^2}$

☞ 예제 11은 부정적분 $\displaystyle\int e^{-x^2}dx$ 는 알 수 없지만 정적분 $\displaystyle\int_0^\infty e^{-x^2}dx$ 는 계산할 수 있음을 보여준다. $f(x) = e^{-x^2}$은 정규분포, 오차함수(error function) 등에서 자주 나오는 함수이다(연습문제 참고).

삼중적분

2변수 함수를 평면 영역 R에 대해 이중적분하는 것과 유사하게 3변수 함수를 공간 영역 D에 대해 **삼중적분**(triple integral)할 수 있다. 삼중적분은 그림 9.1.23과 같이 공간에서 정의되는 3변수 함수 $f(x, y, z)$를 공간영역 D에 대해 적분하는 것이다. 영역 D를 n개의 직육면체 분할영역으로 나누고 k 번째 영역의 부피를 $\triangle V_k = \triangle x_k \triangle y_k \triangle z_k$, 그 영역에 속하는 한 점을 (x_k^*, y_k^*, z_k^*)라 하면

$$\iiint_D fdV = \iiint_D f(x, y, z)dxdydz = \lim_{n\to\infty}\sum_{k=1}^n f(x_k^*, y_k^*, z_k^*)\triangle x_k\triangle y_k\triangle z_k \quad (9.1.14)$$

로 정의한다. 특히 $f(x, y, z) = 1$인 경우, 즉

$$\iiint_D dV = \iiint_D dxdydz = \lim_{n\to\infty}\sum_{k=1}^n \triangle x_k\triangle y_k\triangle z_k$$

는 입체 D의 부피이다. 또한 $\rho(x, y, z)$가 밀도(단위 체적당 질량)이면

$$\iiint_D \rho dV = \iiint_D \rho(x, y, z)dxdydz = \lim_{n\to\infty}\sum_{k=1}^n \rho(x_k^*, y_k^*, z_k^*)\triangle x_k\triangle y_k\triangle z_k$$

는 입체 D의 질량이다. 삼중적분도 이중적분과 유사한 성질을 가지며

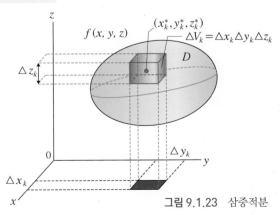

그림 9.1.23 삼중적분

단일적분을 반복해서 계산한다.

삼중적분 사용의 예

밀도가 $\rho(x, y, z)$일 때 공간영역 D에 대하여 다음이 성립한다.

- D의 부피: $V = \iiint_D dV$

- D의 질량: $M = \iiint_D \rho dV$

- D의 질량중심: $(\bar{x}, \bar{y}, \bar{z})$, 여기서

$$\bar{x} = \frac{1}{M} \iiint_D x\rho dV, \quad \bar{y} = \frac{1}{M} \iiint_D y\rho dV, \quad \bar{z} = \frac{1}{M} \iiint_D z\rho dV$$

- D의 x축, y축, z축에 대한 관성 모멘트:

$$I_x = \iiint_D (y^2 + z^2)\rho dV, \quad I_y = \iiint_D (z^2 + x^2)\rho dV, \quad I_z = \iiint_D (x^2 + y^2)\rho dV$$

예제 12

그림 9.1.24와 같이 $0 \leq x \leq a$, $0 \leq y \leq b$, $0 \leq z \leq c$인 직육면체의 부피를 계산하라.

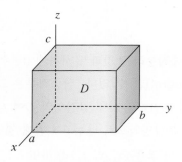

그림 9.1.24 직육면체

(풀이) 직육면체 영역을 D라 하면 부피는

$$V = \iiint_D dV = \int_{z=0}^{c} \int_{y=0}^{b} \int_{x=0}^{a} dxdydz = \int_0^a dx \int_0^b dy \int_0^c dz = abc.$$

삼중적분의 계산방법은 이중적분의 경우와 유사하다. 이중적분의 경우 xy-평면 위의 영역 R을 먼저 x의 범위를 고정시키고 y의 범위를 나타내거나, y의 범위를 고정시키고 x의 범위를 나타내는 두 가지 방법만 있었다. 하지만 삼중적분의 경우에는 xyz-공간의 영역 D를 x, y, z로 나타내는 방법이 모두 6(= 3!)가지나 된다. 다음 예를 보자.

예제 13

제1팔분공간(1'st octant)에서 $z = 1 - y^2$, $y = 2x$, $x = 3$으로 둘러싸인 영역의 부피를 $\iiint_D dzdxdy$ 의 순서로 계산하라.

(풀이) 그림 9.1.25의 영역 D를 $0 \le y \le 1$, $y/2 \le x \le 3$, $0 \le z \le 1 - y^2$으로 나타낼 수 있으므로

$$V = \iiint_D dV = \int_{y=0}^{1} \int_{x=y/2}^{3} \int_{z=0}^{1-y^2} dzdxdy = \int_{y=0}^{1} \int_{x=y/2}^{3} (1 - y^2)dxdy$$

$$= \int_{y=0}^{1} (1 - y^2) \int_{x=y/2}^{3} dxdy = \int_{0}^{1} (1 - y^2)\left(3 - \frac{y}{2}\right)dy$$

$$= \int_{0}^{1} \left(3 - \frac{y}{2} - 3y^2 + \frac{1}{2}y^3\right)dy = \left[3y - \frac{1}{4}y^2 - y^3 + \frac{1}{8}y^4\right]_{0}^{1} = \frac{15}{8}.$$

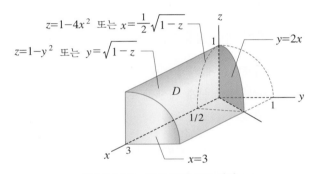

$z = 1 - 4x^2$ 또는 $x = \frac{1}{2}\sqrt{1-z}$

$z = 1 - y^2$ 또는 $y = \sqrt{1-z}$

$y = 2x$

$x = 3$

그림 9.1.25 예제 13의 적분 영역

예제 14

예제 13의 부피를 $\iiint_D dydxdz$ 의 순서로 계산하라.

(풀이) 그림 9.1.25에서 $0 \le z \le 1$, $0 \le x \le \frac{1}{2}\sqrt{1-z}$로 나타나는 xy−평면의 영역에서는 y축 방향의 지붕이 포물면 $y = \sqrt{1-z}$ 가 아니고 평면 $y = 2x$(그림 9.1.25에서 적색 부분)가 됨에 유의해야 한다. 따라서 영역 D가 $0 \le z \le 1$, $0 \le x \le \frac{1}{2}\sqrt{1-z}$, $0 \le y \le 2x$와 $0 \le z \le 1$, $\frac{1}{2}\sqrt{1-z} \le x \le 3$, $0 \le y \le \sqrt{1-z}$의 두 영역의 합이므로 D에 대한 삼중적분도 두 영역에 대한 삼중적분의 합으로 계산하면

$$V = \int_{z=0}^{1} \left[\int_{x=0}^{\sqrt{1-z}/2} \int_{y=0}^{2x} dydx + \int_{x=\sqrt{1-z}/2}^{3} \int_{y=0}^{\sqrt{1-z}} dydx \right] dz$$

$$= \int_{z=0}^{1} \left[\int_{x=0}^{\sqrt{1-z}/2} 2xdx + \sqrt{1-z} \int_{x=\sqrt{1-z}/2}^{3} dx \right] dz$$

$$= \int_{z=0}^{1} \left[\frac{1}{4}(1-z) + \sqrt{1-z}\left(3 - \frac{1}{2}\sqrt{1-z}\right) \right] dz$$

$$= \int_{z=0}^{1} \left[-\frac{1}{4}(1-z) + 3\sqrt{1-z} \right] dz$$

$$= \left[-\frac{1}{4}z + \frac{1}{8}z^2 - 2(1-z)^{3/2} \right]_{0}^{1} = \frac{15}{8}$$

로 예제 13의 결과와 같다.

☞ 6가지 경우 중 나머지 4가지 경우는 연습문제를 참고하자.

좌표변환에 의한 삼중적분, 야코비안

앞에서 좌표변환에 의해 이중적분이 쉽게 계산될 수 있음을 보았다. 삼중적분 또한 좌표변환에 의해 쉽게 계산될 수 있는데, xyz-좌표계의 영역 D가 $uv\omega$-좌표계의 영역 D'으로

$$x = g(u, v, \omega), \quad y = h(u, v, \omega), \quad z = k(u, v, \omega)$$

와 같이 일대일 대응되면 **야코비안** $|J(u, v, \omega)|$는 행렬식

$$|J(u, v, \omega)| = \begin{vmatrix} \dfrac{\partial x}{\partial u} & \dfrac{\partial x}{\partial v} & \dfrac{\partial x}{\partial \omega} \\ \dfrac{\partial y}{\partial u} & \dfrac{\partial y}{\partial v} & \dfrac{\partial y}{\partial \omega} \\ \dfrac{\partial z}{\partial u} & \dfrac{\partial z}{\partial v} & \dfrac{\partial z}{\partial \omega} \end{vmatrix} \tag{9.1.15}$$

에 의해 계산되고, 이를 이용하면

$$\iiint_{D} f(x, y, z)dxdydz = \iiint_{D'} f(u, v, \omega)|J(u, v, \omega)|dudvd\omega \tag{9.1.16}$$

와 같이 영역 D에서의 적분을 영역 D'에서의 삼중적분으로 계산할 수 있다.

2차원 평면좌표계에 xy-좌표계 외에 극좌표계가 있듯이, 3차원 공간좌표계에는 xyz-좌표계 외에 **원기둥좌표계**(cylindrical coordinate), **구좌표계**(spherical coordinate)가 있다. 2차원 좌표계에서 사각형 모양의 물체를 다루는 데는 xy-좌표계가, 원형 물체를 다루는 데는 극좌표계가 편리했던 것처럼 3차원 좌표계에서는

직육면체형 물체는 xyz-좌표계, 원기둥형 물체는 원기둥좌표계, 구형 물체는 구좌표계를 사용하는 것이 편리하다.

원기둥좌표계의 삼중적분

원기둥좌표계에서는 그림 9.1.26과 같이 점 P의 위치를 xy-평면 위의 그림자인 점 P'과 원점 사이의 길이 r, 점 P'이 양의 x축과 이루는 각 θ, 점 P의 높이 z로 나타내는데, 원기둥좌표계와 xyz-좌표계와의 관계는

$$x = r\cos\theta, \quad y = r\sin\theta, \quad z = z$$

로 xy-평면 성분을 극좌표로 표시한 것이다. 이 경우

$$|J(r,\theta,z)| = \begin{vmatrix} \dfrac{\partial x}{\partial r} & \dfrac{\partial x}{\partial \theta} & \dfrac{\partial x}{\partial z} \\[2mm] \dfrac{\partial y}{\partial r} & \dfrac{\partial y}{\partial \theta} & \dfrac{\partial y}{\partial z} \\[2mm] \dfrac{\partial z}{\partial r} & \dfrac{\partial z}{\partial \theta} & \dfrac{\partial z}{\partial z} \end{vmatrix} = \begin{vmatrix} \cos\theta & -r\sin\theta & 0 \\ \sin\theta & r\cos\theta & 0 \\ 0 & 0 & 1 \end{vmatrix} = r(\cos^2\theta + \sin^2\theta) = r$$

이므로, 삼중적분의 xyz-좌표계에서 원기둥좌표계로의 변환은

$$\iiint_D f(x,y,z)\,dxdydz = \iiint_{D'} f(r,\theta,z)\,rdrd\theta dz \qquad (9.1.17)$$

이다. 그림 9.1.27은 원기둥좌표계에서의 미소부피 $dV = rdrd\theta dz$를 기하학적으로 보여준다.

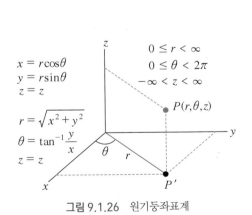

$$x = r\cos\theta$$
$$y = r\sin\theta$$
$$z = z$$

$$r = \sqrt{x^2+y^2}$$
$$\theta = \tan^{-1}\dfrac{y}{x}$$
$$z = z$$

$$0 \le r < \infty$$
$$0 \le \theta < 2\pi$$
$$-\infty < z < \infty$$

$P(r,\theta,z)$

P'

그림 9.1.26   원기둥좌표계

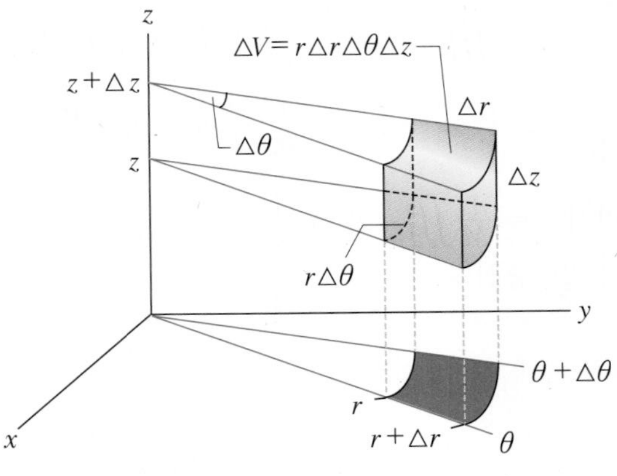

그림 9.1.27   원기둥좌표계의 미소부피

예제 15   원기둥의 부피

반지름 a, 높이 h인 원기둥의 부피를 구하라.

(풀이) 원기둥 영역을 D라 하고 원기둥좌표계를 사용하면

$$V = \iiint_D dV = \int_{r=0}^{a} \int_{\theta=0}^{2\pi} \int_{z=0}^{h} r\,dr\,d\theta\,dz = \int_0^a r\,dr \int_0^{2\pi} d\theta \int_0^h dz$$

$$= \frac{a^2}{2} \cdot 2\pi \cdot h = \pi a^2 h$$

이다. 만약 다른 좌표계를 이용한다면 계산과정이 매우 복잡해질 것이다.

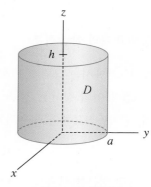

그림 9.1.28   원기둥

예제 16

옆면 $x^2 + y^2 = 4$, 윗면 $z = x^2 + y^2$, 밑면 $z = 0$인 영역 D의 질량중심을 구하라. 밀도는 1로 일정하다.

(풀이) 옆면이 원기둥 $x^2 + y^2 = 4$, 윗면이 포물면 $z = x^2 + y^2$, 밑면이 $z = 0$이므로 영역 D는 그림 9.1.29 와 같다. 원기둥좌표계를 사용하면 $dV = r\,dr\,d\theta\,dz$이고, 밀도가 1이므로

$$M = \iiint_D dV = \int_{r=0}^{2} \int_{\theta=0}^{2\pi} \int_{z=0}^{r^2} r\,dr\,d\theta\,dz = \int_{\theta=0}^{2\pi} d\theta \int_{r=0}^{2} r\left(\int_{z=0}^{r^2} dz \right) dr$$

$$= 2\pi \int_0^2 r^3\,dr = 2\pi \cdot 4 = 8\pi$$

이고

$$\iiint_D z\,dV = \int_{r=0}^{2} \int_{\theta=0}^{2\pi} \int_{z=0}^{r^2} (z) r\,dr\,d\theta\,dz = \int_{\theta=0}^{2\pi} d\theta \int_{r=0}^{2} r\left(\int_{z=0}^{r^2} z\,dz \right) dr$$

$$= 2\pi \int_0^2 \frac{r^5}{2}\,dr = 2\pi \cdot \frac{16}{3} = \frac{32\pi}{3}$$

이다. 따라서 $\bar{z} = \dfrac{1}{M} \iiint_D z\,dV = \dfrac{1}{8\pi} \cdot \dfrac{32\pi}{3} = \dfrac{4}{3}$ 이고, 영역 D는 z축에 대해 대칭이므로 $\bar{x} = \bar{y} = 0$ 이다. 따라서 질량중심의 좌표는 (0, 0, 4/3)이다.

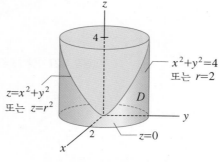

그림 9.1.29   예제 16의 영역

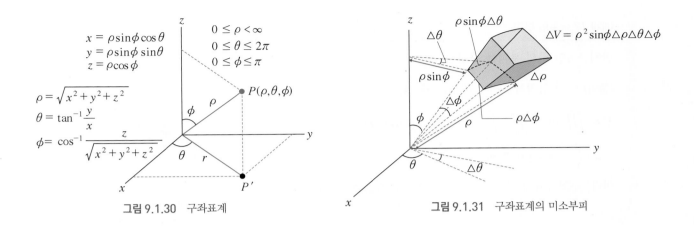

그림 9.1.30　구좌표계　　　　　　　　　**그림 9.1.31**　구좌표계의 미소부피

구좌표계의 삼중적분

구좌표계에서는 그림 9.1.30과 같이 점 P의 위치를 점 P와 원점 사이의 길이 ρ, 점 P의 xy-평면 위의 그림자인 점 P'이 양의 x축과 이루는 각 θ(편각, polar angle), 점 P가 z축과 이루는 각 ϕ(방위각, azimuthal angle)로 나타낸다. xyz-좌표계와의 관계는

$$x = \rho\sin\phi\cos\theta, \quad y = \rho\sin\phi\sin\theta, \quad z = \rho\cos\phi$$

가 될 것이다. 이 경우 야코비안 $|J(\rho,\theta,\phi)|$는 $\rho^2\sin\phi$가 되어(연습문제 참고) 삼중 적분의 xyz-좌표계에서 구좌표계로의 변환은

$$\iiint_D f(x,y,z)dxdydz = \iiint_{D'} f(\rho,\theta,\phi)\rho^2\sin\phi d\rho d\theta d\phi \tag{9.1.18}$$

이다. 그림 9.1.31은 구좌표계에서의 미소부피 $dV = \rho^2\sin\phi d\rho d\theta d\phi$를 기하학적으로 보여준다.

☞ 구좌표계에서 θ가 한 바퀴(2π) 회전하고 ϕ는 반 바퀴(π)만 회전하면 전체 공간에 대한 방향을 나타냄에 유의하라. 꽃봉오리가 펼쳐지는 모습을 상상하자.

예제 17   구의 부피

반지름 a인 구의 부피를 구하라.

(풀이) 구의 영역을 D라 하고 구좌표계를 사용하면

$$V = \iiint_D dV = \int_{\rho=0}^{a} \int_{\theta=0}^{2\pi} \int_{\phi=0}^{\pi} \rho^2 \sin\phi d\rho d\theta d\phi = \int_0^a \rho^2 d\rho \int_0^{2\pi} d\theta \int_0^\pi \sin\phi d\phi$$

$$= \frac{a^3}{3} \cdot 2\pi \cdot 2 = \frac{4}{3}\pi a^3$$

이다. 구좌표계를 사용하여 계산이 간단해졌음을 기억하자.

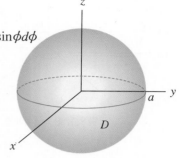

그림 9.1.32   구

예제 18

윗면이 $\rho = 1$인 구면, 아랫면이 $\phi = \dfrac{\pi}{3}$인 원뿔면으로 둘러싸인 영역 D의 질량 M과 z축에 대한 관성 모멘트 I_z를 구하라. 밀도는 1이다.

(풀이) 구좌표계를 사용하면 $dV = \rho^2 \sin\phi d\rho d\theta d\phi$이고, 밀도가 1이므로

$$M = \iiint_D dV = \int_{\rho=0}^1 \int_{\theta=0}^{2\pi} \int_{\phi=0}^{\pi/3} \rho^2 \sin\phi d\rho d\theta d\phi = \int_0^1 \rho^2 d\rho \int_0^{2\pi} d\theta \int_0^{\pi/3} \sin\phi d\phi$$

$$= \frac{1}{3} \cdot 2\pi \cdot \frac{1}{2} = \frac{\pi}{3}$$

이다. xyz-좌표계와 구좌표계의 관계 $x = \rho\sin\phi\cos\theta$, $y = \rho\sin\phi\sin\theta$에서

$$x^2 + y^2 = (\rho\sin\phi\cos\theta)^2 + (\rho\sin\phi\sin\theta)^2 = \rho^2\sin^2\phi(\cos^2\theta + \sin^2\theta) = \rho^2\sin^2\phi$$

이므로

$$I_z = \iiint_D (x^2 + y^2)dV = \int_{\rho=0}^1 \int_{\theta=0}^{2\pi} \int_{\phi=0}^{\pi/3} (\rho^2\sin^2\phi)\rho^2\sin\phi d\rho d\theta d\phi$$

$$= \int_0^1 \rho^4 d\rho \int_0^{2\pi} d\theta \int_0^{\pi/3} \sin^3\phi d\phi = \frac{1}{5} \cdot 2\pi \cdot \frac{5}{24} = \frac{\pi}{12}$$

이다. 여기서 $\displaystyle\int_0^{\pi/3} \sin^3\phi d\phi = \int_0^{\pi/3} \sin^2\phi \cdot \sin\phi d\phi = \int_0^{\pi/3} (1 - \cos^2\phi) \cdot \sin\phi d\phi$
로 놓고 치환하여 계산한다.

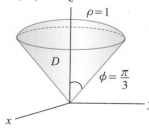

그림 9.1.33   예제 18의 영역

쉬어가기 9.3   **평면각과 공간각**

각도가 무엇일까? **평면각**(plane angle)은 호의 길이와 반지름의 비를 나타내는 양으로, 그림 9.1.34와 같이 반지름이 r일 때 각 θ에 해당하는 호의 길이가 l이면

$$\theta = \frac{l}{r}$$

로 정의한다. 따라서 각도의 단위는 무차원이다. 위의 정의에 의하면 반지름과 같은 호의 길이($l = r$)에 해당하는 평면각은 $\theta = \frac{r}{r} = 1$ (radian)이며, 평면에서 한 바퀴 회전하는 전체 평면각은 반지름이 r인 원의 둘레가 $2\pi r$이므로 $\theta = \frac{l}{r} = \frac{2\pi r}{r} = 2\pi$ 이다.

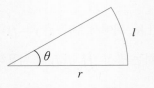

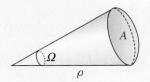

그림 9.1.34   평면각   그림 9.1.35   공간각

반면에 **공간각**(space angle, solid angle, 입체각이라고도 함)은 구의 표면적과 반지름의 제곱의 비를 나타내는 양으로, 그림 9.1.35와 같이 반지름이 ρ일 때 각 Ω에 해당하는 구의 표면적이 A이면

$$\Omega = \frac{A}{\rho^2}$$

로 정의한다. 따라서 전체 공간각은 반지름이 ρ인 구의 표면적이 $4\pi\rho^2$이므로 $\Omega = \frac{4\pi\rho^2}{\rho^2} = 4\pi$ 이다. 공간각을 계산할 때 구좌표계를 사용하는데, 구좌표계의 적분식에 의하면 ρ가 일정할 때 $dA = \rho^2 \sin\phi \, d\theta \, d\phi$가 θ와 ϕ의 변화에 의한 구의 표면적 변화를 나타내므로 공간의 미소각(differential angle)은

$$d\Omega = \frac{dA}{\rho^2} = \frac{\rho^2 \sin\phi \, d\theta \, d\phi}{\rho^2} = \sin\phi \, d\theta \, d\phi$$

이며, 이를 이용하여 전체 공간각을 구하면

$$\Omega = \iint d\Omega = \int_{\theta=0}^{2\pi} \int_{\phi=0}^{\pi} \sin\phi \, d\theta \, d\phi = \int_{\theta=0}^{2\pi} d\theta \int_{\phi=0}^{\pi} \sin\phi \, d\phi = 2\pi \cdot 2 = 4\pi$$

이다. 즉 수류탄이 공중에서 폭발하여 파편이 전 공간으로 균일하게 퍼져나간다면 2π가 아니라 4π 방향으로 흩어진다고 말해야 한다. 공간각은 빛의 산란이나 입자의 충돌 등 많은 분야에서 사용된다.

9.1 연습문제

1. 그림 9.1.36의 영역 R에 대해 $\sinh(x+y)$의 이중적분을

(1) x에 대해 적분한 후 y로 적분,

(2) y에 대해 적분한 후 x로 적분하는 방법으로 구하고 결과를 비교하라.

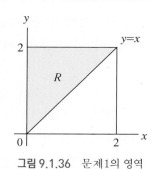

그림 9.1.36 문제1의 영역

(답) $\frac{1}{2}\sinh 4 - \sinh 2$

2. $y=x$와 $y=x^2$으로 둘러싸인 영역 R의 면적을 (1) 구간 $[a, b]$에서 두 곡선 $y=f(x)$, $y=g(x)$ 사이의 면적을 구하는 공식 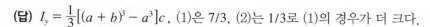 $\int_a^b [f(x)-g(x)]dx$ 와 (2) 이중적분으로 구하는 공식 $\iint_R dxdy$를 사용하여 각각 구하라.

(답) 1/6

3. R이 $y=1$, $y=2$, $y=x$, $y=-x+5$로 둘러싸인 영역일 때 $\iint_R e^{x+3y}dxdy$를 구하라.

(답) $e^9/2 - e^8/4 - e^7/2 + e^4/4$

4. 면밀도가 1인 그림 9.1.37과 같은 영역 R의 y축에 대한 관성모멘트를 구하라. (1) $a=b=c=1$ (2) $a=0$, $b=c=1$ 두 경우의 관성모멘트를 구하라. 어느 경우가 더 큰가?

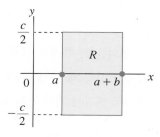

그림 9.1.37 R의 관성모멘트

(답) $I_y = \frac{1}{3}[(a+b)^3 - a^3]c$, (1)은 7/3, (2)는 1/3로 (1)의 경우가 더 크다.

5. 1사분면에서 $r=2\sin 2\theta$로 나타나는 그림 9.1.38과 같은 잎사귀 모양의 내부 영역 R의 질량을 구하라. 면밀도는 $\rho(r, \theta)=cr$, 즉 반지름에 비례한다.

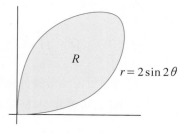

그림 9.1.38 잎사귀 영역

(답) $\frac{16c}{9}$

6. 예제 8을 좌표변환하지 않고 직접 계산하여 결과를 비교하라. [힌트: x의 구간에 따라 y의 구간이 달라짐에 유의하라.]

7. (1) 오차함수(error function)를 $\text{erf}(x) = \dfrac{2}{\sqrt{\pi}} \displaystyle\int_0^x e^{-t^2} dt$ 로 정의한다. $\text{erf}(\infty) = 1$임을 보여라.

(2) 정규분포(normal distribution)의 확률밀도함수(probability density function)는 평균이 m, 표준편차가 σ일 때 $F(x) = \dfrac{1}{\sigma\sqrt{2\pi}} e^{-\left(\frac{x-m}{\sqrt{2}\sigma}\right)^2}$ 이다. 따라서 $m = 0$, $\sigma = 1$인 **표준정규분포**(standard normal distribution)의 확률밀도함수는 $f(x) = \dfrac{1}{\sqrt{2\pi}} e^{-\frac{x^2}{2}}$ 이다. $\displaystyle\int_{-\infty}^{\infty} f(x)dx = 1$ 임을 보여라.

8. 어떤 기체의 압력(P) 대 체적(V)의 그래프가 그림 9.1.39와 같다. 곡선 $C = C_1 \cup C_2 \cup C_3 \cup C_4$에 의하여 둘러싸인 영역 R의 넓이를 구하라. $\gamma > 1$, $0 < a < b$, $0 < c < d$이다.

(답) $\dfrac{b-a}{\gamma-1} \ln\left(\dfrac{d}{c}\right)$

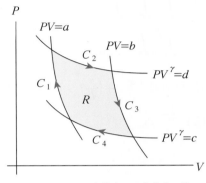

그림 9.1.39 기체의 PV 다이어그램

9. 반구(hemisphere) $z = \sqrt{1 - x^2 - y^2}$과 원기둥 $x^2 + y^2 - y = 0$ ($z \geq 0$)으로 둘러싸인 영역의 부피를 구하라. (힌트: xy-평면 위의 원 $x^2 + y^2 - y = 0$의 내부를 영역 R로 하는 이중적분을 사용한다. 극좌표계를 사용하고 계산의 편의를 위해 영역 R의 반에 해당하는 부피를 구하여 2배 한다. 원 $x^2 + y^2 - y = 0$의 극좌표 표현이 $r = \sin\theta$임을 보이고 이를 이용하라.)

(답) $\dfrac{\pi}{3} - \dfrac{4}{9}$

10. 밀도가 $\rho(x, y) = 12xy$일 때 $(0,0,0)$, $(1,0,0)$, $(0,1,0)$, $(0,0,1)$을 꼭지점으로 하는 그림 9.1.40의 사면체 D의 질량 M을 (1) $dzdydx$, (2) $dxdydz$의 순서로 계산하라.

(답) 1/10

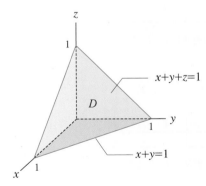

그림 9.1.40 사면체

11. 예제 13 및 14에서 다룬 영역의 부피를 나머지 네 가지 방법으로 구하라.

12. 적분을 계산하라.

(1) $\displaystyle\int_{r=0}^{1} \int_{\theta=0}^{2\pi} \int_{z=r}^{1/\sqrt{2-r^2}} r\,dr\,d\theta\,dz$

(2) $\displaystyle\int_{\theta=0}^{2\pi} \int_{\phi=0}^{\pi} \int_{\rho=0}^{(1-\cos\phi)/2} \rho^2 \sin\phi\,d\rho\,d\theta\,d\phi$

(답) (1) $2\pi(\sqrt{2} - 4/3)$ (2) $\pi/3$

13. xyz-좌표계에서 구좌표계의 삼중적분으로 변환할 때 야코비안이 $| J(\rho, \theta, \phi) | = \rho^2 \sin\phi$ 임을 보여라.

14. 반지름이 a인 구의 부피를 (1) xyz-좌표계, (2) 원기둥좌표계, (3) 구좌표계에서의 삼중적분으로 나타내어라.

(답) (1) $8 \displaystyle\int_{x=0}^{a} \int_{y=0}^{\sqrt{a^2-x^2}} \int_{z=0}^{\sqrt{a^2-x^2-y^2}} dzdydx$

(2) $8 \displaystyle\int_{r=0}^{a} \int_{\theta=0}^{\pi/2} \int_{z=0}^{\sqrt{a^2-r^2}} rdrd\theta dz = 8 \int_{\theta=0}^{\pi/2} d\theta \int_{r=0}^{a} r \left(\int_{z=0}^{\sqrt{a^2-r^2}} dz \right) dr$

(3) $8 \displaystyle\int_{\rho=0}^{a} \int_{\theta=0}^{\pi/2} \int_{\phi=0}^{\pi/2} \rho^2 \sin\phi d\rho d\theta d\phi = 8 \int_{\rho=0}^{a} \rho^2 d\rho \int_{\theta=0}^{\pi/2} d\theta \int_{\phi=0}^{\pi/2} \sin\phi d\phi$

15. 타원체 $\left(\dfrac{x}{a}\right)^2 + \left(\dfrac{y}{b}\right)^2 + \left(\dfrac{z}{c}\right)^2 = 1$의 부피를 계산하라. (구의 부피 공식은 그대로 사용하라.)

(답) $\dfrac{4\pi}{3} abc$

9.2   선적분

선적분의 필요성

물리학의 일(work)을 예로 들겠다. 우리는 '일 = 힘×거리'라고 배웠다. 이를 수식으로 표현하면 그림 9.2.1과 같이 힘 F가 물체를 거리 L만큼 이동시켰을 때 힘이 물체에 한 일은

$$W = FL \tag{9.2.1}$$

이다. 하지만 여기에는 몇 가지 가정이 포함되는데, 이는 일을 하는 동안 (1) 힘의 방향과 물체의 이동 방향이 같고 (2) 힘의 크기가 일정하다는 것이다. 만약 (1)을 만족하지 않는 경우는 그림 9.2.2와 같이 벡터의 내적(6.2절)을 이용하여

$$W = \mathbf{F} \cdot \mathbf{L} = | \mathbf{F} | | \mathbf{L} | \cos\theta \tag{9.2.2}$$

로 나타낼 것이다. 만약 (2)를 만족하지 않는다면 힘이 x의 함수이므로 그림 9.2.3과 같이 x를 여러 개의 분할구간으로 나누어 각 구간에서 한 일을 일정한 힘과 구간 거리를 곱하여 계산하고 이의 리만합의 극한인 정적분(1.1절 참고)

$$W = \int_0^L f(x)dx = \lim_{n \to \infty} \sum_{k=1}^{n} F(x_k^*)\Delta x_k \tag{9.2.3}$$

로 계산할 것이다. 그렇다면 가장 일반적인 일은 무엇일까? 힘의 크기와 방향이 모

그림 9.2.1   일 (1)

그림 9.2.2   일 (2)

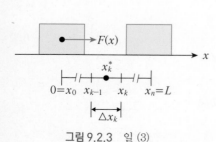

그림 9.2.3   일 (3)

두 변하여 물체를 곡선을 따라 이동시키는 경우일 것이다. 이러한 일은 선적분으로 나타낼 수 있다. 선적분은 줄의 질량, 변하는 자기장 안에서 곡선 도선에 흐르는 전류, 유체의 순환과 유속 등 다양한 계산을 가능하게 한다.

선적분의 정의

평면(또는 공간)에서 정의되는 함수를 평면(또는 공간)에 위치하는 곡선(curve)을 따라 적분하는 것을 **선적분**(line integral)이라 한다.[*] 지금부터 평면의 선적분을 설명하지만 이를 공간의 선적분으로 쉽게 확장할 수 있다. 함수 $G(x, y)$가 곡선 C를 포함하는 평면에서 정의되는 2변수함수일 때 선적분을

$$\int_C G(x, y)dl = \lim_{n \to \infty} \sum_{k=1}^{n} G(x_k^*, y_k^*)\Delta l_k \qquad (9.2.4)$$

☞ * 이러한 의미에서 선적분(line integral)보다 곡선적분(curve integral)이라는 표현이 더 적합하다.

로 정의한다. 식의 우변의 의미는 그림 9.2.4를 통해 알 수 있을 것이다. 예를 들어 $G(x, y)$가 곡선 C로 표현되는 줄의 선밀도(단위길이당 질량)라면 식 (9.2.4)의 선적분은 줄의 질량이 되고, $G(x, y)$가 1이면 줄의 길이가 된다. 물리적 의미를 담고 있는 대부분의 선적분은 식 (9.2.4)로 표현되지만 이를 계산하는 과정에서 다음과 같은 형태가 나올 수 있으므로 이들도 선적분이라고 정의하겠다.

$$\int_C G(x, y)dx = \lim_{n \to \infty} \sum_{k=1}^{n} G(x_k^*, y_k^*)\Delta x_k \qquad (9.2.5)$$

$$\int_C G(x, y)dy = \lim_{n \to \infty} \sum_{k=1}^{n} G(x_k^*, y_k^*)\Delta y_k \qquad (9.2.6)$$

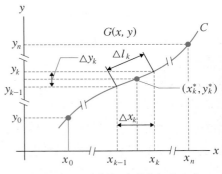

그림 9.2.4 선적분, 평면함수와곡선

그림 9.2.4에서 Δl_k는 곡선 C의 k번째 분할구간의 길이로 $\Delta l_k = \sqrt{\Delta x_k^2 + \Delta y_k^2}$ 이고, 이의 극한은

$$dl = \sqrt{dx^2 + dy^2} \qquad (9.2.7)$$

이다.

곡선 C의 각 점에서 유일한 접선을 갖고 접선의 기울기가 C를 따라 연속적으로 변하는 경우 이를 **매끄러운 곡선**(smooth curve)이라 한다. 곡선 C가 유한개의 매끄러운 곡선으로 이루어지면 **구간별 매끄러운 곡선**(piecewise smooth curve)이라 한다. 곡선은 시작점 A와 끝점 B로 이루어지며, 시작점과 끝점이 같은 곡선을 **닫힌곡선**(closed curve), 곡선이 서로 교차하지 않는 닫힌곡선을 **단순닫힌곡선**(simply closed curve)이라 한다. 적분경로가 닫힌곡선인 경우에는 선적분 기호를 $\oint_C$로 사용한다.

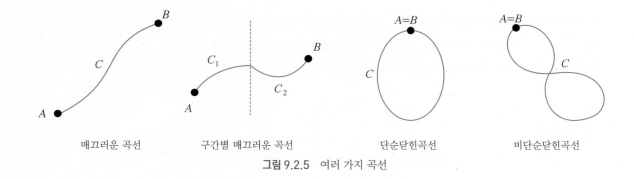

매끄러운 곡선   구간별 매끄러운 곡선   단순닫힌곡선   비단순닫힌곡선

그림 9.2.5   여러 가지 곡선

선적분의 계산

선적분을 계산하는 특별한 방법이 있는 것은 아니다. 선적분은 단일적분으로 바꾸어 계산하는데 곡선, 즉 적분경로 C가 변수 x, y로 표시되는 경우와 매개변수 t로 표시되는 두 가지 경우가 있다.

(1) 경로 C가 x, y의 관계식으로 표시되는 선적분

적분경로를 나타내는 곡선 C의 방정식이 $y = f(x)$로 주어지면 dx는 그대로 두고 $dy = f'(x)dx$로 바꾸어 선적분을 x에 관한 단일적분으로 바꾸어 계산한다. 물론 l에 대한 선적분인 경우는 식 (9.2.7)을 사용한다. 곡선 C가 $x = f(y)$ 또는 $f(x, y) = 0$으로 주어져도 유사한 방법을 적용할 수 있다.

예제 1

C가 $y = 2x$, $0 \leq x \leq 2$일 때 (1) $\displaystyle\int_C xydx + x^2dy$, (2) $\displaystyle\int_C xydl$ 을 계산하라.

(풀이) (1) 곡선 C에서는 항상 $y = 2x$가 성립하므로 이를 이용하여 선적분을 x에 대한 정적분으로 계산할 수 있다. $y = 2x$에서 $dy = 2dx$이므로

$$\int_C xydx + x^2dy = \int_0^2 [x(2x)dx + x^2(2dx)] = \int_0^2 4x^2dx = \left[\frac{4}{3}x^3\right]_0^2 = \frac{32}{3}.$$

(2) 식 (9.2.7)에서 $dl = \sqrt{dx^2 + dy^2} = \sqrt{dx^2 + (2dx)^2} = \sqrt{5}\,dx$ 이므로

$$\int_C xydl = \int_0^2 x(2x)(\sqrt{5}\,dx) = 2\sqrt{5}\int_0^2 x^2dx = \frac{16}{3}\sqrt{5}.$$

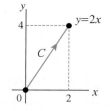

그림 9.2.6   예제 1의 적분경로

☞ 예제 1의 (1)에 나타나는 선적분 $\displaystyle\int_C xydx + x^2dy$ 는 $\displaystyle\int_C xydx + \int_C x^2dy$ 와 같은 표현이다.

곡선의 길이 l에 대해 선적분하는 것에 대해 좀 더 알아보자. 식 (9.2.4)에서 $G(x, y) = 1$이면

$$L = \int_C dl = \lim_{n \to \infty} \sum_{k=1}^{n} \Delta l_k \qquad (9.2.8)$$

는 곡선 C의 길이이다. 우리는 기초 미적분학 또는 이 교재의 식 (8.1.11)에서 $y = f(x)$의 $a \le x \le b$에 해당하는 곡선의 길이 L을 계산하는 방법을 배웠다. 식 (8.1.11)과 식 (9.2.8)을 비교하면 선적분의 미소길이 dl과 단일적분의 미소길이 dx의 관계가

$$dl = \sqrt{1 + [f'(x)]^2} \, dx \qquad (9.2.9)$$

가 됨을 알 수 있다. 일반적으로 곡선의 길이 l에 대한 선적분은

$$\int_C G(x, y) dl = \int_a^b G(x) \sqrt{1 + [f'(x)]^2} \, dx \qquad (9.2.10)$$

와 같이 x에 대한 단일적분으로 계산할 수 있다.

예제 2

예제 1의 문제 (2)를 식 (9.2.10)을 이용하여 계산하라.

(풀이) 경로 C가 $y = f(x) = 2x$이므로 $f'(x) = 2$에서

$$\int_C xy \, dl = \int_0^2 x(2x) \sqrt{1 + 2^2} \, dx = 2\sqrt{5} \int_0^2 x^2 \, dx = \frac{16}{3} \sqrt{5}$$

이고, 이는 예제 1의 (2)의 결과와 같다.

---

(2) 경로 C가 벡터함수 $\mathbf{r}(t)$로 표시되는 선적분

8장에서 곡선을 매개변수 t를 이용하여 벡터함수 $\mathbf{r}(t)$로 표현할 수 있음을 배웠다. 적분경로 C가 $\mathbf{r}(t)$로 주어지면 선적분을 t에 관한 단일적분으로 바꾸어 계산한다. $C : \mathbf{r}(t) = [x(t), y(t)]$를 이용하여 $G(x, y)$를 $G(t)$로 바꾸고, $d\mathbf{r} = [x'(t), y'(t)]dt$에서 $dx = x'(t)dt$, $dy = y'(t)$이므로 식 (9.2.7)에서

$$dl = \sqrt{dx^2 + dy^2} = \sqrt{[x'(t)dt]^2 + [y'(t)dt]^2} = \sqrt{[x'(t)]^2 + [y'(t)]^2} \, dt = |\mathbf{r}'(t)| dt$$

이다.

예제 3

$\mathbf{r}(t) = [4\cos t,\ 4\sin t]$, $0 \leq t \leq \pi/2$로 표시되는 적분경로 C를 따라 (1) $\int_C xy^2\,dx$, (2) $\int_C xy^2\,dy$, (3) $\int_C xy^2\,dl$을 계산하라.

(풀이) $\mathbf{r}(t) = [x(t),\ y(t)] = [4\cos t,\ 4\sin t]$, $0 \leq t \leq \pi/2$에서 $x = 4\cos t$, $y = 4\sin t$이므로 곡선 C는 $x^2 + y^2 = 16$, $0 \leq x \leq 4$인 그림 9.2.7의 곡선이다.

선적분에 $x = 4\cos t$, $y = 4\sin t$, $dx = -4\sin t\,dt$, $dy = 4\cos t\,dt$를 대입하여 t에 대한 정적분으로 계산한다.

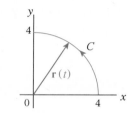

그림 9.2.7 예제 3의 적분경로

(1) $\displaystyle\int_C xy^2\,dx = \int_{t=0}^{\pi/2}(4\cos t)(4\sin t)^2(-4\sin t\,dt)$

$\displaystyle\qquad = -256\int_0^{\pi/2}\cos t\sin^3 t\,dt$: $\sin t = u$로 치환

$\displaystyle\qquad = -256\int_0^1 u^3\,du = -64$

(2) $\displaystyle\int_C xy^2\,dy = \int_{t=0}^{\pi/2}(4\cos t)(4\sin t)^2(4\cos t\,dt)$

$\displaystyle\qquad = 256\int_0^{\pi/2}\cos^2 t\,\sin^2 t\,dt = 256\int_0^{\pi/2}\left(\frac{1}{2}\sin 2t\right)^2 dt$

$\displaystyle\qquad = 64\int_0^{\pi/2}\sin^2 2t\,dt = 64\int_0^{\pi/2}\frac{1-\cos 4t}{2}\,dt = 32\left[t - \frac{1}{4}\sin 4t\right]_0^{\pi/2} = 16\pi$

(3) $dl = \sqrt{dx^2 + dy^2} = \sqrt{(-4\sin t\,dt)^2 + (4\cos t\,dt)^2} = 4\,dt$ 이므로

$\displaystyle\int_C xy^2\,dl = \int_{t=0}^{\pi/2}(4\cos t)(4\sin t)^2(4\,dt) = 256\int_0^{\pi/2}\cos t\,\sin^2 t\,dt$: $\sin t = u$로 치환

$\displaystyle\qquad = 256\int_0^1 u^2\,du = \frac{256}{3}$.

☞ 예제 3의 (1)에서 적분경로 C의 방향이 x가 감소하는 방향이므로 적분결과가 음수이다.

정리하면 적분경로 C가 매개변수 t에 의해 $a \leq t \leq b$에서 $\mathbf{r}(t) = [x(t),\ y(t)]$로 주어질 때 함수 G의 C에 대한 선적분은

$$\int_C G(x,y)\,dl = \int_a^b G(t)\sqrt{[x'(t)]^2 + [y'(t)]^2}\,dt = \int_a^b G(t)|\mathbf{r}'(t)|\,dt$$

$$\int_C G(x,y)\,dx = \int_a^b G(t)f'(t)\,dt, \quad \int_C G(x,y)\,dy = \int_a^b G(t)g'(t)\,dt$$

로 계산한다. 위의 공식을 암기할 필요는 없다. 이러한 공식을 사용하지 않고 이미 예제 3의 풀이를 완성했음을 기억하자.

공간의 선적분도 평면의 선적분과 마찬가지로 정의되고 계산된다. 다음을 보자.

예제 4

$C : \mathbf{r}(t) = [\cos t, \sin t, t]$, $0 \le t \le 2\pi$일 때 $\displaystyle\int_C y\,dx + x\,dy + z\,dz$를 구하라.

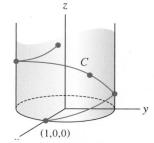

(풀이) $x = \cos t$, $y = \sin t$, $z = t$에서 $dx = -\sin t\,dt$, $dy = \cos t\,dt$, $dz = dt$이므로

$$\int_C y\,dx + x\,dy + z\,dz = \int_{t=0}^{2\pi} (\sin t)(-\sin t\,dt) + (\cos t)(\cos t\,dt) + t(dt)$$

$$= \int_0^{2\pi}(-\sin^2 t + \cos^2 t + t)\,dt = \int_0^{2\pi}(\cos 2t + t)\,dt = \left[\frac{1}{2}\sin 2t + \frac{t^2}{2}\right]_0^{2\pi} = 2\pi^2.$$

그림 9.2.8   예제 4의 적분경로

일의 계산

앞에서 가장 일반적인 일을 선적분으로 정의할 수 있다고 하였다. 선적분으로 일을 계산해 보자.

(1) 경로 C가 x, y의 관계식으로 표시되는 경우의 일

평면에서 어떤 물체가 그림 9.2.9와 같이 힘 $\mathbf{F}(x, y) = [F_1(x, y), F_2(x, y)]$에 의해 $y = f(x)$가 그리는 곡선 C를 따라 점 (a, b)에서 점 (c, d)로 이동하는 경우를 생각하자.

곡선 C를 n개의 분할구간으로 나누면 점 (x_k^*, y_k^*)를 k 번째 구간 위의 점이라 할 때 k 번째 구간에서의 힘과 변위는 각각 $\mathbf{F}(x_k^*, y_k^*) = [F_1(x_k^*, y_k^*), F_2(x_k^*, y_k^*)]$, $\triangle \mathbf{l}_k = [\triangle x_k, \triangle y_k]$이므로 이 구간에서 한 일은 벡터의 내적을 이용하여

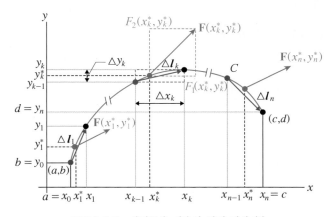

그림 9.2.9   선적분을 이용한 일의 계산 (1)

$$W_k = \mathbf{F}(x_k^*, y_k^*) \cdot \triangle\mathbf{l}_k$$

이다. 전체 구간에서 한 일은

$$W = \lim_{n \to \infty} \sum_{k=1}^{n} W_k = \lim_{n \to \infty} \sum_{k=1}^{n} \mathbf{F}(x_k^*, y_k^*) \cdot \triangle\mathbf{l_k} = \lim_{n \to \infty} \sum_{k=1}^{n} (F_1 \triangle x_k + F_2 \triangle y_k)$$

이고, 이것은 선적분

$$W = \int_C F_1(x, y)dx + F_2(x, y)dy \qquad (9.2.11)$$

이 된다. 여기서 위치벡터를 $\mathbf{r} = [x, y]$로 놓으면 $d\mathbf{r} = [dx, dy]$이므로, 식 (9.2.11)을

$$W = \int_C \mathbf{F} \cdot d\mathbf{r} \qquad (9.2.12)$$

로 쓸 수 있다.

예제 5

힘 $\mathbf{F}(x, y) = [y^2, -x^2]$가 닫힌곡선 C를 따라 한 일 $W = \oint_C \mathbf{F} \cdot d\mathbf{r}$ 을 계산하라.[*]

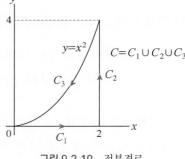

그림 9.2.10 적분경로

(풀이) $W = \oint_C \mathbf{F} \cdot d\mathbf{r} = \oint_C [y^2, -x^2] \cdot [dx, dy] = \oint_C (y^2 dx - x^2 dy)$이고,

$C = C_1 \cup C_2 \cup C_3$이므로 각각의 적분경로를 나누어 생각하면

C_1: $y = 0$, $dy = 0$, $0 \le x \le 2$

$$\int_{C_1} (y^2 dx - x^2 dy) = \int_{x=0}^{2} (0 \cdot dx - x^2 \cdot 0) = 0$$

C_2: $x = 2$, $dx = 0$, $0 \le y \le 4$

$$\int_{C_2} (y^2 dx - x^2 dy) = \int_{y=0}^{4} (y^2 \cdot 0 - 2^2 dy) = \int_0^4 (-4)dy = -16$$

C_3: $y = x^2$, $dy = 2xdx$, $0 \le x \le 2$(2에서 0 방향으로)

$$\int_{C_3} (y^2 dx - x^2 dy) = \int_{x=2}^{0} [(x^2)^2 dx - x^2(2xdx)] = \int_2^0 (x^4 - 2x^3)dx = \frac{8}{5}.$$

따라서

$$W = \oint_C (y^2 dx - x^2 dy) = \int_{C_1} (y^2 dx - x^2 dy) + \int_{C_2} (y^2 dx - x^2 dy) + \int_{C_3} (y^2 dx - x^2 dy)$$

$$= 0 - 16 + \frac{8}{5} = -\frac{72}{5}.$$

☞ 예제 5에서 경로 C_1에서는 $y = 0$이므로 $\mathbf{F}(x, y) = [0, -x^2]$이 되어 $-\mathbf{j}$ 방향 벡터이다. 즉 힘이 경로에 수직하기 때문에 이 힘에 의한 일은 0이다.

(2) 경로 C가 벡터함수 r(t)로 표시되는 경우의 일

유사한 방법으로 힘 **F**와 곡선 C가 매개변수 t로 표시되는 경우의 일에 대해 생각하자. 평면에서 어떤 물체가 그림 9.2.11과 같이 힘 $\mathbf{F}(t) = [F_1(t), F_2(t)]$에 의해 벡터함수 $\mathbf{r}(t) = [x(t), y(t)]$가 그리는 곡선 C를 따라 $a \le t \le b$ 동안 이동한다. t를 시간, $\mathbf{r}(t)$를 시간에 대한 물체의 위치벡터라고 생각하면 이해하기 쉬울 것이다.

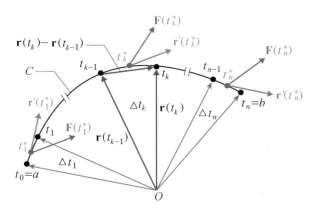

그림 9.2.11 선적분을 이용한 일의 계산 (2)

먼저 t의 구간 [a, b]를 n개의 분할구간으로 나누자. 그림 9.2.11에 의하면 k번째 구간에서 한 일은

$$W_k = \mathbf{F}(t_k^*) \cdot [\mathbf{r}(t_k) - \mathbf{r}(t_{k-1})]$$

이므로, 전체 구간에서는

$$W = \lim_{n \to \infty} \sum_{k=1}^n W_k = \lim_{n \to \infty} \sum_{k=1}^n \mathbf{F}(t_k^*) \cdot [\mathbf{r}(t_k) - \mathbf{r}(t_{k-1})]$$

이다. 여기서 C가 각 구간에서 매끄러운 곡선이면 벡터함수의 평균값 정리에 의해

$$\mathbf{r}'(t_k^*) = \frac{\mathbf{r}(t_k) - \mathbf{r}(t_{k-1})}{\triangle t_k}$$

를 만족하는 t_k^*가 구간 $[t_{k-1}, t_k]$ 사이에 존재하므로

$$W = \lim_{n \to \infty} \sum_{k=1}^n \mathbf{F}(t_k^*) \cdot \mathbf{r}'(t_k^*) \triangle t_k$$

로 쓸 수 있고, 이것을 선적분

$$W = \int_{t=a}^b \mathbf{F}(t) \cdot \mathbf{r}'(t) dt = \int_{t=a}^b [F_1(t), F_2(t)] \cdot [x'(t), y'(t)] dt$$
$$= \int_{t=a}^b F_1(t) x'(t) dt + F_2(t) y'(t) dt$$

(9.2.13)

☞ * $\mathbf{r}'(t)$는 속도 $\mathbf{V}(t)$이므로
$W = \int_C \mathbf{F} \cdot \mathbf{V} dt$ 로 쓸 수도 있다.

로 쓴다.* 여기서 $\mathbf{r}'(t) = d\mathbf{r}/dt = [x'(t), y'(t)]$, 즉 $d\mathbf{r} = [x'(t), y'(t)]dt$이므로 식 (9.2.13)을

$$W = \int_C \mathbf{F} \cdot d\mathbf{r} \tag{9.2.14}$$

로 쓸 수 있고, 이는 식 (9.2.12)와 같다. 앞으로 식 (9.2.14)를 힘 $\mathbf{F}$가 경로 C를 따라 한 일의 양으로 사용하겠다.

식 (9.2.14)에서 $\mathbf{F} \cdot d\mathbf{r}$이 벡터의 내적, 즉 스칼라이므로 이의 적분이 벡터 선적분이 아니고, 식 (9.2.11)과 같은 스칼라 선적분이다. 다른 교재에서는 식 (9.2.14)를 처음부터 $W = \int_a^b \mathbf{F} \cdot \mathbf{r}'(t) dt$ 로 정의하기도 하는데 이는 선적분을 단일적분으로 바꾼 이후의 형태이므로 여기서는 식 (9.2.14)의 표현을 유지하겠다.

예제 6

힘 (1) $\mathbf{F} = [x, y]$ (2) $\mathbf{F} = [-3/4, 1/2]$가 경로 $C : \mathbf{r}(t) = [\cos t, \sin t]$, $0 \le t \le \pi$를 따라 한 일을 구하라.

(풀이) (1) 곡선 C 위에서 $x = \cos t$, $y = \sin t$이므로

$$\mathbf{F} = [x, y] = [\cos t, \sin t], \quad d\mathbf{r} = [-\sin t, \cos t]dt$$

이다. 따라서 식 (9.2.14)에서

$$W = \int_C \mathbf{F} \cdot d\mathbf{r} = \int_{t=0}^{\pi} [\cos t, \sin t] \cdot [-\sin t, \cos t]dt$$
$$= \int_0^{\pi} (-\cos t \sin t + \sin t \cos t)dt = 0$$

이며, 그림 9.2.12와 같이 힘 $\mathbf{F} = [x, y]$는 경로 C에 대해 항상 수직이므로 힘 $\mathbf{F}$에 의한 일은 0이다.
(2) 반면에 그림 9.2.13과 같이 $\mathbf{F} = [-3/4, 1/2]$에 의한 일은 다음과 같다.

$$W = \int_C \mathbf{F} \cdot d\mathbf{r} = \int_{t=0}^{\pi} \left[-\frac{3}{4}, \frac{1}{2}\right] \cdot [-\sin t, \cos t]dt = \int_0^{\pi} \left(\frac{3}{4}\sin t + \frac{1}{2}\cos t\right)dt = \frac{3}{2}.$$

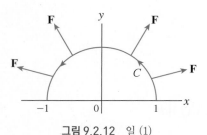

그림 9.2.12 일 (1)

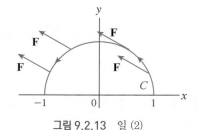

그림 9.2.13 일 (2)

예제 7   일-운동에너지 정리

$t = a$에서 $t = b$까지 곡선 C를 따라 힘 $\mathbf{F}$로 물체를 이동시키면 물체에 가해진 일만큼 운동에너지(kinetic energy)가 증가함을 보여라.

(**풀이**) 물체의 속도는 $\mathbf{V} = \dfrac{d\mathbf{r}}{dt}$ 이므로

$$W = \int_C \mathbf{F} \cdot d\mathbf{r} = \int_{t=a}^b \mathbf{F} \cdot \frac{d\mathbf{r}}{dt} dt = \int_a^b \mathbf{F} \cdot \mathbf{V} dt$$

이다. 뉴턴 제2법칙에서 $\mathbf{F} = m\mathbf{a} = m\dfrac{d\mathbf{V}}{dt}$ 이고

$$\frac{d}{dt}(\mathbf{V} \cdot \mathbf{V}) = \mathbf{V} \cdot \frac{d\mathbf{V}}{dt} + \frac{d\mathbf{V}}{dt} \cdot \mathbf{V} = 2\frac{d\mathbf{V}}{dt} \cdot \mathbf{V}$$

이므로

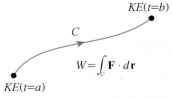

그림 9.2.14   운동에너지의 증가

$$
\begin{aligned}
W &= \int_a^b \mathbf{F} \cdot \mathbf{V} dt = \int_a^b m\frac{d\mathbf{V}}{dt} \cdot \mathbf{V} dt = \frac{1}{2} m \int_a^b \frac{d}{dt}(\mathbf{V} \cdot \mathbf{V}) dt \\
&= \frac{1}{2} m(\mathbf{V} \cdot \mathbf{V}) \Big|_{t=a}^b = \frac{1}{2} m |\mathbf{V}|^2 \Big|_{t=a}^b = \frac{1}{2} m [|\mathbf{V}(b)|^2 - |\mathbf{V}(a)|^2] \\
&= KE(b) - KE(a)
\end{aligned}
$$

로 $t = a$와 $t = b$에서의 운동에너지의 차와 같다.

☞ 이러한 현상을 물리학에서 **일-운동에너지 정리**(work-kinetic energy theorem)라고 한다. 예를 들어 중력장에서 위에서 아래로 떨어지는 물체는 중력이 일한 만큼 운동에너지가 증가한다.

선적분은 일 외에도 유체와 관련된 물리량을 나타내는 데 사용되기도 한다.

선적분

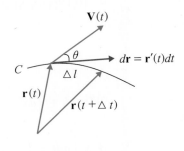

$$\oint_C \mathbf{V} \cdot d\mathbf{r} \tag{9.2.15}$$

를 유체의 **순환**(circulation)이라 하는데, 이는 유체 속도의 C의 접선방향 성분을 곡선 C를 따라 적분한 양이다. 이 값이 0이 아니면 유체 안의 곡선 C는 회전한다. 곡선 C의 단위법선벡터가 $\mathbf{n}$일 때

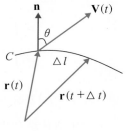

$$\int_C \mathbf{V} \cdot \mathbf{n} dl \tag{9.2.16}$$

을 곡선 C를 통과하는 **유속**(flow flux)이라 하며, 이는 유체 속도의 C의 법선방향 성분을 곡선 C를 따라 적분한 양이다. 이 값이 0이 아니면 유체가 $\mathbf{n}$방향으로 곡선

그림 9.2.15   유체의 순환과 유속

☞ 유속에 대해서는 9.5절에서 다시 설명한다.

C를 통과하는 순수유출 또는 순수유입이 있다.

선적분은 줄의 질량 계산에도 사용된다. 줄의 선밀도(단위 길이당 질량)가 ρ일 때, 곡선 C로 나타나는 줄의 질량은 선적분 $\int_C \rho dl$로 계산한다.

예제 8

평면에서 유체의 속도가 $\mathbf{V} = [x - y, x]$이고 곡선 C가 원 $\mathbf{r}(t) = [\cos t, \sin t]$, $0 \le t \le 2\pi$일 때 C에서 유체의 (1) 순환과 (2) 유속을 계산하라.

(풀이) 곡선 C에서 $x = \cos t$, $y = \sin t$이므로 $\mathbf{V} = [x - y, x] = [\cos t - \sin t, \cos t]$, $d\mathbf{r} = [-\sin t, \cos t]dt$이다.

(1) 순환은 식 (9.2.15)에서

$$\oint_C \mathbf{V} \cdot d\mathbf{r} = \int_{t=0}^{2\pi} [\cos t - \sin t, \cos t] \cdot [-\sin t, \cos t]dt$$
$$= \int_0^{2\pi} [(\cos t - \sin t)(-\sin t) + \cos t \cdot \cos t]dt = \int_0^{2\pi} (1 - \sin t \cos t)dt$$
$$= \int_0^{2\pi} \left[1 - \frac{1}{2}\sin 2t\right]dt = \left[t + \frac{1}{4}\cos 2t\right]_0^{2\pi} = 2\pi$$

이다. 즉 속도 $\mathbf{V}$는 곡선 C를 반시계 방향으로 순환시킨다.

(2) 곡선 C가 원 $f(x, y) = x^2 + y^2 = 1$이므로

$$\nabla f = [2x, 2y], \quad |\nabla f| = \sqrt{(2x)^2 + (2y)^2} = 2\sqrt{x^2 + y^2} = 2\sqrt{1} = 2$$

이다(단위원의 법선벡터가 위치벡터 $\mathbf{r} = [x, y]$인 것은 쉽게 추측할 수 있다). 따라서 곡선 C의 단위법선벡터는

$$\mathbf{n} = \frac{\nabla f}{|\nabla f|} = [x, y] = [\cos t, \sin t]$$

이다. $dl = \sqrt{dx^2 + dy^2} = \sqrt{(-\sin t dt)^2 + (\cos t dt)^2} = dt$ 이므로, 유속은 식 (9.2.16)에서

$$\oint_C \mathbf{V} \cdot \mathbf{n}dl = \int_{t=0}^{2\pi} [\cos t - \sin t, \cos t] \cdot [\cos t, \sin t]dt$$
$$= \int_0^{2\pi} [(\cos t - \sin t)\cos t + \cos t \cdot \sin t]dt = \int_0^{2\pi} \cos^2 t dt$$
$$= \int_0^{2\pi} \frac{1 + \cos 2t}{2} dt = \left[\frac{t}{2} + \frac{\sin 2t}{4}\right]_0^{2\pi} = \pi$$

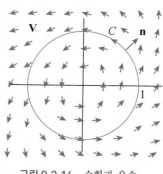

그림 9.2.16 순환과 유속

이다. 결과값이 양이므로 곡선 C를 바깥 방향으로 통과하는 순수유출이 있음을 의미한다. (1), (2)의 결과를 $\mathbf{V}$의 벡터장을 그린 그림 9.2.16에서 확인해 보라.

예제 9

그림 9.2.17과 같은 반원 형태를 갖는 줄의 질량 m을 구하라. 선밀도는 y축과의 거리에 비례한다.
($\rho = kx$, k는 상수)

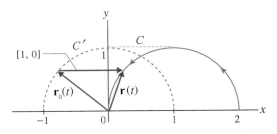

그림 9.2.17 줄의 질량

(풀이) 그림 9.2.17에서 중심이 $(1,0)$이고 반지름이 1인 오른쪽 반원 C는 중심이 $(0, 0)$이고 반지름이 1인 왼쪽 반원 C'을 x축으로 1 평행이동한 것이다. 따라서 $C' : \mathbf{r}_0(t) = [\cos t, \sin t]$로 놓으면 $C : \mathbf{r}(t) = \mathbf{r}_0(t) + [1, 0] = [1 + \cos t, \sin t]$, $0 \le t \le \pi$이다. C에서 $x = 1 + \cos t$, $y = \sin t$, $dx = -\sin t\, dt$, $dy = \cos t\, dt$이므로

$$dl = \sqrt{dx^2 + dy^2} = \sqrt{(-\sin t dt)^2 + (\cos t dt)^2} = dt \ .$$

줄의 질량은

$$m = \int_C \rho dl = \int_C kx dl = k \int_{t=0}^{\pi} (1 + \cos t) dt = k\pi$$

이다.

☞ 줄의 평균 선밀도는 $\overline{\rho} = k$이고 줄의 길이가 $l = \pi$이므로 질량은 $m = \overline{\rho} l = k\pi$가 될 것이다.

선적분으로 표시되는 물리량을 몇 개 더 소개한다.

유체의 유속을 식 (9.2.16)으로 정의하였는데 이와 유사한 형태의 선적분의 예를 전자기학에서 찾아볼 수 있다. **앙페르 법칙**(Andre Ampére, 1775-1836, 프랑스)은

$$\oint_C \mathbf{B} \cdot d\mathbf{r} = \mu_0 I \tag{9.2.17}$$

로 표현하는데, 여기서 $\mathbf{B}$는 자기장, I는 닫힌곡선 C로 둘러싸인 임의의 곡면 S를 통과하는 정상전류이다. 이는 전류에 의해 자기장이 형성됨을 기술한다. **패러데이 법칙**(Michael Faraday, 1791-1867, 영국)은

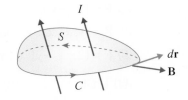

그림 9.2.18 앙페르 법칙

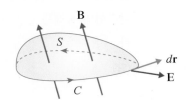

그림 9.2.19 패러데이 법칙

$$\oint_C \mathbf{E} \cdot d\mathbf{r} = -\frac{\partial \Phi_B}{\partial t} \qquad (9.2.18)$$

로 곡면 S를 통과하는 자기장의 시간적 변화가 비보존적 전기장 $\mathbf{E}$를 유도한다는 의미이다. 여기서 Φ_B는 곡면 S를 통과하는 전체 자기장으로 이를 **자기선속**이라고 하는데 이에 대해서는 9.5절에서 설명한다.

9.2 연습문제

1. $G(x, y) = 3x^2 + 6y^2$, C: $y = 2x + 1$, $-1 \leq x \leq 0$일 때 선적분을 구하라.

(1) $\displaystyle\int_C G(x, y)dx$ (2) $\displaystyle\int_C G(x, y)dy$ (3) $\displaystyle\int_C G(x, y)dl$

(답) (1) 3   (2) 6   (3) $3\sqrt{5}$

2. $G(x, y, z) = z$, C: $x = \cos t$, $y = \sin t$, $z = t$, $0 \leq t \leq \pi/2$일 때 선적분을 구하라.

(1) $\displaystyle\int_C G(x, y, z)dx$ (2) $\displaystyle\int_C G(x, y, z)dy$

(3) $\displaystyle\int_C G(x, y, z)dz$ (4) $\displaystyle\int_C G(x, y, z)dl$

(답) (1) -1 (2) $\pi/2 - 1$ (3) $\pi^2/8$ (4) $\sqrt{2}\pi^2/8$

3. $f(x, y) = 1 - \sinh^2 x$이고 C는 **현수선**(catenary) $\mathbf{r} = [t, \cosh t]$, $0 \leq t \leq 2$일 때 $\displaystyle\int_C f dl$을 계산하라.

(답) $\sinh 2 - \dfrac{1}{3}\sinh^3 2$

4. 힘 $\mathbf{F}$가 경로 C에 작용하여 한 일 $\displaystyle\int_C \mathbf{F} \cdot d\mathbf{r}$을 계산하라.

(1) $\mathbf{F} = [y^2, -x^2]$, C: 직선 $(0,0)$에서 $(1,4)$까지

(2) $\mathbf{F} = [y, x]$, C: $y = \ln x$의 $(1,0)$에서 $(e,1)$까지

(3) $\mathbf{F} = [2z, x, -y]$, C: $\mathbf{r}(t) = [\cos t, \sin t, 2t]$의 $(1,0,0)$에서 $(1,0,4\pi)$까지

(답) (1) 4   (2) e (3) 9π

5. 힘 $\mathbf{F}(x, y) = [x + 2y, 6y - 2x]$가 점 $(1,1)$, $(3,1)$, $(3,2)$를 꼭지점으로 하는 삼각형의 둘레를 반시계 방향으로 한 바퀴 돌며 한 일 $W = \displaystyle\oint_C \mathbf{F} \cdot d\mathbf{r}$을 구하라.

(답) -4

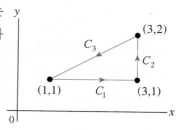

그림 9.2.20 문제 5의 곡선

6. 점 $(0,0,0)$에서 점 $(6,8,5)$를 연결하는 두 가지 다른 경로를 따라 $\int_C y\,dx + z\,dy + x\,dz$ 를 계산하라.

(1)

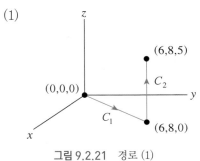

그림 9.2.21   경로 (1)

(2)

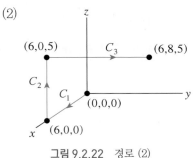

그림 9.2.22   경로 (2)

(답) (1) 54   (2) 70

7. 줄의 선밀도를 $\rho(x, y)$, 줄의 질량을 m이라 할 때 줄의 질량중심 좌표는

$$\bar{x} = \frac{1}{m}\int_C x\rho(x, y)dl, \quad \bar{y} = \frac{1}{m}\int_C y\rho(x, y)dl$$

이다. 예제 9의 줄에 대해 질량중심의 좌표를 구하라.

(답) $(3/2, 2/\pi)$

8. 자기장 $\mathbf{B}$ 안에 위치하는 전류 I가 흐르는 도선 C에 작용하는 자기력은 $\mathbf{F}_B = I\int_C d\mathbf{r}\times\mathbf{B}$ 이다. 그림 9.2.23과 같이 반지름 R인 반원도선 C에 전류 I가 흐른다. 도선은 xy−평면에 위치하고 균일한 자기장 $\mathbf{B}$가 양의 y축 방향으로 작용한다. 도선 C가 받는 자기력을 구하라.

(답) $\mathbf{F}_B = 0$

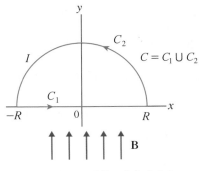

그림 9.2.23   반원도선의 자기력

9.3   경로에 무관한 선적분

곡선의 시작점과 끝점이 같더라도 이 두 점을 잇는 곡선은 여러 가지가 있을 수 있다. 이러한 경우 서로 다른 경로 C에 따라 선적분의 값이 다를 수도 있고 같을 수도 있다. 먼저 다음 예제를 보자.

예제 1

(1) $\mathbf{F} = [y, -x]$, (2) $\mathbf{F} = [y, x]$가 점 $(0,0)$에서 점 $(1,1)$을 연결하는 서로
다른 세 경로 C_1, C_2, C_3에 대해 한 일 $\int_C \mathbf{F} \cdot d\mathbf{r}$ 을 계산하라.

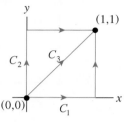

그림 9.3.1 세 가지 경로

(풀이) C_1은 $0 \leq x \leq 1$에서 $y = 0$, $0 \leq y \leq 1$에서 $x = 1$이고 C_2는 $0 \leq y \leq 1$에서 $x = 0$, $0 \leq x \leq 1$
에서 $y = 1$이고 C_3는 $0 \leq x \leq 1$에서 $y = x$이므로 경로 C_1, C_2, C_3에 대한 선적분은 다음과 같다.

(1) $\int_C \mathbf{F} \cdot d\mathbf{r} = \int_C F_1 dx + F_2 dy = \int_C ydx - xdy$

$\quad C_1 : \int_{C_1} ydx - xdy = \int_{x=0}^{1} (0 \cdot dx - x \cdot 0) + \int_{y=0}^{1} (y \cdot 0 - 1dy) = -\int_0^1 dy = -1$

$\quad C_2 : \int_{C_2} ydx - xdy = \int_{y=0}^{1} (y \cdot 0 - 0 \cdot dy) + \int_{x=0}^{1} (1 \cdot dx - x \cdot 0) = \int_0^1 dx = 1$

$\quad C_3 : \int_{C_3} ydx - xdy = \int_{x=0}^{1} (x \cdot dx - x \cdot dx) = 0$

으로 선적분의 결과가 경로에 따라 모두 다르다.

(2) $\int_C \mathbf{F} \cdot d\mathbf{r} = \int_C F_1 dx + F_2 dy = \int_C ydx + xdy$

$\quad C_1 : \int_{C_1} ydx + xdy = \int_{x=0}^{1} (0 \cdot dx + x \cdot 0) + \int_{y=0}^{1} (y \cdot 0 + 1dy) = \int_0^1 dy = 1$

$\quad C_2 : \int_{C_2} ydx + xdy = \int_{y=0}^{1} (y \cdot 0 + 0 \cdot dy) + \int_{x=0}^{1} (1 \cdot dx + x \cdot 0) = \int_0^1 dx = 1$

$\quad C_3 : \int_{C_3} ydx + xdy = \int_{x=0}^{1} (x \cdot dx + x \cdot dx) = \int_{x=0}^{1} 2xdx = 1$

로 선적분의 결과가 경로에 관계없이 모두 같다.

예제 1의 (2)와 같이 선적분의 결과가 경로에 관계없이 시작점과 끝점에만 의존하
는 경우가 있다. 선적분이 경로에 무관하다는 것은 영역 D 내의 점 A, B에 대해 A
에서 시작하여 B에서 끝나는 모든 경로 C에 대해 적분값이 같은 것으로 정의한다.
선적분의 **경로 무관성**을 이해하기 위해 먼저 1.3절의 도입부에서 설명했던 함수의
미분과 완전미분에 대한 내용을 복습하자.

경로에 무관한 선적분

1.3절 식 $(1.3.4)$에서 F_1, F_2가 연속인 영역에서 $F_1 dx + F_2 dy$가 완전미분이 되기 위

한 조건이

$$\frac{\partial F_1}{\partial y} = \frac{\partial F_2}{\partial x} \tag{9.3.1}$$

임을 배웠다. $F_1 dx + F_2 dy$가 완전미분이면 $d\phi = F_1 dx + F_2 dy$를 만족하는 함수 ϕ가
존재하므로

$$\int_C F_1 dx + F_2 dy = \int_A^B d\phi = \phi(B) - \phi(A)$$

가 된다. 즉 적분경로 C에 의존하는 x 또는 y에 대한 선적분을 그림 9.3.2와 같이
영역 R 내의 적분경로에 관계없이 양 끝점 A, B에서 **포텐셜**(potential) ϕ의 차이로
계산할 수 있는 것이다. 여기서 $d\phi = F_1 dx + F_2 dy$를 만족하는 함수 ϕ는 이미 1장과
8장에서 설명했듯이 식 (1.3.5)를 이용하여 구한다.

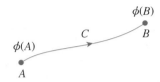

그림 9.3.2 경로의 시작점과 끝점

예제 2

예제 1(2)의 $\displaystyle\int_C y dx + x dy$ 를 다시 구하라.

(풀이) 임의의 곡선 C가 속한 영역 R에서 $F_1 = y$, $F_2 = x$는 연속이고

$$\frac{\partial F_1}{\partial y} = 1 = \frac{\partial F_2}{\partial x}$$

이므로 R에서 $y dx + x dy$는 완전미분이고 이의 선적분은 R 내의 경로에 무관하다. 따라서

$$\frac{\partial \phi}{\partial x} = y \quad \text{(a)} \qquad \frac{\partial \phi}{\partial y} = x \quad \text{(b)}$$

를 만족하는 ϕ를 구하기 위해 (a)를 x로 적분하면

$$\phi = \int y dx = xy + g(y) \qquad \text{(c)}$$

이고, (c)를 y로 편미분하여 (b)와 비교하면 $g'(y) = 0$ 또는 $g(y) = c$(상수)이다. 여기서 $c = 0$을 택하면
(c를 그대로 두어도 결과는 같다)

$$\phi(x, y) = xy$$

이므로, 구하는 선적분은

$$\int_C y dx + x dy = \int_{(0,0)}^{(1,1)} d(xy) = xy \Big|_{(0,0)}^{(1,1)} = 1 \cdot 1 - 0 \cdot 0 = 1$$

이 되어 적분경로를 따라 선적분으로 구한 예제 1(2)의 결과와 같다.

벡터장을 이용하여 선적분의 경로 무관성을 이해해 보자. 예제 1의 두 벡터장 **F**를 그리면 다음과 같다. 곡선 C를 포함하는 영역에서 **F**의 성분함수는 모두 연속이다.

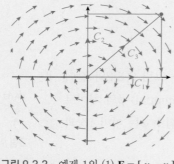

그림 9.3.3   예제 1의 (1) **F** = [y, $-x$]

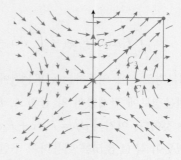

그림 9.3.4   예제 1의 (2) **F** = [y, x]

그림 9.3.3은 예제 1(1)의 벡터장 **F** = [y, $-x$]를 그린 것으로 물체의 이동경로 C_1, C_2, C_3를 따라 힘 **F**가 각각 다른 방향으로 작용함을 볼 수 있다. C_1의 경우 x축을 따라 이동할 때는 힘이 경로에 수직으로 작용하여 일이 0이고 $x = 1$을 따라 이동할 때는 힘이 경로에 반대 방향으로 작용하여 일이 음(−)이 되어 전체적으로 음의 일을 한다. C_2의 경우 y축을 따라 이동할 때는 일이 0이고 $y = 1$을 따라 이동할 때는 힘이 경로와 같은 방향으로 작용하여 일이 양(+)이 되어 전체적으로 양의 일을 한다. C_3의 경우에는 힘이 항상 경로에 수직이므로 전체적으로 일이 0이다. 이는 예제 1의 계산결과와 일치한다. 그림 9.3.4는 (2)의 벡터장 **F** = [y, x]를 그린 것으로 힘 **F**가 모든 경로 C_1, C_2, C_3에 대해 양의 일을 함을 확인할 수 있다. 즉 벡터장의 형태가 선적분의 경로 무관성 여부를 결정한다.

적분경로와 영역

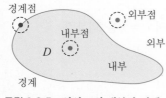

그림 9.3.5   영역 D의 내부와 경계

1변수 함수 $y = f(x)$에서 함수가 정의되는 영역은 1차원 직선영역으로 열린구간, 닫힌구간 등의 구분이 간단하다. 하지만 2변수 함수 $z = f(x, y)$ 또는 3변수 함수 $\omega = f(x, y, z)$에서 함수가 정의되는 영역은 2차원 평면 또는 3차원 공간영역이므로 이에 대한 새로운 개념들이 필요하다. 그림 9.3.5와 같은 평면 또는 공간에서 점의 집합을 영역 D라 할 때 한 점을 중심으로 반지름이 0보다 큰 원(공간에서는 구)을 그린다. 이때 원 내부의 모든 점이 영역 D에 속하는 원을 하나라도 그릴 수 있으면 그 점을 **내부점**(interior point)이라 하며, D에 속하는 점과 D에 속하지 않는 점을 항상 포함하는 점을 **경계점**(boundary point)이라 한다. 물론 원의 내부에 D에 속하지 않는 점만 포함할 수 있으면 그 점은 **외부점**(exterior point)이다. 영역 D의 내부점의 집합을 D의 **내부**(interior)라 하고, 경계점의 집합을 D의 **경계**(boundary)

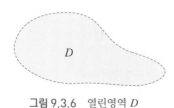

그림 9.3.6 열린영역 D

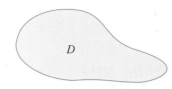

그림 9.3.7 닫힌영역 D

라 한다. 그림 9.3.6과 같이 영역 D가 경계점을 하나도 포함하지 않을 때 **열린영역**(open region)이라 하고, 그림 9.3.7과 같이 영역 D의 여집합이 열린영역이면 D는 **닫힌영역**(closed region)이다.

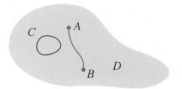

그림 9.3.8 (단순)연결영역

열린영역에서 **연결영역**(connected region)은 그림 9.3.8과 같이 영역 내 임의의 두 점이 선의 모든 부분이 영역 내에 포함되는 구간별로 매끈한 곡선에 의해 연결될 수 있는 영역을 말하며, 그렇지 않은 그림 9.3.9와 같은 영역은 **비연결영역**(nonconnected region)이다. **단순연결영역**(simply connected region)은 연결영역이면서 그림 9.3.8과 같이 영역 내에 위치하는 모든 단순닫힌곡선(simply closed curve) C가 영역을 벗어나지 않고 한 점으로 수축될 수 있는 영역을 말한다. 단순연결영역에서는 영역 내에 있는 단순닫힌곡선의 내부가 모두 영역에 포함되어야 하는데, 쉽게 말하면 영역 내부에 구멍(hole)이 없는 영역이다. 그림 9.3.10과 같이 2차원 영역에서는 영역 내부에 구멍이 있고, 3차원 영역에서는 영역 내에 영역 전체를 관통하는 구멍을 포함하는 영역은 **다중연결영역**(multiply connected region)이다. 예를 들어 직육면체나 구의 내부, 유한개의 점이 제거된 구의 내부, 2개의 동심구(concentric spheres) 사이의 영역 등은 단순연결영역이며 도너츠 모양의 원환체(torus), 공간 대각선이 제외된 정육면체의 내부 등은 다중연결영역이다. 그림 9.3.11과 같이 경계가 있는 닫힌영역은 내부에 구멍이 있더라도 경계를 이루는 곡선이 내부 구멍의 경계를 포함하면 단순연결영역이 된다. 이에 대해서는 9.4절 그린 정리를 참고하자.

그림 9.3.9 비연결영역 D

그림 9.3.10 다중연결영역

그림 9.3.11 단순연결영역

경로에 무관한 선적분의 일반화

8.3절에서 $\mathbf{F} = \nabla\phi$를 만족하는 스칼라함수 ϕ는 벡터장 $\mathbf{F}$의 **포텐셜**이라 하고, 이러한 $\mathbf{F}$를 보존장이라 하였다. 단순연결영역 D에서 F_1, F_2, F_3가 연속일 때 벡터함수 $\mathbf{F} = [F_1, F_2, F_3]$가 스칼라함수 ϕ의 기울기벡터이면, 즉 $\mathbf{F} = \nabla\phi$이면

$$\mathbf{F} \cdot d\mathbf{r} = \nabla\phi \cdot d\mathbf{r} = \left[\frac{\partial\phi}{\partial x}, \frac{\partial\phi}{\partial y}, \frac{\partial\phi}{\partial z}\right] \cdot [dx, dy, dz]$$

$$= \frac{\partial\phi}{\partial x}dx + \frac{\partial\phi}{\partial y}dy + \frac{\partial\phi}{\partial z}dz = d\phi$$

이므로

$$\int_C \mathbf{F} \cdot d\mathbf{r} = \int_A^B d\phi = \phi(B) - \phi(A) \qquad (9.3.2)$$

가 되어 선적분은 영역 D 안의 경로 C에 관계없이 시작점 A와 끝점 B에서의 포텐셜 ϕ의 차이로 계산할 수 있다. 8.4절의 회전에 관련된 성질에 의하면 임의의 스칼라함수 ϕ에 대하여 항등식

$$\nabla \times \nabla \phi = \mathbf{0}$$

이 성립한다. 이를 이용하면 $\mathbf{F} = \nabla \phi$일 때 $\nabla \times (\nabla \phi) = \nabla \times \mathbf{F} = \mathbf{0}$이므로 선적분 $\int_C \mathbf{F} \cdot d\mathbf{r}$ 이 경로에 무관하기 위해서는 $\mathbf{F}$가 보존장, 즉

$$\nabla \times \mathbf{F} = \mathbf{0} \qquad (9.3.3)$$

이어야 한다. $\nabla \times \mathbf{F}$의 정의에 의하면 식 (9.3.3)은

$$\frac{\partial F_3}{\partial y} = \frac{\partial F_2}{\partial z}, \quad \frac{\partial F_1}{\partial z} = \frac{\partial F_3}{\partial x}, \quad \frac{\partial F_2}{\partial x} = \frac{\partial F_1}{\partial y}$$

를 의미한다. $\mathbf{F}$가 2차원인 경우에는 $F_1 = F_1(x, y)$, $F_2 = F_2(x, y)$, $F_3 = 0$이므로

$$\nabla \times \mathbf{F} = \left[\frac{\partial F_3}{\partial y} - \frac{\partial F_2}{\partial z}, \quad \frac{\partial F_1}{\partial z} - \frac{\partial F_3}{\partial x}, \quad \frac{\partial F_2}{\partial x} - \frac{\partial F_1}{\partial y} \right] = \left[0, 0, \frac{\partial F_2}{\partial x} - \frac{\partial F_1}{\partial y} \right] = \mathbf{0}$$

이므로 식 (9.3.3)은 식 (9.3.1)을 포함한다.

예제 3

C가 점 $(0,1,2)$와 점 $(1,-1,7)$을 연결하는 임의의 곡선일 때 $\int_C 3x^2 dx + 2yz dy + y^2 dz$ 를 구하라.

(풀이) $\mathbf{F} = [3x^2, 2yz, y^2]$은 단순연결영역인 실수 공간에서 연속이고

$$\nabla \times \mathbf{F} = \begin{vmatrix} \mathbf{i} & \mathbf{j} & \mathbf{k} \\ \dfrac{\partial}{\partial x} & \dfrac{\partial}{\partial y} & \dfrac{\partial}{\partial z} \\ 3x^2 & 2yz & y^2 \end{vmatrix} = [2y - 2y, 0, 0] = \mathbf{0}$$

이므로 선적분은 경로에 무관하다. 포텐셜 ϕ는 $\mathbf{F} = \nabla \phi$를 만족하므로

$$\frac{\partial \phi}{\partial x} = 3x^2 \quad \text{(a)} \qquad \frac{\partial \phi}{\partial y} = 2yz \quad \text{(b)} \qquad \frac{\partial \phi}{\partial z} = y^2 \quad \text{(c)}$$

이다. (a)를 x로 적분하여

$$\phi(x, y, z) = \int 3x^2 dx = x^3 + g(y, z) \qquad \text{(d)}$$

을 구한다. (d)를 다시 y로 미분하여 (b)와 비교하면 $\dfrac{\partial g}{\partial y} = 2yz$ 이어야 하므로

$$g(y, z) = \int 2yz\,dy = y^2 z + h(z)$$

이고, (d)에서

$$\phi(x, y, z) = x^3 + y^2 z + h(z) \qquad\qquad \text{(e)}$$

이 된다. (e)를 다시 z로 미분하여 (c)와 비교하면 $h'(z) = 0$ 또는 $h = k$(상수)이다. 여기서 $k = 0$으로 택하면 (e)에서

$$\phi(x, y, z) = x^3 + y^2 z$$

이다. 따라서 선적분은

$$\int_C 3x^2\,dx + 2yz\,dy + y^2\,dz = \int_{(0,1,2)}^{(1,-1,7)} d(x^3 + y^2 z) = x^3 + y^2 z \Big|_{(0,1,2)}^{(1,-1,7)} = 6.$$

☞ 예제 3의 풀이 (d)에서 적분에 추가되는 함수가 $g(y) + h(z)$이 아니고 $g(y, z)$이어야 한다.

닫힌곡선에 대한 선적분과 적분경로의 무관성과의 관계

선적분이 경로에 무관하면 시작점과 끝점의 포텐셜 차이로 선적분을 계산하므로 시작점과 끝점이 같은 닫힌곡선에 대한 선적분은 0이 될 것이다. 먼저 이를 증명하자.

그림 9.3.12와 같이 영역 D에서 곡선 C_1과 $-C_2$($-C_2$는 C_2와 방향이 반대인 곡선)로 이루어진 임의의 닫힌곡선 C에 대한 선적분을 생각하자. 닫힌곡선 C에 대해 선적분이 0이면

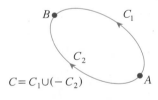

그림 9.3.12   닫힌곡선

$$\oint_C \mathbf{F} \cdot d\mathbf{r} = \int_{C_1} \mathbf{F} \cdot d\mathbf{r} + \int_{-C_2} \mathbf{F} \cdot d\mathbf{r} = \int_{C_1} \mathbf{F} \cdot d\mathbf{r} - \int_{C_2} \mathbf{F} \cdot d\mathbf{r} = 0$$

이므로 서로 다른 경로 C_1, C_2에 대해

$$\int_{C_1} \mathbf{F} \cdot d\mathbf{r} = \int_{C_2} \mathbf{F} \cdot d\mathbf{r}$$

이 성립한다. 즉 영역 D 안의 닫힌곡선에 대한 선적분이 0이면 선적분은 경로 C에 무관하다. 이의 역도 성립한다.

다중연결영역 내의 닫힌곡선에 대한 선적분

앞의 설명에서 선적분이 경로에 무관하면, 즉 닫힌곡선에 대해 선적분이 0이면

▽ × **F** = **0**이고, 닫힌곡선 C를 포함하는 영역 D가 단순연결영역이고, 영역 D에서 **F**의 성분이 연속이어야 한다. 이를 확인하는 예제를 보자.

예제 4

F = $[F_1, F_2]$, $F_1 = -\dfrac{y}{x^2 + y^2}$, $F_2 = \dfrac{x}{x^2 + y^2}$ 일 때 다음에 답하라.

(1) ▽ × **F** = **0**을 보여라.

(2) 그림 9.3.13의 영역 D 안의 임의의 닫힌곡선 C에 대해 $\oint_C \mathbf{F} \cdot d\mathbf{r} \neq 0$인 이유를 말하라.

(3) 영역 D 내에 반지름이 1인 원*을 C로 놓아 $\oint_C \mathbf{F} \cdot d\mathbf{r}$의 값을 구하라.

(4) 만약 영역 D가 그림 9.3.14와 같이 원의 내부 전체를 포함하는 영역이라면 영역 D 내의 임의의 닫힌 곡선 C에 대해 $\oint_C \mathbf{F} \cdot d\mathbf{r} = 0$이 성립하는가? 이유를 설명하라.

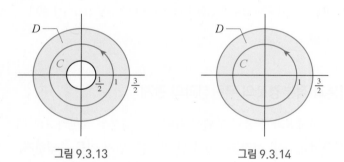

그림 9.3.13   그림 9.3.14

(풀이)

(1) $\dfrac{\partial F_1}{\partial y} = -\dfrac{x^2 + y^2 - y \cdot 2y}{(x^2 + y^2)^2} = \dfrac{y^2 - x^2}{(x^2 + y^2)^2}$, $\dfrac{\partial F_2}{\partial x} = \dfrac{x^2 + y^2 - x \cdot 2x}{(x^2 + y^2)^2} = \dfrac{y^2 - x^2}{(x^2 + y^2)^2}$

이므로 $\dfrac{\partial F_1}{\partial y} = \dfrac{\partial F_2}{\partial x}$이고, 따라서 영역 D의 모든 점에서(D가 원점을 포함하지 않으므로**)

$$\nabla \times \mathbf{F} = \begin{vmatrix} \mathbf{i} & \mathbf{j} & \mathbf{k} \\ \dfrac{\partial}{\partial x} & \dfrac{\partial}{\partial y} & \dfrac{\partial}{\partial z} \\ F_1 & F_2 & 0 \end{vmatrix} = \left[0, 0, \dfrac{\partial F_2}{\partial x} - \dfrac{\partial F_1}{\partial y}\right] = \mathbf{0}.$$

(2) F_1, F_2가 영역 D에서 연속이고 ▽ × **F** = **0**이지만 영역 D가 단순연결영역이 아니므로 영역 D 내의 곡선 C에 대해 선적분은 경로에 무관하지 않고, 따라서 영역 D의 임의의 닫힌곡선 C에 대한 선적분은 0이 아니다.

(3) 반지름이 1인 원은 $\mathbf{r}(t) = [\cos t, \sin t]$, $0 \leq t \leq 2\pi$이므로

$$\oint_C \mathbf{F} \cdot d\mathbf{r} = \oint_C F_1 dx + F_2 dy = \int_{t=0}^{2\pi} \left[-\dfrac{\sin t}{1}(-\sin t dt) + \dfrac{\cos t}{1}(\cos t dt)\right] = \int_{t=0}^{2\pi} dt = 2\pi$$

로 0이 아니다.

(4) 그림 9.3.14의 영역 D는 원점 $(0, 0)$을 포함하며 이 점에서는 F_1, F_2가 연속이 아니므로 임의의 닫힌 곡선 C에 대해 선적분이 0이 아니다. 즉 $\oint_C \mathbf{F} \cdot d\mathbf{r} \neq 0$ 이다. 그림 9.3.13이나 9.3.14의 영역에 대해 닫힌곡선 C는 동일하므로 이는 (3)의 결과를 재확인한다.

☞ * 원의 반지름이 반드시 1일 필요는 없다. C: $\mathbf{r}(t) = [a\cos t, a\sin t]$에서 a는 곡선 C가 영역 D 안에 놓일 수 있는 값이면 결과는 2π로 모두 같다.

** 예를 들어 $y = 1/x$은 $x = 0$을 제외한 모든 점에서 연속이다.

예제 4의 결과를 그림으로 이해하자. $\mathbf{F} = \left[-\dfrac{y}{x^2 + y^2}, \dfrac{x}{x^2 + y^2} \right]$의 벡터장이 그림 9.3.15이다. 내부에 원점을 포함하지 않는 곡선 C^*의 경우에는 힘 $\mathbf{F}$가 곡선을 따라 한 일이 항상 0이지만, 내부에 원점을 포함하는 곡선 C의 경우에는 힘 $\mathbf{F}$가 곡선을 따라 한 일이 반지름에 크기에 관계없이 2π이다. 곡선 C의 반지름이 작으면 작용하는 힘의 크기가 크고, 반지름이 크면 작용하는 힘의 크기가 작아지기 때문에 일의 양은 일정하다.

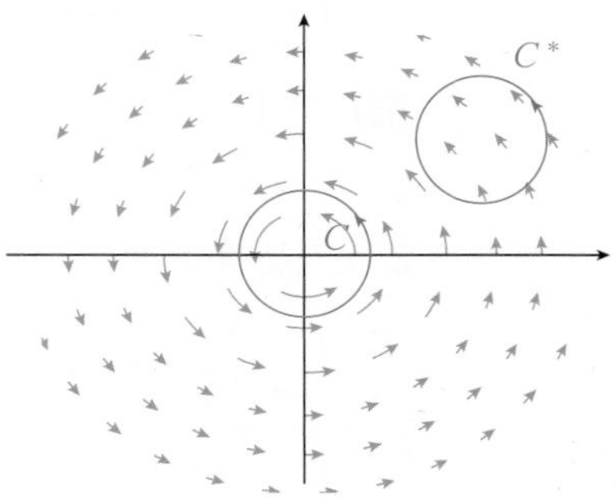

그림 9.3.15에서 $\mathbf{F}$가 보존적이 되지 못하는 원점을 제외한 xy-평면 전체를 영역 D 라고 하자. 영역 D는 구멍(원점)을 포함하지 않으므로 단순연결영역이 아니다. D를 지하 주차장, 원점은 지하 주차장에서 지상으로 올라가는 원형나선 통로의 중심이라 가정하자. 우리가 주차장 안에서 원점을 포함하지 않는 원을 따라 운전하면 제자리로 돌아온다. 하지만 원점을 포함하는 통로를 따라 운전하면 지상으로 올라갈 수 있다.

그림 9.3.15 예제 4의 벡터장 $\mathbf{F}$

보존계와 비보존계

벡터장 $\mathbf{F}$에 대한 선적분이 경로에 무관한 경우는 $\mathbf{F} = \nabla\phi$, 즉 $\nabla \times \mathbf{F} = 0$일 때이며 이러한 $\mathbf{F}$를 **보존장**(conservative field)이라 한다. $\mathbf{F}$가 힘인 경우 $p = -\phi$를 **위치에너지**(potential energy)라 하고 위치에너지와 운동에너지를 합하여 **역학적 에너지**라고 한다. 보존장에서는 물체의 역학적 에너지가 보존되며(연습문제 참고) 마찰이 무시된 중력장, 전기장 등이 여기에 해당한다. 보존장에서는 닫힌곡선을 따라 이동한 물체에 대해 어떠한 일도 행해지지 않으므로 운동 전과 후에 물체의 운동에너지가 일정하다. 가령 마찰을 무시한 공기 중에서 공을 수직으로 던져 올리면 공은 손을 떠날 때와 같은 운동에너지를 가지고 손으로 되돌아온다. 반대로 마찰, 공기저항 등이 고려되면 물체에 작용하는 힘 **F**는 더 이상 보존적이 되지 못하여 물체의 운동에 너지의 일부가 열, 소리 등의 비역학적 에너지로 사라지는데, 이러한 장을 **비보존장** (nonconservative field) 또는 **소산장**(dissipative field)이라 한다. 그림 9.3.15의 **F** 는 원점을 제외한 영역에서 보존장이다.

9.3 연습문제

1. 선적분이 경로에 무관한지를 확인하고 선적분을 $d\phi = F_1 dx + F_2 dy$를 만족하는 ϕ를 이용하는 방법과 두 점을 연결하는 경로를 편리하게 선택하는 두 가지 방법으로 계산하라.

(1) $\displaystyle\int_{(1,0)}^{(3,2)} (x + 2y)dx + (2x - y)dy$
    (2) $\displaystyle\int_{(4,1)}^{(4,4)} \frac{-ydx + xdy}{y^2}$

(답) (1) 14   (2) 3

2. 선적분에서 피적분함수가 완전미분임을 보이고 이를 이용하여 적분을 계산하라.

(1) $\displaystyle\int_{(0,\pi)}^{(3,\pi/2)} e^x (\cos y dx - \sin y dy)$
    (2) $\displaystyle\int_{(0,-1,1)}^{(2,4,0)} e^{x-y+z^2}(dx - dy + 2zdz)$

(3) $\displaystyle\int_{(0,2,3)}^{(1,1,1)} (yz \sinh xz\, dx + \cosh xz\, dy + xy \sinh xz\, dz)$

(답) (1) 1   (2) $-2\sinh 2$ (3) $\cosh 1 - 2$

3. 적분이 경로에 무관한지를 보이고, 무관하면 $(0, 0, 0)$에서 (a, b, c)까지 적분하라.

(1) $\displaystyle\int_C \sinh xz(zdx - xdz)$
    (2) $\displaystyle\int_C \cos(x + yz)(dx + zdy + ydz)$

(답) (1) 경로에 유관   (2) $\sin(a + bc)$

4. (1) 벡터함수 **V**에 대해 $\dfrac{d\mathbf{V}}{dt} \cdot \mathbf{V} = \dfrac{1}{2}\dfrac{d}{dt}(|\mathbf{V}|^2)$임을 보여라.

(2) 스칼라 함수 p와 위치벡터 $\mathbf{r} = [x, y, z]$에 대해 $\nabla p \cdot \dfrac{d\mathbf{r}}{dt} = \dfrac{dp}{dt}$ 임을 보여라.

(3) ϕ가 보존적 힘장 **F**의 포텐셜, 즉 $\mathbf{F} = \nabla\phi$일 때 $p = -\phi$는 위치에너지이다. 따라서 $\mathbf{F} = -\nabla p$이고 뉴턴 제2법칙 $\mathbf{F} = m\mathbf{a}$는 $-\nabla p = m\dfrac{d\mathbf{V}}{dt}$ 이므로, 양변에 $\mathbf{V} = \dfrac{d\mathbf{r}}{dt}$를 내적하면 $-\nabla p \cdot \dfrac{d\mathbf{r}}{dt} = m\dfrac{d\mathbf{V}}{dt} \cdot \mathbf{V}$가 된다. (1), (2)의 결과를 이용하여 보존적 힘장 안에서 물체의 운동에너지와 위치에너지의 합인 역학적 에너지가 보존됨을 보여라.

(답) (3) $p + \dfrac{1}{2}m|\mathbf{V}|^2 = c$ (일정)

9.4 그린 정리

그림 9.4.1과 같이 곡선 C가 영역 R을 둘러싸는 구간별로 매끄러운 양의 방향[*] 닫힌곡선이고 F_1, F_2, $\partial F_1/\partial y$, $\partial F_2/\partial x$가 영역 R에서 연속일 때

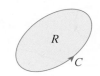

그림 9.4.1 닫힌곡선 C와 영역 R

$$\oint_C F_1\,dx + F_2\,dy = \iint_R \left(\frac{\partial F_2}{\partial x} - \frac{\partial F_1}{\partial y} \right) dx\,dy \qquad (9.4.1)$$

가 성립하는데, 이를 **그린 정리**(George Green, 1793–1841, 영국)라고 한다.

(부분 증명) 먼저 그림 9.4.2와 같은 단순연결영역 R과 이의 경계인 단순닫힌곡선 C에 대해 증명한다. 식 (9.4.1)의 우변 이중적분의 두 번째 항은

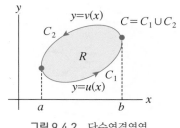

그림 9.4.2 단순연결영역

$$\iint_R \frac{\partial F_1}{\partial y}\,dx\,dy = \int_{x=a}^b \int_{y=u(x)}^{v(x)} \frac{\partial F_1}{\partial y}\,dy\,dx = \int_a^b F_1(x,y)\Big|_{y=u(x)}^{v(x)}\,dx$$

$$= \int_a^b [F_1(x,v(x)) - F_1(x,u(x))]\,dx = \int_a^b F_1(x,v(x))\,dx - \int_a^b F_1(x,u(x))\,dx$$

$$= -\int_{C_2} F_1(x,y)\,dx - \int_{C_1} F_1(x,y)\,dx = -\oint_C F_1(x,y)\,dx$$

가 된다. 마찬가지 방법으로 첫 번째 항은

$$\iint_R \frac{\partial F_2}{\partial x}\,dx\,dy = \oint_C F_2(x,y)\,dy$$

가 됨을 보일 수 있다. 따라서

$$\iint_R \left(\frac{\partial F_2}{\partial x} - \frac{\partial F_1}{\partial y} \right) dx\,dy = \oint_C F_1\,dx + F_2\,dy$$

이고, 이의 역도 성립한다.

∎

☞ [*] 곡선의 방향성: 닫힌곡선 C의 방향은 영역 R이 닫힌곡선 C의 진행 방향의 왼쪽에 위치할 때 양의 방향, 오른쪽에 위치할 때 음의 방향이다.

그린 정리는 그림 9.4.3과 같이 양의 방향을 갖는 구간별 매끄러운 곡선 C로 둘러싸인 구멍이 있는 영역 R에 대해서도 성립한다. 단, 곡선 C가 양의 방향으로 영역 R의 외부 경계는 물론 내부 구멍의 경계를 모두 포함해야 한다. 즉 $C = C_1 \cup C_2 \cup C_3$이다. 이러한 영역은 9.3절에서 설명한 것처럼 내부에 구멍이 있지만 단순연결영역에 해당한다.

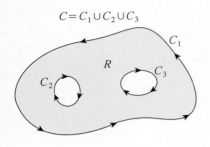

$C = C_1 \cup C_2 \cup C_3$

그림 9.4.3   구멍이 있는 영역

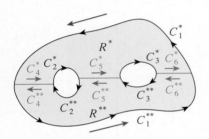

그림 9.4.4   영역의 분할 (1)

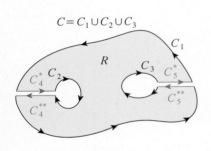

$C = C_1 \cup C_2 \cup C_3$

그림 9.4.5   영역의 분할 (2)

이 경우에는 영역 R을 유한개의 단순연결영역으로 나누어 그린 정리를 증명할 수 있다. 예를 들어 그림 9.4.3의 영역 R을 그림 9.4.4와 같이 2개의 단순연결영역 R^*와 R^{**}로 나눈다. 이때 R^*를 이루는 단순닫힌곡선은 $C^* = C_1^* + C_4^* + C_2^* + C_5^* + C_3^* + C_6^*$이고, R^{**}를 이루는 단순닫힌곡선은 $C^{**} = C_1^{**} + C_6^{**} + C_3^{**} + C_5^{**} + C_2^{**} + C_4^{**}$이다. 여기서 $C_1 = C_1^* + C_1^{**}$, $C_2 = C_2^* + C_2^{**}$, $C_3 = C_3^* + C_3^{**}$이고, $C_4^{**} = -C_4^*$, $C_5^{**} = -C_5^*$, $C_6^{**} = -C_6^*$이다. 분할된 단순연결영역 R^*와 R^{**}에 대해 그린 정리를 적용하면

$$\oint_{C^*} F_1\, dx + F_2\, dy = \iint_{R^*} \left(\frac{\partial F_2}{\partial x} - \frac{\partial F_1}{\partial y} \right) dx dy \tag{9.4.2}$$

$$\oint_{C^{**}} F_1\, dx + F_2\, dy = \iint_{R^{**}} \left(\frac{\partial F_2}{\partial x} - \frac{\partial F_1}{\partial y} \right) dx dy \tag{9.4.3}$$

이다. 식 (9.4.2)와 (9.4.3)을 더하면

$$\oint_{C^*+C^{**}} F_1\, dx + F_2\, dy = \iint_{R^*+R^{**}} \left(\frac{\partial F_2}{\partial x} - \frac{\partial F_1}{\partial y} \right) dx dy$$

가 되는데, 분할에 의해 생긴 새로운 경계 C_4, C_5, C_6에 대한 선적분의 방향이 반대이므로 서로 상쇄되어 그림 9.4.3과 같이 구멍이 있는 영역에서도 그린 정리가 성립한다. 이를 다른 방법으로 증명하기도 하는데, 그림 9.4.3의 영역 R을 그림 9.4.5와 같이 서로 인접하고 방향이 반대인 곡선 C_4^*, C_4^{**}와 C_5^*, C_5^{**}를 사용하여 나타내면 영역 R은 단순닫힌곡선으로 둘러싸인 단순연결영역이다. 따라서 영역 R에 대해 그린 정리가 성립하고, 곡선 C_4^*와 C_4^{**}에 대한 선적분과 곡선 C_5^*와 C_5^{**}에 대한 선적분이 서로 상쇄되어 역시 그린 정리가 성립한다.

영역 R에서 $\dfrac{\partial F_2}{\partial x} = \dfrac{\partial F_1}{\partial y}$인 경우는 식 (9.4.1)의 우변이 0이므로 그린 정리는 닫힌곡선 C에 대한 선적분이 0이 됨을 뜻한다. 그린 정리는 평면영역 R에 대한 이중적분과 영역 R의 경계인 닫힌곡선 C에 대한 선적분을 연계하는 정리로, 나중에 설명할 발산정리나 스토크스 정리의 기본이 되는 중요한 정리이다.

벡터장이 $\mathbf{F} = [F_1,\ F_2,\ F_3]$일 때 그린 정리를 벡터 형태로

$$\oint_C \mathbf{F} \cdot d\mathbf{r} = \iint_R \nabla \times \mathbf{F} \cdot \mathbf{k}\, dA \tag{9.4.4}$$

와 같이 나타낼 수도 있다. 여기서 $\mathbf{k}$는 z축 방향의 단위벡터이다(연습문제 참고).

예제 1

C: $x^2 + y^2 = 1$이고 $F_1 = y^2 - 7y$, $F_2 = 2xy + 2x$일 때 그린 정리가 성립함을 보여라.

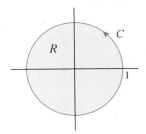

그림 9.4.6   예제 1의 적분경로

(풀이) 선적분과 이중적분으로 계산하여 결과를 비교한다.

(1) 선적분: C를 매개변수 t를 사용하여 벡터함수로 나타내면 $\mathbf{r}(t) = [\cos t, \sin t]$이므로

$$\oint_C F_1 dx + F_2 dy = \oint_C (y^2 - 7y)dx + (2xy + 2x)dy$$
$$= \int_{t=0}^{2\pi} (\sin^2 t - 7\sin t)(-\sin t dt) + (2\cos t \sin t + 2\cos t)(\cos t dt)$$
$$= \int_{t=0}^{2\pi} (-\sin^3 t + 7\sin^2 t + 2\cos^2 t \sin t + 2\cos^2 t)dt$$
$$= 0 + 7\pi + 0 + 2\pi = 9\pi.$$

(2) 이중적분: $\dfrac{\partial F_2}{\partial x} = 2y + 2$, $\dfrac{\partial F_1}{\partial y} = 2y - 7$이고 영역 R에서 F_1, F_2, $\partial F_1/\partial y$, $\partial F_2/\partial x$가 연속이므로

$$\iint_R \left(\frac{\partial F_2}{\partial x} - \frac{\partial F_1}{\partial y}\right)dxdy = \iint_R (2y + 2 - 2y + 7)dxdy$$
$$= 9\iint_R dxdy = 9 \cdot \pi = 9\pi$$

로 (1), (2)의 결과가 같으므로 그린 정리가 성립한다.

예제 2

힘 $\mathbf{F} = [-16y + \sin x^2, 4e^y + 3x^2]$가 $C = C_1 \cup C_2 \cup C_3$를 따라 한 일 $\oint_C \mathbf{F} \cdot d\mathbf{r}$을 구하라.

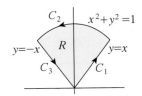

그림 9.4.7   예제 2의 적분경로

(풀이) $F_1 = -16y + \sin x^2$, $F_2 = 4e^y + 3x^2$에서 $\dfrac{\partial F_2}{\partial x} = 6x$, $\dfrac{\partial F_1}{\partial y} = -16$이고 영역 R에서 F_1, F_2, $\partial F_1/\partial y$, $\partial F_2/\partial x$가 연속이므로 그린 정리를 사용하여 일을 계산하면

$$W = \oint_C \mathbf{F} \cdot d\mathbf{r} = \oint_C F_1\,dx + F_2\,dy = \iint_R \left(\frac{\partial F_2}{\partial x} - \frac{\partial F_1}{\partial y} \right) dxdy = \iint_R (6x + 16)\,dxdy$$

$$= \int_{r=0}^{1} \int_{\theta=\pi/4}^{3\pi/4} (6r\cos\theta + 16)\,rdrd\theta = \int_0^1 r \int_{\pi/4}^{3\pi/4} (6r\cos\theta + 16)\,d\theta dr$$

$$= \int_0^1 r[6r\sin\theta + 16\theta]_{\pi/4}^{3\pi/4}\,dr = 8\pi \int_0^1 rdr = 8\pi \cdot \frac{1}{2} = 4\pi.$$

☞ 그린 정리를 사용하지 않으면 C_1, C_2, C_3에 대해 각각 선적분을 계산해야 한다.

구멍이 있는 영역에서의 선적분

앞에서 내부에 구멍이 있는 영역에 대해서도 그린 정리가 성립한다고 하였다. 다음 예제를 보자.

예제 3

곡선 $C = C_1 \cup C_2$에 대해 선적분 $\displaystyle\oint_C \frac{-y}{x^2 + y^2}\,dx + \frac{x}{x^2 + y^2}\,dy$를 계산하라.

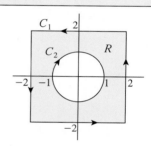

그림 9.4.8 예제 3의 적분경로

(풀이) $F_1 = -\dfrac{y}{x^2 + y^2}$, $F_2 = \dfrac{x}{x^2 + y^2}$와 $\dfrac{\partial F_1}{\partial y} = \dfrac{y^2 - x^2}{(x^2 + y^2)^2} = \dfrac{\partial F_2}{\partial x}$는 영역 R에서 연속이므로 그린 정리가 성립하여

$$\oint_C F_1\,dx + F_2\,dy = \iint_R \left(\frac{\partial F_2}{\partial x} - \frac{\partial F_1}{\partial y} \right) dxdy = 0$$

이다. 이는 9.3절에서 $\dfrac{\partial F_1}{\partial y} = \dfrac{\partial F_2}{\partial x}$일 때 단순연결영역 안의 곡선 C에 대한 선적분이 경로에 무관하고, 특히 C가 닫힌곡선이면 선적분의 값이 0이라는 결론과 일치한다.

예제 3에서 곡선 $C = C_1 \cup C_2$로 둘러싸인 영역 R은 내부에 구멍(원점)을 포함하지 않으므로 단순연결영역이다. 벡터 $\mathbf{F} = \left[-\dfrac{y}{x^2 + y^2}, \dfrac{x}{x^2 + y^2}, 0 \right]$는 영역 R에서 성분함수가 연속이고 $\nabla \times \mathbf{F} = 0$을 만족하므로 보존적이다.

예제 4

곡선 C_1에 대해 선적분 $\oint_{C_1} \dfrac{-y}{x^2 + y^2} dx + \dfrac{x}{x^2 + y^2} dy$ 를 계산하라.

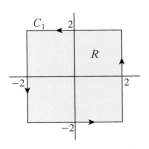

그림 9.4.9 예제 4의 영역

(풀이) 예제 3과 달리 내부에 구멍이 없는 경우이다. $F_1 = -\dfrac{y}{x^2 + y^2}$, $F_2 = \dfrac{x}{x^2 + y^2}$ 에서

$$\frac{\partial F_1}{\partial y} = \frac{y^2 - x^2}{(x^2 + y^2)^2} = \frac{\partial F_2}{\partial x}$$

이지만 영역 R이 원점을 포함하고 F_1, F_2, $\dfrac{\partial F_1}{\partial y}$, $\dfrac{\partial F_2}{\partial x}$ 는 원점에서 연속이 아니므로 그린 정리를 직접 사용할 수 없다. 하지만 그림 9.4.10과 같이 영역 R 내부에 원점을 포함하는 곡선 $-C_2$: $\mathbf{r}(t) = [\cos t, \sin t]$, $0 \leq t \leq 2\pi$를 가정하고 C_1과 C_2를 경계로 갖는 영역을 R'이라 하면 예제 3과 같이 그린 정리가 성립하므로

$$\oint_{C_1 \cup C_2} F_1 dx + F_2 dy = \int_{C_1} F_1 dx + F_2 dy + \int_{C_2} F_1 dx + F_2 dy = \iint_{R'} \left(\frac{\partial F_2}{\partial x} - \frac{\partial F_1}{\partial y} \right) dx dy = 0$$

에서

$$\int_{C_1} F_1 dx + F_2 dy = -\int_{C_2} F_1 dx + F_2 dy = \oint_{-C_2} \frac{-y}{x^2 + y^2} dx + \frac{x}{x^2 + y^2} dy = 2\pi$$

이다. 위에서 $-C_2$에 대한 마지막 선적분은 9.3절 예제 4(3)에서 이미 구했다.

이 예제에서 경로 C_1에 대한 선적분을 그린 정리를 이용하여 경로 $-C_2$에 대한 선적분으로 대체했음을 기억하자.

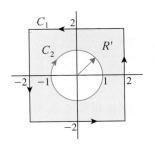

그림 9.4.10 변경된 영역

☞ 여기서 C_2의 반지름이 반드시 1일 필요는 없다. 원점을 제거할 수 있는 값이면 충분하다.

그림 9.4.9에서 곡선 C로 둘러싸인 영역 R은 내부에 원점을 포함한다. 벡터 $\mathbf{F} = \left[-\dfrac{y}{x^2 + y^2}, \dfrac{x}{x^2 + y^2}, 0 \right]$의 성분함수가 원점에서 연속이 아니므로 $\mathbf{F}$는 영역 R에서 보존적이지 않다.

선적분으로 계산되는 영역의 넓이

식 (9.4.1)의 그린 정리에서 $F_1 = 0$, $F_2 = x$이면

$$\oint_C x\,dy = \iint_R dx\,dy = A(R) \tag{9.4.5}$$

이고, 마찬가지로 $F_1 = -y$, $F_2 = 0$이면

$$-\oint_C y\,dx = \iint_R dx\,dy = A(R) \tag{9.4.6}$$

이 되어, 이들은 모두 그림 9.4.11과 같이 닫힌곡선 C로 둘러싸인 영역 R의 넓이 $A(R)$을 나타낸다. 식 (9.4.5)와 (9.4.6)을 더하고 2로 나누면 영역 R의 넓이를

$$A(R) = \frac{1}{2}\oint_C x\,dy - y\,dx \tag{9.4.7}$$

로도 구할 수 있다.

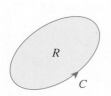

그림 9.4.11　선적분으로 구하는 R의 넓이

☞ 그린 정리에서 $F_1 = -\frac{1}{2}y$, $F_2 = \frac{1}{2}x$로 놓아 식 (9.4.7)을 직접 유도해 보자.

이처럼 영역을 둘러싸는 닫힌곡선에 대한 선적분으로 영역의 넓이를 계산할 수 있는데, 이를 응용한 도구를 **면적계**(planimeter)라 한다. 식 (9.4.5), (9.4.6) 또는 (9.4.7)에서 닫힌곡선 C가 양의 방향이어야 함에 주의하라(연습문제 참고).

예제 5

타원 $\dfrac{x^2}{a^2} + \dfrac{y^2}{b^2} = 1$로 둘러싸인 영역의 넓이를 선적분으로 구하라.

(풀이) 타원 C의 벡터방정식은 $\mathbf{r}(t) = [a\cos t,\ b\sin t]$, $0 \le t \le 2\pi$이다. 영역 R의 넓이는 식 (9.4.5), (9.4.6), (9.4.7) 중 어느 것을 사용해도 된다. 여기서는 식 (9.4.7)을 이용하여 구한다.

$$A(R) = \frac{1}{2}\oint_C x\,dy - y\,dx = \frac{1}{2}\int_{t=0}^{2\pi} a\cos t \cdot b\cos t\,dt - b\sin t(-a\sin t\,dt)$$

$$= \frac{ab}{2}\int_0^{2\pi}(\cos^2 t + \sin^2 t)\,dt = \frac{ab}{2}\int_0^{2\pi} dt = \frac{ab}{2}\cdot 2\pi = \pi ab$$

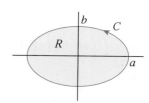

그림 9.4.12　예제 5의 타원

☞ 예제 5의 결과를 9.1절 예제 10의 결과와 비교하라.

선적분으로 넓이를 계산하는 공식을 극좌표계를 사용해 나타내면 $x(r, \theta) = r\cos\theta$, $y(r, \theta) = r\sin\theta$에서

$$dx = \frac{\partial x}{\partial r}dr + \frac{\partial x}{\partial \theta}d\theta = \cos\theta dr - r\sin\theta d\theta$$

$$dy = \frac{\partial y}{\partial r}dr + \frac{\partial y}{\partial \theta}d\theta = \sin\theta dr + r\cos\theta d\theta$$

이므로, 식 (9.4.7)에서

$$A(R) = \frac{1}{2}\oint_C xdy - ydx$$
$$= \frac{1}{2}\oint_C r\cos\theta(\sin\theta dr + r\cos\theta d\theta) - r\sin\theta(\cos\theta dr - r\sin\theta d\theta)$$
$$= \frac{1}{2}\oint_C r^2(\cos^2\theta + \sin^2\theta)d\theta = \frac{1}{2}\oint_C r^2 d\theta$$

즉

$$A(R) = \frac{1}{2}\oint_C r^2 d\theta \tag{9.4.8}$$

이다. 이는 곡선 C가 닫힌곡선이 아니어도 성립하며, 그림 9.4.13과 같이 $C: r = f(\theta)$, $\theta_1 \le \theta \le \theta_2$로 이루어진 영역 R의 넓이를

$$A(R) = \frac{1}{2}\int_C r^2 d\theta = \frac{1}{2}\int_{\theta_1}^{\theta_2}[f(\theta)]^2 d\theta \tag{9.4.9}$$

로 계산할 수 있다.

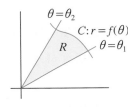

그림 9.4.13   영역 R

예제 6

심장형(cardioid) $r = a(1 - \cos\theta)$의 넓이를 선적분으로 구하라.

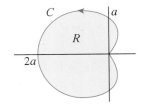

그림 9.4.14   심장형

(풀이) 식 (9.4.8)을 사용하면

$$A(R) = \frac{1}{2}\oint_C r^2 d\theta = \frac{1}{2}\int_{\theta=0}^{2\pi}[a(1 - \cos\theta)]^2 d\theta = \frac{a^2}{2}\int_0^{2\pi}(1 - 2\cos\theta + \cos^2\theta)d\theta$$
$$= \frac{a^2}{2}\int_0^{2\pi}\left(1 - 2\cos\theta + \frac{1 + \cos 2\theta}{2}\right)d\theta = \frac{a^2}{2}\left[\frac{3}{2}\theta - 2\sin\theta + \frac{1}{4}\sin 2\theta\right]_0^{2\pi} = \frac{3}{2}\pi a^2.$$

☞ 예제 6의 넓이를 이중적분으로 구하면 $A(R) = \iint_R dA = \int_{r=0}^{a(1-\cos\theta)}\int_{\theta=0}^{2\pi} r dr d\theta = \frac{1}{2}\int_{\theta=0}^{2\pi}[a(1 - \cos\theta)]^2 d\theta$가 되고, 이후는 예제 6의 선적분을 사용한 경우와 같다.

9.4 연습문제

1. 연습문제 9.2의 문제 5를 그린 정리를 사용하여 풀어라.

(답) -4

2. C가 영역 R을 둘러싸는 반시계 방향의 곡선일 때 그린 정리를 사용하여 선적분 $\oint_C \mathbf{F} \cdot d\mathbf{r}$ 을 계산하라.
(1) $\mathbf{F} = [x^2 + 3y,\ 2x - e^y]$, C: 원 $(x-1)^2 + (y-5)^2 = 4$
(2) $\mathbf{F} = [x^2 e^y,\ y^2 e^x]$, C: $(0,0)$, $(2,0)$, $(2,3)$, $(0,3)$을 꼭지점으로 하는 직사각형
(3) $\mathbf{F} = \nabla(\sin x \cos y)$, C: 타원 $25x^2 + 9y^2 = 225$
(4) $\mathbf{F} = [\cosh y,\ -\sinh x]$, R: $1 \leq x \leq 3$, $x \leq y \leq 3x$인 영역
(5) $\mathbf{F} = [xy,\ x^2]$, R: 제1, 제4 사분면의 $x^2 + y^2 = 1$의 내부 영역

(답) (1) -4π (2) $9e^2 - \dfrac{8}{3}e^3 - \dfrac{19}{3}$ (3) 0
(4) $\sinh 1 - \dfrac{14}{3}\sinh 3 - \dfrac{1}{3}\sinh 9 + 2(\cosh 3 - \cosh 1)$ (5) $2/3$

3. 힘 $\mathbf{F} = [x+y,\ 2x]$가 원 $(x-1)^2 + (y-1)^2 = 4$ 위를 반시계 방향으로 한 바퀴 돌면서 한 일 $\oint_C \mathbf{F} \cdot d\mathbf{r}$ 을 (1) 선적분, (2) 그린 정리를 이용하여 구하라.

(답) 4π

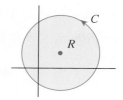

그림 9.4.15 문제 3의 곡선

4. 영역 R의 경계 $C = C_1 \cup C_2$에 대해 $\oint_C (\cos x^2 - y)dx + \sqrt{y^2 + 1}\, dy$ 를 계산하라

(답) $72 - 8\pi$

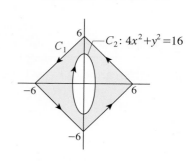

그림 9.4.16 문제 4의 곡선

5. 그린 정리가 식 (9.4.4)로 표시됨을 보여라.

6. 예제 5를 식 (9.4.5)와 (9.4.6)을 이용하여 풀어라.

7. 곡선 C를 그리고 제1사분면에서 C로 둘러싸인 영역의 넓이를 선적분으로 구하라.
(1) C: $\mathbf{r} = [t - \sin t,\ 1 - \cos t]$, $0 \leq t \leq 2\pi$: 굴렁쇠선(cycloid)
(2) C: $r = 1 + 2\cos\theta$, $0 \leq \theta \leq \pi/2$: 달팽이곡선(limacon, 리마송)

☞ (1), (2)에서 $\mathbf{r}$과 r의 다름을 기억하자.

(답) (1) 3π: 곡선의 방향에 주의   (2) $2 + 3\pi/4$

8. F_1, F_2와 이들의 편도함수 $\partial F_1/\partial y$, $\partial F_2/\partial x$가 xy-평면 위의 단순연결영역에서 연속일 때, 선적분 $\int_C F_1\,dx + F_2\,dy$가 경로에 무관하면 영역 내의 임의의 닫힌곡선에 대한 선적분 $\oint_C F_1\,dx + F_2\,dy = 0$임을 그린 정리를 사용하여 보여라.

쉬어가기 9.5   굴렁쇠선

연습문제 7의 (1)에 나오는 굴렁쇠선에 대해 생각해 보자. 자전거 바퀴 안쪽의 원형 금속테(rim)와 같은 물체를 굴렁쇠라 한다. 장난감이 부족했던 시절에는 동네 자전거 수리점에서 굴렁쇠를 얻어 아이들이 굴리며 놀았다. 1988년 서울 올림픽 개막식 사전행사 때 잠실 주경기장에서 한 어린이가 굴렁쇠를 굴리는 장면이 연출되었는데, 당시 우리 국민들은 그 장면을 보며 아시아의 작은 나라가 올림픽을 유치하는 나라가 되어 만감이 교차했었다.

굴렁쇠가 회전할 때 굴렁쇠의 한 부분이 그리는 곡선이 굴렁쇠선이다.

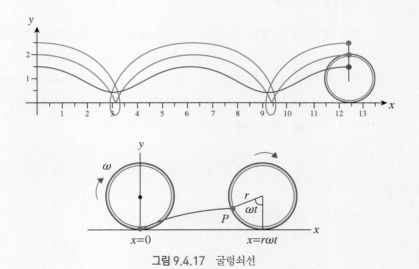

그림 9.4.17 굴렁쇠선

반지름이 r인 굴렁쇠의 회전 각속력이 ω라면 t초 후의 회전각은 ωt이고, 이때 굴렁쇠는 x축을 따라 $r\omega t$ 이동한다. 따라서 $t = 0$에 원점에 있던 점의 t초 후의 위치를 $P(x, y)$라 하면

$$x = r\omega t - r\sin\omega t = r(\omega t - \sin\omega t)$$
$$y = r - r\cos\omega t = r(1 - \cos\omega t)$$

이다. 문제 7의 (1)은 $r = \omega = 1$인 경우의 굴렁쇠선을 벡터함수로 나타낸 것이다.

9.5 면적분

면적분의 필요성

그림 9.5.1 유속

☞ * 유속을 부피유량률(volumetric flow rate)이라고도 한다.
** 열속을 열전달률(heat transfer rate)라고도 한다.

9.2절에서 줄의 길이나 질량을 선적분으로 계산할 수 있음을 알았다. 그러한 개념을 확장하면 곡면의 넓이나 질량도 계산할 수 있을 것이다. 또한 자연과학에서는 단위시간당 곡면(평면 포함)을 지나는 물리량을 자주 사용하는데 이런 경우 '속(flux)'이라는 용어를 사용한다. 유속*(flow flux), 열속**(heat flux), 전기선속(electric flux), 자기선속(magnetic flux) 등이 그것이다. 예를 들어 그림 9.5.1과 같이 유체의 속력이 V [cm/s]이고 평면의 넓이가 A [cm²]이면 유속은 VA [cm³/s]라는 것은 쉽게 알 수 있다. 하지만 여기에도 가정이 숨어 있다. 유체 속도의 크기와 방향이 일정하고, 속도의 방향과 면이 수직하고, 면도 평면인 경우를 가정한 것이다. 일반적인 경우라면 유체의 속도가 크기와 방향이 변하는 벡터로 표현되어야 하고, 면 또한 일반적인 곡면이어야 할 것이다. 이러한 경우에 우리는 면적분을 사용해야 한다.

면적분의 정의

평면(또는 공간)에서 정의되는 함수를 평면(또는 공간)에 위치하는 곡선을 따라 적분하는 것이 선적분(line integral)이라면, 이와 유사하게 공간에서 정의되는 함수를 공간에 위치한 곡면을 따라 적분하는 것을 **면적분(surface integral)**이라 한다. $G(x, y, z)$가 그림 9.5.2와 같은 매끄러운 곡면 S를 포함하는 공간에서 정의되는 3변수 함수일 때, 곡면 S에 대한 면적분을

$$\iint_S G(x, y, z)ds = \lim_{n \to \infty} \sum_{k=1}^{n} G(x_k^*, y_k^*, z_k^*)\Delta s_k \qquad (9.5.1)$$

로 정의한다. 식 (9.5.1)에서 $G(x, y, z) = 1$이면

$$\iint_S ds = \lim_{n \to \infty} \sum_{k=1}^{n} \Delta s_k \qquad (9.5.2)$$

는 곡면 S의 넓이가 된다. 또한 $\rho(x, y, z)$가 곡면의 면밀도(단위 면적당 질량)이면

$$\iint_S \rho(x, y, z)ds = \lim_{n \to \infty} \sum_{k=1}^{n} \rho(x_k^*, y_k^*, z_k^*)\Delta s_k \qquad (9.5.3)$$

는 곡면 S의 질량이다.

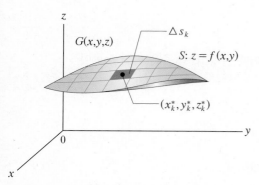

그림 9.5.2 면적분, 공간 함수와 곡면

면적분의 표기는 교재마다 매우 다양하다. 적분기호 하나만을 사용하여 $\int_S G ds$ 로 쓰기도 하고, 닫힌 곡면 S에 대한 면적분을 $\oiint_S G(x, y, z) ds$ 로 쓰기도 하는데 여기서는 식 (9.5.1)의 표기를 사용하겠다. 면적분에 대한 설명은 선적분의 설명과 유사하니 서로의 연관성을 생각하면 이해에 도움이 될 것이다.

면적분의 계산

9.2절에서 선적분을 단일적분으로 바꾸어 계산했듯이 면적분은 이중적분으로 바꾸어 계산한다. 선적분의 경우와 유사하게 곡면이 변수 x, y, z로 표시되는 경우와 매개변수 u, v를 이용하는 벡터함수 $\mathbf{r}(u, v)$로 표시되는 두 가지 경우가 있다.

(1) 곡면 S가 $z = f(x, y)$로 표시되는 면적분

식 (9.2.9)에서 선적분의 미소길이 dl과 단일적분의 미소길이 dx 사이에

$$dl = \sqrt{1 + [f'(x)]^2}\, dx$$

의 관계가 성립했듯이 곡면 S에 대한 면적분을 xy-평면 위의 영역 R에 대한 이중적분으로 계산하려면 곡면의 미소넓이 ds와 평면의 미소넓이 dA의 관계를 알아야 한다.

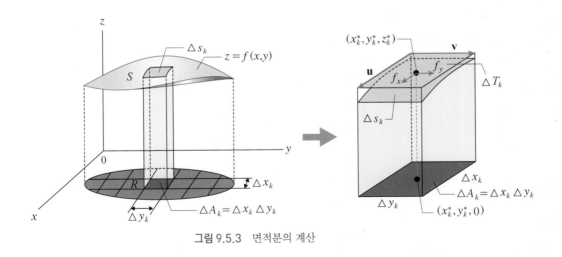

그림 9.5.3 면적분의 계산

그림 9.5.3과 같이 xy-평면 위의 영역 R을 n개의 직사각형 분할영역으로 나누고 k 번째 분할영역 $\triangle A_k = \triangle x_k \triangle y_k$에 해당하는 곡면의 넓이를 $\triangle s_k$라 하면 $\triangle s_k$는 곡면 위의 점 (x_k^*, y_k^*, z_k^*)에서의 접평면의 넓이 $\triangle T_k$로 근사할 수 있다. 여기서 접평면 $\triangle T_k$의 두 변을 이루는 벡터를 $\mathbf{u}$, $\mathbf{v}$라 하면 $\mathbf{u} = [\triangle x_k, 0, f_x(x_k^*, y_k^*)\triangle x_k]$, $\mathbf{v} = [0, \triangle y_k, f_y(x_k^*, y_k^*)\triangle y_k]$이고,

$$\mathbf{u} \times \mathbf{v} = \begin{vmatrix} \mathbf{i} & \mathbf{j} & \mathbf{k} \\ \triangle x_k & 0 & f_x \triangle x_k \\ 0 & \triangle y_k & f_y \triangle y_k \end{vmatrix} = [-f_x, -f_y, 1] \triangle x_k \triangle y_k$$

이므로 $\mathbf{u}$, $\mathbf{v}$를 두 변으로 갖는 직사각형(평행사변형)의 넓이는(6.3절 참고)

$$\triangle T_k = |\mathbf{u} \times \mathbf{v}| = \sqrt{1 + f_x^2(x_k^*, y_k^*) + f_y^2(x_k^*, y_k^*)} \triangle x_k \triangle y_k$$

이다. 따라서 영역 R에 해당하는 곡면 $z = f(x, y)$의 넓이를 나타내는 면적분

$$A(S) = \iint_S ds = \lim_{n \to \infty} \sum_{k=1}^{n} \triangle s_k$$

를 이중적분

$$A(S) = \iint_R \sqrt{1 + f_x^2 + f_y^2} \, dxdy = \lim_{n \to \infty} \sum_{k=1}^{n} \sqrt{1 + f_x^2(x_k^*, y_k^*) + f_y^2(x_k^*, y_k^*)} \, \triangle x_k \triangle y_k$$

로 계산할 수 있다. 즉 면적분의 미소넓이 ds와 이중적분의 미소넓이 $dxdy$의 관계가

$$ds = \sqrt{1 + f_x^2 + f_y^2} \, dxdy \tag{9.5.4}$$

인 것이다. 따라서 식 (9.5.1)의 면적분은

$$\iint_S G(x, y, z) ds = \iint_R G(x, y) \sqrt{1 + f_x^2 + f_y^2} \, dxdy \tag{9.5.5}$$

와 같이 xy−평면의 이중적분으로 계산한다. 식 (9.5.5)에서 $G(x, y, z) = 1$이면 이는 영역 R에 해당하는 곡면 $z = f(x, y)$의 넓이

$$A(S) = \iint_S ds = \iint_R \sqrt{1 + f_x^2 + f_y^2} \, dxdy \tag{9.5.6}$$

가 된다.

예제 1　곡면의 넓이

그림 9.5.4와 같이 영역 R이 $x^2 + y^2 = b^2$의 내부일 때 R에 해당하는 곡면 $S: x^2 + y^2 + z^2 = a^2$의 넓이를 구하라. $a > b$이다.

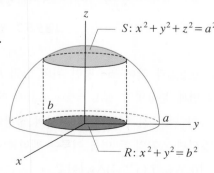

그림 9.5.4　부분 구면의 넓이

(풀이) 반구의 방정식 $z = f(x, y) = \sqrt{a^2 - x^2 - y^2}$ 에서

$$f_x = -\frac{x}{\sqrt{a^2 - x^2 - y^2}}, \quad f_y = -\frac{y}{\sqrt{a^2 - x^2 - y^2}}$$

이므로, 이를 식 (9.5.6)에 대입하면 S의 넓이는

$$A(S) = \iint_S ds = \iint_R \sqrt{1 + f_x^2 + f_y^2}\, dxdy = \iint_R \frac{a}{\sqrt{a^2 - x^2 - y^2}}\, dxdy$$

$$= \int_{r=0}^{b} \int_{\theta=0}^{2\pi} \frac{a}{\sqrt{a^2 - r^2}}\, rdrd\theta = a\int_0^b \frac{r}{\sqrt{a^2 - r^2}}\, dr \int_0^{2\pi} d\theta$$

$$= a(a - \sqrt{a^2 - b^2}) \cdot 2\pi = 2\pi a(a - \sqrt{a^2 - b^2}).$$

☞ 예제 1의 결과에 $b = 0$을 대입하면 0, $b = a$를 대입하면 $2\pi a^2$으로 반구의 넓이가 됨을 확인하자.

예제 2

$G(x, y, z) = \cos x + \sin y$이고 S가 제1팔분공간의 평면 $x + y + z = 1$일 때 $\displaystyle\iint_S G(x, y, z)ds$를 계산하라.

(풀이) $z = f(x, y) = 1 - x - y$에서 $f_x = -1$, $f_y = -1$이므로 $\sqrt{1 + f_x^2 + f_y^2} = \sqrt{3}$ 이다. 따라서 식 (9.5.5)를 이용하여

$$\iint_S G(x, y, z)ds = \iint_R (\cos x + \sin y)\sqrt{1 + f_x^2 + f_y^2}\, dxdy : R : 0 \le x \le 1, 0 \le y \le 1 - x$$

$$= \sqrt{3} \int_{x=0}^{1} \int_{y=0}^{1-x} (\cos x + \sin y)dydx$$

$$= \sqrt{3} \int_{x=0}^{1} [y\cos x - \cos y]_{y=0}^{1-x}dx$$

$$= \sqrt{3} \int_0^1 [(1 - x)\cos x - \cos(1 - x) + 1]dx$$

$$= \sqrt{3}[(1 - x)\sin x - \cos x + \sin(1 - x) + x]_0^1 = \sqrt{3}(2 - \cos 1 - \sin 1).$$

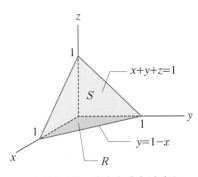

그림 9.5.5 평면에 대한 면적분

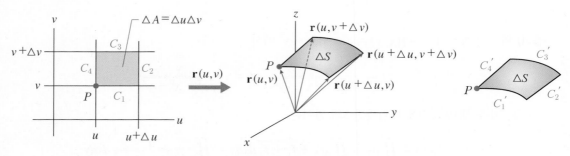

그림 9.5.6 $\mathbf{r}(u, v)$에 의한 사상

(2) 곡면 S가 벡터함수 $\mathbf{r}(u, v)$로 표시되는 면적분

8.1절에서 2개의 매개변수 $\mathbf{u}$, $\mathbf{v}$를 사용하는 벡터함수 $\mathbf{r}(u, v) = [f(u, v), g(u, v), h(u, v)]$가 공간의 곡면을 나타내고 u 또는 v가 일정할 때 $\mathbf{r}(v)$ 또는 $\mathbf{r}(u)$는 곡면 위의 곡선을 나타낸다고 하였다. 그림 9.5.6과 같이 uv-평면에서 u가 $u + \triangle u$로 변하고 v가 $v + \triangle v$로 변할 때 직사각형의 넓이 $\triangle A = \triangle u \triangle v$를 이루는 직선 C_1, C_2, C_3, C_4는 함수 $\mathbf{r}(u, v)$에 의해 xyz-공간에서 각각 곡선 $C_1{}'$, $C_2{}'$, $C_3{}'$, $C_4{}'$이 되고 이들은 곡면의 넓이 $\triangle s$의 경계를 구성한다.

곡면 위의 점 P에서 벡터함수 $\mathbf{r}(u, v)$의 두 편도함수

$$\mathbf{r}_u = \frac{\partial \mathbf{r}}{\partial u} = \left[\frac{\partial f}{\partial u}, \frac{\partial g}{\partial u}, \frac{\partial h}{\partial u} \right], \quad \mathbf{r}_v = \frac{\partial \mathbf{r}}{\partial v} = \left[\frac{\partial f}{\partial v}, \frac{\partial g}{\partial v}, \frac{\partial h}{\partial v} \right]$$

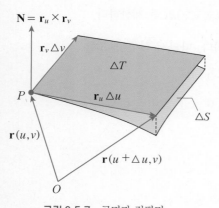

그림 9.5.7   곡면과 접평면

는 충분히 작은 $\triangle u$, $\triangle v$에 대해

$$\mathbf{r}_u \simeq \frac{\mathbf{r}(u + \triangle u, v) - \mathbf{r}(u, v)}{\triangle u}, \quad \mathbf{r}_v \simeq \frac{\mathbf{r}(u, v + \triangle v) - \mathbf{r}(u, v)}{\triangle v}$$

이므로 $\mathbf{r}(u + \triangle u, v) - \mathbf{r}(u, v) \simeq \mathbf{r}_u \triangle u$, $\mathbf{r}(u, v + \triangle v) - \mathbf{r}(u, v) \simeq \mathbf{r}_v \triangle v$이다. 즉 곡면의 넓이 $\triangle s$를 점 P에서의 접평면의 넓이 $\triangle T$로 근사하면 그림 9.5.7에서 $\triangle T$는 두 벡터 $\mathbf{r}_u \triangle u$와 $\mathbf{r}_v \triangle v$가 이루는 평행사변형의 넓이이므로

$$\triangle T = | \mathbf{r}_u \triangle u \times \mathbf{r}_v \triangle v | = | \mathbf{r}_u \times \mathbf{r}_v | \triangle u \triangle v$$

이다. 여기서 $\mathbf{r}_u \times \mathbf{r}_v$는 점 P에서 접평면 $\triangle T$에 수직인 법선벡터이므로, 이를

$$\mathbf{N} = \mathbf{r}_u \times \mathbf{r}_v \tag{9.5.7}$$

라 하면

$$\triangle s \simeq \triangle T = | \mathbf{N} | \triangle u \triangle v$$

가 된다. 즉 xyz-공간에서 면적분의 미소넓이 ds와 uv-평면에서 이중적분의 미소넓이 $dudv$의 관계는

$$ds = |\mathbf{N}|\,dudv \qquad (9.5.8)$$

이므로 식 (9.5.1)의 면적분을

$$\iint_S G(x,y,z)ds = \iint_R G(u,v)|\mathbf{N}|dudv \qquad (9.5.9)$$

와 같이 uv-평면의 이중적분으로 계산한다. 따라서 식 (9.5.9)에서 $G(u, v) = 1$이면 벡터함수 $\mathbf{r}(u, v)$가 그리는 곡면의 넓이는

$$A(s) = \iint_S ds = \iint_R |\mathbf{N}|dudv \qquad (9.5.10)$$

이다.

예제 3　구의 표면적

8.1절 예제 14에서 반지름이 a인 구의 매개변수형 벡터방정식이

$$\mathbf{r}(u, v) = [a\cos v\cos u, a\cos v\sin u, a\sin v], \ 0 \le u \le 2\pi, \ -\pi/2 \le v \le \pi/2$$

이었다. 이를 이용하여 구의 표면적을 구하라.

(풀이) $\mathbf{r}_u = [-a\cos v\sin u, a\cos v\cos u, 0]$, $\mathbf{r}_v = [-a\sin v\cos u, -a\sin v\sin u, a\cos v]$이므로 식 (9.5.7)에서

$$\mathbf{N} = \mathbf{r}_u \times \mathbf{r}_v = \begin{vmatrix} \mathbf{i} & \mathbf{j} & \mathbf{k} \\ -a\cos v\sin u & a\cos v\cos u & 0 \\ -a\sin v\cos u & -a\sin v\sin u & a\cos v \end{vmatrix}$$
$$= a^2[\cos^2 v\cos u, \cos^2 v\sin u, \sin v\cos v]$$

이다.

$$|\mathbf{N}| = a^2\sqrt{\cos^4 v\cos^2 u + \cos^4 v\sin^2 u + \sin^2 v\cos^2 v} = a^2\cos v$$

이므로, 식 (9.5.10)에서

$$A(s) = \iint_S ds = \iint_R |\mathbf{N}|dudv = \int_{u=0}^{2\pi}\int_{v=-\pi/2}^{\pi/2} a^2\cos v\,dudv$$
$$= a^2\int_0^{2\pi}du\int_{-\pi/2}^{\pi/2}\cos v\,dv = a^2\cdot 2\pi\cdot 2 = 4\pi a^2$$

이다.

예제 4

예제 2의 곡면(평면 포함)을 매개변수형 벡터함수로 나타내어 예제 2를 다시 풀어라.

(풀이) 곡면 S의 방정식 $x + y + z = 1$에서 $x = u$, $y = v$로 놓으면

$$\mathbf{r}(u, v) = [u, v, 1 - u - v], \ 0 \le u \le 1, \ 0 \le v \le 1 - u$$

이고, 이때 $G(u, v) = \cos u + \sin v$가 된다. $\mathbf{r}_u = [1, 0, -1]$, $\mathbf{r}_v = [0, 1, -1]$이므로

$$\mathbf{N} = \mathbf{r}_u \times \mathbf{r}_v = \begin{vmatrix} \mathbf{i} & \mathbf{j} & \mathbf{k} \\ 1 & 0 & -1 \\ 0 & 1 & -1 \end{vmatrix} = [1, 1, 1], \ \ |\mathbf{N}| = |\mathbf{r}_u \times \mathbf{r}_v| = \sqrt{3}$$

이다. 따라서 식 (9.5.9)를 이용하여

$$\iint_S G \, ds = \iint_R G |\mathbf{N}| \, du dv = \int_{u=0}^1 \int_{v=0}^{1-u} (\cos u + \sin v)\sqrt{3} \, dv du$$

이고, 이하 계산은 예제 2의 풀이와 동일하다.

곡면 S의 면밀도가 ρ일 때 곡면 S의 질량은 $m = \iint_S \rho(x, y \ z) ds$ 이다.

예제 5

그림 9.5.8과 같은 반지름 1, 높이 1인 원기둥면 S의 면밀도 ρ가
원기둥의 높이에 비례한다($\rho = kz$). 원기둥면의 질량을 구하라.

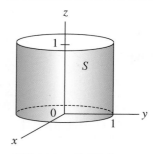

그림 9.5.8   원기둥면

(풀이) 8.1절 예제 13에서 $S : \mathbf{r}(u, v) = [\cos u, \sin u, v]$ $0 \le u \le 2\pi$, $0 \le v \le 1$이고, $\rho = kz = kv$이다.
따라서

$$\mathbf{r}_u = [-\sin u, \cos u, 0], \ \ \mathbf{r}_v = [0, 0, 1]$$

이고

$$\mathbf{N} = \mathbf{r}_u \times \mathbf{r}_v = \begin{vmatrix} \mathbf{i} & \mathbf{j} & \mathbf{k} \\ -\sin u & \cos u & 0 \\ 0 & 0 & 1 \end{vmatrix} = [\cos u, \sin u, 0],$$
$$|\mathbf{N}| = \sqrt{\cos^2 u + \sin^2 u} = 1$$

이므로 질량은

$$m = \iint_S \rho ds = \int_{u=0}^{2\pi} \int_{v=0}^{1} \rho(u, v)|\mathbf{N}| dudv = \int_{u=0}^{2\pi} \int_{v=0}^{1} kv dudv$$

$$= k \int_{u=0}^{2\pi} du \int_{v=0}^{1} vdu = k(2\pi)\left(\frac{1}{2}\right) = \pi k$$

이다.

☞ S의 넓이가 2π이고 평균 면밀도가 $k/2$이므로 $m = \pi k$는 당연한 결과이다.

벡터장 $\mathbf{V}$가 유체의 속도일 때 그림 9.5.9와 같은 곡면 위의 미소넓이 $\triangle s$에서 곡면에 수직인 단위법선벡터를 $\mathbf{n}$이라 하면 단위 시간당 $\triangle s$를 통과하는 유체의 부피는 (속도 $\mathbf{V}$의 $\mathbf{n}$ 방향 성분만이 $\triangle s$를 통과하므로) $\mathbf{V} \cdot \mathbf{n} \triangle s$이다. 따라서 전체 곡면 S를 통해 단위 시간당 유출되는 유체의 부피는 $\iint_S \mathbf{V} \cdot \mathbf{n} ds$이며 이를 유속(flow flux) 또는 **부피유량률**(volumetric flow rate)이라 한다고 이미 설명하였다. 이는 식 (9.2.16)의 2차원 유속 $\int_C \mathbf{V} \cdot \mathbf{n} dl$을 3차원으로 확장한 개념이다.

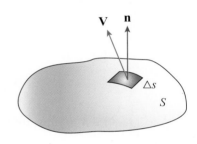

그림 9.5.9 곡면 S의 미소넓이 $\triangle s$

면적분 $\iint_S \mathbf{F} \cdot \mathbf{n} ds$를 벡터장 $\mathbf{F}$의 종류에 따라 전기선속(electric flux), 자기선속(magnetic flux), 열속(heat flux) 등으로 부른다.[*] 8.3절에서 공부한 것처럼 곡면 $g(x, y, z) = c$의 단위법선벡터는

$$\mathbf{n} = \frac{\mathbf{N}}{|\mathbf{N}|} = \frac{\nabla g}{|\nabla g|} \tag{9.5.11}$$

로 구한다. 면적분을 uv−평면에 대한 이중적분으로 계산하는 경우 식 (9.5.9)와 (9.5.11)에 의해

$$\iint_S \mathbf{F} \cdot \mathbf{n} ds = \iint_R \mathbf{F} \cdot \mathbf{n} |\mathbf{N}| dudv = \iint_R \mathbf{F} \cdot \mathbf{N} dudv \tag{9.5.12}$$

로 단순해진다. 식 (9.5.12)에서 내적 $\mathbf{F} \cdot \mathbf{n}$의 결과가 스칼라이므로 이 역시 식 (9.5.1)과 같은 면적분이다. 책에 따라서는 $\mathbf{n} ds = d\mathbf{s}$로 정의하여 $\iint_S \mathbf{F} \cdot \mathbf{n} ds$를 $\iint_S \mathbf{F} \cdot d\mathbf{s}$로 쓰기도 한다.

☞ [*] 원자핵공학 분야에 **중성자속**(neutron flux)이라는 용어가 있는데, 이는 중성자 밀도가 벡터가 아니므로 여기서의 설명과는 다른 개념이다. 8.4절에서 설명한 것처럼 중성자속은 중성자 밀도와 중성자 속력의 곱으로 정의한다.

예제 6

유체의 속도가 $\mathbf{V} = [0, x, 0]$일 때 그림 9.5.10과 같은 제1팔분공간의 구면 $S: x^2 + y^2 + z^2 = 1$을 통과하는 부피유량율 $\iint_S \mathbf{V} \cdot \mathbf{n}\,ds$를 구하라.

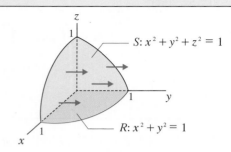

그림 9.5.10

(풀이) 앞에서 공부한 대로 면적분을 계산하는 두 가지 방법으로 풀어보자.

(1) 곡면 S가 $z = f(x, y)$로 표시되는 경우:

S를 $g(x, y, z) = x^2 + y^2 + z^2 = 1$로 놓으면 $\nabla g = [2x, 2y, 2z]$이므로

$$|\nabla g| = \sqrt{(2x)^2 + (2y)^2 + (2z)^2} = 2\sqrt{x^2 + y^2 + z^2} = 2\sqrt{1} = 2$$

이다.

$$\mathbf{n} = \frac{\nabla g}{|\nabla g|} = \frac{[2x, 2y, 2z]}{2} = [x, y, z]$$

이고 $\mathbf{V} = [0, x, 0]$이므로

$$\mathbf{V} \cdot \mathbf{n} = [0, x, 0] \cdot [x, y, z] = xy$$

이다. S는 또한 $z = f(x, y) = \sqrt{1 - x^2 - y^2}$로 쓸 수 있으므로 $f_x = \dfrac{-x}{\sqrt{1 - x^2 - y^2}}$, $f_y = \dfrac{-y}{\sqrt{1 - x^2 - y^2}}$ 에서 $\sqrt{1 + f_x^2 + f_y^2} = \dfrac{1}{\sqrt{1 - x^2 - y^2}}$ 이다. 따라서

$$\begin{aligned}
\iint_S \mathbf{V} \cdot \mathbf{n}\,ds &= \iint_S xy\,ds = \iint_R xy \cdot \frac{1}{\sqrt{1 - x^2 - y^2}}\,dx\,dy \\
&= \int_{r=0}^{1} \int_{\theta=0}^{\pi/2} (r\cos\theta)(r\sin\theta)\frac{1}{\sqrt{1 - r^2}}r\,dr\,d\theta \\
&= \int_{r=0}^{1} \frac{r^3}{\sqrt{1 - r^2}}\,dr \int_{\theta=0}^{\pi/2} \cos\theta\sin\theta\,d\theta = \frac{2}{3} \cdot \frac{1}{2} = \frac{1}{3}.
\end{aligned}$$

(2) 곡면 S가 벡터함수 $\mathbf{r}(u, v)$로 표시되는 경우:

예제 3에서 S의 매개변수형 벡터함수는 $\mathbf{r}(u, v) = [\cos v \cos u, \cos v \sin u, \sin v]$, $0 \le u \le \pi/2$, $0 \le v \le \pi/2$이므로(u와 v의 구간이 예제 3과 다름에 유의하자)

$$\mathbf{r}_u = [-\cos v \sin u, \cos v \cos u, 0], \quad \mathbf{r}_v = [-\sin v \cos u, -\sin v \sin u, \cos v]$$

에서

$$\mathbf{N} = \mathbf{r_u} \times \mathbf{r_v} = \begin{vmatrix} \mathbf{i} & \mathbf{j} & \mathbf{k} \\ -\cos v \sin u & \cos v \cos u & 0 \\ -\sin v \cos u & -\sin v \sin u & \cos v \end{vmatrix} = [\cos^2 v \cos u, \cos^2 v \sin u, \cos v \sin v]$$

이다. $\mathbf{V} = [0, \cos v \cos u, 0]$이므로

$$\mathbf{V} \cdot \mathbf{N} = [0, \cos v \cos u, 0] \cdot [\cos^2 v \cos u, \cos^2 v \sin u, \cos v \sin v] = \cos^3 v \cos u \sin u$$

이고, 식 (9.5.12)에 의해

$$\iint_S \mathbf{V} \cdot \mathbf{n}\, ds = \iint_R \mathbf{V} \cdot \mathbf{N}\, du\, dv = \int_{u=0}^{\pi/2} \int_{v=0}^{\pi/2} \cos^3 v \cos u \sin u\, dv\, du$$

$$= \int_{u=0}^{\pi/2} \cos u \sin u\, du \int_{v=0}^{\pi/2} \cos^3 v\, dv = \frac{1}{2} \cdot \frac{2}{3} = \frac{1}{3}$$

이다.

☞ 예제 6의 (1)에서 $\mathbf{n} = [x, y, z]$였는데, 곡면이 반지름이 1인 구이므로 당연한 결과이다. 반지름이 a라면 $\mathbf{n} = \dfrac{1}{a}[x, y, z]$가 될 것이다.

예제 7   가우스 법칙 (1)

쿨롱의 법칙(Charles Coulomb, 1736–1806, 프랑스)에 의하면 원점에 위치한 양의 점전하(point charge) q에 의해 $\mathbf{r} = [x, y, z]$에서 발생하는 전기장은 $\mathbf{E} = \dfrac{q}{4\pi\epsilon_0} \dfrac{\mathbf{r}}{|\mathbf{r}|^3}$이다. 여기서 ϵ_0는 자유공간의 유전율이다. 구면 $x^2 + y^2 + z^2 = a^2$을 통과하는 전기선속* $\Phi_E = \iint_S \mathbf{E} \cdot \mathbf{n}\, ds$를 구하라. 여기서 $\mathbf{n}$은 구의 바깥 방향 단위법선벡터이다.

(풀이) 곡면 S의 단위법선벡터는 $\mathbf{n} = \dfrac{\mathbf{r}}{a}$이다. 곡면 위, 즉 $|\mathbf{r}| = a$일 때

$$\mathbf{E} \cdot \mathbf{n} = \frac{q}{4\pi\epsilon_0} \frac{\mathbf{r}}{a^3} \cdot \frac{\mathbf{r}}{a} = \frac{q}{4\pi\epsilon_0} \frac{\mathbf{r} \cdot \mathbf{r}}{a^4} = \frac{q}{4\pi\epsilon_0} \frac{|\mathbf{r}|^2}{a^4} = \frac{q}{4\pi\epsilon_0} \frac{a^2}{a^4} = \frac{q}{4\pi\epsilon_0 a^2}$$

이므로

$$\Phi_E = \iint_S \mathbf{E} \cdot \mathbf{n}\, ds = \iint_S \frac{q}{4\pi\epsilon_0 a^2}\, ds = \frac{q}{4\pi\epsilon_0 a^2} \iint_S ds = \frac{q}{4\pi\epsilon_0 a^2} \cdot 4\pi a^2 = \frac{q}{\epsilon_0}$$

이다. 결과적으로 전기선속 Φ_E는 구의 반지름 a와 무관하며 이를 전자기학에서는 **가우스의 법칙**(Carl Gauss, 1777–1855, 독일)이라 한다.

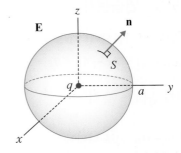

그림 9.5.11   점전하에 의한 전기선속 (1)

☞ 전기장(electric field)의 모양을 전기력선(electric field line)을 그려서 나타내며, 어떤 면을 통과하는 전기력선의 수를 **전기선속**(electric flux)이라고 한다. 자기장(magnetic field)도 자기력선을 그려서 나타내고, 면을 통하는 전체 자기력선의 수 $\Phi_B = \iint_S \mathbf{B} \cdot \mathbf{n}\, ds$를 **자기선속**(magnetic flux)이라고 한다.

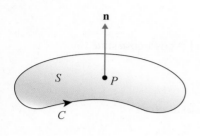

그림 9.5.12   매끄러운 곡면

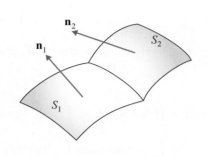

그림 9.5.13   영역별 매끄러운 곡면

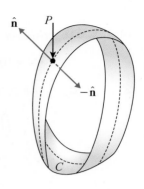

그림 9.5.14   비방향성 곡면

그림 9.5.12와 같이 곡면 S 위의 모든 점에서 법선벡터 **n**이 연속적으로 변할 때 **매끄러운 곡면**(smooth surface)이라 하고, 그림 9.5.13과 같이 영역별로 곡면이 매끄러울 때 **영역별 매끄러운 곡면**(piecewise smooth surface)이라 한다. 곡면의 방향은 법선벡터에 의해 결정되는데, 곡면 S의 임의의 점 P에서 주어진 법선 방향이 전체 곡면을 따라 유일하게 연속적으로 유지되는 경우 S를 **방향성 곡면**(oriented surface)이라 하고, **n**을 곡면 S의 **방향**(orientation)이라 한다. 방향성 곡면은 법선벡터 **n**과 −**n**을 가지므로 2개의 방향을 갖는다. **비방향성 곡면**도 존재하는데, 그림 9.5.14의 뫼비우스 띠(Möbius strip)는 곡면 위 임의 점에서의 법선벡터가 곡면을 따라 연속적으로 이동하여 원래의 점으로 돌아왔을 때 원래의 법선벡터와 반대 방향이 되는 비방향성 곡면이다.

█ 9.5   연습문제

1. 곡면의 단위법선벡터 **n**을 x, y, z로 나타내라.

(1) $g(x, y, z) = 4x - 4y + 7z = -3$: 평면   (2) $g(x, y, z) = y^2 + z^2 = a^2$: 원기둥

(답) (1) $\dfrac{1}{9}[4, -4, 7]$ (2) $\dfrac{1}{a}[0, y, z]$

2. 곡면을 $\mathbf{r}(u, v)$로 나타내고 법선벡터 **N**을 u, v로 나타내라.

(1) $3x + 4y + 6z = 24$: 평면   (2) $x^2 + y^2 + \left(\dfrac{z}{2}\right)^2 = 1$: 타원체(ellipsoid)

(답) (1) $[1/2, 2/3, 1]$ (2) $[2\cos^2 v \cos u, \, 2\cos^2 v \sin u, \, \sin v \cos v]$

3. 원환체(torus)의 벡터방정식은 $0 \leq u \leq 2\pi$, $0 \leq v \leq 2\pi$에서

$$\mathbf{r}(u, v) = [(a + b\cos v)\cos u,\ (a + b\cos v)\sin u,\ b\sin v]$$

이다. 원환체의 표면적을 구하라.

(답) $4\pi^2 ab$

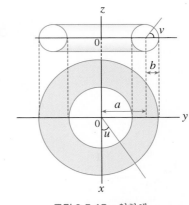

그림 9.5.15   원환체

4. $\iint_S G\,ds$ 를 (i) 변수 x, y, z를 사용하는 방법, (ii) 변수 u, v를 사용하는 두 가지 방법으로 구하라.
(1) $G = ye^{-xy}$, S: $z = x + 2y$, $x \geq 1$, $y \geq 1$
(2) $G = (1 + 9xz)^{3/2}$, S: $\mathbf{r}(u, v) = [u, v, u^3]$, $0 \leq u \leq 1$, $-2 \leq v \leq 2$

(답) (1) $\sqrt{6}/e$ (2) $272/5$

5. $\mathbf{F} = [3z^2,\ 6,\ 6xz]$, S: $y = x^2$, $0 \leq x \leq 2$, $0 \leq z \leq 3$일 때
$\iint_S \mathbf{F} \cdot \mathbf{n}\,ds$ 를 (1) 변수 x, y, z를 사용하는 방법, (2) 변수 u, v를 사용하는 방법으로 구하라. $\mathbf{n}$을 S의 볼록한 면의 단위법선벡터로 정하라.
[힌트: (1)에서 영역 R을 xz-평면 위에 정하라.]

(답) 72

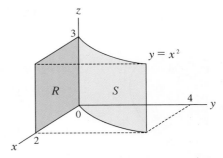

그림 9.5.16 xz-평면의 영역 R

6. 푸리에 열전도법칙(Joseph Fourier, 1768–1830, 프랑스)에 의하면 열전도계수가 k이고 온도가 T인 매질에서 단위 면적, 단위 시간당 $\mathbf{q} = -k\nabla T$의 열이 전도된다. 온도가 $T(x, y, z) = x^2 + y^2 + z^2$인 매질에서 반지름 a인 구의 표면 S를 통과하는 **열속** 또는 **열전달률** $\iint_S \mathbf{q} \cdot \mathbf{n}\,ds$ 를 구하라. 여기서 $\mathbf{n}$은 구의 바깥 방향을 향하는 단위법선벡터이다. 풀이과정에서 반지름 a인 구의 표면적 $4\pi a^2$을 사용하라. 답이 음수로 나오는 이유를 설명하라.

(답) $-8\pi ka^3$. 원점에서 멀어질수록 온도가 높으므로 열은 구의 표면을 통해 유입된다. 따라서 구 표면의 바깥 방향 열속은 음수이다.

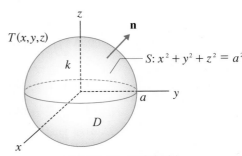

그림 9.5.17   구면의 열속

7. 곡면 $z = f(x, y)$를 매개변수형 벡터함수 $\mathbf{r}(x, y)$로 나타내어 식 (9.5.9)에서 식 (9.5.5)를 유도하라.

9.6 발산정리

3차원 공간의 벡터장 **F**에 대해, D는 유계(bounded)인 닫힌영역이고 S는 D를 둘러 싸는 영역별 매끄러운 곡면, **n**은 S의 바깥 방향 단위법선벡터일 때

$$\iint_S \mathbf{F} \cdot \mathbf{n} ds = \iiint_D \nabla \cdot \mathbf{F} dV \tag{9.6.1}$$

가 성립한다. 이를 **발산정리**(divergence theorem) 또는 **가우스정리**라고 한다. 식 (9.6.1)은 좌변의 곡면 S에 대한 면적분을 우변의 영역 D에 대한 삼중적분으로 계산 할 수 있음을 의미한다. 발산정리는 다음 절에서 공부할 스토크스 정리와 함께 그린 정리의 3차원 형태이다.

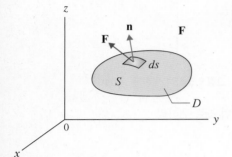

그림 9.6.1 발산정리

발산정리의 의미

발산정리의 물리적 의미는 비교적 쉽게 이해할 수 있다. 정리의 엄밀한 증명에 앞서 결과를 먼저 유추했을 수도 있을 것 같다. 그림 9.6.2와 같이 벡터장 **F** 안에 위치하 는 곡면 S로 둘러싸인 영역 D를 생각하자.

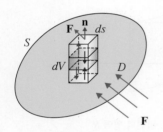

그림 9.6.2 발산정리의 의미

영역 D 안에 한쪽 방향(+z축 방향)으로 쌓아 올린 작은 직육면체들을 상상하자. 우리는 8.4절의 학습을 통해 $\nabla \cdot \mathbf{F}$가 벡터장 **F**의 **순수유출**을 의미한다는 것을 이 미 알고 있다. 영역 D의 내부에 위치한 부피가 dV인 직육면체에서의 순수유출은 $\nabla \cdot \mathbf{F} dV$이다. 이 중에서 +$z$축 방향의 유출은 윗면을 통해 위의 직육면체로 유입된 다. 마찬가지로 위의 직육면체에서도 같은 양을 아랫면을 통해 아래 직육면체로 유 출하므로 결국 영역 내부에 위치하는 직육면체들 사이의 +z축 방향 순수유출은 0이 고, 마지막으로 영역의 경계 S에 위치한 직육면체의 윗면에서만 순수유출 $\mathbf{F} \cdot \mathbf{n} ds$가 발생한다. $-z$축 방향은 물론 x축과 y축 방향에 대해서도 같은 설명이 가능하다. 따 라서 전체 영역 D의 순수유출 $\iiint_D \nabla \cdot \mathbf{F} dV$ 는 전체 곡면 S를 통한 바깥방향의 순수 유출 $\iint_S \mathbf{F} \cdot \mathbf{n} ds$ 와 같아야 한다는 것이 발산정리이다.

여기에서 발산정리의 증명은 생략하겠다. 대부분의 다른 교재에서도 발산정리에 대 해서는 부분적인 증명에 국한하고 있다. 대신 예제를 통해 발산정리가 성립함을 확 인해 보자.

예제 1

영역 D는 구의 표면 $x^2 + y^2 + (z-1)^2 = 9$와 평면 $z = 1$로 둘러싸인 영역이고, S는 영역 D의 표면이다.
$\mathbf{F} = [x, y, z-1]$일 때 발산정리가 성립함을 확인하라.

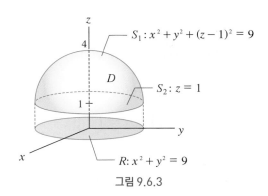

그림 9.6.3

(풀이) 발산정리 좌변의 면적분과 우변의 삼중적분을 계산하여 비교한다.

(1) 면적분: 곡면 S_1: $g(x, y, z) = x^2 + y^2 + (z-1)^2 = 9$에 대해

$$\mathbf{n} = \frac{\nabla g}{|\nabla g|} = \frac{[2x, 2y, 2(z-1)]}{2\sqrt{x^2 + y^2 + (z-1)^2}} = \frac{1}{6}[2x, 2y, 2(z-1)] = \frac{1}{3}[x, y, z-1]$$

이므로, S_1을 통해 유출되는 양은

$$\iint_{S_1} \mathbf{F} \cdot \mathbf{n}\, ds = \iint_{S_1} [x, y, z-1] \cdot \frac{1}{3}[x, y, z-1]\, ds$$
$$= \frac{1}{3} \iint_{S_1} [x^2 + y^2 + (z-1)^2]\, ds = \frac{1}{3} \iint_{S_1} 9\, ds = 3 \iint_{S_1} ds = 3 \cdot 2\pi(3)^2 = 54\pi$$

이다. 곡면 S_2의 바깥 방향 단위법선벡터는 $\mathbf{n} = [0, 0, -1]$이므로 S_2를 통해 유출되는 양은

$$\iint_{S_2} \mathbf{F} \cdot \mathbf{n}\, ds = \iint_{S_2} [x, y, z-1] \cdot [0, 0, -1]\, ds = \iint_{S_2} (1-z)\, ds = 0 : s_2 에서\ z = 1$$

이다. 따라서 전체 S를 통해 유출되는 양은

$$\iint_S \mathbf{F} \cdot \mathbf{n}\, ds = \iint_{S_1} \mathbf{F} \cdot \mathbf{n}\, ds + \iint_{S_2} \mathbf{F} \cdot \mathbf{n}\, ds = 54\pi + 0 = 54\pi.$$

(2) 삼중적분: $\mathbf{F} = [x, y, z-1]$에서

$$\nabla \cdot \mathbf{F} = \frac{\partial F_1}{\partial x} + \frac{\partial F_2}{\partial y} + \frac{\partial F_3}{\partial z} = 1 + 1 + 1 = 3$$

이므로

$$\iiint_D \nabla \cdot \mathbf{F}\, dV = \iiint_D 3\, dV = 3 \iiint_D dV = 3 \cdot \frac{2}{3}\pi(3)^3 = 54\pi.$$

(1), (2)에서 발산정리가 성립한다.

예제 2

유체의 속도는 $\mathbf{V} = [xy, yz, zx]$이고 곡면 S는 $0 \le x \le 1$, $0 \le y \le 1$, $0 \le z \le 1$인 정육면체의 표면이다. S를 통하여 단위시간당 유출되는 유체의 부피(유속) $\iint_S \mathbf{V} \cdot \mathbf{n}\,ds$ 를 계산하라.

(풀이) $\nabla \cdot \mathbf{V} = \dfrac{\partial V_1}{\partial x} + \dfrac{\partial V_2}{\partial y} + \dfrac{\partial V_3}{\partial z} = y + z + x$ 이므로 발산정리에 의해

$$
\iint_S \mathbf{V} \cdot \mathbf{n}\,ds = \iiint_D \nabla \cdot \mathbf{V}\,dV = \iiint_D (y + z + x)\,dV
$$
$$
= \int_{x=0}^{1} \int_{y=0}^{1} \int_{z=0}^{1} (y + z + x)\,dz\,dy\,dx = \int_{x=0}^{1} \int_{y=0}^{1} \left[(x + y)z + \frac{z^2}{2} \right]_0^1 dy\,dx
$$
$$
= \int_{x=0}^{1} \int_{y=0}^{1} \left(x + y + \frac{1}{2} \right) dy\,dx = \int_{x=0}^{1} \left[\left(x + \frac{1}{2} \right) y + \frac{y^2}{2} \right]_0^1 dx
$$
$$
= \int_{x=0}^{1} (x + 1)\,dx = \frac{3}{2}.
$$

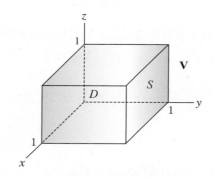

그림 9.6.4 속도장 안에 위치한 정육면체

☞ 예제 2의 문제를 면적분으로 계산한다면 정육면체의 여섯 면에 대해 각각 면적분 계산해야 한다.

예제 3 가우스의 법칙 (2)

9.5절 예제 7에서 원점에 위치한 양의 점전하 q에 대해 $\mathbf{r} = [x, y, z]$에서의 전기장은 $\mathbf{E} = \dfrac{q}{4\pi\epsilon_0} \dfrac{\mathbf{r}}{|\mathbf{r}|^3}$ 이라고 하였다.

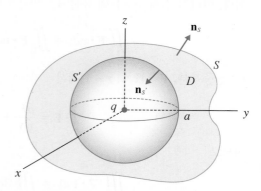

(1) 임의의 닫힌곡면 S의 내부에 $x^2 + y^2 + z^2 = a^2$인 구 S'이 위치한다. S와 S'을 면으로 갖는 입체를 D라 할 때 $\Phi_E = \iint_{S \cup S'} \mathbf{E} \cdot \mathbf{n}\,ds = 0$ 임을 보여라.

(2) (1)의 결과를 이용하여 내부에 점전하 q를 포함하는 임의의 닫힌곡면 S에 대해 가우스 법칙 $\Phi_E = \iint_S \mathbf{E} \cdot \mathbf{n}\,ds = \dfrac{q}{\epsilon_0}$ 가 성립함을 보여라.

그림 9.6.5 점전하에 의한 전기선속 (2)

(풀이) (1) $\mathbf{E} = \dfrac{q}{4\pi\epsilon_0}\dfrac{\mathbf{r}}{|\mathbf{r}|^3} = \dfrac{q}{4\pi\epsilon_0}\dfrac{[x, y, z]}{(x^2+y^2+z^2)^{3/2}} = \dfrac{q}{4\pi\epsilon_0}[E_1, E_2, E_3]$ 로 놓으면

$$\frac{\partial E_1}{\partial x} = \frac{-2x^2+y^2+z^2}{(x^2+y^2+z^2)^{5/2}}, \quad \frac{\partial E_2}{\partial y} = \frac{x^2-2y^2+z^2}{(x^2+y^2+z^2)^{5/2}}, \quad \frac{\partial E_3}{\partial z} = \frac{x^2+y^2-2z^2}{(x^2+y^2+z^2)^{5/2}}$$

이므로

$$\nabla\cdot\mathbf{E} = \frac{q}{4\pi\epsilon_0}\left(\frac{\partial E_1}{\partial x} + \frac{\partial E_2}{\partial y} + \frac{\partial E_3}{\partial z}\right) = 0$$

이다. 따라서 발산정리에 의해

$$\Phi_E = \iint_{S\cup S'}\mathbf{E}\cdot\mathbf{n}\,ds = \iiint_D \nabla\cdot\mathbf{E}\,dV = \iiint_D 0\,dV = 0$$

이고, 이는 S'을 통해 영역 D로 유입되는 모든 전기선속이 S를 통해 유출됨을 의미한다.

(2) 그림 9.6.5와 같이 곡면 S와 S'에서 영역 D의 바깥 방향 단위법선벡터를 각각 $\mathbf{n}_s$와 $\mathbf{n}_{s'}$이라 할 때 (1)의 결과

$$\iint_{S\cup S'}\mathbf{E}\cdot\mathbf{n}\,ds = \iint_{S'}\mathbf{E}\cdot\mathbf{n}_{s'}\,ds + \iint_S \mathbf{E}\cdot\mathbf{n}_s\,ds = 0$$

즉 $\displaystyle\iint_S \mathbf{E}\cdot\mathbf{n}_s\,ds = -\iint_{S'}\mathbf{E}\cdot\mathbf{n}_{s'}\,ds$ 임을 이용한다. 9.5절 예제 7에 의하면 내부에 점전하 q를 포함하는 구면 S'에서 $\displaystyle\iint_{S'}\mathbf{E}\cdot\mathbf{n}_{s'}\,ds = -\dfrac{q}{\epsilon_0}$가 성립하므로($S'$의 법선벡터 방향이 9.5절 예제 7과는 반대이므로 '$-$' 부호가 나타남)

$$\Phi_E = \iint_S \mathbf{E}\cdot\mathbf{n}_s\,ds = -\iint_{S'}\mathbf{E}\cdot\mathbf{n}_{s'}\,ds = -\left(-\frac{q}{\epsilon_0}\right) = \frac{q}{\epsilon_0}$$

가 된다. 이는 내부에 점전하 q를 포함하는 임의 형태의 닫힌곡면 S에서도 가우스 법칙이 성립함을 의미한다.

예제 3은 원점에 위치하는 점전하 $q(= \text{상수})$에 대한 가우스 법칙을 다루고 있다. 일반적인 경우로 전하가 공간의 함수인 전하밀도 $\rho(x, y, z)$인 경우에 대한 가우스 법칙은 연습문제를 참고하라.

발산정리로 보는 발산의 의미

그림 9.6.6과 같이 중심이 점 $P_0(x_0, y_0, z_0)$이고 반지름이 r인 작은 구를 생각하자. 구의 표면은 S, 구의 영역은 D이다. 발산정리에 의해

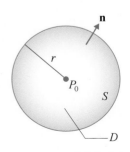

그림 9.6.6 발산의 의미

$$\iint_S \mathbf{F} \cdot \mathbf{n}\, ds = \iiint_D \nabla \cdot \mathbf{F}\, dV \tag{9.6.2}$$

가 성립하는데, 구의 모든 내부점 $P(x, y, z)$에 대해 $\nabla \cdot \mathbf{F}(P) \simeq \nabla \cdot \mathbf{F}(P_0)$를 가정하면

$$\iint_S \mathbf{F} \cdot \mathbf{n}\, ds \simeq \iiint_D \nabla \cdot \mathbf{F}(P_0)\, dV = \nabla \cdot \mathbf{F}(P_0) \iiint_D dV = \nabla \cdot \mathbf{F}(P_0) V$$

가 된다. 여기서 V는 구의 부피이다. 이는 $r \to 0$일 때

$$\nabla \cdot \mathbf{F}(P_0) = \lim_{r \to 0} \frac{1}{V} \iint_S \mathbf{F} \cdot \mathbf{n}\, ds \tag{9.6.3}$$

가 되어 $\nabla \cdot \mathbf{F}$가 단위부피당 순수유출을 나타낸다. 이는 9.4절에서 설명한 발산의 의미와 같다.

벡터 표현의 편리성

벡터를 사용하면 어떤 현상을 기술하는 방정식을 차원이나 좌표계에 관계없이 유도할 수 있다. 8.4절에서 유체의 **연속방정식**을 먼저 xyz-좌표계에 대해서 유도한 후 결과를

$$-\frac{\partial \rho}{\partial t} = \nabla \cdot (\rho \mathbf{V}) \tag{9.6.4}$$

와 같은 벡터 형태로 쓸 수 있음을 보였다. 식 (9.6.4)를 특정 좌표계나 차원에 관계없이 직접 유도해 보자. 그림 9.6.7과 같이 밀도가 ρ이고 속도가 $\mathbf{V}$인 유체 안에 닫힌곡면 S를 갖는 영역 D를 생각한다. D는 유체 내부의 가상의 영역이다.

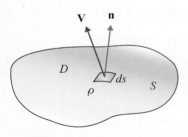

그림 9.6.7   곡면 S와 영역 D

표면 S를 통해 단위 시간당 유출되는 유체의 질량은 $\iint_S \rho \mathbf{V} \cdot \mathbf{n}\, ds$ 이고, 이는 영역 D 안에 있는 유체 질량의 시간 변화율 $\dfrac{d}{dt} \iiint_D \rho\, dV$ 와 같아야 하므로

$$-\frac{d}{dt} \iiint_D \rho\, dV = \iint_S \rho \mathbf{V} \cdot \mathbf{n}\, ds \tag{9.6.5}$$

가 성립할 것이다. 여기서 '−' 기호는 유체의 순수 유출에 따른 유체 질량의 시간 변화율이 음수(감소율)이기 때문이다. 식 (9.6.5)의 좌변은 $-\iiint_D \dfrac{\partial \rho}{\partial t}\, dV$ 로 쓸 수 있고(시간 미분이 편미분으로 바뀌는 이유를 생각해 보자), 발산정리에 의해 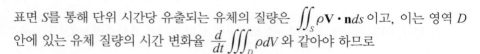 $\iint_S \rho \mathbf{V} \cdot \mathbf{n}\, ds = \iiint_D \nabla \cdot (\rho \mathbf{V})\, dV$ 이므로 식 (9.6.5)는

$$-\iiint_D \frac{\partial \rho}{\partial t}\, dV = \iiint_D \nabla \cdot (\rho \mathbf{V})\, dV \tag{9.6.6}$$

가 된다. 식 (9.6.6)의 양변에서 적분기호를 상쇄하여 식 (9.6.4)를 얻는다. 영역 D를 무한히 작게 만들 수 있으므로 이는 가능한 접근이다. 8.4절에서는 식 (9.6.4)를

유도하기 위해 xyz-좌표계를 사용했지만 여기서는 어떠한 좌표계도 사용하지 않았음에 주목하자. 여기서 간단하게 유도한 식 (9.6.4)를 특정한 좌표계에서 사용하기 위해서는 단지 해당 좌표계의 발산공식을 사용하면 된다.

9.6 연습문제

1. 예제 2를 면적분으로 계산하여 발산정리가 성립함을 확인하라.

2. 발산정리를 이용하여 $\iint_S \mathbf{F} \cdot \mathbf{n}\,ds$ 를 계산하라. S는 D의 경계면이다.
(1) $\mathbf{F} = [e^x, e^y, e^z]$; $D: |x| \leq 1, |y| \leq 1, |z| \leq 1$
(2) $\mathbf{F} = [y^2, xz^3, (z-1)^2]$, $D: x^2 + y^2 = 16$, $z = 1$, $z = 5$로 둘러싸인 영역
(3) $\mathbf{F} = [x, y, z]/(x^2 + y^2 + z^2)$, $D: x^2 + y^2 + z^2 = a^2$, $x^2 + y^2 + z^2 = b^2$ $(a < b)$ 사이 영역

(답) (1) $12(e - e^{-1})$　　　 (2) 256π　　 (3) $4\pi(b - a)$

3. $\mathbf{F}$가 상수 벡터이고 S가 닫힌곡면일 때 $\iint_S \mathbf{F} \cdot \mathbf{n}\,ds = 0$임을 보여라.

4. 전기장 $\mathbf{E}$에 대하여 면이 S인 영역 D의 전하밀도가 $\rho(x, y, z)$일 때 $\iint_S \mathbf{E} \cdot \mathbf{n}\,ds = \iiint_D \dfrac{\rho}{\epsilon_0}\,dV$ 가 성립한다.
(1) $\nabla \cdot \mathbf{E} = \rho/\epsilon_0$임을 보여라. (이는 4개의 미분형 **맥스웰 방정식** 중 첫 번째 식이다.)
(2) $\mathbf{E}$가 비회전성 벡터장, 즉 $\nabla \times \mathbf{E} = \mathbf{0}$일 때 (1)을 이용하여 벡터장 $\mathbf{E}$의 포텐셜 ϕ가 **푸아송 방정식**(Poisson equation) $\nabla^2\phi = \rho/\epsilon_0$를 만족함을 보여라.

5. (1) 쉬어가기 9.6의 미분형 맥스웰방정식 중 하나인 $\nabla \cdot \mathbf{B} = 0$으로부터 적분형 맥스웰방정식 $\iint_S \mathbf{B} \cdot \mathbf{n}\,ds = 0$을 유도하라(자기장에 대한 **가우스 법칙**).
(2) $\mathbf{B}$가 비회전성, 즉 $\nabla \times \mathbf{B} = \mathbf{0}$이다. 벡터장 $\mathbf{B}$의 포텐셜 ϕ가 라플라스 방정식 $\nabla^2\phi = 0$를 만족함을 보여라.

6. 9.5절의 연습문제 6을 발산정리를 이용하여 풀어라.

7. 온도 T, 열전도계수 k, 밀도 ρ, 비열 c_p이고 열원이 없는 매질에서 **열전도방정식**은

$$\rho c_p \frac{\partial T}{\partial t} = k\nabla^2 T$$

이다. **푸리에 열전도 법칙** $\mathbf{q} = -k\nabla T$와 발산정리를 이용하여 위의 열전도방정식을 유도하라. 여기서 $\mathbf{q}$는 단위 시간당, 단위 면적당 전도되는 열이며, 매질의 성질인 k, ρ, c_p는 시간 및 공간에 무관한 상수로 가정한다. [힌트: 곡면 S를 갖는 영역 D를 생각할 때 D가 포함하는 열의 시간 변화율(감소율)이 S를 통한 열유출률과 같으므로 $-\dfrac{d}{dt}\iiint_D \rho c_p T\,dV = \iint_S \mathbf{q} \cdot \mathbf{n}\,ds$ 이다.]

9.7   스토크스 정리

구간별 매끄러운 단순닫힌곡선 C를 경계로 갖는 영역별 매끄러운 방향성 곡면이 S이다. S를 포함하는 3차원 공간에서 벡터장 $\mathbf{F}$의 성분과 그들의 편도함수가 연속일 때

$$\oint_C \mathbf{F} \cdot d\mathbf{r} = \iint_S \nabla \times \mathbf{F} \cdot \mathbf{n}\, ds \tag{9.7.1}$$

가 성립하며, 이를 **스토크스 정리**(George Stokes, 1819–1903, 영국)라고 한다. 여기서 곡면 S의 단위법선벡터 $\mathbf{n}$의 방향은 그림 9.7.1과 같이 닫힌곡선 C의 진행방향을 오른손 네 손가락으로 따라갈 때 엄지 손가락이 가리키는 방향이다. 식 (9.7.1)의 좌변은 선적분, 우변은 면적분이다.

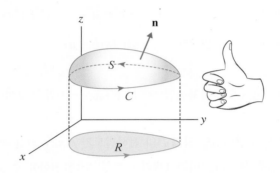

그림 9.7.1   스토크스 정리

스토크스 정리의 의미

9.4절에서 그린 정리를 벡터 형태로 나타낸 식 (9.4.4)를 여기에 다시 쓰면

$$\oint_C \mathbf{F} \cdot d\mathbf{r} = \iint_R \nabla \times \mathbf{F} \cdot \mathbf{k}\, dA \tag{9.7.2}$$

이다. 식 (9.7.2)와 식 (9.7.1)의 차이를 그림 9.7.2에 나타내었다. 그린 정리는 평면의 닫힌곡선 C에 대한 $\mathbf{F}$의 선적분을 C로 둘러싸인 평면영역 R에 대한 $\nabla \times \mathbf{F}$의 이중적분으로 나타낸 것이고, 스토크스 정리는 공간의 닫힌곡선 C에 대한 $\mathbf{F}$의 선적분을 C로 둘러싸인 임의의 곡면 S에 대한 $\nabla \times \mathbf{F}$의 면적분으로 나타낸 것이다.

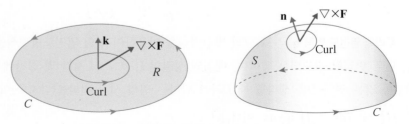

그림 9.7.2   평면의 그린 정리와 곡면의 스토크스 정리

이제 그린 정리를 이용하여 스토크스 정리를 이해하자. 그림 9.7.3과 같이 벡터장 **F**가 존재하는 공간에 곡선 C를 경계로 갖는 임의의 곡면 S가 있다. 곡면 S를 n개의 작은 곡면으로 분할하고 k번째 분할곡면 S_k를 둘러싸는 닫힌곡선을 C_k라 하자. 여기서 $\mathbf{n}_k$는 면 S_k의 양의 방향 단위법선벡터이다. 분할곡면 S_k를 넓이가 A_k인 평면으로 근사할 수 있으므로 벡터장 **F**의 닫힌곡선 C_k에 대한 선적분은 식 (9.7.2)에 의해

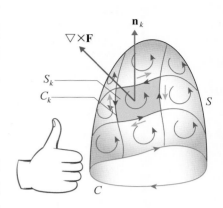

$$\oint_{C_k} \mathbf{F} \cdot d\mathbf{r} = \iint_{A_k} \nabla \times \mathbf{F} \cdot \mathbf{n}_k \, dA$$

와 같이 평면 A_k에 대한 이중적분으로 대응된다. 위 식을 모든 닫힌곡선 $C_k(k = 1, 2, \cdots, n)$와 이로 둘러싸인 분할영역 S_k에 적용하고 이들을 모두 더하면 좌변의 선적분은 이웃하는 곡선에 대한 선적분이 모두 상쇄되어 결국 그림 9.7.3에서 파란색으로 표시된 곡선 C에 대한 선적분만 남게 되고, 우변의 면적분은 전체 곡면 S에 대한 면적분이 되어 식 (9.7.1)의 스토크스 정리가 성립한다.

그림 9.7.3 그린 정리를 이용한 스토크스 정리

이런 의미로 스토크스 정리를 그린 정리의 3차원 버전이라고 한다. 여기서 유의할 점은 스토크스 정리는 곡선 C로 둘러싸인 임의의 곡면에 대해 성립한다는 것이다. 따라서 그림 9.7.4와 같이 동일한 닫힌곡선 C에 의해 생성되는 서로 다른 곡면 S_1과 S_2에 대한 면적분 값은 서로 같다.

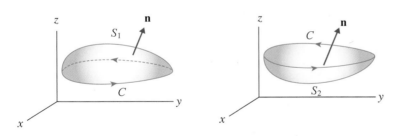

그림 9.7.4 같은 곡선 C로 이루어진 다른 곡면

여기서 스토크스 정리의 엄밀한 증명은 생략하겠다. 예제를 통해 스토크스 정리가 성립함을 확인하자.

예제 1

$\mathbf{F} = [z^2, 5x, 0]$, S: $0 \leq x \leq 1$, $0 \leq y \leq 1$, $z = 1$, C는 S의 경계를 이루는 양의 곡선일 때 스토크스 정리가 성립함을 확인하라.

(풀이) 곡면 S는 그림 9.7.5와 같다. 식 (9.7.2)에서 좌변의 선적분과 우변의 면적분을 계산하여 비교하자.

(1) 선적분: $z = 1$이므로

$$\oint_C \mathbf{F} \cdot d\mathbf{r} = \oint_C F_1 \, dx + F_2 \, dy + F_3 \, dz = \oint_C z^2 \, dx + 5x \, dy = \oint_C dx + 5x \, dy$$

이고

$$C_1: 0 \le y \le 1, \ x = 1 \ : \ \int_{C_1} \mathbf{F} \cdot d\mathbf{r} = \int_{y=0}^1 0 + 5 \cdot 1 dy = 5$$

$$C_2: 0 \le x \le 1, \ y = 1 \ : \ \int_{C_2} \mathbf{F} \cdot d\mathbf{r} = \int_{x=1}^0 dx + 5x \cdot 0 = -1$$

$$C_3: 0 \le y \le 1, \ x = 0 \ : \ \int_{C_3} \mathbf{F} \cdot d\mathbf{r} = \int_{y=1}^0 0 + 5 \cdot 0 dy = 0$$

$$C_4: 0 \le x \le 1, \ y = 0 \ : \ \int_{C_4} \mathbf{F} \cdot d\mathbf{r} = \int_{x=0}^1 dx + 5x \cdot 0 = 1$$

이므로

$$\oint_C \mathbf{F} \cdot d\mathbf{r} = \int_{C_1} \mathbf{F} \cdot d\mathbf{r} + \int_{C_2} \mathbf{F} \cdot d\mathbf{r} + \int_{C_3} \mathbf{F} \cdot d\mathbf{r} + \int_{C_4} \mathbf{F} \cdot d\mathbf{r} = 5 - 1 + 0 + 1 = 5 \cdot$$

(2) 면적분: $\mathbf{F} = [z^2, 5x, 0]$에서

$$\nabla \times \mathbf{F} = \begin{vmatrix} \mathbf{i} & \mathbf{j} & \mathbf{k} \\ \dfrac{\partial}{\partial x} & \dfrac{\partial}{\partial y} & \dfrac{\partial}{\partial z} \\ z^2 & 5x & 0 \end{vmatrix} = [0, 2z, 5]$$

이고, S의 위 방향 단위법선벡터는 $\mathbf{n} = [0, 0, 1]$이므로

$$\iint_S \nabla \times \mathbf{F} \cdot \mathbf{n} ds = \iint_S [0, 2z, 5] \cdot [0, 0, 1] ds = \iint_S 5 ds = 5 \iint_S ds = 5 \cdot 1 = 5$$

로 (1)의 결과와 동일하다. 따라서 스토크스 정리가 성립한다.

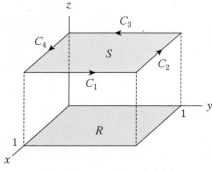

그림 9.7.5 스토크스 정리 (1)

예제 2

곡선 C가 $x^2 + y^2 = 1$과 $y + z = 2$의 교선일 때 $\oint_C z dx + x dy + y dz$ 을 구하라.

(풀이) 곡선 C와 이것으로 이루어진 곡면 S는 그림 9.7.6과 같다. $\mathbf{F} = [z, x, y]$에서

$$\nabla \times \mathbf{F} = \begin{vmatrix} \mathbf{i} & \mathbf{j} & \mathbf{k} \\ \dfrac{\partial}{\partial x} & \dfrac{\partial}{\partial y} & \dfrac{\partial}{\partial z} \\ z & x & y \end{vmatrix} = [1, 1, 1]$$

이다. 곡면 S의 법선벡터가 위를 향하도록 S를 $g(x, y, z) = y + z = 2$로 놓으면

$$\mathbf{n} = \frac{\nabla g}{|\nabla g|} = \frac{[0, 1, 1]}{\sqrt{2}}$$

이다. 또한 S: $z = f(x, y) = 2 - y$에서 $f_x = 0$, $f_y = -1$이므로 $\sqrt{1 + f_x^2 + f_y^2} = \sqrt{2}$ 이다. 따라서 스토크스 정리에 의해

$$\oint_C \mathbf{F} \cdot d\mathbf{r} = \oint_C z\,dx + x\,dy + y\,dz = \iint_S \nabla \times \mathbf{F} \cdot \mathbf{n}\,ds$$

$$= \iint_R \nabla \times \mathbf{F} \cdot \mathbf{n}\sqrt{1 + f_x^2 + f_y^2}\,dx\,dy = \iint_R [1, 1, 1] \cdot \frac{[0, 1, 1]}{\sqrt{2}}(\sqrt{2})\,dx\,dy$$

$$= 2\iint_R dx\,dy = 2 \cdot \pi = 2\pi.$$

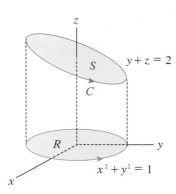

그림 9.7.6 스토크스 정리 (2)

예제 3

힘 $\mathbf{F} = [2xy^3\sin z, 3x^2y^2\sin z, x^2y^3\cos z]$가 포물면 $z = x^2 + y^2$과 원기둥 $(x - 1)^2 + y^2 = 1$의 교선을 따라 움직일 때 한 일을 구하라.

(풀이) 힘 $\mathbf{F}$가 곡선 C를 따라 한 일은 선적분 $W = \oint_C \mathbf{F} \cdot d\mathbf{r}$ 이다.

$$\nabla \times \mathbf{F} = \begin{vmatrix} \mathbf{i} & \mathbf{j} & \mathbf{k} \\ \dfrac{\partial}{\partial x} & \dfrac{\partial}{\partial y} & \dfrac{\partial}{\partial z} \\ 2xy^3\sin z & 3x^2y^2\sin z & x^2y^3\cos z \end{vmatrix}$$

$$= [3x^2y^2\cos z - 3x^2y^2\cos z, -2xy^3\cos z + 2xy^3\cos z, 6xy^2\sin z - 6xy^2\sin z] = [0, 0, 0]$$

이므로, 스토크스 정리에 의해

$$W = \oint_C \mathbf{F} \cdot d\mathbf{r} = \iint_S \nabla \times \mathbf{F} \cdot \mathbf{n}\,ds = 0.$$

예제 4

쉬어가기 9.6의 미분형 맥스웰방정식 중 하나인 $\nabla \times \mathbf{E} = -\dfrac{\partial \mathbf{B}}{\partial t}$ 로부터 적분형 맥스웰방정식 $\displaystyle\oint_C \mathbf{E} \cdot d\mathbf{r} = -\dfrac{\partial \Phi_B}{\partial t}$ 를 유도하라. 여기서 $\Phi_B = \displaystyle\iint_S \mathbf{B} \cdot \mathbf{n}ds$ 는 자기선속이고, C는 곡면 S의 경계인 양의 닫힌곡선, $\mathbf{n}$은 S의 단위법선벡터이다.

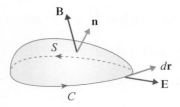

그림 9.7.7 패러데이 법칙

(풀이) $\nabla \times \mathbf{E} = -\dfrac{\partial \mathbf{B}}{\partial t}$ 의 양변에 곡면 S의 법선벡터 $\mathbf{n}$을 내적한 후 S에 대해 면적분하면

$$\iint_S \nabla \times \mathbf{E} \cdot \mathbf{n}ds = -\iint_S \frac{\partial \mathbf{B}}{\partial t} \cdot \mathbf{n}ds$$

이 된다. 좌변은 스토크스 정리에 의해

$$\iint_S \nabla \times \mathbf{E} \cdot \mathbf{n}ds = \oint_C \mathbf{E} \cdot d\mathbf{r}$$

이고, 우변은

$$-\iint_S \frac{\partial \mathbf{B}}{\partial t} \cdot \mathbf{n}ds = -\frac{\partial}{\partial t}\iint_S \mathbf{B} \cdot \mathbf{n}ds = -\frac{\partial \Phi_B}{\partial t}$$

이므로

$$\oint_C \mathbf{E} \cdot d\mathbf{r} = -\frac{\partial \Phi_B}{\partial t}$$

가 성립한다. 이는 시간에 따라 변하는 자기장이 비보존적 전기장을 생성한다는 **패러데이 법칙**을 의미한다.

스토크스 정리로 보는 회전의 의미

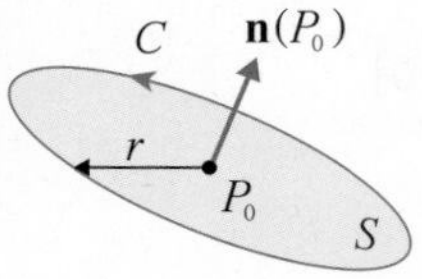

그림 9.7.8과 같이 중심이 점 $P_0(x_0, y_0, z_0)$ 이고 반지름이 r인 작은 원 C를 생각하자. 원의 내부는 S이다. 스토크스 정리에 의해

$$\oint_C \mathbf{F} \cdot d\mathbf{r} = \iint_S \nabla \times \mathbf{F} \cdot \mathbf{n}ds \tag{9.7.3}$$

그림 9.7.8

가 성립하는데, 원의 모든 내부점 $P(x, y, z)$에 대해 $\nabla \times \mathbf{F}(P) \simeq \nabla \times \mathbf{F}(P_0)$를 가정하면

$$\oint_C \mathbf{F} \cdot d\mathbf{r} \simeq \iint_S \nabla \times \mathbf{F}(P_0) \cdot \mathbf{n}(P_0) ds = \nabla \times \mathbf{F}(P_0) \cdot \mathbf{n}(P_0) \iint_S ds$$
$$= \nabla \times \mathbf{F}(P_0) \cdot \mathbf{n}(P_0) A$$

이 된다. 여기서 A는 곡면 S의 넓이이다. 따라서 $\nabla \times \mathbf{F}(P_0) \cdot \mathbf{n}(P_0) = \dfrac{1}{A} \oint_C \mathbf{F} \cdot d\mathbf{r}$
이고 이는 $r \to 0$일 때

$$\nabla \times \mathbf{F}(P_0) \cdot \mathbf{n}(P_0) = \lim_{r \to 0} \frac{1}{A} \oint_C \mathbf{F} \cdot d\mathbf{r} \tag{9.7.4}$$

이다. 우변의 $\oint_C \mathbf{F} \cdot d\mathbf{r}$ 이 식 (9.2.15)의 순환에 해당하므로 식 (9.7.4)는 $\nabla \times \mathbf{F}$
의 법선성분이 단위넓이당 순환(회전)임을 알려준다. 이는 8.4절에서 설명한 회전
의 의미와 같다. 식 (9.7.4)를 자세히 보면 우변의 회전이 최대가 되기 위해서는
$\nabla \times \mathbf{F}(P_0)$의 방향과 $\mathbf{n}(P_0)$의 방향이 같아야 한다. 즉 $\mathbf{F}$가 유체의 속도라면 그림
9.7.9와 같이 유체 내부에 위치하는 회전체는 회전축이 $\nabla \times \mathbf{F}$의 방향을 향할 때
가장 빨리 회전한다.

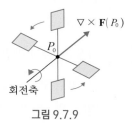

그림 9.7.9

경로에 무관한 선적분과 스토크스 정리

9.3절에서 선적분 $\displaystyle\int_C \mathbf{F} \cdot d\mathbf{r}$ 이 경로에 무관하기 위해서는 곡선 C가 포함된 단순연
결영역 D에서 $\mathbf{F}$의 성분함수가 연속이고 $\nabla \times \mathbf{F} = 0$이었다.

곡선 C가 영역 D 내의 임의의 닫힌곡선이라면 C를 경계로 하는 곡면 S를 영역 D
에서 찾을 수 있고, D가 단순연결영역이면 S 또한 법선벡터 $\mathbf{n}$이 정의되는 방향성
곡면이 되어 스토크스 정리가 성립한다. 따라서 $\nabla \times \mathbf{F} = 0$이면 영역 D 내에서 모든
닫힌곡선 C와 C로 둘러싸인 곡면 S에 대해

$$\oint_C \mathbf{F} \cdot d\mathbf{r} = \iint_S \nabla \times \mathbf{F} \cdot \mathbf{n} ds = 0$$

이 성립하므로 선적분은 경로에 무관하다.

만약 영역 D가 단순연결영역이 아니고 영역 전체를 관통하는 일부 영역이 제거된
다중연결영역이면 D 내의 임의의 닫힌곡선 C에 대해 이를 경계로 하는 방향성 곡
면 S가 존재하지 않을 수 있다.

9.7   연습문제

1. $\mathbf{F} = [xy, yz, zx]$일 때 $C = C_1 \cup C_2 \cup C_3 \cup C_4$와 곡면 S에 대해 스토크스 정리가 성립함을 확인하라.

(답) -2로 같다.

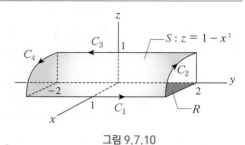

그림 9.7.10

2. $\mathbf{F} = [4z, -2x, 2x]$일 때 C에 대해 $\oint_C \mathbf{F} \cdot d\mathbf{r}$을 스토크스 정리를 이용하여

다음 두 가지 방법으로 계산하라.

(1) 곡면 S의 $z = f(x, y)$ 형태 사용.

(2) 곡면 S의 매개변수형 벡터함수

$\mathbf{r}(u, v) = [u\cos v, u\sin v, 1 + u\sin v]$, $0 \le u \le 1$, $0 \le v \le 2\pi$ 사용.

(답) -4π

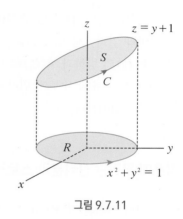

그림 9.7.11

3. 스토크스 정리를 이용하여 $\oint_C z^2 e^{x^2} dx + xy^2 dy + \tan^{-1} y\, dz$를 계산하라.

여기서 C는 원 $x^2 + y^2 = 9$를 반시계 방향으로 회전하는 곡선이다.

(답) $\dfrac{81}{4}\pi$

4. $\mathbf{F} = \left[\dfrac{-y}{x^2 + y^2}, \dfrac{x}{x^2 + y^2}, z \right]$에 대해 (1) $\nabla \times \mathbf{F} = \mathbf{0}$임을 보여라.

(2) C가 $x^2 + y^2 = 1$을 반시계 방향으로 회전하는 닫힌곡선일 때 $\oint_C \mathbf{F} \cdot d\mathbf{r}$을 선적분으로 계산하라.

(3) 문제 (2)의 결과가 0이 아닌 이유를 설명하라.

(답) (1) $\mathbf{0}$ (2) 2π

5. 쉬어가기 9.6의 미분형 맥스웰방정식 중 하나인 $\nabla \times \mathbf{B} = \mu_0 \left(\mathbf{J} + \epsilon_0 \dfrac{\partial \mathbf{E}}{\partial t} \right)$로부터 적분형 맥스웰방정식 $\oint_C \mathbf{B} \cdot d\mathbf{r} = \mu_0 \left(I + \epsilon_0 \dfrac{\partial \Phi_E}{\partial t} \right)$를 유도하라. 여기서 $\Phi_E = \iint_S \mathbf{E} \cdot \mathbf{n}\, ds$는 전기선속, I와 $\mathbf{J}$는 각각 곡면 S를 통과하는 전류와 전류밀도(단위면적당 전류)이다. 이는 전류와 시간에 따라 변하는 전기장이 자기장을 생성한다는 수정된 **앙페르 법칙**을 나타낸다.

쉬어가기 9.6 　고전 물리학을 완성한 맥스웰 방정식

서로 연관성이 없을 것이라고 여겨졌던 자석과 전기, 그리고 빛이 어떤 관계가 있을까? 이들의 삼각관계를 4개의 간단한 수식으로 정리한 사람이 **맥스웰**(James Maxwell, 1831–1879, 영국)이다. 맥스웰 방정식은 전기와 자기를 통합하고 전자기파를 예측하게 한 이론이다. 갈릴레이가 죽은 1642년에 뉴턴이 태어났는데 맥스웰이 죽은 1879년에는 **아인슈타인**(Albert Einstein, 1879–1955, 독일)이 태어났다. 아인슈타인은 맥스웰의 업적을 "뉴턴 이래로 물리학이 경험한 가장 심오하고 유익한 것"이라고 평가했다. 실험적으로 전자기파를 발견하여 맥스웰의 예측을 증명한 **헤르츠**(Heinrich Hertz, 1857–1894, 독일)는 "이 수식들은 독립적인 존재성과 지성을 가지고 있고, 우리보다 더 현명할 뿐 아니라 그것을 발견한 사람들보다도 더 현명하며, 우리가 노력한 것보다 더 많은 것을 가져다 줄 것이다."라고 기록하였다.

자유공간에서의 맥스웰 방정식을 이 교재에서 사용한 적분 표기법으로 표현하면 다음과 같다.

(1) $\iint_S \mathbf{E} \cdot \mathbf{n} ds = \dfrac{q}{\epsilon_0}$ 　　　(2) $\iint_S \mathbf{B} \cdot \mathbf{n} ds = 0$

(3) $\oint_C \mathbf{E} \cdot \mathbf{n} dr = -\dfrac{\partial \Phi_B}{\partial t}$ 　　　(4) $\oint_C \mathbf{B} \cdot \mathbf{n} dr = \mu_0 \left(I + \epsilon_0 \dfrac{\partial \Phi_E}{\partial t} \right)$

여기서 $\mathbf{E}$는 전기장, Φ_E는 전기선속, $\mathbf{B}$는 자기장, Φ_B는 자기선속, q는 전하, I는 전류이고 ϵ_0는 자유공간의 유전율, μ_0는 자유공간의 투자율이다. 물론 S와 C는 전기장 또는 자기장이 통과하는 닫힌곡면과 닫힌곡선이다. 맥스웰 방정식을 다음과 같이 미분형으로 쓰기도 한다. 여기서 ρ는 단위체적당 전하밀도, $\mathbf{J}$는 곡면 S를 통과하는 단위면적당 전류밀도를 나타내는 벡터이다.

(1) $\nabla \cdot \mathbf{E} = \dfrac{\rho}{\epsilon_0}$ 　　　(2) $\nabla \cdot \mathbf{B} = 0$

(3) $\nabla \times \mathbf{E} = -\dfrac{\partial \mathbf{B}}{\partial t}$ 　　　(4) $\nabla \times \mathbf{B} = \mu_0 \left(I + \epsilon_0 \dfrac{\partial \mathbf{E}}{\partial t} \right)$

맥스웰이 활동하던 당시에는 del 기호(∇)가 사용되기 전이었으므로 위의 식들을 복잡한 편미분으로 표현하였다고 한다. 좌표계나 차원에 따라 그 표현도 달라져야 했을 것이다. 식 (1)은 전기장에 대한 가우스법칙, 식 (2)는 자기장에 대한 가우스법칙, 식 (3)은 시간에 따라 변하는 자기장에 의해 전기장이 생성되는 **패러데이 법칙**(Michael Faraday, 1791–1867, 영국), 식 (4)는 시간에 따라 변하는 전기장과 전류에 의해 자기장이 생성되는 맥스웰에 의해 수정된 **앙페르 법칙**(Andre Marie Ampere, 1775–1836, 프랑스)이다. 식 (3)과 식 (4)를 적절히 이용하면 전기장과 자기장에 대한 파동방정식(11.4절)을 유도할 수 있는데 여기에서

$$c = \frac{1}{\sqrt{\epsilon_0 \mu_0}}$$

라는 관계가 성립하며 실제로 이 값을 계산하면 정확히 빛의 속도 c가 되어 빛도 전자기파라는 예측을 가능하게 하였다.

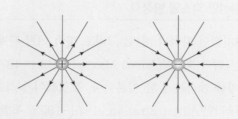

그림 9.7.12 전기장의 순수유출과 순수유입

여기서는 간단히 전기장과 자기장의 차이점을 생각해 보겠다.

(1) $\nabla \cdot \mathbf{E} = \dfrac{\rho}{\epsilon_0}$: 한 점에서 순수 유출되는 전기장은 전하밀도에 비례한다. 전하는 양전하와 음전하가 독립적으로 존재할 수 있으므로 그림 9.7.12와 같이 한 점에서 전하밀도가 양이면 순수유출, 음이면 순수유입이다.

(2) $\nabla \cdot \mathbf{B} = 0$: 자기장의 순수유출은 항상 0이다. 이는 그림 9.7.13과 같이 자기력선은 항상 N극에서 나와 S극으로 들어가고 자석 내부에서는 다시 S극에서 N극을 향해 이동하므로 어떤 점에서도 자기장의 유입과 유출이 같아서 순수유출이 0이라는 뜻이다. 이는 그림 9.7.14와 같은 (**자기홀극**(magnetic monopole))은 존재할 수 없음을 의미한다. 즉 자석을 아무리 작게 잘라도 N극과 S극은 계속 나타난다.

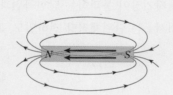

그림 9.7.13 자기장의 순수유출은 0

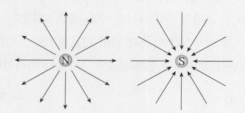

그림 9.7.14 자기홀극은 존재하지 않음

푸리에 해석

우리는 4장에서 공부했듯이 미분가능한 임의의 함수 $f(x)$를 x의 거듭제곱 급수인 테일러 급수로 나타낼 수 있음을 알고 있다. 이 장에서 공부할 주요 내용도 함수를 무한급수 또는 무한적분으로 나타내는 것이다. 19세기 초에 **푸리에**(Joseph Fourier, 1768–1830, 프랑스)는 열전달 현상을 연구하던 중 주기함수를 삼각함수의 무한급수로 나타낼 수 있다는 개념을 제안하였다. 이후 이러한 삼각함수로 표현된 급수, 즉 푸리에 급수는 직교함수로 함수를 나타내는 여러 방법 중 하나임이 밝혀졌다. 이 절에서는 주기함수인 푸리에 급수와 이를 비주기함수에 대해 확장한 푸리에 적분 및 푸리에 변환에 대해 공부한다. 여기서 공부하는 내용은 자체 응용분야도 넓지만 11장 이후에 나오는 편미분방정식의 풀이와도 밀접하게 연관된다.

10.1 직교함수

우리는 **0**이 아닌 두 벡터 **a**와 **b**의 내적이 0, 즉 **a·b** = 0일 때 서로 직교함을 알고 있다. 이와 유사하게 함수에 대해서도 직교성을 정의할 수 있다.

직교함수

구간 $[a, b]$에서

$$\int_a^b \phi_1(x)\phi_2(x)dx = 0 \qquad (10.1.1)$$

이 성립하면 두 함수 $\phi_1(x)$, $\phi_2(x)$는 **직교함수**(orthogonal function)이다.

☞ 함수의 직교성이 함수의 기하학적인 직교를 의미하지는 않는다.

만약 $\omega(x)$에 대해

$$\int_a^b \omega(x)\phi_1(x)\phi_2(x)dx = 0 \tag{10.1.2}$$

이 성립하면 $\phi_1(x)$, $\phi_2(x)$는 구간 $[a, b]$에서 **가중함수**(weight function) $\omega(x)$에 대해 직교한다고 한다.

예제 1

(1) x, x^2이 구간 $[-1, 1]$에서 직교함을 보여라.

(2) 1, $1 - x$가 구간 $0 \le x < \infty$에서 가중함수 e^{-x}에 대해 직교함을 보여라.

(풀이) (1) $\displaystyle\int_{-1}^1 (x)(x^2)dx = \int_{-1}^1 x^3 dx = 0$ 이므로 x와 x^2은 구간 $[-1, 1]$에서 직교한다.

(2) 부분적분을사용하면

$$\int_0^\infty e^{-x}(1)(1-x)dx = \int_0^\infty e^{-x}(1-x)dx = (-e^{-x})(1-x)\Big|_0^\infty - \int_0^\infty (-e^{-x})(-1)dx = 1 - 1 = 0$$

이므로 1과 $1 - x$는 구간 $0 \le x < \infty$에서 가중함수 e^{-x}에 대해 직교한다.

다음은 직교함수의 집합에 관한 정의이다.

직교집합

함수 $\phi_1(x)$, $\phi_2(x)$, $\phi_3(x)$, $\cdots$가 서로 다른 자연수 m, n에 대해

$$\int_a^b \phi_m(x)\phi_n(x)dx = 0 \tag{10.1.3}$$

을 만족하면 집합 $\{\phi_1(x),\ \phi_2(x),\ \phi_3(x),\ \cdots\}$는 구간 $[a, b]$에서 **직교집합** (orthogonal set)이다. 여기서 $\{\ \}$는 집합을 나타내는 기호이다.

예제 2

$\{1, \cos x, \cos 2x, \cdots\}$가 구간 $[-\pi, \pi]$에서 직교집합임을 보여라.

(풀이) 서로 다른 자연수 m, n에 대해

$$\int_{-\pi}^\pi (1)\cos mx\,dx = \left[\frac{\sin mx}{m}\right]_{-\pi}^\pi = 0$$

$$\int_{-\pi}^\pi \cos mx \cos nx\,dx = \frac{1}{2}\int_{-\pi}^\pi [\cos(m+n)x + \cos(m-n)x]dx$$

$$= \frac{1}{2}\left[\frac{\sin(m+n)x}{m+n} + \frac{\sin(m-n)x}{m-n}\right]_{-\pi}^\pi = 0$$

이므로 주어진 집합은 직교집합이다.

함수의 크기

함수 $\phi_m(x)$에 대해

$$\|\phi_m(x)\| \equiv \sqrt{\int_a^b \phi_m^2(x)dx} \qquad (10.1.4)$$

로 정의하며, 이를 함수의 **크기**(norm)라 한다.

직교집합 $\{\phi_m(x)\}$, $m = 0, 1, 2, \cdots$ 이 모든 원소에 대해 $\|\phi_m(x)\| = 1$이면 **정규직교집합**(orthonormal set)이라 한다.

예제 3

예제 2의 직교집합 $\{1, \cos x, \cos 2x, \cdots\}$을 정규직교집합으로 바꿔라.

(풀이) $\phi_1(x) = 1$, $\phi_m(x) = \cos mx$로 놓으면

$$\|\phi_1(x)\| = \sqrt{\int_{-\pi}^{\pi} 1^2 dx} = \sqrt{2\pi}$$

$$\|\phi_m(x)\| = \sqrt{\int_{-\pi}^{\pi} \cos^2 mx\, dx} = \sqrt{\frac{1}{2}\int_{-\pi}^{\pi}(1 + \cos 2mx)dx} = \sqrt{\pi}$$

이므로 정규직교집합은

$$\left\{ \frac{1}{\sqrt{2\pi}}, \frac{\cos x}{\sqrt{\pi}}, \frac{\cos 2x}{\sqrt{\pi}}, \cdots \right\}$$

이다.

일반화된 푸리에 급수

구간 $[a, b]$에서 $\{\phi_m(x)\}$가 직교집합이면 동일한 구간에서 정의되는 함수 $f(x)$를

$$f(x) = \sum_{m=1}^{\infty} c_m \phi_m(x) = c_1\phi_1 + c_2\phi_2 + \cdots \qquad (10.1.5)$$

와 같이 $\phi_m(x)$, $m = 1, 2, \cdots$의 선형결합으로 나타낼 수 있다. 이러한 급수를 **일반화된 푸리에 급수**라 한다. 급수의 계수 c_m을 구하기 위해 식 (10.1.5)의 양변에 $\phi_n(x)$를 곱하고 구간 $[a, b]$에 대해

$$\int_a^b f(x)\phi_n(x)dx = \sum_{m=1}^{\infty} c_m \int_a^b \phi_m(x)\phi_n(x)dx$$

와 같이 적분한다. 이때 우변의 적분은 직교성에 의해 $m = n$인 경우를 제외한 나머지 항이 모두 0이 되므로

$$\int_a^b f(x)\phi_m(x)dx = c_m \int_a^b \phi_m^2(x)dx$$

이다. 따라서 계수는

$$c_m = \frac{\int_a^b f(x)\phi_m(x)dx}{\|\phi_m(x)\|^2} \tag{10.1.6}$$

이다. 만약 $\{\phi_n(x)\}$가 정규직교집합이면 $\|\phi_m(x)\| = 1$이므로 식 (10.1.6)은

$$c_m = \int_a^b f(x)\phi_m(x)dx \tag{10.1.7}$$

로 단순해진다.

함수 $f(x)$를 식 (10.1.5)와 같이 직교함수의 무한급수로 나타내기 위해서는 함수 $f(x)$가 직교집합 $\{\phi_m(x)\}$의 모든 $\phi_m(x)$, $m = 1, 2, \cdots$와 동시에 직교해서는 안된다. 만약 $f(x)$가 모든 $\phi_m(x)$와 직교하면 식 (10.1.7)의 c_m이 모두 0이 된다. 따라서 식 (10.1.5)가 성립하기 위해서는 $\{\phi_m(x)\}$와 직교하는 함수가 0 뿐이어야 하는데 이러한 직교집합을 **완전직교집합**(complete orthogonal set)이라 한다. 이를 벡터로 비유할 수 있다. 임의의 3차원 공간벡터 $\mathbf{a}$는 서로 직교하는 단위벡터 $\mathbf{i}$, $\mathbf{j}$, $\mathbf{k}$의 1차결합

$$\mathbf{a} = a_1\mathbf{i} + a_2\mathbf{j} + a_3\mathbf{k} \tag{10.1.8}$$

로 표현되며, 양변에 각각 $\mathbf{i}$, $\mathbf{j}$, $\mathbf{k}$를 내적하면 단위벡터의 직교성에 의해

$$a_1 = \mathbf{a} \cdot \mathbf{i}, \ a_2 = \mathbf{a} \cdot \mathbf{j}, \ a_3 = \mathbf{a} \cdot \mathbf{k} \tag{10.1.9}$$

와 같이 계수, 즉 벡터 $\mathbf{a}$의 성분을 구할 수 있다. 따라서 $\mathbf{i}$, $\mathbf{j}$, $\mathbf{k}$는 임의의 3차원 벡터에 대해 완전직교집합을 이룬다. 식 (10.1.8)이 성립하기 위해서는 $\mathbf{0}$이 아닌 벡터 $\mathbf{a}$가 $\mathbf{i}$, $\mathbf{j}$, $\mathbf{k}$와 동시에 직교해서는 안된다. 만약 동시에 직교한다면 $\mathbf{a}$는 4차원 이상의 벡터이므로 3차원 단위벡터의 선형결합으로 표현할 수 없다. 식 (10.1.5)와 (10.1.7)은 각각 식 (10.1.8)과 (10.1.9)와 유사하다.

복소함수의 직교성

함수를 복소함수로 확장했을 때의 직교성과 함수의 크기는 다음과 같다.

정수 m에 대해 복소함수 $\phi_m(x)$의 켤레 복소함수가 $\phi_m^*(x)$이고 $m \neq n$일 때

$$\int_a^b \phi_m(x)\phi_n^*(x)dx = 0 \qquad (10.1.10)$$

이 성립하면 $\phi_m(x)$와 $\phi_n(x)$는 구간 $[a, b]$에서 직교성을 갖는다. 이때 함수의 크기는

$$\|\phi_m(x)\| = \sqrt{\int_a^b \phi_m(x)\phi_m^*(x)dx} \qquad (10.1.11)$$

이다.

☞ 위의 직교성과 함수의 크기의 정의는 0.5절의 식 (0.5.3)으로 주어지는 복소수의 성질과 관련된다.

위의 정의를 사용하면 다음 예제에서 보듯이 10.4절에서 공부할 복소 푸리에 급수에 사용되는 함수의 직교성을 보일 수 있다.

예제 4

정수 m에 대해 복소함수 $e^{m\pi ix/L}$가 $[-L, L]$에서 직교함수임을 보이고 함수의 크기를 구하라.

(풀이) $\phi_m = e^{m\pi ix/L}$, $\phi_n^* = e^{-n\pi ix/L}$ 이므로 식 (10.1.10)에서 $m \neq n$일 때

$$\int_{-L}^L e^{m\pi ix/L} e^{-n\pi ix/L} dx = \int_{-L}^L e^{(m-n)\pi ix/L} dx = \frac{L}{(m-n)\pi i}[e^{(m-n)\pi ix/L}]_{-L}^L$$

$$= \frac{L}{(m-n)\pi i}[e^{(m-n)\pi i} - e^{-(m-n)\pi i}] \ : \ \text{오일러 공식 사용}$$

$$= \frac{L}{(m-n)\pi i}[\cos(m-n)\pi + i\sin(m-n)\pi - \cos(m-n)\pi + i\sin(m-n)\pi]$$

$$= \frac{L}{(m-n)\pi i}[2i\sin(m-n)\pi] = 0 \ : \ \sin(m-n)\pi = 0$$

이므로 $e^{im\pi x/L}$는 $[L, -L]$에서 직교함수이다. 한편 함수의 크기는 식 (10.1.11)에 의해

$$\|e^{m\pi ix/L}\| = \sqrt{\int_{-L}^L e^{mxix/L} e^{-m\pi ix/L} dx} = \sqrt{\int_{-L}^L 1 dx} = \sqrt{2L}$$

이다.

☞ 만약 함수의 크기를 실함수에서와 같이 식 (10.1.4)로 정의하면 $\|e^{m\pi ix/L}\| = 0$이 됨을 확인하라.

10.1 연습문제

1. 함수가 주어진 구간에서 직교함을 보여라.

(1) $\phi_1(x) = e^x$, $\phi_2(x) = xe^{-x} - e^{-x}$; $[0, 2]$ (2) $\phi_1(x) = \cos x$, $\phi_2(x) = \sin^2 x$; $[0, \pi]$

2. 함수의 집합이 주어진 구간에서 직교집합임을 보이고 함수의 크기를 구하라.

(1) $\{\sin x, \sin 3x, \sin 5x, \cdots\}$, $[0, \pi/2]$

(2) $\left\{1, \cos\dfrac{m\pi x}{L}, \sin\dfrac{m\pi x}{L}\right\}$, $m = 1, 2, 3, \cdots, [-L, L]$

   ☞ 문제(2)는 10.2절 푸리에 급수에서 사용되어질 직교집합이다. 직교집합임을 보이기 위해서는 적분을 5회 시행해야 하는데 독자는 이를 반드시 수행하기 바란다.

(답) (1) $\|\sin(2m + 1)x\| = \dfrac{\sqrt{\pi}}{2}$

(2) $\|1\| = \sqrt{2L}$, $\left\|\cos\dfrac{m\pi x}{L}\right\| = \sqrt{L}$, $\left\|\sin\dfrac{m\pi x}{L}\right\| = \sqrt{L}$

3. $L_1(x) = 1$, $L_2(x) = 1 - x$가 구간 $[0, \infty]$에서 가중함수 e^{-x}에 대해 직교함을 보여라.

4. $\{\phi_n(x)\}$는 구간 $[a, b]$에서 직교집합이고, $\phi_1(x) = 1$, $\phi_2(x) = x$이다. $n = 3, 4, \cdots$에 대해 $\displaystyle\int_a^b (\alpha x + \beta)\phi_n(x)dx = 0$이 성립함을 보여라. α, β는 상수이다.

5. 함수 $y_0(x)$, $y_1(x), \cdots$가 구간 $a \le x \le b$에서 직교성을 가지면 함수 $y_0(ct + k)$, $y_1(ct + k), \cdots$가 구간 $\dfrac{a - k}{c} \le t \le \dfrac{b - k}{c}$ $(c > 0)$에서 직교성을 가짐을 보여라.

6. 정수 m에 대해 구간 $[0, T]$에서 정의되는 주기가 T인 함수 $\phi_m(t) = e^{2\pi imt/T}$의 직교성을 보여라. 여기서 $\phi_m(t)$는 예제 4의 $T = 2L$인 함수를 t축으로 L만큼 평행 이동한 함수이다.

7. 본문에서 직교집합 $\{\phi_m(x)\}$의 모든 $\phi_m(x)$와 직교하는 함수가 0 뿐일 때 $\{\phi_m(x)\}$는 완전직교집합이라 했다. 구간 $[-\pi, \pi]$에서 직교집합인 $\{\sin mx\}$, $m = 1, 2, 3, \cdots$가 완전직교집합이 아님을 보이는 함수를 하나만 찾아라.

| 쉬어가기 10.1 | 함수의 선형독립성과 직교성 비교 |

우리는 2.1절과 6.5절에서 함수 또는 벡터의 **선형독립성**(linear independency)을 공부했고, 이 절에서는 함수의 **직교성**(orthogonality)을 공부했다. 이 둘의 차이에 대해 생각해 보자. 2.1절에서

$$c_1 f_1(x) + c_2 f_2(x) + \cdots + c_n f_n(x) = 0 \tag{a}$$

이 $c_1 = c_2 = \cdots = c_m = 0$일 때 성립하면 함수 $f_1(x)$, $f_2(x)$, $\cdots$, $f_n(x)$는 선형독립이라고 하였고, 이 절에서는 $\int_a^b \phi_m(x)\phi_n(x)dx = 0$, $m \neq n$이면 $\phi_m(x)$, $m = 1, 2, \cdots, n$이 구간 $[a, b]$에서 직교한다고 하였다. 직교함수는 선형독립일까? 간단한 설명을 위해 함수의 수를 둘로 제한하겠다. 구간 $[a, b]$에서 직교하는 함수 $\phi_1(x)$, $\phi_2(x)$의 선형결합은

$$c_1 \phi_1(x) + c_2 \phi_2(x) = 0 \tag{b}$$

이다. (b)의 양변에 $\phi_1(x)$를 곱하고 구간 $[a, b]$에 대해 적분하면

$$c_1 \int \phi_1^2(x)dx + c_2 \int \phi_1(x)\phi_2(x)dx = 0 \tag{c}$$

이고, 함수의 직교성에 의해 좌변의 둘째 항이 0이므로 $c_1 = 0$이어야 한다. 이번에는 (b)의 양변에 $\phi_2(x)$를 곱하고 구간 $[a, b]$에 대해 적분하여 $c_2 = 0$을 얻는다. 따라서 함수 $\phi_1(x)$, $\phi_2(x)$는 선형독립이다. 만약 직교함수의 집합에 0이 포함된 경우, 즉 $\phi_1 = 0$이면 (c)에서 c_1, c_2가 0이 아닌 임의의 값을 가질 수 있으므로 선형독립이 아닐 수 있다. 따라서 엄밀하게는 0을 포함하지 않는 직교함수, 즉 크기가 모두 1인 '**정규직교함수**는 선형독립이다'라고 말해야 한다. 당연한 말이지만 선형독립인 함수라고 직교성을 갖지는 않는다.

이 절에서 공부한 **일반화된 푸리에 급수**에서 함수 $f(x)$를 **정규직교함수** $\phi_1(x)$, $\phi_2(x)$의 선형결합, 즉

$$f(x) = c_1 \phi_1(x) + c_2 \phi_2(x)$$

로 나타내었고, 함수의 직교성을 이용하여 계수

$$c_1 = \int_a^b f(x)\phi_1(x)dx, \quad c_2 = \int_a^b f(x)\phi_2(x)dx$$

를 계산하였다. 이와 유사하게 2장에서 제차 미분방정식을 만족하는 해가 $y_1(x)$, $y_2(x)$이고, 이들이 선형독립일 때 일반해를

$$y = c_1 y_1(x) + c_2 y_2(x) \tag{d}$$

로 정의하였다. 하지만 여기서 $y_1(x)$, $y_2(x)$는 직교함수가 아니므로 계수 c_1, c_2를 직접 계산할 수는 없다. 따라서 계수를 구하기 위해서는 미분방정식과 함께 주어지는 초기조건 또는 경계조건을 이용했던 것이다. 함수의 선형독립성과 직교성을 비교하는 예로 테일러 급수와 푸리에–르장드르 급수가 있다. 두 급수 모두 어떤 함수를 나타내는 기저(basis)로 상수, 1차 함수, 2차 함수, $\cdots$를 사용하지만 4.1절에서 공부한 중심이 0인 테일러 급수는 1, x, x^2, $\cdots$를 사용하고, 4.4절과 12.3절에 나오는 **푸리에–르장드르 급수**는 르장드르 함수(또는 르장드르 다항식) $P_0(x) = 1$, $P_1(x) = x$, $P_2(x) = \frac{1}{2}(3x^2 - 1)$, $\cdots$를 사용한다. 테일러 급수에 사용되

는 함수는 직교성을 갖지 않지만 르장드르 함수는 직교성

$$\int_{-1}^{1} P_m(x)P_n(x)dx = \begin{cases} 0, & m \neq n \\ \dfrac{2}{2m+1}, & m = n \end{cases}$$

을 갖는다[4.4절 르장드르 다항식의 성질 (6) 참고].

10.2   푸리에 급수

10.1절에서 함수를 직교함수의 선형결합으로 나타내는 일반화된 푸리에 급수에 대해 공부했다. 어떤 함수를 직교집합을 이루는 삼각함수의 무한급수로 표현하는 푸리에 급수에 대해 알아보자.

푸리에 급수

구간 $[-L, L]$ 또는 $(-L, L)$에서 정의된 함수 $f(x)$를 **푸리에 급수**

$$f(x) = a_0 + \sum_{m=1}^{\infty}\left(a_m \cos\frac{m\pi x}{L} + b_m \sin\frac{m\pi x}{L}\right) \qquad (10.2.1)$$

로 나타냈을 때, 푸리에 계수는

$$a_0 = \frac{1}{2L}\int_{-L}^{L} f(x)dx, \qquad (10.2.2)$$

$$a_m = \frac{1}{L}\int_{-L}^{L} f(x)\cos\frac{m\pi x}{L}dx, \qquad (10.2.3)$$

$$b_m = \frac{1}{L}\int_{-L}^{L} f(x)\sin\frac{m\pi x}{L}dx \qquad (10.2.4)$$

이다.

(증명) 구간 $[-L, L]$에서 $\left\{1, \cos\dfrac{m\pi x}{L}, \sin\dfrac{m\pi x}{L}\right\}$, $m = 1, 2, \cdots$가 직교임을 이용한다[10.1절 연습문제 2의 (2) 참고]. 식 (10.2.1)의 양변에 1을 곱하여 $[-L, L]$에 대해 적분하면

$$\int_{-L}^{L} 1 \cdot f(x)dx = a_0 \int_{-L}^{L} dx + \sum_{m=1}^{\infty}\left(a_m \int_{-L}^{L} 1 \cdot \cos\frac{m\pi x}{L}dx + b_m \int_{-L}^{L} 1 \cdot \sin\frac{m\pi x}{L}dx\right)$$

이고, 1은 $\cos\dfrac{m\pi x}{L}$, $\sin\dfrac{m\pi x}{L}$ $(m \geq 1)$와 각각 직교하므로 마지막 식의 우변 둘째 항이 0이 되어

$$\int_{-L}^{L} f(x)dx = a_0 \int_{-L}^{L} dx = 2a_0 L$$

에서 식 (10.2.2)를 얻는다. 이번에는 식 (10.2.1)의 양변에 $\cos\dfrac{n\pi x}{L}$ $(n \geq 1)$을 곱하여 $[-L, L]$에 대해 적분하면

$$\int_{-L}^{L} f(x)\cos\frac{n\pi x}{L}dx = a_0 \int_{-L}^{L} 1 \cdot \cos\frac{n\pi x}{L}dx$$
$$+ \sum_{m=1}^{\infty} \left(a_m \int_{-L}^{L} \cos\frac{m\pi x}{L}\cos\frac{n\pi x}{L}dx + b_m \int_{-L}^{L} \sin\frac{m\pi x}{L}\cos\frac{n\pi x}{L}dx \right)$$

이 되는데, $\cos\dfrac{n\pi x}{L}$ 가 1, $\cos\dfrac{m\pi x}{L}$, $\sin\dfrac{m\pi x}{L}$ $(m \neq n)$와 직교하므로

$$\int_{-L}^{L} f(x)\cos\frac{m\pi x}{L}dx = a_m \int_{-L}^{L} \cos^2\frac{m\pi x}{L}dx = a_m L$$

에서 식 (10.2.3)을 얻는다. 마찬가지로 식 (10.2.1)의 양변에 $\sin\dfrac{n\pi x}{L}$ $(n \geq 1)$을 곱하여 $[-L, L]$에 대해 적분하면

$$\int_{-L}^{L} f(x)\sin\frac{n\pi x}{L}dx = a_0 \int_{-L}^{L} 1 \cdot \sin\frac{n\pi x}{L}dx$$
$$+ \sum_{m=1}^{\infty} \left(a_m \int_{-L}^{L} \cos\frac{m\pi x}{L}\sin\frac{n\pi x}{L}dx + b_m \int_{-L}^{L} \sin\frac{m\pi x}{L}\sin\frac{n\pi x}{L}dx \right)$$

이고, $\sin\dfrac{n\pi x}{L}$ 가 1, $\cos\dfrac{m\pi x}{L}$, $\sin\dfrac{m\pi x}{L}$ $(m \neq n)$와 직교하므로

$$\int_{-L}^{L} f(x)\sin\frac{m\pi x}{L}dx = b_m \int_{-L}^{L} \sin^2\frac{m\pi x}{L}dx = b_m L$$

에서 식 (10.2.4)를 얻는다.   ∎

예제 1

함수 $f(x)$의 푸리에 급수를 구하라.

$$f(x) = \begin{cases} -1, & -\pi < x < 0 \\ 1, & 0 < x < \pi \end{cases}$$

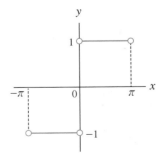

그림 10.2.1 함수 $f(x)$

(풀이) 먼저 식 (10.2.2), (10.2.3)과 식 (10.2.4)를 이용하여 푸리에 계수를 구하자. $f(x)$가 $[-\pi, \pi]$에서 정의되므로 $L = \pi$이다.

$$a_0 = \frac{1}{2\pi}\int_{-\pi}^{\pi} f(x)dx = \frac{1}{2\pi}\left[\int_{-\pi}^{0}(-1)dx + \int_{0}^{\pi}(1)dx\right] = \frac{1}{2\pi}(-\pi + \pi) = 0$$

$$a_m = \frac{1}{\pi}\int_{-\pi}^{\pi} f(x)\cos mx\, dx = \frac{1}{\pi}\left[\int_{-\pi}^{0}(-1)\cos mx\, dx + \int_{0}^{\pi}(1)\cos mx\, dx\right]$$

$$= \frac{1}{\pi}\left[-\frac{1}{m}\sin mx\Big|_{-\pi}^{0} + \frac{1}{m}\sin mx\Big|_{0}^{\pi}\right] = 0 : \sin m\pi = \sin(-m\pi) = 0$$

$$b_m = \frac{1}{\pi}\int_{-\pi}^{\pi} f(x)\sin mx\, dx = \frac{1}{\pi}\left[\int_{-\pi}^{0}(-1)\sin mx\, dx + \int_{0}^{\pi}(1)\sin mx\, dx\right]$$

$$= \frac{1}{\pi}\left[\frac{1}{m}\cos mx\Big|_{-\pi}^{0} - \frac{1}{m}\cos mx\Big|_{0}^{\pi}\right] = \frac{2}{m\pi}(1 - \cos m\pi)$$

$$= \frac{2}{m\pi}[1 - (-1)^m] : \cos m\pi = (-1)^m$$

따라서 $f(x)$의 푸리에 급수는 식 (10.2.1)에 의해

$$f(x) = \frac{2}{\pi}\sum_{m=1}^{\infty}\frac{1-(-1)^m}{m}\sin mx$$

이다.

☞ 예제 1에서 $\cos m\pi = \cos(-m\pi) = (-1)^m$을 이용하였다. 자주 나오는 식이므로 기억하자.

푸리에 급수는 무한급수이지만 실제로 무한개의 항을 더할 수 없으므로 N항까지의 합인 유한급수 S_N으로 근사하는데 이를 **부분합**(partial sum)이라 한다. 예제 1에서 구한 푸리에 급수에 대해 부분합을 몇 개 구해보자.

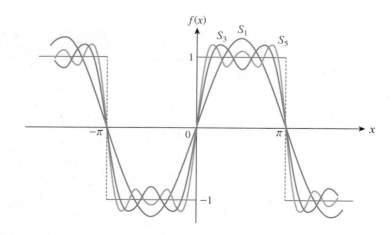

그림 10.2.2 예제 1의 함수 $f(x)$의 부분합

$$f(x) \simeq S_N = \frac{2}{\pi} \sum_{m=1}^{N} \frac{1 - (-1)^m}{m} \sin mx$$

에서

$$S_1 = \frac{4}{\pi} \sin x, \quad S_3 = \frac{4}{\pi}\left(\sin x + \frac{1}{3}\sin 3x\right), \quad S_5 = \frac{4}{\pi}\left(\sin x + \frac{1}{3}\sin 3x + \frac{1}{5}\sin 5x\right)$$

이고, 이들의 그래프가 그림 10.2.2이다. N이 커질수록 원래 함수 $f(x)$에 가까워짐을 알 수 있다.

함수 $f(x)$를 푸리에 급수로 나타냈을 때의 특징은 다음과 같다.

(1) 연속성과 수렴성

함수 $f(x)$와 도함수 $f'(x)$가 **구간별 연속**(piecewise continuous)이면 $f(x)$의 푸리에 급수는 연속이다. 또한 $f(x)$의 푸리에 급수는 $f(x)$가 연속인 점에서는 $f(x)$로 수렴하고, $f(x)$가 불연속인 점에서는 $[f(x^+) + f(x^-)]/2$로 수렴한다. 여기서 $f(x^+)$는 불연속인 점에서 $f(x)$의 우극한, $f(x^-)$는 $f(x)$의 좌극한을 의미한다. 즉, $h>0$일 때 $f(x^+) = \lim_{h \to 0}f(x + h)$, $f(x^-) = \lim_{h \to 0}f(x - h)$이다. 그림 10.2.2에서 볼 수 있듯이 불연속점 $x = 0$에서 $f(x)$의 푸리에 급수는 $[f(0^+) + f(0^-)]/2 = [1 + (-1)]/2 = 0$으로 수렴한다.

(2) 주기적 확장(periodic extension)

푸리에 급수는 구간 $[-L, L]$에서 원래의 함수 $f(x)$를 나타낼 뿐 아니라, 구간 바깥에서도 동일한 함수를 주기(period) $T = 2L$로 반복해서 나타낸다. 따라서 예제 1의 $f(x)$가 $[-\pi, \pi]$에서만 정의된 함수이든, 나머지 구간에서도 같은 형태가 반복되는 주기가 2π인 주기함수이든 이들의 푸리에 급수는 같다.

(3) 깁스 현상

그림 10.2.3은 예제 1의 푸리에 급수를 부분합 S_{40}까지 그린 것이다. 푸리에 급수는 원래의 함수 $f(x)$가 불연속인 점에서 진동의 폭이 커지는데 급수의 항수를 늘리더라도 진동이 불연속점 가까이로 이동하여 폭이 좁은 첨두(spike) 형태로 나타날 뿐 사라지지는 않는다. 이를 **깁스 현상**(Gibbs' phenomena, Josiah Gibbs, 1839-1903, 미국)이라 부른다.

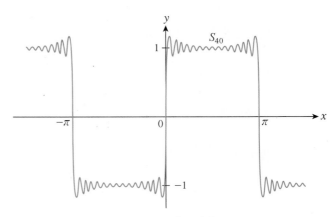

그림 10.2.3 깁스 현상

푸리에 급수를 이용하면 분수로 표시되지 않는 π와 같은 무리수에 대한 무한급수식을 유도할 수 있다. 예를 들어 예제 1의 함수에서 $f\left(\dfrac{\pi}{2}\right) = 1$이고 식 (10.2.5)에 $x = \dfrac{\pi}{2}$를 대입하면 $f(\pi/2) = \dfrac{4}{\pi}\left(1 - \dfrac{1}{3} + \dfrac{1}{5} - \cdots\right)$이므로 $\pi = 4\left(1 - \dfrac{1}{3} + \dfrac{1}{5} - \cdots\right)$이 된다. 이를 **라이프니츠 공식**이라 한다.

이변수 함수 $f(x, y)$에 대해서도 푸리에 급수를 정의하는데 이를 **이중 푸리에 급수**(double Fourier series)라고 한다(11.7절 참고).

10.2 연습문제

1. 함수 $f(x)$를 푸리에 급수로 나타내고 처음 6개의 부분합 $S_0, S_1, \cdots, S_5$의 그래프를 그려라.

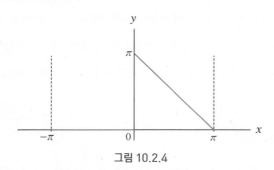

그림 10.2.4

(답) $f(x) = \dfrac{\pi}{4} + \displaystyle\sum_{m=1}^{\infty}\left[\dfrac{1 - (-1)^m}{m^2 \pi}\cos mx + \dfrac{1}{m}\sin mx\right]$

2. (1) 다음 함수의 푸리에 급수를 구하라.

$$f(x) = \begin{cases} 0, & -\pi < x < 0 \\ x^2, & 0 < x < \pi \end{cases}$$

(2) (1)의 결과를 이용하여 $\dfrac{\pi^2}{6} = 1 + \dfrac{1}{2^2} + \dfrac{1}{3^2} + \dfrac{1}{4^2} + \cdots$과 $\dfrac{\pi^2}{12} = 1 - \dfrac{1}{2^2} + \dfrac{1}{3^2} - \dfrac{1}{4^2} + \cdots$이 성립함을 보여라.

(답) (1) $f(x) = \dfrac{\pi^2}{6} + \displaystyle\sum_{m=1}^{\infty}\left[\dfrac{2(-1)^m}{m^2}\cos mx + \left\{\dfrac{\pi}{m}(-1)^{m+1} + \dfrac{2}{m^3 \pi}[(-1)^m - 1]\right\}\sin mx\right]$

3. 푸리에 급수를 구하기 위해 부분적분을 하는 경우도 있다. $f(x) = e^x$, $-\pi < x < \pi$ 의 푸리에 급수를 구하라.

(답) $f(x) = \dfrac{2\sinh\pi}{\pi}\left\{\dfrac{1}{2} + \displaystyle\sum_{m=1}^{\infty}\dfrac{(-1)^m}{1 + m^2}[\cos mx - m\sin mx]\right\}$

10.3 푸리에 코사인급수와 푸리에 사인급수

10.2절에서 공부한 푸리에 급수는 $f(x)$가 우함수 또는 기함수인 경우에 더욱 간단해진다. 먼저 우함수와 기함수에 대해 알아보자.

우함수와 기함수

함수 $y = f(x)$가 **우함수**(even function)이면 $f(-x) = f(x)$가 성립하고, 그래프는 y축에 대칭이다. c(상수), x^2, $\cos x$, $\cosh x$ 등이 이에 해당한다. **기함수**(odd function)는 $f(-x) = -f(x)$가 성립하고 그래프는 원점에 대칭이다. x, x^3, $\sin x$, $\sinh x$ 등이 이에 해당한다. 대부분의 함수는 우함수도 기함수도 아닌 함수로 지수함수 e^x가 그 예이다. 다음은 우리가 잘 아는 성질이다.

우함수와 기함수의 성질

(1) 두 우함수의 곱은 우함수이다.

(2) 두 기함수의 곱은 우함수이다.

(3) 우함수와 기함수의 곱은 기함수이다.

(4) 두 우함수의 합 또는 차는 우함수이다.

(5) 두 기함수의 합 또는 차는 기함수이다.

(6) 함수 f 가 우함수이면 $\displaystyle\int_{-a}^{a} f(x)dx = 2\int_{0}^{a} f(x)dx$ 이다.

(7) 함수 f 가 기함수이면 $\displaystyle\int_{-a}^{a} f(x)dx = 0$ 이다.

위의 성질은 쉽게 증명할 수 있다. 예를 들어 성질 (2)를 증명해 보자.

성질 (2)의 증명

f와 g가 기함수이면 $f(-x) = -f(x)$와 $g(-x) = -g(x)$이다. $F(x) = f(x)g(x)$로 놓으면

$$F(-x) = f(-x)g(-x) = [-f(x)][-g(x)] = f(x)g(x) = F(x)$$

이므로 두 함수의 곱 $f(x)g(x)$는 우함수이다.

■

다른 성질도 유사하게 증명할 수 있다. 다음에는 우함수와 기함수의 성질을 이용하여 푸리에 코사인급수와 푸리에 사인급수를 유도하자.

함수 f가 구간 $[-L,\ L]$에서 우함수이면, 푸리에 급수의 계수공식 식 (10.2.2), 식 (10.2.3)과 식 (10.2.4)에서

$$a_0 = \frac{1}{2L}\int_{-L}^{L} f(x)dx = \frac{1}{L}\int_{0}^{L} f(x)dx$$

이고 $\cos\dfrac{m\pi x}{L}$ 는 우함수, $\sin\dfrac{m\pi x}{L}$ 는 기함수이므로 우함수와 기함수의 성질 (1)과 (2)에 의해

$$a_m = \frac{1}{L}\int_{-L}^{L} f(x)\cos\frac{m\pi x}{L}dx = \frac{2}{L}\int_{0}^{L} f(x)\cos\frac{m\pi x}{L}dx,$$

$$b_m = \frac{1}{L}\int_{-L}^{L} f(x)\sin\frac{m\pi x}{L}dx = 0$$

이다. 따라서 $f(x)$의 푸리에 급수는 식 (10.2.1)에 의해

$$f(x) = a_0 + \sum_{m=1}^{\infty} a_m \cos\frac{m\pi x}{L}$$

로 단순해 진다. 이를 정리하면 다음과 같다.

푸리에 코사인급수

구간 $[-L,\ L]$에서 정의되는 우함수 $f(x)$의 **푸리에 코사인급수**는

$$f(x) = a_0 + \sum_{m=1}^{\infty} a_m \cos\frac{m\pi x}{L} \tag{10.3.1}$$

이고, 급수의 계수는

$$a_0 = \frac{1}{L}\int_{0}^{L} f(x)dx \tag{10.3.2}$$

$$a_m = \frac{2}{L}\int_{0}^{L} f(x)\cos\frac{m\pi x}{L}dx \tag{10.3.3}$$

이다.

유사한 방법으로 함수 f가 구간 $[-L,\ L]$에서 기함수이면, 푸리에 급수의 계수공식 식 (10.2.2), (10.2.3)과 식 (10.2.4)에서

$$a_0 = \frac{1}{2L}\int_{-L}^{L} f(x)dx = 0,$$

$$a_m = \frac{1}{L}\int_{-L}^{L} f(x)\cos\frac{m\pi x}{L}dx = 0,$$

$$b_m = \frac{1}{L}\int_{-L}^{L} f(x)\sin\frac{m\pi x}{L}dx = \frac{2}{L}\int_{0}^{L} f(x)\sin\frac{m\pi x}{L}dx$$

이다. 따라서 $f(x)$의 푸리에 급수는 식 (10.2.1)에서

$$f(x) = \sum_{m=1}^{\infty} b_m \sin\frac{m\pi x}{L}$$

이다.

푸리에 사인급수

구간 $[-L, L]$에서 정의되는 기함수 $f(x)$의 푸리에 사인급수는

$$f(x) = \sum_{m=1}^{\infty} b_m \sin\frac{m\pi x}{L} \tag{10.3.4}$$

이고, 급수의 계수는

$$b_m = \frac{2}{L}\int_0^L f(x)\sin\frac{m\pi x}{L}dx \tag{10.3.5}$$

이다.

예제 1 　푸리에 코사인급수

$f(x) = 1,\ -\pi < x < \pi$를 적절한 푸리에 급수로 전개하라.

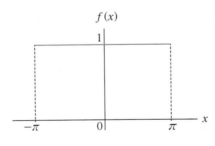

그림 10.3.1　함수 $f(x)$

(풀이) $f(x)$가 우함수이므로 $L = \pi$인 푸리에 코사인급수로 전개한다. 식 (10.3.2)와 (10.3.3)에서

$$a_0 = \frac{1}{\pi}\int_0^{\pi}(1)dx = \frac{1}{\pi}(\pi) = 1$$

$$a_m = \frac{2}{\pi}\int_0^{\pi}(1)\cos\frac{m\pi x}{\pi}dx = \frac{2}{\pi}\int_0^{\pi}\cos mx\,dx = \frac{2}{m\pi}[\sin mx]_0^{\pi} = 0$$

이므로, 식 (10.3.1)에서

$$f(x) = 1$$

이다.

결과적으로 예제 1은 함수 $f(x) = 1$ $(-\pi < x < \pi)$을 주기가 2π인 연속함수로 확장한 결과가 $f(x) = 1$ $(-\infty < x < \infty)$이라는 당연한 결과를 보인다. 참고로 상수함수의 주기는 모든 양의 실수이다.

예제 2   푸리에 사인급수

10.2절 예제 1의 함수 $f(x)$의 적절한 푸리에 급수를 구하라.

(풀이) $f(x)$가 기함수이므로 $L = \pi$인 푸리에 사인급수를 이용하면, 식 (10.3.5)에서

$$b_m = \frac{2}{\pi} \int_0^\pi (1) \sin \frac{m\pi x}{\pi} dx = \frac{2}{\pi} \int_0^\pi \sin mx \, dx = -\frac{2}{m\pi} [\cos mx]_0^\pi = \frac{2[1 - (-1)^m]}{m\pi}$$

이다. 따라서 $f(x)$의 푸리에 사인급수는 식 (10.3.4)에 의해

$$f(x) = \frac{2}{\pi} \sum_{m=1}^\infty \frac{[1 - (-1)^m]}{m} \sin mx$$

이 되어 10.2절 예제 1의 결과와 같다.

예제 2를 통하여 $f(x)$가 기함수이면 $f(x)$의 푸리에 급수를 구하더라도 계수 $a_0 = a_n = 0$이 되어 결과적으로 푸리에 사인급수를 구한 것과 같아짐을 알 수 있다.

반구간 전개

이제까지는 $[-L, L]$에서 정의되는 함수를 생각했고, 주어진 함수가 우함수이면 푸리에 코사인급수를, 기함수이면 푸리에 사인급수를, 우함수도 아니고 기함수도 아니면 푸리에 급수로 전개할 수 있음을 배웠다. 하지만 함수가 구간 $[0, L]$에서만 정의되는 함수이면 어떻게 될까? 다음 예제를 보자.

예제 3   반구간 전개

$f(x) = x^2$, $0 \leq x \leq 1$에 대하여 (1) 푸리에 급수 (2) 푸리에 코사인급수 (3) 푸리에 사인급수를 구하라.

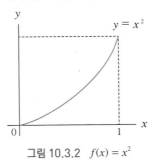

그림 10.3.2 $f(x) = x^2$

(풀이) (1) 푸리에 급수 : 푸리에 급수에서 주기 T만 같으면 급수의 중심을 이용해도 결과가 같으므로 구간 $0 < x < 1$을 한 주기로 보면 $T = 2L = 1$에서 $L = 1/2$이다. 따라서

$$a_0 = \frac{1}{2L} \int_0^{2L} f(x) dx = \frac{1}{2 \cdot 1/2} \int_0^1 x^2 dx = \frac{1}{3}$$

$$a_m = \frac{1}{L} \int_0^{2L} f(x) \cos \frac{m\pi x}{L} dx = \frac{1}{1/2} \int_0^1 x^2 \cos \frac{m\pi x}{1/2} dx = \frac{1}{m^2 \pi^2}$$

$$b_m = \frac{1}{L} \int_0^{2L} f(x) \sin \frac{m\pi x}{L} dx = \frac{1}{1/2} \int_0^1 x^2 \sin \frac{m\pi x}{1/2} dx = -\frac{1}{m\pi}$$

이므로

$$f(x) = \frac{1}{3} + \frac{1}{\pi} \sum_{m=1}^{\infty} \left[\frac{1}{m^2 \pi} \cos 2m\pi x - \frac{1}{m} \sin 2m\pi x \right]$$

이다. 이의 그래프는 그림 10.3.3과 같이 $f(x)$를 주기가 1인 함수로 보아 이를 주기적으로 확장한 형태이다.

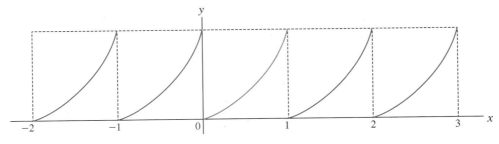

그림 10.3.3 $f(x) = x^2$의 푸리에 급수(주기적 확장)

(2) 푸리에 코사인급수 : 함수 $f(x)$가 구간 $0 < x < 1$에서 주어지지만 $f(x)$를 주기가 2이고 구간 $-1 < x < 0$에서 y축에 대칭인 우함수로 가정하면 주기 $T = 2L = 2$에서 $L = 1$이다. 따라서

$$a_0 = \frac{1}{L}\int_0^L f(x)\,dx = \frac{1}{1}\int_0^1 x^2\,dx = \frac{1}{3}$$

$$a_m = \frac{2}{L}\int_0^L f(x)\cos\frac{m\pi x}{L}\,dx = \frac{2}{1}\int_0^1 x^2\cos\frac{m\pi x}{1}\,dx = \frac{4(-1)^m}{m^2\pi^2}$$

이므로

$$f(x) = \frac{1}{3} + \frac{4}{\pi^2}\sum_{m=1}^{\infty}\frac{(-1)^m}{m^2}\cos m\pi x$$

이다. 이의 그래프는 그림 10.3.4와 같이 $f(x)$를 주기가 2인 우함수로 확장한 형태이다.

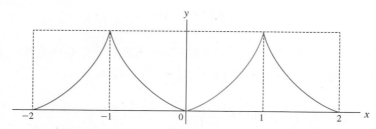

그림 10.3.4 $f(x) = x^2$의 푸리에 코사인급수(우함수 확장)

(3) 푸리에 사인급수 : 함수 $f(x)$가 구간 $0 < x < 1$에서만 주어지지만 $f(x)$를 주기가 2이고 구간 $-1 < x < 0$에서 원점에 대칭인 기함수로 가정하면 주기 $T = 2L = 2$에서 $L = 1$이다. 따라서

$$b_m = \frac{2}{L}\int_0^L f(x)\sin\frac{m\pi x}{L}\,dx = \frac{2}{1}\int_0^1 x^2\sin\frac{m\pi x}{1}\,dx = \frac{2(-1)^{m+1}}{m\pi} + \frac{4}{m^3\pi^3}[(-1)^m - 1]$$

이므로

$$f(x) = \frac{2}{\pi}\sum_{m=1}^{\infty}\left\{\frac{(-1)^{m+1}}{m} + \frac{2}{m^3\pi^2}[(-1)^m - 1]\right\}\sin m\pi x$$

이다. 이의 그래프는 그림 10.3.5와 같이 $f(x)$를 주기가 2인 기함수로 확장한 형태이다.

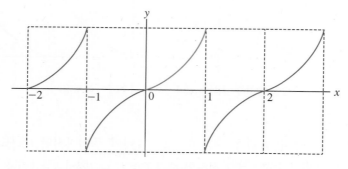

그림 10.3.5 $f(x) = x^2$의 푸리에 사인급수(기함수 확장)

예제 3과 같이 구간 $0 < x < L$에서만 정의된 함수에 대해서는 세 가지 형태의 푸리에 급수가 모두 가능하다. 푸리에 급수를 사용하면 주어진 구간을 한 주기로 생각한 것이므로 $0 < x < L$에서 정의된 함수가 주기 L로 반복되는 결과가 나타난다. 코사인급수를 사용하면 함수를 주기 $2L$인 우함수로 가정한 것이므로 $-L < x < L$에서 정의되는 함수가 주기 $2L$로 반복된다. 사인급수를 사용하면 함수를 주기 $2L$인 기함수로 가정한 것이므로 $-L < x < L$에서 정의되는 함수가 주기 $2L$로 반복된다. 이와 같이 구간 $0 < x < L$에서만 정의되는 함수를 이용하여 적절한 푸리에 급수로 전개하는 것을 **반구간 전개**(half-range expansions)라고 한다.

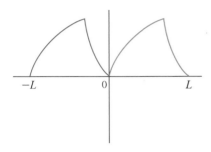

그림 10.3.6 $T = L$인 푸리에 급수

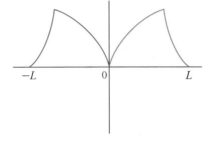

그림 10.3.7 $T = 2L$인 코사인급수

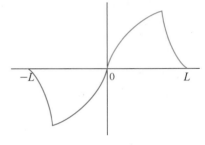

그림 10.3.8 $T = 2L$인 사인급수

비제차 경계값 문제에서 비제차항이 불연속 함수로 주어질 때 푸리에 급수를 사용하면 해를 구할 수 있다. 다음 예제는 2.7절의 예제 7과 유사한 문제이지만, 하중이 불연속함수라는 점이 다르다. 풀이에 어떤 차이가 있을까?

예제 4

단면이 균일하고 길이가 1인 보에 단위길이 당 하중 $W(x)$가 수직으로 작용할 때 보의 처짐은

$$YI\frac{d^4y}{dx^4} = W(x)$$

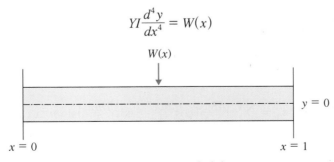

그림 10.3.9 보의 처짐

로 기술된다. 여기서, $y(x)$는 아래쪽이 양의 방향인 보의 중심축의 수직변위를 나타내고 Y는 영률, I는 단면의 관성모멘트이다. 보의 양단이 다른 벽체에 삽입되어 고정된 경우에는 경계조건이 $y(0) = y'(0) = 0$, $y(1) = y'(1) = 0$이다. $YI = 1/24$이고 $W(x)$가 그림 10.3.10과 같이 주어질 때 수직변위 y를 구하라. 결과를 그래프로 그리고 y의 최댓값을 구하라.

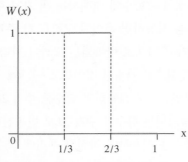

그림 10.3.10 보에 작용하는 하중

(**풀이**) $YI = 1/24$이므로 미분방정식은

$$\frac{d^4y}{dx^4} = 24W(x)$$

와 같이 비제차 미분방정식이다. 제차해는 2.7절의 예제 7에서와 마찬가지로

$$y_h = c_1 + c_2x + c_3x^2 + c_4x^3$$

이다. 먼저 $W(x)$를 연속함수로 표현하기 위해 $W(x)$의 사인급수를 구하면

$$b_m = 2\int_0^1 W(x)\sin m\pi x dx = 2\int_{1/3}^{2/3} \sin m\pi x dx = \frac{2}{m\pi}\left(\cos\frac{m\pi}{3} - \cos\frac{2m\pi}{3}\right)$$

이므로

$$W(x) = \sum_{m=1}^\infty \frac{2}{m\pi}\left(\cos\frac{m\pi}{3} - \cos\frac{2m\pi}{3}\right)\sin m\pi x$$

이다. 따라서 미분방정식은

$$\frac{d^4y}{dx^4} = \sum_{m=1}^\infty \frac{48}{m\pi}\left(\cos\frac{m\pi}{3} - \cos\frac{2m\pi}{3}\right)\sin m\pi x$$

가 되고, 우변의 비제차항 또한 연속함수로 표현되었다. 따라서 2.5절 미정계수법을 이용하여 특수해를 $y_p = \sum_{m=1}^\infty B_m\sin m\pi x$로 가정하여 미분방정식에 대입하면

$$B_m = \frac{48}{(m\pi)^5}\left(\cos\frac{m\pi}{3} - \cos\frac{2m\pi}{3}\right)$$

이다. 따라서 특수해는

$$y_p = \sum_{m=1}^\infty \frac{48}{(m\pi)^5}\left(\cos\frac{m\pi}{3} - \cos\frac{2m\pi}{3}\right)\sin m\pi x$$

이고, 일반해는

$$y = y_h + y_p = c_1 + c_2x + c_3x^2 + c_4x^3 + \sum_{m=1}^\infty \frac{48}{(m\pi)^5}\left(\cos\frac{m\pi}{3} - \cos\frac{2m\pi}{3}\right)\sin m\pi x \tag{a}$$

이다. 경계조건을 적용하기 위해 (a)를 미분하면

$$y' = c_2 + 2c_3 x + 3c_4 x^2 + \sum_{m=1}^{\infty} \frac{48}{(m\pi)^4} \Big(\cos \frac{m\pi}{3} - \cos \frac{2m\pi}{3} \Big) \cos m\pi x$$

이다. 경계조건 $y(0) = 0$에서 $c_1 = 0$이고, $y'(0) = 0$에서 $c_2 = -\alpha$인데, 여기서 α를 적당한 n에 대해 컴퓨터나 계산기로 계산하면

$$\alpha = \sum_{m=1}^{\infty} \frac{48}{(m\pi)^4} \Big(\cos \frac{m\pi}{3} - \cos \frac{2m\pi}{3} \Big) = \sum_{m=1(\text{odd } m)}^{\infty} \frac{48}{(m\pi)^4} \Big(\cos \frac{m\pi}{3} - \cos \frac{2m\pi}{3} \Big) \simeq 0.4815 \qquad \text{(b)}$$

이다. m이 짝수일 때 $\cos \dfrac{m\pi}{3} - \cos \dfrac{2m\pi}{3} = 0$이 됨을 주목하자. $y(1) = 0$에서

$$-\alpha + c_3 + c_4 = 0 \qquad \text{(c)}$$

이고 $y'(1) = 0$에서

$$-\alpha + 2c_3 + 3c_4 + \sum_{m=1}^{\infty} \frac{48(-1)^m}{(m\pi)^4} \Big(\cos \frac{m\pi}{3} - \cos \frac{2m\pi}{3} \Big) = 0 \qquad \text{(d)}$$

을 얻는데

$$\sum_{m=1}^{\infty} \frac{48(-1)^m}{(m\pi)^4} \Big(\cos \frac{m\pi}{3} - \cos \frac{2m\pi}{3} \Big)$$
$$= -\sum_{m=1(\text{odd } m)}^{\infty} \frac{48}{(m\pi)^4} \Big(\cos \frac{m\pi}{3} - \cos \frac{2m\pi}{3} \Big) + \sum_{m=2(\text{even } m)}^{\infty} \frac{48}{(m\pi)^4} \Big(\cos \frac{m\pi}{3} - \cos \frac{2m\pi}{3} \Big)$$
$$= -\alpha + 0 = -\alpha$$

이므로 (d)는

$$-2\alpha + 2c_3 + 3c_4 = 0 \qquad \text{(e)}$$

이 된다. (c)와 (e)에서 $c_3 = \alpha$, $c_4 = 0$을 얻는다. 따라서 경계값 문제의 해는 (a)에서

$$y = \alpha x(x-1) + \sum_{m=1}^{\infty} \frac{48}{(m\pi)^5} \Big(\cos \frac{m\pi}{3} - \cos \frac{2m\pi}{3} \Big) \sin m\pi x$$

이다.

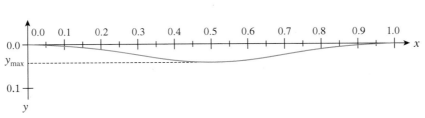

그림 10.3.11   보의 수직변위

한편 $x = 1/2$에서 $y' = 0$이고 이때

$$y_{max} = 0.4815 \cdot \frac{1}{2} \Big(\frac{1}{2} - 1 \Big) + \sum_{m=1}^{\infty} \frac{48}{(m\pi)^5} \Big(\cos \frac{m\pi}{3} - \cos \frac{2m\pi}{3} \Big) \sin \frac{m\pi}{2} \simeq 0.0378$$

이다. 그림 10.3.11에서는 양의 y를 아래 방향으로 그렸다.

예제 4에서 미분방정식의 비제차항 $W(x)$가 **구간별 연속함수**이므로 이를 푸리에 사인 급수를 사용하여 구간 전체에서 **연속함수**로 나타내어 해를 구했음에 주목해야 한다. 여기서는 푸리에 사인급수를 이용했지만 푸리에 급수나 푸리에 코사인급수를 이용해 도 구간 $0 \le x < 1$에서 $W(x)$의 형태는 같으므로 결과도 같아야 한다. 여기서는 단순 히 형태가 가장 간단한 푸리에 사인급수를 사용한 것 뿐이다. 연습문제를 참고하라.

쉬어가기 10.2   하중이 없는 구간에서는 보가 처지지 않는다?

1.4절 연습문제 5에서 미분방정식의 비제차항이 구간별로 다르게 정의된 초기값 문제를 다룬 적이 있다. 그때는 구간을 나누어 구간별로 다른 미분방정식을 풀어서 해를 구하였다. 위의 예제 4와 같은 경계값 문제 도 $W(x)$가 연속인 구간별로 나누어 풀면 푸리에 급수를 사용하지 않아도 되지 않느냐는 질문을 받은 적이 있다. 하중이 0인 구간에서는 보가 처지지 않을 것이라고 단순히 생각해서는 안된다.

예제 4의 결과, 즉 그림 10.3.11을 보면 하중이 0인 구간에서도 가운데 작용하는 하중에 의해 보가 처지 는 것을 알 수 있다. 이는 보가 탄성체이기 때문이다. 또 하나의 특징은 하중은 불연속이지만 보의 수직 변위 $y(x)$는 구간 전체에서 연속이라는 것이다. 즉 미분방정식을 하중 $W(x)$가 연속인 세 구간으로 나누 어 풀고 하중이 불연속인 점인 $x = 1/3$, $x = 2/3$에서 y와 y의 도함수들이 연속이라는 **연속조건**(continuity condition)을 이용하여 풀 수 있다. 하지만 이 방법을 이용하면 각 구간별로 구한 일반해에 포함된 임의의 상수를 구하는 과정에서 계산이 매우 복잡해지며 경우에 따라 미지수를 구하기 위해 전산 프로그램을 이용 하기도 한다(연습문제 참고). 이미 3.4절에서 공부했지만 라플라스 변환으로도 예제 4를 풀 수 있다.

푸리에 급수를 사용하는 또 다른 예를 보자. 질량–용수철계의 진동에 대해서는 2.9 절을 참고하자.

예제 5

질량–용수철계의 강제비감쇠운동은 $m\dfrac{d^2y}{dt^2} + \beta\dfrac{dy}{dt} + ky = f(t)$로 나타난다. 여기서 m은 질량, y는 질 량의 수직변위, β는 매질의 감쇠상수, k는 용수철의 힘상수, $f(t)$는 외부힘이다. $m = 1$, $\beta = 0.02$, $k = 25$이고

$$f(t) = \begin{cases} \pi/2 + t & (-\pi < t < 0) \\ \pi/2 - t & (0 < t < \pi) \end{cases} \tag{a}$$

와 같은 주기함수($T = 2\pi$)일 때 정상해(특수해) $y_p(t)$를 구하라.

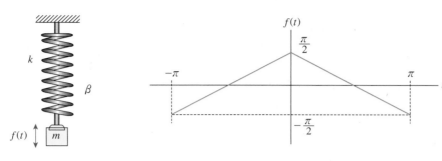

그림 10.3.12 질량-용수철계   그림 10.3.13 외부힘 $f(t)$

(풀이) $f(t)$가 우함수이므로 푸리에 코사인급수로 나타내면,

$$a_0 = \frac{1}{L}\int_0^L f(t)\,dt = \frac{1}{\pi}\int_0^\pi (\pi/2 - t)\,dt = 0$$

$$a_m = \frac{2}{L}\int_0^L f(t)\cos\frac{m\pi t}{L}\,dt = \frac{2}{\pi}\int_0^\pi (\pi/2 - t)\cos mt\,dt = \frac{2}{m^2\pi}[1-(-1)^m]$$

에서

$$f(t) = \sum_{m=1}^\infty \frac{2[1-(-1)^m]}{m^2\pi}\cos mt \tag{b}$$

이다. 따라서 미분방정식은

$$\frac{d^2y}{dt^2} + 0.02\frac{dy}{dt} + 25y = \sum_{m=1}^\infty \frac{[1-(-1)^m]}{m^2\pi}\cos mt$$

가 된다. $y_p = \sum_{m=1}^\infty (A_m\cos mt + B_m\sin mt)$로 가정하여 미분방정식에 대입하여 정리하면(2.5절 참고)

$$y_p'' + 0.02y_p' + 25y_p = \sum_{m=1}^\infty \{[(25-m^2)A_m + 0.02mB_m]\cos mt + [-0.02mA_m + (25-m^2)B_m]\sin mt\}$$

$$= \sum_{m=1}^\infty \frac{2[1-(-1)^m]}{m^2\pi}\cos mt$$

에서

$$A_m = \frac{2[1-(-1)^m](25-m^2)}{m^2\pi[(0.02m)^2 + (25-m^2)^2]}, \quad B_m = \frac{0.04[1-(-1)^m]}{m\pi[(0.02m)^2 + (25-m^2)^2]} \tag{c}$$

이다. 즉 질량의 변위는 과도구간을 지나면 과도해(제차해)는 0이 되어 사라지고 정상해(특수해)

$$y_p = \sum_{m=1}^\infty (A_m\cos mt + B_m\sin mt) \tag{d}$$

만 남게 된다. 감쇠진동이므로 당연한 결과이다. 여기서 A_m, B_m은 (c)로 주어진다.

☞ 정상해(과도해)와 특수해(정상해)에 대해서는 쉬어가기 2.5를 참고하라. 예제 5는 특수해를 구하는 문제이므로 초기조건이 주어지지 않았다.

삼각함수 합성을 이용하여 예제 5의 (d)를 다시 쓰면

$$y_p = \sum_{m=1}^{\infty}(A_m \cos mt + B_m \sin mt) = \sum_{m=1}^{\infty} C_m \sin(mt + \theta), \quad \theta = \tan^{-1}(A_m/B_m)$$

이다. 즉 정상상태에서 질량의 수직변위 $y_p(t)$가 무한개의 사인함수의 합으로 나타나는데 이들 중 m번째 사인함수의 진폭

$$C_m = \sqrt{A_m^2 + B_m^2}$$

은 각진동수 $m = 5$일 때 최대가 된다. 실제로 진동수($m/2\pi$)에 대한 진폭을 계산하면

$$C_1 = 0.0530, \; C_3 = 0.0088, \; C_5 = 0.5100, \; C_7 = 0.0011, \; C_9 = 0.0003$$

등이다.

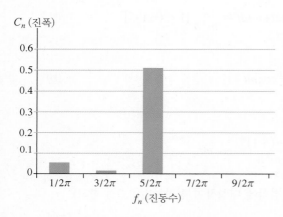

그림 10.3.14 예제 4의 진동수 스펙트럼

이렇게 각각의 진동수(또는 주파수)에 대한 진폭의 크기를 나타낸 것을 **진동수(주파수) 스펙트럼**(frequency spectrum)이라고 한다. 그림 10.3.14는 예제 5의 진동수 스펙트럼을 그린 것이다.

마지막으로 중요한 점 하나를 짚고 넘어가자. 우리는 10.2절에서 함수 $f(x)$의 푸리에 급수를 구하였고, 10.3절에서는 푸리에 급수를 이용하여 미분방정식의 해를 구하였다. 전자의 경우는 $f(x)$를 알고 있으므로 푸리에 급수의 계수를 계산할 수 있었지만, 후자의 경우는 미분방정식의 해 $y(x)$를 알지 못하므로 푸리에 급수로 나타내고 이것이 미분방정식을 만족하도록 푸리에 급수의 계수를 구한 것이다. 후자의 방법은 11장에서 편미분방정식의 풀이에도 사용될 것이다.

10.3 연습문제

1. 함수가 우함수인지, 기함수인지, 우함수도 기함수도 아닌지를 말하고 함수의 그래프를 그려라.

(1) $f(x) = x^3$ (2) $f(x) = \sin 3x$ (3) $f(x) = x^2 + x$ (4) $f(x) = x^3 - 4x$

(5) $f(x) = 2|x| - 1$ (6) $f(x) = |x|^5$ (7) $f(x) = x\cos x$ (8) $f(x) = e^{|x|}$

(9) $f(x) = \begin{cases} x^2, & -1 < x < 0 \\ -x^2, & 0 \le x < 1 \end{cases}$ (10) $f(x) = \begin{cases} x + 5, & -2 < x < 0 \\ -x + 5, & 0 \le x < 2 \end{cases}$

(답) (1) 기함수   (2) 기함수   (3) 둘 다 아님   (4) 기함수   (5) 우함수

        (6) 우함수   (7) 기함수   (8) 우함수   (9) 기함수   (10) 우함수

2. 함수 $f(x)$에 대해 푸리에 코사인급수 또는 푸리에 사인급수를 구하고, 급수의 0이 아닌 처음 세 항의 합을 원래의 $f(x)$와 함께 그려라.

(1) $f(x) = x$, $-\pi < x < \pi$ (2) $f(x) = x^2$, $-1 < x < 1$

(3) $f(x) = \cos x$, $-\pi/2 < x < \pi/2$ (4) $f(x) = \sin x$, $-\pi < x < \pi$

(답) (1) $f(x) = 2\sum_{m=1}^{\infty} \dfrac{(-1)^{m+1}}{m} \sin mx$ (2) $f(x) = \dfrac{1}{3} + \dfrac{4}{\pi^2} \sum_{m=1}^{\infty} \dfrac{(-1)^m}{m^2} \cos m\pi x$

(3) $f(x) = \dfrac{2}{\pi} + \dfrac{4}{\pi} \sum_{m=1}^{\infty} \dfrac{(-1)^{m+1}}{4m^2-1} \cos 2mx$ (4) $f(x) = \sin x$

3. 함수 $f(x)$에 대해 세 가지 반구간 전개를 구하고 0이 아닌 처음 세 항까지의 합을 그려라. (주기적 확장 효과를 보기 위해 구간 $[-1, 2]$에서 그려라.)

$$f(x) = \begin{cases} 1, & 0 < x < 1/2 \\ 0, & 1/2 < x < 1 \end{cases}$$

(답) 푸리에 급수 : $f(x) = \dfrac{1}{2} + \dfrac{1}{\pi} \sum_{m=1}^{\infty} \dfrac{1-(-1)^m}{m} \sin 2m\pi x \simeq \dfrac{1}{2} + \dfrac{2}{\pi} \sin 2\pi x + \dfrac{2}{3\pi} \sin 6\pi x$

코사인급수 : $f(x) = \dfrac{1}{2} + \dfrac{2}{\pi} \sum_{m=1}^{\infty} \dfrac{\sin m\pi/2}{m} \cos m\pi x \simeq \dfrac{1}{2} + \dfrac{2}{\pi} \cos \pi x - \dfrac{2}{3\pi} \cos 3\pi x$

사인급수 : $f(x) = \dfrac{2}{\pi} \sum_{m=1}^{\infty} \dfrac{1-\cos m\pi/2}{m} \sin m\pi x \simeq \dfrac{2}{\pi} \sin \pi x + \dfrac{2}{\pi} \sin 2\pi x + \dfrac{2}{3\pi} \sin 3\pi x$

4. (1) 예제 4의 (b) 값을 직접 확인하라. m을 얼마까지 계산하면 소수이하 넷째자리까지 정확하게 구할 수 있는가?

(2) 예제 4에 대해 $W(x)$를 푸리에 코사인급수로 나타내어 다시 풀고 그림 10.3.11과 같은 그래프를 그려라. 예제 4의 결과와 같은가?

(3) 예제 4를 쉬어가기 10.2에서 설명한 것처럼 구간을 나누어 풀고 결과를 그래프로 그려라. 최대변위를 계산하여 예제 4의 결과와 같음을 확인하라. (x의 범위를 $-1/2 \leq x \leq 1/2$로 바꾸어 대칭성을 이용하면 계산 과정을 줄일 수 있다.)

(답) (1) $m = 7$ (2) 같다   (3) 같다

5. 예제 4에서 보의 양단이 단순지지, 즉 $y(0) = y''(0) = 0$, $y(1) = y''(1) = 0$인 경우 y를 구하고, y의 최대값을 구하라. (무한급수는 0이 아닌 처음 세항까지만 더하라.)

(답) $y(x) = \sum_{m=1}^{\infty} \dfrac{48}{(m\pi)^5} \left(\cos \dfrac{m\pi}{3} - \cos \dfrac{2m\pi}{3} \right) \sin m\pi x$, $y_{\max} = 0.1572$

6. 예제 5와 같은 질량-용수철계에서 $m = 1$, $\beta = 0$(비감쇠), $k = 10$이고 외부힘은 $f(t) = 1 - t$, $0 < t < 2$이다. $f(t)$를 주기적 기함수로 가정하여 정상해(특수해)를 구하고 진동의 최대 진폭을 구하라.

(답) $A_1 = \dfrac{2}{\pi(10 - \pi^2)} \approx 4.8822$

10.4 복소 푸리에 급수

이제까지는 푸리에 급수를 삼각함수로 표현하였다. 하지만 푸리에 급수를 복소수가 포함된 지수형으로 표현하면 더욱 편리하다. 이 절에서는 이러한 **복소 푸리에 급수** (complex Fourier series)에 대해 공부한다. 먼저 오일러 공식을 다시 한번 정리한다. 여기서 i는 허수단위로 $i = \sqrt{-1}$ 이다.

오일러 공식

2.3절과 4.1절에서 소개한 바와 같이 **오일러 공식**(Leonhard Euler, 1707–1783, 스위스)은

$$e^{ix} = \cos x + i\sin x \tag{10.4.1}$$

이다. 식 (10.4.1)의 x에 $-x$를 대입하면 $e^{i(-x)} = \cos(-x) + i\sin(-x) = \cos x - i\sin x$ 이므로

$$e^{-ix} = \cos x - i\sin x \tag{10.4.2}$$

이다. 식 (10.4.1)과 식 (10.4.2)를 더하여 2로 나누면

$$\cos x = \frac{e^{ix} + e^{-ix}}{2} \tag{10.4.3}$$

이고, 식 (10.4.1)에서 식 (10.4.2)를 빼서 $2i$로 나누면

$$\sin x = \frac{e^{ix} - e^{-ix}}{2i} \tag{10.4.4}$$

이다. 식 (10.4.3)과 식 (10.4.4)는 오일러 공식의 다른 형태다. 오일러 공식에 의하면 m이 정수일 때

$$e^{\pm im\pi} = \cos m\pi \pm i\sin m\pi = (-1)^m \pm 0 = (-1)^m \tag{10.4.5}$$

이다. 자주 나오는 식이므로 기억해 두자. 푸리에 급수로부터 복소 푸리에 급수를 유도하자.

복소 푸리에 급수

푸리에 급수

$$f(x) = a_0 + \sum_{m=1}^{\infty}\left(a_m \cos\frac{m\pi x}{L} + b_m \sin\frac{m\pi x}{L}\right)$$

에 오일러 공식을 적용하면

$$f(x) = a_0 + \sum_{m=1}^{\infty}\left[a_m \frac{e^{im\pi x/L} + e^{-im\pi x/L}}{2} + b_m \frac{e^{im\pi x/L} - e^{-im\pi x/L}}{2i}\right]$$

$$= a_0 + \sum_{m=1}^{\infty}\left[\frac{1}{2}(a_m - ib_m)e^{im\pi x/L} + \frac{1}{2}(a_m + ib_m)e^{-im\pi x/L}\right]$$

가 된다. 여기서 $a_0 = c_0$, $\frac{1}{2}(a_m - ib_m) = c_m$, $\frac{1}{2}(a_m + ib_m) = c_{-m}$, $m = 1, 2, \cdots$로 놓으면

$$f(x) = c_0 + \sum_{m=1}^{\infty}(c_m e^{im\pi x/L} + c_{-m} e^{-im\pi x/L})$$

이다. 여기서 복소 푸리에 급수의 계수는

$$c_0 = a_0 = \frac{1}{2L}\int_{-L}^{L} f(x)dx$$

$$c_m = \frac{1}{2}(a_m - ib_m) = \frac{1}{2}\left(\frac{1}{L}\int_{-L}^{L} f(x)\cos\frac{m\pi x}{L}dx - \frac{i}{L}\int_{-L}^{L} f(x)\sin\frac{m\pi x}{L}dx\right)$$

$$= \frac{1}{2L}\int_{-L}^{L} f(x)\left(\cos\frac{m\pi x}{L} - i\sin\frac{m\pi x}{L}\right)dx = \frac{1}{2L}\int_{-L}^{L} f(x)e^{-im\pi x/L}dx$$

$$c_{-m} = \frac{1}{2}(a_m + ib_m) = \frac{1}{2}\left(\frac{1}{L}\int_{L}^{L} f(x)\cos\frac{m\pi x}{L}dx + \frac{i}{L}\int_{-L}^{L} f(x)\sin\frac{m\pi x}{L}dx\right)$$

$$= \frac{1}{2L}\int_{-L}^{L} f(x)\left(\cos\frac{m\pi x}{L} + i\sin\frac{m\pi x}{L}\right)dx = \frac{1}{2L}\int_{-L}^{L} f(x)e^{im\pi x/L}dx$$

와 같이 구한다. 그런데 위에서 구한 $f(x)$의 복소 푸리에 급수와 급수의 계수 c_0, c_m, c_{-m}은 정수 $m\,(m = 0, \pm1, \pm2, \cdots)$에 대해 다음과 같이 간단히 쓸 수 있다.

복소 푸리에 급수

구간 $[-L, L]$에서 정의되는 함수 $f(x)$의 **복소 푸리에 급수**는

$$f(x) = \sum_{m=-\infty}^{\infty} c_m e^{im\pi x/L} \tag{10.4.6}$$

이고, 급수의 계수는

$$c_m = \frac{1}{2L}\int_{-L}^{L} f(x)e^{-im\pi x/L}dx \tag{10.4.7}$$

이다.

복소 푸리에 급수에 사용되는 함수 $e^{im\pi x/L}$의 직교성은 10.1절 예제 4에서 이미 확인하였다. 공학분야에서는 형태의 단순함 때문에 삼각 푸리에 급수보다는 복소 푸리에 급수를 더욱 선호한다.

예제 1

$f(x) = e^x$, $-\pi < x < \pi$ 의 복소 푸리에 급수를 구하라.

(풀이) 먼저 급수의 계수를 구하면 식 (10.4.7)에서($L = \pi$)

$$c_m = \frac{1}{2L}\int_{-L}^{L} f(x)e^{-im\pi x/L}dx = \frac{1}{2\pi}\int_{-\pi}^{\pi} e^x e^{-imx}dx = \frac{1}{2\pi}\int_{-\pi}^{\pi} e^{(1-im)x}dx$$

$$= \frac{1}{2\pi(1-im)}[e^{(1-im)\pi} - e^{-(1-im)\pi}]$$

이다. 여기에 식 (10.4.5)를 이용하면

$$c_m = \frac{(-1)^m}{2\pi(1-im)}(e^\pi - e^{-\pi}) = \frac{(-1)^m(1+im)}{\pi(1+m^2)}\sinh\pi.$$

따라서 식 (10.4.6)에 의해 $f(x)$의 복소 푸리에 급수는

$$f(x) = \sum_{m=-\infty}^{\infty} c_m e^{imx} = \frac{\sinh\pi}{\pi}\sum_{m=-\infty}^{\infty} \frac{(-1)^m(1+im)}{1+m^2}e^{imx} \qquad \text{(a)}$$

이다.

예제 1의 결과는 10.2 연습문제 3에서 구한 푸리에 급수와 모양은 다르지만 같은 식이다(연습문제 참고).

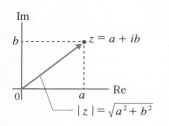

그림 10.4.1 복소수와 복소수의크기

오일러 공식 $e^{i\omega t} = \cos\omega t + i\sin\omega t$ 에서 ω는 **각진동수**이며 진동수 f와 $\omega = 2\pi f$의 관계를 갖는다. 예제 1의 (a)를 보면 함수 $f(x)$가 각진동수 m인 무한개의 복소지수함수 e^{imx}의 합으로 표현된 것 임을 알 수 있다. 또한 진폭 c_m이 복소수이므로 복소수의 크기를 구하는 공식 $|a+ib| = \sqrt{a^2 + b^2}$ 을 사용하여 진폭을 $|c_m|, m = \cdots, -1, 0, 1, \cdots$로 표현해야 한다. 예제 1의 결과에 대해 **진동수 스펙트럼**을 구해보자.

예제 2   진동수 스펙트럼

예제1의 결과에서 각진동수 $m = 0, \pm1, \pm2, \pm3$ 에 대한 진동수 스펙트럼을 계산하라.

(풀이) 예제 1의 (a)에서 $c_m = \dfrac{\sinh\pi(-1)^m(1+im)}{\pi(1+m^2)}$ 이고 $|1+im| = \sqrt{1+m^2}$ 이므로

$$|c_m| = \frac{\sinh\pi}{\pi}\frac{1}{\sqrt{1+m^2}}$$

이고 각각의 m에 대해 $|c_m|$을 계산하면 다음과 같다.

m	-3	-2	-1	0	1	2	3
$|c_m|$	1.162	1.644	2.599	3.676	2.599	1.644	1.162

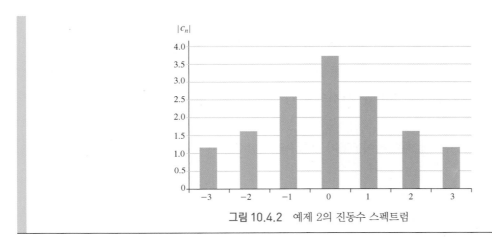

그림 10.4.2 예제 2의 진동수 스펙트럼

예제 2의 결과는 $f(x) = e^x$를 각진동수가 m인 e^{imx} $(m = 0, \pm 1, \pm 2, \cdots)$의 무한급수로 나타낼 때 각 항의 진폭(기여도)를 보인 것이다.

10.4 연습문제

1. 어떤 함수의 주기가 T이면 $2T$, $3T$, $\cdots$도 모두 주기이다. 따라서 우리가 주기라고 할 때는 최소 주기를 의미한다.

(1) $f_1(t) = \sin t$, $f_2(t) = \sin 2t$의 그래프를 그리고 각각의 주기를 구하라.

(2) $f_1(t) + f_2(t)$의 그래프를 그리고 주기를 구하라. 주기가 T인 함수와 $2T$인 함수를 더하면 주기가 $2T$인 함수가 된다.

(3) $1 + f_1(t)$의 그래프를 그리고 주기를 구하라. 상수함수의 주기는 모든 양의 실수이므로 최소 주기는 0이다.

(답) (1) 2π, π (2) 2π (3) 2π

2. 다음 함수의 복소 푸리에 급수를 구하라.

(1) $f(x) = x$, $-\pi < x < \pi$　　　　(2) $f(x) = e^{-x}$, $[-\pi, \pi]$

(답) (1) $f(x) = i \displaystyle\sum_{\substack{m=-\infty \\ m \neq 0}}^{\infty} \frac{(-1)^m}{m} e^{imx}$　　(2) $f(x) = \dfrac{\sinh \pi}{\pi} \displaystyle\sum_{m=-\infty}^{\infty} \frac{(-1)^m (1 - im)}{1 + m^2} e^{imx}$

3. (1) $f(x) = \begin{cases} -1, & -2 < x < 0 \\ 1, & 0 < x < 2 \end{cases}$의 복소 푸리에 급수를 구하라.

(2) 문제 (1)의 $f(x)$는 기함수이다. 문제 (1)의 결과를 이용하여 $f(x)$의 사인급수를 구하라.

(3) $f(x)$의 사인급수를 직접 구하여 (2)의 결과와 비교하라.

(4) 문제 (1)의 결과를 이용하여 진동수 스펙트럼을 구하라($m = \pm 1, \pm 3, \pm 5$).

(5) 문제 (2)의 결과를 이용하여 진동수 스펙트럼을 구하라($m = 1, 3, 5$).

(6) 문제 (5)의 진폭이 문제 (4)의 진폭의 2배가 되는 이유가 무엇인가?

(답) (1) $f(x) = \displaystyle\sum_{\substack{m=-\infty \\ m \neq 0}}^{\infty} \frac{1-(-1)^m}{im\pi} e^{im\pi x/2}$ (2) $f(x) = \displaystyle\sum_{m=1}^{\infty} \frac{2[1-(-1)^m]}{m\pi} \sin\frac{m\pi x}{2}$

(3) (2)와 동일

(4) $|c_{\pm 1}| = \dfrac{2}{\pi}, \quad |c_{\pm 3}| = \dfrac{2}{3\pi}, \quad |c_{\pm 5}| = \dfrac{2}{5\pi}$

(5) $b_1 = \dfrac{4}{\pi}, \quad b_3 = \dfrac{4}{3\pi}, \quad b_5 = \dfrac{4}{5\pi}$ (6) 문제 (4)의 두 항 $\pm m$이 문제 (5)의 하나의 항 m에 해당한다.

4. 식 (10.4.7)로 표현되는 복소 푸리에 계수 c_m이 $f(x)$가 우함수와 기함수일 때 각각 실수와 순허수가 됨을 보여라.

5. 푸리에 계수 a_0, a_m, b_m의 정의를 이용하여 푸리에 계수와 복소 푸리에 계수 사이의 관계가

$$a_0 = c_0, \quad a_m = c_m + c_{-m}, \quad b_m = i(c_m - c_{-m}), \; m = 1, 2, \cdots$$

임을 보여라.

6. 다음의 방법으로 $f(x) = e^x$, $-\pi < x < \pi$ 의 푸리에 급수를 구하고 10.2절의 연습문제 3의 결과와 비교하라.
(1) 예제 1의 결과에 오일러 공식을 적용하라.
(2) 예제 1의 결과와 문제 5의 관계식을 이용하라.

(답) (1), (2) 같다.

10.5   푸리에 적분

앞에서 유한구간 $[-L, L]$ 또는 $[0, L]$에서 정의된 함수 $f(x)$를 푸리에 급수라는 무한급수로 표현하여 해당 구간에서는 물론 구간 외에서도 $f(x)$를 주기적으로 확장하였다. 따라서 $f(x)$의 푸리에 급수는 기본적으로 **주기함수**이다. 이런 이유로 푸리에 급수로 표현하려는 함수 $f(x)$가 $[-L, L]$ 또는 $[0, L]$에서만 정의되었더라도 이를 주기함수로 간주할 수 있다. 이 절에서는 무한구간 $(-\infty, \infty)$ 또는 반무한구간 $[0, \infty)$에서 정의되는 함수를 표현하는 방법으로 푸리에 적분에 대해 공부한다. 푸리에 적분에서 다룰 내용은 푸리에 급수에서 이미 다룬 내용과 유사하므로 쉽게 이해할 수 있다. 결과만 본다면 두 가지 표현방법의 차이는 푸리에 급수는 주기함수를 무한급수로 표현하고, 푸리에 적분은 **비주기 함수**, 즉 주기가 무한대인 함수를 무한적분으로 표현한다는 것이다.

푸리에 적분의 유도

푸리에 급수로부터 **푸리에 적분**(Fourier integral)을 유도한다. 구간 $[-L, L]$에서 정의된 함수 $f(x)$의 푸리에 급수는 식 (10.2.1)에서

$$f(x) = a_0 + \sum_{m=1}^{\infty}\left(a_m\cos\frac{m\pi x}{L} + b_m\sin\frac{m\pi x}{L}\right)$$

이고, 여기에 식 (10.2.2)~(10.2.4)로 정의된 계수 a_0, a_m, b_m을 대입하면

$$f(x) = \frac{1}{2L}\int_{-L}^{L}f(x)dx$$
$$+ \frac{1}{L}\sum_{m=1}^{\infty}\left[\left(\int_{-L}^{L}f(x)\cos\frac{m\pi x}{L}dx\right)\cos\frac{m\pi x}{L} + \left(\int_{-L}^{L}f(x)\sin\frac{m\pi x}{L}dx\right)\sin\frac{m\pi x}{L}\right]$$

이다. $\omega_m = \frac{m\pi}{L}$, $\triangle\omega_m = \omega_{m+1} - \omega_m = \frac{\pi}{L}$ 로 놓고 위 식을 다시 쓰면

$$f(x) = \frac{1}{2\pi}\left(\int_{-L}^{L}f(x)dx\right)\triangle\omega_m$$
$$+ \frac{1}{\pi}\sum_{m=1}^{\infty}\left[\left(\int_{-L}^{L}f(x)\cos\omega_m x dx\right)\cos\omega_m x + \left(\int_{-L}^{L}f(x)\sin\omega_m x dx\right)\sin\omega_m x\right]\triangle\omega_m$$

이다. 여기서 $L \longrightarrow \infty$, 즉 $\triangle\omega_m \longrightarrow 0$일 때 극한을 취하면

$$f(x) = \frac{1}{2\pi}\lim_{\triangle\omega_m \to 0}\left(\int_{-\infty}^{\infty}f(x)dx\right)\triangle\omega_m$$
$$+ \frac{1}{\pi}\lim_{\triangle\omega_m \to 0}\sum_{m=1}^{\infty}\left[\left(\int_{-\infty}^{\infty}f(x)\cos\omega_m x dx\right)\cos\omega_m x + \left(\int_{-\infty}^{\infty}f(x)\sin\omega_m x dx\right)\sin\omega_m x\right]\triangle\omega_m$$

이다. 만약 $\int_{-\infty}^{\infty}f(x)dx$ 가 **절대적분가능**(absolutely integrable)하면, 즉 $\int_{-\infty}^{\infty}|f(x)|dx$ 가 유한하면 마지막 식의 우변 첫째 항은 0이고, 둘째 항은

$$\int_a^b f(x)dx = \lim_{\triangle x_m \to 0}\sum_{m=1}^{N}f(x_m)\triangle x_m$$

와 같이 리만합의 극한으로 정의되는 정적분으로 표현되므로 (첫째 항에는 Σ 기호가 없음에 유의하자.)

$$f(x) = \frac{1}{\pi}\int_0^{\infty}\left[\left(\int_{-\infty}^{\infty}f(x)\cos\omega x dx\right)\cos\omega x + \left(\int_{-\infty}^{\infty}f(x)\sin\omega x dx\right)\sin\omega x\right]d\omega$$

가 된다. 여기서 ω의 적분구간이 $0 \leq \omega < \infty$인 것은 $\omega_0 = 0$이고, $n \longrightarrow 0$일 때 $\omega_n \longrightarrow \infty$이기 때문이다. 이를 요약하면 다음과 같다.

푸리에 적분

구간 $(-\infty, \infty)$에서 정의되는 함수 $f(x)$의 **푸리에 적분**은

$$f(x) = \frac{1}{\pi}\int_0^{\infty}[A(\omega)\cos\omega x + B(\omega)\sin\omega x]d\omega \qquad (10.5.1)$$

이고, 여기서 푸리에 적분의 계수는

$$A(\omega) = \int_{-\infty}^{\infty}f(x)\cos\omega x dx \qquad (10.5.2)$$

$$B(\omega) = \int_{-\infty}^{\infty}f(x)\sin\omega x dx \qquad (10.5.3)$$

이다.

푸리에 급수의 경우와 마찬가지로 함수 $f(x)$의 푸리에 적분은 $f(x)$가 연속인 점에서는 $f(x)$로 수렴하고, $f(x)$가 불연속인 점에서는 $[f(x^+) + f(x^-)]/2$로 수렴한다.

예제 1

함수 $f(x)$의 푸리에 적분을 구하라. $f(x)$가 구간 $(-\infty, \infty)$에서 정의되고 절대적분가능한 함수임에 주목하자.

$$f(x) = \begin{cases} 1, & -1 < x < 1 \\ 0, & x < -1, \quad x > 1 \end{cases}$$

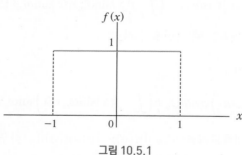

그림 10.5.1

(풀이) 푸리에 적분계수는 식 $(10.5.2)$와 $(10.5.3)$에 의해

$$A(\omega) = \int_{-\infty}^{\infty} f(x)\cos\omega x\, dx = \int_{-1}^{1}(1)\cos\omega x\, dx = \frac{2\sin\omega}{\omega}$$

$$B(\omega) = \int_{-\infty}^{\infty} f(x)\sin\omega x\, dx = \int_{-1}^{1}(1)\sin\omega x\, dx = 0$$

이므로, 푸리에 적분은 식 $(10.5.1)$에 의해

$$\begin{aligned} f(x) &= \frac{1}{\pi}\int_{0}^{\infty}[A(\omega)\cos\omega x + B(\omega)\sin\omega x]\, d\omega \\ &= \frac{1}{\pi}\int_{0}^{\infty}\left[\frac{2\sin\omega}{\omega}\cos\omega x + (0)\sin\omega x\right]d\omega \end{aligned}$$

즉

$$f(x) = \frac{2}{\pi}\int_{0}^{\infty}\frac{\sin\omega}{\omega}\cos\omega x\, d\omega$$

이다.

적분으로 정의되는 함수 중에 **사인적분함수**(sine integral function)

$$\mathrm{Si}(x) = \int_{0}^{x}\frac{\sin t}{t}\, dt \tag{10.5.4}$$

가 있다. 예제 1에서 함수 $f(x)$는 $x = 0$에서 연속이므로 $f(x)$의 푸리에 적분

에 $x = 0$을 대입하면 $f(0) = 1$로 수렴해야 한다. 즉 $\dfrac{2}{\pi}\displaystyle\int_0^\infty \dfrac{\sin\omega}{\omega}d\omega = 1$에서 $\text{Si}(\infty) = \displaystyle\int_0^\infty \dfrac{\sin t}{t}dt = \dfrac{\pi}{2}$임을 알 수 있다. 참고로 **코사인적분함수**(cosine integral function)는

$$\text{Ci}(x) = -\int_x^\infty \frac{\cos t}{t}dt \qquad (10.5.5)$$

로 정의한다.

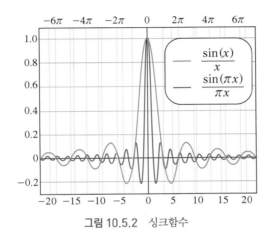

그림 10.5.2 싱크함수

한편 **싱크함수**(sinc function)를

$$\text{sinc}(x) = \begin{cases} \dfrac{\sin x}{x}, & x \neq 0 \\ 1, & x = 0 \end{cases} \qquad (10.5.6)$$

로 정의한다[$\displaystyle\lim_{x \to 0}\dfrac{\sin x}{x} = 1$임을 기억하자]. 싱크함수의 그래프는 그림 10.5.2와 같이 x축과 $\pm\pi, \pm 2\pi, \cdots$에서 만난다. 싱크함수의 정의에 의해 $\text{sinc}(\pi x) = \dfrac{\sin \pi x}{\pi x}$인데, 이를 **규격화된 싱크함수**(normalized sinc function)라고 한다. 이는 x축과 $\pm 1, \pm 2, \cdots$에서 만난다. $\displaystyle\int_{-\infty}^\infty \text{sinc}(x)dx = \pi$, $\displaystyle\int_{-\infty}^\infty \text{sinc}(\pi x)dx = 1$이 성립한다.

10.2~10.4절에서 함수를 푸리에 급수로 나타내고 무한급수의 부분합으로 원래의 함수를 근사할 수 있었다. 이제 어떤 함수를 푸리에 적분으로 나타낸 경우에는 함수를 어떻게 근사하는지 알아보자.

예제 2

예제 1의 결과식 $f(x) = \dfrac{2}{\pi} \displaystyle\int_0^\infty \dfrac{\sin\omega}{\omega}\cos\omega x\, d\omega$ 를 근사하기 위해

$$f_b(x) = \frac{2}{\pi}\int_0^b \frac{\sin\omega}{\omega}\cos\omega x\, d\omega$$

를 정의하면 $f(x) = \displaystyle\lim_{b\to\infty} f_b(x)$ 이다.

(1) $f_b(x) = \dfrac{1}{\pi}\displaystyle\int_0^b \dfrac{\sin\omega(x+1) - \sin\omega(x-1)}{\omega}\, d\omega$ 가 됨을 보여라.

(2) $f_b(x) = \dfrac{1}{\pi}\{\mathrm{Si}[b(x+1)] - \mathrm{Si}[b(x-1)]\}$ 이 됨을 보여라.

(3) $b = 4,\,6,\,15$에 대해 $f_b(x)$의 그래프를 그려라.

(풀이) (1) 삼각함수 공식 $\sin A\cos B = \dfrac{1}{2}[\sin(A+B) + \sin(A-B)]$를 이용하면

$$\sin\omega\cos\omega x = \frac{1}{2}[\sin\omega(x+1) - \sin\omega(x-1)]$$

이므로

$$f_b(x) = \frac{2}{\pi}\int_0^b \frac{\sin\omega}{\omega}\cos\omega x\, d\omega = \frac{1}{\pi}\int_0^b \frac{\sin\omega(x+1) - \sin\omega(x-1)}{\omega}\, d\omega.$$

(2) 문제 (1)의 결과에서 $\omega(x+1) = t$로 치환하면

$$(x+1)d\omega = dt$$

이고, $\omega(x-1) = t$로 치환하면

$$(x-1)d\omega = dt$$

이므로

$$f_b(x) = \frac{1}{\pi}\left[\int_0^{b(x+1)} \frac{\sin t}{t}\, dt - \int_0^{b(x-1)} \frac{\sin t}{t}\, dt\right]$$

이다. 식 (10.5.4)에 의해 마지막 식은

$$f_b(x) = \frac{1}{\pi}\{\mathrm{Si}[b(x+1)] - \mathrm{Si}[b(x-1)]\}.$$

(3) $f_b(x)$, $b = 4,\,6,\,15$의 그래프를 그리기 위해서는 컴퓨터 프로그램을 사용해야 하며 그 결과가 그림 10.5.3이다. $f_b(x)$의 b가 커질수록 예제 1의 $f(x)$에 점점 가까워짐을 알 수 있다.

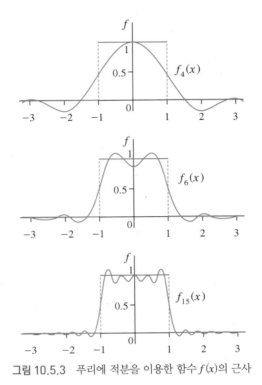

그림 10.5.3 푸리에 적분을 이용한 함수 $f(x)$의 근사

원래의 함수 $f(x)$가 무한구간 $(-\infty, \infty)$에서 정의된 함수이므로 $f_b(x)$도 $f(x)$의 주기적 확장이 아니라 $-1 < x < 1$에서 1로 수렴하고($x = \pm 1$에서는 1/2로 수렴) 나머지 구간에서는 모두 0으로 수렴하는 함수가 된다.

푸리에 코사인적분과 푸리에 사인적분

푸리에 급수의 경우와 마찬가지로 푸리에 적분에 대해서도 푸리에 코사인적분과 푸리에 사인적분을 정의한다. 만약 $f(x)$가 우함수이면 식 (10.5.2)와 (10.5.3)에서

$$A(\omega) = \int_{-\infty}^{\infty} f(x)\cos\omega x\, dx = 2\int_{0}^{\infty} f(x)\cos\omega x\, dx$$

$$B(\omega) = \int_{-\infty}^{\infty} f(x)\sin\omega x\, dx = 0$$

이다. 따라서 식 (10.5.1)의 푸리에 적분은 다음과 같은 **푸리에 코사인적분**이 된다.

푸리에 코사인적분

구간 $(-\infty, \infty)$에서 정의되는 우함수 $f(x)$의 푸리에 코사인적분은

$$f(x) = \frac{2}{\pi} \int_0^\infty A(\omega)\cos\omega x d\omega \qquad (10.5.7)$$

이고, 급수의 계수는

$$A(\omega) = \int_0^\infty f(x)\cos\omega x dx \qquad (10.5.8)$$

이다.

마찬가지로 만약 $f(x)$가 기함수이면 식 (10.5.2)와 (10.5.3)에서

$$A(\omega) = \int_{-\infty}^\infty f(x)\cos\omega x dx = 0$$

$$B(\omega) = \int_{-\infty}^\infty f(x)\sin\omega x dx = 2\int_0^\infty f(x)\sin\omega x dx$$

이므로, 식 (10.5.1)의 푸리에 적분은 다음과 같은 푸리에 사인적분이 된다.

푸리에 사인적분

구간 $(-\infty, \infty)$에서 정의되는 기함수 $f(x)$의 푸리에 사인적분은

$$f(x) = \frac{2}{\pi} \int_0^\infty B(\omega)\sin\omega x d\omega \qquad (10.5.9)$$

이고, 급수의 계수는

$$B(\omega) = \int_0^\infty f(x)\sin\omega x dx \qquad (10.5.10)$$

이다.

예제 3

예제 1의 함수에 대해 적절한 푸리에 적분을 구하라.

(풀이) $f(x)$가 우함수이므로 푸리에 코사인적분을 구한다.

$$A(\omega) = \int_0^\infty f(x)\cos\omega x dx = \int_0^1 (1)\cos\omega x dx = \frac{\sin\omega}{\omega}$$

이므로

$$f(x) = \frac{2}{\pi} \int_0^\infty A(\omega)\cos\omega x d\alpha = \frac{2}{\pi} \int_0^\infty \frac{\sin\omega}{\omega}\cos\omega x d\omega$$

이다. 이는 예제 1에서 푸리에 적분으로 구한 결과와 같다.

반구간 적분

이 역시 푸리에 급수에서와 유사한 개념으로 함수 $f(x)$가 반무한구간 $[0, \infty)$에서만 정의된 경우에는 푸리에 코사인적분과 푸리에 사인적분 두 가지로 표현할 수 있다. 함수가 정의되지 않은 나머지 구간 $(-\infty, 0)$에서는 푸리에 코사인적분은 $f(x)$를 우함수로 확장하고, 푸리에 사인적분은 기함수로 확장한다.

예제 4

$f(x) = e^{-x}$, $x > 0$에 대해 (1) 푸리에 코사인적분과 (2) 푸리에 사인적분을 구하라.

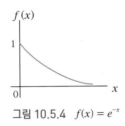

그림 10.5.4 $f(x) = e^{-x}$

(풀이) (1) 식 (10.5.8)을 부분적분을 이용하여 계산하면

$$A(\omega) = \int_0^\infty e^{-x}\cos\omega x dx = \frac{1}{1 + \omega^2}$$

이므로 푸리에 코사인적분은

$$f(x) = \frac{2}{\pi} \int_0^\infty A(\omega)\cos\omega x d\omega = \frac{2}{\pi} \int_0^\infty \frac{\cos\omega x}{1 + \omega^2} d\omega$$

이다.

(2) 마찬가지 방법으로 식 (10.5.10)으로부터

$$B(\omega) = \int_0^\infty e^{-x}\sin\omega x dx = \frac{\omega}{1 + \omega^2}$$

이므로 푸리에 사인적분은

$$f(x) = \frac{2}{\pi} \int_0^\infty B(\omega)\sin\omega x d\omega = \frac{2}{\pi} \int_0^\infty \frac{\omega\sin\omega x}{1 + \omega^2} d\omega$$

이다.

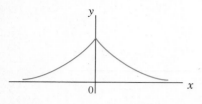

그림 10.5.5 푸리에 코사인적분에 의한 우함수 확장

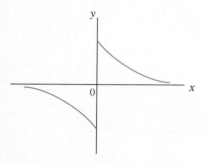

그림 10.5.6 푸리에 사인적분에 의한 기함수 확장

그림 10.5.5와 그림 10.5.6은 예제 4의 푸리에 코사인적분과 푸리에 사인적분의 결과를 예상하여 그린 것이다.

복소 푸리에 적분

10.4절에서 푸리에 급수를 지수함수를 사용하여 복소형으로 표현한 것과 마찬가지로 푸리에 적분도 지수함수를 사용하여 복소형으로 표현할 수 있다.

푸리에 적분[식 (10.5.1)]에 계수[식 (10.5.2)와 식 (10.5.3)]를 대입하면

$$f(x) = \frac{1}{\pi}\int_{\omega=0}^{\infty}\left[\left\{\int_{t=-\infty}^{\infty}f(t)\cos\omega t dt\right\}\cos\omega x + \left\{\int_{t=-\infty}^{\infty}f(t)\sin\omega t dt\right\}\sin\omega x\right]d\omega$$

이다. 정적분으로 표현되는 $A(\omega)$와 $B(\omega)$의 변수 x를 t로 바꾸었음에 유의하라. 이는 단지 다른 변수와 구별하기 쉽게 하기 위함이다. 또한 적분의 하한에 적분변수를 표시하여 어떤 변수에 대한 적분구간인지를 명확히 하였다. 위 식을 정리하면

$$f(x) = \frac{1}{\pi}\int_{\omega=0}^{\infty}\left[\int_{t=-\infty}^{\infty}f(t)\cos\omega t\cos\omega x dt + \int_{t=-\infty}^{\infty}f(t)\sin\omega t\sin\omega x dt\right]d\omega$$

$$= \frac{1}{\pi}\int_{\omega=0}^{\infty}\left[\int_{t=-\infty}^{\infty}f(t)(\cos\omega t\cos\omega x + \sin\omega t\sin\omega x)dt\right]d\omega$$

$$= \frac{1}{\pi}\int_{\omega=0}^{\infty}\left[\int_{t=-\infty}^{\infty}f(t)\cos\omega(x-t)dt\right]d\omega$$

이 되며, $\cos\omega(x-t)$가 ω에 대해 우함수이므로

$$f(x) = \frac{1}{2\pi}\int_{\omega=-\infty}^{\infty}\int_{t=-\infty}^{\infty}f(t)\cos\omega(x-t)dtd\omega$$

로 쓸 수 있다. 한편 $\sin\omega(x-t)$가 ω에 대해 기함수이므로 $\int_{\omega=-\infty}^{\infty}\sin\omega(x-t)d\omega = 0$ 이고, 이를 마지막 식 우변의 피적분함수에 i를 곱한 후 더해도 마찬가지이므로

$$f(x) = \frac{1}{2\pi}\int_{\omega=-\infty}^{\infty}\int_{t=-\infty}^{\infty}f(t)[\cos\omega(x-t) + i\sin\omega(x-t)]dtd\omega$$

$$= \frac{1}{2\pi}\int_{\omega=-\infty}^{\infty}\int_{t=-\infty}^{\infty}f(t)e^{i\omega(x-t)}dtd\omega$$

$$= \frac{1}{2\pi}\int_{\omega=-\infty}^{\infty}\left[\int_{t=-\infty}^{\infty}f(t)e^{-i\omega t}dt\right]e^{i\omega x}d\omega$$

로 나타낼 수 있다. 마지막으로 위 식에서

$$C(\omega) = \int_{t=-\infty}^{\infty}f(t)e^{-i\omega t}dt = \int_{x=-\infty}^{\infty}f(x)e^{-i\omega x}dx$$

로 놓으면

$$f(x) = \frac{1}{2\pi}\int_{\omega=-\infty}^{\infty}C(\omega)e^{i\omega x}d\omega$$

이다. 이를 정리하면 다음과 같다.

복소 푸리에 적분

구간 $(-\infty, \infty)$에서 정의되는 함수 $f(x)$의 복소 푸리에 적분은

$$f(x) = \frac{1}{2\pi}\int_{-\infty}^{\infty} C(\omega)e^{i\omega x}d\omega \qquad (10.5.11)$$

이고, 계수는

$$C(\omega) = \int_{-\infty}^{\infty} f(x)e^{-i\omega x}dx \qquad (10.5.12)$$

이다.

위의 복소 푸리에 적분을 식 (10.4.6)과 (10.4.7)로 나타나는 복소 푸리에 급수와 비교해 보자. L이 무한대가 되면서 급수가 적분으로 바뀌었음을 알 수 있다.

예제 5

(1) 예제 1의 함수에 대해 복소 푸리에 적분을 구하라.

(2) (1)의 결과가 예제 1의 결과와 같음을 보여라.

(풀이) (1) 식 (10.5.12)에서

$$C(\omega) = \int_{-\infty}^{\infty} f(x)e^{-i\omega x}dx = \int_{-1}^{1}(1)e^{-i\omega x}dx = \frac{e^{i\omega} - e^{-i\omega}}{i\omega}$$

이므로 식 (10.5.11)에서

$$f(x) = \frac{1}{2\pi}\int_{-\infty}^{\infty} C(\omega)e^{i\omega x}d\omega = \frac{1}{2\pi}\int_{-\infty}^{\infty}\left(\frac{e^{i\omega} - e^{-i\omega}}{i\omega}\right)e^{i\omega x}d\omega$$

(2) (1)의 결과를 변형한

$$f(x) = \frac{1}{\pi}\int_{-\infty}^{\infty} \frac{1}{\omega}\left(\frac{e^{i\omega} - e^{-i\omega}}{2i}\right)e^{i\omega x}d\omega$$

에 $\sin\omega = \dfrac{e^{i\omega} - e^{-i\omega}}{2i}$, $e^{i\omega x} = \cos\omega x + i\sin\omega x$를 적용하면

$$f(x) = \frac{1}{\pi}\int_{-\infty}^{\infty} \frac{1}{\omega}\sin\omega(\cos\omega x + i\sin\omega x)d\omega$$

이다. ω에 대해 $\dfrac{1}{\omega}\sin\omega\cos\omega x$는 우함수이고 $\dfrac{1}{\omega}\sin\omega\sin\omega x$는 기함수이므로

$$f(x) = \frac{2}{\pi}\int_{0}^{\infty} \frac{1}{\omega}\sin\omega\cos\omega x\,d\omega$$

가 되어 예제 1의 결과와 같다.

푸리에 적분을 이용하여 피적분함수에 미지함수가 포함된 적분방정식의 해를 구할
수 있다.

예제 6 적분방정식

적분방정식 $\displaystyle\int_0^\infty f(x)\sin\omega x\,dx = \begin{cases} 1, & 0 < \omega < 1 \\ 0, & \omega > 1 \end{cases}$ 의 해를 구하라.

(풀이) 푸리에 사인적분에서 $B(\omega) = \displaystyle\int_0^\infty f(x)\sin\omega x\,dx = \begin{cases} 1, & 0 < \omega < 1 \\ 0, & \omega > 1 \end{cases}$ 로 놓으면

$$f(x) = \frac{2}{\pi}\int_0^\infty B(\omega)\sin\omega x\,d\omega = \frac{2}{\pi}\int_0^1 1\cdot\sin\omega x\,d\omega = \frac{2}{\pi x}(1 - \cos x).$$

▌ 10.5 연습문제

1. 함수의 푸리에 적분을 구하라.

(1) $f(x) = \begin{cases} 0, & x < 0 \\ 1, & 0 < x < 2 \\ 0, & x > 2 \end{cases}$ 　　　　　(2) $f(x) = \begin{cases} |x|, & |x| < \pi \\ 0, & |x| > \pi \end{cases}$

(답) (1) $f(x) = \dfrac{1}{\pi}\displaystyle\int_0^\infty\left[\dfrac{\sin 2\omega}{\omega}\cos\omega x + \dfrac{1 - \cos 2\omega}{\omega}\sin\omega x\right]d\omega$

(2) $f(x) = \dfrac{2}{\pi}\displaystyle\int_0^\infty\dfrac{1}{\omega^2}(\pi\omega\sin\pi\omega + \cos\pi\omega - 1)\cos\omega x\,d\omega$

2. (1) 문제 1의 (1)의 결과를 이용하여 $\displaystyle\int_0^\infty\dfrac{\sin 2t}{t}\,dt = \dfrac{\pi}{2}$ 임을 보여라.

(2) 일반적으로 $k > 0$일 때 $\displaystyle\int_0^\infty\dfrac{\sin kt}{t}\,dt = \dfrac{\pi}{2}$ 임을 보여라.

3. $f(x) = e^{-|x|}$, $-\infty < x < \infty$의 복소 푸리에 적분을 구하고 예제 4 (1)의 결과와 같음을 보여라.

(답) $f(x) = \dfrac{2}{\pi}\displaystyle\int_0^\infty\dfrac{\cos\omega x}{1 + \omega^2}\,d\omega$

4. 적분방정식을 풀어라.

(1) $\displaystyle\int_0^\infty f(x)\cos\omega x\,dx = e^{-\omega}$ 　　　　(2) $\displaystyle\int_0^\infty f(x)\sin\omega x\,dx = \begin{cases} 1 - \omega, & 0 < \omega < 1 \\ 0, & \omega > 1 \end{cases}$

(답) (1) $f(x) = \dfrac{2}{\pi}\dfrac{1}{1 + x^2}$ 　　　　(2) $f(x) = \dfrac{2}{\pi}\left(\dfrac{1}{x} - \dfrac{\sin x}{x^2}\right)$

10.6 푸리에 변환

푸리에 변환은 10.5절의 푸리에 적분으로부터 정의할 수 있는데, 이는 공학 전반에서 응용성이 매우 크다. 먼저 일반적인 적분변환에 대해 알아보자.

적분변환쌍

함수 $f(t)$의 **라플라스 변환**(3장)은 적분변환

$$\mathcal{L}[f(t)] = \int_0^\infty f(t)e^{-st}dt = F(s) \qquad (10.6.1)$$

를 이용하여 t−영역에서 정의되는 $f(t)$를 s−영역에서 정의되는 $F(s)$로 바꾼다. $F(s)$를 다시 $f(t)$로 바꾸는 변환은 **라플라스 역변환**이며

$$\mathcal{L}^{-1}[F(s)] = \frac{1}{2\pi i}\int_{\sigma-i\infty}^{\sigma+i\infty} F(s)e^{st}ds = f(t) \qquad (10.6.2)$$

로 정의되는 적분변환이다. 식 (10.6.1)과 (10.6.2)를 합하여 **라플라스 변환쌍** (Laplace transform pair)이라고 부른다.

일반적인 **적분변환쌍**(integral transform pair)은 $f(x)$를 $F(\alpha)$로 바꾸는 **적분변환** (integral transform)

$$F(\alpha) = \int_a^b f(x)K(\alpha, x)dx \qquad (10.6.3)$$

와 다시 $F(\alpha)$를 $f(x)$로 바꾸는 **적분역변환**(integral inverse transform)

$$f(x) = \int_c^d F(\alpha)H(\alpha, x)d\alpha \qquad (10.6.4)$$

로 구성된다. 여기서, $K(\alpha, x)$와 $H(\alpha, x)$를 변환의 **핵**(kernel)이라 하는데, 식 (10.6.1)과 (10.6.2)와 같은 라플라스 변환의 경우는 $K(s, t) = e^{-st}$, $H(s, t) = e^{st}/2\pi i$ 이다.

푸리에 변환

푸리에 변환 역시 적분변환의 일종으로 복소 푸리에 적분, 푸리에 코사인적분, 푸리에 사인적분에 기초하여 세 가지 푸리에 변환쌍을 정의하겠다. 10.5절 복소 푸리에 적분에서 식 (10.5.12)의 $C(\omega)$를 $F(\omega)$로 바꾸어 쓰고, 이를 함수 $f(x)$의 복소 푸리에 변환 $F(\omega)$로 정의한다. 그러면 식 (10.5.11)은 복소 푸리에 역변환이 $f(x)$임을 의미한다. 푸리에 변환을 나타내는 기호 $\mathcal{F}$와 역변환을 나타내는 기호 $\mathcal{F}^{-1}$를 이용하여 정리하면 다음과 같다.

푸리에 변환과 역변환

$$\mathcal{F}[f(x)] = \int_{-\infty}^{\infty} f(x)e^{-i\omega x}dx = F(\omega) \tag{10.6.5}$$

$$\mathcal{F}^{-1}[F(\omega)] = \frac{1}{2\pi}\int_{-\infty}^{\infty} F(\omega)e^{i\omega x}d\omega = f(x) \tag{10.6.6}$$

앞으로 복소 푸리에 변환을 간단히 **푸리에 변환**(Fourier transform)이라고 부르겠다. 푸리에 코사인적분[식 (10.5.7)과 (10.5.8)]의 $A(\omega)$를 $F(\omega)$로 쓰면 푸리에 코사인변환과 역변환을 정의할 수 있다. 마찬가지로 푸리에 사인적분[식 (10.5.9)와 (10.5.10)]의 $B(\omega)$를 $F(\omega)$로 쓰고 푸리에 사인변환과 역변환을 정의한다. 이를 푸리에 코사인변환 기호 $\mathcal{F}_c$와 푸리에 사인변환 기호 $\mathcal{F}_s$를 이용하여 정리하면 다음과 같다.

푸리에 코사인변환과 역변환

$$\mathcal{F}_c[f(x)] = \int_{0}^{\infty} f(x)\cos\omega x\,dx = F_c(\omega) \tag{10.6.7}$$

$$\mathcal{F}_c^{-1}[F_c(\omega)] = \frac{2}{\pi}\int_{0}^{\infty} F_c(\omega)\cos\omega x\,d\omega = f(x) \tag{10.6.8}$$

푸리에 사인변환과 역변환

$$\mathcal{F}_s[f(x)] = \int_{0}^{\infty} f(x)\sin\omega x\,dx = F_s(\omega) \tag{10.6.9}$$

$$\mathcal{F}_s^{-1}[F_s(\omega)] = \frac{2}{\pi}\int_{0}^{\infty} F_s(\omega)\sin\omega x\,d\omega = f(x) \tag{10.6.10}$$

푸리에 변환의 존재성

$f(x)$가 구간$(-\infty, \infty)$에서 **절대적분가능**하고 $f(x)$와 $f'(x)$가 x의 유한구간에서 구간별 연속이면 함수 $f(x)$에 대해 푸리에 변환이 존재한다.

푸리에 변환의 선형성

라플라스 변환이 선형변환[식 (3.1.7)]인 것처럼 푸리에 변환도 선형변환으로 상수 c_1, c_2에 대해

$$\mathcal{F}[c_1 f(x) + c_2 g(x)] = c_1 \mathcal{F}[f(x)] + c_2 \mathcal{F}[g(x)] \qquad (10.6.11)$$

가 성립한다(연습문제). 푸리에 코사인변환과 푸리에 사인변환도 마찬가지이다.

라플라스 변환과 푸리에 변환의 비교

식 (10.6.1)의 라플라스 변환과 식 (10.6.5)의 푸리에 변환을 비교해 보자. $x < 0$에서 $f(x) = 0$인 함수에 대해 $s = \sigma + i\omega$ (σ, ω는 실수)이면 푸리에 변환은 라플라스 변환에서 $\sigma = 0$, 즉 $s = i\omega$인 경우이므로 푸리에 변환이 라플라스 변환의 특수한 형태임을 알 수 있다. 한편 라플라스 변환은 $0 \le t < \infty$에서 정의되는 함수 $f(t)$에 대해 변수 t를 매개변수 s로 바꾸는 변환이고 푸리에 변환은 $-\infty < x < \infty$, 푸리에 코사인변환과 푸리에 사인변환은 $0 \le x < \infty$에서 정의되는 함수 $f(x)$에 대해 변수 x를 매개변수 ω로 바꾸는 변환이다. 이러한 이유로 13장에서 편미분방정식의 해를 구할 때 **라플라스 변환**은 **초기값 문제**(13.2절)의 풀이에 이용되고 **푸리에 변환**은 **경계값 문제**(13.3절)의 풀이에 이용된다. 물론 변수 x와 관계없이 독립적으로 시간 t의 함수 $f(t)$를 푸리에 변환할 수도 있다.

합성곱

라플라스 변환에서 **합성곱**(convolution)을

$$f(t) * g(t) = \int_{\tau=0}^{t} f(\tau)g(t - \tau)d\tau \qquad (10.6.12)$$

로 정의하였고, $\mathcal{L}[f(t)] = F(s)$, $\mathcal{L}[g(t)] = G(s)$일 때 $\mathcal{L}[f(t)*g(t)] = F(s)G(s)$가 성립하였다(3.6절). 이는 라플라스 변환의 적분구간이 $0 \le t < \infty$이므로 타당한 정의이다. 하지만 푸리에 변환에서는 적분구간이 $-\infty < x < \infty$이므로 합성곱도

$$f(x) * g(x) = \int_{\tau=-\infty}^{\infty} f(\tau)g(x - \tau)d\tau \qquad (10.6.13)$$

로 정의한다. 만약 $x < 0$에서 $f(x) = g(x) = 0$이면 식 (10.6.13)이 식 (10.6.12)가 된다는 것은 쉽게 증명할 수 있다(연습문제). 푸리에 변환에서도 $\mathcal{F}[f(x)] = F(\omega)$, $\mathcal{F}[g(x)] = G(\omega)$일 때

$$\mathcal{F}[f(x)*g(x)] = F(\omega)G(\omega) \qquad (10.6.14)$$

가 성립한다. 이 밖에도 라플라스 변환과 푸리에 변환 사이에 많은 유사점이 있는데 그 중의 일부를 연습문제에서 확인하자.

푸리에 변환의 물리적 의미

현대 문명에서 신호는 매우 중요한 역할을 한다. 음성 및 영상 등과 같은 신호에 관한 기술이 TV, 핸드폰, 컴퓨터의 발전에 기초가 되기 때문이다. **신호처리**(signal processing)는 전자공학 및 응용수학의 한 분야로 신호를 생성, 가공, 전송하는 일련의 기술분야를 말한다. 푸리에 변환을 신호에 적용해보자. 시간 t의 함수 $f(t)$를 신호(signal)라고 하자. 여러 신호 중에서 $A\cos\omega t$, $A\sin\omega t$로 표현되는 신호를 **조화신호**(harmonic signal)라고 하는데, 여기서 $|A|$는 **진폭**(amplitude), $f = \dfrac{\omega}{2\pi}$는 **진동수**(frequency) 또는 **주파수**, ω는 **각진동수**(angular frequency) 또는 **각주파수**라고 한다. $T = \dfrac{1}{f}$은 **주기**(period)이다. 예를 들어 $f(t) = -10\cos(\pi t)$는 진폭이 10, 각진동수가 π, 진동수가 $\dfrac{\pi}{2\pi} = \dfrac{1}{2}$, 주기는 2인 조화신호이다. 일반적으로 조화신호를

$$f(t) = Ae^{i\omega t} = A(\cos\omega t + i\sin\omega t) \qquad (10.6.15)$$

로 나타내는데, 신호 $f(t)$를 푸리에 역변환으로 표현하면 식 (10.6.6)에서

$$f(t) = \frac{1}{2\pi}\int_{-\infty}^{\infty} F(\omega)e^{i\omega t}\,d\omega \qquad (10.6.16)$$

가 된다. 피적분함수 $F(\omega)e^{i\omega t}$가 진폭이 $|F(\omega)|$, 각진동수가 ω인 조화신호이므로 식 (10.6.16)은 어떤 신호 $f(t)$가 각기 다른 각진동수(또는 진동수)를 갖는 조화신호들의 합(리만합의 극한 = 정적분)으로 표현됨을 의미한다. 따라서 식 (10.6.5)를 이용하여 $f(t)$의 푸리에 변환

$$F(\omega) = \int_{-\infty}^{\infty} f(t)e^{-i\omega t}\,dt \qquad (10.6.17)$$

를 구하면 신호 $f(t)$의 **진동수 스펙트럼**(엄밀히 말하면 각진동수 스펙트럼) $(\omega, |F(\alpha)|)$를 알 수 있고, 이는 각각의 조화신호가 원래의 신호를 구성하는데 어느 정도 기여하는지를 나타내는 지표가 된다. 이러한 방법은 진동이나 제어, 신호처리 분야에서 사용된다.

함수의 푸리에 변환

사실 우리는 몇몇 함수들의 푸리에 변환을 이미 구하였다. 이유는 푸리에 변환이 함수 $f(x)$의 푸리에 적분을 구하기 위해 먼저 구해야 하는 푸리에 적분계수이기 때문이다. 예를 들어 10.5절 예제 5에서 함수 $f(x)$의 푸리에 적분계수 $C(\omega)$가 $f(x)$의 푸리에 변환 $F(\omega)$이다. 마찬가지로 10.5절 예제 4의 (1)의 $A(\omega)$와 (2)의 $B(\omega)$는 각각 $f(x)$의 푸리에 코사인변환 $F_c(\omega)$와 푸리에 사인변환 $F_s(\omega)$이다. 푸리에 변환의 의미를 좀 더 이해하기 위하여 몇 가지 예를 들겠다.

예제 1 일방 지수함수

다음 함수의 푸리에 변환을 구하라. $U(t)$는 3.2절에서 설명한 단위계단함수이고, $a > 0$이다.

(1) $f(x) = e^{-at}U(t)$ (2) $g(x) = e^{at}U(t)$

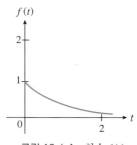

그림 10.6.1 함수 $f(t)$

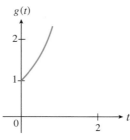

그림 10.6.2 함수 $g(t)$

☞ y축의 좌측 또는 우측에서만 정의되는 함수를 **일방함수**(unilateral function)라고 한다.

(풀이) (1) $f(t)$와 $f'(t)$가 $(-\infty, \infty)$에서 구간별 연속이고

$$\int_{-\infty}^{\infty} |f(t)|dt = \int_{-\infty}^{\infty} |e^{-at}U(t)|dt = \int_{0}^{\infty} e^{-at}dt = -e^{-at}\big|_{0}^{\infty} = 1$$

이므로 $f(t)$는 절대적분가능하다. $\omega \neq 0$일 때

$$F(\omega) = \mathcal{F}[f(t)] = \int_{-\infty}^{\infty} e^{-at}U(t)e^{-i\omega t}dt = \int_{0}^{\infty} e^{-at}e^{-i\omega t}dt$$

$$= \int_{0}^{\infty} e^{-(a+i\omega)t}dt = -\frac{e^{-(a+i\omega)t}}{a+i\omega}\bigg|_{0}^{\infty} = \frac{1}{a+i\omega}$$

이다. 위의 적분을 계산하는 과정에서

$$\lim_{t \to \infty} \left|-\frac{e^{-(a+i\omega)t}}{a+i\omega}\right| = \lim_{t \to \infty} \frac{e^{-at}|e^{-i\omega t}|}{|a+i\omega|} = \lim_{t \to \infty} \frac{e^{-at}(1)}{\sqrt{a^2+\omega^2}} = 0$$

을 이용하였다($|e^{-i\omega t}| = |\cos\omega t - i\sin\omega t| = \sqrt{\cos^2\omega t + \sin^2\omega t} = 1$). 한편 $\omega = 0$이면

$$F(0) = \int_{-\infty}^{\infty} e^{-at}U(t)e^{-i(0)t}dt = \int_{0}^{\infty} e^{-at}dt = \frac{1}{a}$$

이다. 이를 $F(0) = \lim_{\omega \to 0}F(\omega) = \lim_{\omega \to 0} \frac{1}{a+i\omega} = \frac{1}{a}$ 로 계산할 수도 있다. 결과적으로 $\omega \neq 0$일 때

$$|F(\omega)| = \left|\frac{1}{a+i\omega}\right| = \frac{1}{|a+i\omega|} = \frac{1}{\sqrt{a^2+\omega^2}}$$

이고 $|F(0)| = \frac{1}{a}$ 이다.

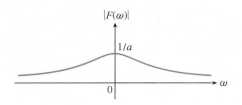

그림 10.6.3 진동수 스펙트럼 $|F(\omega)|$

(2) $g(t) = e^{at}U(t)$는 절대적분가능하지 않으므로 푸리에 변환이 존재하지 않는다. 실제로

$$\mathcal{F}\left[g(t)\right] = \int_{-\infty}^{\infty} e^{at}U(t)e^{-i\omega t}dt = \int_{0}^{\infty} e^{at}e^{-i\omega t}dt = \int_{0}^{\infty} e^{(a-i\omega)t}dt = \frac{e^{(a-i\omega)t}}{a-i\omega}\Big|_{0}^{\infty}$$

에서

$$\lim_{t \to \infty}\left|\frac{e^{(a-i\omega)t}}{a-i\omega}\right| = \lim_{t \to \infty}\frac{e^{at}\left|e^{-i\omega t}\right|}{|a-i\omega|} = \lim_{t \to \infty}\frac{e^{at}}{\sqrt{a^2+\omega^2}} = \infty$$

이다.

☞ 예제 1의 (1)의 결과 $\mathcal{F}\left[e^{-at}U(t)\right] = \dfrac{1}{a+i\omega}$ 는 라플라스 변환과 푸리에 변환의 비교에서 설명한 것처럼 $\mathcal{L}[e^{-at}] = \dfrac{1}{s+a}$ [표 3.1.1 공식 6]에 $s = i\omega$를 대입한 것과 같다. 하지만 (2)에서도 $s = i\omega$를 대입하여 $\mathcal{F}\left[e^{at}U(t)\right] = \dfrac{1}{-a+i\omega}$ 라고 하는 것은 옳지 않다. 후자는 푸리에 변환이 존재하지 않는 경우이다.

예제 2   시그넘 함수

시그넘 함수(signum function) $\mathrm{sgn}(t) = U(t) - U(-t)$의 푸리에 변환을 구하라.

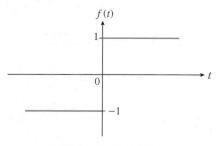

그림 10.6.4 시그넘 함수

(풀이) 시그넘 함수는 절대적분가능하지 않으므로 직접 푸리에 변환을 구할 수는 없다. 다른 방법은 시그넘 함수를 근사하는 다른 함수를 사용하는 것이다. $a > 0$일 때

$$e^{-a|t|}\mathrm{sgn}(t) = e^{-at}U(t) - e^{at}U(-t)$$

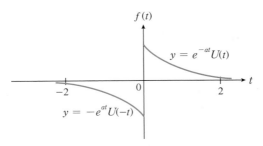

그림 10.6.5 시그넘 함수의 근사

는 절대적분가능한 함수이다. 여기서

$$\text{sgn}(t) = \lim_{a \to 0} e^{-a|t|}\text{sgn}(t) = \lim_{a \to 0}\left[e^{-at}U(t) - e^{at}U(-t)\right]$$

이다. 따라서 예제 1에 의해 $\omega \neq 0$일 때

$$F(\omega) = \mathcal{F}[\text{sgn}(t)] = \lim_{a \to 0}\left\{\mathcal{F}[e^{-at}U(t)] - \mathcal{F}[e^{at}U(-t)]\right\} = \lim_{a \to 0}\left\{\frac{1}{a + i\omega} - \frac{1}{a - i\omega}\right\} = \frac{2}{i\omega}$$

가 된다. $\omega = 0$이면 $F(0) = 0$이다.

예제 3 단위계단함수

단위계단함수 $U(t)$의 푸리에 변환을 구하라.

(풀이) 단위계단함수 역시 절대적분가능한 함수가 아니다(그림 3.2.2 참고). 단위계단함수를 예제 2의 시그넘 함수로 표현하면

$$U(t) = \frac{1}{2}[1 + \text{sgn}(t)]$$

이고, 이의 푸리에 변환을 구하면

$$F(\omega) = \mathcal{F}[U(t)] = \mathcal{F}\left[\frac{1}{2}\{1 + \text{sgn}(t)\}\right] = \frac{1}{2}\{\mathcal{F}[1] + \mathcal{F}[\text{sgn}(t)]\}$$
$$= \frac{1}{2}\left\{2\pi\delta(\omega) + \frac{2}{i\omega}\right\} = \pi\delta(\omega) + \frac{1}{i\omega}$$

이다. 여기서 $\mathcal{F}[1] = 2\pi\delta(\omega)$인 것은 연습문제를 참고하자.

예제 4 디락–델타 함수

디락–델타 함수 $\delta(t)$의 푸리에 변환을 구하라.

(풀이) 디락–델타 함수 $\delta(t)$의 푸리에 변환식에 3.6절 디락–델타 함수의 성질 (2)를 적용하면

$$\mathcal{F}[\delta(t)] = \int_{-\infty}^{\infty} \delta(t)e^{-i\alpha t}\,dt = e^{-i\alpha(0)} = 1$$

이다. 이는 $\delta(t)$의 라플라스 변환이 1, 즉 $\mathcal{L}[\delta(t)] = 1$인 것과 같다.

상수, 사인함수, 코사인함수 등과 같이 절대적분가능하지 않은 함수들에 대해서도 디락–델타함수를 이용하여 푸리에 변환을 구할 수 있는데, 이는 디락–델타함수를 기호함수로 보고 푸리에 변환을 디락–델타함수의 성질을 이용하여 일반화한 것으로 보는 것이 타당할 것이다.

예제 5   지수함수, 삼각함수

다음 함수의 푸리에 변환을 구하라.

(1) e^{iat}, e^{-iat} (2) $\cos at, \sin at$

(풀이) (1) 푸리에 역변환의 정의를 나타내는 식 (10.6.6)의 $F(\omega)$에 $\delta(\omega - a)$를 대입하고, 디락–델타 함수의 성질 (2)를 적용하여

$$\mathcal{F}^{-1}[\delta(\omega - a)] = \frac{1}{2\pi} \int_{-\infty}^{\infty} \delta(\omega - a)e^{i\omega t} d\omega = \frac{1}{2\pi}(e^{iat}),$$

즉 $e^{iat} = 2\pi\mathcal{F}^{-1}[\delta(\omega - a)]$를 구한다. 다시 양변을 푸리에 변환하면

$$\mathcal{F}[e^{iat}] = 2\pi\delta(\omega - a)$$

이고, 마찬가지 방법으로

$$\mathcal{F}[e^{-iat}] = 2\pi\delta(\omega + a)$$

를 구할 수 있다.

(2) (1)의 결과와 오일러 공식을 적용하면

$$\mathcal{F}[\cos at] = \mathcal{F}\left[\frac{e^{iat} + e^{-iat}}{2}\right] = \frac{1}{2}\mathcal{F}[e^{iat}] + \frac{1}{2}\mathcal{F}[e^{-iat}] = \pi[\delta(\omega - a) + \delta(\omega + a)]$$

이고, 마찬가지로

$$\mathcal{F}[\sin at] = \pi[\delta(\omega + a) + \delta(\omega - a)]$$

이다.

☞ $\mathcal{F}[\sin at] = F(\omega)$로 놓으면 $|F(\omega)|$는 $\omega = \pm a$일 때 무한대가 된다(쉬어가기 10.3 참고).

여러 함수들의 푸리에 변환, 푸리에 변환의 성질 및 응용에 대한 세부적인 내용은 해당 전공과목을 참고하라.

10.6 연습문제

1. 푸리에 변환이 선형변환임을 보여라.

2. 구간 $(\infty, -\infty)$에서 정의되는 함수 $f(x)$, $g(x)$에 대해 $x < 0$에서 $f(x) = g(x) = 0$이면 식 $(10.6.13)$이 식 $(10.6.12)$가 됨을 보여라. [식 $(10.6.12)$의 변수 t를 x로 생각하라.]

3. 식 $(10.6.13)$으로 정의되는 합성곱에 대해 $\mathcal{F}[f(x)] = F(\omega)$, $\mathcal{F}[g(x)] = G(\omega)$일 때 $\mathcal{F}[f(x)*g(x)] = F(\omega) G(\omega)$가 성립함을 보여라.

4. $\mathcal{L}[f(t)] = F(s)$, $\mathcal{F}[f(x)] = F(\omega)$일 때
(1) 라플라스 변환의 제1이동정리는 $\mathcal{L}[e^{at}f(t)] = F(s - a)$이다(3.2절).
   푸리에 변환의 이동정리 $\mathcal{F}[e^{iax}f(x)] = F(\omega - a)$가 성립함을 보여라.
(2) $\mathcal{L}[f'(t)] = sF(s) - f(0)$이다(3.4절 참고). $\mathcal{F}[f'(x)] = i\omega F(\omega)$임을 보여라(13.3절 참고).

5. $f(x) = e^{-x}U(x)$, $g(x) = e^{-2x}U(x)$일 때
(1) 식 $(10.6.13)$을 이용하여 합성곱 $f(x)*g(x)$를 구하라.
(2) 예제 1의 (1)의 결과와 푸리에 변환, 역변환을 이용하여 합성곱 $f(x)*g(x)$를 구하라.
(답) (1) $f(x)*g(x) = (e^{-x} - e^{-2x})U(x)$ (2) $f(x)*g(x) = (e^{-x} - e^{-2x})U(x)$

6. 함수 $f(t) = \begin{cases} 1, & |t| < 1 \\ 0, & |t| > 1 \end{cases}$의 푸리에 변환 $F(\omega)$를 구하고 $|F(\omega)|$의 그래프를 그려라.

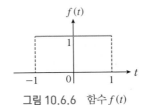

그림 10.6.6 함수 $f(t)$

(답) $F(\omega) = \dfrac{2\sin\omega}{\omega}$ $(\omega \neq 0)$, $F(0) = 2$

7. (1) $\delta(t) = \dfrac{1}{2\pi} \displaystyle\int_{-\infty}^{\infty} e^{i\omega t} d\omega$가 성립함을 보여라.
(2) (1)의 결과를 이용하여 상수함수 $f(t) = 1$의 푸리에 변환을 구하라.
   (힌트: 예제 4와 디락–델타함수의 성질 (3)을 이용하라.)
(답) (2) $\mathcal{F}[1] = 2\pi\delta(\omega)$

8. (1) $\mathcal{F}[\delta(x)] = 1$을 이용하여 $\delta(x)$를 적분으로 나타내고, 이를 이용하여 $\delta(x)$를 싱크함수의 극한으로 표현하라. (힌트: $\displaystyle\int_{-\infty}^{\infty} f(x)dx = \lim_{k \to \infty} \int_{-k}^{k} f(x)dx$)

(2) (1)의 결과와 10.5절에서 소개한 싱크함수의 그래프를 이용하여 $\delta(x)$의 그래프를 예상하고, 그 이유를 간단히 설명하라.

(답) (1) $\delta(x) = \lim_{k \to \infty} \dfrac{k}{\pi} \mathrm{sinc}(kx)$

쉬어가기 10.3   푸리에 변환으로 보는 레이더의 원리

신호를 송출하고 되돌아온 신호를 관찰하여 안테나 방향에 어떤 목표물이 존재하는지 판별하는 레이더 시스템을 생각하자.

송신 안테나로 주파수가 100 Hz인 신호 $A\sin(200\pi t)$를 송출한 후 수신 안테나에 수집된 신호를 $f(t)$라고 하자. 레이더 시스템의 목적은 목표물의 존재여부를 알지 못하는 상태에서 $f(t)$를 관찰하여 목표물의 존재여부를 판단하는 것이다. 잡신호가 없는 이상적인 경우 목표물이 존재하지 않으면 $f(t) = 0$이고, 목표물이 존재하면

$$f(t) = B\sin(200\pi t + \theta)$$

그림 10.6.7   레이더(radar)

가 되는데, 신호감쇠에 의해 $|B| < |A|$이고 목표물까지의 거리에 따른 위상차 θ가 발생한다. 하지만 실제적인 여러 요인에 의한 잡신호 $n(t)$가 존재하므로 목표물이 없으면 $f(t) = n(t)$, 목표물이 있으면

$$f(t) = B\sin(200\pi t + \theta) + n(t)$$

가 된다. 그림 10.6.8과 그림 10.6.9는 목표물이 존재하지 않는 경우와 목표물이 존재하는 경우에 대해 시간 영역 t에 대한 $f(t)$를 보여준다 ($|B| = 0.1|A|$, $\theta = 0$). 잡신호 $n(t)$는 표준편차가 1인 정규분포로 가정했다. 이와 같이 시간에 따른 신호 크기의 변화를 보여주는 장치가 **오실로스코프**(oscilloscope)이다. 하지만 이 두 그림으로는 목표물의 존재 여부를 판단할 수 없을 것이다.

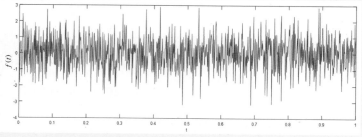

그림 10.6.8   목표물이 존재하지 않는 경우에 수집된 신호

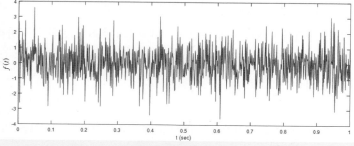

그림 10.6.9   목표물이 존재하는 경우에 수집된 신호

반면에 그림 10.6.10과 그림 10.6.11은 수집된 신호 $f(t)$를 푸리에 변환한 $|F(\omega)|$를 주파수 ω에 대하여 그린 그림이다. 주파수 변화에 따른 신호의 푸리에 변환값을 표시해주는 장치가 **스펙트럼 분석기**(spectrum analyzer)이다. 그림 10.6.10은 여러 주파수를 갖는 잡신호만 보여주지만 그림 10.6.11은 주파수 100 Hz($100\pi/2\pi = 100$ Hz)의 반사 신호가 정확하게 디락-델타 함수로 나타남을 보여준다. 이는 본문의 예제 5의 (2)에서 구한 $\sin at$의 푸리에 변환과 정확히 일치한다.

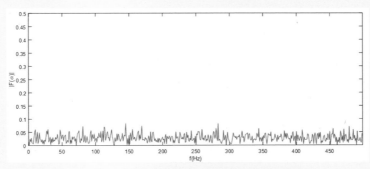

그림 10.6.10 목표물이 존재하지 않는 경우에 푸리에 변환된 신호

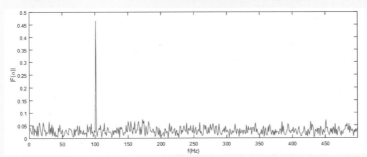

그림 10.6.11 목표물이 존재하는 경우에 푸리에 변환된 신호

이렇듯 신호의 특성을 검출하기 위해 시간 영역 외에 주파수 영역을 사용할 수 있는데, 이를 위해 푸리에 변환이 사용된다. 푸리에 변환에 의해 신호가 변형되는 것은 아니며 단지 그림 10.6.12와 같이 동일한 신호에 대해 보는 관점이 달라지는 것 뿐이다.

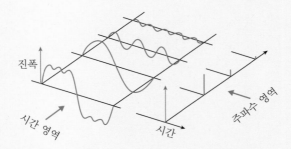

그림 10.6.12 시간 영역과 주파수 영역에서 보는 신호

편미분방정식

상미분방정식의 해는 1변수함수이고 편미분방정식의 해는 다변수함수이다. 0.2절에서 설명한 것처럼 실제 대부분의 현상은 다변수 함수로 표현되므로 이러한 현상을 지배하는 미분방정식 또한 편미분방정식이다. 편미분방정식의 풀이는 공학적 문제 해결을 위해 매우 중요한 의미를 갖는다. 이 장을 통해 학생들은 다양한 편미분방정식의 의미를 이해하고 해를 구하는 방법을 터득하게 될 것이다. 편미분방정식의 해를 해석적으로 구하는 것은 매우 제한된 경우에만 가능하므로 실질적으로는 해를 구하기 위해 주로 수치적 방법에 의존한다(14장 참고). 편미분방정식의 해를 구하는 과정에서 고유값 문제가 등장하므로 먼저 상미분방정식에 대한 고유값 문제를 공부하자.

11.1 고유값 문제

1.1절에서 미분방정식과 초기조건으로 구성된 **초기값 문제**(initial value problem)는 적절한 조건 아래서 유일한 해를 갖지만 미분방정식과 경계조건으로 구성된 **경계값 문제**(boundary value problem)는 경우에 따라 여러 해를 갖거나, 유일한 해를 갖거나, 또는 해가 존재하지 않는다고 설명하였다. 다음 예를 보자.

예제 1

다음 두 경계값 문제는 경계조건은 같지만 미분방정식의 형태가 다르다. 해를 구하라.

(1) $y'' - y = 0$, $y(0) = y(\pi) = 0$

(2) $y'' + y = 0$, $y(0) = y(\pi) = 0$

(풀이) (1) 미분방정식 $y'' - y = 0$의 일반해는 $y = c_1 \cosh x + c_2 \sinh x$이다(2.3절 예제 2 참고). 여기에 첫 번째 경계조건을 적용하면

$$y(0) = c_1 \cosh 0 + c_2 \sinh 0 = c_1 \cdot 1 + c_2 \cdot 0 = 0$$

에서 $c_1 = 0$이므로 $y = c_2 \sinh x$이다. 다시 두 번째 경계조건을 적용하면

$$y(\pi) = c_2\sinh\pi = 0$$

을 만족해야 하는데 $\sinh\pi \neq 0$이므로 $c_2 = 0$이다. 따라서 $y = 0$이고, 이것은 비록 자명해(trivial solution)지만 주어진 경계값 문제의 유일한 해다.

(2) 미분방정식 $y'' + y = 0$의 일반해는 $y = c_1\cos x + c_2\sin x$이다(2.3절 예제 2 참고). 여기에 첫 번째 경계조건을 적용하면

$$y(0) = c_1\cos 0 + c_2\sin 0 = c_1 \cdot 1 + c_2 \cdot 0 = 0$$

에서 $c_1 = 0$이므로 $y = c_2\sin x$이다. 다시 두 번째 경계조건에서

$$y(\pi) = c_2\sin\pi = c_2 \cdot 0 = 0$$

을 이미 만족하므로 $c_2 = 0$이 아니어도 된다. (물론 0이어도 된다.) 따라서 주어진 경계값 문제의 해는 $y = c_2\sin x$이고 c_2의 값에 따라 무수히 많은 해가 존재한다.

☞ 부록의 $y = \sinh x$의 그래프에서 알 수 있듯이 $\sinh x = 0$은 $x = 0$일 때만 성립한다.

만약 예제 1에서 미분방정식을

$$y'' + ky = 0$$

으로 쓰면 (1)은 $k = -1$, (2)는 $k = 1$인 경우이다. 예제 1의 결과에 의하면 $k = -1$일 때는 유일한 자명해 $y = 0$이 존재하고, $k = 1$일 때는 무수히 많은 비자명해가 존재함을 알 수 있다. 이와 같이 경계값 문제에 포함된 미분방정식에 미정계수 k가 포함되어 특정한 k의 값에 대해 비자명해가 존재하는 경우 이를 **고유값 문제**(eigenvalue problem)라 하고, 비자명해가 존재하는 k의 값을 **고유값**(eigenvalue), 고유값에 해당하는 비자명해 y를 **고유함수**(eigenfunction)라고 한다.[*] 자명해(trivial solution)는 모든 제차 미분방정식의 해가 되지만 실제로 아무런 쓸모가 없으므로 고유값 문제의 해에 포함시키지 않는다.

☞ * eigenvalue, eigenfunction은 독일어와 영어가 혼용된 표현이다.

고유값 문제의 해를 구하기 위해서는 먼저 고유값 문제에 포함된 미분방정식을 풀어야 한다. 다음에 1장에서 4장까지에서 공부했던 대표적인 상미분방정식과 그것들의 일반해를 정리하였다. 이것들은 이후의 편미분방정식의 풀이에서 자주 사용될 것이다.

주요 상미분방정식과 일반해

(1) 1계 선형 미분방정식 $\dfrac{dy}{dx} + p(x)y = r(x)$ (1.4절 참고)

$$y = e^{-\int p(x)dx}\left[\int e^{\int p(x)dx} r(x)dx + c\right]$$

(예1) $y' + ky = 0 \longrightarrow y = ce^{-kx}$

(예2) $y' - ky = 0 \longrightarrow y = ce^{kx}$

(2) 상수계수 2계 선형 미분방정식 $ay'' + by' + cy = 0$ (2.3절 참고)

특성방정식 : $am^2 + bm + c = 0$

    (i) 서로 다른 두 실근 m_1, m_2 : $y = c_1 e^{m_1 x} + c_2 e^{m_2 x}$

    (ii) 중근 m_1 : $y = c_1 e^{m_1 x} + c_2 x e^{m_1 x}$

    (iii) 허근 $m = \alpha \pm i\beta$: $y = e^{\alpha x}(c_1 \cos\beta x + c_2 \sin\beta x)$

(예1) $y'' = 0 \longrightarrow y = c_1 + c_2 x$

(예2) $y'' - k^2 y = 0$, $(k \neq 0) \longrightarrow y = c_1 e^{kx} + c_2 e^{-kx}$ 또는 $y = c_1 \cosh kx + c_2 \sinh kx$

무한구간 $(-\infty, \infty)$ 또는 반무한구간 $[0, \infty)$에서는 지수함수를, $[0, 1]$과 같은 유한구간에서는 쌍곡선함수를 사용하는 것이 편리하다[2.3절 예제 3 참고].

(예3) $y'' + k^2 y = 0$, $(k \neq 0) \longrightarrow y = c_1 \cos kx + c_2 \sin kx$

(3) 코시–오일러 방정식 $ax^2 y'' + bxy' + cy = 0$ (2.4절 참고)

특성방정식 : $am(m - 1) + bm + c = 0$

    (i) 서로 다른 두 실근 m_1, m_2 : $y = c_1 x^{m_1} + c_2 x^{m_2}$

    (ii) 중근 m_1 : $y = c_1 x^{m_1} + c_2 x^{m_1} \ln x$

    (iii) 허근 $m = \alpha \pm i\beta$: $y = x^{\alpha}[c_1 \cos(\beta \ln x) + c_2 \sin(\beta \ln x)]$

(예1) $x^2 y'' + xy' - k^2 y = 0$ $(k \neq 0) \longrightarrow y = c_1 x^k + c_2 x^{-k}$

(예2) $x^2 y'' + xy' = 0 \longrightarrow y = c_1 + c_2 \ln x$

(4) 르장드르 방정식 (4.4절 참고)

$-1 \leq x \leq 1$에서 정의되는 n계 르장드르 방정식

$$(1 - x^2)y'' - 2xy' + n(n + 1)y = 0, \quad n = 0, 1, 2, \cdots$$

에 대해 $x = \pm 1$에서 유계(bounded)인 해는 n차 르장드르 다항식 $y = P_n(x)$이고

$$P_0(x) = 1, \quad P_1(x) = x, \quad P_2(x) = \frac{1}{2}(3x^2 - 1),$$

$$P_3(x) = \frac{1}{2}(5x^3 - 3x), \quad P_4(x) = \frac{1}{8}(35x^4 - 30x^2 + 3),$$

$$\vdots$$

$$P_n(x) = \sum_{m=0}^{[n/2]} (-1)^m \frac{(2n - 2m)!}{2^n m!(n - m)!(n - 2m)!} x^{n - 2m}$$

이다.

(예1) $(1 - x^2)y'' - 2xy' + 2y = 0 \longrightarrow y = P_1(x)$

(5) 매개변수 베셀 방정식 (4.6절 참고)

$0 \leq x \leq b$에서 정의되는 v계 매개변수 베셀 방정식

$$x^2y'' + xy' + (\lambda^2x^2 - v^2)y = 0, \, v = 0, 1, 2, \cdots$$

의 해는

$$y = c_1J_v(\lambda x) + c_2Y_v(\lambda x)$$

이고, $x = 0$에서 유계인 함수는 $J_v(\lambda x)$이다. 여기서

$$J_v(x) = \sum_{m=0}^{\infty} \frac{(-1)^m}{2^{2m+v}m!\Gamma(m + v + 1)}x^{2m+v} \quad \text{: 제1종 } v\text{계 베셀 함수}$$

$$Y_v(x) = \frac{1}{\sin v\pi}[J_v(x)\cos v\pi - J_{-v}(x)] \quad \text{: 제2종 } v\text{계 베셀 함수}$$

이다. 베셀 함수의 그래프는 그림 4.6.1과 4.6.2를 참고하라.

(예1) $x^2y'' + xy' + \lambda^2x^2y = 0 \longrightarrow y = c_1J_0(\lambda x) + c_2Y_0(\lambda x)$

일반적으로 고유값 문제를 **스트룸-리우빌 문제**(Sturm-Liouville problem)라 부른다. 먼저 경계조건이 두 점에서 주어지는 정규 스트룸-리우빌 문제에 대해 알아보자.

정규 스트룸-리우빌 문제

ω, p, q와 p'이 구간 $[a, b]$에서 연속인 실함수이고 구간 내의 모든 x에 대해 $p > 0$, $\omega > 0$ 일 때 λ를 매개변수로 갖는 스트룸-리우빌 방정식

$$\frac{d}{dx}(py') + (q + \lambda\omega)y = 0 \qquad (11.1.1)$$

과 경계조건

$$\alpha_1y(a) + \beta_1y'(a) = 0 \quad (\alpha_1, \, \beta_1 \text{ 이 동시에 0이 아님}) \qquad (11.1.2)$$

$$\alpha_2y(b) + \beta_2y'(b) = 0 \quad (\alpha_2, \, \beta_2 \text{ 가 동시에 0이 아님}) \qquad (11.1.3)$$

을 합하여 **정규 스트룸-리우빌 문제**(regular Sturm-Liouville problem)라고 한다.

앞으로 스트룸-리우빌을 줄여서 S-L로 표기하겠다.

정규 S-L 문제의 성질

(1) $\lambda_1 < \lambda_2 < \cdots < \lambda_n < \cdots$을 만족하는 무한개의 고유값이 존재한다.

(2) 고유값 λ_n에 대응하는 고유함수 y_n이 존재한다.

(3) 서로 다른 고유값 λ_n에 대응하는 고유함수는 구간 $[a, b]$에서 선형독립이다.

(4) 서로 다른 고유함수는 구간 $[a, b]$에서 **가중함수** $\omega(x)$에 대해 직교성을 갖는다. 즉

$$\int_a^b \omega(x)y_m y_n dx = 0, \quad \lambda_m \neq \lambda_n \tag{11.1.4}$$

이 성립한다. 식 (11.1.4)에서 가중함수 ω는 식 (11.1.1)의 ω이다.

성질 (4)의 증명

y_m과 y_n을 서로 다른 고유값 λ_m과 λ_n에 대응하는 고유함수라고 하자. 그러면 y_m과 y_n은 λ_m과 λ_n에 대해 식 (11.1.1)을 만족하므로

$$\frac{d}{dx}[p(x)y_m{}'] + [q(x) + \lambda_m \omega(x)]y_m = 0 \tag{11.1.5}$$

$$\frac{d}{dx}[p(x)y_n{}'] + [q(x) + \lambda_n \omega(x)]y_n = 0 \tag{11.1.6}$$

이 성립한다. 식 (11.1.5)에 y_n을 곱한 식에서 식 (11.1.6)에 y_m을 곱한 식을 **빼면**

$$(\lambda_m - \lambda_n)\omega(x)y_m y_n = y_m \frac{d}{dx}[p(x)y_n{}'] - y_n \frac{d}{dx}[p(x)y_m{}'] \tag{11.1.7}$$

이다. 식 (11.1.7)의 양변을 구간 $[a, b]$에 대해 적분하면

$$(\lambda_m - \lambda_n)\int_a^b \omega(x)y_m y_n dx = \int_a^b y_m \frac{d}{dx}[p(x)y_n{}']dx - \int_a^b y_n \frac{d}{dx}[p(x)y_m{}']dx$$

$$= [y_m p(x)y_n{}']_a^b - \int_a^b y_m{}' p(x)y_n{}' dx - [y_n p(x)y_m{}']_a^b + \int_a^b y_n{}' p(x)y_m{}' dx : \text{부분적분}$$

$$= p(b)[y_m(b)y_n{}'(b) - y_n(b)y_m{}'(b)] - p(a)[y_m(a)y_n{}'(a) - y_n(a)y_m{}'(a)] \tag{11.1.8}$$

이다. 고유함수 y_m과 y_n은 식 (11.1.2)의 경계조건을 만족해야 하므로 $x = a$에서

$$\alpha_1 y_m(a) + \beta_1 y_m{}'(a) = 0$$

$$\alpha_1 y_n(a) + \beta_1 y_n{}'(a) = 0$$

이 되는데 α_1과 β_1이 동시에 0이 되지 않아야 하므로

$$\begin{vmatrix} y_m(a) & y_m{}'(a) \\ y_n(a) & y_n{}'(a) \end{vmatrix} = 0$$

즉

$$y_m(a)y_n{}'(a) - y_n(a)y_m{}'(a) = 0 \tag{11.1.9}$$

이어야 한다. 마찬가지로 식 (11.1.3)의 $x = b$에서의 경계조건에 대해서도

$$y_m(b)y_n{'}(b) - y_n(b)y_m{'}(b) = 0 \qquad (11.1.10)$$

이 성립한다. 식 (11.1.8)에 식 (11.1.9)와 식 (11.1.10)을 적용하면 $\lambda_m \neq \lambda_n$이므로

$$\int_a^b \omega(x)y_m y_n dx = 0$$

이다.

■

정규 S–L 문제의 쉬운 예로 다음을 생각해 보자.

예제 2   정규 스트룸-리우빌 문제

경계값 문제 $y'' + ky = 0$, $y(0) = 0$, $y(L) = 0$의 고유값 k_n과 고유함수 y_n을 구하고, 처음 두 개의 고유함수를 그려라.

(풀이) 매개변수 k의 부호에 따라 미분방정식의 일반해의 형태가 달라지므로 $k = 0$, $k < 0$, $k > 0$으로 구분한다. 해당 상미분방정식의 일반해는 앞의 '주요 상미분방정식과 일반해'를 참고한다.

(i) $k = 0 : y'' = 0$이므로 $y = c_1 + c_2 x$이다.

경계조건 $y(0) = 0$에서 $c_1 = 0$이고 $y(L) = c_2 L = 0$에서 $L \neq 0$이므로 $c_2 = 0$이다. 따라서 자명해 $y = 0$을 갖는다.

(ii) $k = -\lambda^2 < 0$ $(\lambda > 0) : y'' - \lambda^2 y = 0$에서 $y = c_1 \cosh\lambda x + c_2 \sinh\lambda x$이다.

경계조건 $y(0) = 0$에서 $c_1 = 0$이고 $y(L) = c_2 \sinh\lambda L = 0$에서 $\sinh\lambda L \neq 0$이므로 $c_2 = 0$이다. 따라서 자명해 $y = 0$을 갖는다.

(iii) $k = \lambda^2 > 0$ $(\lambda > 0) : y'' + \lambda^2 y = 0$에서 $y = c_1 \cos\lambda x + c_2 \sin\lambda x$이다.

경계조건 $y(0) = 0$에서 $c_1 = 0$이고 $y(L) = c_2 \sin\lambda L = 0$에서 $c_2 \neq 0$이기 위해서는 $\sin\lambda L = 0$, 즉 $\lambda_n = n\pi/L$ $(n = 1, 2, 3, \cdots)$이어야 한다. 따라서 고유값은

$$k_n = \left(\frac{n\pi}{L}\right)^2, \quad n = 1, 2, 3, \cdots$$

이고, 이에 대응하는 고유함수는

$$y_n = \sin\frac{n\pi x}{L}, \quad n = 1, 2, 3, \cdots$$

이다. 처음 2개의 고유함수는 그림 11.1.1과 같다.

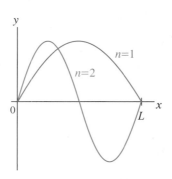

그림 11.1.1 고유함수

☞ (1) 예제 2는 정규 S–L 문제[식 (11.1.1)]에서 $p = 1$, $q = 0$, $\omega = 1$, $\lambda = k$이고 식 (11.1.2)와 식 (11.1.3)에서 $\alpha_1 = 1$, $\beta_1 = 0$, $\alpha_2 = 1$, $\beta_2 = 0$인 경우이다.

(2) 예제 2의 풀이 (iii)에서 $k > 0$이 되기 위해서는 $\lambda > 0$ 또는 $\lambda < 0$이어도 되지만 정수 n의 양, 음에 대해 고유함수 $y_n = \sin(n\pi x/L)$는 서로 상수배 차이 뿐이므로 고유함수의 중복을 피하기 위해 $\lambda > 0$으로 한정한다.

예제 3

예제 2에서 구한 고유함수가 구간 $[0, L]$에서 직교성을 가짐을 보여라.

(풀이) 예제 2는 S–L 문제에서 $\omega(x) = 1$인 경우이므로 식 (11.1.4)에 의해 1을 가중함수로 직교성을 갖는다. 즉 $m \neq n$일 때

$$
\begin{aligned}
\int_0^L y_m y_n\, dx &= \int_0^L \sin\frac{m\pi x}{L}\sin\frac{n\pi x}{L}\, dx \\
&= -\frac{1}{2}\int_0^L \left[\cos\frac{(m+n)\pi x}{L} - \cos\frac{(m-n)\pi x}{L}\right] dx \\
&= -\frac{1}{2}\left[\frac{L}{(m+n)\pi}\sin\frac{(m+n)\pi x}{L} - \frac{L}{(m-n)\pi}\sin\frac{(m-n)\pi x}{L}\right]_0^L = 0
\end{aligned}
$$

이 성립한다.

10.2절에서 함수 $f(x)$를 푸리에 급수로 전개할 수 있음을 배웠다. 사실 푸리에 급수에 사용된 직교함수 $\left\{1, \cos\dfrac{n\pi x}{L}, \sin\dfrac{n\pi x}{L}\right\}$ 는 미분방정식 $y'' + ky = 0$과 **주기적 경계조건**(periodic boundary condition) $y(-L) = y(L)$, $y'(-L) = y'(L)$로 이루어진 정규 S–L 문제의 고유함수이다. 이 함수들은 $\omega(x) = 1$을 가중함수로 구간 $[-L, L]$에서 직교성을 가짐을 다시 한번 확인할 수 있다(연습문제 참고).

예제 4   정규 스트룸–리우빌 문제의 응용

길이가 L이고 단면적이 일정한 막대 위쪽에서 하중 P가 작용한다. 막대가 좌우로 휘는 정도를 나타내는 수평변위 y가 경계값 문제

$$YI\frac{d^2y}{dx^2} + Py = 0, \quad y(0) = y(L) = 0$$

으로 나타난다. 여기서 Y와 I는 막대의 영률과 단면의 관성모멘트이다(쉬어가기 2.7 참고).

(1) **임계하중**(critical load) $P_n = (n\pi/L)^2 YI$가 작용하기 전에는 막대가 더 이상 휘지 않음을 보여라.

(2) 첫 임계하중 $P_1 = (\pi/L)^2 YI$에 대한 막대의 첫 휨곡선을 구하라.

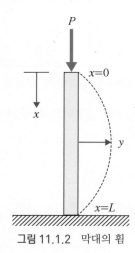

그림 11.1.2 막대의 휨

(풀이) (1) $\lambda^2 = \dfrac{P}{YI} > 0$으로 놓으면 미분방정식은

$$\frac{d^2y}{dx^2} + \lambda^2 y = 0$$

이 되고, 해는 $y = c_1\cos\lambda x + c_2\sin\lambda x$이다. 경계조건 $y(0) = c_1 = 0$, $y(L) = c_2\sin\lambda L = 0$에서 비자명해를 갖기 위해서는 $\lambda L = n\pi$ 또는

$$\lambda_n = \frac{n\pi}{L}\ (n = 1, 2, 3, \cdots)$$

이어야 한다. $\lambda_n^2 = \dfrac{P}{YI} = \left(\dfrac{n\pi}{L}\right)^2$ 이므로 임계하중(고유값)은

$$P_n = \left(\frac{n\pi}{L}\right)^2 YI$$

이다.

(2) 첫 임계하중은 $P_1 = \left(\dfrac{\pi}{L}\right)^2 YI$ 이고, 이에 해당하는 첫 휨곡선(고유함수)은

$$y_1 = \sin\left(\frac{\pi x}{L}\right) \tag{a}$$

이다. 고유함수의 그래프는 그림 11.1.1 2의 경우와 같다. 그림에서 막대가 어느 쪽(왼쪽 또는 오른쪽)으로 휘는가는 중요하지 않다. 식 (a)의 상수곱은 모두 해이기 때문이다.

고유값 문제로 나타나는 응용의 예를 보자. 예제 4에서 하중이 연속적으로 증가한다고 막대가 연속적으로 변형되지 않음을 알았다. 고유값 문제로 나타나는 현상은 주변에서 자주 볼 수 있다. 의자 위에 사람이 한명씩 추가적으로 올라간다고 의자의 변형이 연속적으로 증가하지 않는다. 멀쩡하던 의자는 어느 한 사람이 더 올라가는 순간에 갑자기 파손될 것이다. 원자 내 궤도 전자(orbital electron)의 에너지가 증가한다고 전자궤도가 곧바로 바뀌지 않고 특정 에너지가 되었을 때 전자의 궤도가 바뀐다. 2.3절 예제 4에서 슈뢰딩거 방정식을 풀었다. 그때는 특별한 언급이 없었지만 그 역시 고유값 문제였다.

이제까지 정규 S–L 문제를 다루었다. 이제는 특이 S–L 문제를 다루어 보자. 정규 S–L 문제에서 경계조건이 하나, 또는 하나도 주어지지 않는 경우에 특이 S–L 문제가 될 수 있다.

특이 스트룸–리우빌 문제

$p(a) = 0$ 또는 $p(b) = 0$, 또는 $p(a) = p(b) = 0$일 때

$$\frac{d}{dx}(py') + (q + \lambda\omega)y = 0 \tag{11.1.11}$$

을 특이 스트룸–리우빌 문제(singular Sturm–Liouville problem)라고 한다.

특이 S–L 문제의 성질

정규 S–L 문제와 특이 S–L 문제의 중요한 차이는 고유함수 사이의 직교성[식

(11.1.4)]이 성립하는 조건에 있다. 정규 S–L 문제에서는 $x = a$와 $x = b$에서 주어지는 경계조건에 의해 직교성이 성립하였다.[식 (11.1.8)을 보라.] 하지만 특이 S–L 문제에서는 경계조건이 주어지지 않아도 직교성이 성립한다. 예를 들어 $p(a) = 0$인 경우에 고유함수가 유계(bounded)이면 식 (11.1.8)의 마지막 항은 $x = a$에서 경계조건이 주어지지 않아도 $p(a) = 0$에 의해 직교성이 보장된다. 이런 이유로 식 (11.1.11)의 해가 구간 $[a, b]$에서 유계이면 다음이 성립한다.

---

(1) $p(a) = 0$이면 $x = a$에서 경계조건이 없어도 고유함수의 직교성이 성립한다.

(2) $p(b) = 0$이면 $x = b$에서 경계조건이 없어도 고유함수의 직교성이 성립한다.

(3) $p(a) = p(b) = 0$이면 $x = a$와 $x = b$에서 경계조건이 없어도 고유함수의 직교성이 성립한다.

미분방정식의 스트룸–리우빌 형태로의 변환

2계 미분방정식

$$a(x)y'' + b(x)y' + [c(x) + \lambda d(x)]y = 0, \ a(x) \neq 0 \qquad (11.1.12)$$

을 S–L형으로 바꾸어 보자. 위 식의 양변에 **적분인자**(integrating factor)

$$\frac{1}{a(x)}e^{\int (b/a)dx} \qquad (11.1.13)$$

를 곱하면

$$e^{\int(b/a)dx}y'' + \frac{b(x)}{a(x)}e^{\int(b/a)dx}y' + \left[\frac{c(x)}{a(x)}e^{\int(b/a)dx} + \lambda\frac{d(x)}{a(x)}e^{\int(b/a)dx}\right]y = 0$$

이고, 이는

$$\frac{d}{dx}[e^{\int(b/a)dx}y'] + \left[\frac{c(x)}{a(x)}e^{\int(b/a)dx} + \lambda\frac{d(x)}{a(x)}e^{\int(b/a)dx}\right]y = 0 \qquad (11.1.14)$$

과 같으므로 $p(x) = e^{\int(b/a)dx}$, $q(x) = \frac{c(x)}{a(x)}e^{\int(b/a)dx}$, $\omega(x) = \frac{d(x)}{a(x)}e^{\int(b/a)dx}$ 인 S–L형이다.

식 (11.1.12)의 형태를 갖는 2계 미분방정식을 식 (11.1.14) 형태의 S–L형으로 변환하는 이유는 경계조건 유무의 기준이 되는 $p(x)$와 직교성을 성립시키는 가중함수 $\omega(x)$를 알기 위함이다.

예제 5

르장드르 방정식 $(1 - x^2)y'' - 2xy' + n(n + 1)y = 0$, $-1 \leq x \leq 1$을 S–L형으로 바꾸고 고유함수의 직교성을 구하라.

(풀이) 식 (11.1.13)을 이용하여 적분인자를 구하면

$$\frac{1}{1 - x^2} e^{\int \frac{-2x}{1 - x^2} dx} = \frac{1}{1 - x^2} e^{\ln|1 - x^2|} = 1$$

이므로 르장드르 방정식은 이미 S–L형이다. 즉

$$\frac{d}{dx}[(1 - x^2)y'] + n(n + 1)y = 0$$

으로 쓸 수 있다. 여기서 $p(x) = 1 - x^2$, $q(x) = 0$, $\lambda = n(n + 1)$, $\omega(x) = 1$이다. $p(-1) = p(1) = 0$ 이므로 특이 S–L 문제의 성질(3)에 의해 $[-1, 1]$에서 유계인 해 $\{P_n(x)\}$, $n = 1, 2, 3, \cdots$ 은 $x = -1$과 $x = 1$에서 경계조건 없이 가중함수 1에 대해

$$\int_{-1}^{1} P_m(x)P_n(x)dx = 0$$

의 직교성을 갖는다. 이 직교성은 4.4절 르장드르 다항식의 성질 [6]에서 이미 소개하였다.

☞ 르장드르 다항식 $P_n(x)$의 직교성을 이용하여 어떤 함수를 $P_n(x)$의 무한급수로 표현하는 것을 **푸리에–르장드르 급수**라 한다(12.3절 참고).

예제 6

매개변수 베셀 방정식 $x^2y'' + xy' + (\lambda^2x^2 - v^2)y = 0$, $0 \leq x \leq b$를 S–L형으로 변환하고 고유함수의 직교성을 구하라.

(풀이) 적분인자 $\frac{1}{x^2} e^{\int \frac{x}{x^2} dx} = \frac{1}{x^2} e^{\ln x} = \frac{1}{x}$ 을 양변에 곱하면

$$xy'' + y' + \left(\lambda^2 x - \frac{v^2}{x}\right)y = 0$$

이고, 이는 S–L형

$$\frac{d}{dx}[xy'] + \left[-\frac{v^2}{x} + \lambda^2 x\right]y = 0$$

으로 쓸 수 있다. 여기서 $p(x) = x$, $q(x) = -\frac{v^2}{x}$, $\lambda = \lambda^2$, $\omega(x) = x$이다. $p(0) = 0$이고 매개변수 베셀 방정식의 두 해 $J_v(\lambda x)$와 $Y_v(\lambda x)$ 중에서 $J_v(\lambda x)$만 $x = 0$에서 유계이므로 특이 S–L 문제의 성질(1)에 의해 $x = 0$에서 경계조건 없이 가중함수 x에 대해

$$\int_0^b x J_v(\lambda_m x) J_v(\lambda_n x) dx = 0, \quad \lambda_m \neq \lambda_n$$

의 직교성을 갖는다. 이는 4.6절 베셀 함수의 성질 [7]과 같다. $x = b$에서 경계조건이 식 (11.1.3)의 형태인

$$\alpha_2 J_v(\lambda b) + \lambda \beta_2 J_v'(\lambda b) = 0$$

으로 주어지면 고유값 λ_n^2, $n = 1, 2, 3, \cdots$을 결정할 수 있다. 이에 대해서는 11.3절에서 자세히 다룬다.

☞ 베셀 함수의 직교성을 이용해 어떤 함수를 베셀 함수의 무한급수로 표현하는 것을 푸리에-베셀 급수라 한다[11.2절 참고].

예제 5에서는 $-1 \leq x \leq 1$에서 정의되는 르장드르 방정식의 유계인 해 $P_n(x)$가 $x = -1$과 $x = 1$에서 경계조건 없이 직교성이 성립하였고 예제 6에서는 $0 \leq x \leq b$에서 정의되는 매개변수 베셀 방정식의 유계인 해 $J_v(\lambda x)$가 $x = 0$에서 경계조건이 없어도 직교성이 성립한다고 하였다. 경계조건이 주어지지 않는다는 의미가 무엇일까? 그림 11.1.3과 같이 $0 \leq x \leq a$, $0 \leq y \leq b$, $0 \leq z \leq c$로 직육면체 영역을 나타내는 경우에는 $x = 0$(직육면체의 뒷면), $x = a$(앞면)인 영역이 모두 경계면이고, y와 z에 대해서도 마찬가지이므로 총 6개의 경계면을 갖는다. 그러나 그림 11.1.4와 같이 $0 \leq r \leq b$, $0 \leq \theta \leq 2\pi$, $0 \leq z \leq h$로 표현되는 원기둥의 경우 경계면은 $r = b$, $z = 0$, $z = h$인 3개 면뿐이며 $r = 0$, $\theta = 0$, $\theta = 2\pi$인 영역은 실제로 경계면이 아니다. 따라서 원기둥좌표계를 사용한 경우 r에 관한 경계값 문제가 $r = 0$에서 경계조건이 주어지지 않는 특이 S-L 문제가 된다. 이에 관한 구체적 내용은 12.3절에서 공부할 것이다. 구의 경우는 독자들이 스스로 생각해 보기 바란다(연습문제). 원기둥좌표계 및 구좌표계에 관해서는 9.1절을 참고하라.

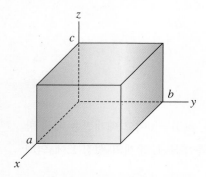

그림 11.1.3 직육면체와 6개의 경계면

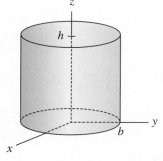

그림 11.1.4 원기둥과 3개의 경계면

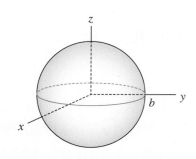

그림 11.1.5 구와 1개의 경계면

11.1 연습문제

1. 고유값과 고유함수를 구하라.

(1) $y'' + ky = 0$, $y(0) = 0$, $y(\pi) = 0$

(2) $y'' + ky = 0$, $y(0) + y'(0) = 0$, $y(1) = 0$

(답) (1) $k_n = n^2$, $y_n = \sin nx$

(2) $k = 0$, $y = 1 - x$; $k_n = x_n^2$, $y_n = x_n \cos x_n x - \sin x_n x$, 여기서 x_n, $n = 1, 2, 3, \cdots$은 $\tan x = x$의 양의 근이다.

2. $y'' + ky = 0$과 주기적 경계조건 $y(-L) = y(L)$, $y'(-L) = y'(L)$로 이루어진 고유값 문제를 풀어 푸리에 급수에 사용되는 직교집합 $\left\{ 1, \cos\dfrac{n\pi x}{L}, \sin\dfrac{n\pi x}{L} \right\}$, $n = 1, 2, 3, \cdots$을 구하라.

3. x축을 중심으로 각속력 ω로 회전하는 선밀도가 ρ인 줄이 있다. 줄에 일정하지 않은 장력 $T(x)$가 작용할 때 줄의 변위 $y(x)$는 미분방정식

$$\frac{d}{dx}\left[T(x)\frac{dy}{dx}\right] + \rho\omega^2 y = 0$$

을 만족한다. $y(1) = 0$, $y(e) = 0$ 이고 $T(x) = x^2$, $4\rho\omega^2 > 1$일 때, 각속력 ω의 첫 번째 고유값 ω_1과 이에 해당하는 고유함수 y_1을 구하라.

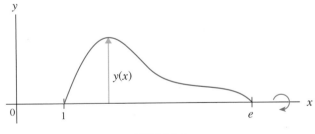

그림 11.1.6

(답) $\omega_1 = \dfrac{1}{2}\sqrt{\dfrac{4\pi^2 + 1}{\rho}}$, $y_1(x) = x^{-1/2}\sin(\pi\ln x)$

4. 중성자 확산방정식(neutron diffusion equation)과 경계조건

$$\frac{d^2\phi}{dx^2} + B^2\phi = 0, \quad \frac{d\phi}{dx}\bigg|_{x=0} = 0, \quad \phi(a) = 0$$

의 첫 번째 고유값 B_1^2과 첫 번째 고유함수 $\phi_1(x)$를 구하라. 여기서 ϕ는 중성자속(neutron flux), B^2은 물질의 휨계수(material buckling)이다.

(답) $B_1^2 = (\pi/2a)^2$, $\phi_1(x) = \cos(\pi x/2a)$

5. 코시-오일러(Cauchy-Euler) 방정식 $x^2 y'' + xy' + ky = 0$, $y(1) = y(e^\pi) = 0$의 고유값과 고유함수를 구하라. 방

정식을 S–L형으로 나타내고 직교성을 보여라.

(답) $k_n = n^2$, $y_n = \sin(n\ln x)$, $\dfrac{d}{dx}[xy'] + \dfrac{k}{x}y = 0$, $\displaystyle\int_1^{e^\pi} \frac{1}{x}\sin(n\ln x)\sin(m\ln x)\,dx = 0$

6. **라게르(Laguerre) 방정식** $xy'' + (1-x)y' + ny = 0$, $n = 0, 1, 2, \cdots$ 의 해는 라게르 다항식 $L_n(x)$이다. 방정식을 S–L형으로 나타내고 직교성을 보여라. 경계조건이 주어지지 않았음에 유의하라.

(답) $\dfrac{d}{dx}[xe^{-x}y'] + ne^{-x}y = 0$, $\displaystyle\int_0^\infty e^{-x}L_n(x)L_m(x)\,dx = 0$

☞ 문제의 풀이와는 무관하지만 $L_n(x)$의 구체적 형태는 3.4절 예제 5를 참고하라.

7. **에르미트(Hermite) 방정식** $y'' - 2xy' + 2ny = 0$, $n = 0, 1, 2, \cdots$ 의 해는 에르미트 다항식 $H_n(x)$이다. 방정식을 S–L형으로 나타내고 직교성을 보여라. 경계조건이 주어지지 않았음에 유의하라.

(답) $\dfrac{d}{dx}\big[e^{-x^2}y'\big] + 2ne^{-x^2}y = 0$, $\displaystyle\int_{-\infty}^\infty e^{-x^2}H_n(x)H_m(x)\,dx = 0$

8. 스트룸–리우빌 문제에서 $p(a) = p(b)$이고 주기적 경계조건 $y(a) = y(b)$, $y'(a) = y'(b)$를 만족할 때 고유함수의 직교성이 성립함을 보여라.

9. 구좌표계를 사용하여 구를 나타내는 경우 ρ, θ, ϕ의 경계값과 실제 경계면의 관계를 설명하라.

11.2 편미분방정식 기초

편미분방정식의 구분

두 개의 독립변수 x, y를 갖는 2계 선형 **편미분방정식**의 일반적인 형태는

$$A\frac{\partial^2 u}{\partial x^2} + B\frac{\partial^2 u}{\partial x\,\partial y} + C\frac{\partial^2 u}{\partial y^2} + D\frac{\partial u}{\partial x} + E\frac{\partial u}{\partial y} + Fu(x, y) = G(x, y) \quad (11.2.1)$$

이다. 여기서 x와 y가 독립변수이고, u가 종속변수임에 유의하자. 상미분방정식의 경우와 마찬가지로 식 (11.2.1)이 선형이기 위해서는 계수 A, B, $\cdots$, G가 x와 y만의 함수이고, u 또는 u의 편도함수가 1차이어야 한다(1.1절). 식 (11.2.1)에서 $G = 0$이면 **제차**(homogeneous), $G \neq 0$이면 **비제차**(nonhomogeneous)라고 한다. 식

(11.2.1)에 대해

$$\Gamma = B^2 - 4AC \qquad (11.2.2)$$

를 **판별식**(discriminant)이라 하며 $\Gamma = 0$이면 **포물선형**(parabolic), $\Gamma > 0$이면 **쌍곡선형**(hyperbolic), $\Gamma < 0$이면 **타원형**(elliptic) 편미분방정식이라고 부른다. 이러한 구분은 2차곡선의 구분에서 유래한다.

☞ 이차곡선 $Ax^2 + Bxy + Cy^2 + Dx + Ey + F = 0$의 판별식이 $\Gamma = B^2 - 4AC$일 때 $\Gamma = 0$이면 포물선, $\Gamma > 0$이면 쌍곡선, $\Gamma < 0$이면 타원이다.

포물선형 편미분방정식으로 **1차원 열전도방정식**(1D heat conduction equation)

$$\frac{\partial u}{\partial t} = \alpha \frac{\partial^2 u}{\partial x^2} \qquad (11.2.3)$$

이 있고, 쌍곡선형 편미분방정식으로 **1차원 파동방정식**(1D wave equation)

$$\frac{\partial^2 u}{\partial t^2} = c^2 \frac{\partial^2 u}{\partial x^2} \qquad (11.2.4)$$

이 있으며, 타원형 편미분방정식으로 **2차원 라플라스 방정식**(2D Laplace equation)

$$\frac{\partial^2 u}{\partial x^2} + \frac{\partial^2 u}{\partial y^2} = 0 \qquad (11.2.5)$$

이 있다. 여기에서는 이러한 고전적인 편미분방정식과 이를 기본으로 변형된 편미분방정식에 대해 자세히 다룰 것이다.

경계값 문제와 초기값 문제

편미분방정식이 정의되는 독립변수 x, y의 범위를 **정의역**(domain), 정의역을 둘러싸는 점들을 **경계**(boundary)라고 한다. 경계에서 주어지는 종속변수 u에 대한 조건은 **경계조건**(boundary condition)이다. 편미분방정식과 경계조건을 합하여 **경계값 문제**(boundary value problem)라고 한다. 물론 상미분방정식에 대해서도 경계값 문제를 정의했었다(2.1절). 경계값 문제의 해를 구하기 위해서는 '정의역의 임의의 점에서 u가 유계(bounded)이다'라는 조건이 필수적인데 우리가 다루는 대부분의 문제는 이러한 조건을 만족한다.

편미분방정식과 함께 주어지는 **경계조건**(boundary condition)은 그 형태에 따라 다음과 같이 구분한다.

> (i) u : 디리클레(Dirichlet) 경계조건
>
> (ii) $\dfrac{\partial u}{\partial n}$: 노이만(Neumann) 경계조건
>
> (iii) $\dfrac{\partial u}{\partial n} + hu$: 로빈(Robin) 경계조건(혼합조건)

여기서 $\partial u/\partial n$은 경계에서 **수직도함수**(normal derivative)이다. 식 (11.2.3) 또는 식 (11.2.4)와 같이 시간변수 t를 포함하는 편미분방정식에 대해서는 **초기조건**(initial condition)이 필요하며, 이 또한 시간미분의 계수에 따라 다음과 같은 형태로 주어진다.

$$(i)\ u(x,\ 0),\quad (ii)\ \left.\dfrac{\partial u}{\partial t}\right|_{t=0}$$

일반적으로 1차원 열전도방정식인 식 (11.2.3)은 x에 대한 2계 편도함수와 t에 대한 1계 편도함수를 포함하므로 두 개의 경계조건과 한 개의 초기조건이 주어져야 한다. 마찬가지로 1차원 파동방정식인 식 (11.2.4)를 풀기 위해서는 두 개의 경계조건과 두 개의 초기조건이 주어져야 하며, 2차원 라플라스 방정식인 식 (11.2.5)에는 두 개의 x 방향 경계조건과 두 개의 y 방향 경계조건이 주어져야 한다. 물론 기하학적 형태에 따라서는 일부 또는 모든 경계조건이 불필요할 수도 있다. 이에 대해서는 11.1절에서 설명하였다.

제차 선형 상미분방정식에 대해 중첩의 원리가 성립했듯이[식 (2.1.7) 참고] 식 (11.2.1)에서 $G = 0$인 제차 선형 편미분방정식의 해에 대해서도 다음과 같은 **중첩의 원리**(superposition principle)가 성립한다.

제차 선형 편미분방정식의 해에 대한 중첩의 원리

> $u_1,\ u_2, \cdots,\ u_n, \cdots$ 가 선형 제차 편미분방정식의 해이면 상수 $c_n, n = 1, 2, \cdots$ 에 대해 해의 선형결합
>
> $$u = \sum_{n=1}^{\infty} c_n u_n = c_1 u_1 + c_2 u_2 + \cdots + c_n u_n + \cdots$$
>
> 도 해이다.

11.3절부터는 편미분방정식의해를 구하는 방법을 소개한다. 1차원 열전도방정식

또는 1차원 파동방정식과 같이 구하려는 미지함수 $u(x, t)$가 x와 t의 함수일 때 이를 x만의 함수인 $X(x)$와 t만의 함수인 $T(t)$의 곱, 즉 $u(x, t) = X(x)T(t)$로 나타낼 수 있다. 물론 2차원 라플라스 방정식의 경우는 $u(x, y) = X(x)Y(y)$가 될 것이다. 이를 이용한 풀이법을 **변수분리법**(separation of variables)이라고 하는데 모든 편미분방정식이 변수분리법으로 풀리는 것은 아니다. 예를 들어

$$\frac{\partial^2 u}{\partial x^2} + \frac{\partial^2 u}{\partial x \partial y} + \frac{\partial^2 u}{\partial y^2} = 0$$

은 좌변 둘째 항의 **혼합미분**(mixed derivative, **교차미분**) 때문에 변수분리가 불가능한 예다. 편미분방정식에 푸리에 급수를 직접 이용하는 방법도 소개한다. 이는 변수분리법과 기본적인 원리는 같지만 풀이과정이 매우 단순한 것이 특징이다.

11.2 연습문제

1. 미분방정식이 상미분방정식인지 편미분방정식인지를 구분하고 해가 몇 변수 함수인지를 말하라.

(1) $\dfrac{dy}{dx} + y = 0$ (2) $\dfrac{\partial u}{\partial x} + \dfrac{\partial u}{\partial y} = 0$

(답) (1) 상미분방정식, 1변수 함수 (2) 편미분방정식, 2변수 함수

2. 1차원 열전도방정식, 1차원 파동방정식, 2차원 라플라스 방정식이 각각 포물선형, 쌍곡선형, 타원형 편미분방정식임을 확인하라.

3. 1차원 열전도방정식 $\dfrac{\partial u}{\partial t} = \alpha \dfrac{\partial^2 u}{\partial x^2}$, $0 \le x \le L$에 대해 경계조건 또는 초기조건이 $u(0, t) = 0$, $\dfrac{\partial u}{\partial x}\Big|_{x=L} = 0$, $u(x, 0) = f(x)$로 주어졌다. 어느 것이 경계조건이고 어느 것이 초기조건인가를 구분하고 경계조건인 경우는 디리클레, 노이만, 로빈 경계조건 중 어느 것인지도 구분하라.

(답) $u(0, t) = 0$: 디리클레 경계조건, $\dfrac{\partial u}{\partial x}\Big|_{x=L} = 0$: 노이만 경계조건, $u(x, 0) = f(x)$: 초기조건

4. 2차원 라플라스 방정식 $\dfrac{\partial^2 u}{\partial x^2} + \dfrac{\partial^2 u}{\partial y^2} = 0$, $0 \le x \le a$, $0 \le y \le b$에 대해 경계조건 또는 초기조건이

$$u(0, t) = u_0, \quad \frac{\partial u}{\partial x}\Big|_{x=a} = -hu(a, 0), \quad \frac{\partial u}{\partial y}\Big|_{y=0} = 0, \quad \frac{\partial u}{\partial y}\Big|_{y=b} = 0$$

으로 주어졌다. 어느 것이 경계조건이고 어느 것이 초기조건인가를 구분하고 경계조건인 경우는 디리클레, 노이만, 로빈 경계조건 중 어느 것인지도 구분하라.

(답) $u(0, t) = u_0$: 디리클레 경계조건, $\left.\dfrac{\partial u}{\partial x}\right|_{x=a} = -hu(a, 0)$: 로빈 경계조건,

$\left.\dfrac{\partial u}{\partial y}\right|_{y=0} = 0$: 노이만 경계조건, $\left.\dfrac{\partial u}{\partial y}\right|_{y=b} = 0$ 노이만 경계조건. 초기조건은 없음.

11.3   열전도방정식

1차원 시간종속 **열전도방정식**(1D time-dependent heat conduction equation)

$$\frac{\partial u}{\partial t} = \alpha \frac{\partial^2 u}{\partial x^2} \tag{11.3.1}$$

에 대해 자세히 알아보자. 여기서 $u(x, t)$는 길이가 L인 막대의 온도로 길이 x와 시간 t의 함수이다. 경계조건은 $t > 0$에서

$$u(0, t) = 0, \ u(L, t) = 0 \tag{11.3.2}$$

으로 주어지고, 초기조건은 $0 < x < L$에 대해

$$u(x, 0) = f(x) \tag{11.3.3}$$

로 주어진다고 가정하자.

열전도방정식의 유도

길이가 L, 단면적이 A이고 x축에 나란하게 위치한 막대 내부의 열전도 현상을 다루겠다. 문제를 단순화시키기 위해 다음과 같이 가정한다.

(1) 열 q는 x축 방향으로만 흐른다. 즉, x축에 수직한 원기둥 면은 **단열**(insulated)되어 열전달이 발생하지 않는다.

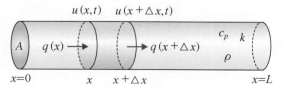

그림 11.3.1 열전도방정식의 유도

(2) 단위시간, 단위부피당 막대 내부의 열발생이 r이다.

(3) 막대의 물성이 균질하여 밀도 ρ, 비열 c_p, 열전도계수 k가 일정하다.

충분히 작은 막대의 길이 $\triangle x$에 대해 $u(x, t)$와 $u(x + \triangle x, t)$는 각각 시간 t에서 x와 $x + \triangle x$에서 막대의 온도를 나타낸다. 부피가 $A\triangle x$인 막대 조각에 존재하는 열은 $\rho c_p A\triangle x\, u(x, t)$이고, 단위시간, 단위면적당 막대 조각으로 유입 및 유출되는 열이 $q(x)$와 $q(x + \triangle x)$, 막대 조각 내에서의 열발생율이 $rA\triangle x$이므로 막대 조각 내의 열평형방정식(heat balance equation)은

$$\frac{\partial}{\partial t}\big[\rho c_p A\triangle x u(x,t)\big] = A[q(x) - q(x + \triangle x)] + rA\triangle x$$

이고, 푸리에 열전도 법칙(Fourier's heat conduction law) $\mathbf{q} = -k\nabla T$의 1차원 형태 $q = -ku_x$를 이용하면

$$\frac{\partial}{\partial t}\big[\rho c_p A\triangle x u(x,t)\big] = A[-ku_x(x,t) + ku_x(x + \triangle x, t)] + rA\triangle x$$

이다. 위 식의 좌변에서 시간에 무관한 ρ, c_p, A, $\triangle x$를 미분기호 밖으로 보내고, 양변을 $\rho c_p A\triangle x$로 나누면

$$\frac{\partial u}{\partial t} = \alpha\frac{u_x(x + \triangle x, t) - u_x(x,t)}{\triangle x} + g$$

가 된다. 여기서 $\alpha = k/\rho c_p$, $g = r/\rho c_p$이다. 위 식에 $\triangle x \to 0$을 취하면 우변 첫째 항이 u_x의 x에 대한 편도함수가 되므로 1차원 열전도방정식

$$\frac{\partial u}{\partial t} = \alpha\frac{\partial^2 u}{\partial x^2} + g \tag{11.3.4}$$

가 된다. 막대 내부에 열원이 없는 경우는 식 (11.3.4)에서 $g = 0$이므로 식 (11.3.1)이 된다. 식 (11.3.1)로 표현되는 1차원 열전도 방정식의 다차원 형태는 $\frac{\partial u}{\partial t} = \alpha\nabla^2 u$이며, 이는 8.4절에서 소개한 확산방정식과 형태가 유사하다. ■

푸리에 열전도 법칙에 대해서는 8.3절을 참고하자.

쉬어가기 11.1 나무벤치와 철난간

그림 11.3.2 열전달

열이 전달되는 방법에는 전도(conduction), 대류(convection), 복사(radiation)가 있다. **대류**는 물질 자체가 이동하여 열을 전달하는 현상으로 온도가 다른 유체의 밀도 차이에 의한 순환의 결과이다. 예를 들면 방안에 난로를 피웠을 때 더워진 공기가 직접 이동하여 방 전체가 따뜻해진다. **복사**는 전자기파에 의한 열전달로 열원과 직접 접촉하거나 매개물질을 거치지 않고 열이 전달되는 현상으로 태양열이 지구로 전달되고, 난로 옆에 가면 뜨거운 느낌을 받는 경우이다. **전도**는 물질 이동을 수반하지 않고 접촉에 의해 열이 물체의 고온부에서 저온부로 이동하는 현상으로 난로 위에 여러 개의 도시락을 포개어 올려놓았을 때 처음에는 맨 아래 도시락이 더워지고 순차적으로 맨 위의 도시락도 더워진다.

좀 더 상식적인 이야기를 해보자. 어느 겨울날 아침에 공원에 있는 나무벤치와 철난간을 맨 손으로 만졌다.

(1) 어느 것을 만졌을 때 더 차갑게 느껴지겠는가?

(2) 충분히 오랜 시간 동안 추운 온도에 같이 있었던 나무벤치와 철난간의 표면 온도가 다를까?

(3) 철난간을 만졌을 때 더 차갑게 느껴지는 이유에 대해 설명하라. 과연 차갑다는 표현이 적절한 표현일까?

열은 온도가 높은 곳에서 낮은 곳으로 전도된다. 즉 열은 손에서 나무벤치 또는 철난간으로 흐른다. 철난간의 온도가 더 낮은 것이 아니라 철의 열전도계수가 나무에 비해 더 크므로 같은 온도 차에 대해 나무에 비해 더 많은 열이 손에서 철난간으로 전달되기 때문에 차갑다는 느낌을 더 받는 것이다. 공학도나 과학도는 항상 과학적인 사고를 해야 한다. 일기예보를 들으면 체감온도라는 것이 있는데 이는 실제 기온(대기온도)과 달리 사람이 느끼는 온도를 의미한다. 바람이 많이 부는 날은 공기의 흐름이 빠르므로 대류효과가 커지고 특히 수분을 포함하는 신체에서 수분이 빨리 증발되어 기화열을 많이 뺏기므로 더 춥게 느껴지는데 이는 실제 기온과 다르다.

그림 11.3.3 나무벤치와 철난간

1차원 열전도방정식의 해를 구해보자.

예제 1 변수분리법

식 (11.3.1)의 열전도방정식을 식 (11.3.2)의 경계조건과 식 (11.3.3)의 초기조건에 대해 풀어라.

(풀이) 변수분리법 $u(x, t) = X(x)T(t)$를 사용하면, 식 (11.3.1)은

$$XT' = \alpha X'' T$$

가 된다. 양변을 αXT로 나누어

$$\frac{T'}{\alpha T} = \frac{X''}{X}$$

을 얻을 수 있는데, 여기서 좌변은 t만의 함수, 우변은 x만의 함수이다. 따라서 식이 성립하려면 양변이 모두 상수이어야 하는데, 상수가 양, 0, 음이 되는 세 가지 경우를 생각하자.

(i) $\dfrac{X''}{X} = \dfrac{T'}{\alpha T} = \lambda^2 > 0$인 경우 ($\lambda > 0$)

$X(x)$와 $T(t)$에 대해 두 개의 상미분방정식

$$X'' - \lambda^2 X = 0, \quad T' - \alpha \lambda^2 T = 0$$

을 얻으며, 이들의 해는 각각

$$X(x) = c_1 \cosh\lambda x + c_2 \sinh\lambda x, \quad T(t) = c_3 e^{\alpha \lambda^2 t}$$

이다. (11.1절 주요 '상미분방정식과 일반해' 참고.) 한편 $u(x, t)$에 대한 경계조건을 $X(x)$에 대한 경계조건으로 바꾸어야 하는데

$$u(0, t) = X(0)T(t) = 0, \quad u(L, t) = X(L)T(t) = 0$$

에서 $T(t) = 0$이면 $u(x, t) = 0$, 즉 자명해가 되므로 $T(t) \neq 0$이 되려면

$$X(0) = 0, \quad X(L) = 0$$

이어야 한다. 즉,

$$X(0) = c_1 = 0, \quad X(L) = c_2 \sinh\lambda L = 0$$

이다. 그러나 $L > 0$에 대해 $\sinh\lambda L \neq 0$이므로 $c_2 = 0$이다. 따라서 $X(x) = 0$이고 결과적으로 $u(x, t) = 0$, 즉 자명해를 얻을 뿐이다.

(ii) $\dfrac{X''}{X} = \dfrac{T'}{\alpha T} = 0$인 경우

(i)에서와 유사하게 다음과 같은 두 개의 상미분방정식과 두 개의 해를 구할 수 있다.

$$X'' = 0 \rightarrow X(x) = c_1 + c_2 x$$
$$T' = 0 \rightarrow T(t) = c_3.$$

$X(x)$에 경계조건을 적용하면 $X(0) = c_1 = 0$이고 $X(L) = c_2L = 0$에서 $L > 0$이므로 $c_2 = 0$이다. 따라서 $X(x) = 0$이고 (i)에서와 마찬가지로 $u(x, t) = 0$이다.

(iii) $\dfrac{X''}{X} = \dfrac{T'}{\alpha T} = -\lambda^2 < 0$인 경우 $(\lambda > 0)$

두 개의 상미분방정식과 해는 다음과 같다.

$$X'' + \lambda^2 X = 0 \rightarrow X(x) = c_1\cos\lambda x + c_2\sin\lambda x,$$

$$T' + \alpha\lambda^2 T = 0 \rightarrow T(t) = c_3 e^{-\alpha\lambda^2 t}.$$

경계조건을 적용하면 $X(0) = c_1 = 0$이고 $X(L) = c_2\sin\lambda L = 0$에서 $c_2 \neq 0$이려면($c_2 = 0$이면 $u = 0$이다.) $\sin\lambda L = 0$이어야 한다. 즉 $n = 1, 2, \cdots$에 대해

$$\lambda_n = \frac{n\pi}{L}$$

가 고유값이며, 고유값에 해당하는 고유함수는 각각

$$X_n(x) = c_{2n}\sin\frac{n\pi x}{L}, \quad T_n(t) = c_{3n}e^{-\alpha(n\pi/L)^2 t}$$

이다. 결과적으로

$$u_n(x, t) = X_n(x)T_n(t) = A_n e^{-\alpha(n\pi/L)^2 t}\sin\frac{n\pi x}{L}$$

이며, 여기서 $A_n = c_{2n}c_{3n}$이다. 중첩의 원리에 의해

$$u(x, t) = \sum_{n=1}^{\infty} u_n(x, t) = \sum_{n=1}^{\infty} A_n e^{-\alpha(n\pi/L)^2 t}\sin\frac{n\pi x}{L} \tag{a}$$

도 해이며, 계수 A_n을 구하기 위해 (a)에 초기조건 $u(x, 0) = f(x)$를 적용하면

$$u(x, 0) = f(x) = \sum_{n=1}^{\infty} A_n \sin\frac{n\pi x}{L}$$

가 되는데, 이는 결국 함수 $f(x)$를 푸리에 사인급수로 전개한 것이다[10.3절 참고]. 따라서 계수 A_n은 식 (10.3.5)에 의해

$$A_n = \frac{2}{L}\int_0^L f(x)\sin\frac{n\pi x}{L}dx \tag{b}$$

을 만족한다. 결과적으로 1차원 열전도방정식과 경계조건, 초기조건을 만족하는 해는 (a)이고, 이때 계수 A_n은 (b)로 계산할 수 있다.

☞ 예제 1의 풀이에서 중첩의 원리를 사용하지 않으면 초기조건 $u(x, 0) = f(x)$를 만족하는 계수 A_n을 구할 수 없다..

예제 1에서는 $u(x, t) = X(x)T(t)$와 같이 변수분리 한 후 세 가지 다른 경우에 대해 $X(x)$와 $T(t)$에 대한 고유값 문제를 풀어야 했다. 아래의 예제 2에서 매우 간편한 다른 풀이 방법을 소개하겠다. 구해야 할 미지함수 $u(x, t)$를 직접 푸리에 급수로 표현하여 해를 구하는 방법으로 원리적으로 매우 단순하고 유용한 방법이다.

예제 2 푸리에 급수 직접 사용

푸리에 급수를 직접 사용하여 예제 1을 다시 풀어라.

(풀이) 풀이의 요점은 식 (11.3.1)에서 구해야 할 미지함수 $u(x, t)$를 직접 푸리에 급수로 나타내는 것이다. 이 때 주의해야 할 점은 $u(x, t)$가 주어진 경계조건을 만족하도록 적절한 형태의 푸리에 급수(사인급수 또는 코사인급수)를 사용한다는 것이다.

경계조건을 만족하도록 $u(x, t)$를 식 (10.3.4)와 같은 사인급수로 나타내면

$$u(x, t) = \sum_{n=1}^{\infty} b_n(t) \sin \frac{n\pi x}{L}$$

이다. 위 식은 경계조건 $u(0, t) = u(L, t) = 0$을 이미 만족하며, 푸리에 계수 b_n이 t의 함수가 됨에 주목하자. 이를 편미분방정식 $u_t = \alpha u_{xx}$에 대입하면

$$\sum_{n=1}^{\infty} b_n{}'(t) \sin \frac{n\pi x}{L} = -\alpha \sum_{n=1}^{\infty} \left(\frac{n\pi}{L}\right)^2 b_n(t) \sin \frac{n\pi x}{L}$$

또는

$$\sum_{n=1}^{\infty} \left[b_n{}'(t) + \alpha \left(\frac{n\pi}{L}\right)^2 b_n(t) \right] \sin \frac{n\pi x}{L} = 0$$

에서 $b_n(t)$에 관한 상미분방정식과 해

$$b_n{}'(t) + \alpha \left(\frac{n\pi}{L}\right)^2 b_n(t) = 0 \longrightarrow b_n(t) = A_n e^{-\alpha(n\pi/L)^2 t}$$

를 얻는다. 따라서

$$u(x, t) = \sum_{n=1}^{\infty} A_n e^{-\alpha(n\pi/L)^2 t} \sin \frac{n\pi x}{L}$$

이 되고 이는 예제 1의 (a)와 같다. 계수 A_n은 예제 1에서와 같은 방법으로 구한다.

☞ 예제 2에서도 $u(x, t)$를 t의 함수 $b_n(t)$와 x의 함수 $\sin \frac{n\pi x}{L}$ 의 곱으로 표현했으므로 변수분리법에 해당한다. 단지 $u(x, t)$를 경계조건을 만족하도록 직접 푸리에 급수로 나타내어 풀이과정을 단순화하였다.

예제 3

예제 1의 (a)로 나타나는 열전도 방정식의 해 $u(x, t)$의 그래프를 그려라. $\alpha = 1$, $L = 1$, 무한급수의 항수 n을 5까지 사용하고 $0 \leq t \leq 0.4$초까지 0.05초 간격으로 그려라. 초기온도는 다음과 같다.

$$f(x) = \begin{cases} x, & 0 < x < 1/2 \\ 1-x, & 1/2 < x < 1 \end{cases}$$

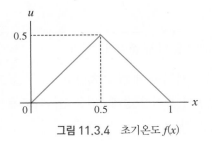

그림 11.3.4 초기온도 $f(x)$

(풀이) 주어진 값을 이용하여 예제 1의 (b)를 계산하면

$$A_n = \frac{2}{1} \int_0^1 f(x) \sin\frac{n\pi x}{1} dx = 2 \int_0^1 f(x) \sin n\pi x dx$$
$$= 2\left[\int_0^{1/2} x\sin n\pi x dx + \int_{1/2}^1 (1-x)\sin n\pi x dx \right] = \frac{4}{n^2\pi^2}\sin\left(\frac{n\pi}{2}\right)$$

이다. 따라서 (a)에 $n = 5$를 사용하면

$$u(x,t) = \frac{4}{\pi^2} \sum_{n=1}^5 \frac{1}{n^2} \sin\left(\frac{n\pi}{2}\right) e^{-n^2\pi^2 t} \sin n\pi x$$
$$= \frac{4}{\pi^2}\left[e^{-\pi^2 t}\sin\pi x + 0 - \frac{1}{9}e^{-9\pi^2 t}\sin 3\pi x + 0 + \frac{1}{25}e^{-25\pi^2 t}\sin 5\pi x \right]$$

이다. 이를 각각의 t에 대해 그리면 다음과 같다. 컴퓨터 소프트웨어의 애니메이션 기능을 사용하면 동영상으로 볼 수도 있다.

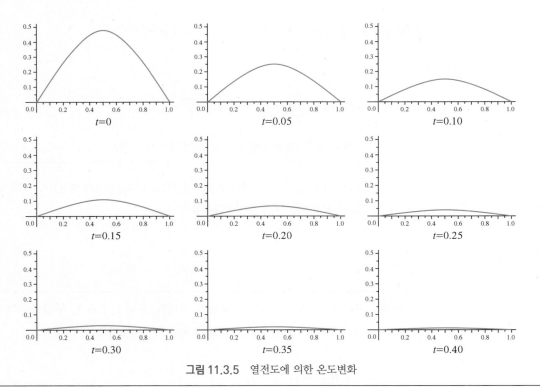

그림 11.3.5 열전도에 의한 온도변화

위의 그래프를 통해 열이 온도의 기울기가 작아지는 쪽으로 전도되면서 온도가 감소하고, 결국 시간이 지나면 온도가 모두 0이 됨을 알 수 있다. 이 문제는 $\alpha = 1$인 경우인데 α값이 증가하면 ($\alpha = k/\rho c_p$이므로 열전도계수 k가 증가하거나 밀도 ρ 또는 비열 c_p가 감소하는 경우) 온도변화는 더욱 빨라질 것이다. 양쪽 경계에서 온도가 일정하다는 것은 유입된 열이 모두 다시 유출된다는 것으로 단열조건과 구별된다.

위의 예제는 양쪽 경계의 온도가 0, 즉 $u(0, t) = u(L, t) = 0$인 제차 **디리클레** 경계 조건이 주어졌으므로 푸리에 사인급수를 사용했다. 경계조건이 **단열**(insulated) 인 경우에는 푸리에 열전도 법칙에 의해 $q = -ku_x = 0$에서 제차 노이만 경계조건 $\left. \dfrac{\partial u}{\partial x} \right|_{x=0} = \left. \dfrac{\partial u}{\partial x} \right|_{x=L} = 0$이므로 $u(x, t)$를 x에 대해 푸리에 코사인급수로 전개해야 한다.

예제 4

(1) 열전도방정식 $u_t = \alpha u_{xx}$를 풀어서 길이 L인 막대의 온도 $u(x, t)$를 구하라. 막대의 초기온도는 $f(x)$이고, 막대의 양쪽 경계는 단열되어 $\left. \dfrac{\partial u}{\partial x} \right|_{x=0} = \left. \dfrac{\partial u}{\partial x} \right|_{x=L} = 0$이다.

(2) $\alpha = 1$, $L = \pi$, $n = 10$을 사용하여 문제 (1)의 결과를 $0 \le t \le 4$초 까지 0.5초 간격으로 그려라. 초기온도는 다음과 같다.

$$f(x) = \begin{cases} 1, & 0 < x < \pi/2 \\ 0, & \pi/2 < x < \pi \end{cases}$$

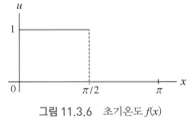

그림 11.3.6 초기온도 $f(x)$

(풀이) 푸리에 급수를 직접 사용하여 풀겠다.

(1) 단열 경계조건을 만족시키기 위해 $u(x, t)$를 식 (11.3.1)을 이용하여

$$u(x, t) = a_0(t) + \sum_{n=1}^{\infty} a_n(t) \cos \frac{n\pi x}{L}$$

와 같이 푸리에 코사인급수로 표현한다. 위 식의 양변을 x로 미분하고 $x = 0$과 $x = L$을 대입하면 단열조 건을 만족함을 알 수 있다. 마지막 식을 편미분방정식에 대입하면

$$a_0'(t) = 0 \rightarrow a_0(t) = A_0$$
$$a_n'(t) + \alpha \left(\frac{n\pi}{L} \right)^2 a_n(t) = 0 \rightarrow a_n(t) = A_n e^{-\alpha(n\pi/L)^2 t}$$

에서

$$u(x, t) = A_0 + \sum_{n=1}^{\infty} A_n e^{-\alpha(n\pi/L)^2 t} \cos \frac{n\pi x}{L}$$

이다. 초기조건을 적용하면

$$u(x, 0) = f(x) = A_0 + \sum_{n=1}^{\infty} A_n \cos \frac{n\pi x}{L}$$

에서

$$A_0 = \frac{1}{L}\int_0^L f(x)dx, \quad A_n = \frac{2}{L}\int_0^L f(x)\cos\frac{n\pi x}{L}dx$$

를 구한다.

(2) 주어진 값을 이용하면

$$A_0 = \frac{1}{L}\int_0^L f(x)dx = \frac{1}{\pi}\int_0^\pi f(x)dx = \frac{1}{\pi}\int_0^{\pi/2} 1\,dx = \frac{1}{2}$$

$$A_n = \frac{2}{L}\int_0^L f(x)\cos\frac{n\pi x}{L}dx = \frac{2}{\pi}\int_0^\pi f(x)\cos nx\,dx = \frac{2}{\pi}\int_0^{\pi/2}\cos nx\,dx = \frac{2}{n\pi}\sin\frac{n\pi}{2}$$

이므로

$$u(x,t) = \frac{1}{2} + \frac{2}{\pi}\sum_{n=1}^\infty \frac{1}{n}\sin\frac{n\pi}{2}e^{-n^2 t}\cos nx$$

$$= \frac{1}{2} + \frac{2}{\pi}\left(e^{-t}\cos x - \frac{1}{3}e^{-9t}\cos 3x + \frac{1}{5}e^{-25t}\cos 5x - \frac{1}{7}e^{-49t}\cos 7x + \cdots\right)$$

이다. 이의 시간별 그래프는 다음과 같다.

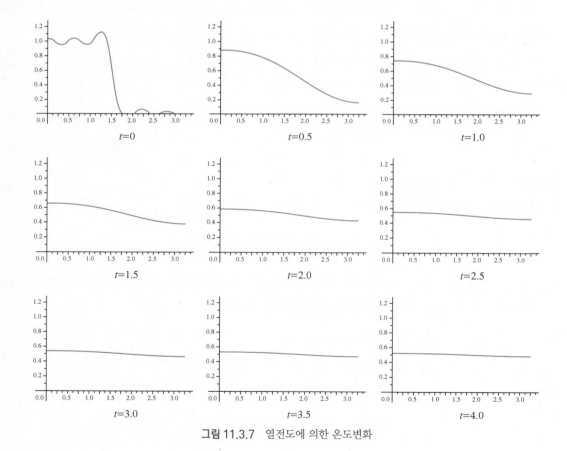

그림 11.3.7   열전도에 의한 온도변화

양쪽이 단열조건이므로 외부로 나가는 열의 손실 없이 내부에서 전도만 진행되어 시간이 지나면서 온도가 일정해진다.

쉬어가기 11.2 신만이 아는 답?

학생들이 이 단원을 공부하며 '왜 편미분방정식의 해가 무한급수로 나타날까?'라는 생각을 할 수 있다. 물론 10.3절에서도 상미분방정식의 해를 무한급수로 나타내었다. 예제 1의 열전도방정식의 해는 막대 내부의 온도이므로 당연히 부드러운 곡선으로 나타날 것 같은데 모양이 꾸불꾸불한 삼각함수의 무한급수(푸리에 급수)로 표현되는 것이 이상할 수 있다. 이는 푸리에 급수를 제대로 이해하지 못해서 생기는 일이다. 우리가 모양을 알고 있는 기본함수는 몇 개 되지 않는다. 다항함수, 지수함수, 로그함수, 삼각함수, 쌍곡선 함수 등 등... 하지만 세상에는 우리가 특정한 함수로 표현할 수 없는 다양한 모양의 곡선이 존재한다. 예를 들어 저녁 무렵 멀리 하늘을 배경으로 산등성이들이 이루는 곡선(스카이라인)을 나타내는 함수는 무엇일까? 당연히 우리가 아는 함수 중에는 없다. 결국 이러한 곡선을 함수로 나타내기 위해서는 우리가 알고 있는 함수들을 적절히 조합해야 했는데 이 과정에서 무한개의 함수가 필요했던 것이다. 이렇게 생각하면 열전도방정식의 해는 당연히 부드러운 곡선인데 이를 표현하기 위해 무한급수를 사용한다는 것을 이해할 수 있다. 하지만 인간은 여전히 무한급수 중에 유한개의 항만을 더하여 볼 뿐이다. 정답, 즉 실제 모양은 신만이 아는 것일까? 인간은 좀 더 알기 위해 최선을 다 하는 것 뿐이다.

그림 11.3.8 산등성이 곡선을 나타내는 함수

11.3 연습문제

1. (1) 열전도 방정식 $u_t = \alpha u_{xx}$를 풀어라. 경계조건은 $u(0, t) = u(L, t) = 0$이고 초기조건은 예제 4의 (2)와 같다.
(2) $\alpha = 1$, $L = \pi$, $n = 10$을 사용하여 (1)의 결과를 $0 \le t \le 4$초까지 0.5초 간격으로 그려라.

(답) (1) $u(x, t) = \dfrac{2}{\pi} \displaystyle\sum_{n=1}^{\infty} \dfrac{1 - \cos(n\pi/2)}{n} e^{-\alpha(n\pi/L)^2 t} \sin(n\pi x/L)$

2. 길이가 L인 막대의 x축에 평행한 옆면(좌우 경계면이 아닌)을 통해 온도가 0인 주변 매질로 열이 흡수되는 경우 1차원 열전도방정식이 $u_t = \alpha u_{xx} - hu$로 표현된다. 여기서, h는 상수이다. 초기온도가 $f(x)$이고 막대 양쪽 $x = 0$과 $x = L$에서 단열조건일 때 막대의 온도 $u(x, t)$를 구하라.

(답) $u(x, t) = e^{-ht}\left[A_0 + \displaystyle\sum_{n=1}^{\infty} A_n e^{-\alpha(n\pi/L)^2 t} \cos(n\pi x/L)\right]$,

$A_0 = \dfrac{1}{L} \displaystyle\int_0^L f(x)dx$, $\quad A_n = \dfrac{2}{L} \displaystyle\int_0^L f(x)\cos(n\pi x/L)dx$

11.4 파동방정식

1차원 파동방정식(1D wave equation)은

$$\frac{\partial^2 u}{\partial t^2} = c^2 \frac{\partial^2 u}{\partial x^2} \tag{11.4.1}$$

으로 나타난다. 여기서 $u(x, t)$는 진동하는 줄의 수직변위(vertical displacement)로 길이 x와 시간 t의 함수이다. 줄에 수직인 변위를 횡변위라고 한다. $t > 0$에서 길이가 L인 줄의 양 끝이 고정됨을 의미하는 경계조건

$$u(0, t) = 0, \ u(L, t) = 0 \tag{11.4.2}$$

과 $0 < x < L$에서 줄의 초기변위가 $f(x)$이고, 줄의 초기속도가 $g(x)$임을 의미하는 초기조건

$$u(x, 0) = f(x), \quad \left.\frac{\partial u}{\partial t}\right|_{t=0} = g(x) \tag{11.4.3}$$

가 주어졌다.

파동방정식의 유도

길이가 L이고 줄의 양끝에서 진동이 발생하지 않도록 고정되어 있는 탄성이 있는 줄(예를 들어 기타줄)을 생각하자. 문제를 단순화시키기 위해 다음과 같이 가정한다.

(1) 줄은 완전한 탄성체이므로 휨에 대한 저항이 없다.

(2) 줄은 균질하여 선밀도(단위 길이 당 질량) ρ가 일정하다.

(3) 줄의 수직변위는 줄의 길이에 비해 크기가 매우 작다.

(4) 줄에 작용하는 장력(tension) T는 일정하고 줄의 중력에 비해 상대적으로 크다.(즉, 줄에 작용하는 중력을 무시한다.)

x와 $x + \triangle x$ 사이에서 $\triangle x$의 길이를 갖는 줄의 일부분에 작용하는 힘을 고려하자. 줄이 휨에 대한 저항이 없으므로 줄에 작용하는 장력 T는 위치에 관계없이 줄이 이루는 곡선에 접선방향으로 작용한다. 점 P와 Q에 작용하는 장력을 T_1, T_2라고 하자. 줄이 수평방향의 운동을 하지 않으므로 $T_1\cos\theta_1 = T_2\cos\theta_2$이며 이를 상수 T로 놓으면

$$T_1\cos\theta_1 = T_2\cos\theta_2 = T$$

이다. 반면에 수직방향으로 두 힘 $T_1\sin\theta_1$과 $T_2\sin\theta_2$가 작용하며 뉴턴 제2법칙 $F = ma$에 의해

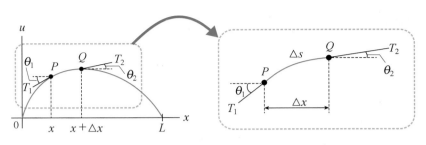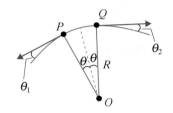

그림 11.4.1 파동방정식의 유도

$$T_2\sin\theta_2 - T_1\sin\theta_1 = \rho\triangle x\frac{\partial^2 u}{\partial t^2}$$

이 된다. 여기서 우변의 $\rho\triangle x$는 줄의 질량이며($\because \triangle x \simeq \triangle s$), $\partial^2 u/\partial t^2$은 줄의 수직 방향 가속도이다. 위 식의 양변을 $T_1\cos\theta_1 = T_2\cos\theta_2 = T$로 나누면

$$\frac{T_2\sin\theta_2}{T_2\cos\theta_2} - \frac{T_1\sin\theta_1}{T_1\cos\theta_1} = \tan\theta_2 - \tan\theta_1 = \frac{\rho\triangle x}{T}\frac{\partial^2 u}{\partial t^2}$$

이 되는데, $\tan\theta_1 = \left(\dfrac{\partial u}{\partial x}\right)_x$, $\tan\theta_2 = \left(\dfrac{\partial u}{\partial x}\right)_{x+\triangle x}$를 이용하고 양변을 $\triangle x$로 나누면

$$\frac{[(\partial u/\partial x)_{x+\triangle x} - (\partial u/\partial x)_x]}{\triangle x} = \frac{\rho}{T}\frac{\partial^2 u}{\partial t^2}$$

이다. 마지막으로 $\triangle x \rightarrow 0$을 취하고 $c^2 = T/\rho$로 놓으면 1차원 파동방정식[식 (11.4.1)]을 얻는다.

■

그림 11.4.1의 세 번째 그림에서 $\theta_1 \simeq \theta_2 \simeq \theta$를 가정하고 곡선 PQ를 반지름이 R, 중심각이 2θ인 원의 일부라고 생각하면, 원의 중심방향 장력은 $2T\sin\theta \simeq 2T\theta$, PQ 사이의 줄의 질량은 $m = \rho\triangle s = \rho R(2\theta)$이다. 줄의 장력이 구심력으로 작용하므로 $F = \dfrac{mv^2}{R}$, 즉 $2T\theta = \dfrac{(2\rho R\theta)v^2}{R}$에서 $v^2 = \dfrac{T}{\rho}$이다. 따라서 파동의 진행속도가 v일 때 파동방정식을

$$\frac{\partial^2 u}{dt^2} = \frac{1}{v^2}\frac{\partial^2 u}{dx^2} \tag{11.4.4}$$

로 쓰기도 한다.

줄을 따라 진행하는 파동(string wave)에서 u는 **횡변위**이고 공기와 같은 매질을 통해 파동이 전달되는 음파(sound wave)의 경우 u는 공기의 압력이나 밀도의 변화에 대응하는 **종변위**이다. 전자기파에서 u는 전기장과 자기장의 두 성분이다.

예제 1

파동방정식 식 (11.4.1)을 식 (11.4.2)의 경계조건과 식 (11.4.3)의 초기조건에 대해 풀어라.

(풀이) 푸리에 급수를 직접 사용하겠다. 먼저 식 (11.4.2)의 경계조건을 만족하도록 $u(x, t)$를

$$u(x, t) = \sum_{n=1}^{\infty} b_n(t) \sin\frac{n\pi x}{L} \tag{a}$$

와 같이 푸리에 사인급수로 나타낸다. 이를 편미분방정식 식 (11.4.1)에 대입하면

$$\sum_{n=1}^{\infty} b_n''(t) \sin\frac{n\pi x}{L} = -c^2 \sum_{n=1}^{\infty} \left(\frac{n\pi}{L}\right)^2 b_n(t) \sin\frac{n\pi x}{L}$$

에서 $b_n(t)$에 관한 상미분방정식과 해

$$b_n''(t) + \left(\frac{cn\pi}{L}\right)^2 b_n(t) = 0 \rightarrow b_n(t) = A_n \cos\left(\frac{cn\pi t}{L}\right) + B_n \sin\left(\frac{cn\pi t}{L}\right)$$

를 얻는다. 따라서 (a)는

$$u(x, t) = \sum_{n=1}^{\infty}\left[A_n \cos\left(\frac{cn\pi t}{L}\right) + B_n \sin\left(\frac{cn\pi t}{L}\right)\right]\sin\frac{n\pi x}{L} \tag{b}$$

가 된다. 여기서 A_n, B_n은 구해야 할 상수이다. 첫 번째 초기조건을 적용하면

$$u(x, 0) = f(x) = \sum_{n=1}^{\infty} A_n \sin\frac{n\pi x}{L}$$

가 되는데, 이는 $f(x)$의 푸리에 사인급수이므로

$$A_n = \frac{2}{L} \int_0^L f(x) \sin\frac{n\pi x}{L} dx \tag{c}$$

이다. 두 번째 초기조건을 적용하기 위해 (b)의 양변을 t로 미분하면

$$\frac{\partial u}{\partial t} = \sum_{n=1}^{\infty}\left[-A_n \frac{cn\pi}{L}\sin\left(\frac{cn\pi t}{L}\right) + B_n \frac{cn\pi}{L}\cos\left(\frac{cn\pi t}{L}\right)\right]\sin\frac{n\pi x}{L}$$

이므로

$$\frac{\partial u}{\partial t}\Big|_{t=0} = g(x) = \sum_{n=1}^{\infty} B_n \frac{cn\pi}{L}\sin\frac{n\pi x}{L}$$

에서 $B_n \dfrac{cn\pi}{L} = \dfrac{2}{L}\displaystyle\int_0^L g(x)\sin\dfrac{n\pi x}{L}dx$ 또는

$$B_n = \frac{2}{cn\pi} \int_0^L g(x) \sin\frac{n\pi x}{L} dx \tag{d}$$

가 된다. 만약 줄이 $t=0$에서 정지상태(초기속도 0)에서 놓아졌다면 $\dfrac{\partial u}{\partial t}\Big|_{t=0} = 0$, 즉 $g(x) = 0$이므로 $B_n = 0$이다.

예제 2

파동방정식의 해 예제 1의 (b)를 그려 보아라. $c = 1$, $L = 1$, $n = 40$을 사용하고 $0 \leq t \leq 2$초까지 0.25
초 간격으로 그려라. 초기파형은

$$f(x) = \begin{cases} x, & 0 < x < 1/2 \\ 1 - x, & 1/2 < x < 1 \end{cases}$$

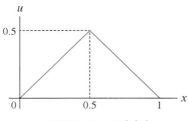

그림 11.4.2 초기파형

이고 파동의 초기속도 $g(x) = 0$이다.

(풀이) 주어진 값을 이용하여 예제 1의 (c)와 (d)를 계산하면

$$A_n = \frac{2}{1} \int_0^1 f(x) \sin\frac{n\pi x}{1} dx = 2 \int_0^1 f(x)\sin n\pi x dx$$
$$= 2\left[\int_0^{1/2} x\sin n\pi x dx + \int_{1/2}^1 (1 - x)\sin n\pi x dx \right] = \frac{4}{n^2\pi^2}\sin(n\pi/2),$$

$$B_n = \frac{2}{1} \int_0^1 g(x) \sin\frac{n\pi x}{1} dx = 2 \int_0^1 (0)\sin n\pi x dx = 0$$

이다. 이들을 예제 1의 (b)에 대입하고 $n = 40$을 사용하면

$$u(x, t) = \frac{4}{\pi^2} \sum_{n=1}^{40} \frac{1}{n^2} \sin\left(\frac{n\pi}{2}\right) \cos n\pi t \sin n\pi x \tag{a}$$

이고, 수학용 컴퓨터 소프트웨어를 사용하여 각각의 t에 대해 그래프를 그리면 다음과 같다.

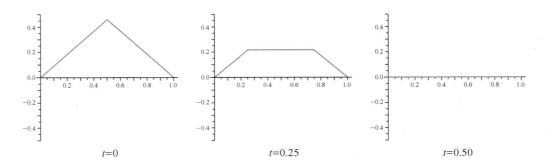

$t=0$ $t=0.25$ $t=0.50$

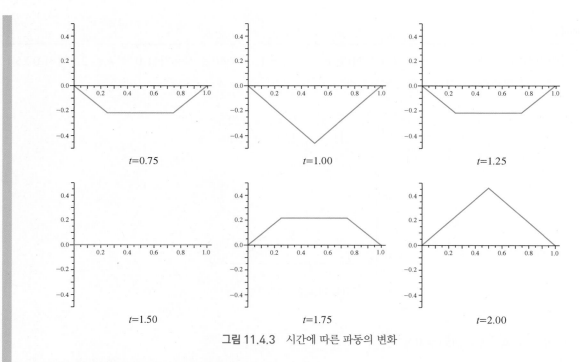

그림 11.4.3   시간에 따른 파동의 변화

즉, 동일한 파형이 2초의 주기로 반복됨을 알 수 있다.

이 절의 예제 2와 11.3절의 예제 3을 비교하는 것도 흥미롭다. 이 절의 예제 2에서 주어진 초기파형은 11.3절 예제 3에서 주어진 초기온도와 모양이 동일하다. 11.3 절 예제 3에서 열전도방정식의 해는

$$u(x, t) = \frac{4}{\pi^2} \sum_{n=1}^{\infty} \frac{1}{n^2} \sin\left(\frac{n\pi}{2}\right) e^{-n^2\pi^2 t} \sin n\pi x$$

이고, 이 절의 예제 2에서 파동방정식의 해는

$$u(x, t) = \frac{4}{\pi^2} \sum_{n=1}^{\infty} \frac{1}{n^2} \sin\left(\frac{n\pi}{2}\right) \cos n\pi t \sin n\pi x$$

이다. 두 식을 비교해 보면 파란색 글씨로 나타낸 부분만 다른데, 고정된 n에 대해 $\sin n\pi x$의 앞에 위치한 계수가 열전도방정식의 해에서는 시간 t에 대해 감소하는 지수함수인 반면에 파동방정식의 해에서는 시간 t에 대해 [−1, 1] 사이를 진동하는 코사인함수이다. 달리 말하면 열전도방정식에서는 $\sin n\pi x$의 진폭 $e^{-n^2\pi^2 t}$이 시간에 따라 감소하고 파동방정식에서는 $\sin n\pi x$의 진폭 $\cos n\pi t$가 시간에 따라 일정한 크기로 진동한다. 이러한 이유로 11.3절 예제 3에서는 온도 $u(x, t)$가 시간에 따라 감소하여 사라지게 되고, 이 절의 예제 2에서는 파동의 수직변위 $u(x, t)$가 일정한 크기의 최대진폭을 유지하며 진동하는 것이다.

정상파

식 (11.4.1)의 파동방정식에서 $c^2 = T/\rho$고 장력 T가 충분히 클 때, 줄의 진동은 소리를 낸다. 파동방정식의 해인 예제 1의 (a)는 무한개의 고유함수

$$u_n(x, t) = \left[A_n \cos\left(\frac{cn\pi t}{L}\right) + B_n \sin\left(\frac{cn\pi t}{L}\right) \right] \sin\frac{n\pi x}{L}, \ n = 1, 2, \cdots \quad (11.4.5)$$

의 중첩(superposition)이며, 이러한 각각의 고유함수 u_n을 **정상파**(standing wave)라고 한다. 삼각함수 합성에 의해 식 (11.4.5)는

$$u_n(x, t) = C_n \sin(\omega_n t + \theta_n) \sin\frac{n\pi x}{L}, \ n = 1, 2, \cdots \quad (11.4.6)$$

이 된다. 여기서 $C_n = \sqrt{A_n^2 + B_n^2}$, $\omega_n = cn\pi/L$, $\theta_n = \tan^{-1}(A_n/B_n)$이다. 따라서, n번째 정상파는 진폭이 시간의 함수 $C_n \sin(\omega_n t + \theta_n)$인 $\sin(n\pi x/L)$의 **단순조화진동**(simple harmonic oscillation)이다. 예를 들어 $n = 1$인 제1정상파는

$$u_1(x, t) = C_1 \sin(\omega_1 t + \theta_1) \sin\frac{\pi x}{L} \quad (11.4.7)$$

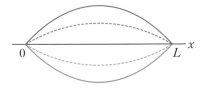

그림 11.4.4 제1정상파

이며 그림 11.4.4에서 서로 다른 선은 서로 다른 시간에서 줄의 변위를 나타낸다. 시간에 관계없이 진동하지 않는 점은 $\sin(\pi x/L) = 0$에서 $x = 0$과 $x = L$인데 이러한 점을 **마디점**(node)이라 한다. 제1정상파의 진동수, 즉 **기본 진동수**(fundamental frequency)는

$$f_1 = \frac{\omega_1}{2\pi} = \frac{1}{2L}\sqrt{\frac{T}{\rho}} \quad (11.4.8)$$

이며, 이는 제1정상파가 단위 시간당 몇 번 진동하는 지를 나타내는 값이다. 물론 **주기**(period)는 진동수의 역수이다. 식 (11.4.8)에 의하면 줄에 작용하는 장력 T가 클수록, 줄의 선밀도 ρ가 작을수록 진동수가 커져 높은 음을 발생시킨다. 기타줄을 생각해 보면 이해가 쉬울 것이다. 기타 줄을 팽팽하게 당기면 높은 음이 되고 굵은 줄보다는 가는 줄이 높은 음을 낸다. 기본 진동수의 정수배를 갖는 진동을 **배음**(overtone)이라 한다. 그림 11.4.5는 제2정상파를 그린 것이다. 제2정상파는 제1정상파의 첫 번째 배음이다.

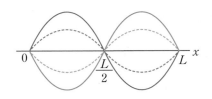

그림 11.4.5 제2정상파

이렇게 다른 진동수를 갖는 여러 정상파가 합쳐져서 소리를 만들어 낸다. 이따금 TV 프로그램에서 출연자의 음성을 변조하는 것처럼 특정한 진동수 영역을 제거하면 전혀 다른 소리가 만들어진다.

파동방정식의 달랑베르 해

파동방정식의 해의 다른 형태를 구해보자. 간단한 예로 파동의 초기속도가 0인 경

우를 생각하자. 즉, $g(x) = 0$이면 예제 1의 (d)에서 $B_n = 0$이므로 예제 1의 (a)는

$$u(x, t) = \sum_{n=1}^{\infty} A_n \cos\left(\frac{cn\pi t}{L}\right) \sin\frac{n\pi x}{L}$$

가 된다. 여기에 곱을 합으로 바꾸는 삼각함수 공식(부록 참고)을 사용하면

$$u(x, t) = \frac{1}{2} \sum_{n=1}^{\infty} A_n \left[\sin\frac{n\pi}{L}(x + ct) + \sin\frac{n\pi}{L}(x - ct)\right] \qquad (11.4.9)$$

이다. 초기파형 $u(x, 0)$을 $f^*(x)$로 놓으면 예제 1의 (b)에서

$$f^*(x) = \sum_{n=1}^{\infty} A_n \sin\frac{n\pi x}{L}$$

이므로 식 (11.4.9)는

$$u(x, t) = \frac{1}{2}[f^*(x + ct) + f^*(x - ct)] \qquad (11.4.10)$$

가 되며, 이를 파동방정식의 **달랑베르 해**(Jean d'Alembert, 1717–1783, 프랑스)라 한다. 여기서 $f^*(x)$는 초기파형 $f(x)$의 푸리에 사인급수이며, 이는 구간 $0 \le x \le L$에서만 정의된 $f(x)$를 기함수로 간주하여 주기가 $2L$인 주기함수로 확장한 것이다.

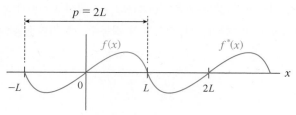

그림 11.4.6 초기파형의 확장

$f^*(x - ct)$의 그래프는 $f(x)$의 그래프를 x축의 양의 방향으로 ct ($c > 0$) 평행 이동한 것이므로 시간 t가 증가함에 따라 속도 c로 오른쪽으로 이동하는 **진행파**(travelling wave) 이다. 같은 이유로 $f^*(x + ct)$는 같은 속도로 왼쪽으로 이동하는 진행파이며 $u(x, t)$는 이 두 진행파의 중첩을 2로 나눈 것이다. 식 (11.4.1)에서 $c^2 = T/\rho$이고 T의 단위가 N (= $kg \cdot m/s^2$), ρ의 단위가 kg/m이면 $c = \sqrt{T/\rho}$ 의 단위는 속도 m/s이므로 x와 ct는 모두 거리를 나타낸다. 길이가 무한대인 파동방정식에 대한 달랑베르 해에 대해서는 뒤에서 다시 설명한다.

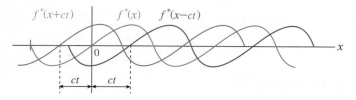

그림 11.4.7 진행파

예제 3

예제 2의 해를 달랑베르 해로 나타내어 $0 \le t \le 1$에서 0.25초 간격으로 그려라.

(풀이) $f^*(x)$는 초기파형

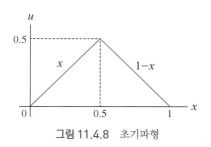

그림 11.4.8 초기파형

을 주기가 2인 기함수로 확장한 주기함수이고, $c = 1$이므로 달랑베르 해는 식 (11.4.10)에 의해

$$u(x, t) = \frac{1}{2}[f^*(x+t) + f^*(x-t)]$$

이다. u의 시간별 그래프는 다음과 같다. 이들을 예제 2의 결과와 비교해 보아라.

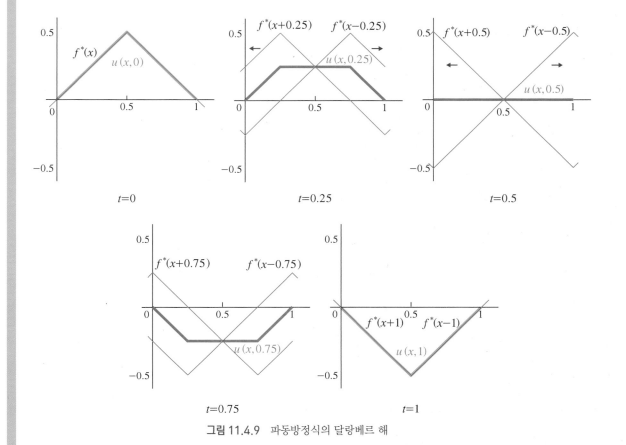

그림 11.4.9 파동방정식의 달랑베르 해

길이가 무한대인 파동에 대한 달랑베르 해

앞에서는 초기파형을 주기적으로 확장한 푸리에 급수를 이용하여 파동방정식의 달랑베르 해를 구하였다. 길이가 무한대인 줄의 파동방정식에 대한 달랑베르 해를 구해보자. 파동방정식은

$$\frac{\partial^2 u}{\partial t^2} = c^2 \frac{\partial^2 u}{\partial x^2}, \quad -\infty < x < \infty \qquad (11.4.11)$$

과 초기조건

$$u(x, 0) = f(x), \quad \left.\frac{\partial u}{\partial t}\right|_{t=0} = g(x) \qquad (11.4.12)$$

로 나타난다. 줄의 길이가 무한대이므로 경계조건은 주어지지 않는다. 이러한 파동방정식은

$$\xi(x, t) = x + ct, \quad \eta(x, t) = x - ct \qquad (11.4.13)$$

로 정의되는 새로운 독립변수를 이용하여 해를 쉽게 구할 수 있다. $\xi_x = 1$, $\xi_t = c$, $\eta_x = 1$, $\eta_t = -c$와 편미분의 연쇄율을 이용하면

$$u_x = u_\xi \xi_x + u_\eta \eta_x = u_\xi + u_\eta$$

$$u_{xx} = (u_x)_x = (u_\xi + u_\eta)_x = u_{\xi x} + u_{\eta x} = u_{\xi\xi}\xi_x + u_{\xi\eta}\eta_x + u_{\eta\xi}\xi_x + u_{\eta\eta}\eta_x : u_{\xi\eta} = u_{\eta\xi}$$

$$\quad = u_{\xi\xi} + 2u_{\xi\eta} + u_{\eta\eta}$$

$$u_t = u_\xi \xi_t + u_\eta \eta_t = c(u_\xi - u_\eta)$$

$$u_{tt} = (u_t)_t = c(u_\xi - u_\eta)_t = c(u_{\xi t} - u_{\eta t})$$

$$\quad = c(u_{\xi\xi}\xi_t + u_{\xi\eta}\eta_t - u_{\eta\xi}\xi_t - u_{\eta\eta}\eta_t) = c^2(u_{\xi\xi} - 2u_{\xi\eta} + u_{\eta\eta})$$

이 되는데, 이들을 파동방정식 식 (11.4.11)에 대입하면

$$c^2(u_{\xi\xi} - 2u_{\xi\eta} + u_{\eta\eta}) = c^2(u_{\xi\xi} + 2u_{\xi\eta} + u_{\eta\eta})$$

에서

$$u_{\xi\eta} = 0 \qquad (11.4.14)$$

을 얻는다. 이는 파동방정식의 다른 형태이며 **달랑베르 파동방정식**이라 부른다. 달랑베르 파동방정식은 식 (11.4.13)으로 정의된 독립변수 ξ와 η에 대해 연속적으로 적분하여 쉽게 해를 구할 수 있다. 먼저 식 (11.4.14)를 η에 대해 적분하면

$$\frac{\partial u}{\partial \xi} = h(\xi)$$

가 되는데, 여기서 $h(\xi)$는 ξ만의 함수를 의미한다. 위 식을 다시 ξ에 대해 적분하여

$$u(\xi, \eta) = \int h(\xi)d\xi = F(\xi) + G(\eta) \qquad (11.4.15)$$

를 얻을 수 있다. 여기서 $F(\xi)$는 $h(\xi)$의 부정적분으로 역시 ξ만의 함수이고, $G(\eta)$는 1변수 함수의 적분에서 적분상수에 해당하는 것으로 여기서는 η만의 함수이다. 따라서 파동방정식의 해는 식 (11.4.15)에서 변수 ξ와 η를 다시 x와 t로 바꾸어

$$u(x, t) = F(x + ct) + G(x - ct) \tag{11.4.16}$$

가 된다. 초기조건을 적용하기 위해 식 (11.4.16)을 t로 편미분하면

$$u_t(x, t) = cF'(x + ct) - cG'(x - ct) \tag{11.4.17}$$

이다. 여기서 F'와 G'은 $x + ct$와 $x - ct$ 전체에 대한 미분을 의미한다. 식 (11.4.16)과 (11.4.17)에 초기조건 $u(x, 0) = f(x)$와 $u_t(x, 0) = g(x)$를 적용하면

$$F(x) + G(x) = f(x) \tag{11.4.18}$$

$$cF'(x) - cG'(x) = g(x) \tag{11.4.19}$$

이고, 식 (11.4.19)를 c로 나누어 구간 $[x_0, x]$에 대해 적분하면

$$F(x) - G(x) = \frac{1}{c} \int_{x_0}^{x} g(s)ds + c_0 \tag{11.4.20}$$

가 된다. 여기서 $c_0 = F(x_0) - G(x_0)$, x_0는 임의의 상수이다. 식 (11.4.18)과 (11.4.20)을 더하고 2로 나누면

$$F(x) = \frac{1}{2}f(x) + \frac{1}{2c} \int_{x_0}^{x} g(s)ds + \frac{c_0}{2} \tag{11.4.21}$$

가 되고, 다시 식 (11.4.18)로부터

$$G(x) = \frac{1}{2}f(x) - \frac{1}{2c} \int_{x_0}^{x} g(s)ds - \frac{c_0}{2} \tag{11.4.22}$$

를 구할 수 있다. 마지막으로 식 (11.4.21)과 (11.4.22)를 식 (11.4.16)에 대입하면

$$u(x, t) = F(x + ct) + G(x - ct)$$
$$= \frac{1}{2}f(x + ct) + \frac{1}{2c} \int_{x_0}^{x+ct} g(s)ds + \frac{1}{2}f(x - ct) - \frac{1}{2c} \int_{x_0}^{x-ct} g(s)ds$$

또는

$$u(x, t) = \frac{1}{2}[f(x + ct) + f(x - ct)] + \frac{1}{2c} \int_{x-ct}^{x+ct} g(s)ds \tag{11.4.23}$$

를 얻는다. 이는 식 (11.4.11)의 파동방정식과 식 (11.4.12)의 초기조건을 만족하는 **달랑베르 해**이다. 만약 초기속도가 0, 즉 $g(x) = 0$인 경우에는

$$u(x, t) = \frac{1}{2}[f(x + ct) + f(x - ct)] \tag{11.4.24}$$

로 단순한 형태가 되고 이는 식 (11.4.10)과 유사하다. 식 (11.4.10)에서는 줄의 길이가 L로 유한한 파동이므로 $0 \le x \le L$에서 정의된 초기파형 $f(x)$를 주기적으로 확장한 $f^*(x)$를 사용하지만 식 (11.4.24)에서는 $-\infty < x < \infty$에서 정의된 초기파형 $f(x)$를 그대로 사용함에 유의하자.

예제 4

파동방정식 $\dfrac{\partial^2 u}{\partial t^2} = \dfrac{\partial^2 u}{\partial x^2}$, $-\infty < x < \infty$과 초기조건 $u(x, 0) = 0$, $\left. \dfrac{\partial u}{\partial t} \right|_{t=0} = \sin x$의 달랑베르 해를 구하고 $t = 0$, $\pi/2$, π, $3\pi/2$, 2π에서 $u(x, t)$의 그래프를 그려라.

(풀이) 식 (11.4.24)에 $f(x) = 0$, $g(x) = \sin x$를 대입하면

$$u(x, t) = 0 + \frac{1}{2} \int_{x-t}^{x+t} \sin s \, ds = \frac{1}{2} \left[-\cos s \right]_{x-t}^{x+t}$$

$$= -\frac{1}{2} [\cos(x + t) - \cos(x - t)] = \sin x \sin t$$

즉

$$u(x, t) = \sin t \sin x$$

이다. $t = 0$, $\pi/2$, π, $3\pi/2$, 2π에서 $u(x, t)$의 그래프는 다음과 같다. 아래에서는 구간 $[-\pi, \pi]$에서만 그렸지만 전체 구간 $-\infty < x < \infty$에 대해 같은 파형이 반복된다.

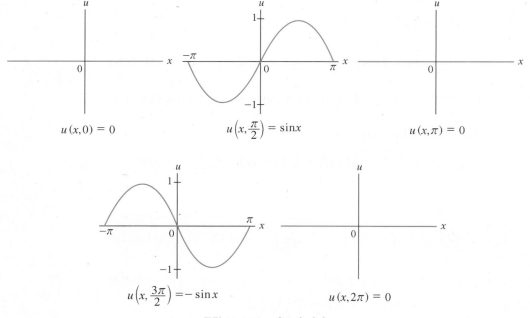

그림 11.4.10 파동의 변화

☞ 예제 4의 해 $u(x, t)$가 무한급수로 나타나지 않는 이유가 무엇일까? 초기속도가 사인함수 하나의 항으로 주어지기 때문이다.

11.4 연습문제

1. 예제 1을 $u(x, t) = X(x)T(t)$로 가정하는 변수분리법을 사용하여 풀고 결과가 같음을 보여라.

2. 식 (11.4.10)에서 경계조건 $u(0, t) = u(L, t) = 0$을 만족하기 위해서는 함수 $f^*(x)$가 기함수이고 주기가 $2L$임을 보여라.

3. 탄성 막대의 축방향 진동이 파동방정식 $u_{tt} = c^2 u_{xx}$와 초기조건 $u(x, 0) = x$, $u_t(x, 0) = 0$, 그리고 경계조건 $u_x(0, t) = u_x(L, t) = 0$으로 주어진다. $c = L = 1$일 때 x축방향 변위 $u(x, t)$를 구하라. 이러한 경계조건을 **자유단 조건**(free-end condition)이라 한다.

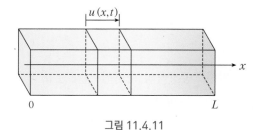

그림 11.4.11

(답) $u(x, t) = \dfrac{1}{2} + \dfrac{2}{\pi^2} \displaystyle\sum_{n=1}^{\infty} \dfrac{(-1)^n - 1}{n^2} \cos n\pi t \cos n\pi x$

☞ 자유단 조건은 쉬어가기 2.7을 참고하자.

4. (1) 파동방정식 $u_{tt} = 4u_{xx}$, $u(0, t) = 0$, $u(1, t) = 0$, $u(x, 0) = \sin \pi x$, $u_t(x, 0) = 0$의 푸리에 급수해를 구하라.
(2) 문제 (1)에 대해 달랑베르 해를 구하고 (1)의 결과와 같음을 보여라.
(3) 결과가 무한급수로 나타나지 않는 이유를 생각해 보자.
(4) (1), (2)의 결과를 0.125초 간격으로 한 주기까지 그려라.

(답) (1) $u(x, t) = \cos 2\pi t \sin \pi x$

5. 무한히 긴 줄의 수직변위가 초기값 문제

$$u_{tt} = c^2 u_{xx}, \quad -\infty < x < \infty, \quad u(x, 0) = f(x), \quad u_t(x, 0) = g(x)$$

로 나타난다. $c = 1$, $f(x) = \dfrac{1}{1 + x^2}$, $g(x) = 0$일 때, 달랑베르 해를 구하고 $t = 0, 1, 2, 3, 4, 5$에서 해의 그래프를 그려라.

(답) $u(x, t) = \dfrac{1}{2} \left[\dfrac{1}{1 + (x + t)^2} + \dfrac{1}{1 + (x - t)^2} \right]$: 줄의 길이가 무한대이므로 반향파 없이 초기파형이 둘로 나뉘어 좌우로 계속 진행하는 모양을 볼 수 있다.

11.5 라플라스 방정식

편미분방정식

$$\nabla^2 u = \frac{\partial^2 u}{\partial x^2} + \frac{\partial^2 u}{\partial y^2} + \frac{\partial^2 u}{\partial z^2} = 0 \tag{11.5.1}$$

을 **라플라스 방정식**이라 하며 열전도, 유체역학, 전자기학의 포텐셜 이론 등에서 광범위하게 나타난다. 라플라스 방정식의 2차원 형태는

$$\nabla^2 u = \frac{\partial^2 u}{\partial x^2} + \frac{\partial^2 u}{\partial y^2} = 0 \tag{11.5.2}$$

이다.

시간종속 열전도방정식의 다차원 형태는 $u_t = \alpha \nabla^2 u + g$인데, 11.3절에서와 같이 1차원의 경우는 u가 x와 t만의 함수이므로 $u_{yy} = u_{zz} = 0$에서 식 (11.3.4)의 $u_t = \alpha u_{xx} + g$가 된 것이다. 따라서 열원이 없는($g = 0$) 매질에서 온도가 시간 비종속(time–independent) 또는 정상상태(steady–state)이면 $u_t = \alpha \nabla^2 u$에서 $u_t = 0$이므로 라플라스 방정식 $\nabla^2 u = 0$을 만족한다. 직사각형 판의 정상온도(steady–state temperature) $u(x, y)$를 2차원 라플라스 방정식을 풀어 구해보자.

예제 1

라플라스 방정식 식 (11.5.2)를 풀어 직사각형 판의 정상온도 $u(x, y)$를 구하라. 단, x 방향 경계조건은 $\left.\frac{\partial u}{\partial x}\right|_{x=0} = \left.\frac{\partial u}{\partial x}\right|_{x=a} = 0$이고 y 방향 경계조건은 $u(x, 0) = f(x)$, $u(x, b) = g(x)$이다.

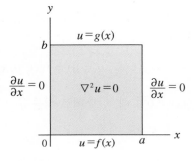

그림 11.5.1 직사각형 영역

(풀이) 푸리에 급수를 직접 사용하는 방법으로 풀겠다. 먼저 x 방향의 경계조건인 단열조건을 만족하도록 x에 대해 푸리에 코사인급수를 사용하여

$$u(x, y) = a_0(y) + \sum_{n=1}^{\infty} a_n(y)\cos\frac{n\pi x}{a}$$

로 나타내고, 이를 식 (11.5.2)에 대입하면

$$-\sum_{n=1}^{\infty}\left(\frac{n\pi}{a}\right)^2 a_n(y)\cos\frac{n\pi x}{a} + a_0''(y) + \sum_{n=1}^{\infty} a_n''(y)\cos\frac{n\pi x}{a} = 0$$

이다. 따라서

$$a_0''(y) = 0 \rightarrow a_0(y) = A_0 + B_0 y$$

$$a_n''(y) - \left(\frac{n\pi}{a}\right)^2 a_n(y) = 0 \rightarrow a_n(y) = A_n\cosh\frac{n\pi y}{a} + B_n\sinh\frac{n\pi y}{a}$$

를 얻으므로

$$u(x, y) = A_0 + B_0 y + \sum_{n=1}^{\infty}\left(A_n\cosh\frac{n\pi y}{a} + B_n\sinh\frac{n\pi y}{a}\right)\cos\frac{n\pi x}{a} \tag{a}$$

이다. 여기에 y 방향 경계조건을 적용하면, $y = 0$에서

$$u(x, 0) = f(x) = A_0 + \sum_{n=1}^{\infty} A_n\cos\frac{n\pi x}{a}$$

이므로

$$A_0 = \frac{1}{a}\int_0^a f(x)dx, \quad A_n = \frac{2}{a}\int_0^a f(x)\cos\frac{n\pi x}{a}dx \tag{b}$$

이다. 마찬가지로 $y = b$에서는

$$u(x, b) = g(x) = A_0 + B_0 b + \sum_{n=1}^{\infty}\left(A_n\cosh\frac{n\pi b}{a} + B_n\sinh\frac{n\pi b}{a}\right)\cos\frac{n\pi x}{a}$$

이므로

$$A_0 + B_0 b = \frac{1}{a}\int_0^a g(x)dx,$$

$$A_n\cosh\frac{n\pi b}{a} + B_n\sinh\frac{n\pi b}{a} = \frac{2}{a}\int_0^a g(x)\cos\frac{n\pi x}{a}dx$$

에서

$$B_0 = \frac{1}{ab}\int_0^a g(x)dx - A_0/b,$$
$$B_n = \left(\frac{2}{a}\int_0^a g(x)\cos\frac{n\pi x}{a}dx - A_n\cosh\frac{n\pi b}{a}\right)\bigg/\sinh\frac{n\pi b}{a} \tag{c}$$

를 얻는다.

예제 2

$a = b = 1$, $f(x) = 100x$, $g(x) = 0$일 때 라플라스 방정식의 해를 구하고 그래프를 그려라.

(풀이) 예제 1의 (b)에서

$$A_0 = \int_0^1 100x\,dx = 50 \,, \quad A_n = 2\int_0^1 100x\cos n\pi x\,dx = -\frac{200}{n^2\pi^2}[1-(-1)^n]$$

이고 (c)에서

$$B_0 = \int_0^1 0\,dx - A_0 = -50$$
$$B_n = \left(2\int_0^1 0\cos n\pi x\,dx - A_n\cosh n\pi\right)\Big/\sinh n\pi = -\frac{\cosh n\pi}{\sinh n\pi}A_n$$
$$= \frac{200\coth n\pi}{n^2\pi^2}[1-(-1)^n]$$

이다. 따라서 (a)에 의해

$$u(x,y) = 50(1-y) + \frac{200}{\pi^2}\sum_{n=1}^{\infty}\frac{1-(-1)^n}{n^2}(\coth n\pi\sinh n\pi y - \cosh n\pi y)\cos n\pi x$$

이고 이를 컴퓨터를 사용하여 그래프로 그리면 그림 11.5.2와 같다.

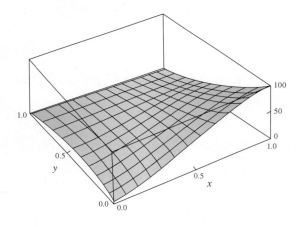

그림 11.5.2   직사각형 판의 정상온도

☞ 예제 2의 $y = 0$에서 경계조건이 $f(x) = 100x$이므로 직선이어야 한다. 따라서 $x = 0, 1$에서 기울기는 100이어야 하지만 $x = 0$과 1에서 경계조건이 단열조건$\left(\frac{\partial u}{\partial x}\Big|_{x=0,1} = 0\right)$이므로 그림 11.5.2에서는 두 가지 조건을 모두 수용하여 $y = 0$에서의 온도가 곡선으로 표현되었다(사실 문제 자체의 오류로 볼 수 있음).

그림 11.5.2를 예제 2의 경계조건을 나타낸 그림 11.5.3과 비교하자. 우리가 구한 $u(x, y)$는 직사각형의 네 변에 주어진 경계조건을 만족하는 직사각형 내부의 온도 분포임을 알 수 있다. 이 온도분포는 시간 t와 무관하다.

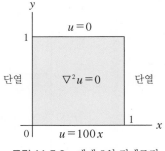

그림 11.5.3 예제 2의 경계조건

비제차 디리클레 경계조건 문제

이제까지는 적어도 한 쌍의 마주보는 경계에서 온도가 0이 되는 제차 디리클레 경계조건, 또는 단열인 제차 노이만 경계조건 문제를 다루었다. 서로 마주보는 경계에서 비제차 경계조건이 주어지는 경우에는 2개의 제차 경계조건 문제로 나누어 풀고 두 결과를 더해야 한다. 다음을 보자.

예제 3

라플라스 방정식

$$\frac{\partial^2 u}{\partial x^2} + \frac{\partial^2 u}{\partial y^2} = 0, \ 0 < x < a, \ 0 < y < b$$

과 경계조건

$$u(0, y) = F(y), \ u(a, y) = G(y), \ 0 < y < b$$
$$u(x, 0) = f(x), \ u(x, b) = g(x), \ 0 < x < a$$

을 만족하는 직사각형 내부의 정상온도를 구하라.

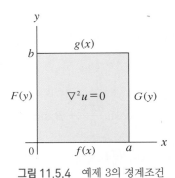

그림 11.5.4 예제 3의 경계조건

(풀이) x, y 방향의 경계조건이 모두 비제차 디리클레 형태이므로 기존 방법을 적용할 수 없다. 따라서 원래의 문제를 그림 11.5.5와 같이 문제 (1), 문제 (2)의 2개의 제차 디리클레 경계조건 문제로 나누어 푼다.

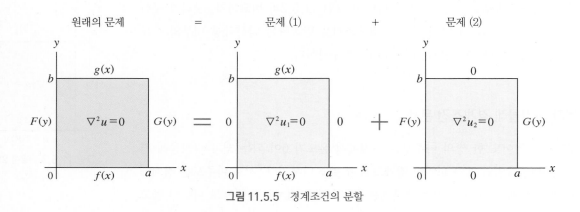

그림 11.5.5 경계조건의 분할

그러면 원래의 해는 $u = u_1 + u_2$가 되는데, 이렇게 구해진 u는

$$\nabla^2 u = \nabla^2(u_1 + u_2) = \nabla^2 u_1 + \nabla^2 u_2 = 0 + 0 = 0$$

$$u(0, y) = u_1(0, y) + u_2(0, y) = 0 + F(y) = F(y)$$

$$u(x, b) = u_1(x, b) + u_2(x, b) = g(x) + 0 = g(x)$$

$$\vdots$$

등으로 원래의 편미분방정식과 경계조건을 모두 만족하게 된다. 따라서 다음과 같이 문제 (1)과 (2)로 나누어 해를 구한다.

문제 (1) :

$$\frac{\partial^2 u_1}{\partial x^2} + \frac{\partial^2 u_1}{\partial y^2} = 0, \quad \begin{array}{ll} u_1(0, y) = 0 & u_1(a, y) = 0 \quad 0 < y < b \\ u_1(x, 0) = f(x) & u_1(x, b) = g(x) \quad 0 < x < a \end{array}$$

x 방향 경계조건을 만족하도록 $u_1(x, y) = \sum_{n=1}^{\infty} b_n(y)\sin\dfrac{n\pi x}{a}$ 로 놓고 편미분방정식에 대입하면

$$b_n''(y) - \left(\frac{n\pi}{a}\right)^2 b_n(y) = 0 \longrightarrow b_n(y) = A_n\cosh\frac{n\pi y}{a} + B_n\sinh\frac{n\pi y}{a}$$

이므로

$$u_1(x, y) = \sum_{n=1}^{\infty}\left[A_n\cosh\frac{n\pi y}{a} + B_n\sinh\frac{n\pi y}{a}\right]\sin\frac{n\pi x}{a} \tag{a}$$

이다. 경계조건 $u_1(x, 0) = f(x) = \sum_{n=1}^{\infty} A_n\sin\dfrac{n\pi x}{a}$ 에서

$$A_n = \frac{2}{a}\int_0^a f(x)\sin\frac{n\pi x}{a}dx$$

이고, 또 다른 경계조건 $u_1(x, b) = g(x) = \sum_{n=1}^{\infty}\left[A_n\cosh\dfrac{n\pi b}{a} + B_n\sinh\dfrac{n\pi b}{a}\right]\sin\dfrac{n\pi x}{a}$ 에서

$$A_n\cosh\frac{n\pi b}{a} + B_n\sinh\frac{n\pi b}{a} = \frac{2}{a}\int_0^a g(x)\sin\frac{n\pi x}{a}dx$$

또는

$$B_n = \frac{1}{\sinh\dfrac{n\pi b}{a}}\left[\frac{2}{a}\int_0^a g(x)\sin\frac{n\pi x}{a}dx - A_n\cosh\frac{n\pi b}{a}\right]$$

이다.

문제 (2) :

$$\frac{\partial^2 u_2}{\partial x^2} + \frac{\partial^2 u_2}{\partial y^2} = 0, \qquad \begin{array}{ll} u_2(0,y) = F(y), & u_2(a,y) = G(y) \quad 0 < y < b \\ u_2(x,0) = 0, & u_2(x,b) = 0 \qquad 0 < x < a \end{array}$$

y 방향 경계조건을 만족하도록 $u_2(x,y) = \displaystyle\sum_{n=1}^{\infty} b_n(x)\sin\frac{n\pi y}{b}$ 로 놓고 편미분방정식에 대입하면

$$b_n{}''(x) - \left(\frac{n\pi}{b}\right)^2 b_n(x) = 0 \longrightarrow b_n(x) = C_n\cosh\frac{n\pi x}{b} + D_n\sinh\frac{n\pi x}{b}$$

이므로

$$u_2(x,y) = \sum_{n=1}^{\infty}\left[C_n\cosh\frac{n\pi x}{b} + D_n\sinh\frac{n\pi x}{b}\right]\sin\frac{n\pi y}{b} \qquad\qquad \text{(b)}$$

이다. 경계조건 $u_2(0,y) = F(y) = \displaystyle\sum_{n=1}^{\infty}C_n\sin\frac{n\pi y}{b}$ 에서

$$C_n = \frac{2}{b}\int_0^b F(y)\sin\frac{n\pi y}{b}dy$$

이고, 또 다른 경계조건 $u_2(a,y) = G(y) = \displaystyle\sum_{n=1}^{\infty}\left[C_n\cosh\frac{n\pi a}{b} + D_n\sinh\frac{n\pi a}{b}\right]\sin\frac{n\pi y}{b}$ 에서

$$C_n\cosh\frac{n\pi a}{b} + D_n\sinh\frac{n\pi a}{b} = \frac{2}{b}\int_0^b G(y)\sin\frac{n\pi y}{b}dy$$

또는

$$D_n = \frac{1}{\sinh\dfrac{n\pi a}{b}}\left[\frac{2}{b}\int_0^b G(y)\sin\frac{n\pi y}{b}dy - C_n\cosh\frac{n\pi a}{b}\right]$$

이다. 따라서 구하는 해는 문제 (1)과 문제 (2)의 해를 더하여

$$u(x,y) = u_1(x,y) + u_2(x,y)$$

이다.

☞ 예제 3의 문제(2)를 별도로 풀 필요는 없다. 문제(1)과 문제(2)의 대칭성을 이용하여 (a)에서 x 대신 y, a 대신 b, $f(x)$, $g(x)$ 대신 $F(y)$, $G(y)$를 사용하면 (b)가 된다.

11.5   연습문제

1. 예제 1을 $u(x, y) = X(x)Y(y)$로 놓는 변수분리법을 사용하여 풀어라.

2. (1) 그림과 같은 반무한 판의 정상온도 $u(x, y)$를 구하라.
단, $y \longrightarrow \infty$일 때 u는 유한하다.
(2) $f(x) = \sin x$일 때 $u(x, y)$를 구하고 결과를 그려라.
($0 \leq x \leq \pi$, $0 \leq y \leq 2$까지만 그려라.)

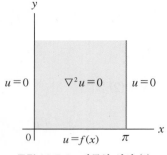

그림 11.5.6   반무한 영역 (1)

(답) (1) $u(x, y) = \sum_{n=1}^{\infty} A_n e^{-ny} \sin nx$, $A_n = \frac{2}{\pi} \int_0^{\pi} f(x) \sin nx\, dx$

(2) $u(x, y) = e^{-y} \sin x$

3. 반무한 판의 정상온도 $u(x, y)$를 구하라. 단, $x \longrightarrow \infty$일 때 u는 유한하다.

(답) $u(x, y) = 1$

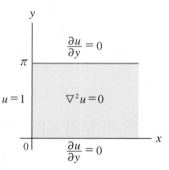

그림 11.5.7   반무한 영역 (2)

4. 경계값 문제 $\dfrac{\partial^2 u}{\partial x^2} + \dfrac{\partial^2 u}{\partial y^2} = 0$, $0 < x, y < 2$를 다음 경계조건에 대해 풀어라.

$$u(0, y) = 0, u(2, y) = y(2 - y), \quad 0 < y < 2$$
$$u(x, 0) = 0, u(x, 2) = \begin{cases} x, & 0 < x < 1 \\ 2 - x, & 1 < x < 2 \end{cases}$$

(답) $u(x, y) = \dfrac{8}{\pi^2} \sum_{n=1}^{\infty} \dfrac{1}{n^2 \sinh n\pi} \left[\sin \dfrac{n\pi}{2} \sin \dfrac{n\pi x}{2} \sinh \dfrac{n\pi y}{2} + \dfrac{2[1 - (-1)^n]}{n\pi} \sinh \dfrac{n\pi x}{2} \sin \dfrac{n\pi y}{2} \right]$

5. 열원이 없는 매질에서 열전도방정식은 라플라스 방정식 $\nabla^2 T = 0$으로
주어진다. 다음과 같은 두 평면 사이에서 온도 T가 x만의 함수일 때,
$x = 0.5$에서의 온도를 구하라.

그림 11.5.8   평면 영역(slab)

(답) $10\,^{\circ}\mathrm{C}$. 열전도방정식이 상미분방정식으로 표현됨에 유의하라(2.4절 예제 4 참고).

11.6   비제차 편미분방정식과 비제차 경계조건

식 (11.2.1)의 편미분방정식의 일반형에서 $G(x, y) \neq 0$이면 비제차(nonhomogeneous) 편미분방정식이라 하였다. 이제까지는 제차 편미분방정식에 대해 공부했는데 본 절에서는 **비제차 편미분방정식** 또는 **비제차 경계조건**이 주어지는 경우 해를 구하는 방법에 대해 알아보겠다.

11.3절에서 열원이 포함된 1차원 열전도방정식을 유도하였는데 이는 비제차 편미분방정식이다. 식 (11.3.4)에서 비제차항 g는 매질 내부에서 열생성을 나타낸다. 제차 편미분방정식의 풀이에 사용했던 변수분리법을 비제차 편미분방정식에 직접 적용할 수는 없다. 새로운 방법은 $u(x, t) = v(x, t) + k(x)$와 같이 종속변수 u를 새로운 종속변수 v와 k의 합으로 나타내어 편미분방정식의 비제차항을 제거하거나 또는 비제차 경계조건을 제차 경계조건으로 바꾸어야 한다.

다음 예제는 비제차 편미분방정식과 비제차 경계조건에 관한 문제이다.

예제 1

열원이 있는 매질에서 열전도방정식이 $\dfrac{\partial u}{\partial t} = \alpha \dfrac{\partial^2 u}{\partial x^2} + g$로 나타난다. $u(0, t) = 0$, $u(1, t) = u_0$이고 $u(x, 0) = f(x)$일 때 $u(x, t)$를 구하라.

(풀이) $u(x, t) = v(x, t) + k(x)$로 놓으면 $\dfrac{\partial u}{\partial t} = \dfrac{\partial v}{\partial t}$이고 $\dfrac{\partial^2 u}{\partial x^2} = \dfrac{\partial^2 v}{\partial x^2} + k''(x)$이므로 이를 편미분방정식에 대입하면

$$\frac{\partial v}{\partial t} = \alpha \frac{\partial^2 v}{\partial x^2} + \alpha k''(x) + g$$

이다. 여기서 v에 대한 제차 미분방정식 $\dfrac{\partial v}{\partial t} = \alpha \dfrac{\partial^2 v}{\partial x^2}$을 얻기 위해 $\alpha k''(x) + g = 0$으로 놓으면

$$k(x) = -\frac{g}{2\alpha} x^2 + c_1 x + c_2$$

이다. 경계조건

$$u(0, t) = v(0, t) + k(0) = 0, \quad u(1, t) = v(1, t) + k(1) = u_0$$

도 v에 대해 제차 경계조건 $v(0, t) = 0$, $v(1, t) = 0$이 되기 위해서는 $k(0) = 0$, $k(1) = u_0$이어야 한다. 따라서 $k(0) = c_2 = 0$, $k(1) = -\dfrac{g}{2\alpha} + c_1 = u_0$에서

$$k(x) = -\frac{g}{2\alpha} x^2 + \left(\frac{g}{2\alpha} + u_0 \right) x$$

이다. 초기조건 $u(x, 0) = v(x, 0) + k(x) = f(x)$에서

$$v(x, 0) = f(x) - k(x) = f(x) + \frac{g}{2\alpha}x^2 - \left(\frac{g}{2\alpha} + u_0\right)x$$

이므로, 결과적으로 변수 $v(x, t)$에 대해서는

$$\frac{\partial v}{\partial t} = \alpha\frac{\partial^2 v}{\partial x^2}, \quad v(0, t) = v(1, t) = 0, \quad v(x, 0) = f(x) + \frac{g}{2\alpha}x^2 - \left(\frac{g}{2\alpha} + u_0\right)x$$

와 같은 제차 편미분방정식 문제가 된다. 따라서 제차 방정식의 풀이에서와 같이 $v(x, t) = \sum_{n=1}^{\infty} b_n(t)\sin n\pi x$ 를 대입하면 $b_n'(t) + \alpha n^2\pi^2 b_n(t) = 0$에서

$$b_n(t) = A_n e^{-\alpha n^2\pi^2 t}$$

이므로

$$v(x, t) = \sum_{n=1}^{\infty} A_n e^{-\alpha n^2\pi^2 t}\sin n\pi x$$

이다. 초기조건

$$v(x, 0) = \sum_{n=1}^{\infty} A_n\sin n\pi x = f(x) + \frac{g}{2\alpha}x^2 - \left(\frac{g}{2\alpha} + u_0\right)x$$

에서

$$A_n = 2\int_0^1 \left[f(x) + \frac{g}{2\alpha}x^2 - \left(\frac{g}{2\alpha} + u_0\right)x\right]\sin n\pi x dx$$

이다. 따라서 해는

$$u(x, t) = v(x, t) + k(x) = \sum_{n=1}^{\infty} A_n e^{-\alpha n^2\pi^2 t}\sin n\pi x - \frac{g}{2\alpha}x^2 + \left(\frac{g}{2\alpha} + u_0\right)x$$

이다.

11.6 연습문제

1. 어떤 매질에서 열전도방정식이 $\dfrac{\partial u}{\partial t} = \dfrac{\partial^2 u}{\partial x^2} + e^{-x}$ 로 나타난다. $u(0, t) = u(\pi, t) = 0$이고 $u(x, 0) = f(x)$일 때 $u(x, t)$를 구하라.

(답) $u(x, t) = \sum_{n=1}^{\infty} A_n e^{-n^2 t}\sin nx + k(x)$, 여기서

$$A_n = \frac{2}{\pi}\int_0^\pi [f(x) - k(x)]\sin nx dx, \quad k(x) = -e^{-x} + \frac{1}{\pi}(e^{-\pi} - 1)x + 1$$

2. 열원이 포함된 다차원 열전도방정식은 $\dfrac{\partial u}{\partial t} = \alpha \nabla^2 u + g$ 이고, 온도 u가 시간에 무관하면 $\partial u / \partial t = 0$이므로 $\alpha \nabla^2 u + g = 0$, 즉 **푸아송 방정식**(Siméon Poisson, 1781–1840, 프랑스)

$\nabla^2 u = -\dfrac{g}{\alpha}$ 가 된다.

(1) 다음 영역에 대해 푸아송 방정식 $\dfrac{\partial^2 u}{\partial x^2} + \dfrac{\partial^2 u}{\partial y^2} = -2$의 해를 구하라.

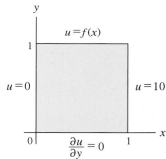

(2) $f(x) = 10x^2$일 때 $u(x, y)$를 구하고 그래프를 그려라. ($n = 10$ 이용)

그림 11.6.1 직사각형 영역

(답) (1) $u(x, y) = \displaystyle\sum_{n=1}^{\infty} A_n \sin n\pi x \cosh n\pi y - x^2 + 11x,$

$\quad A_n = \dfrac{2}{\cosh n\pi} \displaystyle\int_0^1 [f(x) + x^2 - 11x] \sin n\pi x \, dx$

(2) $u(x, y) = -\dfrac{44}{\pi^3} \displaystyle\sum_{n=1}^{\infty} \dfrac{1 - (-1)^n}{n^3 \cosh n\pi} \sin n\pi x \cosh n\pi y - x^2 + 11x$

11.7 이중 푸리에 급수

이제까지 1차원 열전도방정식, 1차원 파동방정식, 2차원 라플라스 방정식의 풀이에 대해 공부하였다. 경계조건에 따라 푸리에 코사인급수 또는 푸리에 사인급수를 사용했음을 기억할 것이다. 이 절에서는 앞에서 공부한 방정식 보다 위치변수가 하나 더 증가한 2차원 열전도방정식, 2차원 파동방정식, 3차원 라플라스 방정식의 풀이에 대해 공부하겠다. 먼저 풀이에 사용될 **이중 푸리에 급수**인 이중 푸리에 사인급수와 이중 푸리에 코사인급수에 대해 알아보자.

이중 푸리에 사인급수

구간 $0 \leq x \leq a$, $0 \leq y \leq b$에서 정의되는 2변수 함수 $f(x, y)$에 대해

$$f(x, y) = \sum_{m=1}^{\infty} \sum_{n=1}^{\infty} C_{mn} \sin \frac{m\pi x}{a} \sin \frac{n\pi y}{b} \qquad (11.7.1)$$

를 **이중 푸리에 사인급수**(double Fourier sine series)라 하며, 여기서

$$C_{mn} = \frac{4}{ab} \int_{y=0}^{b} \int_{x=0}^{a} f(x, y) \sin \frac{m\pi x}{a} \sin \frac{n\pi y}{b} \, dx \, dy \qquad (11.7.2)$$

이다.

(**증명 1**) 두 가지 증명을 보이겠다. 먼저

$$k_m(y) = \sum_{n=1}^{\infty} C_{mn} \sin\frac{n\pi y}{b} \tag{a}$$

로 놓으면 식 (11.7.1)은

$$f(x, y) = \sum_{m=1}^{\infty} k_m(y)\sin\frac{m\pi x}{a} \tag{b}$$

가 되는데, 이는 고정된 y에 대해 $f(x, y)$의 푸리에 사인급수이므로 식 (10.3.5)에서

$$k_m(y) = \frac{2}{a}\int_{x=0}^{a} f(x, y)\sin\frac{m\pi x}{a}dx \tag{c}$$

이다. 한편, (a) 또한 $k_m(y)$의 푸리에 사인급수이므로

$$C_{mn} = \frac{2}{b}\int_{y=0}^{b} k_m(y)\sin\frac{n\pi y}{b}dy \tag{d}$$

이다. (c)를 (d)에 대입하여

$$C_{mn} = \frac{2}{b}\int_{y=0}^{b}\left(\frac{2}{a}\int_{x=0}^{a} f(x, y)\sin\frac{m\pi x}{a}dx\right)\sin\frac{n\pi y}{b}dy$$
$$= \frac{4}{ab}\int_{y=0}^{b}\int_{x=0}^{a} f(x, y)\sin\frac{m\pi x}{a}\sin\frac{n\pi y}{b}dxdy$$

를 얻는다.

(**증명 2**) $f(x, y) = X(x)Y(y)$, $0 \le x \le a$, $0 \le y \le b$로 놓고 $X(x)$, $Y(y)$를 1변수함수에 대한 푸리에 사인급수로 나타내면

$$X(x) = \sum_{m=1}^{\infty} c_m \sin\frac{m\pi x}{a}, \quad Y(y) = \sum_{n=1}^{\infty} d_n \sin\frac{n\pi y}{b}$$

여기서

$$c_m = \frac{2}{a}\int_{x=0}^{a} X(x)\sin\frac{m\pi x}{a}dx, \quad d_n = \frac{2}{b}\int_{y=0}^{b} Y(y)\sin\frac{n\pi y}{b}dy$$

이다. 따라서

$$f(x, y) = X(x)Y(y) = \left(\sum_{m=1}^{\infty} c_m \sin\frac{m\pi x}{a}\right)\left(\sum_{n=1}^{\infty} d_n \sin\frac{n\pi y}{b}\right)$$
$$= \sum_{m=1}^{\infty}\sum_{n=1}^{\infty} C_{mn}\sin\frac{m\pi x}{a}\sin\frac{n\pi y}{b}$$

이고, 여기서

$$C_{mn} = c_m d_n = \left(\frac{2}{a}\int_{x=0}^{a} X(x)\sin\frac{m\pi x}{a}dx\right)\left(\frac{2}{b}\int_{y=0}^{b} Y(y)\sin\frac{n\pi y}{b}dy\right)$$
$$= \frac{4}{ab}\int_{y=0}^{b}\int_{x=0}^{a} f(x, y)\sin\frac{m\pi x}{a}\sin\frac{n\pi y}{b}dxdy$$

이다. ∎

이중 푸리에 코사인급수도 이중 푸리에 사인급수의 유도과정과 유사하나 형태가 더
복잡하다. 여기서는 결과만 보이고 유도과정은 연습문제로 남긴다.

이중 푸리에 코사인급수

구간 $0 \le x \le a$, $0 \le y \le b$에서 정의되는 함수 $f(x, y)$에 대해

$$f(x, y) = C_{00} + \sum_{m=1}^{\infty} C_{m0} \cos \frac{m\pi x}{a} + \sum_{n=1}^{\infty} C_{0n} \cos \frac{n\pi y}{b} \qquad (11.7.3)$$
$$+ \sum_{m=1}^{\infty} \sum_{n=1}^{\infty} C_{mn} \cos \frac{m\pi x}{a} \cos \frac{n\pi y}{b}$$

를 이중 푸리에 코사인급수(double Fourier cosine series)라 하며, 여기서

$$C_{00} = \frac{1}{ab} \int_{y=0}^{b} \int_{x=0}^{a} f(x, y) dx dy$$
$$C_{m0} = \frac{2}{ab} \int_{y=0}^{b} \int_{x=0}^{a} f(x, y) \cos \frac{m\pi x}{a} dx dy \qquad (11.7.4)$$
$$C_{0n} = \frac{2}{ab} \int_{y=0}^{b} \int_{x=0}^{a} f(x, y) \cos \frac{n\pi y}{b} dx dy$$
$$C_{mn} = \frac{4}{ab} \int_{y=0}^{b} \int_{x=0}^{a} f(x, y) \cos \frac{m\pi x}{a} \cos \frac{n\pi y}{b} dx dy$$

이다.

예제 1

$f(x, y) = 1$, $0 \le x \le \pi$, $0 \le y \le \pi$의 이중 푸리에 사인급수를 구하라.

(풀이) 식 (11.7.2)에서

$$C_{mn} = \frac{4}{\pi \cdot \pi} \int_0^\pi \int_0^\pi 1 \cdot \sin mx \sin ny \, dx \, dy = \frac{4}{\pi^2} \int_0^\pi \sin mx \, dx \int_0^\pi \sin ny \, dy$$
$$= \frac{4}{\pi^2} \left[-\frac{1}{m} \cos mx \right]_0^\pi \left[-\frac{1}{n} \cos ny \right]_0^\pi = \frac{4}{mn\pi^2} [1 - (-1)^m][1 - (-1)^n]$$

이므로

$$f(x, y) = 1 = \frac{4}{\pi^2} \sum_{m=1}^{\infty} \sum_{n=1}^{\infty} \frac{[1 - (-1)^m][1 - (-1)^n]}{mn} \sin mx \sin ny$$

이다.

예제 1에서 $f(x, y) = 1$의 이중 푸리에 사인급수를 m과 n 각각에 대해 0이 아닌 3항
까지 그리면 그림 11.7.1과 같다. 항수를 늘리면 그림의 위쪽 면이 더욱 평평해 질
것이다.

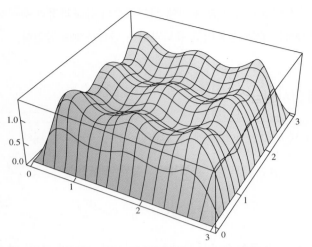

그림 11.7.1 $f(x, y) = 1$의 이중 푸리에 사인급수

이중 푸리에 급수를 이용하여 편미분방정식의 해를 구하는 방법을 소개한다.

2차원 열전도방정식

1차원 열전도 방정식 $\dfrac{\partial u}{\partial t} = \alpha \dfrac{\partial^2 u}{\partial x^2}$ 의 다차원 형태는 $\dfrac{\partial u}{\partial t} = \alpha \nabla^2 u$ 이므로 평판의 열전도를 나타내는 2차원 시간종속 열전도방정식은

$$\frac{\partial u}{\partial t} = \alpha \left(\frac{\partial^2 u}{\partial x^2} + \frac{\partial^2 u}{\partial y^2} \right) \tag{11.7.5}$$

이다. 먼저 $u(x, y, t) = X(x)Y(y)T(t)$ 로 놓는 변수분리법을 소개한다.

예제 2

그림 11.7.2와 같은 직사각형 영역에 대해 경계조건이
$u(0, y, t) = u(a, y, t) = 0,\ u(x, 0, t) = u(x, b, t) = 0$이고,
초기조건이 $u(x, y, 0) = f(x, y)$ 일 때, 온도 $u(x, y, t)$ 를 구하라.

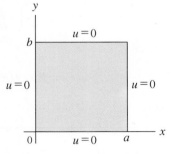

그림 11.7.2   직사각형 영역

풀이) 변수분리법을 사용하여 $u(x, y, t) = X(x)Y(y)T(t)$ 로 놓고 식 (11.7.5)에 대입하면

$$XYT' = \alpha(X''YT + XY''T)$$

가 되고, 양변을 αXYT로 나누면 $\dfrac{T'}{\alpha T} = \dfrac{X''}{X} + \dfrac{Y''}{Y}$ 또는, $\dfrac{X''}{X} = -\dfrac{Y''}{Y} + \dfrac{T'}{\alpha T}$ 이 된다. 여기서 좌변은 x의 함수이고 우변은 y와 t의 함수의 합이므로 양변은 모두 상수이어야 한다. 상수가 양이거나 0인 경우는 자명해 $u(x, y, t) = 0$이 되므로(각자 해볼 것) 음의 상수에 대하여, 즉

$$\frac{X''}{X} = -\frac{Y''}{Y} + \frac{T'}{\alpha T} = -\lambda^2 < 0$$

인 경우를 생각한다. 먼저 $\dfrac{X''}{X} = -\lambda^2$ 에서 $X(x)$에 관한 상미분방정식과 해

$$X'' + \lambda^2 X = 0 \longrightarrow X(x) = c_1 \cos\lambda x + c_2 \sin\lambda x$$

를 구한다. 나머지 식 $-\dfrac{Y''}{Y} + \dfrac{T'}{\alpha T} = -\lambda^2$ 을 $\dfrac{Y''}{Y} = \dfrac{T'}{\alpha T} + \lambda^2$ 으로 놓으면 좌변은 y만의 함수이고, 우변은 t만의 함수이므로 이 또한 (음의) 상수이어야 한다. 따라서

$$\frac{Y''}{Y} = \frac{T'}{\alpha T} + \lambda^2 = -\mu^2$$

으로 놓으면 $\dfrac{Y''}{Y} = -\mu^2$, $\dfrac{T'}{\alpha T} + \lambda^2 = -\mu^2$ 으로부터 상미분방정식과 해

$$Y'' + \mu^2 Y = 0 \longrightarrow Y(y) = c_3 \cos\mu y + c_4 \sin\mu y$$

$$T' + \alpha(\lambda^2 + \mu^2)T = 0 \longrightarrow T(t) = c_5 e^{-\alpha(\lambda^2 + \mu^2)t}$$

를 구할 수 있다. 경계조건이 $X(0) = X(a) = 0$, $Y(0) = Y(b) = 0$이므로

$$c_1 = c_3 = 0, \quad c_2 \sin\lambda a = 0, \quad c_4 \sin\mu b = 0$$

에서 고유값

$$\lambda_m = \frac{m\pi}{a} \ (m = 1, 2, \cdots), \quad \mu_n = \frac{n\pi}{b} \ (n = 1, 2, \cdots)$$

을 구한다. 고유함수는 각각

$$X_m(x) = \sin\frac{m\pi x}{a}, \quad Y_n(y) = \sin\frac{n\pi y}{b}, \quad T_{mn}(t) = e^{-\alpha[(m\pi/a)^2 + (n\pi/b)^2]t}$$

이다. $T(t)$는 2개의 고유값 λ_m과 μ_n을 포함하므로 T_{mn}으로 표현하였다. 따라서 해는

$$u_{mn}(x, y, t) = X_m(x)Y_n(y)T_{mn}(t) = A_{mn} e^{-\alpha[(m\pi/a)^2 + (n\pi/b)^2]t} \sin\frac{m\pi x}{a} \sin\frac{n\pi y}{b}$$

이다. 마지막으로 중첩의 원리 $u = \displaystyle\sum_{m=1}^{\infty} \sum_{n=1}^{\infty} u_{mn}$ 를 적용하면 식 (11.7.5)의 해는

$$u(x, y, t) = \sum_{m=1}^{\infty} \sum_{n=1}^{\infty} A_{mn} e^{-\alpha[(m\pi/a)^2 + (n\pi/b)^2]t} \sin\frac{m\pi x}{a} \sin\frac{n\pi y}{b} \tag{a}$$

이다. 초기조건 $u(x, y, 0) = f(x, y)$를 (a)에 적용하면

$$f(x, y) = \sum_{m=1}^{\infty} \sum_{n=1}^{\infty} A_{mn} \sin\frac{m\pi x}{a} \sin\frac{n\pi y}{b}$$

가 되는데, 이는 $f(x, y)$의 이중 푸리에 사인급수이므로 식 (11.7.2)에 의해

$$A_{mn} = \frac{4}{ab} \int_{y=0}^{b} \int_{x=0}^{a} f(x, y)\sin\frac{m\pi x}{a}\sin\frac{n\pi y}{b}dxdy \tag{b}$$

이다.

11.3절에서와 마찬가지로 2차원 열전도방정식의 해도 푸리에 급수를 직접 사용하여 구할 수 있다. 하지만 지금은 2차원 문제이므로 이중 푸리에 급수를 사용해야 한다. 다음 예제를 보자.

예제 3

예제 2를 이중 푸리에 급수를 사용하여 풀어라.

(풀이) 제차 경계조건 $X(0) = X(a) = 0$, $Y(0) = Y(b) = 0$을 만족하도록 해를 이중 사인급수인 식 (11.7.1)로 나타내면

$$u(x, y, t) = \sum_{m=1}^{\infty} \sum_{n=1}^{\infty} C_{mn}(t)\sin\frac{m\pi x}{a} \sin\frac{n\pi y}{b}$$

이다. 이를 열전도방정식 식 (11.7.5)에 대입하면

$$\sum_{m=1}^{\infty} \sum_{n=1}^{\infty} C_{mn}{}'(t)\sin\frac{m\pi x}{a} \sin\frac{n\pi y}{b}$$

$$= -\alpha \sum_{m=1}^{\infty} \sum_{n=1}^{\infty} \left[\left(\frac{m\pi}{a}\right)^2 + \left(\frac{n\pi}{b}\right)^2 \right] C_{mn}(t)\sin\frac{m\pi x}{a} \sin\frac{n\pi y}{b}$$

에서 $C_{mn}{}'(t) + \alpha\left[\left(\frac{m\pi}{a}\right)^2 + \left(\frac{n\pi}{b}\right)^2 \right] C_{mn}(t) = 0$ 이므로

$$C_{mn}(t) = A_{mn}e^{-\alpha[(m\pi/a)^2 + (n\pi/b)^2]t}$$

이다. 따라서

$$u(x, y, t) = \sum_{m=1}^{\infty} \sum_{n=1}^{\infty} A_{mn}e^{-\alpha[(m\pi/a)^2 + (n\pi/b)^2]t}\sin\frac{m\pi x}{a} \sin\frac{n\pi y}{b}$$

가 되고 이는 예제 2의 결과와 같다. 이하 A_{mn}을 구하는 방법도 예제 2와 같다.

이중 푸리에 급수를 사용하는 방법은 2차원 파동방정식과 3차원 라플라스 방정식에도 동일하게 적용할 수 있다. 연습문제 3, 4를 참고하라.

11.7 연습문제

1. 본문의 이중 코사인급수에 관한 정리가 성립함을 증명하라.

2. $f(x, y) = xy$, $0 \le x \le 1$, $0 \le y \le 1$의 이중 코사인급수를 구하라.

(답) $xy = \dfrac{1}{4} + \dfrac{1}{\pi^2} \displaystyle\sum_{m=1}^{\infty} \dfrac{[(-1)^m - 1]}{m^2} \cos m\pi x + \dfrac{1}{\pi^2} \displaystyle\sum_{n=1}^{\infty} \dfrac{[(-1)^n - 1]}{n^2} \cos n\pi y$

$\qquad + \dfrac{4}{\pi^4} \displaystyle\sum_{m=1}^{\infty}\sum_{n=1}^{\infty} \dfrac{[(-1)^m - 1][(-1)^n - 1]}{m^2 n^2} \cos m\pi x \cos n\pi y$

3. [**직사각형막(rectangular membrane)의 진동**] 2차원 파동방정식 $u_{tt} = c^2 \triangledown^2 u$를

$\qquad$ 경계조건 $u(0, y, t) = u(\pi, y, t) = 0$, $u(x, 0, t) = (x, \pi, t) = 0$,

$\qquad$ 초기조건 $u(x, y, 0) = xy(x - \pi)(y - \pi)$, $u_t(x, y, 0) = 0$에 대해

(1) $u(x, y, t) = X(x)Y(y)T(t)$로 놓는 변수분리법

(2) $u(x, y, t)$를 직접 이중 사인급수로 전개하는 방법의 두 가지 방법으로 풀어라.

(3) $c = 1$일 때 결과를 그래프로 그려라.

(답) $u(x, y, t) = \displaystyle\sum_{m=1}^{\infty}\sum_{n=1}^{\infty} A_{mn} \cos c\sqrt{m^2 + n^2}\, t \sin mx \sin ny$,

$$A_{mn} = \frac{16}{\pi^2 m^3 n^3}[(-1)^m - 1][(-1)^n - 1]$$

4. [**3차원 라플라스 방정식**] 직육면체의 정상온도가 라플라스 방정식 $\triangledown^2 u = 0$을 만족한다. $z = c$인 윗면에서의 온도는 $f(x, y)$이고 나머지 면에서의 온도는 모두 0일 때 직육면체의 온도 $u(x, y, z)$를 구하라.

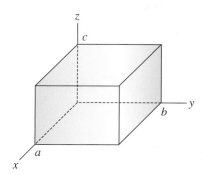

그림 11.7.3 직육면체 영역

(답) $u(x, y, z) = \displaystyle\sum_{m=1}^{\infty}\sum_{n=1}^{\infty} B_{mn} \sinh\sqrt{\left(\dfrac{m\pi}{a}\right)^2 + \left(\dfrac{n\pi}{b}\right)^2}\, z \sin\dfrac{m\pi x}{a} \sin\dfrac{n\pi y}{b}$

$$B_{mn} = \frac{4}{ab\sinh\sqrt{\left(\dfrac{m\pi}{a}\right)^2 + \left(\dfrac{n\pi}{b}\right)^2}\, c} \int_0^b \int_0^a f(x, y) \sin\frac{m\pi x}{a} \sin\frac{n\pi y}{b}\, dx dy$$

11.8 기타 직교함수를 이용한 풀이

편미분방정식의 경계조건에 따라 최종해가 푸리에 급수가 아닌 다른 직교함수의 급수로 나타나기도 한다. 다음의 예제 1에서는 경계조건 $\dfrac{\partial u}{\partial x}\Big|_{x=1} = -hu(1,t)$가 나오는데 이는 뉴턴의 냉각법칙과 유사한 개념으로 물체의 오른쪽 경계에서 온도가 0인 외부 매질로 열이 전달되는 **대류조건**(convective condition)으로 11.2절에서 설명한 혼합경계조건의 예이다.

예제 1

1차원 열전도방정식 $\dfrac{\partial u}{\partial t} = \alpha\dfrac{\partial^2 u}{\partial x^2}$을 경계조건 $u(0,t) = 0$, $\dfrac{\partial u}{\partial x}\Big|_{x=1} = -hu(1,t)$와 초기조건 $u(x,0) = 1$에 대해 풀어라.

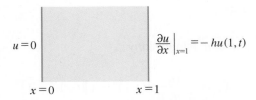

그림 11.8.1 1차원 평면 영역(slab)

(풀이) 경계조건의 특수성 때문에 푸리에 급수를 직접 사용해서 풀 수는 없다. 따라서 $u(x,t) = X(x)T(t)$로 놓고 편미분방정식에 대입하면 $XT' = \alpha X''T$이고 양변을 αXT로 나누면 $\dfrac{T'}{\alpha T} = \dfrac{X''}{X}$이 된다. 여기서, 좌변은 t의 함수이고 우변은 x의 함수이므로 양변은 모두 상수이어야 한다. 상수가 양이거나 0인 경우는 $u(x,t) = 0$이 되므로(각자 해볼 것)

$$\frac{T'}{\alpha T} = \frac{X''}{X} = -\lambda^2$$

으로 놓으면

$$X'' + \lambda^2 X = 0 \longrightarrow X(x) = c_1\cos\lambda x + c_2\sin\lambda x$$

$$T' + \alpha\lambda^2 T = 0 \longrightarrow T(t) = c_3 e^{-\alpha\lambda^2 t}$$

이다. $u(0,t) = X(0)T(t)$이므로 경계조건 $u(0,t) = 0$은 $X(0) = 0$으로, $\dfrac{\partial u}{\partial x}\Big|_{x=1} = X'(1)T(t)$이고 $-hu(1,t) = -hX(1)T(t)$이므로 경계조건 $\dfrac{\partial u}{\partial x}\Big|_{x=1} = -hu(1,t)$는 $X'(1) = -hX(1)$으로 대응된다. 결과적으로 $X(0) = 0$에서 $c_1 = 0$이고 $X'(1) = -hX(1)$에서 $c_2\lambda\cos\lambda = -c_2 h\sin\lambda$ 이므로 $\tan\lambda = -\lambda/h$이어야 한다. λ_n이 $\tan\lambda = -\lambda/h$를 만족하는 양의 값이라면 고유값은 λ_n $(n = 1, 2, \cdots)$이고, 고유함수는 $X_n(x) = \sin\lambda_n x$이다. 따라서

$$u_n(x, t) = X_n(x)T_n(t) = A_n e^{-\alpha \lambda_n^2 t} \sin \lambda_n x$$

이고, 해는

$$u(x, t) = \sum_{n=1}^{\infty} A_n e^{-\alpha \lambda_n^2 t} \sin \lambda_n x \tag{a}$$

이다. 초기조건 $u(x, 0) = 1$로부터

$$1 = \sum_{n=1}^{\infty} A_n \sin \lambda_n x \tag{b}$$

가 되는데, 이는 상수 1에 대한 $\{\sin \lambda_n x\}$의 급수이다. [참고 : 여기서 유의해야 할 점은 (b)의 급수가 삼각함수 $\sin \lambda_n x$로 표시되었지만 이것이 푸리에 사인급수가 아니라는 점이다. 푸리에 사인급수가 되려면 $\lambda_n = n\pi/L$이어야 하는데, 여기서는 λ_n이 $\tan \lambda_n = -\lambda_n/h$의 양의 근이다.] 함수 $\{\sin \lambda_n x\}$는 $X'' + \lambda^2 X = 0$ (스트룸–리우빌 방정식 $\frac{d}{dx}[p(x)y'] + [q(x) + \lambda \omega(x)]y = 0$에서 $y = X$, $p = \omega = 1$, $q = 0$, $\lambda = \lambda^2$인 경우)를 만족하는 함수로 $\omega(x) = 1$을 가중함수로

$$\int_0^1 \sin \lambda_m x \sin \lambda_n x dx = 0 , \ (\lambda_m \neq \lambda_n) \tag{c}$$

를 만족하는 직교함수이다. 따라서 (b)의 양변에 $\sin \lambda_m x$를 곱하고 구간 $[0,1]$에 대해 적분하면

$$\int_0^1 \sin \lambda_m x dx = \sum_{n=1}^{\infty} A_n \int_0^1 \sin \lambda_m x \sin \lambda_n x dx$$

인데, (c)의 직교성에 의해

$$\int_0^1 \sin \lambda_n x dx = A_n \int_0^1 \sin^2 \lambda_n x dx ,$$

즉

$$A_n = \frac{\int_0^1 \sin \lambda_n x dx}{\int_0^1 \sin^2 \lambda_n x dx}$$

가 된다.

$$\int_0^1 \sin \lambda_n x dx = -\frac{1}{\lambda_n} \cos \lambda_n x \Big|_0^1 = \frac{1}{\lambda_n}(1 - \cos \lambda_n)$$

$$\int_0^1 \sin^2 \lambda_n x dx = \frac{1}{2} \int_0^1 (1 - \cos 2\lambda_n x) dx = \frac{1}{2}\left[x - \frac{\sin 2\lambda_n x}{2\lambda_n} \right]_0^1 = \frac{1}{2}\left(1 - \frac{\sin 2\lambda_n}{2\lambda_n} \right)$$

이므로

$$A_n = \frac{\frac{1}{\lambda_n}(1 - \cos \lambda_n)}{\frac{1}{2}\left(1 - \frac{\sin 2\lambda_n}{2\lambda_n} \right)} = \frac{2h(1 - \cos \lambda_n)}{\lambda_n(h + \cos^2 \lambda_n)}$$

이다($\lambda_n \cos \lambda_n = -h \sin \lambda_n$ 사용함).

☞ 예제 1에서 $h = 1$로 가정하면 고유값 λ_n $(n = 1, 2, \cdots)$은 그림 11.8.2와 같이 $\tan\lambda = -\lambda$를 만족하는 값들이다. $(\lambda_1 = 2.02876, \lambda_2 = 4.91318, \lambda_3 = 7.97867, \cdots)$ 11.1절 연습문제 1의 (2)를 참고하라.

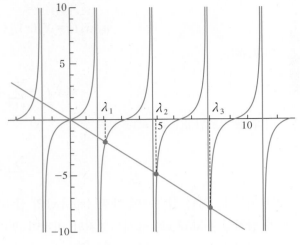

그림 11.8.2 $\tan\lambda = -\lambda$

11.8 연습문제

1. 길이 1인 원형 막대의 x축을 중심으로 하는 **비틀림 진동**(torsional vibration)은 $\dfrac{\partial^2\theta}{\partial t^2} = c^2\dfrac{\partial^2\theta}{\partial x^2}$으로 나타난다. 여기서 $\theta(x, t)$는 위치 x, 시간 t에서 막대의 회전각이다. 경계조건이 $\theta(0, t) = 0$, $\dfrac{\partial\theta}{\partial x}\Big|_{x=1} = 0$ (자유단 조건, free-end condition)이고, 초기조건이 $\theta(x, 0) = x$, $\dfrac{\partial\theta}{\partial t}\Big|_{t=0} = 0$일 때 $\theta(x, t)$를 구하라.

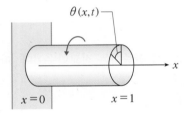

그림 11.8.3 비틀림 진동

(답) $\theta(x, t) = \dfrac{8}{\pi^2}\sum_{n=1}^{\infty}\dfrac{(-1)^{n+1}}{(2n-1)^2}\cos\left(\dfrac{2n-1}{2}\right)c\pi t\sin\left(\dfrac{2n-1}{2}\right)\pi x$

2. 열전도방정식 $\dfrac{\partial u}{\partial t} = \alpha\dfrac{\partial^2 u}{\partial x^2}$ 을 경계조건 $u(0, t) = 0$, $\dfrac{\partial u}{\partial x}\Big|_{x=\pi/2} = 0$과 초기조건 $u(x, 0) = 1$에 대해 풀어라.

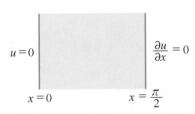

그림 11.8.4 1차원 평면 영역

(답) $u(x, t) = \dfrac{4}{\pi}\sum_{n=1}^{\infty}\dfrac{1}{2n-1}e^{-\alpha(2n-1)^2 t}\sin(2n-1)x = \dfrac{4}{\pi}\left[e^{-\alpha t}\sin x + \dfrac{1}{3}e^{-9\alpha t}\sin 3x + \cdots\right]$

3. 대칭성을 이용하면 문제 2를 영역 $0 \le x \le \pi$에서 경계조건 $u(0, t) = 0$, $u(\pi, t) = 0$인 문제로 볼 수 있다. 새로운 경계조건에 대한 해를 구하여 문제 2의 결과와 같음을 확인하라.

(답) $u(x, t) = \dfrac{2}{\pi}\sum_{n=1}^{\infty}\dfrac{1-(-1)^n}{n}e^{-\alpha n^2 t}\sin nx = \dfrac{4}{\pi}\left[e^{-\alpha t}\sin x + \dfrac{1}{3}e^{-9\alpha t}\sin 3x + \cdots\right]$

기타 좌표계의 편미분방정식

11장에서는 1차원 열전도방정식과 1차원 파동방정식, 2차원 라플라스 방정식에 대해 공부했다. 편미분방정식의 차원이 2차원 또는 3차원으로 증가하면 해당 문제의 기하학적 형태에 따라 2차원의 경우는 xy-좌표계보다 $r\theta$-극좌표계를 3차원의 경우는 xyz-좌표계보다 $r\theta z$-원기둥좌표계 또는 $\rho\theta\phi$-구좌표계를 사용하는 것이 더 효과적일 수도 있다. 여기서는 다른 좌표계로 표현되는 편미분방정식의 풀이에 대해 공부한다.

12.1 극좌표계의 편미분방정식

11장에서 소개한 편미분방정식 중에서 열전도방정식과 파동방정식은 시간변수 t와 위치변수 x를 독립변수로 가지므로 위치변수에 대해서는 1차원 좌표계만 사용하면 되었다. 하지만 라플라스 방정식은 두 개의 위치변수 x와 y를 가지므로 2차원 평면 좌표계를 사용해야 한다. 여기서는 평면 좌표계로 **극좌표계**(polar coordinate)를 사용하는 경우에 대해 공부한다. 극좌표계에 대해서는 0.4절을 참고하자.

극좌표계의 라플라스 방정식

xy-좌표계에서 라플라스 연산

$$\nabla^2 u = \frac{\partial^2 u}{\partial x^2} + \frac{\partial^2 u}{\partial y^2} \tag{12.1.1}$$

이 극좌표계에서는 어떤 형태가 될까? 식 (12.1.1)에서 u는 x와 y의 함수로 표현되었지만 x와 y가 다시 $x = r\cos\theta$, $y = r\sin\theta$와 같이 r과 θ의 함수이다. 따라서 편미분의 연쇄율[식 (0.2.5)]을 사용하면

$$u_x = u_r r_x + u_\theta \theta_x$$

$$u_{xx} = (u_x)_x = (u_r r_x + u_\theta \theta_x)_x = (u_r r_x)_x + (u_\theta \theta_x)_x = (u_r)_x r_x + u_r r_{xx} + (u_\theta)_x \theta_x + u_\theta \theta_{xx}$$

$$= (u_{rr} r_x + u_{r\theta} \theta_x) r_x + u_r r_{xx} + (u_{\theta r} r_x + u_{\theta\theta} \theta_x) \theta_x + u_\theta \theta_{xx}$$

이다. 여기서 $u_{r\theta} = u_{\theta r}$이므로

$$u_{xx} = (r_x)^2 u_{rr} + 2 r_x \theta_x u_{r\theta} + r_{xx} u_r + (\theta_x)^2 u_{\theta\theta} + \theta_{xx} u_\theta \tag{12.1.2}$$

이다. 한편 $r = \sqrt{x^2 + y^2}$ 에서

$$r_x = \frac{x}{\sqrt{x^2 + y^2}} = \frac{x}{r}$$

$$r_{xx} = \frac{r - x r_x}{r^2} = \frac{r - x\left(\dfrac{x}{r}\right)}{r^2} = \frac{r^2 - x^2}{r^3} = \frac{y^2}{r^3}$$

이고, $\theta = \tan^{-1}\left(\dfrac{y}{x}\right)$에서

$$\theta_x = \frac{-\dfrac{y}{x^2}}{1 + \left(\dfrac{y}{x}\right)^2} = -\frac{y}{x^2 + y^2} = -\frac{y}{r^2}$$

$$\theta_{xx} = -y\left(\frac{-2 r r_x}{r^4}\right) = \frac{2y}{r^3}\left(\frac{x}{r}\right) = \frac{2xy}{r^4}$$

이다. 따라서 식 (12.1.2)는

$$u_{xx} = \left(\frac{x}{r}\right)^2 u_{rr} - \left(\frac{2xy}{r^3}\right) u_{r\theta} + \left(\frac{y^2}{r^3}\right) u_r + \left(-\frac{y}{r^2}\right)^2 u_{\theta\theta} + \left(\frac{2xy}{r^4}\right) u_\theta \tag{12.1.3}$$

가 된다. 마찬가지 방법으로

$$u_{yy} = \left(\frac{y}{r}\right)^2 u_{rr} + \left(\frac{2xy}{r^3}\right) u_{r\theta} + \left(\frac{x^2}{r^3}\right) u_r + \left(\frac{x}{r^2}\right)^2 u_{\theta\theta} - \left(\frac{2xy}{r^4}\right) u_\theta \tag{12.1.4}$$

를 유도할 수 있다(연습문제). 식 (12.1.3)과 (12.1.4)를 더하면

$$\nabla^2 u = u_{xx} + u_{yy}$$

$$= \left(\frac{x^2 + y^2}{r^2}\right) u_{rr} + \left(\frac{2xy - 2xy}{r^3}\right) u_{r\theta} + \left(\frac{x^2 + y^2}{r^3}\right) u_r + \left(\frac{x^2 + y^2}{r^4}\right) u_{\theta\theta} + \left(\frac{2xy - 2xy}{r^4}\right) u_\theta$$

$$= u_{rr} + \frac{1}{r} u_r + \frac{1}{r^2} u_{\theta\theta}$$

이므로 극좌표계에서 라플라스 연산은

$$\nabla^2 u = \frac{\partial^2 u}{\partial r^2} + \frac{1}{r}\frac{\partial u}{\partial r} + \frac{1}{r^2}\frac{\partial^2 u}{\partial \theta^2} \tag{12.1.5}$$

이 된다. 식 (12.1.5)를

$$\nabla^2 u = \frac{1}{r}\frac{\partial}{\partial r}\left(r\frac{\partial u}{\partial r}\right) + \frac{1}{r^2}\frac{\partial^2 u}{\partial \theta^2} \tag{12.1.6}$$

로 쓰기도 하는데, 식 (12.1.6)의 우변 첫째항의 미분을 수행하면 두 식이 같음을
쉽게 알 수 있다. 결과적으로 **극좌표계의 라플라스 방정식**은

$$\frac{\partial^2 u}{\partial r^2} + \frac{1}{r}\frac{\partial u}{\partial r} + \frac{1}{r^2}\frac{\partial^2 u}{\partial \theta^2} = 0 \tag{12.1.7}$$

이다.

극좌표계의 라플라스 방정식을 사용하여 시간 비종속 2차원 열전도 문제를 풀어보
자. 극좌표계 문제에서는 $r = 0$에서의 경계조건이 따로 주어지지 않음에 주목하자.
먼저 변수분리법을 이용한 풀이를 시도해 보자.

예제 1

다음 영역에서의 정상상태의 온도분포 $u(r, \theta)$를 라플라스 방정식 $\nabla^2 u = 0$을 풀어 구하라. 단, $u(r, 0) = 0$,
$u(r, \pi) = 0$, $u(b, \theta) = f(\theta)$이고 $r \to 0$일 때 u는 유한하다.

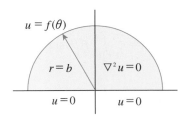

그림 12.1.1 반원 영역

(**풀이**) 라플라스 방정식 (12.1.7)에 변수분리법 $u(r, \theta) = R(r)\Theta(\theta)$를 사용하면

$$R''\Theta + \frac{1}{r}R'\Theta + \frac{1}{r^2}R\Theta'' = 0$$

이다. 양변을 $R\Theta$로 나누어 정리하면

$$\frac{\Theta''}{\Theta} = -\frac{r^2 R'' + r R'}{R}$$

이 되는데, 좌변은 θ의 함수이고 우변은 r의 함수이므로 양변 모두 상수이어야 한다. 상수가 0이거나 양
일 때는 자명해 $u = 0$만을 얻게 된다.(과정 생략) 음의 분리상수를 사용하여

$$\frac{\Theta''}{\Theta} = -\frac{r^2 R'' + r R'}{R} = -\lambda^2$$

으로 놓으면 $\Theta(\theta)$와 $R(r)$에 관한 상미분방정식과 일반해

$$\Theta'' + \lambda^2 \Theta = 0 \rightarrow \Theta(\theta) = c_1 \cos\lambda\theta + c_2 \sin\lambda\theta$$

$$r^2 R'' + r R' - \lambda^2 R = 0 \text{ (코시−오일러 방정식) } \rightarrow R(r) = c_3 r^\lambda + c_4 r^{-\lambda}$$

를 얻는다. 경계조건

$$u(r, 0) = R(r)\Theta(0) = 0, \quad u(r, \pi) = R(r)\Theta(\pi) = 0$$

에서 $R(r) = 0$이면 자명해가 되므로 $\Theta(0) = \Theta(\pi) = 0$ 이어야 한다. 따라서 이를 $\Theta(\theta)$에 적용하면

$$\Theta(0) = c_1 \cos(\lambda 0) + c_2 \sin(\lambda 0) = c_1 = 0$$
$$\Theta(\pi) = c_2 \sin(\lambda \pi) = 0$$

에서 $c_2 \neq 0$ 이려면, $\lambda\pi = n\pi$, 즉 $n = 1, 2, \cdots$ 에 대해 고유값 $\lambda_n = n$과 고유함수

$$\Theta_n(\theta) = \sin n\theta$$

를 얻는다. 따라서

$$u_n(r, \theta) = R_n(r)\Theta_n(\theta) = (A_n r^n + B_n r^{-n})\sin n\theta$$

이고, 중첩의 원리에 의해

$$u(r, \theta) = \sum_{n=1}^{\infty} (A_n r^n + B_n r^{-n})\sin n\theta \tag{a}$$

이다. $r \rightarrow 0$일 때 u가 유한하므로 $B_n = 0$ 이고 $u(b, \theta) = f(\theta) = \sum_{n=1}^{\infty} A_n b^n \sin n\theta$ 에서 $A_n b^n$이 $f(\theta)$의 푸리에 사인급수의 계수이므로

$$A_n b^n = \frac{2}{\pi} \int_0^\pi f(\theta)\sin n\theta\, d\theta$$

또는

$$A_n = \frac{2}{\pi b^n} \int_0^\pi f(\theta)\sin n\theta\, d\theta \tag{b}$$

이다.

11장에서와 같이 푸리에 급수를 직접 사용하여 예제 1을 다시 풀어보자.

예제 2

예제 1을 푸리에 급수를 직접 사용하여 풀어라.

(풀이) 경계조건이 $\theta = 0$, $\theta = \pi$에서 $u = 0$이므로, θ에 대한 사인급수를 사용하여

$$u(r, \theta) = \sum_{n=1}^{\infty} b_n(r)\sin n\theta$$

로 놓고 라플라스 방정식 식 (12.1.7)에 대입한다.

$$\sum_{n=1}^{\infty} b_n''(r)\sin n\theta + \frac{1}{r}\left[\sum_{n=1}^{\infty} b_n'(r)\sin n\theta\right] + \frac{1}{r^2}\sum_{n=1}^{\infty} [-n^2 b_n(r)\sin n\theta] = 0$$

에서 코시–오일러 방정식과 해

$$r^2 b_n''(r) + r b_n'(r) - n^2 b_n(r) = 0 \longrightarrow b_n(r) = A_n r^n + B_n r^{-n}$$

를 얻는다. 따라서

$$u(r, \theta) = \sum_{n=1}^{\infty} (A_n r^n + B_n r^{-n}) \sin n\theta$$

이다. 이는 예제 1의 (a)와 같고 계수 A_n과 B_n을 구하는 방법은 예제 1과 동일하다.

예제 3

예제 1에서 $b = 1$, $f(\theta) = \sin\theta$일 때 $u(r, \theta)$를 구하여 그래프를 그려라.

(풀이) $b = 1$, $f(\theta) = \sin\theta$를 예제 1의 (b)에 대입하면

$$A_n = \frac{2}{\pi} \int_0^{\pi} \sin\theta \sin n\theta \, d\theta$$

이므로 $n = 2, 3, \cdots$에 대해 $A_n = 0$이고

$$A_1 = \frac{2}{\pi} \int_0^{\pi} \sin^2\theta \, d\theta = \frac{1}{\pi} \int_0^{\pi} (1 - \cos 2\theta) \, d\theta = \frac{1}{\pi} \left[\theta - \frac{\sin 2\theta}{2} \right]_0^{\pi} = 1$$

이다. 따라서 예제 1의 (a)는 ($B_n = 0$)

$$u(r, \theta) = r\sin\theta$$

가 되고, 그래프는 그림 12.1.2와 같다.

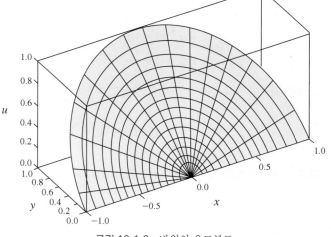

그림 12.1.2 반원의 온도분포

예제 1 또는 예제 2의 반원 문제에서는 θ에 대한 경계조건이 주어졌지만 예제 3과 같은 원형 문제에서는 θ에 대한 경계조건이 주어질 수 없다. 이런 경우 $u(r, \theta)$가 θ에 대해 주기함수인 점에 착안하여 푸리에 급수를 사용할 수 있다.

예제 4

그림 12.1.3과 같은 영역의 정상온도 $u(r, \theta)$를 라플라스 방정식 $\nabla^2 u = 0$을 풀어 구하라. 단, $u(b, \theta) = f(\theta)$이고 $r \to 0$일 때 u는 유한하다.

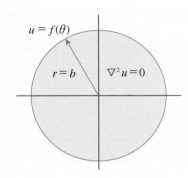

$u = f(\theta)$

$r = b$ $\nabla^2 u = 0$

그림 12.1.3   원 영역

(풀이) θ에 대한 경계조건이 주어지지 않았지만 u가 θ에 대해 주기 2π를 가진다는 점에 착안하여 u를 θ에 대해 푸리에 급수로 전개한다. $p = 2\pi = 2L$에서 $L = \pi$이므로

$$u(r, \theta) = a_0(r) + \sum_{n=1}^{\infty}[a_n(r)\cos n\theta + b_n(r)\sin n\theta]$$

로 놓고 라플라스 방정식 식 (12.1.7)에 대입하면

$$r^2 a_0''(r) + r a_0'(r) = 0 \longrightarrow a_0(r) = A_0 + C_0 \ln r$$
$$r^2 a_n''(r) + r a_n'(r) - n^2 a_n(r) = 0 \longrightarrow a_n(r) = A_n r^n + C_n r^{-n}$$
$$r^2 b_n''(r) + r b_n'(r) - n^2 b_n(r) = 0 \longrightarrow b_n(r) = B_n r^n + D_n r^{-n}$$

을 얻는다. 여기서 $r \to 0$일 때 u는 유한하므로 $C_0 = C_n = D_n = 0$에서

$$u(r, \theta) = A_0 + \sum_{n=1}^{\infty} r^n [A_n \cos n\theta + B_n \sin n\theta]$$

이다. $r = b$에서의 경계조건 $u(b, \theta) = f(\theta) = A_0 + \sum_{n=1}^{\infty} b^n [A_n \cos n\theta + B_n \sin n\theta]$를 적용하면

$$A_0 = \frac{1}{2\pi} \int_0^{2\pi} f(\theta) d\theta$$
$$A_n = \frac{1}{\pi b^n} \int_0^{2\pi} f(\theta) \cos n\theta d\theta$$
$$B_n = \frac{1}{\pi b^n} \int_0^{2\pi} f(\theta) \sin n\theta d\theta$$

이다.

다음에는 r에 대한 경계조건이 주어지지 않는 무한평판에서의 온도를 다룬다.

예제 5

그림 12.1.4와 같은 영역의 온도분포를 라플라스 방정식 $\nabla^2 u = 0$을 풀어 구하라. 여기서 $u(r, 0) = 0$, $u(r, \pi/4) = 30$이고 $r \longrightarrow 0$과 $r \longrightarrow \infty$일 때 u는 유한하다.

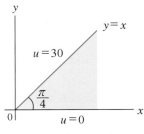

그림 12.1.4 쐐기 영역

(풀이) 쐐기 모양 영역에도 극좌표계가 이용될 수 있다. 경계 $\theta = 0$, $\pi/4$에서 u가 모두 0은 아니므로 비제차 디리클레 경계조건 문제이다. 따라서 $u(r, \theta) = v(r, \theta) + k(\theta)$로 놓는다. 이 때 라플라스 방정식은

$$\frac{\partial^2 v}{\partial r^2} + \frac{1}{r}\frac{\partial v}{\partial r} + \frac{1}{r^2}\left[\frac{\partial^2 v}{\partial \theta^2} + k''(\theta)\right] = 0$$

이 되는데, v에 대해 라플라스 방정식을 얻기 위해서는 $k''(\theta) = 0$이어야 하므로 $k(\theta) = c_1 + c_2\theta$이다. v에 대해 제차 디리클레 경계조건이 되기 위해서는

$$u(r, 0) = 0 = v(r, 0) + k(0) \longrightarrow k(0) = 0$$
$$u(r, \pi/4) = 30 = v(r, \pi/4) + k(\pi/4) \longrightarrow k(\pi/4) = 30$$

이므로 $k(\theta) = 120\theta/\pi$이다. 따라서, $v(r, \theta)$에 대한 새로운 경계값 문제

$$\frac{\partial^2 v}{\partial r^2} + \frac{1}{r}\frac{\partial v}{\partial r} + \frac{1}{r^2}\frac{\partial^2 v}{\partial \theta^2} = 0, \ v(r, 0) = 0, \ v(r, \pi/4) = 0$$

을 얻는다. 이를 풀기 위해 $v(r, \theta) = \displaystyle\sum_{n=1}^{\infty} b_n(r)\sin 4n\theta$를 대입하면

$$r^2 b''_n(r) + r b'_n(r) - 16n^2 b_n(r) = 0 \longrightarrow b_n(r) = A_n r^{4n} + B_n r^{-4n}$$

이므로

$$v(r, \theta) = \sum_{n=1}^{\infty} (A_n r^{4n} + B_n r^{-4n})\sin 4n\theta$$

이다. 따라서 해는

$$u(r, \theta) = v(r, \theta) + k(\theta) = \sum_{n=1}^{\infty} (A_n r^{4n} + B_n r^{-4n})\sin 4n\theta + \frac{120}{\pi}\theta$$

가 되는데 $r \longrightarrow 0$, $r \longrightarrow \infty$일 때, u가 유한하므로 $A_n = B_n = 0$이 되어

$$u(r, \theta) = \frac{120}{\pi}\theta$$

즉 u가 θ만의 함수이다.

(별해) 문제에서 주어진 경계조건으로 보아 u가 r의 함수가 아니고 θ만의 함수는 것을 알 수 있으므로 $u = u(\theta)$이다. 따라서

$$\nabla^2 u = \frac{1}{r^2}\frac{d^2 u}{d\theta^2} = 0$$

에서 $u = c_1 + c_2\theta$이고 경계조건 $u(0) = 0 = c_1$, $u(\pi/4) = 30 = c_1 + c_2\left(\frac{\pi}{4}\right)$에서 $c_1 = 0$, $c_2 = \frac{120}{\pi}$이므로 $u(\theta) = \frac{120}{\pi}\theta$로 간단히 해를 구할 수 있다.

12.1 연습문제

1. 본문에서 식 (12.1.4)가 성립함을 보여라.

2. 다음 영역에 대해 온도분포 $u(r, \theta)$를 라플라스 방정식 $\nabla^2 u = 0$을 풀어 구하라.
단, $u(r, 0) = u(r, \pi/2) = 0$, $u(b, \theta) = f(\theta)$이고 $r \longrightarrow 0$일 때 u는 유한하다.

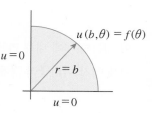

그림 12.1.5 문제 2의 영역

(답) $u(r, \theta) = \sum_{n=1}^{\infty} A_n r^{2n}\sin 2n\theta$, $A_n = \frac{4}{\pi b^{2n}}\int_0^{\pi/2} f(\theta)\sin 2n\theta d\theta$

3. 정전기 포텐셜은 라플라스 방정식 $\nabla^2 u = 0$을 만족한다.
다음 영역에서 포텐셜 $u(r, \theta)$를 구하라.
단, $u(a, \theta) = f(\theta)$, $u(b, \theta) = 0$이다.

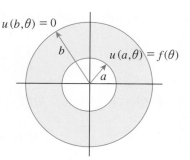

그림 12.1.6 문제 3의 영역

(답) $u(r, \theta) = A_0\ln(b/r) + \sum_{n=1}^{\infty}[(r/b)^n - (b/r)^n](A_n\cos n\theta + B_n\sin n\theta)$

$A_0 = \frac{1}{2\pi\ln(b/a)}\int_0^{2\pi} f(\theta)d\theta$, $A_n = \frac{1}{\pi[(a/b)^n - (b/a)^n]}\int_0^{2\pi} f(\theta)\cos n\theta d\theta$

$B_n = \frac{1}{\pi[(a/b)^n - (b/a)^n]}\int_0^{2\pi} f(\theta)\sin n\theta d\theta$

4. 반지름이 b인 원의 바깥 영역에서의 온도를 라플라스 방정식 $\nabla^2 u = 0$을 풀어 구하라. 여기서, $u(b, \theta) = f(\theta)$이고 $r \to \infty$일 때 u는 유한하다.

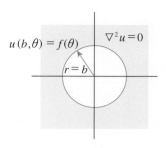

그림 12.1.7 문제 4의 영역

(답) $u(r, \theta) = A_0 + \sum_{n=1}^{\infty} r^{-n}[C_n \cos n\theta + D_n \sin n\theta]$,

$$A_0 = \frac{1}{2\pi}\int_0^{2\pi} f(\theta)d\theta, \quad C_n = \frac{b^n}{\pi}\int_0^{2\pi} f(\theta)\cos n\theta d\theta, \quad D_n = \frac{b^n}{\pi}\int_0^{2\pi} f(\theta)\sin n\theta d\theta$$

5. 안쪽반지름 1에서 $0°C$, 바깥쪽 반지름 e에서 $100°C$로 유지되는 2차원 환형 물체가 있다. 그 내부에서의 온도가 r만의 함수이고 라플라스 방정식 $\nabla^2 u = 0$을 만족한다면, 반지름이 $\sqrt{e}$인 곳의 온도를 구하라.

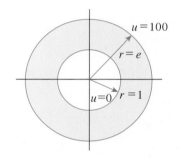

그림 12.1.8 문제 5의 영역

(답) $u(r) = 100\ln r, \quad u(\sqrt{e}) = 50\,(°C)$

12.2 원기둥좌표계의 편미분방정식, 베셀 함수

푸리에–베셀 급수

4.6절에서 매개변수형 베셀 방정식

$$x^2 y'' + xy' + (\lambda^2 x^2 - v^2)y = 0 \tag{12.2.1}$$

과 해

$$y = c_1 J_v(\lambda x) + c_2 Y_v(\lambda x) \tag{12.2.2}$$

를 소개한 바 있다. 식 (12.2.1)의 양변에 **적분인자**[식 (11.1.13)]

$$\frac{1}{a(x)}e^{\int(b/a)dx} = \frac{1}{x^2}e^{\int \frac{x}{x^2}dx} = \frac{1}{x^2}e^{\ln|x|} = \frac{1}{x}$$

를 곱하면 $xy'' + y' + \left(\lambda^2 x - \dfrac{v^2}{x}\right)y = 0$ 또는

$$\frac{d}{dx}(xy') + \left(\lambda^2 x - \frac{v^2}{x}\right)y = 0 \tag{12.2.3}$$

이 되고, 이는 $p = x$, $q = -\dfrac{v^2}{x}$, $\omega = x$, $\lambda = \lambda^2$인 특이 스트룸–리우빌 방정식이다. 여기서 $p(0) = 0$이므로 $x = 0$에서 경계조건이 불필요하며, 식 (12.2.2)에서 $J_v(\lambda x)$만 $x = 0$에서 유계이므로[$\lim\limits_{x \to 0+} Y_v(\lambda x) = -\infty$ 이다. 그림 4.6.2 참고] $\{J_v(\lambda_n x)\}$, $n = 1, 2, 3, \cdots$은 구간 $[0, b]$에서 가중함수 $\omega(x) = x$에 대해

$$\int_0^b x J_v(\lambda_m x) J_v(\lambda_n x)\, dx = 0\,, \quad \lambda_m \neq \lambda_n \tag{12.2.4}$$

의 직교성을 갖는다[식 (11.1.4)]. 여기서 고유값 λ_n, $n = 1, 2, 3, \cdots$ 은 11.1절 예제 6과 같이 $x = b$에서의 경계조건

$$\alpha_2 J_v(\lambda b) + \lambda \beta_2 J_v{}'(\lambda b) = 0 \tag{12.2.5}$$

에 의해 결정된다. 따라서 구간 $[0, b]$에서 정의되는 함수 $f(x)$를 직교함수 $J_v(\lambda_n x)$의 급수로 표시할 수 있고 이러한 급수

$$f(x) = \sum_{n=1}^{\infty} c_n J_v(\lambda_n x) \tag{12.2.6}$$

를 푸리에–베셀 급수라 한다. 식 (12.2.6)의 양변에 $x J_v(\lambda_m x)$를 곱하여 구간 $[0, b]$로 적분하고 식 (12.2.4)의 직교성을 이용하면 계수는

$$c_n = \frac{\displaystyle\int_0^b x J_v(\lambda_n x) f(x)\, dx}{\displaystyle\int_0^b x [J_v(\lambda_n x)]^2\, dx} \tag{12.2.7}$$

이다. 식 (12.2.7)의 분모는 식 (12.2.5)의 경계조건에 의해 결정된다. 먼저 식 (12.2.3)에 $2xy'$을 곱하여 정리하면

$$\frac{d}{dx}(xy')^2 + (\lambda^2 x^2 - v^2)\frac{d}{dx}(y^2) = 0$$

이 되는데 이를 구간 $[0, b]$로 적분하면

$$\int_0^b \frac{d}{dx}(xy')^2\, dx + \int_0^b (\lambda^2 x^2 - v^2)\frac{d}{dx}(y^2)\, dx = 0$$

이다. 위 식에서 좌변의 첫 항을 계산하고 둘째 항을 부분적분하여 다시 쓰면

$$[(xy')^2]_0^b + [(\lambda^2 x^2 - v^2)y^2]_0^b - \int_0^b 2\lambda^2 x y^2\, dx = 0$$

이고

$$2\lambda^2 \int_0^b xy^2 dx = [(xy')^2]_0^b + [(\lambda^2 x^2 - v^2)y^2]_0^b$$

이 된다. 여기에 $y = J_v(\lambda x)$, $y' = \lambda J_v'(\lambda x)$를 대입하면

$$2\lambda^2 \int_0^b x[J_v(\lambda x)]^2 dx = \lambda^2 b^2 [J_v'(\lambda b)]^2 + (\lambda^2 b^2 - v^2)[J_v(\lambda b)]^2$$

즉

$$\int_0^b x[J_v(\lambda x)]^2 dx = \frac{\lambda^2 b^2 [J_v'(\lambda b)]^2 + (\lambda^2 b^2 - v^2)[J_v(\lambda b)]^2}{2\lambda^2} \qquad (12.2.8)$$

이다. 고유값 λ_n을 결정하기 위한 식 (12.2.5)의 경계조건에 대해 다음 세 가지 경우를 생각한다.

(1) $J_v(\lambda b) = 0$일 때: 제차 디리클레 경계조건

식 (12.2.5)의 경계조건에서 $\alpha_2 = 1$, $\beta_2 = 0$인 경우로 $J_v(x) = 0$을 만족하는 양의 영점을 $x_n (n = 1, 2, \cdots)$이라 하면 $J_v(\lambda b) = 0$에서 고유값은 $\lambda_n = \dfrac{x_n}{b}$이다. 4.6절에서 소개한 베셀 함수의 성질 $xJ_v'(x) = vJ_v(x) - xJ_{v+1}(x)$에서

$$J_v'(\lambda_n b) = \frac{v}{\lambda_n b} J_v(\lambda_n b) - J_{v+1}(\lambda_n b) = -J_{v+1}(\lambda_n b)$$

이므로 식 (12.2.8)은

$$\int_0^b x[J_v(\lambda_n x)]^2 dx = \frac{b^2}{2}[J_{v+1}(\lambda_n b)]^2$$

이다.

(2) $J_0'(\lambda b) = 0$일 때: 제차 노이만 경계조건

식 (12.2.5)에서 $v = 0$이고 $\alpha_2 = 0$인 경우다. 베셀 함수의 성질에서 $J_0'(x) = -J_1(x)$이므로 경계조건 $J_0'(\lambda b) = 0$은 $J_1(\lambda b) = 0$으로 쓸 수 있으며 x_n을 $J_1(x)$의 0 또는 양의 영점이라 하면 고유값은 $\lambda_n = \dfrac{x_n}{b}$ $(n = 1, 2, \cdots)$이다. 여기서 주의할 점은 $\lambda = 0$도 $J_1(\lambda b) = 0$을 만족하고 $J_0(0) = 1$, 즉 $J_0(0) \neq 0$이므로 $\lambda_1 = 0$도 고유값이 된다는 것이다. 따라서 $\lambda_1 = 0$에 대해서는

$$\int_0^b x[J_0(0)]^2 dx = \int_0^b x \cdot 1^2 dx = \frac{b^2}{2}$$

이고, $\lambda_n (n = 2, 3, \cdots)$에 대해서는 (3)의 결과에 $v = 0$, $h = 0$을 사용하면

$$\int_0^b x[J_0(\lambda_n x)]^2 dx = \frac{b^2}{2}[J_0(\lambda_n b)]^2$$

이다.

(3) $hJ_v(\lambda b) + \lambda b J_v{}'(\lambda b) = 0$일 때: 제차 로빈 경계조건

식 (12.2.5)에서 $\alpha_2 = h > 0$이고 $\beta_2 = b$인 경우이다. 이 경우도 양의 λ에 대해 $hJ_v(\lambda b) + \lambda b J_v{}'(\lambda b) = 0$을 만족하는 고유값은, x_n이 $J_v(x)$의 양의 영점일 때, $\lambda_n = \dfrac{x_n}{b}$ $(n = 1, 2, \cdots)$이다. $\lambda_n b J_v{}'(\lambda_n b) = -hJ_v(\lambda_n b)$를 식 (12.2.8)에 대입하면

$$\int_0^b x[J_v(\lambda_n x)]^2 dx = \frac{\lambda_n^2 b^2 - v^2 + h^2}{2\lambda_n^2}[J_v(\lambda_n b)]^2$$

이다.

푸리에–베셀 급수

구간 $[0, b]$에서 정의되는 함수 $f(x)$의 푸리에–베셀 급수는 다음과 같다.

(1) λ_n이 $J_v(\lambda b) = 0$으로 결정될 때

$$f(x) = \sum_{n=1}^{\infty} c_n J_v(\lambda_n x) \tag{12.2.9}$$

$$c_n = \frac{2}{b^2[J_{v+1}(\lambda_n b)]^2}\int_0^b xJ_v(\lambda_n x)f(x)dx \tag{12.2.10}$$

(2) λ_n이 $J_0{}'(\lambda b) = 0$으로 결정될 때

$$f(x) = c_1 + \sum_{n=2}^{\infty} c_n J_0(\lambda_n x) \tag{12.2.11}$$

$$c_1 = \frac{2}{b^2}\int_0^b xf(x)dx \tag{12.2.12}$$

$$c_n = \frac{2}{b^2[J_0(\lambda_n b)]^2}\int_0^b xJ_0(\lambda_n x)f(x)dx \tag{12.2.13}$$

(3) λ_n이 $hJ_v(\lambda b) + \lambda b J_v{}'(\lambda b) = 0$으로 결정될 때

$$f(x) = \sum_{n=1}^{\infty} c_n J_v(\lambda_n x) \tag{12.2.14}$$

$$c_n = \frac{2\lambda_n^2}{(\lambda_n^2 b^2 - v^2 + h^2)[J_v(\lambda_n b)]^2}\int_0^b xJ_v(\lambda_n x)f(x)dx \tag{12.2.15}$$

예제 1

$f(x) = x$, $0 < x < 3$을 경계조건 $J_1(3\lambda) + \lambda J_1'(3\lambda) = 0$에 대해 푸리에–베셀 급수로 나타내어라.

(풀이) 주어진 경계조건의 양변에 3을 곱하여 $3J_1(3\lambda) + 3\lambda J_1'(3\lambda) = 0$로 나타내면, 이는 푸리에–베셀 급수 중 식 (12.2.14)에서 $h = 3$, $b = 3$, $v = 1$인 경우가 된다. 따라서 식 (12.2.15)에 의해

$$c_n = \frac{2\lambda_n^2}{(9\lambda_n^2 + 8)[J_1(3\lambda_n)]^2} \int_0^3 x^2 J_1(\lambda_n x)\, dx$$

이다. 여기서, $t = \lambda_n x$로 치환하고, 베셀 함수의 성질 $[x^v J_v(x)]' = x^v J_{v-1}(x)$에서 $\dfrac{d}{dt}[t^2 J_2(t)] = t^2 J_1(t)$ 임을 이용하면

$$c_n = \frac{2}{\lambda_n(9\lambda_n^2 + 8)[J_1(3\lambda_n)]^2} \int_0^{3\lambda_n} \frac{d}{dt}[t^2 J_2(t)]\, dt$$

$$= \frac{2}{\lambda_n(9\lambda_n^2 + 8)[J_1(3\lambda_n)]^2} \cdot (3\lambda_n)^2 J_2(3\lambda_n) = \frac{18\lambda_n J_2(3\lambda_n)}{(9\lambda_n^2 + 8)[J_1(3\lambda_n)]^2}$$

이다. 따라서 식 (12.2.14)에서

$$f(x) = 18 \sum_{n=1}^{\infty} \frac{\lambda_n J_2(3\lambda_n)}{(9\lambda_n^2 + 8)[J_1(3\lambda_n)]^2} J_1(\lambda_n x)$$

이다.

예제 1의 급수를 처음 5항까지 나타내면

$$S_5(x) = 4.01844 J_1(0.98320x) - 1.86937 J_1(1.94704x) + 1.07106 J_1(2.95758x)$$
$$- 0.70306 J_1(3.98538x) + 0.50343 J_1(5.02078x)$$

로 그림 12.2.1과 같다. 이 급수는 푸리에 급수와 달리 구간 $0 < x < 3$의 외부에서 $f(x) = x$를 주기적으로 나타내지는 않는다.

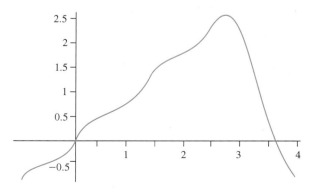

그림 12.2.1 $f(x) = x$, $0 < x < 3$의 푸리에–베셀 급수

원기둥좌표계의 편미분방정식

원기둥좌표계에 대해서는 9.1절에서 공부한 바 있다. 원기둥좌표계의 라플라스 연산은

$$\nabla^2 u = \frac{\partial^2 u}{\partial r^2} + \frac{1}{r}\frac{\partial u}{\partial r} + \frac{1}{r^2}\frac{\partial^2 u}{\partial \theta^2} + \frac{\partial^2 u}{\partial z^2} \qquad (12.2.16)$$

또는

$$\nabla^2 u = \frac{1}{r}\frac{\partial}{\partial r}\left(r\frac{\partial u}{\partial r}\right) + \frac{1}{r^2}\frac{\partial^2 u}{\partial \theta^2} + \frac{\partial^2 u}{\partial z^2} \qquad (12.2.17)$$

이다. 이는 12.1절에서 2차원 xy-좌표계의 라플라스 연산을 2차원 극좌표계의 라플라스 연산으로 변환했던 방법과 유사하게 3차원 xyz-좌표계의 라플라스 연산으로부터 유도할 수 있다. 유도과정이 매우 길므로 여기서는 결과만 이용하자.

푸리에-베셀 급수를 이용한 편미분방정식의 풀이

예제 2 원형막(circular membrane)의 진동

파동방정식 $\dfrac{\partial^2 u}{\partial t^2} = c^2 \nabla^2 u$를 풀어 원형막의 수직변위 $u(r,\,t)$를 구하라. $u(b,\,t) = 0$이고 $u(r,\,0) = f(r)$, $\left.\dfrac{\partial u}{\partial t}\right|_{t=0} = g(r)$이다.

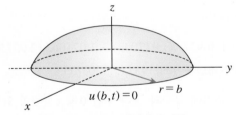

그림 12.2.2 원형막의 진동

(풀이) 경계조건이 $u(b,\,t) = 0$이므로 반지름이 b인 원형막의 가장자리는 고정되어 있다. 초기조건 또한 반지름 r만의 함수로 주어졌으므로 파동의 수직변위 u는 θ에 무관한 $u(r,\,t)$이므로 시간종속 1차원 파동방정식 문제이다. 따라서 파동방정식 $\dfrac{\partial^2 u}{\partial t^2} = c^2 \nabla^2 u$는 식 (12.2.16)에 의해

$$\frac{\partial^2 u}{\partial t^2} = c^2\left(\frac{\partial^2 u}{\partial r^2} + \frac{1}{r}\frac{\partial u}{\partial r}\right) \qquad (a)$$

이 된다. 변수분리법에 의해 $u(r,\,t) = R(r)T(t)$를 대입하면

$$RT'' = c^2\left(R''T + \frac{1}{r}R'T\right)$$

가 된다. 양변을 $c^2 RT$로 나누어 $\dfrac{T''}{c^2 T} = \dfrac{R''}{R} + \dfrac{1}{r}\dfrac{R'}{R} = -\lambda^2$로 놓으면 $R(r)$과 $T(t)$에 대해

$$r^2 R'' + rR' + \lambda^2 r^2 R = 0 \ (\text{매개변수 베셀 방정식}) \longrightarrow R(r) = c_1 J_0(\lambda r) + c_2 Y_0(\lambda r)$$

$$T'' + c^2\lambda^2 T = 0 \longrightarrow T(t) = c_3 \cos(c\lambda t) + c_4 \sin(c\lambda t)$$

을 얻는다. $\lim_{r \to 0+} Y_0(r) = -\infty$이므로 $c_2 = 0$이고 $R(b) = c_1 J_0(\lambda b) = 0$에서 $\lambda b = x_n$, 즉 $\lambda_n = x_n/b$, $(n = 1, 2, \cdots)$이다. 여기서 x_n은 그림 4.6.1에 나타나는 $J_0(x)$의 양의 영점들이다. 따라서

$$u(r, t) = \sum_{n=1}^{\infty} [A_n \cos(c\lambda_n t) + B_n \sin(c\lambda_n t)]J_0(\lambda_n r) \tag{b}$$

이다. 초기조건에 의해 $u(r, 0) = f(r) = \sum_{n=1}^{\infty} A_n J_0(\lambda_n r)$이 되는데, 이는 식 (12.2.9)와 같이 $f(r)$의 푸리에–베셀 급수이다. 따라서, 계수 A_n은 식 (12.2.10)에 의해

$$A_n = \frac{2}{b^2 [J_1(\lambda_n b)]^2} \int_0^b r J_0(\lambda_n r)f(r)\,dr \tag{c}$$

이고, 또 다른 초기조건에서 $\left.\dfrac{\partial u}{\partial t}\right|_{t=0} = g(r) = \sum_{n=1}^{\infty} c\lambda_n B_n J_0(\lambda_n r)$이므로

$$B_n = \frac{2}{c\lambda_n b^2 [J_1(\lambda_n b)]^2} \int_0^b r J_0(\lambda_n r)g(r)\,dr \tag{d}$$

이다.

예제 3

$c = 1$, $b = 1$일 때 예제 2의 (b)를 그려라. $n = 5$를 사용하고 초기파형은 $f(r) = 0$, 초기속도는

$$g(r) = \begin{cases} -1, & 0 \le r < 1/2 \\ 0, & 1/2 \le r \le 1 \end{cases}$$

로 주어진다. 원형 북의 중앙 부분을 때려 진동을 발생시킨 경우라고 생각하라.

(풀이) $f(r) = 0$이므로 예제 2의 (c)에 의해 $A_n = 0$이고, 수학용 컴퓨터 소프트웨어를 사용하여 B_n을 계산하고 (b)에 대입하면

$$\begin{aligned}
u(r, t) &\approx \sum_{n=1}^{5} B_n \sin(\lambda_n t)J_0(\lambda_n r) \\
&= -0.3201\sin(2.4048t)J_0(2.4048r) - 0.1198\sin(5.5201t)J_0(5.5201r) \\
&\quad + 0.03270\sin(8.6537t)J_0(8.6537r) + 0.03938\sin(11.7915t)J_0(11.7915r) \\
&\quad - 0.01331\sin(14.9309t)J_0(14.9309r)
\end{aligned}$$

이다. 여기서 $b = 1$이므로 $\lambda_n = x_n/b = x_n$이고 x_n은 그림 4.6.1의 값과 같다. 결과를 동영상으로 볼 수 있으며 다음은 동영상의 몇 몇 정지화면이다.

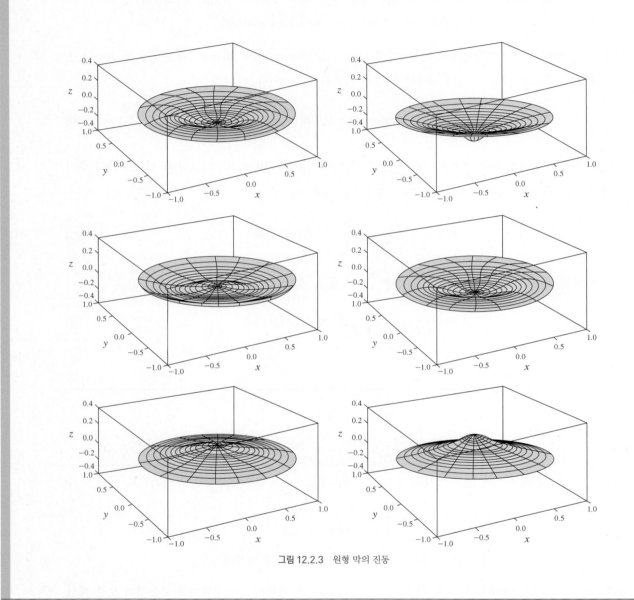

그림 12.2.3   원형 막의 진동

원형 정상파

11.2절 1차원 파동방정식에서 설명한 것과 유사하게 2차원 파동에 대해서도 **정상파**(standing wave)가 존재한다. 2차원 파동방정식의 해 예제 2의 (b)는 무한개의 고유함수

$$u_n(r, t) = [A_n\cos(c\lambda_n t) + B_n\sin(c\lambda_n t)] J_0(\lambda_n r) \qquad (12.2.18)$$

의 **중첩**(superposition)이이며, 각각의 파동은 시간의 함수 $A_n\cos(c\lambda_n t) + B_n\sin(c\lambda_n t)$ 를 진폭으로 갖는 정상파들이다. 예를 들어, $n = 1$인 제1정상파는

$$u_1(r, t) = [A_1\cos(c\lambda_1 t) + B_1\sin(c\lambda_1 t)] J_0(\lambda_1 r) \qquad (12.2.19)$$

이다. 파동의 수직변위 u_1이 시간에 관계없이 0이 되는 지점인 **마디선**(nodal line)은 식 (12.2.19)에서 $J_0(\lambda_1 r) = 0$을 만족해야 하는데, x_1이 $J_0(x)$의 첫 번째 양의 영점일 때 $\lambda_1 = x_1/b$이므로 $(x_1/b)r = x_1$에서 $r = b$이다. 즉 원형막의 가장자리가 제1정상파의 마디선이다. 그림 12.2.4에서 점선은 다른 시간에서 원형막의 수직변위를 나타낸다.

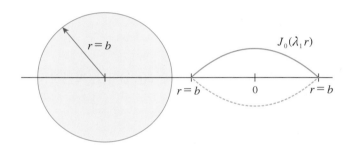

그림 12.2.4 제1정상파

마찬가지로 제2정상파의 마디선은 $J_0(\lambda_2 r) = 0$을 만족해야 하는데 x_2가 $J_0(x)$의 두 번째 양의 영점일 때 $\lambda_2 = x_2/b$이므로 $(x_2/b)r = x_1$과 $(x_2/b)r = x_2$에서 두 개의 마디선 $r = (x_1/x_2)b$와 $r = b$를 갖는다. [$0 \leq r \leq b$이므로 두 경우만 계산한다.] 그림 4.6.1에서 $x_1 = 2.4048$, $x_2 = 5.5201$이므로 $r = (x_1/x_2)b = (2.4048/5.5201)b$, 즉 $r = 0.4356b$이다. 제2정상파는 그림 12.2.5와 같다.

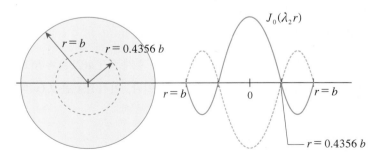

그림 12.2.5 제2정상파

예제 4 원기둥 내의 정상온도

라플라스 방정식 $\nabla^2 u = 0$을 풀어 그림과 같은 원기둥 내의 정상온도 $u(r, z)$를 구하라. 단, $u(2, z) = 0$이고 $u(r, 0) = 0$, $u(r, 4) = u_0$이다.

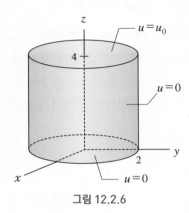

그림 12.2.6

(풀이) 주어진 경계조건이 θ에 무관하므로 정상온도 u는 r과 z의 함수 $u(r, z)$이다. 따라서 라플라스 방정식 $\nabla^2 u = 0$은 식 (12.2.16)에 의해

$$\frac{\partial^2 u}{\partial r^2} + \frac{1}{r}\frac{\partial u}{\partial r} + \frac{\partial^2 u}{\partial z^2} = 0$$

이다. $u(r, z) = R(r)Z(z)$를 위 식에 대입하면

$$R''Z + \frac{1}{r}R'Z + RZ'' = 0$$

이고, 양변을 RZ로 나누어

$$\frac{R''}{R} + \frac{1}{r}\frac{R'}{R} = -\frac{Z''}{Z} = -\lambda^2$$

로 놓는다. [분리상수가 0 또는 양인 경우는 자명해이다.] 여기서, $R(r)$과 $Z(z)$에 관한 미분방정식과 해

$$r^2 R'' + rR' + \lambda^2 r^2 R = 0 \longrightarrow R(r) = c_1 J_0(\lambda r) + c_2 Y_0(\lambda r)$$
$$Z'' - \lambda^2 Z = 0 \longrightarrow Z(z) = c_3 \cosh(\lambda z) + c_4 \sinh(\lambda z)$$

를 얻는다. $R(r)$은 $r = 0$에서 유한해야 하므로 $c_2 = 0$이다. 주어진 r 방향 경계조건 $u(2, z) = R(2)Z(z) = 0$에서 $R(2) = 0$이어야 하므로 $c_1 J_0(2\lambda) = 0$, 즉 $\lambda_n = x_n/2$, $(n = 1, 2, \cdots)$이다. 여기서 x_n은 $J_0(x)$의 양의 영점이다. 따라서 해는

$$u(r, z) = \sum_{n=1}^{\infty} [A_n \cosh(\lambda_n z) + B_n \sinh(\lambda_n z)] J_0(\lambda_n r)$$

이다. z 방향 경계조건 $u(r, 0) = 0 = \sum_{n=1}^{\infty} A_n J_0(\lambda_n r)$에서 $A_n = 0$이고 또 다른 경계조건에서

$$u(r, 4) = u_0 = \sum_{n=1}^{\infty} B_n \sinh(4\lambda_n) J_0(\lambda_n r)$$

인데 이는 u_0의 푸리에–베셀 급수이다. 식 (12.2.10)에 의해

$$B_n \sinh(4\lambda_n) = \frac{2}{2^2[J_1(2\lambda_n)]^2} \int_0^2 rJ_0(\lambda_n r)u_0\,dr = \frac{u_0}{2[J_1(2\lambda_n)]^2} \int_0^2 rJ_0(\lambda_n r)\,dr$$

이다. 우변의 적분 $\int_0^2 rJ_0(\lambda_n r)\,dr$ 을 계산하기 위해 $t = \lambda_n r$로 치환하고, 베셀 함수의 성질 $[x^\nu J_\nu(x)]' = x^\nu J_{\nu-1}(x)$에서 $\dfrac{d}{dt}[tJ_1(t)] = tJ_0(t)$임을 이용하면

$$\int_0^2 rJ_0(\lambda_n r)\,dr = \int_0^{2\lambda_n} \left(\frac{t}{\lambda_n}\right) J_0(t) \left(\frac{dt}{\lambda_n}\right) = \frac{1}{\lambda_n^2} \int_0^{2\lambda_n} tJ_0(t)\,dt$$

$$= \frac{1}{\lambda_n^2} \int_0^{2\lambda_n} \frac{d}{dt}[tJ_1(t)]\,dt = \frac{1}{\lambda_n^2}[2\lambda_n J_1(2\lambda_n)] = \frac{2J_1(2\lambda_n)}{\lambda_n}$$

이다. 따라서

$$B_n \sinh(4\lambda_n) = \frac{u_0}{2[J_1(2\lambda_n)]^2} \frac{2J_1(2\lambda_n)}{\lambda_n} = \frac{u_0}{\lambda_n J_1(2\lambda_n)}$$

에서

$$B_n = \frac{u_0}{\lambda_n \sinh(4\lambda_n)J_1(2\lambda_n)}$$

이다.

12.2 연습문제

1. 예제 1에서 경계조건을 $J_1(3\lambda) = 0$으로 바꾸어 푸리에–베셀 급수로 나타내고 처음 5항까지의 결과를 그려라.

(답) $f(x) = 2\displaystyle\sum_{n=1}^{\infty} \frac{1}{\lambda_n J_2(3\lambda_n)} J_1(\lambda_n x)$

2. [원판의 열전도] 원판에서의 열전도는 $\dfrac{\partial u}{\partial t} = \alpha\left(\dfrac{\partial^2 u}{\partial r^2} + \dfrac{1}{r}\dfrac{\partial u}{\partial r}\right)$를 만족한다. $u(b, t) = 0$, $u(r, 0) = f(r)$일 때 온도 $u(r, t)$를 구하라.

(답) $u(r, t) = \displaystyle\sum_{n=1}^{\infty} A_n e^{-\alpha\lambda_n^2 t} J_0(\lambda_n r)$,　$A_n = \dfrac{2}{b^2[J_1(\lambda_n b)]^2} \displaystyle\int_0^b rJ_0(\lambda_n r)f(r)\,dr$,

3. 문제 2를 경계 $r = b$에서의 단열조건으로 풀어라.[힌트 : $u_r(b, t) = 0$]

(답) $u(r, t) = A_0 + \displaystyle\sum_{n=1}^{\infty} A_n e^{-\alpha\lambda_n^2 t} J_0(\lambda_n r)$,　$A_0 = \dfrac{2}{b^2}\displaystyle\int_0^b rf(r)\,dr$,　$A_n = \dfrac{2}{b^2[J_0(\lambda_n b)]^2} \displaystyle\int_0^b rJ_0(\lambda_n r)f(r)\,dr$

4. (선택적 문제) 원기둥좌표계의 라플라스 연산[식 (12.2.16)]을 유도하라. 식 (12.2.16)이 식 (12.2.17)과 같음도 보여라.

12.3   구좌표계의 편미분방정식, 르장드르 다항식

푸리에-르장드르 급수

르장드르 방정식(4.4절 참고)

$$(1 - x^2)y'' - 2xy' + n(n + 1)y = 0 \qquad (12.3.1)$$

을

$$\frac{d}{dx}[(1 - x^2)y'] + n(n + 1)y = 0 \qquad (12.3.2)$$

으로 나타낼 수 있는데 이는 $p(x) = 1 - x^2$, $q(x) = 0$, $\omega(x) = 1$, $\lambda = n(n + 1)$인 특이 스트룸-리우빌 문제이다. $p(-1) = p(1) = 0$이므로 구간 내에서 유계인 르장드르 다항식 $\{P_n(x)\}$, $n = 1, 2, 3, \cdots$는 구간 $[-1, 1]$에서 경계조건 없이 가중함수 $\omega(x) = 1$에 대해

$$\int_{-1}^{1} P_m(x)P_n(x)dx = 0 \qquad (12.3.3)$$

의 직교성을 갖는다. 따라서 구간 $[-1, 1]$에서 정의되는 함수 $f(x)$를 직교함수 $P_n(x)$의 무한급수로 나타내는

$$f(x) = \sum_{n=0}^{\infty} c_n P_n(x)$$

를 푸리에-르장드르 급수라고 한다. 위 식의 양변에 $P_m(x)$를 곱하여 구간 $[-1, 1]$로 적분하고, 식 (12.3.3)의 직교성을 이용하면

$$c_n = \frac{\int_{-1}^{1} f(x)P_n(x)dx}{\int_{-1}^{1} P_n^2(x)dx}$$

가 되고, 4.4절 르장드르 다항식의 성질 [6]에서

$$\int_{-1}^{1} P_n^2(x)dx = \frac{2}{2n + 1} \qquad (12.3.4)$$

이므로 다음이 성립한다.

푸리에–르장드르 급수

구간 $[-1, 1]$에서 정의되는 함수 $f(x)$의 푸리에–르장드르 급수는

$$f(x) = \sum_{n=0}^{\infty} c_n P_n(x) \qquad (12.3.5)$$

$$c_n = \frac{2n+1}{2} \int_{-1}^{1} f(x) P_n(x) dx \qquad (12.3.6)$$

이다.

예제 1

$f(x) = \begin{cases} 0, & -1 \leq x < 0 \\ 1, & 0 \leq x \leq 1 \end{cases}$ 의 푸리에–르장드르 급수를 0이 아닌 처음 5항까지 구하라.

(풀이) 식 (12.3.6)을 이용하면

$$c_0 = \frac{1}{2} \int_{-1}^{1} f(x) P_0(x) dx = \frac{1}{2} \int_{0}^{1} 1 \cdot 1 dx = \frac{1}{2}$$

$$c_1 = \frac{3}{2} \int_{-1}^{1} f(x) P_1(x) dx = \frac{3}{2} \int_{0}^{1} 1 \cdot x dx = \frac{3}{4}$$

$$c_2 = \frac{5}{2} \int_{-1}^{1} f(x) P_2(x) dx = \frac{5}{2} \int_{0}^{1} 1 \cdot \frac{1}{2}(3x^2 - 1) dx = 0$$

$$c_3 = \frac{7}{2} \int_{-1}^{1} f(x) P_3(x) dx = \frac{7}{2} \int_{0}^{1} 1 \cdot \frac{1}{2}(5x^3 - 3x) dx = -\frac{7}{16}$$

$$c_4 = \frac{9}{2} \int_{-1}^{1} f(x) P_4(x) dx = \frac{9}{2} \int_{0}^{1} 1 \cdot \frac{1}{8}(35x^4 - 30x^2 + 3) dx = 0$$

$$c_5 = \frac{11}{2} \int_{-1}^{1} f(x) P_5(x) dx = \frac{11}{2} \int_{0}^{1} 1 \cdot \frac{1}{8}(63x^5 - 70x^3 + 15x) dx = \frac{11}{32}$$

$$\vdots$$

이므로 식 (12.3.5)에 의해

$$f(x) = \frac{1}{2} P_0(x) + \frac{3}{4} P_1(x) - \frac{7}{16} P_3(x) + \frac{11}{32} P_5(x) - \frac{65}{256} P_7(x)$$

이고, 그래프는 그림 12.3.1이다.

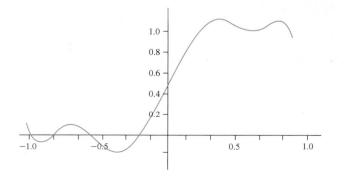

그림 12.3.1 $f(x)$의 푸리에–르장드르 급수

푸리에-르장드르 급수의 다른 형태

식 (12.3.5)와 (12.3.6)으로 나타나는 푸리에-르장드르 급수에서 $x = \cos\phi$로 치환하면 x의 구간 $[-1, 1]$은 ϕ의 구간 $[\pi, 0]$에 대응되고 $dx = -\sin\phi\,d\phi$이므로

$$f(\phi) = \sum_{n=0}^{\infty} c_n P_n(\cos\phi) \tag{12.3.7}$$

이고, 여기서

$$c_n = \frac{2n+1}{2} \int_0^\pi f(\phi) P_n(\cos\phi)\sin\phi\,d\phi \tag{12.3.8}$$

이다. 식 (12.3.7)과 (12.3.8)은 푸리에-르장드르 급수를 구좌표계의 방위각 ϕ로 표현한 것으로 구좌표계에서의 편미분방정식의 풀이에 사용된다.

구좌표계의 편미분방정식

구좌표계에 대해서는 9.1절에서 공부한 바 있다. **구좌표계의 라플라스 연산은**

$$\nabla^2 u = \frac{\partial^2 u}{\partial \rho^2} + \frac{2}{\rho}\frac{\partial u}{\partial \rho} + \frac{1}{\rho^2\sin^2\phi}\frac{\partial^2 u}{\partial \theta^2} + \frac{1}{\rho^2}\frac{\partial^2 u}{\partial \phi^2} + \frac{\cot\phi}{\rho^2}\frac{\partial u}{\partial \phi} \tag{12.3.9}$$

또는

$$\nabla^2 u = \frac{1}{\rho^2}\frac{\partial}{\partial \rho}\left(\rho^2\frac{\partial u}{\partial \rho}\right) + \frac{1}{\rho^2\sin^2\phi}\frac{\partial^2 u}{\partial \theta^2} + \frac{1}{\rho^2\sin\phi}\frac{\partial}{\partial \phi}\left(\sin\phi\frac{\partial u}{\partial \phi}\right) \tag{12.3.10}$$

이다.

푸리에-르장드르 급수를 이용한 편미분방정식의 풀이

예제 2 구의 정상온도

$\nabla^2 u = 0$을 풀어 그림 12.3.2와 같은 구 내부의 정상온도 $u(\rho, \phi)$를 구하라. 단, $u(a, \phi) = f(\phi)$이다.

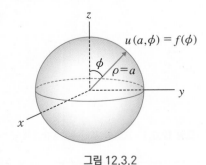

그림 12.3.2

(풀이) u가 θ에 무관하므로 식 (12.3.9)에서 라플라스 방정식은

$$\nabla^2 u = \frac{\partial^2 u}{\partial \rho^2} + \frac{2}{\rho}\frac{\partial u}{\partial \rho} + \frac{1}{\rho^2}\frac{\partial^2 u}{\partial \phi^2} + \frac{\cot\phi}{\rho^2}\frac{\partial u}{\partial \phi} = 0 \tag{a}$$

이 된다. $u(\rho, \phi) = R(\rho)\Phi(\phi)$로 놓으면 (a)는

$$R''\Phi + \frac{2}{\rho}R'\Phi + \frac{1}{\rho^2}R\Phi'' + \frac{\cot\phi}{\rho^2}R\Phi' = 0$$

이 된다. 양변에 ρ^2을 곱하고 $R\Phi$로 나누어

$$\frac{\Phi'' + \cot\phi\,\Phi'}{\Phi} = -\frac{\rho^2 R'' + 2\rho R'}{R} = -\lambda^2$$

으로 놓으면, $\Phi(\phi)$과 $R(\rho)$에 관한 미분방정식

$$\Phi'' + \cot\phi\,\Phi' + \lambda^2\Phi = 0 \tag{b}$$
$$\rho^2 R'' + 2\rho R' - \lambda^2 R = 0 \tag{c}$$

을 얻는다. (b)에서 $x = \cos\phi$, $0 \le \phi \le \pi$로 치환하면

$$(1 - x^2)\frac{d^2\Phi}{dx^2} - 2x\frac{d\Phi}{dx} + \lambda^2\Phi = 0 \tag{d}$$

이 되는데(아래 ☞ 참고) 이는 $\lambda^2 = n(n+1)$, $n = 0, 1, 2, \cdots$인 르장드르 방정식이다. 구간 $-1 \le x \le 1$에서 (d)를 만족하며 연속인 도함수를 갖는 연속함수는 르장드르 다항식 $\Phi_n(x) = P_n(x)$, 즉

$$\Phi_n(\phi) = P_n(\cos\phi)$$

이다. 한편 코시–오일러 방정식 (c)에 $\lambda_n^2 = n(n+1)$을 대입하면 해는

$$R_n(\rho) = c_1\rho^n + c_2\rho^{-(n+1)}$$

인데 $\rho = 0$에서 u가 유한하므로 $c_2 = 0$이다. 따라서 $u_n(\rho, \phi) = R_n(\rho)\Phi_n(\phi)$이다. 중첩의 원리에 의해

$$u(\rho, \phi) = \sum_{n=0}^{\infty} A_n \rho^n P_n(\cos\phi) \tag{e}$$

이다. $\rho = a$에서 경계조건을 이용하면 $f(\phi) = \sum_{n=0}^{\infty} A_n a^n P_n(\cos\phi)$이므로 계수 A_n은 식 (12.3.8)에 의해

$$A_n = \frac{2n+1}{2a^n}\int_0^\pi f(\phi)P_n(\cos\phi)\sin\phi\,d\phi \tag{f}$$

이다.

☞ $x = \cos\phi$, $-1 \le x \le 1$로 치환하면 $\dfrac{dx}{d\phi} = -\sin\phi$이므로

$$\frac{d\Phi}{d\phi} = \frac{d\Phi}{dx}\frac{dx}{d\phi} = -\sin\phi\frac{d\Phi}{dx}$$

$$\frac{d^2\Phi}{d\phi^2} = \frac{d}{d\phi}\left(\frac{d\Phi}{d\phi}\right) = \frac{d}{d\phi}\left(-\sin\phi\frac{d\Phi}{dx}\right) = -\cos\phi\frac{d\Phi}{dx} - \sin\phi\frac{d}{d\phi}\left(\frac{d\Phi}{dx}\right)$$

$$= -\cos\phi\frac{d\Phi}{dx} - \sin\phi\left[\frac{d}{dx}\left(\frac{d\Phi}{dx}\right)\cdot\frac{dx}{d\phi}\right] = -\cos\phi\frac{d\Phi}{dx} + \sin^2\phi\frac{d^2\Phi}{dx^2}$$

이다. 따라서 (b)는

$$\sin^2\phi\frac{d^2\Phi}{dx^2} - 2\cos\phi\frac{d\Phi}{dx} + \lambda^2\Phi = 0 \ \ \text{또는} \ \ (1-\cos^2\phi)\frac{d^2\Phi}{dx^2} - 2\cos\phi\frac{d\Phi}{dx} + \lambda^2\Phi = 0$$

이 되고, 여기서 $x = \cos\phi$이므로 이는 (d)가 된다.

예제 3

예제 2에서 $f(\phi)$가 다음과 같이 주어질 때 $u(\rho, \phi)$를 구하라.

$$f(\phi) = \begin{cases} u_0, \ 0 \le \phi \le \pi/2 \\ 0, \ \ \pi/2 < \phi \le \pi \end{cases}$$

(풀이) $x = \cos\phi$로 놓으면 $f(\phi)$는

$$f(x) = \begin{cases} 0, \ -1 \le x < 0 \\ u_0, \ \ 0 \le x \le 1 \end{cases}$$

이 되고, 예제 1의 결과를 이용하면

$$f(x) = u_0\left[\frac{1}{2}P_0(x) + \frac{3}{4}P_1(x) - \frac{7}{16}P_3(x) + \frac{11}{32}P_5(x) + \cdots\right]$$

이다. 한편 $dx = -\sin\phi d\phi$이므로 예제 2의 (f)는

$$A_n = \frac{2n+1}{2a^n}\int_1^{-1}f(x)P_n(x)(-dx) = \frac{2n+1}{2a^n}\int_{-1}^1 f(x)P_n(x)dx$$

가 되고, 여기에 식 (12.3.3)과 식 (12.3.4)를 이용하면

$$A_0 = \frac{2\cdot 0+1}{2a^0}\int_{-1}^1 f(x)P_0(x)dx$$

$$= \frac{u_0}{2}\int_{-1}^1\left[\frac{1}{2}P_0(x) + \frac{3}{4}P_1(x) - \frac{7}{16}P_3(x) + \frac{11}{32}P_5(x) + \cdots\right]P_0(x)dx$$

$$= \frac{u_0}{2}\frac{1}{2}\int_{-1}^1 P_0^2(x)dx = \frac{u_0}{2}\frac{1}{2}2 = \frac{u_0}{2}$$

$$A_1 = \frac{2\cdot 1+1}{2a^1}\int_{-1}^1 f(x)P_1(x)dx$$

$$= \frac{3u_0}{2a}\int_{-1}^1\left[\frac{1}{2}P_0(x) + \frac{3}{4}P_1(x) - \frac{7}{16}P_3(x) + \frac{11}{32}P_5(x) + \cdots\right]P_1(x)dx$$

$$= \frac{3u_0}{2a}\frac{3}{4}\int_{-1}^1 P_1^2(x)dx = \frac{3u_0}{2a}\frac{3}{4}\frac{2}{3} = \frac{3u_0}{4a}$$

이고, 같은 방법으로

$$A_2 = 0, \quad A_3 = -\frac{7u_0}{16a^3}, \quad A_4 = 0, \quad A_5 = \frac{11u_0}{32a^5}, \cdots$$

이다. 따라서 예제 2의 (e)에 의해

$$u(\rho\,\phi) = \sum_{n=0}^{\infty} A_n \rho^n P_n(\cos\phi)$$

$$= u_0 \left[\frac{1}{2} P_0(\cos\phi) + \frac{3}{4}\left(\frac{\rho}{a}\right) P_1(\cos\phi) - \frac{7}{16}\left(\frac{\rho}{a}\right)^3 P_3(\cos\phi) + \frac{11}{32}\left(\frac{\rho}{a}\right)^5 P_5(\cos\phi) + \cdots \right]$$

이다.

12.3 연습문제

1. $f(x) = \begin{cases} 0, & -1 < x < 0 \\ x, & 0 \leq x < 1 \end{cases}$ 의 푸리에–르장드르 급수를 0이 아닌 처음 4항까지 구하고 결과를 그려라.

(답) $f(x) = \frac{1}{4} P_0(x) + \frac{1}{2} P_1(x) + \frac{5}{16} P_2(x) - \frac{3}{32} P_4(x)$

2. $f(x) = x^2$, $-1 \leq x \leq 1$의 푸리에–르장드르 급수를 구하라. 유한급수가 된다면 이유를 설명하라.

(답) $f(x) = \frac{1}{3} P_0(x) + \frac{2}{3} P_2(x) = x^2$

3. 예제 2는 구의 표면에 분포하는 전하 $f(\phi)$에 의해 발생하는 구 내부의 **정전기 포텐셜** $u(\rho, \phi)$를 구한 것으로 해석할 수 있다. 동일한 경계조건에 의해 발생하는 구 외부의 포텐셜을 구하라.

(답) $u(\rho, \phi) = \sum_{n=0}^{\infty} A_n \rho^{-(n+1)} P_n(\cos\phi), \quad A_n = \frac{(2n+1)a^{n+1}}{2} \int_0^\pi f(\phi) P_n(\cos\phi) \sin\phi\, d\phi$

4. 반지름이 a인 반구의 정상온도 $u(\rho, \phi)$를 구하라. 단, $\left. \dfrac{\partial u}{\partial \phi} \right|_{\phi = \pi/2} = 0$, $u(a, \phi) = f(\phi)$이다.

[**힌트** : **4.4절** 르장드르 다항식의 성질 [3]에서 $n = 0, 2, 4, \cdots$일 때 $P_n{}'(0) = 0$을 이용하라.]

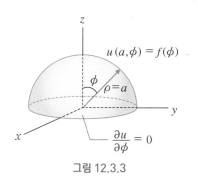

그림 12.3.3

(답) $u(\rho, \phi) = \sum_{n=0}^{\infty} A_{2n} \rho^{2n} P_{2n}(\cos\phi), \quad A_{2n} = \frac{4n+1}{a^{2n}} \int_0^{\pi/2} f(\phi) P_{2n}(\cos\phi) \sin\phi \, d\phi$

5. (선택적 문제) 구좌표계의 라플라스 연산[식 (12.3.9)]을 유도하라. 식 (12.3.9)가 식 (12.3.10)과 같음도 보여라.

적분변환을 이용한 편미분방정식의 풀이

11장과 12장에서 공부한 변수분리법만으로 편미분방정식을 풀 수는 없다. 경계 조건이 시간에 종속되거나 공간변수의 영역이 무한대를 포함하는 경우는 **적분변환**(integral transform)을 이용해야 한다. 이 장에서는 **라플라스 변환**과 **푸리에 변환**과 같은 적분변환을 이용해 편미분방정식이 포함된 초기값 문제와 경계값 문제의 해를 구하는 방법을 소개한다. 라플라스 변환과 푸리에 변환에 대해서는 3장과 10장에서 이미 공부했다. 먼저 13.1절에서는 특수함수의 일종인 오차함수의 라플라스 변환을 구하고, 13.2절에서는 라플라스 변환, 13.3절에서는 푸리에 변환을 이용한 편미분방정식의 풀이를 공부한다.

13.1 오차함수

3장에서 라플라스 변환을 이용하여 상미분방정식이 포함된 초기값 문제의 해를 구했다. 편미분방정식의 풀이에도 라플라스 변환법이 사용된다. 이 장을 공부하기 위해서는 3장에 대한 복습이 필요함을 강조한다.

기초미적분학에서 로그함수를 $\ln x = \int_1^x 1/t\,dt$ 와 같은 적분형태로 정의하기도 한다. 3장에서 공부한 감마함수 또한 $\Gamma(x) = \int_0^\infty e^{-t} t^{x-1}\,dt$ 와 같이 적분형태로 정의된다. 이와 같이 적분에 의해 정의되는 함수로 오차함수와 여오차함수에 대해 공부한다. 당연한 말이지만 어떤 함수를 적분형태로 정의하는 이유는 일반적으로 적분을 계산할 수 없기 때문이다. 여기서 소개하는 오차함수와 여오차함수는 다음 절에서 소개하는 편미분방정식의 풀이에 사용된다.

오차함수와 여오차함수

> 오차함수(error function) erf(x)와 여오차함수(complementary error function) erfc(x)를 각각

$$\text{erf}(x) = \frac{2}{\sqrt{\pi}} \int_0^x e^{-u^2} du \qquad (13.1.1)$$

$$\text{erfc}(x) = 1 - \text{erf}(x) \qquad (13.1.2)$$

로 정의한다.

9.1절에서 $\int_0^\infty e^{-u^2} du = \frac{\sqrt{\pi}}{2}$, 즉 $\frac{2}{\sqrt{\pi}} \int_0^\infty e^{-u^2} du = 1$ 임을 배웠다. 따라서

$$\text{erfc}(x) = 1 - \text{erf}(x) = \frac{2}{\sqrt{\pi}} \int_0^\infty e^{-u^2} du - \frac{2}{\sqrt{\pi}} \int_0^x e^{-u^2} du = \frac{2}{\sqrt{\pi}} \int_x^\infty e^{-u^2} du$$

에서

$$\text{erfc}(x) = \frac{2}{\sqrt{\pi}} \int_x^\infty e^{-u^2} du \qquad (13.1.3)$$

로 쓸 수 있다. 오차함수와 여오차함수의 그래프는 그림 13.1.1이고, $\text{erf}(0) = 0$, $\text{erfc}(0) = 1$이고 $\lim\limits_{x \to \infty} \text{erf}(x) = 1$, $\lim\limits_{x \to \infty} \text{erfc}(x) = 0$ 이다.

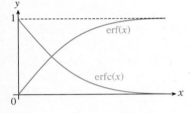

그림 13.1.1 오차함수와 여오차함수

다음 예제는 오차함수와 관련된 라플라스 변환의 예다.

예제 1

(1) $\text{erf}(\sqrt{t}) = \frac{1}{\sqrt{\pi}} \int_0^t \frac{e^{-\tau}}{\sqrt{\tau}} d\tau$　(2) $\mathscr{L}[\text{erf}(\sqrt{t})] = \frac{1}{s\sqrt{s+1}}$ 임을 보여라.

(풀이) (1) 식 (13.1.1)에서

$$\text{erf}(\sqrt{t}) = \frac{2}{\sqrt{\pi}} \int_0^{\sqrt{t}} e^{-u^2} du$$

인데 $u^2 = \tau$로 치환하면 $2udu = d\tau$이고 $u = \sqrt{t}$ 일 때 $\tau = t$이므로

$$\text{erf}(\sqrt{t}) = \frac{1}{\sqrt{\pi}} \int_0^t \frac{e^{-\tau}}{\sqrt{\tau}} d\tau$$

이다.

(2) (1)의 결과에 $\mathscr{L}[t^{-1/2}] = \frac{\sqrt{\pi}}{\sqrt{s}}$ 와 라플라스 변환의 제1이동정리, 적분의 라플라스 변환(3장 참고)을 이용하면

$$\mathscr{L}[\text{erf}\sqrt{t}] = \frac{1}{\sqrt{\pi}} \mathscr{L}\left[\int_0^t \frac{e^{-\tau}}{\sqrt{\tau}} d\tau\right] = \frac{1}{\sqrt{\pi}} \left\{\frac{1}{s} \mathscr{L}\left[\frac{e^{-t}}{\sqrt{t}}\right]\right\}$$

$$= \frac{1}{\sqrt{\pi}} \left\{\frac{1}{s} \mathscr{L}[t^{-1/2}]\Big|_{s \to s+1}\right\} = \frac{1}{\sqrt{\pi}} \left\{\frac{1}{s} \frac{\sqrt{\pi}}{\sqrt{s+1}}\right\} = \frac{1}{s\sqrt{s+1}}.$$

오차함수와 여오차함수와 관련된 라플라스 변환을 표 13.1.1에 정리하였다. 이는 다음 절에서 자주 사용된다. 공식의 유도는 이 절의 논의를 벗어나므로 생략한다.

표 13.1.1 오차함수, 여오차함수에 관한 라플라스 변환

	$f(t), a > 0,$	$\mathcal{L}[f(t)]$
1	$\dfrac{1}{\sqrt{\pi t}}\,e^{-a^2/4t}$	$\dfrac{e^{-a\sqrt{s}}}{\sqrt{s}}$
2	$\dfrac{a}{2\sqrt{\pi t^3}}\,e^{-a^2/4t}$	$e^{-a\sqrt{s}}$
3	$\operatorname{erfc}\left(\dfrac{a}{2\sqrt{t}}\right)$	$\dfrac{e^{-a\sqrt{s}}}{s}$
4	$2\sqrt{\dfrac{t}{\pi}}\,e^{-a^2/4t} - a\operatorname{erfc}\left(\dfrac{a}{2\sqrt{t}}\right)$	$\dfrac{e^{-a\sqrt{s}}}{s\sqrt{s}}$
5	$e^{ab}e^{b^2 t} - a\operatorname{erfc}\left(b\sqrt{t} + \dfrac{a}{2\sqrt{t}}\right)$	$\dfrac{e^{-a\sqrt{s}}}{\sqrt{s}(\sqrt{s}+b)}$
6	$-e^{ab}e^{b^2 t} - \operatorname{erfc}\left(b\sqrt{t} + \dfrac{a}{2\sqrt{t}}\right) + \operatorname{erfc}\left(\dfrac{a}{2\sqrt{t}}\right)$	$\dfrac{be^{-a\sqrt{s}}}{s(\sqrt{s}+b)}$

13.1 연습문제

1. (1) $\displaystyle\int_a^b e^{-u^2}\,du = \dfrac{\sqrt{\pi}}{2}[\operatorname{erf}(b) - \operatorname{erf}(a)]$ 임을 보여라.

(2) $\displaystyle\int_{-a}^a e^{-u^2}\,du = \sqrt{\pi}\operatorname{erf}(a)$ 임을 보여라.

2. 오차함수 $\operatorname{erf}(x)$의 무한급수식을 구하라. [**힌트** : $\operatorname{erf}(x)$의 정의에서 피적분함수를 매크로린 급수(4장 참고)로 전개하고 항별 적분하여 구한다.]

(**답**) $\operatorname{erf}(x) = \dfrac{2}{\sqrt{\pi}}\displaystyle\sum_{n=0}^{\infty}(-1)^n \dfrac{x^{2n+1}}{(2n+1)n!}$

3. G, C, R, x가 상수일 때 다음을 보여라.(표 13.1.1의 3번과 제1이동정리를 이용하라.)

$$\mathcal{L}\left[e^{-Gt/C}\operatorname{erf}\left(\frac{x}{2}\sqrt{\frac{RC}{t}}\right)\right] = \frac{C}{Cs+G}\left(1 - e^{-x\sqrt{RCs+RG}}\right)$$

4. a가 상수일 때 $\mathcal{L}^{-1}\left[\dfrac{\sinh a\sqrt{s}}{s\sinh\sqrt{s}}\right] = \displaystyle\sum_{n=0}^{\infty}\left[\operatorname{erf}\left(\dfrac{2n+1+a}{2\sqrt{t}}\right) - \operatorname{erf}\left(\dfrac{2n+1-a}{2\sqrt{t}}\right)\right]$ 임을 보여라. 쌍곡선함수의 지수적 정의와 $(1 - e^{-2\sqrt{s}})^{-1}$의 등비급수와 표 13.1.1의 3번을 이용하라.

13.2   라플라스 변환을 이용한 초기값 문제의 해

이 절에서는 라플라스 변환(3장 참고)을 이용하여 편미분방정식으로 표현되는 초기값 문제의 해를 구하는 방법을 소개한다. 고정된 x에 대해서 $u(x, t)$의 라플라스 변환을

$$\mathcal{L}[u(x, t)] = \int_0^\infty e^{-st} u(x, t)dt = U(x, s) \tag{13.2.1}$$

로 정의하면

$$\mathcal{L}\left[\frac{\partial u}{\partial t}\right] = \int_0^\infty e^{-st}\frac{\partial u}{\partial t}dt = e^{-st}u(x, t)\Big|_0^\infty - \int_0^\infty (-se^{-st})u(x, t)dt$$

$$= -u(x, 0) + s\mathcal{L}[u(x, t)]$$

이므로 변수 t에 대한 1계 편도함수의 라플라스 변환은

$$\mathcal{L}\left[\frac{\partial u}{\partial t}\right] = sU(x, s) - u(x, 0) \tag{13.2.2}$$

이다. 마찬가지로 2계 편도함수의 라플라스 변환은 위의 결과를 적용하여

$$\mathcal{L}\left[\frac{\partial^2 u}{\partial t^2}\right] = \mathcal{L}\left[\frac{\partial}{\partial t}\left(\frac{\partial u}{\partial t}\right)\right] = s\mathcal{L}\left[\frac{\partial u}{\partial t}\right] - u_t(x, 0) = s[sU(x, s) - u(x, 0)] - u_t(x, 0)$$

에서

$$\mathcal{L}\left[\frac{\partial^2 u}{\partial t^2}\right] = s^2 U(x, s) - su(x, 0) - u_t(x, 0) \tag{13.2.3}$$

이다. 한편 x에 대한 2계 도함수의 라플라스 변환은

$$\mathcal{L}\left[\frac{\partial^2 u}{\partial x^2}\right] = \int_0^\infty e^{-st}\frac{\partial^2 u}{\partial x^2}dt = \frac{d^2}{dx^2}\int_0^\infty e^{-st}u(x, t)dt = \frac{d^2}{dx^2}\mathcal{L}[u(x, t)]$$

이다. 적분기호 안의 2계 편미분 $\partial^2/\partial x^2$이 적분기호 밖으로 옮겨지면서 2계 상미분 d^2/dx^2이 되는 것에 주목하자. 이는 $u(x, t)$를 x로 미분하는 것은 편미분이지만 $\int_0^\infty e^{-st}u(x, t)dt$는 이미 t로 정적분 되어 x만의 함수이므로 이를 x로 미분하는 것은 상미분이기 때문이다. 따라서

$$\mathcal{L}\left[\frac{\partial^2 u}{\partial x^2}\right] = \frac{d^2 U(x, s)}{dx^2} \tag{13.2.4}$$

이다.

편도함수의 라플라스 변환을 이용하여 경계값 문제의 해를 구해보자.

예제 1

1차원 파동방정식 $\dfrac{\partial^2 u}{\partial t^2} = \dfrac{\partial^2 u}{\partial x^2}$ 과 경계조건 $u(0, t) = u(1, t) = 0$, 초기조건 $u(x, 0) = 0$, $\dfrac{\partial u}{\partial t}\Big|_{t=0} = \sin\pi x$ 의 해를 구하라.

(풀이) $\mathscr{L}[u(x, t)] = U(x, s)$라 하고, 식 (13.2.3)과 (13.2.4)를 이용하면

$$\mathscr{L}\left[\frac{\partial^2 u}{\partial t^2}\right] = s^2 U(x, s) - su(x, 0) - u_t(x, 0) = s^2 U(x, s) - s \cdot 0 - \sin\pi x = s^2 U(x, s) - \sin\pi x$$

이고

$$\mathscr{L}\left[\frac{\partial^2 u}{\partial x^2}\right] = \frac{d^2 U(x, s)}{dx^2}$$

이므로 $U(x, s)$에 관한 비제차 상미분방정식

$$\frac{d^2 U}{dx^2} - s^2 U(x, s) = -\sin\pi x \tag{a}$$

가 된다. 이 과정에서 주어진 초기조건이 모두 사용되었다. (a)의 제차해는 x의 구간이 유한하므로 쌍곡선함수를 사용하여[2.3절 참고]

$$U_h(x, s) = c_1\cosh sx + c_2\sinh sx$$

이고, 비제차항이 $-\sin\pi x$이므로 특수해를 $U_p(x, s) = A\sin\pi x$로 가정하고 (a)에 대입하면

$$-\pi^2 A\sin\pi x - s^2 A\sin\pi x = -\sin\pi x$$

에서 $A = 1/(s^2 + \pi^2)$이므로

$$U_p(x, s) = \frac{\sin\pi x}{s^2 + \pi^2}$$

이다. 따라서 일반해는

$$U(x, s) = U_h + U_p = c_1\cosh sx + c_2\sinh sx + \frac{\sin\pi x}{s^2 + \pi^2} \tag{b}$$

이다. 한편, 경계조건 $u(0, t) = 0$, $u(1, t) = 0$을 라플라스 변환하면

$$U(0, s) = 0, \, U(1, s) = 0 \tag{c}$$

이다. (b)에 (c)를 적용하면 $c_1 = c_2 = 0$이므로

$$U(x, s) = \frac{\sin\pi x}{s^2 + \pi^2}$$

이다. 따라서 구하는 해는 라플라스 역변환에 의해

$$u(x, t) = \mathscr{L}^{-1}\left[\frac{\sin\pi x}{s^2 + \pi^2}\right] = \frac{1}{\pi}\sin\pi x\,\mathscr{L}^{-1}\left[\frac{\pi}{s^2 + \pi^2}\right] = \frac{1}{\pi}\sin\pi x\sin\pi t \tag{d}$$

이다.

예제 1에서 보듯이 라플라스 변환법에서는 편미분방정식을 라플라스 변환하여 변수 t를 제거한 x에 관한 상미분방정식을 풀어 해를 구한다. 예제 1을 10장에서 설명한 푸리에 사인급수를 직접 사용하는 방법으로 풀어도 같은 해를 얻는다(연습문제 참고).

다음은 편미분방정식의 해가 오차함수로 나타나는 경우이다. 예제 2에 대한 푸리에 급수해는 연습문제를 참고하자.

예제 2

1차원 열전도방정식 $\dfrac{\partial u}{\partial t} = \dfrac{\partial^2 u}{\partial x^2}$ 의 해를 구하라. 경계조건은 $u(0, t) = 0$, $u(1, t) = 1$, $t > 0$이고 초기조건은 $u(x, 0) = 0$, $0 < x < 1$이다.

(풀이) 편미분방정식의 라플라스 변환에 초기조건을 적용하면

$$\frac{d^2 U}{dx^2} = sU(x, s)$$

이고, 경계조건은 $U(0, s) = 0$, $U(1, s) = \dfrac{1}{s}$이다. 위의 상미분방정식의 해

$$U(x, s) = c_1 \cosh \sqrt{s}\, x + c_2 \sinh \sqrt{s}\, x$$

에 경계조건을 적용하면 $c_1 = 0$, $c_2 = \dfrac{1}{s \sinh \sqrt{s}}$ 이므로

$$U(x, s) = \frac{\sinh \sqrt{s}\, x}{s \sinh \sqrt{s}}$$

이다. $U(x, s)$의 역변환은 12.1절 연습문제 4에 의해

$$u(x, t) = \mathscr{L}^{-1}\left[\frac{\sinh \sqrt{s}\, x}{s \sinh \sqrt{s}} \right] = \sum_{n=0}^{\infty}\left[\mathrm{erf}\left(\frac{2n + 1 + x}{2\sqrt{t}} \right) - \mathrm{erf}\left(\frac{2n + 1 - x}{2\sqrt{t}} \right) \right] \tag{a}$$

이다.

탄성이 있는 줄의 자유낙하도 파동방정식으로 기술된다. 다음을 보자.

예제 3

그림 13.2.1과 같이 무한히 긴 줄의 왼쪽 끝은 $x = 0$에서 고정되고 오른쪽 끝은 정지상태에서 마찰이 없는 기둥을 따라 중력에 의해 아래로 떨어진다. 이러한 현상이 파동방정식

$$\frac{\partial^2 u}{\partial t^2} = c^2 \frac{\partial^2 u}{\partial x^2} - g$$

와 경계조건 $u(0, t) = 0$, $\left.\dfrac{\partial u}{\partial x}\right|_{x=\infty} = 0$ (자유단 조건), 초기조건 $u(x, 0) = 0$, $\left.\dfrac{\partial u}{\partial t}\right|_{t=0} = 0$으로 기술된다. 수직변위 $u(x, t)$를 구하라. 여기서 g는 중력가속도이다.

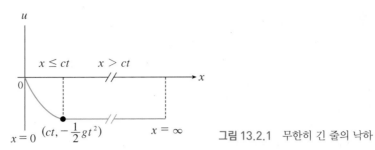

그림 13.2.1　무한히 긴 줄의 낙하

(풀이) 편미분방정식의 양변을 라플라스 변환하면

$$s^2 U(x, s) - su(x, 0) - u_t(x, 0) = c^2 \frac{d^2 U}{dx^2} - \frac{g}{s}$$

이다. 초기조건을 이용하여 정리하면

$$\frac{d^2 U}{dx^2} - \frac{s^2}{c^2} U(x, s) = \frac{g}{c^2 s}$$

이다. x의 구간이 $[0, \infty)$인 반무한구간이므로 윗식의 제차해를 지수함수를 이용하여[2.3절 참고]

$$U_c(x, s) = c_1 e^{-sx/c} + c_2 e^{sx/c}$$

로 표현한다. (이제까지 제차해를 U_h로 표현했는데 여기서는 아래에서 사용하게 될 단위계단함수 U_h와 구분하기 위해 U_c를 사용한다.) 비제차항이 x와 무관한 상수이므로 특수해를 $U_p(x, s) = A$로 가정하여 미분방정식에 대입하면 $-\frac{s^2}{c^2} A = \frac{g}{c^2 s}$ 에서 $A = -\frac{g}{s^3}$ 이다. 따라서

$$U(x, s) = U_c(x, s) + U_p(x, s) = c_1 e^{-sx/c} + c_2 e^{sx/c} - \frac{g}{s^3}$$

이다. 경계조건 $U(0, s) = 0$, $\frac{dU}{dx}\Big|_{x=\infty} = 0$을 적용하면 $c_1 = \frac{g}{s^3}$, $c_2 = 0$이므로

$$U(x, s) = \frac{g}{s^3}(e^{-sx/c} - 1)$$

이다. 따라서 구하는 해는 제2이동정리를 사용하여

$$u(x, t) = \mathcal{L}^{-1}[U(x, s)] = \mathcal{L}^{-1}\left[\frac{g}{s^3}(e^{-sx/c} - 1)\right] = \frac{1}{2}g\left\{\mathcal{L}^{-1}\left[\frac{2}{s^3} e^{-sx/c}\right] - \mathcal{L}^{-1}\left[\frac{2}{s^3}\right]\right\}$$

$$= \frac{1}{2}g\left[\left(t - \frac{x}{c}\right)^2 U_h\left(t - \frac{x}{c}\right) - t^2\right]$$

$$= \begin{cases} -\frac{1}{2}gt^2, & 0 \le t < x/c \quad (x > ct) \\ -\frac{1}{2}g\left(\frac{2x}{c}t - \frac{x^2}{c^2}\right), & t \ge x/c \quad (0 \le x \le ct) \end{cases}$$

이다. 구한 해를 이용하여 아래로 떨어지는 줄의 모양을 알 수 있다. 줄은 $0 \le x \le ct$일 때 포물선을 그리고, $x > ct$일 때 수평선을 그린다. 그리고 이 두 곡선이 만나는 점인 포물선의 꼭지점 $\left(ct, -\frac{1}{2}gt^2\right)$은 $t = 0$일 때 원점에서 시작하여 시간이 지남에 따라 오른쪽 아래로 이동한다.

☞ t의 함수인 포물선의 꼭지점의 좌표가 $\left(ct, -\frac{1}{2}gt^2\right)$임을 확인하라.

13.2 연습문제

1. 예제 1의 푸리에 급수해를 구하여 예제 1의 결과와 비교하라.

(**답**) $u(x, t) = \dfrac{1}{\pi} \sin \pi t \sin \pi x$, 같다.

2. 예제 2의 푸리에 급수해를 구하라. 비제차 경계조건 문제이므로 11.6절을 참고하라.

(**답**) $u(x, t) = x + \dfrac{2}{\pi} \sum\limits_{n=1}^{\infty} \dfrac{(-1)^n}{n} e^{-n^2 \pi^2 t} \sin n \pi x$ [예제 2의 (a)는 이 해의 다른 표현이다.]

3. 라플라스 변환을 이용하여 파동방정식 $u_{tt} = 4 u_{xx}$, $u(0, t) = 0$, $u(1, t) = 0$, $u(x, 0) = \sin \pi x$, $u_t(x, 0) = 0$의 해를 구하라. 연습문제 11.4의 문제 4에서 구한 푸리에 급수해와 같음을 확인하라.

(**답**) $u(x, t) = \sin \pi x \cos 2 \pi t$

4. (1) 무한대의 길이를 갖는 줄이 있다. 초기변위와 초기속도는 0이고, 줄의 왼쪽 끝의 수직변위는 $f(t)$이고 줄의 오른쪽 끝은 고정되어 있다. 파동방정식 $\dfrac{\partial^2 u}{\partial t^2} = \dfrac{\partial^2 u}{\partial x^2}$, $u(x, 0) = 0$, $\left. \dfrac{\partial u}{\partial t} \right|_{t=0} = 0$, $u(0, t) = f(t)$, $\lim\limits_{x \to \infty} u(x, t) = 0$을 풀어 줄의 수직변위 $u(x, t)$를 구하라.

(2) (1)에서 $f(t) = \begin{cases} \sin \pi t, & 0 \leqq t < 1 \\ 0, & t \geqq 1 \end{cases}$ 일 때, u를 구하고 이의 그래프를 일정한 t에 대하여 xu−평면에 그리고 파형이 어떻게 전달되는지 보여라.

(**답**) (1) $u(x, t) = f(t - x) U_h(t - x)$

(2) $u(x, t) = \sin \pi (t - x) [1 - U_h(t - x - 1)] U_h(t - x) = \begin{cases} 0, & t < x \\ \sin \pi (t - x), & x \leqq t < x + 1 \\ 0, & t \geqq x + 1 \end{cases}$

☞ $x = 0$에서 경계조건이 줄의 왼쪽 끝을 사인함수를 따라 1초 동안 높이가 1이 되도록 올렸다가 다시 내려놓는 것임을 이해하자.

5. 무한히 긴 막대의 온도가 경계값 문제 $\dfrac{\partial u}{\partial t} = k \dfrac{\partial^2 u}{\partial x^2}$, $u(0, t) = u_0$, $\lim\limits_{x \to \infty} u(x, t) = 0$, $u(x, 0) = 0$으로 주어진다. $u(x, t)$를 구하라.

(**답**) $u(x, t) = u_0 \operatorname{erfc} \left(\dfrac{x}{2 \sqrt{kt}} \right)$

6. 왼쪽($x = 0$)에서 접지되고, 오른쪽이 절연된 무한히 긴 전화선의 포텐셜 $u(x, t)$는

$$RC \frac{\partial u}{\partial t} = \frac{\partial^2 u}{\partial x^2} - RGu, \quad u(0, t) = 0, \quad \lim_{x \to \infty} \frac{\partial u}{\partial x} = 0, \quad u(x, 0) = u_0$$

로 기술된다. 여기서 R, C, G는 각각 저항, 전기용량, 전도계수이고 u_0는 초기 포텐셜이다. $u(x, t)$를 구하라. [**힌트** : 연습문제 13.1의 문제 3을 이용하라.]

(**답**) $u(x, t) = u_0 e^{-Gt/C} \operatorname{erf} \left(\dfrac{x}{2} \sqrt{\dfrac{RC}{t}} \right)$

13.3 푸리에 변환을 이용한 경계값 문제의 해

이 절에서는 13.2절에서 라플라스 변환을 이용하여 편미분방정식이 포함된 초기값 문제의 해를 구한 것과 유사하게 푸리에 변환을 이용하여 경계값 문제의 해를 구하는 방법을 공부한다.

도함수의 푸리에 변환

푸리에 변환을 경계값 문제의 풀이에 사용하려면 먼저 도함수(미분)의 푸리에 변환을 알아야 한다. 도함수에 대한 푸리에 변환, 푸리에 코사인변환, 푸리에 사인변환을 소개한다.

구간 $(-\infty, \infty)$에서 연속이고 절대적분가능한 함수 $f(x)$에 대해 $f'(x)$가 모든 유한구간 내에서 구간별 연속이고, $x \to \pm\infty$일 때 $f(x) \to 0$을 가정하면 식 (10.6.5)에서

$$\mathcal{F}[f'(x)] = \int_{-\infty}^{\infty} f'(x)e^{-i\omega x}dx = f(x)e^{-i\omega x}\Big|_{-\infty}^{+\infty} - \int_{-\infty}^{\infty} f(x)(-i\omega)e^{-i\omega x}dx$$
$$= i\omega \int_{-\infty}^{\infty} f(x)e^{-i\omega x}dx = i\omega F(\omega)$$

이므로 1계 도함수의 푸리에 변환은

$$\mathcal{F}[f'(x)] = i\omega F(\omega) \qquad (13.3.1)$$

이다. 마찬가지로 구간 $(-\infty, \infty)$에서 연속이고 절대적분가능한 함수 $f'(x)$에 대해 $f''(x)$가 모든 유한구간 내에서 구간별 연속이고, $x \to \pm\infty$일 때 $f'(x) \to 0$을 가정하면 식 (13.3.1)을 이용하여

$$\mathcal{F}[f''(x)] = i\omega \mathcal{F}[f'(x)] = i\omega \cdot i\omega \mathcal{F}[f(x)]$$
$$= -\omega^2 \mathcal{F}[f(x)] = -\omega^2 F(\omega)$$

이다. 즉 2계 도함수의 푸리에 변환

$$\mathcal{F}[f''(x)] = -\omega^2 F(\omega) \qquad (13.3.2)$$

을 구할 수 있다. 일반적으로 유사한 가정 하에서

$$\mathcal{F}[f^{(n)}(x)] = (i\omega)^n F(\omega) \qquad (13.3.3)$$

가 성립한다.

1계 도함수에 대한 푸리에 코사인변환은 식 (10.6.7)로부터

$$\mathcal{F}_c[f'(x)] = \int_0^\infty f'(x)\cos\omega x dx = f(x)\cos\omega x \Big|_0^\infty + \omega \int_0^\infty f(x)\sin\omega x dx$$
$$= -f(0) + \omega \int_0^\infty f(x)\sin\omega x dx$$

에서

$$\mathcal{F}_c[f'(x)] = \omega\mathcal{F}_s[f(x)] - f(0) \qquad (13.3.4)$$

이고, 푸리에 사인변환은 식 (10.6.9)로부터

$$\mathcal{F}_s[f'(x)] = \int_0^\infty f'(x)\sin\omega x dx = f(x)\sin\omega x \Big|_0^\infty - \omega \int_0^\infty f(x)\cos\omega dx$$
$$= -\omega \int_0^\infty f(x)\cos\omega dx$$

에서

$$\mathcal{F}_s[f'(x)] = -\omega\mathcal{F}_c[f(x)] \qquad (13.3.5)$$

이다. 한편

$$\mathcal{F}_c[f''(x)] = \int_0^\infty f''(x)\cos\omega x dx = f'(x)\cos\omega x \Big|_0^\infty + \omega \int_0^\infty f'(x)\sin\omega x dx$$
$$= -f'(0) + \omega \int_0^\infty f'(x)\sin\omega x dx = -f'(0) + \omega\mathcal{F}_s[f'(x)]$$

인데 위 식에 식 (13.3.5)를 대입하면 **2계 도함수의 푸리에 코사인변환**

$$\mathcal{F}_c[f''(x)] = -\omega^2 F(\omega) - f'(0) \qquad (13.3.6)$$

을 얻는다. 마찬가지 방법으로 **2계 도함수의 푸리에 사인변환**

$$\mathcal{F}_s[f''(x)] = -\omega^2 F(\omega) + \omega f(0) \qquad (13.3.7)$$

도 구할 수 있다.

푸리에 변환을 이용한 경계값 문제의 풀이

앞에서 1계 및 2계 도함수에 대한 여러 가지 푸리에 변환을 유도하였는데 언제, 어떤 종류의 푸리에 변환을 사용하는지에 대한 의문이 생길 것이다. 먼저, 우리가 구해야 할 미지함수가 **무한구간** $(-\infty, \infty)$에서 정의되면 **푸리에 변환**을 사용한다. 무한구간 문제에서는 경계조건이 주어지지 않으며, 식 (13.3.2)로 나타나는 2계 도함수의 푸리에 변환에도 경계조건이 포함되지 않음을 기억하자. 한편 **반무한구간** $[0, \infty)$ 문제에서는 $x = 0$ (또는 $y = 0$)에서 하나의 경계조건만 주어지며 이러한 경우는 **푸리에 코사인변환** 또는 **푸리에 사인변환**을 사용한다. 푸리에 코사인변환을 사용

할 것인지 아니면 푸리에 사인변환을 사용할 것인지는 주어진 경계조건에 따라 달라진다. 식 (13.3.6)으로 나타나는 2계 도함수의 푸리에 코사인변환에 경계조건 $f'(0)$이 포함되고, 식 (13.3.7)로 나타나는 2계 도함수의 푸리에 사인변환에 경계조건 $f(0)$이 포함됨에 유의하자. 즉 **제차 디리클레 경계조건**이 주어지면 **푸리에 사인변환**을 사용하고, **제차 노이만 경계조건**이 주어지면 **푸리에 코사인변환**을 사용하면 된다. 이는 11장 및 12장에서 푸리에 급수를 사용하여 편미분방정식의 해를 구할 때 양쪽 경계에서 경계조건이 주어지지 않으면 푸리에 급수를, 제차 디리클레 경계조건이 주어지면 푸리에 사인급수를, 제차 노이만 경계조건이 주어지면 푸리에 코사인급수를 사용했던 것과 유사하다. 다음 예제를 보자.

이제 1차원 열전도방정식을 $u_t = \alpha u_{xx}$를 적분변환으로 풀어보자. 다음 두 예제에서는 u와 $\dfrac{\partial u}{\partial x}$ 또는 $\dfrac{\partial u}{\partial y}$가 $x \to \pm\infty$일 때 0으로 수렴한다고 가정한다. 이러한 가정은 대부분의 응용의 예에서 성립한다.

예제 1

구간 $-\infty < x < \infty$에서 경계값 문제 $\dfrac{\partial u}{\partial t} = \alpha \dfrac{\partial^2 u}{\partial x^2}$, $u(x,0) = f(x) = \begin{cases} 1, & |x| < 1 \\ 0, & |x| > 1 \end{cases}$ 의 해를 구하라.

(풀이) 경계조건이 주어지지 않는 무한구간 문제이므로 변수 x에 대해 푸리에 변환을 사용한다.

$$\mathcal{F}[u(x,t)] = \int_{-\infty}^{\infty} u(x,t)e^{-i\omega x}\,dx = U(\omega, t)$$

로 놓고 편미분방정식을 푸리에 변환하면 식 (13.3.2)에 의해

$$\mathcal{F}\left[\frac{\partial^2 u}{\partial x^2}\right] = -\omega^2 U(\omega, t)$$

$$\mathcal{F}\left[\frac{\partial u}{\partial t}\right] = \int_{-\infty}^{\infty} \frac{\partial u}{\partial t} e^{-i\omega x}\,dx = \frac{d}{dt}\int_{-\infty}^{\infty} u e^{-i\omega x}\,dx = \frac{dU(\omega, t)}{dt}$$

이므로 결과적으로 x가 소거된 t에 관한 1계 상미분방정식

$$\frac{dU}{dt} + \alpha\omega^2 U(\omega, t) = 0 \tag{a}$$

을 얻는다. (a)의 일반해는

$$U(\omega, t) = ce^{-\alpha\omega^2 t} \tag{b}$$

이다. 초기조건을 푸리에 변환하면

$$\mathcal{F}[u(x, 0)] = U(\omega, 0)$$

$$\mathcal{F}[f(x)] = \int_{-\infty}^{\infty} f(x)e^{-i\omega x}dx = \int_{-1}^{1} 1 \cdot e^{-i\omega x}dx = \frac{e^{i\omega} - e^{-i\omega}}{i\omega} = \frac{2\sin\omega}{\omega}$$

이므로 푸리에 변환된 초기조건은

$$U(\omega, 0) = \frac{2\sin\omega}{\omega} \tag{c}$$

이다. (c)를 (b)에 적용하면 $c = \dfrac{2\sin\omega}{\omega}$ 이므로

$$U(\omega, t) = \frac{2\sin\omega}{\omega}e^{-\alpha\omega^2 t} \tag{d}$$

이다. 구하는 해는 (d)를 식 (10.6.6)을 사용하여 푸리에 역변환하면

$$u(x, t) = \mathcal{F}^{-1}[U(\omega, t)] = \frac{1}{2\pi}\int_{-\infty}^{\infty} U(\omega, t)e^{i\omega x}d\omega = \frac{1}{\pi}\int_{-\infty}^{\infty} \frac{\sin\omega}{\omega}e^{-\alpha\omega^2 t}e^{i\omega x}d\omega$$

$$= \frac{1}{\pi}\int_{-\infty}^{\infty} \frac{\sin\omega}{\omega}e^{-\alpha\omega^2 t}[\cos\omega x + i\sin\omega x]d\omega$$

이다. 피적분함수의 첫째 항은 우함수이고, 둘째 항은 기함수이므로

$$\int_{-\infty}^{\infty} \frac{\sin\omega\cos\omega x}{\omega}e^{-\alpha\omega^2 t}d\omega = 2\int_{0}^{\infty} \frac{\sin\omega\cos\omega x}{\omega}e^{-\alpha\omega^2 t}d\omega$$

$$\int_{-\infty}^{\infty} \frac{\sin\omega\sin\omega x}{\omega}e^{-\alpha\omega^2 t}d\omega = 0$$

이 성립하여 구하는 해는

$$u(x, t) = \frac{2}{\pi}\int_{0}^{\infty} \frac{\sin\omega\cos\omega x}{\omega}e^{-\alpha\omega^2 t}d\omega \tag{e}$$

이다.

경계값 문제의 해가 예제 1의 (d)와 같이 적분형태로 얻어지는 것에 대해 이상하게 생각할 수 있지만 이는 어쩔 수 없다. 특정한 위치 및 시간에서의 온도, 예를 들어 $u(1, 1)$을 구하기 위해서는 (d)에 $x = 1$, $t = 1$을 대입하고 ω에 대해 **수치적분**(numerical integration)을 해야 한다. 예제 1에서는 편미분방정식의 변수 x를 푸리에 변환하여 변수 x가 제거한 t에 관한 상미분방정식을 풀어 해를 구하였음에 주목하자. 다음은 푸리에 코사인변환을 사용한 경우이다.

예제 2

반무한판의 정상온도 $u(x, y)$를 라플라스 방정식 $\dfrac{\partial^2 u}{\partial x^2} + \dfrac{\partial^2 u}{\partial y^2} = 0$ 을 풀어 구하라. 단 $u(0, y) = 0$, $u(\pi, y) = e^{-y}$, $\left.\dfrac{\partial u}{\partial y}\right|_{y=0} = 0$ 이다.

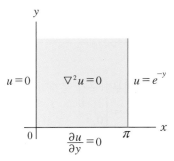

그림 13.3.1   반무한 영역

(풀이) $0 \leq y < \infty$ 이고, $y = 0$ 에서 제차 노이만 경계조건 $\left.\dfrac{\partial u}{\partial y}\right|_{y=0} = 0$ 이 주어졌으므로 y에 대해 푸리에 코사인변환을 사용한다.

$$\mathscr{F}_c[u(x, y)] = \int_0^\infty u(x, y)\cos\omega y\, dy = U(x, \omega)$$

로 놓고, 식 (13.3.6)을 사용하여 라플라스 방정식을 푸리에 코사인변환 하면

$$\frac{d^2 U}{dx^2} + \left[-\omega^2 U(x, \omega) - u_y(x, 0)\right] = 0$$

이고 경계조건 $u_y(x, 0) = 0$을 적용하면 y가 소거된 x에 대한 2계 상미분방정식

$$\frac{d^2 U}{dx^2} - \omega^2 U(x, \omega) = 0 \tag{a}$$

을 얻는다. (a)의 일반해는

$$U(x, \omega) = c_1\cosh\omega x + c_2\sinh\omega x \tag{b}$$

이다. 한편 x 방향 경계조건 $u(0, y) = 0$, $u(\pi, y) = e^{-y}$의 양변을 푸리에 코사인변환하면

$$\mathscr{F}_c[u(0, y)] = U(0, \omega), \quad \mathscr{F}_c[0] = 0$$

$$\mathscr{F}_c[u(\pi, y)] = U(\pi, \omega), \quad \mathscr{F}_c[e^{-y}] = \int_0^\infty e^{-y}\cos\omega y\, dy = \frac{1}{1 + \omega^2}$$

이므로

$$U(0, \omega) = 0, \quad U(\pi, \omega) = \frac{1}{1 + \omega^2} \tag{c}$$

을 얻는다. (c)를 (b)에 적용하면 $c_1 = 0$, $c_2 = \dfrac{1}{(1 + \omega^2)\sinh\omega\pi}$ 이다. 따라서

$$U(x, \omega) = \frac{\sinh\omega x}{(1 + \omega^2)\sinh\omega\pi}$$

이고, 구하는 해는 푸리에 코사인역변환에 의해

$$u(x, y) = \mathscr{F}_c^{-1}[U(x, \omega)] = \frac{2}{\pi}\int_0^\infty \frac{\sinh\omega x}{(1 + \omega^2)\sinh\omega\pi}\cos\omega y\,d\omega \qquad (d)$$

이다.

예제 2는 y에 대해 반무한구간 문제이므로 y에 대한 푸리에 코사인변환을 사용하였다. 사실 예제 1도 $f(x) = \begin{cases} 1, & 0 \le x \le 1 \\ 0, & x > 1 \end{cases}$, $u_x(0, t) = 0$으로 놓아 구간이 $0 \le x < \infty$ 인 문제로 변형하여 해를 구할 수도 있다. 예제 2에서 경계조건 $u_y(x, 0) = 0$ 대신에 $u(x, 0) = 0$이 주어지면 푸리에 사인변환을 사용해야 한다.

13.3   연습문제

1. 구간 $-\infty < x < \infty$에서 열전도방정식 $\dfrac{\partial u}{\partial t} = \alpha\dfrac{\partial^2 u}{\partial x^2}$, $u(x, 0) = e^{-|x|}$의 해를 구하라. $u(x, t)$를 실함수의 적분으로 나타내어라.

(답) $u(x, t) = \dfrac{2}{\pi}\int_0^\infty \dfrac{\cos\omega x}{1 + \omega^2}e^{-\alpha\omega^2 t}d\omega$

2. 파동방정식 $\dfrac{\partial^2 u}{\partial t^2} = c^2\dfrac{\partial^2 u}{\partial x^2}$, $0 \le x < \infty$을 풀어 파동의 수직변위 $u(x, t)$를 구하라. 경계조건은 $u(0, t) = 0$ 이고, 초기조건은 $u(x, 0) = xe^{-x}$, $\dfrac{\partial u}{\partial t}\Big|_{t=0} = 0$ 이다.

(답) $u(x, t) = \dfrac{4}{\pi}\int_0^\infty \dfrac{\omega}{(1 + \omega^2)^2}\cos c\omega t\sin\omega x\,d\omega$

3. 라플라스 방정식 $\nabla^2 u = 0$을 풀어 반무한판의 정상온도 $u(x, y)$를 구하라. 경계조건은

$$u(x, 0) = 0, \quad u(x, 1) = \frac{1}{2}e^{-|x|}, \quad -\infty < x < \infty$$

이다. $u(x, y)$를 실함수의 적분으로 나타내어라.

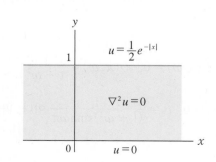

그림 13.3.2

(답) $u(x, y) = \dfrac{1}{\pi}\displaystyle\int_0^\infty \dfrac{\sinh\omega y \cos\omega x}{(1 + \omega^2)\sinh\omega}d\omega$

4. (1) 적당한 푸리에 적분변환을 사용하여 $\nabla^2 u = 0$을 풀어 무한평판$(x \geq 0,\ y \geq 0)$의 정상온도 $u(x, y)$를 구하라. 경계조건은

$$\left.\frac{\partial u}{\partial x}\right|_{x=0} = 0, \quad u(x, 0) = \begin{cases} 50, & 0 < x < 1 \\ 0, & x > 1 \end{cases}$$

이다.

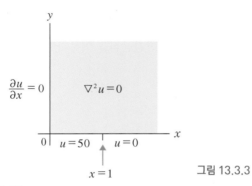

그림 13.3.3

(2) 라플라스 변환공식[부록 C 44번 공식]

$$\mathscr{L}\left[\frac{\sin at \cos bt}{t}\right] = \int_0^\infty \left(\frac{\sin at \cos bt}{t}\right)e^{-st}dt = \frac{1}{2}\left(\tan^{-1}\frac{a+b}{s} + \tan^{-1}\frac{a-b}{s}\right)$$

을 이용하여 (1)의 결과를 적분하라.

(답) (1) $u(x, y) = \dfrac{100}{\pi}\displaystyle\int_0^\infty \dfrac{\sin\omega}{\omega}e^{-\omega y}\cos\omega x\, d\omega$

(2) $u(x, y) = \dfrac{50}{\pi}\left[\tan^{-1}\left(\dfrac{1+x}{y}\right) + \tan^{-1}\left(\dfrac{1-x}{y}\right)\right]$

쉬어가기 13.1 **라플라스 변환공식을 이용한 적분계산**

연습문제 12.3의 문제 4의 (2)에 라플라스 변환공식을 이용하여 적분을 계산하는 예가 소개되었다. 문제 2의 풀이과정에서도 적분 $I = \displaystyle\int_0^\infty xe^{-x}\sin\omega x\, dx$ 를 계산해야 한다. 물론 부분적분을 반복적으로 사용하여

$$I = \int_0^\infty xe^{-x}\sin\omega x\, dx : \int xe^{-x}dx = -(x+1)e^{-x} + C \text{ 사용}$$

$$= -(x+1)e^{-x}\sin\omega x\big|_0^\infty + \omega\int_0^\infty (x+1)e^{-x}\cos\omega x\, dx$$

$$= \omega\left[\int_0^\infty xe^{-x}\cos\omega x\, dx + \int_0^\infty e^{-x}\cos\omega x\, dx\right]$$

$$= \omega\left[-(x+1)e^{-x}\cos\omega x\big|_0^\infty - \omega\int_0^\infty (x+1)e^{-x}\sin\omega x\, dx + \frac{1}{1+\omega^2}\right]$$

$$= \omega\left[1 - \omega\int_0^\infty xe^{-x}\sin\omega x\, dx - \omega\int_0^\infty e^{-x}\sin\omega x\, dx + \frac{1}{1+\omega^2}\right]$$

$$= \omega\left[1 - \omega I - \frac{\omega^2}{1+\omega^2} + \frac{1}{1+\omega^2}\right] \qquad \therefore I = \frac{2\omega}{(1+\omega^2)^2}$$

와 같이 구할 수 있다. 하지만 라플라스 변환공식[부록 C 21번 공식]

$$\mathcal{L}[t\sin at] = \int_0^\infty t\sin at\, e^{-st}\, dt = \frac{2as}{(s^2 + a^2)^2}$$

에 $s = 1$, $a = \omega$를 대입하고 t에 관한 적분을 x에 관한 적분으로 바꾸면

$$I = \int_0^\infty xe^{-x}\sin\omega x\, dx = \frac{2\omega}{(1 + \omega^2)^2}$$

임을 쉽게 알 수 있다. 이와 같이 라플라스 변환공식을 이용하여 복잡한 적분을 쉽게 구할 수도 있다.

14

경계값 문제의 수치해법

5장에서 수치해석의 기초와 상미분방정식과 초기조건이 더해진 **초기값 문제**(initial value problem)의 수치해법에 관해 공부했고, 이 장에서는 상미분방정식 또는 편미분 방정식의 **경계값 문제**(boundary value problem)에 대한 수치해법에 대해 공부한다. 초기값 문제와 경계값 문제의 구분은 2.1절을 참고하자.

미분방정식(differential equation)을 수치적으로 풀기 위해서는 컴퓨터의 빠른 사칙연산 능력을 활용하기 위해 미분방정식을 차분하여 미분연산을 사칙연산으로 대체시킨 **차분방정식**(difference equation)으로 바꾸어야 한다. 이러한 차분법에는 크게 **유한차분법**(FDM, Finite Difference Method)과 **유한요소법**(FEM, Finite Element Method)이 있으며 이들 외에도 다양한 기법들이 개발되고 있다. 대개의 수치해석 관련 강의는 수치해석 전반과 함께 주로 유한차분법에 대해 설명하며, 유한요소법에 대한 내용은 별도의 강의로 제공된다. 여기서도 비교적 간단한 유한차분법에 대해서만 설명하겠다.

이 장에서는 경계값 문제의 해를 구하는 매우 기본적인 수치적 방법을 간단히 소개하고 있다. 하지만 이러한 방법들의 응용성은 매우 크니 관심을 가지고 공부하기 바란다.

14.1 도함수의 차분

먼저 미분, 즉 도함수의 **차분**(difference)에 대해 공부한다. 미분연산을 사칙연산으로 바꾸는 차분을 설명하기 위해 테일러 급수가 사용된다. 테일러 급수는 4.1절에 자세히 설명되어 있다.

1계 도함수 $f'(x)$의 차분

미분방정식에는 함수의 미분, 즉 도함수

$$f'(x) = \lim_{h \to 0} \frac{f(x+h) - f(x)}{h} \tag{14.1.1}$$

가 포함되므로 미분방정식을 차분방정식으로 바꾸기 위해서는 도함수의 차분을 알아야 한다. 먼저 식 (14.1.1)로 표현되는 도함수의 차분에 대해 공부한다.

(1) 전진차분

함수 $f(x)$를 중심이 x_i인 테일러 급수로 나타내면

$$f(x) = f(x_i) + f'(x_i)(x - x_i) + \frac{f''(x_i)}{2!}(x - x_i)^2 + \frac{f'''(x_i)}{3!}(x - x_i)^3 + \cdots \tag{14.1.2}$$

이다. 식 (14.1.2)에 $x = x_{i+1}$을 대입하면

$$f(x_{i+1}) = f(x_i) + hf'(x_i) + \frac{h^2}{2!}f''(x_i) + \frac{h^3}{3!}f'''(x_i) + \cdots \tag{14.1.3}$$

이고, 여기서 $h = x_{i+1} - x_i$이다. 식 (14.1.3)을 $f'(x_i)$에 대해 정리하면

$$f'(x_i) = \frac{f(x_{i+1}) - f(x_i)}{h} - \frac{h}{2!}f''(x_i) - \frac{h^2}{3!}f'''(x_i) - \cdots \tag{14.1.4}$$

이다. 위 식에서 우변의 첫 항만을 선택하여 $f'(x_i)$를 나타내면

$$f'(x_i) \simeq \frac{f_{i+1} - f_i}{h} \tag{14.1.5}$$

이 되는데, 이를 **전진차분**(FD: forward difference)이라고 한다. 여기서 $f_i = f(x_i)$이다.

본래 $f'(x_i)$를 정확히 나타내기 위해서는 식 (14.1.4)와 같이 무한급수를 사용해야 하지만 차분과정에서 식 (14.1.5)와 같이 유한한 항만을 선택(절단, truncation) 하기 때문에 오차가 발생하고, 이러한 오차를 **절단오차**(truncation error)라고 부른다. 이렇듯 절단오차는 방법론의 불완전성(method imperfection)에서 기인한다. 반면에 **자리수오차**(roundoff error)는 컴퓨터 저장방식의 불완전성(machine imperfection)에서 기인한다. [예를 들어 컴퓨터는 1/3 = 0.33333 등과 같이 숫자를 유한한 자리수로 저장하므로 연산과정에 필연적으로 오차가 발생한다.] 전진차분의 절단오차는 식 (14.1.4) 대신에 식 (14.1.5)를 사용하여 발생하는 오차로

$$E_{FD} = -\frac{h}{2!}f''(x_i) - \frac{h^2}{3!}f'''(x_i) - \cdots = O(h) \tag{14.1.6}$$

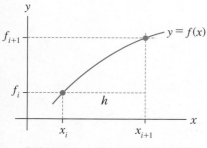

그림 14.1.1 1계 도함수의 전진차분

즉, h의 1차 정확도(1'st order accuracy)를 가진다. h의 정확도는 사용된 차분연산이 원래 연산을 테일러 급수로 표현했을 때 몇 개의 항수를 포함하는가를 의미한다.

(2) 후진차분

식 (14.1.2)에 $x = x_{i-1}$을 대입하면

$$f(x_{i-1}) = f(x_i) - hf'(x_i) + \frac{h^2}{2!}f''(x_i) - \frac{h^3}{3!}f'''(x_i) + \cdots \quad (14.1.7)$$

이고, 식 (14.1.7)을 $f'(x_i)$에 대해 정리하면

$$f'(x_i) = \frac{f(x_i) - f(x_{i-1})}{h} + \frac{h}{2!}f''(x_i) - \frac{h^2}{3!}f'''(x_i) + \cdots \quad (14.1.8)$$

이다. 위 식에서 우변의 첫 항만을 선택하여 $f'(x_i)$를 나타내면

$$f'(x_i) \simeq \frac{f_i - f_{i-1}}{h} \quad (14.1.9)$$

이 되는데, 이를 **후진차분**(BD: backward difference)이라고 한다. 후진차분의 절단오차는

$$E_{BD} = \frac{h}{2}f''(x_i) - \frac{h^2}{3!}f'''(x_i) + \cdots = O(h) \quad (14.1.10)$$

이다.

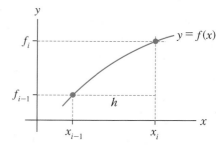

그림 14.1.2　1계 도함수의 후진차분

(3) 중간차분

이번에는 식 (14.1.4)와 식 (14.1.8)을 더한 후 2로 나누면

$$f'(x_i) = \frac{f(x_{i+1}) - f(x_{i-1})}{2h} - \frac{h^2}{3!}f(x_i)''' - \cdots \quad (14.1.11)$$

이고, 우변의 첫 항만 선택하면

$$f'(x_i) = \frac{f_{i+1} - f_{i-1}}{2h} \quad (14.1.12)$$

이 되며, 이를 **중간차분**(CE: centered difference)이라고 한다.

중간차분의 절단오차는

$$E_{CD} = -\frac{h^2}{3!}f_i''' - \cdots = O(h^2) \quad (14.1.13)$$

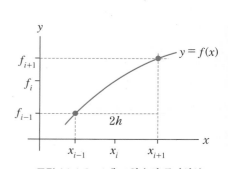

그림 14.1.3　1계 도함수의 중간차분

이 되어 h의 2차 정확도(2'nd order accuracy)를 가지므로 전진차분이나 후진차분에 비해 정확도가 높다. 1계 도함수의 차분은 그림 14.1.1-그림 14.1.3에서 점으로 표현하였듯이 두 점 사이의 관계로 표현되므로 **2-점 관계식**(2-point relation)이라고 한다.

2계 도함수 $f''(x_i)$의 차분

앞에서 중간차분의 정확도가 가장 높았으므로 2계 도함수의 경우는 중간차분에 대해서만 설명하겠다. 식 (14.1.2)에 $x = x_{i+1}$를 대입하면

$$f_{i+1} = f_i + hf_i' + \frac{h^2}{2!}f_i'' + \frac{h^3}{3!}f_i''' + \frac{h^4}{4!}f_i^{(4)} + \cdots \qquad (14.1.14)$$

이고, 식 (14.1.2)에 $x = x_{i-1}$를 대입하면

$$f_{i-1} = f_i - hf_i' + \frac{h^2}{2!}f_i'' - \frac{h^3}{3!}f_i''' + \frac{h^4}{4!}f_i^{(4)} - \cdots \qquad (14.1.15)$$

이다. 식 (14.1.14)와 식 (14.1.15)를 더하면

$$f_{i+1} + f_{i-1} = 2f_1 + h^2 f_i'' + \frac{h^4}{12}f_i^{(4)} + \cdots$$

또는

$$f_i'' = \frac{f_{i+1} - 2f_i + f_{i-1}}{h^2} - \frac{h^2}{12}f_i^{(4)} + \cdots \qquad (14.1.16)$$

이다. 식 (14.1.16)의 우변 첫 항만 선택하면

$$f_i''(x_i) = \frac{f_{i+1} - 2f_i + f_{i-1}}{h^2} \qquad (14.1.17)$$

이 되며, 이를 2계 도함수의 **중간차분**(centered difference)이며 절단오차는 $O(h^2)$이다.

2계 도함수의 중간차분은 그림 14.1.4와 같이 **3-점 관계식**이다.

위에서 설명한 차분법을 이용하여 상미분방정식이 포함된 경계값 문제를 풀어보자 5.1절에도 유사한 예제가 있지만 이번에는 미분방정식을 적분하지 않고 도함수의 차분을 직접 이용하는 것이 다른 점이다.

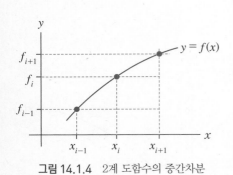

그림 14.1.4 2계 도함수의 중간차분

예제 1

$0 \leq x \leq 1$에서 $y'' - 4y = 0$, $y(0) = 0$, $y(1) = 5$를 $N = 4$, 즉 $h = 0.25$를 사용하여 풀어라.

(**풀이**) 그림 14.1.5와 같이 x의 구간을 4등분하고 x_i, $i = 0, 1, 2, 3, 4$에서 y의 값을 y_i로 놓아 격자(mesh)를 구성한다. 그림에서 '○'으로 표시된 점은 경계조건에 의해 값을 아는 점이고 '×'로 표시된 점은 값을 구해야 할 미지점이다. 물론 $y_0 = 0$과 $y_4 = 5$는 경계조건으로부터 주어진다.

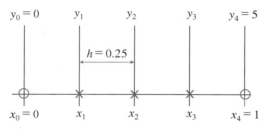

그림 14.1.5 예제 1의 격자와 격자점

미분방정식에 식 (14.1.17)을 적용하여 차분하면 3-점 관계식

$$\frac{y_{i+1} - 2y_i + y_{i-1}}{h^2} - 4y_i = 0$$

을 얻는다. $h = 0.25$이므로

$$y_{i-1} - 2.25y_i + y_{i+1} = 0$$

이고, 위 식을 각각의 격자점(node)에 적용하면

$$i = 1: y_0 - 2.25y_1 + y_2 = 0$$
$$i = 2: y_1 - 2.25y_2 + y_3 = 0$$
$$i = 3: y_2 - 2.25y_3 + y_4 = 0$$

이다. 경계조건에 의해 $y_0 = 0$, $y_4 = 5$이므로 위의 연립방정식은

$$\begin{bmatrix} -2.25 & 1 & 0 \\ 1 & -2.25 & 1 \\ 0 & 1 & -2.25 \end{bmatrix} \begin{bmatrix} y_1 \\ y_2 \\ y_3 \end{bmatrix} = \begin{bmatrix} 0 \\ 0 \\ -5 \end{bmatrix}$$

즉,

$$\boldsymbol{AY = B}$$

로 나타나고, 이를 풀면

$$y_1 = 0.7256, \quad y_2 = 1.6327, \quad y_3 = 2.9479$$

이다. 물론 격자의 수를 늘이면 더욱 정확한 해를 얻을 수 있으나 미지수의 개수가 늘어나므로 풀어야 할 행렬의 크기도 커진다.

☞ (1) 행렬 A는 3중 대각행렬(3 diagonal matrix, 0이 아닌 원소를 갖는 대각선이 3개)이다. 이러한 형태의 행렬이 나타나는 이유를 생각해 보자.

(2) 예제 1의 해석해 $y = \dfrac{5}{\sinh 2} \sinh 2x$ 를 이용하면

$$y_1 = y(0.25) = 0.7184, \quad y_2 = y(0.5) = 1.620, \quad y_3 = y(0.75) = 2.935$$

를 계산할 수 있다. 해석해와 수치해를 그림 14.1.6에서 비교하였다.

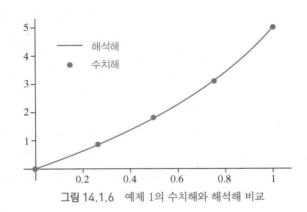

그림 14.1.6 예제 1의 수치해와 해석해 비교

예제 1에서 보듯이 경계값 문제를 푸는 과정에서 선형계(linear system) $AY = B$를 풀어야 하는 경우가 발생한다. 격자의 수를 늘리면 절단오차가 감소하므로 계산의 정확도는 증가하지만 풀어야 할 미지수의 개수도 증가하므로 선형계의 크기도 증가한다. 7장에서 소개한 가우스 소거법, 역행렬, 크라메르 공식 등을 이용하여 선형계를 해석적으로 푸는 방법을 **직접법**(direct method)이라고 하는데, 이러한 방법들은 대규모 선형계를 푸는데 계산시간이 과도하게 소요된다. 따라서 수치해석에서는 선형계를 푸는 방법으로 **반복법**(iterative method)을 사용하는데 야코비 법(Jacobi method), 가우스–사이델 법(Gauss–Seidel method), SOR 법(successive over-relaxation) 등이 그 예이다(5.1절). 선형계의 풀이법은 경계값 문제의 해를 구할 때 정확도와 계산시간에 큰 영향을 미치므로 이에 대해 많은 연구가 진행되고 있다.

14.1 연습문제

1. (1) 경계값 문제의 수치해를 구하라.

$$y'' + y = 0, \quad y'(0) = 0, \quad y(1) = 1$$

단, $0 \le x \le 1$의 구간을 2등분하여 $y(0) = y_0$, $y(0.5) = y_1$, $y(1) = y_2$로 놓고, 2계 도함수의 중간차분을 사용하고 생성되는 미지수 y_0, y_1에 대한 연립방정식은 직접법으로 풀어라.

(2) (1)의 문제에 대한 해석해를 구하고 (1)의 수치해가 가질 수 있는 최대 절단오차를 구하라. [**힌트**: 식 (14.1.16)과 (14.1.17)을 비교하라.]

(3) 수치해 y_0, y_1의 해석해에 대한 절대오차가 (2)에서 구한 오차 내에 있음을 보여라.

※ 모든 계산 결과를 소수이하 4째 자리까지만 써라.

(답) (1) $y_0 = 32/17 = 1.8824$, $y_1 = 28/17 = 1.6471$

(2) $y = \dfrac{\cos x}{\cos 1}$, 최대 절단오차 = 0.0386

(3) $|y(0) - y_0| = 0.0316$, $|y(1/2) - y_1| = 0.0229$

14.2 타원형 편미분방정식

14.1절에서 도함수의 차분에 대해 공부했고, 이를 이용하여 상미분방정식이 포함된 경계값 문제를 풀었다. 이 절에서는 편미분방정식이 포함된 경계값 문제의 수치해를 구하는 방법을 소개한다. 해석적 방법과 달리 수치적 방법에서는 두 가지 경우에 아무런 차이가 없음에 주목하라.

라플라스 방정식

라플라스 방정식

$$\nabla^2 u = \frac{\partial^2 u}{\partial x^2} + \frac{\partial^2 u}{\partial y^2} = 0 \tag{14.2.1}$$

에 대해 x와 y의 2계 도함수에 중간차분을 적용하면 식 (14.2.1)은

$$\frac{u_{i+1j} - 2u_{ij} + u_{i-1j}}{h_x^2} + \frac{u_{ij+1} - 2u_{ij} + u_{ij-1}}{h_y^2} = 0 \tag{14.2.2}$$

과 같이 5-점 관계식으로 나타나며, $h_x = h_y$인 경우는

$$u_{i-1j} + u_{i+1j} + u_{ij-1} + u_{ij+1} - 4u_{ij} = 0 \tag{14.2.3}$$

으로 간단해 진다.

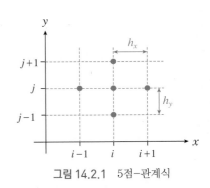

그림 14.2.1   5점-관계식

예제 1

라플라스 방정식 $\dfrac{\partial^2 u}{\partial x^2} + \dfrac{\partial^2 u}{\partial y^2} = 0$, $0 \le x \le 2$, $0 \le y \le 2$를 다음 경계조건에 대해 풀어라. $u(0, y) = 0$, $u(2, y) = y(2 - y)$,

$u(x, 0) = 0$, $u(x, 2) = \begin{cases} x, & 0 < x \le 1 \\ 2 - x, & 1 < x < 2 \end{cases}$

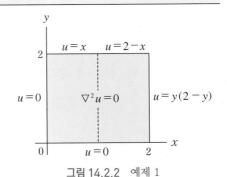

그림 14.2.2   예제 1

(**풀이**) 그림 14.2.3과 같이 격자를 구성한다. 예제 1에서와 같이 ‘○’으로 표시된 점은 경계조건에 의해 값이 주어진 점이고 ‘×’로 표시된 점은 값을 구해야 할 미지점이다. 따라서

$$u_{00} = u_{10} = u_{20} = u_{30} = u_{01} = u_{02} = u_{03} = 0,$$
$$u_{12} = u_{23} = 2/3, \ u_{31} = u_{32} = 8/9$$

이다.

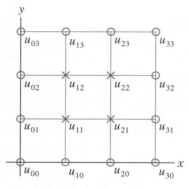

그림 14.2.3 예제 1의 격자

격자간격은 $h_x = h_y = 2/3$이고 차분식은 식 (14.2.3)에 의해

$$u_{i-1j} + u_{i+1j} + u_{ij-1} + u_{ij+1} - 4u_{ij} = 0$$

이다. $1 \leq i \leq 2, \ 1 \leq j \leq 2$에서

$$i = 1, j = 1; \ u_{01} + u_{21} + u_{10} + u_{12} - 4u_{11} = 0$$
$$i = 1, j = 2; \ u_{02} + u_{22} + u_{11} + u_{13} - 4u_{12} = 0$$
$$i = 2, j = 1; \ u_{11} + u_{31} + u_{20} + u_{22} - 4u_{21} = 0$$
$$i = 2, j = 2; \ u_{12} + u_{32} + u_{21} + u_{23} - 4u_{22} = 0$$

이므로, 주어진 경계조건을 사용하면

$$\begin{bmatrix} -4 & 1 & 1 & 0 \\ 1 & -4 & 0 & 1 \\ 1 & 0 & -4 & 1 \\ 0 & 1 & 1 & -4 \end{bmatrix} \begin{bmatrix} u_{11} \\ u_{12} \\ u_{21} \\ u_{22} \end{bmatrix} = \begin{bmatrix} 0 \\ -2/3 \\ -8/9 \\ -14/9 \end{bmatrix}$$

또는

$$AU = B$$

이다. 여기서, A는 5중 대각행렬(5 diagonal matrix)이고 위의 선형계를 풀면

$$u_{11} = 0.1944, \ \ u_{12} = 0.3611, \ \ u_{21} = 0.4167, \ \ u_{22} = 0.5833$$

을 얻는다.

푸아송 방정식과 노이만 경계조건

좌변은 라플라스 방정식과 같지만 우변이 0이 아닌 방정식

$$\frac{\partial^2 u}{\partial x^2} + \frac{\partial^2 u}{\partial y^2} = g(x, y)$$

를 푸아송 방정식이라고 한다. 시간 비종속 2차원 열전도방정식에서 매질 내부에 열원(heat source)이 없는 경우는 **라플라스 방정식**이 되지만 열원이 있는 경우는 푸아송 방정식이 된다.

예제 2

열원이 있는 경우의 열전도 현상은 $k\nabla^2 u + g = 0$으로 기술된다. 여기서, k는 열전도계수, g는 단위체적당 열생성율이다. $g = 5$ cal/cm$^3 \cdot$s, $k = 0.5$ cal/cm$\cdot$℃$\cdot$s일 때, 가로 4 cm, 세로 2 cm의 직사각형 판에서의 온도를 구하라. 직사각형의 위와 아래는 단열되어 있고($\partial u/\partial y = 0$) 왼쪽과 오른쪽은 $u = 20$℃로 일정하다.

(풀이) $k = 0.5$, $g = 5$를 사용하면 열전도방정식은 푸아송 방정식

$$\frac{\partial^2 u}{\partial x^2} + \frac{\partial^2 u}{\partial y^2} = -10 \tag{a}$$

이다.

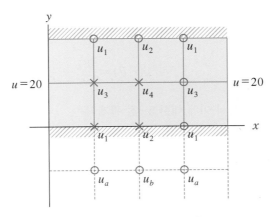

그림 14.2.4 예제2의 격자

---

x, y 각 방향으로 $h = 1$cm를 사용하고, 문제의 대칭성을 이용하면 그림 14.2.4와 같이 u_1, u_2, u_3, u_4의 4개의 미지수만 존재한다. 하지만 온도가 u_1, u_2인 격자점은 그 아래에 다른 격자점이 존재하지 않으므로 5-점 관계식을 적용할 수 없다. 따라서 u_1, u_2 격자점 아래에 온도 u_a, u_b를 갖는 **가상 격자점**(pseudo node)을 설정한다. x축에서 경계조건 $\dfrac{\partial u}{\partial y} = 0$에 대해 1계 도함수의 중간차분

$$\left.\frac{\partial u}{\partial y}\right|_{u_1} = \frac{u_a - u_3}{2h} = 0, \quad \left.\frac{\partial u}{\partial y}\right|_{u_2} = \frac{u_b - u_4}{2h} = 0$$

을 적용하면 $u_a = u_3$, $u_b = u_4$임을 알 수 있는데, 이를 **거울조건**(mirror condition)이라고 한다. 결국 (a)에 대한 5-점 관계식은

$$\begin{aligned} u_1&: 20 + u_2 + u_3 + u_3 - 4u_1 = -10 \\ u_2&: u_1 + u_1 + u_4 + u_4 - 4u_2 = -10 \\ u_3&: 20 + u_4 + u_1 + u_1 - 4u_3 = -10 \\ u_4&: u_3 + u_3 + u_2 + u_2 - 4u_4 = -10 \end{aligned}$$

또는

$$\begin{bmatrix} -4 & 1 & 2 & 0 \\ 2 & -4 & 0 & 2 \\ 2 & 0 & -4 & 1 \\ 0 & 2 & 2 & -4 \end{bmatrix} \begin{bmatrix} u_1 \\ u_2 \\ u_3 \\ u_4 \end{bmatrix} = \begin{bmatrix} -30 \\ -10 \\ -30 \\ -10 \end{bmatrix}$$

이며, 이의 해는

$$u_1 = 35, \ u_2 = 40, \ u_3 = 35, \ u_4 = 40$$

이다.

극좌표계에서의 라플라스 방정식

12.1절에 의하면 극좌표계에서의 라플라스 방정식은

$$\nabla^2 u(r, \theta) = \frac{\partial^2 u}{\partial r^2} + \frac{1}{r}\frac{\partial u}{\partial r} + \frac{1}{r^2}\frac{\partial^2 u}{\partial \theta^2} = 0 \tag{14.2.4}$$

이다. 따라서 이에 대한 5-점 관계식은

$$\frac{u_{i+1j} - 2u_{ij} + u_{i-1j}}{\Delta r^2} + \frac{1}{r_i}\frac{u_{i+1j} - u_{i-1j}}{2\Delta r} + \frac{1}{r_i^2}\frac{u_{ij+1} - 2u_{ij} + u_{ij-1}}{\Delta\theta^2} = 0 \tag{14.2.5}$$

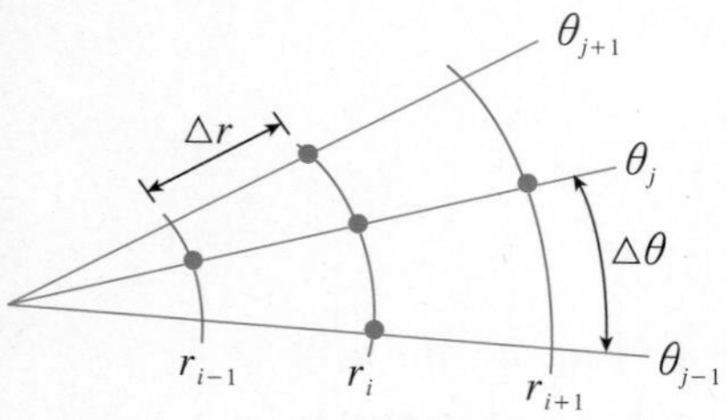

그림 14.2.5 극좌표계의 5점-관계식

또는 양변에 $\triangle r^2$을 곱하여

$$\left(1 - \frac{\Delta r}{2r_i}\right)u_{i-1j} + \left(1 + \frac{\Delta r}{2r_i}\right)u_{i+1j} + \left(\frac{\Delta r}{r_i\,\Delta\theta}\right)^2 u_{ij-1} + \left(\frac{\Delta r}{r_i\Delta\theta}\right)^2 u_{ij+1} - 2\left[1 + \left(\frac{\Delta r}{r_i\Delta\theta}\right)^2\right]u_{ij} = 0 \tag{14.2.6}$$

이 된다.

예제 3

극좌표계에서 라플라스 방정식을 풀어 그림 14.2.6과 같이 반지름이 3인 반원 내의 온도를 구하라. 반원의 아래는 $0°$, 이를 제외한 원의 둘레는 $100°$로 일정하다. $\triangle r = 1$, $\triangle\theta = \pi/4$를 사용하라.

(풀이) 문제의 대칭성을 이용하여 y축을 따라 $\partial u/\partial\theta = 0$을 적용하여 1/4원에 대해 계산한다.

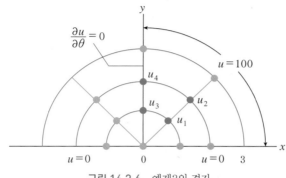

그림 14.2.6   예제3의 격자

각 점에 대해 식 (14.2.6)을 적용하면

$$u_1: \left(1 - \frac{1}{2\cdot1}\right)0 + \left(1 + \frac{1}{2\cdot1}\right)u_2 + \left(\frac{1}{1\cdot\pi/4}\right)^2 0 + \left(\frac{1}{1\cdot\pi/4}\right)^2 u_3 - 2\left[1 + \left(\frac{1}{1\cdot\pi/4}\right)^2\right]u_1 = 0$$

$$u_2: \left(1 - \frac{1}{2\cdot2}\right)u_1 + \left(1 + \frac{1}{2\cdot2}\right)100 + \left(\frac{1}{2\cdot\pi/4}\right)^2 0 + \left(\frac{1}{2\cdot\pi/4}\right)^2 u_4 - 2\left[1 + \left(\frac{1}{2\cdot\pi/4}\right)^2\right]u_2 = 0$$

$$u_3: \left(1 - \frac{1}{2\cdot1}\right)0 + \left(1 + \frac{1}{2\cdot1}\right)u_4 + \left(\frac{1}{1\cdot\pi/4}\right)^2 u_1 + \left(\frac{1}{1\cdot\pi/4}\right)^2 u_1 - 2\left[1 + \left(\frac{1}{1\cdot\pi/4}\right)^2\right]u_3 = 0$$

$$u_4: \left(1 - \frac{1}{2\cdot2}\right)u_3 + \left(1 + \frac{1}{2\cdot2}\right)100 + \left(\frac{1}{2\cdot\pi/4}\right)^2 u_2 + \left(\frac{1}{2\cdot\pi/4}\right)^2 u_2 - 2\left[1 + \left(\frac{1}{2\cdot\pi/4}\right)^2\right]u_4 = 0$$

즉,

$$\begin{bmatrix} -5.2423 & 1.5 & 1.6211 & 0 \\ 0.75 & -2.8106 & 0 & 0.4053 \\ 3.2422 & 0 & -5.2423 & 1.5 \\ 0 & 0.8106 & 0.75 & -2.8106 \end{bmatrix}\begin{bmatrix} u_1 \\ u_2 \\ u_3 \\ u_4 \end{bmatrix} = \begin{bmatrix} 0 \\ -125 \\ 0 \\ -125 \end{bmatrix}$$

이 되며 이의 해는

$$u_1 = 30.36, \; u_2 = 63.14, \; u_3 = 39.75, \; u_4 = 73.29.$$

14.2 연습문제

1. 다음 영역에 대하여 라플라스 방정식을 풀어 정상상태의 온도를 구하라.

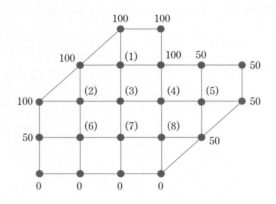

(답) $u_1 = 91.9011$, $u_2 = 77.1342$, $u_3 = 67.6044$, $u_4 = 64.7867$,
$u_5 = 53.6967$, $u_6 = 40.9325$, $u_7 = 36.5956$, $u_8 = 37.8456$

2. 푸아송 방정식 $\nabla^2 u = x^2 y$를 풀어 반지름 4인 반원의 온도를 구하라. 아래 면에서는 $u = 0$ 이고, 원의 둘레에서는 $u = 10$이다. 극좌표계에서 $\triangle r = 1$, $\triangle \theta = \pi/6$를 사용하라.

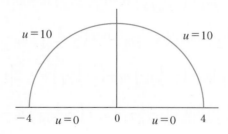

(답)

r \ θ	$\theta = \pi/6$	$\theta = \pi/3$	$\theta = \pi/2$
$r = 1$	0.2416	0.7289	1.0421
$r = 2$	−0.0255	1.5392	2.9126
$r = 3$	1.0540	3.5508	6.0389

14.3 포물선형 편미분방정식

11.1절에서 공부한 바와 같이 포물선형 편미분방정식은

$$\frac{\partial u}{\partial t} = \alpha \frac{\partial^2 u}{\partial x^2}$$

$$(14.3.1)$$

과 같은 형태를 가지며 **1차원 열전도방정식**이 이에 해당한다. 포물선형 편미분방정식의 수치해법은 식 (14.3.1)에 포함된 시간 t에 대한 1계 도함수의 차분법에 따라 여러 가지로 나뉜다.

양함수법

시간 t에 대한 1계 도함수에 전진차분을 사용하면 ($k = \triangle t$)

$$\frac{\partial u}{\partial t} \simeq \frac{u(x, t+k) - u(x, t)}{k} = \frac{u_{ij+1} - u_{ij}}{k} \tag{14.3.2}$$

이고 x의 2계 도함수에 중간차분을 사용하면 ($h = \triangle x$)

$$\frac{\partial^2 u}{\partial x^2} \simeq \frac{u(x+h, t) - 2u(x, t) + u(x-h, t)}{h^2} = \frac{u_{i+1j} - 2u_{ij} + u_{i-1j}}{h^2} \tag{14.3.3}$$

이다. 식 (14.3.2)와 식 (14.3.3)을 식 (14.3.1)에 적용하여

$$\frac{u_{ij+1} - u_{ij}}{k} = \alpha \left[\frac{u_{i+1j} - 2u_{ij} + u_{i-1j}}{h^2} \right] \tag{14.3.4}$$

또는

$$u_{ij+1} = \lambda u_{i+1j} + (1 - 2\lambda)u_{ij} + \lambda u_{i-1j} \tag{14.3.5}$$

을 얻는다. 여기서 $\lambda = \alpha k/h^2$이다. 식 (14.3.5)는 **4-점 관계식**이지만 시간단계 $j + 1$에서의 값이 시간단계 j에서의 값을 이용하여 직접 계산되어지므로 각 시간단계에서 연립방정식을 풀 필요가 없다. 즉 선형계의 해를 구하는 과정이 불필요하여 이러한 방법을 **양함수법**[*](explicit method)이라 한다.

☞ * 적절한 번역을 고민하다 x값에 의해 y값이 직접 결정되는 양함수(explicit function)를 의미하도록 양함수법이라고 부르겠다.

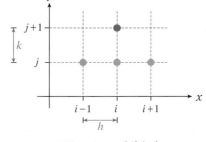

그림 14.3.1 양함수법

예제 1

$\dfrac{\partial u}{\partial t} = \dfrac{\partial^2 u}{\partial x^2}$, $u(0, t) = 0$, $u(1, t) = 0$, $u(x, 0) = \sin\pi x$를 양함수법으로 $h = 0.2$, $k = 0.01$을 사용해 풀어라.

(풀이) $h = 0.2$, $k = 0.01$이므로

$$\lambda = k/h^2 = 0.01/(0.2)^2 = 0.25$$

이고, 식 (14.3.5)에서

$$u_{ij+1} = 0.25(u_{i-1j} + 2u_{ij} + u_{i+1j}), \quad 1 \leq i \leq 4, \, j \geq 0$$

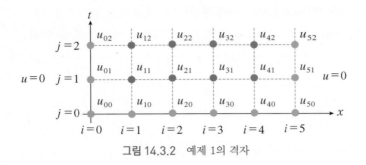

그림 14.3.2   예제 1의 격자

이 된다. 초기조건으로부터

$$u_{00} = \sin(0 \cdot \pi) = 0, \quad u_{10} = \sin(0.2\pi) = 0.5878, \quad u_{20} = \sin(0.4\pi) = 0.9511$$

$$u_{30} = \sin(0.6\pi) = 0.9511, \quad u_{40} = \sin(0.8\pi) = 0.5878, \quad u_{50} = \sin(\pi) = 0$$

이므로 $j = 0$일 때

$$i = 1: u_{11} = 0.25u_{00} + 0.5u_{10} + 0.25u_{20}$$
$$= 0.25(0) + 0.5(0.5878) + 0.25(0.9511) = 0.5317$$

$$i = 2: u_{21} = 0.25u_{10} + 0.5u_{20} + 0.25u_{30}$$
$$= 0.25(0.5878) + 0.5(0.9511) + 0.25(0.9511) = 0.8602$$

$$i = 3: u_{31} = 0.25u_{20} + 0.5u_{30} + 0.25u_{40}$$
$$= 0.25(0.9511) + 0.5(0.9511) + 0.25(0.5878) = 0.8602$$

$$i = 4: u_{41} = 0.25u_{30} + 0.5u_{40} + 0.25u_{50}$$
$$= 0.25(0.9511) + 0.5(0.5878) + 0.25(0) = 0.5317$$

를 구할 수 있으며 마찬가지 방법으로 $j = 1, 2, \cdots$에 대하여 계산하면 표 14.3.1의 결과를 얻는다.

표 14.3.1   열전도방정식에 대한 양함수법 ($h = 0.2$, $k = 0.01$, $\lambda = 0.25$)

Time	$x = 0.2$	$x = 0.4$	$x = 0.6$	$x = 0.8$
0.00	0.5878	0.9511	0.9511	0.5878
0.01	0.5317	0.8602	0.8602	0.5317
0.02	0.4809	0.7781	0.7781	0.4809
0.03	0.4350	0.7038	0.7038	0.4350
0.04	0.3934	0.6366	0.6366	0.3934
0.05	0.3559	0.5758	0.5758	0.3559
0.06	0.3219	0.5208	0.5208	0.3219
0.07	0.2911	0.4711	0.4711	0.2911
0.08	0.2633	0.4261	0.4261	0.2633
0.09	0.2382	0.3854	0.3854	0.2382
0.10	0.2154	0.3486	0.3486	0.2154
0.11	0.1949	0.3153	0.3153	0.1949

Time	$x = 0.2$	$x = 0.4$	$x = 0.6$	$x = 0.8$
0.12	0.1763	0.2852	0.2852	0.1763
0.13	0.1594	0.2580	0.2580	0.1594
0.14	0.1442	0.2333	0.2333	0.1442
0.15	0.1304	0.2111	0.2111	0.1304
0.16	0.1180	0.1909	0.1909	0.1180
0.17	0.1067	0.1727	0.1727	0.1067
0.18	0.0965	0.1562	0.1562	0.0965
0.19	0.0873	0.1413	0.1413	0.0873
0.20	0.0790	0.1278	0.1278	0.0790
0.21	0.0714	0.1156	0.1156	0.0714
0.22	0.0646	0.1045	0.1045	0.0646
0.23	0.0584	0.0946	0.0946	0.0584
0.24	0.0529	0.0855	0.0855	0.0529
0.25	0.0478	0.0774	0.0774	0.0478
...	...	...	...	...
0.40	0.0106	0.0172	0.0172	0.0106
0.41	0.0096	0.0155	0.0155	0.0096
0.42	0.0087	0.0140	0.0140	0.0087
0.43	0.0079	0.0127	0.0127	0.0079
0.44	0.0071	0.0115	0.0115	0.0071
0.45	0.0064	0.0140	0.0140	0.0064
0.46	0.0058	0.0094	0.0094	0.0058
0.47	0.0053	0.0085	0.0085	0.0053
0.48	0.0048	0.0077	0.0077	0.0048
0.49	0.0043	0.0070	0.0070	0.0043
0.50	0.0039	0.0063	0.0063	0.0039

예제 1은 문제의 대칭성에 의해 $u_{0j} = u_{5j}$, $u_{1j} = u_{4j}$, $u_{2j} = u_{3j}$ ($j \geq 0$)이므로 $i = 1, 2$에 대해서만 풀어도 같은 결과를 얻는다(연습문제 참고).

양함수법은 계산과정이 단순한 반면에 $\lambda \leq 0.5$일 때만 **안정해**(stable solution)를 갖는다.(증명생략) 예제 1은 $\lambda = 0.25$인 경우이고. 이를 $h = 0.2$, $k = 0.04$ ($\lambda = 1$)를 사용하여 푼 결과를 표 14.3.2에 보였는데 온도가 음이 되는 등 결과가 전혀 현실적이지 못하다. 이는 양함수법이 $\lambda \leq 0.5$일 때만 안정해를 갖는 **조건적 안정성**(conditional stability)을 갖기 때문이다. 수치해법이 어떠한 경우에서도 안정성을 갖는 경우에는 **무조건적 안정성**(unconditional stability)을 갖는다고 말한다.

표 14.3.2   열전도방정식에 대한 양함수법 ($h = 0.2$, $k = 0.04$, $\lambda = 1$)

Time	$x = 0.2$	$x = 0.4$	$x = 0.6$	$x = 0.8$
0.00	0.5878	0.9511	0.9511	0.5878
0.04	0.3633	0.5878	0.5878	0.3633
0.08	0.2245	0.3633	0.3633	0.2245
0.12	0.1288	0.2245	0.2245	0.1388
0.16	0.0858	0.1388	0.1388	0.0858
0.20	0.0530	0.0857	0.0858	0.0530
0.24	0.0327	0.0530	0.0530	0.0328
0.28	0.0203	0.0327	0.0328	0.0202
0.32	0.0124	0.0204	0.0201	0.0126
0.36	0.0080	0.0121	0.0129	0.0075
0.40	0.0041	0.0088	0.0067	0.0054
0.44	0.0047	0.0020	0.0075	0.0012
0.48	−0.0026	0.0102	−0.0043	0.0063
0.52	0.0128	−0.0171	0.0208	−0.0106
0.56	−0.0299	0.0507	−0.0485	0.0314
0.60	0.0806	−0.1291	0.1306	−0.0799
0.64	−0.2097	0.3403	−0.3396	0.2105
0.68	0.5500	−0.8895	0.8903	−0.5500
0.72	−1.4396	2.3298	−2.3299	1.4403
0.76	3.7693	−6.0992	6.1000	−3.7702
0.80	−9.8685	15.9685	−15.9693	9.8702
0.84	25.8370	−41.8063	41.8080	−25.8395
0.88	−67.6432	109.4512	−109.4538	67.6475
0.92	177.0945	−286.5482	286.5525	−177.1013
0.96	−463.6426	750.1950	−750.2019	465.6537
1.00	1213.8374	−1964.0393	1964.0503	−1213.8555

음함수법

열전도방정식[식 (14.3.1)]에 대해 x의 2계 도함수에는 양함수법과 같이 중간차분을 사용하지만 시간 t에 대한 1계 도함수에 후진차분

$$\frac{\partial u}{\partial t} \simeq \frac{u(x, t) - u(x, t - k)}{k} = \frac{u_{ij} - u_{ij-1}}{k} \tag{14.3.6}$$

을 사용하면

$$\frac{u_{ij} - u_{ij-1}}{k} = \alpha \left[\frac{u_{i+1j} - 2u_{ij} + u_{i-1j}}{h^2} \right] \tag{14.3.7}$$

또는

$$-\lambda u_{i-1j} + (1 + 2\lambda)u_{ij} - \lambda u_{i+1j} = u_{ij-1} \tag{14.3.8}$$

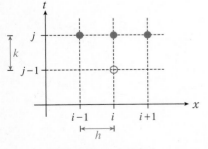

그림 14.3.3   음함수법

을 얻는데, 이를 **음함수법**(implicit method)이라 한다. 여기서 $\lambda = ak/h^2$이다. 음함수법은 양함수법과 달리 시간단계 j에서 미지수들이 서로 연관되어 매 시간단계에서 연립방정식을 풀어야 한다. 포물선형 편미분방정식에 대한 음함수법은 h, k의 선택에 관계없이 **무조건적 안정성**을 갖는다. (증명 생략)

예제 2

예제 1을 $h = 0.2$, $k = 0.04$를 사용하는 음함수법으로 풀어라.

(풀이) $\lambda = k/h^2 = 0.04/(0.2)^2 = 1.0$ 을 식 (14.3.8)에 대입하면

$$-u_{i-1\,j} + 3u_{ij} - u_{i+1\,j} = u_{ij-1}, \quad 1 \leq i \leq 4, \, j \geq 1$$

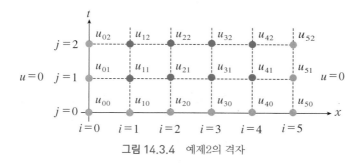

그림 14.3.4 예제2의 격자

이다. $j = 1$에서

$$i = 1: -u_{01} + 3u_{11} - u_{21} = u_{10}$$
$$i = 2: -u_{11} + 3u_{21} - u_{31} = u_{20}$$
$$i = 3: -u_{21} + 3u_{31} - u_{41} = u_{30}$$
$$i = 4: -u_{31} + 3u_{41} - u_{51} = u_{40}$$

이다. 초기조건에서 $u_{10} = u_{40} = 0.5878$, $u_{20} = u_{30} = 0.9511$, 경계조건에서 $u_{01} = u_{51} = 0$이므로

$$\begin{bmatrix} 3 & -1 & 0 & 0 \\ -1 & 3 & -1 & 0 \\ 0 & -1 & 3 & -1 \\ 0 & 0 & -1 & 3 \end{bmatrix} \begin{bmatrix} u_{11} \\ u_{21} \\ u_{31} \\ u_{41} \end{bmatrix} = \begin{bmatrix} 0.5878 \\ 0.9511 \\ 0.9511 \\ 0.5878 \end{bmatrix}$$

이 되고, 이 선형계를 풀면

$$u_{11} = 0.4253, \ u_{21} = 0.6882, \ u_{31} = 0.6882, \ u_{41} = 0.4253$$

이다. 이후의 시간단계에서도 유사한 방법을 사용하여 표 14.3.3의 결과를 얻는다.

표 14.3.3 열전도방정식에 대한 음함수법 ($h = 0.2$, $k = 0.04$, $\lambda = 1$)

Time	$x = 0.2$	$x = 0.4$	$x = 0.6$	$x = 0.8$
0.00	.5878	.9511	.9511	.5878
0.04	.4253	.6882	.6882	.4253
0.08	.3078	.4980	.4980	.3078
0.12	.2227	.3604	.3604	.2227
0.16	.1612	.2608	.2608	.1612
0.20	.1166	.1887	.1887	.1166
0.24	.0844	.1365	.1365	.0844
0.28	.0611	.0988	.0988	.0611
0.32	.0442	.0715	.0715	.0442
0.36	.0320	.0517	.0517	.0320
0.40	.0231	.0374	.0374	.0231
0.44	.0167	.0271	.0271	.0167
0.48	.0121	.0196	.0196	.0121
0.52	.0088	.0142	.0142	.0088
0.56	.0063	.0103	.0103	.0063
0.60	.0046	.0074	.0074	.0046
0.64	.0033	.0054	.0054	.0033
0.68	.0024	.0039	.0039	.0024
0.72	.0017	.0028	.0028	.0017
0.76	.0013	.0020	.0020	.0013
0.80	.0009	.0015	.0015	.0009
0.84	.0007	.0011	.0011	.0007
0.88	.0005	.0008	.0008	.0005
0.92	.0003	.0006	.0006	.0003
0.96	.0002	.0004	.0004	.0002
1.00	.0002	.0003	.0003	.0002

예제 2 또한 문제의 대칭성으로 $u_{0j} = u_{5j}$, $u_{1j} = u_{4j}$, $u_{2j} = u_{3j}$ ($j \geq 0$)이므로 $i = 1, 2$ 에 대해서만 풀어도 같은 결과를 얻는다(연습문제 참고).

크랭크-니콜슨 법

식 (14.3.1)에 대해 시간 t에 대한 1계 도함수에는 양함수법과 같이 전진차분을 사용하지만 x의 2계 도함수에 대해서는 시간단계 j와 시간단계 $j + 1$에서 중간차분의 평균, 즉

$$\frac{\partial^2 u}{\partial x^2} \simeq \frac{1}{2}\left[\frac{u_{i+1j} - 2u_{ij} + u_{i-1j}}{h^2} + \frac{u_{i+1j+1} - 2u_{ij+1} + u_{i-1j+1}}{h^2}\right] \qquad (14.3.9)$$

을 사용하면

$$\frac{u_{ij+1} - u_{ij}}{k} = \frac{\alpha}{2}\left[\frac{u_{i+1j} - 2u_{ij} + u_{i-1j} + u_{i+1j+1} - 2u_{ij+1} + u_{i-1j+1}}{h^2}\right] \qquad (14.3.10)$$

또는

$$-u_{i-1j+1} + c_1 u_{ij+1} - u_{i+1j+1} = u_{i-1j} - c_2 u_{ij} + u_{i+1j} \qquad (14.3.11)$$

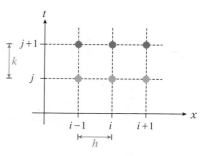

를 얻는데, 이를 **크랭크-니콜슨 법**(Crank–Nicolson method)이라 한다. 여기서 $c_1 = 2(1 + 1/\lambda)$, $c_2 = 2(1 - 1/\lambda)$이고 $\lambda = \alpha k / h^2$이다. 크랭크-니콜슨 법은 그림 14.3.5와 같이 6-점 관계식이다.

그림 14.3.5 크랭크-니콜슨 법

예제 3

예제 1을 $h = 0.2$, $k = 0.04$를 사용하는 크랭크-니콜슨 법으로 풀어라.

(풀이) $\lambda = k/h^2 = 0.04/(0.2)^2 = 1.0$, $c_1 = 2(1 + 1/\lambda) = 4$, $c_2 = 2(1 - 1/\lambda) = 0$을 식 (14.3.11)에 대입하면

$$-u_{i-1j+1} + 4u_{ij+1} - u_{i+1j+1} = u_{i-1j} + u_{i+1j}, \ 1 \le i \le 4, j \ge 1$$

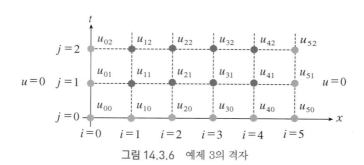

그림 14.3.6 예제 3의 격자

이다. $j = 0$에서

$$i = 1: -u_{01} + 4u_{11} - u_{21} = u_{00} + u_{20}$$
$$i = 2: -u_{11} + 4u_{21} - u_{31} = u_{10} + u_{30}$$
$$i = 3: -u_{21} + 4u_{31} - u_{41} = u_{20} + u_{40}$$
$$i = 4: -u_{31} + 4u_{41} - u_{51} = u_{30} + u_{50}$$

이고, 주어진 초기조건과 경계조건으로부터

$$u_{00} = u_{50} = 0, \ u_{10} = u_{40} = 0.5878, \ u_{20} = u_{30} = 0.9511, \ u_{01} = u_{51} = 0$$

이므로

$$\begin{bmatrix} 4 & -1 & 0 & 0 \\ -1 & 4 & -1 & 0 \\ 0 & -1 & 4 & -1 \\ 0 & 0 & -1 & 4 \end{bmatrix} \begin{bmatrix} u_{11} \\ u_{21} \\ u_{31} \\ u_{41} \end{bmatrix} = \begin{bmatrix} 0.9511 \\ 1.5388 \\ 1.5388 \\ 0.9511 \end{bmatrix}$$

이 되고 이러한 선형계의 해는

$$u_{11} = 0.3993, \ u_{21} = 0.6461, \ u_{31} = 0.6461, \ u_{41} = 0.3993$$

이다. 이후의 시간단계에서 동일한 방법을 사용한 결과가 표 14.3.4에 나타난다.

표 14.3.4 열전도방정식에 대한 크랭크–니콜슨 법 ($h = 0.2$, $k = 0.04$, $\lambda = 1$)

Time	$x = 0.2$	$x = 0.4$	$x = 0.6$	$x = 0.8$
0.00	.5878	.9511	.9511	.5878
0.04	.3993	.6461	.6461	.3993
0.08	.2712	.4389	.4389	.2712
0.12	.1842	.2981	.2981	.1842
0.16	.1252	.2025	.2025	.1252
0.20	.0850	.1376	.1376	.0850
0.24	.0577	.0934	.0934	.0577
0.28	.0392	.0635	.0635	.0392
0.32	.0266	.0431	.0431	.0266
0.36	.0181	.0293	.0293	.0181
0.40	.0123	.0199	.0199	.0123
0.44	.0084	.0135	.0135	.0084
0.48	.0057	.0092	.0092	.0057
0.52	.0039	.0062	.0062	.0039
0.56	.0026	.0042	.0042	.0026
0.60	.0018	.0029	.0029	.0018
0.64	.0012	.0020	.0020	.0012
0.68	.0008	.0013	.0013	.0008
0.72	.0006	.0009	.0009	.0006
0.76	.0004	.0006	.0006	.0004
0.80	.0003	.0004	.0004	.0003
0.84	.0002	.0003	.0003	.0002
0.88	.0001	.0002	.0002	.0001
0.92	.0001	.0001	.0001	.0001
0.96	.0001	.0001	.0001	.0001
1.00	.0000	.0001	.0001	.0000

이 문제 또한 문제의 대칭성으로 $u_{0j} = u_{5j}$, $u_{1j} = u_{4j}$, $u_{2j} = u_{3j}$ $(j \geq 0)$이므로 $i = 1, 2$ 에 대해서만 풀어도 같은 결과를 얻는다(연습문제 참고).

크랭크–니콜슨 법에 의한 절단오차의 감소

x가 고정된 값일 때, $u(x, t + k)$와 $u(x, t - k)$의 테일러 급수는

$$u(x, t + k) = u(x, t) + k \frac{\partial u}{\partial t} + \frac{k^2}{2} \frac{\partial^2 u}{\partial t^2} + O(k^3) \tag{14.3.12}$$

$$u(x, t - k) = u(x, t) - k \frac{\partial u}{\partial t} + \frac{k^2}{2} \frac{\partial^2 u}{\partial t^2} + O(k^3) \tag{14.3.13}$$

이다. 식 (14.3.12)와 (14.3.13)을 각각 1계 도함수 $\dfrac{\partial u}{\partial t}$에 대해 정리하면

$$\frac{\partial u}{\partial t} = \frac{u(x, t+k) - u(x,t)}{k} - \frac{k}{2}\frac{\partial^2 u}{\partial t^2} + O(k^2) \qquad (14.3.14)$$

$$\frac{\partial u}{\partial t} = \frac{u(x, t) - u(x, t-k)}{k} + \frac{k}{2}\frac{\partial^2 u}{\partial t^2} + O(k^2) \qquad (14.3.15)$$

으로 식 (14.3.14)와 (14.3.15)의 우변 첫째 항은 각각 시간에 대한 1계 도함수의 전진차분과 후진차분이다. 시간단계 j에서 식 (14.3.1)을 식 (14.3.14)를 이용해서 나타내면

$$\frac{u_{ij+1} - u_{ij}}{k} - \frac{k}{2}\frac{\partial^2 u}{\partial t^2} + O(k^2) = \alpha\left[\frac{u_{i+1j} - 2u_{ij} + u_{i-1j}}{h^2}\right] + O(h^2) \qquad (14.3.16)$$

이 되는데, 이는 식 (14.3.4)로 표현되는 양함수법이 t에 대한 1계 도함수에 대해서는 $O(k)$, x에 대한 2계 도함수에 대해서는 $O(h^2)$의 절단오차를 가짐을 의미한다. 마찬가지로 시간단계 $j+1$에서 식 (14.3.1)을 식 (14.3.15)를 이용하여 나타내면

$$\frac{u_{ij+1} - u_{ij}}{k} + \frac{k}{2}\frac{\partial^2 u}{\partial t^2} + O(k^2) = \alpha\left[\frac{u_{i+1j+1} - 2u_{ij+1} + u_{i-1j+1}}{h^2}\right] + O(h^2) \qquad (14.3.17)$$

이 되어 이 역시 식 (14.3.7)로 표현되는 음함수법이 t에 대한 1계 도함수에 대해서는 $O(k)$, x에 대한 2계 도함수에 대해서는 $O(h^2)$의 절단오차를 가짐을 의미한다. 한편 식 (14.3.16)과 식 (14.3.17)을 더하여 2로 나누면

$$\frac{u_{ij+1} - u_{ij}}{k} + O(k^2)$$
$$= \frac{\alpha}{2}\left[\frac{u_{i+1j} - 2u_{ij} + u_{i-1j} + u_{i+1j+1} - 2u_{ij+1} + u_{i-1j+1}}{h^2}\right] + O(h^2) \qquad (14.3.18)$$

이 되는데, 이는 식 (14.3.10)으로 표현되는 크랭크–니콜슨 법이 시간에 대한 1계 도함수와 x에 대한 2계 도함수 모두에 대해 2차의 절단오차를 가짐을 의미한다.

▌ 14.3 연습문제

1. 예제 1, 예제 2, 예제 3을 대칭성을 이용하여 미지수의 개수를 줄여 첫 번째 시간간격까지 풀어 결과를 비교하라.

2. 열전도방정식 $\dfrac{\partial u}{\partial t} = \dfrac{\partial^2 u}{\partial x^2}$, $u(0, t) = 0$, $u(1, t) = 0$, $u(x, 0) = x(1-x)$를 $h = 0.25$, $k = 0.05$를 사용하여 $t = 1.0$까지 다음의 방법을 사용하여 풀어라.

  (1) 양함수법

(2) 음함수법

(3) 크랭크-니콜슨 법

(4) 해석적 방법(푸리에 급수를 사용한 해석해 u의 처음 10항으로 계산)

(5) (1)-(4)의 결과를 $t = 0$에서 $t = 1$까지 각 시간간격에 대해 표로 나타내고 $t = 0.0$, 0.5, 1.0에서의 온도분포를 그래프로 그려라.(만약 양함수법이 불안정하면 그래프에서 제외하라.)

(답)

$t = 1.0$에서 계산 결과

결과 방법	$u(x = 0.25)$	$u(x = 0.5)$
해석해	.9437E-05	.1335E-04
양함수법	.3141E+03	-.4442E+03
음함수법	.8359E-04	.1182E-03
크랭크-니콜슨 법	.1297E-04	.1834E-04

14.4 쌍곡선형 편미분방정식

11.1절에서 공부한 바와 같이 쌍곡선형 편미분방정식의 예로 **1차원 파동방정식**

$$\frac{\partial^2 u}{\partial t^2} = c^2 \frac{\partial^2 u}{\partial x^2} \tag{14.4.1}$$

$$u(x, 0) = f(x), \quad \left.\frac{\partial u}{\partial t}\right|_{t=0} = g(x) : \text{초기조건} \tag{14.4.2}$$

$$u(0, t) = 0, \, u(L, t) = 0 : \text{경계조건} \tag{14.4.3}$$

을 풀자. 식 (14.4.1)은 시간 t 및 길이 x 모두에 대해 2계 도함수이므로 중간차분만을 사용하겠다.

양함수법

시간 t의 2계 도함수에 중간차분

$$\frac{\partial^2 u}{\partial t^2} \simeq \frac{u(x, t+k) - 2u(x, t) + u(x, t-k)}{k^2} = \frac{u_{ij+1} - 2u_{ij} + u_{ij-1}}{k^2} + O(k^2) \tag{14.4.4}$$

을 사용하고 x의 2계 도함수에 대해서도 중간차분

$$\frac{\partial^2 u}{\partial x^2} \simeq \frac{u(x+h, t) - 2u(x, t) + u(x-h, t)}{h^2} = \frac{u_{i+1j} - 2u_{ij} + u_{i-1j}}{h^2} + O(h^2) \tag{14.4.5}$$

을 적용하면 식 (14.4.1)은

$$\frac{u_{ij+1} - 2u_{ij} + u_{ij-1}}{k^2} = c^2 \left[\frac{u_{i+1j} - 2u_{ij} + u_{i-1j}}{h^2} \right] \qquad (14.4.6)$$

또는

$$u_{ij+1} = \lambda u_{i-1j} + 2(1-\lambda)u_{ij} + \lambda u_{i+1j} - u_{ij-1} \qquad (14.4.7)$$

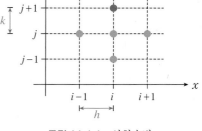

그림 14.4.1 양함수법

이 된다. 여기서, $\lambda = c^2 k^2 / h^2$이다. 그림 14.4.1에서 보는 바와 같이 $j+1$ 시간단계에서 미지수가 하나뿐이므로 이 또한 **양함수법**이며 쌍곡선형 편미분방정식의 양함수법은 5-점 관계식이다.

이 방법의 문제점은 첫 번째 시간단계에서 식 (14.4.7)을 직접 사용할 수 없다는 것인데, 이는 $j=0$에서 식 (14.4.7)이

$$u_{i,1} = \lambda u_{i-1,0} + 2(1-\lambda)u_{i,0} + \lambda u_{i+1,0} - u_{i,-1} \qquad (14.4.8)$$

이 되어 $u_{i-1,0}$, $u_{i,0}$, $u_{i+1,0}$는 식 (14.4.2)의 첫 번째 초기조건에 의해 주어지지만 $u_{i,-1}$은 주어지지 않기 때문이다. $u_{i,-1}$을 구하기 위해 식 (14.4.2)의 두 번째 초기조건에 1계 도함수의 중간차분을 적용하자. 즉

$$\left. \frac{\partial u(x_i, t)}{\partial t} \right|_{t=0} \simeq \frac{u_{i,1} - u_{i,-1}}{2k} = g(x_i)$$

또는

$$u_{i,-1} = u_{i,1} - 2kg(x_i)$$

이므로, 이를 식 (14.4.8)에 적용하면 $j=0$일 때

$$u_{i,1} = \frac{\lambda}{2} u_{i+1,0} + (1-\lambda)u_{i,0} + \frac{\lambda}{2} u_{i-1,0} + kg(x_i) \qquad (14.4.9)$$

이 된다.

참고로 쌍곡선형 편미분방정식에 대한 양함수법 또한 **조건적 안정성**을 가지며, $\lambda \leq 1$일 때만 안정하다.(증명생략)

예제 1

파동 방정식 $\dfrac{\partial^2 u}{\partial t^2} = 4\dfrac{\partial^2 u}{\partial x^2}$, $u(0, t) = 0$, $u(1, t) = 0$, $u(x, 0) = \sin\pi x$, $\left. \dfrac{\partial u}{\partial t} \right|_{t=0} = 0$을 풀어라.

(풀이) $h = 0.2$, $k = 0.05$를 사용하면 $\lambda = c^2 k^2 / h^2 = 4 \cdot 0.05^2 / 0.2^2 = 0.25$이고 이를 식 (14.4.9)와 (14.4.7)에 적용하여 ($g = 0$)

$$u_{i,1} = 0.125u_{i-1,0} + 0.75u_{i,0} + 0.125u_{i+1,0}, \tag{a}$$

$$u_{ij+1} = 0.25u_{i-1j} + 1.5u_{ij} + 0.25u_{i+1j} - u_{ij-1}, \ j \geq 1 \tag{b}$$

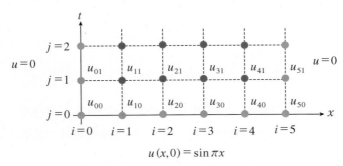

$$u(x,0) = \sin \pi x$$

그림 14.4.2   예제 1의 격자

을 얻는다. 초기조건에서

$$u_{00} = \sin(0 \cdot \pi) = 0, \quad u_{10} = \sin(0.2\pi) = 0.5878, \quad u_{20} = \sin(0.4\pi) = 0.9511$$

$$u_{30} = \sin(0.6\pi) = 0.9511, \quad u_{40} = \sin(0.8\pi) = 0.5878, \quad u_{50} = \sin(1\pi) = 0$$

이므로, 첫 번째 시간단계 $j = 0$에서는 (a)에서

$$\begin{aligned} u_{11} &= 0.125u_{00} + 0.75u_{10} + 0.125u_{20} \\ &= 0.125(0) + 0.75(0.5878) + 0.125(0.9511) = 0.5597 \end{aligned}$$

$$\begin{aligned} u_{21} &= 0.125u_{10} + 0.75u_{20} + 0.125u_{30} \\ &= 0.125(0.5878) + 0.75(0.9511) + 0.125(0.9511) = 0.9056 \end{aligned}$$

$$\begin{aligned} u_{31} &= 0.125u_{20} + 0.75u_{30} + 0.125u_{40} \\ &= 0.125(0.9511) + 0.75(0.9511) + 0.125(0.5878) = 0.9056 \end{aligned}$$

$$\begin{aligned} u_{41} &= 0.125u_{30} + 0.75u_{40} + 0.125u_{50} \\ &= 0.125(0.9511) + 0.75(0.5878) + 0.125(0) = 0.5597 \end{aligned}$$

이고, 이후의 시간단계 $j = 1, 2, \cdots$에서는 (b)에서

$$\begin{aligned} u_{12} &= 0.25u_{01} + 1.5u_{11} + 0.25u_{21} - u_{10} \\ &= 0.25(0) + 1.5(0.5597) + 0.25(0.9056) - 0.5878 = 0.4782 \end{aligned}$$

$$\begin{aligned} u_{22} &= 0.25u_{11} + 1.5u_{21} + 0.25u_{31} - u_{20} \\ &= 0.25(0.5597) + 1.5(0.9056) + 0.25(0.9056) - 0.9511 = 0.7738 \end{aligned}$$

$$\begin{aligned} u_{32} &= 0.25u_{21} + 1.5u_{31} + 0.25u_{41} - u_{30} \\ &= 0.25(0.9056) + 1.5(0.9056) + 0.25(0.5597) - 0.9511 = 0.7738 \end{aligned}$$

$$\begin{aligned} u_{42} &= 0.25u_{31} + 1.5u_{41} + 0.25u_{51} - u_{40} \\ &= 0.25(0.9056) + 1.5(0.5597) + 0.25(0) - 0.5878 = 0.4782 \end{aligned}$$

$$\cdots$$

등으로 계산한다. 계산결과는 표 14.4.1에 나타난다.

표 14.4.1 파동방정식의 해 ($h = 0.2$, $k = 0.05$, $\lambda = 0.25$)

Time	$x = 0.2$	$x = 0.4$	$x = 0.6$	$x = 0.8$
0.00	0.5878	0.9511	0.9511	0.5878
0.05	0.5597	0.9056	0.9056	0.5597
0.10	0.4782	0.7738	0.7738	0.4782
0.15	0.3510	0.5680	0.5680	0.3510
0.20	0.1903	0.3080	0.3080	0.1903
0.25	0.0115	0.0185	0.0185	0.0115
0.30	−0.1685	−0.2727	−0.2727	−0.1685
0.35	−0.3324	−0.5378	−0.5378	−0.3324
0.40	−0.4645	−0.7516	−0.7516	−0.4645
0.45	−0.5523	−0.8936	−0.8936	−0.5523
0.50	−0.5873	−0.9503	−0.9503	−0.5873
0.55	−0.5663	−0.9163	−0.9163	−0.5663
0.60	−0.4912	−0.7947	−0.7947	−0.4912
0.65	−0.3691	−0.5973	−0.5973	−0.3691
0.70	−0.2119	−0.3428	−0.3428	−0.2119
0.75	−0.0344	−0.0556	−0.0556	−0.0344
0.80	0.1464	0.2369	0.2369	0.1464
0.85	0.3132	0.5068	0.5068	0.3132
0.90	0.4501	0.7283	0.7283	0.4501
0.95	0.5440	0.8803	0.8803	0.5440
1.00	0.5860	0.9482	0.9482	0.5860

이 문제도 문제의 대칭성으로 $u_{0j} = u_{5j}$, $u_{1j} = u_{4j}$, $u_{2j} = u_{3j}$ $(j \geq 0)$이므로 $i = 1, 2$ 에 대해서만 풀어도 같은 결과를 얻는다(연습문제 참고). 예제 1의 해석해가 $u(x, t) = \sin\pi x \cos 2\pi t$임을 확인해 보자.

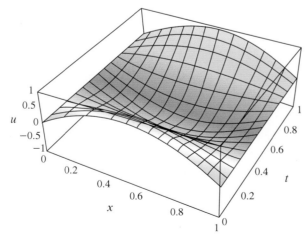

그림 14.4.3 예제 1의 해석해

14.4   연습문제

1. 예제 1을 대칭성을 이용하여 두 번째 시간단계까지 풀어라.

2. 양쪽이 고정된 길이 60cm의 줄이 초기 변위

$$f(x) = \begin{cases} 0.01x, & 0 \le x \le 30 \\ 0.3 - 0.01(x - 30), & 30 < x \le 60 \end{cases}$$

를 가지고 정지상태에서 진동을 시작하였다. 선밀도 $\rho = 0.025$ g/cm 이고, 줄의 장력이 $T = 1.4 \times 10^7$ dyne으로 주어질 때, $h = 10$, $k = \dfrac{h}{2}\sqrt{\dfrac{\rho}{T}}$ 를 사용하여 50번째 시간단계에서 파동의 변위를 구하라.

(답)

50번째 시간단계에서 파동의 변위

Time	$x = 0$	$x = 10$	$x = 20$	$x = 30$	$x = 40$	$x = 50$	$x = 60$
.1056E−01	.0000E+00	.1226E+00	.1822E+00	.2461E+00	.1822E+00	.1226E+00	.0000E+00

부 록

A1. 삼각함수의 정의

$$\sin\theta = \frac{y}{r}, \quad \cos\theta = \frac{x}{r},$$

$$\tan\theta = \frac{\sin\theta}{\cos\theta}, \quad \csc\theta = \frac{1}{\sin\theta}, \quad \sec\theta = \frac{1}{\cos\theta}, \quad \cot\theta = \frac{1}{\tan\theta}$$

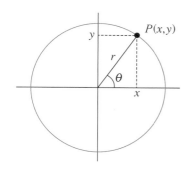

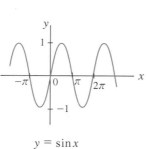

$y = \sin x$

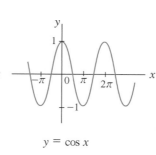

$y = \cos x$

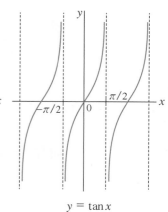

$y = \tan x$

θ(도)	θ(라디안)	$\sin\theta$	$\cos\theta$	$\tan\theta$
0°	0	0	1	0
30°	$\pi/6$	1/2	$\sqrt{3}/2$	$1/\sqrt{3}$
45°	$\pi/4$	$1/\sqrt{2}$	$1/\sqrt{2}$	1
60°	$\pi/3$	$\sqrt{3}/2$	1/2	$\sqrt{3}$
90°	$\pi/2$	1	0	∞

A2. 삼각함수의 성질

$$\sin(-x) = -\sin x, \quad \cos(-x) = \cos x, \quad \tan(-x) = -\tan x$$

$$\sin\left(\frac{\pi}{2} - x\right) = \cos x, \quad \cos\left(\frac{\pi}{2} - x\right) = \sin x, \quad \tan\left(\frac{\pi}{2} - x\right) = \cot x$$

$$\sin(\pi - x) = \sin x, \quad \cos(\pi - x) = -\cos x, \quad \tan(\pi - x) = -\tan x$$

A3. 사인법칙과 코사인법칙

사인법칙 : $\dfrac{\sin A}{a} = \dfrac{\sin B}{b} = \dfrac{\sin C}{c}$

코사인법칙 : $a^2 = b^2 + c^2 - 2bc\cos A$, $\ b^2 = c^2 + a^2 - 2ca\cos B$, $\ c^2 = a^2 + b^2 - 2ac\cos C$

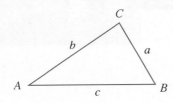

A4. 삼각함수에 관한 항등식

$$\cos^2\theta + \sin^2\theta = 1, \quad 1 + \tan^2\theta = \sec^2\theta, \quad \cot^2\theta + 1 = \csc^2\theta$$

A5. 덧셈 공식

$$\sin(x \pm y) = \sin x\cos y \pm \cos x\sin y$$

$$\cos(x \pm y) = \cos x\cos y \mp \sin x\sin y$$

$$\tan(x \pm y) = \frac{\tan x \pm \tan y}{1 \mp \tan x\tan y}$$

A6. 배각 공식

$$\sin 2x = 2\sin x\cos x$$

$$\cos 2x = \cos^2 x - \sin^2 x = 2\cos^2 x - 1 = 1 - 2\sin^2 x$$

$$\tan 2x = \frac{2\tan x}{1 - \tan^2 x}$$

A7. 반각 공식

$$\sin^2 x = \frac{1 - \cos 2x}{2}, \quad \cos^2 x = \frac{1 + \cos 2x}{2}, \quad \tan^2 x = \frac{1 - \cos 2x}{1 + \cos 2x}$$

A8. 곱을 합 또는 차로 변형하는 공식

$$\sin x\cos y = \frac{1}{2}\big[\sin(x + y) + \sin(x - y)\big]$$

$$\cos x\sin y = \frac{1}{2}\big[\sin(x + y) - \sin(x - y)\big]$$

$$\cos x\cos y = \frac{1}{2}\big[\cos(x + y) + \cos(x - y)\big]$$

$$\sin x\sin y = \frac{1}{2}\big[\cos(x + y) - \cos(x - y)\big]$$

A9. 합 또는 차를 곱으로 변형하는 공식

$$\sin A + \sin B = 2\sin\frac{A+B}{2}\cos\frac{A-B}{2}$$

$$\sin A - \sin B = 2\cos\frac{A+B}{2}\sin\frac{A-B}{2}$$

$$\cos A + \cos B = 2\cos\frac{A+B}{2}\cos\frac{A-B}{2}$$

$$\cos A - \cos B = -2\sin\frac{A+B}{2}\sin\frac{A-B}{2}$$

A10. 삼각함수 합성

$$a\cos x + b\sin x = \sqrt{a^2+b^2}\sin(x+\theta), \quad \tan\theta = \frac{a}{b}$$

$$a\cos x + b\sin x = \sqrt{a^2+b^2}\cos(x-\theta), \quad \tan\theta = \frac{b}{a}$$

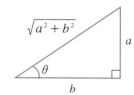 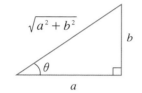

A11. 삼각함수의 도함수

(1) $(\cos x)' = -\sin x$ (2) $(\sin x)' = \cos x$ (3) $(\tan x)' = \sec^2 x$

(4) $(\sec x)' = \sec x\tan x$ (5) $(\csc x)' = -\csc x\cot x$ (6) $(\cot x)' = -\csc^2 x$

A12. 삼각함수의 적분

(1) $\displaystyle\int \sin x\,dx = -\cos x + c$ (2) $\displaystyle\int \cos x\,dx = \sin x + c$

(3) $\displaystyle\int \sec^2 x\,dx = \tan x + c$ (4) $\displaystyle\int \sec x\tan x\,dx = \sec x + c$

(5) $\displaystyle\int \csc x\cot x\,dx = -\csc x + c$ (6) $\displaystyle\int \csc^2 x\,dx = -\cot x + c$

A13. 지수함수의 미분

(1) $(a^x)' = a^x\ln a \quad (a>0, a\neq 1)$ (2) $(e^x)' = e^x$

A14. 지수함수의 적분

(1) $\displaystyle\int a^x\,dx = \frac{a^x}{\ln a} + c \quad (a>0, a\neq 1)$ (2) $\displaystyle\int e^x\,dx = e^x + c$

A15. 로그함수의 미분

(1) $(\log_a x)' = \dfrac{1}{x\ln a} \quad (a>0, a\neq 1)$ (2) $(\ln x)' = \dfrac{1}{x}$

A16. 쌍곡선함수의 정의

$$\cosh x = \frac{e^x + e^{-x}}{2}, \quad \sinh x = \frac{e^x - e^{-x}}{2},$$

$$\tanh x = \frac{\sinh x}{\cosh x}, \quad \text{sech} x = \frac{1}{\cosh x}, \quad \text{csch} x = \frac{1}{\sinh x}, \quad \coth x = \frac{1}{\tanh x}$$

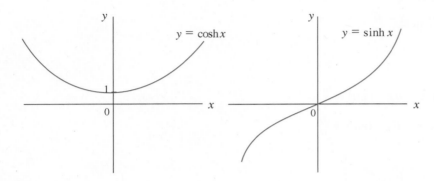

A17. 쌍곡선함수의 성질

$$\sinh 2x = 2\sinh x\cosh x \qquad \cosh 2x = \cosh^2 x + \sinh^2 x$$

$$\cosh^2 x = \frac{\cosh 2x + 1}{2} \qquad \sinh^2 x = \frac{\cosh 2x - 1}{2}$$

$$\cosh^2 x - \sinh^2 x = 1 \qquad \tanh^2 x = 1 - \text{sech}^2 x \qquad \coth^2 x = 1 + \text{csch}^2 x$$

A18. 쌍곡선함수의 도함수

(1) $(\cosh x)' = \sinh x$ (2) $(\sinh x)' = \cosh x$

(3) $(\tanh x)' = \text{sech}^2 x$ (4) $(\text{sech} x)' = -\text{sech} x\tanh x$

(5) $(\text{csch} x)' = -\text{csch} x\coth x$ (6) $(\coth x)' = -\text{csch}^2 x$

A19. 쌍곡선함수의 적분

(1) $\displaystyle\int \sinh x\, dx = \cosh x + c$ (2) $\displaystyle\int \cosh x\, dx = \sinh x + c$

(3) $\displaystyle\int \text{sech}^2 x\, dx = \tanh x + c$ (4) $\displaystyle\int \text{sech} x\tanh x\, dx = -\text{sech} x + c$

(5) $\displaystyle\int \text{csch} x\coth x\, dx = -\text{csch} x + c$ (6) $\displaystyle\int \text{csch}^2 x\, dx = -\coth x + c$

A20. 역삼각함수의 도함수

(1) $(\sin^{-1} x)' = \dfrac{1}{\sqrt{1 - x^2}}, \ |x| < 1$ (2) $(\cos^{-1} x)' = -\dfrac{1}{\sqrt{1 - x^2}}, \ |x| < 1$

(3) $(\tan^{-1} x)' = \dfrac{1}{1 + x^2}$ (4) $(\sec^{-1} x)' = \dfrac{1}{|x|\sqrt{x^2 - 1}}, \ |x| > 1$

(5) $(\csc^{-1} x)' = -\dfrac{1}{|x|\sqrt{x^2 - 1}}, \ |x| > 1$ (6) $(\cot^{-1} x)' = -\dfrac{1}{1 + x^2}$

A21. 역삼각함수의 적분

(1) $\displaystyle\int \frac{dx}{\sqrt{1-x^2}} = \sin^{-1}x + c, \ |x| < 1$

(2) $\displaystyle\int \frac{dx}{1+x^2} = \tan^{-1}x + c$

(3) $\displaystyle\int \frac{dx}{x\sqrt{x^2-1}} = \sec^{-1}|x| + c, \ |x| > 1$

B. 적분표

1. $\displaystyle\int (ax+b)^n \, dx = \frac{(ax+b)^{n+1}}{a(n+1)} + c, \ n \neq -1$

2. $\displaystyle\int (ax+b)^{-1} \, dx = \frac{1}{a}\ln|ax+b| + c$

3. $\displaystyle\int x(ax+b)^n \, dx = \frac{(ax+b)^{n+1}}{a^2}\left(\frac{ax+b}{n+2} - \frac{b}{n+1}\right) + c, \ n \neq -1, -2$

4. $\displaystyle\int x(ax+b)^{-1} \, dx = \frac{x}{a} - \frac{b}{a^2}\ln|ax+b| + c$

5. $\displaystyle\int x(ax+b)^{-2} \, dx = \frac{1}{a^2}\left[\ln|ax+b| + \frac{b}{ax+b}\right] + c$

6. $\displaystyle\int \frac{dx}{x(ax+b)} = \frac{1}{b}\ln\left|\frac{x}{ax+b}\right| + c$

7. $\displaystyle\int \left(\sqrt{ax+b}\right)^n \, dx = \frac{2}{a}\frac{\left(\sqrt{ax+b}\right)^{n+2}}{n+2} + c, \ n \neq -2$

8. $\displaystyle\int \frac{\sqrt{ax+b}}{x} \, dx = 2\sqrt{ax+b} + b\int \frac{dx}{x\sqrt{ax+b}}$

9. (a) $\displaystyle\int \frac{dx}{x\sqrt{ax+b}} = \frac{2}{\sqrt{-b}}\tan^{-1}\sqrt{\frac{ax+b}{-b}} + c, \ b < 0$

   (b) $\displaystyle\int \frac{dx}{x\sqrt{ax+b}} = \frac{1}{\sqrt{b}}\ln\left|\frac{\sqrt{ax+b}-\sqrt{b}}{\sqrt{ax+b}+\sqrt{b}}\right| + c, \ b > 0$

10. $\displaystyle\int \frac{\sqrt{ax+b}}{x^2} \, dx = -\frac{\sqrt{ax+b}}{x} + \frac{a}{2}\int \frac{dx}{x\sqrt{ax+b}} + c$

11. $\displaystyle\int \frac{dx}{x^2\sqrt{ax+b}} = -\frac{\sqrt{ax+b}}{bx} - \frac{a}{2b}\int \frac{dx}{x\sqrt{ax+b}} + c$

12. $\displaystyle\int \frac{dx}{a^2+x^2} = \frac{1}{a}\tan^{-1}\frac{x}{a} + c$

13. $\displaystyle\int \frac{dx}{(a^2+x^2)^2} = \frac{x}{2a^2(a^2+x^2)} + \frac{1}{2a^3}\tan^{-1}\frac{x}{a} + c$

14. $\displaystyle\int \frac{dx}{a^2-x^2} = \frac{1}{2a}\ln\left|\frac{x+a}{x-a}\right| + c$

15. $\displaystyle\int \frac{dx}{(a^2-x^2)^2} = \frac{x}{2a^2(a^2-x^2)} + \frac{1}{2a^2}\int \frac{dx}{a^2-x^2}$

16. $\displaystyle\int \frac{dx}{\sqrt{a^2+x^2}} = \sinh^{-1}\frac{x}{a}+c = \ln\left(x+\sqrt{a^2+x^2}\right)+c$

17. $\displaystyle\int \sqrt{a^2+x^2}\,dx = \frac{x}{2}\sqrt{a^2+x^2} + \frac{a^2}{2}\ln\left(x+\sqrt{a^2+x^2}\right)+c$

18. $\displaystyle\int x^2\sqrt{a^2+x^2}\,dx = \frac{x}{8}(a^2+2x^2)\sqrt{a^2+x^2} - \frac{a^4}{8}\ln\left(x+\sqrt{a^2+x^2}\right)+c$

19. $\displaystyle\int \frac{\sqrt{a^2+x^2}}{x}\,dx = \sqrt{a^2+x^2} - a\ln\left|\frac{a+\sqrt{a^2+x^2}}{x}\right|+c$

20. $\displaystyle\int \frac{\sqrt{a^2+x^2}}{x^2}\,dx = \ln\left(x+\sqrt{a^2+x^2}\right) - \frac{\sqrt{a^2+x^2}}{x}+c$

21. $\displaystyle\int \frac{x^2}{\sqrt{a^2+x^2}}\,dx = -\frac{a^2}{2}\ln\left(x+\sqrt{a^2+x^2}\right) + \frac{x\sqrt{a^2+x^2}}{2}+c$

22. $\displaystyle\int \frac{dx}{x\sqrt{a^2+x^2}} = -\frac{1}{a}\ln\left|\frac{a+\sqrt{a^2+x^2}}{x}\right|+c$

23. $\displaystyle\int \frac{dx}{x^2\sqrt{a^2+x^2}} = -\frac{\sqrt{a^2+x^2}}{a^2x}+c$

24. $\displaystyle\int \frac{dx}{\sqrt{a^2-x^2}} = \sin^{-1}\frac{x}{a}+c$

25. $\displaystyle\int \sqrt{a^2-x^2}\,dx = \frac{x}{2}\sqrt{a^2-x^2} + \frac{a^2}{2}\sin^{-1}\frac{x}{a}+c$

26. $\displaystyle\int x^2\sqrt{a^2-x^2}\,dx = \frac{a^4}{8}\sin^{-1}\frac{x}{a} - \frac{1}{8}x\sqrt{a^2-x^2}\,(a^2-2x^2)+c$

27. $\displaystyle\int \frac{\sqrt{a^2-x^2}}{x}\,dx = \sqrt{a^2-x^2} - a\ln\left|\frac{a+\sqrt{a^2-x^2}}{x}\right|+c$

28. $\displaystyle\int \frac{\sqrt{a^2-x^2}}{x^2}\,dx = -\sin^{-1}\frac{x}{a} - \frac{\sqrt{a^2-x^2}}{x}+c$

29. $\displaystyle\int \frac{x^2}{\sqrt{a^2-x^2}}\,dx = \frac{a^2}{2}\sin^{-1}\frac{x}{a} - \frac{1}{2}x\sqrt{a^2-x^2}+c$

30. $\displaystyle\int \frac{dx}{x\sqrt{a^2-x^2}} = -\frac{1}{a}\ln\left|\frac{a+\sqrt{a^2-x^2}}{x}\right|+c$

31. $\displaystyle\int \frac{dx}{x^2\sqrt{a^2-x^2}} = -\frac{\sqrt{a^2-x^2}}{a^2x}+c$

32. $\displaystyle\int \frac{dx}{\sqrt{x^2-a^2}} = \cosh^{-1}\frac{x}{a}+c = \ln\left|x+\sqrt{x^2-a^2}\right|+c$

33. $\displaystyle\int \sqrt{x^2-a^2}\,dx = \frac{x}{2}\sqrt{x^2-a^2} - \frac{a^2}{2}\ln\left|x+\sqrt{x^2-a^2}\right|+c$

34. $\displaystyle\int \left(\sqrt{x^2-a^2}\right)^n dx = \frac{x\left(\sqrt{x^2-a^2}\right)^n}{n+1} - \frac{na^2}{n+1}\int \left(\sqrt{x^2-a^2}\right)^{n-2}dx\,,\ n\neq -1$

35. $\displaystyle\int \frac{dx}{\left(\sqrt{x^2-a^2}\,\right)^n} = \frac{x\left(\sqrt{x^2-a^2}\,\right)^{2-n}}{(2-n)a^2} - \frac{n-3}{(n-2)a^2}\int\frac{dx}{\left(\sqrt{x^2-a^2}\,\right)^{n-2}}\ ,\ \ n\neq 2$

36. $\displaystyle\int x\left(\sqrt{x^2-a^2}\,\right)^n dx = \frac{\left(\sqrt{x^2-a^2}\,\right)^{n+2}}{n+2}+c,\ \ n\neq -2$

37. $\displaystyle\int x^2\sqrt{x^2-a^2}\ dx = \frac{x}{8}\left(2x^2-a^2\right)\sqrt{x^2-a^2}-\frac{a^4}{8}\ln\left|x+\sqrt{x^2-a^2}\,\right|+c$

38. $\displaystyle\int \frac{\sqrt{x^2-a^2}}{x}\ dx = \sqrt{x^2-a^2}-a\sec^{-1}\left|\frac{x}{a}\right|+c$

39. $\displaystyle\int \frac{\sqrt{x^2-a^2}}{x^2}\ dx = \ln\left|x+\sqrt{x^2-a^2}\,\right|-\frac{\sqrt{x^2-a^2}}{x}+c$

40. $\displaystyle\int \frac{x^2}{\sqrt{x^2-a^2}}\ dx = \frac{a^2}{2}\ln\left|x+\sqrt{x^2-a^2}\,\right|+\frac{x}{2}\sqrt{x^2-a^2}+c$

41. $\displaystyle\int \frac{dx}{x\sqrt{x^2-a^2}}\ dx = \frac{1}{a}\sec^{-1}\left|\frac{x}{a}\right|+c=\frac{1}{a}\cos^{-1}\left|\frac{a}{x}\right|+c$

42. $\displaystyle\int \frac{dx}{x^2\sqrt{x^2-a^2}} = \frac{\sqrt{x^2-a^2}}{a^2x}+c$

43. $\displaystyle\int \frac{dx}{\sqrt{2ax-x^2}} = \sin^{-1}\left(\frac{x-a}{a}\right)+c$

44. $\displaystyle\int \sqrt{2ax-x^2}\ dx = \frac{x-a}{2}\sqrt{2ax-x^2}+\frac{a^2}{2}\sin^{-1}\left(\frac{x-a}{a}\right)+c$

45. $\displaystyle\int \left(\sqrt{2ax-x^2}\,\right)^n dx = \frac{(x-a)\left(\sqrt{2ax-x^2}\,\right)^n}{n+1}+\frac{na^2}{n+1}\int\left(\sqrt{2ax-x^2}\,\right)^{n-2}dx\ ,\ \ n\neq -1$

46. $\displaystyle\int \frac{dx}{\left(\sqrt{2ax-x^2}\,\right)^n} = \frac{(x-a)\left(\sqrt{2ax-x^2}\,\right)^{2-n}}{(n-2)a^2}+\frac{n-3}{(n-2)a^2}\int\frac{dx}{\left(\sqrt{2ax-x^2}\,\right)^{n-2}}$

47. $\displaystyle\int x\sqrt{2ax-x^2}\ dx = \frac{(x+a)(2x-3a)\sqrt{2ax-x^2}}{6}+\frac{a^3}{2}\sin^{-1}\left(\frac{x-a}{a}\right)+c$

48. $\displaystyle\int \frac{\sqrt{2ax-x^2}}{x}\ dx = \sqrt{2ax-x^2}+a\sin^{-1}\left(\frac{x-a}{a}\right)+c$

49. $\displaystyle\int \frac{\sqrt{2ax-x^2}}{x^2}\ dx = -2\sqrt{\frac{2a-x}{x}}-\sin^{-1}\left(\frac{x-a}{a}\right)+c$

50. $\displaystyle\int \frac{x\,dx}{\sqrt{2ax-x^2}} = a\sin^{-1}\left(\frac{x-a}{a}\right)-\sqrt{2ax-x^2}+c$

51. $\displaystyle\int \frac{dx}{x\sqrt{2ax-x^2}} = -\frac{1}{a}\sqrt{\frac{2a-x}{x}}+c$

52. $\displaystyle\int \sin ax\,dx = -\frac{1}{a}\cos ax+c$

53. $\displaystyle\int \cos ax\,dx = \frac{1}{a}\sin ax+c$

54. $\displaystyle\int \sin^2 ax\,dx = \frac{x}{2}-\frac{\sin 2ax}{4a}+c$

55. $\displaystyle\int \cos^2 ax\,dx = \frac{x}{2} + \frac{\sin 2ax}{4a} + c$

56. $\displaystyle\int \sin^n ax\,dx = -\frac{\sin^{n-1} ax \cos ax}{na} + \frac{n-1}{n} \int \sin^{n-2} ax\,dx$

57. $\displaystyle\int \cos^n ax\,dx = \frac{\cos^{n-1} ax \sin ax}{na} + \frac{n-1}{n} \int \cos^{n-2} ax\,dx$

58. (a) $\displaystyle\int \sin ax \cos bx\,dx = -\frac{\cos(a+b)x}{2(a+b)} - \frac{\cos(a-b)x}{2(a-b)} + c,\ \ a^2 \neq b^2$

   (b) $\displaystyle\int \sin ax \sin bx\,dx = \frac{\sin(a-b)x}{2(a-b)} - \frac{\sin(a+b)x}{2(a+b)} + c,\ \ a^2 \neq b^2$

   (c) $\displaystyle\int \cos ax \cos bx\,dx = \frac{\sin(a-b)x}{2(a-b)} + \frac{\sin(a+b)x}{2(a+b)} + c,\ \ a^2 \neq b^2$

59. $\displaystyle\int \sin ax \cos ax\,dx = -\frac{\cos 2ax}{4a} + c$

60. $\displaystyle\int \sin^n ax \cos ax\,dx = \frac{\sin^{n+1} ax}{(n+1)a} + c,\ \ n \neq -1$

61. $\displaystyle\int \cos^n ax \sin ax\,dx = -\frac{\cos^{n+1} ax}{(n+1)a} + c,\ \ n \neq -1$

62. $\displaystyle\int \sin^n ax \cos^m ax\,dx = -\frac{\sin^{n-1} ax \cos^{m+1} ax}{a(m+n)} + \frac{n-1}{m+n} \int \sin^{n-2} ax \cos^m ax\,dx,$
   $n \neq -m$ ($n = -m$ 이면 식 82)

63. $\displaystyle\int \sin^n ax \cos^m ax\,dx = \frac{\sin^{n+1} ax \cos^{m-1} ax}{a(m+n)} + \frac{m-1}{m+n} \int \sin^n ax \cos^{m-2} ax\,dx,$
   $n \neq -m$ ($n = -m$ 이면 식 83)

64. $\displaystyle\int \frac{dx}{b + c \sin ax} = -\frac{2}{a\sqrt{b^2 - c^2}} \tan^{-1}\left[\sqrt{\frac{b-c}{b+c}} \tan\left(\frac{\pi}{4} - \frac{ax}{2}\right)\right] + c,\ \ b^2 > c^2$

65. $\displaystyle\int \frac{dx}{b + c \sin ax} = -\frac{1}{a\sqrt{c^2 - b^2}} \ln\left|\frac{c + b\sin ax + \sqrt{c^2 - b^2}\,\cos ax}{b + c\sin ax}\right| + c,\ \ b^2 < c^2$

66. $\displaystyle\int \frac{dx}{1 + \sin ax} = -\frac{1}{a} \tan\left(\frac{\pi}{4} - \frac{ax}{2}\right) + c$

67. $\displaystyle\int \frac{dx}{1 - \sin ax} = \frac{1}{a} \tan\left(\frac{\pi}{4} + \frac{ax}{2}\right) + c$

68. $\displaystyle\int \frac{dx}{b + c \cos ax} = \frac{2}{a\sqrt{b^2 - c^2}} \tan^{-1}\left[\sqrt{\frac{b-c}{b+c}} \tan\frac{ax}{2}\right] + c,\ \ b^2 > c^2$

69. $\displaystyle\int \frac{dx}{b + c \cos ax} = \frac{1}{a\sqrt{c^2 - b^2}} \ln\left|\frac{c + b\cos ax + \sqrt{c^2 - b^2}\,\sin ax}{b + c\cos ax}\right| + c,\ \ b^2 < c^2$

70. $\displaystyle\int \frac{dx}{1 + \cos ax} = \frac{1}{a} \tan\frac{ax}{2} + c$

71. $\displaystyle\int \frac{dx}{1 - \cos ax} = -\frac{1}{a} \cot\frac{ax}{2} + c$

72. $\displaystyle\int x \sin ax\,dx = -\frac{x}{a} \cos ax + \frac{1}{a^2} \sin ax + c$

73. $\int x \cos ax \, dx = \dfrac{x}{a} \sin ax + \dfrac{1}{a^2} \cos ax + c$

74. $\int x^n \sin ax \, dx = -\dfrac{x^n}{a} \cos ax + \dfrac{n}{a} \int x^{n-1} \cos ax \, dx$

75. $\int x^n \cos ax \, dx = \dfrac{x^n}{a} \sin ax - \dfrac{n}{a} \int x^{n-1} \sin ax \, dx$

76. $\int \tan ax \, dx = \dfrac{1}{a} \ln |\sec ax| + c$

77. $\int \cot ax \, dx = \dfrac{1}{a} \ln |\sin ax| + c$

78. $\int \tan^2 ax \, dx = \dfrac{1}{a} \tan ax - x + c$

79. $\int \cot^2 ax \, dx = -\dfrac{1}{a} \cot ax - x + c$

80. $\int \tan^n ax \, dx = \dfrac{\tan^{n-1} ax}{a(n-1)} - \int \tan^{n-2} ax \, dx \,,\ n \neq 1$

81. $\int \cot^n ax \, dx = -\dfrac{\cot^{n-1} ax}{a(n-1)} - \int \cot^{n-2} ax \, dx \,,\ n \neq 1$

82. $\int \sec ax \, dx = \dfrac{1}{a} \ln |\sec ax + \tan ax| + c$

83. $\int \csc ax \, dx = -\dfrac{1}{a} \ln |\csc ax + \cot ax| + c$

84. $\int \sec^2 ax \, dx = \dfrac{1}{a} \tan ax + c$

85. $\int \csc^2 ax \, dx = -\dfrac{1}{a} \cot ax + c$

86. $\int \sec^n ax \, dx = \dfrac{\sec^{n-2} ax \tan ax}{a(n-1)} + \dfrac{n-2}{n-1} \int \sec^{n-2} ax \, dx \,,\ n \neq 1$

87. $\int \csc^n ax \, dx = -\dfrac{\csc^{n-2} ax \cot ax}{a(n-1)} + \dfrac{n-2}{n-1} \int \csc^{n-2} ax \, dx \,,\ n \neq 1$

88. $\int \sec^n ax \tan ax \, dx = \dfrac{\sec^n ax}{na} + c \,,\ n \neq 0$

89. $\int \csc^n ax \cot ax \, dx = -\dfrac{\csc^n ax}{na} + c \,,\ n \neq 0$

90. $\int \sin^{-1} ax \, dx = x \sin^{-1} ax + \dfrac{1}{a} \sqrt{1 - a^2 x^2} + c$

91. $\int \cos^{-1} ax \, dx = x \cos^{-1} ax - \dfrac{1}{a} \sqrt{1 - a^2 x^2} + c$

92. $\int \tan^{-1} ax \, dx = x \tan^{-1} ax - \dfrac{1}{2a} \ln(1 + a^2 x^2) + c$

93. $\int x^n \sin^{-1} ax \, dx = \dfrac{x^{n+1}}{n+1} \sin^{-1} ax - \dfrac{a}{n+1} \int \dfrac{x^{n+1} dx}{\sqrt{1 - a^2 x^2}} \,,\ n \neq -1$

94. $\int x^n \cos^{-1} ax \, dx = \dfrac{x^{n+1}}{n+1} \cos^{-1} ax + \dfrac{a}{n+1} \int \dfrac{x^{n+1} dx}{\sqrt{1 - a^2 x^2}} \,,\ n \neq -1$

95. $\displaystyle\int x^n\tan^{-1}ax\,dx = \frac{x^{n+1}}{n+1}\tan^{-1}ax - \frac{a}{n+1}\int\frac{x^{n+1}dx}{1+a^2x^2}$, $n\neq-1$

96. $\displaystyle\int e^{ax}\,dx = \frac{1}{a}e^{ax}+c$

97. $\displaystyle\int b^{ax}\,dx = \frac{1}{a}\frac{b^{ax}}{\ln b}+c$, $b>0$, $b\neq1$

98. $\displaystyle\int x\,e^{ax}\,dx = \frac{e^{ax}}{a^2}(ax-1)+c$

99. $\displaystyle\int x^n e^{ax}\,dx = \frac{1}{a}x^n e^{ax} - \frac{n}{a}\int x^{n-1}e^{ax}\,dx$

100. $\displaystyle\int x^n b^{ax}\,dx = \frac{x^n b^{ax}}{a\ln b} - \frac{n}{a\ln b}\int x^{n-1}b^{ax}\,dx$, $b>0$, $b\neq1$

101. $\displaystyle\int e^{ax}\sin bx\,dx = \frac{e^{ax}}{a^2+b^2}(a\sin bx - b\cos bx)+c$

102. $\displaystyle\int e^{ax}\cos bx\,dx = \frac{e^{ax}}{a^2+b^2}(a\cos bx + b\sin bx)+c$

103. $\displaystyle\int \ln ax\,dx = x\ln ax - x + c$

104. $\displaystyle\int x^n(\ln ax)^m dx = \frac{x^{n+1}(\ln ax)^m}{n+1} - \frac{m}{n+1}\int x^n(\ln ax)^{m-1}\,dx$, $n\neq-1$

105. $\displaystyle\int x^{-1}(\ln ax)^m dx = \frac{(\ln ax)^{m+1}}{m+1}+c$, $m\neq-1$

106. $\displaystyle\int \frac{dx}{x\ln ax} = \ln|\ln ax|+c$

107. $\displaystyle\int \sinh ax\,dx = \frac{1}{a}\cosh ax + c$

108. $\displaystyle\int \cosh ax\,dx = \frac{1}{a}\sinh ax + c$

109. $\displaystyle\int \sinh^2 ax\,dx = \frac{\sinh 2ax}{4a} - \frac{x}{2}+c$

110. $\displaystyle\int \cosh^2 ax\,dx = \frac{\sinh 2ax}{4a} + \frac{x}{2}+c$

111. $\displaystyle\int \sinh^n ax\,dx = \frac{\sinh^{n-1}ax\cosh ax}{na} - \frac{n-1}{n}\int \sinh^{n-2}ax\,dx$, $n\neq0$

112. $\displaystyle\int \cosh^n ax\,dx = \frac{\cosh^{n-1}ax\sinh ax}{na} + \frac{n-1}{n}\int \cosh^{n-2}ax\,dx$, $n\neq0$

113. $\displaystyle\int x\sinh ax\,dx = \frac{x}{a}\cosh ax - \frac{1}{a^2}\sinh ax + c$

114. $\displaystyle\int x\cosh ax\,dx = \frac{x}{a}\sinh ax - \frac{1}{a^2}\cosh ax + c$

115. $\displaystyle\int x^n\sinh ax\,dx = \frac{x^n}{a}\cosh ax - \frac{n}{a}\int x^{n-1}\cosh ax\,dx$

116. $\displaystyle\int x^n\cosh ax\,dx = \frac{x^n}{a}\sinh ax - \frac{n}{a}\int x^{n-1}\sinh ax\,dx$

117. $\displaystyle\int \tanh ax\,dx = \frac{1}{a}\ln|\cosh ax|+c$

118. $\displaystyle\int \coth ax\,dx = \frac{1}{a}\ln|\sinh ax|+c$

119. $\displaystyle\int \tanh^2 ax\,dx = x - \frac{1}{a}\tanh ax + c$

120. $\displaystyle\int \coth^2 ax\,dx = x - \frac{1}{a}\coth ax + c$

121. $\displaystyle\int \tanh^n ax\,dx = -\frac{\tanh^{n-1}ax}{(n-1)a} + \int \tanh^{n-2}ax\,dx$, $n\neq-1$

122. $\int \coth^n ax\, dx = -\dfrac{\coth^{n-1} ax}{(n-1)a} + \int \coth^{n-2} ax\, dx,\ \ n \neq 1$

123. $\int \operatorname{sech} ax\, dx = \dfrac{1}{a}\tan^{-1}(\sinh ax) + c$

124. $\int \operatorname{csch} ax\, dx = \dfrac{1}{a}\ln\left|\tanh\dfrac{ax}{2}\right| + c$

125. $\int \operatorname{sech}^2 ax\, dx = \dfrac{1}{a}\tanh ax + c$

126. $\int \operatorname{csch}^2 ax\, dx = -\dfrac{1}{a}\coth ax + c$

127. $\int \operatorname{sech}^n ax\, dx = \dfrac{\operatorname{sech}^{n-2} ax\, \tanh ax}{(n-1)a} + \dfrac{n-2}{n-1}\int \operatorname{sech}^{n-2} ax\, dx,\ \ n \neq 1$

128. $\int \operatorname{csch}^n ax\, dx = -\dfrac{\operatorname{csch}^{n-2} ax\, \coth ax}{(n-1)a} - \dfrac{n-2}{n-1}\int \operatorname{csch}^{n-2} ax\, dx,\ \ n \neq 1$

129. $\int \operatorname{sech}^n ax\, \tanh ax\, dx = -\dfrac{\operatorname{sech}^n ax}{na} + c,\ \ n \neq 0$

130. $\int \operatorname{csch}^n ax\, \coth ax\, dx = -\dfrac{\operatorname{csch}^n ax}{na} + c,\ \ n \neq 0$

131. $\int e^{ax} \sinh bx\, dx = \dfrac{e^{ax}}{2}\left[\dfrac{e^{bx}}{a+b} - \dfrac{e^{-bx}}{a-b}\right] + c,\ \ a^2 \neq b^2$

132. $\int e^{ax} \cosh bx\, dx = \dfrac{e^{ax}}{2}\left[\dfrac{e^{bx}}{a+b} + \dfrac{e^{-bx}}{a-b}\right] + c,\ \ a^2 \neq b^2$

133. $\int_0^\infty x^{n-1} e^{-x}\, dx = \Gamma(n) = (n-1)!,\ \ n > 0$ 인 정수

134. $\int_0^\infty e^{-ax^2}\, dx = \dfrac{1}{2}\sqrt{\dfrac{\pi}{a}}\ ,\ \ a > 0$

135. $\displaystyle\int_0^{\pi/2} \sin^n x\, dx = \int_0^{\pi/2} \cos^n x\, dx = \begin{cases} \dfrac{1\cdot 3\cdot 5\cdot \cdots \cdot (n-1)}{2\cdot 4\cdot 6\cdot \cdots \cdot n}\cdot \dfrac{\pi}{2}, & n \text{은 2이상 짝수} \\[3mm] \dfrac{2\cdot 4\cdot 6\cdot \cdots \cdot (n-1)}{3\cdot 5\cdot \cdots \cdot n}, & n \text{은 3이상 홀수} \end{cases}$

C. 라플라스 변환표

	$f(t)$	$\mathcal{L}[f(t)]$		$f(t)$	$\mathcal{L}[f(t)]$
1.	1	$\dfrac{1}{s}$	20.	$e^{at}\cosh bt$	$\dfrac{s-a}{(s-a)^2-b^2}$
2.	t	$\dfrac{1}{s^2}$	21.	$t\sin at$	$\dfrac{2as}{(s^2+a^2)^2}$
3.	t^2	$\dfrac{2!}{s^3}$	22.	$t\cos at$	$\dfrac{s^2-a^2}{(s^2+a^2)^2}$
4.	$t^n\ (n=0,1,2,\cdots)$	$\dfrac{n!}{s^{n+1}}$	23.	$\sin at+at\cos at$	$\dfrac{2as^2}{(s^2+a^2)^2}$
5.	$t^a\ (a>-1)$	$\dfrac{\Gamma(a+1)}{s^{a+1}}$	24.	$\sin at-at\cos at$	$\dfrac{2a^3}{(s^2+a^2)^2}$
6.	e^{at}	$\dfrac{1}{s-a}$	25.	$t\sinh at$	$\dfrac{2as}{(s^2-a^2)^2}$
7.	$\sin at$	$\dfrac{a}{s^2+a^2}$	26.	$t\cosh at$	$\dfrac{s^2+a^2}{(s^2-a^2)^2}$
8.	$\cos at$	$\dfrac{s}{s^2+a^2}$	27.	$\dfrac{e^{at}-e^{bt}}{a-b}$	$\dfrac{1}{(s-a)(s-b)}$
9.	$\sin^2 at$	$\dfrac{2a^2}{s(s^2+4a^2)}$	28.	$\dfrac{ae^{at}-be^{bt}}{a-b}$	$\dfrac{s}{(s-a)(s-b)}$
10.	$\cos^2 at$	$\dfrac{s^2+2a^2}{s(s^2+4a^2)}$	29.	$1-\cos at$	$\dfrac{a^2}{s(s^2+a^2)}$
11.	$\sinh at$	$\dfrac{a}{s^2-a^2}$	30.	$at-\sin at$	$\dfrac{a^3}{s^2(s^2+a^2)}$
12.	$\cosh at$	$\dfrac{s}{s^2-a^2}$	31.	$\cos at-\cos bt$	$\dfrac{s(b^2-a^2)}{(s^2+a^2)(s^2+b^2)}$
13.	$\sinh^2 at$	$\dfrac{2a^2}{s(s^2-4a^2)}$	32.	$\sin at\sinh at$	$\dfrac{2a^2 s}{s^4+4a^4}$
14.	$\cosh^2 at$	$\dfrac{s^2-2a^2}{s(s^2-4a^2)}$	33.	$\sin at\cosh at$	$\dfrac{a(s^2+2a^2)}{s^4+4a^4}$
15.	te^{at}	$\dfrac{1}{(s-a)^2}$	34.	$\cos at\sinh at$	$\dfrac{a(s^2-2a^2)}{s^4+4a^4}$
16.	$t^n e^{at},\ (n=1,2,\cdots)$	$\dfrac{n!}{(s-a)^{n+1}}$	35.	$\cos at\cosh at$	$\dfrac{s^3}{s^4+4a^4}$
17.	$e^{at}\sin bt$	$\dfrac{b}{(s-a)^2+b^2}$	36.	$\delta(t)$	1
18.	$e^{at}\cos bt$	$\dfrac{s-a}{(s-a)^2+b^2}$	37.	$\delta(t-a)$	e^{-as}
19.	$e^{at}\sinh bt$	$\dfrac{b}{(s-a)^2-b^2}$	38.	$U(t-a)$	$\dfrac{e^{-as}}{s}$

	$f(t)$	$\mathcal{L}[f(t)]$
39.	$J_0(at)$	$\dfrac{1}{\sqrt{s^2+a^2}}$
40.	$\dfrac{e^{at}-e^{bt}}{t}$	$\ln\dfrac{s-b}{s-a}$
41.	$\dfrac{2(1-\cos at)}{t}$	$\ln\dfrac{s^2+a^2}{s^2}$
42.	$\dfrac{2(1-\cosh at)}{t}$	$\ln\dfrac{s^2-a^2}{s^2}$
43.	$\dfrac{\sin at}{t}$	$\tan^{-1}\left(\dfrac{a}{s}\right)$
44.	$\dfrac{\sin at\cos bt}{t}$	$\dfrac{1}{2}\tan^{-1}\left(\dfrac{a+b}{s}\right)+\dfrac{1}{2}\tan^{-1}\left(\dfrac{a-b}{s}\right)$
45.	$\dfrac{1}{\sqrt{\pi t}}e^{-a^2/4t}$	$\dfrac{e^{-a\sqrt{s}}}{\sqrt{s}}$
46.	$\dfrac{a}{2\sqrt{\pi t^3}}e^{-a^2/4t}$	$e^{-a\sqrt{s}}$
47.	$\operatorname{erfc}\left(\dfrac{a}{2\sqrt{t}}\right)$	$\dfrac{e^{-a\sqrt{s}}}{s}$
48.	$2\sqrt{\dfrac{t}{\pi}}\,e^{-a^2/4t}-a\operatorname{erfc}\left(\dfrac{a}{2\sqrt{t}}\right)$	$\dfrac{e^{-a\sqrt{s}}}{s\sqrt{s}}$
49.	$e^{ab}e^{b^2t}-a\operatorname{erfc}\left(b\sqrt{t}+\dfrac{a}{2\sqrt{t}}\right)$	$\dfrac{e^{-a\sqrt{s}}}{\sqrt{s}\,(\sqrt{s}+b)}$
50.	$-e^{ab}e^{b^2t}-\operatorname{erfc}\left(b\sqrt{t}+\dfrac{a}{2\sqrt{t}}\right)$	$\dfrac{be^{-a\sqrt{s}}}{s(\sqrt{s}+b)}$
51.	$e^{at}f(t)$	$F(s-a)$
52.	$f(t-a)\,U(t-a)$	$e^{-as}F(s)$
53.	$f(t)\,U(t-a)$	$e^{-as}\mathcal{L}[f(t+a)]$
54.	$f'(t)$	$sF(s)-f(0)$
55.	$f''(t)$	$s^2F(s)-sf(0)-f'(0)$
56.	$f^{(n)}(t)$	$s^nF(s)-s^{n-1}f(0)-\cdots-sf^{(n-2)}(0)-f^{(n-1)}(0)$
57.	$t^nf(t)$	$(-1)^n\dfrac{d^nF(s)}{ds^n}$
58.	$\displaystyle\int_0^t f(\tau)g(t-\tau)d\tau$	$F(s)G(s)$

찾아보기